Robert Wiedersheim

Vergleichende Anatomie der Wirbeltiere

Verlag
der
Wissenschaften

Robert Wiedersheim

Vergleichende Anatomie der Wirbeltiere

ISBN/EAN: 9783957004031

Auflage: 1

Erscheinungsjahr: 2015

Erscheinungsort: Norderstedt, Deutschland

Hergestellt in Europa, USA, Kanada, Australien, Japan
Verlag der Wissenschaften in Hansebooks GmbH, Norderstedt

Verlag
der
Wissenschaften

VERGLEICHENDE

ANATOMIE DER WIRBELTHIERE.

VERGLEICHENDE ANATOMIE

DER

WIRBELTHIERE.

FÜR STUDIERENDE BEARBEITET

VON

Dr. ROBERT WIEDERSHEIM,

O. Ö. PROFESSOR DER ANATOMIE UND VERGLEICHENDEN ANATOMIE, DIRECTOR DES ANATOMISCHEN INSTITUTS DER
UNIVERSITÄT FREIBURG I. B.

FÜNFTE, VIELFACH UMGEARBEITETE UND STARK VERMEHRTE AUFLAGE DES „GRUNDRISS DER VERGL. ANATOMIE DER WIRBELTHIERE".

MIT 1 LITHOGRAPHISCHEN TAFEL UND 379 TEXTABBILDUNGEN
IN 711 EINZELDARSTELLUNGEN.

JENA.

VERLAG VON GUSTAV FISCHER.

1902.

Vorrede.

Dieses Buch hat seit seinem ersten Erscheinen im Jahre 1884 sowohl inhaltlich, als auch in seiner äusseren Gestalt viele Wandlungen erfahren. Von sehr bescheidenen Anfängen ausgehend, gewann es, entsprechend den gewaltigen Fortschritten auf allen Gebieten der Anatomie neben einem stetig zunehmenden Umfang allmählich auch in der Behandlung des Stoffes eine Form, die die Bezeichnung „Grundriss" nicht mehr als zulässig erscheinen liess. In Folge dessen habe ich unter freundlicher Zustimmung meines Herrn Verlegers, dem ich auch an dieser Stelle für seine unermüdliche Förderung des Werkes meinen herzlichsten Dank aussprechen möchte, dem Buch einen neuen, und wie ich glaube, zweckentsprechenderen Titel gegeben. Anstatt „Vergleichende Anatomie" hätte ich übrigens ebensogut: Lehrbuch der vergl. Anatomie schreiben und damit ausdrücken können, dass das Werk, so wie es jetzt vorliegt, thatsächlich als eine neue Auflage meines im Jahr 1886 von mir in zweiter Auflage herausgegebenen, den obigen Titel führenden Lehrbuches betrachtet werden kann.

So hat sich also der „Grundriss" im Laufe der letzten 18 Jahre wieder zu jener Form fortentwickelt, aus welcher er hervorgegangen war. Da aber die Erfahrungen, die ich mit dem Buche, in seinem ursprünglichen bescheidenem Gewande machen durfte, gute und für mich sehr erfreuliche waren, so habe ich mich auch jetzt wieder zur Herausgabe eines kleinen Buches unter dem Titel: „Vorlesungen zur Einführung in die vergleichende Anatomie der Wirbelthiere" entschlossen und knüpfe daran die Hoffnung, dasselbe in kurzer Zeit fertigstellen zu können.

So sollen also künftighin wieder zwei Werke neben einander hergehen, und, entsprechend den Fortschritten der Wissenschaft, jeweils neue Bearbeitungen erfahren.

Was nun die Verbesserungen anbelaugt, denen man in dem vorliegenden Buche begegnen wird, so erstrecken sie sich, abgesehen
von der Beigabe einer grossen Anzahl neuer Abbildungen, auf fast
alle Organsysteme, vor allem aber auf das Kopfskelet, das auf Grund
der Arbeiten Ernst Gaupp's in seiner Schilderung eine sehr bedeutende Umarbeitung erfahren bat. Es war mir eine aufrichtige
Freude, mich mit meinem Freunde und Collegen Gaupp über jenes
interessante und schwierige Kapitel häufig besprechen zu können und
ich werde jene Stunden frohen und glücklichen Zusammenarbeitens
stets in dankbarer Erinnerung bewahren.

Was die übrigen Aenderungen, beziehungsweise Ergänzungen
anbelangt, so erstrecken sie sich der Hauptsache nach auf folgende
Abschnitte: Mammarorgane, Exoskelet, Darmtractus, N. sympathicus,
Sehorgan, Zunge, Carotisdrüse, Kehlkopf, Lunge der Reptilien, Gefäss-System der Amphibien, Milz, Blutlymphdrüsen und Nebennieren.

Als eine wesentliche Verbesserung dürfen wohl die am Schlusse
jedes Kapitels angefügten kurzen Zusammenfassungen, sowie die
starke Vermehrung der Litteratur-Angaben bezeichnet werden.

Freiburg i. Br., 1. Mai 1902.

                                        Der Verfasser.

Inhaltsverzeichnis.

Anhang.

Verzeichnis und Erklärung der im Texte figurierenden Thiernamen.

—

Acanthias, eine zu den Spinacidae gehörige Haifischgattung.

Acanthodes, fossiler Seitenzweig der Haifische (Permformation).

Acanthopteri, die eine der beiden grossen Abtheilungen der Knochenfische (Hartflosser).

Acerina, Kaulbarsch.

Acipenseriden, Störe (Knorpelganoiden).

Acrobata, Kletterbeutler.

Aëtosaurus, fossile Panzerechse aus dem Keupersandstein von Württemberg.

Agamen, Eidechsen der wärmeren Zone (Crassilinguia).

Aglossa, zungenlose Batrachier (in heissen Gegenden, besonders der neuen Welt).

Ailuridae, Katzenbären.

Alytes obstetricans, Geburtshelferkröte (Fessler).

Amblystoma, amerikanische Molchfamilie.

Amia, Knochenganoid.

Ammocoetes, Larve des Neunauges (Petromyzon).

Ammodytes, Sandaal.

Amphioxus, Lanzettfisch (Repräsentant der Acrania).

Amphisbänen, Familie der Doppelschleichen, zu der Unterordnung der Ringelechsen (Annulata) gehörig.

Amphiuma, eine Familie der Derotremen (s. diese).

Anableps, ein zur Familie der Schmerlen gehöriger Knochenfisch (Guiana).

Anas, Ente.

Anchitherium, fossile Form der Equiden (Miocän).

Anguis (fragilis), Schleiche (fusslose Echse, Blindschleiche).

Anolis, Eidechsenart aus der Gruppe der Iguanidae (Westindien, Südamerika).

Anthracosaurus raniceps, ein fossiler, der Kohlenperiode angehöriger Lurch.

Anthropoiden s. Anthropomorphen, menschenähnliche Affen (Orang, Gorilla, Chimpanse, Hylobates).

Anuren, ungeschwänzte Amphibien (Frösche, Kröten etc.).

Apoda oder Amphibia apoda, fusslose Amphibien vergl. Gymnophionen.

Apteryx, Kiwi, Zwergstrauss.

Archaeopteryx, fossile Mittelform zwischen Echse und Vogel, aus dem Jura von Solenhofen.

Archegosaurus, fossile Amphibienform von crocodilartiger Gestalt (Permformation).

Arctomys (marmotta), Murmelthier.

Ardea, Reiher.

Argentinus, ein zu den Salmoniden gehöriger Knocheufisch.

Arius, eine Gattung der Welse.

Artiodactyla, Paarhufer.

Arvicola, Wühlmaus (Nager).

Ascalaboten, Haftzeher, Geckonen. Eidechsen der wärmeren und heissen Zone (Crassilinguia).

Ascaris megalocephala, der Pferdespulwurm.

Ascidien, Seescheiden. Gehören zu den Wirbellosen und sind einzeln lebende oder zu Kolonien verbundene, sackförmige, meist festsitzende Mantelthiere mit gitterförmig durchbrochenem Kiemensacke. Die Larven besitzen einen Ruderschwanz.

Axolotl, Larve eines Molches, welche als solche die Geschlechtsreife erreicht (Mexico).

Balistes, Hornfisch aus der Gruppe der Plectognathi (Sclerodermi).

Batrachus, Meerfisch aus der Abtheilung der Acanthopterygii cotto-scombriformes.

Bdellostoma, ein zur Gruppe der Cyclostomen (Abtheilung Myxinoiden) gehöriger Fisch aus dem südlichen stillen Ocean.

Belideus, Kletterbeutler.

Belone, ein zu der Gruppe der Scombresocidae gehöriger Knochenfisch.

Beluga, ein zu der Gruppe der Fischsäugethiere (Abtheilung Delphiniden) gehörige Form (Weisswal, nordische Meere).

Blennius (Blenniiden), zu der Gruppe der Acanthopteri gehörige Form, Schleimfische.

Bombinator, Unke, Feuerkröte.

Bovidae s. Bovinae, Gruppe der Rinder.

Bradypus, Faulthier (Gruppe der Edentaten).

Branchiosaurus, fossiler Molch der Kohlenperiode.

Brontotherium, fossiles Hufthier aus dem Eocän Nordamerikas.

Bufonen, Kröten.

Caducibranchiaten, geschwänzte Amphibien (Molche), welche nur während der Larvenzeit mit Kiemen, später aber mit Lungen athmen.

Calamoichthys gehört zu der Gruppe der Knochenganoiden (West-Afrika).

Caniden, Geschlecht der hundeartigen Thiere (Hund, Wolf, Fuchs etc.).

Caprinae, Ziegen, Steinböcke.

Capromys, Ferkelratte (Gruppe der Nagethiere) [Cuba].

Carcharias, eine Haifischform.

Carinaten, Flugvögel, mit Muskelleiste (Carina) auf dem Brustbein.

Carnivoren, Raubthiere mit den Familien der Hyänen, Hunde, Katzen, Viverren, Marder und Bären.

Casuarius, Casuar, aus der Gruppe der straussenartigen (Lauf-) Vögel (Neuguinea, Ostindien, ostindische Inseln.

Cavia, Meerschweinchen (Gruppe der Subungulaten).

Centrophorus, eine Haifischform.

Cephalaspidae, Panzerganoiden aus den devonischen und obersilurischen Formationen (gehören mit zu den ältesten Fischen).

Ceratodus, Doppelathmer (Dipnoër), Unterordnung: Monopneumones. Queensland.

Ceratophrys, südamerikanische Frosch-Gattung.

Ceratopsidae, Dinosaurier- bezw. Stegosaurier-Gruppe aus der nordamerikanischen Kreide.

Cercopithecus, ein zu den Schmalnasen gehöriger Affe.

Cervidae, geweihtragende Paarhufer (Elen, Rennthier, Damhirsche, Reh, Hirsch, Zwerghirsche).

Cervus capreolus, Reh.

Cetaceen, Fischsäugethiere, Walthiere.

Chaetodonten, Klippfische aus der Familie der Squamipennes.

Champsosaurus, rhynchocephalenartiges Reptil (fossil) [Kreide und Eocän).

Chauliodus, Meerfisch aus der Familie der Sternoptychidae.

Characiniden, Fischfamilie der Physostomi abdominales.

Chelone, Schildkröte (Chelone midas = Riesenschildkröte).

Chelonier, gleichbedeutend mit Schildkröten.

Chelydra, Schweifschildkröte.

Chelys, Lurchschildkröte.

Chiloscyllium, eine Haifischform.

Chimaeren (Holocephalen), Abtheilung der Selachier.

Chionis, Scheidenschnabel. Eine auf die südliche kalte Zone beschränkte Form von Sumpfvögeln (Grallae).

Chiropteren, Fledermäuse.

Chlamydoselache, niedere Haifischform, zur Gruppe der Notidaniden gehörig. Die Zähne ähneln denjenigen von Cladodus aus der mittleren devonischen Formation.

Chrysophrys, Goldbrassen, Fisch aus der Gruppe der Sparidae.

Cinosternidae, Klapp - Schildkröten (Amerika).

Clupeiden, Familie der Häringe.

Cnemidophorus, Eidechse aus der Gruppe der Ameividae.

Cobitis, Schlammpeitzger (Familie der Schmerlen).

Coecilia, gehört zu den fusslosen Amphibien (Gymnophionen).

Coelogenys, südamerikanische Form der Subungulaten (verwandt mit dem Meerschweinchen).

Columbinae, taubenartige Vögel.

Colymbus, Tauchervogel, Seetaucher.

Compsognathus, fossile Reptilienform mit langem Hals; Becken und Hinterfüsse sehr vogelähnlich (gehört zur Ordnung der Dinosauria, U. O. Theropoda). Lithogr. Schiefer von Kehlheim.

Condylura, Sternmull, eine amerikanische Maulwurf-Form.

Coregonus, Felch (Abtheilung der Salmoniden).

Corvus corone, Rabenkrähe.

Coryphodon, eine fossile Hufthierform aus dem nordamerikanischen Eocän.

Cottus, gehört zur Familie der Panzerwangen (Ordnung der Hartflosser. Vergl. Acanthopteri).

Crassilinguia, Dickzüngler, Eidechsenformen der wärmeren Gegenden der alten und neuen Welt.

Crossopterygii, quastenflossige Ganoiden mit zwei breiten Kehlplatten, gepanzertem Schädel. Finden sich schon im Devon und Carbon. Dahin gehören die recenten Polypteridae.

Cryptobranchus, s. Salamandra maxima, Derotrem Japans, nahe verwandt mit Menopoma.

Cyclodus, ein zu den Scincoideae (Sandechsen) gehöriger Saurier (Neuholland).

Cyclothurus, Untergattung der zu den Edentaten zu rechnenden Gattung Myrmecophaga.

Cygnus, Singschwan.

Cyprinodonten, Zahnkarpfen.

Cyprinoiden, karpfenartige Fische.

Cypselus (Cypselidae), Vogelfamilie aus der Ordnung der Makrochires.

Dactylethra (Dactylethridae), eine Familie der ungeschwänzten Amphibien aus der Gruppe der Aglossa (Afrika).

Dasyprocta (Dasyproctina) gehört in die Unterordnung der Hystrichida und weiterhin zu den Nagern (verwandt mit dem Meerschweinchen).

Dasypus, Gürtelthier, Armadill, Tatu, gehört zu den Edentaten (Südamerika).

Dasyurus (Dasyuridae), Beutelmarder (zu den Raubbeutlern gehörig).

Dendrolagus, Baum-Känguruh.

Derotremen, Gruppe der geschwänzten Amphibien mit persistirendem Kiemenloch auf jeder Seite des Halses (Mittelformen zwischen Perennibranchiaten und Salamandrinen).

Didelphys, Beutelratte (Amerika).

Dinoceras, eine fossile Hufthierform (Eocän Amerikas).

Dinornis, subfossiler Laufvogel (Strauss). Neuseeland. Bis zu $3\frac{1}{2}$ Meter hoch.

Dinosaurier, fossiles Land- und Sumpfreptiliengeschlecht der Secundärperiode, mit langem Halse und langen Hintergliedmassen, die vielfach eine aufrechte Stellung ermöglichten. Fleisch- und Pflanzenfresser; z. Th. kleine, z. Th. ungeheure Thiere.

Dipnoi (Dipnoër), Doppelathmer, Zwischenform zwischen Fischen und Amphibien. Australien, Afrika, Südamerika.

Discoglossus, Scheibenzüngler. Eine Froschform der Küstenländer des Mittelmeeres.

Discosaurus, fossiler Molch der Kohlenperiode.

Draco (volans) = eine zur Gattung der Agamidae gehörige, mit einer eine Art von Fallschirm repräsentirenden Hautfalte an den Seiten des Körpers. Java.

Dromaeus, ein holländischer Strauss.

Dugong = Halicore du gong, gehört zur Abtheilung der Seekühe (Sirenia). (Indischer Ocean.)

Echidna, Ameisen-Igel, gehört zu den Kloakenthieren (Monotremen). Neu-Südwales, Vandiemensland.

Edentaten, Ordnung der Zahnarmen. Bruta.

Egernia, gehört zur Scincoiden-Gattung Cyclodus (Saurier).

Elasmobranchier = Haifische (Selachier).

Ellipsoglossa, japanischer Molch.

Embiotocoidea = Halconoti, Lippfische. Familie der Gruppe der Pharyngognathi (Unterordnung der Acanthopteri). Westküste von Californien.

Emydura s. Platemys. Schildkröte aus der Familie der Chelididae.

Emys (Emydeen), Sumpfschildkröte.

Enaliosaurier, fossile Meer-Saurier (Ichthyosaurus, Plesiosaurus etc.) der Secundärperiode und auch noch der Kreideformation.

Engraulis (Engraulina), Fischgruppe aus der Familie der Clupeoidei.

Eosaurus, fossiler Enaliosaurier (s. diese), Amerika.

Epicrium, gleichbedeutend mit Ichthyophis, gehört zu den fusslosen Amphibien, den Apoda oder Gymnophionen.

Erinaceus (europaeus), Igel.

Erythrinen, Fisch-Gattung aus der Familie der Characiniden.

Esox (lucius), Hecht.

Felinen s. Feliden, katzenartige Raubthiere.

Fissilinguia, Spaltzüngler, Gruppe der Reptilien.

Fulica (atra), Blesshuhn (auf Seen und Teichen Europas, Zugvogel).

Gadus (Gadiden), Schellfisch (Gruppe der Anacanthini, Weichflossenstrahler).

Galeus, eine Haifischform.

Ganoiden, Schmelzschupper.

Ganocephalen, fossile Amphibienformen aus der Ordnung der Stegocephalen (Carbon).

Gastrosteus, Stichling.

Geckotiden = Ascalaboten, Haftzeher, Eidechsen der wärmeren und heissen Zone.

Glires (s. Rodentia), Nagethiere.

Gobio, Grundling, Fisch aus der Gruppe der Karpfen.

Grus (cinerea), Kranich.

Gymnophionen, fusslose Amphibien von walzen- (wurm-) förmiger Körpergestalt. Schleichenlurche. Bewohner der wärmeren und heissen Zone.

Gymnotus (Gymnotiden), Zitteraal, aalähnliche Süsswasserfische aus dem tropischen Südamerika.

Halichoerus, gehört zur Familie der Seehunde.

Halicore, Dugong, aus der Gruppe der Sirenia oder Seekühe (indischer Ocean).

Halmaturus (s. Macropus), Känguruh.

Harengus, Häring.

Hatteria, uralte, primitive Saurierform Neuseesands, welche sich durch eine Menge Besonderheiten von den übrigen Echsen unterscheiden.

Heloderma, Krusteneidechse. Amerikas, besitzt Giftzähne.

Hemidactylus, Ascalaboten-(Geckonen-) Form. Eidechsen der wärmeren und heissen Zone.

Heptanchus, Haifisch aus der Familie der Notitaniden, mit sieben Kiemenöffnungen.

Hesperornis, Zahnvogel aus der nordamerikanischen Kreideformation.

Heterobranchus, Eine Form der Welse (Afrika, ostindischer Archipel).

Hexanchus, Haifisch aus der Familie der Notidaniden, mit sechs Kiemenöffnungen.

Hipparion, fossile Form der Equinen (Pliocän der alten Welt).

Hippopotamus, Flusspferd.

Holocephalen, Gruppe der Selachier.

Hyaemoschus, artiodactyle Hufthierform aus der Gruppe der Tragulidae.

Hydrochoerus, Wasserschwein. Gruppe der Hufpfötler (Subungulaten).

Hyla (arborea), Laubfrosch.

Hylobates, eine Form der anthropoiden (menschenähnlichen) Affen. Gibbon.

Hylonomus, ein fossiles, der Kohlenformation angehöriges Amphibium.

Hyperoodon, eine Form der Zahnwale (Delphinidae).

Hypostoma (Hypost. matina), eine Abtheilung der Welse.

Hypudaeus, aus der Abtheilung der Wühlmäuse (Arvicolidae) (Ordnung der Nager).

Hyracoidea, eine kleine, zur Ordnung der Platthufer oder Lamnungia gehörige Gruppe (Klippschliefer, Klippdachs).

Hystrix, Stachelschwein.

Ichthyoden, Perennibranchiaten. S. diese.

Ichthyophis, gleichbedeutend mit Epicrium, eine Familie der Schleichenlurche. (Apoda, Gymnophionen).

Ichthyopsiden, Collectivname für Fische, Dipnoër und Amphibien.

Ichthyornis, Zahnvogel aus der Kreideformation Nordamerikas.

Ichthyosaurus s. Enaliosaurier.

Iguana, Leguan, eine Eidechsenform Westindiens und Südamerikas.

Insectivoren, Insecten fressende Ordnung der Säugethiere, zu welcher z. B. die Familie der Igel, Spitzmäuse und Maulwürfe gehören.

Kallichthys, Fisch aus der Gruppe der Welse. Flüsse Südamerikas, welche sich in den atlant. Ocean ergiessen.

Katarrhinen, Affengruppe der Schmalnasen. Auf die östliche Halbkugel beschränkt, deshalb auch Affen der alten Welt genannt.

Labrus (Labriden), Lippfische (Gruppe der Pharyngognathi).

Labyrinthobranchia, Labyrinthfische, welche zu den Acanthopteri (s. diese) gehören. Die Kiemenhöhle führt in eine Nebenhöhle, welche zur Respiration in Beziehung steht.

Labyrinthodonten, Unterordnung der Stegocephalen. Fossile Amphibien aus der Perm-, carbonischen und Triasformation.

Lacerta (Lacertilier), Eidechse.

Lagomorpha s. Leporida, hasenartige Nagethiere.

Lagostomus, Hasenmaus (Südamerika).

Lamellirostres, Entenvögel (Leistenschnäbler).

Lamna (cornubica), Häringshai.

Lamnungia oder Platthufer (vergl. Hyracoidea).

Lemmus, Lemming (Gruppe der Nager).

Lemuren, Familie der Halbaffen (Prosimii). (Madagascar, Afrika, Inseln Südasiens.)

Lepidosteus, gehört zur Gruppe der Knochenganoiden (Nordamerika, Cuba).

Lepus, Hase.

Lophobranchier, Büschelkiemer (eine Ordnung der Knochenfische).

Lutra (vulgaris), Fischotter.

Macacus, ein zu den Schmalnasen gehöriger Affe.

Makrochelys, gehört zur Gruppe der Schildkröten.

Mallotus, gehört zur Gruppe der Salmoniden.

Malopterurus, Zitterwels (Nil).

Manatus, Manati, eine Gattung der Sirenia (s. diese).

Manis (Manidae), Schuppenthiere, zu den Edentaten gehörig. (Afrika, Indien.)

Marsupialier, Beutelthiere.

Megapodius, gehört zur Gruppe der Grossfusshühner (australische Region) = Familie der Hühnervögel (Gallinacei).

Melanerpeton = ein fossiles, der Kohlenformation angehöriges, geschwänztes Amphibium.

Menobranchus, Kiemenmolch (Nordamerika).

Menopoma, gehört in die Gruppe der Derotremen, einer Gruppe der geschwänzten Amphibien.

Monitor, Eidechsenform, gehört z. Familie der Varanidae (östl. Halbkugel; warme Zone).

Monotremen, Kloakenthiere, niederste Säuger (Süd- und Ostaustralien, Vandiemensland).

Mormyriden, eine für die SüsswasserSeen des trop. Afrika charakteristische Fisch-Familie.

Muraena Helena, gemeine Muräne (Mittelmeer, atlant. Ocean, Mauritius, Australien).

Muränoiden s. Muräniden, Aale.

Muriden (von Mus), Mäuse und mäuseartige Thiere.

Mustelus, Haifisch.

Mustelidae, marderartige Thiere.

Myliobatiden, Rochen.

Myomorpha, mäuseartige Thiere.

Myrmecobius, Spitzbeutler, Ameisenbeutler (West- und Südaustralien).

Myrmecophaga, Ameisenbär, zu den Edentaten gehörig (Südamerika).

Myxinoiden, eine Abtheilung der Cyclostomen, eine niedere Fischgruppe (Rundmäuler).

Notidaniden, niedere Haifischfamilie.

Notodelphys, Nototrema, ein Frosch mit einer Bruttasche auf dem Rücken (Venezuela).

Odontornithes, fossile Zahnvögel.

Ophidier, Schlangen.

Opossum, virginische Beutelratte.

Ornithorhynchus, Schnabelthier (Gruppe der Monotremen).

Orthagoriscus (mola), Sonnenfisch, eine Gattung der Gymnodontes (gemässigte und tropische Meere).

Orycteropus, Erdferkel (Süd- und Mittelafrika). Gehört zur Gruppe der Edentaten.

Osmerus, gehört zur Gruppe der Salmen.

Otis (tarda), grosse Trappe (gehört zu den Sumpfvögeln).

Ovinae, Schafe.

Palaeohatteria, fossiles, sehr primitives, mit Hatteria (s. diese) verwandtes Reptil aus der Permformation. Besitzt vielfache Beziehungen zu den Stegocephalen.

Palaeotherium, fossile, tapirähnliche Säugethierform (Unteroligocän von Europa).

Passeres, Sperlingsvögel.

Pediculati, Armflosser (Gruppe der Knochenfische).

Pelobates, Erdfrosch, Krötenfrosch.

Perameles, Beuteldachs (gehört zu den fleischfressenden Beutlern Neuhollands und Amerikas).

Perca fluviatilis, Flussbarsch.

Perennibranchiaten, zeitlebens kiemenathmende, geschwänzte Amphibien (Proteus, Siren lacertina, Menobranchus).

Perissodactyli, Unpaarhufer (Equinen).

Petrobates = ein fossiles, der Kohlenformation angehöriges, geschwänztes Amphibium.

Petromyzon, gehört zu den Fischen, welche kein eigentliches Kieferskelet besitzen, d. h. zu den Rundmäulern, Cyclostomen.

Phalangista, pflanzenfressender Beutler (Neuholland).

Phascogale, Beutelbilch (aus der Gruppe der Raubbeutler).

Phascolarctos, pflanzenfressender Beutler (Neu-Süd-Wales).

Phascolomys, Wombat, gehört zu den pflanzenfressenden Beutelthieren Neuhollands.

Phoca, Seehund (Familie der Flossenfüsser oder Pinnipedier).

Phocaena, gehört zur Familie der Delphiniden.

Phoenicopterus, Flamingo (Abtheilung der Lamellirostres).

Phrynosoma, Echsenform (Agamenform) Amerikas.

Phyllodactylus, gehört zur Gruppe der Ascalaboten (Eidechsen der warmen und heissen Zone).

Phyllomys, gehört zur Gruppe der Nager.

Pinnipedier, Flossenfüsser, zu welchen das Walross und die Ohrrobben gehören.

Pipa (Pipidae), Familie der ungeschwänzten Amphibien aus der Gruppe der Aglossa (Amerika).

Platydactylus, der gemeine Gecko (vgl. die Ascalaboten (Eidechsen der warmen und heissen Zone).

Platystomidae, Fische aus der Gruppe der Pimelodina (Welse).

Plectognathi, Haftkiefer (Fischgruppe zu welcher die Gymnodontes und Sclerodermi gehören).

Plesiosaurus, gehört zu den fossilen Meerechsen der Juraformation.

Plestiodon, Echsenform aus der Abtheilung der Scincoide.

Plethodon, eine Molchgattung Amerikas.

Pleuracanthus, fossile Ur-Selachier (Carbon, Perm).

Pleuronectes, Scholle, Flunder, gehört zur Familie der Plattfische.

Plotosus (Plotosina), Gruppe der Welse.

Podiceps, Unterfamilie der Colymbidae (Seetaucher).

Polyodon, Löffelstör (Mississippi).

Polypterus, gehört zur Gruppe der Knochenganoiden (Nil).

Primaten, höchste Säugethiere (Affen und Mensch).

Pristiurus, Selachier (Hai).

Proboscidea, Rüsselträger.

Procyonidae, Waschbären.

Prosimier, Halbaffen.

Proterosaurus, fossile Echsenform von rhynchocephalenartigem Charakter (Kupferschiefer von Deutschland).

Proteus, kiemenathmender Molch (Karst-Gebirge).

Protopterus, Doppelathmer (Dipnoër), Unterordnung: Dipneumona. Afrika, Südamerica.

Pseudopus, Scheltopusik, gehört zu den Sauriern (Echsen), und zwar zu den Brevilinguia. Südosteuropa, Kleinasien, Nordafrika.

Psittacus, Papageien.

Pteraspidae, Panzerganoiden aus den devonischen und obersilurischen Schichten (gehören mit zu den ältesten Fischen).

Pterodactylus, Flugechse (fossil), lithogr. Schiefer von Solenhofen.

Pterosaurier, fossile Flugechsen.

Python, Pythonschlange, Riesenschlange der alten Welt.

Pythonomorphen, eine fossile, auf die Kreide beschränkte Mittelform zwischen Echsen und Schlangen.

Quadrupeden, Vierfüssler.

Querder, Larve von Petromyzon (Fische aus der Abtheilung der Cyclostomen).

Rajida, Rochen.

Ranodon, sibirischer Molch.

Raptatores, Raubvögel.

Rasores = Hühnervögel.

Ratiten, Laufvögel, Strausse.

Rhamphorhynchus, fossile Flugechse aus dem Jura.

Rhea (americana), südamerikanischer Strauss (Familie: Rheidae).

Rhinoderma, ungeschwänztes Amphibium aus der Familie der Engystomidae.

Rhinolophus (Rhinolophina), eine Familie der Fledermäuse.

Rhynchocephalen, eine den gemeinsamen Ausgangsformen der Reptilien nahestehende, primitive, fossile, eidechsenartige Thiergruppe, deren heutiger Vertreter die neuseeländische Hatteria punctata ist.

Rodentia, Nager.

Ruminantia, Wiederkäuer.

Salamandrina perspicillata, Brillensalamander (Italien).

Salmoniden, salmartige Fische.

Sarginae, Gruppe der Fischfamilie Sparidae (Meerbrassen).

Saurier, Echsen, Eidechsen.

Sauropsiden, Collectivname für Reptilien und Vögel.

Sauropterygier, fossile Flugechsen.

Scalops, Wassermull, eine amerikanische Maulwurf-Form.

Scarus, Gattung der Labriden (Lippfische).

Scinke, Skinke, Schleichen mit verkümmerten, bezw. unter der Haut versteckten Gliedmassen, z. Th. von Schlangenform, Blindschleiche z. B.

Sciurus, Eichhörnchen.

Scomber scombrus, gehört zur Gruppe der Makrelen (Seefische).

Scyllium (Scylliiden), Haifisch.

Scymnus, Haifisch.

Selachii, Haifische im weitesten Sinn.

Seps chalcides, gehört zu den Scinken (Eidechsen bezw. Schleichen mit verkümmerten Gliedmassen).

Serranus, Sägebarsch (Acanthopteri).

Silurus (Siluroideu), Wels, Welse.

Simia troglodytes, Gorilla.

Siphonops annulatus, gehört zu den fusslosen Amphibien, den wurmartig gestalteten Schleichenlurchen oder Gymnophionen.

Siredon pisciformis (Axolotl), geschlechtsreif werdende Molch-Larve.

Siren (lacertina), kiemenathmendes, geschwänztes Amphibium (Nordamerika).

Sirenen (Sirenia), Seekühe (pflanzenfressende Fischsäugethiere).

Skaphirhynchus, Störform (Mississippi und Centralasien).

Sorex (Soricidea), Spitzmäuse (Insektenfresser).

Spalax, maulwurfartiges Thier (Nager).

Spatularia (s. Polyodon), gehört zu den störartigen Fischen (Knorpelganoiden).

Spelerpes, eine Molchgattung, Südwesteuropa, Nordamerika.

Sphargis, Schildkrötenform.

Spinax (Spinaces), Haifisch.

Squaliden, Haie im engeren Sinne, im Gegensatz zu Holocephalen und Rochen.

Squatina, Meer-Engel, aus der Haifischgruppe der Rhinidae.

Steganopoden, Ruderfüssler, eine Ordnung der Vögel, wohin u. a. der Pelikan, Sula und die Fregattvögel gehören.

Stegocephalen, fossile Amphibien mit wohl entwickeltem Schwanz. Thoracalplatten oder ein Bauchpanzer vorhanden. Schädel nach den Seiten und nach oben durch Deckknochen vollkommen geschlossen. (Daher der Name!)

Stegosaurier, eine Gruppe fossiler Reptilien (Saurier), Jura bis Kreide.

Stenops, gehört zur Gruppe der Lemuren (Familie der Halbaffen).

Sterna, Seeschwalbe.

Suidae, Familie der Schweine.

Struthio, Strauss.

Sturionen, Störe.

Symbranchii, s. Symbranchidae, eine Fischfamilie, bei welcher die Kiemenspalten zu einem an der Bauchseite liegenden Schlitze verschmolzen sind.

Syngnathus, Seenadel (gehört zu den Büschelkiemern, eine Ordnung der Knochenfische).

Talpa (europaea), Maulwurf.

Tatusia, hybrida=Gürtelthier (Edentaten).

Teleosaurus, fossile, gravialartige Crocodilform (Dogger).

Teleostier, Knochenfische.

Testudo (Testudineen), Schildkröte.

Thylacinus, Beutelwolf.

Thymallus, Fisch aus der Reihe der Salmoniden.

Tillotherium, eine fossile Hufthierform aus dem nordamerikanischen Eocän.

Torpedo (Torpedineen), Rochen.

Trachysaurus, gehört zur Scinoiden-Gattung Cyclodus (Saurier).

Traguliden, Zwerghirsche (Java, Sunda-Inseln).

Triakis, zu der Familie der Carchariidae gehörige Haifisch-Gattung.

Triceratops, ein zur Gruppe der Ceratopsidae gehöriger Dinosaurier (s. diese)

aus der nordamerikanischen Kreideformation.

Triconodon, fossile Säugethier-Familie aus dem Jura (Molarzähne dreispitzig).

Trionyx, Schildkröte.

Tritonen, Wassermolche.

Tropidonotus (natrix), Ringelnatter.

Trygon, Stechrochen.

Tubajae, Unterfamilie der Spitzmäuse (Ostindien und benachbarte Inseln).

Turdus musicus, Singdrossel.

Tylopoden, Schwielenfüssler (Kameele, Laua, Huanko etc.).

Typhlops, gehört zu den Wurmschlangen.

Ungulata, Hufthiere.

Uromastix (spinipes), zu den Erdagamen gehörige Eidechsen (Aegypten).

Ursidae, Bären.

Varanus (Varanidae), Waran-Eidechsen (sind auf die östliche Halbkugel beschränkt und repräsentieren, abgesehen von den Crocodilen, die grössten lebenden Saurier.

Viverra civetta, Zibetkatze (Viverridae, eine Familie der Raubthiere).

Würger, Laniidae, eine Vogelfamilie.

Xenacanthus, fällt unter denselben Gesichtspunkt wie Pleuracanthus (Ur-Haie).

Zoarces, ein zu der Gruppe der Blenniiden gehöriger Fisch (Hartflosser).

Einleitung.

I. Ueber das Wesen und die Bedeutung der vergleichenden Anatomie.

Die „vergleichende Anatomie“ hat die Aufgabe, den Bau des Thierkörpers vergleichend zu betrachten und dadurch die natürlichen Verwandtschaftsverhältnisse der Thiere zu ermitteln. Bei dem Versuch, dieses Ziel zu erreichen, ist sie aber nicht selten darauf angewiesen, auch die **Ontogenie** und die **Paläontologie** mit in den Kreis ihrer Betrachtung zu ziehen. Erstere befasst sich mit der Entwicklungsgeschichte des Individuums, letztere erstrebt die Kenntnis der untergegangenen Organismen in ihrer geologischen Aufeinanderfolge, d. h. in ihrer Stammesgeschichte (Phylogenie).

Beide Wissenschaften ergänzen sich insofern, als die Ontogenie in ihren einzelnen Etappen eine im Individuum sich vollziehende Wiederholung der Stammesgeschichte darstellen kann. Dabei ist aber wohl im Auge zu behalten, dass jene Wiederholung in vielen Fällen als keine reine (Palingenese) zu betrachten ist, sondern dass häufig genug durch Anpassung erworbene „Fälschungen“ mit unterlaufen, welche die ursprünglichen Verhältnisse entweder gar nicht mehr oder doch nur mehr oder weniger verwischt zeigen (Cänogenese). Zwei Factoren sind es, die hierbei eine wichtige Rolle spielen, die Vererbung und die Variationsfähigkeit. Während erstere das conservative, auf die Erhaltung des Bestehenden gerichtete Princip darstellt, resultiert aus der zweiten eine unter dem Einfluss des Wechsels äusserer Verhältnisse stehende Veränderung des Thierkörpers, den wir somit nicht als starr und unveränderlich, sondern gleichsam wie in stetigem Fluss begriffen aufzufassen haben. Die daraus hervorgehenden „Anpassungen“ werden dann, sofern sie ihrem Träger von Nutzen sind, wieder auf die Nachkommen vererbt werden und so im Laufe der Erdperioden zu immer weiteren Veränderungen führen. So stehen also Vererbung und Anpassung in steter Wechselwirkung, und wenn wir diese Thatsache in ihrer vollen Bedeutung erfassen, so eröffnet sich uns dadurch nicht nur ein Einblick in die Blutsverwandtschaft der thierischen Organismen im Allgemeinen, sondern wir gewinnen daraus auch ein Verständnis für zahlreiche Organe und Organtheile, die uns in ihrer rückgebildeten, rudimentären Form im fertigen, ausgebildeten Thierkörper einfach unerklärlich sein und bleiben würden.

Eine weitere grosse Rolle in der Anbahnung eines klaren morphologischen Verständnisses spielt die Lehre von den **Formelementen**, sowie diejenige von den **Functionen**, d. h. die **Histologie** und **Physiologie**. Indem sich so alle auf den genannten Arbeitsgebieten gewonnenen Resultate gegenseitig ergänzen und zu einem einheitlichen Ganzen durchdringen, entspringt daraus eine helle Leuchte für unsere Kenntnis der thierischen Organisation im Allgemeinen, d. h. der **Zoologie** im weitesten Sinne.

Die Formelemente, d. h. die Bausteine des Körpers, bestehen im Wesentlichen aus **Zellen** und deren Abkömmlingen, aus **Fasern**. Sie verbinden sich zu **Geweben**, und aus diesen bauen sich die **Organe** auf, welch letztere sich dann weiterhin zu **Organsystemen** vereinigen.

Die Gewebe scheiden sich in folgende vier Hauptklassen:

1. In das **Epithel-** und in das genetisch auf letzteres zurückführbare **Drüsengewebe**;
2. in das **Stützgewebe** (Bindegewebe, Knorpel, Knochen);
3. in das **Muskel-** \ Gewebe.
4. in das **Nerven-** / Gewebe.

Auf Grund des physiologischen Verhaltens kann man das Epithel- und das Stützgewebe als **passive**, das Muskel- und Nervengewebe als **active** Gewebe bezeichnen.

Unter **Organen** versteht man gewisse, auf eine bestimmte physiologische Function gerichtete Apparate, wie z. B. die gallenbereitende Leber, die mit dem Gasaustausch betrauten Kiemen und Lungen, das als Blutpumpe functionierende Herz etc.

Die **Organsysteme**, wie sie der Reihe nach in diesem Buche abgehandelt werden sollen, sind folgende: 1. die äusseren Körperdecken, das sogenannte **Integument**; 2. das **Skelet**; 3. die **Muskulatur** mit den elektrischen Organen; 4. das **Nervensystem** mit den Sinnesorganen; 5. die Organe der **Ernährung**, der **Athmung**, des **Kreislaufs**, des **Harn-** und **Geschlechtssystems**.

II. Entwicklung und Bauplan des Wirbelthierkörpers.

Die im vorigen Abschnitte als Bausteine des Organismus bezeichneten Formelemente, d. h. die Zellen, stammen alle von einer einzigen **Urzelle** ab. nämlich vom **Ei**. Dieses bildet also den Ausgangspunkt für den gesammten Thierkörper und soll deshalb seiner fundamentalen Bedeutung wegen hier etwas eingehender besprochen werden. Die sich daran knüpfende Schilderung der Entwicklungsvorgänge kann sich aber, dem Plane dieses Buches entsprechend, natürlicherweise nur in einem ganz allgemeinen Rahmen bewegen.

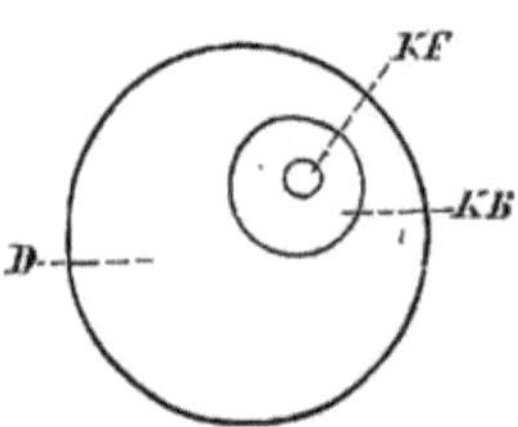

Fig. 1. Das unbefruchtete thierische Ei. *D* Dotter, *KB* Keimbläschen, *KF* Keimfleck.

Das unbefruchtete thierische Ei stellt ein rundliches Bläschen dar, in dessen Innerem man drei verschiedene Theile unterscheidet, den **Dotter** (Vitellus), das **Keimbläschen** (Vesicula germinativa) und den **Keimfleck** (Macula germinativa). Die Aussenhülle des Eies wird von der sog. **Dotterhaut** (Membrana vitellina) gebildet.

Da das thierische Ei in der soeben geschilderten, ursprünglichen Form den Grundtypus einer **Zelle** darstellt, so haben wir nur die Bezeichnungen zu wechseln, indem wir für Dotter den Namen Protoplasma, für Keimbläschen Kern (Nucleus) und für Keimfleck Kernkörperchen (Nucleolus) setzen. Der Zellkörper sowohl als auch der Zellkern bauen sich aus morphologisch und physiologisch verschiedenen Substanzen auf, die man als Chromatin oder Spongioplasma und als Achromatin oder Hyaloplasma bezeichnet. Dazu kommt noch der Nebenkern, das sogenannte Centrosoma, welches bei der Vermehrung der Zellen (Zelltheilung) eine wichtige Rolle spielt. Eine äussere Begrenzungshaut, der Membrana vitellina entsprechend, ist kein integrierender Bestandtheil der Zelle, sie kann sich aber aus einer Verdichtung der Randzone des Protoplasmas differenzieren.

Der Dotter besteht aus zwei verschiedenen Substanzen, welche als Bildungsdotter und Nahrungsdotter unterschieden werden. Ihre gegenseitigen Lagebeziehungen im Ei können sehr mannigfache sein, und dasselbe gilt auch für ihre Mischungsverhältnisse. Dies ist deshalb von Wichtigkeit, weil der gleich näher zu schildernde Furchungsprocess in der Art und Weise seines Verlaufs dadurch stark beeinflusst wird.

Bei der zweigeschlechtlichen Fortpflanzung ist die Verschmelzung des männlichen Geschlechtsstoffes, d. h. der **Samenzelle**, mit dem Ei eine unerlässliche Bedingung für die embryonale Entwicklung des letzteren.

Bevor dies jedoch stattfinden kann, gehen im Innern des Eies gewisse Veränderungen (Reifungserscheinungen) vor sich, die das Ei zur Aufnahme des männlichen Zeugungsstoffes vorbereiten. Dieselben bestehen im Wesentlichen in einer Reduction der Masse des Keimbläschens, d. h. letzteres theilt sich unter ähnlichen Erscheinungen, wie sie die Zelltheilung zu begleiten pflegen (Karyokinesis), nur dass die daraus resultierenden und zur Ausstossung aus dem Ei gelangenden Tochterzellen („Polkörper") von sehr viel geringerer Grösse sind, als das Ei, d. h. als die Mutterzelle selbst. Aehnliche Vorgänge spielen sich auch an der männlichen Geschlechtszelle ab, und was nach Ablauf jenes Reductionsprocesses von den beiderseitigen Kernen noch übrig bleibt, bezeichnet man einerseits als weiblichen — andererseits als männlichen Vorkern. Letzterer wandert in das Ei ein und vereinigt sich mit dem weiblichen Vorkern. Daraus entsteht der Furchungskern.

Die zur Schaffung eines neuen Individuums führende **Befruchtung** besteht also in einer materiellen Vereinigung der Zeugungsstoffe beider Geschlechter, und die letzte Ursache der Vererbung beruht somit auf der molecularen Structur der beiden Geschlechtszellen, jene Structur aber ist der morphologische Ausdruck des Artcharakters. Nachdem der Furchungskern gebildet ist, spaltet er sich nach einer kurzen Ruhezeit in zwei gleiche Hälften, welche als zwei neue Centren die Theilung des ganzen Eies in zwei Hälften vorbereiten.

Die definitive Theilung oder, was dasselbe bedeutet, der Beginn des **Furchungsprocesses** geschieht durch Bildung einer Ringfurche, welche tiefer und tiefer einschneidet, bis die Trennung eine vollständige ist.

Damit ist das erste Stadium des Furchungsprocesses vollendet, und indem das zweite sich auf ganz dieselbe Weise einleitet, ist das

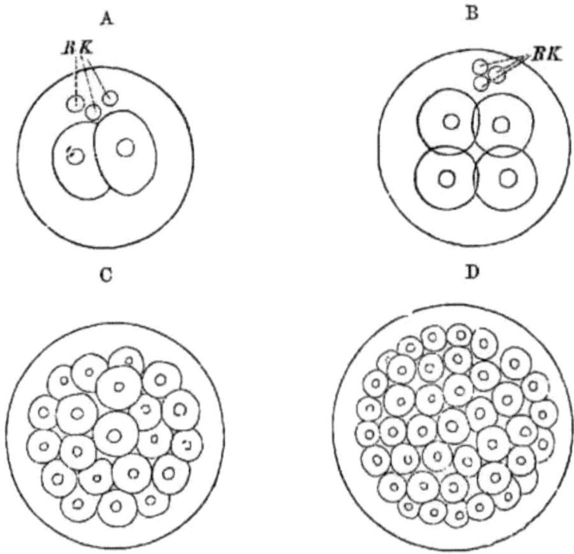

Fig. 2. **A Erstes Furchungsstadium. B und C Weitere Furchungsstadien.** *RK* Richtungskörper. **D Morulastadium.**

Resultat eine Theilung in vier, dann, in Folge des immer weiter fortschreitenden Processes, in 8, 16, 32 etc. immer kleiner werdende Kugeln, wovon jede ihren eigenen Kern besitzt. Kurz, aus dem ursprünglichen, einer einzigen Zelle entsprechenden Ei ist nun eine Vielheit von Zellen geworden, die das Baumaterial des Thierkörpers, den „Zellstaat", darstellt, und die man wegen ihrer Aehnlichkeit mit einer Maulbeere **Morula** zu nennen pflegt (Fig. 2 *D*).

Indem sich nun im Innern dieser Morula eine mit Flüssigkeit erfüllte Höhle bildet, entsteht die sog. **Keimblase** oder **Blastula**. Die den Hohlraum umschliessenden, peripheren Zellen neunt man die **Keimhaut** oder das **Blastoderm** (Fig. 3 *BD*). Anfangs nur aus einer einzigen

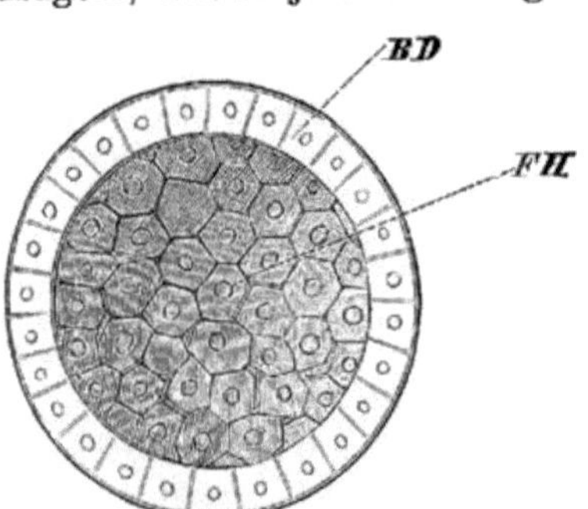

Fig. 3. Blastula. *BD* Blastoderm. *FH* Furchungshöhle.

Zelllage bestehend, wird das Blastoderm später zwei- und endlich gar drei schichtig. Diese drei Schichten bezeichnet man ihrer Lage nach als das **äussere, mittlere** und **innere Keimblatt,** oder als das **Ektoderm (Epiblast), Mesoderm (Mesoblast)** und **Entoderm (Hypoblast).**

Der oben in seinen Grundzügen geschilderte Furchungsprocess kann nun, wie früher schon erwähnt, auf Grund einer ungleichen Vertheilung des Bildungs- und Nahrungsdotters, beziehungsweise in Folge einer massenhaften Ansammlung des letzteren, gewisse Modificationen seines ursprünglichen Verhaltens erfahren. Dieselben fallen in den Kreis der caenogenetischen Erscheinungen und finden ihren Ausdruck entweder in einer ungleichmässigen oder gar nur in einer partiellen Furchung[1]).

Die Frage nach der Entstehung der Keimblätter ist, weil von principieller Bedeutung, eine der brennendsten in der Morphologie, und bis heute ist man hierüber noch zu keinem ganz vollständig befriedigenden Abschluss gelangt. Eines aber lässt sich doch mit Sicherheit behaupten, nämlich das, dass die Eier sämmtlicher Wirbelthiere von· der Blastula aus in ein Stadium eintreten oder in früheren Zeiten einmal eingetreten sind, welches man als **Gastrula** bezeichnet. Diese Entwicklungsform, welche übrigens unter allen Vertebraten nur bei A m p h i o x u s unverfälscht auftritt, kann man sich aus der Blastula so hervorgegangen denken, dass sich die Wand derselben (Fig. 3 *BD*) in sich selbst einstülpt, woraus dann ein Sack mit doppelter Wandung resultiert. Die äussere stellt nach wie vor das Ektoderm dar, welches als S c h u t z - und E m p f i n d u n g s - o r g a n fungiert, während die innere, das Entoderm, einen centralen Hohlraum, die primäre Darmhöhle (A r c h e n t e r o n), umschliesst und als assimilierender, verdauender U r d a r m zu betrachten ist.

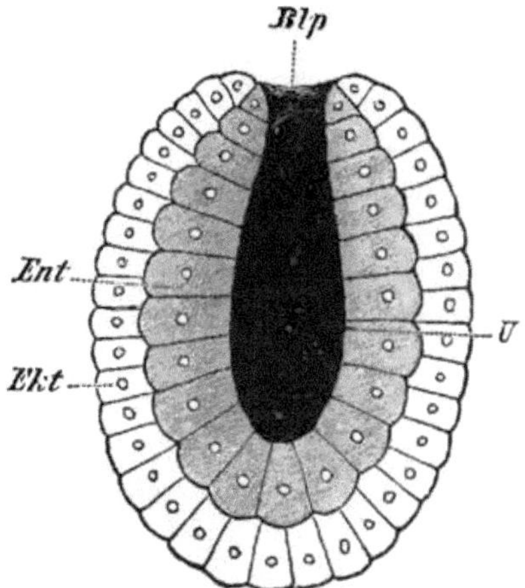

Fig. 4. G a s t r u l a. *Blp* Blastoporus, *Ekt* Ektoderm, *Ent* Entoderm, *U* Urdarmhöhle.

Aus dem Ektoderm gehen später das g e s a m t e N e r v e n s y s t e m, die S i n n e s z e l l e n, die E p i d e r m i s mit ihren Derivaten, die M u n d - und A f t e r - E i n s t ü l p u n g (S t o m o d a e u m und P r o c t o d a e u m), der orale Theil der H y p o p h y s i s c e r e b r i und die A u g e n l i n s e hervor, aus dem Entoderm dagegen entsteht in einem sehr frühen Entwicklungsstadium die sogenannte R ü c k e n s a i t e (C h o r d a d o r s a l i s). Weiterhin entstehen daraus die D a r m e p i t h e l i e n, die D a r m d r ü s e n, sowie die e p i t h e l i a l e n B e s t a n d t h e i l e der L u n g e n, der S c h i l d d r ü s e,

---

[1]) D i e ä q u a l e, auf das gesammte Ei sich erstreckende Furchung findet sich bei den Säugethieren mit Ausnahme der M o n o t r e m e n und unter den übrigen Wirbelthieren (bis zu einem gewissen Entwicklungsstadium wenigstens) auch bei A m p h i o x u s. Eine i n ä q u a l e Furchung tritt auf: bei C y c l o s t o m e n, beim S t ö r, L e p i d o s t e u s, C e r a t o d u s und fast bei allen A m p h i b i e n, wobei manchmal der Typus der partiellen Theilung beinahe erreicht wird. S e l a c h i e r, K n o c h e n f i s c h e, R e p t i l i e n, V ö g e l und M o n o t r e m e n zeigen von Anfang an eine p a r t i e l l e Furchung.

der Thymus, der Leber und des Pankreas. An der Uebergangsstelle beider Keimblätter ineinander findet sich eine Oeffnung die
man als **Urmund (Blastoporus)** (Fig. 4 *Blp*) bezeichnet. Diesem ent-

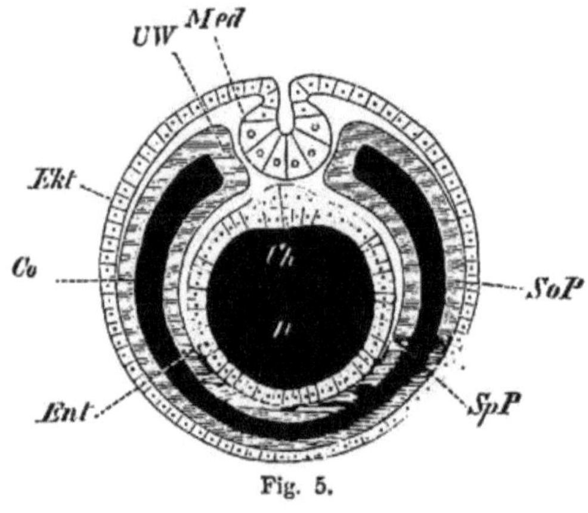

Fig. 5.

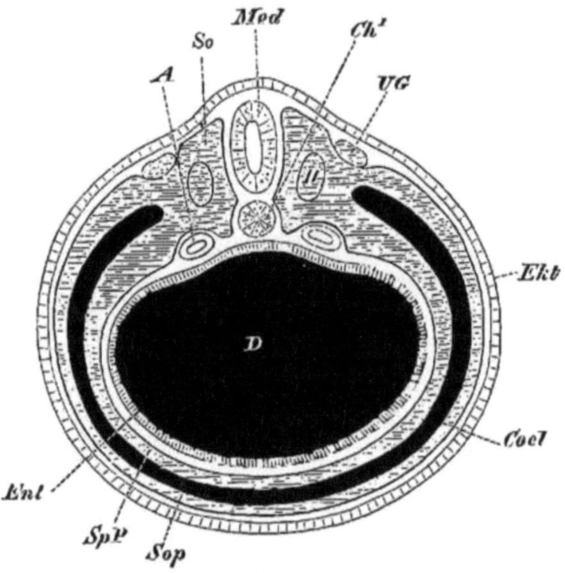

Fig. 6.

Fig. 5 und 6. *A* Aorta, *Ch* (Fig. 5), *Ch*¹ (Fig. 6) die in Bildung begriffene resp. die
vom prim. Entoderm abgeschnürte Chorda dorsalis, *Coel* Coelom, *D* Darm, *Ekt* Ektoderm,
Ent Entoderm, *H* Spuren des abgeschnürten Coeloms im Innern der Somiten, *Med* Medul-
larrohr, welches in Fig. 5 eben im Begriff steht, sich vom Ektoderm abzuschnüren. In
Fig. 6 ist dies bereits geschehen, *So* Somiten, *SoP* Somatopleura, *SpP* Splanchnopleura,
UG Vor- resp. Urnierengang. (Beide Figuren schematisch.)

spricht bis zu einem gewissen Grade der sogen. Primitivstreifen
höherer Wirbelthierformen.

Wenn man sich nun aber auch auf die eben angegebene Weise
das Ekto- und Entoderm, d. h. die beiden **primären** epithelialen
Grenzblätter, entstanden denken kann, so bestehen für sie doch verschiedene, von jener primitiven Bildungsweise abweichende Möglichkeiten der Differenzierung, die man als **Umwachsung**, **Delamination** und **partielle Delamination** bezeichnet. Dabei spielen
die verschiedenen Typen der Furchung eine grosse Rolle.

Das **Mesoderm** ist eine secundäre, **phyletisch jüngere**
Bildung, als die beiden anderen Keimblätter. Es stellt weder be-

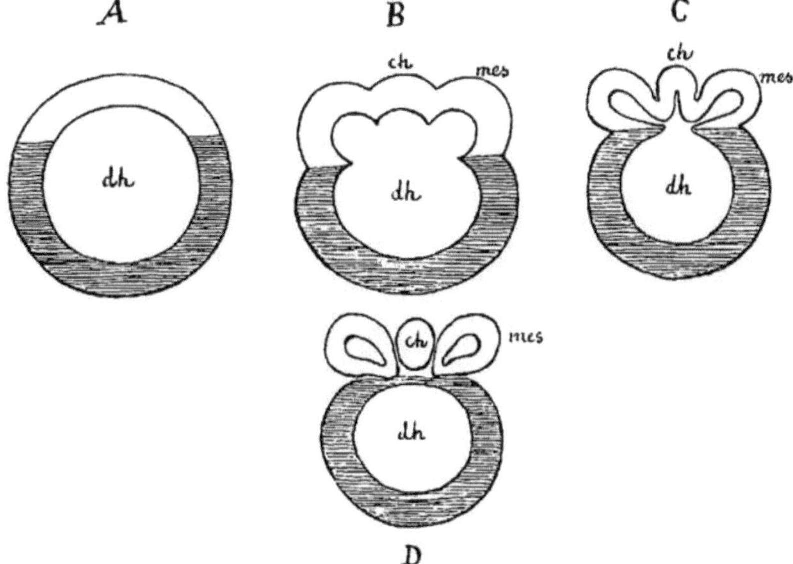

Fig. 7 **A—D.** Schematische Durchschnitte des primitiven Entoderms
von Amphioxus. **A—C** nach **Götte.** Weiss das dorsale, schraffiert das ventrale
(primitive) Entoderm. Aus ersterem gehen die Chorda dorsalis *ch* und die Mesodermsegmente (Somiten) *mes*, aus letzterem die Wände der Urdarmhöhle hervor. Das ganze
Entoderm bildet also hier eine vierfach ausgebogene Platte, Fig. B und C, an welcher
man dorsalwärts eine unpaare chordale und eine paarige Somitenbucht unterscheiden kann.
Alle drei communicieren anfangs durch breite Pforten mit der Urdarmhöhle (*dh*) (Fig. B, C),
später aber trennen sie sich davon ab, und zwar der Art, dass sich zuerst die beiden
Somitenhöhlen röhrenartig abschliessen, worauf die Chordaplatte dasselbe wiederholt,
nachdem sie mit den unter ihr zum definitiven Darmschlauch zusammenwachsenden Rändern
des Darmblattes in eine vorübergehende Verbindung getreten ist (Fig. D).

züglich der Herkunft seiner Zellen, noch hinsichtlich seines histologischen Baues eine einheitliche Bildung dar und steht schon dadurch
zu den eigentlichen „Keimblättern" in bemerkenswerthem Gegensatz. Als eine der ersten und wichtigsten Aufgaben fällt ihm die
Bildung von Blutzellen zu; weiterhin entstehen aus ihm das **Herz**,
die **Gefässe**, sowie die gesammte, in vielen Punkten an das „Mesenchym" der Wirbellosen erinnernde **Stütz- oder Bindesubstanz**
mit dem Corium, d. h. **Bindegewebe, Fettgewebe, Knorpel**
und **Knochen.** Ferner sind noch zu erwähnen: die **serösen**
Häute, die **Muskulatur,** sowie endlich der **Harn- und Ge-**
schlechtsapparat.

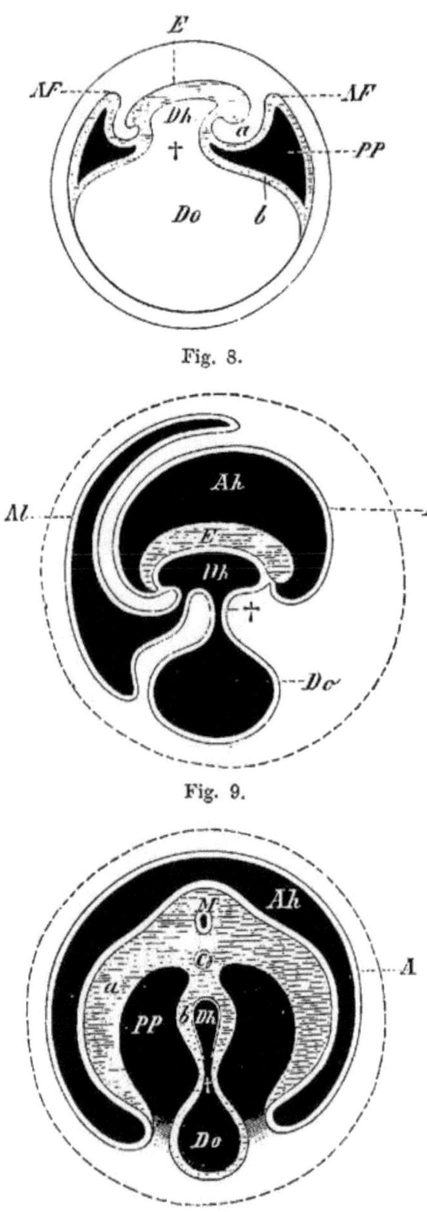

Fig. 8, 9, 10. Bildung des Körper- und Darmnabels. Schema. Fig. 8 und 9 stellen einen Längs-, Fig. 10 einen Querschnitt dar. *A* Amnion, *AF* Amnionfalte, *Ah* Amnionhöhle, *Al* Allantois, *a* und *b* Somato- und Splanchnopleura, *C* Chorda dorsalis, *Dh* Darmhöhle, *Do* Dottersack, *E* Embryo, *M* Medulla spinalis, *PP* Pleuroperitonealhöhle, † Ductus vitello-intestinalis.

Ein im Mesoderm entstehender grosser Spaltraum zerlegt dasselbe in eine parietale und in eine viscerale Schicht. Erstere bezeichnet man als Hautfaserblatt (Somatopleura), letztere als Darmfaserblatt (Splanchnopleura) (Fig. 5 und 6 *SoP, SpP*). Der die beiden Schichten trennende Spaltraum stellt die Körperhöhle, das **Coelom**, dar.

Der dorsale Bezirk des Mesoderms, welcher rechts und links entlang der Mittellinie liegt, zeigt schon in sehr früher embryonaler Zeit eine auf eine gegliederte Ahnform zurückweisende Gliederung oder Segmentierung in einzelne hinter einander liegende Abschnitte, welche man als Ursegmente, Urwirbel oder als Somiten bezeichnet. Diese Ursegmente enthalten das Material für den späteren Aufbau des Achsenskelets, d. h. der Wirbelsäule, sowie der Rumpfmuskeln und eines Theiles des Urogenitalapparates. Jene Urgliederung ist von der erst später auftretenden Gliederung, wie sie sich im Aufbau der Wirbelsäule, der Rippen, der Spinalnerven etc. ausspricht, wohl zu unterscheiden. Der im Innern der Somiten befindliche Hohlraum hängt ursprünglich mit dem Archenteron zusammen und weist so auf eine primitive Segmentierung des letzteren zurück. Später wird die Verbindung zwischen Archenteron und Somit gelöst (vergl. das Urogenitalsystem).

In der Regel findet sich in einer gewissen Entwicklungsperiode auf dem dorsalen Pol des Eies eine verdickte scheibenförmige Stelle, welche sich von der übrigen Eicircumferenz mehr oder weniger deutlich abhebt. Dies ist die sogenannte **Area embryonalis**, d. h. die eigentliche Leibesanlage. Diese sinkt im Laufe der weiteren Entwicklung immer tiefer in die unterliegende Dottermasse ein und differenziert sich durch die dadurch ringsum entstehenden Furchen immer schärfer von ihrer Umgebung. Die weitere Folge davon ist, dass die Verbindung der Leibesanlage mit dem ventral anhängenden Dottersack, d. h. der **Ductus vitello-intestinalis**, eine immer

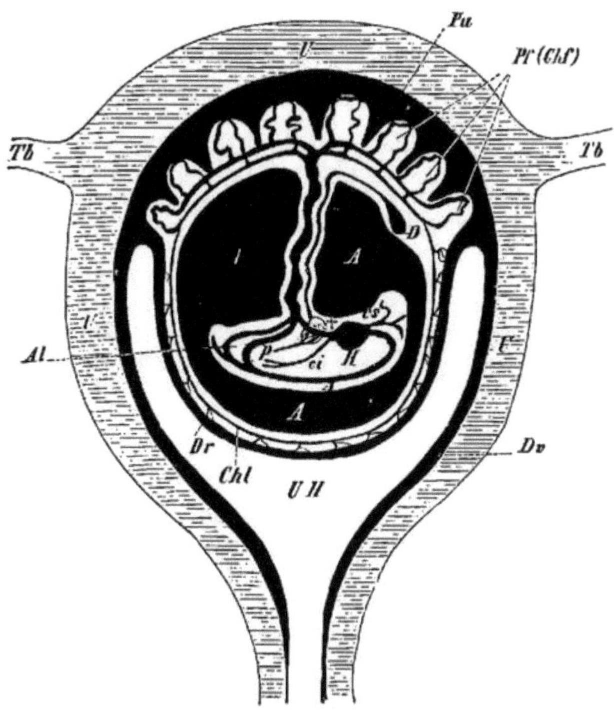

Fig. 11. Schematisches Durchschnittsbild durch den schwangeren Uterus des Menschen. *A, A* die Amnionhöhle, in welcher der an der Nabelschnur hängende Embryo sichtbar ist, *Al* Allantoisarterien (A. umbilicalis), *Ao* Aorta, *D* das rudimentäre Dotterbläschen, *ci* und *cs* Vena cava inferior und superior, *Chl* Chorion laeve, *Dr* Decidua reflexa, *Dv* Decidua vera, *H* Herz, *p* Vena portarum, *Pf* Placenta foetalis (Chorion frondosum), *U* Uterus, *UH* Uterushöhle, *Tb, Tb* Tuben (Eileiter), † die von der Vena umbilicalis durchsetzte Leber.

grössere Beschränkung erfährt, bis sie endlich nach Verbrauchung des gesamten Dottermateriales gänzlich schwindet (Fig. 8 *Do*, †, Fig. 9 und 10 bei †). Gleichzeitig treten bei höheren Wirbelthieren, nämlich bei **Reptilien**, **Vögeln** und **Säugethieren**, nach aussen von den oben erwähnten Furchen **Falten** auf, welche man als **Kopf-**, **Schwanz-** und **Seitenfalten** bezeichnet. Diese erheben sich nun höher und höher, und indem sie endlich dorsalwärts mit einander zur Verschmelzung kommen, entsteht daraus ein häutiger, kuppelartig den Embryo überspannender Sack, das sogenannte **Amnion** oder die Schafhaut (Fig. 8 *AF*, Fig. 9 und 10 *A*, *A*, *Ah*, *Ah*). In diesem findet sich später eine Flüssigkeit (Liquor Amnii).

Auf Grund dieses im Sinne einer Schutzvorrichtung aufzufassenden Verhaltens pflegt man die genannten drei höheren Wirbelthierklassen als **Amnioten** den zwei niederen, d. h. den Fischen und Amphibien, bei welchen es zu keiner Amnionbildung kommt, als den **Anamnia** gegenüberzustellen.

Wenn ich bisher den Dottersack als Nahrungsquelle des sich aufbauenden Leibes bezeichnet habe, so muss ich jetzt noch hinzufügen, dass derselbe, infolge eines auf seiner Oberfläche sich ausbreitenden Gefässnetzes, nebenbei auch als Athmungsorgan fungiert. Letzteres ist aber, abgesehen von den Mammalia aplacentalia, nur von vorübergehendem Bestande, da sehr frühe schon eine aus dem hinteren Darmabschnitt hervorgehende, gefässführende Ausstülpung an dessen Stelle tritt. Dieses neue Respirationsorgan, welches auch zur Aufnahme des Urnierenexcretes dient („embryonaler Harnsack"), wird **Allantois** genannt und ist auch schon bei Amphibien vorhanden, überschreitet aber hier die Körperhöhle des Embryo nicht. Bei Amnioten dagegen dehnt es sich bald mehr und mehr aus und kann sogar als schlauchartig gestaltete Blase, welche sich — den Gasaustausch vermittelnd — bei Reptilien, Vögeln und Monotremen der Eischalen-Innenfläche eng anlegt, den Embryo ganz umwachsen. Später, wann sich die Embryonal-Entwicklung ihrem Abschluss nähert, geht die Allantois eine allmähliche Rückbildung ein.

Bei den höheren Mammalia kommt es, wie in einem späteren, die Beziehungen zwischen Mutter und Frucht behandelnden Kapitel näher ausgeführt werden soll, weiterhin noch zu einer Blutverbindung zwischen Mutter und Frucht. Es wachsen nämlich Gefässe des Foetus in das Gewebe der Gebärmutter hinein, treten dort zum Blutsystem der Mutter in die allerinnigste Beziehung und vermitteln so die Ernährung und die Respiration der Frucht. Man stellt daher jene Säugethiere als **Mammalia placentalia** den **M. aplacentalia** (Monotremen, Marsupialia) gegenüber.

Zur weiteren Schilderung des Aufbaues des Thierkörpers ist vor Allem hervorzuheben, dass einstweilen, in Folge weiterer Faltungs- und Abschnürungsprocesse, das **Neuralrohr**, das **Visceralrohr** und die zwischen beide sich einschiebende, oben schon erwähnte **Rückensaite** (Chorda dorsalis) aufgetreten sind. Alle drei Gebilde liegen streng median, genau in der Längsachse des Körpers, was zur Folge hat, dass letzterer sowohl im Median- wie im Querschnitte jene zwei, durch die Chorda von einander geschiedenen Röhren und zugleich einen bilateral symmetrischen Aufbau erkennen lässt (Fig. 12).

Das Neuralrohr umschliesst das Rückenmark und das Gehirn, welche beide als centrales Nervensystem dem peripheren gegenübergestellt werden. Das Visceralrohr (Coelom), welches später durch die in den fleischigen Leibesdecken entstehenden Rippen eine weitere Festigung erfahren kann, enthält die Eingeweide. Die Rippen, welche elastische, bogenförmig verlaufende Spangen darstellen, stehen mit der auf Grundlage der Chorda dorsalis sich aufbauenden knorpeligen oder knöchernen Wirbelsäule in Gelenkverbindung, und eine grössere oder geringere Zahl derselben kann in der

ventralen Mittellinie das sogenannte Brustbein erreichen, wodurch
die Ringform der Rippenbogen eine vollständige wird.

Das sich erweiternde Vorderende des Neural- und Visceralrohres
tritt dadurch in nächste Beziehung zur Aussenwelt, dass sich im
Bereich des ersteren das Gehirn und die höheren Sinnesorgane,
d. h. der Sitz der höheren geistigen Funktionen, des Intellectes, in
letzterem gewisse Vorrichtungen zur Nahrungsaufnahme und
Athmung entwickeln.

Man bezeichnet diesen Körperabschnitt als den Kopf, an welchen
sich weiter nach hinten der Hals[1]) und Rumpf anschliessen. In den

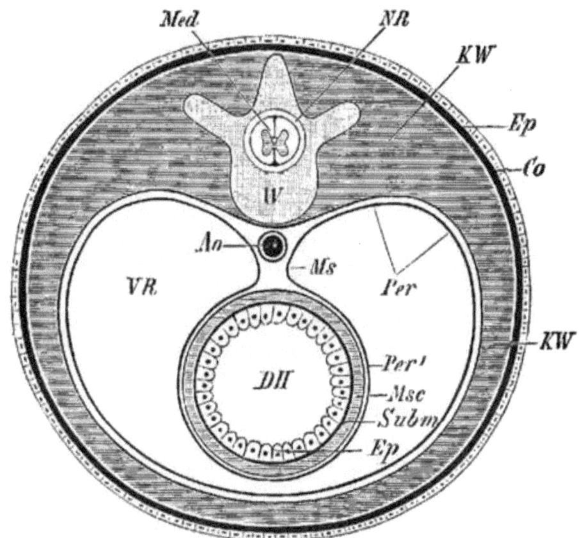

Fig. 12. Querschnitt durch den Wirbelthierkörper, schematisch. *Ao* Aorta,
Co Corium oder Cutis, *DH* Darmhöhle von einem Epithel (*Ep*) ausgekleidet, *Ep* Epidermis,
KW Körperwand (Somatopleura), *Med* Medulla spinalis mit seiner weissen und grauen
Substanz, *Ms* Mesenterium, *Msc* Muskulatur des Darmes, *NR* Neuralrohr, *Per* Parietales-,
Per[1] Viscerales Bauchfell (Peritoneum), *Subm* Submucosa des Darmes, *VR* Visceralrohr,
W Wirbelsäule.

hinteren Bereich des Rumpfes fallen die Ausführungsgänge des Darmes
und des Urogenitalapparates. Der hinterste, keine Leibeshöhle mehr
umschliessende Körperabschnitt führt den Namen Schwanz. Hals
und Rumpf fasst man als Stamm zusammen und stellt ihm die von
ihm auswachsenden Gliedmassen als Appendiculär-Organe
gegenüber.

Die systematische Zoologie hat auf Grund der verwandt-
schaftlichen Beziehungen der Thiere zu einander dieselben in gewisse
Abtheilungen und Unterabtheilungen gebracht, die man als Klassen,
Ordnungen, Unterordnungen, Familien, Gattungen und
Arten bezeichnet. Es mag am Platze sein, die Hauptvertreter der

---

1) Bei niederen Vertebraten, wie z. B. bei Fischen, zeigt sich der Hals noch nicht
differenzirt.

grösseren Gruppen, soweit sie sich auf die jetztlebenden Wirbelthiere beziehen, kurz zu betrachten.

I. Acrania (Lanzettfische)
Amphioxus.

II. Craniota

A) **Anamnia** (ohne Amnion)

Gnathostomata

Ichthyopsiden

1. Pisces:
   - Cyclostomata (Rundmäuler), Myxinoiden (Myxine und Bdellostoma und Petromyzonten.
   - Selachii, **a)** Squalidae (Haie), **b)** Rajidae (Rochen), **c)** Chimaeren (Holocephala)
   - Ganoidei, **a)** Knorpelganoiden (Acipenser, Scaphirhynchus, Polyodon), **b)** Knochenganoiden (Polypterus, Calamoichthys, Lepidosteus, Amia),
   - Teleostei (Physostomi (mit offenem —) und Aphysostomi (mit geschlossenem Verbindungsgang zwischen Vorderdarm und Schwimmblase).
2. Dipnoi:
   - [Monopneumones (Ceratodus) und Dipneumones (Protopterus und Lepidosiren).]
3. Amphibia:
   - Urodela oder geschwänzte Amphibien (Perennibranchiata, Caducibranchiata = Derotremata, Salamandrina),
   - Gymnophiona (fusslose Schleichenlurche),
   - Anura oder ungeschwänzte Amphibien (Frösche, Kröten).

B) **Amniota** (Vertebraten, welche während der Fötalzeit ein Amnion entwickeln).

Sauropsiden

1. Reptilia:
   - Rhynchocephalen (Hatteria)
   - Saurier (Echsen)
   - Ophidier (Schlangen)
   - Chelonier (Schildkröten)
   - Krokodile.
2. Aves:
   - Ratitae (Laufvögel)
   - Carinatae (Flugvögel).

Mammalia

1. Aplacentalia oder Achoria:
   - a) Ornithodelphia (Kloakenthiere oder Monotremata, ovipar, Ornithorhynchus und Echidna)
   - b) Didelphia (Marsupialia, Beutelthiere).
2. Placentalia oder Choriata:
   - Insectivora, Carnivora, Edentaten, Rodentia, Chiroptera, Cetacea, Ungulata, Hyracoidea, Proboscidea, Sirenia, Prosimiae, Simiae, Homo.

Uebersicht über die Entwicklung der Wirbelthiere in den geologischen Zeitaltern [1]).

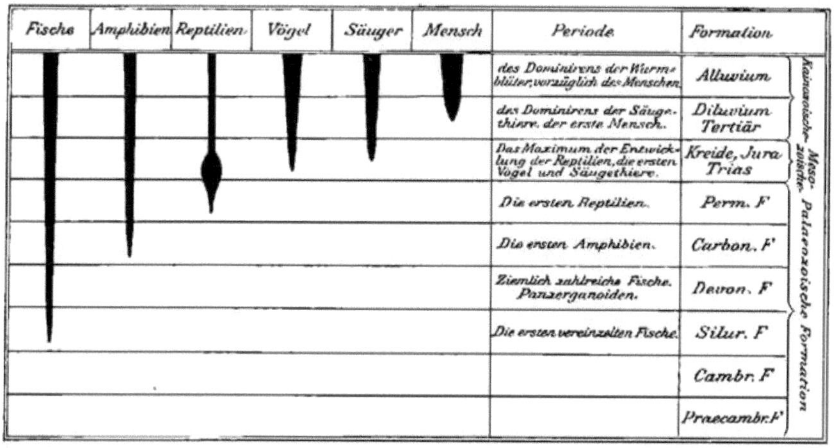

Fische	Amphibien	Reptilien	Vögel	Säuger	Mensch	Periode	Formation	
						des Dominirens der Warm- blüter, vorzüglich des Menschen.	Alluvium	Kainozoische
						des Dominirens der Säuge- thiere, der erste Mensch.	Diluvium Tertiär	
						Das Maximum der Entwick- lung der Reptilien, die ersten Vögel und Säugethiere.	Kreide, Jura Trias	Meso- zoische
						Die ersten Reptilien.	Perm. F'	Palaeozoische Formation
						Die ersten Amphibien.	Carbon. F'	
						Ziemlich zahlreiche Fische. Panzerganoiden.	Devon. F	
						Die ersten vereinzelten Fische.	Silur. F	
							Cambr. F	
							Praecambr. F'	

---

1) Zu Grunde gelegt ist die Darstellung von H. Credner.

Specieller Theil.

A. Integument.

Die äussere Haut besteht aus einer oberflächlichen, dem äusseren und aus einer tiefen, dem mittleren Keimblatt entstammenden Schicht. Erstere ist die **Epidermis** (Oberhaut), letztere das **Corium** (Lederhaut oder Cutis). An der Epidermis kann man wieder zwei Hauptschichten unterscheiden, eine höhere (Stratum corneum) und eine tiefere (Stratum germinativum, Malpighii). Letztere bildet den Ausgangspunkt für die sogenannten Haut- oder Integumentalorgane, d. h. für Horngebilde (Haare, Nägel, Borsten etc.) einer- und für Drüsen (Talg-Schweissdrüsen und ihre Modificationen) andererseits. Ferner sorgt das Stratum germinativum für immerwährende Regeneration der an ihrer freien Oberfläche einem stetigen Verfall unterliegenden Hornschicht und endlich differenzieren sich aus ihr die percipierenden Elemente der Sinnesorgane.

Die im Wesentlichen als stützendes Element fungirende Lederhaut ist in der Regel derber, dicker und besitzt ein festeres Gefüge als die Oberhaut. Sie besteht aus bindegewebigen, elastischen und contractilen, d. h. glatten Muskel-Fasern und grenzt sich nach der Tiefe, gegen das mehr oder weniger Fett führende Unterhautbindegewebe (Tela subcutanea) meist nicht scharf ab. Gegen die Epidermis zu kann die Lederhaut mannigfache Erhebungen („Pars papillaris" corii) erzeugen, welche namentlich bei höheren Typen eine weite Verbreitung und reiche Ausgestaltung erfahren. Abgesehen von den von der Epidermis aus sich einsenkenden Horngebilden und Drüsen kann die Haut auch noch Gefässe, Nerven und Knochenbildungen führen. Farbzellen bezw. freies Pigment kommen sowohl im Corium als in der Epidermis vor. Bei den Farbzellen (Chromatophoren), die als modifizierte Bindegewebszellen zu betrachten sind, kann eine unter dem Einfluss des Nervensystems stehende, zeitweise Verschiebung des Pigmentes innerhalb des Zellprotoplasmas eintreten.

Fische und Dipnoër.

Bei Amphioxus findet sich im Larvenstadium (Gastrula) auf der freien Epidermisfläche ein Wimperkleid, das wir unzweifelhaft als ein Erbstück von wirbellosen Vorfahren zu betrachten haben. Vielleicht ist der gestrichelte Cuticularsaum, wie er bei zahlreichen anderen Fischen, z. B. bei Cyclostomen, Teleostiern [1]), Dipnoërn und, wie ich gleich hinzusetzen will, auch noch bei Amphibienlarven, an der obersten Epidermislage vorkommt, in demselben Sinne zu deuten. (Fig. 13.)

Die meist aus vielen Zell-Lagen bestehende Epidermis zeigt einen sehr polymorphen, nach verschiedenen Fischgruppen stark wechselnden Charakter. Verhornungen an der freien Oberfläche kommen namentlich bei Teleostiern in weiter Verbreitung an dem Theil der Schuppe vor, welcher von der Nachbarschuppe ungedeckt bleibt. Allenthalben finden sich aus dem Corium in die Epidermis einwandernde Lymphzellen, die z. Th. auch als Farbstoffträger fungieren können. Das Corium baut sich aus wagrechten und senkrechten Bindegewebsschichten auf, woraus ein ziemlich regelmässiges, festes Gefüge entsteht.

Als drüsige, bezw. schleimbildende Organe dienen verschiedene Zellen, die man schlechtweg als Schleimzellen, als Körner-[2]) (Petromyzonten), und als Kolbenoder Becherzellen (Knochenfische) bezeichnet. Ob dahin auch die an der Seitenlinie des Rumpfes angeordneten sog. Schleimsäcke von Myxine und Bdellostoma gehören, müssen künftige Untersuchungen zeigen.

Als durch besondere Drüsenapparate charakterisierte Körperstellen sind die Copulationsorgane männlicher Haifische sowie die Kiemendeckel- und Rückenflossengegend gewisser Knochenfische zu erwähnen. Im ersteren Fall steht das betreffende Organ zum Co-

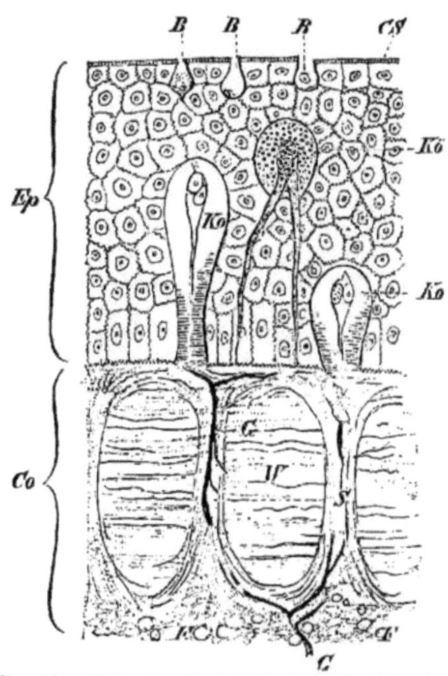

Fig. 13. Durchschnitt durch die Fischhaut, combiniertes Bild. *B, B* Schleimzellen, *Co* Corium, *CS* Cuticularsaum, *Ep* Epidermis, *F* Subcutanes Fett, *G* Gefässe, welche in den senkrechten Bindegewebszügen (*S*) verlaufen, *Ko* Kolbenzellen, *Kö* Körnerzellen, *W* Wagrechte Bindegewebszüge des Coriums.

pulationsact in Beziehung, im letzteren handelt es sich um einen zum Angriff oder zur Vertheidigung dienenden Giftapparat. Die der Epidermis entstammenden, giftsecernierenden Drüsenzellen liegen in ausgehöhlten Knochenstacheln, welche von einer bindegewebigen Scheide umschlossen werden. Solche Giftorgane können auch im Bereich der Brust- und Afterflosse vorkommen.

---

[1]) Bei Teleostiern kommt da und dort in sehr niederen Entwicklungsstadien (gefurchte Eier) sogar noch ein freies Wimperkleid vor.

[2]) Die Körnerzellen werden von manchen Seiten für Ganglienzellen erklärt. Sicheres darüber ist nicht bekannt.

Bei den betreffenden Fischen handelt es sich um verhältnismässig kleine Formen mit wohlschmeckendem Fleisch, und unter diesen besitzen stets wieder die kleinsten die stärksten Giftapparate. Die weitaus grösste Zahl gehört zu der Gruppe der Acanthopterygii, und zwar handelt es sich dabei meist um Bewohner der gemässigten oder warmen Meereszonen. Im süssen Wasser scheinen die Giftorgane sich zurückzubilden resp. ganz zu verschwinden (Perca fluviatilis, Cottus). Ohne Zweifel wird sich bei einschlägigen Untersuchungen die Verbreitung von Giftapparaten in der Reihe der Fische als eine viel grössere herausstellen, als man bis jetzt annimmt.

Jene, im Bereich des Integumentes liegende, auf Kopf, Rumpf und Schwanz vertheilte Organe, die man früher als „Nebenaugen" bezeichnete, und die sich später als Leuchtorgane herausgestellt haben, finden sich bei verschiedenen Fischen und Fischgruppen. So z. B. unter den Selachiern bei den Spinacidae und unter den Teleostiern bei Scopelinen, Chauliodus, Argyropelecus u. a. Hinsichtlich ihres Baues unterscheidet man erstens einen sogenannten Leuchtkörper und zweitens einen Reflector. Ersterer besteht aus einer Hüllen-, Pigment- und Flitterschicht, sowie aus dem das Leuchten erzeugenden Drüsenzellhaufen. Der Reflector dagegen wird gebildet: aus einer hohlspiegelartigen Flitterschicht mit dahinterliegendem Pigment, dem Linsenkörper und einem durchsichtigen, vor der hohlspiegelartigen Flitterschicht liegenden Gallertkörper.

Die Drüsenzellhaufen werden von netzartig angeordneten Bindegewebsfasern durchzogen, welche als Träger der eintretenden Blutgefässe und Nerven dienen. Diese, deren letzte Endigungen bis jetzt nicht bekannt sind, stammen aus dem Trigeminus, Facialis und den Spinalnerven. (Vergl. die Arbeiten von Brandes, Emery, Ussow und Handrick).

Eine wichtige Rolle spielen einzellige und mehrzellige, sehr einfach gebaute Hautdrüsen bei Protopterus annectens, dem afrikanischen Lungenfisch, welcher sich zur regenlosen Zeit tief in den Schlammgrund einbohrt und dann eine Art von Sommerschlaf hält. Während dieser Periode wird seine ursprünglich auf eine feuchte Umgebung berechnete Haut durch ein firnissartiges Hautsecret, welches eine Art von Cocon erzeugt, vor Austrocknung geschützt.

Pigmentzellen, die, wie bereits erwähnt, unter dem Einfluss des Nervensystems stehen und einen Farbenwechsel veranlassen können, finden sich bald in beiden Hautschichten, bald nur in einer derselben, wie z. B. in der Epidermis. Es handelt sich dabei um Anpassungen an die Unterlage (Pleuronectes u. a.). Da und dort tritt zur Paarungszeit ein förmliches „Hochzeitskleid" auf (Blennius), oder macht sich der Farbwechsel nach stattgehabtem Kampf mit Rivalen in farbenprächtigster Weise bemerkbar (Stichling). Wieder in anderen Fällen kommt es während der Paarungszeit zu einem Hautausschlag, wovon in dem Capitel über die Hautsinnesorgane die Rede sein wird.

Der Besitz von Schuppen kann, je nachdem dieselben Prominenzen an der Oberfläche bilden oder nicht, die Oberhaut in der Art ihrer Schichtenbildung beeinflussen. Sämmtliche Schuppen entstehen als knöcherne Gebilde im Corium und werden uns beim Hautskelet wieder beschäftigen.

Amphibien.

Die Epidermis der Amphibien ist mit derjenigen der Fische nicht direct vergleichbar, denn es fehlen ihr fast alle jene für die Fischhaut so charakteristischen Zellformen. Dazu kommt, dass die Epidermis der Larven völlig verschieden ist von derjenigen des ausgebildeten Thieres. Eine Lederhaut tritt erst später auf. Die Oberhaut einer Amphibienlarve ist zunächst einschichtig, dann zweischichtig. Die oberflächliche Lage besitzt einen Wimper- bezw. gestrichelten Cuticularsaum[1]) und stellt eine Deckschicht dar, die während des Larvenlebens als solche erhalten bleibt. Die tiefere Lage dagegen erleidet vielfache Umbildungen; sie wird mehrschichtig und liefert u. a. Ersatz für die vielfach sich abstossenden Deckzellen. Nirgends trifft man jene kleinen Schleim- und Becherzellen, welche die Oberhaut der Fische und Dipnoër charakterisieren; auch Lymphzellen treten nur spärlich auf. Gleichwohl finden sich auch in der Amphibienhaut während der Dauer der Larvenperiode einzellige Drüsen, welche bei den Urodelen mit dem Namen der Leydig'schen Zellen bezeichnet werden. Auch bei Anurenlarven sind Zellen mit fadigem Inhalt und Secreträumen beschrieben worden. — Später, unmittelbar vor der Metamorphose, kommt es in Anpassung an das Leben in der Luft und gänzlich unabhängig von den einzelligen Drüsen der Larven zur Ausbildung von complizierten, mehrzelligen Drüsenanlagen von alveolärem Bau, die in ihrem massenhaften Auftreten ein charakteristisches Merkmal der Amphibienhaut darstellen[2]). Sie liegen theils einzeln zerstreut, theils zu Gruppen vereinigt, welche bei Anuren vorzugsweise am Rücken, bei Urodelen aber in der Kopfnackengegend („Parotiden") und den Rumpfseiten angeordnet zu sein pflegen. Dabei herrschen nicht nur bedeutende Grössen-, sondern auch functionelle Verschiedenheiten, die in einem verschiedenen Bau der Drüsenzellen ihren Ausdruck finden. Die Drüsen zerfallen in Schleim- und in Giftdrüsen, welch letztere ein passives Vertheidigungsmittel darstellen, doch kommen, wie es scheint, auch Uebergangsformen vor. Stets findet sich dabei eine Lage glatter Muskelzellen an ihrer Oberfläche (Fig. 15),

---

1) Bei Salamander-Larven ist das Flimmerepithel in der Haut weit verbreitet. Es findet sich namentlich im Bereich des Kopfes, wie z. B. um die äussere Nasenöffnung herum, in der Randzone der Cornea, auf der Stirngegend, am Kieferrand, im Bereich der Kiemen etc. Auch am Rumpfe kommt es vor, so z. B. hinter der Ansatzstelle der beiden Extremitäten und auch an der Bauchwand. Unverkennbar existiert (wenigstens am Kopfe) eine genaue Beziehung zwischen der Anordnung der Flimmerzellen und der Hautsinnesorgane. Welcher Art aber diese Beziehungen sind, und welche physiologische Bedeutung jenen flimmernden Epithelstrecken in der Haut überhaupt zukommt, steht dahin.

Es sei nur noch erwähnt, dass die Wimpern zu dem gestrichelten Cuticular-Saum der oberflächlichen Epidermislage in engster Beziehung stehen (vergl. die Arbeit von Fischel).

Auch bei ganz jungen Anurenlarven kommt ein Flimmerkleid vor.

2) Schlauchdrüsen sind seltener. Sie finden sich am Daumenballen der Anuren an den Haftscheiben und Gelenkballen des Laubfrosches, an den Zehenenden von Bufo variabilis, Alytes obstetricans, Salamandra atra, Triton, am Kopfe mehrerer Urodelen und an der Cloake der Urodelen.

und zugleich wird die gesammte Epidermis mit dem unterliegenden
Corium durch zahlreiche glatte Muskelzüge aufs Innigste verbunden.

Die Blutgefässe beschränken sich bei An uren nicht auf das
Corium, sondern dringen weit in die Epidermis hinein, und zwar

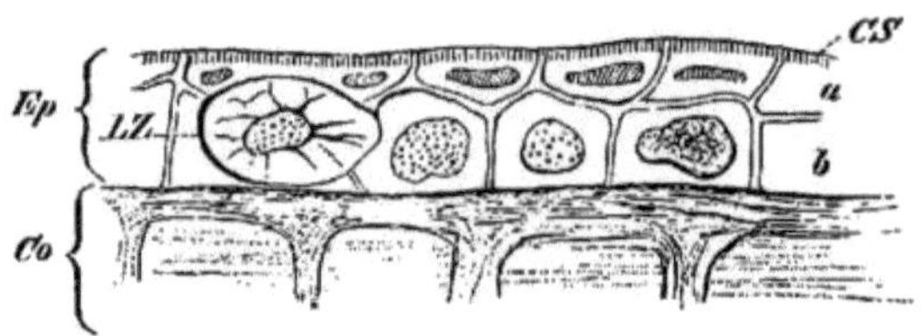

Fig. 14. Haut der Larve von Salamandra mac. *a* Stratum corneum —, *b* Stratum
germinativum (Malpighii) der Epidermis, *Co* Corium, *CS* Gestrichelter Randsaum, *Ep* Epidermis, *LZ* Leydig'sche Zellen (einzellige Schleimdrüsen).

beginnt diese auf die Bildung eines respiratorischen Gefäss-
apparates der Haut abzielende Einwanderung der Capillarschlingen
schon vor der Larvenmetamorphose, steigert sich aber während derselben ganz beträchtlich. Nach der Metamorphose findet wieder eine

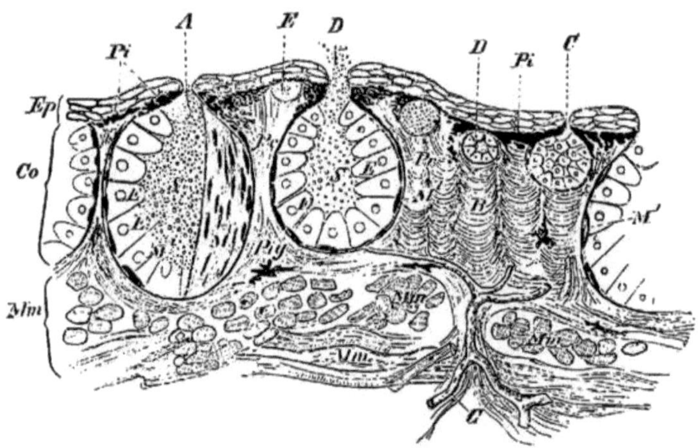

Fig. 15. Schnitt durch die Haut von Salamandra mac. (Erwachsenes Thier.)
A, C, D Verschieden grosse Hautdrüsen, *B* Stroma des Coriums *Co*, *E* Drüsenepithel,
Ep Epidermis, *G* Blutgefässe, gegen das Corium aufsteigend, *M'* die einwärts von der
Propria liegende Muskelschicht der Drüsen, *M* dieselbe von der Fläche gesehen, *Mm* Sub-
cutane Muskelschicht, *Pi* Pigment im Corium, *Pr* Propria der Drüsen, *S* Drüsensecret.

Reduction der Gefässe statt. — Dies erklärt sich daraus, dass zur
Zeit der Metamorphose die Kiemen als respiratorische Organe nicht
mehr functioniren, und dass die zur Larvenzeit bereits bestehende
Lungenathmung nicht genügt. Es werden für diese Uebergangsperiode
somit Einrichtungen nothwendig, welche hier vikariirend eintreten
können. Dies wird erreicht durch die temporär gesteigerte Ausbildung
jenes Blutgefässnetzes in der Haut. (Vergl. auch das Capitel über
die Respirationsorgane).

Allerorts begegnet man in der Amphibienhaut reichlich pigmentierten, verästelten Zellen (Chromatophoren), welche einen Farbwechsel veranlassen können. Sie liegen neben freiem Pigment nicht allein zwischen den Zellen der Epidermis, sondern auch im Corium, welch letzteres sich ähnlich geschichtet erweist wie bei Fischen und das im übrigen auch durch einen grossen Reichthum an glatten Muskeln, Blutgefässen und Nerven ausgezeichnet ist. Auch Kalkablagerungen oder gar förmliche Knochenbildungen (Ceratophrys dorsata) werden in der Lederhaut beobachtet, und, wie später (vergl. das Haut-Skelet) gezeigt werden soll, kommt es in der Reihe der Schleichenlurche (Amphibia apoda) selbst zu Schuppenbildungen.

Endlich sei noch des Verhornungsprocesses gedacht, welcher zur Zeit der Metamorphose an der Oberfläche des Amphibienkörpers Platz greift[1]), sich dabei namentlich über den Rücken erstreckt, und welcher da und dort zur Bildung von Warzen, Höckern und Hornzapfen sowie an Fingern und Zehen zu krallenartigen Bildungen führen kann. Die Hornschicht der Amphibienhaut wird von Zeit zu Zeit abgestossen, und die „Häutung" erfolgt entweder in einzelnen Fetzen oder in toto, also nach Art des bei den Schlangen sogenannten „Natterhemdes".

Von den Hautsinnesorganen, welche ungleich früher auftreten als die Hautdrüsen, und welche mit letzteren (entgegen der Annahme mancher Autoren) nicht das Mindeste zu schaffen haben, wird später die Rede sein.

Reptilien.

Mit der Aufgabe des Wasserlebens hängt die völlig lufttrockene, bezw. an vielen Orten durch Luftgehalt charakterisierte (pneumatische) Beschaffenheit der Reptilien-Oberhaut zusammen. Hautdrüsen fehlen so gut wie ganz, und die einzigen Organe, die man früher in diesem Sinne deuten zu können glaubte, die Schenkelporen der Eidechsen, sind als subcutane, schlauchartig verzweigte Hohlräume mit verhornenden, an der Mündung zapfenartig vorragenden Epidermiszellen erkannt worden, die beim Copulationsact vielleicht als Haft- und Haltorgane eine Rolle spielen. Ob dieselben aus ursprünglichen Drüsen hervorgegangen zu denken sind, erscheint zweifelhaft[2]). Abgesehen von dieser trockenen, drüsenlosen Beschaffenheit unterscheidet sich die Reptilienhaut von derjenigen der meisten Amphibien noch durch einen zweiten, wichtigen Punkt, nämlich durch den Besitz von Schuppen. Diese zerfallen in Hornschuppen und in knöcherne Hartgebilde, welch beide mit einander combiniert

---

[1]) Ein vielschichtiges Stratum corneum bildet sich übrigens auch bei solchen Amphibien aus, welche zeitlebens im Wasser leben (Perennibranchiaten). Es ist also bei Caducibranchiaten nicht etwa direct durch die Anpassung an das Leben an der Luft hervorgerufen, kann aber allerdings durch letzteres eine Steigerung erfahren (Tritonen).

[2]) Auch die seitlich vom Unterkiefer liegenden „Moschusdrüsen" der Krokodile, sowie die am Uebergang vom Bauch — zum Rückenschild ausmündenden Hauteinstülpungen der Schildkröten sind in physiologischer Hinsicht dunkel. Erstere sind ausstülpbar und scheinen nur während der Brunstzeit zu functionieren. Sie stehen unter Muskeleinfluss, und es handelt sich um kein eigentliches Drüsensekret, sondern um Auflösung der äusseren Zellen der Schleimschicht in einen dicken, nach Moschus riechenden Brei.

vorkommen können. Bei allen Schuppenbildungen handelt es sich um eine Erhebung des Corium, welches verkalken, bezw. verknöchern kann oder nicht. Im Fall dieses eintritt, besitzt auch die dadurch gebildete knöcherne Schuppe stets noch ihren epidermoidalen z. T. verhornten und mit Oberhäutchen versehenen Epithelüberzug (Anguis). Im Allgemeinen tritt der Verknöcherungsprocess des Integuments der epidermoidalen Hornsubstanz gegenüber weit in den Hintergrund.

Jene Cutispapille ist also stets das Primäre, und sie ist es, welche die Epidermis hügelartig hervortreibt. Gleichzeitig findet eine starke Wucherung des Epithels statt und zwar anfangs in gleichmässiger,

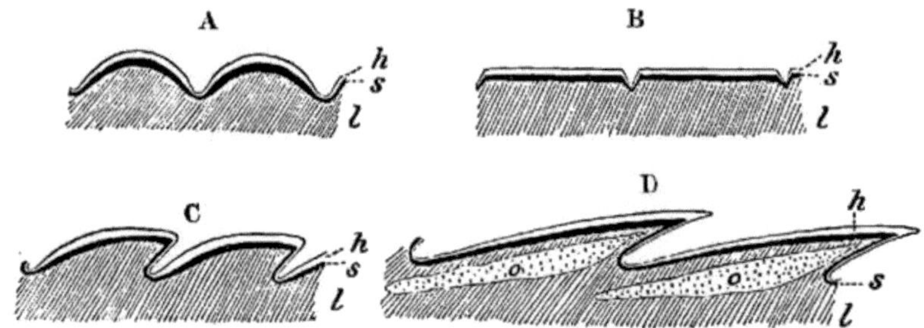

Fig. 16. Längsschnitte durch verschiedene Hautschuppen von Reptilien. Schemata. Nach J. E V. Boas. A Körnerschuppen, B Schilder, C Schindelschuppen. D Ebensolche mit Verknöcherungen. *h* Hornschicht, *l* Corium, *o* Knochenplättchen, die sich im Corium entwickelt haben, *s* Stratum germinativum (Malpighii) der Epidermis.

später aber, je nach der Ober- und Unterfläche der allmählich nach hinten sich umlegenden Schuppen, in verschiedener Weise[1]). Das Nähere ergiebt sich aus der Fig. 16.

Wie bei Amphibien, so kommt es auch bei Reptilien zu einer periodischen Abstossung der obersten Lage der mehrfach geschichteten, verhornenden Epidermis, und zwar geschieht dies entweder nur fetzenweise, oder wird die betreffende Epidermisschicht in continuo umgestülpt (Schlangen), oder endlich kriechen die Thiere gleichsam wie aus einem Sack hervor (Eidechsen).

Die Hornsubstanzen können in der Reihe der Reptilien in den mannichfachsten Modificationen, wie z. B. als Stacheln, Borsten, Leisten, Krallen, Höcker, Schienen und Schilder (Schildpatt[2]) der Schildkröten) auftreten, oder finden sich zu Büscheln angeordnete, cuticulare haarartige Bildungen, wie z. B. an der Unterfläche der Haftlappen der Ascalaboten-Zehen[3]).

Die Lederhaut besteht aus einer tieferen und höheren Schicht. Erstere baut sich aus straffen Bindegewebsbündeln auf, welche in

---

1) Nicht alle Reptilien haben dachziegelartig sich deckende Schuppen. Bei vielen derselben, wie z. B. bei Krokodilen, wo sie zu unterliegenden Knochentafeln in enger Beziehung stehen, und bei Chamaeleonten, sind dieselben einfache, durch Furchen getrennte Platten von verschiedener Grösse. Bei Schlangen ist die Deckung am besten ausgebildet.

2) Die einzelnen Hornplatten des Schildpatts sind von den unterliegenden Hautknochen unabhängig und zeigen auch eine andere Anordnung als letztere.

3) Ganz ähnlich gestaltet sich die „Saugscheibe" am Schwanzende des zur Geckonenfamilie gehörigen Lygodactylus picturatus (Tornier).

der Regel auch hier, ähnlich wie bei Fischen und Amphibien, in
rechtwinkelig sich kreuzenden Lamellensystemen angeordnet sind.
Die höhere oder subepidermoidale Schicht zeigt ein lockeres Gefüge
und führt ausser lockeren Bindegewebsfasern auch noch glatte Muskeln
und ein Stratum pigmentosum, welch letzteres eine sehr verschiedene Ausbildung besitzt. Die Chromatophoren können, wie
z. B. bei Chamaeleon, in mehreren Lagen vorhanden sein. Ein
mit somatischen und psychischen Affectionen in enger Verbindung
stehender Farbenwechsel findet sich bei Chamaeleonten,
Ascalaboten, Schlangen, Schleichen und vielen anderen
Reptilien.

Vögel.

Die Vogelhaut ist charakterisiert durch das Federkleid, sowie durch eine damit in engstem Connex stehende sehr zarte, dünne
Epidermis und Cutis, welch letztere aus regellos durchgefloch-
tenen Faserzügen besteht. Die über den letzten Caudalwirbeln
liegende Bürzeldrüse (Glandula uropygii) fehlt nur wenigen
Vogelgruppen (Ratiten z. B.) und ist als ein erst bei den Vögeln

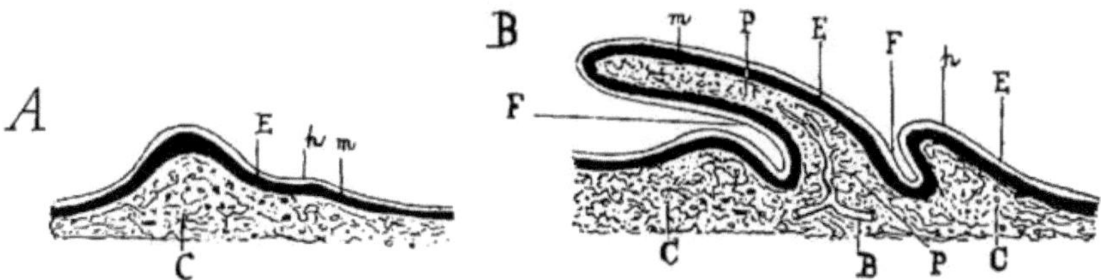

Fig. 17. Zwei Stadien der ersten Federentwicklung. Halbschematisch.
B Blutgefäss, C Cutis, E wuchernde Epidermis, F Follikelanlage, h Hornschicht der
Epidermis, m Stratum germinativum (Malpighii), P Pulpa der Papille.

sich ausbildendes und auf diese beschränktes Organ zu betrachten.
Es dient zur Einfettung des Gefieders und zeigt sich dem entsprechend
bei Wasservögeln in der Regel besonders stark ausgebildet. Eine
zweite Drüse (Hauttalgdrüse) findet sich bei gewissen hühnerartigen
Vögeln im Bereich des Gehörganges. Wenn man von diesen vereinzelten und inconstanten Secretionsorganen absieht, kann man die
Vogelepidermis als drüsenlos bezeichnen. Charakteristisch für die
Cutis ist ihr Reichthum an Sinnesorganen (Tastkolben) und Muskelfasern, welche sich zum grossen Theil an die Federbälge ansetzen
und so das Aufrichten, Sträuben der Federn zu Stande bringen
(Arrectores plumarum).

Die Feder zeigt sich bereits in der Reptilschuppe angebahnt
und stellt gleichsam nur eine weitere Fortbildung derselben dar.
Beide sind also homologe Bildungen, und dies zeigt auch die
Entwicklungsgeschichte.

Das wuchernde Cutisgewebe erzeugt eine leichte Vorragung der
Haut, und gleichzeitig zeigt sich unter dem Einfluss derselben eine
mehrfache Schichtenbildung der Epidermis. Die Erhebung nimmt
zu, wird zapfenartig und beginnt an ihrer reich vascularisierten Basis
in das unterliegende Gewebe etwas einzusinken. Dadurch kommt es

zur Bildung einer Art von Follikel, der sich später noch bedeutend vertieft (Fig. 17).

Bald wird nun die Abgrenzung der Epithelschicht gegen die Cutispapille unregelmässig, und es tritt in der ersteren eine Art von Zerklüftung und Zerspaltung auf, so dass man jetzt auf einem Querschnitt das Pulpagewebe zwischen die einspringenden Epithelleisten oder -säulen weit gegen die Peripherie vordringen sieht (Fig. 18, A).

Schliesslich differenzieren sich jene wuchernden Epithelleisten von der Spitze der Federpapille aus immer mehr von ihrer zelligen Umgebung und werden endlich nach dem Ausschlüpfen und nachdem

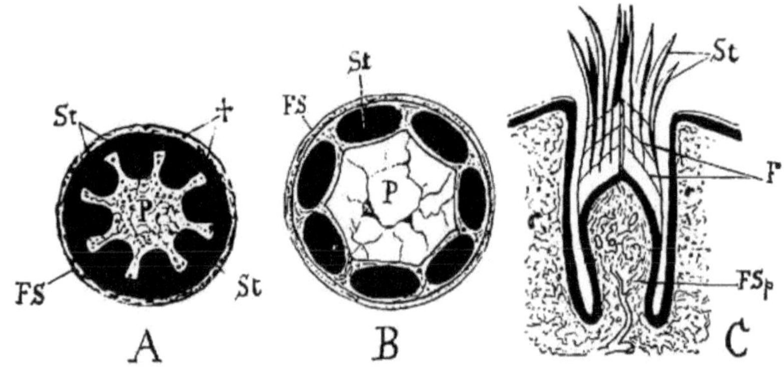

Fig. 18. **A, B, C Drei Stadien der Entwicklung der Embryonaldune.** Schematisch, mit Zugrundelegung der Abbildungen von Davies. A, B stellen Querschnitte dar. *P* Pulpa der Papille, welche in der Fig. A bei † gegen die Federscheide *FS* vorspringt und so zur Abspaltung der Dunenstrahlen *St*, *St* führt. Dies ist in Fig. B und C erreicht. In C sieht man halbschematisch dargestellt einen Längsschnitt. *F* Federseele, *FS* Follikel, *FSp* Federspule.

die umgebende Hornschicht („Federscheide") abgeworfen worden ist, zu den freien Hornstrahlen der sogenannten Erstlingsdune (Pluma). Die Spitze der sich allmählich rückbildenden und aus dem Gebiet der Hornstrahlen gegen die Basis der Spule hinabziehenden Papille (Pulpa) bleibt nach wie vor von einer epidermoidalen, verhornenden Kappe überzogen, von welcher die obengenannten „Strahlen" entspringen, und welche man als Spule bezeichnet. Von dieser aus entwickeln sich jene eigenthümlichen hornigen, durch Luftschichten von einander getrennten kegel- oder kappenartigen Bildungen, die man als „Federseele" bezeichnet.

Jene in ihrem Einzelverhalten oft sehr verschiedenen Erstlingsdunen bildeten einst wahrscheinlich das primitive Federkleid der Vorfahren der heutigen Vögel, denn sie genügten offenbar ihrer Aufgabe, welche in einer Schutzvorrichtung des warmblütigen Organismus gegen die Kälte bestand.

Bei manchen Vögeln persistiert der Charakter des Dunengefieders grösstentheils das ganze Leben hindurch, so z. B. bei den Laufvögeln und unter diesen besonders bei den Casuaren, doch ist auch hier eine Weiterdifferenzierung bereits angebahnt. Letztere besteht in der Ausbildung eines starken Federschaftes (Rhachis), welcher als Träger seitlich aufgereihter Strahlen fungiert. Daraus resultieren die sogenannten Conturfedern, welche dann da, wo sie, wie bei den Flugvögeln, als Schwung- (Remiges) und Steuerfedern (Rectrices) dienen, ihre höchste Ausbildung erreichen und durch das dichte Aneinanderschliessen der Seitenstrahlen, der sogenannten Fahne (Vexillum), zur Vergrösserung der Oberfläche beim

Fig. 19. Archaeopteryx lithographica. Aus dem Jura von Solenhofen Nach Dames. Berliner Museum.

Fluge führen. An die Konturfedern ist das Flugvermögen geknüpft.

Schwung- und Steuerfedern werden noch von besonderen Deckfedern (Pennae tectrices) gedeckt.

Wenn wir erwägen, dass die Federn mit langem, zarten Schaft und Fahne, neben Flaumfedern, schon in vollkommenster Ausbildung bei den Vögeln der Jurazeit, bei Archaeopteryx, bestanden, so

ist man berechtigt, ihre ersten Anfänge noch in viel weiter zurückliegenden Erdepochen zu suchen[1]).

Es würde den Rahmen dieses Buches überschreiten, wollte ich
auch noch auf die Entwicklung der oben schon erwähnten, tief in die
Cutis eingesenkten Konturfeder (Penna) genauer eingehen[2]), und
es soll nur betont werden, dass es sich dabei im Wesentlichen nur
um eine weitere Ausbildung der Dune handelt. Wie bei letzterer
so ist auch bei der bleibenden Feder der Keim die direkte Fortsetzung
des Grundes des Dunenfederkeimes. Ob es sich dabei aber um Erhaltung der alten Papille oder um Bildung einer neuen handelt, ist
zweifelhaft.

Alles in Allem erwogen kann es, wie oben schon angedeutet,
keinem Zweifel unterliegen, dass die ersten Entwicklungsstadien der
Feder mit der Anlage der Reptilienschuppe übereinstimmen; im
weiteren Entwicklungsgang aber zeigt dann die Feder eine im
Sinne einer Anpassungserscheinung zu deutende specifische Weiterentwicklung.

Bei weitaus der Mehrzahl der Vögel sind die Federn in bestimmten „Fluren" (Pterylae) am Körper angeordnet und zerfallen
in Kontur-, Steuer- und Flaumfedern. Alle diese sind nach
demselben Typus gebildet. Die der Konturfedern entbehrenden Bezirke heissen Federraine (Apteria).

Nun kommen aber auch, wie namentlich bei Wasservögeln
und Nachtraubvögeln, Dunen vor, die einen der Erstlingsdune ähnlichen Bau besitzen, allein auch diese lassen eine Spule und
einen Schaft unterscheiden; beide sind allerdings sehr kurz. An
der Schaftspitze sitzt die Fahne, deren Fasern nicht in zwei Zeilen,
sondern quirlständig angeordnet sind. Der allen Vögeln zukommende,
periodisch immer wiederkehrende Federwechsel, die sogenannte
Mauserung, ist als ein von den Amphibien und Reptilien her
vererbter, dem Häutungsprocess entsprechender Vorgang zu betrachten.

Es wird dabei nur die Hornfeder abgeworfen, während die Papille
bestehen bleibt, um als Grundlage für die Neubildung einer folgenden
Feder zu dienen. Letztere wiederholt in ihrem Wachsthum den oben
schon geschilderten Bildungsgang.

Säuger.

Wie die Schuppen für die Reptilien und das Gefieder für die
Vögel, so bildet das Haarkleid (Pili) das charakteristische Merkmal für das Integument der Säugethiere. Es wird sich vor Allem die
Frage erheben, ob und in welcher Hinsicht etwa jene Bildungen auf
einander zurückgeführt werden können? — Da ist nun gleich von

---

[1]) Nach der Auffassung gewisser Autoren würden die sogenannten Fadenfedern
die letzten Reste aus einem phylogenetisch früheren Stadium darstellen, in welchem die
Vögel eine mehr gleichmässige, aber reichere Befiederung besassen als jetzt. Jene Fadenfedern, welche einen verhältnissmässig langen Schaft mit nur geringem, oft nur von einer
einzigen Stelle entspringenden Strahlencomplex besitzen, und wobei die Strahlen wieder
mit Nebenstrahlen besetzt sein können, sollen sich im Lauf der Phylogenese einerseits in
Kontur- andrerseits in Dunenfedern differenziert haben.

[2]) Dasselbe gilt auch für die Entwicklung der Federn auf den Schuppen, Schildern
und Schienen, welche sich an den Läufen (Tarsus, Metatarsus, Phalangen) der Vögel in
weiter Verbreitung und in verschiedener Ausbildung finden.

vorne herein zu betonen, dass Uebergangsformen nicht bekannt sind, wenn auch zugegeben werden muss, dass die Reptilschuppe der Feder ungleich näher steht als das Haar. Gleichwohl lassen sich aber auf Grund der Entwicklungsgeschichte die fehlenden Zwischenstufen insoweit ergänzen, dass Haar und Feder als aus einander ähnlichen, schuppenartigen Gebilden hervorgegangen beurtheilt werden können. Für beide ist also trotz der in ihren Endpunkten so verschiedenen Gestaltungsweise ein gemeinsamer Ausgangspunkt anzunehmen. Mit anderen Worten: Haar und Feder stehen in den nächsten phylogenetischen Beziehungen zu den Hornschuppen der Reptilien[1]).

Die Entstehung der Haare setzt, wie ihre Vertheilung und Gruppen-Stellung beweist, gewisse topographische Beziehungen zu den Schuppen voraus, d. h. die Haare müssen sich auf Grundlage eines ursprünglichen Schuppenkleides entwickelt haben. Auf den Schuppen haben sich also erst secundär die Haare entwickelt und gelangten zu fortschreitender Ausbildung, während die Schuppen sich allmählich zurückbildeten. Die Haare sind übrigens keinesfalls je einer ganzen Schuppe homolog, sondern entstehen aus Theilen des Schuppengebietes, während die Feder vielleicht (?) einer ganzen Schuppe entspricht.

Es kann wohl keinem Zweifel mehr unterliegen, dass den aus primitiven, beschuppten Reptilien hervorgegangenen Ursäugern neben einer spärlichen Behaarung auch ein ausgedehntes Schuppenkleid zukam.

Die erste Anlage des Säugethier-Haares bezw. -Stachels geht in der Regel (beim Menschen immer) von der Epidermis aus und gleicht der Anlage eines Hautsinnesorganes bei Fischen und wasserlebenden Amphibien. Auf Grund dessen werden von manchen Seiten jene Hautsinnesorgane der Amphibien als erster Ausgangspunkt für die Phylogenie der Haare betrachtet, d. h. letztere werden von jenen abgeleitet und an deren Rückbildung geknüpft. Zwischenstufen sind übrigens nicht nachweisbar.

Wenn da und dort der Haarbildung die Entwicklung einer Cutispapille vorausgeht, so darf diese nicht etwa mit der Anlage der Haarpapille verwechselt werden, da sich letztere erst später auf jener Cutispapille und zwar von der tieferen Epidermisschicht aus bildet. Somit ist auch in diesem Fall die Haaranlage prinzipiell die gleiche, d. h. epidermoidaler Natur.

Was den weiteren Gang der Haarentwicklung betrifft, so gestaltet er sich folgendermassen.

Eine nach der Tiefe sich erstreckende Epidermiswucherung wird von der Cutis umgeben, wodurch es ganz ähnlich, wie bei der Feder, zu einer Art von Tasche oder Follikel kommt (Fig. 20, **C**, **D**, *F*.) Weiterhin differenziert sich das ursprünglich einheitliche Zellgefüge des Haarkeimes in eine periphere und eine centrale Zone (Fig. 20. **D**). Letztere besteht aus mehr gestreckten Zellen und wird später

---

[1]) Nach einer anderen Theorie wären die Haare baulich und genetisch mit den Zähnen verwandt und von den Placoidschuppen der Selachier abzuleiten.

zum Haarschaft mit seiner Mark- und Rindenschicht, sowie zum Oberhäutchen (Cuticula) des Schaftes und zur sogenannten inneren Wurzelscheide. Aus der peripheren Zone geht die äussere Wurzelscheide hervor, und beide Scheiden sind auf das Stratum germinativum der Epidermis zurückzuführen, was auch für die später entstehenden Haarbalgdrüsen gilt (Fig. 20, 21).

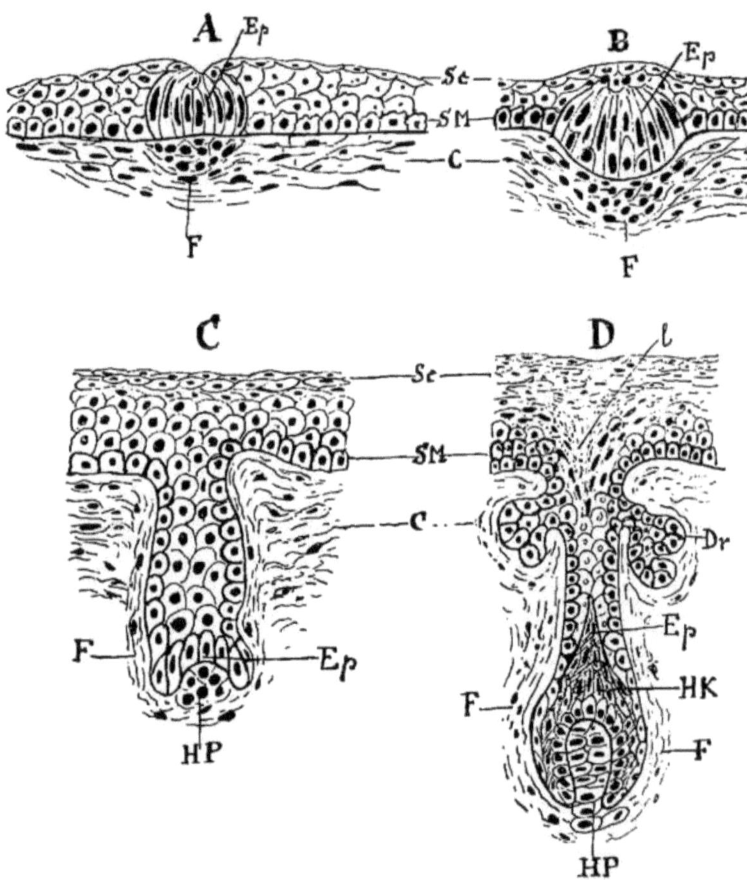

Fig. 20 A—D. Vier Entwicklungsstadien des Haares. Combinierte Bilder mit Zugrundelegung der Figuren von F. Maurer. *C* Corium, *Dr* Anlage der Haarbalgdrüsen, *Ep* Epithelknospe des Stratum germinativum (Malpighii) (Epithelknopf), welche nach der Tiefe wächst, *F* Haarbalg-(Follikel-)Anlage, *HK* Haarknopf (Bulbus pili), *HP* Haarpapille, *l* in Fig. D bezeichnet das Stratum lucidum der Epidermis mit Eleidinkörnchen in den Zellen, *Sc* Stratum corneum, *SM* Stratum germinativum (Malpighii).

Die Basis des Haarschaftes (Scapus) verbreitert sich zum Haarknopf (Bulbus) (Fig. 20, **D**, *HK*) und umwächst allmählich kappenartig die reich vascularisierte Haarpapille (Fig. 20, C, D, *HP*).

Wir unterscheiden also am Schaft 1. das Mark, 2. die Rinde und 3. das Oberhäutchen (Cuticula). Der wichtigste Theil ist stets das **Mark**, welches eine so verschiedene Entwicklung zeigt, dass darauf grösstentheils die Unterscheidung der Haare der einzelnen Thier-Species beruht. Die **Farbe** des Haares hängt von drei verschiedenen Momenten ab; einmal von der mehr oder weniger starken Anhäufung von Pigment in den Zellen der Rindenschicht, ferner vom Luftgehalt der Intercellular-Räume der Markschicht und endlich von der Oberflächenbeschaffenheit, ob rauh oder glatt.

Ueber die Art der Neubildung von Haaren in späteren Altersstadien ist noch keine Einigkeit erzielt, und man weiss nicht sicher ob die Papille des ausfallenden Haares erhalten bleibt, oder ob mit dem neuen Haar eine neue Papille entsteht? Aus einer primären Haaranlage soll durch spätere Theilung eine ganze Haargruppe hervorgehen können [1]).

Eine besondere Beachtung verdienen die durch quergestreifte Muskeln beherrschten, in der Regel durch besondere Grösse sich auszeichnenden Tastborsten [2]), deren Bälge von venösen

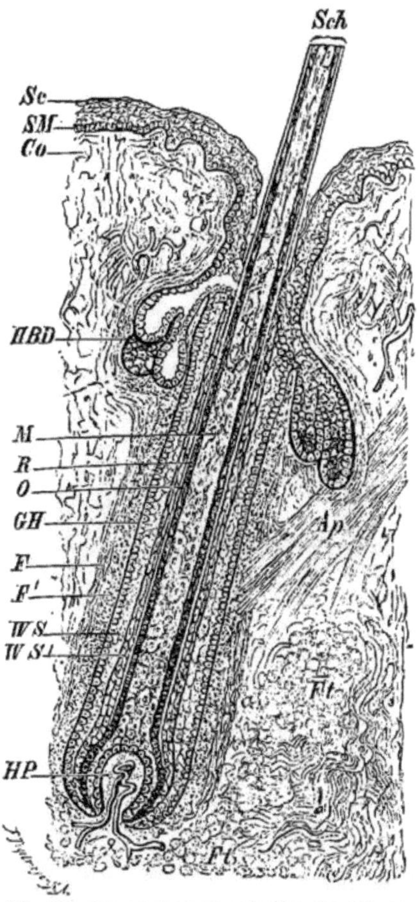

Fig. 21. Längsdurchschnitt durch ein Haar. Schematisch. *Ap* Arrectores pili, *Co* Corium, *F* Aeussere Längs-, *F¹* Innere Querfaserschicht des Follikels, *Ft, Ft* Fettgewebe, *GH* Glashaut, welche zwischen der inneren und äusseren Haarscheide, d. h. zwischen der Wurzelscheide und dem Follikel liegt, *HBD* Haarbalgdrüsen, *HP* Haarpapille mit Gefässen im Innern, *M* Markschicht, *O* Oberhäutchen des Schaftes, *R* Rindenschicht, *Sc* Stratum corneum, *Sch* Haarschaft (Scapus pili), *SM* Stratum germinativum (Malpighii) der Epidermis, *WS,* *WS¹* Aeussere und innere Wurzelscheide. Letztere reicht nur bis zur oder in die Nähe der Einmündung nach oben und hängt mit der Epidermis nie zusammen.

---

[1]) In der übergrossen Mehrzahl der Fälle scheint die Bildung der Ersatzhaare durch Neubildung auf der alten Papille stattzufinden. Nebenher erfolgt aber auch gar nicht selten während des ganzen Lebens eine Neubildung von Haaren von der Epidermis aus nach embryonalem Modus. Dabei kommt es zumeist zu einer frühzeitigen Lösung des jungen Haares, das auch nach der Lösung noch in die Länge wachsen kann. Von diesen sogenannten „Kolbenhaaren" („Schalthaare") dringen die Keime zur Bildung der ausgebildeten, kräftigen, markhaltigen Haare in die tiefsten Cutislagen und ins subcutane Gewebe vor. Wie bei dem totalen Ersatz der Haare in der ersten Lebenszeit erst die Ersatzhaare in das sich scharf abgrenzende subcutane Gewebe gelangen, so dringen auch nie die von der Epidermis aus neugebildeten Haare, sondern erst die sich nach deren frühzeitiger Lösung von der Papille entwickelnden Ersatzhaare in das subcutane Gewebe hinab (Spuler).

[2]) Die Tast- oder Spürhaare sitzen zumeist in der Lippen-, Augen- und Wangengegend, d. h. an den Stellen des Körpers, wo am frühesten die Behaarung auftritt und von wo sie wahrscheinlich die Verbreitung über den ganzen Körper genommen hat.

Bluträumen umgeben, und die mit sehr starken Nerven (N. trigeminus) versehen sind („Sinushaare"). Auch die gewöhnlichen Haare fungieren nebenbei als Sinnesorgane; auch sie sind stets gut innerviert, und dies gilt vor Allem für nächtlich lebende Thiere. Die Borsten bilden die Uebergangsstufe zu dem Stachelkleid, wie es manche Säugethiere charakterisiert. In beiden Fällen handelt es sich um umfänglicher geformte Haare.

Wie die Federn nach sog. Fluren, so sind auch die Haare nach „Haarströmen" (Flumina pilorum) angeordnet. Häufig, wie zum Beispiel beim Menschen, trifft man in embryonaler Zeit ein reichlicheres Haarkleid (Lanugo) als im späteren Leben. Dieser Umstand lässt ebensogut wie dies für die sog. „Haarmenschen" gilt, auf eine Zeit schliessen, in welcher sich der Mensch durch ein ungleich stattlicheres Haarkleid ausgezeichnet haben muss, als heutzutage.

Die geringste Behaarung findet sich bei den Walen und den Sirenen, wo sie oft nur auf ein Paar Borsten in der Lippengegend (Zahnwale) beschränkt ist oder auch ganz fehlt. Bei manchen treten Haarbildungen nur noch in foetaler Zeit[1]) auf, in welcher überhaupt die Uebereinstimmung der äusseren Körperverhältnisse mit denjenigen gewöhnlicher Landsäugethiere noch viel mehr hervortritt, als später, wo sich die Anpassungserscheinungen ans Wasserleben auch in vielen andern Punkten bemerkbar machen.

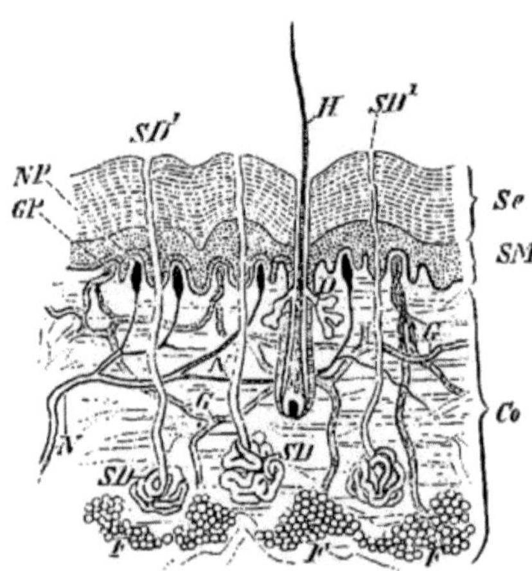

Fig. 22. Schnitt durch die Haut des Menschen. Co Corium, D Haarbalgdrüsen (Glandulae sebaceae), F, F Subcutanes Fett (Panniculus adiposus), G Gefässe im Corium, GP Gefässpapillen, H Haar, N Nerven im Corium, NP Nervenpapillen, Se Stratum corneum, SD, SD Schweissdrüsen mit ihren Ausführungsgängen SD¹, SD¹, SM Stratum germinativum (Malpighii).

Schuppenbildungen begegnet man an gut behaarten Körpertheilen nur selten. Eine grosse Verbreitung haben sie am Schwanze der Mäusearten, der Spitzmäuse, des Bibers, der Beutler, des Ameisenbären u. s. w., ferner an den Pfoten der Nager, Beutler, Insektenfresser u. v. a. Am typischsten finden sich Schuppenbildungen in Gestalt des Hautpanzers der Dasypodidae. — Auch andere Formen von Epidermisbildungen spielen bei den Säugern eine grosse Rolle. Dahin gehören die Nägel, Hufe, Klauen, Krallen, Hörner, Schwielen, die sehr verdickte Epidermis bei kahlen Cetaceen und haarlosen Dickhäutern, das Gesäss mancher

---

[1]) Bei den Sirenen kommt es in der Embryonalzeit ausser den später persistierenden Haupthaaren zur Anlage eines dichten Kleides von Beihaaren, von denen in älteren Embryonalstadien nichts mehr zu erkennen ist. Dennoch gehen diese rudimentären Haaranlagen nicht verloren, sondern wandeln sich in dichtgedrängte Epithelzapfen um, welche eine innige Verbindung mit der Cutis bewirken. Dass also früher bei den Sirenen ein dichtes Haarkleid existierte, kann keinem Zweifel unterliegen.

Affen, die Borsten und Stacheln (Igel, Stachelschwein), die Barten der Wale, das Horn des Rhinoceros etc. (Ueber Hörner und Geweihe vergl. das Kopfskelet.)

Da, wo Pigment vorkommt, wie z. B, an der Schnauze vieler Thiere, an den Genitalien, der Brustwarze des Menschen etc., findet es sich vorzugsweise in Zellen des Rete Malpighii, in das es übrigens in der Regel erst aus der Tiefe, d. h. vom Corium aus, das ebenfalls Pigment führen kann, einwandert. Im Corium selbst kann man eine höhere und tiefere Schicht (Pars papillaris und Pars reticularis) unterscheiden. Letztere verliert sich ganz· allmählich in das subcutane Binde- und Fettgewebe (Panniculus adiposus). Im Corium, dessen Fasern sich wie bei Vögeln regellos durchflechten, liegen auch zahlreiche glatte Muskelfasern, welche sich zum grossen Theil als Arrectores pilorum an den Haarbälgen ansetzen. Sie finden sich aber auch unabhängig von den Haaren, wie z. B. am Scrotum, an den Zitzen etc.

Bei weitaus der grössten Zahl der Säuger begegnet man auf der Vola manus und Planta pedis grösseren Prominenzen, die man als Ballen oder als Tori bezeichnet. Diese Ballen tragen Cutis·fortsätze (Papillen) und zwar entweder unregelmässig oder in regelmässiger, gruppenweiser Anordnung. Sie reihen sich da und dort auf und bilden auf der Höhe der Ballen Leisten, welche sich zu Bogen und Wirbeln entfalten können (vergl. die Vola und Planta des Menschen).

Durch die grosse Zahl der Hautdrüsen, welche über das ganze Integument verbreitet sein können, stehen die Mammalia[1] in schroffem Gegensatz zu Vögeln und Reptilien und schliessen sich andererseits viel mehr den Amphibien an. Die der Ausscheidung von Stoffwechselproducten im Allgemeinen sowie der Production von Riechstoffen dienenden Drüsen zerfallen in schlauchförmige, bezw. knäuelartig gewundene und in alveoläre. Erstere, welche einen das Epithel bedeckenden Muskelüberzug besitzen, werden in der Regel als Schweissdrüsen, letztere als Talgdrüsen bezeichnet, eine wegen der in ihr liegenden Beschränkung ungeeignete Bezeichnung. Von beiden finden sich die mannigfachsten Modificationen. So sind z. B· die Flotzmauldrüsen des Rindes und die Seitendrüsen der Spitzmäuse als umgebildete Schweissdrüsen aufzu assen, während die Glandulae praeputiales et tarsales (Meibomianae), sowie die Inguinaldrüsen gewisser Nager in die Kategorie der Talgdrüsen (Glandulae sebaceae) gehören[2]. Die Talgdrüsen erscheinen nicht nur functionell, sondern auch genetisch und phylogenetisch aufs Engste mit den Haaren verknüpft.

---

[1]) Nur bei den Cetaceen und Sirenen erfahren die Hautdrüsen aus nabeliegenden Gründen eine starke Beschränkung. Ob sich Schweissdrüsen überhaupt noch in der Embryonalzeit anlegen, ist zweifelhaft. Talgdrüsen finden sich noch spurweise bei Sirenen, deren Haut überhaupt noch nicht so stark rückgebildet ist, wie diejenige der Cetaceen.

[2]) Die Monotremen besitzen auf der Rückseite der hinteren Extremität und zwar in der Regio poplitea, eine eigenartige, tubulöse Drüse (Sporndrüse oder Glandula femoralis). Dieselbe steht durch einen langen Ausführungsgang mit dem sogenannten „Sporn" in Verbindung, welcher unter Muskeleinfluss steht und am hinteren Theil des Tarsus befestigt ist. Ueber die Bedeutung dieses bei beiden Geschlechtern zur Anlage kommenden, beim Weibchen aber später sich rückbildenden Drüsenapparates fehlen sichere Nachrichten.

Auch die für die Säugethiere spezifischen **Milchdrüsen** sind als modifizierte Hautdrüsen zu betrachten, und zwar sind sie auf Knäueldrüsen, d. h. auf anfangs solide, schlanke und lange Einwucherungen des Stratum germinativum (Str. Malpighii) zurückzuführen; kurz, sie zeigen weitgehende Aehnlichkeiten mit den Schweissdrüsen und haben mit den ontogenetisch viel später entstehenden Talgdrüsen nichts zu schaffen.

Potentiell können sich also Mammarorgane an jeder beliebigen Hautstelle entwickeln, allein thatsächlich sind sie, in Anpassung an

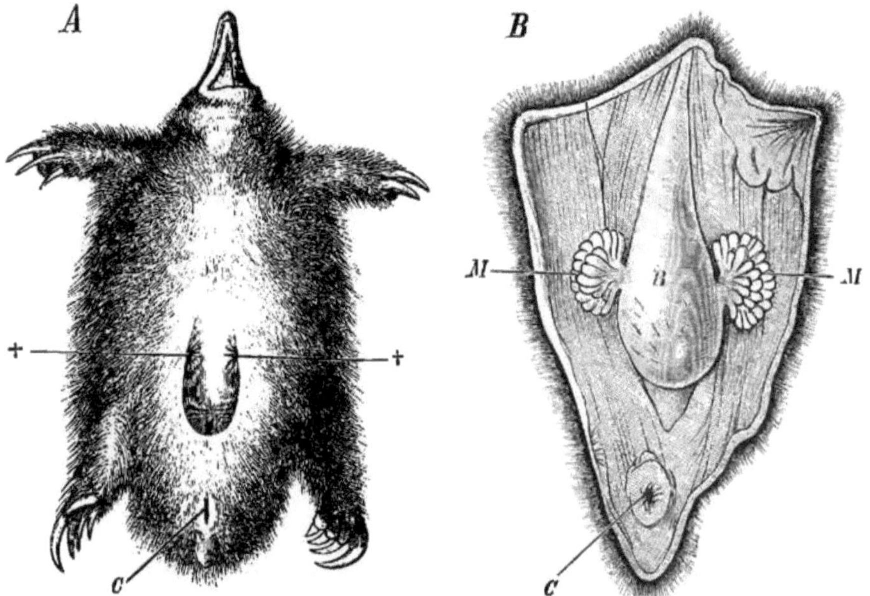

Fig. 23. **A** Unterseite eines brütenden Weibchens von Echidna hystrix. †† Die zwei Haarbüschel in den Seitenfalten des Brutbeutels, von welchen das Secret abtropft. **B** Rückseite der Bauchdecke eines brütenden Weibchens von Echidna hystrix. *C, C* Cloake. In den von starken Muskeln umgebenen Brutbeutel (*B*) mündet jederseits ein Büschel Milchdrüsen *M, M*. Nach W. Haacke.

eine möglichst günstige Brutpflege im Interesse der Mutter und der Jungen auf die ventrale Rumpfseite beschränkt.

Unter den Monotremen, welche eierlegend sind, wächst bei Echidna zur Zeit der Fortpflanzung ein schon in der Embryonalzeit sich anlegender Brutbeutel, ein primitives Marsupium, kräftig heran. Dieses, ab origine als unpaare Bildung auftretend, stellt eine tiefe, sackartig nach hinten (caudalwärts) sich erstreckende Einfaltung der Bauchhaut dar und besitzt an seiner proximalen, lateralen Wand zwei, ebenfalls nur periodisch auftretende, Vertiefungen, die sog. Mammartaschen[1]). Im Bereich derselben münden die Ausführungs-

---

[1]) Die Mammartasche ist als eine vom Brutbeutel ganz unabhängige Bildung aufzufassen. Nur letztere functioniert als Behälter für das Ei und das ausgeschlüpfte Junge, und tritt in weiterer Fortbildung bei Marsupialiern wieder auf. Der Grund für das erste Auftreten eines Brutbeutels liegt wohl in dem Bestreben der niedrigstehenden Warmblüter, dem Ei eine Brutstätte im Bereiche des eigenen Körpers zu bereiten.

gänge des bei beiden Geschlechtern fast gleich mächtig entwickelten Mammarorganes zugleich mit den Haarbälgen aus, und man kann jene Stelle deshalb als das vom übrigen Beutelbezirk scharf differenzierte Drüsenfeld bezeichnen.

Die Drüse selbst, welche bei Echidna aus langen, gewundenen, mehrfach verästelten, an ihren blinden Enden mit sackartigen Ausbauchungen versehenen Schläuchen besteht, wie auch die Mammartaschen, stehen unter dem Einfluss eines starken Hautmuskels, eines Musculus compressor, dessen Existenz um so nothwendiger erscheint, als es bei Echidna noch sowenig als bei Ornithorhynchus zur Entwicklung von Zitzen kommt. 'Aber gesetzt auch, es wäre dies der Fall, so würde doch das Junge, welches erst innerhalb des Brutbeutels das Ei in noch sehr unentwickeltem Zustande verlässt, noch nicht im Stande sein, eine Zitze (Papilla mammae) zu fassen und selbständig Saugbewegungen zu machen [1]). Wie es aber unter den gegebenen Verhältnissen dennoch zum Genuss des ernährenden Drüsensekretes kommt, ob letzteres, wie behauptet wird, an zwei im Bereich der Mammartaschen gelegenen Haarbüscheln abtropft und dann hier vom Jungen abgeleckt wird, oder ob das Junge durch Ansaugen temporär eine Zitze formt, ist nicht mit Sicherheit bekannt (Fig. 23). Jener Beutel wächst später mit dem heranwachsenden Jungen so lange weiter aus, bis letzteres eine Länge von 8—9 cm erreicht hat. Nach Beendigung der Brutpflege bildet er sich wieder zurück.

Ueber die Brutpflege des Ornithorhynchus, der seine Eier in einer Erdhöhle unterbringt, ist nichts Näheres bekannt, und es scheint sicher zu stehen, dass es bei Ornithorhynchus zur Entwicklung eines Beutels nicht kommt. Sollte er in früheren phylogenetischen Entwicklungsstadien bestanden haben, so liesse sich sein etwaiger Verlust durch die Anpassung an das Wasserleben erklären. In diesem Falle würde es sich also bei Ornithorhynchus um secundäre Abänderungen [2]) handeln.

Was nun die Milchdrüse der über den Monotremen stehenden Mammalia anbelangt, so repetiert sich hier in der Ontogenese die bereits bei Echidna erwähnte Mammartaschenanlage noch insofern, als die Epidermis gegen das Corium einsinkt und dann vom Grund der Tasche, d. h. vom sogenannten Drüsenfelde aus, cylindrische, mehr oder weniger verzweigte Fortsätze in die Tiefe treibt, die an ihren Enden kolbenartige Auftreibungen zeigen. Nur die Schläuche und Kolben sind die eigentlichen Drüsen, während die Mammartasche nichts Anderes als die eingesunkene Hautoberfläche bedeutet und als solche alle Gebilde tragen kann, welche genetisch zur Haut gehören, wie z. B. Haare etc.

---

[1]) Auch die Jungen der Beutelthiere und Cetaceen, bei welch letzteren die Zitze unter Wasser erfasst wird, erhalten die Milch durch willkürlichen Muskeldruck von Seiten der Mutter in den Mund gespritzt. In Anpassung daran erhält der Mund der Beutel- und Cetaceen-Jungen vorübergehend eine röhrenartige Form (vergl. im Capitel über die Geschlechtsorgane den „Descensus testiculi").

[2]) Die paarigen Milchdrüsen bei Ornithorhynchus sind mit ihren siebartigen Oeffnungen auf zwei spindelartige Felder an der Bauchseite vertheilt und sind hier von der Behaarung zugedeckt. Diese beiden Feldeöffnungen sind von einer feinen Hautmusculatur umgeben, die in der medialen Ebene der Bauchseite durch eine spindelförmige muskellose Lücke getrennt ist.

Dieses Stadium der Mammartasche kann sich bei verschiedenen Gruppen der Säuger in verschiedenem Grade der Ausbildung dauernd erhalten, wie z. B. bei den Manidae, Cerviden, Carnivoren und Mäusen[1]). Bei letzteren persistiert die die Zitze bergende Tasche bis zum Eintritt der Lactation und wird dann erst zur Verlängerung der Zitze ausgestülpt.

Nun sind bezüglich des Modus der Zitzenbildung zwei Möglichkeiten denkbar. Entweder erhebt sich der die Tasche begrenzende Cutiswall und bildet so eine, vom sogen. Strichcanal[2]) durchzogene Röhre, in deren Grund die eigentlichen Drüsenkanäle einmünden (Fig. 24, B), oder aber das Drüsenfeld erhebt sich zu einer Papille, während der Cutiswall zurücktritt. Im letzteren Fall (Fig. 24 A), welcher auf die Beutler, auf die Halbaffen, Affen und den Menschen Anwendung findet, wäre somit die Zitze eine secundäre, im ersteren Falle dagegen, welcher die Carnivoren, Schweine, Pferde und Wiederkäuer betrifft, eine primäre Bildung. Letztere findet sich schon bei gewissen Beutlern (Phalangista vulpina) angebahnt und setzt sich von hier aus auf die Carnivoren fort. (Gegenbaur.)

Fig. 24. A Wahre und B Pseudozitze. Nach Gegenbaur.

Die Pferdezitze entspricht zwei aneinander gerückten Zitzen des Rindes, d. h. es werden ursprünglich zwei relativ entfernt von einander liegende Mammartaschen angelegt, welche zusammenrücken und zwei Epithelsprossen den Ursprung geben.

Die Zitzen sind, wie z. B. bei Carnivoren und Schweinen, in zwei, nach der Leistengegend zu schwach convergierenden, an der Bauch- und Brustgegend dahinziehenden Reihen angeordnet, oder sitzen sie in der Inguinalgegend, wie bei Ungulaten und Cetaceen. oder endlich sind sie auf die Brustgegend beschränkt, wie bei gewissen Edentaten (Bradypus Manis), Elephanten, Sirenen, manchen Halbaffen, Chiropteren und Primaten[3]).

Die Zahl der Zitzen schwankt bei den verschiedenen Säugethiergruppen zwischen 7—8 und einem Paar; im Allgemeinen aber richtet sie sich nach der Zahl der gleichzeitig erzeugten Jungen. Nicht selten begegnet man überzähligen oder accessorischen Brüsten oder Zitzen (Hypermastie und Hyperthelie), so z. B. bei Schafen und Bovinen[4]). Auch bei Cetaceen finden sich Andeutungen für

<hr>

1) Die „Inguinalgruben" der Antilopen und Schafe haben mit Mammartaschen nichts zu schaffen.

2) Der Strichcanal selbst ist aber keineswegs mit einer persistierenden Mammartaschenhöhle zu parallelisieren, sondern hat die Bedeutung eines Drüsenausführungsganges andrer Milchdrüsentypen.

3) Bei platyrhinen Affen kommen viel mehr Variationen vor als bei den katarrhinen. Bei Mäusen kann man zwei Gruppen von Milchdrüsen, eine pectorale und eine inguinale, unterscheiden. In der ersteren convergieren die Zitzen beider Reihen nach vorne (kopfwärts), bei der letzteren nach hinten (gegen die Geschlechtstheile). Zwischen beiden liegt ein grosses drüsenloses Zwischenfeld.

4) Auch bei Rinds-, Schwein-, Schaf- und Reh-Embryonen ist eine embryonale Hypermastie und Hyperthelie nachgewiesen. Während aber beim Schwein, Schaf und Reh

eine ursprünglich grössere Zitzenzahl, und für den Menschen hat
sich im Laufe der Zeit hierüber eine ganze Litteratur angesammelt.
Wer sich dafür interessiert, wird in meinem Buch „Der Bau des
Menschen, als Zeugnis für seine Vergangenheit" das
nöthige Material zusammengestellt finden, und ich kann mich deshalb
hier auf folgende Notizen beschränken.

Die überzähligen Brüste bezw. Zitzen kommen bei beiden Geschlechtern gleich häufig vor und liegen gewöhnlich ober- oder unterhalb der normalen, d. h. also ebenfalls an der Ventralseite des
Rumpfes und zwar, ganz ähnlich, wie bei vielen Säugern, in zwei
von der Axillar- gegen die Inguinalgegend zu convergierenden Reihen.

Sie decken sich so in ihrer Anordnung auf's Genaueste mit dem
bei jedem menschlichen Embryo in einem gewissen Stadium nachweisbaren Befund, wonach sich auf jeder Seite je vier Mammarorgane
ober- und unterhalb von den normalen anlegen. Es besteht also
in der menschlichen Ontogenese die Anlage für eine
normale Hypermastie resp. Hyperthelie, und darin liegt eine
Parallele mit der bei zahlreichen Säugethierembryonen nachgewiesenen
sogenannten „Milchlinie" („Milchleiste"). Ueber die Zahl der
Zitzen resp. Milchdrüsen, sowie über das Vorkommen überzähliger
Mammarorgane in der Reihe der Säugethiere vergl. die Zusammenstellung in der Arbeit von G. Schickele.

Bei den Männchen ist der Milchdrüsenapparat (Mamma virilis)
rückgebildet, doch gehört es zu den gewöhnlichen Vorkommnissen,
dass neugeborene und auch in der Pubertätszeit stehende Knaben
wirkliche Milch, sogen. „Hexenmilch", produzieren. Auch milchende
Ziegenböcke und (castrierte) Schafböcke sind mit Sicherheit constatiert.

Rückblick.

Das Integument besteht aus zwei genetisch verschiedenen Schichten,
einer ektodermalen = Epidermis und einer mesodermalen = Corium
oder Cutis. Erstere, wesentlich aus Zellen bestehend, ist das specifische
Hautblatt, aus welchem alle jene Organe hervorgehen, welche man
als „Integumentalorgane" bezeichnet (Drüsen, Horngebilde etc.). Das
Corium, hauptsächlich aus Fasern sich aufbauend, hat wesentlich die
Aufgabe, als stützendes Element zu fungieren. Dementsprechend ist
es in der Regel dicker und fester gefügt als die Epidermis oder
Oberhaut. Neben der stützenden Function fällt dem Corium, welches
nach abwärts an das sogen. Unterhautbindegewebe stösst, noch die
Aufgabe zu, als Gefäss- und Nerventräger, sowie zur Aufnahme der
von der Epidermis einwachsenden drüsigen und hornigen Gebilde zu
dienen. Auch Knochenbildungen können in demselben auftreten.
Farbzellen, bezw. freies Pigment, können sowohl in der Epidermis
als im Corium vorkommen.

Entsprechend ihrer exponierten Lage reagiert die Haut ausserordentlich fein auf die Einflüsse der Umgebung, und auf Grund
dieses Umstandes zeigt sie sich bei den verschiedenen Thiergruppen
in sehr verschiedener Ausgestaltung.

die Rückbildung in cranio-caudaler Richtung erfolgt, beobachtet man beim Rind den um-
gekehrten Vorgang. (Beim Schwein finden sich 10—16 brust- und bauchständige, aus
einer typischen, wohl entwickelten Milchlinie hervorgegangene Zitzen).

Bei Fischen sowie auch bei Amphibien-Larven begegnet man da und dort noch einem primitiven, von den Vorfahren her vererbten Flimmerkleid, und hier wie dort senkt sich die Epidermis zu drüsigen Organen in die Tiefe ein; allein während dieselben bei Fischen nur eine bescheidene Rolle spielen und auf wenige Arten bezw. Körperstellen beschränkt erscheinen, verleihen sie der Amphibienhaut, wo sie fast allerorts zu massenhafter Entfaltung gelangen, geradezu ihr charakteristisches Gepräge. Die bei manchen Fischen auftretenden Leuchtorgane setzen sich auf die Amphibien nicht fort.

Die Schuppen der Fische entstehen als knöcherne Gebilde im Corium, gehören also zum Hautskelet.

Bei Amphibien trifft man nie mehr in der Epidermis jene Schleim- und Becherzellen, welche die Oberhaut der Fische und Dipnoër charakterisieren. An ihrer Stelle fungieren jetzt die schon oben erwähnten, überaus zahlreich vorhandenen mehrzelligen Drüsen, welche für die Feuchthaltung der Haut Sorge tragen und z. Th. auch als passive Vertheidigungsmittel (Giftdrüsen) dienen. Abgesehen von seinem Drüsenreichthum zeichnet sich das Integument der Amphibien auch in vielen Fällen durch einen Wucherungsprocess aus, welcher zur Bildung von theilweise verhornten Höckern, Warzen etc. führen kann. Schuppen- und Knochenbildungen kommen bei recenten Amphibien selten vor. — Ein auf Chromatophoren beruhender Farbwechsel wird, wie bei manchen Fischen, so auch bei Amphibien beobachtet.

Die als „Häutung" bezeichnete, von Zeit zu Zeit erfolgende Abstossung der Hornschicht setzt sich auch auf die Reptilien und (unter mannigfaltigen Modificationen) noch weiter hinauf in der Thierreihe fort.

In Folge der wechselnden Lebensbedingungen (Wegfall des Wasserlebens) begegnet man in der Haut der Reptilien grossen Verschiedenheiten gegenüber den Amphibien, die sich vor Allem in dem fast vollständigen Mangel an Drüsen aussprechen. Dagegen ist die trockene, spröde Reptilhaut reich an hornigen Gebilden (Schuppen, Stacheln, Schildern, Krallen etc.) und in den Schuppen erscheint auch bereits der Mutterboden vorbereitet für Federn und Haare, wie wir ihnen bei den höheren Vertebraten begegnen. Ein Farbenwechsel kann auch bei Reptilien vorkommen.

Die Vogelhaut ist charakterisiert durch das in bestimmten „Fluren" angeordnete Federkleid, eine zarte Epidermis und Cutis, sowie endlich durch ihre Drüsenarmuth. Die Entwicklung der Feder weist auf die Reptilschuppe zurück; beides sind homologe Bildungen. Das Federkleid, dem in erster Linie die Aufgabe zufällt, als Schutzvorrichtung des warmblütigen Organismus zu dienen, tritt als Dunengefieder auf und kann als solches persistieren, oder es kommt zur Weiterdifferenzierung in Deck- oder Conturfedern, an deren Ausbildung das Flugvermögen geknüpft ist. Ersteres ist als das Urgefieder, die Conturfeder als secundäre Erwerbung zu betrachten. — Während das Corium bei allen Kaltblütern eine doppelte, unter rechten Winkeln sich kreuzende Schichtung aus Bindegewebsfasern besitzt, ist die Schichtung bei den Warmblütern eine regellose.

Wie das Schuppenkleid für die Reptilien und das Gefieder für die Vögel, so bildet das Haarkleid das charakteristische Merkmal für die Säugethiere und deshalb hat man sie auch „Haarthiere" genannt. Die Haare müssen sich auf Grundlage eines ursprünglichen Schuppenkleides entwickelt haben, doch fehlt vorderhand noch ein vollkommen befriedigender Einblick in die Entstehung des ersten Urhaarkleides. Wie die Federn in „Fluren" so sind die Haare nach „Haarströmen" angeordnet, und zwar giebt es bezüglich ihrer Entfaltung alle möglichen Stufen der Entwicklung vom dicken Haarpelz bis zu fast vollkommenem Haarmangel (Anpassungserscheinungen an das umgebende Medium). Eine besondere Beachtung verdienen die Tasthaare oder Tastborsten, welche in besonderem Grade mit Nerven versehen sind, so dass sie, wie dies übrigens auch für die Haare im Allgemeinen gilt, als Sinnesapparate zu fungieren im Stande sind. Dass aber hierin nicht die Hauptbedeutung der Haare liegt, sondern dass dieselbe in einer Schutzvorrichtung des warmblütigen Organismus zu erblicken ist, liegt auf der Hand.

Während die Sauropsidenhaut ausserordentlich drüsenarm ist, ist die Säugerhaut durch den Besitz zahlreicher Drüsen, die ihrem Bau nach in tubulöse und alveoläre zerfallen, ausgezeichnet. Aus Schlauchdrüsen ist die für die Mammalia charakteristische Mammardrüse hervorgegangen, die anfangs (Monotremen) noch ohne Zitze ist, in der Reihe der übrigen Säuger aber eine solche, und zwar nach zweifach verschiedenem Modus gebaute, besitzt. Zahl und Lage der Milchdrüsen zeigen grosse Verschiedenheiten, und nicht selten weisen Spuren auf eine früher reichlichere Entwicklung des Milchapparates zurück (Hypermastie, Hyperthelie).

So kann man, alles in allem erwogen, vom physiologischen Gesichtspunkt aus die Functionen der Haut folgendermassen präcisieren: sie dient in erster Linie als Schutz- und Deckmittel des gesammten Körpers, fungiert als Trägerin von Sinnesorganen und Drüsen, welch letztere, zumal bei Säugethieren, nicht nur (Schweissdrüsen) zur Wärmeregulierung des Körpers, sondern auch zum Fortpflanzungsgeschäft (Mammarorgane) in wichtiger Beziehung stehen. Die Warmblütigkeit ist an das Feder- bezw. Haarkleid geknüpft. Von geringerer Bedeutung ist die respiratorische (Amphibien) und locomotorische (Flimmerkleid) Function der Haut der Wirbelthiere.

B. Skelet.

I. Hautskelet.

Im Integument der Selachier begegnen wir kleinen Hartgebilden, welche sich bei näherer Besichtigung als aus einer Platte mit einem aufsitzenden, formell stark variierenden Stachel bestehend erweisen und die in fortwährender Regeneration begriffen sind. Die meist rhomboidal gestaltete, knöcherne Platte nennt man Sockel oder Basalplatte, und der Stachel stellt einen Hautzahn dar, an welchem man eine Schmelz- und eine Zahnbeinsubstanz unterscheiden kann. Das gesamte Gebilde ist eine sogenannte Plakoidschuppe oder ein Plakoidorgan. Das Primäre bei diesen, zunächst im Sinn eines Schutzapparates dienenden Hartgebilden der Selachierhaut ist die eine Abscheidung der Epidermis darstellende Schmelzbildung, während sich die Entstehung des dem Mesoderm

entstammenden und dem Knochengewebe verwandten Zahnbeines in
engem örtlichem Anschluss daran erst secundär, d. h. zeitlich später,
vollzieht. Der Schmelz ist also die erste und ursprünglich
einzige Hartsubstanz der Plakoidorgane[1]).

Bei Ganoiden und Teleostiern bedarf es der epidermoidalen
Anregung nicht mehr, sondern die zur Verknöcherung, d. h. zur
Knochenschuppenbildung führende Wucherung des Coriums, tritt
selbständig auf. Während es also allmählich in der Ontogenese zu
einem Ausfall jenes Gebildes kommt, das beim Selachier geradezu noch
das bestimmende Moment für die Anlage der als Hilfsorgan fungierenden Basalplatte gewesen war, nämlich des Hautzahnes, wird
die knöcherne Basalplatte allein fortvererbt, und diese ihre Selb-

Fig. 25. Plakoidschuppen aus der Haut eines Selachiers (Halbschematisch).
S, S Sockelplatten, welche durch Bindegewebe (*Bg*) mit einander verbunden sind.
Z, Z Zähne.

ständigkeit beherrscht nun bei höheren Wirbelthieren den Bildungsprocess der Skeletsubstanz.

Bei Lepidosteus treten Zähnchen in der Haut noch als transitorische Bildungen auf, und zum letztenmal begegnen wir
diesem primitiven Bildungsprocess des Knochengewebes
bei der Anlage gewisser Hautgebilde des Amphibienschädels. Mit anderen Worten: Es bleiben hier die Knochen,
welche ursprünglich zur Stütze von Zähnen dienten (Palatinum,
Vomer, Pterygoid etc.), auch nach Fortfall der Zähne weiter erhalten,
weil sie integrierende Bestandtheile der Gesichtsschädel-Construction
geworden sind und somit nicht mehr aufgegeben werden konnten, ohne
letztere in Frage zu stellen.

Aus dem Vorstehenden erhellt, dass die ersten knöchernen Hartgebilde des Wirbelthierkörpers im Bereich des Integumentes und der
Mundschleimhaut entstehen, dass sie von aussen kommen, dass
also das knöcherne Haut- oder Exoskelet stammesge-
schichtlich älter ist als das knöcherne Binnen- oder
Endoskelet. Ein Anstoss zur Bildung des letzteren wird darin
gesucht werden dürfen, dass das Hautskelet allmählich nach der Tiefe
vordrang und Wechselbeziehungen zum unterliegenden Knorpelgewebe
gewann. Daneben mag es auch noch zur selbständigen Verknöcherung

---

1) Neben kleineren Gebilden finden sich zuweilen alle möglichen Uebergänge bis zu
mächtigen Stacheln. Letztere kommen z. B. in der Rückenflosse mancher Haie und am
Schwanze gewisser Rochen vor. Hier wie dort besitzen sie eine knorpelige Unterlage.

der Knorpelhüllen des Perichondriums gekommen sein; es verbanden sich nun Knorpel- und Knochengewebe zu gemeinsamer Stützfunction.

So werden weitere Complicationen geschaffen: zu der zuvor allein bestehenden Hautossification tritt eine perichondrale und zuletzt noch eine, als secundäre Erscheinung aufzufassende, enchondrale Ossification. Jene kommt bei Anamnia, diese bei Amnioten am reinsten zum Ausdruck. Beide Processe endigen in der weitaus grössten Zahl der Fälle mit einem Unterliegen des Knorpelgewebes im Kampfe der Gewebe im Organismus.

Fische und Dipnoër.

Bei Cyclostomen fehlt ein Schuppenkleid durchaus; es setzt, wie wir bereits wissen, erst ein bei den Selachiern (Plakoid-organe). Bei Ganoiden treten dicke, rhombische Platten auf, welche, den grössten Theil des Körpers bedeckend, der tieferen Schicht der Basalplatten der Plakoidorgane homolog sind. Sie können von einer glänzenden, jedoch nicht mit einem Schmelz zu verwechselnden Ganoin-Schicht überzogen und mehr oder weniger reichlich bezahnt sein.

Die durch die mannigfaltigsten Reliefbildungen charakterisierten Teleostierschuppen zerfallen in Cycloid- und Ctenoidschuppen. Erstere, durch Abrundung der Ecken ursprünglich rhombischer Schilder entstanden, sind ganzrandig, rundlich oder polygonal, letztere haben einen gezähnelten, ausgezackten Hinterrand. Zwischen beiden Schuppenformen bestehen die allerverschiedensten Uebergänge. Stets stecken die Schuppen in Fächern der Cutis, in sogenannten Schuppentaschen. Letztere, sowie die dachziegelartige Deckung, sind als secundäre Erwerbungen zu betrachten. An dem sich entwickelnden Organ kann man eine oberflächliche, spröde Deckschicht, das als reines Zellproduct aufzufassende Dentin, sowie eine aus mehreren Schichten bindegewebiger Natur bestehende Basalplatte unterscheiden. Beide Schichten verkalken später in einer für jede Schicht typischen Weise ganz unabhängig voneinander.

Bei manchen Teleostiern und Ganoiden fehlen Schuppen oder sind sie nur in Rudimenten vorhanden. Dahin gehören z. B. Spatularia, gewisse elektrische und die aalartigen Fische. Dass es sich dabei um Rückbildungen handelt, beweist der Umstand, dass bei Spatularia und den Aalen in der Embryonalzeit Schuppen noch vorhanden sind.

Wieder in anderen Fällen, wie z. B. bei Panzerwelsen[1]), Plectognathen, Lophobranchiern u. v. a., kann es ähnlich wie bei den fossilen Panzerganoiden und den recenten Knochenganoiden, zu starken Knochenschienen kommen, so dass der ganze Körper in einem derben und soliden Kürass steckt (Fig. 26).

Von einer direkten Ableitung der Dipnoër-Schuppen von denjenigen der Selachier kann so wenig die Rede sein, als dies bei

---

[1]) Bei Panzerwelsen prägt sich durch das Bestehen von Hautzähnchen mit Dentin und Schmelz die Erhaltung eines alten Zustandes aus. Im Gegensatz aber zu den Selachiern tragen hier die Zähnchen nicht zur Formierung der Sockelplatte bei. Bei den übrigen Teleostiern kommen Hautzähnchen nicht mehr zur Anlage.

dem Schuppenkleid der Ganoiden und Teleostier der Fall ist. Gewisse Aehnlichkeiten mit den Cycloidschuppen der Teleostier sind übrigens nicht zu verkennen, auch stecken die Dipnoërschuppen in Schuppentaschen und sind dachziegelartig geschichtet, allein beide

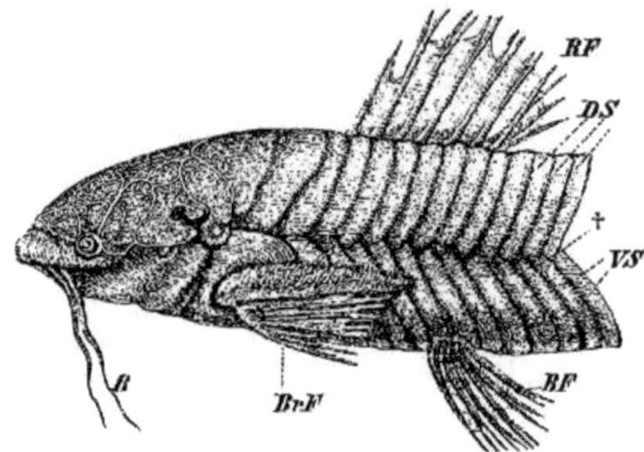

Fig. 26. Hautpanzer eines Panzerwelses (Kallichthys). *B* Barteln, *BF* Bauchflosse, *BrF* Brustflosse, *DS* und *VS* dorsale und ventrale Knochenschilder, *RF* Rückenflosse. † Seitenlinie, wo die dorsalen und ventralen Schilder zusammenstossen.

sind auf getrennten Entwicklungsbahnen entstanden, deren Endpunkte einander ähnlich geworden sind.

Amphibien, Reptilien und Säuger.

Von dem starken Hautknochenpanzer der fossilen Ganocephalen, Stegocephalen und Labyrinthodonten haben sich bei den recenten Amphibien nur geringe Spuren erhalten. Dahin gehören die Knochenplatten, welche sich in der Rückenhaut gewisser ungeschwänzter Amphibien (Ceratophrys dorsata und Ephippifer aurantiacus) entwickeln, und ferner die zwischen die Hautschienen eingesprengten Schuppen der fusslosen Amphibien, der Gymnophionen oder Coecilien. Letztere besitzen manche Vergleichungspunkte mit den Fisch- und Dipnoërschuppen und lassen sich andrerseits auf das Schuppenkleid der uralten Molche (Discosaurus) der Permformation zurückführen.

Noch viel mächtiger aber gestaltete sich der Hautpanzer untergegangener Reptiliengeschlechter, wie z. B. derjenige mancher Ornithopoda (Stegosaurus). Hier entwickelten sich metergrosse, mit einem dicken Hornüberzug versehene Knochenplatten und Knochenstacheln bis zu 63 cm Länge in der Rückengegend. Der Kopf war mit einem Hornschnabel versehen. Auch andere fossile Saurier, wie der Teleosaurus, der triassische Aëtosaurus ferratus, sowie zum Theil auch die der Kreideperiode angehörigen kolossalen Dinosaurier (Ceratopsidae) besassen ein starkes Exoskelet.

Ich verweise zu dem Behufe auf Fig. 27, **B**, welche die hintere Hälfte der Wirbelsäule des Dinosauriers Diplodocus aus Wyoming (U. S. America) im Vergleiche mit den Grössenverhältnissen des Menschen darstellt. Das Thier war ein plumper Pflanzenfresser, der die Nahrung mit den zierlichen Vorderzähnen ergriff und sie dann ungekaut verschlang. Mahlzähne waren nicht vorhanden. Die Gesamtlänge des Thieres belief sich auf 17—18 Meter, d. h. auf ca. 60 Fuss, wobei die Hälfte auf den enormen Schwanz kam. Letzterer

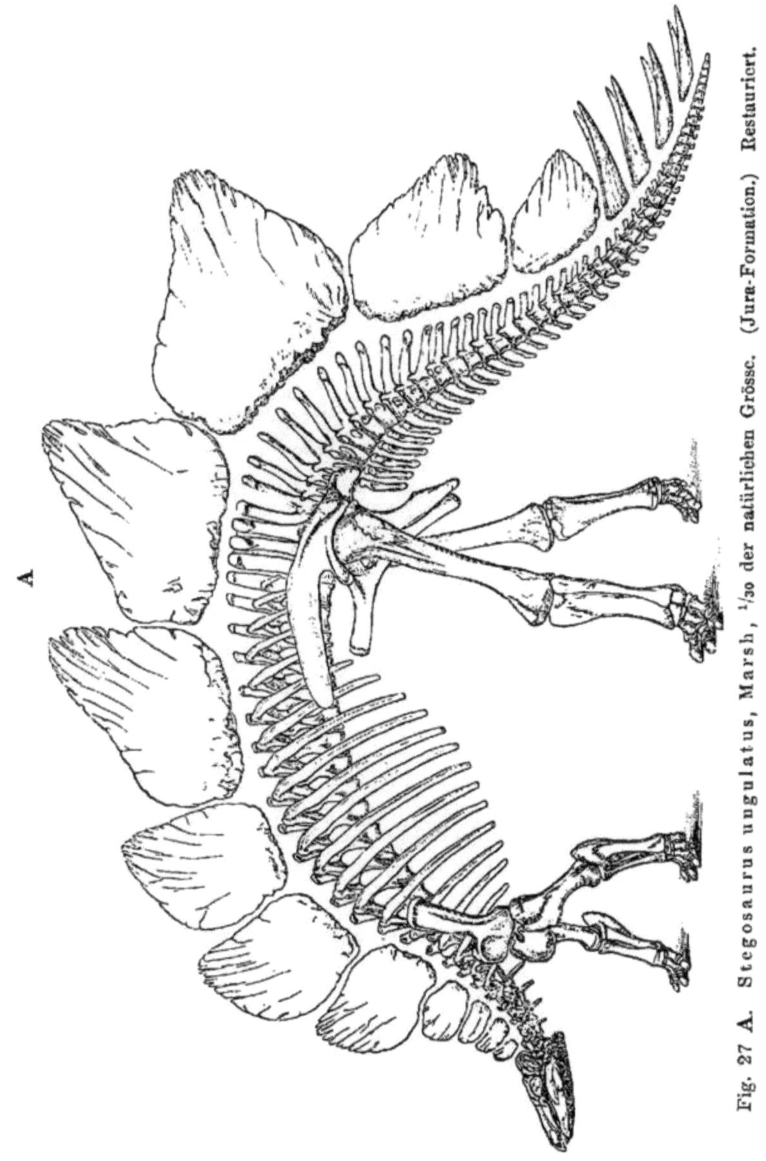

Fig. 27 A. Stegosaurus ungulatus, Marsh, $^{1}/_{30}$ der natürlichen Grösse. (Jura-Formation.) Restaurirt.

(von gewaltiger Musculatur bewegt) war ein wichtiger Factor für die Fortbewegung zu Wasser (Schwimm-, Ruderorgan) und zu Land. In beiden Fällen war er ein Hebel-, Stütz- und Balancier-Apparat, um das Thier im Gleichgewicht zu halten, ·

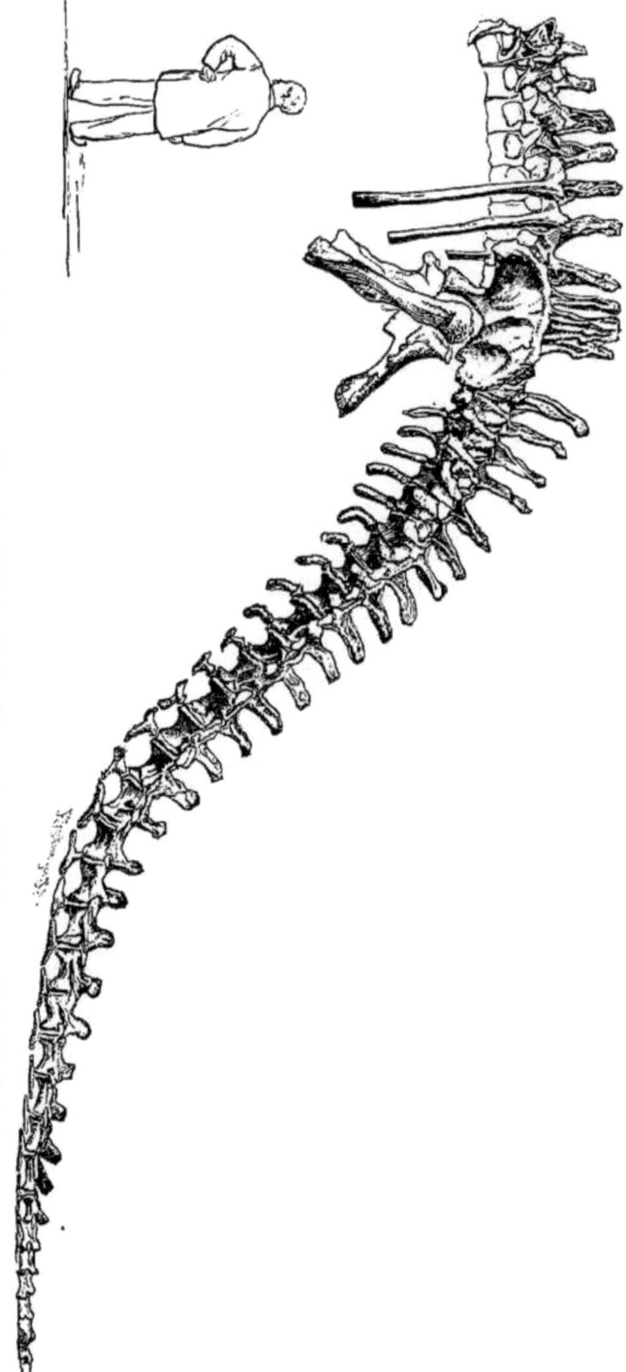

Fig. 27 B. Hintere Hälfte der Wirbelsäule des Dinosauriers Diplodocus. Nach H. F. Osborn.

Die als rein dermale Ossificationen aufzufassenden „Bauch-rippen" („Parasternalelemente", Gegenbaur) bilden bei Stegoce-phalen, wo noch primitive Verhältnisse vorliegen, schräg verlaufende Schuppenreihen, die in bilateral-symmetrischer Anordnung die ganze Bauchseite zwischen Schulter- und Beckengürtel bekleiden. Bei höherer Ausbildung decken sich die einzelnen Schuppen nicht mehr, sondern differenzieren sich zu kurzen Stäbchen, die einfach neben-einander gereiht erscheinen. Bei der Archaeopteryx zeigen sich die Bauchrippen schon stark rückgebildet.

Unter den recenten Formen finden sich Bauchrippen bei Hat-teria noch in voller Ausbildung und bestehen hier je aus einem Mittelstück sowie aus einer rechten und linken Seitenspange. Die so aus drei Elementen zusammengesetzten Spangen durchsetzen

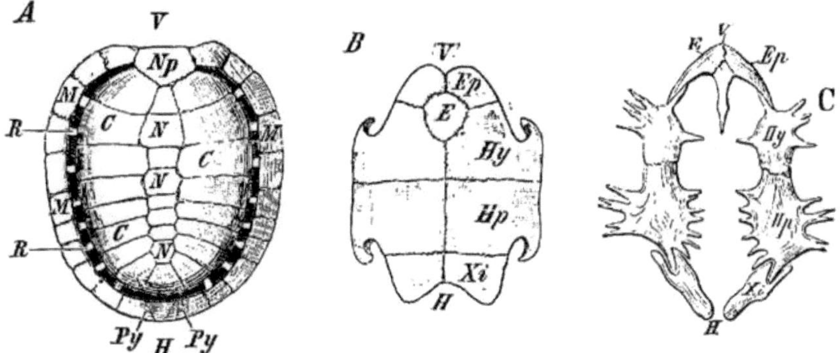

Fig. 28. A und B Carapax und Plastron einer jungen Testudo graeca, C Plastron von Chelone midas. C, C Costalplatten, E Entoplastron, das vielleicht einem Episternum entspricht, Ep Epiplastron, das vielleicht einer Clavicula entspricht. Hp Hypoplastron, Hy Hyoplastron, M, M Marginalplatten, N, N Neuralplatten, Np Nuchal-platte, Py, Py Pygalplatten, RR Rippen, Xi Xiphiplastron. (V bedeutet vorne, H hinten.)

den geraden Bauchmuskel, ohne sich jedoch mit der Zahl der Kör-permetameren zu decken. Sie übertreffen letztere vielmehr an Zahl bedeutend.

Auch bei Krokodilen finden sich solche Spangen, aber ihre Anordnung entspricht hier der Zahl der Rippen, mit welchen sie im Uebrigen hier so wenig als anderwärts etwas zu schaffen haben. Sie stossen in der Medianlinie („Linea alba") nicht mehr zusammen, son-dern bestehen, mit Ausnahme der vordersten Spange, welche ein-heitlich ist, jederseits aus zwei, fest miteinander verbundenen Theilen. Offenbar handelt es sich hierin bereits um Rückbildungsprocesse.

Unter den heutigen Reptilien zeichnen sich die Crocodilier und namentlich die Schildkröten durch ein wohl entwickeltes Haut-skelet aus. So unterscheidet man bei den Schildkröten einen aus zahlreichen Stücken bestehenden Rücken- und Bauchschild (Carapax und Plastron). Der Bauchschild, dessen grösserer hin-terer Abschnitt wohl mit den stark veränderten Resten von Bauch-rippen homologisierbar ist, entsteht als reine Dermalverknöcherung, während beim Rückenschild z. Th. enge Beziehungen zum Innenskelet (Bogen, bezw. Dornfortsätze der Wirbel und Rippen, welche beide sich schon frühe in der Ontogenese zu Platten verbreitern) bestehen. Alles dies geschieht unter gleichzeitiger Rückbildung der Intercostalmuskeln, welche vollständig verschwinden, theilweise auch der Rückenmuskeln, dann der Gelenkfortsätze der Wirbel, der Intervertebral- und der Rippengelenke. Als echte vom Innenskelet unabhängige, d. h. aus Schuppenknochen hervorgegangene Hautknochen des Carapax sind die Nuchal-, Marginal- und Pygalplatten zu erwähnen. Im Gegensatz dazu sind die Costal- und Neuralplatten nichts weiter als stark verdickte Periostknochen der knorpeligen Rippen resp. Dornfortsätze. Sie haben eine subcutane Lage, ohne übrigens genetisch mit der Haut etwas zu schaffen zu haben. Bezüglich der den Carapax und das Plastron zusammensetzenden Einzeltheile verweise ich auf die Figur 28 **A**, **B** und **C**.

Unter den **Säugethieren** sind allein die **Loricata** (Gürtelthiere) mit einem Hautskelet versehen. Es bildet hier einen aus fünf, beweglich unter einander verbundenen Platten zusammengesetzten Rückenschild; die eine Platte deckt den Kopf, die andere den Hals, eine dritte die Schultern, eine vierte und fünfte die Rücken-, Lenden- und Beckengegend. Auch Schwanz- und Gliedmassen können von unvollständigen Knochenringen und Platten bedeckt sein. Ob dieses Hautskelet direkt von jenem der Reptilien abzuleiten ist, erscheint sehr zweifelhaft; viel wahrscheinlicher ist, dass es als eine secundäre Bildung aufzufassen ist.

Rückblick.

Die genetisch an das Integument geknüpften Plakoidorgane der Selachier sind als die primitivsten, knöchernen Hartgebilde des Wirbelthierkörpers zu betrachten. Dieselben repräsentieren auf Sockelplatten aufsitzende Zahnbildungen und stellen in ihrer Gesamtmasse einen noch sehr einfachen, dermalen Schutzapparat dar. Bei Ganoiden und Teleostiern treten sie in der Regel in ihrer ursprünglichen Form (als mit Schmelz überzogene Kegel) nicht mehr in die Erscheinung, sondern es kommt hier nur noch zur Ausbildung der Sockelplatten, welche zu Schuppen- und kleineren oder grösseren Hautknochenschildern confluieren. Während es sich also hier bereits um einen abgekürzten Entwicklungsprozess handelt, sehen wir bei Amphibienlarven den ursprünglichen Bildungsmodus bei der Anlage der Schleimhautknochen der Mundhöhle wieder repetiert. Von hier aus ergeben sich selbstverständlich auch weitere Schlüsse auf die phylogenetische Entstehung der Hautknochen des Schädels im Allgemeinen, allwo sie, wie dies später noch weiter auszuführen sein wird, zum übrigen Kopfskelet in wichtige Beziehungen treten.

Nicht nur bei Fischen, sondern auch bei fossilen Amphibien und Reptilien spielt das aus zahlreichen und zuweilen mächtigen Platten bestehende Hautskelet eine hervorragende Rolle, während es bei recenten Amphibien und Reptilien dem Innenskelet gegenüber in den Hintergrund tritt. Relativ gut ausgeprägt findet es sich noch in den Bauchrippen gewisser Saurier, sowie im Bauch- und Rückenschild der Chelonier.

Ob das unter den Säugern nur bei Gürtelthieren auftretende Haut-skelet von demjenigen der Reptilien abzuleiten ist, oder ob es eine secundäre Erwerbung darstellt, kann zur Zeit noch nicht mit Sicher-heit entschieden werden.

II. Inneres Skelet.

Während als „Hautskelet" diejenigen knöchernen Theile be-zeichnet werden, welche zeitlebens im Bereich der äusseren Haut ver-harren, bezeichnet man als Innenskelet jene knorpeligen und knöchernen Hartgebilde, welche eine tiefere Lage einnehmen. Von diesen sind alle knorpeligen Bestandtheile, die man in ihrer Gesamt-heit als Primordialskelet bezeichnet, zweifellos von vorne herein in der Tiefe entstanden zu denken, und dieselben bildeten während langer Zeiträume überhaupt das einzige Innenskelet, wie dies für die Selachier z. B. heute noch gilt. Weiterhin kam es dann im Bereich des Innenskelets zu Knochenbildungen und zwar nach doppeltem Modus. Erstens kann dabei eine primäre Knochen-anlage ebenfalls in der Tiefe angenommen werden, und zweitens können sich zum knorpeligen Innenskelet knöcherne Elemente hinzu-gesellen, welche phylogenetisch auf Hautknochen zurück-führbar, aber im Laufe der Zeit in die Tiefe gerückt sind und sich mit den dort selbständig entstandenen Knochen secundär ver-bunden haben.

Ueber die Zugehörigkeit zu einer dieser beiden Kategorien kann nur die Vergleichung bezw. die vergleichende Entwicklungsgeschichte entscheiden.

Beziehungen des Knochens zum Knorpelskelet können sich darauf beschränken, dass sich der Knochen dem Knorpel nur auflagert („Deck-" oder „Belegknochen"). Es kann aber auch ein Knochen von vorne herein im Perichondrium entstehen („perichondraler Knochen"), und dieser kann im Laufe der phylogenetischen Ent-wicklung in den Knorpel einwachsen und dessen Stelle einnehmen („endochondraler Knochen"). — Unter den Deckknochen kann das Knorpelskelet im Laufe der Phylogenese schwinden, und ebenso kann gelegentlich ein Knochen, der seiner Stammesgeschichte nach als perichondrale Auflagerung entstand, später scheinbare Selbst-ständigkeit erlangen, indem die knorpelige Unterlage nicht mehr zur Ausbildung gelangt.

1. Wirbelsäule (Columna vertebralis).

Die schon in der entwicklungsgeschichtlichen Einleitung erwähnte Chorda dorsalis oder Rückensaite stellt den uralten Vorläufer des Achsenskelets, der Wirbelsäule, dar. Dieselbe besteht aus einem in der Längsachse des Körpers, zwischen Nervenrohr und Aorta bezw. Darmrohr verlaufenden, elastischen Strang, welcher aus dem primären, inneren Keimblatt hervorgeht, also epithelialer Natur ist. Sein Paren-chym besteht aus grossen, saftreichen Zellen, welche eine Hüllmasse, die sogenannte primäre Chordascheide, produzieren. Diese liegt ursprünglich der Chorda auf's Innigste an, wird aber später mehr oder weniger weit davon abgehoben. Dies geschieht zu einer Zeit, wo die centralen Chordazellen schon einer Rückbildung verfallen, während die Randzellen sich in epithelialer Ordnung („Chordaepithel") an der Peripherie gruppieren. Diese bilden nun die Matrix für eine zweite, aus Collagen bestehende Ausscheidung, die sogen. secundäre Chordascheide, welche sich zwischen die Chorda und die oben erwähnte primäre Chordascheide einschiebt, und wodurch die stützende Function der Chorda nicht unwesentlich erhöht wird.

Von hier aus eröffnen sich nun für die weiteren Bildungsprocesse zwei Möglichkeiten, die sich je nach verschiedenen Thiergruppen in verschiedener Weise documentieren. Was zunächst das Verhalten der Selachier, Holocephalen und Dipnoër betrifft, so geht hier die oben erwähnte zweite, anfangs ebenfalls homogene Chordascheide später einen fibrillären Zerfall ein und wird im Laufe der weiteren Entwicklung, unter gleichzeitiger Rückbildung der primären Scheide, von dem umgebenden Knorpelgewebe durchbrochen. Letzteres tritt also an ihre Stelle, und zwar geschieht dies zuerst an jenen Punkten, wo sich die sogenannten unteren und oberen Wirbelbogen anlegen.

Im Gegensatz dazu weicht der Typus der Wirbelbildung bei andern Thiergruppen insofern fundamental von dem oben geschilderten Verhalten ab, als der Knorpel perichordal, d. h. nur aussen von der primären Chordascheide entsteht, wobei dann also kein Eindringen desselben in die secundäre Chordascheide stattfindet. — Hier aber wie dort führt der fortschreitende Verknorpelungsprocess in seinem weiteren Verlauf schliesslich zu einem vollkommenen Zusammenfluss am dorsalen und ventralen Umfang der Chorda, und damit erreicht das Achsenskelet einen immer höheren Grad der Festigkeit, welcher sich noch steigert, wenn es später zu einer Knorpel- oder gar Knochenablagerung im Bereich der austretenden Spinalnerven und dadurch zur Anlage jenes Wirbeltheiles kommt, den man als Wirbelkörper bezeichnet. Dieser in metamerer Weise erfolgende und in phylogenetischer Beziehung auf die mechanischen Einflüsse der Muskelwirkung zurückzuführende Process der Wirbelkörperbildung führt allmählich zu einer Beschränkung des Chordastranges, welch letzterer an den betreffenden Stellen Einschnürungen zeigt. Diese liegen also je im Bereich eines Wirbelkörpers, somit vertebral, während an den intervertebralen Zonen die Chorda keine oder nur eine geringe Beschränkung erfährt[1].

Die die einzelnen Wirbel verbindenden Ligamenta intervertebralia stellen Gewebspartieen dar, welche auf einem niedrigeren Entwicklungsstadium der Bindesubstanz stehen geblieben sind als die Wirbelkörper. —

---

[1] Es ist wohl hier der passende Ort, um eines ephemeren Gebildes zu gedenken, des sogenannten subchordalen Stranges, der Hypo- oder Subchorda. Es handelt sich dabei um ein zwischen Chorda und Aorta liegendes Gebilde, das dem Amphioxus, allen übrigen Fischen und den Amphibien (Anuren) in gewissen Perioden der Entwicklung gemeinsam ist, und das sich im Bereich des Rumpfes und Kopfes in Form einer Leiste bezw. Rinne aus der dorsalen Darmwand, d. h. aus dem Entoderm, differenziert. Es kann verschieden lange Zeit mit dem Darm in Verbindung stehen. Schliesslich schnürt es sich vom Darm gänzlich ab und verfällt der Rückbildung, erhält sich aber theilweise als elastisches Band. Die Hypochorda ist wahrscheinlich das Rudiment eines bei Amphioxus noch in Function stehenden Organs, der Epibranchialrinne. Mit dieser theilt sie die entodermale Entstehung an der dorsalen Darmwandung unter der Chorda zwischen den paarigen Aorten.

Was das Schicksal der Chorda dorsalis in der Reihe der Wirbelthiere betrifft, so ist es bei den verschiedenen Gruppen ein sehr verschiedenes, je nachdem die Chorda als gleichmässig cylindrischer Strang das ganze Leben fortbesteht, oder von Seiten der umgebenden

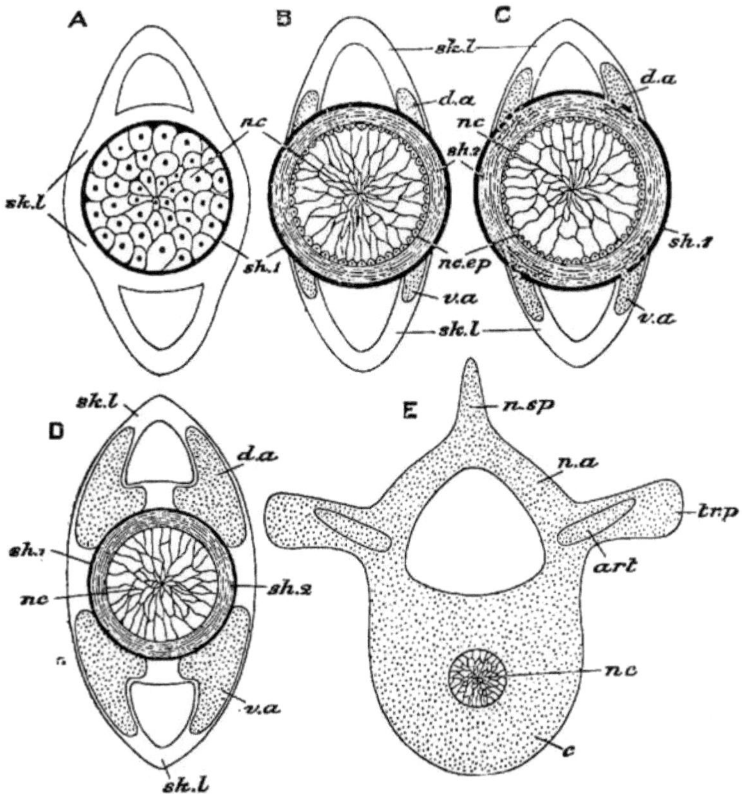

Fig. 29. Entwicklung der Chordascheiden und der Wirbelsäule. Schema. A Erstes Stadium, *nc* Chorda-Zellen, *sh*¹ primäre Chordascheide, *sk. l* umgebendes mesodermales Gewebe. B Späteres Stadium (Cyclostomen, Knorpelganoiden). Die centralen Chordazellen (*nc*) sind in Rückbildung begriffen (vacuolisiert), die peripheren Chordazellen zeigen eine epithelartige Anordnung (*nc. ep.*). *sh*² secundäre Chordascheide. In dem umgebenden mesodermalen Gewebe ist es zur Anlage von ventralen und dorsalen Bögen (*v. a* und *d. a*) gekommen. C Das Knorpelgewebe hat die primäre Chordascheide durchbrochen und ist in die secundäre Chordascheide eingedrungen (Holocephalen, Selachier, Dipnoër). D Knorpelgewebe umwächst die Chorda an der Aussenseite ihrer Scheiden; letztere gehen ihrem Verfall entgegen (Knochenganoiden, Teleostier, Amphibien, Amnioten). A—D repräsentieren die Caudalregion. E zeigt ein späteres Stadium eines Rumpfwirbels. Die Chorda (*nc*) ist stark rückgebildet und eingeschnürt. Das Knorpelgewebe ist zu einer einheitlichen Masse zusammengeflossen und lässt ein Centrum (*c*), d. h. einen Wirbelkörper, obere oder neurale Bögen (*n. a*), einen Dornfortsatz (*n. sp*), Querfortsätze (*tr. p.*) und Gelenkfortsätze (*art.*) erkennen.

Skeletsubstanz eine Wachsthumsbeschränkung, d. h. Einschnürungen erfährt, oder endlich, je nachdem sie in nachembryonaler Zeit einer völligen Rückbildung, einem Schwund, anheimfällt.

Auf Grund einer verschieden hohen Differenzierung der am Aufbau der Wirbelsäule sich betheiligenden Bindesubstanz kann man in der Stammreihe, bezw. in der Ontogenie der höheren Vertebraten, ein Stadium cutaneum, cartilagineum und osseum der Wirbelsäule unterscheiden. Es kann dabei als allgemeines Gesetz gelten, dass die Anlage des Achsenskeletes bei allen über den Selachiern stehenden Wirbelthieren kürzer ist als die Chorda. Es macht sich also in der Stammesgeschichte eine Reduction des Achsenskeletes bemerkbar.

Bei weiterer Ausbildung der Columna vertebralis treten im Stadium cartilagineum und osseum verschiedene Fortsatzbildungen auf, so dass sich die ursprünglich nur aus einem Körper und einem Bogen bestehende Grundform des Wirbels complizierter gestaltet. Jene Fortsätze sind theils im Anschlusse an die Muskulatur (Processus spinosi und transversi), theils im Interesse der gelenkigen Verbindung der Wirbel unter einander entstanden zu denken (Processus articulares).

Ausser den das Rückenmark umschliessenden dorsalen oder neuralen Bogen (Neurapophysen) giebt es auch noch ventrale Bogen, welche das Coelom resp. die grossen in der Längsachse des Caudalabschnittes verlaufenden Blutgefässe umschliessen (Basalstümpfe, Rippen, Hämapophysen). (Vergl. das Capitel über die Rippen.)

Fische und Dipnoër.

Die Wirbelsäule aller Fische und Dipnoër zeichnet sich durch einen sehr einheitlichen Charakter ihrer Elemente aus, so dass man stets nur einen Rumpf- und einen Schwanztheil unterscheiden kann. Die Grenze zwischen beiden fällt mit dem Hinterende der Leibeshöhle zusammen.

Die noch sehr primitiv sich verhaltende Chorda des Amphioxus zeigt in ihrer Structur den Cranioten gegenüber manche Besonderheiten, auf die aber hier nicht specieller eingegangen werden kann. In der umgebenden Gewebschicht bilden sich jederseits Längssepta, welche sich ventral und dorsal in die Körperwände fortsetzen. In Verbindung damit stehen untere und obere Bogenbildungen, welch letztere das Centralnervensystem umschliessen und ihrerseits wieder zu den Muskelsepta in Beziehung treten. Kurz, allerorts begegnet man Einrichtungen, welche im Sinne einer Stützfunction für den Gesamtorganismus zu deuten sind und welche als Vorläufer von höheren Bildungen bei den Cranioten zu betrachten sind.

Bei den Cyclostomen (Petromyzonten) sehen wir insofern einen Fortschritt angebahnt, als Knorpelelemente auftreten, welche Wirbelkörpern, Bogenrudimenten und Dornfortsätzen entsprechen. Die Bogenstücke, von denen je zwei Paare auf ein Muskelsegment entfallen, sind den später zu betrachtenden Intercalarstücken der Selachier homolog zu erachten. In der Schwanzgegend kommt es zu zusammenhängenden Verknorpelungszonen.

Bei Ammocoetes beschränken sich die Knorpelelemente auf die Caudalregion, und hier, wie auch bei den Myxinoiden, bleibt stets die Wirbelsäule auf einer niedrigeren Entwicklungsstufe als bei den Petromyzonten. Bei allen Cyclostomen aber repräsentiert die Chorda dorsalis selbst das wichtigste Stützorgan des Körpers.

An die Verhältnisse der Cyclostomen lassen sich diejenigen der **Knorpelganoiden, Holocephalen** und **Dipnoër** direct anknüpfen, insofern sich auch bei ihnen der metamere Charakter in erster Linie durch die oberen Bogen ausspricht[1]).

Statt der Wirbelkörper fungiert hier die unveränderte Chorda bezw. deren starke, concentrisch geschichtete secundäre Scheide (Fig. 30 *C*). Die dorsalen Knorpelpartieen wachsen zu oberen, die ventralen zu unteren Bogen aus (Fig. 30, 31, *Ob*, *Ub*). Die ventralen Bogen umschliessen in der Schwanzgegend die Aorta- und die Vena caudalis, weiter nach vorne aber kommt es nicht mehr zum Zusammenschluss des Knorpels in der ventralen Mittellinie, und in Folge dessen endet der untere Bogen jederseits in einem lateralwärts gerichteten Knorpelzapfen, „Basalstumpf", der sich abgliedern und rippen-

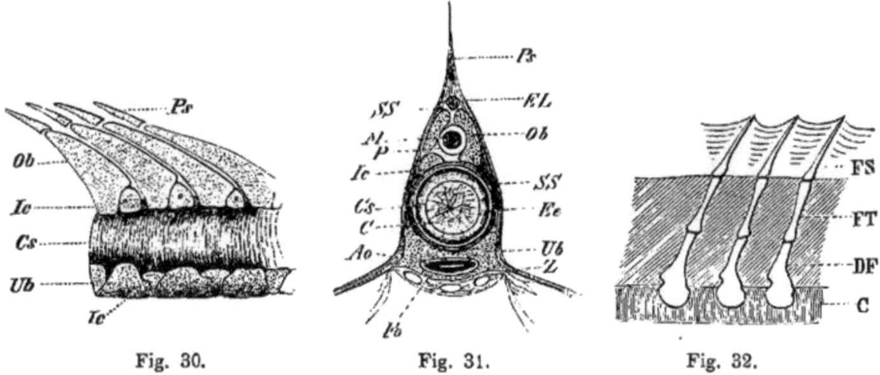

Fig. 30.　　　　Fig. 31.　　　　Fig. 32.

Fig. 30.　Wirbelsäule von Spatularia, seitliche Ansicht.

Fig. 31. Wirbelsäule von Acipenser ruth. aus dem vorderen Körperabschnitt. *Ao* Aorta, *C* Chorda dors., *Cs* secundäre Chordascheide, *Ee* Primäre Chordascheide, *EL* elastisches Längsband, *Fo* medianwärts einspringende Querspangen der unteren Bogen, welche ventralwärts die Aorta umschliessen, *Ic* Intercalarstücke, *M* Medulla, spinal., *Ob* Obere Bogen, *P* Pia. *Ps* Processus spinosi, *SS* fibrilläres Gewebe, *Ub* untere Bogen, *Z* Basalstümpfe der unteren Bogen.

Fig. 32. Stück der Wirbelsäule von Protopterus, seitliche Ansicht. *C* Chorda, *DF* Dornfortsätze, *FS* Flossenstrahlen, *FT* Flossenträger.

artige Anhängsel darstellen kann. · Die oberen Bogen können sich in Processus spinosi fortsetzen.

Bei **Selachiern, Knochenganoiden** und **Teleostiern** herrschen, was die dorsalen und ventralen Bogen[2]) anbelangt, noch vielfach die

---

[1]) Bei Chimären kommt es auch schon zu einer kalkknorpeligen Solidification der Wirbelkörper.

[2]) Die oberen Bogen der Fischwirbel sind in der Regel dorsalwärts offen. Sie werden meist durch besondere Knorpelstücke und ein constant vorkommendes elastisches Längsband (vergl. Fig. 31, *EL*) geschlossen. Dieses gilt auch für die unteren Wirbelbogen. Wenn es zur Herausbildung knöcherner Wirbel kommt, so treten gewöhnlich auch Processus articulares zwischen den Bogen auf. Allein bei Rochen und Chimären unter allen Fischen kommt es zu richtiger Gelenkverbindung zwischen Schädel und Wirbelsäule, und dabei verschmelzen die vorderen Wirbel der genannten Fische zu einer einzigen Masse. Auch bei Haien kann es an dieser Stelle zur Concrescenz von Wirbeln und zugleich zur Verschmelzung mit dem Schädel kommen.

oben geschilderten Verhältnisse, allein das ganze Achsenskelet gewinnt dadurch einen ungleich festeren, solideren Charakter, dass zu den Bogen und den zwischen denselben liegenden Schaltstücken (Intercalaria), von welchen schon bei den Cyclostomen die Rede war, auch noch knorpelige. kalkknorpelige resp. knöcherne Wirbelkörper treten [1]). Die Wirbelkörper nehmen, wie aus dem Vorstehenden erhellt, ihre ursprüngliche Entstehung aus den Bogen, entsprechen aber gleichwohl in ihrer Zahl durchaus nicht immer derjenigen der dorsalen Bogenstücke, ein Verhalten, auf das ich bei Besprechung der Amphibien-Wirbelsäule wieder zurückkommen werde. Die Wirbelkörper haben in der Regel eine sanduhrförmige Gestalt, d. h. sie sind biconcav oder amphicoel, da die Chorda in ihrem Centrum

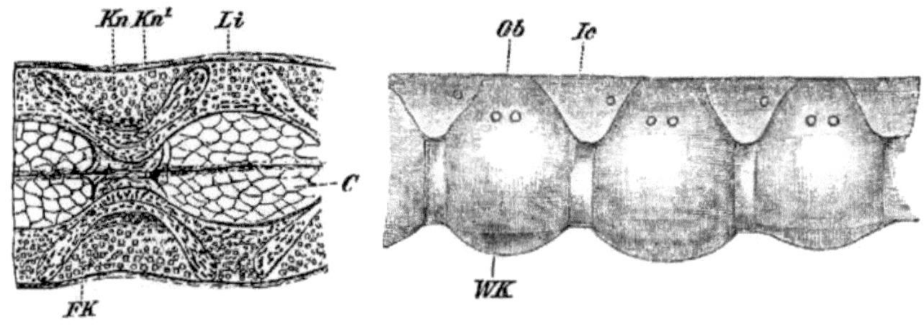

Fig. 33.   Fig. 34.

Fig. 33. Stück der Wirbelsäule eines jungen Haifisches (Scyllium can.). Nach Cartier. *C* Chorda, *FK* die dazwischen liegende, in Verkalkung begriffene Faserknorpelmasse, *Kn* äussere, *Kn¹* innere Knorpelzone, *Li* Intervertebralligament.

Fig. 34. Stück der Wirbelsäule von Scymnus. *Ic* Intercalarstücke, *Ob* obere Bogen, *WK* Wirbelkörper. Die in den Bogen und den Intercalarstücken sichtbaren Löcher bezeichnen den Austritt der Spinalnerven.

eingeschnürt oder ganz rückgebildet sein kann, während sie zwischen je zwei Wirbelkörpern ausgedehnt ist.

Eine Ausnahme davon macht nur einer der Knochenganoiden, nämlich Lepidosteus, bei welchem es zwischen den einzelnen Wirbeln zu richtigen Gelenkverbindungen kommt, indem jeder Wirbel mit einem Gelenkkopf in eine Gelenkgrube des nächst vorderen Wirbels eingelassen ist. (Opisthocöler Wirbelcharakter.)

Bei ausgewachsenen Exemplaren von Lepidosteus ist die Chorda (mit Ausnahme der Schwanzgegend) gänzlich verschwunden, in der Fötalperiode aber zeigt sie sich intravertebral ausgedehnt, intervertebral aber eingeschnürt, ein Verhalten, das uns erst wieder bei höheren Typen, wie z. B. bei Reptilien, entgegentritt.

---

[1]) Die Intercalaria werden in der Regel von den sensiblen, die Bogenstücke selbst von den motorischen Spinalnerven durchbohrt. Der Austritt der Nerven kann aber auch zwischen Intercalaria und Bogen stattfinden.

Was speciell die Selachier betrifft, so zeigt der Wirbelkörper auf Grund des verschieden verlaufenden Verkalkungsprocesses ein sehr verschiedenes Gefüge. Man kann eine wesentlich dem Chordascheiden-Gebiet angehörige, faserige etc. und eine ring-, kreuz- oder sternförmige Verkalkungszone unterscheiden. („Cyclospondyli“, „Tectospondyli“, „Astrospondyli“, Hasse).

Was speciell die Wirbelsäule der Teleostier betrifft, so muss als charakteristischstes Merkmal hervorgehoben werden, dass der Knorpel im Vergleich mit den übrigen Fischen, wie in erster Linie mit den Ganoiden, in der Regel stark in den Hintergrund tritt. Es handelt

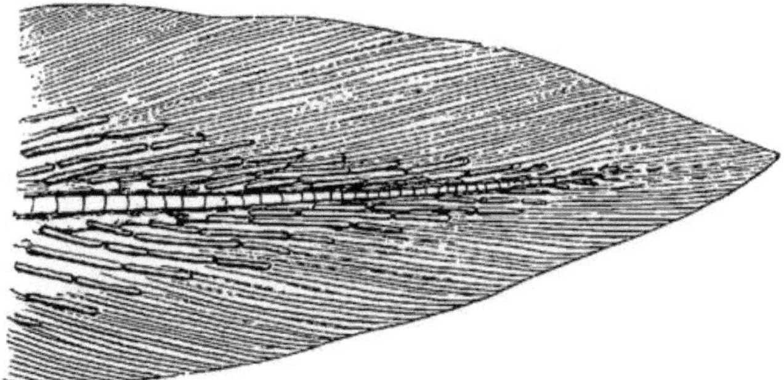

Fig. 35. Schwanz von Protopterus.

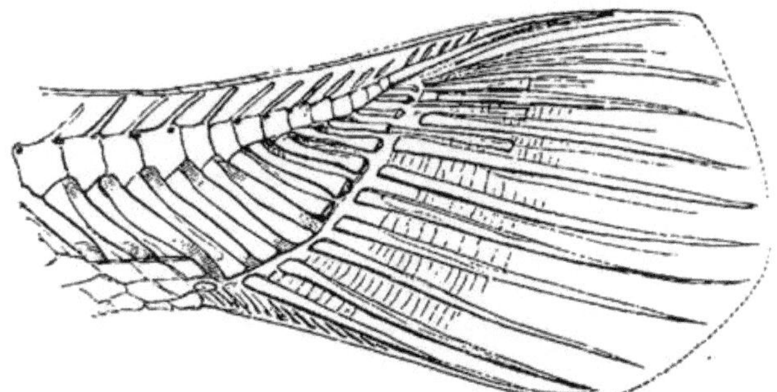

Fig. 36. Schwanz von Lepidosteus.

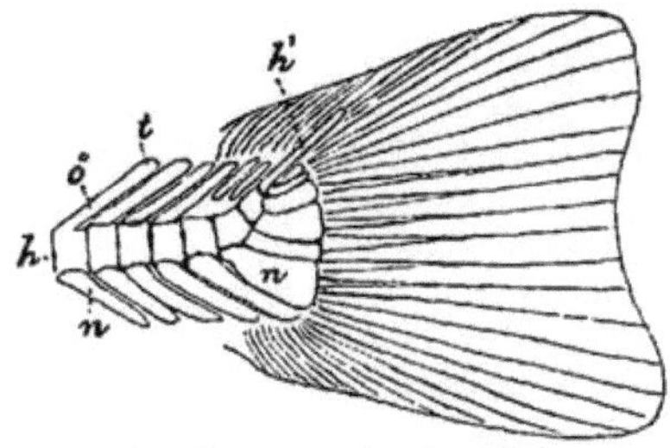

Fig. 37. Schwanzflosse und Hinterende der Wirbelsäule eines Lachses. Nach Boas. *h* Wirbelkörper, *h*[1] Urostyl, *n* untere Bögen nach hinten in die Hypuralstücke übergehend, *ö* obere Bogen, *t* Dornfortsätze.

sich also um eine secundär erworbene Reduction der knorpeligen Anlage. Im Innern des stets amphicölen Wirbelkörpers kann der Knorpel in Kreuzform erhalten sein.

Eine besondere Aufmerksamkeit erheischt die **Schwanzwirbelsäule** der Fische, und wir haben dabei von dem primitiven Verhalten des Amphioxus, der Cyclostomen und Dipnoër auszugehen. Hier läuft die Chorda dorsalis vollkommen gerade bis ans

Hinterende des Körpers und wird ganz symmetrisch von der Schwanzflosse umgeben. (Fig. 35.) (Diphycerker Fischschwanz.) Diesem
Verhalten begegnen wir auch bei devonischen Fischen, sowie in den
Jugendstadien der Knochenfische. Bald tritt aber hier in Folge un-
gleicher Wachsthumsverhältnisse eine stärkere Entwicklung der ventralen Hälfte der Schwanzflosse resp. ihres Stützskeletes ein, und dadurch erfährt die Wirbelsäule eine Abweichung in dorsaler Richtung
(Heterocerker Fischschwanz) (Fig. 36). Die Heterocerkie kann
eine äusserlich sofort erkennbare sein (viele fossile Fische, die meisten
Selachier und Ganoiden), oder sie ist nur eine innerliche und
wird durch eine mehr oder weniger symmetrische Schwanzflosse äusserlich maskiert [1] (Fig. 37), (Lepidosteus, Amia, Salmo, Esox u. v. a.).
Das letzte Ende der Wirbelsäule wird häufig durch ein stabförmiges
Skeletstück („Urostyl") gebildet, und die ventral davon sitzenden,
durch Grösse ausgezeichneten Hämalbogen werden als „hypurale
Knochen" bezeichnet.

Haie und Ganoiden besitzen eine grössere Wirbelzahl (bis
nahe an 400) als die Teleostier, bei welchen selten mehr als 70 Wirbel
getroffen werden; der Aal besitzt übrigens circa 200. Die geringste
Wirbelzahl (bis nur 15) findet sich bei den Plectognathen.

Amphibien.

Bevor ich mich zu einer speciellen Schilderung der Amphibien-
Wirbelsäule wende, ist die Frage zu erörtern, 1. ob und in wie weit
die Wirbel der terrestrischen Vertebraten auf die Fischwirbel zurück-
führbar sind, 2. ob sie in den einzelnen Thierklassen homologe Bildungen
darstellen und 3. ob sie primäre oder den Vorfahren der heutigen terrestrischen Wirbelthiere gegenüber abgeänderte Bildungen darstellen?

Schon in der Reihe der Fische können, wie oben bereits angedeutet wurde, auf ein einziges Körpersegment zwei Wirbelbogen
(Cyclostomen) und zwei Wirbelkörper (Amia) entfallen, und ähnlichen Befunden von Doppelwirbeln begegnet man bei fossilen Amphibien
(Stegocephalen) [2]. Andererseits scheint auch bei Amnioten eine
während der Ontogenese auftretende Duplicität des Wirbelkörpers und
seiner Adnexa, wie des Bogens und der Seitenfortsätze, in mehr oder
weniger deutlichen Spuren nachweisbar zu sein. Sollte sich dies be-
stätigen, so würde daraus folgen, dass man es bei vielen Fischwirbeln,
sowie bei den Wirbeln der recenten Amphibien und Amnioten mit
Bildungen secundären Charakters zu thun hat, mit Bildungen, die
heute noch zum grossen Theil ontogenetisch auf ihre Doppelnatur in
der Vorfahren-Reihe zurückweisen. Auf Grund dieser Erkenntnis
kann man keinen Augenblick zweifelhaft sein, die Wirbel der verschiedenen recenten Wirbelthierklassen für homologe Bildungen zu
erklären.

---

[1] Man gebraucht für dieses Verhalten dann den Ausdruck „Homocerker Schwanz".
[1] Es handelt sich dabei um jene im Bereich der Chorda dorsalis liegenden Knochenstücke, welche von den Paläontologen bei den embolomeren und rhachitomen
Stegocephalen in wenig glücklicher Weise als Intercentra s. Hypocentra und als
Pleurocentra s. Centra bezeichnet werden.

Abgesehen von den fusslosen Schleichenlurchen kann man an der Wirbelsäule aller Amphibien einen Hals-, Brust-, Lenden-, Kreuzbein- und Schwanztheil unterscheiden, und diese Abgrenzung in zahlreichere Regionen lässt sich von hier bis zu den Säugethieren hinauf durchführen. Dabei gilt als durchgehendes, für die ganze Wirbelthier-Reihe anwendbares Gesetz, dass sich die einzelnen

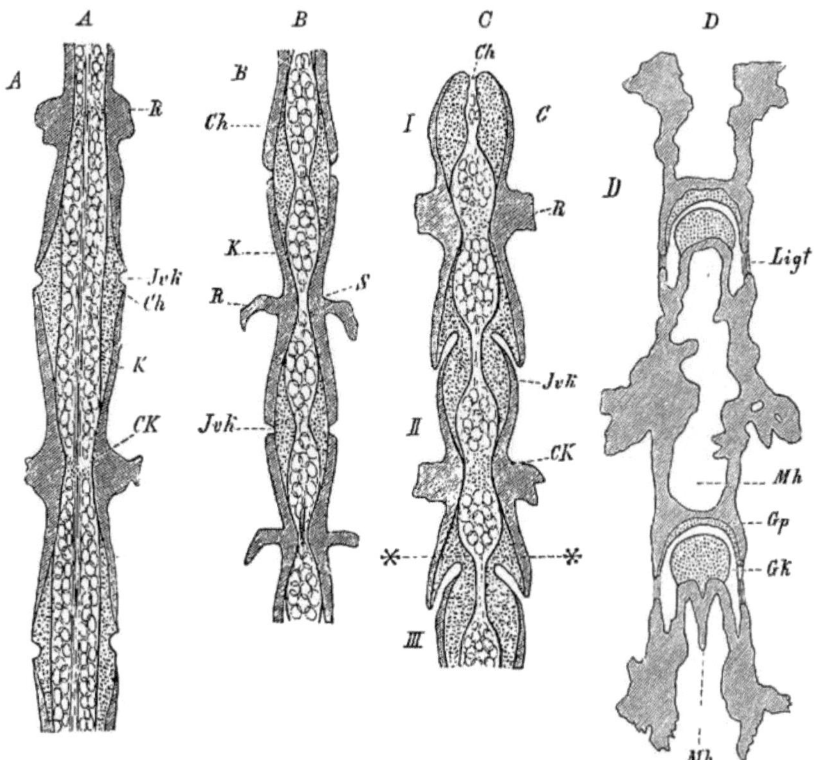

Fig. 38. Längsdurchschnitte durch die Wirbelsäule einiger Urodelen. A von Ranodon sib., B von Amblystoma tigrinum, C von Gyrinophilus porphyr. (die drei vordersten Wirbel *I, II, III*), D von Salamandrina perspicill. *Ch* Chorda, *CK* Intervertebrale Knorpel- und Fettzellen, *Gp, Gk* Gelenkpfanne und Gelenkkopf, *Jvk* Intervertebralknorpel, *K* Peripherer Knochenmantel des Wirbelkörpers, *Ligt* Ligamenta intervertebralia, *Mh, Mh* Markhöhlen, *R* Rippen und Querfortsätze, *S* Intervertebrale Einschnürung der Chorda bei Amblystoma tigr. ohne Knorpel- und Fettzellen. ** Die intervertebral liegenden Knorpelcommissuren.

Regionen stets auf Kosten benachbarter vergrössern. Dies tritt allerdings bei Reptilien, Vögeln und Säugern noch viel typischer hervor.

Wie bei den meisten Fischen, so erleidet auch bei den Urodelen im Larvenzustand die Chorda dorsalis eine vertebrale Einschnürung, während sie intervertebral weiterwächst und sich dementsprechend ausdehnt. Also handelt es sich auch hier um amphicöle Wirbelkörper, bei deren Entwicklung eine stufenweise fortschreitende Reduction (Unterdrückung) des Knorpelgewebes beobachtet wird und der ursprünglich als perichondral entstanden zu denkende Knochen in Folge dessen den Charakter einer selbständigen Bildung gewinnt. Das Knorpelgewebe beschränkt sich somit immer mehr einerseits auf die Wirbelbogen, andrerseits auf die intervertebralen Partieen, wobei es sich allerdings mehr oder weniger weit in das Vorder- und Hinterende der einzelnen Wirbel hineinzieht und dabei die Chorda in verschiedenem Grade einschnürt, so dass sie schliesslich ganz zum Schwund gebracht werden kann. Endlich tritt ein Differenzierungs-, sowie ein von der Peripherie fortschreitender Resorptionsprocess in den betreffenden Knorpeltheilen auf: es kommt in ihrem Innern zur Bildung einer Gelenkhöhle, so dass man am Wirbelkörper der höheren Urodelen vorne einen von Knorpel überzogenen Gelenkkopf, hinten dagegen eine von Knorpel ausgekleidete Pfanne unterscheiden kann (opisthocöler Wirbelcharakter). (Ein Blick auf die Fig. 38 *A—D* wird dieses deutlich illustrieren.)

Somit kann man in der Ausbildung der Urodelenwirbelsäule drei Etappen unterscheiden: 1. eine Verbindung der einzelnen Wirbelkörper durch die intervertebral ausgedehnte Chorda dorsalis; 2. eine Verbindung durch intervertebrale Knorpelmassen und 3. endlich eine gelenkige Verbindung. Diese drei verschiedenen Entwicklungsstadien finden ihre vollkommene Parallele in der Stammesentwicklung der geschwänzten Amphibien, indem sowohl alle fossilen Formen, wie z. B. die Stegocephalen der Kohle und die Labyrinthodonten, als auch die Ichthyoden, Derotremen, sowie viele Salamandrinen einfach biconcave Wirbel ohne Differenzierung von Gelenkköpfen und -Pfannen aufweisen.

Im Gegensatz zu den Urodelen sind die Anuren-Wirbel, wie diejenigen der Knochenganoiden und der höheren Vertebraten knorpelig präformiert (zeigen also das primitivere Verhalten), und stets kommt es zwischen den einzelnen Wirbelkörpern zu echten Gelenkbildungen, bei welchen der Gelenkkopf in der Regel am hinteren, die Gelenkpfanne am vorderen Wirbelende entsteht (procöler Typus)[1]. Ein weiterer Unterschied liegt in dem Verhalten der Chorda, indem sie intravertebral länger persistiert, als intervertebral, ein Verhalten, das an Lepidosteus und die Reptilien erinnert.

Wesentliche Verschiedenheiten endlich machen sich bei geschwänzten und ungeschwänzten Amphibien hinsichtlich der Schwanzwirbelsäule bemerklich. Der lange, an die Urodelen erinnernde Caudaltheil der Froschlarven-Wirbelsäule geht mit der Verwandlung des Thieres allmählich einer Rückbildung entgegen, und die innerhalb des Rumpfes gelegenen Wirbel fliessen schliesslich zu einem langen, ungegliederten, dolchartigen Knochen, dem sog. Steissbein (Os coccygis) synostotisch miteinander zusammen (Fig. 39, *Oc*).

. Während obere Bogen allen Amphibien zukommen, finden sich untere nur bei Urodelen und sind hier auf den Schwanz beschränkt (vergl. das Capitel über die Rippen).

Die Dornfortsätze, sowie die vom zweiten Wirbel an auftretenden, in der Regel doppelwurzeligen Querfortsätze zeigen die allerverschiedensten, häufig nach Körpergegenden variierenden Ge-

---

[1] Umgekehrt verhält es sich bei Bombinator, Alytes, Discoglossus, Pipa u. a.

staltungen und Grössenverhältnisse. Eine besonders starke Entfaltung — und dies gilt vor Allem für die A n u r e n — zeigt der Processus transversus des das Becken tragenden, einzigen S a c r a l w i r b e l s.

An jedem Wirbel unterscheidet man bei allen Amphibien zwei Paare von G e l e n k f o r t s ä t z e n (P r o c e s s u s a r t i c u l a r e s s. o b l i q u i), welche an der vorderen und hinteren Circumferenz der Basis des Wirbelbogens angeordnet sind und mit überknorpelten Flächen von Wirbel zu Wirbel dachziegelartig übereinandergreifen (Fig. 39, *Pa*). Rechnet man dazu noch das Verhalten der Dornfortsätze, die, wie oben erwähnt, bei manchen Urodelen miteinander articuliren können, so lässt sich verstehen, wie aus der in ihren einzelnen Gliedern nur nur wenig beweglichen Wirbelsäule der Ganoiden und Selachier bei Amphibien, wie vor Allem bei U r o d e l e n, eine elegante, in ihren einzelnen Stücken leicht bewegliche Kette geworden ist, welche in letzter Instanz auf die veränderte, dem Landleben angepasste Bewegungsart des Thieres zurückzuführen ist.

In Anpassung an die immer freier sich gestaltende Beweglichkeit des Kopfes erscheint der erste Wirbel in bestimmter Weise modifiziert. Er wird A t l a s genannt, obgleich er dem Atlas der höheren Wirbelthiere nicht homolog ist, und stellt im Wesentlichen einen einfachen Ring mit schwachem Wirbelkörper dar. Rippen und Querfortsätze fehlen entweder ganz oder es sind letztere nur in Rudimenten vorhanden. Nach vorne zu, basalwärts, besitzt er einen schaufelartigen, die Articulation mit dem Schädel vermittelnden Fortsatz, der sowohl nach Grösse als Form bei den verschiedenen Amphibiengruppen stark variiert. Ausser jenem Fortsatz, „Dens" s. Processus odontoideus", ist der Atlas noch durch zwei laterale Gelenkpfannen mit den Condyli occipitales des Schädels verbunden. Der erste Wirbel wird als die einzige V e r t e b r a c e r v i c a l i s betrachtet, doch ist dazu zu bemerken, dass die Leibeshöhle erst im Bereich weiter nach hinten gelegener Wirbel beginnt.

Die grösste Wirbelzahl besitzen die S c h l e i c h e n l u r c h e (G y m - n o p h i o n e n). Unter diesen erreichen manche eine Körperlänge bis gegen 160 cm, und bei solchen Riesenexemplaren wurden 275 Wirbel gezählt (W i e d e r s h e i m). Bei Urodelen, wo man H a l s -, S t a m m -, S a c r a l - und C a u d a l w i r b e l unterscheiden kann, zeichnen sich die P e r e n n i b r a n c h i a t e n und D e r o t r e m e n durch eine ungleich grössere Wirbelzahl (60 - 100) aus als die S a l a m a n d r i n e n. Auf die einzelnen Regionen vertheilen sich die Wirbel folgendermassen, wobei aber individuelle Schwankungen nicht ausgeschlossen sind:

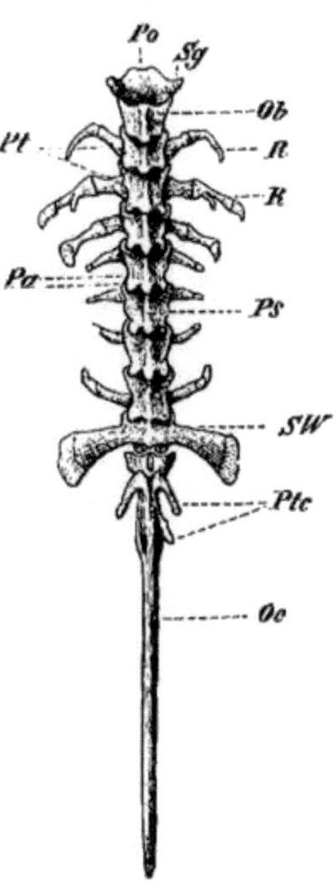

Fig. 39. W i r b e l s ä u l e v o n D i s c o g l o s s u s p i c - t u s. *Ob* oberer Bogen des ersten Wirbels, *Pa* Processus articularis, *Po* sein vorderer Fortsatz („Dens"), *Ps* Processus spinosi, *Pt* Processus transversi der Rumpfwirbelsäule, *Ptc* Processus transversi der Caudalwirbelsäule (Os coccygis, *Oc*) *R* Rippen, *Sg* Die seitlichen Gelenkflächen des ersten Wirbels, *SW* Sacralwirbel.

	Hals-wirbel	Stamm-wirbel	Sacral-wirbel	Caudal-wirbel	Summe aller Wirbel
Salamandrina perspic .	1	13	1	32—42	47—57
Triton cristatus .	1	15	1	36	53
Triton helveticus	1	12	1	23—25	37—39
Spelerpes fuscus	1	14	1	23	39

Bei den recenten Anuren zählt man in der Regel acht prae-
sacrale und einen sacralen Wirbel, welch letzterer wohl abgegliedert oder mit dem Os coccygis synostotisch verbunden sein kann.
Die Frösche des Diluviums und des Tertiärs besassen elf wohl
differenzierte Wirbel, wovon zwei auf das Steissbein kamen.

Reptilien.

In der Reihe der Reptilien gewinnt das Skelet im Allgemeinen
und so auch die Wirbelsäule einen solideren, stärkeren Charakter,
jedoch existiert auch hier noch eine Gruppe, welche einen primitiven,
biconcaven oder amphicölen Wirbelcharakter mit intervertebral ausgedehnter Chorda besitzt, nämlich die Ascalaboten. Früher pflegte
man auch die fossilen Rhynchocephalen, sowie die recente Hatteria
unter diesem Gesichtspunkt zu betrachten, allein neuere Untersuchungen haben gezeigt, dass
es sich zwischen den amphicölen Wirbeln von Hatteria
um kein Chordagewebe han-
delt, sondern dass die Ausfül-
lung durch Bandscheiben
bewirkt wird, ein Verhalten,
welches zu demjenigen der
Crocodile überleitet. Die
Rhynchocephalenwirbel lassen
übrigens noch auf's Deut-
lichste den, in der Einleitung
zur Amphibienwirbelsäule erwähnten, ursprünglichen Zerfall des Wirbels in mehrere
Theilstücke erkennen. (Götte.)
Bei allen übrigen Reptilien
bleibt die Chorda während der
Genese intravertebral länger ausgedehnt, geht aber
nach vollendetem Wachsthum
zu Grunde. In der Regel
kommt es dann zu einer nach
dem procölen Typus[1]) ge-
bildeten Gelenkverbindung zwischen den einzelnen Wirbelkörpern,

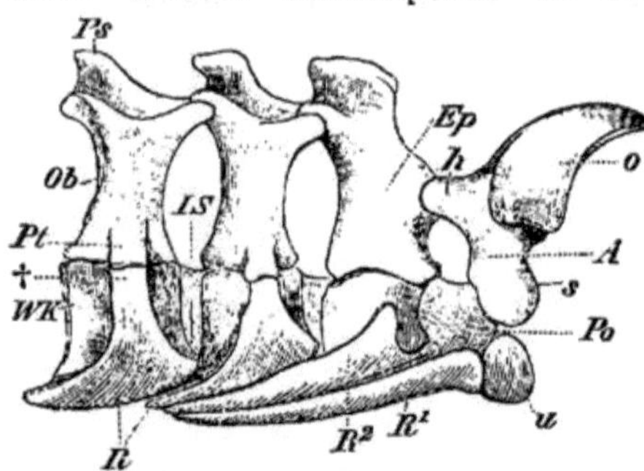

Fig. 40. Vorderer Abschnitt der Wirbelsäule eines jungen Krokodils. A Atlas, o der sogenannte Proatlas, d. h. letzter
Rest eines einst zwischen Atlas und Hinterhaupt
existierenden Wirbels, wie er auch noch bei Rhynchocephalen und Chamäleoniden angedeutet
ist, u sein unteres Schlussstück, s seine Bogentheile, Ep Epistropheus, bei h mit den Seitentheilen
des Atlas articulierend, IS Intervertebralscheiben,
Ob obere Bogen, Po Dens (Processus odontoides),
Ps Processus spinosi, Pt Processus transversi,
von der Bogenwurzel entspringend und bei † mit
den Rippen (R, R¹, R²) articulierend, WK Wirbelkörper.

---

1) Ueber den sogenannten Proatlas und seine Bedeutung vergl. Fig. 40.

oder aber es bilden sich, wie bereits erwähnt, aus dem intervertebralen Gewebe Bandscheiben heraus, wie z. B. bei Crocodiliern.

Was den Zerfall in einzelne Regionen, sowie das Auftreten von Fortsätzen anbelangt, so gilt dafür die für die Amphibien-Wirbelsäule aufgestellte Eintheilung, doch besteht bei den Reptilien die Halswirbelsäule nicht, wie dort, nur aus einem, sondern immer aus mehreren Wirbeln; auch sind stets mindestens zwei Sacralwirbel mit kräftigen Querfortsätzen vorhanden. Ein gewöhnlich aus mehreren Stücken bestehender Atlas[1]), der dem vierten Amphibienwirbel entspricht, und ein mit einem Zahnfortsatz (Dens) versehener Epistropheus, welch letzterer den Amphibien gegenüber als eine neue Erwerbung erscheint, sind überall gut entwickelt (Fig. 40). Der Kopf erhält eine freiere Beweglichkeit, und die Wirbelsäule differenziert sich schärfer in die einzelnen Regionen. Bei Schlangen und Amphisbänen zerfällt sie nur in einen Rumpf- und Schwanzabschnitt.

Während der Körper und Bogen des Wirbels bei Lacertiliern, Ophidiern und (in der Regel) bei Cheloniern synostotisch miteinander verbunden sind, bleiben sie bei Crocodiliern (das ganze Leben?) durch eine Knorpelfuge getrennt[2]).

Vögel.

Nicht nur in phylogenetischer, sondern auch in ontogenetischer Beziehung stimmt die Vogelwirbelsäule mit derjenigen der Reptilien überein. Hier wie dort geht die Chorda dorsalis in der Regel später gänzlich verloren, und überall prägt sich eine starke Verknöcherung aus. Ein biconcaver Wirbelcharakter, wie er noch bei Archaeopteryx und bei dem aus der Kreide Amerikas stammenden Ichthyornis vorliegt, kommt bei erwachsenen recenten Vögeln nirgends mehr zur Beobachtung, wohl aber finden sich in der Ontogenese noch Andeutungen davon.

Wie bei Reptilien, so unterscheidet man auch bei Vögeln einen Hals-, Brust-, Lenden-, Kreuzbein- und Schwanztheil. Wirbelkörper und -bogen sind stets aus einem Guss und nirgends mehr in der Art getrennt, wie es bei gewissen Reptilien der Fall ist. Dies gilt auch namentlich für den Atlas, in welchem sogar häufig das den Zahnfortsatz des Epistropheus (Dens) fixierende Querband verknöchern kann, so dass jener in einer Art von knöchernem Becher rotiert.

An der oft sehr langen und schlanken Hals-Wirbelsäule, welche einer ausserordentlichen Beweglichkeit fähig ist, stehen die Wirbelkörper durch Sattelgelenke miteinander in Verbindung.

---

[1]) Sehr variable, ja sogar individuell schwankende Verhältnisse zeigt die Wirbelsäule der Schildkröten; es können hier in einem und demselben Individiuum procöle, amphicöle, opisthocöle, ja selbst biconvexe Wirbel mit knorpeligen, von der Chorda durchsetzten Intervertebralscheiben in bunter Reihenfolge mit einander abwechseln. Im Allgemeinen erinnert der Schildkrötenschwanz in frühen Entwicklungsstadien an den Saurierschwanz und erfährt während der Ontogenese eine Reduktion. Ueber die Beziehungen der Chelonier-Wirbelsäule zum Hautskelet vergl. letzteres.

[2]) Die grösste, bis auf über 400 sich erstreckende Wirbelzahl findet sich bei Schlangen. Bei Amphisbänen und Scinken erhebt sie sich nicht über 140.

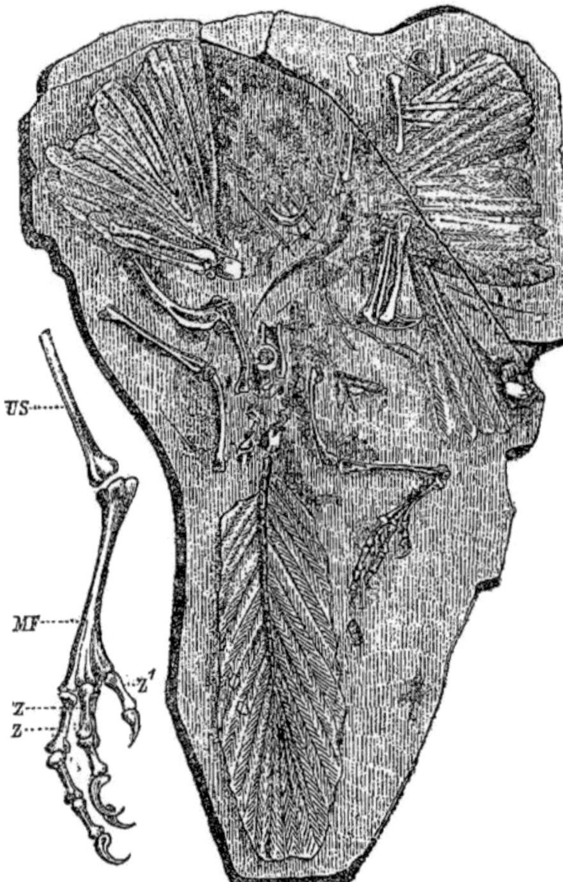

Fig. 41. Archaeopteryx lithographica. Nach Owen. Britisch. Museum. Linkerseits ist ein Theil der hinteren Extremität isoliert und in grösserem Formate dargestellt. *MF* Mittelfuss, *US* Unterschenkel, *ZZ¹* Zehen.

Fig. 42. Atlas und Epistropheus vom Grünspecht. *A* Unterer Atlasbogen, † Articulationsstelle des letzteren mit dem Hinterhaupt *Ob* oberer Atlasbogen, *Po* Dens (Processus odontoides), *Ps* Processus spinosus des Epistropheus, *Pt*, *Pt* Processus transversi, *Sa* sattelförmige Gelenkfläche, an d. hinteren Circumferenz desselben, *Wk* Körper des Epistropheus.

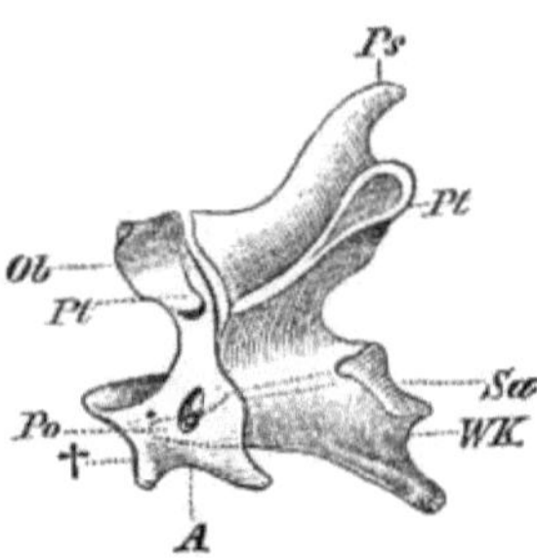

Ihre Querfortsätze, von welchen die obere Spange vom Bogen, die untere vom Körper entspringt, sind durchbohrt, und dementsprechend sind auch die proximalen Rippenenden gabelig getheilt. (Vergl. hiermit die Wirbelsäule der Crocodilier, Fig. 40).

In der Rumpfgegend sind die Wirbel untereinander zu einer nur wenig beweglichen, ja oft geradezu starren Masse verbunden, und zwischen ihnen liegen faserknorpelige, in ihrem Centrum durchbohrte Bandscheiben.

Wie bei vielen Reptilien das Sacrum aus zwei Wirbeln besteht, so treten auch bei Vogelembryonen anfangs nur zwei Sacralwirbel mit dem Darmbein in Verbindung. In der weiteren Entwicklung werden aber immer mehr Wirbel resp. Rippen, und zwar lumbale, thoracale und caudale ins Sacrum einbezogen und verschmelzen miteinander. Während man jene beiden ersten als primäre oder ächte Sacralwirbel betrachten kann (Fig. 43, *W*), sind letztere als secundäre Erwerbungen aufzufassen. Die Gesammtzahl der Sacralwirbel kann bis auf 23 steigen.

Die Querfortsätze der beiden ächten Sacralwirbel ossifizieren für sich, also nicht vom Wirbelbogen aus. Somit sind sie morphologisch als Rippen zu betrachten, so dass auch hier, so gut wie bei Amphibien und Reptilien, das Becken eigentlich von Rippen getragen wird.

Der Caudaltheil zeigt bei den heutigen Vögeln stets einen mehr oder weniger rudimentären Charakter, ja die letzten Wirbel fliessen zu einer sagittal stehenden und manchmal auch seitlich sich ausbreitenden Platte zusammen. Sie ist nach hinten zugespitzt und trägt die Steuerfedern; bis auf minimale Spuren der Quer- und Dorn-

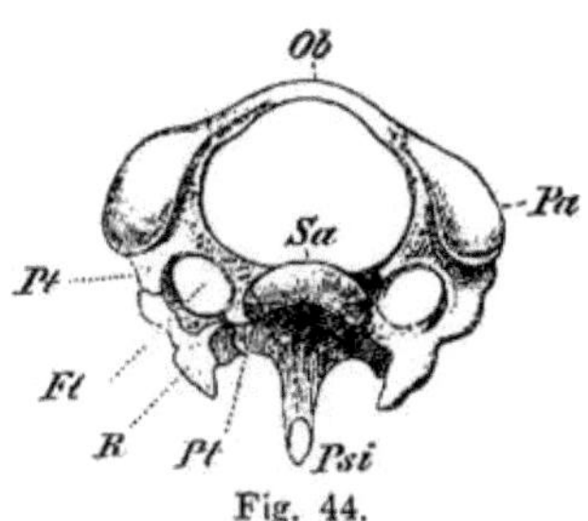

Fig. 44.

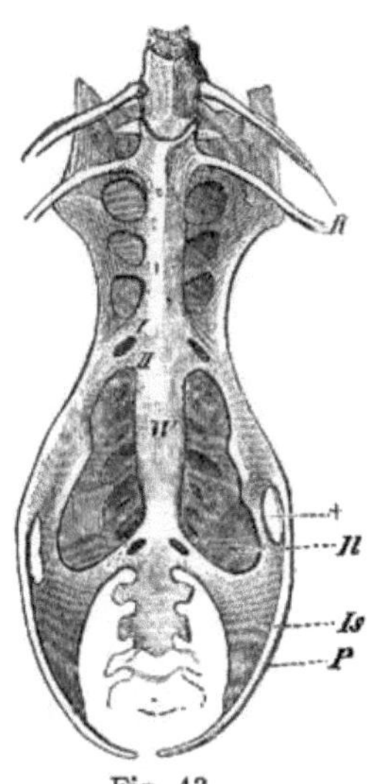

Fig. 43.

Fig. 43. Becken von Strix bubo. Ventralansicht. *Il* Ileum, *Is* Ischium, *P* Pubicum, † Lücke zwischen Os ilei und Os pubis. *R.* Letztes Rippenpaar, Gegend der primären Sacralwirbel. Nach vorne wie nach hinten von *II'* liegen die secundären Sacralwirbel.

Fig. 44. Dritter Halswirbel von Picus viridis von vorne. *Ft* Foramen transversarium, *Ob* obere Bogen, *Pa* Processus articul., *Psi* dornartiger Fortsatz an der Unterfläche des Wirbels. *Pt, Pt* die beiden Spangen des Processus transversus, welche auf der einen Seite mit der Halsrippe *R* synostotisch zusammengeflossen sind.

fortsätze sind alle Wirbelcharaktere verwischt (Pygostyl). Eine Ausnahme von dieser Regel machen nur gewisse Ratiten, indem bei ihnen die einzelnen Wirbel bis zur Schwanzspitze hinaus abgegliedert bleiben. Dass dieses Verhalten als das ursprüngliche gelten muss, wird, abgesehen von der Entwicklungsgeschichte, auch durch die Archaeopteryx lithographica bewiesen (Fig. 19, 41)[1].

Säuger.

Bei den Säugern geht die Chorda dorsalis, welche hier länger intervertebral als intravertebral existiert, nach vollendetem Wachsthum, zu Grunde, und es kommt zwischen den einzelnen Wirbeln zur Herausbildung faserknorpeliger Scheiben, welche im Centrum, d. h. da, wo die Rückensaite in embryonaler Zeit eine Auftreibung

[1] Rechnet man auf das Pygostyl heutiger Vögel circa 6, auf den Beckentheil 7—8, auf den freien, abgegliedert bleibenden Schwanztheil etwa 5 Wirbel, so resultiert auch hier in embryonaler Zeit noch die stattliche Zahl von 18—19 freien Schwanzwirbeln. Erst der Assimilationsprocess seitens des Beckens, sowie die Bildung des Pygostyls erzeugt dann jene grosse Kluft zwischen der Schwanzwirbelsäule der Archaeopteryx einer- und der recenten Vögel andrerseits.

zeigte, eine gallertige, pulpöse Masse erkennen lassen. Nur an zwei Stellen, nämlich zwischen Epistropheus und Atlas sowie zwischen letzterem und dem Hinterhaupt differenzieren sich wahre Gelenke zwischen den Wirbelkörpern.

Die ganze Wirbelsäule ist knorpelig präformiert, später aber entwickeln sich in den einzelnen Wirbeln, und zwar im Körper sowohl als in beiden Bogenhälften, secundär auch in den Processus spinosi, transversi und articulares, Ossificationspunkte, welche allmählich miteinander zusammenfliessen, so dass der ausgebildete Wirbel aus einer einheitlichen compacten Knochenmasse besteht. Besondere Ossificationskerne an beiden Enden der Wirbelkörper („Epiphysenscheiben") sind für Säuger charakteristisch.

Im Allgemeinen erscheint die Differenzierung der Wirbelsäule in die einzelnen Regionen durch formelle Verschiedenheiten der zugehörigen Wirbel viel schärfer durchgeführt, als bei den übrigen Wirbelthierklassen, und auf Grund dieses Verhaltens sind auch die betreffenden Abschnitte in der Regel einer sehr verschiedenen Bewegung fähig. So ist z. B. der Halstheil ungleich beweglicher, als die Rumpfwirbelsäule, doch kann es andrerseits gerade zwischen den Cervicalwirbeln auch wieder zu ausgedehnten Verwachsungen kommen (Cetaceen u. a.).

Die Querfortsätze entspringen stets nur einwurzelig von der sog. Radix des Wirbelbogens, und auf der Ventralseite ihres distalen Endes sind sie zur Anlagerung des Rippenhöckers (Tuberculum costae) von Knorpel überzogen. An der Halswirbelsäule sind sie, ähnlich wie bei Vögeln, mit rudimentären Rippen zusammengeflossen, und dazwischen existieren Foramina transversaria. In dem so gebildeten Canal verläuft, wie bei Crocodiliern und Vögeln, die Arteria und Vena vertebralis.

Im Gebiet der Lumbal- und Sacralwirbelsäule, wo die Querfortsätze vom Wirbelkörper entspringen, sind in diesen zugleich Rippenelemente enthalten, weshalb man dafür besser den Namen Seitenfortsätze gebrauchen würde.

Es wird uns dies bei Besprechung der Rippen noch einmal beschäftigen, und für jetzt möchte ich nur betonen, dass bei den Säugern so gut wie bei Amphibien, Reptilien und Vögeln das Becken von Rippen resp. solchen plus Querfortsätzen getragen wird. Wie bei Reptilien und Vögeln, so sind auch bei Säugern zwei primäre Sacralwirbel vorhanden, zu denen dann in der Regel (bei Beutelthieren allein bleibt es bei der Zweizahl) noch einige Caudalwirbel secundär hinzutreten[1]). Anfangs wie die übrigen Wirbel voneinander getrennt, fliessen die Sacralwirbel später synostotisch zusammen, ohne dass jedoch die früheren Trennungsspuren ganz verloren gehen. Sie sind sowohl durch die Foramina sacralia, als durch quere, intervertebral gelagerte Knochenleisten angedeutet. Die Fortsatzbildungen sind am Sacraltheil mehr oder weniger verwischt, jedoch unter Vergleichung mit der anstossenden Lendenwirbelsäule immer mehr oder weniger leicht nachweisbar. Der erste Sacralwirbel erscheint bei Anthropoiden und vor Allem beim Menschen vom Lendentheil wie abgeknickt, ein

---

1) Bei Cetaceen und Sirenen fehlt, entsprechend dem Mangel hinterer Extremitäten, selbstverständlich ein Sacrum.

Verhalten, das beim Embryo und auch noch im ersten Kindesalter nur schwach ausgeprägt ist, später aber durch den aufrechten Gang resp. Muskelzug und Druckverhältnisse sich immer mehr herausbildet. Die

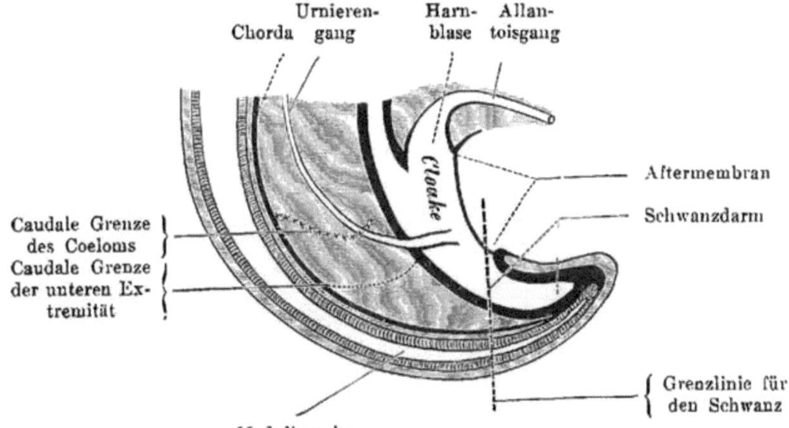

Fig. 45. Profilconstruction nach einem Plattenmodell eines menschlichen Embryos (4 mm grösste Länge), nach F. Keibel.

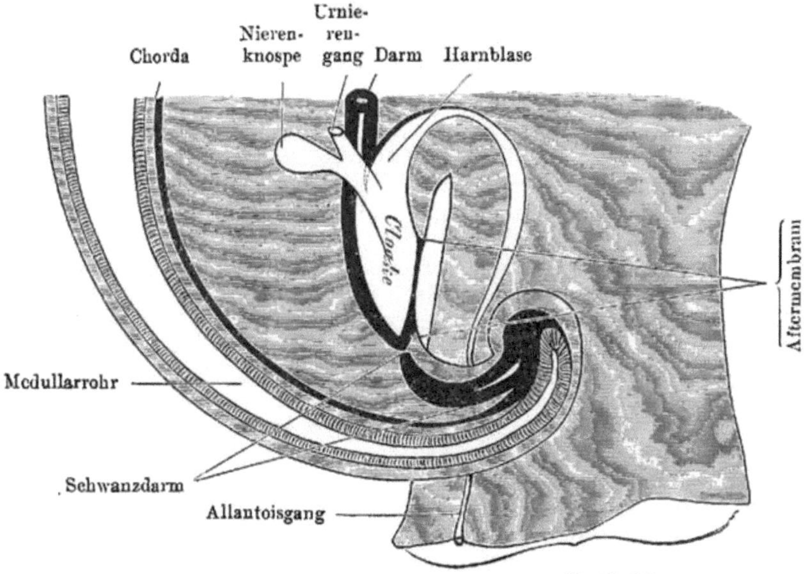

Fig. 46. Profilconstruction eines menschlichen Embryos von 8 mm Steissnackenlänge, nach F. Keibel.

Folge davon ist, dass das unterste Ende der Lendenwirbelsäule ins Beckenlumen immer tiefer hereintritt und so das bildet, was man als Promontorium bezeichnet.

Die Schwanzwirbelsäule, an welcher sich da und dort, wie z. B. bei Sirenen, Cetaceen, Känguruhs, gewissen langschwänzigen

Affen u. a., noch untere Bogen entwickeln, zeigt in ihrer Ausdehnung grosse Extreme. Am meisten reduziert ist sie bei Primaten, wie z. B. beim Menschen, wo sich in maximo 5—6, ja bei Affen mitunter eine noch geringere Zahl, das **Os coccygis** darstellende, Wirbel entwickeln. Zu den Steissbeinwirbeln sind bei der Definition des Schwanzbegriffes auch noch die hinteren Sacralwirbel zu rechnen, da der ganze, caudal von der Anheftungsstelle des Beckengürtels liegende Abschnitt der Wirbelsäule als Schwanz zu bezeichnen ist. Das Os coccygis stellt einen kurzen, stummelartigen Anhang dar, der, was speciell die menschlichen Verhältnisse anbelangt, beim Mann häufiger als beim Weib mit dem Sacralende synostotisch verschmelzen kann. Die einzelnen Wirbel sind, namentlich gegen das hintere Ende zu, äusserst rudimentär, und stellen hier, aller Fortsätze entbehrend, nur noch Wirbel-Körper dar.

Hinsichtlich der genaueren Details verweise ich auf mein Buch „Der Bau des Menschen" etc. und füge hier nur noch bei, dass menschlichen Embryonen von 4—6 mm ein richtiger, äusserlich deutlich sichtbarer Schwanz mit Segmenten, Medullarrohr, Chorda und Schwanzdarm zukommt. Diesem fötalen Schwanz gegenüber erscheint der dem Menschen dauernd eigenthümliche, innere Schwanz wesentlich rückgebildet. (Fig. 45, 46.)

Rückblick.

Den Vorläufer des Achsenskeletes bildet ein elastischer Längsstrang, welcher epithelialen Ursprungs ist; dies ist die sogenannte Chorda dorsalis. Diesselbe umgiebt sich mit zwei Hüllen, die man (weil zeitlich getrennt entstehend) als primäre und secundäre Chordascheide bezeichnet. Das Schicksal der Rückensaite ist in der Reihe der Wirbelthiere ein sehr verschiedenes, je nachdem es sich um ein Fortbestehen des ursprünglichen, gleichmässig cylindrischen Stranges, oder nur um eine Wachsthumsbeschränkung desselben durch die von der Umgebung einwuchernde Skeletsubstanz handelt. In Folge davon kann sie früher oder später einer Rückbildung, bezw. einem völligen Schwund anheimfallen. Letzteres gilt im Allgemeinen nur für die höheren Wirbelthiere, während sie in der Reihe der Fische und aller Dipnoër in solcher Ausdehnung persistieren kann, dass sie neben den verhältnismässig nur gering entwickelten knorpeligen Theilen hinsichtlich der Festigung des Achsenskeletes noch weitaus die Hauptrolle spielt. Auch für gewisse Amphibien ist sie noch von Bedeutung, doch kommt es hier stets schon zu Einschnürungen.

Was die betreffenden Skeletelemente anbelangt, so treten bei niederen Formen zunächst nur sogen. obere und untere Bogen auf, welche ventral und dorsal von der Chorda dorsalis confluieren. Dazu kommen dann bei fortschreitender Entwicklung Wirbelkörper und sogen. Intercalarstücke, welche die Chorda auch seitlich derart umwachsen, dass sie entweder intervertebral oder intravertebral eine Einschnürung erfährt. Aus den nicht verknorpelnden, bindegewebigen Partien gehen die Bandmassen (Ligamenta intervertebrata) hervor. Die oberen Bogen umschliessen das Rückenmark, die unteren können die Körperhöhle oder auch die Aorta umschliessen (Rippen, Basalstümpfe, Hämapophysen).

Als Causalmoment für die Gliederung ist in phylogenetischer Hinsicht die Muskelwirkung zu bezeichnen.

Während man an der Wirbelsäule der Fische nur einen Rumpf- und Schwanztheil unterscheiden kann, gliedert sich dieselbe von den Amphibien an in der Regel in einen Hals-, Brust-, Lenden-, Kreuzbein- und Schwanzabschnitt.

Zugleich bilden sich allmählich Knorpelmassen und später Gelenkverbindungen zwischen den Wirbelkörpern heraus, und zugleich kommt es zwischen den einzelnen Bogen zur Bildung von Gelenkfortsätzen. In Folge dessen büsst die stetig reduzierte Chorda ihre frühere Bedeutung als Bindemittel zwischen den einzelnen Wirbeln immer mehr ein und spielt eine immer untergeordnetere Rolle.

Zu den eben erwähnten Processus articulares treten noch weitere, den Muskeln zum Ansatz und Ursprung dienende und auf sie genetisch zurückführbare Fortsätze, die Processus spinosi und transversi („Processus musculares").

Nicht überall persistiert die gleichmässige Gliederung der Wirbelsäule, sondern es kann an den verschiedensten Stellen, wie namentlich im Caudal- und Sacralabschnitt bei Amphibien und Amnioten, zum Zusammenfluss einer grösseren oder geringeren Zahl von Wirbeln kommen.

In Anpassung an die immer freier sich gestaltende Beweglichkeit des Kopfes unterliegen der bezw. die vordersten Wirbel bestimmten Modificationen, welche sich schon bei den Amphibien anbahnen und bei den Amnioten durchgeführt erscheinen. Bei den letzteren werden diese beiden Halswirbel als Atlas und Epistropheus bezeichnet.

Während von den Reptilien an die Ossification der Wirbelsäule immer weiter fortschreitet und dadurch an Festigkeit gewinnt, begegnet man in wenigen Ausnahmefällen doch noch einem Verhalten der Chorda dorsalis, welches an die primitiven Zustände gewisser Anamnia erinnert (Askalaboten), und ein ähnliches Verhalten zeigen auch fossile Vogelformen.

Bei den Säugethieren erscheint die Differenzierung der Wirbelsäule in die einzelnen Regionen durch formelle Verschiedenheiten der zugehörigen Wirbel viel schärfer durchgeführt, als bei den übrigen Wirbelthiergruppen, und in Folge dessen sind auch die betreffenden Abschnitte in der Regel einer sehr verschiedenen Bewegung fähig. Wie bei Krokodilen und Vögeln, so kommt es auch bei Säugern zwischen den einzelnen Wirbelkörpern zur Herausbildung faserknorpeliger Scheiben, und nur an zwei Stellen, nämlich zwischen Atlas und Epistropheus, sowie zwischen ersterem und dem Hinterhaupt, differenzieren sich an den betreffenden Stellen wahre Gelenke. In den Seitenfortsätzen der Lumbal- und Sacralwirbel sind Rippenelemente enthalten und solche verwachsen auch mit den Querfortsätzen der Halswirbelsäule.

2. Rippen (Costae).

Ob die Rippen ursprünglich als selbständige Hartgebilde in den Myocommata oder, was wahrscheinlicher ist, als Abgliederungen gewisser Wirbelfortsätze zu denken sind, lässt sich, wie es scheint, bis dato noch nicht mit voller Sicherheit entscheiden. Jedenfalls bestehen zwischen ihnen und dem Achsenskelet die allerinnigsten Lagebezieh-

ungen, mögen dieselben primärer Natur oder erst secundär erworben
sein [1]).

In den Myosepten der grossen Seitenmuskeln liegend, umgreifen
die Rippen bei voller Entfaltung als schlanke, spangenartige Gebilde
die Rumpfhöhle mehr oder weniger vollständig oder stellen nur kurze,
wenig gekrümmte oder auch ganz horizontale, zapfenartige Anhängsel
der Wirbelsäule dar.

Eine grosse, über die ganze Länge der Wirbelsäule sich erstreckende Rippenzahl ist einer, zumal bei den höheren Typen vorkommenden, geringeren Zahl gegenüber im Allgemeinen als das primitivere Verhalten zu bezeichnen. — Bei einer aufmerksameren Betrachtung wird man bald gewahr, dass zwischen den Rippen der verschiedenen Wirbelthiergruppen keine durchgängige Homologie besteht,
dass also z. B. die Rippen gewisser Fische und der Dipnoër unter
einen andern morphologischen Gesichtspunkt fallen, als diejenigen
der Amphibien und Amnioten. Sehr wichtig für die Beurtheilung
dieser Verhältnisse sind die Lagebeziehungen der Rippen zu den
Weichtheilen (Muskulatur).

Fische und Dipnoër.

Bei Fischen kann man zwei Arten von Rippen unterscheiden:
obere und untere, welch letztere auch Pleuralbögen genannt

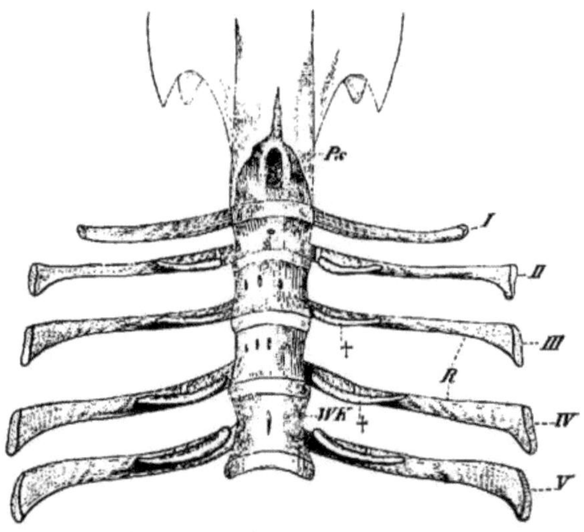

Fig. 47. Vorderende der Wirbelsäule von Polypterus, ventrale Ansicht.
I—V erste bis fünfte dorsale Rippenspange (im Sinne der Amphibienrippen zu deuten),
†† ventrale, an der Unterfläche der Basalstümpfe liegende ächte Fischrippen, *Ps* Parasphenoid, *WK* Wirbelkörper.

werden. Beide Rippenformen, in verschiedenen Höhen der transversalen Myosepten liegend, gehören zum unteren Bogensystem der

<hr>

[1]) Bei Hatteria-Embryonen sieht man noch im Knorpelstadium den continuierlichen
Zusammenhang zwischen Wirbel und Rippe.

Wirbelsäule und sind als abgegliederte Fortsätze der primitiven Basalstümpfe aufzufassen[1]). Die Hauptfaktoren bei diesem Abgliederungsprocess vom Achsenskelet spielten in erster Linie die Muskeln, dann aber auch Volumsänderungen des Coeloms und die verschiedensten Bewegungseinflüsse.

In der Schwanzregion fliessen die unteren Rippen samt ihren Basalstümpfen zur Bildung der unteren Wirbelbogen (Hämalbogen) (vergl. das Capitel über die Wirbelsäule) zusammen[2]).

Die oberen Rippen, welche sich am Aufbau der Hämalbogen nicht betheiligen, werden gegen das hintere Rumpfende zu rudimentär, setzen sich aber gleichwohl noch als seitliche Anhänge der Hämalbogenbasen auf die Schwanzwirbelsäule fort. — Bei Dipnoërn und den meisten Ganoiden finden sich einzig und allein untere Rippen, und sie sind allem Anschein nach phylogenetisch älter als die oberen.

Die oberen Rippen müssen erst später, d. h. nach Ausbildung des erst nachträglich entstandenen horizontalen Myoseptums, hinzugekommen sein [Crossopterygier, einige Teleostier[3]) (Salmoniden, Clupeiden)], so dass also auf jedes Rumpfsegment zwei Rippenpaare entfielen.

Weiterhin aber kam es bei manchen Formen zu Rückbildungen der unteren Rippen, ein Process, den wir bei Selachiern durchgeführt sehen. Hier sind also nur obere Rippen vorhanden.

Bei Amphioxus, den Cyclostomen, Chimären und manchen Rochen (Rajidae) existiert an der Stelle, wo man die Rippen erwarten sollte, ein basalwärts von der Chorda auswachsender und in die Leibeswand sich hineinerstreckender, fibröser Faserzug. In diesen Fällen kann man also noch nicht von eigentlichen Rippen reden, und auch bei den Squaliden, von welchen später noch die Rede sein wird, stellen die Rippen in der Regel nur kurze Spangen dar. Auch unter den Knochenfischen (Lophobranchier z. B.) sowie unter den Ganoiden giebt es rippenlose und solche Formen, bei welchen die Rippen einen rudimentären Charakter besitzen. Letzteres gilt z. B. für Spatularia, wo sie auf minimale Knorpelspangen, welche überdies nur der vorderen Hälfte der Rumpfwirbelsäule zukommen, reduziert sind.

Amphibien.

Die Amphibienrippen entsprechen den oberen Fischrippen, und wie diese verbinden sie sich überall mit Basalstümpfen oder doch wenigstens mit Resten von solchen. Diese Basalstümpfe sitzen, ganz

---

1) Nach einer anderen, oben schon erwähnten Auffassung würden die Rippen ursprünglich selbständig in den Myosepten entstehen und erst secundär (während der Phylogenese) mit den Basalstümpfen verschmelzen. Ein Zusammenhang der Rippen mit diesen während der Ontogenese würde dann als eine cänogenetische Erscheinung zu beurtheilen sein.

2) Bei den Teleostiern betheiligen sich an den betreffenden Bogenbildungen nur die Basalstümpfe; die Rippen nehmen nicht daran Theil.

3) Die oberen Rippen der Teleostier sind so gut wie die unteren fast stets knorpelig präformiert, und schon diese Thatsache wiegt schwer genug, um einer Verwechslung mit den den Transversalsepten angehörigen Seitengräten vorzubeugen. Diese, sowie die schiefen Rücken- und Bauchgräten sind einfache Sehnenverknöcherungen, welche zuweilen eine beträchtliche Stärke erreichen können.

wie bei den Fischen, ursprünglich (Menobranchus- und Salamander-Larven) der Ventralseite des Wirbels bezw. der Chorda
an und gehen am Schwanz ebenfalls in die Hämalbögen[1]) über.
Weiterhin kann es nun aber, und zwar im augenscheinlichen Zusammenhang mit einem schon bei Salamandrinen erfolgenden Hochstand des horizontalen Myoseptums, zu einer dorsal gerichteten Verlagerung der knorpeligen Basalstümpfe auf die Aussenfläche der Neuralbögen kommen. (Gymnophionen, Anuren.) Bei den Urodelen
bleibt der knorpelige Basalstumpf oder Rippenträger zunächst dem

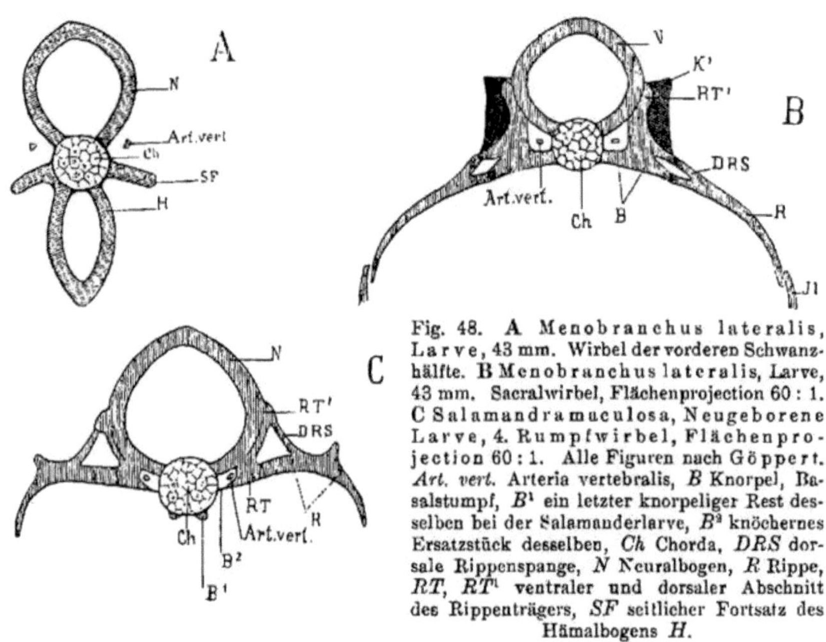

Fig. 48. A Menobranchus lateralis,
Larve, 43 mm. Wirbel der vorderen Schwanzhälfte. B Menobranchus lateralis, Larve,
43 mm. Sacralwirbel, Flächenprojection 60 : 1.
C Salamandra maculosa, Neugeborene
Larve, 4. Rumpfwirbel, Flächenprojection 60 : 1. Alle Figuren nach Göppert.
Art. vert. Arteria vertebralis, *B* Knorpel, Basalstumpf, B^1 ein letzter knorpeliger Rest desselben bei der Salamanderlarve, B^2 knöchernes
Ersatzstück desselben, *Ch* Chorda, *DRS* dorsale Rippenspange, *N* Neuralbogen, *R* Rippe,
RT, RT^1 ventraler und dorsaler Abschnitt
des Rippenträgers, *SF* seitlicher Fortsatz des
Hämalbogens *H*.

Wirbelkörper angeschlossen, entsendet aber secundär einen zur Aussenseite des Neuralbogens aufsteigenden und mit ihm sich verbindenden
Fortsatz, welcher stärker und stärker sich entwickelnd, zum Hauptträger der Rippe werden kann. Der proximale Theil des primitiven
Basalstumpfes kommt dabei bis auf seltene Ausnahmen nicht mehr
zur Entwicklung, und an seine Stelle tritt eine vom Wirbelkörper
entspringende Knochenspange, die im Allgemeinen keine knorpelige
Anlage besitzt.

Abgesehen von dieser Umwandlung und Verlagerung des Basalstumpfes zeigen nun aber auch die Rippen selbst bei Urodelen und Gymnophionen eine Gabelung ihres proximalen Endes
in zwei Spangen, eine ventrale und eine dorsale. Die ventrale entspricht
der ursprünglichen Rippenanlage, die dorsale ist eine secundäre Bil

---

dung, die im Dienste einer ausgiebigeren Befestigung der Rippe steht, und deren secundäre Bedeutung sich auch in der Verschiedenheit ihrer proximalen Verbindungsstelle äussert (bei Urodelen an ver-

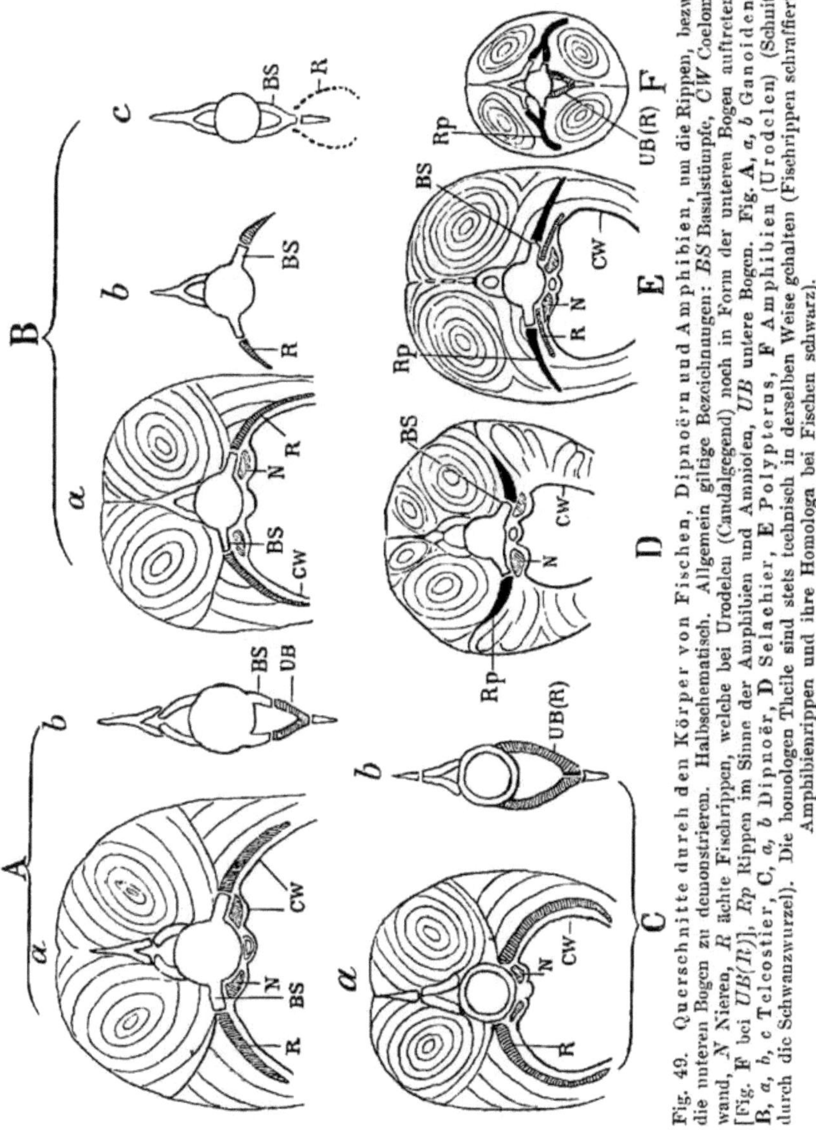

Fig. 49. Querschnitte durch den Körper von Fischen, Dipnoërn und Amphibien, um die Rippen, bezw. die unteren Bogen zu demonstrieren. Halbschematisch. Allgemein giltige Bezeichnungen: *BS* Basalstümpfe, *CW* Coelomwand, *N* Nieren, *R* ächte Fischrippen, welche bei Urodelen (Caudalgegend) noch in Form der unteren Bogen auftreten, [Fig. F bei *UB(R)*], *Rp* Rippen im Sinne der Amphibien und Amnioten, *UB* untere Bogen. Fig. **A**, *a, b* Ganoiden, **B**, *a, b, c* Teleostier, **C**, *a, b* Dipnoër, **D** Selachier, **E** Polypterus, **F** Amphibien (Urodelen) (Schnitt durch die Schwanzwurzel). Die homologen Theile sind stets technisch in derselben Weise gehalten (Fischrippen schraffiert, Amphibienrippen und ihre Homologa bei Fischen schwarz).

schiedenen Theilen des Rippenträgers, bei Gymnophionen an verschiedenen Stellen des oberen Bogens selbst [E. Göppert[1])]).

---

1) Nach einer anderen Auffassung würde es sich bei den zweiwurzeligen Amphibienrippen um eine ab origine doppelte Bildung, d. h. um eine discrete Entstehung

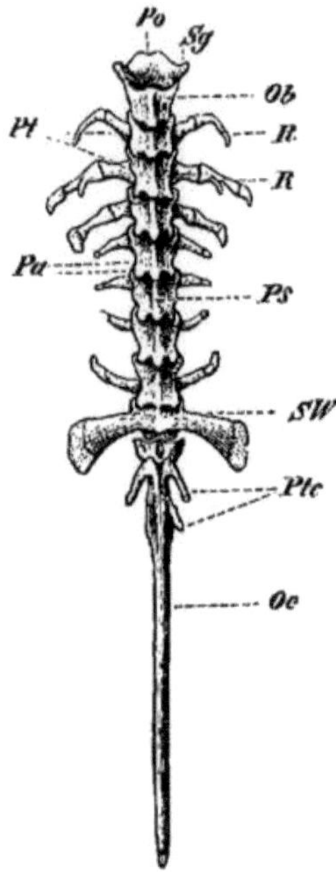

Fig. 50. Wirbelsäule von Discoglossus pictus. *Ob* oberer Bogen des ersten Wirbels, *Pa* Processus articularis, *Po* sein vorderer Fortsatz („Dens"), *Ps* Processus spinosi, *Pt* Processus transversi der Rumpfwirbelsäule, *Ptc* Processus transversi der Caudalwirbelsäule (Os coccygis, *Oc*) *R* Rippen, *Sg* Die seitlichen Gelenkflächen des ersten Wirbels, *SW* Sacralwirbel.

Die Amphibienrippen erreichen nie eine beträchtliche Ausdehnung; sie besitzen nur eine mässige Krümmung, und von einer Umschliessung des Rumpfes ist keine Rede. Bei Anuren stellen sie sogar nur ganz kurze, stummelartige, mit den Querfortsätzen häufig synostotisch verbundene Anhängsel dar, und dass es sich dabei um Rückbildungen handelt, kann keinem Zweifel unterworfen sein. Eine Bifurcation ihres proximalen Endes besteht bei Anuren nicht.

In vielen Fällen sind die Urodelen-Rippen auf den Rumpf beschränkt, zuweilen aber finden sich noch ein oder mehrere Paare in der vorderen Caudalgegend, wo es sich bereits um die allmähliche Entwicklung von Hämalbogen handelt.

Zum Schlusse sei noch der bei manchen Amphibien (Menobranchus, Menopoma, Bombinator) in den ventralen Myocommata sich entwickelnden knorpeligen Bauchrippen gedacht. Bauchrippen finden sich auch bei fossilen Formen.

Reptilien.

Die Rippen der Amnioten sind, wie schon erwähnt, auf diejenigen der Amphibien zurückzuführen, wachsen aber ventralwärts weiter aus und umspannen als solide Skeletgebilde reifenartig die Leibeshöhle. Auch im Schwanztheil können noch Rippen auftreten, so z. B. bei Hatteria, wo mindestens sieben, bisweilen aber noch mehr Caudalrippen existieren.

Der dorsale (proximale) Abschnitt der Rippe kann von dem seitlichen und ventralen abgegliedert sein, und gerade die Homologie jenes proximalen Stückes mit der Urodelenrippe liegt klar zu Tage, wenn auch die ventralen Theile des Seitenrumpfmuskels bei den meisten Amnioten (Schlangen machen eine Ausnahme) noch mehr zurücktreten, als bei Urodelen. Immerhin sind aber auch hievon, zumal in der Hals- und Lendengegend und namentlich in der Schwanzregion, nicht unbedeutende Reste erhalten. In der Regel fliesst eine gewisse Anzahl von Rippen bauchwärts zu einem sogenannten **Brustbein (Sternum)** zusammen. Die hieran direkt betheiligten Rippen werden als „wahre" den übrigen als den „falschen" gegenübergestellt.

Die geringste Differenzierung zeigen die Rippen der Schlangen,

---

der Dorsalspange und um eine erst secundär erfolgende Verschmelzung derselben mit der Ventralspange handeln.

indem sie sich hier, ohne ein Brustbein zu bilden, in ziemlich gleichmässiger Form und Grösse vom dritten Halswirbel an, den ganzen Rumpf entlang, bis zum After erstrecken. Bei Lacertiliern, wo man ein dorsales, knöchernes, ungegabeltes und ein ventrales, knorpeliges Stück unterscheiden kann, erreichen sie zu dreien oder vieren das Brustbein, bei Crocodiliern zu acht bis neun[1]).

Bei den Cheloniern fehlen Halsrippen, im Rumpftheil dagegen sind Rippen vorhanden und bilden durch ihre Verbreiterung die Costalplatten des Rückenschildes. (Vergl. das Hautskelet). Ihr proximales, ungegabeltes Ende entspringt zwischen je zwei Wirbeln am Zusammenstoss des Corpus und Arcus vertebrae.

Die proximalen Enden der Crocodilierrippen sind in der Halsgegend den doppelten Querfortsätzen entsprechend gegabelt, wodurch ein Canal gebildet wird. Weiter nach hinten nehmen die Rippen an Länge zu und gliedern sich in zwei bis drei gelenkig verbundene Abschnitte. Dabei löst sich allmählich die Rippe vom Wirbelkörper los, und der immer stärker auswachsende Querfortsatz erscheint nun allein als Rippenträger.

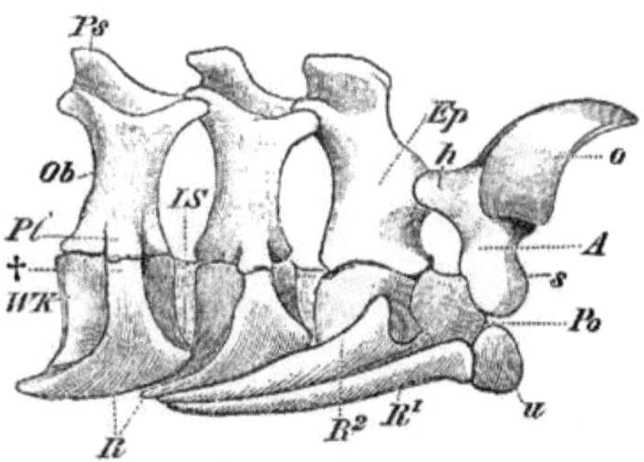

Fig. 51. Vorderer Abschnitt der Wirbelsäule eines jungen Krokodils. *A* Atlas, *o* der sogenannte Proatlas, d. h. letzter Rest eines einst zwischen Atlas und Hinterhaupt existirenden Wirbels, wie er auch noch bei Rhynchocephalen und Chamäleoniden angedeutet ist, *u* sein unteres Schlussstück, *s* seine Bogentheile, *Ep* Epistropheus, bei *h* mit den Seitentheilen des Atlas articulirend, *IS* Intervertebralscheiben, *Ob* obere Bogen, *Po* Dens (Processus odontoides), *Ps* Processus spinosi, *Pt* Processus transversi, von der Bogenwurzel entspringend und bei † mit den Rippen (*R*, *R¹*, *R²*) articulirend, *WK* Wirbelkörper.

Vögel.

Eine viel ausgesprochenere, offenbar mit dem Athmungsgeschäft in Verbindung stehende Gliederung in einen vertebralen und sternalen Abschnitt zeigen die Vogelrippen, an welchen sich ausserdem noch sogen. Hakenfortsätze (Processus uncinati) entwickeln. Diese greifen dachziegelartig auf die nächsthinteren Rippen über und bringen dadurch ein sehr festes Gefüge zu Stande. Die Festigkeit steigert sich noch durch die zuweilen grosse Breite der einzelnen Rippen, sowie durch die oben schon erwähnte (oft synostotische) Vereinigung der Dorsalwirbel und durch die später zu besprechen-

---

[1]) Ueber „Processus uncinati" vergl. den Abschnitt über Vögel. Das proximale Ende der Hatteria-Rippen ist in dorso-ventraler Richtung stark verbreitert und zeigt, indem es sowohl mit dem Wirbelkörper als mit dem Wirbelbogen in Verbindung steht, bereits die Andeutung eines Zerfalls in ein Capitulum und ein Tuberculum costae. Ueber die Furchenbildung kommt es aber nicht hinaus.

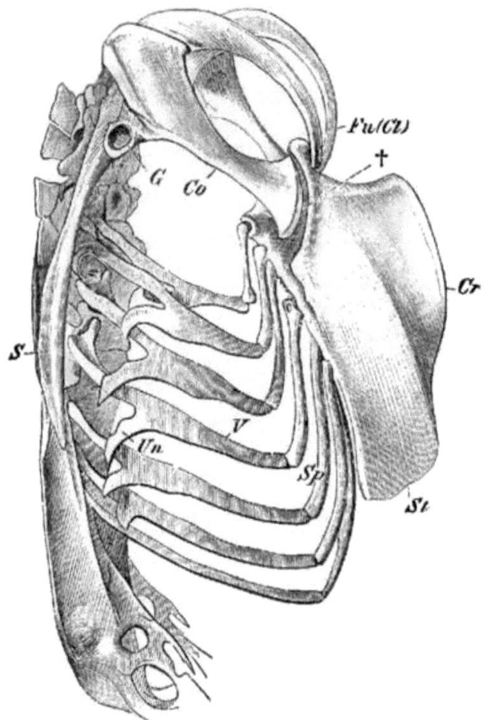

Fig. 52. Rumpfskelet eines Falken. *Co* Coracoid, welches mit dem Sternum (*St*) bei † gelenkig
verbunden ist, *Cr* Crista sterni, *Fu* (*Cl*) Furcula (Clavicula), *G* Gelenkfläche der Scapula für den Humerus,
S Scapula, *Sp* Sternaler Abschnitt der Rippen, *Un*
Processus uncinati, *V* vertebraler Abschnitt der Rippen.

den Brustbein- und Schul-
tergürtel - Verhältnisse. In
den Processus uncinati, wie
auch in manchen anderen
Punkten, liegen verwandt-
schaftliche Beziehungen zu
den Reptilien, wie z. B. zu
Hatteria und den Cro-
codiliern. Die das Ster-
num erreichende Zahl der
Rippen schwankt zwischen
zwei (Dinornis elephan-
topus) und neun (Cy-
gnus). Bezüglich der Sa-
cralrippen verweise ich auf
die Wirbelsäule.

Die Rippen der Ar-
chaeopteryx waren noch
schlank, rundlich, ähnlich
wie bei Eidechsen. Das
dünne Sternum zeigt die
dachförmige Zuschärfung
noch stärker ausgeprägt, als
irgend ein recenter Carinate.
Als eine Uebergangsform
zwischen dem Reptilien- und
Carinaten- Sternum kann
das Archaeopteryx-Sternum
nicht bezeichnet werden. Ob
eine Carina vorhanden war,
steht dahin.

Säugethiere.

Bei Säugethieren verwachsen die Halsrippen vollständig mit den
Wirbeln unter Bildung eines Foramen transversarium; die letzte
kann frei und gelenkig mit dem zugehörigen Wirbel verbunden sein.
Die Zahl der mit knorpeligen oder seltener mit knöchernen End-
stücken das Sternum erreichenden Rippen ist eine sehr schwankende.
Das Sternum kann, wie dies bei den Reptilien bereits erwähnt wurde,
von den Rippen direct (Costae verae) oder indirect (Costae spuriae)
unter Bildung eines sog. Rippenbogens erreicht werden. Kommt
es nicht mehr zu letzterer Bildung und stecken die betreffenden
Rippen einfach in den fleischigen Bauchdecken, so spricht man von
Costae fluctuantes. Bei Cetaceen sind die letzten Rippen ohne
jegliche Verbindung mit der Wirbelsäule.

Die Costae verae und spuriae besitzen stets ein Capitulum, ein
Collum, ein Tuberculum und ein Corpus (vergl. Fig. 53).

Das Capitulum articuliert in der Gegend der Intervertebralscheiben
mit je zwei Wirbelkörpern, oder kommt es auch nur zur Verbindung
mit einem Wirbelkörper. Die Tubercula articulieren mit der über-

knorpelten Ventralfläche der Querfortsätze, die ihnen gewissermassen als Strebepfeiler dienen. Bei den fluctuierenden Rippen sind alle diese Verhältnisse mehr oder weniger verwischt; dabei sind sie viel kürzer und besitzen einen durchaus rudimentären Charakter.

Die Entwicklungsgeschichte lehrt, dass sich auch im Bereich der Lenden- und Kreuzbeinwirbel der Säugethiere Rippen anlegen, die aber später mit der vorderen Circumferenz der Seitenfortsätze verwachsen. Dies ist speciell für den Menschen nachgewiesen, und es lässt sich hier auf's Deutlichste eine im Laufe der Phylogenie erfolgende Reduction von Rippen nicht nur am unteren, sondern auch am oberen Thorax-Ende nachweisen. Dies erhellt aber nicht allein aus der Entwicklungsgeschichte, sondern auch aus dem rudimentären Charakter der in jenen Grenzzonen liegenden Rippen, sowie endlich aus dem hie und da zu beobachtenden Auftreten „überzähliger" Rippen, die im Sinne eines Rückschlages zu deuten sind.

Man kann bei den Säugethieren zwei Typen von Thoraxformen, einen primitiven und einen secundären, unterscheiden. Der erstere findet sich viel verbreiteter als der letztere und erstreckt sich auf weitaus die grösste Zahl der Säugethiere; er betrifft auch noch die niedrigstehenden Affen. Bei jenem primitiven Typus handelt es sich um eine langgestreckte Thoraxform, bei welcher der dorso-ventrale Durchmesser den transversellen weit überwiegt, sodass der Brustkorb kielartig erscheint. Der zweite Typus findet sich bei den Anthropoiden und beim Menschen.

Hier hat der dorso-ventrale Durchmesser im Vergleich zum transversellen bedeutend an Grösse abgenommen; der breite Thorax erhält dadurch eine Fassform, welche oft sogar einen von vorn nach hinten platt gedrückten Körper darstellt. Dieser secundäre Thoraxtypus hat den primären ontogenetisch und phylogenetisch zum Vorgänger.

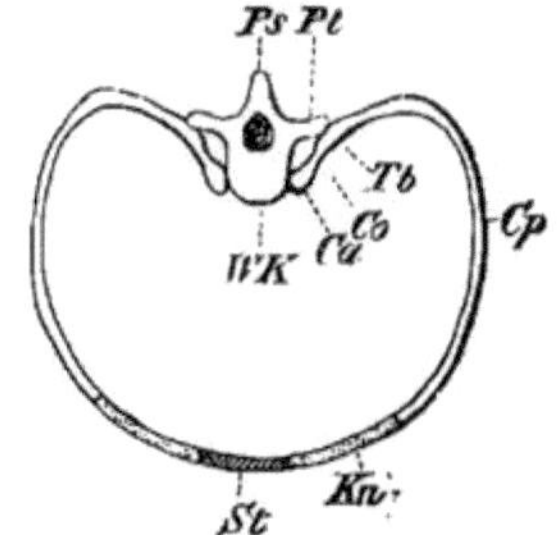

Fig. 53. Rippenring des Menschen. *Ca* Capitulum-, *Co* Collum-, *Cp* Corpus costae, *Kn* Rippenknorpel, *Pt*, *Ps* Processus transversus und spinosus vertebrae, *St* Sternum, *T* Tuberculum costae, *WK* Wirbelkörper.

3. Sternum (Brustbein).

Bei **Fischen** existiert kein Sternum. Zum erstenmal tritt es uns bei **Amphibien** entgegen, und zwar in der Form eines kleinen, in der Medianlinie der Brust gelegenen, mannigfach gestalteten Knorpelplättchens, welches sich bei Urodelen und Anuren ursprünglich paarig anlegt, später mit seinem Gegenstück zusammenwächst und genetisch auf ein verknorpelndes Myocomma im Bereich des medialen Randes vom M. rectus abdominis zurückzuführen ist. Ebendenselben Ursprung nimmt auch jenes Skeletstück, welches in der ventralen Mittellinie bei Anuren (Raniden) von jenem Punkte aus oralwärts sich erstreckt, wo die beiden medialen Enden der Claviculae zusammenstossen. (Fig. 54, D, Os, Os¹.) Ich meine das sogenannte **Omosternum**. Jene knorpeligen Myocommata müssen bei den

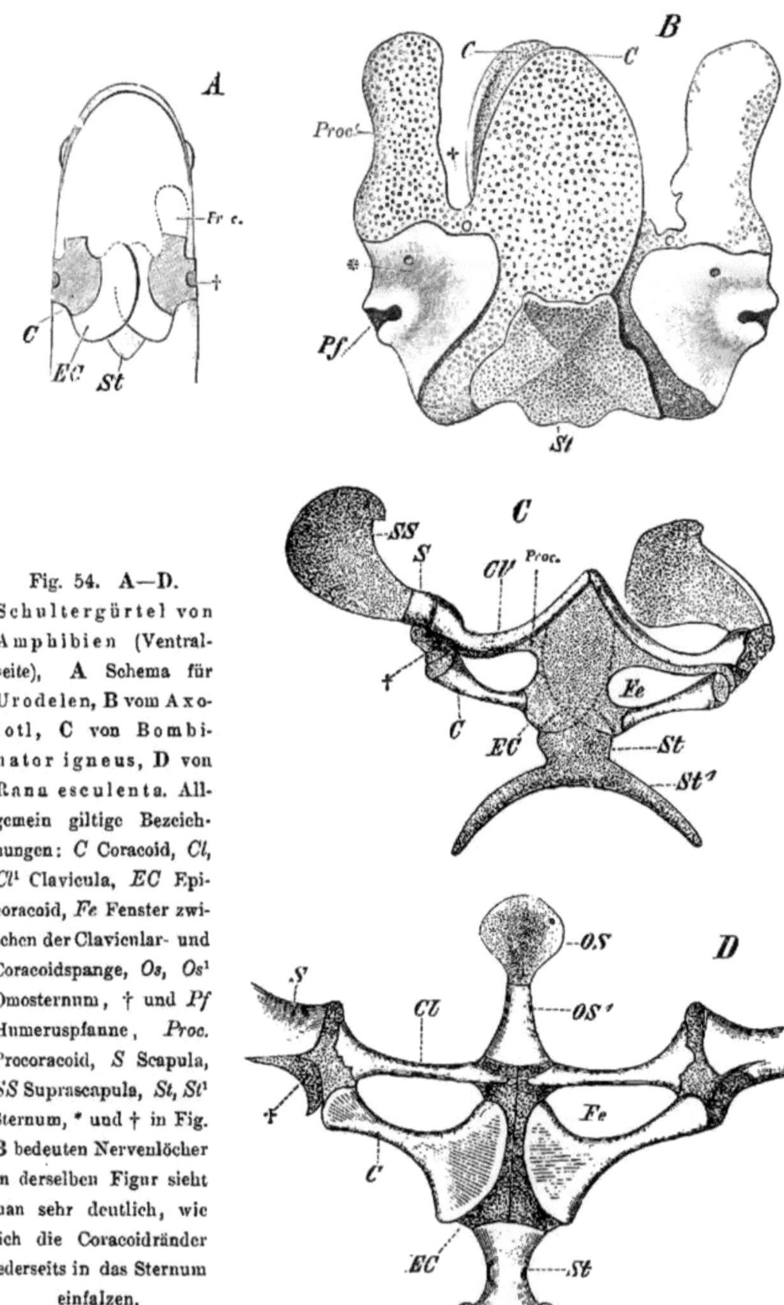

Fig. 54. A—D. Schultergürtel von Amphibien (Ventralseite), **A** Schema für Urodelen, **B** vom Axolotl, **C** von Bombinator igneus, **D** von Rana esculenta. Allgemein giltige Bezeichnungen: *C* Coracoid, *Cl*, *Cl¹* Clavicula, *EC* Epicoracoid, *Fe* Fenster zwischen der Clavicular- und Coracoidspange, *Os*, *Os¹* Omosternum, † und *Pf* Humeruspfanne, *Proc.* Procoracoid, *S* Scapula, *SS* Suprascapula, *St*, *St¹* Sternum, * und † in Fig. B bedeuten Nervenlöcher. In derselben Figur sieht man sehr deutlich, wie sich die Coracoidränder jederseits in das Sternum einfalzen.

Vorfahren der recenten Amphibien in grösserer Zahl vorhanden gewesen sein (vergl. Menobranchus).

Mit dem sternalen Knorpelplättchen treten die medialen Coracoidränder derart in Verbindung, dass sie jederseits in einen Falz desselben aufgenommen und durch Bindegewebe locker darin befestigt werden. Dies gilt für die meisten Urodelen[1]) und für gewisse Anuren, wie z. B. für die Unke, die Geburtshelferkröte, Pipa und Discoglossus. Bei Rana dagegen, wo es zu einer viel festeren Verbindung der beiden Schultergürtelhäften in der ventralen Mittellinie kommt, erscheint es mit seiner weitaus grössten Masse nach **rückwärts** von den zusammenstossenden Coracoidplatten und nur zum kleinsten Theil **zwischen** diesen beiden gelagert. Von einer Falzbildung mit eingelassenen Coracoidrändern ist also hier keine Rede, da es sich um kein Uebereinanderschieben derselben handelt (Fig. 54. **A—D**). Aus den eben genannten Figuren sind auch die formellen Verhältnisse, auf die ich hier nicht weiter eingehen will, deutlich zu erkennen.

Was nun das Sternum der **Amnioten** anbelangt, so entsteht es in der Art, dass jederseits von der ventralen Mittellinie eine Anzahl von Rippen zu einem Knorpelstreifen („Sternalleiste“) zusammenfliessen. Indem sich beide Streifen medianwärts bis zur vollständigen Vereinigung entgegenwachsen, bildet sich schliesslich eine unpaare, knorpelige Sternalplatte, von der sich die betreffenden Rippen, unter Bildung von Gelenken, secundär abgliedern. Weiterhin kommt es dann zur Abscheidung von Kalksalzen (Reptilien) oder zur Bildung von wirklicher Knochensubstanz (Vögel, Säuger).

Dieselben Lagebeziehungen, wie wir sie oben für das Sternum und den Schultergürtel der Amphibien constatieren konnten, existieren nun auch bei Reptilien[2]) und Vögeln, ja sogar noch bei den niedersten Säugethieren (Monotremen). Ueberall treten hier (Fig. 52, 56, 58) die Coracoide mit dem oberen oder dem seitlichen Rande der Brustbeinplatte in directe Verbindung.

Eine mächtige, auf das Fluggeschäft berechnete Entfaltung gewinnt das (häufig gefensterte) Sternum bei den Vögeln, wo es eine breite, und bei der weitaus grössten Zahl mit einem scharfen Kamm (Crista s. Carina sterni) — Ursprungsleiste für die Flugmuskulatur[3]) — versehene, die ventrale Rumpfwand bedeutend festigende Platte darstellt („Aves carinatae“). Im Gegensatz dazu stehen die in der Regel durch ein breites, schwach oder stark gewölbtes, schildartiges Sternum charakterisierten Laufvögel, die Ratiten.

Am Aufbau des Säugerbrustbeins betheiligt sich gewöhnlich eine viel grössere Anzahl von Rippen als bei Reptilien und Vögeln. In einer gewissen Embryonalperiode aus einer einheitlichen Knorpelplatte bestehend, gliedert es sich später in einzelne Knochenterritorien,

---

[1]) Bei den Ichthyoden und Derotremen fehlt das Sternum entweder gänzlich (Proteus, Amphiuma) oder es ist viel einfacher entwickelt als bei den übrigen geschwänzten Amphibien (Rückbildungserscheinungen). Bei Tritonen und Rana legt es sich gleich von vornherein unpaar an (abgekürzte Entwicklung).

[2]) Den Cheloniern ist ein Sternum spurlos verloren gegangen.

[3]) Ein solcher Kamm existiert auch am Brustbein der Pterosaurier und Fledermäuse (functionelle Anpassung).

deren Zahl den sich ansetzenden Rippen entsprechen kann. In andern
Fällen aber, wie z. B. bei Primaten, fliessen die einzelnen Knochen-
bezirke zu einer langen Platte (Corpus sterni) zusammen, während
sich das proximale Ende zum sogenannten Hand-
griff und das distale zum Schwertfortsatz (Manubrium und Processus ensi-formis) differenzieren. Letzterer verdankt seine Ent-stehung dem in fötaler
Zeit ventralwärts zusammen-fliessenden achten Rippenpaar (Fig. 55, C). Aehn-liche Verhältnisse beobachtet man auch am Vogel-sternum. Mit der Rückbildung des enge an die Clavicula geknüpften und
mit der Reduction der letz-teren selbst rückgebildeten,
bezw. völlig geschwundenen Episternum (s. später) und

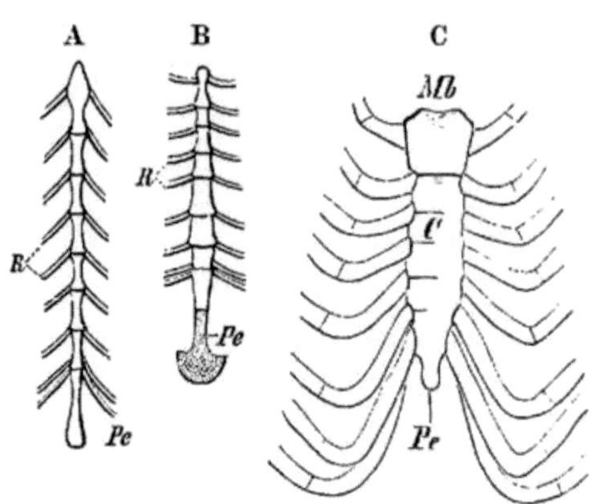

Fig. 55. **A Brustbein vom Fuchs, B vom
Walross, C vom Menschen.** *C* Corpus sterni,
Mb Manubrium sterni, *Pe* Processus ensiformis sterni,
R, R Rippen.

Manubrium wechselt die Form des vorderen Sternalabschnittes beträchtlich.

4. Episternum.

, Ein dem Episternum homologes Gebilde ist in Gestalt der mittleren Kehlbrustplatte bereits bei Ganoiden und Crossopterygiern
vorhanden, ist aber bei fossilen Amphibien und Urreptilien, wie
z. B. bei den Stegocephalen und bei Palaeohatteria, schon in
höherem Grade entfaltet. Es nähert sich hier nach seinen Lage- und
Formverhältnissen sehr bedeutend dem Verhalten, wie wir es am
Episternum der recenten Reptilien zu beobachten gewohnt sind.
Dies hat nichts Ueberraschendes, da vor allem jene alte Amphibien-
gruppe der Stegocephalen auch in anderen Theilen ihres Skeletes
(Schädel, Extremitätengürtel, Hautpanzer) viele Aehnlichkeiten mit den
Reptilien, in specie mit Palaeohatteria und Hatteria, aufweist.
Es waren Mischtypen, die sich in dieser Form auf die recenten
Vertebraten nicht vererbt haben.

Wie aus einer Betrachtung der Fig. 56 und 57 erhellt, besteht
das Episternum bei recenten und fossilen Sauriern bezw. Crocodilen aus einer unpaaren, formell bei verschiedenen Thiergruppen
verschieden sich verhaltenden Knochenplatte, die sich caudalwärts
dolchartig zuspitzen kann. Ihre Lagebeziehungen zu dem unterliegenden knorpeligen Sternum und zur Clavicula erkennt man aus
den obengenannten Figuren zur Genüge.

Ontogenetisch handelt es sich bei allen diesen Episternalbildungen
um eine paarige, nicht knorpelig präformierte, d. h. um
eine dermale Anlage, deren paariger Charakter aber allerdings
mehr oder weniger verwischt sein kann.

Das „Omosternum" der Anuren hat mit einem Episternum im Sinne der fossilen Lurche und der Saurier nichts zu schaffen. Ueber seine Entwicklung wurde bereits berichtet (pag. 69, 70).

Bei den Cheloniern und Ophidiern existiert kein Episternum, und dasselbe gilt für Chamaeleon und Anguis.

Ob jener auf Fig. 28 *B. C.* mit *E* bezeichnete Abschnitt des Plastron der Chelonier einem Episternum entspricht, steht dahin, erscheint aber als nicht unwahrscheinlich.

Bei Vögeln sind selbständige, discrete Skeletgebilde, die einem Episternalapparat entsprechen könnten, noch nicht nachgewiesen, und offenbar sind sie schon seit sehr langer Zeit zurück gebildet, bezw. verschwunden, da sie auch ontogenetisch nicht mehr auftreten.

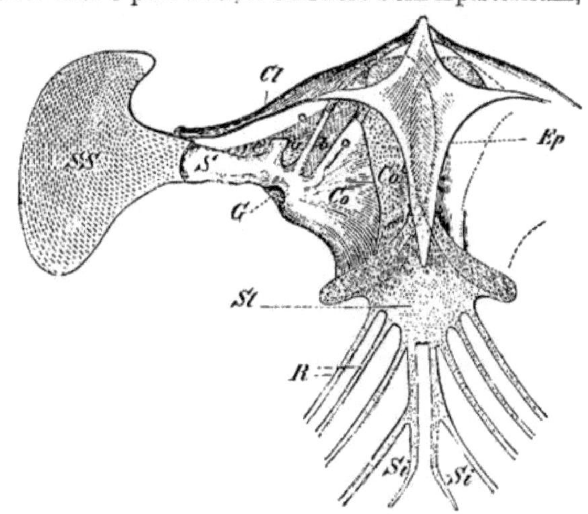

Fig. 56. Schultergürtel und Sternum von Hemidactylus verrucosus. *a, b, c* durch Membranen verschlossene Fensterbildungen im Coracoid, *Cl* Clavicula, *Co* Coracoid, *Co¹* knorpeliges Epicoracoid, *Ep* Episternum, *G* Gelenkpfanne für den Humerus, *R* Rippen, *S* Scapula, *Si* Knorpelhörner (Sternalleisten), an welche sich die letzte Rippe anheftet, *SS* Suprascapula, *St* Sternum.

An ihre Stelle ist das unpaare Ligamentum cristo-claviculare getreten, ohne ihnen aber speciell homolog zu sein.

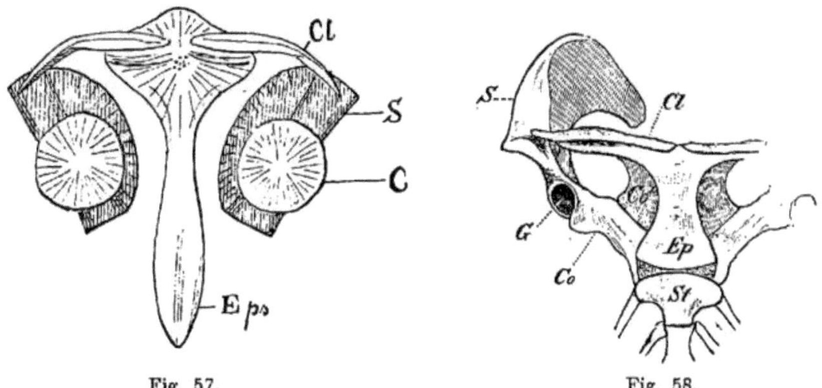

Fig. 57.   Fig. 58.

Fig. 57. Schultergürtel von Palaeohatteria, nach Credner. Ventralseite. *C* Coracoid, *Cl* Clavicula, *Eps* Episternum, *S* Scapula. Das primäre Brustbein (Sternum), weil knorpelig, ist nicht mehr erhalten. Dasselbe gilt für die ursprüngliche Verbindung zwischen Scapula und Coracoid.

Fig. 58. Schultergürtel von Ornithorhynchus paradoxus. *Cl* Clavicula, *Co* Coracoid, *Co¹* Epicoracoid, *Ep* Episternum, *G* Gelenkpfanne für den Humerus, *S* Scapula, *St* Sternum.

Die Urgeschichte des Episternums der Säugethiere ist bis dato noch nicht klar. Von einem directen Anschluss an die primitive Form des Reptilien-Episternums kann jedenfalls nicht die Rede sein. Vielleicht ist von Seiten der Palaeontologie einst noch Aufklärung zu erwarten. Die morphologische Beurtheilung des Episternums der Säugethiere wird dadurch noch mehr erschwert, dass es nicht ventral, sondern kopfwärts vom Sternum gelagert ist (Fig. 58).

Bei Monotremen liegen folgende Verhältnisse vor: Kopfwärts vom Sternum findet sich ein dem Blastem des ersten Rippenpaares entstammender Fortsatz, der sich später abgliedert und als „Episternum" bezeichnet wird (Fig. 58, *Ep*). Lateral und basal verbinden sich damit die Coracoide (*Co*), während weiter oralwärts die beiden Schlüsselbeine (*Cl*) mit den vom Mittelstück auswachsenden, seitlichen Aesten des „Episternums" in Verbindung treten.

Auch bei anderern Säugethieren findet sich der genannte Apparat wieder vor, allein er zeigt sich hier (Cavia, Coelogenys, Dasyprocta u. a.) in drei Abschnitte gesondert, welche nur noch durch Bindegewebe mit einander vereinigt werden. Noch weiteren, namentlich auf das Mittelstück sich erstreckenden Rückbildungen begegnen wir bei eichhörnchen- und mäuseartigen Thieren, und auch bei Beutlern sind derartige Reductionen keine Seltenheit.

Unter Verlust seiner ursprünglichen Verbindung mit den Coracoiden wird jener Apparat in der Reihe der übrigen Säugethiere in den oralen, durch seine Breite ausgezeichneten Sternalabschnitt, d. h. in das sogenannte Manubrium, immer mehr einbezogen, bis schliesslich, wie z. B. beim Menschen, zuweilen nur noch kleine paarige Knochenfragmente, die sogenannten Ossa suprasternalia, davon übrig sind. Diese würden also dem oben als „Mittelstück" des Episternums bezeichneten Abschnitte entsprechen, während die letzten Spuren der Seitenäste in den Skeletstücken zu erblicken sind, welche sich in embryonaler Zeit von den Sternalenden der Claviculae abspalten und mit dem Manubrium in Verbindung stehen („Omosternum", W. N. Parker, „Praeclavium", C. Gegenbaur). Beim Menschen sind sie in den Zwischenknorpel des Sternoclavicular-Gelenkes übergegangen.

Gegenbaur nennt den ganzen bisher als „Episternalapparat" der Säuger bezeichneten Knochencomplex „Prosternum".

Rückblick.

Die in nächstem Connex mit dem Achsenskelet entstehenden, d. h. von ihm sich abgliedernden Rippen umfassen als metamer geordnete Knorpel- oder Knochenspangen die Rumpfhöhle in grösserem oder geringerem Umfang und können sich auch auf den Schwanz fortsetzen. Zwischen den Rippen der verschiedenen Wirbelthiergruppen besteht keine durchgängige Homologie, was ihre verschiedene Lagebeziehung zu dem Seitenrumpfmuskel beweist.

Bei Fischen unterscheidet man obere und untere Rippen, von welchen die letzteren („Pleuralbögen") phylogenetisch älter sind, als die ersteren, doch giebt es auch rippenlose Fische, sowie solche, bei denen die Rippen in der Rückbildung begriffen sind. Bei Dipnoërn und den meisten Ganoiden giebt es nur untere Rippen.

Diese setzen sich auf die Amphibien nur da und dort in Form von sogenannten Basalstümpfen noch fort. Diese können im Schwanztheil, wie bei Fischen, zu Hämalbögen zusammenschliessen, oder aber eine Lageveränderung eingehen, der Art, dass sie, mit den Neuralbögen in Contact kommend, einen Fortsatz aussenden und so zum Hauptträger der Rippe werden. So zeigen also die unteren Rippen der Fische hier die weitestgehenden Reductionen, während die oberen Fischrippen durch die Rippen der Amphibien und Amnioten fortgesetzt erscheinen.

Bei den recenten Amphibien, und hier am meisten bei den schwanzlosen, sind die Rippen rückgebildet, so dass sie das Sternum nicht erreichen. Dies ist nun bei Amnioten, wo bei verschiedenen Gruppen eine verschieden grosse Zahl von Rippen jene Verbindung eingeht, stets der Fall, während andere Rippen frei in den Bauchdecken endigen. („Wahre" und „falsche" Rippen im Sinne der menschlichen Anatomie.)

Die Rippen der Sauropsiden können sich in mehrere Abschnitte gliedern und Hakenfortsätze bilden.

Ursprünglich der ganzen Wirbelsäule entlang entwickelt und frei abgegliedert, können die Rippen an manchen Körperstellen Rückbildungen erleiden und mit den Wirbeln synostotisch sich vereinigen (Hals-Lenden-Sacralgegend).

Unter Sternalbildungen versteht man Skeletcomplexe, welche in die ventrale Rumpfwand eingebettet sind und hier, mit Rippen oder auch mit dem Schultergürtel in Verbindung stehend, für die Körperdecken eine wichtige Stützfunction übernehmen. Man unterscheidet dabei dermale, d. h. dem Hautskelet, sowie knorpelige, dem inneren Skelet angehörige Apparate. Erstere, schon bei gewissen Fischen (Ganoiden) vorgebildet, setzen sich auf fossile Amphibien sowie auf einen grossen Theil der Reptilien (fossile und recente Saurier) fort. Man bezeichnet sie als Episternalapparat. Ob jene Skeletelemente, die man auch bei Säugern mit jenem Namen belegt hat, ebenfalls zum Theil noch in diese Kategorie gehören, oder ob es sich um neue, secundäre Erwerbungen handelt, steht noch dahin.

Die zweite Art von Sternalbildungen entsteht dadurch, dass die ventralen Enden einer Anzahl von Rippen in embryonaler Zeit jederseits zu einer Leiste verschmelzen, worauf dann die Leisten beider Seiten in der Medianlinie zusammenrücken und zu jenem Gebilde confluieren, das man als Sternum bezeichnet. Ein solches Sternum fehlt noch den Fischen und Dipnoërn, und tritt erst bei Reptilien und Vögeln auf. Es kann hier schon eine beträchtliche Grösse erreichen, gliedert sich aber, die Verbindung mit den Coracoiden allmählich aufgebend, erst in der Reihe der Säugethiere in ein Manubrium und Corpus sterni, sowie in einen Processus xiphoideus. Das Sternum der recenten Amphibien entsteht nach einem andern Bildungsmodus, d. h. es erscheint hier nicht als ein Product der Rippen, sondern resultiert aus einem Zusammenfluss von verknorpelten Myocommata.

5. Der Schädel.

Hinsichtlich der ersten Entstehung des Kopfskeletes, eines der wichtigsten Probleme auf dem Gebiet der Wirbelthieranatomie, wird sich vor Allem die Frage erheben: ist der Kopf eine Bildung sui generis, d. h. ein dem übrigen Körper fremd gegenüberstehendes Gebilde, oder handelt es sich dabei nur um eine Modification bezw. weitere Fortbildung von Einrichtungen, welche auch am Rumpfe bestehen? — Mit andern Worten: ist der Nachweis zu erbringen, dass das Kopfskelet eine auf Grund von Anpassungsverhältnissen erfolgte Differenzierung des Achsenskelets ist, bei welcher sich die gleiche Metamerie konstatieren lässt, wie sie den übrigen Körper charakterisiert? —

Bevor hierauf eine Antwort ertheilt werden kann, erscheint es von Interesse, zunächst einen kurzen historischen Rückblick zu eröffnen und zu zeigen, wie sich die Wissenschaft früher zu jenen Fragen gestellt hat.

Bis über die Mitte des vorigen Jahrhunderts hinaus war die Goethe-Oken'sche Theorie, nach welcher das Kopfskelet der Vertebraten aus einer Summe von Wirbeln („Schädelwirbel") mit allen ihren Adnexa bestehen sollte, die herrschende. Diese Lehre, welche also in dem Satze gipfelte: Der Schädel ist eine „fortgebildete Wirbelsäule", hatte viel Bestechendes, und ein unendliches Material wurde zu ihrer Stütze zusammengetragen; ja dieselbe schien auch zu einer Zeit, als die Morphologie auf Grund zahlreicher entwicklungsgeschichtlicher und anatomischer Erfahrungen bereits beträchtliche Fortschritte gemacht hatte und neue, weitere Gesichtspunkte gewonnen worden waren, eine gewisse Berechtigung zu besitzen und das Feld noch behaupten zu können.

Man argumentierte folgendermassen: Wie bei der Wirbelsäule, so lassen sich auch am Schädel sowohl onto- als phylogenetisch drei Stadien unterscheiden, nämlich ein häutiges, ein knorpeliges und ein knöchernes, und da sich, wie man später erkannte, die Chorda dorsalis auch noch eine gewisse Strecke in die Schädelbasis hineinerstreckt, so lag eine weitere Uebereinstimmung zwischen Schädel und Wirbelsäule zu Tage.

Als Drittes kam noch hinzu, dass die das Gehirn bergende Schädelhöhle per se schon als Fortsetzung des Neuralrohres aufgefasst werden konnte.

Als Cardinalpunkt der ganzen Lehre galt nun fernerhin die möglichst exacte Klarlegung der beim Schädelaufbau in Betracht kommenden Skelettheile, und man ahnte lange Zeit gar nicht, dass man sich bei dem Bestreben, auf diesem Wege in die Urgeschichte des Wirbelthierkopfes einzudringen, auf ganz falschen Bahnen bewegte, d. h. dass man die letzte Errungenschaft des Kopfes — denn eine solche ist das Skelet desselben — in den Vordergrund der Untersuchung rückte.

Wenn man nun aber auch im Laufe der Zeit einsah, dass es sich bei keinem recenten Vertebratenkopfe, abgesehen von der Regio occipitalis, wo da und dort noch eine Segmentierung zu beobachten ist, um eine Gliederung in segmentale Knorpelstücke handelt, so erschien doch die Frage noch als eine offene, ob eine solche Gliederung phylogenetisch nicht doch bestanden und ob dieselbe nicht erst nachträglich unter dem Einfluss tiefgreifender physiologischer und morphologischer Veränderungen aufgegeben worden sein könnte[1])? Die ursprüngliche Metamerie, d. h. eine Gliederung

---

[1]) Ein befriedigender Einblick in diese Verhältnisse erscheint übrigens dadurch um so mehr erschwert, als auch die Frage, ob die Sinneskapseln (Nasen- und Ohrkapsel) ursprünglich selbstständige Theile waren gegenüber der übrigen (axialen) Hauptmasse des Schädels, oder ob sie aus dieser selbst als durch Anpassung herausdifferenziert anzusehen sind, noch eine offene ist.

des Mesoderms in Somiten mag ja eine derartige gewesen sein, wie wir sie heute noch bei Amphioxus antreffen, allein man darf dabei nicht vergessen, dass von einem directen Anschluss an die Cranioten keine Rede sein kann, und dass ganze Reihen von Zwischenformen verloren gegangen sein müssen. So sind eben nur noch Reste des primitiven Zustandes erhalten geblieben, die sich mehr oder weniger deutlich ontogenetisch, beziehungsweise durch den Verlauf und die Anordnung der Nerven, Kiemenbogen etc., nachweisen lassen. Eines steht aber trotzdem unverrückbar fest, nämlich das, dass dem Bauplan des Wirbelthierkopfes, wie demjenigen des Rumpfes, ein metamerer, segmentaler Charakter zu Grunde liegt; allein über die Zahl der Segmente oder Somiten ist bis dato noch kein sicheres Urtheil möglich und es darf auch nicht verschwiegen werden, dass jener segmentale Charakter von gewisser Seite überhaupt nicht dem ganzen Schädel, sondern nur dem hinter der Ohrgegend gelegenen Abschnitt desselben zugesprochen wird[1]).

Ich kann, nachdem die metamere Grundlage meines Erachtens für den gesamten Kopf durch die Ontogenese erwiesen ist, keinen Grund dafür einsehen, jenen fundamentalen Gegensatz zwischen den metotischen und prootischen Kopfsegmenten zu statuiren. Zwischen beiden besteht vielmehr eine seriale Homologie, und beide sind mit den Rumpfsomiten in gleicher Weise homolog. Gleichwohl ist sehr zu beachten, dass der metamere Charakter in der metotischen Gegend viel typischer und reiner erhalten zu sein pflegt, als im Bereich des Vorderkopfes, wo es unter dem Einfluss des Gehör-, Seh- und Riechorgans, des Gehirnes und der Muskulatur des Mundes zu Reductionen, Verschiebungen, Verschmelzungen von Somiten und zu Neubildungen, kurz zu Verwischungen der primitiven Verhältnisse kam. Nur die vorderen Myotome erhielten sich, wechselten ihre Function und wurden zu Muskeln eines neuen Organes, des Auges (vergl. die Hirnnerven). Andere Muskeln, visceraler Natur, wurden bei der Umwandlung vorderer Branchialbögen in Kieferbögen zu Mund- und Kiefermuskeln, während wieder andere Muskeln durch die Entwicklung einer starren, das Gehirn schützend umgebenden Skeletmasse in Wegfall geriethen oder abortiv wurden. Der zuletzt namhaft gemachte Gesichtspunkt gilt übrigens auch für die metotische Schädelregion, allwo es ebenfalls zum Untergang oder zur Reduction von Kopf-Myotomen, bezw. zur Verschmelzung einer bei verschiedenen Wirbelthiergruppen verschieden grossen Zahl von Somiten gekommen ist[2]). Eine ganz besondere Beachtung erheischt der hinterste, occipitale Schädelabschnitt, insofern er heute noch im Fluss begriffen und noch nicht fixiert erscheint. Ein schwankendes, sozusagen noch unfertiges Verhalten spricht sich speciell auch im Verhalten der hinter der Vagusgruppe liegenden occipitalen und spino-occipitalen Nerven, sowie des N. accessorius aus. Wie in einem späteren Kapitel gezeigt werden wird, handelt es sich hier seitens des Craniums um eine Assimilation von Spinalnerven, welche

---

[1]) Dieser hintere Abschnitt, dessen Ausdehnung sich mit derjenigen der basalwärts verlaufenden Chorda dorsalis deckt, wurde früher als chordaler Schädelabschnitt dem vorderen als dem prächordalen gegenübergestellt.

[2]) Wie viele Somiten für die prootische Region in Betracht kommen, ist noch nicht sicher zu bestimmen, doch dürfte ihre Zahl hinter derjenigen der metotischen nur wenig zurückbleiben, so wenigstens bei Selachiern.

dadurch zu Occipitalnerven werden, und andrerseits findet an derselben Stelle ein allmähliches Uebergreifen von Kopfnerven auf das Rückenmark statt (vergl. d. N. accessorius). Kurz jene Region zwischen Kopf und Rumpf ist hinsichtlich ihres Verhaltens zur Nachbarschaft eine sehr schwankende und fortwährenden Umgestaltungen unterworfen[1]).

Im Vorstehenden wurde die Morphologie des Kopfes resp. des Schädels nur von einem ganz allgemeinen, die Urgeschichte und Genese berücksichtigenden Standpunkte aus ins Auge gefasst, und es ist jetzt an der Zeit, auch auf Einzelnes näher einzutreten.

Vor Allem ist eine Eintheilung der verschiedenen grossen Abschnitte des gesamten Kopfskeletes vorzunehmen. Bevor dies aber geschehen kann, will ich noch einmal auf die Einleitung, die ich der Schilderung des Innenskeletes vorausgeschickt habe, verweisen. Hier habe ich darauf aufmerksam gemacht, dass es sich um einen sehr verschiedenen Modus der Knochenbildung handeln, und dass das knorpelige Primordialskelet als die erste phylogenetische Entwicklungsstufe des Innenskeletes betrachtet werden könne. Ein solches liegt auch dem Schädel zu Grunde, unterliegt aber dann weiterhin in der Ontogenese bezw. in der Thierreihe den mannigfachsten Modifikationen. Immerhin lassen sich folgende einheitliche Gesichtspunkte für das Kopfskelet aufstellen.

Der das Gehirn umschliessende dorsale Schädelabschnitt wird als **Hirnschädel** oder als **Cranium cerebrale** (Neurocranium, Gaupp) bezeichnet. An der Ventralseite desselben liegt bei den Cranioten in serialer Anordnung ein knorpeliges oder knöchernes Bogensystem, welches den Anfang des Vorderdarmes reifenartig umspannt und welches als **Cranium viscerale** (Splanchnocranium, Gaupp), dem **Cranium cerebrale** gegenübergestellt wird. Es steht in wichtigen Beziehungen zur Kiemenathmung, insofern je zwei Bogen eine vom Entoderm des Vorderdarmes her durchbrechende und auf den Durchtritt des Wassers berechnete Oeffnung ("Kiemenloch") umrahmen. Der vorderste Visceralbogen begrenzt den Mundeingang und wird so, eine feste Stütze für letzteren bildend, zum **Kiefer-** und weiterhin, bei den höchsten Typen zur Grundlage des **Gesichtsskelets**. Die weiter nach hinten liegenden Bogen dienen als Kiementräger, doch muss angenommen werden, dass auch die Kieferbogen ursprünglich als Kiementräger fungierten[2]).

Bevor es zur Anlage des knorpeligen, bezw. knöchernen Skeletes kommt, besteht die ganze Kopfregion in ihrer grössten Ausdehnung aus einem weichen, mesodermalen Bildungsgewebe, welches um das Gehirn eine häutige Kapsel formiert, und in welchem bereits die einzelnen, ektodermalen Hirnnervenanlagen deutlich zu unterscheiden sind. Dasselbe gilt für die ebenfalls schon sehr frühe sich anlegenden drei höheren Sinnesorgane, welche, wie später des Weiteren gezeigt werden soll, im Laufe der Entwicklung in buchtigen Hohlräumen ("Sinnesbuchten" bezw. "Sinneskapseln") des

---

[1]) Von dem Verhalten der Kopfsomiten zu den Kopfnerven wird im Kapitel über das Nervensystem die Rede sein.

[2]) Bei den fossilen, aus dem Perm stammenden Pleuracanthiden (eine uralte Selachierform) sind im Bereich des Oberkiefers, welcher hier wesentlich aus dem Quadratum gebildet wird, Kiemenstrahlen mit Sicherheit nachgewiesen.

Kopfes eingelagert und so für die Begrenzung der Schädelhöhle, sowie für die ganze Configuration der secundär um sie herum sich bildenden Skeletmassen von der einschneidendsten Bedeutung werden (Regio auditiva, optica, olfactoria cranii)[1].

Ich habe bereits darauf hingewiesen, dass man am Wirbelthierschädel eine cerebrale oder neurale und eine viscerale Partie unterscheiden könne. Es wird sich nun die Frage erheben, in welchem Verhältnis stehen beide zu einander, und welche Beziehungen zeigen sie zur Urgliederung? Darauf ist zu antworten, dass sich letztere ursprünglich wohl auf beide erstreckte, dass also jedes Myotom einst seinen ventralen Abschnitt der Seitenplatten mit dem zugehörigen Abschnitte des Kopfcöloms ("Kopfhöhle") besass. Später aber kam es, zumal im Vorderkopf, zu einer mehr oder weniger bedeutenden Verschiebung der branchialen Region, d. h. zu einer Art von Incongruenz gegenüber dem eigentlichen Cranium, so dass sich also Branchio-, Myo- und Neuromerie nicht mehr decken. Gleichwohl ist sehr zu beachten, dass die Metamerie im cerebralen Schädelabschnitt im Allgemeinen einen ungleich conservativeren Charakter aufweist, als diejenige im visceralen (branchialen)[2].

a) Cranium cerebrale.

In dem anfangs noch ganz häutigen Schädelrohr treten uns die ersten Knorpelanlagen basalwärts vom Gehirn resp. vom N. opticus in Form eines Spangenpaares (Trabeculae) entgegen, und an diese schliessen sich caudalwärts noch weitere Knorpelelemente, die als ein Continuum mit den knorpeligen Ohrkapseln entstehen können, und die man als Parachordalia bezeichnet (Fig. 59 und 60).

Was die erste Anlage der Trabeculae und Parachordalia und die gegenseitigen Beziehungen dieser Elemente zu einander anbelangt, so kann man bei den Wirbelthieren zwei Typen unterscheiden: zu dem ersten gehören die Selachier, Ganoiden, Teleostier, Reptilien und Vögel, zum zweiten die Anuren und Urodelen. Die Petromyzonten nehmen eine Mittelstellung ein, nähern sich aber in mancher Hinsicht mehr den Amphibien. Beim ersten Typus legen sich die Trabeculae getrennt von den Parachordalia an und stehen in keiner Beziehung zur Chorda; beim zweiten

---

[1] Der Antheil, welchen z. B. die Ohrkapseln, d. h. die das Labyrinth bergenden Theile des Primordialcraniums, an der Begrenzung der Schädelhöhle nehmen, ist ein verschieden grosser, und zwar ist derselbe bedeutender bei niederen Vertebraten als bei den höheren. Er tritt zurück in dem Masse, als das Grössenverhältnis der Ohrkapsel zum gesamten Neurocranium sich zu Gunsten des letzteren verschiebt. Dies beruht einerseits auf einer Volum-Zunahme des Gehirnes und andererseits auf einer Volum-Abnahme des Labyrinthes. Dass letztere in der Wirbelthier-Reihe statt findet, lehrt die Betrachtung. Das häutige Labyrinth eines Fisches oder Amphibiums z. B. ist im Verhältnis zur Gesamtgrösse des Thieres beträchtlich grösser als das des Menschen (E. Gaupp).

[2] Ueber die morphologische Bedeutung einer im Kopfgebiet auftretenden primären Gliederung des Gehirns (Neuromerie) und ihre Verwerthung für die Metamerie des Kopfes lässt sich noch kein sicheres Urtheil abgeben. Sie wird von ihren Vertretern als sehr bedeutungsvoll für die Metamerie des Kopfes betrachtet. Während die Neuromerie des Rückenmarkes auf den mechanischen Einfluss der Somiten zurückgeführt werden muss, ist eine solche für das Zustandekommen der Neuromerie des Hinterhirns auszuschliessen. Gleichwohl decken sich die Neuromeren hier wie dort mit den Somiten und können deshalb immerhin miteinander in Parallele gestellt werden. Dies gilt auch für die prootischen Hirn-Neuromeren.

Typus (Amphibien) wachsen die Trabeculae mit ihren hinteren Enden an die Chorda scheinbar an und bilden so eine **parachordale Balkenplatte**.

Die Beziehungen der Trabeculae zur Chorda werden dadurch vorgetäuscht, dass der knorpelige Differenzierungsprocess, von vorne her beginnend, von der Trabecularmasse continuierlich auf das vorderste Stück des parachordalen Gewebes übergreift.

Die Parachordalia gehören also von Haus aus zum chordalen, die Trabeculae dagegen zum praechordalen Schädel[1]).

Zweifellos hat der **chordale** Schädelabschnitt hinsichtlich seiner Lage zur Chorda, zum centralen und peripheren Nervensystem und zu den Myotomen und ferner dadurch, dass er nicht nur in der directen Achsenverlängerung der Wirbelsäule entsteht, sondern dass er in seinem occipitalen Abschnitt sogar segmentiert sein kann, eine viel grössere Aehnlichkeit mit der Wirbelsäule als der praechordale.

Was die **Lage** der **Trabeculae** betrifft, so steht sie in ursächlichem Zusammenhang mit der morphologischen Differenzierung des Gehirns, welche bei verschiedenen Thieren verschieden ist. Ist z. B. die mesocephale Hirnkrümmung

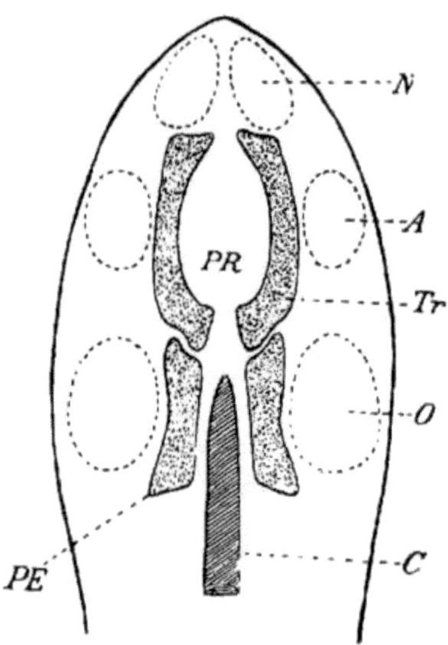

Fig. 59. **Erste knorpelige Schädelanlage.** *C* Chorda, *N, A, O* die drei Sinnesblasen (Geruchs-, Seh- und Gehörorgan), *PE* Parachordalelemente, *PR* primärer Pituitar-Raum, *Tr* Trabeculae cranii.

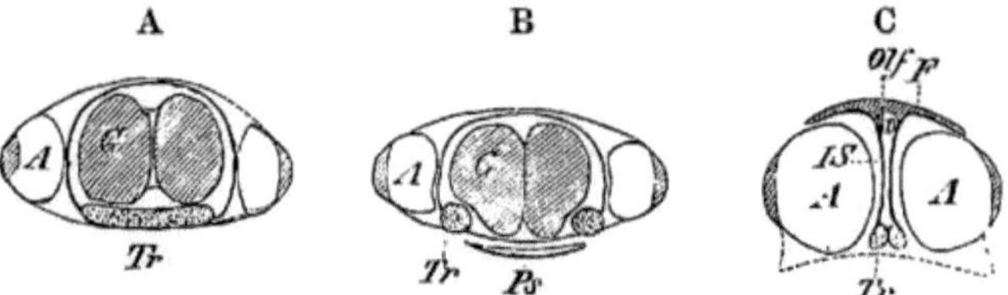

Fig. 60. **Schematische Darstellung von Querschnitten durch den in der Entwicklung begriffenen Hirnschädel. A von Stören, Selachiern und Anuren. B von Urodelen. C von gewissen Teleostiern, Crocodiliern, Echsen, Ophidiern und Vögeln. Die Säuger nähern sich dem letzteren Verhalten.** *A* Augen, *F* Os frontale, *G* Gehirn, *IS* Interorbitalseptum, *Olf* Nervi olfactorii, *Ps* Parasphenoid, *Tr* Trabeculae cranii.

zur Zeit der Entstehung der Trabeculae nicht ausgesprochen, so haben letztere ebenso wie der Gehirnboden eine horizontale Lage. Ist jene

---

1) Eine Metamerie der Parachordalelemente, welche sich mit den Myotomen und den Spinalnervenwurzeln deckt, existiert erst in der caudal vom Vagus liegenden occipitalen Region. Weiter nach vorne besteht bei keinem Wirbelthierkopf während seiner Entwicklung eine Segmentation des Achsenskelets. Jene occipitale Region kann sich getrennt von der Wirbelsäule oder als ein Continuum mit letzterer anlegen.

Hirnkrümmung aber stark ausgebildet und dadurch der Boden des
primären Vorderhirnes caudal (ventral) gerichtet, so zeigen die Trabeculae eine verticale Lage. Es handelt sich also zwischen Hirn und Trabeculae um ein gutes Beispiel „mechanischer Correlation" (Severzoff).

Die weiteren Wachsthumserscheinungen jener primitiven Skelet-
spangen gestalten sich folgendermassen: Die Parachordalia fliessen
zusammen, während die nach vorne von ihnen liegenden Trabekeln
die primitive Pituitargrube umschliessen. Basalwärts von dieser kann
es dann noch zum Zusammenfluss der beiden Trabekeln und so zur
Bildung eines soliden Schädelbodens kommen (Fig. 59).

Weiterhin kann sich dann in der Vorderkopfgegend ein mit den
Trabekeln in Zusammenhang stehendes naso-ethmoidales Septum

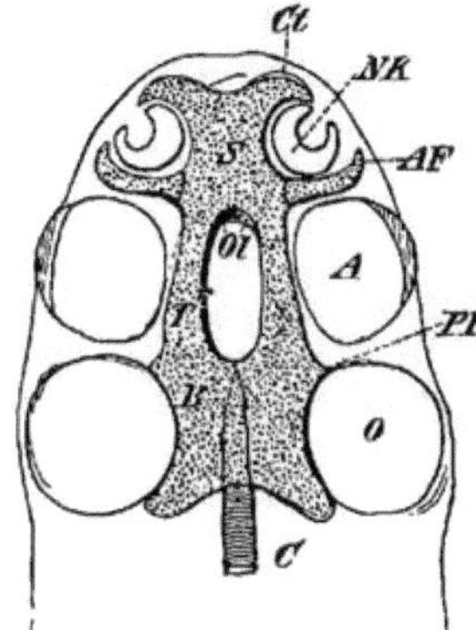
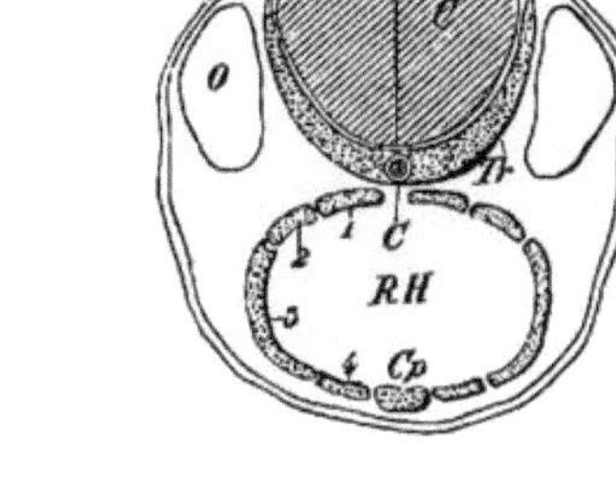

Fig. 61.   Fig. 62.

Fig. 61. **Zweites Stadium der Entwicklung des Primordialschädels.**
B Basilarplatte, *C* Chorda, *Ct*, *AF* Fortsätze der Basilarplatte zur Umschliessung des
Geruchsorgans (*NK*), *NK*, *A*, *O* die drei Sinnesblasen, *Ol* Foramina olfactoria für den
Durchtritt der Riechnerven, *PF*, *AF* Post- und Antorbitalfortsatz der Trabekel, *T* Tra-
bekel, welche sich nach vorne zu der Nasenscheidewand (*S*) vereinigt haben.

Fig. 62. **Drittes Entwicklungsstadium des Primordialschädels.** Schematischer Querschnitt. *C* Chorda, *O* Ohrblase, *RH* die vom Visceralskelet umschlossene
Rachenhöhle, *Tr* Trabekel, welche von unten und seitlich das Gehirn (*G*) umschliessen,
1—4 die einzelnen Componenten der Visceralbogen, welche sich ventralwärts *Cp* (Copula)
vereinigen.

bilden (Fig. 61, S), und gleichzeitig oder später tritt das primordiale
Knorpelskelet derart in Beziehungen zu den höheren Sinnesorganen,
dass letztere — und dies gilt in erster Linie für den Geruchs- und
Gehörapparat — eine schützende Hülle oder anfangs wenigstens eine
Stütze erhalten. So differenziert sich in einer für die Archi-
tektur des Schädels charakteristischen Weise in früher Zeit eine
Regio olfactoria, orbitalis, auditiva und occipitalis.

Während nun die Riech- und Gehör-Region immer mehr von
Knorpelgewebe umschlossen, bei höheren Typen ihrem Vorwerk-
Charakter immer mehr entfremdet und in das eigentliche Schädelskelet allmählich mit einbezogen werden, kommt es gleichzeitig auch
zwischen jenen beiden Bezirken, d. h. in der Regio orbitalis,
zu einem mehr oder weniger ausgedehnten Verknorpelungsprocess,

welcher zu einer seitlichen, bezw. auch noch zu einer dorsalen Umschliessung des Gehirnes führen kann (Fig. 62). Die seitliche, solide oder gefensterte, im Wesentlichen den Grund der Orbitalbucht formierende Knorpelzone pflegte man bisher mit einem der Säugethier-Anatomie entlehnten Ausdruck als „Ali- und Orbitosphenoidknorpel" zu bezeichnen, allein, wie E. Gaupp auf's Klarste erwiesen hat, ist jene Bezeichnung für die erstgenannte Zone („Alisphenoid") durchaus unstatthaft, weil es sich dabei um morphologische Verhältnisse handelt, welche mit dem Alisphenoid im Sinne der Säuger gar nichts zu schaffen haben.

Hervorzuheben ist, dass die seitlichen Schädelwände durch einen mehr oder weniger weiten Zwischenraum von einander getrennt bleiben, oder dass sie (wohl zum grössten Theil unter dem mechanischen Einfluss der grossen Bulbi oculi) gegen die Medianlinie eine grössere oder geringere Zusammenschiebung und noch weitergehende Modificationen (Bildung eines Septum interorbitale) erfahren können (Fig. 60). Im letzteren Fall spricht man von tropibasischen, im ersteren, wo die interorbitale Region für das sich einlagernde Gehirn offen bleibt und eine breite Basis cranii existiert, von platybasischen Schädeln (E. Gaupp).

Bei weitaus der Mehrzahl der Wirbelthiere spielt nun aber der Knorpel keine so grosse Rolle und beschränkt sich im Allgemeinen auf die Schädelbasis, die Occipitalregion und auf die Sinneskapseln. Die am übrigen Schädel (und dies gilt vor Allem für das Dach) auftretenden Lücken werden von nicht knorpelig präformierten, sondern von auf häutiger Grundlage entstehenden, sogenannten Deckknochen geschlossen. Im Allgemeinen lässt sich der Satz aufstellen, dass beim fertigen, ausgebildeten Schädel die Masse der Knorpelelemente immer mehr zurück-, diejenige an Knochensubstanz dagegen immer mehr hervortritt, je höher die systematische Stellung des betreffenden Thieres ist (vergl. den Selachierschädel).

b) Cranium viscerale.

Die in hyalinknorpeligem Zustand in der Richtung von vorne nach hinten sich anlegenden Visceralbögen umgreifen, wie wir bereits gesehen haben, den ersten Abschnitt des Vorderdarmes und liegen in interbranchialer Anordnung in die Schlundwand eingebettet (Fig. 62 und 63, a—e).

Ursprünglich, d. h. bei der Anlage des Kiemenapparates in embryonaler Zeit, liegt die Kiementaschenreihe noch ganz im Bereich des Hinterhirns und documentiert so ihre Zugehörigkeit zum Kopfskelet. Bei fortschreitender Entwicklung finden, worauf früher schon hingewiesen wurde, Wachsthumsverschiebungen statt, so dass der Kiemenapparat zum grossen Theil eine Verlagerung in die Rumpfregion erfahren kann.

Bei kiemenathmenden Thieren stets in grösserer Zahl (bis zu 9) vorhanden, unterliegen die Visceralbögen bei höheren Typen (Amnioten) einer immer grösseren Reduction und treten z. Th. da und dort, mittelst eines Functionswechsels, in bestimmte Beziehungen zum Gehörorgan und Kehlkopf.

Der vorderste, als Stützelement der Mundränder dienende und im Bereich des Nervus trigeminus liegende Bogen entsteht zuerst

und wird als oraler oder mandibularer Visceralbogen den weiter
nach hinten liegenden Bögen als den postoralen gegenübergestellt.

Von den letzteren wird der erste, im Bereich des N. facialis
liegende Bogen als Hyoidbogen bezeichnet. Er trägt in der Regel
keine Kiemen, während dies bei den weiter caudalwärts liegenden
Bogen, welche in den Bereich des N. glossopharyngeus und
Vagus fallen, ausnahmslos der Fall ist. Ursprünglich müssen
übrigens, wie oben schon bemerkt, alle Visceralbogen[1]) mit dieser
Function betraut gewesen sein.

In ihrer ersten Anlage ungegliedert, können die einzelnen Bogen
später in verschiedene Stücke (bis zu 4) zerfallen, wovon das oberste
unter die Schädelbasis, resp. unter die Wirbelsäule sich einschiebt,

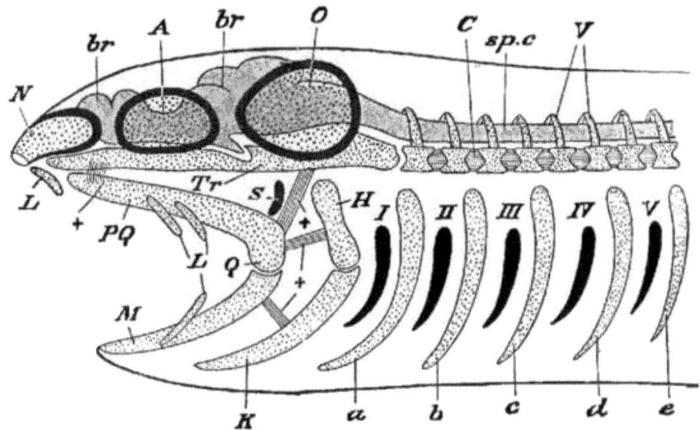

Fig. 63. Schematische Darstellung des Kopfskeletes eines Selachier-
Embryos. *A* Auge, *a—e* Kiemenbogen, zwischen welchen die Kiemenschlitze (*I—V*)
liegen, *br, br* Gehirn, *C* Chorda dorsalis, welche sich zwischen den einzelnen Wirbeln erstreckt, *H* Hyomandibulare, *K* Hyoidbogen. *L* Lippenknorpel, *M* Cartilago Meckelii,
N Nasenkapsel, *O* Hörkapsel, *Q* und *PQ* Quadratum und Palato-Quadratum, welche bei
†† durch Bandmassen mit dem Hirnschädel verbunden sind, *S* Spiraculum (Spritzloch),
sp.c Rückenmark, *Tr* Trabeculae und Parachordalia, *V* Wirbelbogen.

während das unterste ventral zu liegen kommt und hier mit seinem
Gegenstück durch eine sogenannte Copula (Basibranchiale), ähnlich
wie die Rippen durch das Sternum, verbunden wird (Fig. 62, 1—4, *Cp*).

Auch die zwei vordersten Visceralbogen, der Mandibular- und
Hyoidbogen, unterliegen einer Abgliederung. So theilt sich ersterer
in ein proximales Stück, das Quadratum, und in ein längeres,
distales, die Cartilago Meckelii (Fig. 63, *Q, M*). Das Quadratum wächst nach vorne in einen Fortsatz aus, in das sogenannte
Palato-Quadratum (Fig. 63, *PQ*), welches sich mit der Basis cranii
verbindet und so eine Art von Oberkiefer formiert, während der

---

1) Was die Zahl der bei den verschiedenen Thiergruppen vorkommenden Kiemenbogen betrifft, so verweise ich auf das Capitel über die Respirationsorgane. Ich will jedoch
hier schon betonen, dass es sich dabei um eine Rückbildung nicht nur in der Zahl der
Bogen, sondern auch um eine solche der die letzteren zusammensetzenden Gliedstücke
handeln kann. Bei beiden aber beginnen — und dies gilt für die ganze Thierreihe —
die Reductionsprocesse stets hinten, d. h. im caudalen Bezirk des Branchialskeletes.

Meckel'sche Knorpel den Unterkiefer bildet, bezw. sich an dessen Aufbau betheiligt.

Das Quadratum, welches als Träger (Suspensorium) des Unterkiefers dient, bleibt entweder vom Schädel durch ein Gelenk getrennt, d. h. verbindet sich mit ihm nur bindegewebig, oder verwächst mit ihm zu einer Masse.

Auch der Hyoidbogen steht, indem er sich am Suspensorialapparat betheiligen kann, in sehr nahen Beziehungen zum Mandibularbogen und tritt auch in wichtige Beziehungen zum Hirnschädel[1]. Er zerfällt analog den weiter rückwärts liegenden Branchialbogen in eine Anzahl von Stücken (Teleostier), die man in ihrer Reihenfolge von oben nach unten als Hyomandibulare, Symplecticum und Zungenbeinbogen (Hyoid) im engeren Sinn unterscheidet (Fig. 68). Ventralwärts in der Mittellinie fungiert als Copula für die Hälften beider Seiten ein Basi-hyale, welches verknöchern und sich als Os entoglossum in die Substanz der Zunge einbetten kann. Bezüglich der weiteren Schicksale des Hyomandibulare, sowie des Symplecticum bei terrestrischen Thieren muss auf die späteren Kapitel verwiesen werden.

A. Fische.

Hier zeigt das Kopfskelet, je nach den verschiedenen Gruppen, eine so reiche Ausstattung, dass sich die Schilderung, soll sie sich nicht in Weitläufigkeiten verlieren, nur in skizzenhaften Umrissen bewegen kann.

Bei **Amphioxus** wird das rudimentäre Gehirn nur von einer dünnen, bindegewebigen Hülle umgeben, sodass man hier von einem cranialen Skelet gar nicht reden kann, dagegen findet sich ein den Vorhof des Mundes umgebender, aus „Cirrhen" bestehender Stützapparat, der in seiner eigenartigen geweblichen Structur etwas an die Amphioxus-Chorda erinnert, aber aus Knorpel besteht.

Das in histologischer und genetischer Hinsicht von den Cirrhen sehr verschiedene Kiemenskelet besteht aus einer Reihe homogener, elastischer Stäbchen von cuticularer Natur, welche dorsal bogenförmig zusammenschliessen, während sie ventral getrennt bleiben. Von einem directen Anschluss an das Kiemenskelet höherer Formen kann um so weniger die Rede sein, als es überhaupt nicht möglich ist, die Grenze zwischen Kopf- und Rumpfregion scharf zu bestimmen. Es hat sich aber ergeben, dass sich dieselbe annähernd in der Gegend des zehnten Myotoms befinden muss, und dass nur der entsprechende vordere Theil des Kiemendarmes der Kopfregion angehört, weil der hintere, bei weitem grössere Theil des Kiemendarmes von Nerven der Rumpfregion versorgt wird (J. W. van Wijhe).

Das Kopfskelet der **Cyclostomen** folgt in seiner Anlage dem

---

[1]) Es darf nicht unerwähnt bleiben, dass hinsichtlich der morphologischen Beurtheilung des Hyoidbogens durchaus noch keine Uebereinstimmung besteht. So führt z. B. J. W. van Wijhe gewichtige Gründe, die sich theils aus der Innervation (Facialis), theils aus der Zahl der Somiten ergeben, ins Feld, wonach der Hyoidbogen aus zwei, ursprünglich durch eine Kiemenspalte getrennten Kiemenbogen hervorgegangen sein soll. Auch gewisse Verhältnisse bei Amphioxus scheinen für diese Auffassung zu sprechen.

Plane, wie ich ihn oben für alle Wirbelthiere in seinen Grundzügen vorgezeichnet habe. Später aber zeigt der Schädelbau, in Folge der saugenden (Petromyzon) oder parasitischen (Myxine) Lebensweise dieser Thiere, so viel Eigenthümliches, dass er eine isolierte Stellung einnimmt. Vor Allem fehlen eigentliche Kieferbildungen im Sinne der übrigen Vertebraten, weshalb man diese Fische als Cyclostomen oder Rundmäuler allen andern Wirbelthieren als Gnathostomen gegenübergestellt hat. Damit sind aber die Verschiedenheiten noch lange nicht erschöpft, sondern sie prägen sich noch in manch' anderer Hinsicht aus, so dass ein Vergleich beider, offenbar schon in sehr früher Zeit nach getrennten Richtungen differenzierter Hauptgruppen schwer fällt. So ist für beide Cyclostomen-Gruppen ein sehr niederer Zustand darin zu erblicken, das die knorpelige Schädelkapsel nur gering entwickelt ist, was zur Folge hat,

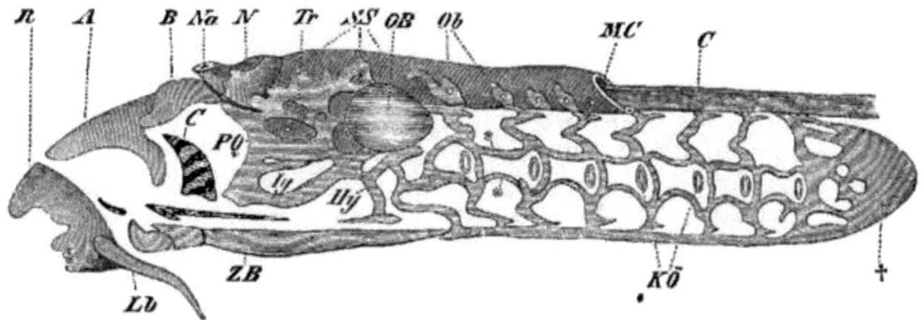

Fig. 64. Kopfskelet von Petromyzon Planeri. *A, B, C* drei Stützplatten des Saugmundes, *C* Chorda, *Hy* Hyoid (?), *Ig* Spange, die noch zum Palato-quadratum gehört (?). *KO* Kiemenöffnungen, *Lb* Labialknorpel, *N* Nasensack, *Na* Apertura nasalis externa, *OB* Ohrblase, *Ob* obere Bogen, *PQ* Palato-Quadratum (?), *R* knorpeliges, ring-förmiges Skelet des Saugmundes, *SS* fibröses Schädelrohr, welches nach hinten bei *MC* (Medullarkanal) durchschnitten ist, *Tr* Trabekel, *ZB* Zungenknorpel. † hinterer Blindsack des Kiemenkorbes, ** Querspangen des Kiemenkorbes.

dass fast alle Hirnnerven bei ihrem Durchtritt entweder nur eine sehr beschränkte oder gar keine knorpelige Umhüllung erfahren. Jener niedere Entwicklungszustand macht sich auch darin geltend, dass der vorderste Abschnitt der Wirbelsäule, der bei Gnathostomen vom Hirnschädel assimiliert wird, bei den Cyclostomen noch ein indifferentes Verhalten zeigt. In Folge dieses Umstandes schliessen die austretenden Gehirnnerven in caudaler Richtung mit dem N. vagus ab.

An Stelle des offenbar rückgebildeten Kieferapparates liegen bei den Cyclostomen eine Reihe von platten-, stangen- und ringartigen Gebilden, die man ebensowenig wie die Skeletbezirke des eigentlichen Craniums mit den Knorpel- und Knochenterritorien am Schädel höherer Formen vergleichen und jedenfalls nicht in directe Parallele mit denselben bringen darf. Die vordersten Skeletcomplexe, bei Petromyzonten (resp. Ammocoetes) und Myxinoiden sehr verschieden entwickelt, haben ebenso wie auch das eigenthümliche Riechorgan, in Anpassung an die oben schon erwähnte Lebensweise, eine eigenartige Ausgestaltung erfahren. Dabei kommt es zur Entwicklung von Hornzähnen und zu einer dorsalen Lagerung des Riechsackes, der bei Myxinoiden zu einer von Knorpelringen umspannten, kaminartigen, mit dem Cavum oris in offener Verbindung stehenden Röhre verlängert erscheint (vergl. das Geruchsorgan).

Auch das knorpelige, weit vom Kopf nach hinten gerückte Kiemenskelet der Cyclostomen besitzt einen den Gnathostomen gegenüber sehr fremdartigen Charakter. Dies tritt vor Allem in der oberflächlichen, ganz im Niveau der äusseren Körperdecken befindlichen Lage, sowie auch dadurch hervor, dass die einzelnen Knorpelspangen sowohl unter sich, als auch ventral und dorsal durch Längsleisten miteinander zusammenschliessen (Petromyzonten, Fig. 64). — Bei den Myxinoiden erscheint das Kiemengerüst rudimentär und kann so wenig als dasjenige der Petromyzonten mit dem Visceralskelet der Gnathostomen in eine Parallele gestellt werden. Ob die bei beiden Abtheilungen der Cyclostomen als „Hyoid“, „Quadratum“ etc. bezeichneten Theile wirklich den gleichnamigen Skeletcomplexen höherer Formen entsprechen, und ob die organische Verbindung der vorderen Visceralspangen mit dem Neurocranium ein primäres oder aber ein secundäres Verhalten repräsentiert, muss ich dahin gestellt sein lassen, doch erscheint mir das erstere als wahrscheinlicher.

Was nun den **Selachierschädel** betrifft, so repräsentiert er nach jeder Beziehung die einfachsten, am leichtesten zu verstehenden Verhältnisse, so dass man ihn füglich als den besten Ausgangspunkt für das Studium des Kopfskeletes aller übrigen Wirbelthiere bezeichnen kann. Er stellt eine knorpelig-häutige Kapsel aus einem Gusse dar, und man kann sagen, dass sich die phyletische Entwicklungskurve des Chondrocraniums bis zu den Selachiern in aufsteigender, von den Selachiern an aber der Hauptsache nach in absteigender Richtung bewegt. Allerdings handelt es sich dabei durchaus nicht um einen gleichmässigen Abfall, sondern der absteigende Kurvenschenkel zeigt vielfache Schwankungen, ja manche Theile des Chondrocraniums kommen in ihrer Entwicklung selbst über das Niveau hinaus, das sie bei den Selachiern erlangten.

Dem Cyclostomenschädel gegenüber hat derjenige der Selachier sowohl in rostraler als in caudaler Richtung bedeutend an Ausdehnung gewonnen, d. h. er hat in der Occipitalgegend bereits mehr Vertebralelemente assimiliert. In Folge dessen nimmt die Vagusgruppe hier bereits ihren Weg durch das Knorpelcranium. Die Schädelkapsel steht mit der Wirbelsäule entweder nur nach Art gewöhnlicher Intervertebral-Verbindungen in Connex (Selachier), oder ist der Schädel gelenkig mit der Wirbelsäule verbunden und hat damit seine Selbständigkeit erlangt (Rochen und Holocephalen).

Was die häutigen Stellen an der cranialen Wand betrifft, so befinden sie sich in der Regel in der präfrontalen Gegend[1]).

Die Riechsäcke liegen an der lateralen und ventralen Seite der zu einem mehr oder weniger langen Wasserbrecher (Rostrum) ausgedehnten Nasenregion. Eine Orbitalbucht ist stets sehr gut entwickelt, und durch ihre tiefe Einsenkung springen die Nasalregion, sowie die Regio auditiva, an welcher halbzirkelförmige Kanäle des Gehörorganes häufig hindurchschimmern, umso deutlicher hervor (Fig. 65, or, aud. cp.).

---

[1]) Die Holocephalen zeigen keine häutige Präfontallücke, wohl aber ist bei ihnen unter dem Einfluss der grossen Augen, die interorbitale Schädelpartie zu einem membranösen Septum verdünnt.

Das reichbezahnte, als Oberkiefer fungierende und mit dem gewaltigen Unterkiefer die Mundspalte begrenzende Palato-Quadratum [1] (up. j.) ist in der Regel nur durch Bandmasse an der Basis cranii, resp. an dem aus dem oberen Stück [2] des Hyoidbogens hervorgehenden Hyomandibulare (hy. m.) als an einem Suspensorialapparat befestigt. — Bei Holocephalen aber fliesst, worauf schon der Name hinweist, der Suspensorialapparat mit dem Cranium zu einer Masse zusammen. Am vorderen Umfang des Hyomandibulare liegt ein in die Mundhöhle führender Schlitz, das sogenannte Spritzloch (Spiraculum), in dessen Nähe sich Andeutungen einer früher vorhandenen Spritzlochkieme finden können. Sie hat ihre Lage auf einer oder mehreren das Spritzloch von vorne her umrahmenden Knorpelstücken (Spritzloch- oder Spiracularknorpel).

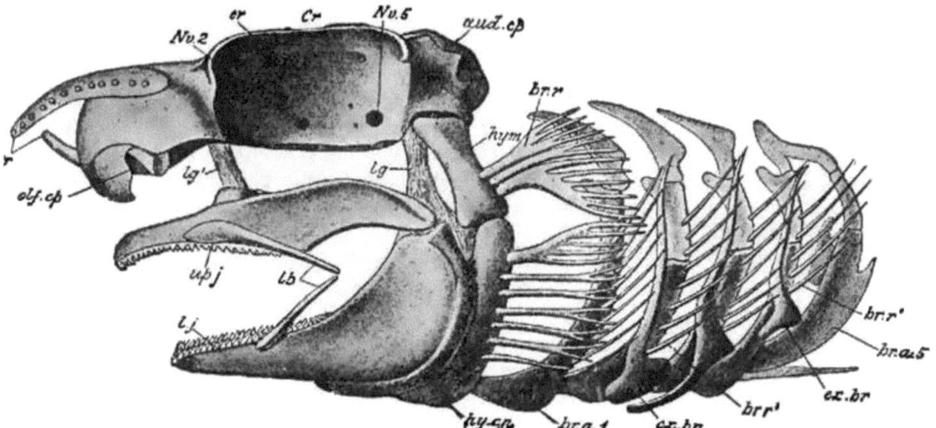

Fig. 65. Kopfskelet eines Haifisches (Scyllium canicula). Aus T. J. Parker's „Biology" nach W. K. Parker. *aud.cp* Gehörkapsel, *br. a.* 1 — *br. a.* 5 Fünf Branchialbogen, *br, r, br. r[1]* Branchialstrahlen, welche von dem Hyoid und den Branchialbogen entspringen, *Cr* Cranium, *ex. br.* Aeussere Branchialknorpel, *hy. cn* Ventraler Abschnitt des Hyoids, *hy. m* Hyomandibulare, *lb* Lippenknorpel, *lg, lg[1]* Bandapparate, welche den Kieferapparat mit dem Cranium verknüpfen, *l.j.* Meckel'scher Knorpel, *Nv.* 2 Foramen opticum, *Nv.* 5 Trigeminus- und Facialis-Loch, *olf. cp* Riechkapsel, *or* Orbita, *r* Rostralknorpel, *up. j.* Palato-Quadratum. (Der Spritzlochknorpel ist nicht eingezeichnet.)

Das stets reich entwickelte Branchialskelet zeigt viele, durch secundäre Abgliederungen und Verschmelzungsprocesse charakterisierte Modificationen, und jeder Bogen ist in der Regel in vier Stücke gegliedert, die, von der ventralen nach der dorsalen Seite gezählt, folgende Namen führen: Hypobranchiale, Kerato-, Epi- und Pharyngobranchiale. Die Hypobranchialia beider Seiten werden in der ventralen Mittellinie durch die sogen. Basi-

---

[1] Ob die vor dem Palato-Quadratum und der Mandibula liegenden, sogenannten „Lippenknorpel" als den Visceralbogen gleichwerthig zu erachten („präorale Visceralbogenreste"), oder ob sie, was wahrscheinlicher ist, auf einen präoralen Tentakelkranz zurückzuführen sind, wie er bei Amphioxus („Cirrhen") und Cyclostomen vorkommt, kann nicht mit voller Sicherheit entschieden werden, und dasselbe gilt für die „Bartfäden" gewisser Ganoiden und Teleostier.

[2] Das untere Stück des Bogens heisst dann Hyoid im engeren Sinne (Fig, 65, hy, cn.).

branchialia vereinigt. Von diesen können mehrere oder alle miteinander zusammenfliessen. Am äusseren Umfang jedes Branchialbogens entwickeln sich radienartig angeordnete Knorpelstrahlen („Radien"), die als Stützelemente für die Kiemensäcke dienen. Sie finden sich auch am Hyomandibulare und Hyoid, und auch die oben erwähnten Spritzlochknorpel fallen unter denselben Gesichtspunkt.

Während bei Selachiern die Kiemenöffnungen frei nach aussen münden, legt sich bei den Holocephalen (auch Chlamydoselache gehört hierher) eine vom Hinterrand des Hyomandibulare ausgehende Hautfalte über sie hinweg. Es ist dies die erste Andeutung eines Kiemendeckels, wie wir ihm, als Ausdruck einer höheren Entwicklungsstufe, bei Ganoiden und Teleostiern wieder begegnen werden. (Vergl. das Kapitel über die Athmungsorgane.)

Ehe ich die Selachier verlasse, sei nur noch erwähnt, dass es in ihrem Skelete noch zu keiner Knochenentwicklung, sondern nur zu einer solchen von Kalkknorpel kommt.

Unter den **Ganoiden** nehmen jene Formen, bei welchen sich der mit der Wirbelsäule unbeweglich verbundene, hyaline Primordialschädel noch in voller Ausdehnung erhält, die niederste Stufe ein. Man nennt sie Knorpelganoiden. Wie bei Selachiern, so reicht das Cavum cranii auch hier nach vorne bis in die Ethmoidal-Gegend, wird aber von letzterer nicht durch fibröses, sondern durch knorpeliges Gewebe getrennt.

Während nun Selachier und Knorpelganoiden in der Gestaltung des Chondrocraniums im Wesentlichen übereinstimmen, nehmen die letzteren gleichwohl dadurch eine viel höhere Stufe ein, dass bei ihnen Knochen hinzutreten. Diese, dem Exoskelet entstammend, bedecken in einer grossen Anzahl von reich sculpturierten Schildern und Platten panzerartig die Schädeloberfläche und lassen wenigstens zum Theil schon die typische Anordnung, wie bei höheren Formen, erkennen (Parietalia, Frontalia z. B.) Zum Theil finden sie sich auch im Bereich der Mundhöhle (Parasphenoid) resp. des Visceralskeletes. Auch im Kiemendeckel, der hier schon viel deutlicher ausgeprägt ist als bei Holocephalen, treten dermale Knochenbildungen auf; allein diese erfahren bei Knochenganoiden eine noch ungleich reichere Ausgestaltung in einzelne Platten, die man als Operculum, Prae-, Sub- und Interoperculum bezeichnet [1].

Der ganze Palato-Mandibular-Apparat, welcher durch das Hyomandibulare und das von letzterem differenzierte Symplecticum, sowie durch Bandmassen nur sehr lose an der Schädelbasis befestigt ist, macht einen durchaus rudimentären Eindruck (Fig. 66 *Md*, *Sy*, *Hm*, *Qu*, *PQ*), und damit steht auch die Rückbildung des Gebisses bei Knorpelganoiden im Zusammenhang.

---

[1] Eine dem Palato-Quadratknorpel von Spatularia aufliegende und mit ihm verbundene Knorpellamelle wird von Gegenbaur auf die Labialknorpel der Selachier zurückgeführt. Die auf ihr sich bildende Knochenplatte ist das Maxillare, welcher Knochen also in seiner ersten Entstehung an jenen Knorpel geknüpft wäre.

An der Innenseite des Palatoquadratknorpels entsteht das Pterygoid, an dessen Vordergrenze sich das zahntragende Palatinum bildet. An der Aussenfläche des Unterkieferknorpels ist ebenfalls ein Knochen, das Dentale, aufgetreten.

Bei den Acipenseriden sind diese Verhältnisse bedeutend modifiziert, aber noch völlig von den bei Spatularia gegebenen Befunden ableitbar (Gegenbaur).

Das schon oben erwähnte Exo- oder Hautskelet gelangt nun bei einer zweiten Abtheilung dieser Fische, nämlich bei den Knochen-

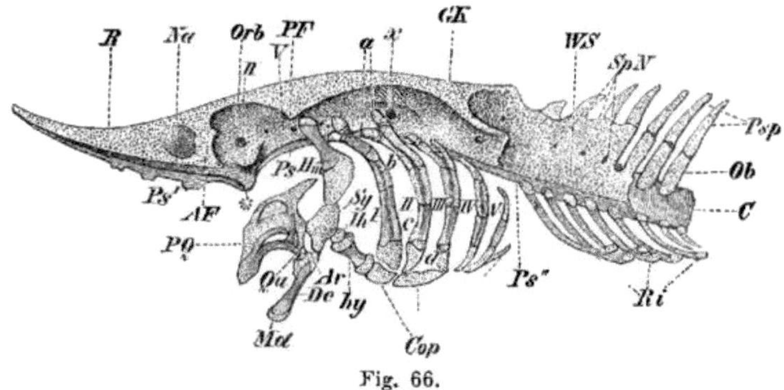

Fig. 66.

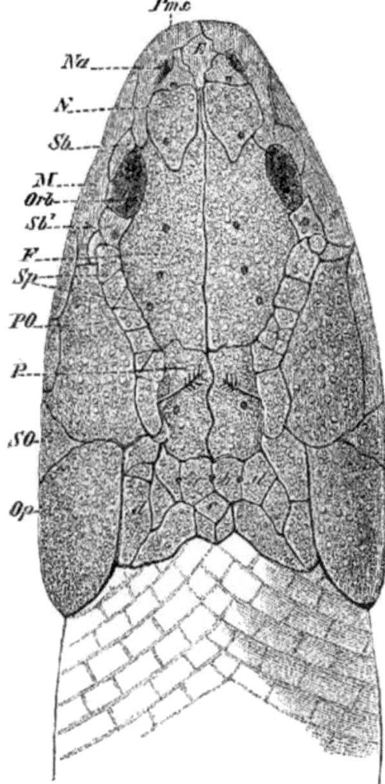

Fig. 66. Kopfskelet des Störs, nach Entfernung des Aussenskeletes. *Ar* Articulare, *C* Chorda dorsalis, *Cop* Copula des Visceralskeletes, *De* Dentale externum, *Hm* Hyo-mandibulare, *hy* Hyoid, *I—V* erster bis fünfter Kiemenbogen mit den einzelnen Gliedern, dem gespaltenen Pharyngobranchiale *(a)*, dem Epi- *(b)*, Kerato- *(c)* und Hypobranchiale *(d)*, *II* Opticusloch, *Ih* Interhyale, *Md* Mandibula, *Na* Cavum nasale, *Ob* obere Bogen, *Orb* Orbita, *PF, AF* Postorbital- und Autorbitalfortsatz, *PQ* Palato-quadratum, Ps, Ps^1, Ps^2 Parasphenoid, *Psp* Processus spinosi, *Qu* Quadratum, *Ri* Rippen, *R* Rostrum, *SpN* Austrittsöffnungen der Spinalnerven, *Sy* Symplecticum, *WS* Wirbelsäule, *x* Vagusloch, * vorspringende Kante an der Basis cranii (Basalecke).

Fig. 67. Schädel von Polypterus bichir von der Dorsalseite. *a, b, c, d* Supraoccipitale Knochenschilder. Die beiden unter die Spiracularschilder hinabgehenden Pfeile zeigen die Mündung des Spritzloches an der freien Schädeloberfläche, *E* Ethmoid, *F* Frontale, *M* Maxilla, *N* Nasale, *Na* Apertura nasalis externa, *Op* Operculum, *Orb* Orbita, *P* Parietale, *Pmx* Praemaxillare, *PO* Praeoperculum (?), *Sb*, Sb^1 Suborbitale anterius und posterius, *SO* Suboperculum, *Sp* Spiracularia.

Fig. 67.

ganoiden, zu einer ganz excessiven Entwicklung und stellt auf der Schädeloberfläche einen aus zahlreichen Stücken und Stückchen bestehenden, steinharten Panzer dar (Fig. 67). Die Knochenbildungen beschränken sich aber nicht nur auf die Oberfläche, sondern greifen im ganzen Kopfskelet, wie z. B. in den Trabecularmassen, im Bereich des Cavum oris und in der Kiefergegend Platz, sodass das Knorpelgewebe eine Modifikation resp. eine Reduction erfährt[1]).

Denkt man sich die perichondral entstandenen Knochen entfernt, die auf dem Schädeldach befindliche Fontanelle geschlossen und die in die Hinterhauptsgegend eingehenden Wirbelelemente vollkommen getrennt, so resultiert daraus eine überraschende Aehnlichkeit zwischen dem Primordialschädel des Polypterus und dem Selachierschädel, wie vor Allem zwischen demjenigen von Chlamydoselache und den Notidaniden. Andrerseits lassen sich, was das Primordialcranium von Polypterus anbelangt, gewisse Anklänge an den Stegocephalen- und Amphibienschädel nicht verkennen.

Das Kiemenskelet besteht bei Ganoiden aus 4—5 mehr oder weniger stark verknöcherten und gegliederten Kiemenbogen, die, wie bei Selachiern, von vorne nach hinten an Grösse abnehmend, bei Knochenganoiden an ihrer dem Schlund zuschauenden Fläche über und über von bürstenartigen Zahnmassen überzogen sind. Auch bei Ganoiden kommt es zu einem Zusammenfluss der Basibranchialia (Copularia) (vergl. die Selachier).

Es gab eine lange geologische Periode (Silur, Devon, Kohle), wo die Ganoiden im Verein mit Selachiern die ganze Fischfauna überhaupt vertraten; erst viel später traten die Knochenfische auf, welche sich, wie am besten ein Vergleich mit Amia und den Siluroiden zeigt, aus ihnen heraus entwickelt haben. Aber nicht allein deshalb sind die Knochenganoiden von hohem Interesse, sondern auch wegen ihrer offenbar nahen Verwandtschaft mit den Dipnoërn, sowie den ältesten Amphibien der Kohle und uer Trias, d. h. den Ganocephalen, den Labyrinthodonten dnd den Stegocephalen. Es wird uns eine darauf gerichtete Vergleichung später noch beschäftigen.

Teleostier. Hier finden sich die allergrössten Verschiedenheiten, allein in seinem Grundplan ist jeder Teleostierschädel auf denjenigen der Knochenganoiden zurückzuführen. Auf der anderen Seite aber zeigen sich keine Anknüpfungspunkte an die Amphibien, sondern wir haben die ganze Gruppe der Knochenfische als einen auslaufenden Seitenzweig des Wirbelthierstammes zu betrachten.

Der knorpelige Primordialschädel[2]) persistiert bei den meisten Teleostiern in grosser Ausdehnung, und das Cavum cranii kann sich so gut wie bei allen bis jetzt beschriebenen Schädeln in Form einer knorpeligen Röhre zwischen den Augen hindurch bis zur Ethmoidalgegend erstrecken, oder aber ist es zwischen den beiden Augäpfeln eingeschnürt, verkümmert und durch membranöse Gebilde ersetzt (Fig. 60 C.)

---

[1]) Bei Amia bleibt das knorpelige Primordialcranium, abgesehen von den Verknöcherungszonen, in vollem Umfang erhalten.

[2]) Eine besondere Beachtung verdient das Neurocranium von Argyropelecus, bei welchem sich der Knorpel in ausgedehnterem Masse erhalten hat, als bei den übrigen Teleostiern. Wie das Neurocranium, so besteht hier auch die Wirbelsäule nur aus Knorpelgewebe (vergl. die in der Hirn-Litteratur aufgeführte Arbeit von Handrick).

Am Schädeldach treten, wie bei den Ganoiden, als Hauptknochen die Parietalia und Frontalia auf. Erstere können durch einen Fortsatz des Occipitale superius von einander getrennt sein. Seitlich von den Frontalia liegen die Postfrontalia, welche sich bis zu dem Squamosum erstrecken (Fig. 68).

In der Orbitalgegend[1]) differenziert sich, die seitliche Schädelwand bildend, eine Knochenzone, welche man in ihrer hinteren Partie

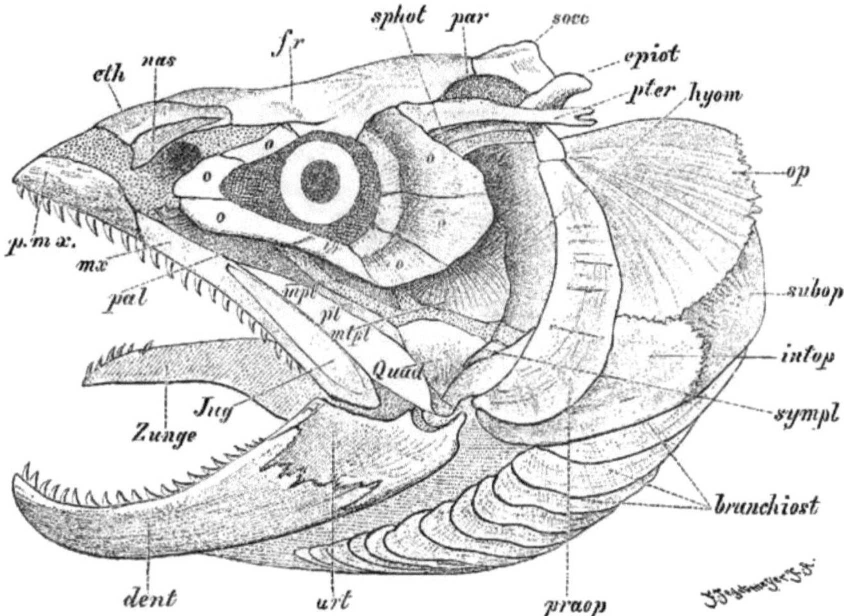

Fig. 68. **Kopfskelet von Salmo salar.** Linke Seite von aussen. *art* Articulare, *branchiost* Branchiostegalstrahlen, *dent* Dentale, *epiot* Epioticum, *eth* Supraethmoid (W. K. Parker), *fr* Frontale, *hyom* Hyomandibulare, *intop* Interoperculare, *Jug* Jugale, *mpt* Mesopterygoid, *mtpt* Metapterygoid, *mx* Maxillare, *nas* Nasale, *o, o, o, o* Orbitalring, *op* Operculare, *pal* Palatinum, *par* Parietale, *pmx* Praemaxillare, *praeop* Praeoperculare, *pt* Pterygoid, *pter* Pteroticum ("Squamosum"), *Quad* Quadratum, *socc* Supraoccipitale, *sphot* Sphenoticum, *subop* Suboperculare, *sympl* Symplecticum.

als Ali- und ihrer vorderen als Orbitosphenoid zu bezeichnen pflegt. Ihre Bedeutung ist noch nicht bekannt.

An der Schädelbasis findet sich ein Basisphenoid und ventralwärts davon das Parasphenoid. Weiter nach vorne liegt der Vomer, und lateralwärts trifft man auf die Palato-Quadratspange, welche, von ihrem Gegenstück getrennt bleibend, sich vorne mit dem Schädelgrund verbindet. In ihrem Bereich entsteht eine Verknöcherungszone, die man (vorne) als Palatinum und (hinten) als Quadratum bezeichnet. Zwischen diesen beiden bilden sich neue

---

[1]) Erwähnenswerth ist ein bei manchen Teleostiern auftretender, von der Orbita aus schräg nach hinten einwärts verlaufender und mit der Längsachse der Basis cranii einen spitzen Winkel erzeugender Kanal, der die Augenmuskeln umschliesst ("Augenmuskelkanal").

Knochenstücke: die Pterygoidea, bei welchen man ein Meta-, Ento- und Meso- s. Ektopterygoid unterscheidet (Fig. 68). Dieser ganze Knochencomplex bildet zusammen mit der Basis cranii das Dach der Mundhöhle.

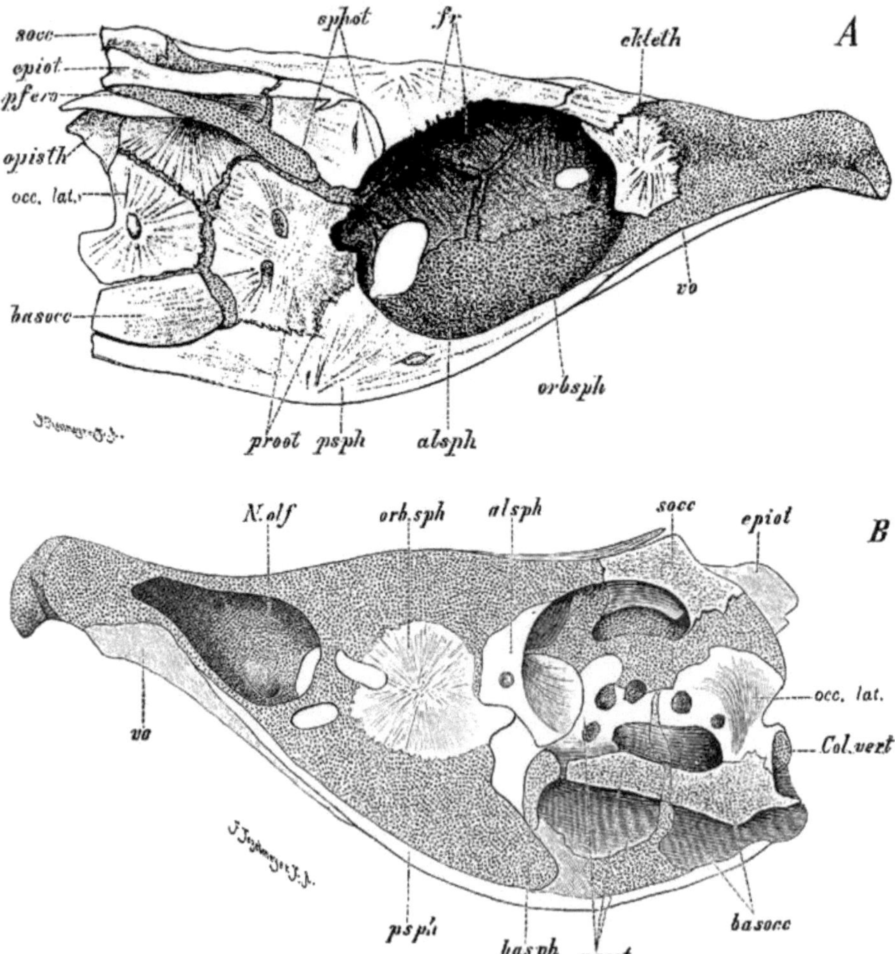

Fig. 69. A Kopfskelet von Salmo salar nach Entfernuug des äusseren Knochenbelags, rechte Seite. B Medianschnitt durch dasselbe. Die Knorpeltheile sind fein punktiert. *alsph* hinterer Theil der Randspange („Alisphenoid"), *basocc* Basioccipitale, *basph* Basisphenoid, *Col vert* Verbindungsstelle mit der Wirbelsäule, *ekteth* Ektoethmoid, *epiot* Epioticum, *fr* Frontale, *N. olf* Kanal für den N. olfactorius, *occ. lat.* Occipitale laterale, *opisth* Opisthoticum, *orbsph* Orbitosphenoid, *proot* Prooticum, *psph* Parasphenoid, *ptero* Pteroticum („Squamosum"), *socc* Supraoccipitale, *sphot* Sphenoticum, *vo* Vomer.

In der Labyrinthgegend oder in ihrer Nachbarschaft finden sich die sogenannten „Otica" (Huxley), nämlich das Epioticum s. Exoccipitale s. Occipitale externum, das Opisthoticum (Intercalare) und als wichtigstes Element das Prooticum (Petrosum).

Während das Opisthoticum in der Regel mit dem Labyrinth nichts zu schaffen hat, können andere Knochen, wie z. B. das Squamosum (Pteroticum) oder die Occipitalia, Beziehungen zu demselben haben.

In der Occipitalregion, wo sich, wie bei Selachiern und Ganoiden, Assimilationsprocesse vertrebraler Elemente abspielen, unterscheidet man folgende knöcherne Bestandtheile: 1. ein Occipitale basilare, 2. ein (sehr variables) Occipitale superius, 3. die das Foramen occipitale entweder ganz oder doch zum grössten Theil umgrenzenden Occipitalia lateralia. Das Occipitale basilare ist an der Contactstelle mit der Wirbelsäule gehöhlt, und die Höhlung wird von Chordagewebe erfüllt.

Der Mundeingang wird im Bereich des Oberkiefers vorne von einem Praemaxillare und seitlich von einem Maxillare begrenzt. Beide Knochen spielen von jetzt an in der ganzen Reihe der höheren Vertebraten eine grosse Rolle, unterliegen aber speciell bei den Knochenfischen, sowohl nach ihrem Vorkommen, als nach Grösse und Form, beträchtlichen Schwankungen. So kann z. B. das Maxillare von der Begrenzung des Mundeinganges auch ausgeschlossen sein. Das Praemaxillare und Maxillare sind in der Regel bezahnt, aber ausser ihnen können auch noch andere, die Mundhöhle begrenzende Knochen, wie z. B. der Vomer und das Parasphenoid, Zähne tragen.

Die Riechorgane stellen, wie bei allen Fischen, zwei blind geschlossene Gruben im Ethmoidalknorpel dar. Im Bereich der Ethmoidalgegend entwickeln sich Knochenelemente, die man als Ethmoidale medium und als Ethmoidalia lateralia (Ektethmoidea) bezeichnet.

Ausser der oben schon erwähnten Plattenkette umgiebt sich die eigentliche Schädelkapsel der Teleostier noch mit weiteren platten- oder spangenartigen Vorwerken. Dieselben entstehen als reine Hautverknöcherungen in der Umgebung des Auges (Orbitalring Fig. 68 o, o, o) und im Bereich des Kiemendeckels (Opercularknochen). Die Opercularknochen zerfallen in ein Operculare, Prae-, Inter- und Sub-Operculare. Sie sind vielleicht phylogenetisch auf Kiemenstrahlen, bezw. auf mit solchen verbundene Hautknochen zurückzuführen. In der ventralen Verlängerung der Kiemendeckelfalte entwickelt sich eine grosse Zahl von Kiemenhaut- oder Branchiostegalstrahlen. Nach vorne stösst der Kiemendeckel an eine aus drei Gliedstücken, dem Hyomandibulare, Symplecticum und dem damit verbundenen, oben schon erwähnten Quadratum bestehende Knochenkette, welche als Aufhängeapparat für den Unterkiefer dient (Fig. 68 hyom. sympl. Quad.). Letzterer besteht aus dem Meckel'schen Knorpel und dann noch aus mehreren Knochenstücken, wovon das grösste bezahnte Dentale (dent) und ein anderes Articulare genannt wird. Dieses entsteht aus dem Gelenkabschnitt des primären Knorpels, und ein Fortsatz desselben stellt das Coronoideum dar. Unter letzterem liegt am Unterkieferwinkel das Angulare. Letzteres umscheidet zusammt dem Dentale den Meckel'schen Knorpel.

Zu diesen beständigen Knochen können da und dort (z. B. bei Knochenganoiden) noch ein Supraangulare und ein Operculare hinzukommen.

Auf den Hyoidbogen folgen vier Branchialbogen und das Rudiment eines fünften.

B. Dipnoi.

Diese Thiergruppe nimmt in Hinsicht auf ihre Schädelbildung eine Mittelstellung ein zwischen den Holocephalen, Ganoiden und Teleostiern einer-, sowie den Amphibien andrerseits. Dazu kommen aber gewisse Besonderheiten, welche weder nach dieser, noch nach jener Seite hin einen directen Anschluss erlauben. Jedenfalls ist das Alter der Dipnoi, die sich schon sehr frühe von den Fischen abgezweigt haben müssen, ein sehr hohes, denn sie finden sich schon in der Trias und in der Kohle; ja sie haben auch schon im Devon und möglicherweise bereits im Silur existiert.

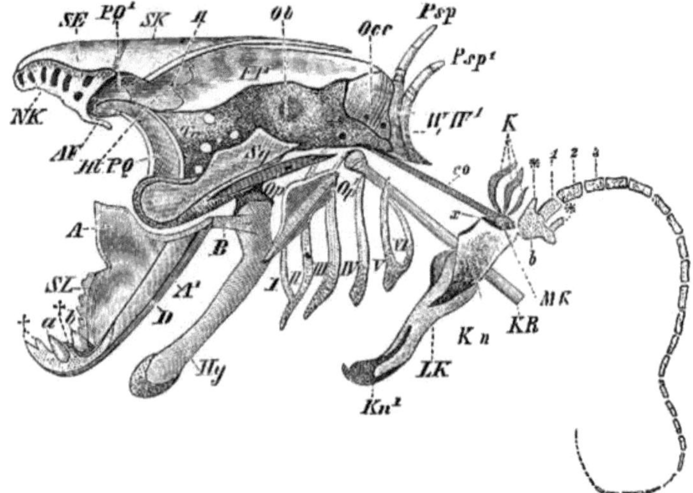

Fig. 70. Kopfskelet, Schultergürtel und vordere Extremität von Protopterus. *AA* Articulare, durch ein fibröses Band *(B)* mit dem Hyoid *(Hy)* verbunden, *AF* Antorbitalfortsatz (Der Labialknorpel, welcher eine ähnliche Lage und Richtung hat, ist nicht eingezeichnet), *a, b* zwei Zähne, *co* fibröses Band, welches das obere Ende des Schulterbogens mit dem Schädel verbindet, *D* Dentale externum, *FP* Fronto-Parietale, *Ht* häutige Fontanelle, vom Opticusloch *(II)* durchbohrt, *I—VI* die fünf Branchialbogen, *KR* „Kopfrippe", *LK, MK* laterale und mediale, den Schulterknorpel *(Kn, Kn¹)* einscheidende Knochenlamelle, *NK* knorpelige Nasenkapsel, *Ob* Ohrblase, *Occ* Occipitale laterale mit den Hypoglossuslöchern, *Op, Op¹* rudimentäre Opercularknochen, *PQ* Palato-Quadratum, welches bei *PQ¹* mit dem der andern Seite convergiert, *SE* Supra-Ethmoid, *SK* Sehnenknochen. *SL* Schmelzleiste, *Sq* Squamosum, das Quadratum bedeckend, *Tr* Trabekel mit den Oeffnungen für den Trigeminus und Facialis, *W, W¹* in das Kopfskelet einbezogene Wirbelkörper mit ihren Processus spinosi *(Psp, Psp¹)*, *x* Gelenkkopf des Schultergürtels, mit welchem das Basalglied *(b)* der freien Extremität articuliert, †† frei zu Tage liegender, in Prominenzen auswachsender Meckel'scher Knorpel, ** rudimentäre Seitenstrahlen (biserialer Typus) des Basalgliedes, 1, 2, 3 die drei nächsten Glieder der freien Extremität.

Der primordiale Knorpelschädel erhält sich entweder ganz (Ceratodus) oder doch in grösster Ausdehnung (Protopterus[1]), Lepi-

---

[1] In diesem Fall treten oben die Frontoparietalia, unten das Parasphenoid ergänzend in die Lücke ein.

dosiren). Die perichondral entwickelten Knochen sind lange nicht so zahlreich wie bei den Ganoiden, was eine niedere Entwicklungsstufe bedeutet.

Die Schädelhöhle erstreckt sich zwischen beiden Orbitae hindurch bis zur Regio ethmoidalis, wo sich eine grösstentheils knorpelige Lamina cribrosa befindet.

Der nach aussen mit einem Sqamosum (Fig. 70 *Sq*) belegte Quadratknorpel ist mit dem Chondrocranium zu einem Gusse verschmolzen, und auch die Verbindung der mit ihrem Gegenstück nach vorne zu unter der Schädelbasis zusammenstossenden Palatoquadrat-Spange mit dem Cranium ist eine sehr innige (Fig. 70 *PQ*).

Die gitterartig durchbrochenen, hyalinknorpeligen Nasenkapseln liegen dorsal rechts und links von der Schnauzenspitze, direct unter der äusseren Haut (*NK*). Nach hinten öffnet sich das Cavum nasale durch Choanen in die Mundhöhle, ein Verhalten, welches von nun an alle über den Dipnoërn stehenden Wirbelthiere charakterisiert. Die äusseren Nasenlöcher sind unter der Oberlippe verborgen.

Die Lippenknorpel, über deren Bedeutung früher schon das Nöthige mitgetheilt wurde, sind in directem Zusammenhang mit der knorpeligen Nasenscheidewand; sie entsprechen den Lippenknorpeln der Selachier und den vordersten Knorpelparticen am Cranium der Urodelenlarven.

Der Occipitalabschnitt des Schädels, welcher noch zwei mehr oder weniger deutlich abgegliederte Wirbelbogen bezw. Dornfortsätze trägt, ist mit der Wirbelsäule durchaus fest und unbeweglich verwachsen.

Erwähnenswerth sind die mit scharfen Messern vergleichbaren, von Email überzogenen Zähne, wovon in dem Capitel über die Zähne noch einmal die Rede sein wird. Spuren eines Vomers, bezw. von Vomer-Zähnen sind vorhanden[1]).

Kiemendeckel, Kiemenstrahlen und Branchialbögen (fünf) machen einen sehr primitiven Eindruck. Die letzteren sind ventralwärts durch keine Basibranchialia (Copularia) vereinigt[2]).

An dem kräftigen Unterkiefer unterscheidet man ein Articulare Dentale, Angulare und Operculare. Nach vorne vom Dentale liegt der Meckel'sche Knorpel eine Strecke weit frei zu Tage (Fig. 70). Die Zahnplatte im Unterkiefer der Dipnoër entspricht dem Operculare der Urodelen.

Eine genauere Kenntnis der Entwicklungsgeschichte des Dipnoër-Kopfes wäre von hohem Interesse, und sie würde wohl Manches klar legen, was uns bis jetzt noch räthselhaft erscheint, wie z. B. die als „Kopf-Rippen" bezeichneten Spangen (Fig. 70, *KR*).

---

[1]) Ueber die genetischen Beziehungen der Zähne zu den Zahnplatten des Gaumens und des Unterkiefers vergl. das Capitel über das Gebiss der Wirbelthiere.

[2]) Nach J. W. van Wijhe würde der in der Figur 70 mit I bezeichnete Branchialbogen morphologisch zum Hyoidbogen gehören („Hyobranchiale", J. W. van Wijhe), so dass sich also bei Protopterus die von J. W. van Wijhe postulierte Doppelnatur (s. oben) des Hyoidbogens noch deutlich aussprechen würde. — Ist diese Auffassung richtig, so müsste der erste eigentliche Branchialbogen der oben mit II bezeichneten Spange entsprechen. Auch den Rochen soll noch ein „Hyobranchiale" zukommen.

C. Amphibien.

Urodelen. Das Kopfskelet der geschwänzten Amphibien unterscheidet sich nach abgelaufener Entwicklung von dem der Fische hauptsächlich durch negative Charaktere, nämlich einerseits durch geringere Entwicklung der knorpeligen Theile, andrerseits durch eine viel geringere Zahl von Knochen. Kurz es tritt uns in Anpassung an die veränderte, in den meisten Fällen terrestrische Lebensweise (Respiration etc.) ein veränderter, in mancher Hinsicht einfacherer Bauplan entgegen, und dazu kommt noch die wichtige Thatsache, dass die Nervenlöcher in der Occipitalgegend mit denjenigen für den Vagus abschliessen. Da aber nach hinten davon noch eine, wenn auch wenig ausgedehnte Regio occipitalis besteht, und in der Ontogenese daselbst noch Somiten zur Anlage kommen, so erscheint die Annahme, dass es sich in dieser Gegend um Rückbildungen handelt, berechtigt. Im Larvenstadium (Fig. 71) spielt der einfach gestaltete Knorpelschädel immerhin noch eine sehr grosse Rolle, und die von uns oben für den Wirbelthierschädel im Allgemeinen aufgestellte Eintheilung in eine Regio occipitalis, auditiva, orbitalis und nasalis tritt hier aufs Deutlichste hervor. Eine interorbitale Einschnürung des Schädelrohres findet nicht statt, und das Gehirn erstreckt sich, seitlich von knorpelig-knöchernen Seitenwänden flankiert, zwischen den beiden Augenhöhlen hindurch bis zur Riechkapsel, wo es in der Regio ethmoidalis zu einem häutigen (Tritonen) oder knorpeligen (Salamandra), von den Riechnerven durchbohrten Abschluss des Cavum cranii kommt. Wie bei Teleostiern, so kann man auch bei Amphibien, und im vorliegenden Falle speciell bei Urodelen, an der seitlichen (orbitalen) Schädelwand eine hintere und eine vordere Partie unterscheiden. Letztere kann in wechselnder Ausdehnung als „Orbitosphenoid" verknöchern. Dass die hintere, gewöhnlich als „Alisphenoid" bezeichnete Partie mit den Alae temporales des Keilbeines der Mammalia nichts zu schaffen hat, wurde schon oben erörtert.

Im Hinblick auf das bereits über die Regio occipitalis Mitgetheilte wird man es begreiflich finden, dass der betreffende Skeletcomplex keine grosse Ausdehnung besitzen kann. Er hat jederseits die Form eines Wirbelbogens, der mit breiter Basis der Chorda dorsalis ansitzt, und sich aufsteigend verschmälert, um an seinem oberen Ende mit der Kuppe der Ohrkapsel zu verschmelzen. So begrenzt er das Foramen N. vagi von hinten her. Ob auch in dem zwischen beiden Ohrkapseln ausgespannten Tectum synoticum ein auf Wirbel zurückführbarer Bestandtheil steckt, bleibt dahingestellt. Beide Bogenbasen bilden durch ihre Vereinigung eine occipitale Basalplatte, die, was für sämmtliche Amphibien charakteristisch ist, nach hinten in zwei Gelenkhöcker (Condyli occipitales) zur Verbindung mit der Wirbelsäule vorspringt.

Beide Ohrkapseln sind dorsalwärts durch eine schmale Knorpelspange miteinander verbunden, welche man früher unpassenderweise als Supraoccipitale bezeichnete. Ungleich treffender ist die von Gaupp vorgeschlagene Bezeichnung Tectum synoticum. Diese Knorpelpartie ist als ein Rest der ausgedehnten knorpeligen Schädeldecke der Selachier zu betrachten und erhält sich von jetzt an durch die ganze Reihe der Vertebraten bis zu den Säugern hinauf, wo sie, wie übrigens auch schon bei den Vögeln, unter dem Einfluss des Gehirns nicht nur eine ganz besonders grosse Entfaltung, sondern auch eine Lageänderung (Umlegung nach hinten) erfährt (Gaupp).

Die stets stark entwickelten Ohrblasen oder Ohrkapseln (Fig. 71, 72, *OB*), an deren knöchernem Aufbau das Prooticum (vergl. die Teleostier) hervorragenden Anteil nimmt, lassen, wie bei Selachiern und Dipnoërn, die Bogengänge äusserlich deutlich hervortreten, zeigen aber im Uebrigen eine den Fischen gegenüber neue und sehr wichtige Einrichtung, nämlich eine nach aussen und abwärts schauende Oeffnung, die Fenestra ovalis (Fig. 71, 72 *Fov*). Sie wird von einem durch Bandmassen oder auch durch Knorpel oder Knochen an das Quadratum und Paraquadratum befestigten Knorpeldeckel, der sog. Stapesplatte (*St*) oder dem Operculum, verschlossen und soll uns bei der Anatomie des Gehör-Organs wieder beschäftigen. Jene zwischen Stapesplatte und Quadratum resp. Paraquadratum sich erstreckende Brücke heisst Columella und entspricht zusamt dem Operculum in phylogenetischer Beziehung dem oberen Abschnitt des Hyoidbogens[1]). Ontogenetisch ist von diesen Beziehungen nichts mehr nachzuweisen, sondern es handelt sich sowohl für die Columella als für das Operculum hinsichtlich ihrer Entstehung um Differenzierungsprocesse im Bereich der Labyrinthkapsel.

Bevor ich die Ohrkapsel verlasse, will ich nur noch erwähnen, dass auch bei Urodelen bereits ein Foramen perilymphaticum existiert (vergl. das Gehörorgan).

Vom Bau der stets gut entwickelten Nasenkapseln wird beim Geruchsorgan wieder die Rede sein; für jetzt sei nur bemerkt, dass die dabei in Betracht kommenden Knorpelelemente theils selbstständig, theils im Anschluss an die oralwärts convergierenden Trabekel entstehen[2]).

Von vorne und auch z. Th. noch seitlich wird die Schnauzengegend vom Zwischenkiefer (Fig. 71, 72, 73 *Pmx*) umrahmt. Eine in der Regel vorhandene, medianwärts liegende, vom Zwischenkiefer entweder eingeschlossene oder doch begrenzte Höhle ist als eine unter dem Einfluss einer Drüse entstandene secundäre Erwerbung zu betrachten. Sie wird als Cavum intermaxillare bezeichnet, könnte aber, da sie in dem vom Zwischenkiefer gebildeten (hohlen) Nasenseptum liegt, ebensogut Cavum internasale genannt werden. In anderen Fällen, wo es sich um ein solides Septum handelt, von welcher später noch einmal die Rede sein wird, fehlt die Drüse.

Betrachten wir nun die Knochen, welche uns bei einer Dorsalansicht des Urodelenschädels entgegentreten und legen wir dabei die Fig. 72 zu Grunde. — Um vorne in der Schnauzengegend

---

1) Beziehungsweise dem hier sehr reducierten Hyomandibulare der Fische. Dahingestellt mag bleiben, ob die Columella speciell dem Symplecticum zu parallelisieren ist (vergl. den Passus über die Morphologie der Gehörknöchelchen im Capitel über den Säugethierschädel).

2) Von der „Lamina cribrosa" war oben schon die Rede; es sei aber hier noch darauf hingewiesen, dass, wie ich vor einer langen Reihe von Jahren schon gezeigt habe, der vordere Abschluss der Schädelhöhle in gewissen Fällen (Salamandrina perspicillata und Proteus) auch durch eine besondere Modification der Stirnbeine zu Stande kommen kann.

zu beginnen, so begegnen wir zunächst dem bereits erwähnten (paarigen) Zwischenkiefer (*Pmx*), der mit seinen aufsteigenden Fort-

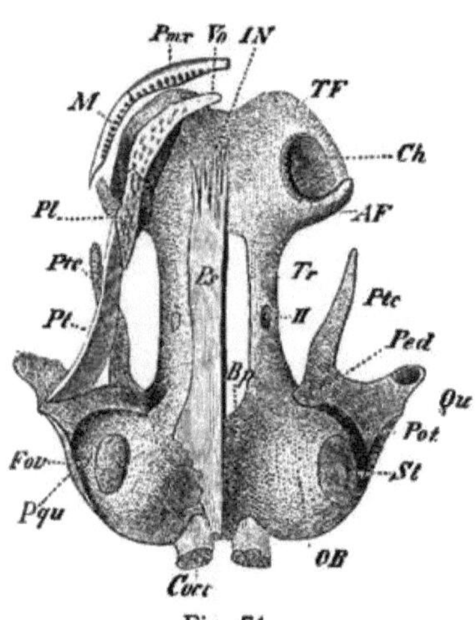

Fig. 71.

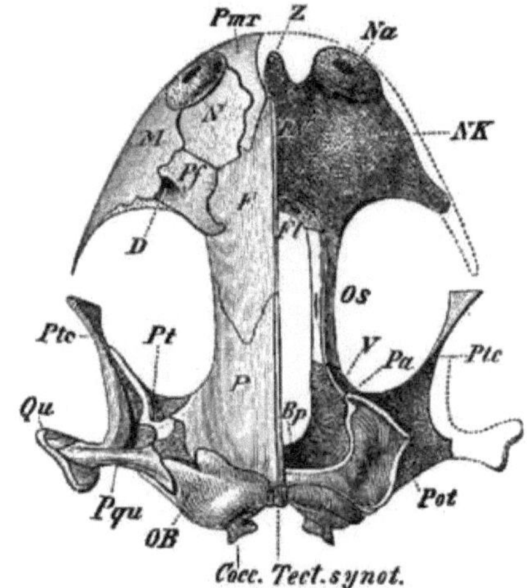

Fig. 72.

Fig. 71. Schädel eines jungen Axolotls
(Ventralansicht).

Fig. 72. Schädel von Salamandra atra.
(Erwachsenes Thier, Dorsalansicht.)

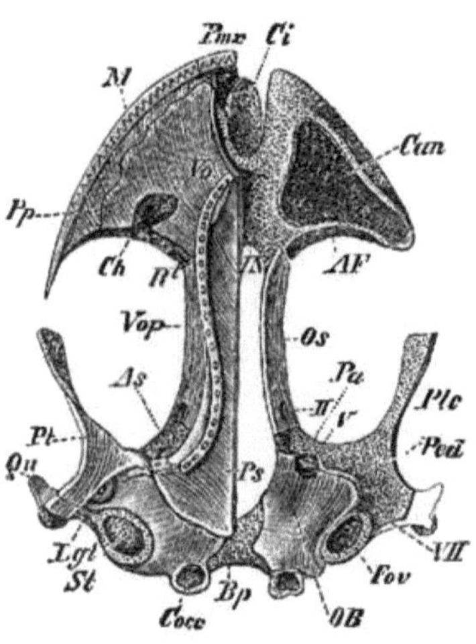

Fig. 73.

Fig. 73. Schädel von Salamandra atra.
(Erwachsenes Thier, Ventralansicht.) *As* hinterer
Theil der Randspange „Alisphenoid", *Bp* knorpelige Basilarplatte zwischen den beiden Ohrblasen, *Can* Cavum nasale, *Ci* Cavum intermaxillare, *Cocc* Condyli occipitales, *Fl* Durchtrittsöffnung für den Riechnerven, *Fov* Fenestra ovalis, welche auf der einen Seite vom Stapes (*St*) verschlossen dargestellt ist, *F, P* Frontale und Parietale, *II* Opticus, *IN* Internasalplatte, welche seitlich zu den die Choane begrenzenden Fortsätzen (*TF* und *AF*) auswächst, *Lgt* Bandapparat zwischen letzterem und dem Suspensorium des Unterkiefers, *M* Maxillare, *N* Nasale, *Na* äussere Nasenöffnung, *NK* Nasenkapsel, *OB* Ohrblasen, *Os* Orbitosphenoid, *Pa* Proc. ascendens des Quadratum, *Ped* Pediculus des Quadratum, *Pf* Praefrontale, bei *D* vom Thränen-Nasengang durchbohrt, *Pl* Palatinum, *Pmx* Praemaxillare, *Pot* Processus oticus des Quadratum, *Pp* Gaumenfortsatz des Palatinum, *Pqu* Paraquadratum, *Ps* Parasphenoid, *Pt* knöchernes Pterygoid, *Ptc* knorpeliges Pterygoid, *Qu* Quadratum, *Rt* Eintrittsstelle des Ramus nasalis Trigemini in die Nasenkapsel, *Tect. synot.* „Tectum synoticum" (Gaupp), *Tr* Trabekel, *V* Trigeminusloch, *VII* Facialisloch, *Vo* Vomer, *Vop* Vomero-palatinum, *Z* zungenartiger Knorpelauswuchs der Internasalplatte, welcher als Dach für das Cavum internasale (*Ci*) fungiert (Fig. 73). NB. Auf Fig. 73 befindet sich rechterseits zwischen dem Condylus occipitalis und der Ohrblase fälschlicher Weise eine Trennungslinie. Links sind die Verhältnisse richtig dargestellt.

sätzen das Nasenloch (*Na*) begrenzen hilft. Weiteren Antheil daran nehmen das Nasale (*N*) und lateralwärts das Maxillare (*M*), der Oberkiefer. Dieser umrahmt zusammen mit dem Praemaxillare von oben her die Mundspalte (Fig. 71, 73, 74).

Zwischen dem Nasale und dem Maxillare erscheint dorsalwärts das Praefrontale (*Pf*), mehr medianwärts das Frontale und nach hinten davon das Parietale, welches sich z. Th. über die Ohrkapsel herüberschiebt.

Am Dach der Mundhöhle, resp. an der Formierung der Basis cranii, spielt weitaus die grösste Rolle das lange und platte Parasphenoid, welches zuweilen noch bezahnt sein kann (Erinnerung an die Fische). Es reicht von der Occipitalgegend bis weit hinein in die basale Region der Nasenkapseln und wird ventral von der bei

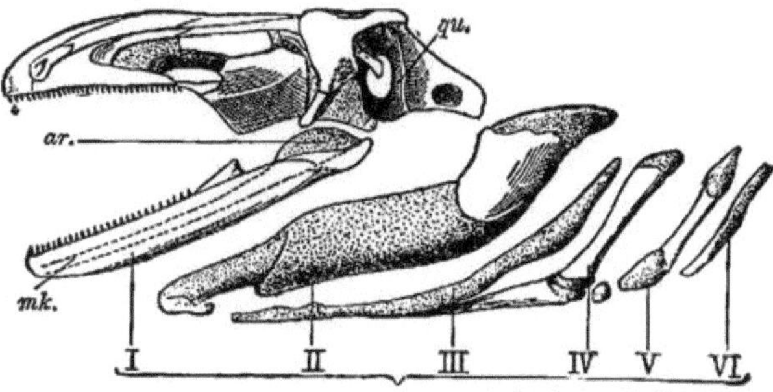

Fig. 74. **Kopfskelet von Menopoma.** *ar* Articulare, I Mandibula, II Hyoid, III—VI Kiemenbogen, *mk* Meckel'scher Knorpel, vom Dentale umhüllt, *qu* Quadratum, vom Paraquadratum überlagert.

erwachsenen Urodelen zu einer Masse verschmolzenen, formell aber nach verschiedenen Gruppen sehr verschiedenartig geformten und bezahnten Vomero-Palatinspange[1]) überlagert (Fig. 73, *Vop*). Der eigentliche Vomer-Bezirk legt sich unter Zusammenstoss mit dem bezahnten Maxillare und Praemaxillare an den Grund der Nasenkapsel, die dadurch eine bedeutende Festigung erfährt (*Vo*). Am hinteren (orbitalen) Rand dieses Knochenbezirkes liegen die Choanen (*Ch*), die hier bei Urodelen, wie man sieht, bereits viel weiter nach hinten verschoben erscheinen, als bei Dipnoërn.

Was nun endlich den Suspensorial-Apparat für den Unterkiefer betrifft, so zeigt er sich viel einfacher gebaut, als bei Fischen. Er besteht nämlich hier einzig und allein aus dem Quadratum, welches in der Regel vier typische Fortsätze zeigt: 1. den Processus oticus zur Verbindung mit dem Boden der Ohrkapsel, 2. die als „Pediculus", „Stiel" oder Palatobasalfortsatz bezeichnete Verbindung mit dem Boden der Ohrkapsel, nahe dem vorderen Ende derselben, 3. den Processus ascendens, der sich vor der Ohrkapsel mit der Schädelseitenwand verbindet, und 4. den Processus pterygoideus, der vom Vorderrand des Quadratums aus in horizontaler Lage nach vorn zieht.

Das Quadratum verwächst secundär mit dem Schädel und wird von aussen her mit einem Belegknochen, dem Paraquadratum

---

1) Bei den fusslosen Amphibien persistiert die ursprüngliche Richtung, d. h. hier stellen die Oberkiefer- und Gaumenknochen zwei regelmässig concentrische, das Parasphenoid umsäumende Bogen dar.

7*

(Gaupp), gedeckt. Ein Squamosum ist bei den heutigen
Amphibien bis jetzt noch nicht nachgewiesen.

Die Schläfengegend ist bei den Urodelen entweder unbedeckt
oder von einem (oberen) Jochbogen überspannt. Dieser bildet sich
durch Vereinigung von Fortsätzen des Paraquadratum und des Frontale

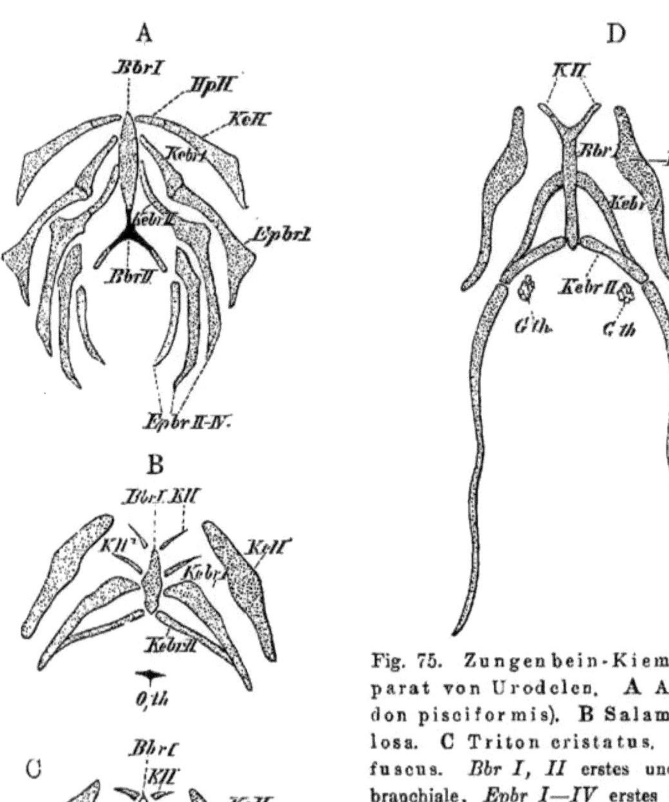

Fig. 75. Zungenbein-Kiemenbogen-Apparat von Urodelen. A Axolotl (Siredon pisciformis). B Salamandra maculosa. C Triton cristatus. D Spelerpes fuscus. *Bbr I, II* erstes und zweites Basibranchiale, *Epbr I—IV* erstes bis viertes Epibranchiale, *G,th* Glandula thyreoidea, *HpH* Hypohyale, *Kebr I, II* erstes und zweites Keratobranchiale, *KeH* Keratohyale, *KII, KH¹* vorderes und hinteres Paar der kleinen Zungenbeinhörner, *O,th* Os thyreoideum = losgelöstes Basibranchiale II.

und deutet auf die Reduktion früher stärker ausgebildeter Knochenmassen (Stegocephalen) zurück.

Mit Ausnahme des Unterkiefers, wo sich, ähnlich wie bei Knochenganoiden, in der Regel ein Dentale, Articulare und Spleniale
entwickeln, unterliegt das Visceralskelet des Schädels bei den
verschiedenen Urodelengruppen sehr verschiedenen Modificationen[1].

---

[1] Zuweilen tritt ein Operculare noch in der Larvenperiode auf und bildet sich
später wieder zurück (so z. B. bei den Salamandrinen).

In seiner Grundform, wie sie uns noch bei Larven entgegentritt, besteht es aus fünf Spangenpaaren[1]), wovon das vorderste einem Hyoid entspricht[2]). Letzteres kann sich in zwei Segmente gliedern, wie dies auch für den ersten Branchialbogen gilt (Fig. 75). Die weiter nach hinten liegenden Bogen sind mehr oder weniger rückgebildet und eingliederig. Ventralwärts unterscheidet man ein ein- oder zweigliederiges Basibranchial- oder Copularstück.

Nach Ablauf des Larvenlebens schwinden die zwei hintersten Kiemenbogen, während die vorderen nach Lage und Form Veränderungen eingehen und mehr oder weniger stark verknöchern können. Die Stegocephalen der Kohlenperiode besassen bereits dieselbe Kiemenbogenzahl wie die heutigen Urodelenlarven und sie durchliefen ebenfalls schon eine Metamorphose, die zur Lungenathmung führte.

In dem Genus Spelerpes, welches eine Schleuderzunge besitzt, wächst das dorsale Stück des ersten Kiemenbogens zu einem langen, weit unter der Rückenhaut sich hinerstreckenden Knorpelfaden aus (Wiedersheim).

Ueber die Beziehungen des proximalen Endes des Hyoidbogens zum Gehörapparat vergl. das Kopfskelet der Säugethiere.

Gymnophionen. Im Gegensatz zum primordialen Knorpelcranium der Anuren und eines grossen Theiles der Urodelen, wo es sich, wie Fig. 78 und 71 zeigen, um ausgedehnte, compacte Knorpelmassen handelt, erscheint das primordiale Chondrocranium der fusslosen Amphibien als ein zartes Spangenwerk, das grosse Oeffnungen in weiten Bogen umkreist. Auch da, wo zusammenhängende Knorpelplatten auftreten, erweisen sie sich als ausserordentlich zart und dünn. Gleichwohl aber besteht eine grosse Aehnlichkeit zwischen den betreffenden Verhältnissen der Gymnophionen und Urodelen; allein bei den ersteren sind schon, ähnlich wie am Saurier-Schädel, starke Reductionen eingetreten, wie namentlich in der Occipital-, Labyrinth- und Orbital-Region.

Alles in Allem erwogen, zeigt das Kopfskelet der Gymnophionen trotz des eigenthümlichen äusseren Charakters, der sich durch grosse Festigkeit, ja Derbheit auszeichnet, keine morphologisch wichtigen Unterchiede von demjenigen der Urodelen, und speciell von demjenigen der Ichthyoden. Die Verschiedenheiten beruhen also wesentlich auf dem viel ausgedehnteren Verknöcherungsprocess, beziehungsweise in der Synostosierung verschiedener, bei Urodelen getrennt bleibender Knochen zu einheitlichen Massen (Parasphenoid und Petroso-Occipitale z. B.), wodurch der Schädel auf den nur mit dem Kopfskelet der Urodelen und Anuren Vertrauten beim ersten Anblick einen fremdartigen Eindruck macht. Dazu kommen die, wie bei gewissen fossilen Amphibien und primitiven Reptiliengruppen, mehr oder weniger gedeckte Schläfengegend, und ein wohlentwickeltes

---

Ethmoidalskelet, beziehungsweise ein aus den ventralen Trabekelspangen hervorgehendes, ähnlich wie bei niederen Urodelen sich verhaltendes Septum nasale. Dasselbe ist solid und schliesst also

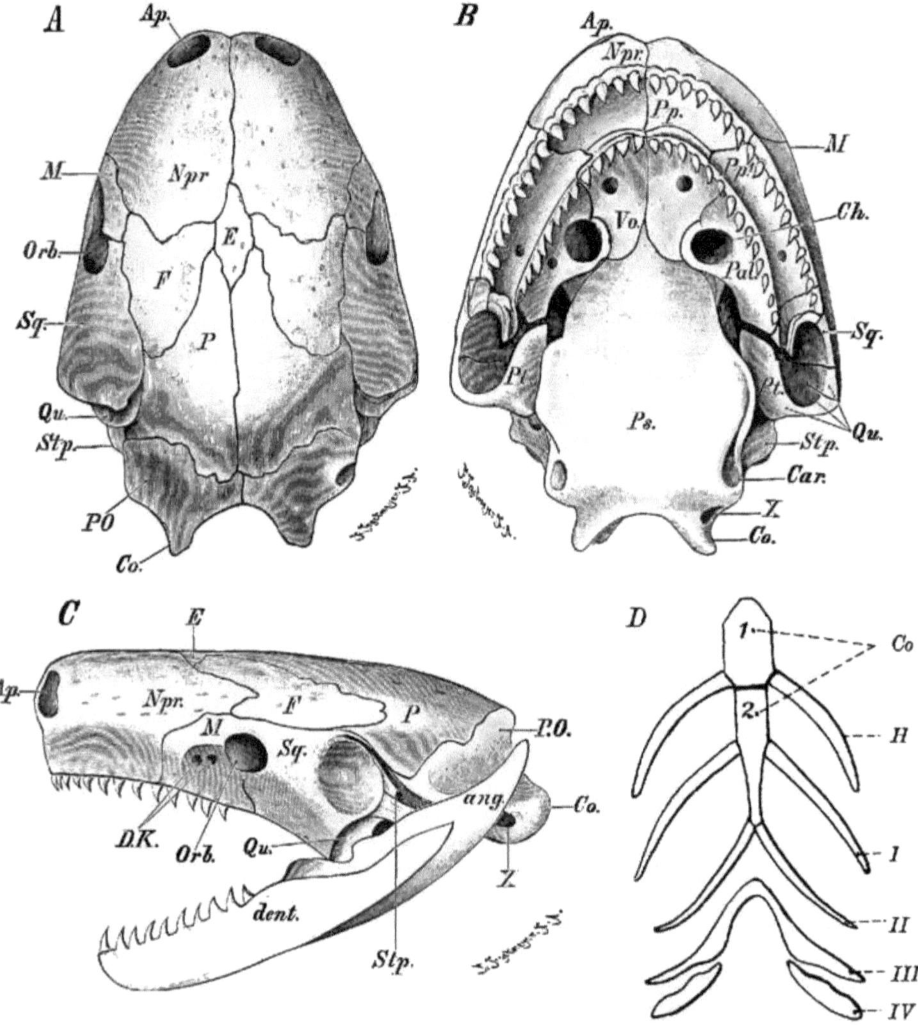

Fig. 76 **A, B, C** Schädel von Siphonops annulatus, dorsale, ventrale und seitliche Ansicht. *Ap* Apertura nas. externa, *ang* Angulare, *Car* Carotisloch, *Ch* Choane, *Co* Condylus occip., *dent* Dentale, *DK* Drüsencanäle des Tentakelapparates, *E* ethmoidale Schädelregion, *F* Frontale, *M* Maxillare, *Npr* Naso-Praemaxillare, *Orb* Orbitalring, *Pal* Palatinum, *Po* Petroso-Occipitale, *Pp, Pp¹* Processus palat. des Naso-Praemaxillare und des Maxillare, *Ps* Parasphenoid, nach hinten mit dem Occipitalring synostotisch verwachsen, *Pt* Pterygoid, *Qu* Quadratum, *Sq* Squamosum, *Stp* Stapes, *Vo* Vomer, *X* Vagusloch.

Fig. 76 **D.** Der Hyo-Branchialapparat der Larve von Ichthyophis glutin. Nach P. und F. Sarasin. *1, 2* erste und zweite Copula, *H* Hyoid, I, II, III, IV erster bis vierter Kiemenbogen.

keine Drüse ein. Endlich wäre noch zu erwähnen der im Capitel über das Geruchsorgan näher zu erörternde complicierte Bau der Nasenhöhle.

Was das Visceralskelet anbelangt, so besteht es (Fig. 76 D), wie bei Urodelenlarven, in der Larvenperiode aus vier eigentlichen Branchialbogen. Das Ganze erweckt aber bei den Gymnophionen dadurch einen noch primitiveren, d. h. weniger stark reducierten Eindruck, dass alle Theile noch eine gleichmässige, an Fische erinnernde Lagerung zeigen, und dass die Spangen des dritten Bogenpaares, wenn auch keine Vereinigung mehr an der Copula, so doch eine solche unter sich selber, in der Medianlinie erfahren. Im Bereiche ihres dorsalen Abschnittes befestigt sich der kurze, vierte Kiemenbogen. Im fertigen Zustand schwindet die Copularverbindung zwischen dem ersten und zweiten Kiemenbogen, und der kleine Rest des vierten verschmilzt mit dem dorsalen Abschnitt des dritten.

Es fällt nicht schwer, für die solide und feste Struktur des Blindwühlenschädels eine Erklärung zu finden. Sie liegt in der grabenden, wühlenden Lebensweise, kurz, es handelt sich um Anpassungserscheinungen, wie wir ihnen auch bei Amphisbänen und Typhlopiden begegnen (Convergenzerscheinung).

In früheren Erdperioden zeigte sich der Schädel der geschwänzten Amphibien, wie z. B. derjenige der Stegocephalen, Labyrinthodonten und Ganocephalen, von einer viel grösseren Menge von festen und starken Knochenschildern überzogen, und allgemein verbreitet war ein zum Pinealapparat in Bezeichnung stehendes Loch in der Parietalgegend, ganz ähnlich, wie es unsere heutigen Lacertilier besitzen. Fig. 77 (vgl. das Reptiliengehirn).

In der Circumferenz der Orbita trifft man häufig einen knöchernen Scleralring, wie ihn auch Ichthyosaurus besass, und wie er den heutigen Vögeln und einem Theil der Reptilien zukommt. Wenn man den an die Knochenganoiden erinnernden Reichthum von Kopfknochen der untergegangenen Amphibiengeschlech-

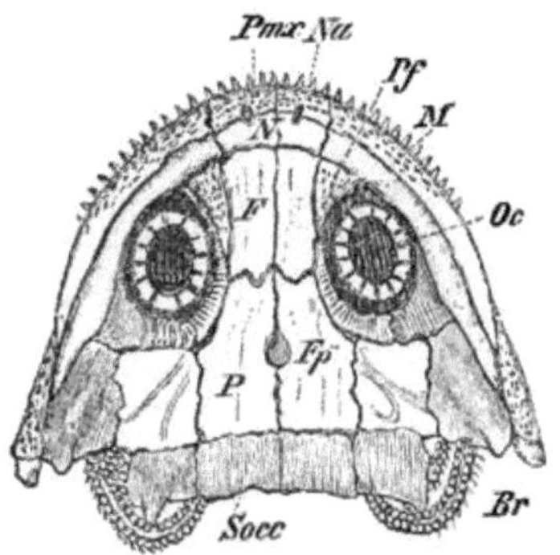

Fig. 77. Restaurierter Stegosaurierschädel aus der böhmischen Gaskohle nach Fritsch. *Br* Kiemenapparat, *F* Frontale, *Ep* Foramen parietale, *M* Maxilla, *N* Nasale, *Na* Nasenloch, *Oc* knöcherner Scleralring, *P* Parietale, *Pf* Praefrontale, *Pmx* Praemaxilla, *Socc* Supraoccipitale.

ter, sowie ihre oft ins Ungeheuerliche gehenden Dimensionen (es kommen solche mit Schädeln von mehr als einem Meter Länge vor) erwägt, so sieht man sich gezwungen, die heutigen Amphibien, wie wir dies auch von den recenten Reptilien schon constatieren konnten, nur als schwache Ausläufer einer einst viel reicher entwickelten Thiergruppe aufzufassen. Von einer directen Ableitung der heutigen Amphibien von denjenigen der Kohlen- resp. der Permformation kann keine Rede sein.

Anuren. Der Schädel der ungeschwänzten Batrachier zeigt auf den ersten Blick sehr viel Uebereinstimmendes mit dem der heutigen Urodelen, allein er hat, namentlich in den die Mundöffnung umgebenden Theilen, eine wesentlich andere, viel compliziertere Entwicklung durchzumachen und lässt sich somit keineswegs direct von letzterem ableiten. Dies beweist, dass die gemeinsame Urform in sehr weit zurückliegenden geologischen Perioden gesucht werden muss.

Im Larvenstadium ist, in Anpassung an die Art und Weise der Nahrungsaufnahme, ein von Lippenknorpeln und Hornzähnen gestützter Saugmund vorhanden, und die Gelenkverbindung des Palato-Quadratum erscheint anfangs sehr weit nach vorne rostralwärts verschoben. Erst bei der Metamorphose zieht sich dieselbe nach hinten zurück und verursacht dadurch eine wesentliche Verbreiterung der Mundspalte.

Vor Allem aber muss den Urodelen gegenüber ein wichtiger Fortschritt hervorgehoben werden, welcher sich in der Reihe der Anuren (wie z. B. bei Raniden) im Bereich des Gehörorganes vollzieht. Es kommt nämlich hier zur Anlage einer knorpelig-häutigen Paukenböhle (Cavum tympani), welche nach aussen durch ein Trommelfell (Membrana tympani) abgeschlossen wird, während sie nach innen durch die Ohrtrompete (Tuba Eustachii) mit der Mundhöhle communiziert (vgl. das Gehörorgan). Das in der Ohrkapsel befindliche Cavum perilymphaticum sendet durch besondere Oeffnungen Fortsetzungen nach aussen.

Mit Ausnahme einiger kleiner Stellen auf seiner Dorsalseite ist das Chondrocranium der Anuren sehr vollständig. Primordiale Verknöcherungen sind das Occipitale laterale, das Prooticum und das an der Durchtrittsstelle der Riechnerven gelegene, bereits beim Gymnophionen-Schädel erwähnte, gürtelförmige „Os en ceinture" (Cuvier) oder Sphenethmoidale (W. K. Parker).

Die Schädel-Knochen des erwachsenen Thieres sind nicht so zahlreich wie bei Urodelen, da die Stirn- und Scheitelbeine in der Regel jederseits zu einer einzigen Knochenplatte, einem Fronto-Parietale, zusammenfliessen. Hinsichtlich der das Dach des Cavum oris formierenden Knochen verweise ich auf die Fig. 78.

Die Oberkieferspangen wachsen viel weiter nach hinten aus als bei Urodelen und verbinden sich durch ein kleines Mittelstück (Quadrato-Jugale s. Quadrato-Maxillare) mit dem Suspensorialapparat des Unterkiefers (Fig. 78 *Qjg*). Dadurch entsteht ein unterer Jochbogen. Ein oberer, im Sinne der Urodelen, (vergl. diese) zeigt sich nirgends entwickelt; die obere Schläfengegend bleibt also bei Anuren von Knochen ungedeckt, und das Palato-Quadratum hängt vorne mit der knorpeligen Nasenkapsel durch einen Processus pterygoideus zusammen (Fig. 78, *PP.*), was für den Anurenschädel dem Urodelenschädel gegenüber charakteristisch ist. Der bei letzterem existierende einzige Ausnahmefall (Ranodon) kann kaum in Betracht kommen.

Ueber die topographischen und formellen Verhältnisse der die Mundhöhle begrenzenden Knochen vergl. Fig. 78.

Die Knochen des Unterkiefers bestehen aus einem Dentale und einem Angulare. Am distalen Ende des Meckel'schen Knorpels zeigt sich eine Pars mentalis medianwärts abgebogen („Unterlippenknorpel" der Froschlarve). Diese vereinigt sich mit ihrem Gegenstück zu einer Symphyse, wird später in den Deckknochen des Dentale mit einbezogen und dann als Pars mentalis des Dentale bezeichnet.

Das Visceralskelet der Anuren macht bei der Metamorphose viel grössere Wandlungen durch, als das der Urodelen. Bei der

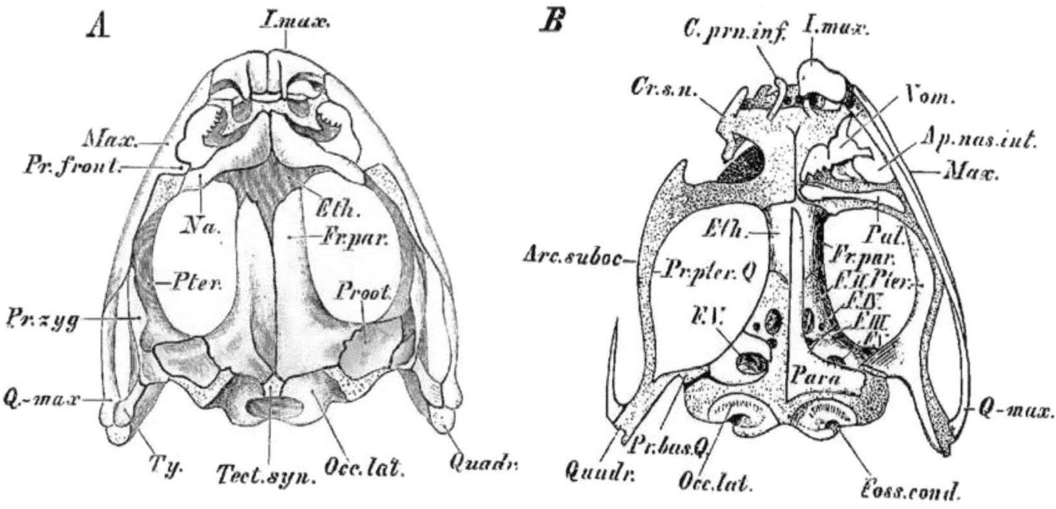

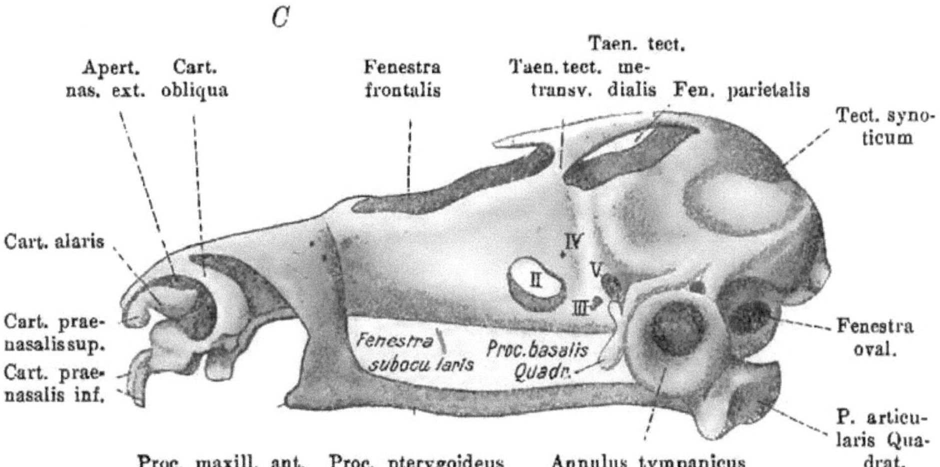

Fig. 78 A. Dorsale Ansicht des Schädels von Rana esculenta. Zweimal natürl. Grösse. B Ventrale Ansicht desselben, nach Entfernung der Deckknochen auf der rechten Seite. Zweimal natürl. Grösse. C Seitenansicht des Primordialcraniums einer jungen Rana fusca. Nach einem bei 25 facher Vergrösserung hergestellten Modell einer R. fusca von ca. 2 cm Länge; verkleinert. Operculum und Columella auris weggenommen. Das Cranium ist als einheitlich knorpelige Masse dargestellt: auf die noch wenig umfänglichen Verknöcherungen ist keine Rücksicht genommen. Alle drei Figuren aus Ecker- und Wiedersheim's „Anatomie des Frosches", III. Aufl. bearb. von E. Gaupp. *Ap. nas. int.* Apertura nasalis interna, *Arc. suboc.* Arcus subocularis, *C. prn. inf.* Cartilago praenasalis inferior, *Cr. sn.* Crista subnasalis, *Cond. occ.* Condylus occipitalis, *Eth* Ethmoid, *F II—IV* Austrittsstelle des II., III. und IV. Hirnnerven, *F V* Austrittsstelle des V., VI. und VII. Hirnnerven, *Foss. cond.* Fossa condyloidea, *Fr.-par.* Fronto-parietale, *I. max.* Inter- s. Praemaxillare, *Max* Maxillare, *Na* Nasale, *Occ. lat.* Occipitale laterale, *Pal* Palatinum, *Para* Parasphenoid, *Pr. front.* Processus frontalis des Maxillare, *Proot.* Prooticum, *Pr. zyg.* Processus zygomaticus, *Pr. bas. Q.* Processus basalis Quadrati, *Pr. pter. Q.* Processus pterygoideus Quadrati, *Pter* Pterygoid, *Q.-max* Quadrato-maxillare, *Quadr* Quadratum, *Ty* Tympanicum, *Vom* Vomer.

Froschlarve besteht der **Hyo-Branchialapparat aus einer einheitlichen Knorpelmasse.** Wie die Fig. 79, **A** zeigt, besteht
diese aus einem vorderen **Hyoid-** und einem hinteren, aus vier
Stücken bestehenden **Branchialbogengebiet.** Beide vereinigen

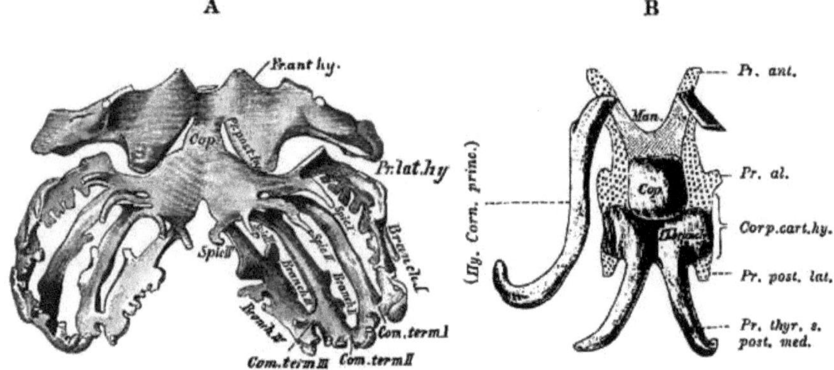

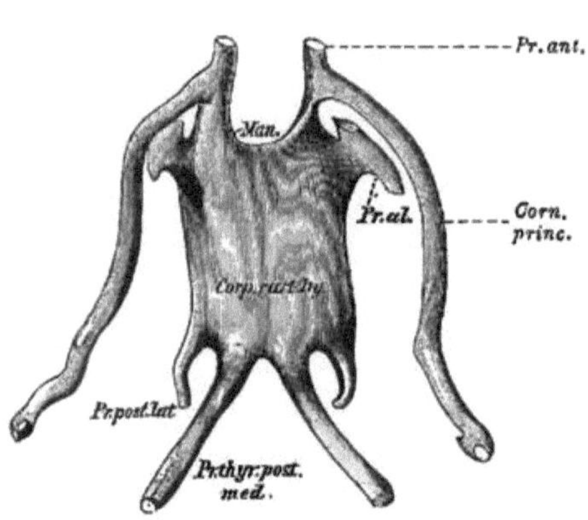

Fig. 79. **A** Modell des Hyo-Bran-
chial-Skeletes einer Rana fusca
von 29 mm Gesamtlänge. Dorsal-An-
sicht. **B** Modell des Hyo-Bran-
chial-Skeletes einer Rana fusca
am Ende der Metamorphose. (Länge
15 mm, Schwanz gänzlich verschwunden.)
Weitläufig punktiert sind die neugebildeten,
eng punktiert die in Zerfall begriffenen
Theile. Ventral-Ansicht. **C** Modell des
Zungenbeinknorpels eines jungen
Frosches von 2 cm Länge. Dorsal-
Ansicht. Sämtliche Figuren nach
E. Gaupp.

Erklärung der Bezeichnungen.

Branch. I, II, III, IV = Branchiale I,
II, III, IV.
Com. term. I, II, III = Commissura ter-
minalis I, II, III.
Cop. = Copula.
Hy. = Hyale.
Pl. branch. = Planum branchiale.
Pr. ant. hy. = Processus anterior hyalis.
Pr. lat. hy. =　　　„　　lateralis　„
Pr. post. hy. =　　　„　　posterior　„
Spic I, II, III, IV = Spiculum I. II,
III. IV.

Am umgewandelten „Zungenbein-
knorpel".

Corp. cart. hy. = Corpus cartilaginis hyoi-
deae.
Corn. princ. = Cornu principale.
Man. = Manubrium.
Pr. al. = Processus alaris.
Pr. ant. = Processus anterior.
Pr. post. lat. = Processus postero-lateralis.
Pr. thyr. s. post. med. = Processus thyreoi-
deus s. postero-medialis.

sich in der Mittellinie in breiten Platten. Diese letzteren, d. h. die
sog. Pars reuniens, die Copula (in ihrer vorderen Hälfte), und die vier
Branchialbogen gehen bei der Metamorphose spurlos zu Grunde.

Das Corpus cartilag. hyoid. des umgewandelten Thieres setzt sich zusammen: aus den medianwärts verschmolzenen Branchialplatten, aus dem hinteren Abschnitt der Copula und aus zwei seitlich davon neugebildeten Knorpeln, die genetisch wohl zur Copula gehören (die sog. „Manubria" der Cornua principalia). Neubildungen sind die Processus alares und postero-laterales, welche erst verhältnismässig spät auftreten. Auch die Processus thyreoidei s. postero-mediales haben nichts mit den während des Larvenlebens functionierenden Branchialien zu schaffen, sondern sind stehen gebliebene Reste des hinteren Ab-schnittes der larvalen Branchialplatte, die dann ein selbständiges Längenwachsthum erreichten. (Ueber alles dieses vergl. Fig. 79, A—C.)

D. Reptilien.

In der Reihe der Reptilien erfährt das Kopfskelet eine ausser-ordentlich reiche und mannigfache Ausgestaltung, und wenn man die Frage aufwirft, ob und wo Anschlüsse an den Amphibienschädel zu erwarten sind, so lässt sich folgende Antwort darauf geben. Wenn auch im Einzelnen viele und bedeutsame Unterschiede zwischen beiden bestehen, so sind doch die Grundzüge des Amphibienschädels (Anuren), zumal bei Sauriern, deutlich nachweisbar.

Auf der andern Seite aber muss auch hier schon auf die viel-fachen Aehnlichkeiten hingewiesen werden, welche zwischen dem Kopfskelet der Saurier und demjenigen der Vögel bestehen. Hierauf, sowie auf zahlreiche andere, übereinstimmende morpho-logische Merkmale gründet sich ja auch der für beide Reptilien und Vögel gebräuchliche Collectiv-Name „Sauropsiden". —

Trotz dieser Uebereinstimmungen im Grundplan des Amphibien- und des Reptilien-Schädels muss aber doch eingeräumt werden, dass keine einzige der recenten Amphibien-Formen direct zu den Reptilien hinüberleitet, während sich andererseits Anknüpfungspunkte bei fos-silen Formen, wie z. B. bei Stegocephalen, nicht verkennen lassen. Auch Hatteria gehört hierher.

Um nun in der Fülle des Materiales einen klaren Ueberblick zu ermöglichen, werde ich im Folgenden zunächst Gesichtspunkte mehr allgemeiner Art, soweit sie für alle Reptilien-Gruppen, beziehungsweise für die Amnioten überhaupt in Betracht kommen, aufstellen und dann erst die Schilderung der einzelnen Abtheilungen folgen lassen. Wenn ich dabei das Hauptgewicht auf den Saurierschädel lege, so ge-schieht dies erstlich einmal aus dem Grund, weil derselbe den Typus des Reptilienschädels in reiner Form repräsentiert und zweitens des-halb, weil er, Dank den grundlegenden Untersuchungen von E. Gaupp, am besten durchgearbeitet ist und dadurch unserem Verständnis am nächsten liegt.

Das knorpelige Primordialcranium spielt, abgesehen von der Naso-Ethmoidal-Region bei Reptilien in der Regel in nachembryonaler Zeit keine grosse Rolle mehr, und nicht überall legt es sich in jenen breiten, zusammenhängenden Knorpelcomplexen mehr an, wie wir ihnen am Schädel der Anuren begegnet sind. Vielfach, wie z. B. bei Sauriern (Lacerta), handelt es sich deshalb um Fensterbil-dungen, d. h. um häutig ausgefüllte Durchbrechungen des Knorpels, kurz um mannigfache Reductionen. Diese Minderwerthigkeit des Chondrocraniums wird allerdings durch Deckknochen z. Th. später compensiert, und da auch sonst der Verknöcherungsprocess eine grosse Rolle spielt, so macht der fertige Reptilien-Schädel im Allgemeinen einen festen und soliden Eindruck.

Was die cranio-vertebrale Verbindung betrifft, so ist hier nochmals daran zu erinnern, dass sich dieselbe den Amphibien gegenüber um drei Wirbel verschoben hat, so dass auch die Austrittsöffnungen für die drei Hypoglossuswurzeln noch im Schädel liegen, und es mag hier schon betont werden, dass die cranio-vertebrale Grenze bei allen Amnioten an gleicher Stelle liegt. — Wie es sich nun also im Vergleich mit den Amphibien in dieser Gegend um topographische Unterschiede handelt, so liegen auch formelle Differenzen vor, von welchen beim Säugethierschädel die Rede sein wird.

Der bei Anamnia eine so grosse Rolle spielende Belegknochen am Dache der Mundhöhle, das Parasphenoid, beginnt allmählich sich zurückzubilden, und die Festigung des Schädelgrundes wird durch das Auftreten primordialer Ossificationen bewirkt, die man in caudorostraler Richtung als Basioccipitale und als Basisphenoid unterscheiden kann. Dorsalwärts vom grossen Hinterhauptsloch ist in jener supraoccipitalen Knochenspange („Tectum synoticum" der Amphibien) ein Supraoccipitale aufgetreten.

Die bei Amphibien noch rein horizontal verlaufende, cerebronasale Achse erfährt allmählich eine Art von Knickung, der Art, dass sie von der Interorbitalgegend aus von hinten (caudal) und oben (dorsal) nach vorne abwärts verläuft. Aus diesem bei den Hauptgruppen der Reptilien allerdings in wechselndem Grade sich ausprägenden Verhalten resultiert vor Allem eine verschiedene Lagebeziehung der, wesentlich in der Sagittalen erweiterten, Nasenhöhle zur Schädelhöhle. Beim Säugethierschädel wird dies in Wort und Bild noch weiter ausgeführt werden.

Bei allen Reptilien bildet sich ein Septum interorbitale, aber allerdings in sehr verschiedenem Grade aus, so dass der vorderste Abschnitt der Schädelhöhle in wechselnder Anordnung reduciert und mehr oder weniger dorsalwärts verlagert wird.

Die Schädelknochen der Reptilien erfahren sowohl nach Form, als nach Zahl eine viel reichere Ausgestaltung, als bei recenten Amphibien. Im Bereich des Schädeldaches liegen die meist zu einer unpaaren Platte verschmolzenen (bei Sauriern von dem sogenannten Foramen parietale durchbohrten) Parietalia, sowie nach vorne davon die Frontalia, welche ebenfalls (viele Lacertilier und Crocodile) miteinander verschmelzen können. Entweder beschränken sich jene Knochen auf das Schädeldach, oder aber betheiligen sie sich, wie dies für Schildkröten und Schlangen gilt, auch noch am Aufbau der seitlichen Schädelwand (Orbitalbucht)[1].

Ausser den Scheitel — und Stirnbeinen kommen beim Aufbau

---

[1] Das oben erwähnte Foramen parietale, dessen schon bei den fossilen Amphibien Erwähnung geschah, findet sich nicht nur bei Lacertiliern, sondern auch bei Schleichen. Bei Chamaeleoniden liegt es im Bereich der Frontalia. Vergl. das Pinealorgan im Capitel über das Gehirn.

des Schädeldaches auch noch Post- und Praefrontalia in Betracht, und auch ein Postorbitale kann hinzutreten. Weiter nach vorne gegen die Schnauze zu, beziehungsweise seitlich von der, wie schon erwähnt, häufig in grosser Ausdehnung knorpelig bleiben-

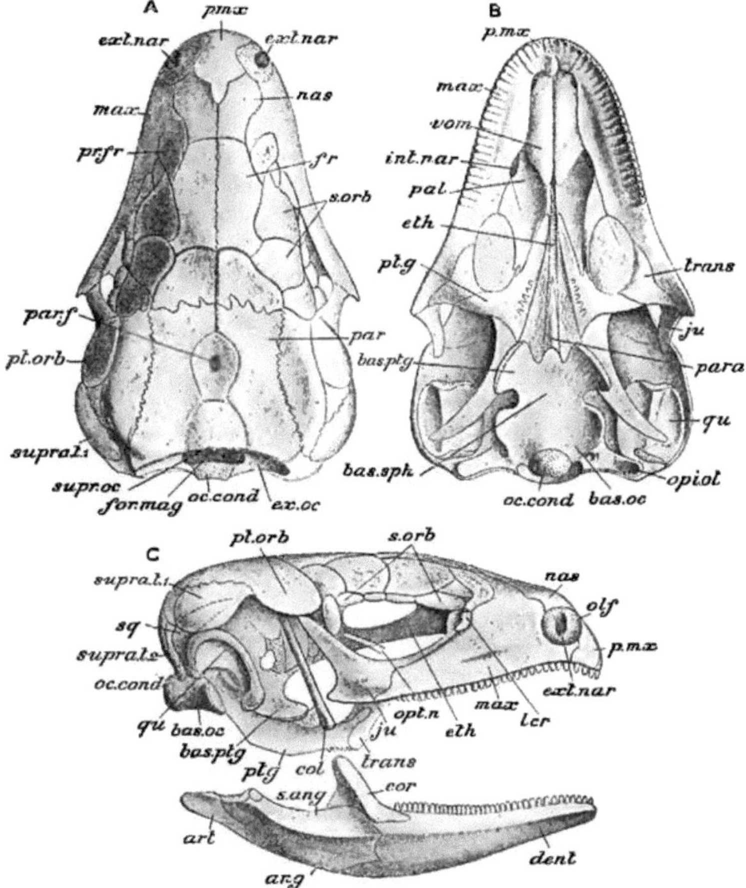

Fig. 80. Kopfskelet von Lacerta agilis. Aus Parker und Haswell's Zoologie, nach W. K. Parker. A dorsale, B ventrale, C seitliche Ansicht. *ang* Angulare, *art* Articulare, *bas. oc.* Basi-Occipitale, *bas. ptg* Proc. basipterygoideus, *bas. sph* Basisphenoid, *col* Epipterygoid. *cor* Coronoideum, *dent* Dentale, *eth* Ethmoid, *ex. oc* Exoccipitale, *ext. nar* äussere Nasenlöcher, *for. mag* Foramen magnum, *fr* Frontale, *int. nar* innere Nasenlöcher, *ju* Jugale, *lcr* Lacrimale, *max* Maxillare, *nas* Nasale, *oc. cond* Condyli occipitales, *olf* Riechkapsel, *opi. ot* Opisthoticum, *opt. n.* Nervus opticus, *pal* Palatinum, *par* Parietale, *para* Parasphenoid, *par. f* Foramen parietale, *p. mx* Praemaxillare, *pr. fr* Praefrontale, *ptg* Pterygoid, *pt. orb* Postorbitale, *qu* Quadratum, *s. ang* Supraangulare, *s. orb* Supraorbitalia, *sq* Paraquadratum, *supra. t¹*, *supra. t²* Scutum retrofrontale und Squamosum, *supra. oc* Supraoccipitale, *trans* Os transversum, *vom* Vomer.

den Ethmoidalgegend liegen die Lacrimalia und Nasalia, an welch letztere sich vorne das paarige oder unpaare Praemaxillare[1])

---

[1]) Bei den meisten Lacertiliern, sowie unter den Cheloniern bei Chelys, sind die Praemaxillaria verschmolzen; bei Ophidiern erscheinen sie sehr reduciert und sind ebenfalls miteinander verschmolzen.

anschliesst. Lateral und hinten von diesen liegen die Maxillaria, welche bei der Begrenzung des Kieferrandes stets die Hauptrolle spielen. (Ueber alle diese Verhältnisse vergl. man die Fig. 80, 81.)

Die Mitte der ventralen Fläche des Hirnschädels nimmt der bereits unter dem Namen des Os basi-occipitale und basi-sphenoidale aufgeführte Knochencomplex ein. An diese Knochenreihe schliessen sich nach vorne zu der Vomer und etwas nach hinten und lateralwärts das Palatinum, von welchem sich das Pterygoideum zum Quadratum hinüberspannt. Ferner ist noch zu erwähnen das sogenannte Transversum (es fehlt den Cheloniern), welches sich wie ein Strebepfeiler zwischen Pterygoid und Maxillare erstreckt. (Fig. 80, 81, 85). Schliesslich nenne ich noch einen bei vielen Sauriern vorkommenden, das Scheitelbein mit dem Pterygoid ver-

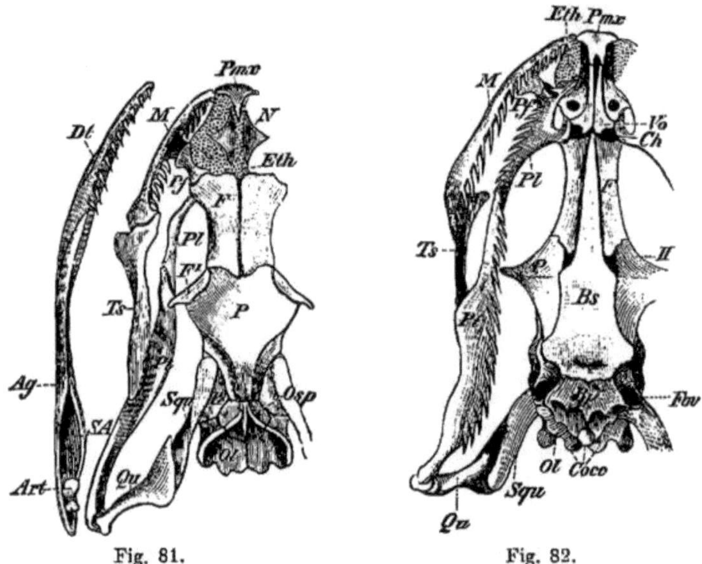

Fig. 81.   Fig. 82.

Fig. 81 u. 82. Schädel von Tropidonotus natrix. A von der Dorsal-, B von der Ventralseite. *Ag* Angulare, *Art* Articulare, *Bp* Basioccipitale, *Bs* Basisphenoid, *Ch* Choane, *Coco* Condylus occipitalis, *Dt* Dentale, *Eth* Ethmoid, *F* Frontale, *F¹* Postorbitale, *Fov* Fenestra ovalis, *II* Opticusloch, *M* Maxillare, *N* Nasale, *Ol* Occipitale laterale, *Osp* Occipitale superius, *P* Parietale, *Pe* Petrosum, *Pf* Praefrontale, *Pl* Palatinum, *Pmx* Praemaxillare, *Pt* Pterygoid, *Qu* Quadratum, *SA* Supraangulare, *Squ* Squamosum, *Ts* Os transversum, *Vo* Vomer.

bindenden Knochenstab, das Epipterygoid[1]) (Fig. 80, *C* bei *col*). Es entspricht dem Processus ascendens des Urodelenquadratums und hängt auch bei Reptilien in der Ontogenese noch mit dem Quadratum zusammen (Gaupp)[2]).

---

[1]) Früher unpassenderweise als „Columella" bezeichnet.

[2]) Auch der knorpelige, eine Strecke weit auf dem Os pterygoideum verlaufende Processus pterygoideus, sowie die Cartilago articularis ossis pterygoidei, mittelst welcher das Os pterygoideum an dem bei Sauriern neu auftretenden Proc. basipterygoideus der Schädelbasis articuliert, gehören genetisch zum Quadratum resp. zum Palatoquadratum.

Während nun die aus dem Os pterygoideum und palatinum gebildete, schlanke Knochenspange bei Sauriern und Ophidiern mehr oder weniger weit von der medialen Zone des Schädelgrundes abgerückt und mit letzterem durch ein Gelenk beweglich verbunden ist, erscheint sie bei Cheloniern und noch viel mehr bei Crocodiliern derart basalwärts am Schädel gelagert, dass sich die Hälften beider Seiten ganz oder theilweise in der Mittellinie berühren. Indem nun auch noch die Gaumenfortsätze des Oberkiefers (Fig. 85 *M*) sich verbreitern und in der Mittelinie mit einander, beziehungsweise mit den Palatina (*Pl*) in Berührung treten, resultiert daraus — und dieser wichtige Vorgang tritt hier zum erstenmal am Wirbelthierschädel in die Erscheinung — erstens eine Abdrängung des Vomers vom Dache der Mundhöhle, resp. eine Verlagerung desselben in das Cavum nasale, wo er eine senkrechte Platte bildet, und zweitens ein von der eigentlichen (sphenoidalen) Schädelbasis sich abhebendes und diese von der Mundhöhle abschliessendes **zweites Dach** des Cavum oris. Der zwischen letzterem und der Basis cranii gelegene Hohlraum fällt in die Rückwärtsverlängerung der Nasenhöhle, welche dadurch schärfer von der Mundhöhle differenziert erscheint, und deren Choanen sich in Folge dessen gewissermassen zu langen, erst weit hinten in der Regio basi-occipitalis ausmündenden Röhren ausdehnen.

Bei Crocodiliern werden die Choanen-Oeffnungen von den Pterygoiden umschlossen, bei Cheloniern dagegen liegen sie noch vor denselben, am Zusammenstoss des Vomers und der Palatina. Es sind also hier die Flügelbeine in die Begrenzung des Nasen-Rachenganges noch nicht mit einbezogen, was auch für die fossilen Stammväter der Crocodilier, für Belodon und Teleosaurus, gilt.

Was die Interorbital-Zone des Saurierschädels betrifft, so besteht sie aus einem Material, welches, dem Boden plus einem Theil der Seitenwände des Amphibienschädels entsprechend, früher mehr seitlich lag und das dann gegen die Mittellinie derart zusammengeschoben wurde, dass die Opticuslöcher nahe zusammentraten und die Riechlappen hoch oben dorsal im Interorbitalseptum nach vorne zu laufen gezwungen wurden. Es handelt sich also hier nicht mehr um den breiten Boden des Amphibien-Craniums, und der bei letzterem als „Orbitosphenoid“ bezeichnete vordere Abschnitt der lateralen Schädelwand entspricht hier dem sogenannten supraseptalen Knorpel mit Septum interorbitale.

Dies geht aus den Abbildungen (Fig. 83) klar hervor, und eben dadurch bekommt man auch einen vortrefflichen Einblick in jenes Knorpelgebilde, welches von Gaupp mit dem Namen der „Randspange“ bezeichnet wird.

Hier ist auch der passende Ort, um auf den „Processus basipterygoideus“ aufmerksam zu machen und darauf hinzuweisen, dass in demselben höchstwahrscheinlich der Vorläufer jenes Skelettheiles zu erblicken ist, welcher im Säugethierschädel als „Ala temporalis ossis sphenoidei“ eine wichtige Rolle zu spielen berufen ist (E. Gaupp).

Bevor ich die Orbitalregion verlasse, möchte ich noch den aus dermalen Knochen sich aufbauenden, auf fossile Formen zurück-

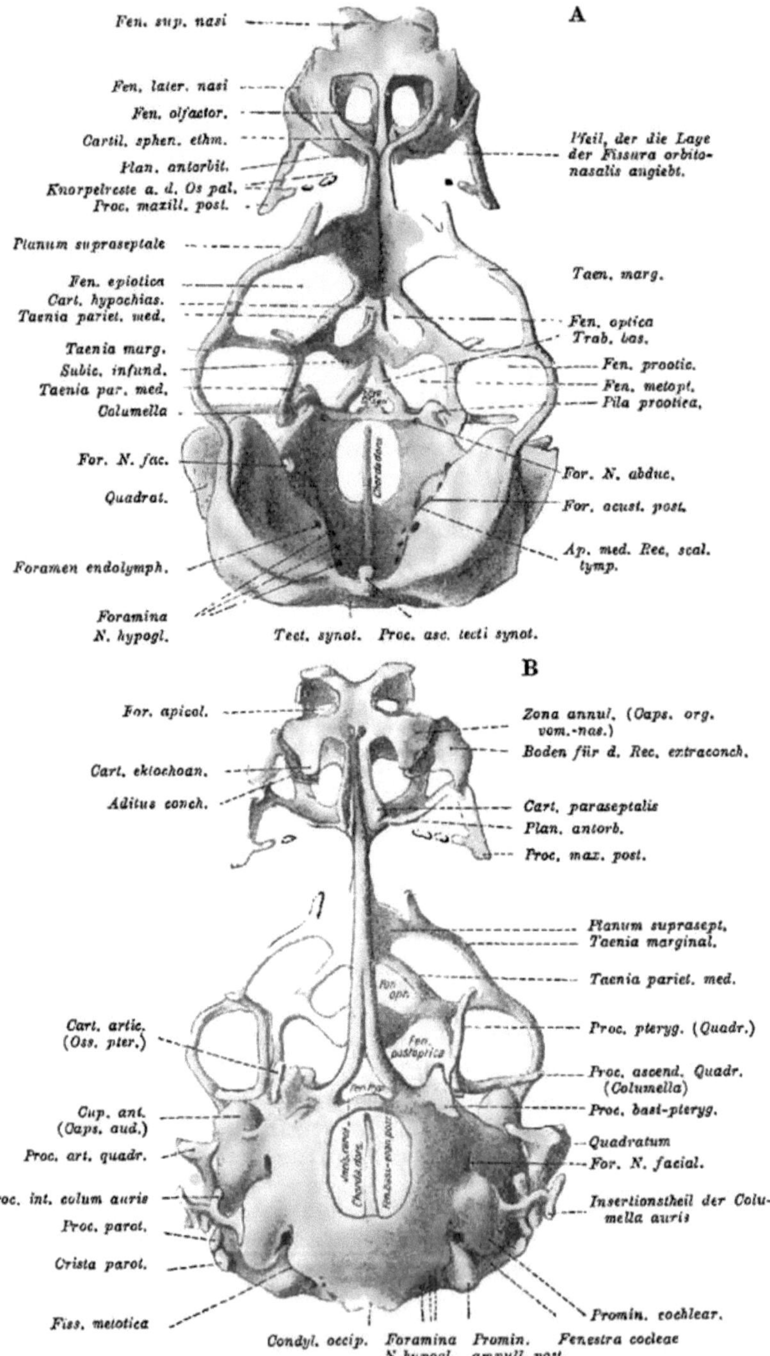

Fig. 83. Das Chondrocranium eines Embryo von Lacerta agilis, nach E. Gaupp. — A dorsale-, B ventrale Ansicht.

weisenden circumorbitalen Knochenring bei Lacertiliern
erwähnen (vergl. Fig. 80 **A**).

Wenn ich mich nun zur Betrachtung der Ohrkapsel wende,
so ist vor Allem zu betonen, dass von den bei den Amphibien
bereits namhaft gemachten „Ossa otica“ auch bei Reptilien das
Prooticum (Petrosum) die Hauptrolle spielt.

Ausser der zwischen letzterem und dem Opisthoticum (dieses erhält
sich übrigens nur bei Chelonieren als selbständiger Knochen) liegen-

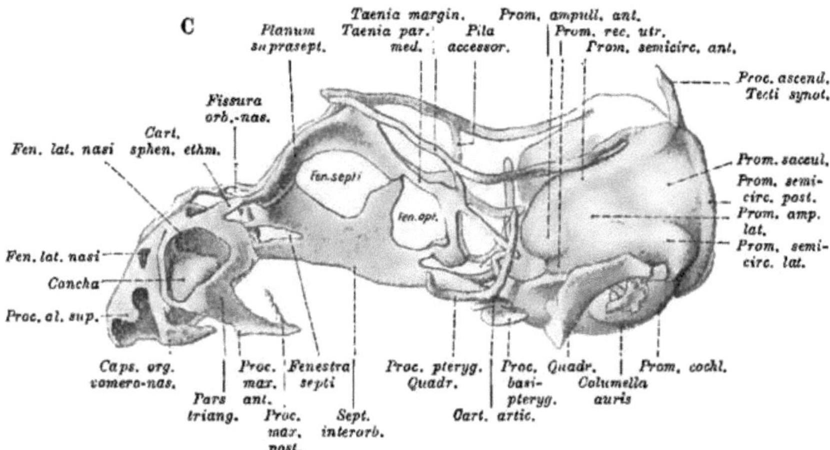

Fig. 83.   Das Chondrocranium eines Embryo von Lacerta agilis, nach
E. Gaupp. — C seitliche Ansicht.

den Fenestra ovalis besteht auch eine Austrittsöffnung des perilymphatischen Raumes, die als Fenestra rotunda s. cochleae
bezeichnet wird. — In der Regel communiziert die Paukenhöhle durch
die Eustachische Röhre (Tuba auditus) mit der Rachenhöhle.

Als schalleitender Knochen dient die sogenannte Columella
auris[1]).

Bei Sauriern, bei welchen die Columella aus dem knöchernen
Stapes und der knorpeligen, in das Trommelfell eingelassenen Extracolumella (Gadow) besteht, ist die Membrana tympani zwischen
dem Os quadratum, dem Processus retroarticularis des Unterkiefers
und dem M. depressor mandibulae ausgespannt und zeigt nach Lage
und Ausbildung starke Schwankungen.

Bezüglich des genaueren Verhaltens der Tuben und der Paukenhöhle der Chelonier und Crocodilier vergl. das Capitel über das
Gehörorgan.

Der Suspensorial-Apparat des Unterkiefers besteht,
ähnlich wie bei Amphibien, wesentlich aus dem Quadratum[2]), welches

---

[1]) Den Schlangen fehlen, wie es scheint, ganz allgemein, eine Tuba, Paukenhöhle
und Trommelfell, dagegen ist eine Columella auris vorhanden, die dem Mangel eines
Cavum tympani entsprechend, ganz in Weichtheile eingeschlossen wird.   Sie besteht aus
zwei Theilen, einem inneren längeren und einem kürzeren äusseren.   Letzterer ist mit der
Hinterseite des Quadratums verbunden; der innere Theil verschliesst die Fenestra ovalis.

[2]) Bei Schlangen (Fig. 81, 82 *Squ Qu*) ist es nur indirect, d. h. mittelst des
Squamosum, mit dem Schädel verbunden.   Dabei springt es weit nach hinten aus und

dem Schädel nur lose anliegen (Ophidier, die meisten Lacertilier) oder fest mit ihm verbunden sein kann (Hatteria, Chelonier, Crocodilier).

Eine besondere Besprechung erheischt die Schläfengegend, insofern dieselbe bei den verschiedenen Reptiliengruppen typische Unterschiede aufweist, welch letztere nur durch die Annahme einer sehr frühzeitigen Divergenz aus dem primitiven Reptilientypus zu erklären ist. Alle Crocodile, Chelonier, Saurier und die meisten Schlangen besitzen ein Squamosum; alle Crocodile und fast alle Chelonier und Saurier ein Paraquadratum (vergl. die Amphibien), aber bei keinem Vertreter der genannten Ordnungen findet sich ein Quadrato-maxillare. Hatteria besitzt

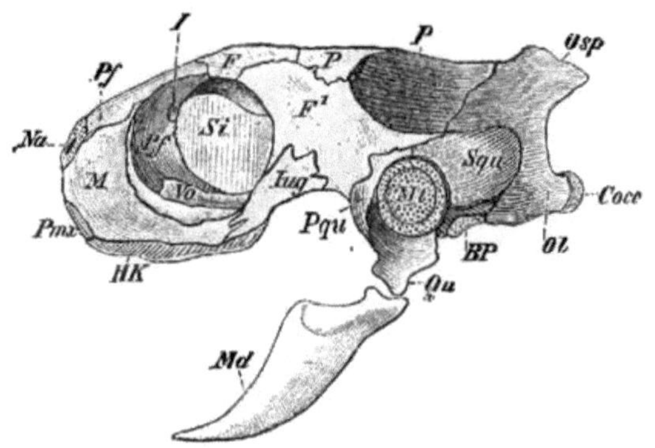

Fig. 84. Schädel einer jungen Emys europaea. Seitliche Ansicht. *Bp* Knorpelnaht zwischen Basioccipitale und Basisphenoid, *Cocc* Condylus occipitalis, *F* Frontale, *F¹* Postfrontale, *HK* Hornscheiden, *I* Eintrittsöffnung des N. olfactorius in die Nasenhöhle, *Iug* Jugale, *M* Maxillare, *Md* Mandibula, *Mt* Membrana tympani, *Na* äussere Nasenöffnung, *Ol* Occipitale laterale, *Osp* Occipitale superius, welches hier einen Kamm erzeugt, *P* Parietale, *Pf* Praefrontale, welches sich stark am vorderen Abschluss der Augenhöhle betheiligt, *Pmx* Praemaxillare, *Pqu* Paraquadratum, *Qu* Quadratum, *Si* Septum interorbitale, *Squ* Squamosum, *Vo* Vomer.

noch ein solches, vereinigt aber im Uebrigen in ihrem stark entwickelten Paraquadratum Saurier- und Chelonier-Charaktere. Das Squamosum scheint ganz verloren zu sein.

Bei den engmäuligen Schlangen, denen ein Squamosum fehlt, sind somit alle drei der oben betrachteten Skeletstücke verloren gegangen.

Das Squamosum und Paraquadratum betheiligen sich bei den verschiedenen Reptiliengruppen in verschiedener Weise am Aufbau jener Spangenbildungen, die man als oberen und unteren Jochbogen bezeichnet.

Wie bei den Amphibien, so kann man auch bei den Reptilien resp. bei den Amnioten im Allgemeinen, je nach dem Verhalten der Knochen in der Schläfengegend, drei Typen unterscheiden, die ich hier nach dem Vorgange von E. Gaupp in einer Liste zusammenstelle.

---

bedingt, indem auch das Gelenkende des Unterkiefers entsprechend weit nach hinten reicht, eine sehr weite Mundspalte. Dazu kommt noch, dass die beiden Unterkieferspangen mit ihren Vorderenden durch ein elastisches Band mit einander verknüpft sind.

1. der stegocrotaphe Typus (mit bedeckten Schläfen). (See-schildkröten, Gymnophionen, Stegocephalen und die primitivsten Reptilien).
2. der zygocrotaphe Typus (mit Jochbögen), welcher aus dem stegocrotaphen Typus hervorgegangen zu denken ist. Es handelt sich dabei um einen oder zwei (unterer und oberer) Jochbögen. Nur einen unteren Jochbogen besitzen: Anuren und Vögel, nur einen oberen: manche Tritonen, die meisten Schildkröten, Saurier, Säuger. Beide Joch-bögen besitzen: die Crocodile, Rhynchocephalen und manche fossile Reptilien; dazu unter den Urodelen: Tylototriton.
3. der gymnocrotaphe Typus (mit ganz freien Schläfen). (Die meisten Urodelen, alle Schlangen, einige Schild-kröten, Saurier, Säuger).

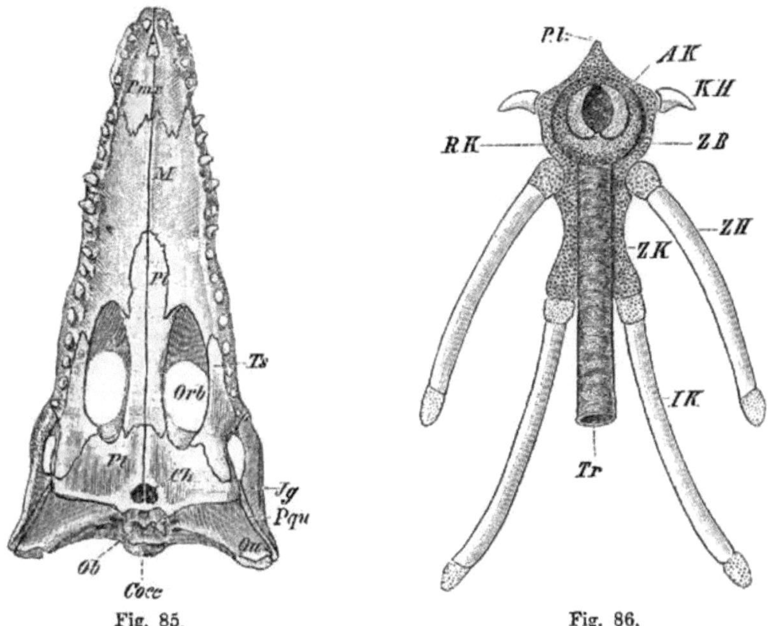

Fig. 85. Fig. 86.

Fig. 85. Schädel eines jungen Crocodils, ventrale Ansicht. *Ch* Choanen, *Cocc* Condylus occipitalis, *Ig* Jugale, *M* Processus palatinus des Maxillare, *Ob* Occipitale basi-lare, *Orb* Orbita, *Pl* Palatinum, *Pmx* Praemaxillare, *Pqu* Paraquadratum, *Pt* Pterygoid, *Qu* Quadratum, *Ts* Os transversum.

Fig. 84. Kehlkopf und Zungenbein-Kiemenbogenapparat von Emys euro-paea. *IK* erster Kiemenbogen, *KH* kleine Zungenbeinhörner, *P. l.* Proc. lingualis, *Tr* Trachea, *ZH* grosse Zungenbeinhörner (Hyoide), *ZK* Zungenbeinkörper (Copula), der sich bei *ZB* verbreitert und den Ringknorpel *RK* sowie die Aryknorpel *AK* trägt.

Im Bereich des Unterkiefers entwickelt sich eine wechselnd grosse Zahl von Knochen, nämlich ein, Reste des Meckel'schen Knorpels einschliessendes Dentale, ein Operculare, Articulare, Comple-mentare, Angulare und Supraangulare.

Die Bezahnung ist bei allen Reptilien im Allgemeinen eine kräftige. Wie bei Amphibien, können ausser dem eigentlichen Kieferknochen auch noch die Gaumen- und Flügelbeine Zähne tragen. Bürstenartige Sphenoidalzähne kommen bei recenten Reptilien nicht mehr vor, und die Chelonier sind sogar ganz zahnlos. Ihre Kieferknochen sind an ihrer freien Kante mit starken Hornscheiden überzogen (vgl. das Cap. über die Zähne).

Nur Hatteria unter allen recenten Reptilien besitzt auch einen bezahnten Vomer; allein es handelt sich jederseits nur noch um einen oder höchstens zwei Zähne, oder kann die Bezahnung auch gänzlich fehlen. Darin liegt die letzte Andeutung einer bei den Ur-Reptilien reicheren Bezahnung, die im Laufe der Phylogenie eine Beschränkung erfahren hat (vergl. das über die Zähne handelnde Capitel).

Dass unter den untergegangenen Reptiliengeschlechtern auch solche existierten, deren Kopf mit einem Hornschnabel versehen war (z. B. Ceratopsidae), wurde schon beim Hautskelet erwähnt. Es waren monströse Thiere, mit einer Schädellänge von über zwei Meter, mit Hörnern und einem schirmdachartig über den Nacken vorspringenden, hinteren Schädelrand, mit einem Parietalloch und Hufen an Fingern und Zehen. Dazu kam noch ein gewaltiger, aus Platten, Buckeln und Dornen bestehender Hautpanzer.

Entsprechend der fehlenden Kiemenathmung spielt das Branchialskelet bei Reptilien keine grosse Rolle und ist oft bis auf minimale Spuren rückgebildet. Bei Lacertiliern und Crocodiliern verbinden sich mit der Copula (Basihyale), welche zum Theil in der Zunge eingebettet sein kann, jederseits zwei Bogenreste, von denen das erste Paar vielleicht als Hyoid-, das zweite als erster Branchialbogen zu deuten sind. Bei Schlangen persistieren nur Hyoid-Reste, und selbst diese können verschwinden. Bei Cheloniern kann man „grosse" und „kleine Zungenbeinhörner" unterscheiden, welche aber den gleichnamigen Elementen der Säugethiere morphologisch nicht gleichwerthig sind. Die kleinen Hörner der Chelonier entsprechen wahrscheinlich den gleichnamigen Gebilden am Branchialapparat der Urodelen (vergl. Fig. 75 und 86, bei KH, KH^1). Nach einer andern Auffassung wären sie als rückgebildete Hyoide zu deuten, während dann die auf Fig. 86 mit ZH bezeichneten Spangen dem ersten und IK dem zweiten Branchialbogen entsprechen würden. Sicherheit hierüber ist nur durch weitere Untersuchungen zu gewinnen, und ich beschränke mich daher auf die obigen Bemerkungen. Hervorzuheben aber ist noch die Grösse und Massigkeit, wodurch sich der Zungenbein-Apparat der Chelonier von demjenigen der übrigen Reptilien unterscheidet. Ferner dient er hier nicht nur als Stützgerüst für die Zunge, sondern giebt auch eine feste Unterlage ab für den Anfangstheil der Respirationsorgane, insofern der Kehlkopf und das vordere Stück der Luftröhre in eine Rinne des nach Grösse und Form sehr verschieden gestalteten (knorpeligen oder auch verknöcherten) Zungenbeinkörpers eingelassen sind (vergl. Fig. 86).

E. Vögel.

Wie ich oben schon auseinandergesetzt habe, steht der Vogel-schädel in den nächsten verwandtschaftlichen Beziehungen zu dem-jenigen der Reptilien, zumal zu dem der Lacertilier. Trotz-dem bestehen zwischen beiden gewisse Unterschiede, die besonders hervorgehoben zu werden verdienen.

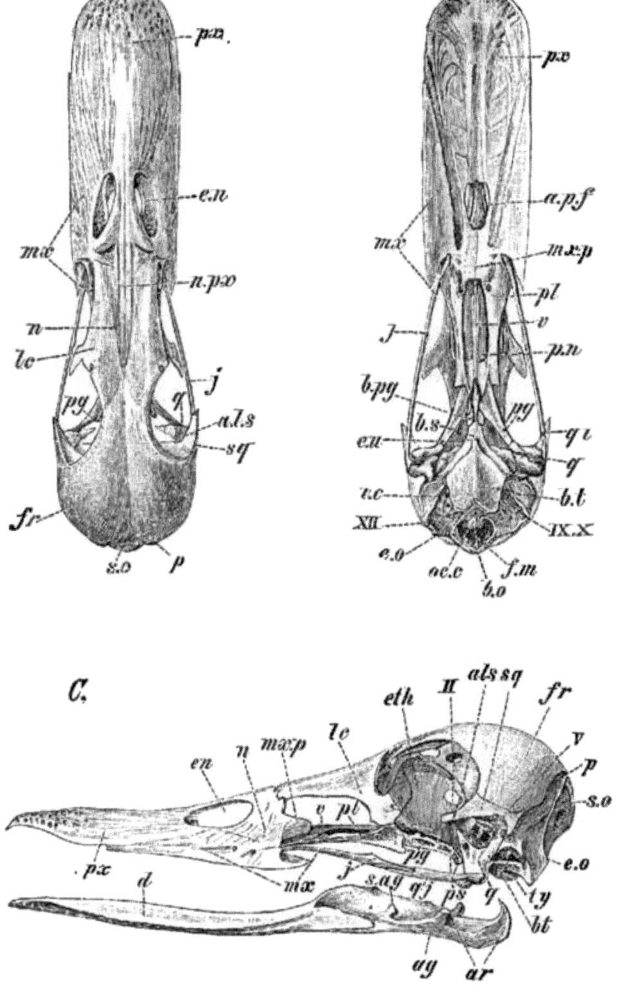

Fig. 87. Kopfske-let der Ente, A von oben, B von unten, C von der Seite. Nach einem Präparat von W. K. Parker, als sogen. Alisphenoid, *ag* An-gulare, *ar* Articulare, *a. p. f.* Foramen pa-latinum anterius, *b t* Basitemporale, *b.o* Ba-sioccipitale, *b.pg* Basi-pterygoid, *b.s* Basi-sphenoid, *d* Dentale, *e. n* Apertura nasalis externa, *eth* Ethmoid, *e.o* Exoccipitale, *e.u* Oeffnung der Eusta-chischen Röhre, *fr* Frontale, *f. m* Fora-men magnum, *i.c* Loch für die A. carotis in-terna, *j* Jugale, *lc* La-crimale, *mxp* Proces-sus palatinus ossis ma-xillae, *mx* Maxilla, *n* Nasale, *n.px* Processus nasalis ossis praema-xillaris, *px* Praema-xillare, *p* Parietale, *p.s* Praesphenoid, *pg* Pterygoid, *pl* Palati-num, *p. n* Apertura nasalis posterior (Cho-anen), *q* Quadratum, *qj* Quadratojugale, *sq* Squamosum, *s.o* Su-praoccipitale, *ty* Ca-vum tympani, *v* Vo-mer, *II* Oeffnung für den N. opticus, *V, IX, X, XII* des-gleichen für den Tri-geminus, Glossopha-ryngeus, Vagus und Hypoglossus.

Vor Allem zeigt die Hirnkapsel, entsprechend dem auf höherer Stufe stehenden Gehirn, in specie dem Vorderhirn, eine grössere Ge-räumigkeit, und die in Folge dessen platzgreifenden Veränderungen prägen sich namentlich in der Occipital- und Labyrinthregion aus. Das Cavum cranii hat sich bei den Vögeln — und Aehn-

liches gilt auch für die Säuger — auf Kosten früher
extracraniell gelagerter Theile erweitert[1]).

Dagegen zeigen die, in schroffem Gegensatz zu den Reptilien,
eine zarte, spongiöse („pneumatische") Structur besitzenden Knochen
das Bestreben, unter Verstreichung der Nähte zu einer einheitlichen
Masse zusammenzufliessen (Fig. 87, **A, C**).

Einzig und allein im Bereich der Nasenknorpel können Knorpeltheile das ganze Leben erhalten bleiben.

Der Condylus occipitalis liegt nicht mehr an der hinteren
Circumferenz des Schädels, d. h. nicht mehr in der axialen Verlängerung
der Wirbelsäule, sondern ist mehr nach abwärts und vorwärts an die
Schädelbasis gerückt, und das bei Reptilien noch horizontal liegende
Supraoccipitale hat sich unter dem Einfluss des Gehirns steil
aufgerichtet. Die Schädelbasis wird durch ein Basioccipitale und
Basisphenoid gebildet. Von letzterem erstreckt sich ein knöchernes
Rostrum, der letzte Rest der vorderen Partie eines Parasphenoids,
nach vorne. Der hintere Abschnitt des Parasphenoids persistiert in
Form einer an der Unterfläche des Basisphenoids und z. Th. des
Basioccipitale sich hinziehenden Knochenplatte („Basitemporale").
Dorsal von dem oben genannten Rostrum sphenoidale tritt in embryonaler Zeit ein kleines Praesphenoid auf, und
die interorbitale Schädelpartie erfährt unter
dem Einflusse der grossen Augen eine
ähnliche Einschnürung wie bei Lacertiliern, sie besteht aber aus solideren Ge-
webselementen, d. h. sie ist weniger durch
membranöse Theile constituiert. Die Gehörkapsel, welche schon viel mehr in das
Cavum cranii einbezogen erscheint als bei
Reptilien, ossifiziert von drei, später zu
einer einheitlichen Masse confluierenden
Centren aus, und die Verhältnisse des ge-
räumigen Cavum tympani, der Fenestra ovalis und rotunda sowie der Columella gleichen
denjenigen der Reptilien in hohem Grade. Die Eustachischen
Röhren fliessen am Pharynx-Dach in der Mittellinie mit einander zusammen. (Ueber die Columella vergl. den Säugethier-Schädel sowie
das Capitel über das Gehörorgan).

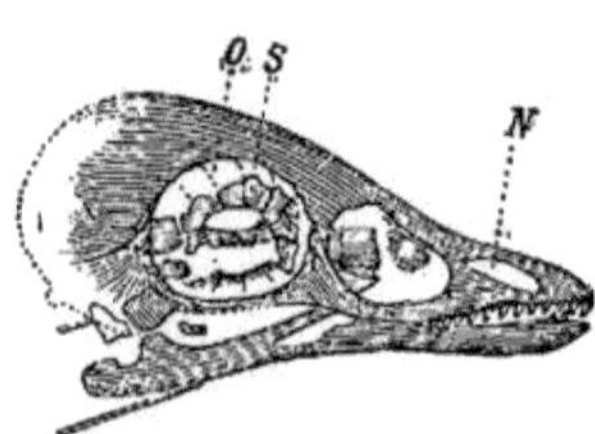

Fig. 88. Kopf der Archae-
opteryx lithogr. Nach
Dames. *N* Nasengegend, *OS*
Orbita mit scleralem Knochenring.

Das Quadratum sowie der ganze Maxillo-Palatin-Apparat
sind mit dem Cranium beweglich verbunden. Zwischen der zarten
Pterygopalatinspange einer-, sowie den in der Regel zu einem
unpaaren Stück zusammenfliessenden und nicht regelmässig auftretenden Vomeres andrerseits, können die mannigfachsten Verbindungen
bis zum vollständigen Zusammenfluss existieren[2]). Von einem Pala-

---

tum durum im Sinne der Crocodilier kann, da die Palatinbögen mehr oder weniger weit in der Mittellinie von einander getrennt bleiben, keine Rede sein. Die Choanen liegen stets zwischen Vomer und Palatinum. Die Praemaxillaria, deren Ausdehnung mit der Schnabellänge und -Form correspondiert, sind miteinander verschmolzen.

Maxilla und Quadratum sind durch ein Jugale und Quadrato-Jugale in Form einer schlanken Spange verbunden. Ein Squamosum ist vorhanden.

Dass der Vogelschädel früher bezahnt war, beweisen die fossilen Vögel der Jura- und Kreideperiode (Fig. 88). Die Vögel des Tertiärs besassen schon keine Zähne mehr (vergl. das Capitel über die Zähne). An ihre Stelle traten Hornscheiden, welche ähnlich wie bei Cheloniern, die Kieferränder bedeckten, und zu einer Schnabelbildung führten. Jede, in ihrem Aufbau aus ursprünglich einzelnen

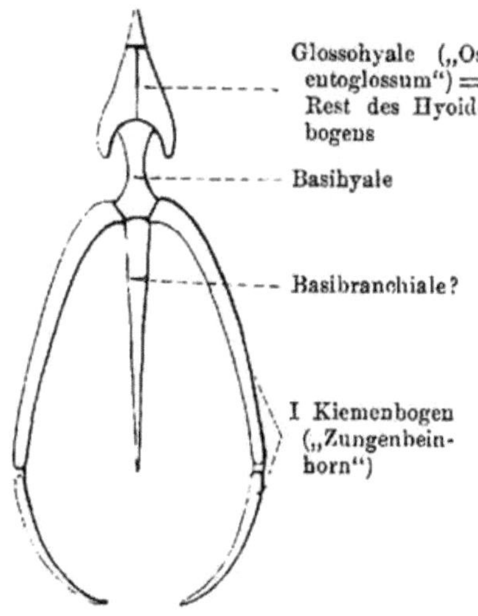

Fig. 89. Zungenbeinapparat vom Huhn nach C. Gegenbaur.

Stücken, ähnlich wie bei Reptilien, sich aufbauende Unterkieferhälfte zeigt in postembryonaler Zeit einen durchaus einheitlichen Charakter und verwächst am Vorderende synostotisch mit ihrem Gegenstück.

Das Visceralskelet des Vogelschädels zeigt sich stark zurückgebildet; der erste, gewöhnlich in zwei Stücke gegliederte Kiemenbogen aber persistiert nicht nur, sondern kann (Spechte) zu einer ausserordentlich langen, den ganzen Schädel von hinten und oben umgreifenden Spange auswachsen. Er wird als „Zungenbeinbogen" bezeichnet, wie er denn einen solchen auch functionell vertritt. Die Copularia existieren in Form eines Basihyale (Glossohyale) und Basibranchiale I (?) und II. Ersteres, formell sehr verschieden, bildet, in die Zunge eingebettet, deren festes Substrat, das Os entoglossum.

F. Säuger.

Bei Säugern, deren Schädel in vielfacher Hinsicht auf saurierartige Vorfahren zurückweist, handelt es sich um eine viel innigere Verbindung zwischen dem cerebralen und visceralen Schädelabschnitt, als dies bei den bis jetzt betrachteten Wirbelthieren der Fall ist. Beide erscheinen nach vollendeter Entwicklung, abgesehen vom mandibularen Bogen, wie aus einem Guss, und bei den höchsten

tale, nasale) und ebenso für die schon bei Sauriern in die Erscheinung tretenden, zuweilen in der Nähe des Lacrimale vorkommenden, kleineren Knochen resp. Knochenreihen (Supraorbitalia s. Superciliaria, Infraorbitale s. Suprajugale, Uncinatum s. Lacrimo-Palatinum).

Typen, wie z. B. beim Menschen, stellt man den sogen. **Gesichts-schädel (Facies)** dem **Hirnschädel (Cranium)** gegenüber. Beide gehen derartige Lagebeziehungen zu einander ein, dass der Gesichts-schädel mit dem Cavum nasale, je höher man in der Reihe der Säugethiere emporsteigt, immer mehr an die untere (basale) Seite des Hirnschädels zu liegen kommt, sodass man also bei den höchsten Formen bezüglich der gegenseitigen Lagerung nicht sowohl mehr von einem **Vorne** und **Hinten**, als vielmehr von einem **Unten** und **Oben** reden kann. Bei diesem Process, den wir, was die allmähliche Verlage-rung der Nasenkapseln anbelangt, schon bei Reptilien angebahnt sahen, tritt der Gesichtsschädel, als der vegetativen Sphäre angehörend, bei dem höchsten Typus, dem Menschen, gegenüber dem grossen, auf eine hohe Entwicklung des Gehirns hinweisenden Hirnschädel stark in den Hintergrund, und zugleich ist die Abknickung der Schädel-basis von der Achse der Wirbelsäule noch viel weiter gediehen, als dies bei den Vögeln zu constatieren war.

Wie bei Sauropsiden so ist auch bei Säugern die Schädelbasis zum allergrössten Theil knorpelig präformiert und weist, zumal bei niederen Formen, wie z. B. bei Insectivoren, nur wenige, wesent-lich durch den Durchtritt von Nerven und Gefässen vorbestimmte Unterbrechungen auf.

Auch die Seitenwände werden zum Theil noch von dem Chondro-cranium vorgebildet, dieses zeigt aber hier schon grössere Lücken und Fensterbildungen. Die vom Foramen magnum bis zur Nasengegend sich erstreckende Basalzone besteht aus einem basi-occipitalen und einem basi-sphenoidalen Abschnitt, welche sowohl untereinander, als auch vorne mit dem Nasenseptum continuierlich zusammenhängen.

Abgesehen von der, die vordere Sphenoidregion mit der Nasen-kapsel verbindenden, medianwärts liegenden Knorpelbrücke, welche dem Interorbitalseptum der Sauropsiden entspricht, hängen die primordialen Nasalkapseln mit dem cerebralen Chondrocranium seit-lich nur durch ganz dünne Spangen zusammen, nämlich durch die von der Ala orbitalis jederseits ausgehende sogenannte Cartilago spheno-ethmoidalis. Die Ala orbitalis entspricht dem supra-septalen Knorpel des Reptilschädels, ist aber unter dem Einfluss des Gehirns noch mehr in die Horizontale umgelegt worden (Fig. 90). Erst später tritt eine festere Verlöthung auf; die Orbitalflügel legen sich der hinteren Nasalwand (Planum antorbitale), welche aus einer anfangs steil vom sphenoidalen Schädelgrund aufgerichteten Lage (primitiver Charakter) allmählich immer mehr in die Horizon-tale übergeht[1]), innig an, während seitlich, unter Umformung benach-barter Partieen, eine für die Säugerreihe in dieser Form neu erwor-bene Augenhöhle geschaffen wird (vergl. Fig. 90).

Wie schon früher auseinandergesetzt wurde, entspricht die Ala temporalis (Ala magna) des Säugerschädels dem Processus basi-

---

[1]) Dabei ist aber wohl zu beachten, dass die Ebene der Lamina cribrosa bei den Säugern nicht der Ebene des Foramen olfactorium der niederen Vertebraten entspricht, und aus diesem Grunde kann auch bei den letzteren (ganz abgesehen von der vielfachen Durch-bohrung) von einer Lamina cribrosa nicht die Rede sein. Die Lamina cribrosa ist eine Neubildung bei den Säugern, die näher dem Nasensacke liegt, als die Ebene des ursprünglichen Foramen olfactorium. Bezüglich der daraus sich ergebenden Erklärung für den eigenthümlichen Lauf des Ramus ethmoidalis (Trig. I) verweise ich auf die Aus-führungen von E. Gaupp [„das Chondrocranium von Lacerta agilis"].

pterygoideus des Saurier-Craniums. Dieser ist bei den Mammalia also in fortschrittlicher Richtung begriffen und unterliegt dabei gleichzeitig functionellen und topographischen Veränderungen. Während nämlich der Proc. basipterygoideus keinen Antheil an der Begrenzung des Schädelcavums nimmt, ist dies bei der Ala temporalis, wenn auch oft nur in geringem Masse, der Fall[1]).

Die Vergrösserung der Schädelhöhle unter dem Einfluss des Gehirns äussert sich an verschiedenen Stellen, so z. B. in der Hinter-

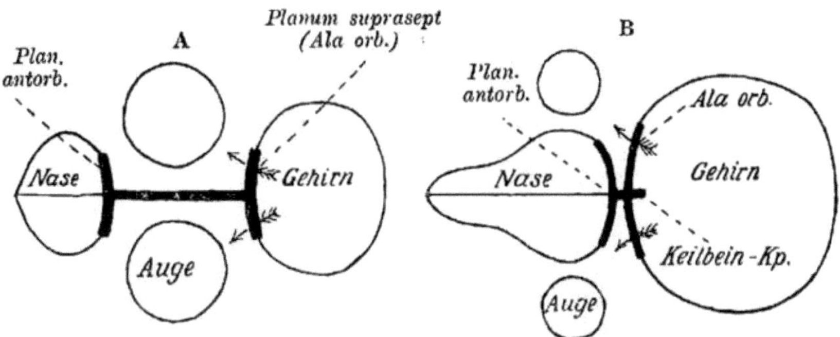

Fig. 90. Horizontalschnitt durch den Reptil- (A) und Maulwurf-Schädel (B), um die veränderten Lagebeziehungen zwischen Hirn- und Nasenkapsel, sowie den Augenhöhlen zu zeigen. Schema nach E. Fischer.

hauptsgegend, wo das Supraoccipitale nach hinten umgelegt wird, und in der Labyrinthregion, welche im Gegensatz zu niederen Typen, jetzt nicht mehr der Seitenwand des Schädels angehört, sondern, unter dem Einflusse des Gehirns basalwärts verlagert und seitlich umgelegt erscheint. Kurz, sie participiert jetzt, intracraniell liegend, an der Formierung der Schädelbasis, während an ihrer Stelle das Squamosum den seitlichen Abschluss übernimmt[2]).

Den Schädelgrund der Säuger, also schlechtweg als gleichwerthig mit dem der Reptilien zu betrachten, oder, mit anderen Worten und in allgemeinerem Sinne ausgedrückt: das Schädelcavum in der Wirbelthierreihe für identische Grössen zu erklären[3]) ist nicht zulässig und

---

[1]) Wenn diese von E. Gaupp vertretene Auffassung richtig ist — und dies scheint mir in der That der Fall zu sein —, so ist die Fissura orbitalis superior der Säuger als eine ganz neue Bildung, nämlich entstanden aufzufassen: durch die allmähliche Verengerung des ursprünglich sehr weiten Zwischenraumes zwischen der Ala temporalis (Proc. basipterygoideus) und der Ala orbitalis (Planum supraseptale). Von diesem Gesichtspunkte aus wären die an der betreffenden Stelle existierenden grossen Lücken als ein primäres Verhalten zu betrachten. Die Eintrittsöffnungen der Nerven in die Dura bei den Säugern entsprechen unter jener Voraussetzung den ursprünglichen, cranialen Austrittsöffnungen, und ferner würde sich daraus der Schluss ergeben, dass bei Säugern die ursprüngliche Seitenwand des Chondrocraniums, wie sie bei niederen Vertebraten vorhanden war, der Hauptsache nach geschwunden und nur noch in Resten vorhanden ist. Als solche Reste sind zu nennen: der Processus clinoideus und, wo sie überhaupt noch vorhanden, die „Randspange", in Form der Commissura parieto-orbitalis.

[2]) Auch bei den Vögeln nimmt das Squamosum schon Theil an der Umschliessung des Cavum cranii.

[3]) Das Tympanicum, welches sich am Aufbau des knöchernen Gehörganges betheiligt und sich blasenartig zu einer sogenannten Bulla ossea ausdehnen kann, bildet

verbietet sich schon deswegen, weil die beim Säuger-Schädel stark auswachsende Schnecke des Gehörorganes einen Theil der knorpeligen Basalplatte, wie sie beim Amphibienschädel schon vorliegt, zu ihrer Umrandung usurpiert hat.

Ich darf die Besprechung der in der Ohrkapselgegend des Säuger-Schädels sich vollziehende, tief einschneidende Veränderung nicht abschliessen, ohne noch vorher der Art und Weise zu gedenken, wie die Nervenlöcher eine Verschiebung erleiden. Dies gilt vor Allem für das Facialis-Loch, welches bei den Amphibien noch zwischen der Ohrkapsel und der knorpeligen Basalplatte lag, während es bei Säugern an die dorsale Kante der Ohrkapsel zu liegen kommt. Auch die Acusticus-Austrittsstellen' erfahren starke Veränderungen, und ebenso wird der N. petrosus superficialis major in seinem Laufe beeinflusst, insofern er jetzt bei Säugern völlig intracraniell entspringt, während er bei niederen Formen extracraniell von der Peripherie des N. facialis seinen Ursprung nimmt.

Was nun die Verbindung des Schädels mit der Wirbel-säule betrifft, so scheint auf den ersten Blick in dem Vorhanden-sein zweier Condyli occipitales ein tiefgehender Unterschied von den Sauropsiden vorhanden zu sein, was um so auffallender ist, als der Säugethierschädel, wie bereits erwähnt, zweifelsohne dieselbe caudale Ausdehnung besitzt, wie der Sauropsidenschädel. Für den letzteren hat man von jeher die Existenz eines unpaaren Condylus occipitalis als charakteristisch betont, allein, wie Gaupp sehr richtig bemerkt, lässt sich jene Verbindung in vier Verbindungen zerlegen, nämlich in zwei laterale und zwei dorsoventral über einander befind-liche mediane. Von den beiden letzteren wird die dorsale hergestellt durch den Zahn des Epistropheus und das Ligamentum apicis dentis (= chordale, oder axiale Verbindung). Die ventrale mediane Ver-bindung geschieht zwischen dem ventralen Umfang der occipitalen Basalplatte und dem ventralen Atlasbogen. Die lateralen Verbindungs-stellen sind von dieser medianen, ventralen Stelle deutlich abgesetzt, so dass eine Dreitheilung des Condylus mehr oder weniger deutlich hervortritt.

Dies musste zuvor genau erörtert werden, um ein Verständnis der bei den Säugethieren herrschenden Verhältnisse anzubahnen. Bei den Mammalia kommt es nämlich zu ausschliesslicher Ausbildung jener lateralen Articulationen neben der oben als „axial“ bezeichneten Verbindung. Allein die Möglichkeit, die occipito-vertebrale Verbin-dung bei Sauropsiden und Säugern von gemeinsamen Ausgangsformen abzuleiten, liegt zweifellos vor und wird durch den bedeutsamen Fund E. Fischer's am Primordialschädel von Maulwurfsembryonen noch näher gerückt. Hier handelt es sich um die (allerdings in der Säugethierreihe bis jetzt einzig dastehende) Thatsache, einer unpaaren Verbindung zwischen Wirbelsäule und Hinterhaupt, also um den monocondylen Typus. Mit andern Worten: die ventrale Spange sowie die Seitentheile des Atlas stehen hier mit den

---

als Pars tympanica einen Theil des sogenannten Schläfenbeines (Os temporum). Ein anderer Theil desselben wird durch das oben schon erwähnte Squamosum und zwei weitere werden durch die Pars mastoidea s. epiotica und petrosa vorgestellt. Letztere entspricht dem früher schon oft genannten Prooticum und spielt bei der Um-schliessung des Ohrlabyrinthes eine grosse Rolle.

Seitentheilen der Occipitalregion und dem hintersten Theile der Basalplatte unter Bildung einer continuierlichen Gelenkhöhle
miteinander in Verbindung.

Allein abgesehen von dieser Thatsache, auf Grund deren die
Verschiedenheit des Atlanto-Occipitalgelenkes bei Sauropsiden und
Säugern nicht mehr als eine allzutief greifende erscheinen kann, liegt
es auch nahe, mit Rücksicht auf die übereinstimmende caudale Aus-
dehnung des Amnioten-Schädels den Sauropsiden-Säuger-
Schädel dem Amphibienschädel gegenüberzustellen.

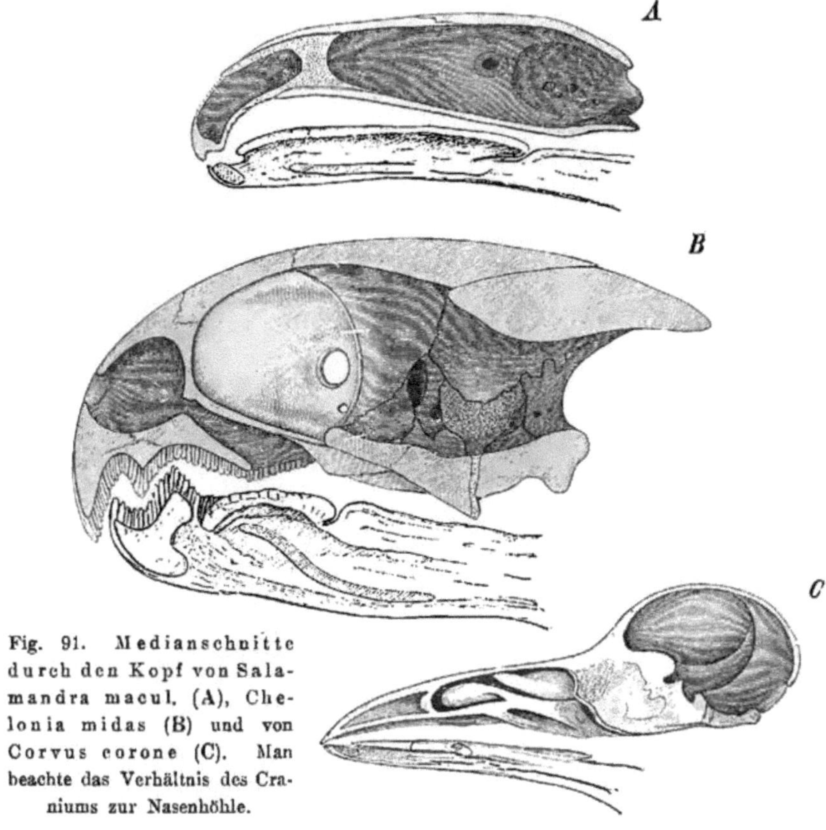

Fig. 91. Medianschnitte durch den Kopf von Salamandra macul. (A), Chelonia midas (B) und von
Corvus corone (C). Man beachte das Verhältnis des Craniums zur Nasenhöhle.

Aus dem Vorstehenden geht schon hervor, dass man, wie bei
Amnioten überhaupt, so auch bei Säugern in der Occipitalgegend die
bekannten Theile (vergl. die Reptilien) unterscheiden kann, allein zu
dem knorpelig präformierten Supraoccipitale, d. h. zu dem hier in Fortschritt begriffenen Tectum synoticum kann sich noch das paarige
Interparietale, das auf häutiger Grundlage entsteht, beigesellen, doch
kann es auch mit den Parietalia verschmelzen oder getrennt persistieren.
Die Partes laterales des Occipitale entsenden bei vielen Säugern nach
abwärts die sogen. Processus paramastoidei, und auch im Bereich des Basisphenoids entwickeln sich absteigende Fortsätze, die so-

genannten Processus pterygoidei. An deren Innenfläche legen sich die
Ossa pterygoidea an und vermitteln nach vorne die Verbindung
mit den Gaumenbeinen, sodass also auch hier eine Pterygo-Palatin-
Spange existiert.

Die Stirnbeine, welche in postembryonaler Zeit miteinander
verschmelzen können, laufen von vorne her den Alae orbitáles, sowie
der Lamina cribrosa entgegen und können sich auf diese Weise sowohl am Aufbau der Schädel — als der Augenhöhle betheiligen.
Häufig sind sie lufthohl, wie überhaupt die Pneumaticität am Schädel
der Säuger (Ungulaten z. B.) eine grosse Rolle zu spielen pflegt
(vergl. das Capitel über die Vogellunge).

Das Frontale kann Hörner und Geweihe tragen. Erstere
kommen denjenigen Säugern zu, welche man als Cavicornia be-

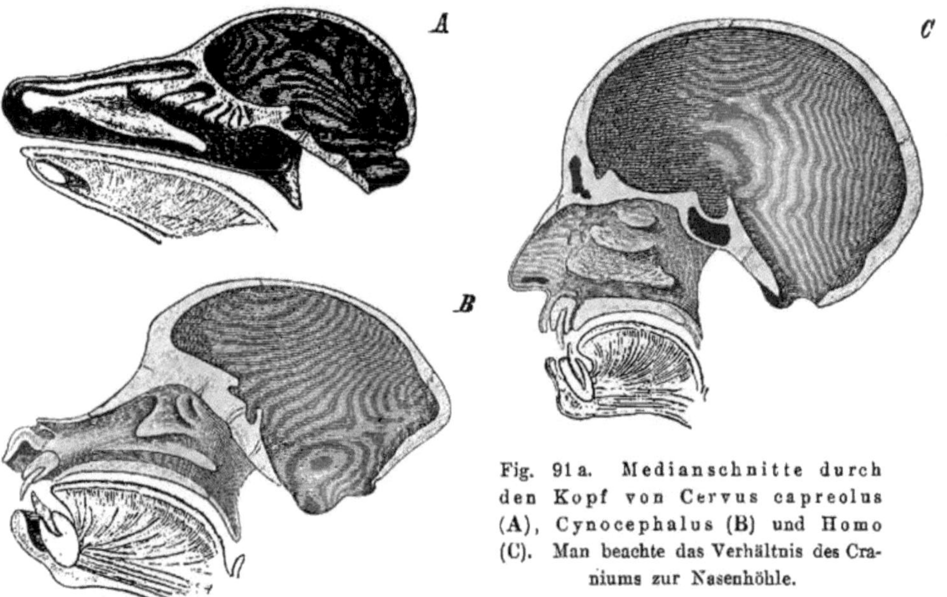

Fig. 91a. Medianschnitte durch
den Kopf von Cervus capreolus
(A), Cynocephalus (B) und Homo
(C). Man beachte das Verhältnis des Craniums zur Nasenhöhle.

zeichnet (Bovinae, Antilopinae, Caprinae, Ovinae). Bei
diesen entsteht um die von den Stirnbeinen auswachsenden Knochen-
zapfen („Stirnzapfen") eine verhornende Epidermis-Schicht[1]. Bei den
Geweihträgern (Cervidae)[2] dagegen bildet sich in engstem Connex
mit dem Geschlechtsleben und unter excessiver Betheiligung der Gefässe ein Hautknochen, welcher dem Stirnzapfen („Rosenstock")
aufsitzt und sich von der kranzförmig verdickten Basis desselben
(„Rose") in regelmässig periodischem Wechsel ablöst, um immer
wieder abgeworfen und erneuert zu werden.

---

[1]) Ueberhaupt ist bei allen Hörner- und Geweihbildungen der innige Connex derselben mit dem Integument, welches stets als der primäre Ausgangspunkt zu
betrachten ist, wohl im Auge zu behalten.

[2]) Das Geweih ist mit Ausnahme des Renthiers auf das männliche Geschlecht beschränkt.

Anfangs sehr einfach gestaltet, gewinnt das Geweih mit den Jahren durch Zunahme der Endenzahl immer mehr an Umfang.

Erst im Miocän beginnt die Scheidung von Horn- und Geweihträgern, d. h. vor jener Periode waren beide noch nicht von einander zu unterscheiden.

Beim Nasenskelet, dessen Cavum mit benachbarten Hohlräumen in Verbindung stehen kann, und dessen Ausbildung resp. Rückbildung für das Verhalten des gesamten Kopfskeletes von grossem Einfluss ist, spielen Muschelbildungen und das Siebbeinlabyrinth eine grosse Rolle (vergl. das Geruchsorgan).

Dazu kommt das oben schon erwähnte, von der Gegend des präsphenoidalen Abschnittes der knorpeligen Basalplatte auswachsende Septum cartilagineum nasi (Mesethmoid), welches die Nasenhöhle in zwei Hälften theilt. Auf ihm bildet sich als Belegknochen der Vomer, welcher also auch hier, wie bei gewissen Reptilien, von der Mundhöhle ausgeschlossen bleibt.

An der Aussenseite der Ethmoidalregion entstehen als Belegknochen die Lacrimalia und Nasalia. Nur im Bereich der Nasenscheidewand und der äusseren Nase erhalten sich zeitlebens knorpelige Theile, die sogen. Alinasal- und Aliseptalknorpel (vergl. das Geruchsorgan). Die beiden Oberkieferhälften, zwischen die sich vorne und oben her das die oberen Schneidezähne tragende Praemaxillare einkeilt, bilden den Grundstock des Gesichtsschädels und betheiligen sich in ausgedehntester Weise an der Umschliessung des Cavum nasale. Sie erzeugen horizontale Gaumenfortsätze, welche ebenso wie diejenigen des weiter rückwärts liegenden Os palatinum in der Mittellinie zusammenschliessen und so, unter Trennung der Nasen- und Mundhöhle, ein Palatum durum zu Stande bringen[1]).

In der Wangengegend sind in der Regel (mehrere Edentaten und Insectivoren machen eine Ausnahme) die Maxillaria durch ein Jugale s. Zygomaticum mit einem Fortsatze des Squamosum verbunden. Dadurch wird ein Jochbogen formiert, der, wenn man die Verhältnisse der Reptilien (vergl. pag. 115) zu Grunde legt, als ein oberer zu bezeichnen ist. Zuweilen, wie z. B. bei Einhufern, Wiederkäuern, Primaten u. a., tritt das Jugale auch mit dem Stirnbein in Verbindung, wodurch die Augenhöhle bis auf einen kleinen Schlitz von der Schläfengrube abgeschlossen wird. Wieder in anderen Fällen (Carnivoren z. B.) ist jene Verbindung unvollständig und nur durch bindegewebige Züge zwischen Jugale und Frontale angedeutet. Bei Nagern u. a. fliessen dagegen Augen- und Schläfengrube gänzlich zusammen.

Von einem Quadrato-Jugale ist bei Säugern nichts mehr nachzuweisen.

Das proximale Ende des Meckel'schen Knorpels differenziert sich in embryonaler Zeit in zwei Stücke, welche ins Innere des Schläfenbeines, d. h. in die Paukenhöhle (Cavum tympani) zu

---

[1]) In seltenen Fällen (Edentaten, Cetaceen) betheiligen sich am Aufbau des ausserordentlich langgestreckten, harten Gaumens auch noch die Pterygoide, sodass die Choanen sehr weit nach hinten zu liegen kommen.

Bei Echidna kommen die Pterygoide, welche hier ebenso wie die Gaumenbeine zwischen Corpus und Ala temporalis ossis sphenoidalis eingekeilt sind, auch noch beim Aufbau der Schädelbasis in Betracht und sind vom Cavum cranii aus noch sichtbar.

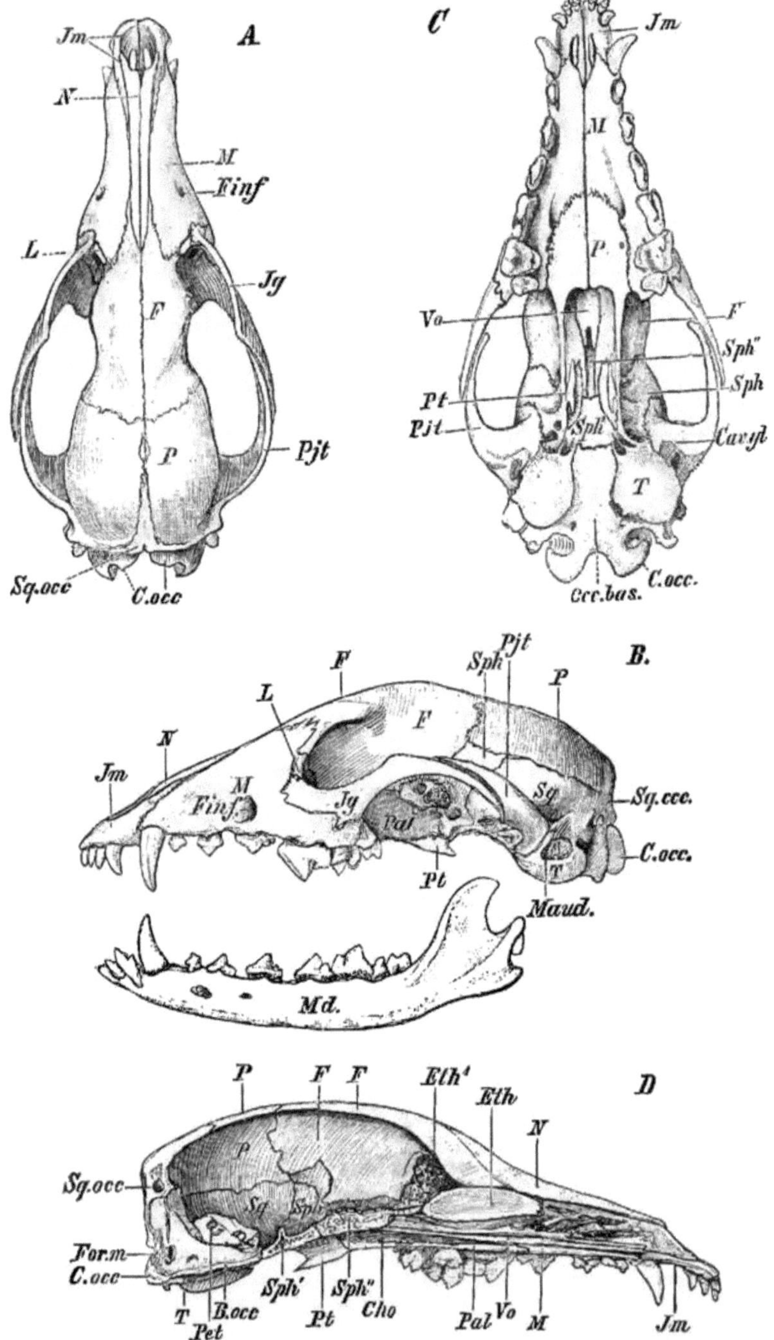

Fig. 92. Kopfskelet vom Windhund. **A** von oben, **B** von der Seite, **C** von unten, **D** im Medianschnitt, von der Schädelhöhle aus gesehen. *B. occ* Basioccipitale, *Cav. gl*

Cavitas glenoidalis für den Unterkiefer, *Cho* Choanen, *C occ* Condyli occipitales (Occipitale laterale), *Eth* Lamina perpendicularis ossis ethmoidei, *Eth*[1] Lamina cribrosa ossis ethmoidei, *For. m* Foramen occipitale magnum, *Jg* Jugale, *Jm* Os intermaxillare, *L* Lacrimale mit dem Canalis lacrimalis, *M* Maxillare mit dem Foramen infraorbitale (Finf), *Maud* Meatus auditorius externus, *N* Os nasale, *P* Parietale, *Pal* Palatinum, *Pet* Petrosum, *Pjt* Processus jugalis ossis temporis, *Pt* Pterygoid, *Sph* Alisphenoid, *Sph*[1] Basisphenoid, *Sph*[2] Praesphenoid, *Sq* Squama temporis, *Sq. occ* Squama ossis occipitis (Supraoccipitale), *T* Tympanicum, *Vo* Vomer.

liegen kommen und als Amboss (Incus) und Hammer (Malleus) unterschieden werden. Auf dem übrig bleibenden, weitaus grösseren Rest des Meckel'schen Knorpels bildet sich als Belegknochen das Dentale, wobei der unterliegende Knorpel (unter theilweiser eigener Verknöcherung) allmählich schwindet. So entsteht die knöcherne Mandibula, deren secundär mit der Pars squamosa Ossis temporis gewonnene Gelenkverbindung derjenigen der unter den Säugern stehenden Wirbelthiere nicht homolog sein kann. Bei letzteren bleiben ja bekanntlich jene beiden Differenzierungsproducte am proximalen Ende der Cartilago Meckelii aussen am Schädel liegen und dienen als Suspensorialapparat des Unterkiefers[1]). Dabei entspricht das Quadratum dem Incus, das Articulare dem Malleus. Diese beiden Skelet-Stücke gehen nun bei den Säugethieren einen Functionswechsel ein: sie formieren zusammen mit einem dritten Stück, dem Steigbügel oder Stapes,[2]) eine gegliederte Knochenkette, welche zwischen Trommelfell einer- und der Fenestra ovalis andrerseits durch das Cavum tympani hindurchgespannt ist, und welche die Vibrationen des Trommelfells auf das innere Ohr überträgt. Von diesen sogen. Ossicula auditus liegt der Hammer dem Trommelfell an, während der Stapes mit seiner Platte in das ovale Fenster eingelassen ist (Fig. 93, 94)[3]).

---

[1]) Während es sich also bei Säugern um eine Articulatio squamosomandibularis handelt, besteht bei den übrigen Vertebraten eine Articulatio quadrato-articularis.

[2]) Die Durchbohrung des Stapes-Bügels beruht auf einer Arterie, welche bei gewissen Säugern (Igel, Maulwurf) das ganze Leben persistieren kann. Aehnliches findet sich bereits bei Gymnophionen. Bei vielen Säugern, wie auch beim Menschen, tritt jenes Gefäss nur vorübergehend in der Genese auf.

[3]) Während man in die morphologische Bedeutung von Hammer und Amboss einen durchaus klaren Einblick besitzt, so herrschten über die Beziehungen des Stapes der Säugethiere zu denjenigen der Amphibien und namentlich der Sauropsiden (Columella) noch manche Unklarheiten. So ist offenbar die Sauropsiden-Columella um ein neu hinzugekommenes, vom Hyoidbogen abgegliedertes (äusseres) Stück länger als die Amphibien-Columella, und dies ist sehr bemerkenswerth, da auch schon bei manchen Urodelen genau von der Stelle des Quadratums, an die sich die Columella anlegt, eine Bandverbindung zum Hyoidbogen geht. Aus jener Auffassung des äusseren Abschnittes der Sauropsiden-Columella, als eines Abgliederungsproductes vom Hyoidbogen ergibt sich auch das Verständnis für die ganz verschiedene Verlaufsweise der Chorda tympani bei Amphibien und Sauriern. Bei letzteren ist sie nämlich (vergl. die Hirnnerven) bereits in die Paukenhöhle gelangt, zu welch letzterer der ihr homologe R. mandibularis internus der Amphibien keine Beziehungen hat. — Als weiteres wichtiges Moment kommt bei Sauropsiden noch das Vorhandensein eines vom N. facialis versorgten Musculus stapedius hinzu, welcher eben jenes neue tympanale, d. h. mit dem Trommelfell sich verbindende Element der Columella zur Insertion benützt (bei Säugern bestehen andere Insertionsverhältnisse), und welcher bei den Amphibien noch fehlt. resp. in dieser Verwendung noch nicht vorhanden ist. Und wieder aus dem Verlauf der Chorda tympani ergibt sich, dass nicht die ganze Sauropsiden-Columella, sondern nur ihr mediales Stück für einen Vergleich mit dem Stapes der Säugethiere in Betracht kommen kann. Damit schliessen sich die Zustände bei den Säugern in gewissem Sinne enger an die bei Amphibien an, wo bereits die Verbindung der Columella mit dem Quadratum (Incus der S.) besteht. Andrerseits aber zeigt das Ver-

Bei den Säugern sind die Zähne auf Ober-, Zwischen- und Unterkiefer, bei welch letzterem auch hier wider ein Dentale den Hauptantheil bildet, beschränkt. Sie unterliegen, wie dies später weiter ausgeführt werden soll, nach Zahl, Form und Grösse starken Differenzen, und ich will hier nur noch betonen, dass das Gebiss im Verein mit der Kiefermuskulatur nicht nur auf das Kieferskelet, sondern indirect auch auf das Verhalten des Kopfskeletes überhaupt von plastischem Einfluss ist.

Die beiden Unterkieferhälften bleiben bei vielen Säugethieren

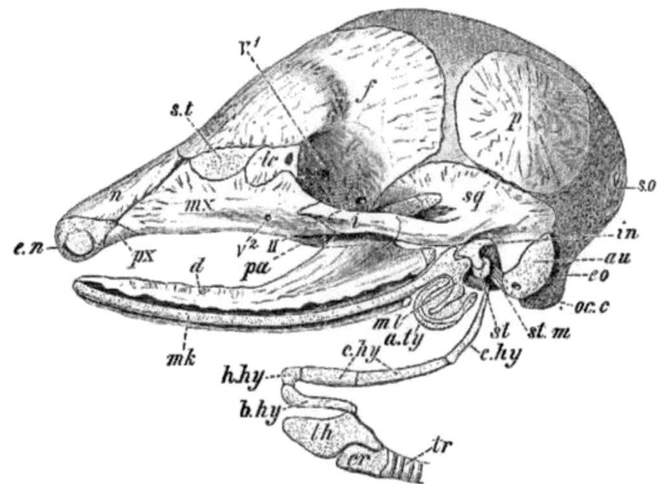

Fig. 93. Kopfskelet von Tatusia (Dasypus) hybrida, nach einem Präparat von W. K. Parker. Die knorpeligen Partien sind punktiert. *a.ty* Annulus tympanicus, *au* Gehörkapsel, *b.hy* Basihyale von der Kante dargestellt, *c.hy* Keratohyale, *cr* Cartilago cricoidea, *d* Dentale, *e.hy* Epihyale, *e.n* Apertura nasalis externa, *eo* Exoccipitale, *f* Frontale, *h.hy* Hypohyale, *i* Jugale, *in* Incus, *lc* Lacrimale, *mk* Cartilago Meckelii, *ml* Malleus, *mx* Maxillare, *n* Nasale, *oc.c* Condylus occipitalis, *p* Parietale, *pa* Palatinum, *px* Praemaxillare, *s.o* Supraoccipitale, *sq* Squamosum, *s.t* knorpeliges Nasenskelet (Gegend der oberen Muschel), *st* Stapes, *st.m* Musculus stapedius, *th* Cartilago thyreoidea, *tr* Trachea, V^1, V^2 erster und zweiter Ast des N. trigeminus, *II* Oeffnung für den Austritt des N. opticus.

vorne getrennt, bei anderen verwachsen sie miteinander. Letzteres gilt z. B. für Fledermäuse, Einhufer und Primaten.

---

halten des dorsalen Abschnittes des Hyoidbogens und der von diesem gesuchte Anschluss an der Ohrkapsel bei Säugern wieder viel mehr Uebereinstimmung mit den Sauropsiden-Zuständen, zumal in embryonaler Zeit, und die Frage, wo das mit dem Trommelfell sich verbindende (äussere) Stück der Sauropsiden-Columella bei Säugern verblieben ist, muss dahin beantwortet werden, dass der hierbei in Betracht kommende Theil des Zungenbeinbogens mit der Ohrkapsel verschmilzt. Von diesem Gesichtspunkt aus erklärt sich auch der Verlauf der Chorda tympani bei Sauropsiden und Säugern.

Wenn sich nun aber auch nach den bisherigen ontogenetischen Ergebnissen bei Amphibien die Columella nicht als ein Abgliederungsproduct des Zungenbein-Bogens bezeichnen lässt, so wird man gleichwohl nicht jede Homologie des Stapes der Säuger mit dem Stapes der Sauropsiden sowie mit der Columella der Amphibien, angesichts der vielen Vergleichungspunkte, die für diese Homologie sprechen, in Abrede stellen dürfen. Und in letzter Instanz wird man dann auch den Vergleich des Stapes mit der Hyomandibula der Fische noch nicht ohne weiteres als unmöglich bezeichnen dürfen (Gaupp).

Der Hyoidbogen verbindet sich proximalwärts mit dem Boden der Ohrkapsel und distalwärts mit dem dritten Visceral- oder Kiemenbogen. Die dazwischen liegende Strecke, anfangs knorpelig, kann ganz oder theilweise verknöchern, wird aber meistens fibrös oder ganz rudimentär. Das proximale Ende wird zum Processus styloideus des Felsenbeins, das distale zu den kleinen Hörnern des Zungenbeins. Letzteres baut sich im Uebrigen aus einem Mittelstück

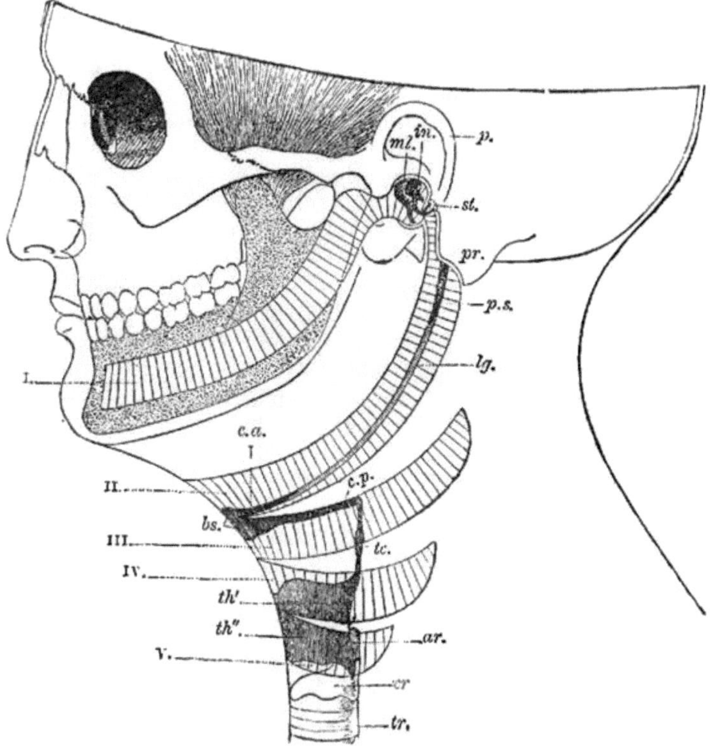

Fig. 94. Derivate der Branchialbogen beim Menschen. Schema. *I—V* Erster bis fünfter primordialer Kiemenbogen. Aus dem I. Bogen, welcher dem sog. Meckel'schen Knorpel entspricht, gehen proximalwärts die zwei Gehörknöchelchen, Hammer und Ambos (*ml.* und *in.*) hervor. Man sieht dieselben in natürlicher Lage, nach Abtragung des Trommelfells. *p.* Ohrmuschel, *st.* Steigbügel, *pr.* Processus mastoideus. Aus dem II. primordialen Kiemenbogen („Zungenbein-" oder „Hyoidbogen") gehen hervor: proximalwärts der Processus styloideus (*p. s.*), distalwärts die kleinen Zungenbeinhörner (*c. a.*) und ein Theil der Copula (*bs.*), d. h. des Zungenbeinkörpers. Der weitaus grösste Abschnitt wird zum Ligamentum stylo-hyoideum (*lg.*). Aus dem III. Bogen gehen hervor: der grössere Theil des Zungenbeinkörpers (*bs.*) und das grosse Horn des Zungenbeins (*c. p.*). Die Cartilago triticea (*tc.*) und die grossen Hörner des Schildknorpels stellen einen Rest der einstigen Verbindung des Hyoid- und Thyreoid-Apparates dar. Aus dem IV. Bogen geht der obere Abschnitt (*th'*) der Cartilago thyreoidea, und aus dem V. Bogen endlich der untere Abschnitt (*th"*) des ebengenannten Knorpels hervor. Wahrscheinlich verdanken dem V. Bogen auch die Aryknorpel (*ar.*) ihre Entstehung. *cr.* Cartilago cricoidea, *tr.* Trachea.

(Corpus s. Copula) und den nach hinten davon abgehenden, sogen. grossen Hörnern auf. Das Mittelstück ist also als ein Basi-branchiale des II. und III. Bogens aufzufassen, während die grossen Hörner dem dritten Branchialbogen entsprechen. Der ganze, so gestaltete Zungenbeinapparat tritt durch eine Membran (Ligt. thyreo-hyoideum) in Verbindung mit dem oberen Rande des Kehlkopfes, dessen Schildknorpel im Blastem des IV. und V. Visceralbogens entsteht (Fig. 94).

Rückblick.

Es lässt sich erweisen, dass der hintere Abschnitt des Kopfskelets in Folge von Anpassungsverhältnissen als eine Differenzierung des vorderen Rumpfabschnittes bezw. des Achsenskelets aufzufassen ist, während dies für den Vorderkopf zum mindesten noch nicht bewiesen ist. Als Repräsentant dieses ungegliederten Zustandes wird das Kopfskelet der Cyclostomen angesehen. Diesem haben sich dann bei den übrigen Wirbelthieren vertebrale Elemente in wechselnder Zahl angeschlossen, doch lässt sich die hierbei in Betracht kommende Zahl bis dato noch nicht mit Bestimmtheit angeben, sicherlich aber ist sie bei Selachiern und Amphibien geringer, als bei Amnioten.

Jedenfalls darf man, abgesehen von der Occipital-Gegend, nicht mehr erwarten, dass es bei recenten Vertebraten noch zu einer Gliederung des Kopfskeletes im Sinne der Wirbelsäule kommt, und bei einiger Ueberlegung wird man dies auch sehr begreiflich finden.

Vor allem muss ja ein festes und sicheres Gehäuse für die Einlagerung des Gehirnes und für die Unterbringung der Sinnesorgane in Höhlen und Buchten geschaffen werden; aus diesem Grunde wird es auch verständlich, dass die in den Kopfsomiten ursprünglich mitenthaltenen Muskelanlagen (Myomeren) später ganz oder theilweise wieder zum Schwunde gebracht, oder funktionelle Aenderungen eingehen werden. Aber nicht allein Myomeren gehen zu Grund, sondern es kommt auch häufig genug zur Verschmelzung ganzer Metameren und dadurch zur Verwischung der ursprünglichen Verhältnisse. Gehirn und Sinnesorgane sind aber auch von allergrösster Bedeutung für die Formation des Kopfskeletes, ja letzteres steht so sehr unter ihrem plastischen Einfluss, dass man, zumal bei niederen Vertebraten, wo die betreffenden Sinneskapseln in der äusseren Architectur des Schädels noch viel mehr hervortreten, geradezu eine Riech-, Augenund Hör-Region am Schädel unterscheiden kann.

Das Kopfskelet zerfällt in je einen grossen dorsalen und ventralen Bezirk; ersterer ist das Cranium cerebrale oder Neurocranium, letzterer das Cranium viscerale oder Splanchnocranium. Das Neurocranium kann man wieder in einen caudalen oder chordalen und einen rostralen oder prächordalen Abschnitt zerfällen.

Während das Neurocranium zur Aufnahme des Gehirnes, des Riech-, Seh- und Gehörorganes dient, steht das aus einer Anzahl von Spangen oder Bogen bestehende Splanchnocranium bei wasserlebenden Thieren zum grössten Theil im Dienste des Respirationsgeschäftes, d. h. fungirt als Kiementräger. Der vorderste Visceralbogen betheiligt sich in der ganzen Vertebratenreihe als Kieferbogen an der Umschliessung der Mundhöhle und kann sich, unter Abgliederung, mit einem Abschnitt des zweiten Bogens zugleich auch zu einem Aufhängeapparat des Unterkiefers gestalten.

Andrerseits aber stellt das proximale Ende des I. und II. Visceral-bogens auch das Bildungsmaterial für die Ossicula auditus dar, während durch einen weiteren Funktionswechsel bei höheren Formen aus dem II. bis V. Bogen zugleich auch das Hyo-Laryngeal-Skelet hervorgeht.

Das primordiale Chondrocranium spielt bei Anamnia eine ungleich grössere Rolle, als bei Amnioten, allwo es mehr oder weniger starke Reductionen erfährt, während andrerseits die ausserordentlich viel-seitige, knöcherne Ausgestaltung des Schädels eine um so grössere Rolle spielt. Das knorpelige bezw. knöcherne Schädelrohr kann sich unverengt interorbital nach vorne bis an die Riechkapsel fortsetzen und so zur Einlagerung des Gehirnes dienen (Selachier, Amphibien u. a.), oder es kommt an der betreffenden Stelle zur Einschnürung und da-durch zur Bildung eines knorpelig-häutigen Septum interorbitale (Saurier, Vögel u. a.), so dass dann in diesem Falle eine Verlagerung des sich mehr im Höhen- und Breitendurchmesser ausdehnenden Gehirnes nach hinten erfolgt.

Was den Ossifikationsprozess anbelangt, so sind, wie überall, so auch am Schädel die Dermal- oder Hautknochen als die phylogenetisch ältesten zu betrachten; eine Verknöcherung des Knorpels erfolgt erst später, d. h. secundär, und zwar nach doppeltem, nämlich nach peri- und endochrondalem Modus. Ersterer ist der ursprünglichere und ältere.

Während der Amphioxus und die Cyclostomen in ihrer Sonderstellung nicht geeignet erscheinen, um von ihnen aus Schlüsse auf die Schädelarchitectur höherer Formen zu ziehen, steht man bei Selachiern auf einem gesicherteren Ausgangspunkt, insofern in ihrem Kopfskelet auch dasjenige der Amphibien in seinen Grundlinien gleichsam schon vorgezeichnet erscheint. Andrerseits fällt es nicht schwer, den Teleostier-Schädel auf denjenigen der Knochenganoiden zurückzuführen.

Was den Sauropsidenschädel betrifft, so lassen sich an ihm trotz vieler und bedeutsamer Unterschiede vom Amphibienschädel doch die Grundzüge des letzteren wieder nachweisen. Dies gilt vor Allem für den Saurier-Schädel, obgleich auch hier ein direkter Anschluss an das Kopfskelet der recenten Amphibien nicht möglich erscheint. Dieselbe Erfahrung macht man auch bei einem Versuch, den Schädel der Säugethiere an denjenigen einer recenten Reptiliengruppe an-schliessen zu wollen. Immerhin aber bestehen gewichtige Gründe, welche dafür sprechen, für die Säuger als Ausgangspunkt saurierartige Vorfahren anzunehmen.

Die bei Amphibien noch rein horizontal verlaufende cerebro-nasale Achse erfährt bei höheren Formen eine Art von Knickung, so dass das Cavum nasale immer weiter nach abwärts und schliesslich z. Th. unter das Cavum cranii hinunter geschoben wird. Zugleich kommt es zur Formierung eines neuen, secundären Mundhöhlendaches, während bei niederen Formen das Cavum orale dorsalwärts noch direct von der Schädelbasis begrenzt wird.

Die schon bei Vögeln sich anbahnende, mehr in die Breite gehende Entfaltung des Gehirns macht sich bei Säugern noch mehr geltend, und die Folge davon ist, dass die bei Reptilien noch steil aufgerichtete Vorder-, Seiten- und Hinterwand der Schädelkapsel umgelegt und so zur Verbreiterung des Schädelgrundes mit beigezogen werden. Selbst-verständlich spielen sich dabei wichtige Umbildungsprocesse, beziehungsweise auch Neubildungen ab, so dass es oft nur schwer gelingt in alle Verhältnisse, wie namentlich in die verknüpfenden Zwischenglieder, einen befriedigenden Einblick zu erhalten.

Das primordiale Splanchnocranium (Visceralskelet) erfährt in Anpassung an die veränderten Lebensbedingungen von den Amphibien an eine immer weiter gehende Reduction, wird seiner ursprünglichen branchialen Bedeutung mehr und mehr entfremdet und geht Hand in Hand mit dem sich stetig vervollkommnenden Gehör- und Stimmapparat einen bemerkenswerthen Functionswechsel ein. Im Gegensatz dazu kommt das cerebrale Cranium unter dem Einfluss des mächtig sich entfaltenden Gehirnes zu immer stärkerer Entwicklung und spielt, zumal bei den höchsten Formen, dem hier zum „Gesichtsschädel" werdenden Visceralskelet gegenüber die Hauptrolle.

6. Gliedmassen.

Neben der Frage nach der Urgeschichte des Wirbelthierkopfes ist es diejenige nach der Herkunft und morphologischen Bedeutung der Extremitäten, welche im Laufe der letzten Decennien im Vordergrund morphologischer Forschung gestanden und deshalb eine sehr bedeutende Litteratur zu Tage gefördert hat. Ihre Beantwortung war eine sehr verschiedene. Bald erhoffte man die Lösung des Problems von der vergleichend-anatomischen und paläontologischen, bald von der entwicklungsgeschichtlichen Seite, und nicht selten griff man zu kühnen Hypothesen, wo natürliche Hilfsmittel zu versagen schienen. Trotz alledem ist bis heute noch keine Einigung erzielt, und ich muss mich auf eine kurze Skizzierung der wesentlichsten Resultate beschränken.

Man kann die in erster Linie im Dienst der Fortbewegung stehenden Gliedmassen dem Achsenskelet als Anhangs- oder Appendicular-Organe gegenüberstellen und sie in zwei Gruppen, in unpaare und paarige Gliedmassen, eintheilen. Beide haben in ihrer Anlage mit dem Achsenskelet nichts zu schaffen, sondern entstehen unabhängig von ihm.

a) Unpaare Gliedmassen.

Die unpaaren Flossen, wie sie in reicher Entfaltung bei Fischen und Dipnoërn vorkommen, entstehen in Form einer medianen, dorsalen und ventralen Hautfalte, welche beide um das Schwanzende herum miteinander zusammenhängen, so dass man also eine dorsale, ventrale und caudale Zone unterscheiden kann. Jene Falten können nun das ganze Leben als continuierliche Flossensäume persistieren oder sie gehen an verschiedenen Stellen Rückbildungen ein, während sie an andern zu jenen Organen auswachsen, welche man als Rücken-, Schwanz- und Afterflosse bezeichnet und, welche wesentlich (dies gilt vor allem für die propulsatorische Function der Schwanzflosse) im Dienste der Fortbewegung stehen. In ihrem Bereich entwickeln sich Muskel- und Skeletgewebe, welch letzteres sie mit der Wirbelsäule secundär in Verbindung setzen kann. Diese Verbindung gestaltet sich bei der Schwanzflosse, welche das wichtigste Locomotionsorgan wasserlebender Thiere darstellt, zu einer besonders innigen.

Die an die Wirbelsäule sich anschliessenden knorpeligen bezw.
knöchernen Skeletstücke werden als Flossenträger bezeichnet. Sie
sind meist gegliedert und sitzen in der Regel mehr im basalen Flossen-
abschnitt, während peripher von ihnen, dicht neben einander liegend,
Hornfäden eine Stütze für die sich oft stark verbreiternde Flosse
abgeben (Cyclostomen, Selachier, Knorpelganoiden, Dipnoër).

Bei Teleostiern und Knochenganoiden treten einheitliche
oder abgegliederte Knochenstrahlen an ihre Stelle (vergl. die Schwanzwirbelsäule).

Bildungen, welche an die unpaaren Flossensäume der Fische erinnern, trifft man auch noch bei Amphibien, und zwar entweder

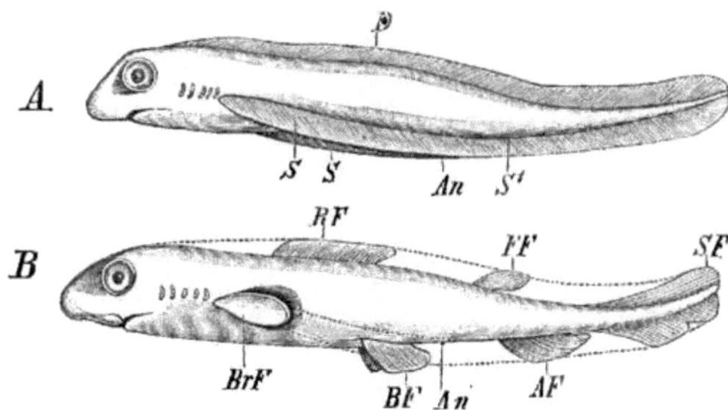

Fig. 95. Schematische Darstellung der Entwicklung der paarigen und
unpaaren Flossen. A Die noch continuierliche Seiten- und Rückenfalte, $S\,S$, D, S^1
bezeichnet die Stelle, wo die Seitenfalte hinter dem After (*An*) ventralwärts verläuft.
B Die definitiven Flossen. *AF* Analflosse, *An* After, *BF* Bauch- oder Beckenflosse, *BrF*
Brust-, *FF* Fett-, *RF* Rücken-, *SF* Schwanzflosse.

zeitlebens (Ichthyoden und manche Salamandrinen) oder nur
während der Paarungszeit, oder endlich in der Larvenperiode (Urodelen, Gymnophionen, Anuren). In allen diesen Fällen bestehen sie aus einem continuierlichen, namentlich bei Tritonen
während der Fortpflanzungszeit stark entwickelten Hautsaum am ventralen und dorsalen Umfang des Schwanzes, der sich auch noch über
den ganzen Rücken in Form eines Kammes bis gegen den Kopf verlängern kann. Es muss jedoch als Hauptunterschied von den entsprechenden Gebilden der Fische scharf hervorgehoben werden, dass
bei Amphibien nie Skeletelemente in jenen Hautsaum eingehen.

Der fossile Ichthyosaurus besass eine oder vielleicht mehrere
mediane Rückenflossen, die an die betreffenden Verhältnisse der
Cetaceen erinnern und die, wie letztere, als secundäre, in Anpassung
an das Wasserleben gemachte Erwerbungen aufzufassen sind. Auch
eine mächtige, senkrecht gestellte Schwanzflosse scheint bei Ichthyosaurus vorhanden gewesen zu sein, doch ist man über ihre morphologische Deutung nicht ganz im Klaren[1]).

---

[1]) Bezüglich der mannigfaltigen Umbildungen an den Gliedmassen der Fische, die
als Schutz-, Laut- und Geh-Apparate oder auch als Waffen dienen können, verweise ich auf die Arbeit von O. Thilo.

b) Paarige Gliedmassen.

Hinsichtlich der Entstehung der paarigen Gliedmassen stehen sich zwei Auffassungen gegenüber. Nach der einen sollen dieselben aus umgewandelten Kiemenbogen und Kiemenstrahlen hervorgegangen sein, und zwar auf folgende Weise. Die Kiemenbogen selbst wurden zum Schulter- und Beckengürtel, während von den Kiemenstrahlen einer die übrigen an Grösse überholte und für die benachbarten zum Träger wurde. So entstand eine biseriale Flossenform, das „Archipterygium", wie es heute noch durch Ceratodus repräsentiert wird (Gegenbaur).

Nach der zweiten, wesentlich auf ontogenetischer Grundlage fussender Auffassung, welche ich selbst vertrete, liegt der Gedanke nahe, dass die Urvertebraten einst zwei, am Rumpfe fortlaufende Seitenfalten besassen, die den Körper beim Schwimmen im Gleichgewicht hielten, und aus welchen sich später die wesentlich zur Erhaltung des Körper-Gleichgewichtes dienenden Brust- und Bauchflossen der Fische bezw. die vorderen und hinteren Gliedmassen der terrestrischen Wirbelthiere differenzierten.

Von jenen Hautfalten, deren Anlage mit einer Wucherung des Mesoderms einsetzt, haben sich nun in der Embryogenese bei den Selachiern noch deutliche Spuren erhalten, und auch bei andern Fischgruppen sowie bei Amphibienlarven sind sie noch nachweisbar. Sie ziehen sich, hinter dem Kopf beginnend, unter allmählicher Convergenz den Rumpfseiten entlang bis in die Aftergegend, allwo sie mit dem ventralen Abschnitt des unpaaren Flossensaumes zusammenfliessen. Während der weiteren Entwicklung sprossen nun aus den Myomeren des Seitenrumpfmuskels in serialer (metamerer) Anordnung Fortsätze in die Seitenfalten ein, welche an denjenigen Stellen, welche später zu den Brust- und Bauchflossen auswachsen, immer stärker sich entfalten, während sie an den der Reduction anheimfallenden Zwischenregionen wieder verschwinden. Dazu gesellen sich eine grössere oder kleinere Summe von einwachsenden Spinalnerven, sowie schliesslich auch noch knorpelige Skeletelemente („Knorpelstrahlen"), welche der Brust- und Bauchflosse, ähnlich wie dies von den unpaaren Flossen bereits geschildert wurde, zur Festigung und Stütze dienen. Kurz, der vorderen wie der hinteren Extremität liegt ein metamerischer Bauplan zu Grunde.

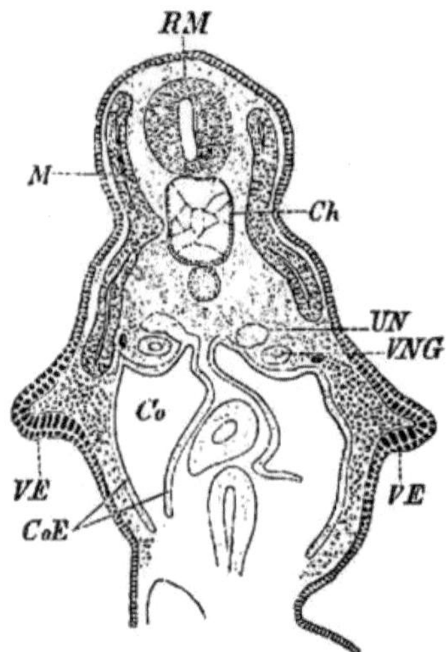

Fig. 96. Querschnitt durch die Brustflossenanlage eines 9 mm langen Embryos von Pristiurus melanostomus. *Ch* Chorda dorsalis, *Co* Coelom, *CoE* Coelomepithel, *M* ventralwärts herabwachsendes Myotom, *RM* Rückenmark, *VE* Anlage der vorderen Extremität. Es handelt sich um eine bilateral symmetrische Hautfalte, welche von dichtem Mesoblastgewebe ausgefüllt wird, und in deren Bereich die Epidermiselemente sich bedeutend vergrössern.

Die ursprünglich (phylogenetisch) getrennt zu denkenden Knorpelstrahlen flossen mit ihren proximalen Enden zu einer einheitlichen Masse zusammen, welche immer mehr in die Körperwand einwuchs und sich secundär in ein peripheres und ein centrales Stück gliederte. So kam es, unter Herausbildung eines Schulter- und Hüftgelenks, zu der frei vom Körper abstehenden Extremität einer- und zur Bildung eines Schulter- und Beckengürtels andrerseits (Fig. 97).

Für die Fortbewegung im Wasser genügte eine zur Anheftung der freien Gliedmasse dienende, kleine, horizontal liegende Spange, sollten sich aber für das terrestrische Leben taugliche Extremitäten entwickeln, wodurch der Körper nicht nur, wie bisher, durch schlagruderartige Bewegungen der Flossen im Wasser schwebend vorwärts geschoben, sondern auch zugleich vom Boden abgehoben werden konnte, so musste die Gürtelmasse sich mehr consolidieren,

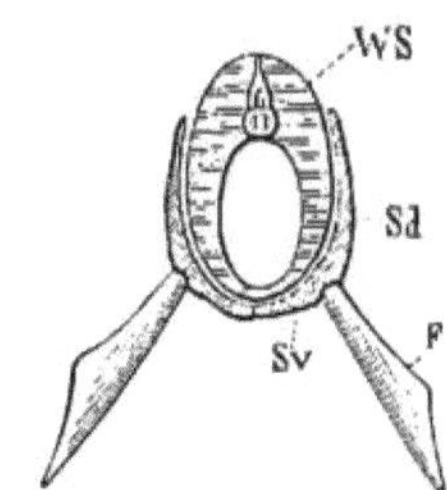

Fig. 97. Schematische Darstellung des Schultergürtels und der Brustflosse. *F* freie Extremität (Brustflosse), *Sd*, *Sv* dorsales und ventrales Stück des Schulterbogens, *WS* Wirbelsäule.

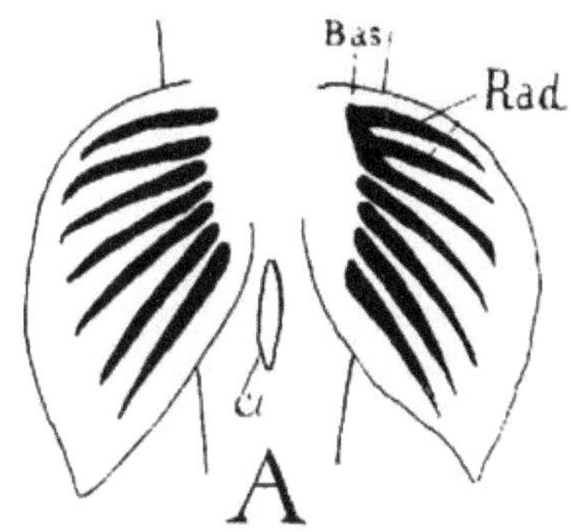

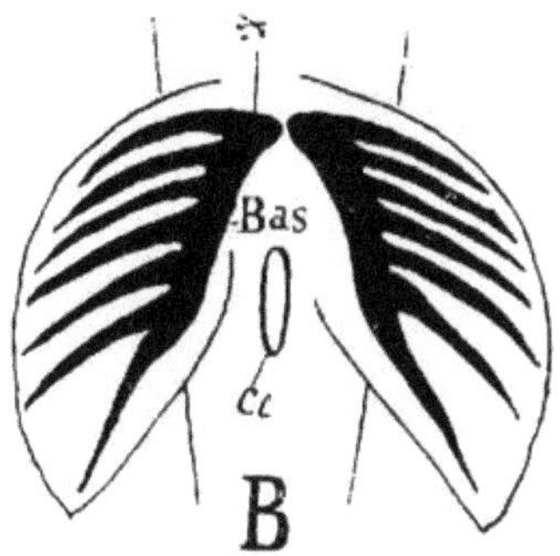

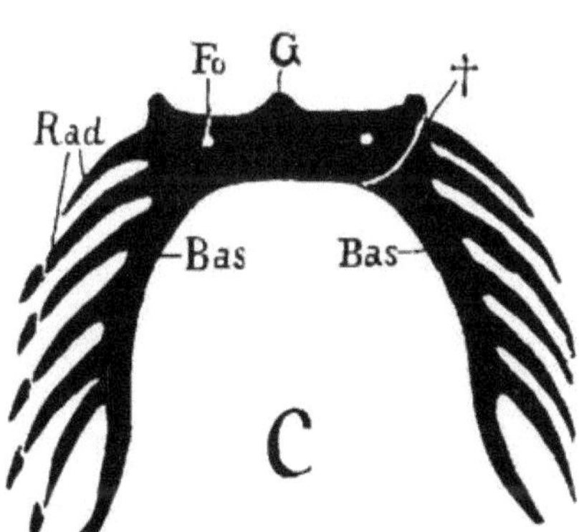

Fig. 98. A, B, C Schematische Darstellung dreier auf einander folgender phylogenetischer Entwicklungsstufen der paarigen Extremitäten der Selachier. Zu Grunde gelegt ist die hintere Extremität. *Rad* primitive Radien, welche in A bei *Bas*[1] zu einem Basalstrahl zu verwachsen beginnen. In B ist dies bei *Bas* beiderseits geschehen, und die proximalen Enden des Basale neigen sich bei * bereits zur Gürtelbildung gegen einander. In C ist letztere vollendet (bei *G*), und bei † bahnt sich die Abschnürung der freien Gliedmasse an. Zugleich sieht man auf der linken Seite dieser Figur, wie sich an der Peripherie secundäre Radien abgliedern. *Cl* Cloake, *Fo* Foramen obturatorium.

fester mit ihrem Gegenstück in der ventralen Mittellinie zusammenfliessen und endlich Anschluss am Achsenskelet, d. h. an der Wirbelsäule, gewinnen. Erst jetzt kam es zu einer eigentlichen Gürtel-Spange, und der bei höheren Typen immer mehr platzgreifende Ossificationsprocess kam als weiteres, festigendes Moment hinzu.

Schliesslich sei noch ausdrücklich betont, dass die Extremitäten-Gürtel in der Thierreihe durchaus nicht an bestimmte Körpersegmente gebunden sind. Sie können im Laufe der Stammesgeschichte mehr oder weniger grosse Lageverschiebungen am Rumpfe erfahren, und nicht selten lassen sich dieselben auch noch ontogenetisch nachweisen (vergl. später die Selachierflosse). Die Folgeerscheinungen machen sich dabei vor allem hinsichtlich der Innervationsverhältnisse der betr. Extremität bemerklich, insofern gewisse Spinalnerven davon ausscheiden können, während andere während der Wanderung wieder neu assimiliert werden. Auch auf die metamerische Umbildung der Nervenplexus sind jene Lageverschiebungen von Einfluss.

<h2 style="text-align:center">Schultergürtel.</h2>

<h3 style="text-align:center">Fische und Dipnoër.</h3>

Bei **Amphioxus**[1]) und den **Cyclostomen** fehlt mit den paarigen Gliedmassen auch ein Becken- und Schultergürtel. Bei **Selachiern**

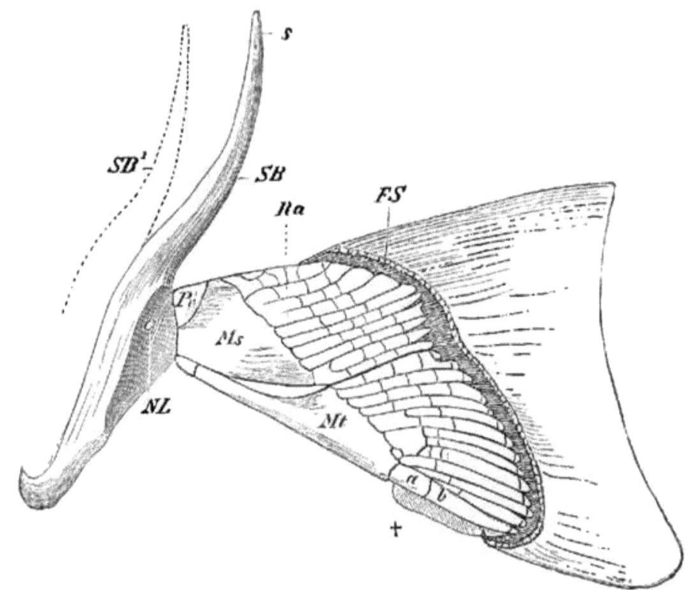

Fig. 99. Schultergürtel und Brustflosse von Heptanchus. *a, b* in der Achse des Metapterygiums liegende Radien, † jenseits der letzteren liegender Strahl (Andeutung eines biserialen Typus), *FS* durchschnittene Hornfäden, *Pr, Ms, Mt* die drei Basalstücke der Flosse, das Pro-, Meso- und Metapterygium, *Ra* knorpelige Flossenstrahlen (Radien), *SB, SB¹* Schultergürtel, bei *NL* von einem Nervenloch durchbohrt.

---

[1]) J. W. van Wijhe bezeichnet die paarigen Fortsetzungen der Leibeswand bei Amphioxus als Seitenflossen, als „Pterygia", und stellt ihnen die unpaare Flosse als „Pinna" gegenüber. Die ersteren spielen sowohl bei der Larve als beim ausgebildeten Thiere unzweifelhaft eine Rolle bei der Locomotion, indem sie beim Schwimmen als Balancir-Organe fungieren. Ob und in wie weit ein Vergleich mit den Gliedmassen der Cranioten erlaubt ist, muss vorderhand dahingestellt bleiben.

handelt es sich um einen dicht hinter dem Kiemenapparat gelagerten, ventral durch hyaline oder (seltener) fibröse Masse geschlossenen, höchst einfachen Knorpelbogen, der auch bei **Ganoiden-** und **Teleostier-**Embryonen in ganz homologer Weise auftritt. Er ist von Nerven-canälchen durchsetzt.

Später aber entwickelt sich in diesem Bereich bei den beiden letztgenannten Fischgruppen eine von der Haut aus ihre Ent-stehung nehmende, paarige Reihe knöcherner Gebilde, sodass man jetzt einen secundären oder knö-chernen Schultergürtel dem pri-mären oder knorpeligen gegenüber-stellen kann. Letzterer tritt, je mehr die knöchernen Gebilde vorzuschla-gen beginnen, immer mehr in den Hintergrund. Beide stehen in einem reciproken Verhältnis zu einander.

Die freie Extremität, die Flosse, verbindet sich mit der hinteren äusseren Circumferenz des Schulter-gürtels bei allen Fischen und Di-pnoërn derart, dass eine gehöhlte Stelle des Flossenskeletes einen Vor-sprung des Schultergürtels auf-nimmt. Im Gegensatz dazu sitzt bei terrestrischen Thieren die Gelenk-pfanne am Schultergürtel, der Ge-lenkkopf am Humerus. Von der Stelle ausgehend, wo die freie Ex-tremität mit dem Schultergürtel ar-tikuliert, kann man an demselben einen oberen dorsalen und einen unteren ventralen Abschnitt unterscheiden [1]. Ersterer, welcher

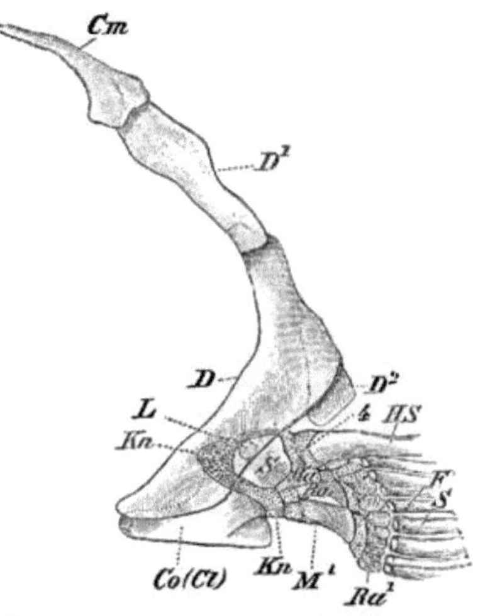

Fig. 100. Schultergürtel und Brust-flosse der Bachforelle (Linke Seite von aussen. *D*, *D¹*, *D²* Knochenkette des secundären Schultergürtels, mit dem Schä-del durch das Stück *Cm* verbunden, Gegenbaur bezeichnet das Stück *D* als Cleithrum, *D¹* und *Cm* als Supracleithra, *FS* knöcherne Flossenstrahlen, deren proxi-male Enden zurückgeschnitten sind, *HS* knöcherner Randstrahl, welcher mit dem Basale 4 in Verbindung tritt, *L* Loch im Scapulare, *M¹* Metapterygium, *Ra*, *Ra* das zweite und dritte, 4 das vierte Basal-stück der Brustflosse. *Ra¹* die zweite knor-pelige Radienreihe, *S*, *Co*, (*Cl*) knöchernes Scapulare und Coracoid, welche sich in dem Knorpel (*Kn*) entwickelt haben.

sich mit dem Schädel verbindet, entspricht einem **Scapulare**, der zweite einem **Coracoid** plus **Procoracoid** der über den Fischen stehenden Wirbelthiere [2].

Bei Teleostiern und Knochenganoiden tritt der primäre, knorpelige Schultergürtel gegenüber dem secundären (knöchernen) sehr in den Hintergrund. Der Complex der knöchernen Elemente wird beim erwachsenen Fisch zum wesentlichsten Flossen-träger. Das dorsale Ende des Schultergürtels verwächst mit dem Schädel. Ueber das Weitere vergl. Fig. 100.

---

[1] Bei den Haien läuft die knorpelige Schulterspange dorsalwärts frei aus, bei Rochen dagegen steht sie mit der Wirbelsäule in Verbindung.

[2] Der knorpelig-knöcherne Schultergürtel der Dipnoër nimmt eine Mittelstellung ein zwischen demjenigen der Selachier und dem der Ganoiden. Nach Form und Lage besitzt er aber manches Eigenthümliche.

Amphibien.

Ein directer Anschluss an die Fische besteht nicht, dagegen ist der Schultergürtel aller höheren Wirbelthiere in demjenigen der Amphibien in seinen fundamentalsten Punkten bereits vorgebildet.

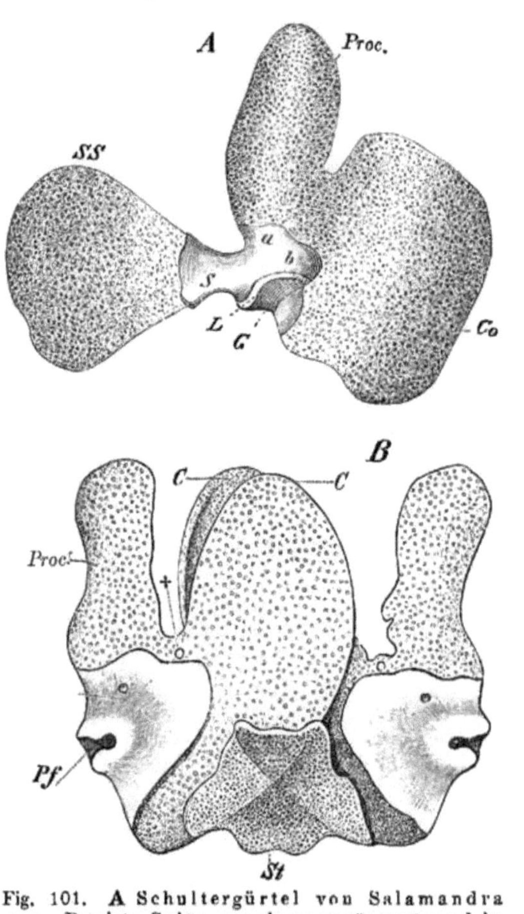

Stets handelt es sich um eine knöcherne resp. knorpelige, dorsal gelagerte Platte (**Scapula** plus **Suprascapula**), die sich seitlich am Rumpf herabkrümmt und dann, ventral umbiegend, in zwei durch einen, bei verschiedenen Urodelen verschieden grossen Zwischenraum getrennte Fortsätze, einen vorderen, oral gerichteten (**Procoracoid**), und einen hinteren, mehr caudalwärts gelagerten (**Coracoid**) auseinander fährt (Fig. 101, **A**, **B**, *S*, *SS*, *Cl*, *Co*)[1]. Scapula und Coracoid gehen aus einer einheitlichen Knorpelplatte hervor, und das Procoracoid differenziert sich aus dem Coracoid erst secundär.

Ventralwärts kommt es zu einer Verbindung mit dem Sternum, beziehungsweise (bei manchen Anuren) mit dem Omosternum. Dabei schieben sich die beiden Coracoidplatten in der ventralen Mittellinie dachziegelartig übereinander, oder legen sich ihre freien Ränder enge zusammen und verwachsen miteinander.

Fig. 101. **A Schultergürtel von Salamandra mac. Rechte Seite, stark vergrössert und in einer Horizontalfläche ausgebreitet.** *Co, Proc* Coracoid und Procoracoid, in welche sich knöcherne Fortsätze *(a, b)* hineinerstrecken, *G* Gelenkpfanne, von einem Limbus cartilagineus *(L)* umgeben, *S* Scapula, verknöchert, *SS* Suprascapula, d. h. der nicht verknöcherte Theil des Scapulare. **B Schultergürtel des Axolotls in situ, von der Ventralseite dargestellt.** *Co* Coracoid, *St* Sternum, *, † Nervenlöcher. Im Uebrigen gelten die Bezeichnungen von Fig. A.

Ersteres gilt für die Urodelen (Fig. 101, 103) und gewisse Anuren (z. B. für Bombinator und Hyla) (Fig. 105), letzteres

---

[1] In Ausnahmefällen (Siren und Menopoma, bei beiden aber nicht constant) zeigen sich Coracoid und Procoracoid mehr oder weniger verschmolzen, so dass zwischen beiden eine Fensterbildung existiert.

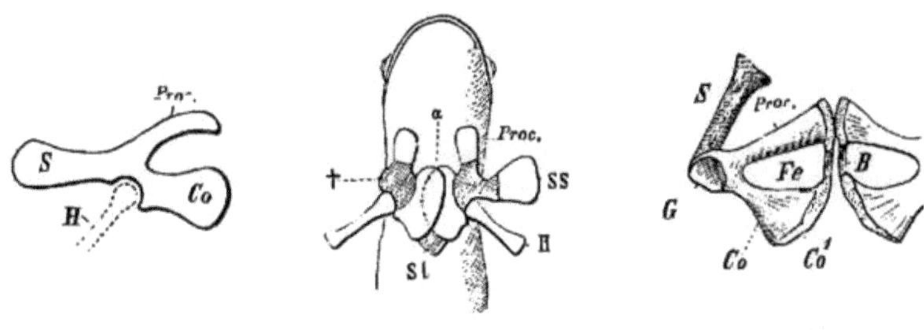

Fig. 102.   Fig. 103.   Fig. 104.

Fig. 102. Grundschema des primären Schultergürtels sämtlicher Wirbelthiere von den Amphibien bis zu den Säugethieren. *Proc.* Procoracoid, *Co* Coracoid, *H* Humerus, *S* Scapula.

Fig. 103. Halbschematische Darstellung des Schultergürtels und des Sternums recenter Urodelen. Ventrale Ansicht. *a* Vereinigungspunkt der beiden Coracoidplatten, *Proc.* Procoracoid, *H* Humerus, *SS* Suprascapula, die der linken Seite quer nach aussen geschlagen, *St* Sternum, † knöcherne Scapula.

Fig. 104. Schultergürtel einer Schildkröte, Ventralansicht. *B* fibröses, als integrierender Bestandtheil des Skeletes zu betrachtendes Band zwischen diesen beiden Stücken,

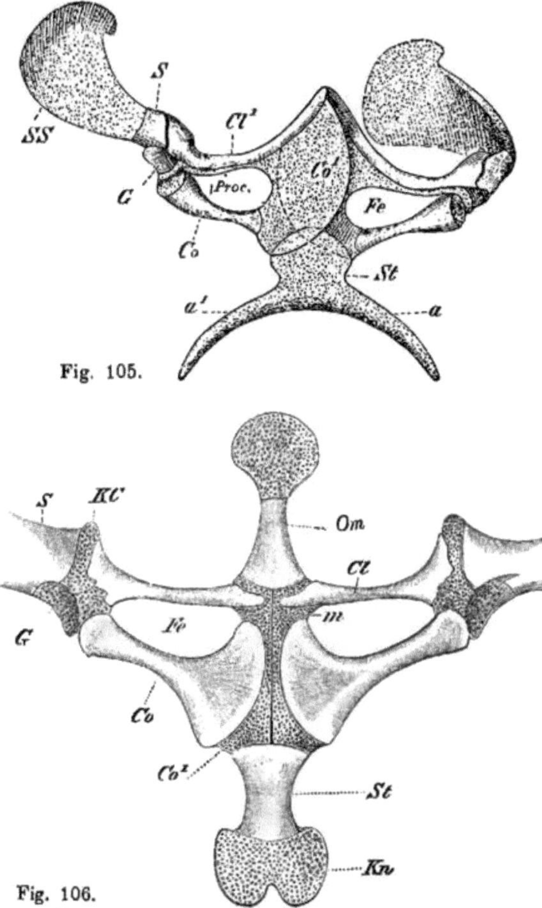

Co Coracoid, *Co*¹ Epicoracoid, *Proc.* Procoracoid, *Fe* Fensterbildung zwischen diesen beiden Stücken, *G* Gelenkpfanne, *S* Scapula.

Fig. 105. Schultergürtel und Sternum von Bombinator igneus. *Cl* Procoracoid, *Cl*¹ knöcherne Clavicula, *Co* Coracoid, *Co*¹ Epicoracoid, welches sich jederseits in den oberen Sternalrand einfalzt, *Fe* Fensterbildung zwischen Procoracoid und Coracoid, *G* Gelenkpfanne für den Humerus, *S* Scapula, *SS* Suprascapula, auf der linken Seite in situ, rechterseits horizontal ausgebreitet, *St* Sternum mit seinen beiden Ausläufern (*a*, *a*¹).

Fig. 106. Ventraler Theil des Schultergürtels von Rana esculenta. *Cl* Clavicula, *Co* Coracoid, *Co*¹ Epicoracoid, *Fe* Fensterbildung, zwischen Coracoid und Procoracoid resp. Clavicula, *G* Gelenkpfanne für den Humerus, *KC* Knorpelcommissur zwischen letzterer und dem Procoracoid resp. der Clavicula (*Cl*), *Kn* knorpeliges Sternum, *m* Nahtverbindung zwischen beiden Epicoracoiden, *Om* Omosternum, *S* Scapula, *St* knöchernes Sternum.

Fig. 105.

Fig. 106.

ebenfalls für Anuren, wie z. B. für Rana (Fig. 106) (vergl. das Capitel über das Sternum).

Der zuerst bei Ganoiden dem primären (knorpeligen) Schultergürtel sich zugesellende, aus Hautknochen entstehende, secundäre Schultergürtel hat sich auch auf die Amphibien fortvererbt. So besitzen z. B. die Stegocephalen eine wohl entwickelte, mit dem Episternum (s. oben) sich verbindende Clavicula, an deren peripheres Ende sich noch eine weitere Knochenspange („Cleithrum", Gegenbaur) anschliesst (Branchiosaurus, Archegosaurus). Der primäre Schultergürtel jener fossilen Amphibien muss aus Knorpel bestanden haben und hat sich deswegen nur so unvollkommen erhalten, dass seine Beziehungen zum knöchernen Schultergürtel nicht genau zu erkennen sind. — Bei den recenten Urodelen hat sich von jenem sekundären Schultergürtel nichts erhalten, wohl aber tritt bei Anuren heute noch eine Clavicula auf, welche das hier quer gelagerte Procoracoid hohlrinnenartig umfasst[1]).

Ueber die Verschmelzung, welche bei Anuren zwischen Coracoid und Procoracoid besteht, sowie über die daraus resultierende Rahmen- oder Fensterbildung vergl. Fig. 105 und 106.

Reptilien.

Wie bei Amphibien, so bilden auch bei Reptilien die aus einheitlicher Knorpelgrundlage hervorgehende Scapula und das Coracoid die wesentlichsten Bestandtheile des Schultergürtels. Ein Procoracoid kann sich noch anlegen und auch zu kräftiger Ausbildung kommen, wie z. B. bei Schildkröten. Bei den übrigen recenten Reptilien tritt es stark zurück, oder fällt gänzlich aus. — Beziehungen des Procoracoids zur Clavicula treten nur noch in Spuren auf; die Clavicula entsteht vielmehr in ihrer grössten Ausdehnung isoliert, d. h. entfernt vom Procoracoid, aus einem bindegewebigen Blastem. Es handelt sich also den Anuren gegenüber um eine Emancipation der Clavicula vom Procoracoid. — Immerhin ist also festzuhalten, dass man auch am Reptilien-Schultergürtel einen primären und secundären Theil zu unterscheiden hat. Ersterer repräsentiert die beständigeren Elemente, während die letzteren mehr zur Rückbildung neigen und schliesslich ganz schwinden können, wie bei der Schilderung des Episternal-Apparates (vergl. pag. 72, 73) bereits ausgeführt wurde[2]).

Bei Verlust der Extremitäten (Scincoiden, Amphisbaenen, Schlangen) kann übrigens auch der primäre Brustschultergürtel reduciert werden oder ganz schwinden, wobei das Sternum den Anfang macht. Bei allen den obengenannten Configurations-Verhältnissen hat man von

---

[1]) Jene Umschliessung des Procoracoids durch die Clavicula erreicht bei verschiedenen Anuren einen sehr verschiedenen Grad. Sie kann so weit gedeihen, dass der unterliegende Knorpel gänzlich zerstört wird, und ein ursprünglich als Hautknochen entstandener Skelettheil an die Stelle des inneren, knorpeligen Skelets tritt (Gegenbaur).

[2]) Chamaeleonten und Crocodilen fehlt eine Clavicula oder sie ist nur in Rudimenten vorhanden. Bezüglich des Verhaltens fossiler Reptilien verweise ich auf Fig. 57.

Lacertiliern, welche den Schlüssel für alle weiteren Differenzierungen bilden, auszugehen (Fig. 107).

Bei den Amphibien hatte sich der Schultergürtel schon etwas weiter vom Kopf entfernt, als bei Fischen, und dies kommt nun bei Reptilien noch zu stärkerer Ausprägung. So besonders bei Cheloniern und bei vielen fossilen Reptilien. Das Maximum der Wanderung wird bei Vögeln erreicht.

Bezüglich des genaueren Verhaltens, wie namentlich hinsichtlich der bei Sauriern im Bereich des Coracoids auftretenden, durch fibröses Gewebe ausgefüllten Fensterbildungen verweise ich auf die Fig. 107 A und bemerke dazu noch Folgendes:

Von manchen Autoren werden bei jenen Fensterbildungen ein Hauptfenster und Nebenfenster unterschieden. Ein Hauptfenster, welches in Fig. 107 A mit a bezeichnet ist und welches lateralwärts an einen kurzen (zwischen a und c gelegenen) Knochenfortsatz, das rudimentäre Procoracoid, grenzt, ist für alle Saurier typisch, entsteht schon im primären Schultergür

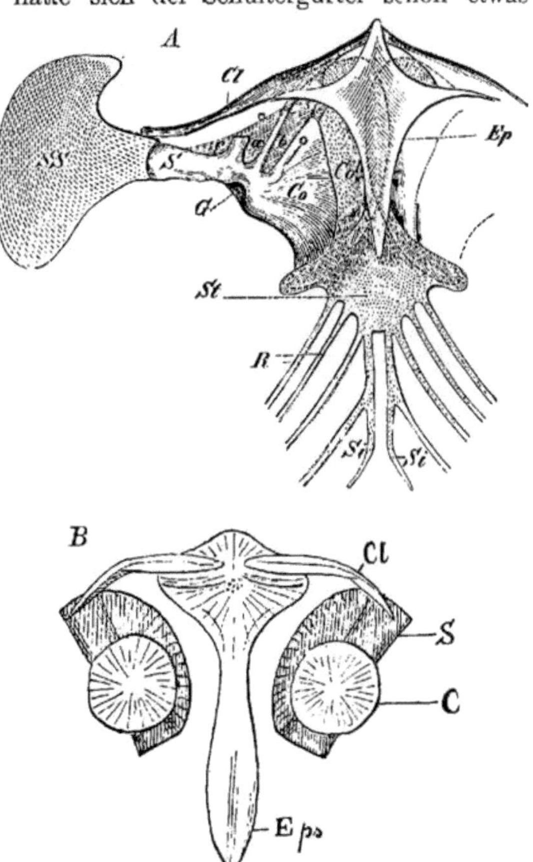

Fig. 107. **A** Schultergürtel und Sternum von Hemidactylus verrucosus. *a, b, c* durch Membranen verschlossene Fensterbildungen im Coracoid, *Cl* Clavicula, *Co* Coracoid, *Co¹* knorpeliges Epicoracoid, *Ep* Episternum, *G* Gelenkpfanne für den Humerus. *R* Rippen, *S* Scapula, *Si* Knorpelhörner (Sternalleisten, „Xiphi — s. Metasternum"), an welche sich die letzte Rippe anheftet, *SS* Supracsapula, *St* Sternum („Prosternum"). **B** Schultergürtel von Palaeohatteria, nach Credner. Ventralseite. *C* Coracoid, *Cl* Clavicula, *Eps* Episternum, *S* Scapula.

tel und entspricht auch der oben beschriebenen Fensterbildung bei Amphibien. Die Nebenfenster haben keine hohe morphologische Bedeutung und wechseln stark nach Form und Zahl.

Vögel.

Bei Vögeln stellt die Scapula eine dünne, schmale, oft sehr weit nach hinten reichende Knochenlamelle dar, welche zuweilen eine schwertförmige Gestalt besitzt. Von der Scapula ist das den kräftigsten Knochen der Schulter darstellende und je nach dem Flugvermögen sehr verschieden entwickelte Coracoid unter scharfer Knikkung ventral- und caudalwärts abgebogen und erscheint mit seinem unteren Ende in einen Falz am oberen Sternalrand fest eingelassen [1]). Das obere Ende betheiligt sich am Aufbau der Gelenkpfanne für den Humerus.

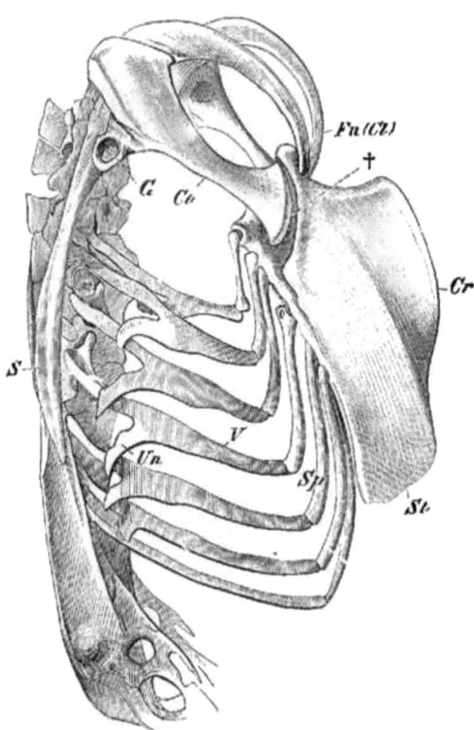

Fig. 108. Rumpfskelet eines Falken. *Co* Coracoid, welches mit dem Sternum (*St*) bei † gelenkig verbunden ist, *Cr* Crista sterni, *Fu* (*Cl*) Furcula (Clavicula), *G* Gelenkfläche derselben für den Humerus, *S* Scapula, *Sp* sternaler Abschnitt der Rippen, *Un* Processus uncinati, *V* vertebraler Abschnitt der Rippen.

Bei den Ratiten, in specie bei Struthio, ist das breite Coracoid gefenstert, so dass man den vorderen Abschnitt als Procoracoid aufzufassen berechtigt ist. Bei den übrigen Ratiten erscheint das Procoracoid bedeutend reduciert, und diese Reduction ist noch weiter gediehen bei Carinaten, bei welchen es oft gänzlich verkümmert ist. Hier tritt dagegen ein das Schultergelenk überragender Fortsatz des Coracoids, das Acrocoracoid, auf, welches als Schnenrolle für einen Muskel fungiert (Fürbringer).

Bei allen Flugvögeln (Carinaten) ist die als rein dermaler Knochen sich bildende Clavicula wohl entwickelt und fliesst mit ihrem Gegenstück zur sog. Furcula zusammen. Letztere zeigt eine, in Anpassung an das Fluggeschäft ausserordentlich verschiedene Grösse und Gestalt und kann auch eine mehr oder weniger starke, vom sternalen Ende ausgehende Rückbildung resp. einen Schwund erfahren (Dromaeus, Casuarius, Rhea, Struthio, Apteryx, einige Psittaci u. a.). (Ueber ihre Lagebeziehungen zum übrigen,

---

[1]) Bei Ratiten bilden Scapula und Coracoid einen stumpfen, bei Carinaten einen spitzen Winkel miteinander. Bei den ersteren sind die genannten Knochen synostotisch, bei den letzteren durch Faserknorpel vereinigt (Anpassung an die Locomotion).

knorpelig präformierten Schultergürtel und zum Sternum vergl. Fig. 108).

Die Gelenkgrube für den Humerus wird von der Scapula und, wie oben schon erwähnt, dem Coracoid gemeinschaftlich gebildet; letzterem fällt dabei in der Regel der Hauptantheil zu. Die Archaeopteryx besass bereits ein typisches Carinaten-Coracoid.

Säugethiere.

Bei erwachsenen Säugethieren erstreckt sich das Coracoid nur noch bei Monotremen, welche überhaupt in ihrem Schultergürtel primitive Verhältnisse bewahrt haben, brustwärts bis zum Sternum (vergl. Fig. 58), bei allen übrigen — und darin liegt das charakteristischste Merkmal des Schultergürtels der Mammalia — erfährt es eine starke Rückbildung[1]). Immerhin aber tritt es noch in Form eines besonderen, am Aufbau der Schultergelenkpfanne sich betheiligenden Ossificationscentrums der Scapula in die Erscheinung. Jener Fortsatz, den man als Processus coracoideus oder Rabenschnabelfortsatz bezeichnet, soll dem letzten Rudiment eines Epicoracoids entsprechen.

So gewinnt hier die Scapula eine freiere Lage und wird allmählich zum alleinigen Träger der Extremität; zugleich erfährt sie unter dem Einfluss einer immer mehr sich differenzierenden Muskulatur im Bereich ihres dorsalen (bezw. hinteren) Randes (Basis scapulae) eine stärkere Verbreitung und entwickelt zugleich auf ihrer Dorsalseite eine kräftige Leiste (Spina scapulae), die lateralwärts in das sogen. Acromion ausläuft. Mit dem Acromion verbindet sich das laterale Ende der Clavicula, während das mediale mit dem oberen Rand des Sternums in Gelenkverbindung tritt.

Bei Säugethieren, deren vordere Extremitäten sich einer mannigfaltigen und freien Beweglichkeit erfreuen (Prosimier, gewisse Marsupialier, viele Nager und Insectivoren, Primaten und Chiropteren), gelangt die Clavicula, zu besonders starker Entwicklung. Bei anderen, wie z. B. bei Ungulaten und Cetaceen, omnivoren Raubthieren etc., fehlt sie gänzlich, kann aber ontogenetisch (vorübergehend) noch auftreten (Schaf). Bei Carnivoren Edentaten, Rodentia und Marsupialia können übrigens auch rudimentäre, functionslos gewordene Schlüsselbeine das ganze Leben hindurch persistieren, und meistens geht die Reduction an beiden Enden vor sich. In der Regel ändern sich aber dann auch die Lagebeziehungen zur Scapula.

8. Beckengürtel.

Fische.

Bei Knorpelganoiden ist das Becken durch zwei kleine knorpelige oder verknöcherte Plättchen angedeutet, welche ihren rudimentären Charakter schon durch ihre grosse Variationsbreite erkennen

---

[1]) Bei gewissen (allen?) Marsupialiern (Trichosurus) tritt während der intrauterinen Entwicklung das kräftig entwickelte Coracoid mit dem Sternum ebenfalls noch in Gelenkverbindung. Später bildet es sich zurück, und nur der vordere Abschnitt persistiert als Processus coracoideus.

lassen. Sie sind als abgeschnürte Theile des Basi- oder Metapterygium der freien Flosse zu betrachten. In manchen Fällen unterbleibt diese Abschnürung und damit die Differenzierung eines Beckens. Diesem Verhalten begegnen wir auch bei dem fossilen

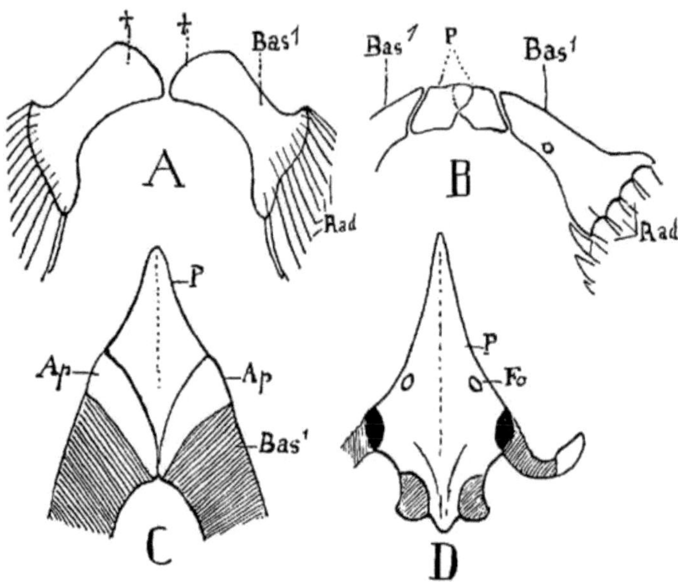

Fig. 109. Beckenformen von Fischen und Amphibien. In Fig. **A**, welche das proximale Stück der Beckenflossen von **Pleuracanthus** darstellt, handelt es sich noch um ein Latenzstadium des Beckens. Es ist noch in den mit † † bezeichneten Abschnitten des Basale enthalten. **B Scaphirhynchus cataphractus**, **C Polypterus bichir**, **D Menobranchus**. *Ap* Knorpelapophysen des Basale, *Bas¹* Basale, *Fo* Foramen obturatorium, *P* Becken, das sich oralwärts zu einem Processus epipubicus verlängert, *Rad* Radien.

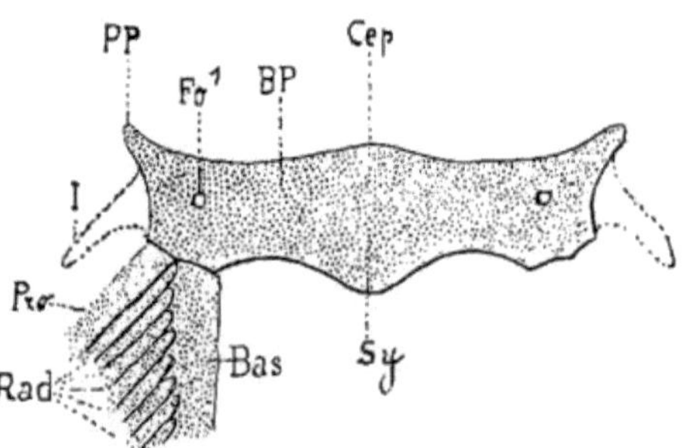

Fig. 110. **Typus des in allen seinen Theilen ausgebildeten Selachierbeckens** von der Ventralseite. *BP* Beckenplatte (Ischio-Pubis), *Bas, Pro, Rad* Basale, Propterygium und Radien der Bauchflosse, *Cep* Processus epipubicus, *Fo¹* Foramen obturatorium, *I* Processus iliacus, *PP* Processus praepubicus, *Sy* Gegend der Symphysis ischio-pubica.

Pleuracanthus und Xenacanthus.

Bei Polypterus, dem nahen Verwandten des devonischen Crossopterygier-Geschlechts, kommen jene beiden Plättchen in der ventralen Mittellinie zur Vereinigung, wodurch die Bauchflossen eine grössere Festigung erfahren. Trotz des rudimentären Charakters des Polypterus-Beckens erkennt man darin doch schon das Dipnoër- und Ichthyodenbecken in seinen Grundzügen (Fig. 109).

Das Becken der Selachier und Holocephalen liegt in Form einer Querspange zwischen den beiden Basipterygia, die sich erst secundär von ihm abgegliedert haben. Es ist von Nerven durchbohrt und sendet an jeder Seite einen, besonders gut bei den Holocephalen ausgeprägten Fortsatz aus, der sich in der seitlichen Körperwand dorsal emporzieht (Processus iliacus). Ein zweiter Fortsatz (Processus praepubicus), der uns bei Dipnoërn, Amphibien, Reptilien und Säugern z. Th. in viel stärkerer Ausprägung begegnen wird, entspringt lateralwärts auf der oralen Beckenkante. Auch die Andeutung eines Processus epipubicus (vergl. die Amphibien) scheint schon vorhanden zu sein.

Die gesamte Beckenspange der Selachier entspricht mit gewissen Einschränkungen jenem Beckenabschnitt der höheren Formen, den wir später als Pars ischio-pubica kennen lernen werden.

Dipnoi.

Bei den Dipnoërn läuft die schmale, rein hyalinknorpelige Beckenplatte in sechs Fortsätze, zwei paarige und zwei unpaare, aus. Der einzige Unterschied zwischen Ceratodus und Protopterus beruht darauf, dass das vordere Paar jener Fortsätze, die Processus praepubici, bei Protopterus ungleich länger sind als bei Ceratodus. Dieselben sind stets in ein Myocomma eingebettet und schicken hie und da noch einen zweiten, kleineren Knorpelzinken ab. Diese Processus praepubici dürfen nicht mit einem Ilium verwechselt werden. An den hinteren paarigen Fortsätzen ist die freie Extremität vermittelst des sogenannten „Zwischenstückes" befestigt. Der unpaare Fortsatz des Dipnoërbeckens erstreckt sich in der ventralen Mittellinie dolchartig nach vorne. Er ist sehr lang und schlank ausgezogen, schliesst nicht selten eine Höhle ein und kann als Processus epipubicus bezeichnet werden. Dieser Fortsatz wird uns beim Amphibien- und Amnioten-Becken wieder beschäftigen.

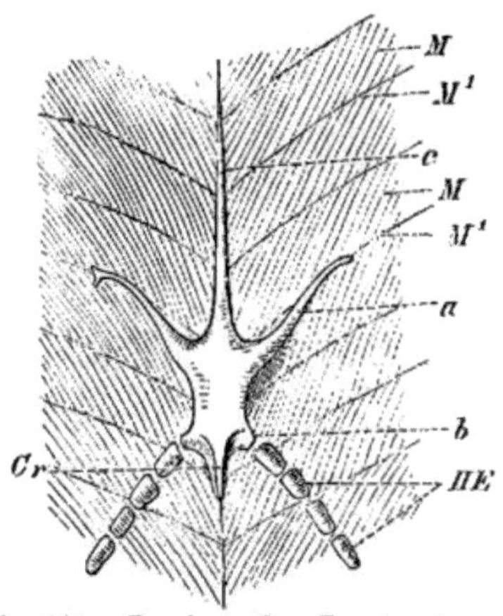

Fig. 111. Becken des Protopterus von der Ventralseite. *a* Processus praepubicus, welcher sich an seinem lateralen Ende gabeln kann, *b* Fortsatz zur Verbindung mit der hinteren Extremität *HE*, *Cr* scharfe Muskelleiste, *c* Processus epipubicus, *M*, *M* Myomeren, *M'*, *M'* Myocommata.

Am hinteren Beckenrand, wo sich der Knorpel stark verdickt und wo er eine starke Muskelleiste erzeugt, springt ein zweiter unpaarer Fortsatz caudalwärts vor. Ich bezeichne ihn als Processus hypo-ischiadicus, weil er sich offenbar später in der Reihe der Reptilien zu dem sogenannten Os hypo-ischium differenziert.

Amphibien.

Ein Blick auf die Fig. 109 D, welche das Becken von Menobranchus von der Ventralseite darstellt, belehrt uns, dass sich die

Formverhältnisse des ventralen Abschnittes desselben ohne Weiteres auf die Beckenplatte der Dipnoër (Fig. 111) und weiterhin auf

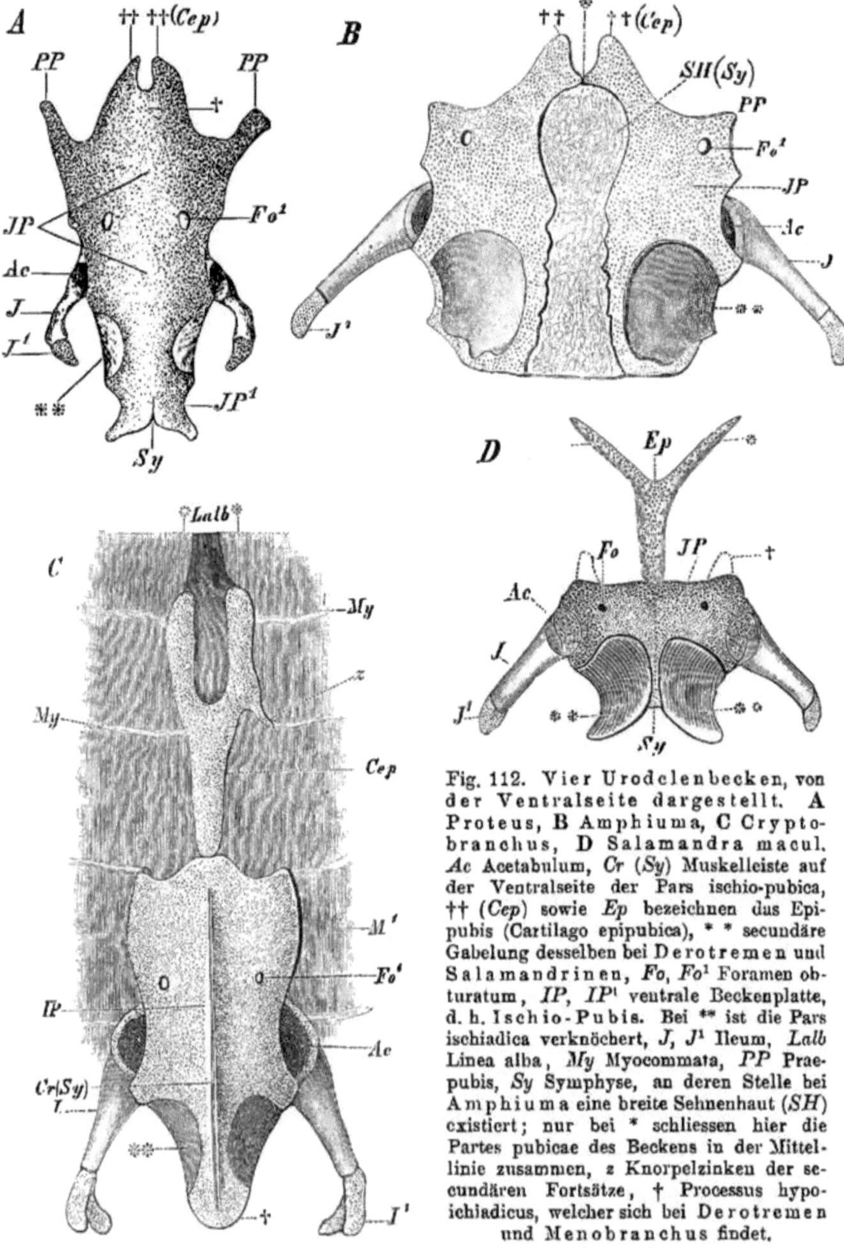

Fig. 112. Vier Urodelenbecken, von der Ventralseite dargestellt. A Proteus, B Amphiuma, C Cryptobranchus, D Salamandra macul. Ac Acetabulum, Cr (Sy) Muskelleiste auf der Ventralseite der Pars ischio-pubica, †† (Cep) sowie Ep bezeichnen das Epipubis (Cartilago epipubica), * * secundäre Gabelung desselben bei Derotremen und Salamandrinen, Fo, Fo¹ Foramen obturatum, IP, IP¹ ventrale Beckenplatte, d. h. Ischio-Pubis. Bei ** ist die Pars ischiadica verknöchert, J, J¹ Ileum, Lalb Linea alba, My Myocommata, PP Praepubis, Sy Symphyse, an deren Stelle bei Amphiuma eine breite Sehnenhaut (SH) existiert; nur bei * schliessen hier die Partes pubicae des Beckens in der Mittellinie zusammen, z Knorpelzinken der secundären Fortsätze, † Processus hypoichiadicus, welcher sich bei Derotremen und Menobranchus findet.

diejenige der Crossopterygier zurückführen lassen. Es ist aber, wie bei allen übrigen Urodelen und den Amnioten, vom Nervus

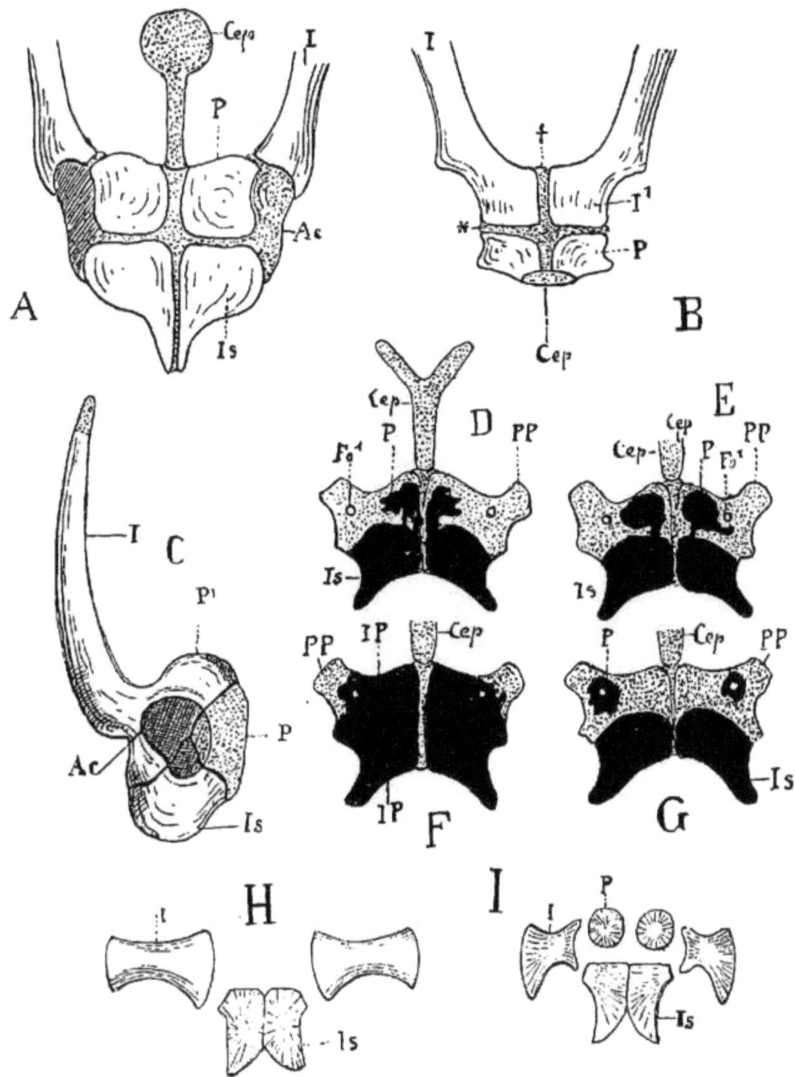

Fig. 113 A—I. A Becken von Dactylethra capensis, von vorne gesehen, B von der Kopfseite her gesehen, C Becken von Rana esculenta von der Seite, D und E Becken von Salamandra atra, F und G von Salamandra maculata, H von Branchiosaurus, I von Discosaurus. In D—I ist das Becken überall von vorne (von der Ventralseite) dargestellt. Figur H u. I nach Credner. Ac Acetabulum, Cep Cartilago epipubica, Fo¹ Foramen obturatum, I Ilium, Is Ischium, IP zusammengeflossene Ischium- und Pubiszone (Ischiopubis ossif.), I¹ die bei Dactylethra medianwärts gerichteten, distalen Enden des Ilium. Beide sind unter sich sowohl wie von dem Pubis durch eine kreuzförmige Knorpelzone getrennt, deren sagittaler Schenkel mit † und deren transverseller mit * bezeichnet ist. P bezw. P¹ (bei Rana) Ossificationszone des Pubis, PP Praepubis.

obturatorius durchbohrt. Seine paarige Anlage erscheint, wie bei
erwachsenen Dipnoërn, secundär verwischt, lässt sich aber durch die
Genese erweisen. Dies hervorzuheben ist namentlich auch wichtig
im Hinblick auf die morphologische Bedeutung jenes Abschnittes,
den ich bereits beim Dipnoër-Becken als Processus epipubicus
bezeichnet habe. Dieser Fortsatz findet sich auch bei Derotremen
und Salamandrinen (Fig. 112 **A—D**) und gabelt sich hier oralwärts in zwei Aeste.

Die Pars ischio-pubica ist, wie bereits angedeutet wurde, als die
phylogenetisch älteste Hauptmasse des Beckens aufzufassen, und der
Grad ihrer Verschmelzung in der Medianlinie zu einer unpaaren Platte
unterliegt in den verschiedenen Amphibiengruppen den allermannigfaltigsten Modificationen. Dasselbe gilt für
den Grad des Ossificationsprocesses, welcher
eine allmählich immer schärfere Differenzierung in eine Pars pubica und ischiadica und so Verhältnisse anbahnen kann,
wie sie bei gewissen Stegocephalen und
bei Reptilien durch das Auftreten eines
Beckendreistrahles (Os ilium, ischii
und pubis) bereits durchgeführt erscheinen.

Einer der charakteristischsten Unterschiede des Fisch-Dipnoër-Beckens
einer- und des Amphibienbeckens
andrerseits liegt in der stattlicheren Entfaltung der Pars iliaca, welche der Pars
scapularis bezw. suprascapularis des Schultergürtels entspricht. Während dieselbe
weder bei Fischen noch bei Dipnoërn in
Verbindung mit der Wirbelsäule tritt, ist
dies jetzt bei Amphibien durchgeführt, und
wo dies nicht der Fall ist (Proteus, Amphiuma), handelt es sich um Rückbildun
gen. Dass jene Verbindung als eine Anpassungserscheinung an veränderte Lebensbedingungen (Fortbewegung auf dem Lande)
aufzufassen ist, habe ich früher schon angedeutet. Der dadurch angebahnte Fortschritt macht sich nun, wie wir sehen werden, weiterhin in der Thierreihe unter gleichzeitiger Verbreiterung des dorsalen, auf
immer zahlreichere Wirbel übergreifenden

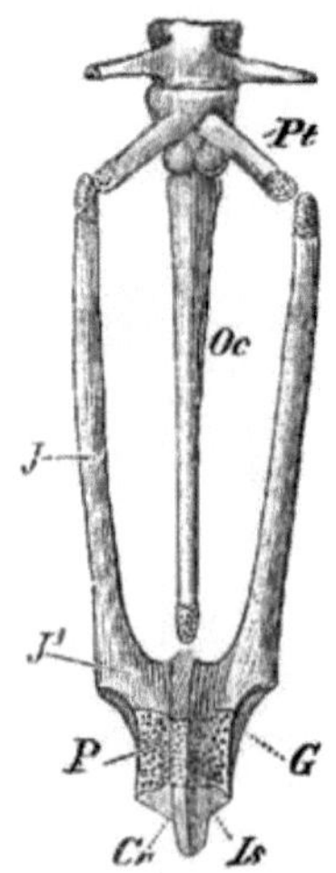

Fig. 114. Beckengürtel von
Rana esculenta von der Ventralseite. *Cr* in der ventralen
Mittellinie vorspringende Crista
ischio-pubica, *G* Gelenkpfanne
für den Oberschenkel, *I* Ileum,
Is Ischium, durch die knorpelige
Pars pubica *P* von einer Knochenzone (*J¹*), welche in directem Zusammenhang mit der Pars
iliaca entsteht, getrennt, *Oc* Os
coccygis, *Pt* Processus transversus des Sacralwirbels.

Ilium-Endes in jenen Fällen noch deutlicher bemerklich, wo, wie bei
Anuren und dann von den Crocodilen an aufwärts, in der
ganzen höheren Wirbelthierreihe die Körperlast immer mehr auf die
hinteren Extremitäten übertragen wurde, während die vorderen unter,
in ganz bestimmter Richtung fortschreitender und auf die allmähliche
Herausbildung eines Greiforgans gerichteter Differenzierung eine
Entlastung erfuhren.

Was nun die **Anuren** anbelangt, so zeichnet sich ihr Becken vor
demjenigen der Urodelen durch folgende charakteristische Merkmale
aus. Erstens erscheint die Pars iliaca in Anpassung an die eigen-

artige Bewegungsweise jederseits in einen langen, schlanken Stab
ausgezogen; zweitens ist die bei Urodelen horizontal ausgebreitete
Beckenplatte (Pars ischio-pubica) bei Anuren (im erwachsenen Zustande) gleichsam von beiden Seiten her zusammengeschoben (Fig. 114),
sodass ein ventralwärts scharf ausspringender Kiel entsteht; drittens
wird die dadurch in querer Richtung sehr schmal erscheinende Becken-

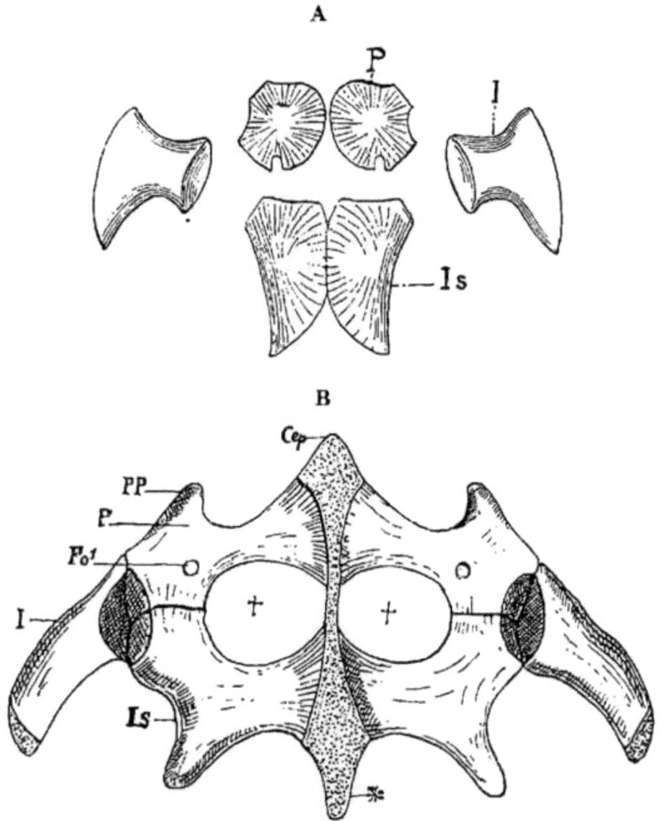

Fig. 115. Zwei Reptilienbecken von der Ventralseite gesehen. A von
Palaeohatteria nach Credner, B Hatteria nach einem von R. Wiedersheim
angefertigten Präparate. *Cep* Cartilago epipubis, *Fo¹* Foramen obturatum, *I* Ileum,
Is Ischium, *P* Pubis, *PP* Praepubis, † † zwei grosse Oeffnungen, welche *P* und *Is* von
einander trennen (Foramen pubo-ischiadicum), * Processus hypo-ischiadicus, welcher sich
bei anderen Reptilien vom Becken losgliedert.

platte von dem Nervus obturatorius nicht durchbohrt, sondern ist
durch und durch solid; viertens endlich kommt es, wie früher schon
erwähnt, unter allen Anuren nur bei Dactylethra capensis zur selbständigen Verknöcherung einer Pars pubica. (Vergl. Fig. 113, **A** und **B**).

Reptilien.

Anknüpfungen an das Amphibienbecken finden sich bei gewissen
fossilen Formen, wie z. B. bei Palaeohatteria und Plesiosauriern,
dann aber auch bei der recenten Hatteria und den Cheloniern.

Die charakteristischsten Merkmale des Reptilienbeckens, demjenigen der Amphibien gegenüber, bestehen in folgenden vier Hauptpunkten: in einer ungleich schärferen Differenzierung des Schambeins,

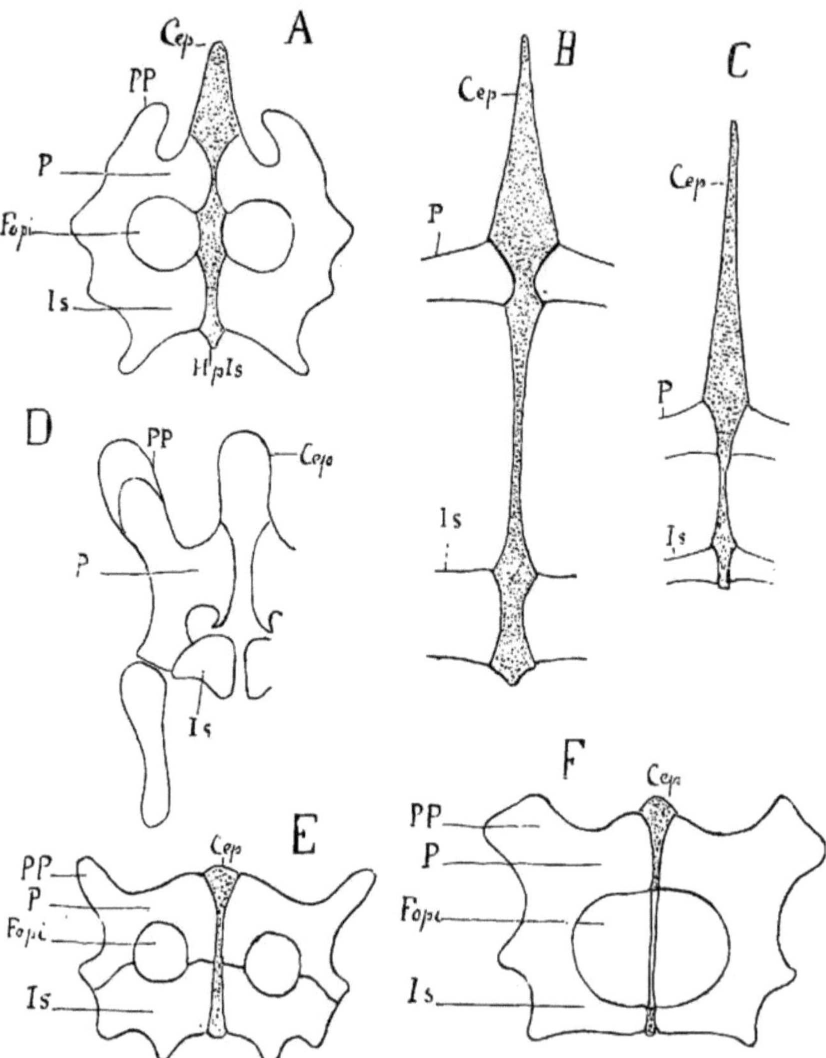

Fig. 116. **A** Becken von **Makrochelys** nach G. Baur, **B** medialer Beckenknorpel von **Chelys fimbriata**, **C** derselbe von **Emydura**, **D** Becken von **Sphargis coriacea** aus D'Arcy Thompson's Manuscript, Copie nach Hoffmann, **E** Typus des Beckens von **Testudo**, **F** derselbe von **Chelone**. *Cep* Cartilago epipubis, *Fopi* Foramen pubo-ischiadicum, *HpIs* Processus hypo-ischiadicus, *Is* Ischium, *P* Pubis, *PP* Praepubis.

in einem proximal gerichteten Abrücken desselben vom Sitzbein, in einem stärker entwickelten, an seinem vertebralen Ende zuweilen sich verbreiternden Darmbein und endlich in einem solideren, auf einem intensiveren Ossificationsprocess beruhenden Charakter im Allgemeinen.

Bei Hatteria und Plesiosaurus sind die Schambeine von den Sitzbeinen noch nicht sehr weit abgerückt, es besteht also noch kein sehr weites Foramen pubo-ischiadicum. Von dem Hatteriabecken ist das der Chelonier leicht abzuleiten (vergl. Fig. 115, A und B und Fig. 116 A—F), und dies gilt namentlich für Makrochelys und Chelydra. Hier wie dort sind das Epipubis und Praepubis stark ausgeprägt. Im Uebrigen begegnet man bei den

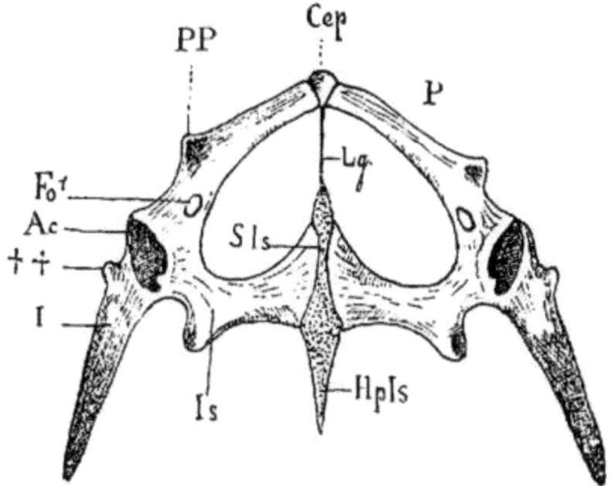

Fig. 117. Becken von Lacerta vivipara von der Ventralseite gesehen. *Ac* Acetabulum, in welchem die drei Beckenknochen ohne sichtbare Nahtbildungen zu einer Masse verschmelzen, *Cep* kalkknorpeliges Epipubis, Fo^1 Foramen obturatorium, *HpIs* Hypo-ischium, welches im Embryo als paarige Masse von den Hinterenden der Ischia sich abgliedert, *I* Ilium mit einem Fortsatz ††, der bei Crocodiliern, Dinosauriern und Vögeln zu der mächtigen Pars praeacetabularis ossis ilei wird, *Is* Ischium, welches bei *SIs* eine Symphyse bildet, *Lg* fibröses Band, *P* Pubis, *PP* Praepubis, ventralwärts etwas überhängend.

verschiedenen Genera der Schildkröten sehr wechselnden Formverhältnissen [1]), stets aber fällt das Foramen obturatorium mit dem Foramen pubo-ischiadicum zusammen (Fig. 116 A—F).

Das Becken der Lacertilier, welches ontogenetisch noch primitive, an Hatteria erinnernde Zustände erkennen lässt, zeichnet sich durch einen schlanken Charakter aus, und die spangenartigen Scham- und Sitzbeine sind durch sehr geräumige Foramina pubo-ischiadica von einander getrennt. Zwischen diesen beiden Oeffnungen, welche in ihrer typischen Form durch Verwachsung der lateralen und medialen Enden des Pubis und des Ischium zu Stande kommen, liegt in der Medianlinie ein knorpelig-fibröser Strang (Ligamentum medianum pelvis), welcher sich nach vorne in die pflockartig ein-

---

[1]) Bei Emys und Testudo z. B. stossen die medialen Enden der Scham- und Sitzbeine zusammen, sodass das Foramen pubo-ischiadicum auch von der medialen Seite her knöchern umrahmt wird. Im Gegensatz dazu weichen dieselben Knochen bei Chelone und Trionyx weit auseinander und sind nur noch durch ein Ligament, bezw. durch einen schmalen, medianen Knorpel, an welchem man übrigens noch ein rudimentäres Epipubis erkennen kann, verbunden.

gekeilte Cartilago epipubis und nach hinten in das Hypoischium s. Os cloacae [1]) fortsetzt (Fig. 117, *Lg, Cep, Hp Is*). Dies sind die letzten Spuren der in embryonaler Zeit miteinander zusammenfliessenden, medialen Partien der Scham- und Sitzbein-Anlagen.

Während sich eine gewisse Verwandtschaft zwischen dem Saurier- und dem Chelonierbecken nicht verkennen lässt, begegnen wir bei Cro- codilen Verhältnissen, welche auf eine ganz eigenartige Entwick- lungsrichtung hinweisen. Aus diesem Grunde und auch wegen seinen wichtigen Beziehungen zu ausgestorbenen Reptilienformen, hat das

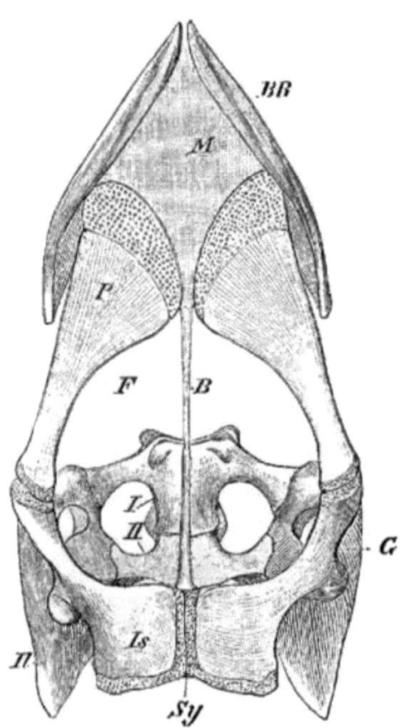
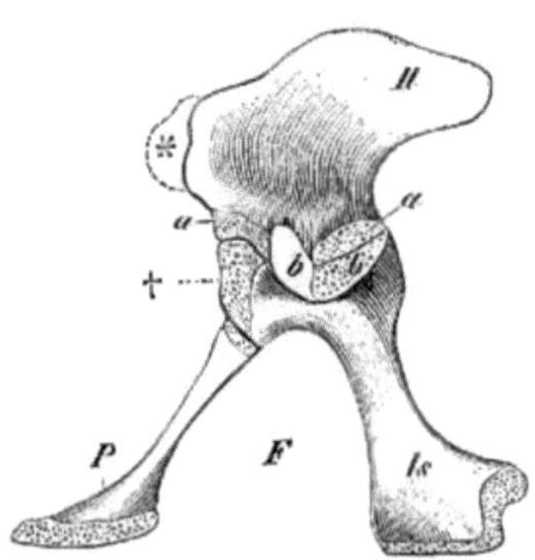

Fig. 118. Becken von einem jungen Alligator lucius. **A** ventrale, **B** seitliche Ansicht. *B* fibröses Band zwischen Symphysis pubis und ischii, *b* Loch in der Hüftgelenks- pfanne, nach rückwärts von den beiden zu- sammenstossenden Fortsätzen *a* und *b* des Ileums und Ischiums begrenzt, *F* Foramen pubo-ischiadicum, *G* Gelenkpfanne für den Oberschenkel, *I, II* erster und zweiter Sacral- wirbel, *Il* Ileum, *Is* Ischium, *M* fibröse Mem- bran zwischen den Vorderenden der beiden Schambeine und dem letzten Bauchrippenpaar (*BR*), *P* Pubicum, *Sy* Symphysis ossis ischii, † Pars acetabularis, welche sich zwischen den Fortsatz *a* des Ileums und das Pubicum einschiebt, * Andeutung eines bei Dinosauriern und Vögeln nach vorne auswachsenden Fortsatzes des Ileums.

Crocodilierbecken das Interesse der Morphologen von jeher in ganz besonderem Masse erregt.

Das Schambein [2]) liegt in der Embryonalzeit noch rein trans- versell, richtet sich dann aber später ganz steil nach vorne und führt so durch seine ganz eigenartige Lage zur Bildung von sehr weiten Foramina pubo-ischiadica. Diese schliessen zugleich die Foramina ob- turatoria mit in sich ein und werden in der Medianlinie durch einen fibrösen Strang von einander getrennt.

Somit wiederholen sich hier ontogenetisch im Princip dieselben Lageverschiebungen, wie wir ihnen auch schon bei Cheloniern und Sauriern begegnet sind, allein sie erfahren hier durch bestimmte mechanische Einflüsse (voluminöser Dottergang des Embryo) eine

---

[1]) Crocodile und Chamaeleonten besitzen kein Os hypo-ischium.

[2]) In den auch beim erwachsenen Crocodilbecken persistierenden Knorpelapophysen am Vorderende der Schambeine sind Partes epipubicae enthalten.

bedeutende Steigerung. Alle drei Beckentheile verknorpeln für sich fliessen aber später in der Acetabulargegend, welche eine Durchbrechung zeigt, zu einer Masse zusammen. Hierauf kommt es wieder zu einer Continuitätstrennung, insofern das Pubis sich ablöst und seine ursprünglich selbständige Stellung gleichsam wieder zurückerobert. Damit aber hat der Differenzierungsprocess an jener Stelle noch nicht sein Ende erreicht, sondern es schnürt sich vom Processus acetabularis ilei ein Abschnitt los und wird zu der sogenannten Pars acetabularis des Crocodilierbeckens. Es handelt sich dabei also um kein primitives, etwa von niederen Reptilien oder gar von den Amphibien her vererbtes Skeletstück, d. h. um kein rudimentäres Organ, sondern um eine neue, secundäre Erwerbung, welche auch bei Vögeln und Säugethieren eine grosse Rolle zu spielen berufen ist.

Die Pars iliaca pelvis des Crocodilbeckens wächst dorsalwärts immer mehr aus und verbreitert sich nach Erreichung der Wirbelsäule so stark in proximo-distaler Richtung, wie dies bei keinem anderen recenten Reptil oder Amphibium der Fall ist. In weiterer Fortbildung begegnen wir diesem Bestreben der Darmbeine, eine immer grössere Zahl von Wirbeln in ihren Bereich zu ziehen, bei Theromorphen, Dinosauriern und Vögeln, und hier wie dort ist die Ursache dafür in statischen und mechanischen Momenten zu suchen. Die hintere Extremität wird dadurch befähigt, das Gewicht des Rumpfes, unter gleichzeitiger Entlastung seines vorderen Abschnittes, auf sich zu übernehmen.

Bei schlangenartigen Sauriern zeigt sich das Becken rückgebildet, und bei Amphisbänen, wo die Verbindung mit der Wirbelsäule gelöst erscheint, sind nur Rudimente des Ilium und Pubis vorhanden. Auch bei gewissen Ophidiern finden sich nur noch Spuren des Pubis.

Vögel.

Das Becken der Vögel zeichnet sich durch zwei charakteristische Merkmale aus: erstens durch die mächtige Entfaltung der Pars iliaca, welche, namentlich kopfwärts stark anwachsend, immer mehr Wirbel in ihren Bereich zieht (vergleiche die Wirbelsäule), und zweitens durch das nach hinten gerichtete Schambein, welches dadurch eine mit der postacetabularen Darmbeinpartie parallele Lage gewinnt (Fig. 119). Diese kommt aber in embryonaler Zeit erst ganz allmählich

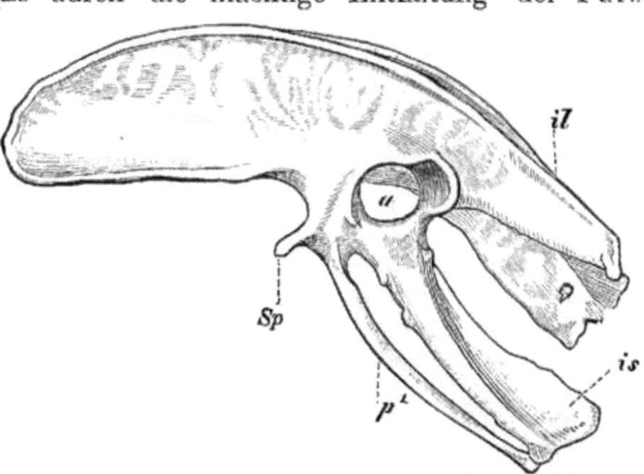

Fig. 119. Becken von Apteryx australis, seitliche Ansicht nach Marsh. a Acetabulum, il Ileum, is Ischium, p^1 Pubicum, Sp Spina iliaca.

zu Stande, insofern Schambein und Sitzbein ursprünglich eine, an fossile und recente Saurier erinnernde, senkrechte Lage zum Darmbein besitzen [1]).

Das Becken der Archaeopteryx erstreckt sich noch nicht über einen so bedeutenden Wirbelkomplex (11—18) wie bei den recenten Vögeln, sondern nur über circa sechs Wirbel. Es überschreitet also die betreffende Zahl bei Reptilien nur um vier. Pubis und Ischium schliessen sich·der Entwicklung des noch kleinen und kurzen Ilium durchaus an. Beide sind weder unter sich, noch unter einander verwachsen, wie dies bei den erwachsenen, recenten Carinaten der Fall ist. Ferner sind Pubis und Ischium bei der Archaeopteryx noch nicht so steil nach hinten gerichtet, wie bei recenten Vögeln (Uebergangsstufe zwischen Reptilien und Vögeln).

Säuger.

Bei Säugern, wo die Darmbeine, wie dies auch schon für Anuren und Sauropsiden gilt, prae-, die Sitzbeine postacetabular liegen, bleiben die einzelnen Beckenstücke lange Zeit durch Knorpelzonen getrennt, später aber fliessen sie zu einer Masse („Hüftbein") zusammen. Stets spielt das am spätesten zur Concrescenz kommende

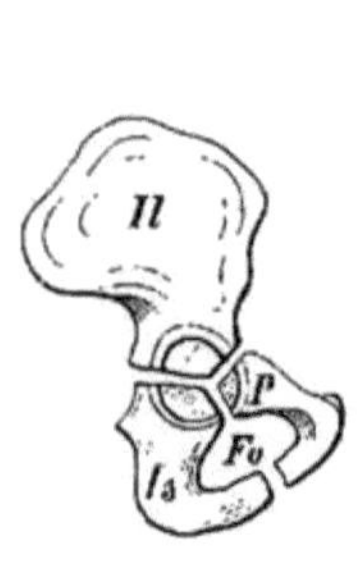
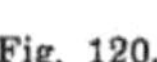
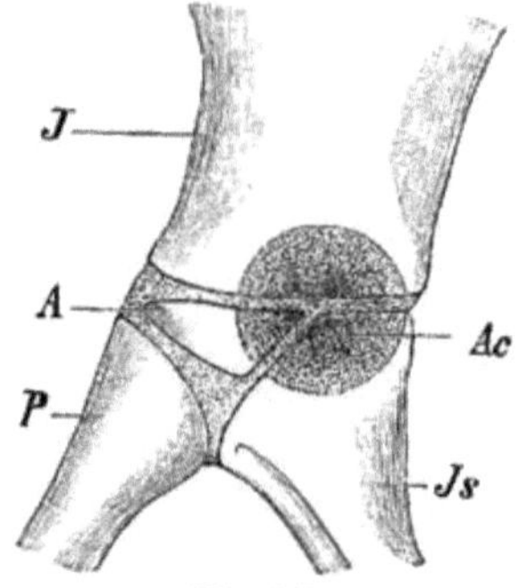

Fig. 120. Becken des Menschen, rechte Hälfte von aussen. *Fo* Foramen obturatum, O. ilei (*Il*), O. ischii (*Is*) und O. pubis (*P*) im Acetabulum noch getrennt.

Fig. 121. Lagebeziehungen der sogenannten Pars acetabularis mit Zugrundelegung der Verhältnisse bei Viverra civetta. *A* Pars acetabularis, *Ac* Acetabulum, *I* Ileum, *Is* Ischium, *P* Pubicum.

Fig. 120.

Fig. 121.

Schambein beim Aufbau des Acetabulums den anderen Knochen gegenüber eine untergeordnete Rolle, ja es kann sogar gänzlich davon ausgeschlossen sein. Der Winkel, welchen die Achsen des Darm- und Kreuzbeines mit einander erzeugen, wird von den Monotremen an durch die Reihe der Säugethiere hindurch bis zu den Nagern immer spitzer. Das Darmbein verbindet sich mit einer sehr verschieden grossen Zahl von Wirbeln.

Der ursprüngliche Typus einer Sitz- und Schambein-Symphyse, welche eine langgestreckte Beckenform bedingt, findet sich noch bei Beutelthieren, vielen Nagern, Hufthieren, sowie bei Insektenfressern, bei welch letzteren die grösste Mannigfaltigkeit im Aufbau des Beckengürtels herrscht. Bei manchen Insektenfressern und bei Carnivoren, noch ausgeprägter aber bei den höchsten Formen, den Primaten, kommt es mehr und mehr nur

---

[1]) Die distalen Enden der Schambeine convergieren miteinander in verschiedenem Grade und können sogar eine Art von Symphyse bilden.

zu einer Verbindung der beiden Schambeine (Symphysis pubis).
Das Foramen obturatum ist stets rings von Knochen umrahmt[1]).

Von besonderem Interesse sind die bei Schnabel- und Beutelthieren beiderlei Geschlechts am vorderen Rand der Schambeine
sich erhebenden Knochen, welche als **Beutelknochen (Ossa marsupialia)** bezeichnet werden. Sie verlaufen in mehr oder weniger
divergierender Richtung nach vorn, liegen in die Wandungen der
Unterbauchgegend eingeschlossen und dienen Muskeln zum Ursprung
resp. Ansatz.

Die Beutelknochen bilden einen integrierenden Bestandtheil des Beckens und lassen sich bei jungen Beut-

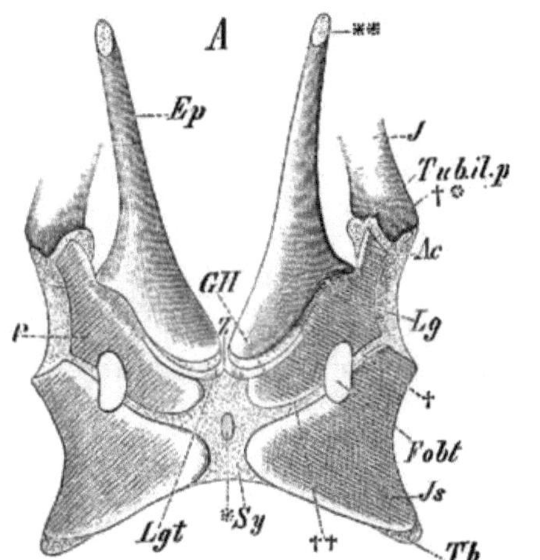
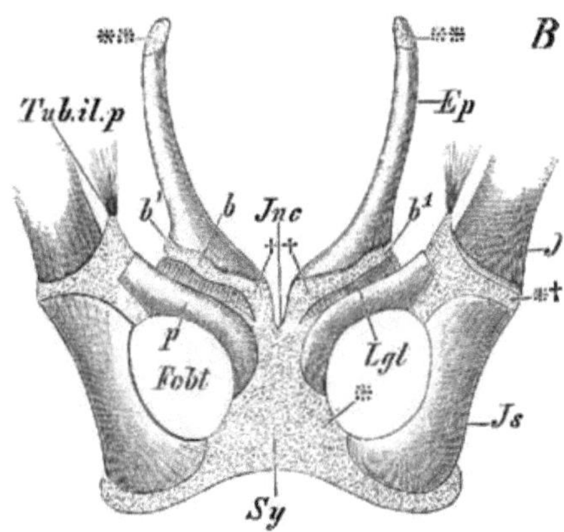

Fig. 122. **A** Beutelknochen von
Echidna hystrix (adult.), **B** Beutelknochen von Didelphys Azarae, Fötus
von 5,5 cm Länge. Allgemein giltige Bezeichnungen: *Ep* Epipubis (Os marsupiale), *Fobt*
Foramen obturatum, *J* Ileum, *Js* Os ischii, *Lg* und *Lgt* Ligamente zwischen der Sockel-
partie des Epipubis und dem Pubis, *P* Pubis, *Sy* Symphysis ichio-pubica, *Tub.il.p*. Tuberculum ileo-pectineum, ** Knorpelapophysen am vorderen Ende des Epipubis.

Specielle Bezeichnungen auf Fig. 122 **A**: *GH* Gelenkhöhle zwischen dem Sockel
der Beutelknochen (Epipubis) und dem Schambein, *Tb* knorpeliges Tuber ischii, *Z* zungenartiger Vorsprung am vorderen Schambeinrand, †*, †, †† Sutura ileo- und ischio-pubica.

Specielle Bezeichnung auf Fig. 122 **B**: *b* knorpeliger Sockel der Beutelknochen,
b¹ äussere Ecke desselben, †† knorpelige, mit der Cartilago interpubica zusammenhängende
Ursprungsschenkel der Beutelknochen, * und *† Sutura ischio-pubica und ileo-ischiadica.

lern in ihrem direkten Zusammenhang mit dem Symphy-
senknorpel deutlich nachweisen (Fig. 122 **B**). Ihre Losgliede-
rung ist erst ein secundärer Vorgang, und im Anschluss daran bildet
sich dann ein richtiges Gelenk mit Kapsel und Höhle zwischen ihnen
und dem vorderen Rand des Schambeines aus (Fig. 122 **A**). Es kann
kein Zweifel darüber bestehen, dass derjenige Abschnitt des Wirbel-
tierbeckens, welchen ich von Polypterus an durch die ganze Am-

---

[1]) Der Schwund der Hinterextremitäten ist natürlich auch von Einfluss auf den
Beckengürtel, sodass letzterer z. B. bei Walthieren auf zwei in den Leibesdecken steckende
Knochen reduciert ist. Diese sind als rudimentäre Scham-Sitzbeine zu betrachten
und stehen weder unter sich, noch mit der Wirbelsäule in Verbindung. Die Bartenwale
besitzen ausserdem noch ein Rudiment des Femur (Balaenoptera und Megaptera),
Balaena dazuhin noch ein Rudiment der Tibia. Die Zahnwale zeigen von den beiden
letztgenannten Knochen keine Spur.

phibien- und Reptilienreihe hindurch als **Epipubis** bezw. als **Processus epipubicus** und **Cartilago epipubica** bezeichnet habe, als eine den Beutelknochen der **Monotremen** und **Marsupialier** vollkommen homologe Bildung zu betrachten ist (vergl. Fig. 109, 111, 113, 116).

So kann das **Epipubis** als eines der zähesten und andauerndsten Skeletelemente der Wirbelthiere im Allgemeinen bezeichnet werden, und von den **Amphibien** an erscheint dasselbe unter dem Gesichtspunkt eines, die Bauchdecken stützenden und festigenden Apparates, welcher bei den **Mammalia aplacentalia** diese seine Funktion in Anpassung an die Brutpflege bethätigt.

9. Freie Gliedmasssen.

Fische.

Nachdem ich auf die Entwickelung der freien Gliedmassen schon bei der Anlage des Schulter- und Beckengürtels eingegangen bin, erübrigt jetzt nur noch eine Skizze ihres anatomischen Baues. Ich werde dabei stets die Bauchflosse zuerst besprechen und mich nachher erst zur Brustflosse wenden.

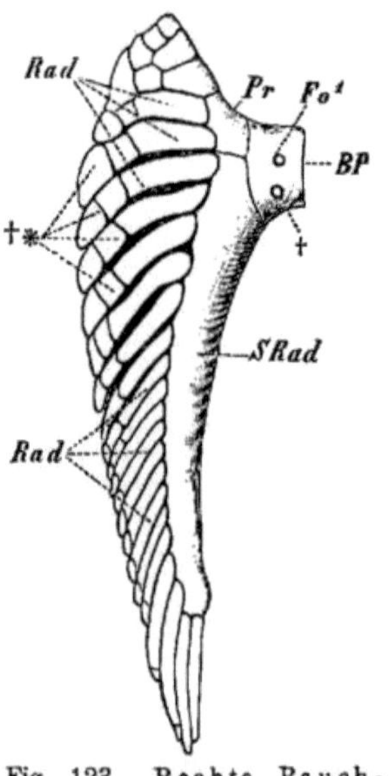

Die **Selachier** [1]) besitzen das am reichsten gegliederte knorpelige Flossenskelet, und was die **Bauchflosse** anbelangt, so handelt es sich in der Regel um zwei Hauptstücke, welche mit dem Beckengürtel in Verbindung stehen, und welche nach der Peripherie zu eine verschieden grosse Zahl von gegliederten Knorpelstrahlen (Radien) tragen. Jene beiden Hauptstücke, das sogenannte **Pro-** und **Metapterygium** sind beide in phylogenetischer Hinsicht aus dem Zusammenfluss der proximalen Enden primitiver Knorpelstrahlen hervorgegangen zu denken. Das Propterygium ist inconstant. Je nachdem der Verwachsungsprocess erfolgt, wird es sich um Schwankungen in den Form- und Lageverhältnissen des Pro- und Metapterygiums handeln [2]), sodass diese beiden Basalstücke keinen streng typischen Charakter zeigen. Dies beweist auch die **Brustflosse** (Fig. 124), wo in der Regel noch ein drittes Stück, das sogenannte **Mesopterygium**, hinzukommt. Auf die ausserordentlich zahlreichen Variationen —

Fig. 123. **Rechte Bauchflosse von Heptanchus,** von der Ventralseite. *BP* Beckenplatte, *Fo¹*, † Nervenlöcher, *Pr* Propterygium, *Rad, Rad* Radien, welche bei †* secundäre Abgliederungen zeigen, *SRad* Stammradius s. Metapterygium.

---

[1]) Bei **Selachiern** zeigen die Extremitäten in der Ontogenie in allen ihren Theilen die mannigfachsten **Lageverschiebungen**, und zwar in rostraler oder caudaler Richtung. Auch kann es vorkommen, dass in einem und demselben Individuum zuerst eine Verschiebung in der einen und dann erst in der anderen Richtung zur Beobachtung kommt.

[2]) Ueber die im Bereich der Bauchflosse der **Selachier** auftretenden Begattungsorgane vergl. das Capitel über den Urogenitalapparat.

es können auch vier Basalia vorkommen — kann hier nicht näher eingegangen werden, und es mag genügen, auf die ungleich reichere, durch die wichtigere physiologische Funktion bedingte Gliederung der Brustflosse gegenüber der Bauchflosse aufmerksam zu machen. Bei beiden Flossen findet übrigens dadurch noch eine sehr bedeutende Oberflächenvergrösserung statt, dass sich an der Peripherie der Radien sogenannte Hornfäden (Fig. 124 *FS*) anschliessen.

Mit Ausnahme eines oder einiger weniger, jenseits der metapterygialen Achse fallender Knorpelstrahlen (Fig. 124 †) gehen alle übrigen

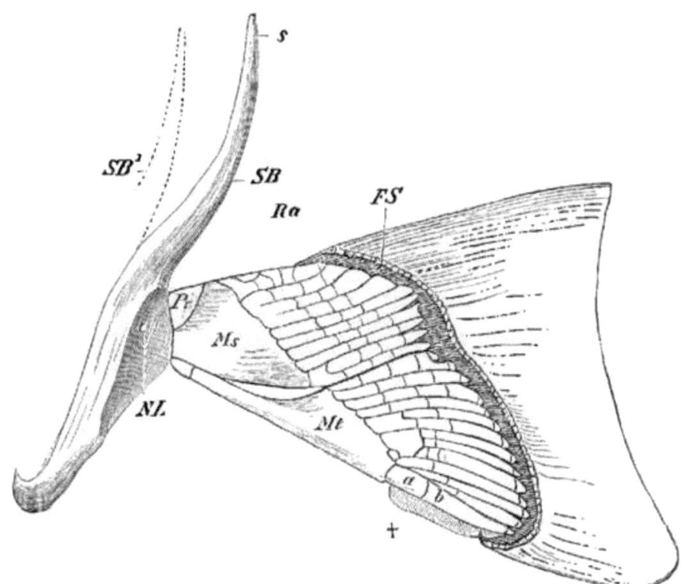

Fig. 124. **Schultergürtel und Brustflosse von Heptanchus.** *a*, *b* in der Achse des Metapterygiums liegende Radien, † jenseits der letzteren liegender Strahl (Andeutung eines biserialen Typus), *FS* durchschnittene Hornfäden, *Pr*, *Ms*, *Mt* die drei Basalstücke der Flosse, das Pro-, Meso- und Metapterygium, *Ra* knorpelige Flossenstrahlen (Radien), *SB*, *SB*[1] Schultergürtel, bei *NL* von einem Nervenloch durchbohrt.

Knorpelstrahlen (*Ra*) nur auf einer Seite vom Meta- und Mesopterygium ab (uniserialer Typus).

Bei Rochen zeigt sich das Propterygium und in der Regel auch das Metapterygium stark entwickelt, und indem das Propterygium dem Rumpfe angeschlossen wird, erstreckt es sich mit seinem peripheren (vorderen) Ende so weit nach vorne, dass es mit dem Kopfskelet durch fibröse Stränge verbunden wird. Ja es kann sogar zur Vereinigung der beiderseitigen Propterygien vor dem Cranium kommen.

Dipnoï.

Bei den Dipnoërn sind die Brust- und Bauchflossen principiell nach einem und demselben Typus gebaut, jedoch weisen die letzteren auch hier etwas einfachere Verhältnisse (einfacherer Radiensaum) auf.

Bei beiden unterscheidet man einen aus knorpeligen Gliederstücken
bestehenden **Haupt-** oder **Mittelstrahl**, an den sich rechts und
links eine grosse Zahl von ebenfalls gegliederten Nebenstrahlen an-
reihen, ohne dass man jedoch dabei von einer strengen Symmetrie
sprechen kann. So entsteht das Bild eines Federbartes, und der Vergleich liegt um so näher, als sich in peripherer Richtung noch eine
Menge dicht gedrängter Hornfäden anschliessen (Fig. 125). Das oberste
(basale) Stück des Hauptstrahles („Zwischenstück"), welches keine
Nebenstrahlen trägt, steht in Gelenkver-
bindung mit dem Schultergürtel. (Vergl.
das Becken der Dipnoër.)

So handelt es sich hier also, im Gegensatz zu den Selachiern, und, wie ich gleich
hinzufügen kann, zu den Ganoiden und
Teleostiern, um einen **zweireihigen** oder
biserialen Flossentypus[1]).

Die paarigen Flossen des **Ceratodus**
sind nicht mehr nur blosse Schwimm- und
Steuerorgane, sondern sie haben bereits
begonnen, neuen Functionen zu dienen,
d. h. der Körper wird in der Ruhelage
durch Anstemmen der Flossen leicht
über den Boden erhoben.

Ganz ähnlich verhält es sich mit
Protopterus, der auch wesentlich auf
dem Grund des Wassers seiner Nahrung
nachgeht. Auch hier erinnern die Functionen der Flosse bereits an die **Penta-
dactylier**, von welchen die **Tritonen**
z. B. ihren Körper im Wasser nicht nur
rudernd vorwärtsbewegen, sondern ihn mittelst ihrer Extremitäten in gewissen Ruhe-
stellungen auch **tragen**.

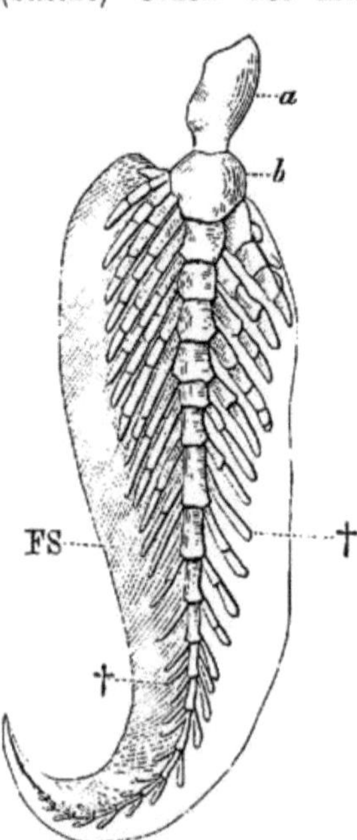

Fig. 125. **Brustflosse von
Ceratodus Forsteri**. *a, b*
die zwei ersten Gliedstücke des
axialen Hauptstrahles, von welchen *a* das „Zwischenstück"
repräsentiert, *FS* Hornfäden, welche nur auf **einer** Seite dargestellt sind, †† Nebenstrahlen.

Wenn man erwägt, dass bei der **Ceratodusflosse** distal von dem einzigen Gelenk der gewöhnlichen Knorpelfisch-Flosse
noch ein **neues** Gelenk (bezw. eine neue Syn-
arthrose) aufgetreten ist, so liegt der Gedanke sehr nahe, dass auch eine Art von
Kriechen, d. h. ein Vorwärtsschieben des Körpers auf dem Boden
des Wassers, möglich sein könnte. Direct beobachtet ist dies aber
nicht.

Ueber gewisse, im Bereich der hinteren Extremitäten von **Lepidosiren paradoxa** (**Männchen**) zur Zeit der Fortpflanzung auftretende **Papillen** s. später.

----

1) Bei **Ceratodus** ist derselbe am deutlichsten ausgesprochen, während es sich bei
Protopterus und **Lepidosiren** um sehr starke Rückbildungen handelt, sodass hier
fast nur noch der gegliederte Mittelstrahl übrig geblieben ist (vgl. Fig. 70).

Ganoiden.

Bei Ganoiden charakterisiert sich die Architektur des Flossenskelets durch eine geringere Zahl und im Allgemeinen auch durch ein geringeres Volumen der primitiven Radien, als bei Selachiern.

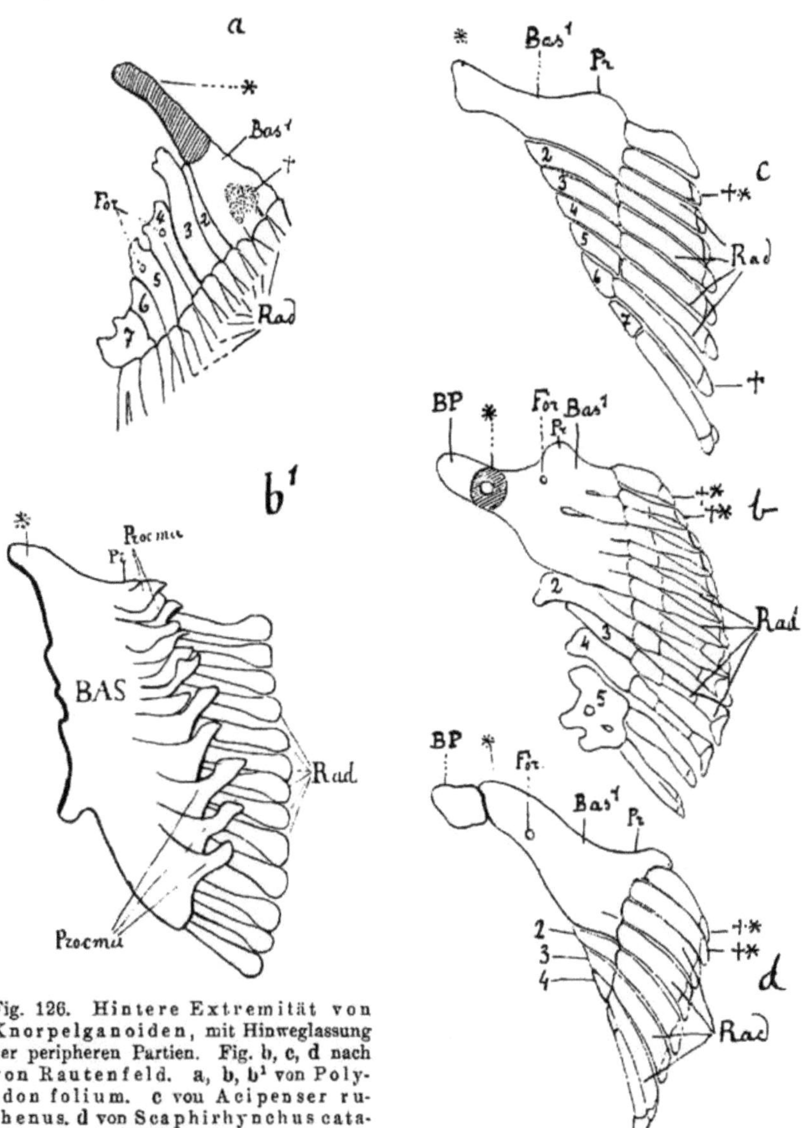

Fig. 126. Hintere Extremität von Knorpelganoiden, mit Hinweglassung der peripheren Partien. Fig. b, c, d nach von Rautenfeld. a, b, b¹ von Polyodon folium. c von Acipenser ruthenus. d von Scaphirhynchus cataphractus. *BAS* Basale commune mit 13 Processus musculares *(Procmu)*, *Bas¹* vorderstes (proximales) Basale, von welchem sich in Figur b und d eine Beckenplatte *BP* abgegliedert hat, *Pr* Propterygium (?) (Praepubis?), *Rad* Radien, †* secundäre Radien, * proximalwärts sich erstreckender Fortsatz von *Bas¹*, † von Gallert erfüllter Hohlraum in *Bas¹*, 2—7 die weiter nach hinten (distalwärts) liegenden Basalia, z. Th. von Nervenlöchern *(For)* durchbohrt.

Dazu treten aber nun, ganz ähnlich wie am Schultergürtel und
Schädel, secundäre, von der Haut ausgehende Knochenbildungen,
welche sich in gegliederter oder ungegliederter Form auf beiden
Flächen der Flosse entwickeln und zur Ergänzung, d. h. zur Vergrösserung des primären Flossenskelets dienen.

Bei den Knochenganoiden nennt man sie „Flossenstrahlen", und stets sind dieselben am Vorderrand der Flosse
mächtiger entwickelt, als am hinteren. Der vorderste, der sogenannte
Randstrahl, tritt mit dem anstossenden Knorpel des primären
Flossenskeletes in engste Verbindung, oder er tritt, den Knorpel
gänzlich unterdrückend, an dessen Stelle. Ersteres gilt für die Sturionen, letzteres für Amia und Lepidosteus.

Was zunächst die **Bauchflosse** der Knorpelganoiden anbelangt, so können die primitiven Knorpelradien bald in geringerer,

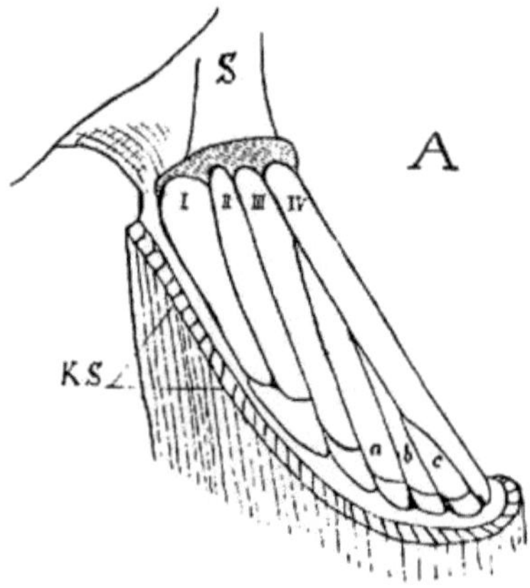
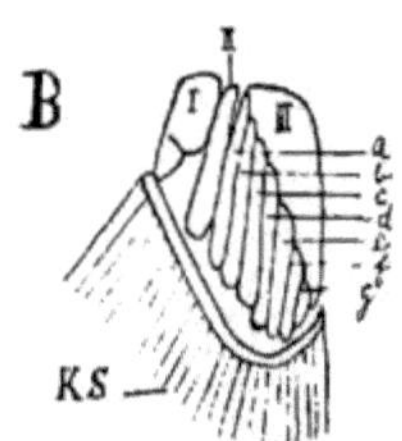

Fig. 127. **A Linke
Brustflosse von
Spatularia.** Die-
selbe ist nach aussen
gedreht und weit
herabgezogen.

**B Linke Brust-
flosse von Amia,**
nach abwärts ge-
schlagen, von der
Dorsalseite gesehen.

a—g Radien, welche von der Berührung mit
dem Schultergürtel ausgeschlossen und mit
dem hinteren ¦Randstrahl *III* bezw. *IV* in
Verbindung stehen, *I, II, III, IV* knorpelige
Radien, welche mit dem Schultergürtel *S* in
Verbindung treten, *KS* zurückgeschnittene
Knochenstrahlen.

bald in grösserer Zahl mit ihren proximalen Enden zu einem Basale
verwachsen, das von Nervenlöchern durchbohrt sein und von welchem
sich eventuell noch eine höchst primitive Beckenplatte abgliedern kann
(Fig. 126, **a—d**). Ob jenes Basale dem Metapterygium der Selachier
gleich zu erachten ist, mag dahingestellt bleiben; wichtiger erscheint
mir zu betonen, dass man, streng genommen, dabei von keinem „Hauptstrahl", welchem man Nebenstrahlen gegenüberstellen könnte, reden
kann, denn das Basale ist polymeren Ursprungs und stellt nichts
Anderes dar als ein Multiplum vorher, d. h. onto- bezw. phylogenetisch
getrennter Einzelstrahlen.

Die **Brustflosse** der Knorpelganoiden zeigt die ursprünglichen Verhältnisse schon etwas verwischt; gleichwohl aber besteht
auch sie aus einer, bei verschiedenen Formen verschieden grossen
Zahl von Knorpelstrahlen. Vier erreichen bei Polyodon folium
(Spatularia), fünf bei Acipenser ruthenus den Schultergürtel,
während drei davon ausgeschlossen werden und zwischen den dritten

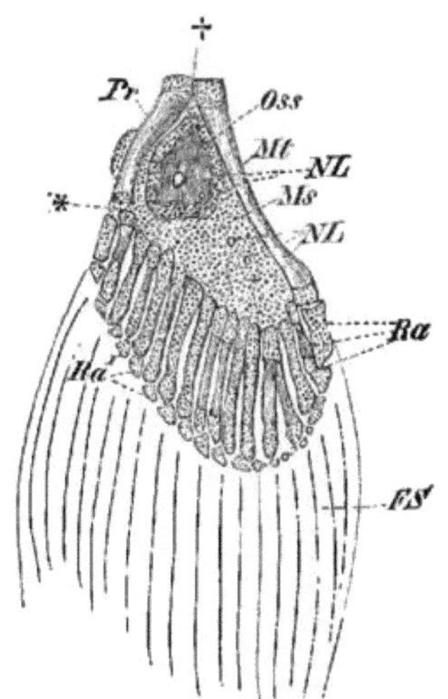

Fig. 128. Brustflosse von Polypterus. *FS* Flossenstrahlen, *Mt* und *Pr* stellen knöcherne Randstrahlen, *Ms* den von letzteren umschlossenen, mittleren Bezirk mit einem Ossifications-Herd *(Oss)* dar, *Nl*, *Nl* Nervenlöcher, *Ra*, *Ra¹* Radien erster und zweiter Ordnung. Bei † stossen die knöchernen Randstrahlen zusammen und schliessen den mittleren Bezirk von der Schulterpfanne aus (vergl. Fig. 127 B).

und vierten Strahl zu liegen kommen (Fig. 127).

Bei Amia (Fig. 127 B), wo die zwei starken Randstrahlen proximalwärts stark convergieren, erreicht ausser ihnen nur noch ein einziger Strahl den Schultergürtel, und an diese Verhältnisse schliesst sich die hoch entwickelte, seitlich von je einem starken Flossenstrahl flankierte Brustflosse von Polypterus an[1]).

Was die Bauchflosse von Polypterus und den übrigen Knochenganoiden betrifft, so lässt sie sich ohne Weiteres auf diejenige der Knorpelganoiden zurückführen, und wenn auch ihre Entwicklungsgeschichte nicht bekannt ist, so kann man doch mit Sicherheit annehmen, dass z. B. das Basale von Polypterus aus der Concrescenz einer grösseren Zahl ursprünglich getrennter primitiver Radien hervorgegangen ist (vergl. Fig. 109, C). Es handelt sich also bei der Bauchflosse der Knochenganoiden den Sturionen gegenüber um eine starke Reduction in der Radienzahl.

Teleostier.

Bei Teleostiern hat die eben betonte Rückbildung an der Bauch- und Brustflosse, bezw. das stets gesteigerte Zurücktreten des Knorpelskeletes dem secundären (Knochen-) Skelet gegenüber noch grössere Fortschritte gemacht, doch kann hier nicht weiter darauf eingegangen werden, und ich verweise auf pag. 202—204 und die dort gegebenen Abbildungen meines Lehrbuches (II. Aufl.) der vergleichenden Anatomie der Wirbelthiere (vergl. auch Fig. 100).

Allgemeine Betrachtungen über die Gliedmassen der höheren Wirbelthiere.

So leicht sich auch das Flossenskelet sämtlicher Hauptgruppen der Fische auf einen Grundtypus zurückführen lässt, so schwierig erscheint von hier aus die Anknüpfung an die Extremitäten der Amphibien. Zwischen beiden scheint eine tiefe, auf die verschiedenen

---

[1]) Alle an die Polypterus-Brustflosse geknüpften Speculationen können so lange zu keinem befriedigenden Resultate führen, bis an der Hand der Entwicklungsgeschichte ein sicherer Einblick in die morphologische Bedeutung jenes Skeletabschnittes, den ich auf der Fig. 128 als mittleren Bezirk *(Ms)* bezeichnet habe, gewonnen sein wird. Sollte sich derselbe aber auch ontogenetisch nicht mehr als aus einem Complex ursprünglich getrennter Radien hervorgegangen erweisen, so beweist dies noch lange nicht, dass dies nicht in der Phylogenese einst der Fall war.

Lebensbedingungen zurückzuführende Kluft zu existieren, und eine
sichere Antwort auf die Frage: wie ist aus der nur für das Wasser
eingerichteten Flosse die Gliedmasse eines luftathmenden, für die
Bewegung auf dem Lande bestimmten Wirbelthieres, eines Urlurchs,
entstanden? — ist vorderhand nicht möglich. Ob die Lösung dieses
cardinalen Problems in befriedigender Weise durch künftige paläontologische Forschungen zu erwarten steht, muss die Zukunft lehren.

Eines aber lässt sich doch mit einiger Wahrscheinlichkeit behaupten, nämlich das, dass das Extremitäten-Skelet der terrestrischen
Thiere, das sogenannte Chiropterygium, vom Ichthyopterygium
der Knorpelfische aus seine Entstehung genommen hat. Ob und
wie weit aber die einzelnen Gliedmassenknochen beider Gruppen auf

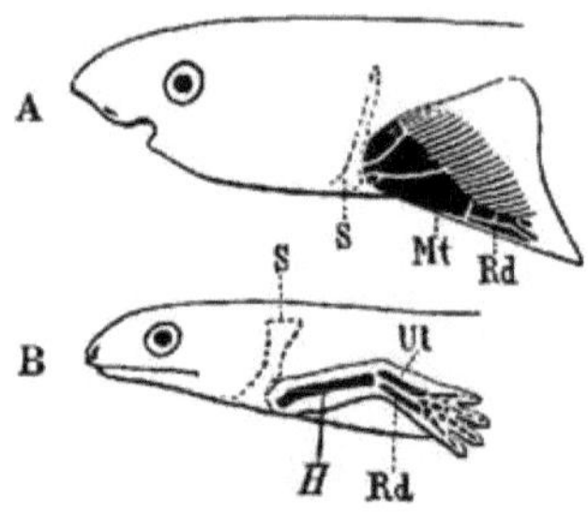

Fig. 129.

Fig. 129. Schematische Darstellung
der Lagebeziehungen der freien Extremität zum Rumpf bei Fischen (A)
und den höheren Wirbelthieren (B).
H Humerus, Mt Metapterygium mit Radien
(Rd), Rd (in Fig. B) = Radius, S Schultergürtel, Ul Ulna.

Fig. 130. Hintere Extremität eines
Molches (Spelerpes fuscus). Dg Digiti
mit den Phalangen ph, ph, Fe Femur, Fi Fibula, Mt Metatarsus mit seinen fünf Strahlen
I—V, T Tibia, T Tarsus, welcher aus dem
Centrale c, dem Intermedium i, dem Tibiale t,
dem Fibulare f und dem Tarsale 1—5 besteht.

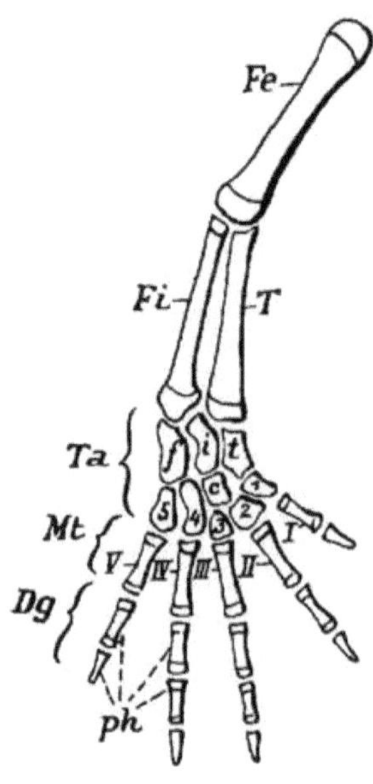

Fig. 130.

einander zurückgeführt werden können, wie also aus der als einfacher Hebel fungierenden Flosse bei der terrestrischen Extremität
ein System von Hebeln geworden ist, lässt sich nicht mit Sicherheit entscheiden.

Für alle über den Fischen und Dipnoërn stehenden Wirbelthiere
gilt ein gemeinsamer Grundtypus des freien Gliedmassenskeletes und
zwar sowohl an der vorderen, wie an der hinteren Extremität.

Stets handelt es sich um eine Gliederung in vier Hauptabschnitte,
die man einerseits als Oberarm (Humerus), Vorderarm (Antibrachium), Handwurzel (Carpus) und Hand (Manus), andererseits als
Oberschenkel (Femur), Unterschenkel (Crus), Fusswurzel
(Tarsus) und Fuss (Pes) bezeichnet. Während der dem Metapterygium entsprechende Oberarm oder Oberschenkelknochen stets unpaar
ist, sodass also stets nur ein einziges Basalstück mit dem Glied-
massengürtel sich verbindet, treten im Vorderarm wie im Unter-

schenkel zwei Knochen auf. Die ersteren heissen Radius und Ulna, die letzteren Tibia und Fibula. Auch die Hand und der Fuss zerfallen in zwei Abschnitte, in die Mittelhand und den Mittelfuss (Metacarpus, Metatarsus), sowie in die aus den sogen. Phalangen bestehenden Finger und Zehen (Digiti).

Die beiden oberen (proximalen), sowie der unterste (distale) Abschnitt der Extremitäten bestehen aus mehr oder weniger langen, cylindrischen Knochen, die wegen ihres durch die ganze Wirbelthier-Reihe hindurch prinzipiell gleichartigen Verhaltens weniger Interesse bieten als das stark variierende Hand- und Fusswurzelskelet. Gleichwohl ist auch für diese beiden ein Grundtypus festzustellen, und zwar folgender: Es handelt sich stets um einen aus kleinen Stückchen bestehenden Knorpel- oder Knochencomplex. Um ein Os centrale, das auch doppelt vorhanden sein kann, liegt ein Kranz von weiteren Stücken, unter welchen man drei proximale und eine wechselnde Anzahl (4—6) distale unterscheiden kann. Erstere werden wegen ihrer Lagebeziehungen zu den Knochen des Vorderarmes resp. Unterschenkels als Radiale (Tibiale), Ulnare (Fibulare) und als Intermedium, letztere als Carpalia resp. Tarsalia I—VI (sensu strictiori) unterschieden. Dabei wird von der radialen, beziehungsweise von der tibialen Seite aus gezählt.

Amphibien.

Ueber die Deutung der einzelnen Carpal- und Tarsal-Elemente der Amphibien gehen die Meinungen noch stark auseinander, und aus diesem Grunde habe ich vorläufig noch die früheren Zahlen und Bezeichnungen beibehalten. In der Fussnote finden sich einige Notizen über die neuere Auffassung[1]).

Bei Urodelen wie bei Anuren trägt die Hand in der Regel nur 4 (d. h. 1—4), der Fuss dagegen 5 Finger (Zehen). Dazu können noch Spuren eines Anhanges kommen, den man als „sechste Zehe" bezeichnet. Bei den Urodelen entspricht das Hand- bezw. Fuss-Skelet im Allgemeinen dem Verhalten, welches auf Fig. 130 dargestellt ist, doch kann es auch zu Verschmelzungen einer grösseren oder kleineren Zahl von Carpalia oder Tarsalia kommen. Aehnliches gilt auch für die Anuren, doch verschmelzen hier auch noch Radius und Ulna. Das Intermedium ist bei Anuren weder im Carpus noch im Tarsus mit Sicherheit mehr nachzuweisen, und die Unterschenkelknochen sind zu einem Stück verwachsen. Tibiale und Fibulare sind zu zwei langen cylindrischen Knochen ausgewachsen, und diese, sowie auch die Länge der hinteren Extremität überhaupt, stehen in Correlation mit der Umbildung der hinteren Extremität zu einem Sprungorgan.

In der distalen Reihe des Carpus legen sich bei Anuren ursprünglich noch vier discrete Stücke an, doch kann es durch secundären Zusammenfluss zu einer Verminderung dieser Zahl kommen. In seltenen Fällen ist noch ein fünftes Carpale vorhanden.

In der distalen Tarsus-Reihe erscheinen das Tarsale II und III als die constantesten Elemente, doch können auch diese zusammen-

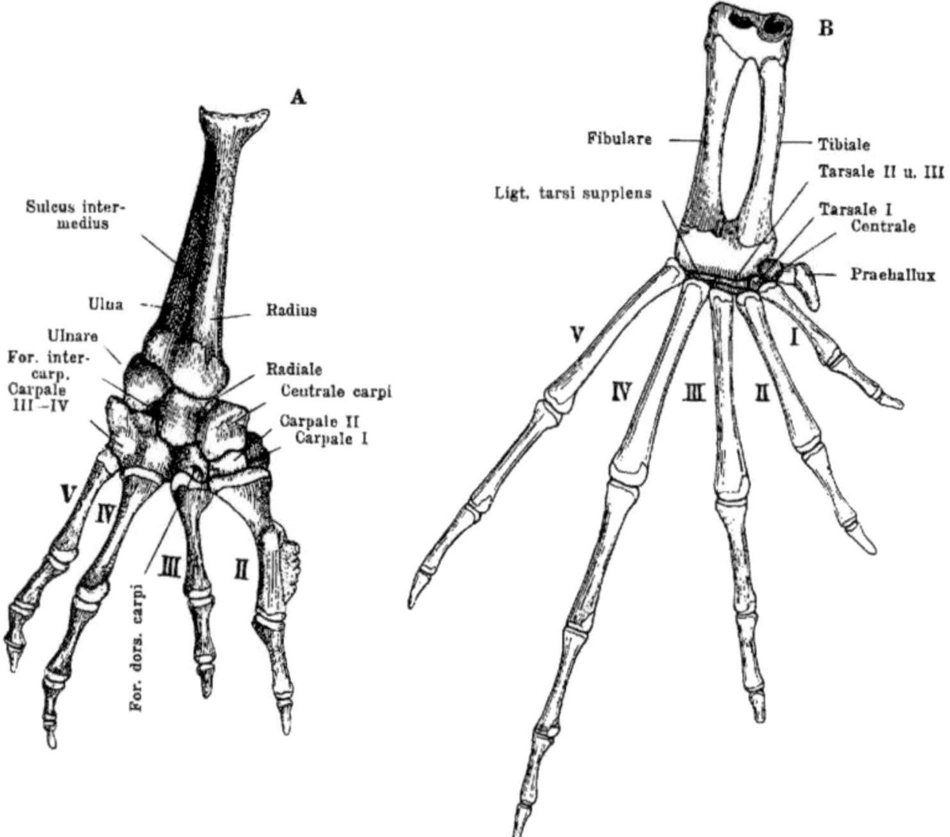

Fig. 131 **A. Vorderarm und Hand von Rana esculenta.** ♂ **Rechte Extremität. Dorsalseite. Vergrössert. B. Rechter Fuss von Rana esculenta. Dorsalseite. 2mal nat. Grösse. Beide Figuren nach E. Gaupp.**

fliessen. Tarsale IV und V sind in der Regel durch eine Bandmasse ersetzt. Die Metatarsalknochen, sowie die Phalangen, zwischen welchen sich die Schwimmhaut ausspannt, sind bei Anuren sehr lang und schlank[1]).

---

[1]) Die fusslosen Lurche (Gymnophionen) besitzen in der Embryonalzeit noch äusserlich sichtbare Extremitäten-Anlagen, die sich später wieder zurückbilden.

Ueber den Carpus und Tarsus fossiler Amphibien, z. B. der Stegocephalen, ist nicht viel bekannt. Da wo sie erhalten sind, stimmen sie im Allgemeinen mit dem Verhalten recenter Formen überein. Eine eigenthümliche Erscheinung sind gewisse, bald an der radialen, bald an der ulnaren Seite des Humerus auftretende Canäle, welche dem

Reptilien.

Während viele Reptilien (Saurier, Crocodile, Chelonier) bei der Fortbewegung zwischen der ventralen Rumpffläche und dem Boden einen nur geringen Abstand halten, kommen doch auch Formen vor, wo die Gliedmassen schon als höher organisierte Stützapparate fungieren. Dies beweisen z. B. gewisse fossile Formen, bei

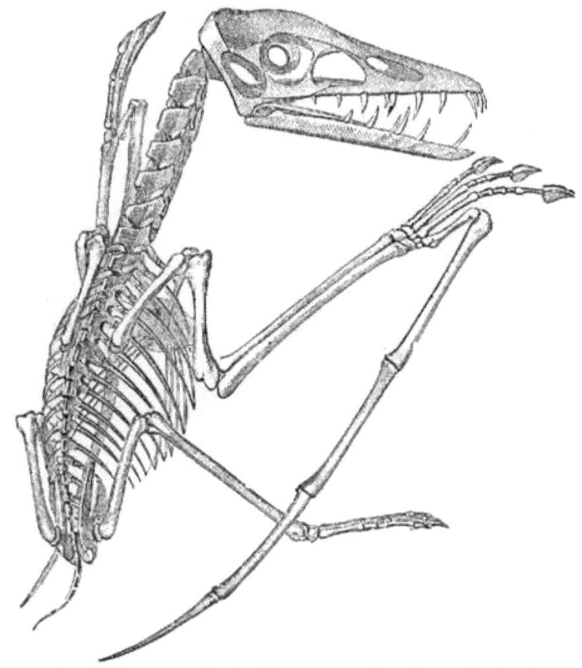

Fig. 132. Pterodactylus, nach Goldfuss. (Das Handskelet ist corrigiert.) Der lang gestreckte Finger stand mit der Flughaut in Verbindung.

welchen, wie z. B. bei den Dinosauriern, die Ortsbewegung wesentlich oder allein durch die hintere Extremität geleistet wurde (Allosaurus, Compsognathus.) Dadurch wurde die vordere Gliedmasse mit anderen Leistungen betraut, wie dies auch für die Pterosaurier gilt, von welchen später noch die Rede sein wird. (Vergl. auch die zu einem Flugorgan in anderer Art umgebildete Vordergliedmasse der Vögel.)

Wie im Schulter- und Beckengürtel, so schliessen sich die Chelonier auch in ihrem Carpus-Bau am nächsten an die Urodelen an [1]); allein eine Einigung bezüglich der Deutung der einzelnen Ele-

---

Nervus radialis, bezw. dem Nervus medianus und der Arteria brachialis zum Durchtritte dienen. Sie finden sich schon bei manchen Stegocephalen (Stereorhachis und Bothriops), dann aber in viel reicherer Verbreitung bei zahlreichen recenten und fossilen Reptilien. Solchen Foramina supracondyloidea begegnet man auch bei vielen Säugethieren.

[1]) Dies gilt in erster Linie für Chelydra serpentina, deren Carpus sogar ein doppeltes Centrale besitzt. Letzteres kommt übrigens auch noch Hatteria und

mente ist bis dato noch nicht erzielt. Aehnliches gilt auch für die
Saurier, allwo Hatteria einen sehr primitiven Carpusbau aufweist;
derselbe hat Vieles mit demjenigen der Chelonier gemein (vergl. die
Anmerkung).

Bei allen Reptilien sind meist fünf Finger resp. Zehen ausgebildet, doch kommen auch Reductionen vor. Finger und Zehen sind
in ihren Einzelgliedern viel beweglicher als bei Amphibien.

Die Crocodilier, bei welchen, wie bei Anuren, jede Spur
eines Intermediums fehlt, besitzen in der proximalen Carpalreihe

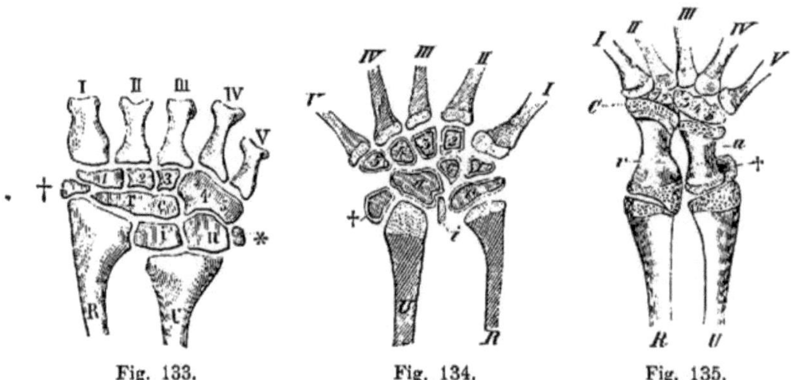

Fig. 133. Fig. 134. Fig. 135.

Fig. 133. Carpus von Emys europaea, rechte Seite von oben. *I—V* die fünf
Metacarpen, *i* Intermedium, *R*, *U* Radius und Ulna, *r*, *c* Radiale und Centrale zusammengeflossen, *u* Ulnare, 1—5 die Carpalia, wovon 4 und 5 miteinander verschmolzen sind,
† und * ein am ulnaren und radialen Rand gelegenes Skeletstück (Andeutung eines sechsten
und siebenten Strahles), * entspricht dem † auf Fig. 134 und 135, d. h. einem Pisiforme.

Fig. 134. Carpus von Lacerta agilis, linke Seite von oben. *c* Centrale, *I—V*
die fünf Metacarpen, *i* Intermedium, *r* Radiale, welches bei Embryonen noch aus zwei
Elementen besteht. Das radialwärts gelegene ist das Carpale des Praepollex, *U*, *R* Ulna,
Radius, *u* Ulnare, 1—5 die fünf Carpalia, † Rest eines reduzierten Strahles (Pisiforme).

Fig. 135. Carpus von Alligator lucius (junges Thier), rechte Seite von
oben. *C* Centrale, *I—V* die fünf Metacarpen, *R*, *U* Radius, Ulna, *r* Radiale, *u* Ulnare,
1—5 die fünf noch nicht ossifizierten Carpalia, wovon 1 und 2, sowie 3, 4 und 5 je zu
einem Stück zusammengeflossen sind, † Rest eines reduzierten Strahles (Pisiforme).

zwei sanduhrförmige Knochen, wovon der eine, grössere, als Radiale,
der andere, kleinere, als Ulnare zu deuten ist. Seitlich von diesem
existieren auch hier die Spuren eines sechsten Fingers. Das Centrale liegt am radialen Rand, und die distale Reihe der Carpalia tritt
gegen die proximale stark in den Hintergrund. Der 4. und 5. Finger
erscheinen den übrigen Fingern gegenüber stark reduziert[1]).

dem fossilen Proterosaurus zu. Auch bei Emys lutaria Marsili, Emydura
Krefftii, Trachemys elegans u. a. sind mehr oder weniger deutliche Spuren eines
doppelten Centrale nachzuweisen. Die Zahl der Centralia scheint übrigens Schwankungen
unterliegen zu können; so können z. B. bei Hatteria bisweilen drei Centralia auftreten.

[1]) In der Reihe der schlangenähnlichen Saurier gehen die rudimentären Gliedmassen
ihrer ursprünglichen locomotorischen Aufgabe verlustig, und die Fortbewegung wird vom
Rumpf selbst vollzogen. Die Rückbildung der Extremitäten geht stets vom Handskelet, beziehungsweise vom Fussskelet aus und schreitet dann proximalwärts fort, bis schliesslich
ein fast gänzlicher Verlust der Gliedmassen eintritt (Blindschleichen, Amphisbaenen, fast alle Schlangen).

Von Interesse ist das Handskelet der fossilen Flugsaurier, bei denen der vierte bezw. fünfte (ulnare) Finger sich zu einem langen, vielfach gegliederten Stab verlängerte, welcher zur Ausspannung der Flughaut diente (Pterodactylus, Rhamphorhynchus phyllurus).

Die an Elementen sehr reiche Enaliosaurier-Flosse (Ichthyosaurus etc.) mit stark verkürzter Ulna und Radius (carpus-

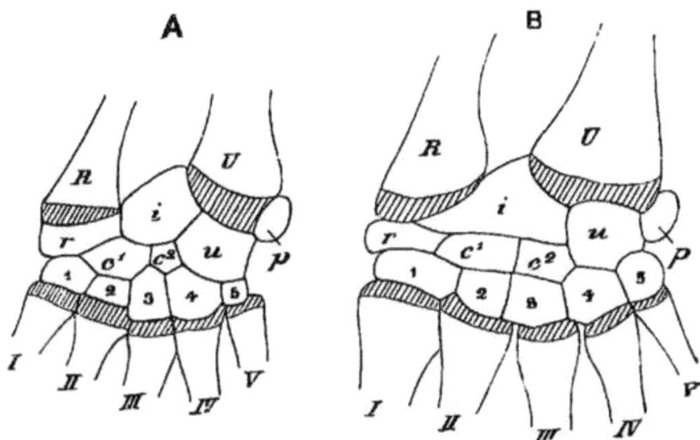

Fig. 136. Carpus von Hatteria (Sphenodon) punctata (A) und Emydura Krefftii (B). Nach G. Baur. c^1 radiale centrale, c^2 ulnare centrale, $I—V$ erster bis fünfter Metacarpus, i intermedium, p ulnares Sesamoid (Pisiforme), R Radius, r radiale, U Ulna, u ulnare, 1—5 Carpalia.

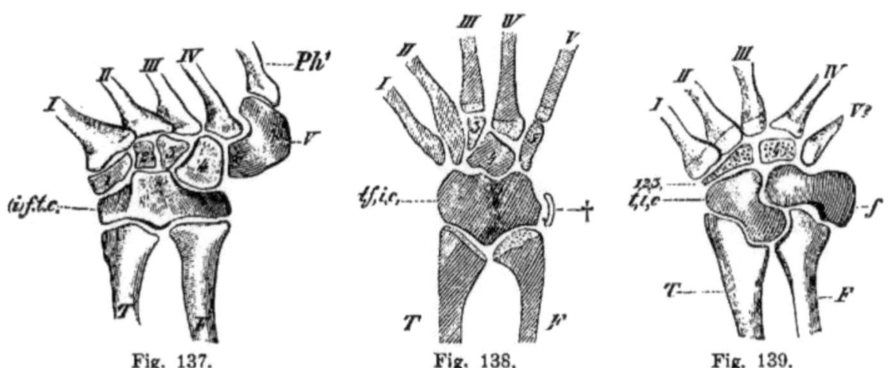

Fig. 137.　　　　　Fig. 138.　　　　　Fig. 139.

Fig. 137. Tarsus von Emys europaea, rechte Seite von oben. F Fibula, $I—V$ die fünf Metatarsalia, (i)f.t.c. die zu einem Stück vereinigten Tarsalia (Intermedium(?), Fibulare, Tibiale, Centrale) der ersten Reihe, 1—4 Tarsalia der zweiten Reihe, Ph^1 erste Phalanx des 5. Fingers, T Tibia.

Fig. 138. Tarsus von Lacerta muralis, rechte Seite von oben. F Fibula, $I—V$ die fünf Metatarsen, T Tibia, t, f, i, c der einem Tibiale, Intermedium und Centrale entsprechende Knochen der proximalen Reihe, 3—5 die drei Tarsalia der distalen Reihe, † Sesambein (Anlage eines sechsten Strahles im Tarsus der Ascalaboten.)

Fig. 139. Tarsus vom Crocodil, rechte Seite von oben. F Fibula, f Fibulare (Calcaneus), $I—IV$ erster bis vierter Metatarsus, T Tibia. t, i, c das zu einem Astragalus vereinigte Tibiale, Intermedium und Centrale, V? Tarsale und Metatarsale 5, 1—3 erstes bis drittes Tarsale, zu einem Stück zusammengeflossen, 4 viertes Tarsale.

ähnliche Stücke) ist als eine nach mancher Richtung hin secundär abgeänderte Bildung, welche in der Cetaceenflosse ihre Parallele findet, zu betrachten (Convergenzerscheinung).

Die Tibia beginnt schon in der Reihe der Reptilien allmählich das Uebergewicht über die Fibula zu erlangen, d. h. sie bildet sich zum wichtigeren Stützelement heraus.

Der Tarsus, zumal in seinem proximalen Abschnitt, erfährt bei allen Reptilien durch vielfache Verschmelzung der Einzelstücke eine überaus starke Reduction und leitet allmählich zum Vogeltypus hinüber.

So können bei Schildkröten (Fig. 137) und Sauriern (Fig. 138) alle Stücke der proximalen Reihe zu einer Knochenmasse zusammenfliessen, welche bei Schildkröten einem Tibiale, Fibulare und Centrale entspricht. Bei Sauriern lässt sich ein Centrale tarsi nicht einmal mehr ontogenetisch nachweisen. Die Anlage eines sechsten Strahles ist auch hier vorhanden. Ueber den Verbleib des Intermedium ist nichts bekannt, es hat seine Selbständigkeit eingebüsst.

In der zweiten Reihe legen sich bei Reptilien drei bis vier discrete Tarsalia an, die aber z. Th. unter sich (Schildkröten) verwachsen können, sodass sich der Fuss immer mehr im Intertarsalgelenk bewegt (vogelähnliches Verhalten). Hierher gehören auch fossile Formen, z. B. die Dinosaurier.

Bei Crocodiliern liegen in der proximalen Tarsalreihe zwei Knochen, wovon der eine einem Tibiale, Intermedium und Centrale, der andere einem Fibulare entspricht. Ersterer wird als Astragalus, letzterer, an welchem sich hier zum erstenmal in der Thierreihe ein Fersenhöcker entwickelt, als Calcaneus bezeichnet. In der distalen Reihe legen sich ursprünglich vier kleine Knorpel an, die aber später theilweise unter sich zusammenfliessen.

Eine in der Embryonalzeit auftretende Hyperphalangie der Crocodil-Hand weist auf alte Formen zurück, welche eine Ruderflosse besessen, d. h. welche ein schwimmendes Dasein geführt haben müssen. Diese Erscheinung findet ihre Parallele in der Hand vieler Wale, wo es sich ebenfalls um secundär erworbene Anpassungen handelt. Auch bei Fledermäusen und Vögeln wurde in der Embryonalzeit eine Anlage von mehr Phalangen nachgewiesen, als später zur definitiven Ausbildung kommen.

Vögel.

In Folge des Umstandes, dass die Vorderextremität der Vögel aus einem Gehwerkzeug zu einem Flugapparat geworden ist, verliert sie in ihrem peripheren Abschnitt ihre ursprünglichen Charaktere und erleidet Rückbildungen. Humerus und Antibrachium (und hier vor allem die Ulna) dagegen, wie auch der ganze Schultergürtel zusamt dem Brustbein erfahren durch ihre Beziehungen zum Fluggeschäft eine ausserordentliche Entwicklung, strecken sich in die Länge und treten bei guten Fliegern der Hinterextremität gegenüber, welche zu einem Träger der gesamten Körperlast geworden ist, in den Vordergrund (Fig. 140). Eine Ausnahme von dieser Regel machen nur die Laufvögel, bei denen die Vorderextremität ein regressives Verhalten zeigt.

Im Carpus finden sich noch wenigstens sieben Elemente. In der proximalen Reihe liegen ein Intermedio-radiale und ein Centro-ulnare, von welchen jedes in früher Embryonalzeit noch getheilt ist. Auch in der distalen Reihe figurieren zwei freie Elemente, von welchen das eine (carpale 2 + 3) offenbar aus zweien zusammengeflossen ist. Das andere Stück entspricht einem Carpale 4. — Es kommen vier deutliche Metacarpalia zur Anlage, und zwar scheinen dieselben ihrer Reihenfolge nach viel eher dem II, III, IV und V als dem I, II, III und IV zu entsprechen. Das V. Metacar-

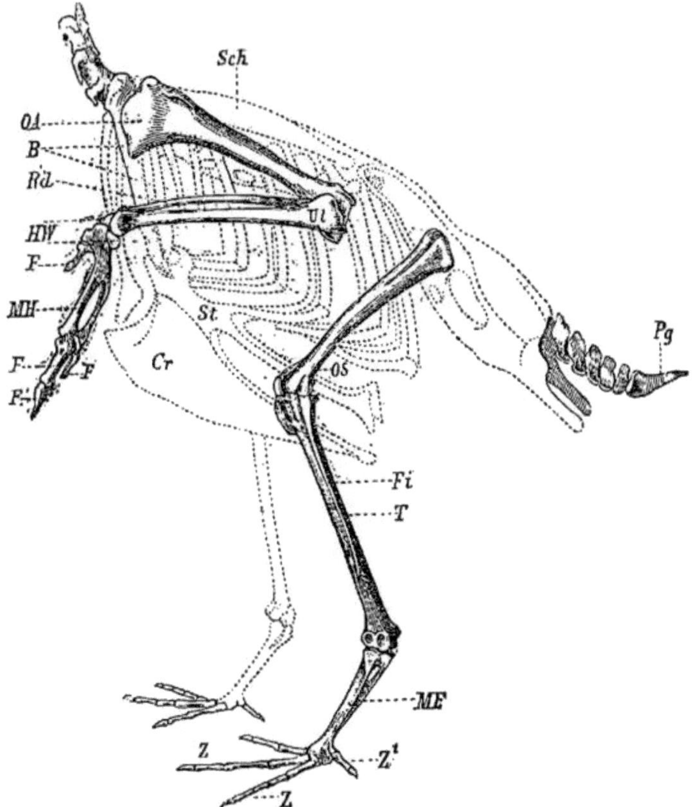

Fig. 140. Gliedmassen und Schwanzskelet eines Vogels (Carinate). Das Rumpfskelet ist durch Punkte angedeutet. *F*, *F* Finger, *Fi* Fibula, *HW* Handwurzel, *MF* Mittelfuss, *MH* Mittelhand, *OA* Oberarmknochen, *Os* Oberschenkel, *Py* Pygostyl, *R* Rabenschnabelbein (Coracoid), *Rd* Radius, *Sch* Schulterblatt, *St* Sternum mit Crista (*Cr*), *T* Tibia, *Ul* Ulna, *Z*, *Z¹* Zehen.

pale ist nur in frühen Stadien ein freies Element und verschmilzt schliesslich mit Metacarpale IV (Fig. 141).

Die distalen Carpalia fliessen später mit den Metacarpen und letztere selbst wieder mehr oder weniger (wie namentlich mit ihren

proximalen Enden) unter sich zusammen. Die rudimentären Finger
besitzen nur eine geringe Zahl von Phalangen.

Fingerkrallen, welche noch an allen drei Endphalangen der
Archaeopteryx sassen, finden sich bei recenten Vögeln nur noch
ausnahmsweise, und zwar meist am Daumen, seltener am Zeigefinger
oder auch noch am dritten (vierten) Finger. (Struthionen, Chionis,
Megapodius und Embryonen verschiedener recenter Vögel [vergl. Sterna,
Fig. 141])[1]).

Die schon bei Reptilien mehr und mehr zur Geltung kommende Reduction der Fusswurzelknochen erreicht bei den Vögeln ihr Maximum. Beim Embryo besteht der Tarsus noch aus drei Stücken, zwei kleineren, proximalen (Tibiale und Fibulare), und in der Regel noch aus einem breiten, distalen Stück, welches dem Tarsale 1—5 entspricht. In manchen Fällen, wie z. B. beim Pinguin, legen sich in der distalen Tarsusreihe noch vier discrete Stücke an.

Das Tibiale und Fibulare verwachsen später mit dem distalen Ende der Tibia, das distale Stück dagegen mit den Basen der Metatarsen, so dass also der Fuss des erwachsenen Vogels gar keine getrennten Tarsalia mehr besitzt. Gleichwohl

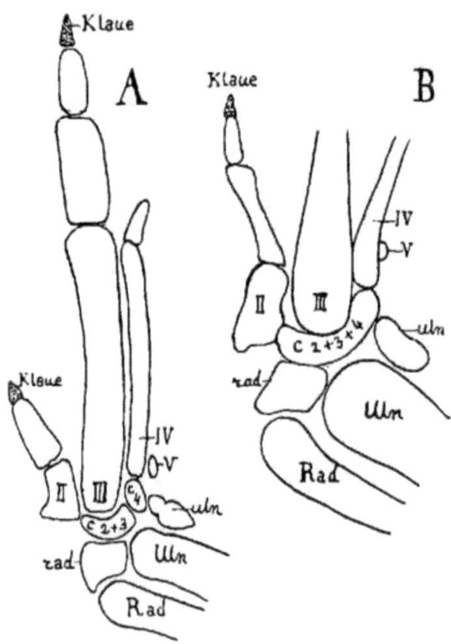

Fig. 141 **A** und **B**. Carpus des Embryo von **Sterna
Wilsonii** nach V. L. **Leighton**. **A** Stadium der
beginnenden Ossification. **B** Stadium gerade vor dem
Ausschlüpfen. *c* 2 + 3 Carpale 2 + 3, *c* 4 Carpale 4,
II—V zweites bis fünftes Metacarpale, von denen
im Stadium **B** vier und fünf bereits miteinander
verschmolzen sind, *Rad* Radius, *rad* Intermedio-Radiale, *Uln* Ulna, *uln* Centro-Ulnare.

aber darf man sagen, dass er sich, wie bei Cheloniern und Sauriern,
im Intertarsalgelenk bewegt. Es durchläuft also der Vogelfuss
in der Ontogenese das oben schon angedeutete Reptilienstadium.

Der Anlage nach sind fünf wohlgesonderte Metatarsen vorhanden, später aber, nachdem sie zum grössten Theil miteinander

---

1) In dieser Beziehung ist besonders erwähnenswerth die sehr primitive, in mancher
Hinsicht (Schultergürtel, Sternum) an die Lacertilier erinnernde, zur Gruppe der
brasilianischen Schopfhühner gehörige Form: Opisthocomus cristatus.

Während bei anderen Vögeln, wie z. B. Vanellus cayennensis die sogenannten
Flügelsporen ohne Gelenk, d. h. fest verwachsen der Unterlage aufsitzen, sind bei
Opisthocomus cristatus (im Jugendstadium) die Krallen am ersten und zweiten
Finger beweglich mit dem Endglied verbunden. Daraus resultiert die Fähigkeit der
Schopfhühner, sich ihrer Flügelkrallen, wie dies auch von der Archaeopteryx
angenommen wird, beim Klettern zu bedienen — der einzige bekannte Fall
bei recenten Vögeln! — (Göldi).

zum „Laufknochen“ verwachsen sind, weisen nur noch einige Spalten und Einsenkungen am proximalen und distalen Ende auf die frühere Trennung zurück. Besonders deutlich ist die frühere Trennung noch zu erkennen bei Pinguinen (Eudyptes chrysocome).

Die Zahl der Zehen sinkt bei Vögeln auf vier, drei oder gar, wie bei Straussen, auf zwei herab.

Die Fibula, welche stets nur einen rudimentären Knochensplitter darstellt, ist mit der starken Tibia mehr oder weniger verwachsen und erreicht bei erwachsenen Vögeln nie den Tarsus.

Säuger.

Bei Säugern bleibt die vordere Extremität entweder im Zustand eines einfachen Gehwerkzeuges, oder sie wird unter viel schärferer Individualisierung der Knochen des Vorderarmes zu einem Greif-, Flug-, Grab- oder Ruderorgan.

Schon das proximale Stück, der Humerus, an dessen medialem Rand, im Bereich der distalen Apophyse, ein sogenanntes Foramen supracondyloideum vorkommen kann, zeigt durch mannigfache Anpassung an den Gebrauch die allerverschiedensten Differenzierungen. Dieselben sprechen sich theils in der Gesamtform (Verlängerung, Verkürzung, Krümmung), theils in vielfachen, auf Muskeleinfluss zurückzuführenden Höcker- und Kantenbildungen aus (z. B. bei grabenden Thieren, wie Echidna, Talpa etc.)

Aehnliche Gesichtspunkte ergeben sich auch für die hintere Extremität (Auftreten der sogen. Rollhügel oder Trochanteren am Femur). — Die Tibia prävaliert stets über die Fibula, welch' letztere gewöhnlich vom Kniegelenk ausgeschlossen ist.

Bei der Umwandlung der vorderen Extremität in ein Greiforgan lösen sich die anfangs straff miteinander verbundenen Vorderarmknochen allmählich voneinander los und treten derart in gegenseitige Gelenkverbindung, dass der eine immer höhere Bedeutung gewinnende Radius eine ausgiebige Beweglichkeit erreicht, während die Ulna fest bleibt. Die Bewegungsachse geht in proximo-distaler Richtung durch das obere Ende des Radius, verläuft dann schräg durch das Spatium interosseum zwischen Radius und Ulna hindurch, um endlich durch das untere Ende der Ulna wieder auszutreten. Sie ist somit zwar in der Hauptsache der Längsachse des Radius selbst gleich gerichtet, dieser aber doch keineswegs parallel. Da sie am proximalen Ende durch den Radius hindurchgeht, bleibt dieses bei der Bewegung in loco, während das untere Ende einen Bogen um die Ulna beschreibt, dabei die Hand mit sich nimmt und zugleich um ihre Längsachse dreht. Diese durch eine besondere Muskelgruppe vollführte Bewegung, bei der die anfangs nach oben schauende Handfläche (Palma manus) nach abwärts gewendet wird, heisst **Pronatio**, die gegentheilige **Supinatio**.

Hand in Hand damit geht die von den Prosimiern an auftretende höhere Differenzierung des ersten Fingers, d. h. des eine immer selbständigere Stellung erreichenden und schliesslich der übrigen Hand gegenüberstellbaren („opponierbaren“) Daumens. — Auch am Fuss kommt es schon bei Marsupialiern zu einer opponierbaren ersten Zehe, aber erst bei Prosimiern und Affen bildet sich die Oppo-

nierbarkeit derselben so stark aus, dass man sie deshalb als Quadru-
manen zu bezeichnen pflegt.

Beim Menschen geht in Folge der Erwerbung des aufrechten
Ganges der Fuss seines Greifvermögens verlustig und wird zu einem
ausschliesslichen Stütz- und Gehwerkzeug.

Beide Bewegungsmöglichkeiten zeigen sich schon bei Marsupialieru angebahnt, zur höchsten Ausbildung aber gelangen sie erst
bei den Primaten. Bei ihrem Zustandekommen spielte die während
der Phylogenese immer reicher sich differenzierende Muskulatur eine
grosse Rolle; allein darin liegt noch keine zureichende Erklärung für
die verschiedene Lagerung, wie sie die homologen Knochen am supi-
nierten Unterarm und Unterschenkel thatsächlich besitzen. Am letzteren
Ort liegt die Tibia median-, an dem in Supinationsstellung befindlichen Unterarm der Radius lateralwärts. Während wir im ersteren
Fall primitive Verhältnisse beibehalten sehen, handelt es sich bei der
Supinationsstellung um eine secundäre Verschiebung. Der Grund
davon kann nicht in der Drehung des distalen Humerus-Endes gesucht werden, denn jene ist bereits bei Amphibien in stärkster Weise
ausgeprägt. Die Ueberkreuzung von Radius und Ulna beruht vielmehr darauf, dass das die Vorderextremität stützende Element, d. h. die
Hand, in einem dem Extremitäten-Stamm entgegengesetzten Sinne
gedreht wird. Dadurch wird die ursprünglich parallele Lagerung der
beiden Knochen des Vorderarmes aufgehoben, während sie bei der hinteren (unteren) Extremität persistiert, da hier die Drehung des Fusses
in einer mit dem Extremitätenstamm gleichen Richtung erfolgt.

Eine eingehende Schilderung des Säuger-Carpus und -Tarsus,
welche bei den einzelnen Gruppen nicht unerheblichen Verschiedenheiten unterliegen, würde zu weit führen, ganz abgesehen davon, dass über den morphologischen Werth, bezw. die Homologisierung der einzelnen Componenten durchaus noch keine Einigung
erzielt ist. Ich werde mich daher im Folgenden nur auf wenige Angaben beschränken.

Carpus und Tarsus der Mammalia stimmen im Allgemeinen
am meisten mit demjenigen der Urodelen und Schildkröten
überein, und hier wie dort kann es zum Zusammenfluss einzelner
Stücke untereinander kommen. Das Centrale ist seiner Anlage
nach im Carpus aller fünffingerigen Mammalia nachzuweisen,
häufig aber verschmilzt es schon in embryonaler Zeit mit einem oder
gleichzeitig mit zweien der benachbarten Carpalia, wie z. B. mit dem
Radiale, seltener mit Carpale 2 oder 3. Zuweilen legt sich noch ein
zweites Centrale an, welches in der Regel mit dem Intermedium verschmilzt (Homo). Im Allgemeinen lässt sich im Verhalten der Finger
eine Volumszunahme nach der Mitte und eine Abnahme nach den
beiden Rändern constatieren, eine Thatsache, aus welcher das später
zu schildernde Verhalten der Einhufer erklärbar wird.

Im Tarsus zeigt das Centrale ein conservativeres Verhalten und
liegt häufig nahe dem inneren (tibialen) Fussrand. Der Astragalus
entspricht einem Tibiale plus Intermedium, der Calcaneus einem
Fibulare, das Naviculare einem oder zweien Centralia und das
Cuboid einem 4—5 Tarsale (= Hamatum des Carpus).

Ein radialwärts vom ersten Finger, resp. tibialwärts von der ersten
Zehe liegender sogen. „Praepollex“ bezw. ein „Praehallux“ finden

sich bei allen fünffingerigen, resp. fünfzehigen Säugethieren, und zwar
sind sie bei niederen Formen, wo sie aus zwei oder mehr Knochen
gebildet sein können, besser entwickelt, als bei höheren, wo sie stets

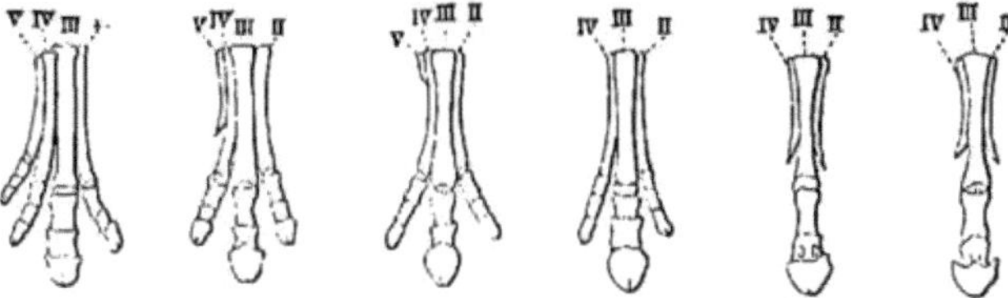

Fig. 142. Vorderfuss der Stammformen des Pferdes. 1. Orohippus (Eocän),
2. Mesohippus (oberes Pliocän), 3. Miohippus (Miocän), 4. Protohippus
(oberes Pliocän), 5. Pliohippus (oberstes Pliocän), 6. Equus. *II—V* Finger.

nur aus einem Knochen bestehen, und wo sie häufig nicht mehr
frei, sondern mit der Nachbarschaft verwachsen sind.

Ueber die morphologische Deutung des Praepollex und Praeballux sind die Meinungen noch getheilt, sicher ist aber, dass diese Stücke unter günstigen Umständen sich weiter entwickeln können, sodass in solchen Fällen von einer directen Homologisierung derselben mit den gleichnamigen Gebilden niederer Vertebraten (Rana) nicht die Rede sein kann.

In wie weit die Carpal- und Tarsalelemente sich gegenseitig entsprechen, ist bis jetzt nicht überall zu entscheiden, und speciell beim Menschen, wo die betreffenden Organe in Folge functioneller Anpassung mit so sehr verschiedenen physiologischen Aufgaben betraut sind, ist eine Homologisierung nicht leicht durchzuführen. Ich verweise deshalb bezüglich solcher Versuche auf die Arbeiten von C. Emery und K. v. Bardeleben.

Schon oben wurde auf die verschiedenen Modificationen hingewiesen, welche die Extremitäten in Anpassung an gewisse Lebensbedingungen erfahren können. So können z. B. die Phalangen der Fledermaus-Hand eine ausserordentliche Länge erreichen, können sich die Vorderextremitäten des Maulwurfs und der Monotremen in ein Graborgan und diejenigen der Walthiere in ein Steuerorgan umbilden. Im letzteren
Fall vermehrt sich die Phalangenzahl, und aus dem zuvor mehrtheiligen Hebel-System wird ein einfacher, einarmiger Hebel. Als

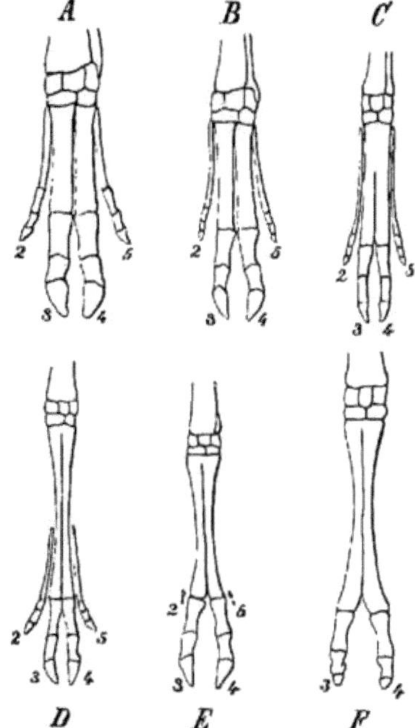

Fig. 143. **A** Vorderfuss vom Schwein, **B** von Hyomoschus, **C** von Tragulus, **D** vom Rehbock, **E** vom Schaf, **F** vom Kameel. 2—5 zweiter bis fünfter Finger. Nach Garrod (aus Bell's Grundriss der vergl. Anatomie).

ausschliessliches Locomotionswerkzeug der Walthiere dient ein
ebenfalls erst secundär erworbenes Organ, nämlich die Schwanzflosse. In die Flosse der Zahnwale tritt, im Gegensatz zu den
Bartenwalen, der sehr kurze Humerus nicht mit herein, und auch
ein Theil der Unterarmknochen ist vielfach noch im Körper enthalten.
Auch im Carpus- und Fingerskelet bestehen Verschiedenheiten, und
nicht selten, zumal bei Bartenwalen, spielen sich im ersteren Reductionsprocesse ab; die Bartenwale besitzen nur vier, die Zahnwale fünf ausgebildete Finger[1]).

Von hohem Interesse ist der Rückbildungsprocess, welchem das
Fuss- und Handskelet der Hufthiere im Laufe der geologischen
Epochen unterworfen war. Diese Thiergruppe, welche unzweifelhaft
von Fleischfressern abstammt, und welche sich zunächst aus der
zwischen Carnivoren und Hufthieren in der Mitte liegenden Abtheilung der (fossilen) Condylarthra aus dem amerikanischen Eocän
herausentwickelt hat, zerfällt in zwei grosse Abtheilungen, die Artio-
dactyli und Perissodactyli. Ersteres sind die Zweihufer, bei
welchen der dritte und vierte Finger[2]) prävalieren und den Boden
erreichen (Fig. 143 A—F), während bei den letzteren, den Einhufern, nur einer, nämlich der dritte Finger, jene Beziehungen
eingeht (Fig. 142).

Es lässt sich nun durch eine grosse Reihe (30) tertiärer Zwischenformen beweisen, dass alle Hufthiere von einer und derselben pentadactylen Urform abstammen; die gemeinsame
Stammform für Ein- und Zweihufer dürfte im unteren Eocän zu suchen
sein, und von dieser haben sich wahrscheinlich auch die Rüssel-
thiere abgezweigt.

Die vor dem Kniegelenk liegende **Patella** oder Kniescheibe
kommt schon bei gewissen Sauriern, z. B. bei Varanus, und auch
bei Vögeln, jedoch hier schon in weitester Verbreitung, vor. Unter
den Säugern fehlt sie nur den Cetaceen, Sirenen, den Chiropteren
und einigen Marsupialiern. Ueberall, wo sie auftritt, steht sie
ausser allem genetischen Zusammenhang mit den Ober- und Unterschenkelknochen, ist also nicht, wie man früher annahm, mit dem
Olecranon der Ulna zu homologisieren. Sie ist vielmehr ein echter
Sesamknochen, welcher durch die Reibung zwischen der Sehne
des M. quadriceps femoris und den Condyli femoris in der Substanz der ebengenannten Sehne entstanden zu denken ist.

---

[1]) Wie die Hyperphalangie der Cetaceen im Allgemeinen, so ist auch die bei Embryonen des Delphins und anderer Zahnwale häufig zich zeigende Längsspaltung des IV.
und V. Fingers im Sinne einer functionellen Anpassung der Gliedmasse an das Wasserleben zu beurtheilen.

Bei den Embryonen der Zahnwale sind an der Flossenspitze über der letzten Phalanx
liegende Nagelrudimente nachgewiesen. Dieser Befund spricht für die Homologie der
Fingerspitzen der Zahnwale mit denjenigen der typischen Säugethierhand.

[2]) Metatarsale 3 und 4, welche bei den Wiederkäuern miteinander verwachsen,
werden bei diesen als „Canon" bezeichnet. An der Zusammensetzung des proximalen
Endes des Canons betheiligen sich auch die obersten Enden des in embryonaler Zeit wohl
ausgeprägten Metatarsale 2 und 5. Metatarsale 2 und 5 fehlen, abgesehen von den Traguliden, als selbständige Knochen bei allen jetztlebenden, erwachsenen Wiederkäuern.

Am Vorderfuss fehlt beim Rind normal das zweite Metacarpale vollständig, während
das fünfte noch durch ein oberes Stückchen, das Griffelbein, vertreten ist. Aehnlich
aber, wie dies für das gelegentliche Wiedererscheinen der Nebenzehen des Pferdes gilt,
tritt auch zuweilen beim Rind das Metacarpale 2 als atavistische Bildung auf, und zwar
ist hier offenbar die relative Rückbildung der Hauptzehen die bestimmende Ursache.

Rückblick.

Zwei Auffassungen stehen sich hinsichtlich der Phylogenese der Gliedmassen schroff gegenüber. Die eine erblickt in ihnen Derivate des Visceralskelets und betrachtet den biserialen, heute noch durch die Ceratodusflosse repräsentierten Typus als den ursprünglichen, aus dem der uniseriale erst secundär hervorgegangen sein soll. Nach der anderen Anschauung dagegen würde es sich bei der Flossenstructur des Ceratodus bereits um stark umgeänderte, hoch specialisierte Verhältnisse handeln, die sich für phylogenetische Speculationen der paarigen Locomotionsorgane nicht verwenden lassen. Während ferner den Anhängern der ersteren Auffassung die einheitliche Anlage des Flossenskelets beziehungsweise des dem Schulter- und Beckengürtel angegliederten Stammstrahles (Metapterygium) als Dogma gilt, wollen die Anhänger der zweiten Auffassung die paarigen Gliedmassen in der Phylogenese auf ursprünglich metamerisch angeordnete Körperanhänge, d. h. auf eine polymere Anlage, zurückführen, deren einzelne Skelet-Elemente mit dem Rumpfskelet ab origine nichts zu schaffen haben, wohl aber secundäre Beziehungen zu demselben gewinnen können.

Die Brust- ud Bauchflosse der Knorpelfische besteht aus zahlreichen, mosaikartig angeordneten Einzelstückchen, die straff, d. h. ohne Gelenkbildung, unter einander verbunden sind, sodass die ganze Flosse nur einen einarmigen Hebel, eine Art von Ruder vorstellt. Dies gilt für die paarigen Flossen aller Fische, wie man alle auch in morphologischer Beziehung von einem einheitlichen, bei Selachiern gewonnenen Gesichtspunkt aus zu beurtheilen hat. Die bei Ganoiden und Knochenfischen sich ergebenden Unterschiede sind den Elasmobranchiern gegenüber in gewissen Punkten als Rückbildungen, in manchen aber auch durch das Hinzukommen dermaler Verknöcherungen als Fortschritte zu betrachten.

Wie sich nun einerseits von den Selachiern an durch die Ganoiden- und Teleostier-Reihe hindurch ein einheitlicher, den paarigen Flossen zu Grunde liegender Bauplan nicht verkennen lässt, so gilt dasselbe auch andrerseits für die Gliedmassen aller übrigen Vertebraten, von den Amphibien angefangen, bis zum Menschen. Wo liegen aber die verbindenden Formen zwischen den beiden Grundtypen, wo also zeigt sich die erste Spur der Extremität eines terrestrischen Thieres oder auch eines Fischmolches in einer Zwischenstufe angedeutet? — Darauf fehlt uns, trotzdem die Dipnoër wenigstens nach der physiologischen Seite Uebergänge zu zeigen scheinen, vorderhand jegliche sichere Auskunft, und wir werden uns auch trotz aller Anstrengungen, solche Zwischenformen zu reconstruieren, so lange nicht vom Boden der nackten Hypothese erheben können, bis durch palaeontologische Forschungen jene grosse Lücke ausgefüllt, und das erste Uramphibium zu Tage gefördert sein wird.

Was man allein mit Sicherheit behaupten kann, ist das, dass mit dem ältesten bis jetzt bekannten Molch aus den palaeozoischen Schichten der Uebergang zu dem heutigen Gliedmassentypus der terrestrischen Wirbelthiere schon vollzogen erscheint. Hier wie dort begegnet uns im Oberarm und Oberschenkel je ein Skeletstück, im Unterarm und

Unterschenkel dagegen finden sich je zwei Skeletstücke, und daran
schliesst sich der Complex der Carpal- und Tarsalelemente mit den
Fingern und Zehen. Hier wie dort ist das einarmige mit dem mehr-
armigen Hebelsystem dadurch vertauscht, dass die einzelnen Skeletstücke der Flosse sich von einander gelöst und mit einander eine
Gelenkverbindung eingegangen haben.

C. Myologie.

Die **Muskeln** (vulgär als „Fleisch" bezeichnet) zerfallen auf
Grund ihrer histologischen Beschaffenheit in zwei Gruppen, nämlich
in solche mit glatten, und in solche mit quergestreiften
Zellen, beziehungsweise Fasern. Erstere sind phylogenetisch älter
und als Vorstufe der letzteren zu betrachten, beide aber stehen unter
dem Einfluss des Nervensystems, und dabei handelt es sich um eine
ganz bestimmte, gesetzmässige Eintrittsstelle des Nerven bei jedem
einzelnen Muskel.

Während die glatten oder organischen Muskelfasern bei Wirbelthieren vorwiegend an die Eingeweide, die Haut, den Urogenitalapparat und die Gefässe gebunden und dem Willen
nicht unterworfen sind, findet die, fast ausnahmslos[1]) vom Willen
beherrschte, quergestreifte oder animale Muskulatur ihre vornehmliche Verwendung beim Aufbau der Körperwände, des Vorderdarms, des Beckenbodens, der äusseren Geschlechtsorgane
und des Bewegungsapparates.

Im vorliegenden Capitel haben wir es ausschliesslich mit quer-
gestreifter Muskulatur zu thun, und auf Grund der Entwicklungsgeschichte kann man die betreffenden Muskeln folgendermassen eintheilen:

I. Parietale, aus Somi-
ten stammende Mus-
keln[2]).

a) Rumpfmuskeln nebst dem M. coraco-hyoideus (sterno-hyoideus)
der Fische und seinen Derivaten bei
den höheren Vertebraten. Sie stellen
als ältester Theil der gesamten Muskulatur ihrer ganzen Anlage nach die
primitivsten Verhältnisse dar.
b) Zwerchfell.
c) Gliedmassenmuskeln.
d) Muskeln des Augapfels.

II. Viscerale, aus den
Seitenplatten stam-
mende Muskeln.

Kopfmuskeln mit Ausnahme der oben
unter a) und d) erwähnten.

Während die Muskeln des Stammes in der Regel platt sind,
besitzen diejenigen der Extremitäten meistens eine langgestreckte,

---

[1]) Eine Ausnahme macht die Herzmuskulatur nnd diejenige des Darmkanales der
Schleie. Auch bei andern Wirbelthieren pflegt ein mehr oder weniger grosser Theil des
Vorderdarmes quergestreifte Muskeln zu besitzen.

[2]) Auf die noch offene Frage, ob bei der Muskelbildung nur die innere oder auch
die laterale Lamelle der Somiten in Betracht kommt, kann hier nicht eingegangen werden.
Man findet hierüber die betr. Angaben bei F. Maurer, Die Rumpfmuskulatur
der Wirbelthiere, Ergebn. der Anat. u. Entw.-Gesch. IX. Bd. 1899.

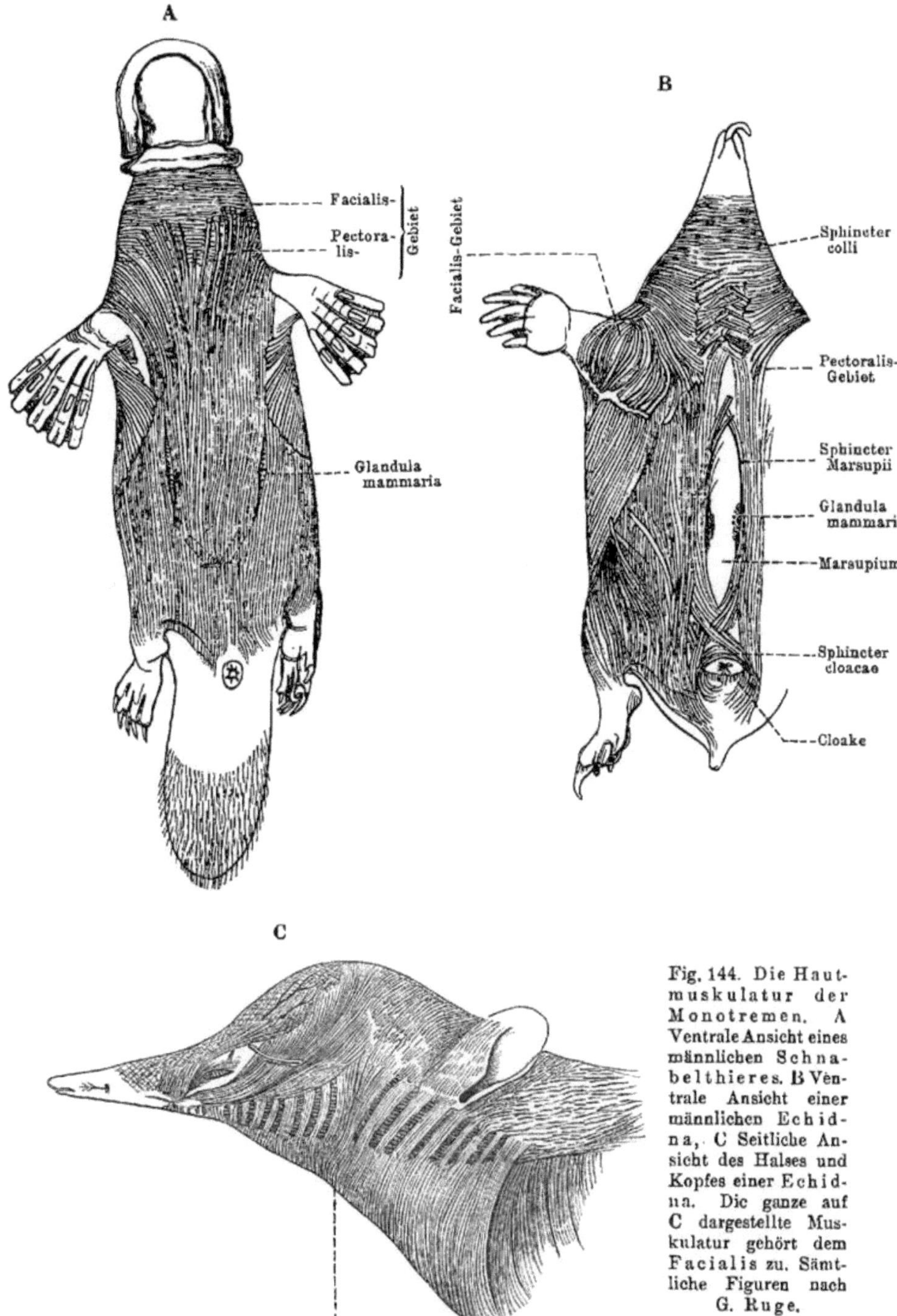

Fig. 144. Die Haut-
muskulatur der
Monotremen. A
Ventrale Ansicht eines
männlichen Schna-
belthieres. B Ven-
trale Ansicht einer
männlichen Echid-
na, C Seitliche An-
sicht des Halses und
Kopfes einer Echid-
na. Die ganze auf
C dargestellte Mus-
kulatur gehört dem
Facialis zu. Sämt-
liche Figuren nach
G. Ruge.

cylindrische oder prismatische Form. Daneben existieren aber noch
Muskeln von den mannigfachsten Gestaltungen, wie z. B. mehr-
köpfige, zweibäuchige, einfach- oder doppeltgefiederte,
säge- und terrassenförmige Muskeln.

Die meisten Muskeln werden durch fibröse Scheiden (Fascien)
getrennt. Jene Fascien sind mehr oder weniger Producte der Muskeln
selbst und vermögen als sogenannte Aponeurosen Theile des Skeletes zu vertreten.

An den Stellen, wo es sich um eine bedeutende Reibung handelt,
kann in den Sehnen eine Verknöcherung (Sesambein) auftreten.

Die Neubildung, Entstehung mehrerer selbständig zu nennender
Muskeln aus einem gegebenen Substrat, kann auf folgende verschiedene
Weise vor sich gehen: erstens, durch Theilung des ursprüng-
lichen Muskels in einen proximalen und distalen Ab-
schnitt (Auftreten einer Zwischensehne), zweitens durch
Spaltung einer Muskelmasse in Schichten, drittens durch
Spaltung der Muskeln der Länge nach, viertens durch
Verwachsung zweier früher einmal getrennter und ge-
mäss der Innervation nicht zusammengehöriger Muskeln.
Durch letzteren Vorgang wird die Gesamtzahl der Muskeln natürlich
vermindert.

Durch Aenderung seines Ursprunges und seiner Insertion kann
ein Muskel mit seinem zugehörigen Nerven nach Gestalt und Lage
(„Wanderung") sehr bedeutende Veränderungen und Umwandlungen
erfahren. Ist die Wirkung eines Muskels unnöthig geworden, so trägt
er entweder mit seinem Rest zur Verstärkung eines benachbarten
Muskels bei oder verschwindet spurlos.

Für die Beurtheilung des morphologischen Werthes eines Muskels
ist in erster Linie der ihn versorgende Nerv massgebend, doch spielen
dabei auch andere Momente, wie z. B. die Lagebeziehung des Muskels
zur Nachbarschaft sowie die Homologie der betreffenden Skelettheile
eine grosse Rolle.

Hautmuskeln (Mimische Muskeln).

Während die meisten Muskeln in engen Beziehungen zum Skelete
stehen, welches sie theils als Ursprungs-, theils als Ansatzpunkt be-
nützen und so ummodelnd auf dasselbe wirken; giebt es auch Muskeln, welche im Integument (Corium) bezw. dem Unterhautbindegewebe endigen und häufig auch daselbst entspringen. Solche Muskeln
nennt man **Hautmuskeln.** Ihre Lagebeziehungen zum Integument
sind erst secundär erworben, indem sie ursprünglich aus einer Abspaltung von wahren Skeletmuskeln hervorgegangen zu denken sind.
Ein Zweifel hierüber kann nach den bei Monotremen gesammel-
ten Erfahrungen nicht mehr bestehen, und man sieht hier auf's
Klarste, welch enger Connex zwischen dem Haar-Stachelkleid, sowie
dem Marsupial- und Mammarapparat einer- und der Hautmuskulatur
andrerseits besteht. Nach anderer Auffassung wären die Hautmuskeln
der Reptilien und Säuger von einem oberflächlich liegenden lateralen

Muskel der Fische und Amphibien abzuleiten. Sicher ist, dass bei gewissen Anuren, Lacertiliern und Ophidiern Beziehungen zwischen dem Rectus und Obliquus externus superficialis und dem Integument bestehen. Bei geschwänzten Amphibien, sowie in weitester Verbreitung bei Reptilien, besteht ein aus glatten Elementen gebildeter Muskelapparat, welcher als Oeffner und Schliesser (Dilatator und Constrictor) der Nasenlöcher wirkt. Bei Anuren ist jener Apparat rückgebildet und spielt nur eine sehr

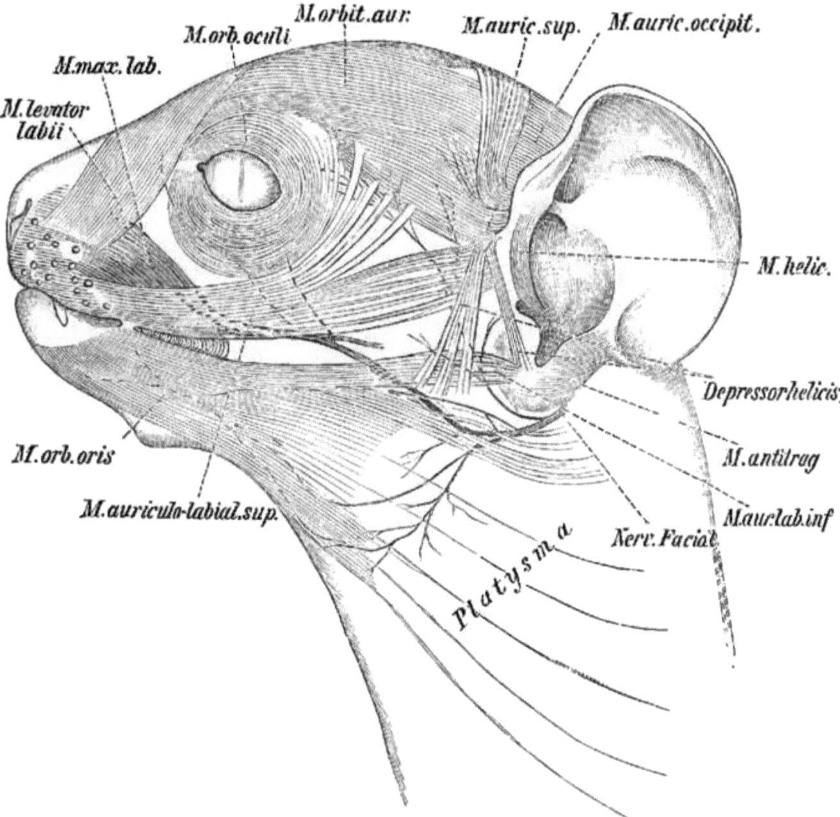

Fig. 145. Gesichtsmuskeln und -Nerven von Propithecus. Oberflächliche Muskellage mit den Verzweigungen des Facialis. Nach Ruge. Die Namen der einzelnen Muskeln sind aus der Figur ohne Weiteres ersichtlich.

untergeordnete Rolle. Die Bewegungen der Nasenflügelknorpel beruhen hier auf solchen des Unterkiefers und werden von hier aus auf die beweglichen Zwischenkiefer übertragen, wodurch die Nasenlöcher geschlossen werden. Die Oeffnung beruht wesentlich auf elastischen Kräften. Somit bleiben den Anuren, abgesehen von einem im Bereich der Oberlippe befindlichen, aus glatten Elementen bestehenden M. labialis superior (Schliesser des Mundes) nur noch einige Hautmuskeln [1]) im Bereich des Rumpfes (M. cutaneus pectoris und abdominis) und des Oberschenkels (M. gracilis minor, Gaupp) übrig.

Bei den Sauropsiden spielen die Hautmuskeln durch ihre Beziehungen zu den Schienen, Schuppen und Federn eine grössere Rolle, am kräftigsten aber sind sie, wie oben schon erwähnt, bei Säugethieren entwickelt, und sie lassen sich hier von den Monotremen aufwärts bis zum Menschen in den mannigfachsten Modificationen nachweisen. Bei niederen Formen, wie z. B. bei Monotremen, ferner bei Dasypus, Pinnipediern, Erinaceus etc. noch über den Rumpf und die Gliedmassen sich erstreckend, fällt die Hautmuskulatur bei Primaten einem jähen Untergang anheim und beschränkt sich im Wesentlichen auf den Hals (Platysma myoides) und auf den

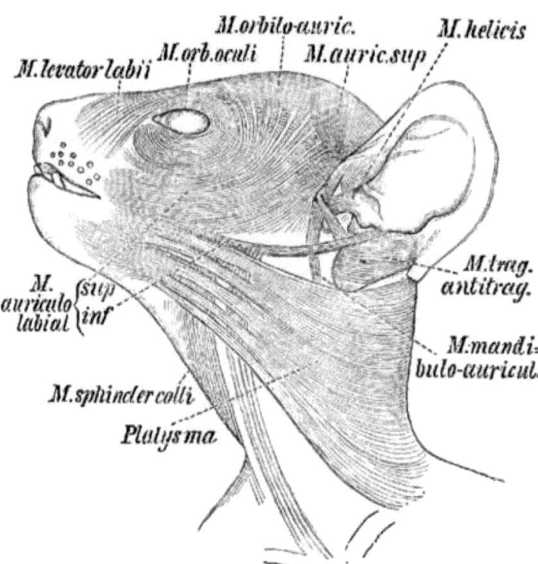

Fig. 146.   Oberflächliche Gesichtsmuskulatur von Lepilemur mustelinus; die tiefe Schicht ist am Halse erkennbar. Nach Ruge. Die Namen der einzelnen Muskeln sind ohne Weiteres aus der Figur ersichtlich.

Kopf (Mimische Muskeln). Platysma und mimische Muskeln stehen in engster genetischer Verbindung und besitzen einen und denselben Nerven (N. facialis). Wie die Fig. 144 C und 145 zeigen, hat man am Platysma zwei Schichten, von welchen die tiefere ringförmig angeordnet ist (Sphincter colli), zu unterscheiden. Beide Schichten zusammen entsprechen dem Sphincter colli der Sauropsiden. Sie setzen sich auf den Kopf fort und lassen dort eine grössere Zahl von neuen Muskeln aus sich hervorgehen, welche sich zum grossen Theil um das Auge, den Mund, die Nase und das Ohr gruppieren. Diese Differenzierung der mimischen Muskeln erreicht ihre feinste Ausbildung beim Menschen, allein neben diesem progressiven Verhalten kommt es hier auch schon wieder zu Rück- bezw. schnigen Umbildungen und so zu einem völligen Schwund gewisser Muskeln und Muskelgruppen.

Bei den verschiedenen Säugethieren sind die Hautmuskeln mit sehr verschiedenen Aufgaben betraut, so vermögen sie z. B. den ganzen Körper zusammenzurollen (Echidna, Dasypus, Erinaceus u. a.), oder sie bestimmen am Ruderschwanz und den Gliedmassen

---

1) Sie finden sich erst bei den höheren Anuren und fehlen noch den Bufonen, Alytes und Pelobates.

sich ansetzend, z. Th. die Bewegungsart im Wasser (Ornithorhynchus), oder sie richten das Stachelkleid auf (Echidna), oder endlich sie bewegen einzelne Hautstellen im Interesse der Abwehr von Insekten etc. (viele Säuger).

Parietale Muskeln.

a) Rumpfmuskeln.

Fische und Dipnoër.

Die ausschliesslich aus den Urwirbeln sich entwickelnden Rumpfmuskeln bestehen in ihrer einfachsten Form auf jeder Seite des

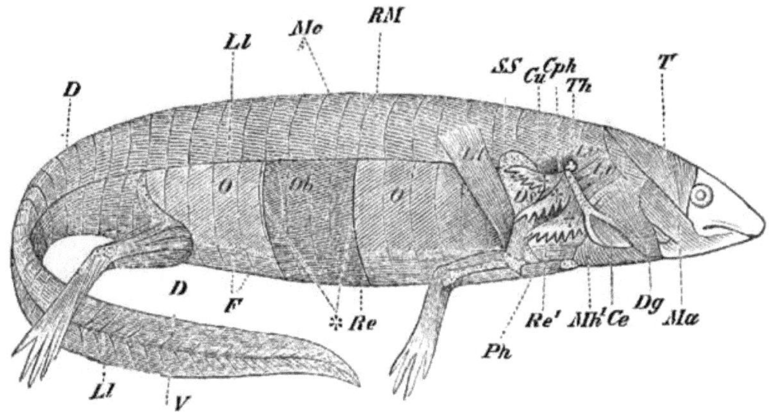

Fig. 147. Die gesamte Muskulatur von Siredon pisciformis. (Ce Keratohyoides externus, Cph Halsursprung des Constrictor pharyngis, Cu Cucullaris, D Dorsale und V ventrale Hälfte der Schwanzmuskeln, Dg Digastricus mandibulae, Ds Dorsalis scapulae, Ll Linea lateralis, Lt Latissimus dorsi, Lv Levator arcuum branchialium, Ma Masseter, Me Myocommata des Rückentheils der Seitenrumpfmuskulatur, Mh¹ Mylohyoideus (hintere Portion), O, O Oberflächliches, von der Linea lateralis entspringendes und in die Fascie F ausstrahlendes Stratum des M. obliquus abdominis externus. Bei * ist ein Stück davon ausgeschnitten, sodass das zweite (tiefe) Stratum dieses Muskels (Ob) frei zu Tage liegt. Bei Re geht dessen Faserverlauf aus der schiefen Richtung in die gerade über (beginnende Differenzierung des Rectus abdom.). Bei Re¹ sieht man das Rectussystem zum Visceralskelet verlaufen. Ph Procoraco-humeralis, RM dorsale Hälfte der Seitenrumpfmuskulatur (Rückenmuskeln), SS Suprascapula, T Temporalis, Th Gl. thymus, ††† Levator branchiarum.

Körpers aus je zwei Hälften, einer dorsalen und einer, aus letzterer während der Entwicklung herabrückenden, ventralen. Beide werden ursprünglich durch eine bindegewebige, vom Achsenskelet bis zur Haut sich erstreckende, frontal gestellte Scheidewand von einander geschieden [1]). Ihre Gesamtmasse bezeichnet man als „Seiten-

---

[1]) Bei Amphioxus, der hierin eine Ausnahme macht, geht die dorsale und ventrale Hälfte des Seitenrumpfmuskels noch vollkommen in einander über, und der grösste Theil des Seitenrumpfmuskels liegt medial von den Spinalnerven, während er bei höheren Wirbelthieren lateral von diesen liegt! —

Auch die Myxinoiden nehmen in myologischer Hinsicht eine Sonderstellung ein, doch kann hier nicht näher darauf eingegangen werden. Bezüglich der Petromyzonten

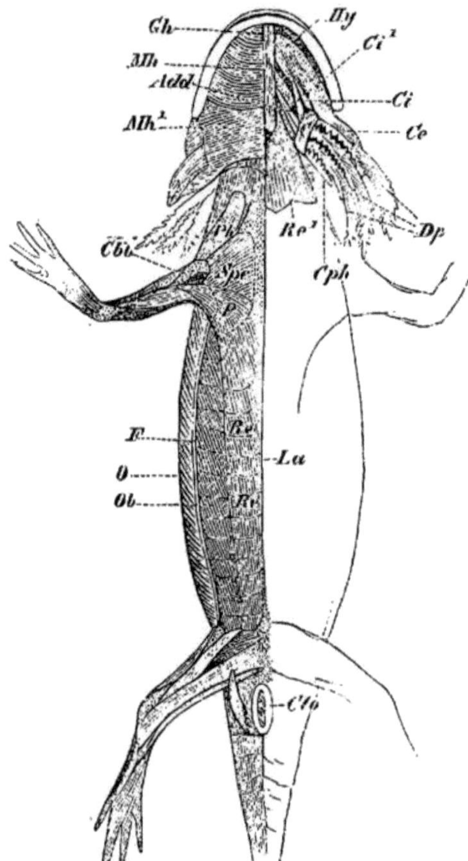

Fig. 148. Die gesamte Muskulatur von Siredon pisciformis von der Ventralseite. *Add* Adductor arcuum branchialium, *C* Constrictor arcuum branchialium, *Cbb* Coraco-brachialis brevis, *Ce*, *Ci* Keratohyoideus externus und internus. Ersterer befestigt sich am Hyoid (*Hy*), *Clo* Cloake, *Cph* vom hintersten Kiemenbogen entspringende Portion des Constrictor pharyngis, *Dp* Depressores branchiarum, *Gh* Genio-hyoideus, *La* Linea alba abdominis, *Mh.* *Mh¹* vordere und hintere Portion des Mylohyoideus, welcher in der Mittellinie durchschnitten ist, sodass hier die eigentliche Visceralmuskulatur frei zu Tage liegt. *O* Oberflächliches Stratum des Obliquus externus, bei *F* in die Fascie ausstrahlend, welche hier durchschnitten ist, *Ob* zweites (tiefes) Stratum desselben Muskels, *Re* Rectus abdominis, bei *Re¹* in die Visceralmuskulatur (Sterno-hyoideus) und bei *P* in den Pectoralis major ausstrahlend, *Ph* Claviculo-humeralis, *Spc* Supracoracoideus.

„rumpfmuskel". Die dorsale Hälfte reicht nach vorne bis zum Hinterhaupt, die ventrale bis zum Schultergürtel, beziehungsweise bis zum Unterkiefer. Beide stossen in der Seiten- sowie in der ventralen und dorsalen Mittellinie zusammen, und jede besteht aus vielen, von Bindegewebe (**Myocommata**) umrahmten Muskelportionen (**Myomeren**), welche eine segmentale Anordnung zeigen und sich unter allmählicher Verschmälerung bis zum Schwanzende erstrecken. (Fig. 147, 148). Dieser ursprünglich metamere Charakter der Parietalmuskeln bildet ein charakteristisches Merkmal aller Wirbelthiere und steht mit der Segmentierung des Achsenskeletes und der Spinalnerven in correspondierendem Verhältnis.

Schon bei Fischen und Dipnoërn kommt es an der ventralen Körperseite zu Differenzierungen gewisser Muskelkomplexe, die man als Vorläufer von geraden und schiefen Bauchmuskeln (Mm. rectus et obliqui abdominis) bezeichnen kann[1]).

bis zur Haut, und da, wo letztere erreicht wird, „Linea lateralis" (vergl. die Sinnesorgane).

verweise ich auf die Arbeit von S. Hatta. Auch bei Petromyzon und Lepidosteus geht die dorsale und ventrale Hälfte des Seitenrumpfmuskels noch in einander über. Bei den übrigen Fischen sind beide Hälften des Rumpfmuskels durch ein quer liegendes, bindegewebiges Septum in ihrer ganzen Ausdehnung von einander getrennt. Dasselbe erstreckt sich von der Wirbelsäule verläuft die später zu besprechende

1) Bei Selachiern z. B. ist ein schräger Faserverlauf, im Sinn eines Obliquus in-

Im Gegensatz dazu besitzt die dorsale Hälfte der Parietalmuskeln durch die ganze Wirbelthierreihe hindurch ein conservativeres, d. h. ursprünglicheres Verhalten, als die ventrale, was wohl darauf zurückzuführen ist, dass letztere die in ihrem Volumen starken Schwankungen unterliegende Leibeshöhle zu umschliessen hat.

Amphibien.

Bei Urodelen kann man in der ventralen Rumpfregion primäre und secundäre Muskeln unterscheiden. Beide Gruppen sind, wie die dorsalen Rumpfmuskeln segmentiert. Die primären bestehen aus den durch directes Auswachsen des Muskelblattes vom Urwirbel her sich bildenden Mm. obliqui interni sowie aus den gleich darauf von der ventralen Kante des Myomers aufwärts wachsenden Mm. obliqui externi[1]).

Beide Obliqui stehen gegen die ventrale Mittellinie hin in primitivem Zusammenhang mit der Fasermasse des M. rectus.

Die secundären Muskeln dagegen sind aus einer Abspaltung jener primären, mit der Muskulatur der Fische vergleichbaren Muskeln hervorgegangen und bestehen aus einem M. obliquus externus superficialis, einem M. rectus superficialis, transversus und einem von Wirbelkörper zu Wirbelkörper verlaufenden M. subvertebralis. Diese Muskeln, welche offenbar in Anpassung an das Landleben entstanden sind, spielen nur bei caducibranchiaten Urodelen eine Rolle und treten hier erst zur Zeit der Larvenmetamorphose in die Erscheinung, während die primäre Muskulatur eine grössere oder geringere Rückbildung eingeht. In Folge dessen trifft man bei den verschiedenen Urodelen die allergrössten Verschiedenheiten. Im Gegensatz dazu zeigen bei Anuren primäre und secundäre Muskeln ein einheitliches und relativ einfaches Verhalten. Bei erwachsenen Thieren unterscheidet man einen segmentierten und z. Th. in den M. sterno-hyoideus übergehenden M. rectus, sowie einen nicht segmentierten M. obliquus externus und transversus abdominis. Dazu kommt ein vom M. obliquus externus sich abspaltender M. cutaneus abdominis. Von einem M. obliquus internus ist bei erwachsenen Thieren nichts mehr nachzuweisen; er ist bei Anuren ganz auf das Larvenleben beschränkt. Jene Verschiedenheit im Verhalten der Bauchmuskulatur der Anuren gegenüber derjenigen der Urodelen und Amnioten ist auf die gewaltige Ausdehnung des Darmrohres bezw. die Auftreibung der Bauchwand zurückzuführen.

Reptilien.

Bei Reptilien erheben sich die Parietalmuskeln auf eine wesentlich höhere Entwicklungsstufe. Es kommt dies zum Ausdruck in der

ternus der höheren Wirbeltiere zu constatieren. Nahe der ventralen Mittellinie gehen die Fasern in eine gerade Richtung über (= M. rectus). Bei Ganoiden und Teleostiern kommt noch eine laterale Muskelschicht dazu, deren Fasern sich mit der sogenannten, medialen Schicht kreuzen (= Obliquus externus), und beide Obliqui treten hier bereits mit Rippen in Verbindung (= Mm. intercostales).

[1]) So tritt also auch hier der phylogenetisch älteste, ventrale Muskel, der Obliquus internus, zuerst in die Erscheinung.

bedeutenderen Beweglichkeit des Rumpfes und der feineren Ausgestaltung des Skeletes, die sich namentlich in den Rippen und dem
Schultergürtel ausspricht. Auch die veränderte, rhythmisch werdende
Respirationsweise, bezw. die mehr und mehr sich entfaltende Lunge
spielen dabei eine grosse Rolle.

In den ventralen Rumpfmuskeln der Reptilien sind nun aber
nicht etwa nur die secundären, sondern auch die primären Amphibien-
Muskeln mitenthalten, und sie haben bei den ersteren nur eine verschiedene Ausbildung und weitere Wachsthumsrichtung erfahren.
Dadurch, sowie auch durch den verschiedenen Nerven-Verlauf am
Rumpfe erscheinen Verhältnisse angebahnt, die zu den Säugethieren
überleiten. Die primitive Segmentierung kann erhalten oder mehr
oder weniger verwischt sein, in welchem Falle dann die betreffenden
Muskeln zu breiten Platten confluieren.

Immer deutlicher bereitet sich eine Scheidung vor in Brust und
Bauch, und es kommen zu den bei Amphibien bestehenden vier
Muskelschichten noch gut ausgeprägte, die Homologa der primären
Bauchmuskeln der Amphibien darstellende Mm. intercostales
interni und externi hinzu. Auch der zum System der Mm. intercostales interni gehörige M. obliquus profundus und der
mediale, tiefe M. rectus abdominis entsprechen den primären
Muskeln. Höchst wahrscheinlich stellen auch der M. obliquus
internus und die Mm. intercostales interni der Reptilien die
directen Homologa des M. obliquus internus der Amphibien dar,
und dass der Transversus (er fehlt den Schlangen) von den
Urodelen ebenfalls direct übernommen wurde, kann keinem Zweifel
unterliegen. Ein M. subvertebralis, von Rippe zu Rippe verlaufend, ist auch bei Reptilien vorhanden, fehlt aber in der Lendengegend. Ein M. quadratus lumborum (= Lumbaltheil des Inter-
costalis) tritt zum erstenmal bei Reptilien auf.

Während das Rectussystem bei Amphibien noch jenseits des
Schultergürtels z. Th. direct auf die Halsmuskulatur fortgesetzt erscheint, erfährt dasselbe bei Reptilien durch das Sternum nach vorne
zu eine Abgrenzung, sodass man eine prae- und poststernale Partie
zu unterscheiden hat. Der stets stark entwickelte Rectus abdominis kann in verschiedene Portionen, d. h. in eine segmentierte
mediale und unsegmentierte laterale zerfallen, jedoch erscheint ein
directer Vergleich mit den Verhältnissen bei Urodelen nicht überall
und ohne Weiteres zulässig. In mancher Hinsicht handelt es sich
dabei um neue, selbständige Erwerbungen. Der M. pyramidalis
ist mit dem gleichnamigen Muskel der Säuger nicht vergleichbar.

Während sich in der dorsalen Hälfte des Seitenrumpfmuskels
der Urodelen noch kein besonderer Differenzierungsprocess bemerklich macht, ist dies in der Reihe der Reptilien in hohem Grade
der Fall. Man unterscheidet hier einen M. longissimus, ileo-
costalis, Mm. interspinales, semispinales, multifidi,
splenii, levatores costarum samt den zu den letzteren gehörigen Scaleni.

Abgesehen von der Region der Cloakengegend und der Schwanz-
wurzel, wo es ebenfalls zur Herausbildung neuer Muskeln [Ilio-,
Ischio-, Pubo- und Lumbocaudalis, d. h. zu Hebern, Beugern,
Vorwärtsziehern des Schwanzes, zu Muskeln des Afters (diese

beginnen übrigens schon bei **Anuren** aufzutreten) und der Ge-
schlechtsorgane] kommt, bewahrt die übrige **Caudalmusku-**
latur ihr primitives, von den Ahnen her vererbtes Verhalten. Erst
bei den **Vögeln** emanzipiert sich der Sphincter cloacae von der
Wirbelsäule, während bei den Crocodilen z. B. noch der M. ischio-
caudalis als Sphincter cloacae fungiert.

Vögel.

Bei den Vögeln ist der ursprüngliche Charakter der Stammmuskulatur noch ungleich verwischter als bei Reptilien.

Dies beruht in erster Linie auf der excessiven Entwicklung der
Vorderextremitätenmuskeln, wie vor Allem des **Pectoralis**
major und der damit Hand in Hand gehenden Verlängerung des
Brustbeines nach rückwärts [1]).

Der M. **obliquus abdominis externus und internus**[2])
sind vorhanden, allein nur spärlich entwickelt, was namentlich für
den letzteren gilt, der geradezu in Rückbildung begriffen scheint. Ein
Transversus ist in der **Bauchregion** nicht einmal mehr in
Spuren nachweisbar, dagegen tritt jederseits ein von jetzt an frei
werdender, **unsegmentierter, oral- und caudalwärts redu-**
zierter Rectus auf. Er sowohl, wie die schiefen Bauchmuskeln
wirken durch Herabziehung der Rippen als kräftige **Inspiratoren**
und zugleich als **Compressoren** der Bauchhöhle.

Die **Intercostales externi und interni** sind kräftig angelegt, und zum erstenmal tritt an der Innenfläche der Sternalenden
der Rippen ein **Triangularis sterni** auf (letzter Rest des **Trans-**
versus).

Die dorsale Partie der Stammmuskulatur zeigt sich im Bereich
des Rumpfes nur sehr spärlich, am Halse dagegen ausserordentlich
reich entwickelt.

Beim Vogel erscheint Alles darauf berechnet, dem hoch entwickelten, den ganzen Organismus tief beeinflussenden Respirations-
system, beziehungsweise dem Flugapparat, eine möglichst grosse Zahl
von Muskeln dienstbar zu machen, und darin liegt eine wesentliche
Differenz gegenüber den Reptilien (vgl. den Respirationsapparat der
Vögel).

---

[1]) Dabei ist zu bemerken, dass die Grösse des in seiner Ausbildung sehr variierenden
Pectoralis major nicht vollkommen mit der Flugfähigkeit coincidiert: kleinere, schnell
fliegende Vögel besitzen einen relativ viel mächtigeren Muskel, als die grösseren, ruhig
schwebenden Gattungen, bei denen andere Vorrichtungen eine Ersparnis an Muskelmaterial
gestatten. Bei den **Ratiten** ist der Muskel immer klein und dünn. Im Allgemeinen
schon bei Reptilien vorgebildet, erreicht er bei **Carinaten** eine grössere Compactheit und
Selbständigkeit; überdies enthält er Elemente, welche dem Pectoralis major und minor des
Menschen entsprechen.

[2]) Während der **Obliquus internus** bei **Amphibien** und **Reptilien** noch
einen thoraco-abdominalen Muskel darstellt, wird er bei **Vögeln** und **Säugern** zu einem
rein abdominalen. Im Thoracalabschnitt sind dann hier nur die **Intercostal-**
muskeln erhalten. Der M. **obliquus externus** behält länger eine thoracal-abdominale
Ausbildung, aber auch bei ihm erfolgt von vorne her eine allmähliche Reduction des
thoracalen Abschnittes.

Säuger.

Bei den Säugern sind stets drei Seitenbauchmuskeln, ein einfacher M. obliquus externus, internus und transversus, vorhanden. Der M. obliquus externus besitzt bei zahlreichen Säugethieren, vor Allem bei Tupaia und Prosimiern, Zwischensehnen, welche auf den ursprünglich segmentalen Charakter zurückweisen. Im Allgemeinen aber stellen sie einheitliche breite Muskelplatten dar. Gegen die ventrale Mittellinie zu strahlen sie in starke Aponeurosen aus, welche den Rectus abdominis einscheiden. Letzterer ist auch hier, wie bei Vögeln, jederseits nur einfach und besitzt eine wechselnde Zahl von Myocommata; nie hängt er mehr, was z. B. noch bei Urodelen der Fall ist, mit dem Sternohyoideus und Sternothyreoideus etc zusammen, sondern stets schiebt sich, wie dies bei den Sauropsiden schon erwähnt wurde, zwischen beide das Sternum ein. Immerhin reicht er da und dort, wie z. B. bei niederen Primaten, weit nach vorne bis ins Gebiet der ersten Rippe. Bei höheren Formen zeigt er eine mehr oder weniger starke Verkürzung, und den höchsten Grad eines Verlustes von Myomeren erreicht er bei den Anthropoiden und dem Menschen. Den Uebergang vermitteln die Hylobates-Arten[1]).

An der Ventralseite des Rectus abdominis liegt bei Schnabel- und Beutelthieren der kräftige M. pyramidalis. Er nimmt seinen Ursprung von dem inneren Rand der Beutelknochen und kann bis zum Sternum emporreichen. Mit dem Verlust der Beutelknochen unterliegt bei den höheren Säugern in der Regel, aber durchaus nicht immer, auch der M. pyramidalis einer Reduction, resp. einem gänzlichen Schwund. Er ist übrigens häufig bis zu den Primaten hinauf noch in Spuren nachweisbar und entspringt dann stets in paariger Anordnung vom horizontalen Schambeinast, rechts und links von der Mittelline.

Wie bei den Sauropsiden, so begegnen wir auch bei Säugern dem M. obliquus abdominis externus und internus in der Brustgegend wieder unter der Form der Mm. intercostales externi und interni. Ein M. subvertebralis ist als ein M. longus colli et capitis vorhanden.

Der M. quadratus lumborum ist in derselben Weise, wie sie bei den Reptilien angedeutet wurde, zu beurtheilen.

Was ich oben von der Differenzierung der dorsalen Partie der Rumpfmuskulatur der Reptilien gesagt habe, gilt im Wesentlichen auch für die Säuger. Hier wie dort erhält sich die Metamerie auf der dorsalen Rumpfwand länger als auf der ventralen.

Bei der Schwanzmuskulatur hat man Flexoren, Extensoren und Abductoren zu unterscheiden. Dieselben stehen bezüglich ihrer Ausbildung in gerader Proportion zu der Mächtigkeit des

---

[1]) Dieses Zurückweichen des Rectus steht in wichtigen Beziehungen zu dem grossen Adductor (Pectoralis major) der oberen Extremität, insofern sich nämlich erst mit dem Zugrundegehen oberer Rectusportionen die Ursprungsbündel des M. pectoralis major (dasselbe gilt auch für den M. pectoralis minor) der festen vorderen, durch Rippen gebildeten Thoraxfläche zu bemächtigen vermögen. Wo, wie bei niederen Affen, der M. rectus vorne den Thorax bis zum lateralen Rande des Sternums überlagert, wo also noch ganz primitive Verhältnisse vorliegen, da sind die vom Skelet entspringenden Zacken der Mm. pectorales auf das Sternum angewiesen.

Schwanzes und werden dem entsprechend mit der Reduction des Schwanzes ebenfalls eine Rückbildung erfahren. Der Mensch mit seiner rudimentären Schwanzwirbelsäule und seinem „aufgerichteten Becken" bietet hiefür ein typisches Beispiel. Man erkennt hier, dass ein Theil der betreffenden Muskeln (M. pubo- und iliococcygeus) ihrer ursprünglichen Function verlustig gehen, aus ihrer Stellung als ursprüngliche Haut- (M. pubo-coccyg.) beziehungsweise als reine Skelet-muskeln (M. ilio-coccyg.)[1] ausscheiden und ein einheitliches Gebilde formieren, welches durch seinen engen Anschluss an den Mastdarm und durch seine Eigenschaft als abschliessender Bestandtheil der Becken-höhle eine andere Function gewinnt. Dies ist der Levator ani oder das Diaphragma pelvis, an dem man zwei morphologisch und phylogenetisch verschiedene Portionen, nämlich eine Pars pubica und eine Pars iliaca unterscheiden kann.

In wie weit der Sphincter ani externus, die äusseren Geschlechtsmuskeln und der M. transversus perinei pro-fundus auf den ursprüglichen Sphincter cloacae der Amphibien und Sauropsiden zurückgeführt werden können, müssen genauere Untersuchungen zeigen.

In der Reihe der Säugethiere sollen der M. pubo-coccygeus resp. die Pars pubica des Levator ani sowie die Mm. sphincter ani externus, bulbo- und ischio- cavernosi als abgespaltene Por-tionen eines früheren, ursprünglich den ganzen Rumpf überziehenden Hautmuskels („M. cutaneus maximus") zu betrachten sein.

b) Diaphragma.

Bei der Bildung des Zwerchfells oder Diaphragma handelt es sich um eine in der Vertebratenreihe ganz allmählich sich an-bahnende, in ihren letzten Ursachen noch keineswegs ganz verständ-liche Abkammerung des Cöloms (Pleuroperitonealhöhle) in zwei Ab-theilungen: eine Herzbeutelbrusthöhle und eine Abdominal-höhle. Diese zwei, bezw. drei serösen Höhlen des Körpers lassen sich in ihrem Zustandekommen nur verstehen, wenn man zugleich auch die Entwicklung der primitiven Nieren-, resp. Urogenitalfalten des Peritoneums, der Leber, der Lungen, sowie sämtlicher in den rechten Vorhof des Herzens sich ergiessender grosser Venen in den Kreis der Betrachtung zieht (Ligamentum hepato-cavo-pul-monale und Lig. hepato-pulmonale).

Bezüglich der hier sich abspielenden, ausserordentlich compli-zierten Vorgänge muss ich auf Specialarbeiten, wie namentlich auf die von Uskow, His, Ravn, Giglio-Tos, Mathes, Bertelli, Hochstetter und von Gössnitz sowie auf die verschiedenen Lehr-bücher über Entwicklungsgeschichte verweisen.

Erst von den Sauropsiden an bahnt sich jene oben erwähnte Scheidung der Pleuroperitonealhöhle deutlicher an, und dies gilt für Chelonier, Echsen, Crocodile[2] und Vögel. Hier handelt es

---

[1] Der Ileo-coccygeus war ursprünglich einer der medialen und lateralen Flexores caudae (Mm. sacro-coccygei anteriores).

[2] Nur bei Crocodilen unter allen Reptilien kommt es zu einer vollkommenen Scheidung der Pleurahöhlen von der Peritonealhöhle. Bei manchen Sauriern bildet sich nur eine Abkammerung des rechten Pleuraraumes vom Cavum peritonei; linkerseits dagegen bleiben beide in Communication.

sich schon um fleischige Elemente „M. subperitonealis", welche von der Wirbelsäule und von den Rippen entspringen[1]), deren Innervation aber eine Homologisierung mit dem Diaphragma der Säuger nicht gestattet. Es handelt sich also nur um einen Fall von Analogie. Dazu kommt noch, dass das Pericardium bei Sauropsiden noch in der allgemeinen Körperhöhle liegen bleibt, also vom Cavum abdominale noch nicht abgekammert wird. Dies wird erst durchgeführt bei den principiell denselben Bildungs-Modus zeigenden Säugethieren, wo ein kuppelartiges, von der Wirbelsäule, den Rippen und dem Sternum entspringendes Zwerchfell in die Erscheinung tritt. Es wird vom Oesophagus, der Aorta, der unteren Hohlvene, der V. azygos und hemiazygos, dem Ductus thoracicus und wichtigen Nervenstämmen durchbohrt und kann ganz aus Muskulatur bestehen (z B. bei Echidna, Delphinus und Phocaena) oder es besitzt auch noch eine Sehnenplatte, das sogenannte Centrum tendineum, mit welchem der Herzbeutel bei den höchsten Primatenformen incl. Homo secundär erwächst. Die Nerven stammen aus dem Plexus cervicalis (N. phrenicus), doch schwankt der Ursprung in weiten Grenzen. In erster Linie kommen der 4. und 5. Cervicalnerv in Betracht. Mit dem 3. und dem 8. Cervicalnerven sind wohl die äussersten Grenzen nach oben und unten gegeben.

Sehr zu beachten ist, dass sowohl hinsichtlich der Art der Innervierung, als auch der Muskelgruppierung am Säugethier-Diaphragma jederzeit zwei Partieen wohl zu unterscheiden sind, nämlich eine Pars costo-sternalis und eine Pars lumbalis.

Die häufig zum Zwerchfell gelangenden mittleren und unteren Intercostalnerven sind sensitiver Natur.

Wenn nun auch, Alles in Allem erwogen, die Urgeschichte des Säugethier-Zwerchfells noch im Dunkeln liegt, so steht doch eines fest, nämlich, dass dasselbe mit der Entwicklung des Thorax und mit den veränderten Athmungsverhältnissen in engem Causalnexus steht. Es handelt sich also dabei um einen wichtigen Respirationsmuskel und weiterhin auch um eine Hilfskraft beim Zustandekommen der sogenannten Bauchpresse.

c) Muskeln der Gliedmassen.

Die Muskeln der Gliedmassen sind als Abkömmlinge (Sprossen) der ventralen Rumpfmuskeln zu betrachten, und dieselben in ihren Einzelcomponenten auf letztere, d. h. auf die verschiedenen Myotome, zurückzuführen, muss als erstrebenswerthes Ziel betrachtet werden[2]). Ihre Zugehörigkeit zu den Rumpfmuskeln spricht sich, abgesehen von der Innervation durch ventrale Spinalnerven, auch

---

[1]) Auch bei den Amphibien (Rana) wurden vom M. transversus stammende Fasern als zwerchfellartig angesprochen, allein es erscheint sehr fraglich, ob hier eine Homologie mit dem M. diaphragmaticus der Säuger vorliegt, da bei den letzteren die topographischen Beziehungen ganz andere sind, und der M. rectus abdominis beim Aufbau des Zwerchfells eine Hauptrolle spielt.

[2]) Gleichzeitig werden neben der Myotomie der Extremitäten auch die metamere Innervationsweise der Haut und die Metamerie der Skelettheile, d. h. das Dermatomensystem und die Sklerozonie, zu ermitteln sein. Für die Säugethiere ist hierin schon ein rühmlicher und erfolgreicher Anfang gemacht (Bolk, Sherrington).

noch in der Ontogenese zahlreicher Anamnia aus, während bei Amnioten die ursprüngliche Bildungsweise mehr oder weniger verwischt ist. Es handelt sich hier um eine abgekürzte Entwicklung.

Bei Fischen und noch mehr bei Dipnoërn lässt sich die Flossenmuskulatur (und dies gilt im Allgemeinen auch für die übrigen Wirbelthiere) in zwei Abtheilungen bringen. Die eine greift von der Seitenrumpfmuskulatur, und zwar theils von der dorsalen, theils von der ventralen Hälfte auf den Schulter- und Beckengürtel über, die andere liegt im Bereich der freien Extremität. Letztere besteht bei den Fischen und Dipnoërn im Wesentlichen aus Levatoren, Abductoren und Depressoren der Flosse, und diese können wieder in mehrere Schichten, in tiefe und hohe, zerfallen. Schon bei Amphibien, wo, wie auch bei den höheren Wirbelthieren, eine ungleich geringere Myomeren-Zahl am Aufbau der Gliedmassen-Muskulatur sich betheiligt, als bei Haifischen, werden die Verhältnisse, entsprechend der Umwandlung der Flosse in ein Gehorgan, d. h. in einen Complex mehrerer Hebel, viel compliziertere. Es treten Heber, Senker, Anzieher, Rückwärts-, Vorwärts-Zieher nnd Dreher des Schulter- und Beckengürtels auf. Dazu gesellen sich dorsal liegende Strecker und ventral angeordnete Beuger der freien Extremitäten, und diese gliedern sich wieder in solche des Oberarmes und Oberschenkels, des Vorderarmes und Unterschenkels, der Hand, des Fusses, der Finger und Zehen. Kurz, die Mannigfaltigkeit der Differenzierung nimmt von den Urodelen an durch die Reihe der Reptilien und Vögel hindurch bis zu den Säugethieren beständig zu. Dabei tritt ihr Einfluss auf die Umgestaltung des Skeletes, wie vor Allem auf den Visceralschädel, die Scapula, das Becken und den Tarsus deutlich hervor.

Es liegt auf der Hand, dass die Muskulatur wie überall, so auch im Bereich der Extremitäten, in Anpassung an die Lebensverhältnisse die allergrösste Variationsbreite aufweist, wie dies namentlich bei grabenden und fliegenden Thieren hervortritt. Aber nicht nur dadurch erweist sich die Muskulatur und ihre Innervation vielfach verschieden, sondern auch durch die theils phylogenetisch, theils noch ontogenetisch vor sich gehende Wanderung der Gliedmassen unterliegt dieselbe den allermannigfachsten Abänderungen, Verschiebungen etc.

Die wichtigsten Schultermuskeln, welche wir bei höheren Formen einen immer breiteren Ursprung am Rumpfe gewinnen sehen, sind der Cucullaris, der morphologisch zu ihm gehörige Sternocleido-mastoideus (beide sind durch einen Hirnnerven, den Accessorius, versorgt), die Rhomboidei und der Levator scapulae. Es handelt sich dabei um Dreher-, Vor- und Rückwärtszieher des Schulterblattes. Als Antagonisten dieser Muskeln fungieren der Serratus anticus major und der Pectoralis minor.

Am Beckengürtel, dessen Beweglichkeit derjenigen des Schulterblattes gegenüber sehr in den Hintergrund tritt, darf man nicht ohne Weiteres auf homologe Muskelgruppen schliessen; man hat es vielmehr in sehr vielen Punkten mit ganz anderen, der verschiedenen physiologischen (mechanischen) Aufgabe der hinteren Extremität entspringenden Verhältnissen zu thun. So kommen zum Beispiel die Homologa der auf die Bewegung, bezw. Fixation des Schulterblattes berechneten Muskeln (Levator anguli scapulae, Rhomboideus, Serratus magnus) im Bereich des Beckens in Wegfall. Viel grösser, und namentlich bei Urodelen sehr deutlich sich aussprechend, ist die Aehnlichkeit der im Dienst der freien vorderen und hinteren Extremität stehenden Muskulatur. Hier wie dort finden sich Aus- und Einwärtsdreher des Oberarmes wie des Oberschenkels, ferner an der medialen Seite mächtige Anzieher (Adductoren). Entsprechend der verschiedenen Winkelstellung des Ellbogen- und Kniegelenkes liegen die Streckmuskeln der vorderen Extremität an der hinteren, die der hinteren Extremität an der vorderen Peripherie, und gerade umgekehrt liegen die Beuger. Aus letzteren sind auch die an der Vorderextremität viel schärfer als an der hinteren individualisierten **Pronatoren** hervorgegangen. Die **Supinatoren** nahmen ihre Entstehung aus Streckmuskeln (vergl. das Nervensystem)[1].

Wie am Unterschenkel und Fuss, so kommt es auch am Vorderarm und an dem functionell wichtigsten Gliedmassenabschnitte, der Hand, bei verschiedenen Thiergruppen zu einer sehr verschiedenen Abspaltung einzelner Muskelschichten. Dieselbe steht im Allgemeinen in gerader Proportion zu den physiologischen Leistungen des Fusses und der Hand, sodass bei der Primaten- und speciell bei der Menschenhand die feinste Differenzierung vorausgesetzt werden darf (vergl. das Hand- und Fuss-Skelet.)

d) Die Augenmuskeln.

Die Augenmuskeln sollen erst bei der Anatomie des Sehorganes eine Besprechung finden.

Viscerale Muskeln.

Eine gesonderte morphologische Stellung nehmen die Muskeln des Visceralskelets (Kiemen- und Kiefer-Muskeln) ein und zwar sowohl hinsichtlich ihrer Genese, als hinsichtlich ihrer Innervation (vergl. das Nervensystem).

Fische.

Die Visceralmuskulatur der Fische ist bei Selachiern[2] am besten bekannt und lässt sich nach M. Fürbringer folgendermassen eintheilen:

A. Craniale oder **cerebrale Muskeln**, ursprüngliche Quer- oder Ringmuskeln.

Versorgende Nerven: V, VII, IX und X.

1. Constrictor arcuum visceralium, incl. constrictor superficialis dorsalis und ventralis.

---

[1] Wo es sich um Rückbildungsprocesse am Skelet handelt, gewinnen dieselben auch immer Einfluss auf die betreffenden Muskeln. So tritt bei Scinken mit einer Verkümmerung des Gliedmassenskeletes gleichzeitig auch eine in distal-proximaler Richtung fortschreitende Verkümmerung der zugehörigen Muskulatur ein.

[2] Eine eigenartige, auf das umgeänderte Kopfskelet (Saugapparat) und die Verhältnisse des Kiemenkorbes zurückführbare cranio-viscerale Muskulatur besitzen die Cyclostomen. Sie wird hier secundär von der Rumpfmuskulatur überlagert.

Levator labii superioris . . ⎫
   „   palpebrae nictitantis[1]) . ⎬ Innerv. durch V.
   „   rostri . . . . ⎪
   „   hyomandibularis ⎪
Depressor rostri . . . . . ⎬   „   VII.
   „   mandibularis und ⎪
     hyomandibularis ⎭

Interbranchiales .	„	„	IX, X.
Trapezius		„	X.
2. Arcuales dorsales		„	IX, X.
3. Adductores (incl. Adductor mandibulae)	„	„	V.
und Abductores arcuum branchialium	„	„	IX, X.

B. Spinale Muskeln, ihrer morphologischen Stellung nach Längs-
muskeln, welche, wie die übrige Rumpfmuskulatur, ursprünglich in Myomeren gesondert waren, und welche sich schon in
sehr früher phylogenetischer Zeit mit dem Visceralskelet in
Verbindung gesetzt haben.

Versorgende Nerven: Nervi spino-occipitales [2]) (früher „ventrale Vaguswurzeln" genannt) und Nervi spinales.

  a) Epibranchiale spinale Muskeln im dorsalen Bereich des
  Visceralskelets.

4. Subspinalis	Innerv. durch Nn. spino-occipitales.
5. Interbasales	Innerv. d. Nn. spino-occipitales u. mitunter durch N. spinalis 1.

  b) Hypobranchiale spinale Muskeln im ventralen Bereich
  des Visceralskeletes.

6. Coraco-arcuales incl. Coraco-branchiales, Coraco-hyoideus und Coraco-mandibularis	Innerv. durch Nn. spinalis und z. Th. durch den oder die letzten N. spino-occi-pitales.

Bei Ganoiden, Dipnoërn, Teleostiern, Amphibien und
Amnioten existieren keine epibranchialen spinalen Muskeln, während
die hypobranchialen in einer (den Selachiern gegenüber) stark veränderten Form fortbestehen. Sehr vereinfacht sind sie z. B. bei
Teleostiern. Bei Amphibien handelt es sich dabei um die nur
partiell durch Sternum und Schultergürtel unterbrochene Fortsetzung
des Rectussystems des Rumpfes (M. sterno-hyoideus). Der Grund
jenes verschiedenen Verhaltens beruht auf den verschiedenen Lebensbedingungen, welchen sich das Visceralskelet bezw. die Respirationsorgane anpassen [3]).

---

[1]) Dieser Muskel hat mit den Augenmuskeln der übrigen Vertebraten nichts zu
schaffen.

[2]) Darunter versteht man spinale Nerven, die in den Verband der Occipital-Region
des Cranium übergegangen sind (vergl. das Capitel über das Nervensystem).

[3]) Von hohem Interesse ist das Visceralmuskelsystem von Polypterus, welcher
in diesem, wie auch in andern Punkten eine Zwischenstellung zwischen den Selachiern
und den Urodelen einnimmt.

Amphibien.

Es ist a priori zu erwarten, dass die Muskulatur des Visceralskeletes bei kiemenathmenden Amphibien reicher entwickelt ist, als bei lungenathmenden. Dort werden wir also primitiveren, an niedrigere Formen sich anschliessenden, hier dagegen modifizierten, resp. reduzierten Verhältnissen begegnen.

Zwischen beiden Unterkieferhälften liegt als letzter Rest des Musculus constrictor superficialis ventralis der Fische ein in das Gebiet des dritten Trigeminusastes und des Facialis fallender, quergefaserter Muskel (M. mylohyoideus s. intermandibularis). Er steht als Heber des Bodens der Mundhöhle in wichtigen Beziehungen zum Athmungs- und Deglutitionsgeschäft und setzt sich durch die ganze übrige Reihe der Wirbelthiere fort bis zum Menschen hinauf (Fig. 147, 148 *Mh Mhi*[1]).

Ueber dem Mylohyoideus, d. h. dorsal von ihm, liegt wieder die mit Myocommata versehene Fortsetzung der Stammmuskulatur, nämlich der Omo-, Sterno- und Geniohyoideus (Fig. 148 *Re*[1], *Gh*). Auch diese Muskeln, welche als Rück-, resp. als Vorwärtszieher des Visceralskeletes fungieren, werden vom I. und II. Spinalnerven versorgt.

Im Gegensatz zu den Fischen kommt es bei Amphibien zur Differenzierung einer eigentlichen Zungenmuskulatur, nämlich zu einem Hyoglossus und Genioglossus. Auch diese sind aus dem vordersten Abschnitte der ventralen Stammmuskulatur hervorgegangen zu denken und setzen sich von den Amphibien auf alle übrigen Wirbelthiere fort. Ihr Innervator ist der Hypoglossus resp. der I. oder selbst (Anuren) der II. Spinalnerv.

Was nun die Muskeln des Zungenbeines und der Kiemenbogen betrifft, so kann man sie bei Perennibranchiaten und Salamanderlarven nach Analogie der Fische in eine ventrale und dorsale Gruppe zerfallen; bei erwachsenen Salamandern und Anuren schwindet letztere, und nur die ventrale persistiert. Bei der Bewegung handelt es sich um eine Hebung und Senkung, Vor- und Rückwärtsziehung der Kiemenbogen.

Zu diesen Muskeln kommen bei kiemenathmenden Amphibien noch die vom IX. und X. Hirnnerv versorgten Heber, Senker und Anzieher der Kiemenbüschel (verg. L. Drüner).

Die Kiefermuskeln zerfallen in einen vom N. facialis versorgten Senker (der hier noch einbäuchige Digastricus s. Biventer mandibulae, Fig. 147 *Dg*) und in mehrere in das Gebiet des III. Trigeminus fallende Heber des Unterkiefers (Masseter, Temporalis und Pterygoideus, Fig. 147 *Ma, T*) (= hohe und tiefe Portion eines Adductor mandibulae). Von diesen Muskeln ist der Biventer auf die zum Unterkiefer ziehende Portion des M. constrictor superficialis der Fische zurückzuführen. Er entstammt demselben Mutterboden, wie das Platysma, und wirkt als ein Oeffner des Mundes.

Ein vorderer Biventer-Bauch tritt erst in Folge der Umlagerung einer oberflächlichen Schicht der ursprünglich quer gerichteten Fasern des M. mylohyoideus in eine Längsrichtung bei Säugern auf. Seine Verbindung mit der Sehne des hinteren Biventerbauches ist hier also erst secundär entstanden, und dies gilt ebenso für die Beziehungen des M. mylohyoideus zum Zungenbein.

Die Mm. masseter, temporalis und pterygoidei sind auf den Adductor mandibulae der Selachier zurückzuführen.

Amnioten.

Mit der Vereinfachung des Visceralskeletes ist bei Amnioten auch eine bedeutende Reduction der zugehörigen Muskulatur eingetreten. Selbstverständlich fehlen sämtliche auf die Kiemenathmung berechnete Muskeln, und die ventrale Stammuskulatur wird, wie schon oben erwähnt, in ihrem Lauf nach vorwärts stets durch das Brustbein, resp. den Schultergürtel unterbrochen. Gleichwohl aber begegnen wir auch hier an dem immer mehr zur Ausbildung kommenden Hals und am Boden der Mundhöhle den uns schon von den Amphibien her bekannten Muskeln, also dem Mylohyoideus, Sterno-, Omo- und Geniohyoideus, sowie dem Hyoglossus und Genioglossus. Dazu kommt noch ein M. sternothyreoideus und (in dessen Verlängerung gelegen) ein M. thyreohyoideus.

Eine sehr bemerkenswerthe Muskelgruppe der Säuger stellen folgende, vom Processus styloideus oder vom Ligamentum stylo-hyoideum entspringende, zahlreichen Variationen unterworfene Muskeln dar: Mm. stylohyoidei[1]), styloglossi und stylopharyngei. Sie liegen theils im Facialis-, theils im Glossopharyngeus-Gebiet und wirken als Retractoren der Zunge und Levatoren des Pharynx und Zungenbeines.

Die Kiefermuskeln sind dieselben wie bei den Amphibien, doch unterliegen sie, wie besonders die Pterygoidei, einer viel schärferen Differenzierung, d. h. sie zeigen eine fortgeschrittenere Abschichtung in hohe und tiefe, bezw. in äussere und innere Portionen und weisen eine durchweg kräftigere Ausbildung auf. (Bei Vögeln, Reptilien und Säugern kann es noch zu secundären Abspaltungen kommen, wie z. B. beim M. temporalis.) (Veränderte Skeletverhältnisse, Einflüsse des Gebisses.) Ueber den Biventer wurde oben schon das Nöthige mitgetheilt.

Rückblick.

Die aus dem mittleren Keimblatt entstehende Muskulatur zerfällt ihrer histologischen Beschaffenheit nach in zwei Gruppen, nämlich in eine solche mit glatten und in eine mit quergestreiften Elementen. Erstere ist phylogenetisch älter und als Vorstufe der letzteren zu betrachten.

Während die glatten oder organischen Muskelfasern bei Wirbelthieren vorwiegend an die Eingeweide, die Haut und die Gefässe gebunden und dem Willen nicht unterworfen sind, findet die, fast ausnahmslos vom Willen beherrschte, quergestreifte oder animale

---

1) Vielleicht ist dieser Muskel zusamt dem M. stapedius (vergl. das Gehörorgan) von der dorsalen Portion der zum Hyoid laufenden tiefen Constrictorschicht der Fische abzuleiten. Wahrscheinlicher ist es aber, dass er der ventralen Portion des genannten Constrictors entspricht.

Muskulatur, mit der wir es hier allein zu schaffen haben, ihre vornehmliche Verwendung im Dienste des Skelets.

Hinsichtlich der Anordnung am Körper lässt sich im Muskelsystem jedes Wirbelthieres eine aus den Myotomen hervorgehende parietale Stammzone (Seitenrumpfmuskel) als älteste und ursprünglichste Muskelgruppe unterscheiden. Sie zerfällt secundär in eine dorsale und ventrale Partie und besteht aus einer grossen Zahl von metamer angeordneten Unterabtheilungen (Myomeren). Zunächst am Rumpfe auftretend und dafür bestimmt, die fleischigen Körperwände zu bilden, bleibt sie nicht auf diese beschränkt, sondern erstreckt sich auch auf den Hals, sowie auf den Kopf, und gewinnt hier wichtige Beziehungen zum Visceral-Apparat (M. coraco-hyoideus und Zungenmuskeln, Muskeln des Augapfels). Im Uebrigen nehmen die Kiefer- und Kiemenmuskeln als „viscerale Muskeln" sowohl nach der genetischen Seite (Seitenplatten-Derivate) als hinsichtlich ihrer Innervation eine gesonderte morphologische Stellung ein.

Eine besondere Gruppe bilden die Hautmuskeln, welche sowohl von parietalen als von visceralen Muskeln sich abspalten und Beziehungen zum Integument gewinnen können.

Wieder eine besondere Stellung nimmt das Zwerchfell ein, durch welches bei höheren Formen eine Abkammerung des Coeloms in ein Cavum abdominis und ein Cavum thoracis erreicht wird. Ohne in die hierbei in Betracht kommenden ursächlichen Momente vom phylogenetischen Gesichtspunkt aus einen klaren Einblick zu besitzen, kann man das Diaphragma in myologischer Hinsicht immerhin als Appendix der Rumpfmuskeln betrachten. — Auch die Gliedmassenmuskeln sind als Abkömmlinge der ventralen Zone des grossen Stamm-Muskel-Gebietes anzusehen.

Massgebend für den morphologischen Werth eines Muskels ist strets die betreffende Innervation.

D. Elektrische Organe.

Elektrische Organe finden sich bei gewissen Fischen, und zwar bei einem südamerikanischen Aale (Gymnotus electricus), einem in südlichen Meeren häufig vorkommenden Rochen (Torpedo marmorata) und einem afrikanischen Welse (Malopterurus electricus). Gymnotus, der Zitteraal, besitzt weitaus die stärkste elektrische Kraft; an ihn reiht sich der Zitterwels und an diesen der Zitterrochen. Die elektrischen Batterien dieser drei Fische liegen an verschiedenen Körpertheilen, so bei Torpedo in Form einer breiten, den ganzen Körper durchsetzenden Masse seitlich am Kopf zwischen den Kiemensäcken und dem Propterygium (Fig. 149 *E*), bei Gymnotus in der ventralen Hälfte des ausserordentlich langen Schwanzes (Fig. 150, 151, *E*), also an der Stelle, wo man sonst die ventrale Hälfte des grossen Seitenrumpfmuskels zu finden gewohnt ist.

Bei Malopterurus trifft man die Organe [1] fast in der ganzen

---

[1] Sie bestehen, makroskopisch betrachtet, aus einer sulzigen, durchscheinenden grauen oder gelblich-grauen Masse, welche untrennbar mit der oberflächlichen Hautschicht verbunden ist, während sie den tieferen Theilen nur sehr lose aufliegt und von denselben durch eine aponeurotische Membran abgeschlossen wird. Unter letzterer folgt noch eine lockere Bindegewebs- und Fettschicht, und erst unter dieser liegt die Muskulatur. Bei jungen

Circumferenz des Leibes, wo sie zwischen Haut und Muskulatur,
namentlich an den Seiten, stark entwickelt sind und den Fisch fast
seiner ganzen Länge nach mantelartig umhüllen. Auf dem Scheitel
reichen sie bis zur Querebene der Augen nach vorne, ebenso dringen
sie ventralwärts in starker Verschmälerung weit nach vorne; links
und rechts dagegen entsteht eine beträchtliche Lücke durch die Ein-

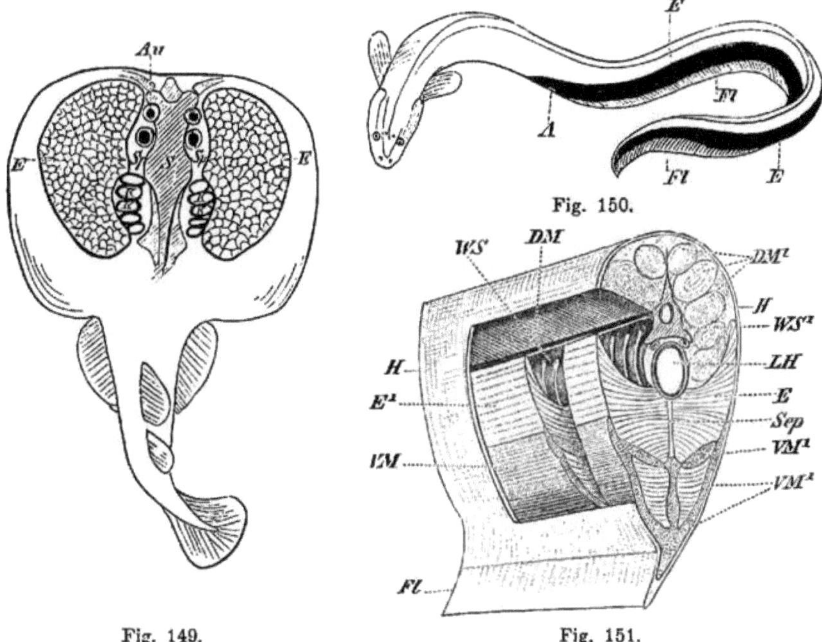

Fig. 149.   Fig. 151.

Fig. 149. **Torpedo marmorata**, das elektrische Organ (*E*) freigelegt. *Au* Auge,
KK Kiemen, *S* Schädel, *Sp* Spritzloch.

Fig. 150. **Das elektrische Organ von Gymnotus electricus** in seiner ganzen
Ausdehnung.

Fig. 151. **Dasselbe im Querschnitt.** *E* das elektrische Organ im Querschnitt (*E*) und
von der Seite (*E*¹). *Fl* Flosse, *DM*, *DM*¹ dorsale, theilweise im Quer-, theilweise im Längsschnitt sichtbare dorsale Hälfte des grossen Seitenrumpfmuskels, *VM*, *VM*¹ ebenso der
ventralen Hälfte desselben, *H* äussere Haut, *LH* letztes Ende der Leibeshöhle, *Sep* sagit-
tales, fibröses Septum, welches das elektrische Organ und die ventrale Rumpfmuskulatur
in zwei gleiche Hälften scheidet, *WS*, *WS*¹ Wirbelsäule von der Seite mit den austretenden Spinalnerven und im Querschnitt.

lagerung der Kiemenhöhle und der spaltförmigen Oeffnung vor den
Brustflossen.

Viel schwächere Schläge ertheilen jene Fische, die man früher

---

Exemplaren stellt das ganze elektrische Organ eine einheitliche Masse dar, bei
älteren Thieren aber wird dasselbe durch ein von der dorsalen und ventralen Mittellinie einwachsendes, bindegewebiges Septum in zwei gleiche Hälften getheilt und zeigt
dadurch einen bilateral-symmetrischen Charakter. Dieser spricht sich auch durch die Art
der Innervation aus. — Das Gewicht des ganzen elektrischen Organes beträgt etwas mehr
als ein Drittel des gesamten Körpergewichts.

als „pseudoelektrische" bezeichnete, deren elektrische Kraft aber
jetzt durch Experimente positiv nachgewiesen ist. Aus diesem Grunde
erscheint es zutreffender, dieselben als schwach elektrische zu
bezeichnen. Dahin gehören nach Abzug von Torpedo die übrigen
Rochen, die verschiedenen, zu der Abtheilung der Teleostier gehörigen Mormyrus-Arten mit Gymnarchus. Bei allen diesen
liegen die elektrischen Organe, welche sich in ihrem Bau von denjenigen der stark elektrischen Fische nicht unterscheiden, auf beiden
Seiten des Schwanzendes, und zwar derart angeordnet, dass sich die
metamere Schichtung der weiter nach vorne liegenden Muskelsegmente
direkt auf sie fortsetzt, wodurch z. B. bei den Mormyriden jederseits eine obere und eine untere Reihe von elektrischen Organen
existiert.

Die elektrischen Apparate aller genannten Fische fallen in genetischer wie anatomischer Beziehung unter einen einheitlichen Gesichtspunkt. Alle sind als umgewandelte, quergestreifte Muskelfasern (Kernwucherungsprocess embryonaler Muskelbündel mit
Quellung der umgewandelten Muskelsubstanz) und die dazu gehörigen Nerven als Homologa der motorischen Endplatten, wie wir sie sonst bei den Muskeln zu finden gewohnt sind, aufzufassen.
Damit ist auch ihre Einreihung in das Capitel
über das Muskelsystem hinlänglich motiviert [1]).

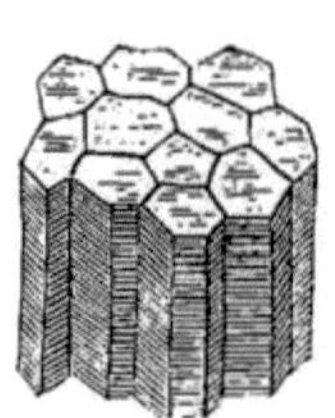

Fig. 152. Elektri-
sche Säulen von
Torpedo marmo-
rata. (Halbschema-
tisch.)

Was den feinen Bau der elektrischen Organe
anbelangt, so begegnen wir im Wesentlichen überall
denselben Einrichtungen. Das Gerüste wird gebildet aus fibrösem, zellreichem Gewebe, welches,
theils in der Längs-, theils in der Querachse des
Organs verlaufend, zu einem Fachwerk angeordnet
ist, an dem wir Tausende von polygonalen oder
auch mehr abgerundeten Kammern oder Kästchen
unterscheiden.

Diese abgekammerten Räume sind von einer
homogenen, flüssigen oder halbflüssigen Grundsubstanz, der sogenannten metasarkoblastischen oder Zwischen-Schicht erfüllt,
deren wahrer Charakter noch nicht hinreichend bekannt ist. Man
weiss nur, dass sie umgewandelter Muskelsubstanz entspricht und
viele grosse runde und ovale Kerne, sowie stark lichtbrechende Körperchen von fraglicher Natur enthält. Die eigentliche elektrische
End-Platte wird durch eine Nervenausbreitung („Terminal-
plexus", „Terminalverästelung") dargestellt, welche in ausserordentlich feiner Verästelung die ganze untere Fläche der obengenannten Zwischenschicht einnimmt [2]). Die letzten Nervenenden sind
nicht sicher nachgewiesen.

Bei Torpedo reihen sich die durch die bindegewebigen, zahlreiche Blutgefässe und Nerven einschliessenden Septa abgegrenzten
Kästchen in dorso-ventraler, bei Gymnotus und Malo-

---

[1]) Ueber die Entwicklung des elektrischen Organes von Malopterurus ist bis
jetzt nichts Sicheres bekannt.

[2]) Bei Malopterurus existiert an den elektrischen Platten keine netzartige Nervenendausbreitung. (Bezüglich des feineren Verhaltens vergl. die Arbeit von E. Ballowitz.)

pterurus in rostro-caudaler Richtung aneinander und bilden so förmliche prismatische Säulen (vergl. später die elektrische Stromrichtung).

Die betreffenden Nerven können bei den verschiedenen elektrischen Fischen sehr verschiedenen Quellen entstammen. So kommen bei Torpedo, wo es sich bei der Anlage des elektrischen Organes wahrscheinlich um Umwandlung eines Theiles des grossen Kiefermuskels (Adduktor) und des M. constrictor communis des Kiemenkorbes handelt, der VII., IX und die beiden ersten Kiemenäste des X. Hirnnerven in Betracht. Im Centralorgan entspricht ihnen der in der Gegend des Nachhirns gelegene sogen. Lobus electricus. Bei sämtlichen schwach-elektrischen Fischen, ebenso auch bei Gymnotus, wo über 200 Nerven zum elektrischen Organ treten, stammen die Nerven vom Rückenmark, und höchst wahrscheinlich stehen sie zu den bei letzterem Fisch besonders stark entwickelten Vorderhörnern des Rückenmarks in nächster Beziehung. Sehr merkwürdig ist, dass die elektrischen Nerven des Zitterwelses jederseits von einer monströsen, in der Nähe des zweiten Cervicalnerven gelegenen, linsenförmigen Ganglienzelle des Rückenmarkes entspringen, die sich zwischen der Aussenfläche der Rumpfmuskulatur und dem überliegenden elektrischen Organ, beziehungsweise dessen fibröser und fettiger Unterlage, bis gegen das Schwanzende des Thieres in eine enorme, immerwährend sich theilende und während ihres Laufes allmählich um das 34 600 fache ihres Ursprungs an Masse gewinnenden Nervenprimitivfaser fortsetzt. Letztere ist von einer dichten Scheide umgeben, welche etwa hundertmal stärker ist, als jene.

Es gilt als feststehendes, für alle elektrischen Fische geltendes Gesetz, dass diejenige Seite der elektrischen Platte, an welcher sich die Nervenendausbreitung findet, im Moment des Schlages elektronegativ, die entgegengesetzte aber elektropositiv ist. Auf Grund dessen ist es bei der entgegengesetzten Anordnung der Theile bei Gymnotus und Malopterurus erklärlich, dass der elektrische Schlag bei diesen Fischen nicht in derselben, sondern in verschiedenen Richtungen erfolgen muss; so bei Malopterurus vom Kopf gegen den Schwanz, bei Gymnotus aber in umgekehrter Richtung. Bei Torpedo geht der Schlag von unten nach oben.

Experimente haben gelehrt, dass alle elektrischen Fische gegen elektrische Ströme immun sind, doch hat dies seine Beschränkung, indem frei präparierte Muskeln und Muskelnerven, sowie die elektrischen Nerven selbst durch den Strom erregbar sind. Die höchste und letzte Frage in Betreff der Zitterfische ist natürlich die nach dem Mechanismus, wodurch die elektrischen Platten vorübergehend in Spannung gerathen. Die Beantwortung dieser Frage, obschon vermuthlich nicht so schwierig, wie die der Frage nach dem Mechanismus der Muskelverkürzung, ist doch noch in weitem Felde. Das Einzige, was man mit Sicherheit behaupten kann, ist, dass sie unter dem Einfluss des Willens elektromotorisch werden.

E. Nervensystem.

Das Nervensystem hat die wichtige Aufgabe, den Organismus mit der Umgebung in Rapport zu setzen, d. h. mittelst der Sinneszellen Eindrücke aufzunehmen und dieselben durch Leitungsbahnen dem Centralorgan zuzuführen (sensible Nervenbahnen). Andrerseits dient es dazu, Willenserregungen auszulösen und dieselben auf den Bewegungsapparat, in specie auf Muskelelemente, zu übertragen (motorische Nervenbahnen). In welch innigem, untrennbarem Connex Muskel und Nerv miteinander stehen, wurde schon früher ausdrücklich betont. Ebenso wurde schon in der entwicklungsgeschichtlichen Einleitung mitgetheilt, dass das gesamte Nervensystem aus dem äusseren Keimblatt,

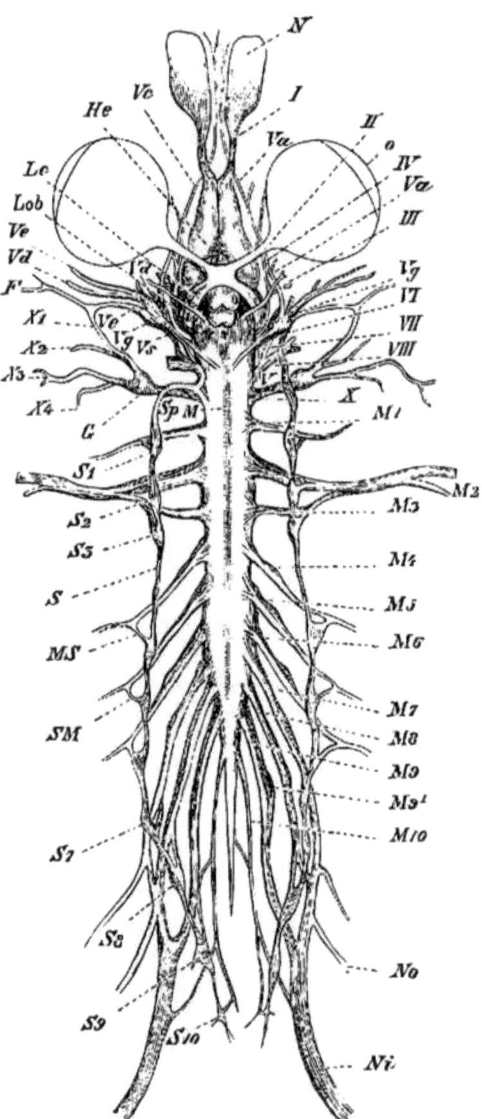

Fig. 153. Das gesamte Nervensystem des Frosches nach A. Ecker. *F* N. facialis, *G* Ganglion N. vagi, *He* Grosshirnhemisphären (Vorderhirn), *I—X* erstes bis zehntes Hirnnervenpaar (die Namen sind aus dem Text zu entnehmen), *Lob* Lobi optici (Mittelhirn), *Lc* Tractus opticus, *M* Rückenmark, $M^1—M^{10}$ Rückenmarcksnerven, welche bei *SM* schlingenartige Verbindungen mit den Ganglien, ($S—S^{10}$) des Sympathicus *S* eingehen, *N* Nasensack, *Ni* Nervus ischiadicus, *No* Nervus obturatorius, *o* Bulbus oculi, *Va—Ve* die verschiedenen Aeste des Trigeminus, *Vg* Ganglion semilunare (Gasseri), *Vs* Verbindung des Sympathicus mit dem Ganglion semilunare (Gasseri), $X^1—X^4$ die verschiedenen Aeste des Vagus. Einzelne Fasern des Sympathicus sollten den Vagus in peripherer Richtung begleiten.

dem Ektoderm ("Sinnesblatt"), entsteht. Bei der ersten Anlage handelt es sich um Differenzierung von Nervenzellen (Ganglienzellen), aus welchen später Fasern, als leitende Bahnen,

auswachsen[1]). Dieselben treten in zweierlei Formen auf, die man
als markhaltige und marklose bezeichnet. Beide sind jedoch
keineswegs als örtlich und genetisch scharf getrennte Gebilde zu betrachten; es kommt vielmehr sehr häufig vor, dass ein und dieselbe
Faser in einer gewissen Strecke ihres Verlaufes markhaltig, in einer
anderen aber marklos ist.

Beide Arten von Fasern besitzen als wichtigsten Theil einen in
ihrer Achse verlaufenden, das leitende Element darstellenden
Faden, den sogenannten Achsencylinder. Während dieser bei
den markhaltigen Fasern von einer, aus stark lichtbrechender, fett-
artiger Masse, dem Myelin, bestehenden Substanz, dem sogenannten
Mark, sowie meist noch von einer strukturlosen Scheide (Schwann'sche
Scheide) umhüllt wird, besitzen die marklosen (blassen) Nervenfasern
nur eine einzige Aussenhülle, die Schwann'sche Scheide.

Ein gewisser Theil des in den Bereich der Anlage des Nervensystems fallenden ektodermalen Gewebes wird nicht in Nervensubstanz,
sondern in eine Stütz-, Kitt- bezw. Isolationsmasse (Neuroglia)
verwandelt, welche in jenem Abschnitt, den man als das centrale Nervensystem bezeichnet, eine grosse Rolle spielt. Als
secundäre Hüllmasse mesodermaler Natur tritt dann noch Bindegewebe in den verschiedensten Modificationen hinzu; auch Blutgefässe, sowie das Lymphsystem spielen, zumal beim Centralorgan, eine bedeutende Rolle. Die peripheren Bahnen sind verhältnismässig nur spärlich mit Blut versorgt.

Aus dem Vorstehenden erhellt, dass das Nervensystem in ausgebildetem Zustande in verschiedene Abschnitte zerfällt. Diese bezeichnet man als das **centrale** und das **periphere Nervensystem.**
Zu letzterem ist auch das sympathische System zu rechnen.

Das erstere, unter welchem wir das **Gehirn** und das **Rückenmark** begreifen, entsteht direkt aus dem Ektoderm, während die
peripheren Nerven mit ihren Ganglien sich erst später anlegen.

I. Das centrale Nervensystem.

Das centrale Nervensystem erscheint bei Wirbelthieren in seiner
ersten Anlage als eine dorsal von der Rückensaite, in der Körperlängsachse gelagerte Rinne, die man als **Medullar-Rinne** bezeichnet.
Von der Hautoberfläche her sich einsenkend, besteht sie, wie diese,
ursprünglich nur aus epithelialen Zellen; erst später, nachdem
sich die Rinne, mit ihren Rändern dorsalwärts verwachsend, zur
Medullar-Röhre geschlossen hat, kommt es zur Ausbildung von
Fasern und dadurch zur physiologischen Leitung in centripetaler
(sensible Bahnen) und centrifugaler (motorische Bahnen)
Richtung.

Frühe schon lässt sich der vordere, kopfwärts schauende Abschnitt
des Medullarrohres durch seine stärkere Ausdehnung als **Gehirnan-
lage,** der hintere, ungleich längere und schlankere Abschnitt, der

---

[1]) Dieser Auffassung, dass die Nerven als Ausläufer einzelner Ganglienzellen entstehen, steht eine andere, namentlich von A. Dohrn vertretene, gegenüber. Nach dieser
würden sich die Fasern aus Zellketten und die Kerne der Schwann'schen Scheide
ebenfalls aus ektodermalem (und nicht wie man bis jetzt angenommen hat, aus mesodermalem) Materiale bilden.

anfangs mit dem Schwanzdarm durch den Ductus neuroentericus in offener Verbindung steht, als späteres **Rückenmark** unterscheiden. Beide entstehen also aus einer und derselben einheitlichen Grundanlage und schliessen einen Canal ein, den man im Rückenmark als **Canalis centralis**, im Gehirn als **Ventrikelraum** bezeichnet. Anfangs sehr weit, erfahren beide, zumal der erstere, eine um so grössere Beschränkung, je mehr sich die Wandungen verdicken [1]).

An gewissen Stellen verharrt das Hirnrohr zeitlebens auf dem Zustand eines einschichtigen Epithels, d. h. auf jenem frühen Stadium, den das gesamte Neuralrohr zu Beginn seiner Entwicklung zu der Zeit inne hat, wo in ihm noch ektodermales Stütz- und Nervengewebe undifferenziert enthalten sind. Wir werden also überall da, wo wir diesem Verhalten begegnen, auf primitive, bezw. auf reduzierte Zustände schliessen dürfen.

Hirn- und Rückenmarkshäute.

Was die Umhüllungsmembranen (Meningen) des centralen Nervensystems anbelangt, so sind speciell diejenigen des Rückenmarkes durch die Arbeiten Giuseppe Sterzi's unserem Verständnis ungleich besser zugänglich geworden, als diejenigen des Gehirns, über welche bis jetzt noch keine so umfassenden Studien vorliegen. Sterzi dehnte seine Untersuchungen über sämtliche Hauptgruppen der Vertebraten aus, und ich werde die von ihm gewonnenen Resultate der folgenden Darstellung zu Grunde legen. Zugleich verweise ich auf die Fig. 154, in welcher ich die verschiedenen Abbildungen, welche das Sterzi'sche Werk begleiten, in halbschematischer Behandlung zusammengezogen habe.

Das beim Amphioxus das ganze centrale Nervensystem umhüllende Bindegewebe differenziert sich bei den Cranioten mit dem ersten Auftreten einer Wirbelsäule in eine Meninx primitiva, welche der Medulla spinalis dicht anliegt, und in eine zweite Membran, welche, die Wände des Wirbelkanals auskleidet („Endorhachis“, Sterzi). Letztere, welche der „Dura vertebralis“ früherer Autoren entspricht, ist gänzlich gefässlos und kommt bei der Bildung der eigentlichen Meningen überhaupt nicht in Betracht, d. h. sie spielt hier, wie bei allen übrigen Vertebraten nur die Rolle eines inneren Perichondriums, bezw. Periosts. Was dagegen die obengenannte Meninx primitiva betrifft, so verlaufen in ihr die für das Rückenmark bestimmten Blutbahnen, und der nach aussen von ihr liegende weite Raum kann als Perimeningealraum, bezw. als Perimeningealgewebe bezeichnet werden. Dieses Verhalten gilt für die Fische (Fig. 154, A).

Unter den Amphibien bahnt sich bei den Urodelen erst ganz allmählich ein weiterer Differenzierungsprocess an, welcher bei Anuren schon bedeutendere Fortschritte macht, um endlich bei Reptilien und in noch höherem Grade bei Vögeln durchgeführt zu werden.

----

[1]) Ueber die morphologische Bedeutung einer im Kopfgebiet auftretenden primären Neuromerie und ihre Verwerthung für die Metamerie des Kopfes lässt sich noch kein sicheres Urtheil abgeben. Es wird übrigens später noch einmal davon die Rede sein.

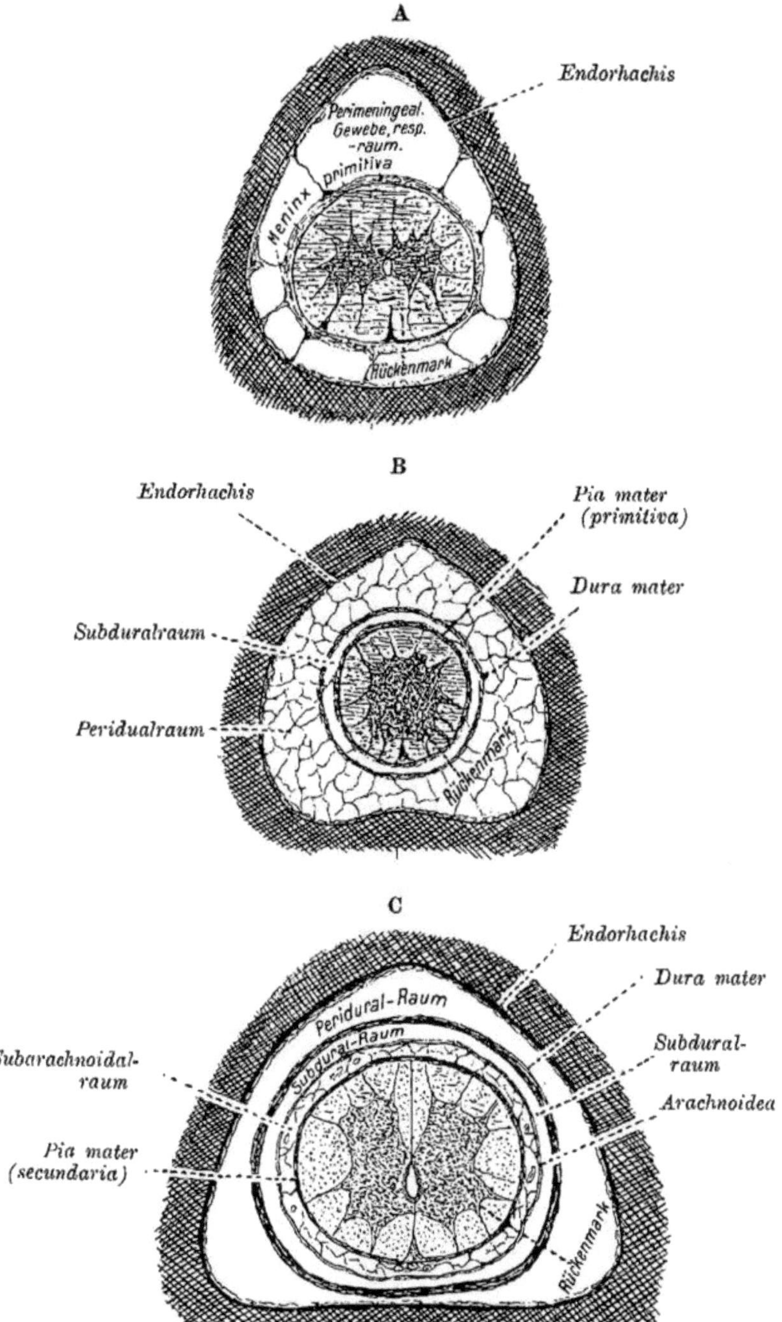

Fig. 154. Darstellung der Rückenmarkshüllen bei den Hauptgruppen
der Wirbelthiere.

Dieser Process besteht darin, dass in jener primitiven meningealen
Hülle eine Lymphspalte auftritt, wodurch eine Theilung in zwei
Schichten eingeleitet wird. Die äussere Schicht wird zur Dura
mater, während man die innere als eine primitive Pia mater
bezeichnen kann.

Auf Grund dieses Verhaltens stellt der nach aussen von der Dura
mater liegende Raum ein Cavum peri- oder epidurale dar, während der einwärts von derselben befindliche Raum einem Cavum
subdurale entspricht. [1] (Vergl. Fig. 154 B).

In der Reihe der Säugethiere gewinnt nun die Pia mater
bedeutend an Dicke, wird in ihrem Maschengewebe immer mehr von
Lymphe durchströmt und spaltet sich noch einmal in zwei Schichten,
von welchen die das Rückenmark direct umschliessende zur blutreichen,
definitiven Pia mater (Pia mater secundaria) und die nach
aussen davon liegende zur Arachnoidea wird. In Folge dieses
Differenzierungsprocesses sind nun aus dem bei Fischen ursprünglich einheitlichen perimedullaren Lymphraum drei Lymphräume geworden: ein peri- oder epiduraler, ein subduraler und
ein arachnoidaler. Letzterer ist der bedeutendste, und er besteht
aus einem reichen Maschen- und Balkenwerke (Fig. 154, C).

Auf die Frage nach der Ursache dieses immer complicierter sich
gestaltenden Differenzierungsprocesses liegt die Antwort nahe genug,
und sie lautet: bei der Ausbildung der einzelnen Hüllmembranen,
bezw. der Lymphräume kommt die immer höhere Entwicklungsstufe
und die dadurch gesteigerte Vascularisation der Medulla spinalis in
allererster Linie in Betracht. Auf Grund des letztgenannten Umstandes steigert sich auch die Masse der Lymphe, und dementsprechend
wird eine Vermehrung und günstigere Anordnung der Abflusswege
immer mehr Erfordernis.

Daraus ergiebt sich für das Verhalten der medullaren Meningen
in der Reihe der Wirbelthiere folgende Uebersicht:

Amphioxus	Fische	Amphibien (Anuren) Reptilien, Vögel	Säugethiere
	Endorhachis · Perimeningealraum	Endorhachis Epi- oder Periduralraum	Endorhachis Epi- oder Periduralraum
Indifferente bindegewebige Hülle		Dura mater Subduralraum	Dura mater Subduralraum
	Meningea primitiva	Pia mater primitiva	Arachnoidea Subarachnoidalraum Pia mater secundaria.

Wie bereits erwähnt, liegen über die Phylogenie und die Ontogenie der Hüllmembranen des Gehirns noch keine so sicheren

---

[1] Im Caudalabschnitt der Wirbelsäule der Amphibien erscheint jener Differenzierungsprocess noch nicht durchgeführt, sodass die hier noch einheitlich bleibende Meninx primitiva an das Verhalten bei Fischen erinnert.

Nachrichten vor, wie über diejenigen des Rückenmarks, und ich muss mich deshalb auf folgende kurze Angaben beschränken.

Nach Zander wäre die Dura mater des Kopfes nicht der Dura mater spinalis allein, sondern dieser nebst dem sogen. Periost des Wirbelcanals (Endorhachis, Sterzi) und dem Inhalt des Periduralraumes homolog. Die Dura mater des Kopfes bewahrt also ein primitives Verhalten, diejenige des Spinalcanales entwickelt sich weiter, d. h. sie differenziert sich in Folge der Beweglichkeit der Wirbelsäule in die sogen. Dura mater spinalis, Periduralraum und das innere Periost des Wirbelcanals. Da wo jene Beweglichkeit fehlt, wie z. B. im mittleren Abschnitt der Wirbelsäule der Schildkröten, unterbleibt jene Differenzierung in mehrere Schichten.

Diese Auffassung hat Vieles für sich, allein ein befriedigendes Verständnis kann erst dadurch erreicht werden, dass auf Grundlage ausgedehnter Untersuchungen vergleichend-entwicklungsgeschichtlicher Art die morphologische Stellung der Endorhachis des Wirbelcanals gesichert und die Frage nach ihrem Verbleiben, bezw. ihrer Modification im Schädelraum beantwortet wird. Eines erscheint jetzt schon sicher, nämlich dass auch im Schädel der Fische, gerade wie im Wirbelkanal derselben, nur eine das Gehirn umhüllende Meninx primitiva existiert, und dass es auch bei Amphibien und Sauropsiden noch nicht zur Differenzierung einer Arachnoidea, bezw. eines Subarachnoidalraumes kommt.

Wenn nun im Folgenden noch von einigen specielleren Punkten hinsichtlich des Verhaltens der Hirnhäute die Rede ist, so bemerke ich ausdrücklich, dass ich die dafür bis jetzt gebräuchlichen Bezeichnungen wähle, ohne damit irgend welche Homologie mit den für die Rückenmarkshüllen gebrauchten Namen ausdrücken zu wollen. Nicht selten zerfällt die Dura auf grössere oder kleinere Strecken in zwei Blätter, wodurch sogenannte Interduralräume entstehen, wie sie z. B. bei Urodelen (Salamandra) im Bereich des später zu schildernden Ductus, bezw. Saccus endo- und perilymphaticus, der Hypophyse und der Paraphyse vorkommen.

Bei Anuren finden sich solche Interduralräume nicht nur an den eben bezeichneten Stellen, sondern sie überschreiten auch noch den Schädelraum und setzen sich durch die ganze Länge der Wirbelsäule hindurch fort. Auch hier gab das endolymphatische System (vergl. das Gehörorgan) Veranlassung zu ihrer Entwicklung.

Bei Fischen und geschwänzten Amphibien wird der ganze Subduralraum von einem lockeren, maschigen, lymph- und fetthaltigen Gewebe erfüllt, während bei Anuren ein solches nur noch im Bereich der vorderen Schädelhälfte getroffen wird. Weiter nach hinten zu bis zum Ende des Spinalkanales begegnet man einem freien, continuierlichen, von Lymphe erfüllten Raum, der sich namentlich dorsal vom Hirn- und Rückenmark stark entwickelt zeigt.

Während die Dura mater des Kopfes die Bedeutung eines inneren Periostes besitzt, ist die blutreiche Pia mater als die Ernährerin des Gehirns zu betrachten und betheiligt sich da, wo die Hirnwände ein rudimentäres Verhalten zeigen, secundär wohl auch an der Begrenzung der Hirnhöhlen oder sie dringt, die epitheliale Hirnwand einstülpend, in das Innere der Ventrikel vor. So entstehen die sogenannten Adergeflechte, die Telae chorioideae bezw. Plexus chorioidei, welche in der ganzen Wirbelthier-Reihe eine grosse Rolle spielen, deren physiologische Bedeutung aber noch keineswegs ganz klar liegt.

Wie sich die Sauropsiden hinsichtlich der Hirnhäute verhalten, ist noch nicht sicher erkannt, es scheint aber, dass die Reptilien im Allgemeinen dem bei Amphibien geschilderten Verhalten folgen. Genauere Untersuchungen hierüber sind noch anzustellen, und dies gilt auch für die Vögel, bei welchen das Gehirn den Schädeldecken sehr enge anliegt.

Was die Säugethiere betrifft, so erzeugt hier die Dura mater Fortsätze gegen das Gehirn herein, die man als Sichel (Falx) und als Zelt (Tentorium) bezeichnet. Die Sichel, welche bei Vögeln erst in sehr schwachen Andeutungen auftritt, senkt sich in die grosse Sagittalspalte zwischen beiden Vorderhirnhälften hinein, das Zelt dagegen kommt zwischen das Hinterhirn und die Occipitallappen des Vorderhirns zu liegen: beide können wohl auch verknöchern (z. B. bei Carnivoren). Die Interduralräume der Säugethiere umschliessen sogenannte Blutleiter, welche, das venöse Blut des Gehirnes aufnehmend, in der Vena jugularis interna confluieren.

Zwischen Dura und Pia mater ist es zur Differenzierung der sogenannten Spinnweben-Haut, der Arachnoidea, gekommen. Es handelt sich dabei aber nicht um eine eigentliche Haut, sondern um ein ausgedehntes System mit einander in Verbindung stehender, maschiger Hohlräume, deren aus lymphadenoidem Bindegewebe bestehende Wandungen innen von einem Epithel („Endothel") ausgekleidet sind, während sich die Lumina von einer serösen, bezw. lymphoiden Flüssigkeit erfüllt zeigen. Jenes Maschen- und Waben-System überbrückt alle Vertiefungen und Unebenheiten an der Hirnoberfläche und grenzt sich nach der Peripherie zu durch eine zarte Grenzlamelle von dem Subduralraum ab. Es setzt sich vom Schädel auch auf die Wirbelsäule fort.

1. Das Rückenmark (Medulla spinalis).

Während das Rückenmark[1]) anfangs von gleichmässiger Dicke ist, treten an ihm bei fortschreitender Entwicklung häufig an ganz bestimmten Regionen Anschwellungen auf. Dies gilt für jene Stellen, wo es sich um Aussendung stärkerer, für die Gliedmassen bestimmter Nerven handelt.

Ursprünglich in gleicher Länge wie das Wirbelrohr sich anlegend (Fig. 155 *A*), bleibt das Rückenmark später häufig im Wachsthum hinter jenem zurück und erscheint dann wesentlich kürzer. In diesem Falle (Primaten, Chiropteren, Insectivoren, anure Batrachier, gewisse Fische) strahlt es an seinem Ende in ein Nervenbüschel, in die sogen. Cauda equina (Fig. 155 **A**), auseinander;

---

1) Bei Cyclostomen (mit Ausnahme von Bdellostoma), Teleostiern, Knochenganoiden und Lepidosiren paradoxa (allen Dipnoërn?) handelt es sich um eine compacte Anlage des Centralnervensystems und um eine erst secundär erfolgende Höhlung desselben. Wenn auch darin kein prinzipieller Unterschied zu sehen ist, so ist die Thatsache doch sehr bemerkenswerth.

diese liegt noch innerhalb des Wirbelcanales und lässt die Sacral-
nerven aus sich hervorgehen. Gleichwohl erstreckt sich auch unter
solchen Verhältnissen noch eine axiale Verlängerung der Medulla weit

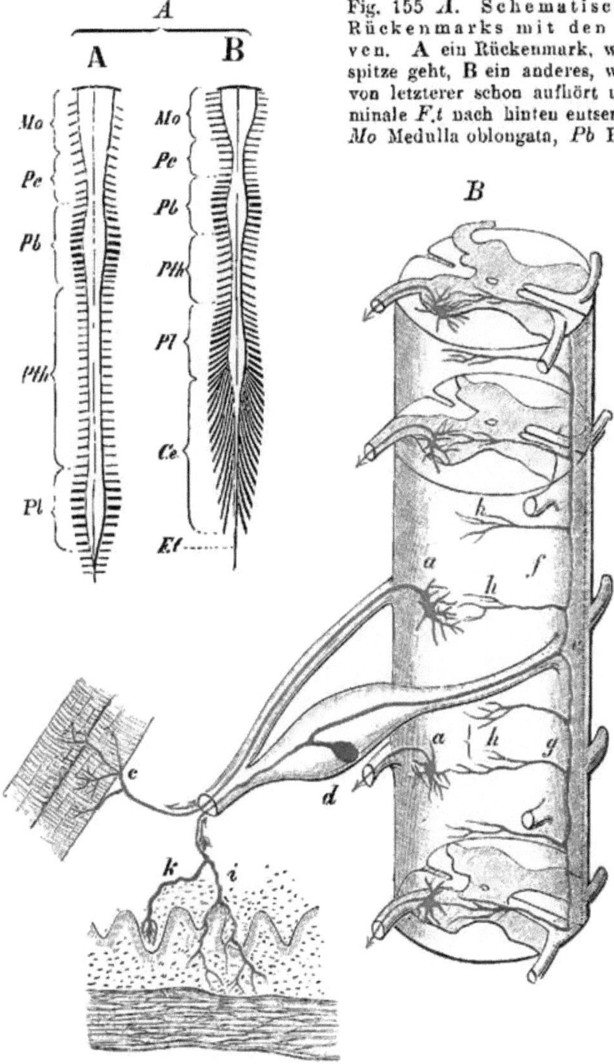

Fig. 155 *A*. Schematische Darstellung des
Rückenmarks mit den austretenden Nerven. A ein Rückenmark, welches bis zur Schwanzspitze geht, B ein anderes, welches weit nach vorne
von letzterer schon aufhört und nur das Filum terminale *F.t* nach hinten entsendet. *Ce* Cauda equina,
Mo Medulla oblongata, *Pb* Pl. brachialis, *Pc* Plexus
cervicalis, *Pl* Pl. lum-
bosacralis, *Pth* Nervi
thoracici.

B Schematische
Darstellung des
Ursprungs, Ver-
laufs und der En-
digung der moto-
rischen und sen-
sibeln Fasern, so-
wie der Bezieh-
ungen der sensi-
beln Collateralen
zu den Ursprungs-
stellen der vor-
deren Wurzeln.
Nach M. v. Len-
hossék. Das Rü-
ckenmark ist durch-
sichtig dargestellt Aus
den motorischen Vor-
derhornzellen (*a*) ent-
springen die Fasern
der vorderen Wurzel
(*b*), deren Endigung
an den quergestreiften
Muskelfasern in Form
kleiner Endbäumchen
(*c*) dargestellt ist. In
dem im Verhältnis
zum Rückenmark sehr
stark vergrössert dar-
gestellten Spinalgang-
lion (*d*) ist nur eine
einzige Ganglienzelle
wiedergegeben, deren
centraler Fortsatz als
Hinterwurzelfaser in
das Mark eindringt,
sich bei *e* gablig in die
aufsteigende (*f*) und
absteigende (*g*) Stamm-
faser theilt, die oben

und unten, nach Einbiegung in die graue Substanz, frei endigt und unterwegs mehrere
Collateralen (*h*) abgiebt. Der periphere Fortsatz der Spinalganglienzelle strebt als peripherische sensible Faser zur Haut, wo seine Endigung theils als nackte Endarborisation in
der Epidermis (*i*), theils als Aufknäuelung in einem Corpusculum tactus (Meissner'schen
Körperchen) (*k*) zur Ansicht gebracht ist.

nach hinten, allein dieselbe ist auf einen dünnen, fadenartigen Anhang
reduziert (Filum terminale).

Der bilateral-symmetrische Bau des Rückenmarkes spricht

sich in einer an seiner Ventralseite verlaufenden Längsfurche aus, und denkt man sich die Austrittsstellen der dorsalen (sensiblen) und der ventralen (motorischen) Nervenwurzeln je unter einander durch eine Längslinie verbunden, so lässt sich jede Rückenmarkshälfte in drei Stränge, nämlich in einen unteren (ventralen), seitlichen (lateralen) und oberen (dorsalen) zerfällen. Die menschliche Anatomie gebraucht hiefür die Bezeichnungen **Vorder-, Seiten-** und **Hinterstränge.** Dorsalwärts liegt in der Medianlinie ein aus Stützsubstanz bestehendes Septum. [1]).

Gegen das Gehirn hin geht das Rückenmark in die sog. **Medulla oblongata** über.

Was den feineren Bau betrifft, so handelt es sich im Rückenmark stets um zwei nervöse Substanzen, um eine nur aus Fasern bestehende weisse und um eine aus Fasern und Ganglienzellen zusammengesetzte graue Substanz. Beide zeigen in ihren gegenseitigen Lagebeziehungen bei verschiedenen Thiergruppen, wie auch nach verschiedenen Regionen des Rückenmarkes, ein sehr wechselndes Verhalten, doch nimmt die weisse Substanz in der Regel eine mehr periphere, die graue dagegen eine mehr centrale Lage ein [2]). Häufig lassen sich an der grauen Substanz auf dem Querschnitt ein Paar vorderer und ein Paar hinterer, in die weisse Substanz einragender Fortsätze, die man als **Columna anterior** und **posterior** (**Vorder-** und **Hinterhörner**) bezeichnet, unterscheiden.

2. Das Gehirn (Cerebrum).

Schon bevor das Neuralrohr geschlossen ist, zeigt sich häufig das Vorderende der Medullarplatte verbreitert und in drei Abschnitte gegliedert, die man als **primitives Vorder-, Mittel-** und **Hinterhirnbläschen** bezeichnet (Fig. 156 *G, I, II, III*). Der Binnenraum dieser Bläschen entspricht, wie oben schon erwähnt, den späteren Ventrikeln und steht mit dem Centralcanal des Rückenmarkes in directer Verbindung.

Fig. 156 Embryonalanlage des centralen Nervensystems (Schema). *G* Gehirn mit seinen drei primitiven Bläschen (*I, II, III*), *R* Rückenmark.

In einer späteren Entwicklungsperiode lässt das Hirnrohr eine Gliederung in fünf Abschnitte erkennen, und die einzelnen Abschnitte, von vorne nach hinten gezählt, heissen jetzt: **secundäres Vorderhirn, Zwischen-, Mittel-,** secundäres **Hinter-** und **Nachhirn** [Telen-

---

[1]) Bei vielen Wirbelthieren, so unter den Säugethieren z. B. bei Hunden, Katzen, Ratten, Meerschweinchen, Kaninchen und beim Menschen, besteht am hinteren Ende des Rückenmarkes eine Erweiterung des Centralcanales, die man als Ventriculus terminalis bezeichnet. Es handelt sich dabei um eine nachträgliche Entstehung, welche mit einer bedeutenden Wucherung der dorsalen Wand und der seitlichen Wände des Centralcanales Hand in Hand geht, und wobei eine gewisse Analogie mit dem pathologischen Process der Syringomyelie nicht auszuschliessen ist. Ueber das eigentliche Wesen, die Ursache und Bedeutung jener Bildung ist man noch nicht im Klaren.

[2]) Bei Teleostiern zeigen sich bezüglich der Vertheilung der grauen und weissen Substanz sehr wechselnde Verhältnisse, und nirgends tritt eine so scharfe Sonderung beider auf, wie dies von den Selachiern aufwärts bei den übrigen Wirbelthieren vorkommt.

cephalon, Diencephalon, Mesencephalon, Metencephalon, Myelencephalon]. Das Mittelhirn wird auch als Vierhügelregion (ein der menschlichen Anatomie entlehnter Ausdruck), das Hinterhirn als Kleinhirn, und das Nachhirn als verlängertes Mark (Medulla oblongata) bezeichnet. Letzteres kommt sehr frühe zur Ausbildung[1].

Aus dem secundären Vorderhirn, welches sich aus der oberen seitlichen Partie des Diencephalon ausstülpt, und an welchem man zwei halbkugelartige Partien (**Hemisphären**) unterscheiden kann, gehen die Riechlappen hervor, und diese stelle ich gleich in den Vordergrund, weil sich das Telencephalon in phylogenetischer Beziehung sehr wahrscheinlich in engstem Anschluss an das Riechorgan gebildet hat.

Indem sich die basale Bläschenwand dieses Hirntheils zu einem mächtigen, ins Ventrikellumen einspringenden Stammganglion verdickt, kann man letzteres dem übrigen Theil des Bläschens, welcher als Mantelzone (Pallium) bezeichnet wird, gegenüberstellen (Fig. 157 *VH*, *Olf*, *Cs*). Am Dache des secundären Vorderhirnes entsteht die **Paraphysis** als eine mediane, unpaare Aussackung, welche

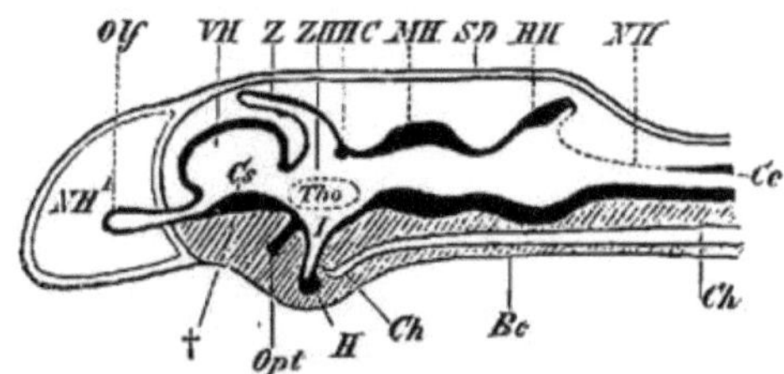

Fig. 157. Sagittalschnitt durch Schädel und Hirn eines (idealen) Wirbelthierembryos. Zum Theil nach Huxley. *Bc* Basis cranii, *Cc* Canalis centralis, *Ch* Chorda dorsalis, *HC* hintere Commissur, *HH* Hinterhirn, *MH* Mittelhirn, *NH* Nachhirn. *NH¹* Nasenhöhle, *SD* Schädeldecke. *VH* secundäres Vorderhirn, basalwärts mit dem Corpus striatum (*Cs*), nach vorne mit dem ausgestülpten Lobus olfactorius (*Olf*), *ZH* Zwischenhirn (primäres Vorderhirn), welches sich dorsalwärts zur Zirbel (*Z*) und basalwärts zum Infundibulum (*I*) samt Hypophyse (*H*) ausgezogen hat. Nach vorne hat sich der Sehnerv (*Opt*) und in der Seitenwand der Sehhügel (*Tho*) angelegt.

in ihrer späteren Entwicklung durch starke Vascularisierung den Plexus chorioideus-Bildungen auf der Grenze von Vorder- und Zwischenhirn, in deren nächster Nachbarschaft sie entsteht, sehr ähnlich wird, die aber auch andrerseits ein drüsiges Organ repräsentiert und in dieser Beziehung an die später zu besprechende Infundibulardrüse erinnert (Sedgwick Minot). Ob dabei auch das Rudiment eines Sinnesorganes in Betracht kommt, erscheint fraglich. Jedenfalls ist die wahrscheinlich allen Wirbelthieren zukommende Paraphysis von dem weiter hinten am Hirndach vom Zwischenhirn aus in ähnlicher Weise entstehenden Parietal- und Pinealorgan scharf auseinander zu halten, und zwar um so mehr, als da und dort zwischen den betreffenden Organen secundär sich anbahnende nahe Lagebeziehungen leicht zu Verwechslungen führen können.

Das Mantelgebiet ist dazu berufen, in der Thierreihe die grösste Rolle zu spielen, denn von einer in der Phylogenese erst ganz allmäh-

---

[1] Die neue anatomische Nomenclatur fasst unter dem Namen Rhombencephalon das Myelencephalon und Metencephalon zusammen und begreift unter Cerebrum im engeren Sinne die weiter nach vorne gelegenen Hirntheile, d. h. das Mesencephalon, Thalamencephalon (bezw. Diencephalon) und das secundäre Vorderhirn (Telencephalon). Letzteres und die gesamte Zwischenhirngegend werden miteinander als Prosencephalon bezeichnet.

lich von niederen zu höheren Formen fortschreitenden Entfaltung und
histologischen Differenzierung seiner Rindenzone („Rindengrau"),
beziehungsweise von dem Auftreten gewisser, damit in engster Verbindung stehender Leitungsbahnen, hängt die niedrige oder höhere
Stufe des Intellectes ab.

Ueber das eigentliche Wesen der im Rindengrau sich abspielenden Processe herrscht noch tiefes Dunkel. Fest steht aber, dass es
sich hierbei um die Fähigkeit handelt, erstens: erlangte Eindrücke

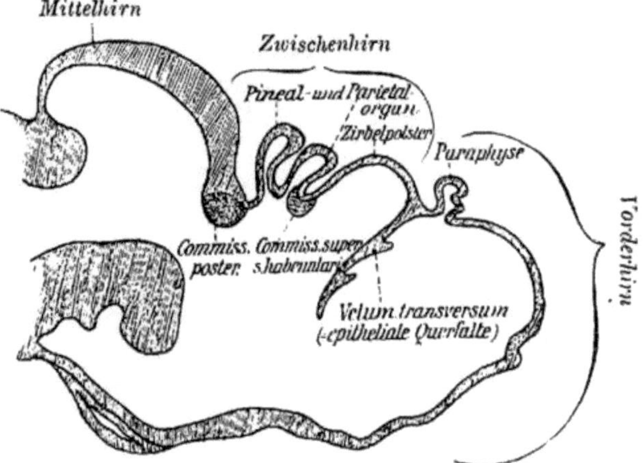

Fig 158. Die im Laufe der Entwicklung am Vorder- und Zwischenhirn-
dache sich abspielenden Bildungsprocesse (Ausstülpungserscheinungen).

festzuhalten und zweitens dieselben mittelst reich entfalteter Asso-
ziationsbahnen mit andern erlangten Eindrücken zu assoziieren. Dazu
kommt als Drittes das Vermögen, die auf den erwähnten Wegen
einmal recipierten sensorischen Reize in Bewegungen irgendwie um-
zusetzen, bezw. auch das Eintreten von Bewegungen zu hemmen.

Es gibt keinen Beweis dafür, dass die Hirnrinde oder irgend ein
anderer Theil des Nervensystems die Fähigkeit hätte, aus sich selbst
heraus, also ohne vorherige Reception von Sinnes-Eindrücken, eine
Bewegung zu erzeugen. Vielmehr spricht Alles dafür, dass das, was
uns als freies Wollen erscheint, nur das Endstadium einer langen
Reihe von Processen ist, die irgend wann mit sensorischen Recep-
tionen begonnen hat (Edinger).

Dem entsprechend werden wir das secundäre Vorderhirn bei
Säugern, und vor Allem beim Menschen, in höchster Ausbildung
treffen; dabei ist aber zu bemerken, dass man nicht bei allen Vertebraten von jener grauen Rindenschicht sprechen kann. Letztere kann
vielmehr auf eine einfache Epithelschicht ohne Leitungsfähig-
keit reduziert sein, so dass das secundäre Vorderhirn zahlreicher,
später genauer zu bestimmender Wirbelthiere in seinen peripheren
Theilen eine gewisse embryonale Stufe gar nicht überschreitet, eine
Thatsache, die im Sinne einer regressiven Metamorphose zu deuten
ist, in deren Ursache wir keinen klaren Einblick besitzen[1]).

____

[1]) Auch wenn die Hirnrinde mit den aus ihren Zellen auswachsenden Achsencylinder-
fortsätzen einmal im Sinne der höheren Vertebraten gebildet ist, braucht sie noch nicht

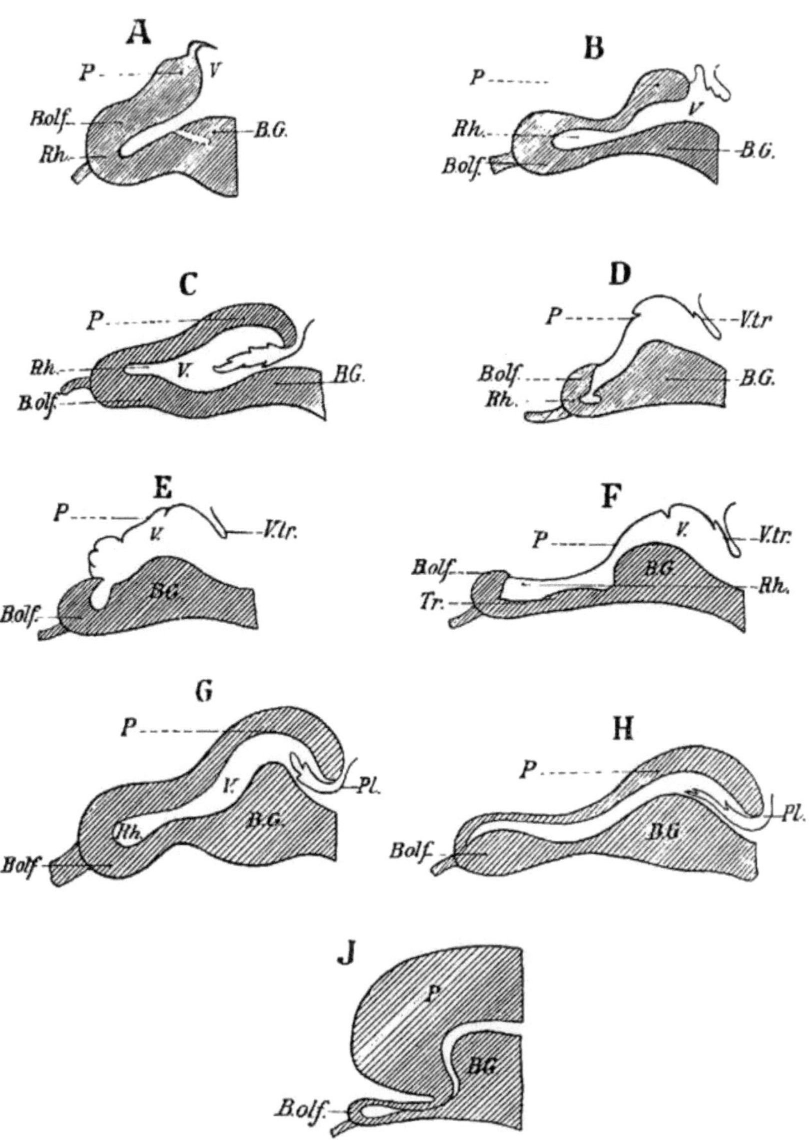

Fig. 159. Schema der phylogenetischen Entwicklung des Vorderhirns·
Nach Rabl-Rückhard. A Petromyzon, B Selachier (Acanthiasembryo), C Am·
phibien (Menopoma), D Teleostier (Salmonidentypus), sitzende Bulbi olfactorii,
E Ganoiden, F Teleostier (Cyprinoidentypus), gestielte Bulbi olfactorii, G Reptilien
(Chelonier) sitzende Bulbi olf., H Desgl. (Ophidier) gestielte Bulbi olf., J Mammalia, Stirn-
hirn mit Riechlappen: *B olf.* Bulbi olfactorii, *BG* Basalganglion, *P* Pallium, *Pl* Plexus
chorioidei, *Rh* Ventriculus olfactorius (Rhinocoele), *Tr* Tractus olfactorii, *V* Ventrikel,
V.tr Velum transversum (v. Kupffer).

pas ganze Gehirn zu überziehen, wie denn auch bei dem hochstehenden Gehirn der Primaten noch rindenlose Stellen vorkommen.

Fig. 160 A, B, C. Median-schnitte durch den Kopf von drei verschiedenen Entwick-lungsstufen einer Larve von Petromyzon Planeri (Ammocoetes), zum gröss-ten Theil nach Kupffer und Dohrn. Man ersieht daraus, wie unter allmäh-lichem Auswachsen der ge-waltigen Oberlippe die ol-factorio-hypophyseale Bucht aus einer ursprünglich ven-tralen Lage nach oben, dor-sal, verschoben wird.

Ch Chorda dorsalis, *Chiasm.* Chiasma opt., *Gp* Glandula pinealis, *HH* Hinterhirn, *Hyp* Bucht der Hypophyse, *Inf* Infundibulum, *MB* Mund-bucht, *MH* Mittelhirn, *OL* Oberlippe, *RO* Riechorgan, *UL* Unterlippe, *VET* Vor-dere Entodermtasche, *VH* Vorderhirn, *VOD* Vorder-darm.

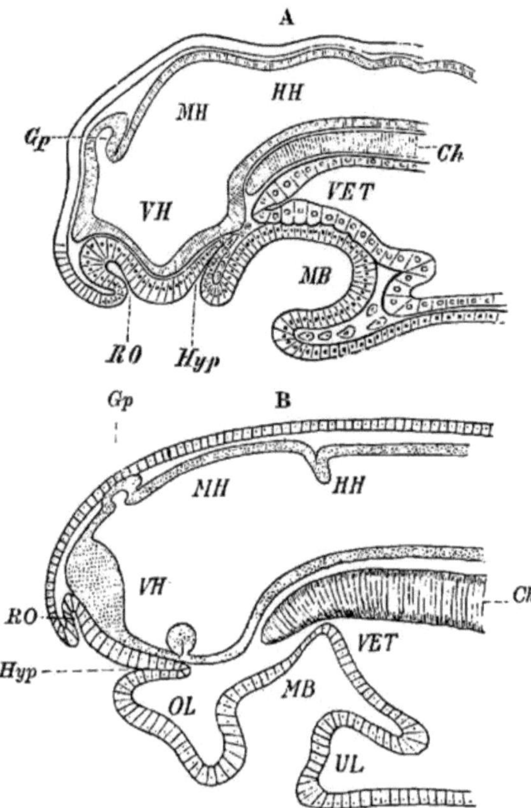

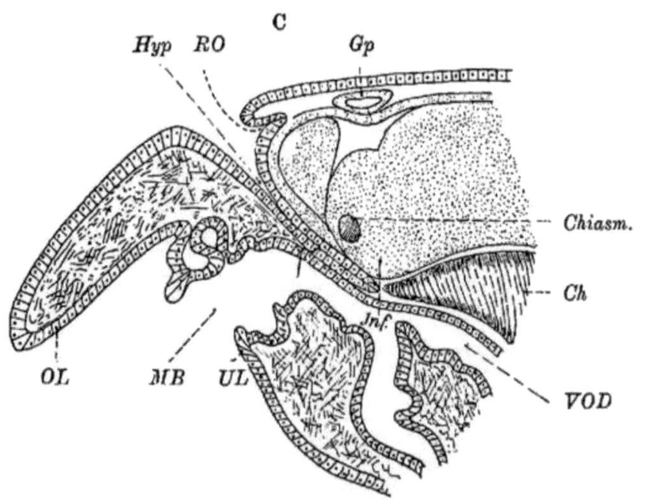

Zwischen den beiden Hemisphären des secundären Vorderhirns existieren gewisse Verbindungssysteme, die man als **Commissuren, Balken (Trabs s. Corpus callosum)** und als **Gewölbe (Fornix)**

bezeichnet. Von den ersteren, welche wesentlich Basaltheile mit einander verbinden, unterscheidet man drei, nämlich eine vordere, mittlere und hintere. Von diesen gehört aber nur die C. anterior dem secundären Vorderhirn an, die beiden anderen liegen im Bereich des Zwischen- und Mittelhirns. Trabs und Fornix spielen wesentlich beim Säugethierhirn eine Rolle.

Bei allen unterhalb der Säugethiere stehenden Vertebraten erscheint die Aussenfläche der Hemisphären mehr oder weniger glatt; erst bei den Mammalia treten Furchen (Fissurae, Sulci) und Windungen (Gyri) auf. Es handelt sich hier um eine Faltung der gesamten Mantelzone, und daraus resultiert eine Oberflächenvergrösserung des Rindengraus, sowie eine gleichzeitige Vermehrung der Leitungsbahnen.

Aus dem **Zwischenhirn**, welches seine vordere Abgrenzung durch die sogenannte Lamina terminalis erfährt, und aus dessen basalem Theil sich das unter dem Namen des Sehhügels bekannte Basalganglion bildet, gehen noch folgende weitere Gebilde hervor: aus Verdickungen am hinteren Seitenrand der dorsalen Zone die sogenannten Ganglia habenulae, und zwischen denselben die Commissura posterior; ferner durch eine basalwärts-lateralwärts erfolgende, paarige Ausstülpung die **primären Augenblasen,** beziehungsweise die Netzhaut und das Pigmentepithel des Auges, sowie die Sehnerven. Endlich entsteht in Folge von Ausstülpungsvorgängen am Zwischenhirn-Dache der **Pinealapparat** und durch ebensolche am Boden der **Trichter (Infundibulum)** mit einem Theil der **Hypophysis cerebri (Hirnanhang s. Glandula pituitaria).** Der übrige Theil der Hypophyse bildet sich aus dem Epithel der primitiven Mundbucht (Stomodaeum), und vielleicht betheiligt sich auch das dem Entoderm entstammende Epithel des primären Vorderdarmes[1]).

Von gewissen Adnexa der Hypophyse, wie z. B. vom Saccus vasculosus etc., wird später die Rede sein.

Der Pinealapparat besteht aus der Epiphysis cerebri oder dem **eigentlichen Pinealorgan,** welches in mehr oder weniger rudimentärer Form für alle Vertebraten charakteristisch ist, und zweitens aus einer weiter nach vorne davon liegenden Ausstülpung, dem sogenannten **Parietalorgan.** Dieses gliedert sich entweder von der Epiphyse ab oder es bildet sich selbständig aus dem Zwischenhirndach. Es atrophiert bei der grössten Mehrzahl der Fische und Amphibien vollständig und ist bei Vögeln und Säugethieren gänzlich verschwunden. Bei Cyclostomen und Sauriern zeigt es sich, wie später genauer auszuführen sein wird, gut entwickelt und erweist sich mit Sicherheit als der Rest eines bläschenförmigen Sinnesorganes vom Charakter eines unpaaren Auges, welches vielleicht dem Sehorgan der Ascidien als homolog zu erachten ist. (Vergl. das Cyclostomen- und Saurier-Gehirn.)

Auch die Epiphyse hat unzweifelhaft die Bedeutung eines früheren Sinnesorganes, doch lässt sich nichts Sicheres darüber be-

---

1) Es handelt sich dabei um praeorale Ausstülpungen („praeorale Kopfhöhlen“), welche von gewisser Seite als Andeutungen rudimentärer Kiementaschen gedeutet werden, deren Funktion mit dem Zugrundegehen des später zur Sprache kommenden „Palaeostoma“ erloschen sein soll.

haupten. Es ist als solches nur noch bei den Cyclostomen in so weit erhalten, dass man dabei ebenfalls an ein ursprüngliches Sehorgan denken könnte[1]).

Sowohl das Pineal- als das Parietalorgan besitzt einen besonderen Nervus oder Tractus pinealis (zur Zirbel gehörig) resp. parietalis, der in embryonaler Zeit das betreffende Organ mit dem Gehirn verbindet, und zwar derart, dass er sich von der Peripherie aus centripetal wachsend, erst secundär in das Gehirn einsenkt.

Ob Parietalorgan und Zirbel Schwesterbildungen von einem gemeinsamen Mutterboden aus sind, oder ob das Parietalorgan eine Tochterbildung der Zirbel darstellt — ist bis dato noch nicht sicher zu entscheiden, kurz es erscheint noch nicht sicher ausgemacht, dass beide Organe von jeher ohne jegliche Beziehungen zu einander gewesen sind. Die oben erwähnte besondere Innervation jedes Organes würde allerdings eher für eine Sonderstellung derselben sprechen.

Die Hypophyse zeigt in ihrer heutigen Gestalt den Charakter einer Drüse, deren Secret in den Ventrikelraum entleert wird, bezw. einst entleert wurde. Die Urgeschichte des Organs liegt übrigens durchaus noch nicht klar, doch will ich nicht unerwähnt lassen, dass es sich nach der Auffassung einer gewichtigen Autorität (C. v. Kupffer) dabei um den primitiven Mund der Vorfahren der heutigen Wirbelthiere („Palaeostoma") handeln soll[2]). Der jetzige definitive Mund der Vertebraten wäre dann das „Neostoma"[3]).

Manches spricht übrigens auch dafür, dass der infundibulare (cerebrale) Theil der Hypophyse ursprünglich die Bedeutung eines Sinnesorgans hatte.

Das bis jetzt betrachtete primäre und das secundäre Vorderhirn liegen in dem praechordalen Schädelabschnitt; bei seiner Phylogenese spielten wohl zwei Sinnesorgane, nämlich das Seh- und Riechorgan, die Hauptrolle.

Die weiter nach hinten liegenden Hirnbläschen fallen in den Bereich des chordalen Schädelabschnittes; sie zeigen ein um so spinalartigeres Verhalten, je weiter sie nach hinten liegen. Abgesehen vom **secundären Hinterhirn** oder **Kleinhirn**, welches sich bei höheren Typen in zwei Seitentheile (Hemisphären) und einen diese verbindenden, mittleren, unpaaren Abschnitt, den sogenannten Wurm, differenziert, unterliegen dieselben keinem so starken Umbildungsprocess, als die zwei vordersten Hirnbläschen. Es sei deshalb nur noch darauf hingewiesen, dass aus dem **Mittelhirnbläschen** die oben schon genannte **Vierhügelregion** mit den basalwärts daran sich schliessenden Grosshirnschenkeln (Crura cerebri) entsteht, und dass das Dach des **Nachhirns**, d. h. der **Medulla oblongata**, eine Rückbil-

---

[1]) Ob eine ursprünglich paarige Anlage der Epiphyse und des Parietalorganes angenommen werden darf, ob also die unpaarige Natur beider Gebilde erst secundär erworben ist, müssen künftige Untersuchungen zeigen. Auch über die da und dort auftretenden accessorischen Bläschen, wie sie z. B. bei der Blindschleiche vorkommen, ist nichts Sicheres bekannt.

[2]) Bezüglich der Details, wie namentlich auch hinsichtlich des damit verglichenen Nasenrachenganges der Cyclostomen und der Anlage eines unpaaren Geruchsorgans bei Cyclostomen, Selachiern und Ganoiden, verweise ich auf die Arbeiten von von Kupffer, Lubosch und Rabl-Rückhard, sowie auf das Capitel über das Geruchsorgan.

[3]) Hinsichtlich der Verhältnisse des Amphioxus verweise ich auf die Arbeit von Legros und van Wijhe.

dung erleidet, während sich der Boden stark verdickt und weiter nach vorne im Bereich des **secundären Hinterhirns** die sogenannte **Brücke** bilden kann (Säuger). Bemerkenswerth ist, dass im Bereich des Nachhirns die Ursprünge der meisten Hirnnerven liegen, ein Umstand, der für die hohe physiologische Bedeutung jenes Hirntheiles schwer genug in die Wagschale fällt.

Bei der weiteren Entwicklung des Gehirns spielen sich nun noch folgende wichtige Vorgänge ab.

Die Wände der Hirnbläschen verdicken sich mehr und mehr, so dass der zu den **Ventrikeln** sich umgestaltende Binnenraum eine immer grössere Beschränkung erfährt.

Stets kann man ein in der Längsachse des Gehirns liegendes, unpaares, sowie ein paariges Ventrikelsystem unterscheiden. Letzteres (Fig. 161 *SV*) liegt in den Hemisphären des Vorderhirns, ist unter dem Namen der Seitenventrikel (Ventriculus *I* und *II*) bekannt, steht medianwärts durch das sogenannte **Foramen interventriculare** (Monroi) mit dem unpaaren Ventrikelsystem (Ventri-

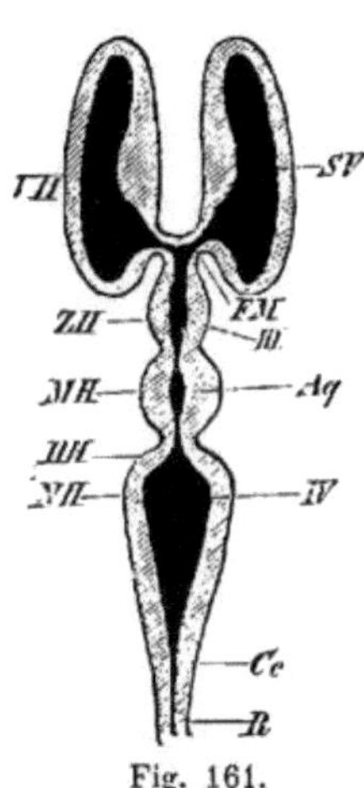

Fig. 161.

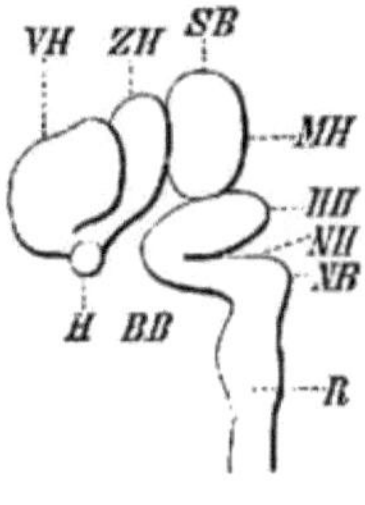

Fig. 162.

Fig. 161. Schema der Ventrikel des Wirbelthierhirnes. *Cc* Canalis centralis des Rückenmarks (*R*). *HH* Hinterhirn, *MH* Mittelhirn, welches den Verbindungskanal [Aquaeductus cerebri (Sylvii)] zwischen dem III. und IV. Ventrikel einschliesst (*Aq*), *NH* Nachhirn mit dem IV. Ventrikel (*IV*), *VH* Secundäres Vorderhirn (Grosshirn-Hemisphären) mit den Seitenventrikeln (erster und zweiter Ventrikel), *SV*, *ZH* Zwischenhirn mit dem dritten Ventrikel (*III*). Nach vorne davon liegt bei Säugethieren das paarige Septum pellucidum, welches den sogen. fünften Ventrikel einschliesst. Durch eine enge Oeffnung [Foramen interventriculare (Monroi)] stehen die Seitenventrikel mit dem III. Ventrikel in Communication (*FM*).

Fig. 162. Hirnbeuge eines Säugethiers. *HH* Hinterhirn, *MH* Mittelhirn, welches bei *SB* den höchstliegenden Theil des gesamten Hirnrohres, die sog. „Scheitelbeuge", repräsentiert. *NH* Nachhirn, bei *NB* die „Nackenbeuge" bildend. An der vorderen Circumferenz des Ueberganges von *HH* in *NH* entsteht die „Brückenbeuge". *R* Rückenmark, *VH* Vorderhirn, *ZH* Zwischenhirn mit der basalwärts liegenden Hypophyse *H*.

culus *III*) und nach vorne basalwärts mit dem Ventriculus **lobi olfactorii** in Verbindung.

Das unpaare, aus dem III. und IV. Ventrikel, sowie aus dem Aquaeduct bestehende System setzt sich in embryonaler Zeit in den Tractus opticus mit der primären Sehblase (Ventriculus opticus) und zeitlebens in das Infundibulum fort. Der Aquaeduct verbindet den III. mit dem IV. Ventrikel (Fig. 161).

Im engsten Anschluss an die Entstehung des Balkens und des Gewölbes tritt bei Säugethieren noch der sogenannte V. Ventrikel hinzu. Dieser ist mit den übrigen Ventrikeln morphologisch nicht gleichwerthig, insofern er nur einen Spaltraum zwischen den medialen verdünnten Hemisphärenwänden, welche man an der betreffenden Stelle als Septum pellucidum bezeichnet, darstellt.

Lagen nun anfangs alle fünf Hirnbläschen in einer Horizontalen, so tritt im Lauf der Entwicklung die sogen. **Hirnbeuge** auf, d. h. die Bläschen beschreiben mit ihrer Achse einen ventralwärts offenen Bogen, so dass das Mittelhirn in einer gewissen Periode die höchste Kuppe desselben darstellt (Fig. 162). Man nennt dies die Scheitelbeuge (*SB*) und stellt ihr zwei weitere, namentlich bei Säugern deutliche Beugestellen als Brücken- und Nackenbeuge gegenüber (*BB, NB*). Dabei spielt sowohl das Schädelwachsthum als auch die rasch zunehmende Längenausdehnung des Gehirnes eine grosse Rolle. Es handelt sich theils um eine Art von Umkippen des Hirnrohres, theils wird dasselbe von hinten und vorne her zusammengeschoben und mannigfach gekrümmt.

Während nun diese Krümmungen bei Fischen und Amphibien später wieder so gut wie ganz ausgeglichen werden, persistieren sie mehr oder weniger stark bei höheren Typen, wie vor Allem bei den Säugern. Hier werden die ursprünglichen Verhältnisse namentlich auch dadurch noch compliziert, dass die Hemisphären des secundären Vorderhirnes, eine gewaltige Ausdehnung gewinnend, nach hinten wachsen und so sämtliche übrigen Hirntheile allmählich überlagern. Dieser Zustand wird am vollkommensten beim Menschen erreicht. In Folge dessen wird aus der ursprünglichen Hintereinanderlagerung der einzelnen Hirnabschnitte eine derartige Uebereinanderlagerung, dass das Zwischen-, Mittel-, Hinter- und Nachhirn basalwärts von den Grosshirnhemisphären zu liegen kommt.

Fische.

Amphioxus.

In der kegelförmigen Auftreibung des vorderen Rückenmarkendes findet sich eine Erweiterung des Centralkanales, und diese ist einem Ventrikel gleich zu erachten. Dorsalwärts öffnet sich der Ventrikelraum frei gegen das umgebende Medium, und jene Oeffnung kann nichts Anderem als einem Neuroporus, d. h. dem Umbildungsproduct einer letzten Verbindung des Hirnes mit der Oberhaut, entsprechen. Welchen Abschnitten des Gehirnes der Cranioten das Amphioxushirn („Archencephalon", v. Kupffer) entspricht und in wie weit es sich dabei vielleicht bereits um Rückbildungen handelt, lässt sich nicht mit Sicherheit bestimmen, da eine Abgrenzung des Gehirnes vom Rückenmark, in welches sich der Ventrikelraum als Canalis centralis fortsetzt, auf Schwierigkeiten stösst. Dasselbe gilt für die cerebralen[1]) und spinalen Nerven, beziehungsweise für den ganzen Kopfbezirk.

Cyclostomen.

Die **Cyclostomen** zeigen eine sehr niedere, in mancher Beziehung auf rein embryonalem Typus stehen bleibende Entwicklungsstufe des Gehirns (Fig. 163). Dies gilt in erster Linie für das Gehirn des

---

[1]) Genau genommen gehen die als „Hirnnerven" beschriebenen Nerven vom Uebergangsgebiet des Hirns zum Rückenmark aus.

Ammocoetes, welches sich durch eine schlanke, lang gestreckte Gestalt auszeichnet. Die einzelnen Hirnpartien liegen hier, wie dies auch für Petromyzon gilt, in fast rein horizontaler Richtung hinter einander, und das Interessanteste ist, dass der in der Einleitung als Manteltheil oder Pallium bezeichnete Abschnitt des secundären Vorderhirnes zum grossen Theil

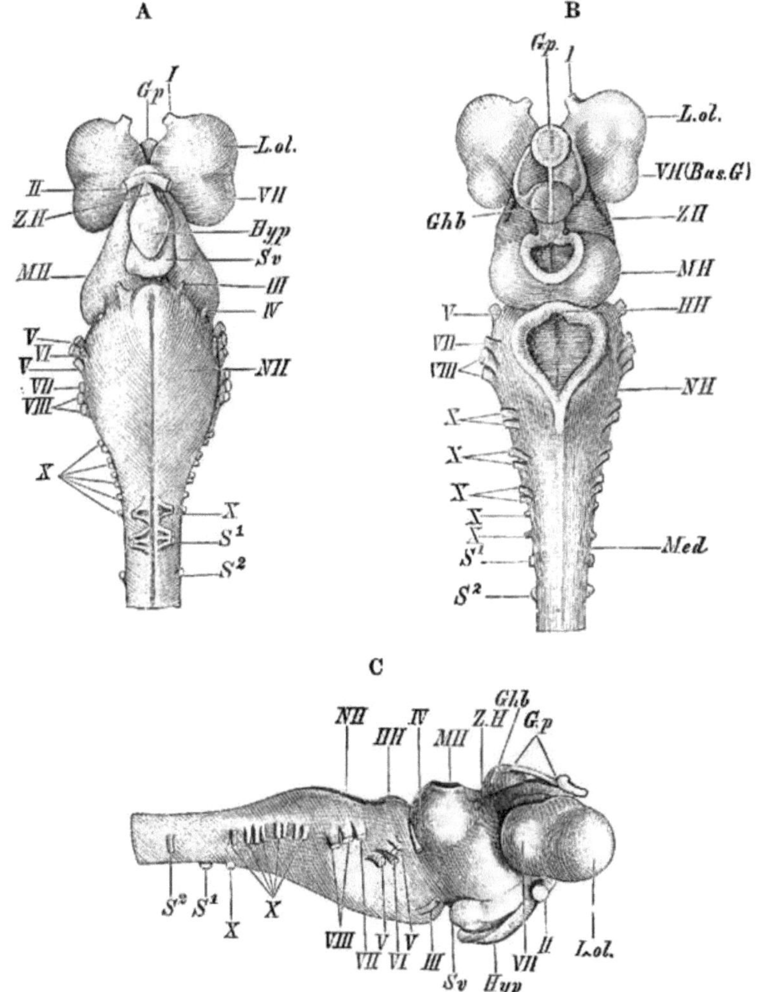

Fig. 163. Gehirn von Ammocoetes. Das Pallium ist weggelassen. **A** ventrale, **B** dorsale, **C** Profilansicht. *Ghb* Ganglia habenulae, *Gp* Glandula pinealis, *HH* Hinterhirn, *Hyp* Hypophyse, *I—X* erster bis zehnter Hirnnerv, *L.ol.* Lobus olfactorius, *MH* Mittelhirn, *Med* Medulla, *NH* Nachhirn, *S¹*, *S²* erster und zweiter Spinalnerv, *Sv* Saccus vasculosus, *VH* Vorderhirn resp. dessen Basalganglion (*Bas. G.*), *ZH* Zwischenhirn.

nur aus einer zusammenhängenden, einschichtigen Lage von Epithelzellen besteht, die an ihrer Dorsalfläche von der Pia mater überzogen wird. Nur lateralwärts existiert jederseits ein

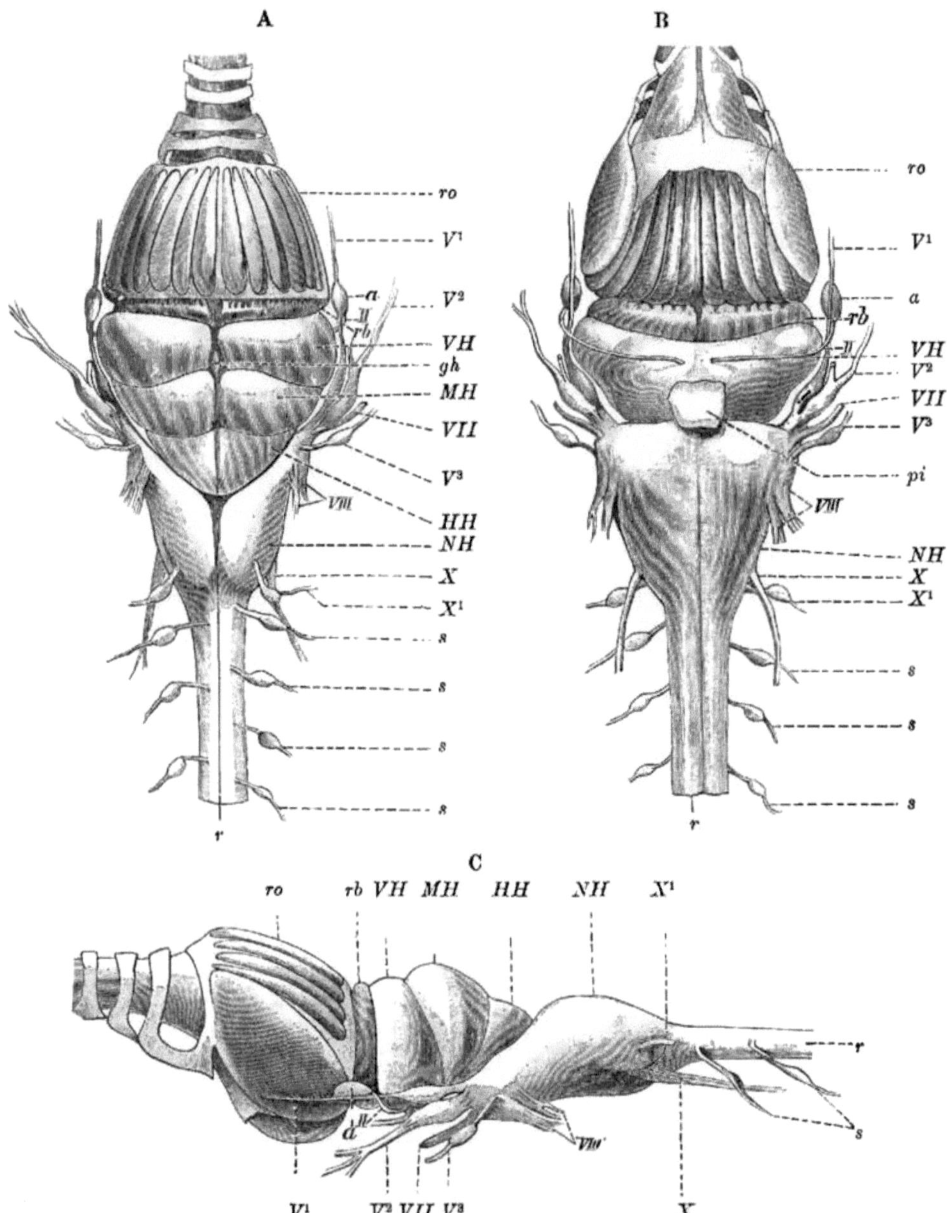

Fig. 164. Gehirn von Myxine, nach G. Retzius. **A** dorsale, **B** ventrale, **C** seitliche Ansicht. Das periphere Riechorgan mit Knorpelgerüst (*ro*) ist vorne in Situ gelassen. *a* Auge, *gh* Ganglion habenulae, *HH* Hinter- und *NH* Nachhirn, *II* rudimentärer Opticus, *MH* Mittelhirn, *pi* Processus infundibuli, *r* Rückenmark, *rb* Riechhirn, *s, s, s* Spinale Nerven (dorsale Wurzeln mit Ganglien), *VH* Vorderhirn, *V¹, V², V³* Erster bis dritter Trigeminus-Ast, *VII* Facialis, *VIII* Acusticus, *X* Vagus, *X¹* Sensibler Vagusast, oder dorsaler Ast eines spino-occipitalen Nerven.
Bezüglich einer anderen Auffassung der einzelnen Hirntheile vergl. den Text.

richtiges nervöses Mantelgebiet, welches sich vom Stammganglion (Corpus striatum) aus dorsal erstreckt. Auf der Figur 163 ist der Manteltheil entfernt, dagegen die verdickte basale Partie erhalten. Vorne schliessen sich an letztere die Riechlappen (*Lol*) an, in welche sich der Seiten-Ventrikel fortsetzt.

Von auffallender Länge ist das Hinter- und Nachhirn, so dass das Gehirn des Ammocoetes zum grossen Theil sozusagen einen spinalen Habitus besitzt. Im Gegensatz dazu erscheinen die

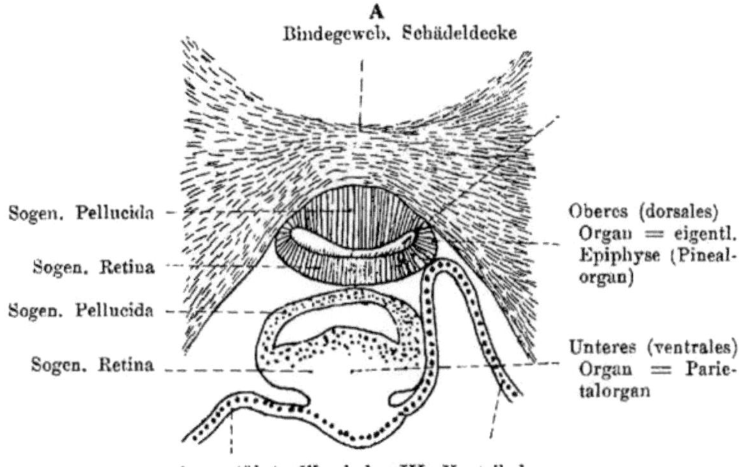

Fig. 165 **A.** Der ganze Pinealapparat von Petromyzon marinus. Querschnitt. (Nach Studnička.)

einzelnen Hirntheile, zumal das Mittelhirn von Petromyzon mehr in die Breite entwickelt. Am Zwischenhirnboden liegt die Hypophyse und ein Saccus vasculosus (vergl. hierüber das Selachier- und Ganoidengehirn). Das Hinterhirn ist nur durch eine kleine Querfalte, welche von vorne her den Eingang zum IV. Ventrikel etwas überragt, dargestellt. Das Dach des Mittelhirnes ist zum grössten Theil epithelialer Natur und ist wie dasjenige des III. und IV. Ventrikels von einem Plexus chorioideus überzogen.

Das Gehirn der **Myxinoiden** entsteht durch eine Einfaltung der Medullarrinne und hat insofern die primitive (röhrige) Entwicklungsform bewahrt. Es zeigt in seinem Aufbau manche Eigenthümlichkeiten, wodurch es sich von dem eine höhere Entwicklungsstufe repräsentierenden Gehirn der Petromyzonten unterscheidet. Vor Allem macht es einen breiteren, plumperen Eindruck, und die auf der Dorsalseite durch eine fortlaufende Längsrinne deutlich in je eine rechte und linke Seite getheilten Einzelabschnitte erscheinen in der Querrichtung mehr zusammengeschoben. Ein Pallium ist nicht nachweisbar (wenigstens nicht im erwachsenen Zustande). Am vorderen ventralen Umfang des Vorderhirnes liegt eine kleine, mediane, isolierte Höhle, die als ein Rest des *III.* Ventrikels zu deuten ist und die, was für das reduzierte Ventrikelsystem überhaupt gilt, starken individuellen Schwankungen unterliegt. Das Riechhirn wird durch eine Querfurche vom Vorderhirn abgesetzt.

Das Zwischenhirn ist von der Dorsalseite nicht sichtbar; ventral-
wärts springt ein Processus infundibuli deutlich hervor. Das
Mittelhirn stellt die höchste Erhebung des ganzen Gehirnes dar. Der
Aquaeduct reicht nur bis zur Mitte nach vorn und endigt dann blind

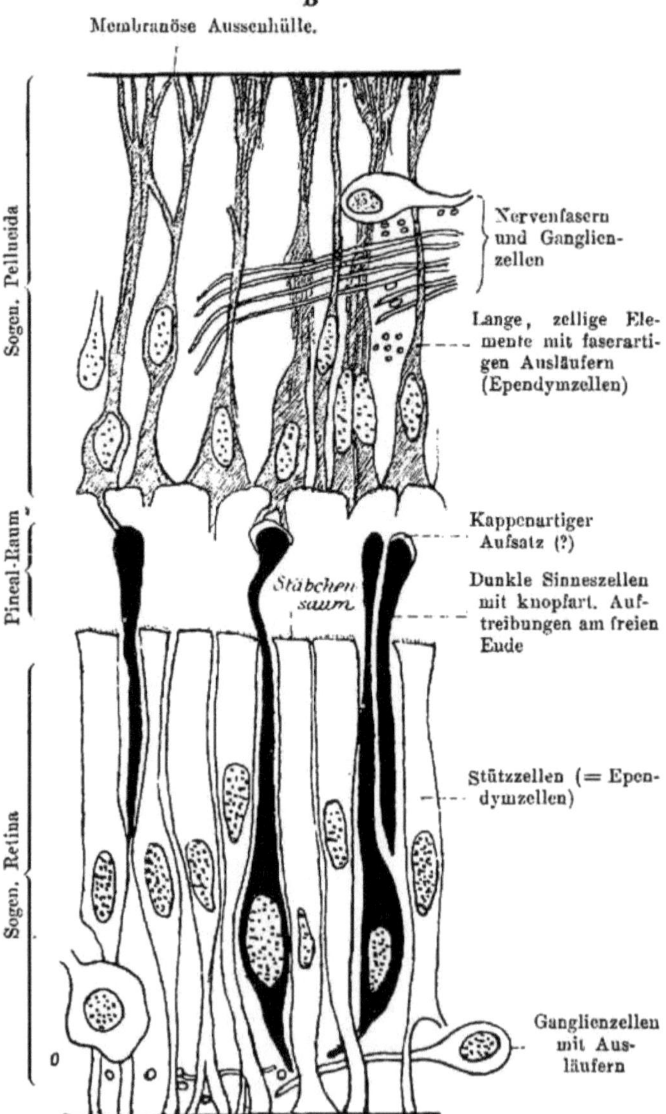

Fig. 165 B. Abschnitt aus dem Pinealorgan von Petromyzon marinus.
Querschnitt bei starker Vergrösserung. (Nach Studnička.)

(rudimentärer Charakter). Das Hinterhirn, nach rückwärts zugespitzt, ist viel mächtiger entwickelt als bei Petromyzonten und

erinnert an gewisse embryonale Entwicklungsstufen der Teleostier; es bedeckt die Rautengrube vollkommen. Die Medulla oblongata ist dorsalwärts durch zwei lappenartige, durch einen Längsspalt getrennte Hervorragungen charakterisiert.

In der obigen Darstellung bin ich G. Retzius gefolgt, es erscheint aber auf Grund neuerer Arbeiten (vergl. J. F. Holm) sehr wahrscheinlich, dass der von Retzius als Vorderhirn (Fig. 164, *VH*) bezeichnete Abschnitt nicht einem solchen, sondern dem Thalamencephalon entspricht, und dass ferner dem Mesencephalon (*MH*) auch noch das von Retzius als Hinterhirn (*HH*) aufgefasste Gebiet (als Corpus quadrigeminum posterius) zuzurechnen ist. — Ein Hinterhirn oder Kleinhirn würde somit den Myxinoiden überhaupt fehlen.

Am Pineal-Apparat von Petromyzon unterscheidet man zwei bläschenartige Gebilde, von welchen das eine (grössere) dorsal, das andere ventral liegt. Ersteres, in welches der von der Commissura posterior ausstrahlende Zirbelstiel direct übergeht, entspricht der eigentlichen Epiphyse; die Zellen seiner ventralen Wand sind pigmentiert, bedürfen aber noch einer feineren histologischen Untersuchung. Das darüber befindliche Integument ist pigmentlos und das Schädeldach zeigt an der betreffenden Stelle eine leichte Einsenkung.

Das ventrale Bläschen stellt das Parietalorgan dar; es ist, wie das dorsale, mit dem Zwischenhirndach bezw. mit dem Ganglion habenulae der linken Seite durch einen Nerven verbunden; es bleibt nicht nur kleiner als das dorsale, sondern zeigt sich auch einfacher gestaltet und unterliegt vielen individuellen Schwankungen. Bezüglich der gröberen und feineren Structurverhältnisse verweise ich auf die Fig. 165 A und B. Gleichwohl zeigen beide Bläschen viele Aehnlichkeit mit einander.

Die genetischen Beziehungen des dorsalen und des ventralen Bläschens liegen noch nicht klar[1]).

Der Pinealapparat der Myxinoiden ist offenbar sehr stark rückgebildet und von der eigentlichen Epiphyse ist nichts nachzuweisen.

Selachier.

Wie das Gehirn der Cyclostomen, so stellt auch dasjenige der Selachier einen besonderen, in mancher Beziehung in sich abgeschlossenen Entwicklungstypus von eigenthümlicher Ausgestaltung dar; allein es kommt hier zu einer viel reicheren Differenzierung der einzelnen Hirnregionen, als wir sie dort beobachtet haben. Nach der äusseren Form kann man zwei grosse Gruppen von Selachiergehirnen aufstellen. Die eine, welche durch die Spinaces, Scymni und Notidani dargestellt wird, zeichnet sich durch ein sehr schlankes, in die Länge gestrecktes, der übrige Theil der Selachier dagegen durch

---

[1]) Diese beiden blasenartigen Ausstülpungen erinnern an die Befunde bei Amia. Bei Petromyzon marinus sind die beiden Bläschen tief in das bindegewebige Dach der Schädelkapsel eingebettet und liegen viel weiter vom Gehirn entfernt, als bei Petromyzon Planeri, wo sie dem Gehirn dicht aufliegen (Fig. 165 A).

ein gedrüngeneres, in seinen einzelnen Theilen mehr zusammen-
geschobenes Gehirn aus. Fast bei allen Haien prävaliert das Vorderhirn durch bedeutende Grösse über alle übrigen Hirnabschnitte. Sein
paariger, dem secundären Vorderhirn aller Vertebraten zu Grunde

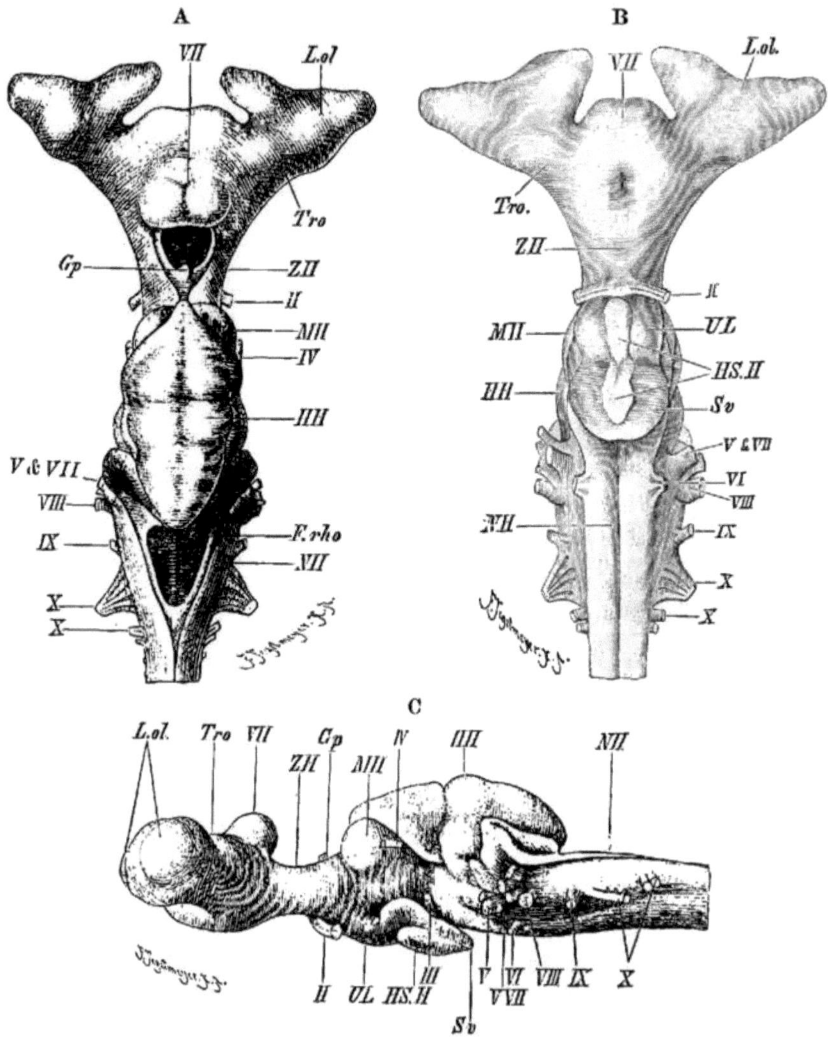

Fig. 166. Gehirn von Scyllium canicula. A dorsale, B ventrale, C Profilansicht.
F. rho. Fossa rhomboidalis, *Gp* Glandula pinealis, abgeschnitten, *HH* Hinterhirn, *HS.H* Hypophyse, *I—X* erster bis zehnter Hirnnerv, *L.ol* Lobus olfactorius, *MH* Mittelhirn, *NH* Nachhirn, *Sv* Saccus vasculosus, *Tro* Sehr kurzer Tractus olfactorius, *UL* Unterlappen, *VH* Vorderhirn, *ZH* Zwischenhirn. Der Schlitz des Zwischenhirns und der Fossa rhomboidalis
ist von Epithel resp. Plexus chorioidei bedeckt zu denken. Die ventralen Vaguswurzeln
sind auf der Fig **B** nicht eingezeichnet.

liegender Charakter ist bald deutlich (Notidaniden), bald nur sehr
undeutlich ausgesprochen (z. B. bei Scyllium). Allein auch im

letztgenannten Fall sind im Innern noch Spuren des bilateralen Ventrikelsystems zu constatieren. Zu einer eigentlichen Trennung des Mantels in zwei Hemisphären kommt es bei Selachiern nie. Bei den Rajidae, deren Vorderhirn eine äusserlich nur sehr seichte Medianfurche besitzt, besteht nur eine einfache Vorderhirnhöhle; bei Myliobatiden verschwindet auch letztere, und das Vorderhirn besteht aus soliden Ganglienmassen (regressive Erscheinung).

Bemerkenswerth sind die mächtigen, in ihrer Länge und Form übrigens grossen Schwankungen unterliegenden Riechlappen, welche entweder als vordere oder als seitliche Ausbuchtungen des Vorderhirnes entstehen, und in welche sich der Ventrikel direct fortsetzt. Die weitere Entwicklung kann eine doppelte sein: entweder bleibt der Lobus dem Gehirn ab origine dicht aufgelagert, oder aber er wird, mit seinem Vorderende der Riechkapsel innig sich anschmiegend, durch letztere weit mit ausgezogen. In Folge dessen differenziert er sich in einen der Riechkapsel dicht anliegenden Bulbus-, einen proximal davon liegenden Tractus- und in ein dem Vorderhirn der Hemisphäre aufsitzendes, mehr oder weniger deutlich ausgeprägtes Gebiet, das sogenannte Tuberculum olfactorium[1]). Aus dem hinteren Theile desselben soll der Hippocampus hervorgehen.

Das zwischen Vorder- und Mittelhirn wie eine schmale Commissur eingekeilte und dorsal von einem wechselnd starken Plexus chorioideus überdeckte Zwischenhirn wächst an seinem Dach zu einer kamin- oder röhrenartigen Epiphyse aus, die eine solche Länge erreichen kann, dass sie das Vorderende des Gehirnes noch um eine grosse Strecke überragt. Mit seinem Vorderende kann der Zirbelschlauch bis in die Schädeldecke hinein dringen, oder liegt das Vorderende in oder sogar ausserhalb der Praefrontallücke im subcutanen Gewebe. Ein Parietalorgan ist nicht entwickelt. Am Boden des Zwischenhirns liegen ein Paar kleiner, lappiger Anhänge (Lobi inferiores) und ein aus der Wand des Infundibulums sich differenzierender, epithelialer Sack (Saccus vasculosus s. Infundibulardrüse). Letzterer steht mit dem Infundibulum in offener Verbindung und ergiesst sein Secret in den Ventrikelraum. Die Infundibulardrüse ist allseitig von einem cavernösen Blutsinus umspült, und dicht dabei liegt die Hypophyse (vergl. Fig. 166). Die Basis des Zwischenhirns bilden die Pedunculi cerebri.

Das Mittelhirn überdeckt nach vorne hin, sowohl basal- als dorsalwärts, einen grossen Theil des Zwischenhirnes und drängt sich auch in letzteres von hinten her herein, so dass der dritte Ventrikel dadurch sehr verengt wird. Die Oberfläche ist in zwei Höckern hervorgetrieben.

Das Hinterhirn stellt bei Selachiern immer einen sehr mächtigen Hirntheil dar, der in mehrere hinter einander liegende Blätter oder Lappen zerfallen und das Nachhirn mehr oder weniger weit überlagern kann. Letzteres ist bei Haien, zumal bei den Notidaniden und bei Scymnus, ein langgestreckter, cylindrischer Körper, während es bei Rochen mehr zusammengezogen und dreieckig erscheint. An den Seitenpartien des Bodengraues der Rautengrube

---

[1]) Dieser Entwicklungsgang des Olfactorius-Gebietes ist auch, wie aus den folgenden Capiteln hervorgeht, für alle andern Wirbelthiere typisch.

(IV. Ventrikel) findet sich eine Anzahl höckeriger, den Ursprüngen von Nerven (Vagusgebiet) entsprechender Vortreibungen. An eben dieser Stelle liegen beim Zitterrochen die, eine Menge riesiger Ganglienzellen einschliessenden, früher schon erwähnten, mächtigen Lobi electrici. Ueber weitere Details vergl. die Fig. 166 A, B, C.

Ganoiden.

Bei den Ganoiden ist das Gehirnrohr, ähnlich (wenn auch nicht mehr so stark) wie bei Selachiern und Dipnoërn, am vorderen Abschnitt des Mittelhirns ventralwärts gekrümmt und geht basalwärts in die Wand des Infundibulum über.

Im Hirnmantel, welcher bei Selachiern fast in seiner ganzen Ausdehnung aus Nervenmasse besteht, sind bei Ganoiden regressive Veränderungen vor sich gegangen, so dass er hier nur durch epitheliale Gebilde und membranöse Hüllmassen aufgebaut[1]). Nach vorne davon sind die Riechlappen enge angelagert.

Das Zwischenhirn, welches in die Tiefe versenkt erscheint, entwickelt einen kräftigen Zirbelschlauch[2]), dessen distales Ende in eine grubige Vertiefung der Schädeldecke eingelassen ist. Die Hypophyse[3]), die Lobi inferiores und der Saccus vasculosus sind sehr voluminös.

Das Mittelhirn ist an seinem Gewölbe bei Acipenser nicht so deutlich, wie bei Knochenfischen, in zwei Lappen getheilt, ein Punkt, der von keiner tieferen morphologischen Bedeutung ist (vergl. auch das Ceratodus- und Protopterus-Gehirn); seine Basis liegt in der directen Axenverlängerung der Medulla oblongata.

Was endlich das Hinterhirn betrifft, so springt es, ganz wie bei Teleostiern, unter der Form einer „Valvula cerebelli" weit in den Ventrikel des Mittelhirn herein. Seitlich ragt es höckerartig vor.

Das Gehirn von Amia leitet zu demjenigen der Teleostier hinüber. Eine neue Bearbeitung erfordert das eine Sonderstellung einnehmende Crossopterygier-Gehirn, wie namentlich das von Polypterus,

---

[1]) Bei Amia, wo nur die mediale Wand des Palliums aus Epithelgewebe besteht, ist der Reductionsprocess noch nicht so weit fortgeschritten. (Ueber Acipenser vergl. Johnston.)

[2]) Bei Polypterus und Calamoichthys ist die Zirbeldrüse in einen sehr grossen, epithelialen Sack umgebildet, doch bedarf dies einer erneuten Untersuchung. Devon'sche Ganoiden besassen noch ein Scheitelloch.

[3]) Bei allen Ganoiden zeigt der Saccus vasculosus (Infundibular-Drüse) einen deutlich drüsigen Bau. Es handelt sich um zahlreiche, dicht verfilzte, epitheliale Schläuche, welche sich an verschiedenen Stellen ins Infundibulum hinein öffnen, und welche hier wie bei Selachiern u. a. offenbar mit der Abscheidung der Ventrikelflüssigkeit betraut sind. Von grossem Interesse ist ferner der Umstand, dass bei Polypterus und Calamoichthys auch noch in postembryonaler Zeit ein mit der Mundhöhle in offener Verbindung stehender hohler Gang persistiert. Derselbe liegt zusamt der in reichliches lymphoides Gewebe eingebetteten Hauptmasse des Saccus vasculosus in einem besonderen, von dem eigentlichen Cavum cranii abgekammerten Knochenkanal, welcher durch die medianwärts einspringenden (trabeculären) Schädelwände gebildet wird.

Teleostier.

Wie bei andern Fischordnungen, so ist auch bei Teleostiern das gesamte Hirn durch eine Schicht fettigen und lymphadenoiden Gewebes von der Schädelwand getrennt, sodass es also das Cavum cranii lange nicht ausfüllt.

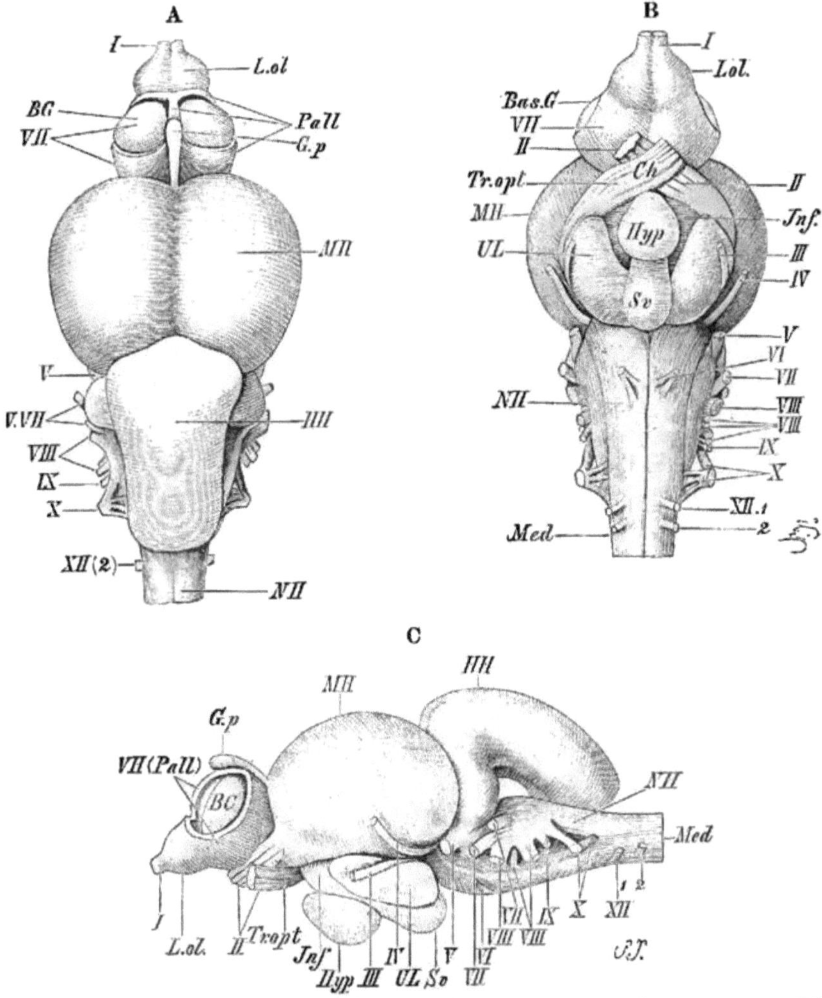

Fig. 167. Gehirn von Salmo fario. A dorsale, B ventrale, C Profilansicht. *BG* und *Bas.G* Basalganglion desselben, *Ch* Chiasma, *G.p* Glandula pinealis, *HH* Hinterhirn, *Hyp* Hypophyse, *Inf* Infundibulum, *I—XI* erster bis elfter Hirnnerv. Der zwölfte Nerv wird durch den ersten Spinalnerven (*XII*, 1) dargestellt, 2 zweiter Spinalnerv, *L.ol* Lobus olfactorius, *MH* Mittelhirn, *Med* Medulla, *NH* Nachhirn, *Pall* Mantel —, *Sv* Saccus vasculosus, *Tr.opt* Tractus opticus, *UL* Unterlappen, *VH* Vorderhirn.

Obgleich auch das Gehirn der Selachier schon einen vielgestaltigen Charakter aufweist, so ist doch der unter den verschiedenen Teleostiergruppen uns entgegentretende Formenreichthum des

Gehirns noch ungleich grösser, ja weitaus am grössten unter allen Wirbelthieren. Es liegt somit auf der Hand, dass hier nicht alle Einzelheiten aufgezählt werden können, sondern summarisch verfahren werden muss. Vor Allem wird es darauf ankommen, die Hauptdifferenzen dem Selachiergehirn gegenüber hervorzuheben, und diese bestehen in erster Linie darin, dass das Teleostiergehirn durchweg kleinere Dimensionen besitzt.

Auch bei Teleostiern handelt es sich wieder um ein epitheliales Pallium, welches aber keine mediale Einstülpung erfährt. Gleichwohl kann man von Seitenventrikeln reden, die allerdings ihrer geringen Ausdehnung wegen bei der Untersuchung leicht übersehen werden. Basalwärts liegen, wie bei Ganoiden, mächtige Nervenmassen, welche dem Corpus striatum der höheren Wirbelthiere entsprechen. Aus jenen basalen Vorderhirntheilen, die durch eine Commissur (Commissura interlobularis s. anterior) unter einander verbunden werden, entspringen markhaltige Faserzüge (Pedunculi cerebri), welche durch das Zwischenhirn und Mittelhirn spinalwärts ziehen.

Lobi olfactorii sind allgemein vorhanden; sie bleiben entweder dem Gehirn dicht angelagert oder differenzieren sich in der bei den Selachiern geschilderten Weise.

Das Zwischenhirn erscheint auch hier (vergl. die Ganoiden) zwischen Vorder- und Mittelhirn in die Tiefe gerückt, und letzteres ist durchweg stattlich entwickelt (Fig. 167). Ein Epiphysenschlauch ist deutlich ausgeprägt, ragt aber in der Regel nicht in die Schädeldecken hinein[1]. Das nach vorne davon sich anlegende Parietalorgan aber bildet sich schon während der Ontogenese wieder zurück.

Die Lobi inferiores, der in das Infundibulum mündende Saccus vasculosus und die Hypophyse spielen in der Reihe der Teleostier eine hervorragende Rolle, unterliegen aber grossen Form- und Grösseschwankungen. Bei den Embryonen verschiedener Teleostier erfolgt die Anlage des Infundibulums unter Verhältnissen, die den Gedanken an ein larvales Sinnesorgan nahe legen (Boeke).

Das sehr voluminöse Mittelhirn entspricht im histologischen Bau seines dorsalen Abschnittes dem vorderen Vierhügelpaar der höheren Vertebraten. Functionell aber deckt es sich nicht nur mit letzterem, sondern bildet auch in physiologischer Beziehung einen

---

[1] Ein im Lauf der Entwicklung wieder verschwindendes Foramen parietale findet sich bei mehreren Teleostiern, wie z. B. bei Cottus und Salmo. Bei Panzerwelsen (z. B. bei Callichthys) und anderen Teleostiern persistiert es, ohne dass jedoch das Pinealorgan hier eine vollkommenere Entwicklung erfahren würde, als bei den übrigen Teleostiern.

Bei dem durch seine Leuchtorgane ausgezeichneten Teleostier Argyropelecus ist der Pinealapparat mächtig entwickelt. Er besteht, wie bei Cyclostomen aus zwei Bläschen, nämlich einem dorsalen und einem ventralen, welche unter einer rundlichen Lücke im Knorpel des vorderen Schädeldaches gelegen sind. Das dorsale Bläschen ist pilzförmig gestaltet und besitzt im Innern einen engen Hohlraum. Es zeigt einen deutlich regressiven Charakter, und dies gilt noch in viel höherem Grade für das ventrale, kolbenförmige Bläschen, welches vom dorsalen überlagert und so vom Pinealloch ausgeschlossen ist. Beide Organe sind von zahlreichen Gefässen umsponnen und haben den Charakter des Nervengewebes grossentheils eingebüsst (Handrick).

Ersatz der bei Teleostiern, wie oben erwähnt, fehlenden Grosshirn-
hemisphären.

Das in die Höhle des Mittelhirnes (Valvula cerebelli) sich

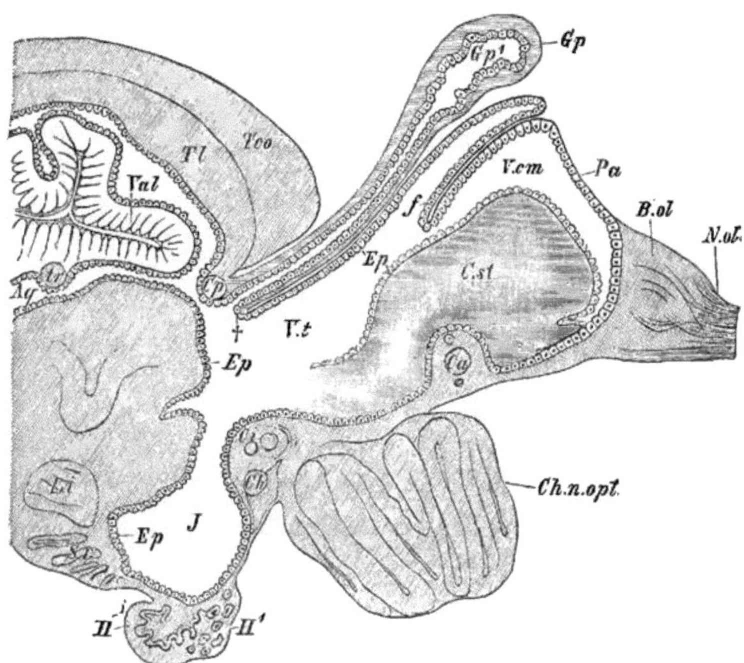

Fig. 168. Sagittalschnitt durch die vordere Hälfte des Teleostiergehirns
mit Zugrundelegung einer Abbildung von Rabl-Rückhard, das Gehirn
der Bachforelle darstellend. *Aq* Aquaeductus Sylvii, *B.ol*, *N.ol* Bulbus und Nervus
olfactorius, *Ca* Commissura anterior, *Ch.n.opt* Chiasma nerv. opticorum, *Ch* Commissura
horizontalis (Fritsch), *Ci* Commissura inferior (Gudden), *Cp* Commissura posterior,
C.st Corpus striatum, welches man sich seitlich von der Medianebene, in welcher sonst
das ganze übrige Gehirn dargestellt ist, liegend zu denken hat, *Gp* Glandula pinealis mit
einer Höhle *Gp¹* im Innern *H.H¹* Hypophyse, *J* Infundibulum, *Li* Lobi inferiores, *Sv* Saccus
vasculosus, *Tco* Tectum loborum opticorum, *Tl* Torus longitudinalis, *tr* N. trochlearis,
Val Valvula cerebelli, *V.cm* Ventriculus communis des secundären Vorderhirns, *V.t* Ventriculus tertius. Bei † geht die vordere Wand des Zirbelschlauchs, welcher so gut wie
die ganze Innenfläche der Hirnventrikel von dem Ependym
(*Ep, Ep*) ausgekleidet wird, in die epitheliale Decke des
sekundären Vorderhirns *Pa* (Pallium) über; zuvor aber bildet
sich eine vor der Epiphysenausstülpung gelegene, zweite Ausstülpung, welche einem rudimentären Parietalorgan
entspricht (bei *f*).

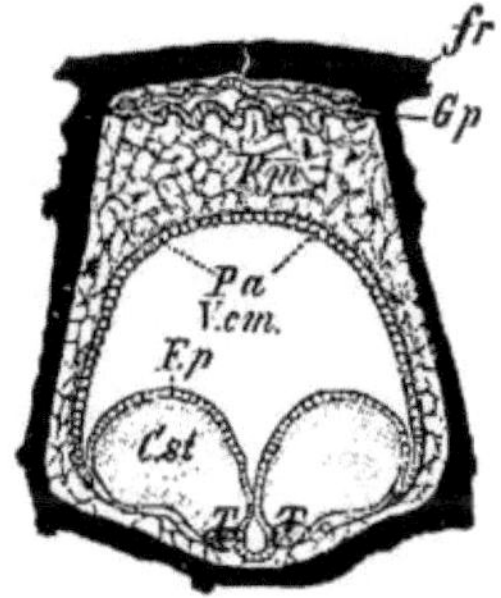

Fig. 169. Querschnitt durch das Teleostiergehirn.
Ep Ependym, *fr* Os frontale, unter welchem der Zirbelschlauch
Gp im Querschnitt sichtbar ist, *Pa* das aus einer einfachen
Epithellage gebildete, von der Pia mater überzogene Pallium,
d. h. die Decke des secundären Vorderhirns oder der Hemi-
sphären, *Pm* darüber der sehr weite Subdural-Raum, *Tl*
Tractus olfactorii basalwärts von den Corpora striata (*C.st*),
V.cm Ventriculus communis.

einschiebende Hinterhirn zeigt vielfache Variationen, im Allgemeinen
aber stellt es einen mächtig entwickelten und complizierten Hirntheil

dar, welcher auch seiner feineren Structur nach einen Vergleich mit dem Cerebellum der höheren Wirbelthiere erlaubt.

Alles in Allem erwogen, macht das Teleostiergehirn in seinem ganzen Aufbau den Eindruck einer in sich abgeschlossenen Bildung; es erscheint als letzter Ausläufer einer langen Reihe von Entwicklungsformen, deren Ausgangspunkt bis jetzt nicht genau zu bestimmen ist. Weder an das **Cyclostomen-** noch an das **Selachiergehirn** direct sich anschliessend, hat es — das lässt sich mit Sicherheit behaupten — ganoidenartige Zwischenstufen durchlaufen. Dass aber beim **Ganoidenhirn** selbst bereits reducierte Verhältnisse vorliegen, wurde früher schon erörtert.

Dipnoi.

Hier lassen sich in vieler Hinsicht, und zwar sowohl bezüglich der äusseren wie der inneren Structur, übereinstimmende Punkte einerseits mit dem Selachier-, andrerseits mit dem Amphibienhirn constatieren. Ich will damit aber keineswegs eine directe Ableitung vom Selachiergehirn befürworten, sondern ich bin vielmehr der Meinung, dass sich das Selachier- und Dipnoërgehirn aus gemeinsamer Wurzel entwickelt und sich dann nach zwei verschiedenen Richtungen hin differenziert haben.

Das stattliche, einen nervösen Mantel (Pallium) besitzende Vorderhirn ist bei Protopterus seitlich comprimiert und zeigt sich mit seiner Hauptmasse durch eine deutliche Furche von den eng angeschlossenen Lobi olfactorii abgesetzt. Lateral, hinten und basal springt jede Hemisphäre in einen deutlichen Lappen aus, welcher einem zu der Riechsphäre in engen Beziehungen stehenden Lobus hippocampi entspricht und welcher auch charakteristische Ganglienzellen führt.

Bei Ceratodus sind beide Hemisphären dorsalwärts mit einander verwachsen; bei Protopterus dagegen schneidet die Mantelspalte gänzlich durch, so dass erst weit hinten, von der Commissura anterior an, eine Verbindung zwischen Rechts und Links besteht [1]).

Das Zwischenhirn von Protopterus, zumal seine Decke, ist durch Verhältnisse ausgezeichnet, welche gerade für die Dipnoër höchst charakteristisch sind. Die langgestielte Zirbel durchbohrt mit ihrem Endbläschen das knorpelige Schädeldach; von einem

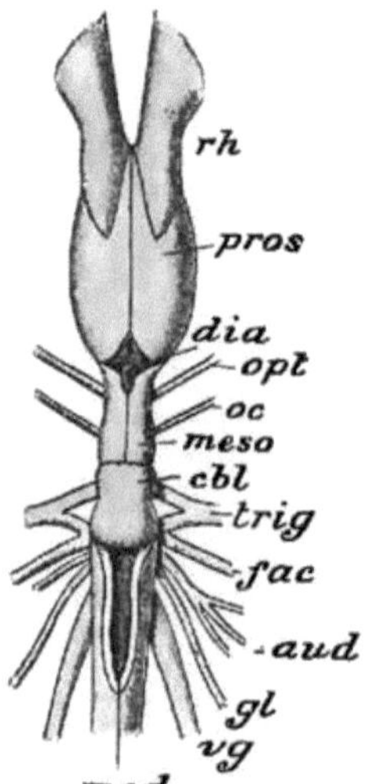

Fig. 170. Gehirn des Ceratodus Fosteri. Dorsalseite. (Aus Parker und Haswell's Zoologie.) *aud* N. acusticus, *cbl* Cerebellum (Hinterhirn), *fac* N. facialis, *gl* Glossopharyngeus, *med* Medulla oblongata, *mes* Mittelhirn, *oc* N. oculomotorius, *opt* N. opticus, *pros* Vorderhirn (Hemisphären), *rh* Lobi olfactorii, *vg* N. vagus.

---

[1]) Ausser der Commissura anterior existiert noch eine höher liegende Commissur, die dem Vorläufer eines Balkens entsprechen soll.

eigentlichen Parietalorgan ist nichts bekannt. Bei Ceratodus-Embryonen reicht die Epiphyse bis in den Bereich der Körperdecken, überschreitet also die Schädelkapsel. Der Plexus chorioideus (Tela chorioidea) erzeugt ein blasenartiges Organ, bildet aber noch keinen besonderen Adergeflechtknoten (Paraphyse), verhält sich also in dieser Hinsicht ganz wie bei Selachiern, während sich in derselben Richtung Abweichungen von den Amphibien ergeben. Lobi inferiores sind vorhanden.

Das Mittelhirn ist gut ausgeprägt und erinnert in topographischer Beziehung am meisten an dasjenige der Amphibien. Bei Ceratodus scheint es paarig zu sein, bei Protopterus ist es unpaar.

Das noch auf indifferenter Stufe stehende Hinterhirn imponiert äusserlich nicht als ein so gewaltiger Hirnabschnitt, wie dies z. B. bei Selachiern und auch bei Teleostiern der Fall ist; es erinnert an dasjenige der Urodelen, ist aber besser entwickelt als bei letzteren. Das Vorhandensein einer Valvula cerebelli weist noch auf niedrige Typen zurück [1]).

Amphibien.

Das Vorderhirn der Amphibien unterscheidet sich von dem der Dipnoër durch eine noch höhere Ausbildung des Mantels, an dem man übrigens, ganz wie bei Dipnoërn, eine äussere faserige und eine innere zellreiche Schicht („Centrales Grau") unterscheiden kann. Das Basalganglion (Corpus striatum) tritt hier aber noch mehr zurück, indem es nur eine mehr oder weniger stark einragende Verdickung der Hemisphärenwand in das Ventrikellumen darstellt. Ein Lobus hippocampi ist nicht deutlich entwickelt, obgleich Vortreibungen des Centralgraues offenbar dem Ammonshorn entsprechen. Das Amphibiengehirn vermittelt — ich betone dies ausdrücklich — nicht etwa den direkten Uebergang zu demjenigen der Reptilien, sondern ist eine ganz abseits von diesem liegende Bildung. Ist das Vorderhirn schon anders gebaut als dasjenige niedriger stehender Vertebraten, so überrascht vollends die durchsichtige Einfachheit des Zwischen- und Mittelhirns denjenigen, der vorher die complizierten Verhältnisse kennen gelernt hat, welche bei den Fischen an dieser Stelle bestehen.

Das Amphibiengehirn ist das einfachste Gehirn, welches in der Vertebraten-Reihe vorkommt.

Das Urodelengehirn steht noch etwas tiefer als das der Anuren. Die einzelnen Abschnitte, wie namentlich die Hemisphären, sind bei Urodelen noch schlanker und mehr auseinandergerückt, und in Folge davon liegt das Zwischenhirn freier zu Tage.

Die Hemisphären sind durch die Mantelspalte bis nach hinten zur medianen Schlussplatte (Lamina terminalis), welche die Commissura anterior und die darüber liegende Balkenanlage enthält, voneinander getrennt. Bei Anuren sind sie in ihrem vorderen Abschnitt, dicht hinter den Lobi olfactorii, medianwärts mit-

---

[1]) Das Nachhirn von Protopterus wird von einem vielfach quergefalteten Plexus chorioideus abgeschlossen, und dieser wird von dem endolymphatischen System des Gehörorgans (s. dieses) überlagert.

einander auf eine kurze Strecke verwachsen. Die Lobi olfactorii
sind stets zu erkennen, wenn sie auch nicht immer sehr deutlich von
den Hemisphären abgesetzt sind.

Das Zwischen- und Mittelhirn sind bei Anuren viel breiter als

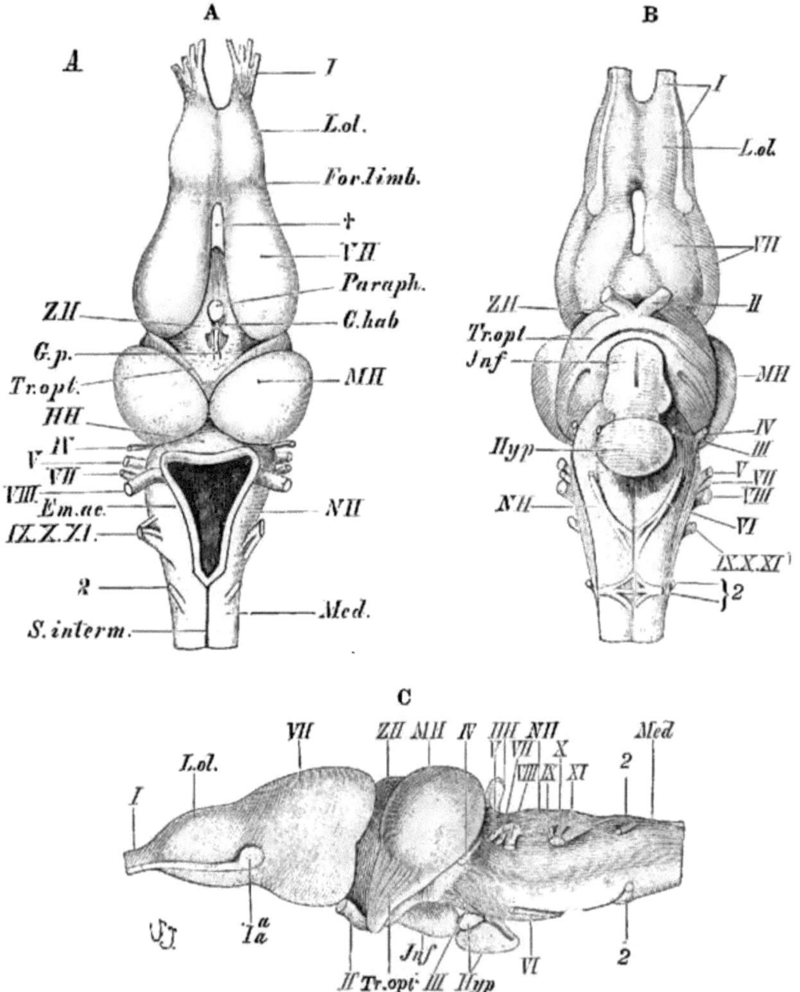

Fig. 171. Gehirn von Rana esculenta. A dorsale, B ventrale, C Profilansicht.
Em. ac. Eminentia acustica, *Fov. limb.* Fovea limbica, *G. hab.* Ganglion habenulae, *G. p.*
Glandula pinealis, *HH* Hinterhirn, *Hyp* Hypophyse, *Inf* Infundibulum, *I—XI* erster bis
elfter Hirnnerv, *L.ol* Lobus olfactorius, *Med* Medulla spinalis, *MH* Mittelhirn („Lobi
optici"), *NH* Nachhirn, *Paraph.* Paraphyse, *S. interm.* Sulcus intermedius Medullae spinalis,
Tr.opt Tractus opticus, *VH* Vorderhirn, *ZH* Zwischenhirn, 2 zweiter Spinalnerv, der zum
grossen Theil den Hypoglossus bildet, † klaffende Lücke zwischen beiden Hemisphären.

bei Urodelen, ja bei Anuren stellt das Mittelhirn überhaupt den
breitesten Hirnabschnitt dar. Im Innern liegt der Aquaeductus
cerebri.

Das Infundibulum ist überall gut entwickelt, und dasselbe gilt für die Hypophyse. Der sogenannte Processus infundibuli entspricht dem Saccus vasculosus (Infundibulardrüse) der Fische. Zu diesem infundibularen, bei Amphibien bereits in Rückbildung begriffenen Abschnitt des Hirnanhanges tritt auch noch ein solcher vom Ektoderm (aus der Rathke'schen Tasche) und vom Endoderm (praeoraler Darm, Seessel'sche Tasche).

Die Epiphysis der Urodelen überschreitet den Schädelraum nicht, bei Anuren[1]) aber ist dies der Fall. Nach der Larvenperiode tritt eine theilweise Rückbildung bezw. eine Abschnürung des Organes ein, allein mehr oder weniger deutliche Spuren eines mit dem Zwischenhirndach in Verbindung stehenden und die Scheitelnaht durchsetzenden Nerven bezw. des extracraniellen, verdickten End-Abschnittes des Corpus pineale („Stirnorgan") sind in der Kopfhaut zeitlebens nachweisbar. Ob ein Parietalorgan den Amphibien zukommt, erscheint noch nicht sicher ausgemacht, und weitere Nachrichten hierüber sind abzuwarten[2]).

Das Hinterhirn erscheint bei Anuren und Urodelen, bei welch letzteren es einen sehr primitiven Eindruck macht, nur unter der Form einer zarten Querlamelle mit mässiger Auftreibung der mittleren Partie.

Das Gehirn der **Gymnophionen** zeigt mächtigere, mit gewaltigerem Lobus olfactorius versehene Hemisphären, als dasjenige aller übrigen Amphibien. Im Innern liegt ein sehr grosses, von einem Plexus chorioideus überlagertes Basalganglion, und bei Epicrium findet sich die Andeutung eines Lobus hippocampi. Die weiter nach hinten folgenden Hirnpartieen werden zum grossen Theil von den Hemisphären überlagert und erscheinen wie zusammengedrängt oder gestaut. Sie erinnern dadurch aufs Lebhafteste an das Verhalten des Gehirns von Amphiumalarven. Trichter und Hypophyse ragen weit rückwärts, und letztere erstreckt sich bis an die Ventralseite des Nachhirns. Ueber den Pineal-Apparat müssen weitere Untersuchungen angestellt werden.

Reptilien.

Während beim Amphibien- und Dipnoër-Gehirn in der äusseren Schicht der Hirnrinde nur sehr wenig zahlreiche zellige Elemente existieren und die grösseren Zellmassen als „Höhlengrau" die Hirnventrikel begrenzen, begegnen wir bei Reptilien zum erstenmal einem „Rindengrau". d. h. einer aus specifischen Zellen sich aufbauenden Hirnrinde (Cortex cerebri). An diese sind von hier ab durch die ganze höhere Vertebratenreihe hindurch die höheren psychischen Functionen im Wesentlichen geknüpft. Wie es

---

[1]) Die weiter vorne, vom Zwischenhirn-Dach sich erhebende, ein gefässhaltiges Knötchen darstellende Paraphyse (Adergeflechtknoten) ist lange Zeit für die Epiphyse gehalten worden.

[2]) Wenn man in Betracht zieht, dass bei paläozoischen Stegocephalen, sowie auch bei zahlreichen anderen fossilen Amphibien und Reptilien ein gut ausgeprägtes Parietalloch vorhanden ist, welches bei Anthracosaurus raniceps nicht einmal von beschuppter Haut überzogen war, sondern ebenso wie die Orbita offen lag, so liegt der Gedanke nahe, dass es sich bei diesen alten Amphibien- und Reptilien-Formen noch um ein wohlausgebildetes Pinealorgan gehandelt haben muss.

scheint, war die phylogenetisch älteste Rindenthätigkeit an die Riech-
wahrnehmungen geknüpft. Während also die Olfactorius-Bahnen bei
den Fischen z. B. noch im Stammgebiet (Corpus striatum) endigen,
geht die Riechstrahlung von den Reptilien an zum grossen Theil zu
einem gewissen Bezirk des Pallium: es bildet sich eine „Riech-

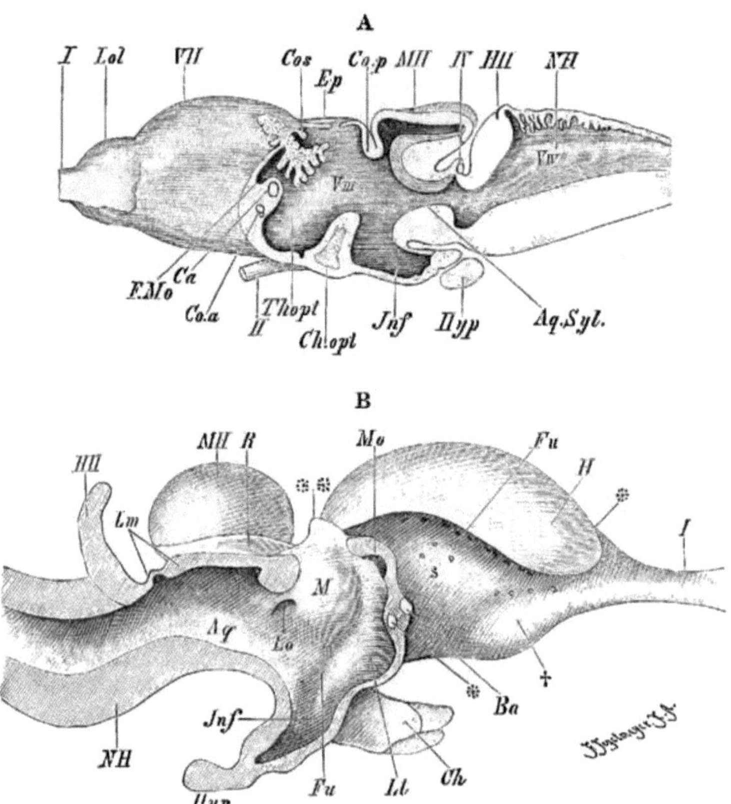

Fig. 172. A Sagittalschnitt durch das Gehirn von Rana. B Derselbe Schnitt
durch das Gehirn von Hatteria punctata. (A nach H. F. Osborn.) Ansicht
der Ventrikelhöhlen. *Aq.* und *Aq.Syl.* Aquaeductus cerebri (Sylvii), *Ba*, *Ca* Balken
(Corpus callosum), darüber ist das Foramen interventriculare (Monroi) [*F.Mo* und *Mo*],
dorsalwärts davon liegt im Froschgehirn der lappige (weiss gehaltene) Plexus chorioideus,
Ch.opt und *Ch* Chiasma nervorum opticum, *Co.a* Commissura anterior; dieselbe ist bei
Hatteria durch ein * dargestellt, *Cos* Commissura superior, *Co.p* Commissura posterior,
Ep, ** abgeschnittene Epiphyse, *H* Hemisphäre des Vorderhirnes von Hatteria, welche
medianwärts eine von zahlreichen Gefässlöchern (*s*) durchbohrte Furche (*Fu*) besitzt; die-
selbe grenzt bei * das Vorderhirn gegen den Tractus olfactorius ab, *Hyp* Hypophyse, *I*,
II, IV Ursprünge des N. olfactorius, opticus und trochlearis, *Inf* Infundibulum, *Lt* Lamina
terminalis, *Lol* Lobus olfactorius, *Th opt, M* Thalamus opticus, *VH, MH, HH, NH* Vorder-,
Mittel-, Hinter- und Nachhirn, *VIII, VIV* dritter und vierter Ventrikel, † Hauptwurzel
es Tractus olfactorius von Hatteria. An der lateralen Wand des III. Ventrikels von
Hatteria liegt eine Oeffnung (*Lo*) und eine Furche (*Fu*).

rinde“, und an diese lagern sich dann in der Vertebraten-Reihe
noch andre Centra an.

Das Commissuren-System des Pallium cerebri ist ähnlich wie bei

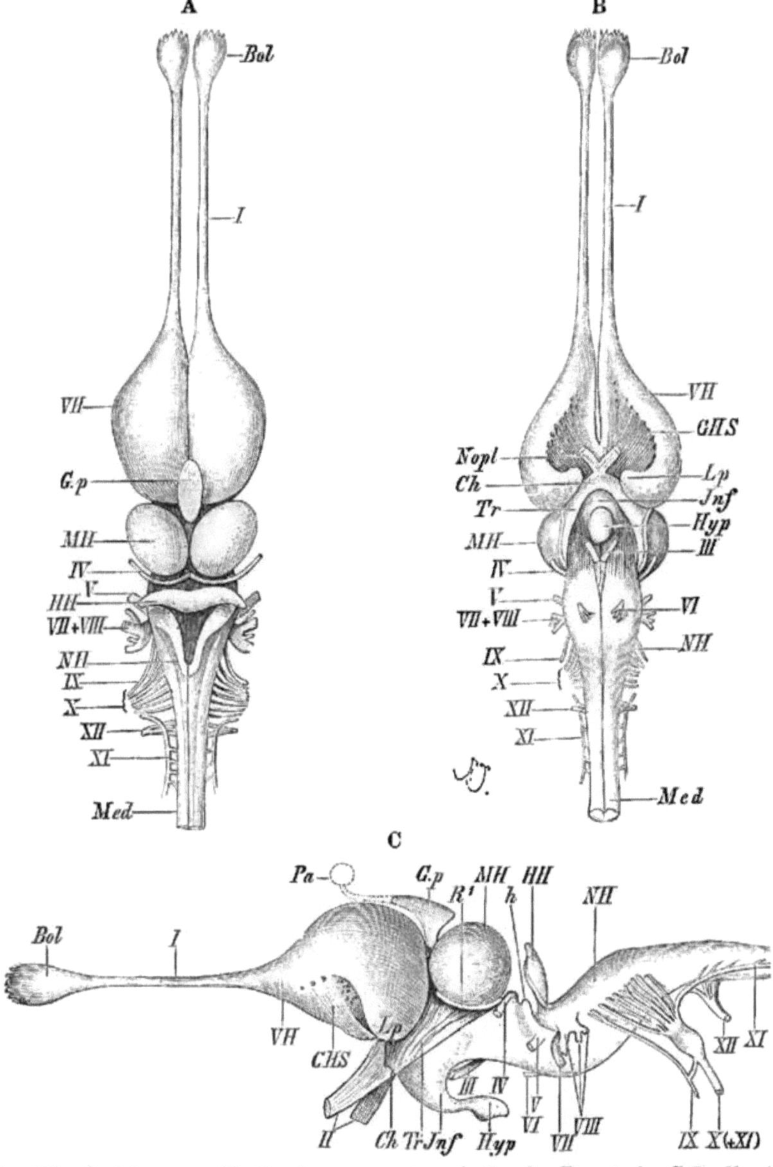

Fig. 173. Gehirn von Hatteria punctata. A dorsale, B ventrale, C Profilansicht. *Bol* Bulbus olfactorius, *Ch* Chiasma des N. opticus, *GHS* Grosshirnschenkel (Pedunculi cerebri), *G.p* Glandula pinealis bei *Pa* (in der Profilansicht) mit dem Parietalauge endigend; auf der dorsalen Ansicht ist die Lage der Glandula pinealis nur schematisch durch Schraffierung angedeutet, *HH* Hinterhirn, *Hyp* Hypophyse, *h* kleiner Höcker vor dem Hinterhirn, *I—XII* erster bis zwölfter Hirnnerv, *Inf* Infundibulum, *Lp* lappenartiger Vorsprung des Grosshirns (Andeutung eines Lobus hippocampi), *MH* Mittelhirn, *Med* Medulla, *NH* Nachhirn, *N.opt* N. opticus *R¹* ringartige Leiste an der Basis des Mittelhirns, *Tr* Tractus N. optici, *VH* Vorderhirn. Zwischen *Lp* und *GHS* liegt eine tiefe Grube. Dies ist die sogenannte Fovea limbica, welche, zwischen Lobus olfactorius und Pallium liegend, bei Säugern noch deutlicher wird und stets den Riechapparat vom Mantel trennt.

Amphibien, noch schwach entfaltet, doch treten neben einer Balkenanlage auch schon Spuren eines Gewölbes (Commissura

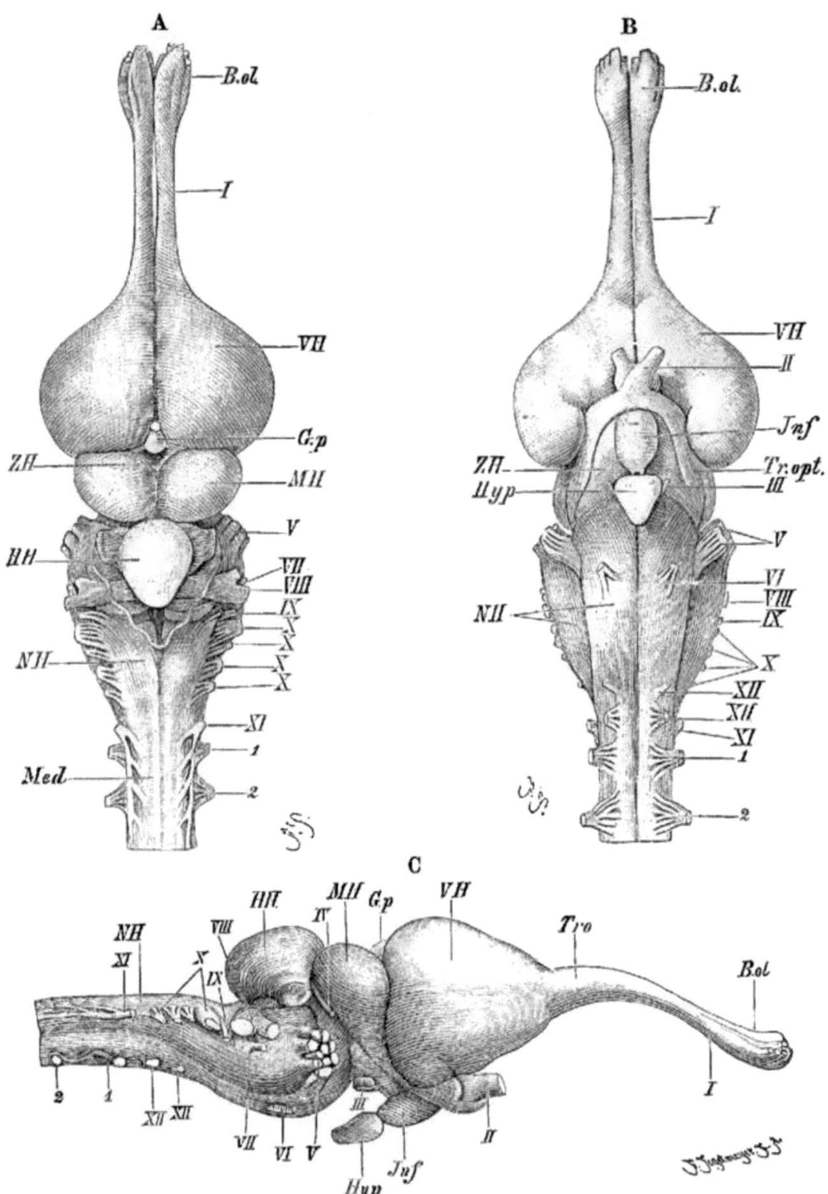

Fig. 174. Gehirn vom Alligator. **A** dorsale, **B** ventrale, **C** Profilansicht. *B.ol* Bulbus olfactorius, *G.p* Glandula pinealis, *HH* Hinterhirn, *Hyp* Hypophyse, *1—XII* erster bis zwölfter Hirnnerv, *Inf* Infundibulum, *Med* Medulla spinalis, *MH* Mittelhirn, *NH* Nachhirn, *Tro* Tractus olfactorius, *Tr.opt* Tractus opticus, *VH* Vorderhirn, welches hinten und basalwärts einen den Tractus N. optici theilweise überlagernden L o b u s h i p p o c a m p i erzeugt, *ZH* Zwischenhirn, 1, 2 erster und zweiter Spinalnerv.

fornicis) auf, welche Verbindungen des Hippocampus darstellen.

Kurz, von den Reptilien an macht sich eine wesentlich höhere Stufe der Hirnorganisation bemerklich, und das spricht sich nicht nur in der Mikrostructur der Hemisphären, sondern auch in zahlreichen anderen Punkten, wie z. B. in der bei Hatteria, den Crocodiliern und Cheloniern viel deutlicheren Ausprägung eines Lobus hippocampi bezw. der Ammonsformation mit dem zugehörigen Plexus chorioideus aus.

Auch darin macht sich der höhere Entwicklungstypus des Reptiliengehirnes bemerklich, dass sich die einzelnen Particen mehr übereinander thürmen. (Agamen und Ascalaboten, weniger stark bei Schlangen, Schildkröten und Crocodiliern.) Wer mit der Anatomie des Schädels vertraut ist, wird sich alles dies gut erklären können, und ich verweise deshalb auf jenen Passus der Einleitung zum Kopfskelet, wo ich von einer interorbitalen Einschnürung des Schädelrohres gehandelt habe.

Die Lobi olfactorii können den Hemisphären direct angelagert bleiben (Anguis, Amphisbaena, Typhlops u. a.) oder es handelt sich um einen wohl entwickelten Tractus mit endständigem Bulbus, in welchen die Filamenta olfactoria sich einsenken (Hatteria, Lacerta, Crocodile u. a.).

Das Zwischenhirn ist stets in die Tiefe gesenkt und von der Dorsalseite kaum oder gar nicht sichtbar. Dagegen entwickelt es ein deutliches Infundibulum, sowie eine Epiphyse und ein Parietalorgan.

Bei den Lacertiliern (Crassilinguier, Brevilinguier, Fissilinguier)[1] bewahrt das Parietalorgan mehr oder weniger deutlich seinen Charakter als unpaares Sehorgan. Es liegt in dem sogenannten Scheitelloch (Foramen parietale) des Schädeldaches und steht in enger Verbindung mit der weiter nach hinten, d. h. caudalwärts liegenden Epiphyse[2]. Der dasselbe versorgende Nerv entspringt aber unabhängig von letzterer aus dem Dach des Zwischenhirns und zwar nach vorne, d. h. oralwärts von der Epiphysenausstülpung[3]. Das Organ hat die Form eines Bläschens, dessen dorsale Wand sich zu einer Art durchsichtiger Linse verdickt, während die übrige Blasenwand an eine mehrschichtige, pigmentierte Retina erinnert, mit welcher der mehr oder weniger rudimentäre Nerv im Zusammenhang steht. Von seiner Umgebung wird das Parietalorgan durch gefässführendes Bindegewebe abgegrenzt, und die überliegende Stelle der Dura und der Kopfhaut zeigt häufig kein Pigment, so dass eine Art von Cornea entsteht.

Spuren einer Art von Glaskörper im Innern des Bläschens sind ebenfalls beschrieben worden.

Bei Lacerta, Anguis und Schlangen ist das Organ ungleich

---

[1] Gecko, Ameiva und Teju fehlt ein Parietalorgan.

[2] Die Zirbel zeigt oft die Tendenz, kleine Knospen abzuschnüren, die in ihrem weiteren Verhalten mit dem Parietalorgan Aehnlichkeit erlangen können („Nebenscheitelorgane").

[3] Hinsichtlich der genetischen Beziehungen des Parietal- und des eigentlichen Pinealorgans verweise ich auf den betr. Passus in der Einleitung zum Gehirn.

einfacher gebaut, als bei **Hatteria**[1]) und dies gilt namentlich für die Structur der Retina[2]).

Der **Hirnanhang** setzt sich bei Reptilien, wie überhaupt bei allen Amnioten, aus zwei **Hauptabschnitten** zusammen, aus einem mehr dorsal gelegenen, dem Saccus vasculosus der Anamnia entsprechenden, blutreichen und drüsenartigen Körper[3]), der aus einer Umbildung des Endstückes der oft schon erwähnten **Rathke**'schen Tasche hervorgeht und aus der mehr ventralwärts liegenden **Pars infundibularis**, die ihren Drüsencharakter zwar bei **Reptilien** und **Vögeln** noch (in reduzierter Weise) beibehält, deren Einmündung in den Trichter aber obliteriert. Ob sich am Aufbau des Hirnanhanges bei Reptilien noch ein Rest des praeoralen Darmes betheiligt, ist nicht sicher bekannt, aber nicht wahrscheinlich.

Die zwei Prominenzen des Mittelhirns zeigen da und dort in der Reihe der Reptilien die Neigung noch zwei hintere kleinere Höcker von sich abzuspalten, so dass hier schon die „**Vierhügel**" der Säugethiere angebahnt erscheinen. Vom Mittelhirn aus strahlen die Tractus optici abwärts zum Chiasma.

Das **Hinterhirn** zeigt in der Regel keine starke Entfaltung.

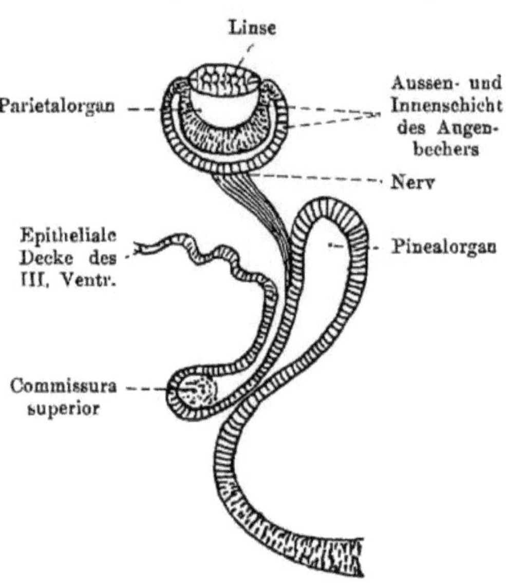

Fig. 175. Der Pinealapparat von **Hatteria**. Skizze. Nach **Dendy**. Vorne, links vom Beschauer **Parietal-**, hinten, basal (rechts) das **Pinealorgan**. Ersteres ist das eigentliche „**Parietalauge**" und tritt viel früher in der Ontogenese auf als das Pinealorgan, welch letzteres dauernd mit der Hirnhöhle in Verbindung bleibt.

---

[1]) Die äussere Form des Parietalauges von **Hatteria** ist bei einem nicht lange vor dem Ausschlüpfen stehenden Embryo auf Sagittalschnitten länglich und stark abgeplattet, auf Querschnitten mehr rundlich. Die dem Hohlraum zuschauende Wand besteht aus einer 3—4 fachen Lage von Zellen, zwischen welche sich lange Pigmentzellen einschieben. Die äussere Wandung des Auges wird durch eine Reihe dichtgedrängter Zellen gebildet, und zwischen dieser und der oben geschilderten, mehrschichtigen Zellenlage, beide völlig voneinander trennend, liegt eine **nervöse Schicht**, mit welcher sich der Augennerv vereinigt. Letzterer durchbohrt das Auge nicht in der Mitte, sondern am hinteren Drittel, indem er die äussere Zelllage durchsetzt, und dann wahrscheinlich mit beiden Zellschichten, der äusseren und inneren, in Verbindung tritt. — Die Augenzellen sollen mehr an **Gehirnganglienzellen** als an Retina-Elemente erinnern (**Schauinsland**).

[2]) Die **Paraphysis**, ein wie schon oben erwähnt, mit der Adergeflechtbildung im Zusammenhang stehendes Organ, schiebt sich im Laufe seiner Entwicklung unter die Epiphysenausstülpung hinunter, so dass schliesslich das Scheitelauge wie auf einem Polster aufruht.

[3]) Es ist besonders deutlich bei **Seeschildkröten** entwickelt, und fehlt bei **Uromastix** und **Varanus**.

Am voluminösesten ist es bei Crocodilen entwickelt und legt sich hier, wie auch anderwärts, klappenartig eine Strecke weit über die Rautengrube herüber. Im Allgemeinen zeigt es demjenigen der Amphibien gegenüber nur sehr unerhebliche Fortschritte, doch kann man bereits eine mehr oder weniger verdickte Mittelpartie als Vorläufer des „Wurmes" der Vögel und Säuger und zwei lappen- oder flügelartige Seitenpartieen unterscheiden. Dazu kommen wichtige, die Rinde betreffende Differenzierungen.

Das Nachhirn (Medulla oblongata) ist bei allen Reptilien durch eine deutlich ausgesprochene Krümmung charakterisiert.

Vögel.

Bei Vögeln entwickelt sich das Stammganglion des Vorderhirns zu einer bei keiner anderen Thierart erreichten relativen Grösse und auf Grund der starken Entfaltung desselben zeichnen sich auch die Hemisphären, deren glatte Wand sich wesentlich medianwärts entwickelt, durch eine hervorragende Grösse aus. Im Zusammenhang mit der beschränkten Palliumentwicklung spielt auch der Balken nur eine sehr untergeordnete Rolle. Die Commissura anterior verhält sich ähnlich wie bei Reptilien.

Die Lobi olfactorii sind da, wo sie überhaupt vorkommen, nur schwach entwickelt. Das Zwischenhirn ist ganz in die Tiefe versenkt und von der Dorsalseite nicht sichtbar.

Die Glandula pinealis kann in Folge der starken Volumsentfaltung des Vorderhirns ihre Lage ändern, indem sie bei manchen Vögeln nicht mehr nach vorne, sondern nach oben und etwas nach hinten gerichtet ist. Ihre Wände sind zum grössten Theil in Bindegewebe umgewandelt, doch haftet ihr distales Ende immer noch an der Dura mater. Im Innern zeigt das Organ deutlich einen epithelialen, tubulös-drüsigen Charakter, ist reichlich von fibrösem Gewebe durchwachsen und reichlich vascularisiert. Wie überall an der Epiphysis cerebri, so kann man auch an derjenigen der Vögel eine voluminösere distale und eine stielartig ausgezogene proximale Partie unterscheiden. Letztere sitzt dem Dache des Zwischenhirns auf, und dieses liegt mit seiner mittleren und vorderen Partie zwischen das Mittelhirn eingekeilt. Dieses ist in seinen beiden Hälften auseinander- und zugleich nach abwärts gerückt, so dass die Seitentheile, dem Chiasma der starken Sehnerven sich nähernd, in eine vom Vorder-, Hinter- und Nachhirn begrenzte Bucht zu liegen kommen. Wie bereits bei manchen Reptilien (s. oben), so lässt sich auch am Mittelhirn der Vögel eine dem hinteren Vierhügelpaar der Säuger entsprechende Partie nachweisen.

Das Hinterhirn allein bleibt in seiner vollen Ausdehnung unbedeckt und verschliesst nach rückwärts die Rautengrube. Es besteht aus einer ebenfalls schon bei Reptilien angedeuteten, starken, wurmartig gekrümmten Mittel- und aus zwei nach Form und Grösse ungemein schwankenden Seitenpartien (Flocculi). Seine Oberflächenvergrösserung, bezw. die Entfaltung seines Rindengraues, hat den Reptilien gegenüber starke Fortschritte gemacht, während das Nachhirn unter scharfer Absetzung vom Rückenmark eine bedeutende Verkürzung erfahren hat.

Die bei gewissen Reptilien schon angebahnte Uebereinanderlagerung der einzelnen Hirnabschnitte ist bei Vögeln durch [die
gewaltige Grösse des Vorderhirnes noch viel weiter gediehen, so dass
die nach hinten davon liegenden Partieen zum grössten Theil überlagert werden und basalwärts rücken. Dazu kommt noch, dass entsprechend der steil aufsteigenden Schädelbasis auch die Längsachse

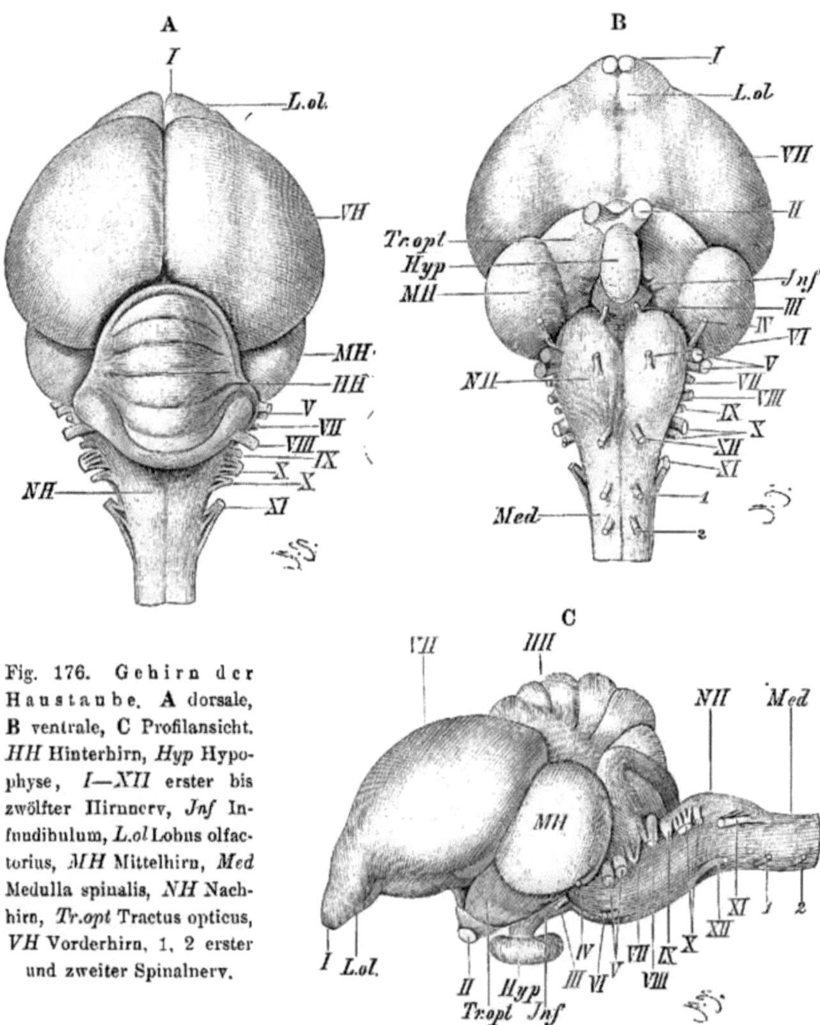

Fig. 176. Gehirn der
Haustaube. A dorsale,
B ventrale, C Profilansicht.
HH Hinterhirn, Hyp Hypo-
physe, I—XII erster bis
zwölfter Hirnnerv, Inf Infundibulum, L.ol Lobus olfactorius, MH Mittelhirn, Med
Medulla spinalis, NH Nachhirn, Tr.opt Tractus opticus,
VH Vorderhirn, 1, 2 erster
und zweiter Spinalnerv.

des Gehirns eine so steile Richtung annimmt, dass sie mit der von
der Schnabelspitze nach hinten gezogenen Kopflängsachse fast einen
rechten Winkel bildet[1]).

---

[1]) Die der Kreideperiode angehörigen, fossilen Zahnvögel, mit Hesperornis an
der Spitze, besassen ein sehr kleines Gehirn, beziehungsweise sehr kleine Hemisphären. Ihr
Gehirn steht demjenigen recenter Reptilien (Alligator) ungleich näher als demjenigen

Säuger.

Bei Säugern wird die bei Sauropsiden noch so unvollständige Rindenlage des Vorderhirnmantels zu einem mächtigen, (unter Umständen) vielgefalteten Ueberzug des ganzen Gehirns. Zahlreiche Säuger besitzen übrigens noch fast glatte Hemisphären und zeigen nur wenige Furchen, wie z. B. die Rhinal- und Hippocampus-Furchen

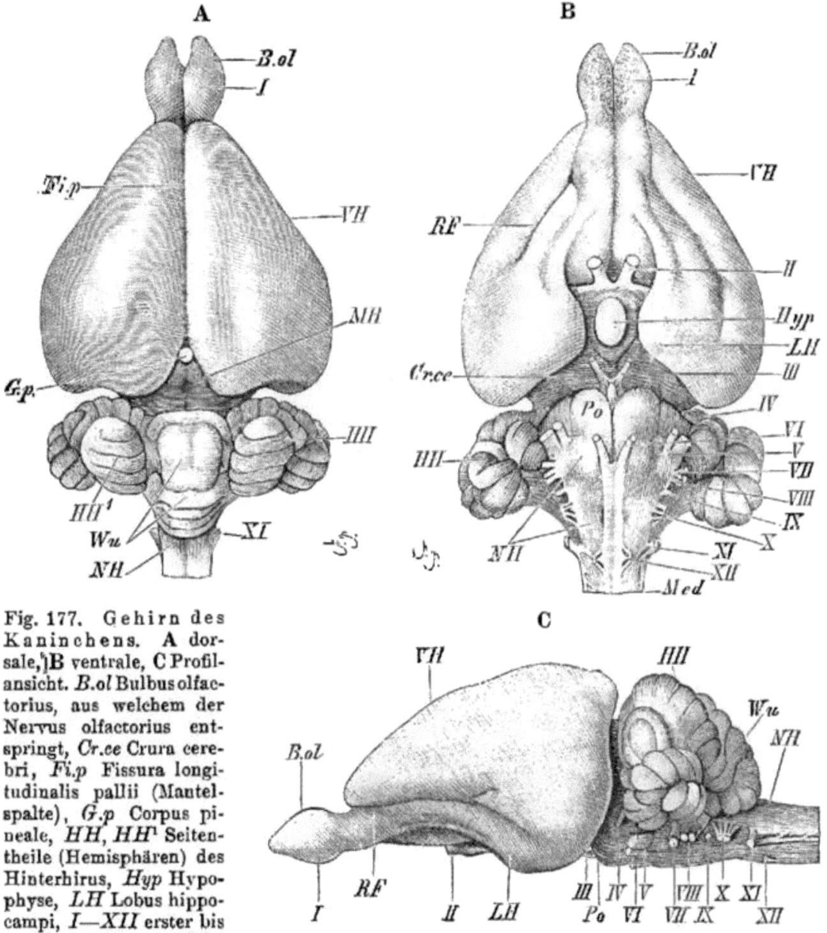

Fig. 177. Gehirn des Kaninchens. A dorsale, B ventrale, C Profilansicht. *B.ol* Bulbus olfactorius, aus welchem der Nervus olfactorius entspringt, *Cr.ce* Crura cerebri, *Fi.p* Fissura longitudinalis pallii (Mantelspalte), *G.p* Corpus pineale, *HH, HH¹* Seitentheile (Hemisphären) des Hinterhirns, *Hyp* Hypophyse, *LH* Lobus hippocampi, *I—XII* erster bis zwölfter Hirnnerv, *Med* Medulla spinalis, *MH* Mittelhirn, *NH* Nachhirn, *Po* Gegend der Brücke (Pons), *RF* Rhinalfurche, *VH* Vorderhirn, *Wu* mittlerer Abschnitt des Hinterhirnes (Wurm).

ausgeprägt. Auch die Balkenfurche kann angedeutet sein (s. später). Das embryonale Organ hat mit dem der Reptilien und Vögel grosse

---

irgend eines heute lebenden Vogels. Die Lobi olfactorii, welche, wie wir oben sahen, bei den Vögeln nur eine sehr untergeordnete Rolle spielen, waren bei den Zahnvögeln stark ausgebildet. Die Riechnerven durchbrechen zwei Löcher, um in die Nasenhöhle zu gelangen.

Aehnlichkeit, später aber gewinnt es durch den hohen Differenzierungsgrad des Mantels einen durchaus eigenartigen Charakter. Es kommt zur Ausbildung von Windungen (Gyri), Fissurae und Sulci[1]). Der Mantel überdeckt die phyletisch älteste basale und mediale Zone des Vorderhirns und überlagert, nach hinten auswachsend, allmählich einen grossen Theil oder gar, wie bei Primaten, alle weiter caudalwärts liegenden Hirntheile. Die ursprüngliche Schlussplatte des Ventrikelraumes, die Lamina terminalis persistiert auch hier als Verbindung beider Hemisphären.

Für das Zustandekommen der im Sinn einer Oberflächenvergrösserung, d. h. einer Vermehrung der Bestandtheile der Hirnrinde aufzufassende Faltung der Mantelzone fehlt bis jetzt eine vollkommen befriedigende Erklärung.

Aus der Rinde kommt eine sehr grosse Menge von Fasern, der Stabkranz. Ihre Zahl ist beim Menschen die relativ höchste, bei niederer stehenden Säugethieren eine geringe, und bei manchen, den Nagern z. B., eine sehr kleine. Ausserdem aber hat sich in der Rinde selbst ein reiches Fasernetz entwickelt, welches alle Theile derselben untereinander verknüpft. Andere mächtige Bündel durchziehen die Hemisphären, einzelne Gebiete ihres Mantels mit anderen verbindend. Auch das Commissurensystem, der Fornix und die Ammonswindung haben sich bedeutend weiter entwickelt. Es ist zu der vorderen und hinteren Commissur noch eine mittlere, die Thalami optici verbindende hinzugekommen, und es ist namentlich die Mantelcommissur, der Balken, entsprechend der Ausdehnung des Mantels, bei den höheren Formen ein mächtiges, im Bereich der Lamina terminalis entstehendes, in der Richtung von vorne nach hinten auswachsendes Gebilde geworden. Der Process dieser Vervollkommnung vollzog sich im Laufe einer langen Phylogenese nur ganz allmählich, von Stufe zu Stufe, bis zu den Primaten hinauf.

Bei Monotremen und Marsupialiern ist die vordere Commissur, im Gegensatz zu den Placentalia, wo sie mehr zurücktritt, mächtig entwickelt und stellt das grösste Associationssystem des ganzen Gehirns dar. Dieses verbindet fast alle Theile der Rindenzone beider Hemisphären, während das Corpus callosum noch einen ganz rudimentären Charakter aufweist[2]). Auch das Edentaten-Gehirn nähert sich demjenigen der Marsupialier, insofern es noch auf niederer Entwicklungsstufe stehen bleibt.

Letzteres gilt auch für das Gehirn der Nager, Insectenfresser

---

[1]) Ueber den bei verschiedenen Säuger-Gruppen waltenden Windungstypus vergl. die Fig. 177—180. Eine Homologie besteht nur für die Hauptfurchen und zwar auch hier nur in sehr beschränktem Umfang; häufig ist sie überhaupt nicht durchführbar, und dies gilt namentlich für die secundären und tertiären Furchen. So schliesst sich z. B. der Windungstypus des reichgefurchten Echidna-Gehirnes dem gewöhnlichen Verhalten der übrigen Säugethiere durchaus nicht an. Auch das Kleinhirn nimmt (— und dies gilt auch für Ornithorhynchus —) eine Sonderstellung ein. Der Hauptsache nach ist das Monotremen-Gehirn ein typisches Säugergehirn, doch zeigt es auch gewisse Anklänge an das Gehirn der Saurier.

[2]) Die vordere Commissur und der auf letztere phylogenetisch wahrscheinlich zurückführbare Balken verhalten sich in ihrer Ausbildung reciprok, d. h. erstere findet in der Thierreihe durch immer mächtigere Entfaltung des Balkens eine stetig weitergehende Reduction.

und Fledermäuse, wenn sich auch bei diesen drei Gruppen zum Theil bereits eine andere Entwicklungsrichtung erkennen lässt.

Die Hauptbezirke der Hemisphären werden als Lobi frontales, parietales, occipitales und temporales unterschieden. Bei Primaten tritt noch ein Lobus centralis hinzu, welcher in seiner Ausbildung in einer Reihe zunimmt, welche vom Gibbon zum Orang, Chimpanse, Gorilla und Menschen führt. Es muss aber ausdrücklich betont werden, dass der einst aufgestellte Satz: „das Menschengehirn ist nur ein vergrössertes Anthropoidengehirn" durchaus keine Berechtigung besitzt, da es sich beim Menschenhirn in mancher Hinsicht um Erwerbung ganz neuer Gebiete handelt, was in erster Linie für den Lobus frontalis, temporalis und centralis gilt. Durch jene neuen Zuschüsse nehmen die betreffenden Hirnregionen an Ausdehnung zu.

Mit dem gewaltigen Auswachsen der Hemisphären differenziert sich auch der Seitenventrikel in mehrere Unterabtheilungen, die man als Vorder-, Hinter- und Unterhorn bezeichnet. Letzteres erstreckt sich in den temporalen Hemisphärenabschnitt hinab, welcher dem Lobus hippocampi der Reptilien entspricht. Der in sein Lumen vorspringende, aus einer Einfaltung der medialen Hemisphärenwand in den Seitenventrikel, bezw. in das Unterhorn, hervorgegangene Hippocampus zeigt sich bei Säugern ungleich besser ausgeprägt als bei niederen Formen. Das Hippocampus-System steht, wie oben schon erwähnt, in sehr wichtigen Beziehungen zum Riechcentrum. Die Stelle der Einfaltung ist die Fissura hippocampi.

In engster Verbindung mit dem Hippocampus entsteht der Gyrus dentatus (Fascia dentata) und der Saum (Fimbria), welch letztere wieder zu dem Fornix in nahen Beziehungen steht.

Das Stammganglion (Corpus striatum) wird von den aus dem Mantel herabkommenden Fasern umschlossen und durchbrochen (vordere Schenkel der Capsula interna der Primaten). Im Gegensatz zu dem homologen Gebilde aller unterhalb der Mammalia stehenden Wirbelthiere tritt das Stammganglion bei Säugern mehr und mehr in die Tiefe zurück und wird schliesslich zu einem, im Vergleich mit dem übrigen Gehirn, kleinen Gebilde.

Die Lobi olfactorii überragen in der Regel mit ihren freien Enden das secundäre Vorderhirn oder aber sie werden von den Stirnlappen gänzlich überdeckt. Ihre Ausbildung ist je nach gut ausgebildetem oder reduziertem Riechvermögen eine sehr wechselnde, und sie können auch vollständig zurückgebildet sein. Auf Grund dieses Verhaltens unterscheidet man makro-, mikro- und anosmatische Säugethiere, von welchen im Capitel über das Geruchsorgan noch weiter die Rede sein wird. — Die in embryonaler Zeit stets vorhandene, eine Aussackung des Seitenventrikels darstellende Höhle im Riechlappen kann das ganze Leben persistieren (Einhufer), oder später schwinden.

Auf dem vorderen Paar der Vierhügel ruht die Zirbel (Corpus pineale), welche sich bei Säugern von ihrem ursprünglichen Verhalten sehr weit entfernt. Erstens ist sie in postembryonaler Zeit unter die Hemisphären des Vorderhirns ganz hinabgerückt, resp. von ihnen nach hinten umgelegt und so also ausser allem Contact mit den Schädeldecken und Hirnhüllen gesetzt; zweitens ist sie zu einem

rundlich-ovalen oder auch mehr platten, aus compactem, epithe-
lialem Gewebe bestehenden und mit sogenanntem Hirnsand
durchsetzten Säckchen umgebildet. Sie bleibt übrigens durch zwei
nach vorne laufende starke Stiele, die sogenannten Pedunculi, mit
ihrem Mutterboden, dem Zwischenhirn, d. h. den medialen Flächen

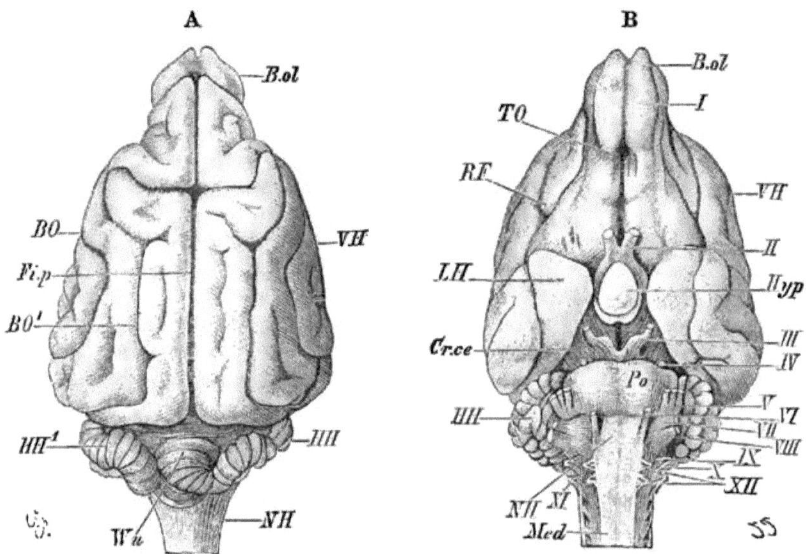

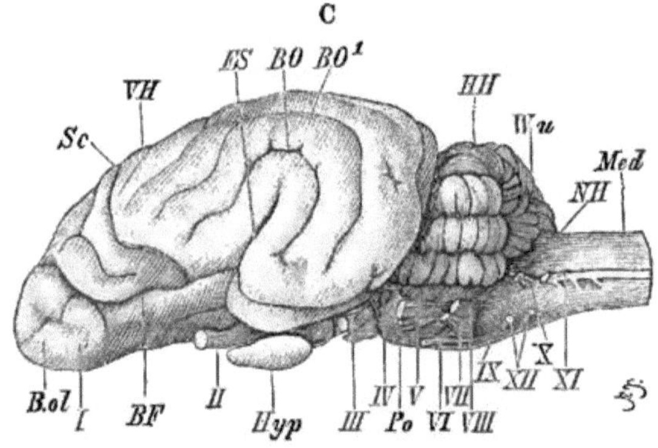

Fig. 178. Gehirn eines Hühnerhundes. A dorsale, B ventrale, C Profilansicht. *BO, BO*¹ Bogenfurchen, *B.ol* Bulbus olfactorius, aus welchem die Filamenta olfactoria (Riechnerv) entspringen, *Cr.ce* Crura cerebri, *Fi.p* Fissura longitudinalis pallii (Mantelspalte), *FS* Fissura Sylvii, *HH, HH*¹ Seitentheile (Hemisphären) des Hinterhirns, *Hyp* Hypophyse, *I—XII* erster bis zwölfter Hirnnerv, *LH* Lobus hippocampi, *Med* Medulla spinalis, *NH* Nachhirn, *Po* Brückengegend, *RF* Rhinalfurche, *Sc* Sulc. cruciatus, *VH* Vorderhirn, *Wu* mittlerer Theil (Wurm) des Hinterhirns.

der Sehhügel (Stria medullaris), verbunden. Die zwischen jenen
liegende vordere Wand des ursprünglichen Zirbelschlauches ist bindegewebig umgewandelt.

Ein Parietalorgan ist bei Säugethieren nicht vorhanden.

Spuren der Lobi inferiores und des Saccus vasculosus
der niederen Vertebraten lassen sich durch die ganze Reihe der
Wirbelthiere hindurch bis zum Menschen hinauf nachweisen.

Das Mittelhirn (Corpus bigeminum), welches durch eine

Kreuzfurche in vier Hügel zerlegt wird, stellt den niedrigen Vertebraten gegenüber nur einen sehr kleinen Hirnabschnitt dar, wogegen das Hinterhirn (Cerebellum) kräftig ausgeprägt ist. Der von den Reptilien an sich kundgebende Zerfall desselben in einen

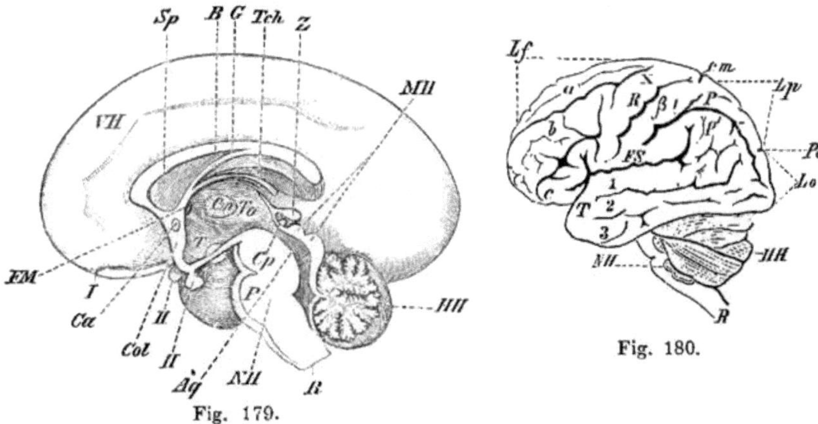

Fig. 179.

Fig. 180.

Fig. 179. Gehirn des Menschen, Medianschnitt. *B* Balken, *G* Gewölbe, welches nach vorne und abwärts in die Columellae *Col* ausläuft; vor diesen bei *Ca* die vordere Commissur, zwischen ihnen und dem Sehhügel *(To)* das Foramen interventriculare (Monroi) *FM*, *H* Hypophyse, *HH* Hinterhirn, *I* N. olfactorius, *II* N. opticus, *MH* Mittelhirn mit dem Aquaeductus cerebri (Sylvii) *Aq*, nach vorne davon die hintere Commissur *Cp*, *NH* Nachhirn mit Pons *P*, *R* Rückenmark, *T* Trichter (Infundibulum). *Tch* Tela chorioidea, *To* Thalamus opticus (Zwischenhirn) mit der mittleren Commissur *Cm*, *VH* Vorderhirn, *Z* Zirbel.

Fig. 180. Hirnwindungen des Menschen, nach A. Ecker. *a*, *b*, *c* oberer, mittlerer und äusserer Gyrus frontalis, *cm* an der dorsalen Hirnfläche eben noch einschneidender Sulcus calloso-marginalis, *FS* Fossa cerebri lateralis (Sylvii), *HH* Hinterhirn, *Lf* Lobus frontalis, *Lo* Lobus occipitalis, *Lp* Lobus parietalis, *NH* Nachhirn, *Po* Parieto-occipitalfurche, *P P¹* innere und äussere Scheitelwindung, beide durch die Interparietalfurche *(I)* von einander getrennt, *R* Rückenmark, *T* Lobus temporalis, *X*, *β I* vordere und hintere Centralwindung, durch den Sulcus centralis (Rolandi) *(R)* von einander getrennt, 1—3 obere, mittlere und untere Temporalwindung.

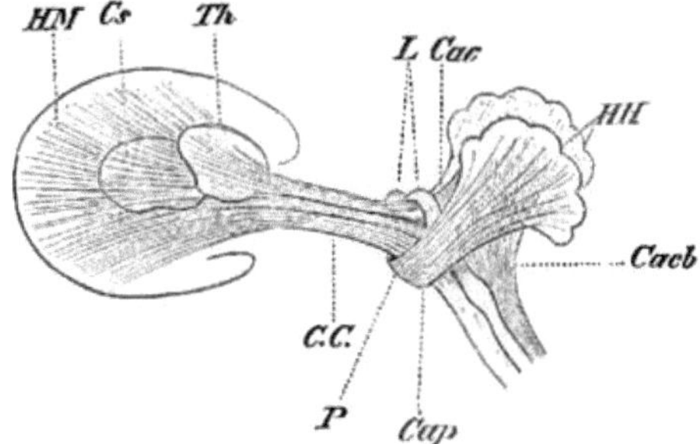

Fig. 181. Die Hauptfasersysteme des menschlichen (Säugethier-) Gehirnes, schematisch. Nach einer Zeichnung von A. Ecker. *Cac* Crura cerebelli ad Corpora bigemina, *Cacb* Crura medullae ad cerebellum, *Cap* Crura cerebelli ad pontem, *C.C.* Crura (Pedunculi) cerebri, *Cs* Corpus striatum, *HH* Hinterhirn (cerebellum), *HM* Hemisphären, *L* Lemniscus, *P* Pons, *Th* Thalamus opticus.

mittleren und zwei seitliche Abschnitte tritt bei den Säugethieren noch viel stärker hervor. Jener wird hier zum sogenannten Wurm (Vermis), diese dagegen repräsentiren den Flocculus und die Kleinhirnhemisphären. Mit der Herausbildung der letzteren tritt aber noch eine weitere, grosse Commissur zwischen ihnen auf, nämlich die **Brücke (Pons).** Sie umschlingt, ventralwärts ausstrahlend,

das Nachhirn, d. h. die Medulla oblongata, kummetartig und verhält
sich in ihrer Entwicklung proportional zu der höheren oder tieferen
systematischen Stellung des betreffenden Säugethieres.

Weitere Fasersysteme werden als **Crura medullae ad cerebellum, Crura cerebelli ad cerebrum** s. **ad Corpora bigemina** und als **Crura** s. **pedunculi cerebri** bezeichnet (Fig. 181).

Zum Schluss sei noch einiger ausgestorbener, aus dem Eocän
Nordamerikas stammender Säugethier-Geschlechter Erwähnung ge-

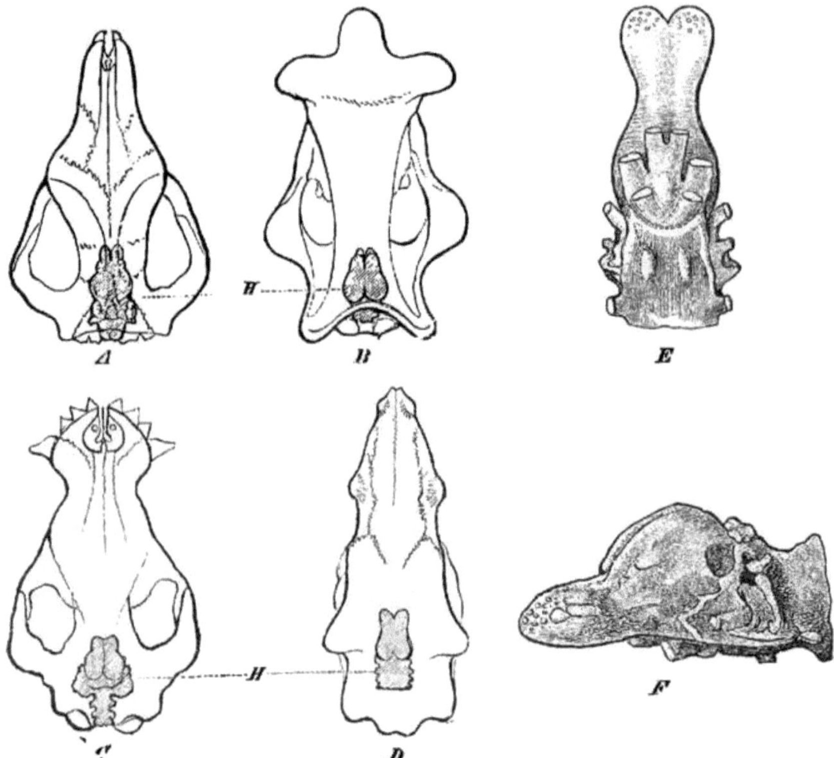

Fig. 182. Steinkerne von Gehirnen eocäner Säugethiere, nach Marsh.
A Schädel mit eingezeichnetem Gehirn von Tillotherium fodiens, B von Bronto-
therium ingens, C von Coryphodon hamatus, D von Dinoceras mirabile.
E und F ventrale und seitliche Ansicht des Gehirnes von Dinoceras mirabile.

than, von deren Gehirn wir uns, was die äusseren Formverhältnisse
(auf Grund der vorhandenen „Steinkerne") betrifft, eine recht gute
Vorstellung verschaffen können. Jene Gehirne sowohl, wie auch das
über das Gehirn der Zahnvögel Mitgetheilte werfen ein helles
Licht auf die Stammesgeschichte des Vertebratengehirnes im Allgemeinen.

Das Gehirn aller jener Geschlechter, wie in erster Linie dasjenige von Dinoceras mirabile (Figur 182 **D**, **E**, **F**), ist durch
die ausserordentliche Kleinheit charakterisiert, und dies gilt
vor Allem für das Vorderhirn. Dazu kommt, dass das Hirn

von Dinoceras mirabile eine so auffallende Aehnlichkeit mit demjenigen der Lacertilier zeigt, dass man dasselbe ohne Kenntnis des Skeletes unbedingt für ein Eidechsengehirn erklären würde. Wie klein seine Dimensionen waren, geht daraus hervor, dass man den Steinkern desselben durch den grössten Theil des Wirbelkanales frei hindurchziehen kann. Nur bei dem aus der nordamerikanischen Kreideformation stammenden, zur Gruppe der Ceratopsidae gehörigen Dinosaurier Triceratops scheint das Gehirn im Verhältnis zum Schädel noch kleiner gewesen zu sein, als bei Dinoceras, ja es war in dieser Beziehung überhaupt das kleinste Wirbelthiergehirn. Ausserordentlich stark entwickelt waren die Riechnerven. (Ueber das Hirngewicht der recenten Säugethiere vergl. die im Litteratur-Verzeichnis aufgeführte Schrift von M. Weber.)

II. Peripheres Nervensystem.

Das periphere Nervensystem vermittelt die physiologische Verbindung der Peripherie des Körpers mit dem centralen Nervensystem in **centripetaler (sensible Nerven)** und **centrifugaler Richtung (motorische Nerven)**.

Ihrer Lage nach unterscheidet man zwei Hauptgruppen von peripheren Nerven, nämlich **spinale** und **cerebrale**, d. h. solche, welche im Bereich des Rückenmarks, und solche, welche im Bereich des Gehirnes liegen. Eine zwischen beiden liegende Uebergangsgruppe bezeichnet man als spino-occipitale Nerven. Die spinalen Nerven stellen leichter zu verstehende, sozusagen einfachere Bildungen dar und zeigen eine auf die dorsale und ventrale Seite des Rückenmarks gleichmässig vertheilte Anordnung, insofern man in jedem Körpersegment je ein oberes (dorsales) und ein unteres (ventrales) Paar unterscheiden kann. Ersteres besteht im Wesentlichen aus sensiblen, letzteres aus motorischen Fasern.

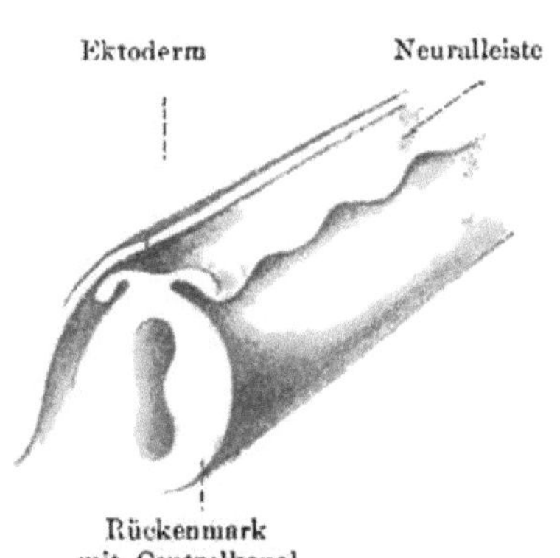

Fig. 183. Neuralleiste mit den sich differenzierenden Spinalganglien. Nach J. S. Kingsley.

Im Wurzelgebiet jedes dorsalen sensiblen Spinalnerven-Paares liegt ein **Spinalganglion**; ein solches fehlt den ventralen, motorischen Wurzeln [1]).

Die ventralen, in der Hauptsache zum grossen Seitenrumpfmuskel und zu dessen Abkömmlingen gehenden Wurzeln bilden sich als directe Auswüchse des Rückenmarkes, während die dorsalen Wurzeln

---

[1]) In embryonaler Zeit treten da und dort, wie z. B. bei gewissen Selachiern und bei Acipenser, auch im Bereich der motorischen Wurzeln vorübergehend sehr stattliche Spinalganglien auf.

ihren Ursprung von den Spinalganglien nehmen und von diesen, ihren
Centren und Ausgangspunkten aus, erst in das Rückenmark einwachsen. Die Spinalganglien selbst differenzieren sich aus einer Art
von Leiste („Neuralleiste"), welche an der Stelle auftritt, wo sich
das Ektoderm in die Neuralrinne umschlägt (Fig. 183).

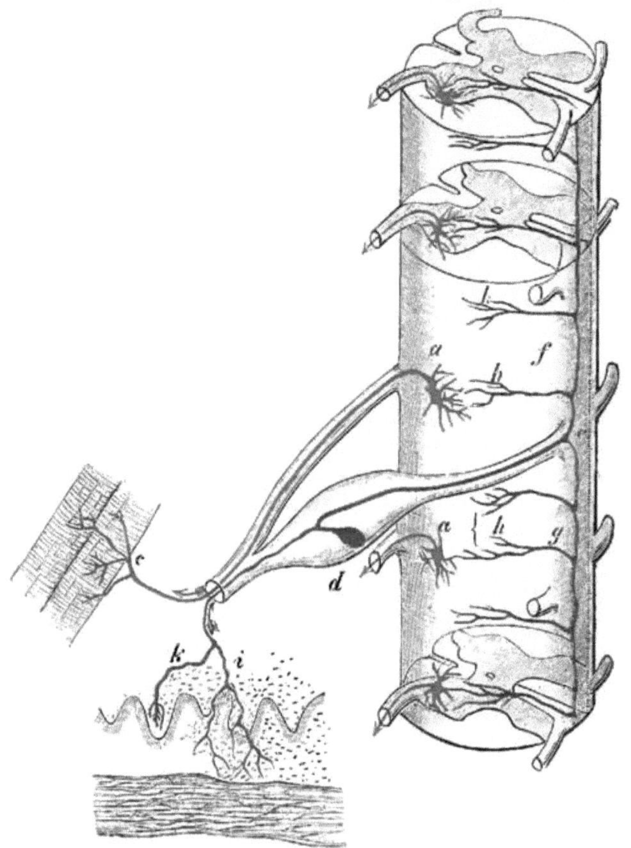

Fig. 184. Schematische Darstellung des Ursprungs, Verlaufs und der
Endigung der motorischen und sensibeln Fasern, sowie der Bezieh-
ungen der sensibeln Collateralen zu den Ursprungsstellen der vorderen
Wurzeln. Nach M. v. Lenhossék. Das Rückenmark ist durchsichtig dargestellt. Aus den
motorischen Vorderhornzellen (a) entspringen die Fasern der vorderen Wurzel (b), deren
Endigung an den quergestreiften Muskelfasern in Form kleiner Endbäumchen (c) dargestellt ist. In dem im Verhältnis zum Rückenmark sehr stark vergrössert dargestellten
Spinalganglion (d) ist nur eine einzige Ganglienzelle wiedergegeben, deren centraler Fortsatz als Hinterwurzelfaser in das Mark eindringt, sich bei e gablig in die aufsteigende
(f) und absteigende (g) Stammfaser theilt, die oben und unten, nach Einbiegung in die
graue Substanz, frei endigt und unterwegs mehrere Collateralen (h) abgiebt. Der periphere Fortsatz der Spinalganglienzelle strebt als peripherische sensible Faser zur Haut,
wo seine Endigung theils als nackte Endarborisation in der Epidermis (i), theils als Aufknäuelung in einem Corpusculum tactus (Meissner'schen Körperchen) (k) zur Ansicht gebracht ist.

Die Spinalganglien enthalten auch noch die sogenannten durchtretenden Fasern, welche zum Theil, d. h. soweit sie mit weiter
peripher gelegenen Ganglienzellen (des Sympathicus?) zusammen-

hängen, wohl auch sensibler Natur sein mögen, zum Theil aber gehen sie aus centralen Ganglienzellen des ventro-lateralen Bezirkes des Rückenmarkes hervor und durchsetzen dann die Spinalganglien, ohne mit diesen in physiologischem Connex zu stehen. Es handelt sich dabei um motorische Nerven, welche wahrscheinlich zu der den Seitenplatten entstammenden Muskulatur der Gefässe und Eingeweide, aber nicht zur Skeletmuskulatur gehen.

Am distalen Ende jedes Spinalganglions treten beide Nervenwurzeln zusammen, allein Vieles spricht dafür, dass die Vorfahren der heutigen Wirbelthiere getrennte dorsale und ventrale Nerven besessen haben müssen, wie dies bei Amphioxus und den Petromyzonten heute noch der Fall ist, und wie sich dies auch bei den Gehirnnerven dauernd erhalten hat.

Von jenem Vereinigungspunkt an theilt sich der gemeinsame Stamm wieder in einen dorsalen, ventralen und intestinalen Zweig. Ersterer geht zur Muskulatur und zur Haut des Rückens, der ventrale versorgt die seitlichen und ventralen Körperwände, der intestinale dagegen geht Verbindungen mit jenem Nervensystem ein, das wir oben als sympathisches Nervensystem bezeichnet haben.

1. Rückenmarksnerven.

Während die dorsalen und ventralen Nerven im Allgemeinen in einer und derselben Querebene liegen, findet bei Amphioxus[1]) den Cyclostomen, Selachiern und Dipnoërn insofern eine Abweichung von dieser Regel statt, als sich mit einer asymmetrischen Verschiebung der Somiten ein alternierendes Verhalten der Nervenaustritte zwischen rechts und links herausbildet, so dass immer ein vorderes Paar mit einem hinteren abwechselt. Auch bei Ganoiden trifft man noch seitliche Verschiebungen der Nervenwurzeln.

Während bei Fischen bezüglich der Nervenaustritte (durch die Intercalarstücke, durch die Bogen, oder zwischen denselben) die allermannigfachsten Variationen vorkommen, treten die Spinalnerven von den Amphibien an in der Regel jederseits zwischen den Bogen durch die Foramina intervertebralia hervor.

In ihrem ursprünglichen, indifferenten Verhalten haben wir uns die Spinalnerven so vorzustellen, dass sie sich in streng metamerer Anordnung und gleichmässigem Entwicklungsgrad am Körper ver-

---

[1]) Bei Amphioxus alternieren die Nerven nicht nur zwischen rechts und links, sondern ein dorsaler wechselt auch stets mit einem ventralen ab, sodass ein dorsaler Nerv rechts auf denselben Querschnitt fällt mit einem ventralen links. Die beiden vordersten Nerven, die man als „Hirnnerven" bezeichnet, sind nicht verschoben.

Die dorsalen Nerven des Amphioxus sind gemischter Natur und dasselbe gilt auch für die entsprechenden Nerven der Petromyzonten, sowie für einen grossen Theil der Gehirnnerven der Kranioten. Offenbar handelt es sich in allen diesen Fällen um sehr primitive Verhältnisse, und die Annahme liegt nahe, dass sowohl die spinalen als die cerebralen Nerven bei allen Protovertebraten gemischten Charakters waren, und dass dorsale und ventrale Wurzeln ursprünglich gänzlich getrennt verliefen. Jedem Metamer muss ein solches Nervenpaar zugekommen sein. Der dorsale Stamm versorgte die Hautsinnesorgane und die Muskulatur der Seitenplatte, der ventrale aber das betreffende Muskelsegment. Es bestand wohl eine mehr oder weniger vollkommene Correspondenz zwischen Branchio- und Mesomerie.

breiten. Im Bereich der Gliedmassenanlagen gabelt sich der einwachsende Nerv und umgreift die im Innern der Extremität entstehende Hartsubstanz mit einem ventralen und dorsalen Ast (Beugenerv und Strecknerv). In den Gliedmassen tritt nun in der Regel eine grössere Anzahl von Spinalnerven zu Geflechten, zu **Plexusbildungen**, zusammen, die man ihrer Lage nach als **Pl. cervicalis, brachialis, lumbalis** und **sacralis** bezeichnet. Die Zahl der diese Plexus componierenden Nerven weist auf die an ihrem Aufbau betheiligten Körpersegmente, d. h. auf ihren polymeren Ursprung zurück[1]) (vergl. das Gliedmassenskelet). Die Stärke der Nerven steht gewöhnlich in gerader Proportion zur Entwicklung und Differenzierung der Extremitäten-Musculatur, doch kann hier auf eine specielle Schilderung nicht eingegangen werden und es sei nur das Allernöthigste bemerkt.

Im Gegensatz zu den Fischen, deren verhältnismässig noch wenig ausgesprochene Plexusbildungen sich ihrer grossen Variationsbreite wegen unter keinen einheitlichen Gesichtspunkt bringen lassen, tritt von den Amphibien an durch die ganze Thierreihe hindurch eine typische Gruppierung der Aeste des mächtiger sich entfaltenden Plexus cervico-brachialis und lumbo-sacralis auf, die sich aber im Allgemeinen auf Grund der oben erwähnten Gabelbildung auf ein System ventraler und dorsaler Nervenstämme zurückführen lässt.

An dem erst bei den Sauropsiden vom Plexus cervicalis schärfer sich differenzierenden Plexus brachialis unterscheidet man:

1. Nn. thoracici superiores (N. dorsalis scapulae und N. thoracicus lateralis der menschlichen Anatomie);

2. Nn. thoracici inferiores (N. subclavius, Nn. thoracici anteriores);

3. Nn. brachiales anteriores (N. medianus mit dem N. musculo-cutaneus, N. ulnaris, N. cutaneus medius und internus);

4. Nn. brachiales posteriores (Nn. subscapulares, N. axillaris und radialis).

Der Plexus lumbalis und sacralis zeigen im Allgemeinen, zumal bei Säugern, viel grössere Schwankungen als der Plexus brachialis. Die grösseren, aus jenen Plexus entspringenden Nerven werden als Obturatorius, Cruralis, sowie als Ischiadicus und Pudendus beschrieben. Der Ischiadicus zerfällt an der freien Extremität in einen N. tibialis und N. fibularis. Die zahlreichen individuellen Schwankungen, wie sie z. B. beim Plexus lumbo-sacralis des Menschen zu beobachten sind, beruhen auf dem Umstand, dass

---

[1]) Ein weiterer hochwichtiger Factor für das Zustandekommen der Plexusbildungen sind die theils phylogenetisch, theils ontogenetisch erfolgenden Verschiebungen der Extremitätengürtel am Rumpfe. Dadurch gelangen die Extremitäten in den Bereich immer weiter nach hinten bezw. nach vorne gelegener Rumpfsegmente resp. Myomeren und assimilieren die denselben zugehörigen Spinalnerven. Gleichzeitig scheiden dann andere Nerven aus dem Verband der Extremitäten wieder aus. Demzufolge wird es sich im Bereich der vorderen wie der hinteren Gliedmassen in der ganzen Wirbelthierreihe um Uebergangsgebiete zwischen den Extremitäten- und den angrenzenden Rumpfnerven handeln. Ich erinnere nur an die oberen und unteren Intercostal-Nerven beim Menschen und deren wechselnde Beziehungen zum Plexus brachialis resp. lumbalis (vergl. die Einleitung zum Gliedmassen - Skelet).

der Beckengürtel bis jetzt eine ungleich weniger fixierte Lage gewonnen hat als der Schultergürtel, insofern er immer noch proximalwärts eine Verschiebung erfährt[1]).

2. Gehirnnerven.

Man kann im Allgemeinen folgende zwölf Hirnnervenpaare unterscheiden:

N. olfactorius   I
„ opticus . . .   II
„ oculomotorius .   III
„ trochlearis   IV
„ trigeminus   V
„ abducens   VI
„ facialis .   VII   } Paar.
„ acusticus VIII
„ glossopharyngeus IX
„ vagus X
„ accessorius (Willisii) XI
„ hypoglossus . . . XII

Der N. olfactorius und der N. opticus nehmen hinsichtlich ihrer Genese, die, wie früher schon gezeigt wurde, aufs Engste an gewisse Ausstülpungsvorgänge des secundären und primären Vorderhirns geknüpft ist, eine Sonderstellung ein. Ich sehe deshalb vorderhand von einer weiteren Schilderung derselben ab und verweise auf das Capitel über das Gehirn, das Geruchs- und Sehorgan.

Die übrigen Hirnnerven bieten bezüglich ihrer Entwicklung mit den Spinalnerven viele Vergleichungspuncte, und diese treten namentlich bei niederen Vertebraten in prägnantester Weise zu Tage. Der III., VI. und der XII. Nerv entstehen ähnlich wie die motorischen Spinalwurzeln, d. h. als directe, in der Vorwärtsverlängerung der Vorderhornzone des Rückenmarks gelegene, ventrale Auswüchse des Centralorganes. Auch der vierte Hirnnerv scheint hinsichtlich der ventralen Lage seines centralen Kernes zu dieser Gruppe zu gehören, allein sein dorsaler Ursprung sowie sein Verhalten bei niederen Vertebraten weist auf secundär erworbene Veränderungen bezw. Verschiebungen hin[2]).

---

1) Bei Thieren, welche der Extremitäten schon lange verlustig gegangen sind, ist auch in der Regel jede Spur der betreffenden Plexusbildungen verschwunden. Dies gilt z. B. für die Schleichenlurche und den hinteren Rumpfabschnitt von Siren lacertina. Schlangen dagegen besitzen noch einen aus zwei bis drei Nerven gebildeten Plexus brachialis, welcher auf den einstigen Besitz von vorderen Extremitäten hinweist und an den Plexus brachialis der Schleichen erinnert.

Aehnlich verhält es sich auch mit der hinteren Extremität der Schlangen, von der aber, ihres conservativeren Charakters wegen, zuweilen nicht nur der Plexus nervosus, sondern auch noch Muskeln und Skeletreste erhalten geblieben sind. Die allmähliche Verlängerung des Rumpfes muss als das Causalmoment der Reduction der Gliedmassen angesehen werden. Falls von der vorderen und hinteren Extremität nichts mehr erhalten ist als der Plexus, bezw. dessen Reste, so versorgen letztere die Hautmuskulatur.

2) Ursprünglich gehörte nämlich der Trochlearis wahrscheinlich zum Trigeminus, von dem er sich bei Selachiern z. B. erst während der Ontogenese emancipiert, und ein ähnliches Verhalten zum Trigeminus-System besteht auch seitens des Oculomotorius. Mit andern Worten: diese beiden Augenmuskelnerven sowie auch der zum Facialis in Beziehung stehende, ursprünglich wohl polymere, d. h. zwei Kopfsegmenten entsprechende

Der V., der VII. (zum Theil), der VIII., IX. und X. Hirnnerv entspringen dorso-lateralwärts am Gehirn und erinnern dadurch an die dorsalen Spinalwurzeln des Rückenmarks, allein sie entwickeln sich in topographischer Beziehung nicht so, wie dies (abgesehen von Amphioxus und Petromyzon) bei allen übrigen Vertebraten der Fall ist, d. h. zwischen den betr. Somiten, sondern innerhalb derselben. Dazu kommt, dass sie während ihrer weiteren Entwicklung eine Lageverschiebung erfahren und basalwärts herabrücken.

Wie die dorsalen Spinalnerven, so entstehen auch die eben genannten Kopfnerven aus einer Nerven- oder Ganglienleiste, allein dieselbe stellt nicht etwa eine Vorwärtsverlängerung derjenigen des Rückenmarks (s. dieses) dar, d. h. beide gehen nicht einfach ineinander über, sondern es sind zwei Ganglienleisten zu unterscheiden: die des Kopfes und die des Rumpfes. Dieselben laufen streckenweise nebeneinander her, und jede endigt für sich. Die des Rumpfes, welche dorsal-lateral liegt, reicht rostralwärts bis in die Querebene des caudalen Endes der Gehörgrube; die ab origine medianwärts liegende Ganglienleiste des Kopfes erstreckt sich in eine bis jetzt noch nicht mit Sicherheit zu bestimmende Gegend des Rumpfgebietes hinein. Aus den engen Lagebeziehungen, bezw. aus den später erfolgenden Ueberkreuzungen und Durchbrechungen beider Ganglienleisten resultieren für die Entwicklung der auf die Occipitalregion entfallenden Nervengebiete äusserst complicierte. Verhältnisse, auf die ich hier im Einzelnen nicht näher eingehen kann. — Es sei nur betont, dass die Kopfganglienleiste zu typischer Entwicklung nur unter der Voraussetzung und in dem Umfange gelangen kann, als es ihr gelingt, die Spinalganglienanlage zu vernichten und die zugehörigen Somiten bis auf relativ unbedeutende Reste zu beseitigen. In den gleichen Metameren schliessen sich also die beiden Nerven-Kategorien (d. h. Visceralbogennerven einer- und Spinalnerven andererseits) geradezu aus, d. h. beide können nie gleichzeitig an den betreffenden Stellen funktionsfähig vereinigt gewesen sein [1]).

N. abducens sind als Ueberbleibsel von primitiven Gehirnnerven zu betrachten, die ursprünglich gemischter Natur waren. Darauf weist u. a. auch der Umstand hin, dass der Trochlearis und wahrscheinlich auch der Abducens bei Anamnia neben den allerdings weitaus vorschlagenden motorischen auch noch sensible Elemente führen können.

Jedenfalls also handelt es sich um sehr starke Veränderungen, welche im Laufe der Phylogenese in dem in den Bereich dieser Nerven fallenden Kopfbezirk vor sich gegangen sein müssen, sodass häufig genug die ursprünglich sich deckende Mesomerie, d. h. die Metamerie der Mesodermsegmente, sowie die Neuromerie des Kopfes eine Störung erfährt und nicht mehr in voller Klarheit hervortritt. Relativ am deutlichsten prägt sie sich noch während der Ontogenese des Selachierkopfes (z. B. bei Acanthias) aus.

[1]) Diese bedeutsamen Thatsachen, deren Feststellung A. Froriep zu verdanken ist, werfen, wie der genannte Autor bemerkt, auch ein Licht auf das Kopfproblem im Allgemeinen, d. h. sie geben dem Gedanken Raum, dass der Kopf der cranioten Wirbelthiere aus zwei differenten, secundär verschmelzenden Bestandtheilen, einem kiemenbogentragenden „cerebralen" und einem aus Urwirbeln bestehenden „spinalen" Abschnitt entstanden ist. Beide Abschnitte schieben sich in einander, und aus der Zusammendrängung der betreffenden Organcomplexe auf einen engeren Raum resultiert sowohl eine Einbusse an Kiemenbogen als eine solche an Urwirbeln. „Denn in dem Concurrenzkampfe der beiderlei Nervencomplexe erweist sich die Ganglienleiste des Kopfes als die kräftigere, welche in festem, zielsicherem Vorgehen, wenn auch schliesslich nicht ohne eigene Verluste, eine lange Reihe von Rumpfgliedern und eine noch längere von spinalen Ganglien niederwirft und der Vernichtung entgegenführt" (Froriep).

Nach dieser Abschweifung wenden wir uns wieder zur Entwicklung des V, VII, VIII, IX und X Hirnnerven zurück und konstatieren zunächst, dass aus jener Kopfganglienleiste gewisse Ganglien hervorgehen, nämlich das Ganglion semilunare (V), G. geniculi (VII), G. petrosum (IX) und G. jugulare (X). Wie bei den Spinalganglien, so entspringen auch aus den Ganglien der Kopfnervenleiste sensible, centripetal leitende Fasern und wachsen in das Gehirn, worin sie ihre „Endkerne" finden, ein.

Wenn nun also trotz der verschiedenen Ganglienleisten eine gewisse Uebereinstimmung im Bildungsmodus der betreffenden Hirnnerven und der dorsalen Rückenmarksnerven nicht in Abrede zu stellen ist, so giebt es doch andrerseits gewisse Unterschiede, welche sowohl das physiologische wie das genetische Verhalten betreffen. Erstens sind nämlich der V., VII., IX. und X. Nerv gemischten Charakters, d. h. sie führen nicht nur sensible, sondern auch motorische Elemente und erinnern so an das primitive Verhalten, wie es sich auch in den oben erwähnten dorsalen Spinalwurzeln des Amphioxus und der Petromyzonten, sowie in den sogenannten durchtretenden Fasern ausspricht[1]) (vergl. die Fussnote auf pag. 245).

Ein weiterer wichtiger Punkt ist der, dass sich an der Anlage der gemischten Hirnnerven ausser den schon besprochenen Haupt- oder Spinalganglien auch noch gewisse gangliöse Wucherungszonen des ektodermalen Epithels ("Plakoden") betheiligen. Diese ektodermalen Zuschüsse, welche man als „Nebenganglien" (A. Dohrn) bezeichnen kann, und die also von Hause aus eine ganz andere Kategorie nervöser Bildungen, als die Spinalganglien, repräsentieren, lassen sich in zwei seitlich am Kopf auftretende Reihen, eine dorso-laterale und in eine etwas tiefer,

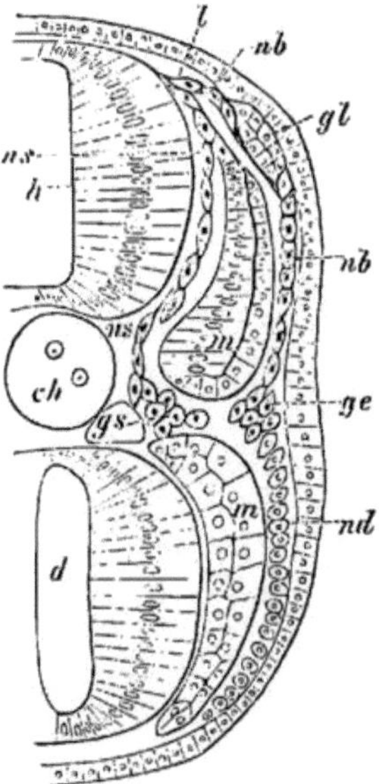

Fig. 185. Entwicklung der dorsalen Kopfnerven und ihrer Ganglien bei Ammocoetes. Nach C. v. Kupffer. *ch* Chorda, *d* Darm, *ge* Ganglion epibranchiale (ventrale oder epibranchiale Plakode), *gl* Ganglion laterale vagi (laterale Plakode), *gs* Ganglion sympathicum, *h* Hinterhirn, *l* Wurzelleiste, d. h. Anlage des eigentlichen Spinalganglions, bezw. Ursprungs des spinalen (dorsalen) und branchialen Nerven „dorsale Primärganglien" (v. Kupffer), *m* Mesoderm, *nb* Branchialnerv, *nd* subepidermoidale Lage, welche ein Derivat der Epidermis ist, und welche Beziehungen hat zur Entwicklung des peripheren Theiles des Branchialnerven, *ns* dorsaler Spinalnerv.

---

[1]) Während also bei den Spinalnerven der gemischte Nervenstamm durch die Vereinigung des sensiblen und motorischen Nerven ausserhalb des Centralorgans gebildet wird, und erst darnach das sympathische Ganglion entsteht, findet besagte Vereinigung bei den Gehirnnerven höchst wahrscheinlich schon innerhalb des Centralorganes statt und tritt der dorsale Gehirnnerv direct als gemischter Nerv aus dem Centralorgan (Selachier). — Verhält sich dies so, so wird nicht nur die für die dorsalen Hirnnerven geltende Abweichung vom Bell'schen Gesetz begreiflich, sondern es wird auch das Fehlen besonderer sympathischer Ganglien im Kopf der Selachier verständlich. Die dorsalen Hirnnerven, bereits innerhalb des Gehirnes aus motorischen und sensiblen Ele-

oberhalb der Kiementaschen, hinziehende unterscheiden. Die erstere nennt man die **Reihe der lateralen**, die zweite die der **ventralen oder epibranchialen Ganglien**. Beide Reihen stehen in ihrer ursprünglichen, oberflächlichen Lage sowohl unter einander als auch mit dem Centralorgan durch Zellstränge in Verbindung[1], — Summa summarum: beim Aufbau der genannten Kopfnerven — und auch der N. acusticus gehört dazu — handelt es sich um eine Wechselwirkung **centrogener**, (aus der Ganglienleiste des Kopfes stammender s. medialer) und **dermatogener**, d. h. peripherer oder lateraler Bau-Elemente der betreffenden Ganglien.

Da nun, wie bereits betont wurde, der V., VII., IX. und X. Nerv gemischter Natur sind, so ist wohl die Annahme erlaubt, dass die motorischen Fasern erst secundär vom Gehirn aus- und in die primären gangliösen Nervenanlagen einwachsen. Es handelt sich dabei um die obere Kernreihe („**Seitenkernzone des Rückenmarks**") jenes bandartigen, motorischen Rückenmarkkernes[2], welcher sich vom Halsmark an spaltet und in zwei langgezogenen Parallelkernen auf das Gehirn fortsetzt. Aus der unteren (ventralen) Kernreihe, welche in der Achsenverlängerung der Vorderhornzone des Rückenmarkes liegt, entspringen, wie oben schon erwähnt, der **Oculomotorius, Trochlearis, Abducens** und **Hypoglossus**.

Es muss nun wieder hier daran erinnert werden, dass der Kopf aus einer Summe von Metameren sich aufbaut, und auf Grund davon wird es als ein erstrebenswerthes Endziel zu betrachten sein, so weit als möglich festzustellen, zu welchen Metameren im Einzelnen die verschiedenen Kopfnerven gehören. Was hierüber einigermassen als sicher ausgemacht gelten kann, findet sich in folgender Liste, welcher im Wesentlichen die Verhältnisse der **Selachier** zu Grunde gelegt sind, zusammengestellt.

Uebersichtliche Darstellung der segmentalen Verbreitung der Hirnnerven mit Zugrundelegung der Kopfmetameren[3].

Metamer I	Ventrale Aeste	Dorsale Aeste
(M. rectus sup. inf., internus und Obliquus inferior.)	Oculomotorius (III)	Ram. ophthalmicus profundus des Trigeminus (V) mit dem Ganglion ciliare.

menten zusammengesetzt, besitzen durch das oben erwähnte Verhalten schon bei ihrem Austritt aus dem Centralorgan das Vermögen sympathische Nervenfasern bilden zu können. [Man denke z. B. an die Versorgung der Gland. thymus, der Pharyngeal-Schleimhaut und der Kiemenarterien durch die obengenannten Nerven!] — (vergl. den N. sympathicus) (C. K. Hoffmann).

[1] Dass diesen Ganglien die Bedeutung von Anlagen primitiver, ins „laterale Nervensystem" gehöriger Sinnesorgane zukommt. die bei einer genaueren Kenntnis der Urgeschichte des Wirbelthierkopfes einst eine grosse Rolle zu spielen berufen sein werden, liegt auf der Hand, doch müssen darüber noch weitere Untersuchungen angestellt werden.

[2] Auch der Kopftheil des N. accessorius liegt in der oberen Kernreihe.

[3] Bei dem ersten und zweiten Metamer kommen das prämandibulare, resp. mandibulare Kopfsegment der Selachier-Embryonen in Betracht, welche man ihrer ganzen Anlage nach mit den Körper-Somiten nur schwer, und nach der Ansicht gewisser Autoren, überhaupt nicht

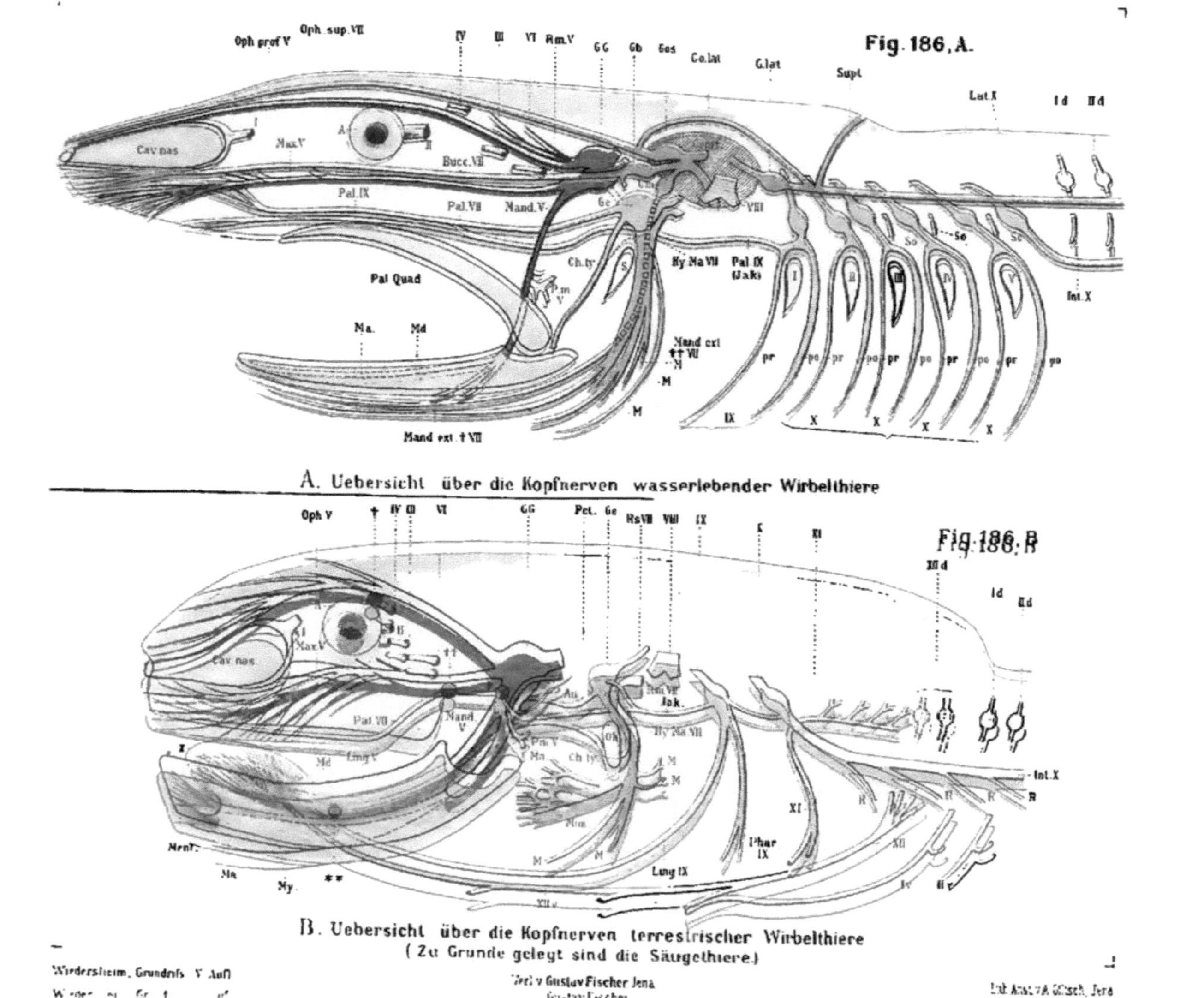

A. Uebersicht über die Kopfnerven wasserlebender Wirbelthiere

B. Uebersicht über die Kopfnerven terrestrischer Wirbelthiere
(Zu Grunde gelegt sind die Säugethiere.)

Fig. 186. A.

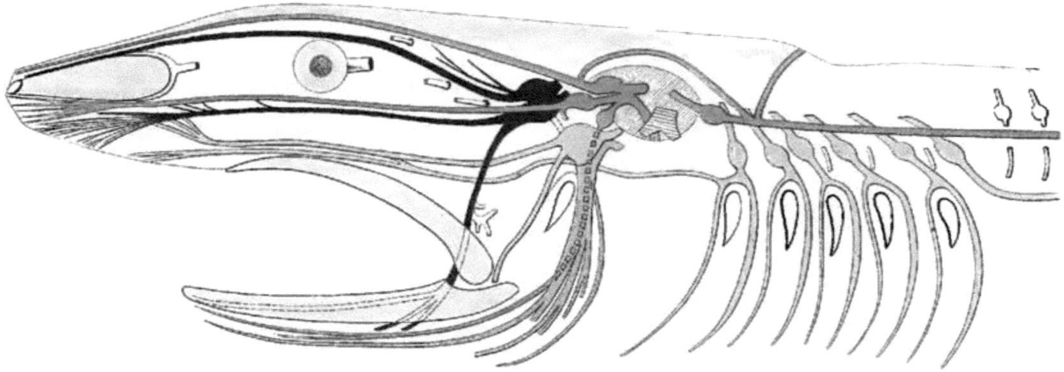

Fig. 186. B.

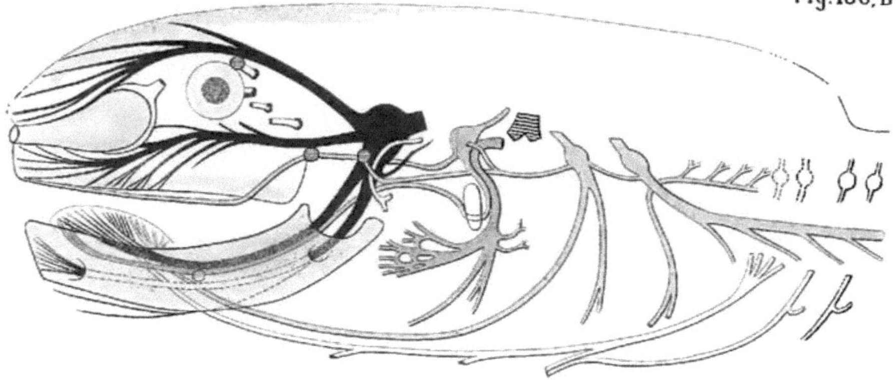

Wiedersheim, Grundriss V Aufl

Verlag v. Gustav Fischer, Jena.

	Ventrale Aeste	**Dorsale Aeste**
Metamer II (Obliquus sup.)	Trochlearis (IV)	Trigeminus (V) nach Abzug des Ram. ophthalmicus profundus.
Metamer III (Rectus externus.)	Abducens (VI)	Facialis (VII) und Acusticus (VIII) mit ihren zugehörigen Ganglien.
Metamer IV (Früh abortiv werdende Muskeln.)	fehlt	
Metamer V (Früh abortiv werdende Muskeln.)	fehlt	Glossopharyngeus (IX) mit seinem Ganglion.

Fig. 186. **A u. B.** Vertheilung der Kopfnerven bei wasserlebenden (**A**) und terrestrischen (**B**) Wirbelthieren. Die Ganglien cerebro-spinaler Natur sind auf beiden Figuren, diejenigen des sympathischen Systems aber nur auf Figur 186, **B** eingezeichnet.

Erkärung der Farben.

Weiss: Nn. olfactorius (*I*), opticus (*II*), oculomotorius (*III*), trochlearis (*IV*), abducens (*VI*), portio minor (motoria) des Trigeminus (*P. m. V*), Nn. spinooccipitales s. craniale Spinalnerven, welche ventral vom Vagus austreten (*So, So, So*), Nn. cervicalis *I* und *II* mit dorsaler (*Id, IId*) und ventraler (*Iv, IIv*) Wurzel. Dieselben können z. Th. in der Bahn des Hypoglossus verlaufen. N. hypoglossus mit dorsaler (*XII d*) und ventraler (*XII, v*) Wurzel

Schwarz: N. trigeminus. Ganglion semilunare (Gasseri) (*GG*), Ramus ophthalmicus profundus der wasserlebenden Thiere (*Oph. prof. V*), kleinere Aeste (*R. m. V*), worunter eventuell ein Ramus ophthalmicus superficialis Trigemini, R. ophthalmicus (*Oph. V*) = *I* Ast des Trigeminus terrestrischer Wirbelthiere, R. maxillaris (*Max. V*) = *II* Ast des Trigeminus, R. mandibularis (*Mand. V*) = *III* Ast des Trigeminus, in dessen Bahn die motorische Portion (*P. m. V*) theilweise verläuft, Mandibularer — bezw. mentaler — (*Ma. Ment.*) —, Lingualer (*Ling. V*) Zweig des III. Trigeminus. Für den Mylohyoideus und den vorderen Bauch des Biventer bestimmte Zweige (*My*), R. auricularis superficialis (*Au*), Ganglion ciliare (†), Ganglion spheno-palatinum (††), Ganglion oticum (*), Ganglion submaxillare (**).

Roth: Nervensystem der Seitenorgane (Nervenhügel) des Kopfes und Rumpfes wasserlebender Vertebraten, sowie der Nervus acusticus (*VIII*) (roth schraffiert). Centrales Ursprungsgebiet dieser Nerven (*Centr.*), Ophthal-

---

homologisieren kann, denn es handelt sich dabei um Derivate der Seitenplatte und um daraus hervorgehende Visceralbogen-Muskeln. Auch der M. rectus externus soll nach A. Dohrn in seinem wesentlichsten Theil aus dem Mandibularsegment hervorgehen. In diesem Kopfgebiet müssen sich im Laufe der Stammesgeschichte vielfache, tiefgreifende Veränderungen (Functionswechsel) abgespielt haben. Nach Sewertzoff's Untersuchungen an Torpedo-Embryonen würde die Reihe der echten Kopfsomiten erst hinter dem mandibularen Segment beginnen. Ihre Zahl soll nicht weniger als elf (I—XI) betragen. Die drei vorderen derselben gehören zur prootischen, die acht übrigen zur metotischen Region. I und II ergeben den M. rectus externus des Auges (N. abducens). Die Somiten III, IV, V, VI verkümmern; das VII, VIII, IX, X und XI Somit stehen zum Anfang der Myotome der Occipitalregion in Beziehung. Die Somiten III—IX besitzen keine Nerven von spinalem Typus. Die aus dem X und XI entstehenden Myotome werden von motorischen Spinalnerven, den cranialen Wurzeln des Hypoglossus, welche später verkümmern, innerviert.

micus superficialis des Facialis (*Oph. sup. VII*) mit seinem Ganglion (*Gos*), Buccalis des Facialis (*Bucc. VII*) mit seinem Ganglion (*Gb*), Mandibularis externus mit seinem vorderen (*Mand. ext. † VII*) und hinteren Ast (*Mand. ext. † † VII*) sowie mit seinem Ganglion (*Gm*). Anastomose (*Co. lat*) mit dem Ramus lateralis Vagi (*Lat. X*) bei Dipnoërn. Ganglion (*G. lat.*) des R. lateralis. R. supratemporalis des R. lateralis Vagi (*Supt.*).

Hellgrün: Sensible Portion des N. facialis mit dem Ganglion geniculi (*Ge*). Zwischen diesem und dem Ganglion semiluuare (Gasseri) können Verbindungen bestehen, welche auf Fig. A angedeutet sind. R. palatinus bezw. N. petrosus superficialis major des Facialis (*Pal. VII* und *Pet.*), Chorda tympani (*Ch. ty.*) Radix sensitiva (Portio intermedia) des Facialis (*R s VII*).

Dunkelgrün: Motorische Portion des N. facialis mit der Radix motoria (*R m, VII*) und dem hyo-mandibularen Hauptstamm des Nerven (*Hy. Ma. VII*). Muskelzweige (*M, M*) Der für die mimische Muskulatur der Primaten bestimmte Plexus (*Mim.*).

Gelb: Vagus-Gruppe. Glossopharyngeus (*IX*) mit seinem Ganglion, seinem Ramus prae- und posttrematicus (*pr, po*), dem zum R. palatinus des Facialis ziehenden R. tympanicus s. Jakobsonii (*Pal IX, Jak.*) und lingualis (*Ling. IX*). R. pharyngeus (*Phar. IX*). N. Vagus (*X*) mit mehrfacher Wurzel, wovon jede mit einem Ganglion versehen ist. Rami prae- und posttrematici (*pr* und *po*). Eingeweide-Ast des Vagus (*Int. X*) mit seinen Zweigen (*R.R.R.*). N. accessorius (*XI*).

Sonstige Bezeichnungen.

Cav. nas. Nasenhöhle.
A Auge.
Pal. Quad. Palato-Quadratum.
Md Mandibula.

Z Zunge.
S Spritzloch.
Oh Ohr.
I—V Erste bis fünfte Kiementasche.

Augenmuskelnerven.

Die Augenmuskelnerven, d. h. der Oculomotorius, Trochlearis und Abducens, versorgen die den Bulbus oculi bewegenden Muskeln, wie ich dies in der oben aufgestellten Liste über die metamerische Vertheilung der Kopfnerven näher präcisiert habe.

Der **N. oculomotorius**, welcher den M. rectus superior, inferior, internus, sowie den M. obliquus inferior versorgt, entspringt am Boden des Mittelhirns und stellt wahrscheinlich die ventrale Wurzel des Ramus ophthalmicus profundus Trigemini dar (vergl. die Liste über die Vertheilung der Kopfnerven). Er steht in allernächster Beziehung zum Ganglion ciliare, welches in seinen Verlauf eingeschaltet und durch ihn erregbar ist. Gleichwohl gehört das Ganglion zum sympathischen System und geräth erst secundär in den Bereich des III. Hirnnerven. Die aus ihm wieder austretenden Oculomotorius-Fasern gehen zu den Ciliar- und Iris-Muskeln des Auges[1].

Der für den M. obliquus superior bestimmte **Trochlearis** tritt, wie schon erwähnt, trotzdem dass sein Kern ventral liegt, dorsalwärts an der hinteren Peripherie des Mittelhirns aus und führt ursprünglich nicht nur motorische, sondern auch sensible Fasern, welch letztere bei Fischen und Amphibien zur Bindehaut des

---

[1] Ueber das Ganglion ciliare sind bei Anamnia und Sauropsiden erneute Untersuchungen nöthig. Es handelt sich, wie es scheint, um zwei verschiedene Ganglien, die nicht immer mit wünschenswerther Deutlichkeit in ihrer Doppelnatur erkannt und auseinandergehalten wurden. Das eine verschmilzt bei Säugern schon während der Ontogenese mit dem Ganglion Gasseri, das andere ist das G. ciliare.

Auges und der Dura mater laufen. Auch der **Abducens**, der stets weit hinten, am Boden der Medulla oblongata, hervortritt, enthält, wie ebenfalls bereits mitgetheilt wurde, bei den Anamnia wahrscheinlich gemischte Fasern. Er versorgt den M. rectus externus, den Retractor bulbi und den Muskelapparat der Nickhaut bei Sauropsiden. Seine Stammesgeschichte ist dunkel.

Bei Anuren verbindet sich der Abducens aufs Innigste mit dem Ganglion semilunare (Gasseri), d. h. er durchsetzt dasselbe.

Trigeminus.

Der Trigeminus ist einer der stärksten Hirnnerven. Er entspringt ventro-lateral vom vorderen Theil der Medulla oblongata, bezw. (bei Säugern) von der Brücke mit einer mächtigen sensiblen und einer kleineren (ventralen) motorischen Wurzel. Er besitzt ein im Bereich der sensiblen Wurzel liegendes intra- oder extracraniales Ganglion[1]) und theilt sich dann bei Fischen in zwei Hauptstämme, einen R. ophthalmicus, an welchem man eine Portio superficialis und profunda unterscheidet, und in einen R. maxillo-mandibularis. Bei den meisten terrestrischen Vertebraten entspringen der Maxillaris und Mandibularis als getrennte Nerven. Auf Grund dieser drei charakteristischen Aeste, die man als I (Ophthalmicus), II (Maxillaris) und III (Mandibularis) zählt, hat der Nerv seinen Namen „Trigeminus" erhalten. Er verlässt den Schädelraum bald durch ein, bald durch zwei oder drei getrennte Oeffnungen.

Der oberflächliche Zweig des Ophthalmicus ist in der Regel bei Fischen[2]) und Dipnoërn deutlich ausgeprägt. Bei Amphibien ist er noch nicht in wünschenswerther Klarheit festgestellt[3]). Er läuft dorsal vom Bulbus oculi nach vorne, kreuzt sich mit dem später zu erwähnenden R. ophthalmicus superficialis des Facialis und kann mit ihm auch Verbindungen eingehen, die erst secundär erworben wurden. Seine Endigungen liegen in der Haut nach vorne von der Orbita und oberhalb derselben. Mit Nervenhügeln hat er nichts zu schaffen.

Der R. profundus Trigemini zieht unter dem M. rectus superior und internus sowie dem M. obliquus superior oculi nach vorne und versorgt die Haut des Vorderkopfes (Schnauze), die Conjunctiva, die Lider, die Thränendrüse und die Schleimhaut der Nase. Er steht in Verbindung mit dem Ganglion ciliare, von dem oben bereits die Rede war.

Der gesamte I. Trigeminus (N. ophthalmicus) ist in allen seinen Zweigen rein sensibel, und dieses gilt auch für den II. Trigeminus (N. maxillaris), in dessen Bereich ein Ganglion (G. sphenopalatinum) liegt, welches sympathischer Natur ist, und das eine Verbindung mit dem Facialis besitzt. Der II. Trigeminus oder R. maxillaris verläuft am Boden der Orbita basalwärts vom Bulbus oculi, versorgt daselbst die Glandula lacrimalis und Harderiana,

---

1) Sowohl der I. als der II. Trigeminus-Ast kann je ein grosses Ganglion besitzen (so z. B. bei Hatteria).

2) Bei manchen Fischen und den höheren Formen können beide Ophthalmicus-Aeste zu einem Stamm vereinigt sein.

3) Vielleicht entspricht er dem R. frontalis der Säuger.

die Conjunctiva, die Schleimhaut der Nasenhöhle, und das Gaumendach. Darauf gelangt er zum Oberkiefer, innerviert die Zähne und bricht als R. infraorbitalis hervor, um die Haut in der Oberkiefer- und Wangengegend, die Schnauze und Oberlippe zu versorgen.

Der III. Trigeminus (N. mandibularis) ist gemischter Natur. Er innerviert mit seiner Portio motoria, die den Charakter eines visceralen Nerven besitzt, die Kaumuskeln, den M. tensor tympani, sowie einige Muskeln am Boden der Mundhöhle[1]), und am weichen Gaumen der Säuger. Die betreffenden Gaumenmuskeln sind der Levator palati und der Azygos uvulae. So ist die gewöhnliche Annahme, der Gedanke liegt aber nahe, dass es sich bei jener Innervation um Vagus-Elemente handelt, die in der Trigeminus-Bahn verlaufen.

Die sensible Portion verläuft entlang der Unterkieferspange und zerfällt in zwei grosse Zweige, einen R. lingualis und einen R. mandibularis im engeren Sinne. Ersterer, welcher den Anamnia und auch den Sauropsiden in Form eines besonderen, wohl differenzierten Zweiges noch fehlt, gelangt zur Schleimhaut des Mundes und zur Zunge, die er sensibel macht und der er auch mittelst der sogenannten Chorda tympani Geschmacksfasern zuführt (vergl. den Facialis).

Der R. mandibularis s. s. kann den Canal des Unterkiefers durchsetzen, versorgt daselbst die Zähne sowie die Mundschleimhaut und verbreitet sich dann mehr oder weniger reichlich in der Haut der Unter-Kiefer-Kinn-Gegend und der Unterlippe.

Bei Säugethieren zieht ein dritter, schwächerer Zweig des III. Trigeminus vor dem Ohr zur Schläfengegend empor und versorgt die angrenzenden Hautgebiete und die Ohrmuschel.

Im Bereich der Portio sensitiva des III. Trigeminus existieren zwei zum sympathischen System gehörige Ganglien, das eine (Ganglion oticum) liegt dicht unterhalb der Austrittsstelle des Nerven aus der Schädelhöhle, das andere (Ganglion submaxillare) an der Stelle des R. lingualis, wo dieser sich zur Zunge emporkrümmt. Das Ganglion oticum steht in Verbindung mit dem IX. Hirnnerven. Ob auch dem Ganglion linguale Glossopharyngeusfasern, welche aus dem N. petrosus superficialis minor der Chorda tympani zugeführt werden sollen, zukommen, ist zweifelhaft. Vielleicht gehören die betreffenden Geschmacksfasern ab origine dem Facialis an.

Facialis.

Der Facialis ist ein gemischter Nerv, der bei wasserlebenden und terrestrischen Wirbelthieren ein sehr verschiedenes Verhalten erkennen lässt. Bei Fischen, Dipnoërn und wasserlebenden Urodelen kann er an seinem Ursprung zwei deutlich getrennte Ganglien resp. Gangliensysteme besitzen, von welchen das eine zur sensorischen,

---

[1]) Nämlich den M. mylohyoideus und den vorderen Bauch des Biventer (bei Säugern). So lautet die gewöhnliche Lehre, es ist aber sehr wahrscheinlich, dass der betr. Ramus mylo-hyoideus dem Facialis zuzurechnen ist, welch letzterer intracranielle Verbindungen mit dem Trigeminus eingeht.

das andere zur gemischten, aus sensiblen und motorischen Zweigen bestehenden Portion in Beziehung steht.

Dies gilt z. B. für die Selachier, Dipnoër und für wasserlebende Urodelen resp. Urodelenlarven, Cyclostomen und sehr viele Teleostier (Perca, Cottus, Trigla, Salmo, Esox).

Bei anderen Fischen (Chimaera, Polypterus, Lepidosteus, Gadiden u. a.), vor Allem aber bei ungeschwänzten Amphibien geht der Facialis mit dem Trigeminus so enge Lagebeziehungen bezw. Verwachsungen ein, dass die betreffenden Ganglien zu einem Ganglion verschmelzen[1]. Mit andern Worten: es werden die Elemente der ursprünglichen Facialisganglien vom Ganglion semilunare (Gasseri) mehr oder weniger oder auch völlig assimiliert, sodass man das ursprüngliche Verhalten zum Theil nur noch ontogenetisch, bezw. während der Larvenmetamorphose (Amphibien) nachweisen kann. In solchen Fällen gelingt es nur schwer, über die oft sehr verwickelten Beziehungen zwischen beiden Nervengebieten Aufschluss zu erhalten.

Ein weiteres Ganglion des N. facialis persistiert bei allen Vertebraten und heisst Ganglion geniculi.

Der Facialis besteht bei wasserlebenden Wirbelthieren aus folgenden Unterabtheilungen:

I. Aus einem System[2]), welches die Hautsinnesorgane des Kopfes versorgt und an welchem man folgende Zweige unterscheiden kann:

    a) einen R. ophthalmicus superficialis[3]), welcher parallel und in naher Lagebeziehung mit dem gleichnamigen Trigeminuszweig verläuft. Er endigt in der Nasenhöhle;

    b) einen R. buccalis, welcher das infraorbitale Seitenkanalsystem und den basalen Theil der Schnauze versorgt. Er ist stets in Verbindung mit dem ihm sehr nahe liegenden R. maxillaris des Trigeminus, welch letzterer ihm gegenüber bei wasserlebenden Thieren an Volum in der Regel zurücktritt. Zwischen beiden besteht ein reciprokes Verhalten.

    In der Nähe seines Ursprungs entsendet der R. buccalis des Facialis einen R. oticus.

    c) einen R. mandibularis externus, welcher für die Seitenorgane der Unterkiefer-, Spritzloch- und Hyoidgegend bestimmt, und welcher dem später zu betrachtenden hyomandibularen Facialis-Gebiet angeschlossen ist. Er spaltet sich in wechselnder Höhe in einen R. anterior und posterior. Zwischen dem R. mandibularis externus und dem R. mandibularis Trigemini können zahlreiche Verbindungen existieren.

----

1) Auch die centralen Ursprungsgebiete des sensiblen Trigeminus, Facialis und Acusticus liegen sehr nahe zusammen.

2) Dasselbe Ursprungsgebiet hat auch der sogen. R. lateralis Glossopharyngei et Vagi, sodass alle diese Nerven, von welchen jeder ursprünglich sein eigenes Ganglion besass, morphologisch in ein und dasselbe uralte Sinnesnervensystem, d. h. in das Lateralnervensystem, hineingehören. Alle beruhen auf einer specifischen Organisation der Medulla oblongata und entstehen zusamt den von ihnen versorgten Sinnesorganen von der äusseren Haut (Ektoderm) her.

3) Dieser kann sich (Chimaera) mit dem R. ophthalmicus profundus Trigemini so enge verbinden, dass es den Anschein gewinnt, als würden die betreffenden Hautsinnesorgane von dem letzteren versorgt.

II. Aus einem R. palatinus[1]), welcher mit dem R. maxillaris Trigemini Verbindungen eingehen kann und an der Gaumenschleimhaut dahin zieht, und zweitens aus der Chorda tympani. Dieser Nerv verläuft dicht an der medialen Seite des Unterkiefers und begiebt sich dann zur Rachen- bezw. Mundschleimhaut. (Vorderer Bezirk des Mundhöhlenbodens.)

Beide Nerven, welche der „Portio intermedia" der Säugethiere entsprechen, stehen in engsten Ursprungsbeziehungen zum Ganglion geniculi und liegen bei Fischen vor dem Spritzloch, also praespiracular; von den Amphibien an schliesst sich die Chorda tympani der postspiracularen Hauptportion des Facialis, von der gleich wieder die Rede sein wird, an.

III. Aus einer hyomandibularen Hauptportion, welche, wie schon erwähnt, postspiracular liegt und die als der eigentliche Nerv des Zungenbeinbogens anzusehen ist. Das Spritzloch wird also von Nr. II und III des Facialis von oben her gabelig umgriffen, ein Verhalten, welchem wir auch beim IX. und X. Hirnnerven hinsichtlich der Kiementaschen wieder begegnen werden.

Die mit einer ventralen Wurzel entspringende und in seinem Lauf zunächst dem Hyoidbogen folgende[2]) hyomandibulare Hauptportion (Truncus hyomandibularis) be-

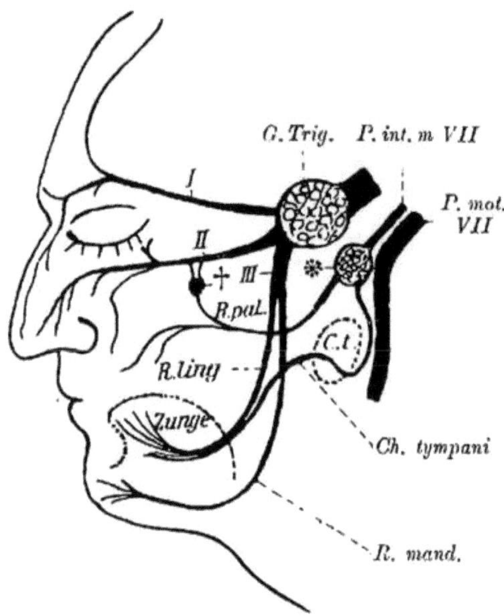

Fig. 187. Das Verhalten der Portio intermedia des N. facialis beim Menschen. Schema, mit Zugrundelegung einer Abbildung von A. F. Dixon. *I, II, III* Erster, zweiter und dritter Ast des Trigeminus, * Ganglion geniculi des Facialis, † Ganglion sphenopalatinum im Bereich des II. Trigeminus-Astes, *Ch. tympani* Chorda tympani, *C. t.* Andeutung des Cavum tympani, *G* Ganglion Trigemini s. Gasseri, *P. int. m VII* Portio intermedia (sensoria) des Facialis, *P. mot. VII* Portio motoria (hyomandibularis) des Facialis, *R. ling.* Ramus lingualis des III. Trigeminus, *R. mand.* Ramus mandibularis desselben, *R. pal.* Ramus palatinus (N. petrosus superfic. major) des Facialis. Die Portio motoria Trigemini III ist nicht dargestellt.

[1]) Es kann keinem Zweifel unterliegen, dass der mit den visceralen resp. pharyngealen Zweigen des IX. und X. Hirnnerven parallelisierbare R. palatinus der Anamnia dem N. petrosus superficialis major der Säugethiere entspricht. Dieser führt (entgegen der gewöhnlichen Annahme) keine motorischen Fasern des Facialis zum Ganglion sphenopalatinum, und ebenso wenig gelangen auf dieser Bahn sensible Fasern zum Facialis. Der N. petr. superf. maj. ist einfach der Rest der sensorischen Portion des Facialis der Anamnia. — Dass die betr. Muskeln am Gaumen, die von dem N. petr. superf. major versorgt werden sollen, höchst wahrscheinlich vom Vagus aus innerviert werden, habe ich oben schon angedeutet.

[2]) In manchen Fällen kreuzt der Truncus hyomandibularis den oberen Rand des Hyomandibulare, oder er durchbohrt dasselbe, oder er liegt vor ihm; kurz er steht

steht nach Abzug der schon erwähnten Mandibularis externus-Elemente im Wesentlichen aus motorischen Fasern, welche zu visceralen Muskeln sich begeben (Mm. constrictor superficialis, depressor mandibulae, hyomandibularis, Muskeln des Kiemendeckels etc.)

Die wenigen sensiblen Zweige versorgen die Schleimhaut des Spritzlochs, die vordere Pharynxwand, den Mundhöhlenboden und die Haut der Mandibulargegend.

Von den Amphibien und Reptilien an bahnen sich die für die Säugethiere, wie speciell für die Primaten, so charakteristischen Verhältnisse der Facialismusculatur an, welche endlich dazu führen, dass das Hauptcontingent des motorischen, dem branchialen Facialisgebiet der Fische entstammenden Facialisgebietes in den Dienst der dem hyoidealen Bezirk zugehörigen, mimischen Musculatur tritt. Die complizierten Geflechtbildungen aber treten phylogenetisch erst spät in die Erscheinung, und auch in gewissen Embryonalstadien des Menschen fehlen dieselben noch vollkommen. Ausser den mimischen Muskeln werden bei den Säugern noch das Platysma, der M. stylohyoideus, der hintere Bauch des Biventer, und der M. stapedius vom Facialis versorgt.

Um noch einmal auf den Sinnesnerven-Antheil des Facialis bei den Anamnia zurückzukommen, so ist zu bemerken, dass jenes ganze Nervengebiet mit der Aufgabe des Wasserlebens und dem Schwund der betreffenden Hautsinnesorgane, d. h. mit der Vollendung der Larvenmetamorphose, einem nahezu gänzlichen Schwund anheimfällt, so dass also, wie ein Vergleich der beiden Figuren 186 **A** und **B** beweist, der Facialis der terrestrischen Thiere eine beträchtliche Beschränkung erfährt. Jenem verbleiben somit nur noch der R. palatinus, die Chorda tympani und der Truncus hyomandibularis.

Dass die Chorda tympani von den Reptilien an ganz andere Lageverhältnisse eingeht, d. h. dass sie in ganz charakteristische topographische Beziehungen zum schallleitenden Apparat tritt, beziehungsweise in die Paukenhöhle hineingeräth, habe ich in dem vom Säugethierschädel handelnden Kapitel bereits erörtert.

Acusticus.

Dieser kräftige, an seinem Ursprung mit einem Ganglion versehene Nerv entspringt in engem Connex mit dem Facialis und fällt mit der Portio sensoria des letzteren unter einen und denselben genetischen Gesichtspunkt, insofern die Annahme sehr nahe liegt, dass das Gehörorgan aus einem modifizierten Abschnitt der Seitenorgane hervorgegangen ist. Bald nach seinem Ursprung theilt er sich in einen R. cochlearis und in einen R. vestibularis, von welchen ersterer zu der Lagena resp. Cochlea, letzterer zu den übrigen Abschnitten der inneren Theile des Gehörorganes geht.

---

in den allerverschiedensten, nach den einzelnen Fischgruppen variierenden Lagebeziehungen zu dem genannten Skelet-Theil.

Vagusgruppe.

Zu der, gemischte, d. h. motorische und sensible[1]) Elemente führenden Vagusgruppe rechnet man den Glossopharyngeus (IX), den Vagus (X) und den Accessorius (XI). Alle diese Nerven stehen in sehr nahen Beziehungen zu einander und können, insofern sich in ihrem Bereich weniger zahlreiche phylogenetische Umgestaltungen des Kopfes vollzogen haben, leichter unter einen einheitlichen Gesichtspunkt gebracht werden als die bisher betrachteten Hirnnerven.

Bei Fischen, Dipnoërn und perennibranchiaten Amphibien verlässt der Glossopharyngeus den Schädel durch ein besonderes Loch, bei allen übrigen Vertebraten existiert eine für die gesamte Vagusgruppe gemeinsame Oeffnung. Seine Hauptverbreitung erfolgt bei wasserlebenden Anamnia im Bereich der I. Kiemenspalte, wobei er einen stärkeren hinteren und schwächeren vorderen Ast erzeugt (R. post- und praebranchialis, s. R. post- und praetrematicus) (vergl. Fig. 186. **A**). Bei den übrigen Vertebraten verbreitet er sich im Schlundkopf und Zungengebiet, ausserdem aber schickt er in der Regel einen Verbindungsast zum Vagus, zum Ganglion oticum des III. Trigeminus (Jakobson'sche Anastomose) und geht auch Verbindungen mit dem Ganglion geniculi, bezw. mit dem R. palatinus des Facialis ein.

Ein weiterer Ast läuft nach vorne (oralwärts) und gelangt zur Schleimhaut des Gaumens, wo er nahe dem R. palatinus des Facialis dahinzieht.

Dass sich der Glossopharyngeus auch mit einem besonderen, d. h. selbständig entspringenden und mit einem ein eigenes Ganglion besitzenden Zweig, an der Versorgung der lateralen Hautsinnesorgane betheiligen kann, steht fest[2]), (Cole bestreitet dies) — und dies weist darauf hin, dass das System jener Sinnesorgane früher wohl noch eine ungleich grössere Verbreitung besessen hat, als dies heutzutage der Fall ist.

Bei höheren Wirbelthieren geht ein starker Glossopharyngeus-Ast als Geschmacksnerv zur Zunge, Tonsille und Epiglottis, ein Verhalten, das übrigens bereits bei Dipnoërn angebahnt erscheint. — Von den Beziehungen des IX. Hirnnerven zur branchialen Muskulatur wird beim Vagus die Rede sein.

Das Verbreitungsgebiet des Vagus ist ein ausserordentlich grosses; es beschränkt sich nicht allein auf den Kopf, sondern greift auch auf den Rumpf über. Folgende Organe kommen in Betracht: Pharynx und Kiemenapparat [Rami prae- und posttrematici (vergl. den IX. Nerven)], Kehlkopf, Herz, Lunge, Schwimmblase, ein wechselnd grosser Abschnitt des Darmcanals, Oesophagus, Magen und die übrigen Organe der Oberbauchgegend (R. intestinalis)[3]). Zusammen mit dem IX. Hirnnerv versorgt er folgende viscerale Muskeln: Mm. constrictores et adductores

---

[1]) Im Bereich der sensiblen Elemente liegen das Ganglion petrosum des IX. sowie das Ganglion jugulare und cervicale des X. Nerven.

[2]) So z. B. bei Mustelus und Laemargus unter den Selachiern, bei Ganoiden (Acipenser, Amia) und bei Teleostiern.

[3]) Bei Myxine erstreckt sich der R. intestinalis über den ganzen Darm.

arcuum branchialium incl. die Mm. constrictores superficiales dorsales et ventrales, sowie die Mm. interbranchiales
und arcuales dorsales.

Der mehrwurzelige Ursprung sowie die oben schon erwähnte, im
Bereich des Vorderdarmes, bezw. des visceralen Bogenapparates erfolgende Ausstrahlung, bei welcher eine gewisse Metamerie nicht zu
verkennen ist, weisen darauf hin, dass der IX. und X. Nerv ursprünglich nicht einheitlicher Natur sind, sondern dass sie einer Summe
von Nerven entsprechen (polymerer Charakter).

Was nun den schon oben erwähnten sogenannten R. lateralis
Vagi betrifft, so gehört er, wie bereits betont wurde, ursprünglich nicht zum Vagus, sondern zum Seitennervensystem
des Kopfes, mit welchem er gleichen centralen Ursprung
hat (Acustico-Facialis-Gruppe), und mit welchem er sogar
direct zusammenhängen kann (Protopterus). Der R. lateralis,
welcher offenbar erst secundär, d. h. durch Verschmelzung der beiden
vorher getrennten Oeffnungen am Schädel, einen gemeinsamen Austritt
mit dem N. vagus gewonnen hat, und welcher an seinem Ursprung
an der Medulla oblongata ein besonderes Ganglion besitzt, zieht, nachdem er einen Ramus supratemporalis abgegeben hat, dem
Rumpf entlang bis zur Schwanzspitze hinaus[1]). Auf diesem Wege
kann er sich nochmals in verschiedene Zweige (R. lateralis, superficialis superior und inferior, R. profundus) spalten, welche
theils direct unter der äusseren Haut, theils tief unter der Stammmuskulatur nahe der Wirbelsäule verlaufen. Alle (und dies gilt auch
für den oben erwähnten, eine über den Nacken oder das Hinterhaupt
verlaufende Quercommissur bildenden R. supratemporalis) gehen
zu jenen Hautsinnesorganen, die später als Nervenhügel eine genauere Schilderung erfahren werden.

Accessorius (Willisii).

Der N. accessorius W. ist ein echter cerebraler Nerv, welcher
schon bei Selachiern im Vagus, aus dessen letzten Wurzelfäden er
entspringt, mitenthalten ist. Es handelt sich also um einen Vago-
Accessorius, und der primitive Accessorius-Ursprung gehört nicht
dem Rückenmark, sondern dem Gehirn an. Amphibien, Sauropsiden und Säuger stellen hinsichtlich ihres N. accessorius drei
scharf gesonderte Typen dar. Jede Klasse steht den beiden andern
mit ganz charakteristischen Eigenthümlichkeiten gegenüber, so dass
von einer directen Vergleichung keine Rede sein kann.

Der N. accessorius muss bei den höheren Vertebraten folgende
Entwicklung genommen haben: Ausgehend von der noch nicht ins
Rückenmark hinabreichenden Vagusgruppe der Amphibien hat sich
zunächst eine Uramniotenform des Nerven gebildet, mit folgenden

---

1) Cole schildert den sog. „R. lateralis Trigemini" früherer Autoren bei Gadus
unter dem neuen Namen „Ramus lateralis accessorius". Dieser stellt ein mit
Ganglien versehenes, sensorisches System dar, welches in typischer Weise aus den dorsalen
Zweigen des V., VII., IX und X. Hirnnerven, sowie aus einer gewissen Anzahl damit in
Verbindung tretender Spinalnerven gebildet wird. Es tritt zu den Sinnesorganen (Endknospen) aller Flossen des Körpers. In dieses System des R. lateralis accessorius
gehört auch der sog. „Nervus lateralis" von Petromyzon.

Charakteren: Innige Verbindung mit dem Vagus, Hinabreichen bis mindestens ins I. Cervicalsegment, Ursprung aus einer seitlichen Zellenansammlung des Vorderhorns und Verlauf an der ventralen Seite der Hinterhornsubstanz. Von dieser Urform haben sich in zwei Reihen die Sauropsiden und die Säugethiere entwickelt.

Es handelt sich also, im Gegensatz zu den Amphibien, bei den Amnioten um Bildung einer Uebergangsregion zwischen Gehirn- und Rückenmarksnerven. Bei den Sauropsiden umfasst dieselbe in maximo 3, bei den Säugern 7 Segmente.

Ob jener im Rückenmark liegende, centrale Kern von der Medulla oblongata herabgewachsen, oder aber im Rückenmark selbst durch Abspaltung entstanden ist, lässt sich nicht entscheiden. Jedenfalls aber ist der Accessorius der Säuger von den hinteren Wurzeln allmählich ventral in den Seitenstrang herabgerückt und ist hier durch secundäre Differenzierung zu einem von seinem Homologon bei Sauropsiden völlig verschiedenen Nerv geworden. Nur dieser aus dem Rückenmark stammende Theil des Säugethiernerven darf als **Accessorius** schlechtweg bezeichnet werden, während der cerebrale Theil des Säugethiernerven zur Vagusgruppe zu rechnen ist.

Bei den Sauropsiden ist an Stelle des „Accessorius“ die Bezeichnung spinaler Vagusantheil zu setzen. Hierbei ist aber zu beachten, dass der spinale Vagustheil der Sauropsiden den proximalen Segmenten des Accessorius der Säuger homolog ist. Oder anders ausgedrückt: Bei den Sauropsiden besitzt der gesamte N. accessorius diejenigen Merkmale, die bei den Säugern allein dem sogenannten Accessorius Vagi eigen sind (Lubosch).

Bei Säugethieren führt der Accessorius die viscero-motorischen Elemente der 5—7 dorsalen Spinalnervenwurzeln und steht, in der Vagusbahn verlaufend, einerseits zu gewissen Halseingeweiden (untere Kehlkopfnerven), andrerseits zum M. trapezius und sterno-cleidomastoideus in Beziehung.

Spino-occipitale Nerven und N. hypoglossus.

Unter den spino-occipitalen Nerven versteht man eine Gruppe, welche durch die Nervenwurzeln der Occipital- resp. der vordersten Rumpf-Myotome repräsentiert wird und welche deshalb in nächster Beziehung zum N. hypoglossus steht, bezw. mit ihm theilweise sich deckt. Ueber die Spinalnatur der betreffenden Componenten kann kein Zweifel bestehen, obgleich sie zum grossen Theil im Bereich der Vagusgruppe liegen. Aus diesem Grunde wurden sie früher fälschlicherweise als „ventrale Vaguswurzeln“ beschrieben.

Bei Amphioxus und den Cyclostomen, bei welch letzteren, wie oben bemerkt, das knorpelige Cranium caudalwärts mit der Labyrinthregion abschliesst, sind sie entweder vom Cranium noch nicht assimiliert oder noch nicht einmal von den Cerebralnerven abgegrenzt. Man kann also hier eigentlich noch nicht von Occipital- sondern nur von Spinalnerven reden, welche dahin tendieren, Occipitalnerven zu werden. Dies ist nun bei den Selachiern wirklich eingetreten, insofern hier dem Cranium eine Anzahl, wenn auch nicht mehr getrennt nachweisbarer Wirbel als Occipitalregion angegliedert wird. Man trifft also in diesem Fall eine wechselnde Anzahl (1—5) von intra-craniell liegenden, spino-occipitalen Nerven, die nunmehr als „occi-pitale Nerven" bezeichnet werden können. Schon bei den Sela-chiern sind an ihnen Reductionserscheinungen nachweisbar, die von vorn nach hinten fortschreiten. Bereits bei den Holocephalen haben sich nun noch weitere drei Spinalnerven angegliedert, während die bei den Selachiern schon vorhandenen occipitalen Nerven auf zwei reduziert sind. Jene drei weiteren Nerven erweisen sich durch den Ver-gleich mit den Selachiern als neu hinzugekommen. Fürbringer, dem wir über diese Verhältnisse werthvolle Aufschlüsse verdanken, bezeichnet sie als occipito-spinale Nerven[1]). Occipitale und occipito-spinale Nerven sind also Unterabtheilungen der spino-occipitalen Nerven, und beide Gruppen waren einmal reine Spinalnerven; die occipitalen sind schon bei den Selachiern dem Schädel assimiliert, die occipito-spinalen Nerven kommen erst bei den Holocephalen und den meisten übrigen Vertebraten hinzu. Bei Ganoiden finden sich 1—2 occipitale und 1—5 occipito-spinale Nerven. Bei Dipnoërn stellen sich dieselben Verhältnisse wie 2—3 und 2—3, bei Teleostiern sind die occipitalen Nerven ganz rückgebildet, während zwei occipito-spinale vorhanden sind.

Bei Amphibien, abgesehen von Ichthyophis, lassen sich jene occipitalen Nerven nicht einmal mehr ontogenetisch nach-weisen, und diese Thatsache, wie auch die Skeletverhältnisse der Occipitalgegend, weisen auf starke Rückbildungen, bezw. Verwisch-ungen hin (vergl. das Kopfskelet).

Bei Gymnophionen, Urodelen und aglossen Anuren durchsetzt der I. Spinalnerv bei seinem Austritt den I. Wirbel, bei den übrigen Anuren dagegen ist derselbe verloren gegangen, legt sich aber da und dort noch ontogenetisch an. Der hinter dem Vagus, zwischen dem I. und II. Wirbel austretende Nerv entspricht hier dem II. Spinalnerven.

Von den Sauropsiden an verlässt der ventral-caudal vom Vago-Accessorius liegende Hypoglossus den Schädel durch ein Loch oder sind mehrere besondere Oeffnungen vorhanden. Er ent-springt hier wie bei den Säugethieren mit drei Wurzeln, welche drei occipito-spinalen Nerven der Anamnia entsprechen[2]).

Wie im spino-occipitalen Nervengebiet vieler Fische und der Dipnoër dorsale Wurzeln zugegen sein können, so gilt dies auch für den Hypoglossus der Sauropsiden und Mammalia, und zwar treten sie entweder nur vorübergehend (während der Ontogenese) oder dauernd in die Erscheinung. Sie können auch noch mit Ganglien versehen sein. (Aehnliches gilt für den N. accessorius.)

Der hierin sich aussprechende Reductionsprocess dorsaler Spinal-nerven ist aber nicht etwa auf die Occipitalgegend beschränkt, sondern greift auch noch auf das Halsmark über, indem auch die dorsale Wurzel des I. Cervicalis bei vielen Säugern und dem Menschen rückgebildet oder gar bereits verschwunden sein kann. Auch auf

---

[1]) Vergl. auch das Kopfskelet und das Capitel über die Hirnnerven. Ferner ver-weise ich auf die Arbeiten von Braus und Dohrn.

[2]) Weiter nach vorne (rostral) liegende Occipitalnerven-Elemente treten bei Sauro-psiden nur noch ontogenetisch auf und verschwinden später wieder. Es handelt sich also auch hier, wie bei den Amphibien, um Rückbildungen.

den II. Cervicalnerven kann sich jener Reductionsprocess bereits ausdehnen, so z. B. beim Orang.

Bei Fischen senden der Hypoglossus, bezw. die ihm homo-
dynamen ersten Spinalnerven Zweige zu den Muskeln des Rumpfes,
des Bodens der Mundhöhle, an die Haut des Rückens und zum
Plexus brachialis. Bei höheren Wirbelthieren innerviert der aus dem
Cervicalgeflecht immer mehr sich differenzierende Hypoglossus
die eigenen Muskeln der Zunge, nimmt in seine Bahn cervicale Elemente auf und erzeugt mit diesen den sogenannten Ramus descendens und die Ansa hypoglossi. Aus diesen Verbindungen
entspringen Zweige zu den Mm. sternohyoidei.

Sympathicus [1]).

Das sympathische Nervensystem, dessen Verbreitungsgebiet, wie
schon früher erwähnt, hauptsächlich im Tractus intestinalis (im
weitesten Sinne), im Gefässsystem und in den drüsigen Organen
des Körpers zu suchen ist, ist ein Abkömmling des spinalen
Nervensystems, mit welchem es zeitlebens durch Verbindungs-
äste (Rami communicantes) in Verbindung bleibt.

Die Sympathicus-Ganglien, welche als Derivate der Anlagen der
Spinalganglien aufzufassen sind, zeigen, wie letztere, eine segmentale
Anordnung. Sie können unter sich durch Längscommissuren verschmelzen, woraus dann ein gegliederter, paariger seitlich von der
Aorta gelegener Strang entsteht, den man als **Grenzstrang des
Sympathicus** (Truncus N. sympathici) bezeichnet. Letzterer
ist also eine secundäre Erwerbung, d. h. er entsteht
onto- und phylogenetisch erst später. Von ihm strahlen
unter reichlichen Plexusbildungen die Bahnen (Rami viscerales) aus zu den oben genannten Organsystemen. In den peripheren
Geflechten finden sich allerorts viscerale Ganglien eingestreut,
welche hinsichtlich ihrer Genese auf die Grenzstrangganglien zurückzuführen sind.

Der in seinem Verbreitungsgebiet eng an die arteriellen Bahnen sich anschliessende und von ihnen in
seinem Laufe wesentlich bestimmte Sympathicus beschränkt
sish in seiner Lage nicht allein auf die Stammzone des Körpers,
sondern er greift auch auf den Schädel über und steht dort mit
einer Reihe von Gehirnnerven in ähnlichen Verbindungen, wie dies
im Bereich des Rückenmarks mit den Spinalganglien der Fall ist
(vergl. die Gehirnnerven).

Der ursprünglich segmentale Charakter zeigt sich später häufig
verwischt, und dies gilt in erster Linie für jene Regionen, wo aus
irgend welchen Gründen eine mehr oder weniger starke Modification
der ursprünglich metameren Körperanlage stattgefunden hat, d. h. für
die Hals-, Becken- und Sacralgegend.

Bei Amphioxus ist ein sympathisches Nervensystem nicht
nachzuweisen und auch bei Petromyzonten resp. Ammocoetes
erscheint es rudimentär. Erst bei höheren Fischen kommt es
zu einem schärferen Differenzierungsprocess.

---

[1]) Vergl. auch das Capitel über die Nebenniere.

So ist z. B. bei Selachiern das sympathische Nervensystem schon deutlich entwickelt, und zwar lässt sich nachweisen, dass die betreffenden Ganglien erst auftreten, nachdem sich die dorsalen und ventralen Rückenmarksnerven zum gemischten Ramus ventralis vereinigt haben. Dies geschieht unmittelbar unter der Vereinigungsstelle beider Aeste, dicht neben den Myotomen, und jedes Ganglion erhält so ab origine motorische und sensible Elemente. In der Kopfregion (abgesehen vom vordersten Segment, wo das Ganglion ciliare unter den Gesichtspunkt eines sympathischen Ganglions fällt), fehlt die Anlage eines Nervus sympathicus, und dies erklärt sich, wie bereits bei den Hirnnerven auseinandergesetzt wurde, daraus, dass es in der Kopfregion nicht zur Vereinigung ventraler und dorsaler Nerven kommt.

Ein sympathischer Grenzstrang existiert bei Selachiern noch nicht; doch können einzelne Ganglien miteinander zusammenfliessen, während andere frühzeitig wieder sich rückbilden und ganz schwinden; wieder andere persistieren getrennt (C. K. Hoffmann).

Teleostier besitzen bereits einen vom Trigeminus-Facialis-System entspringenden, wohlausgebildeten, drei Ganglien umfassenden Kopftheil des Sympathicus, und auch im Rumpf- und Schwanzabschnitt zeigt sich der Nerv mit seiner, oft durch Quercommissuren verbundenen Ganglienkette, wohl entwickelt. So kann man bei allen Vertretern dieser Gruppe zwei in der Längsrichtung verlaufende, rostral-caudalwärts allmählich convergierende Grenzstränge unterscheiden.

Bei Dipnoërn ist bis dato noch keine Spur eines Sympathicus nachgewiesen.

Was die Amphibien anbelangt, so steht hier das sympathische Nervensystem auf einer hohen Stufe der Ausbildung. Dies gilt in gleicher Weise für Anuren wie für Urodelen und Gymnophionen

Speciell bei den Urodelen kann man zwei verschiedene Typen des sympathischen Nervensystems unterscheiden, nämlich den Salamandrinen- und den Ichthyoden-Typus. Der erstere ist der einfachere und erinnert ein wenig an denjenigen der Anuren; allein es existiert im Gegensatz zu letzteren kein Kopftheil, während andrerseits ein Caudaltheil sehr wohl entwickelt ist. Der N. sympathicus der Salamandrinen beginnt am Vagusganglion und setzt sich als ein, in der Regel mit metameren Ganglien versehener Grenzstrang der Aorta entlang durch den ganzen Rumpf und von hier aus, wie bei Teleostiern, in den Hämalcanal des Schwanzes bis in die Nähe der Schwanzspitze fort.

Bei den Sauropsiden ist die cervicale Portion des Grenzstranges gewöhnlich doppelt, und der eine Ast folgt innerhalb der durchbohrten Querfortsätze der Halswirbel der Arteria vertebralis im Lauf. Bei allen übrigen Vertebraten liegt der ganze Grenzstrang theils ventral, theils lateral von der Wirbelsäule, bezw. auf den Vertebralenden der Rippen.

Was speciell die Säugethiere anbelangt, so kann der Hals-Grenzstrang gut differenziert sein, wie z. B. beim Menschen, oder — und dies gilt für weitaus die meisten Fälle — bleibt derselbe dem Vagus mehr oder weniger enge angeschlossen, so dass beide Nerven bis zum Brusteingang herab oft gar nicht von einander zu trennen sind, und das Ganglion supremum des Sympathicus und das Ganglion vagi noch eine einheitliche Masse darstellen. Dazu kommt, dass das Ganglion Symp. inferius häufig mit dem ersten Ganglion thoracicum verschmilzt.

Vom oberen Ganglion aus nimmt der Sympathicus auf dem Weg der Carotis cerebralis seinen Weg in das Schädel-Innere und geht hier Beziehungen zu den Hirnnerven, wie vor Allem zum V., IX. und X. ein („Kopftheil des Sympathicus"). Ausserdem begeben sich von dem oberen Ganglion aus zahlreiche Aeste zum Hypoglossus, zu den oberen Cervicalnerven, zum Pharynx und Larynx etc.

Rückblick.

Das dem äusseren Keimblatt entstammende Nervensystem bethätigt sein erstes Auftreten am werdenden Wirbelthierkörper durch eine in der Längsachse desselben verlaufende Furche oder Rinne (Neuralrinne). Dieselbe liegt dorsal, genau in der Medianlinie und verwandelt sich allmählich in eine Röhre (Neural- oder Medullar-Röhre), deren Lumen später zu den Ventrikeln des Gehirns, resp. zum Centralcanal des Rückenmarkes wird. Frühe schon unterscheidet man am Neuralrohr einen durch stärkere Auftreibung sich auszeichnenden, vorderen und einen schlankeren hinteren Abschnitt. Aus ersterem Abschnitt, der sich später in eine Anzahl von Bläschen gliedert, geht das Gehirn, aus letzterem das Rückenmark hervor. Beide zusammen geben also die Grundlage ab für das centrale Nervensystem.

Diesem stellt man das periphere Nervensystem gegenüber, welches wieder in zwei Unterabtheilungen, in das spinale (resp. cerebro-spinale und cerebrale), sowie in das sympathische zerfällt. Beide verdanken ihren Ursprung dem centralen System, aus dem sie erst secundär (teils direct, theils indirect) hervorsprossen, und mit welchem sie durch centripetal (sensible) und centrifugal leitende (motorische Bahnen) in Verbindung stehen.

Es existieren gewichtige Anhaltspunkte dafür, dass sich das centrale Nervensystem aus einer gegliederten Urform im Laufe der Stammesgeschichte herausentwickelt hat.

Das ursprünglich gleichmässig gestaltete Rückenmark kann, zumal bei höheren Typen, wie bei Säugern, an den Abgangsstellen der Extremitäten-Nerven Anschwellungen erfahren, zeigt aber in seinem übrigen Bau, wie z. B. in der histologischen Structur, dem Zerfall in verschiedene Stränge etc., durch die ganze Wirbelthierreihe hindurch ein ziemlich gleichmässiges Verhalten.

Dadurch steht es in scharfem Gegensatz zum Gehirn, das, wenn auch überall nach einheitlichem Grundplan construiert, doch in der Reihe der Wirbelthiere die allermannigfachsten Verschiedenheiten in seinem weiteren Ausbau erkennen lässt. Ich will hier nur noch einmal an den epithelialen Charakter des Hirnmantels der Teleostier und Knochenganoiden und dann wieder an die höchste Entwicklungsstufe desselben beim Menschen erinnern und ferner die ausserordentlich grossen Verschiedenheiten hervorheben, welche das Hinter-

(Klein-) und Mittelhirn bei den einzelnen Gruppen der Vertebraten erkennen lassen.

Während das Teleostier- und Knochenganoidenhirn einen Typus für sich darstellen, bahnen sich bei den Selachiern bereits Verhältnisse an, die zu den Dipnoërn hinleiten, und diese hinwiederum führen zu den Amphibien hinüber.

Das Sauropsiden- und Säugerhirn repräsentiert je für sich wieder eine besondere, in sich bis zu einem gewissen Grade wenigstens abgeschlossene Entwicklungsform, und dies macht sich beim Gehirn der Säugethiere in ganz besonderer Weise bemerklich, da hier, ganz abgesehen von dem gewaltigen Ueberwiegen der Hemisphären und deren Lagebeziehungen zu den übrigen Hirntheilen, fast ganz unvermittelt hochwichtige, neue Erwerbungen in die Erscheinung treten, wie der Balken, das Gewölbe, der Pons, die Gyri und Sulci, und dasselbe gilt auch für die directen cortico-medullaren Bahnen. Während sich hierin ein gewaltiger Fortschritt ausprägt, treten andere Hirnabschnitte, die bei niederen Vertebraten durch massige Entwicklung eine hervorragende Stellung eingenommen hatten, quantitativ wieder mehr in den Hintergund, wie z. B. das Mittelhirn und die Medulla oblongata. Dahin gehören auch jene eigenthümlichen, am Dach und am Boden des Zwischenhirns liegenden Gebilde, der Pinealapparat und die Hypophyse.

Die Hüllmembranen des centralen Nervensystems sind die Dura und die Pia mater, welch letztere zur Bildung der Adergeflechte führen kann.

Die Dura mater hat z. Th. die Bedeutung eines inneren Periostes, beziehungsweise eines Perichondriums der betr. Skelettheile; die Pia mater dagegen dient für das Gehirn selbst als ernährende Gefässhaut. Bei höheren Vertebraten differenziert sich letztere noch in eine zweite Schicht, die man als Arachnoidea bezeichnet. Sie besteht aus einem zarten, maschigen, von Epithelien ausgekleideten Gewebe, welches den pericerebralen resp. perimedullaren Lymphraum durchsetzt. Alle Hüllmembranen des Gehirns sind als Differenzierungen einer ursprünglich indifferenten, einheitlichen, zwischen den nervösen Centralorganen und den umgebenden Skelettheilen gelegenen Bindegewebsschicht (Meninx primitiva) zu betrachten.

Was nun die aus dem centralen Nervensystem entspringenden Nerven betrifft, so zerfallen sie nicht nur aus topographischen, sondern auch aus entwicklungsgeschichtlichen Gründen in die zwei grossen Abtheilungen der spinalen oder Rückenmarks- und der cerebralen oder Gehirnnerven. Bei den letzteren hat man in der Occipitalregion ein Uebergangsgebiet zu unterscheiden, welches allmählich zu den Spinalnerven im engeren Sinne hinüberführt.

Während die eigentlichen Hirnnerven in genetischer und z. Th. auch in topographischer Hinsicht vielfach an die Spinalnerven erinnern, zeigen sie andrerseits, sowohl was ihre Lagebeziehungen als auch ihre Genese, wobei ektodermale Zuschüsse (Plakoden) eine grosse Rolle spielen, anbelangt, eine Reihe von so specifischen Eigenthümlichkeiten, dass sie den Spinalnerven gegenüber eine Sonderstellung einnehmen.

Wenn auch der Wirbelthierkopf phylogenetisch aus dem vordersten Rumpfabschnitt hervorgegangen ist, so erfuhr er doch schon sehr frühe eine Reihe tiefeingreifender Modificationen, bei deren Beurtheilung folgende Gesichtspunkte massgebend sind.

Vor Allem war es das vordere Ende des centralen Nervensystems selbst, welches in Folge der im Bereich des Kopfes auftretenden höheren Sinnesorgane eine bedeutende Umbildung erlitt und, wie die Ontogenie heute noch zeigt, den ursprünglich mehr spinalen Charakter abstreifend, sich allmählich zu einem Gehirn differenzierte. In Folge davon ist eine directe Parallelisierung desselben mit dem Rückenmark a priori unmöglich, und es liegt schon dadurch der Gedanke an eine Verschiedenheit im Verhalten der Nervenursprünge sehr nahe. Diese Annahme gewinnt noch an Wahrscheinlichkeit in Erwägung des den ganzen Aufbau des Schädels tief beeinflussenden, an das Visceralskelet gebundenen Respirations-Apparates und der durchbrechenden Mundöffnung, wodurch sich das Leibesinnere mit der Aussenwelt in Verbindung setzt.

Kurz alle diese Factoren wirkten zusammen, um sehr bedeutsame morphologische Verschiedenheiten zwischen Gehirn- und Rückenmarksnerven durchzuführen, und dies gilt nicht minder für den sogenannten Nervus opticus und olfactorius, welche überhaupt keine Parallelisierung mit den übrigen Kopfnerven erlauben, sondern für sich wieder unter einen ganz anderen genetischen Gesichtspunkt fallen.

Eine Sonderstellung nimmt ferner das sympathische System ein, insofern es, erst secundär entstehend, als ein Abkömmling des spinalen Nervensystems und speciell der Spinalganglien erscheint. Es ist bei höheren Formen in zwei grosse, seitlich von der Wirbelsäule liegenden ganglienreichen Längsstämmen angeordnet, von denen zahlreiche Aeste zu den Eingeweiden, zu den Blutgefässen und den Drüsen, also zu lauter Organen ausstrahlen, welche dem Willen nicht unterworfen sind. Bei den niedersten Vertebraten noch wenig deutlich vom spinalen System differenziert, bildet es sich bei höheren Formen selbständiger heraus und gelangt zu immer höherer physiologischer Bedeutung.

III. Sinnesorgane.

Die specifischen Elemente der Sinnesorgane nehmen, wie das gesamte Nervensystem, ihren Ursprung aus dem äusseren, die Beziehungen des Organismus mit der Umgebung vermittelnden Keimblatt, dem „Sinnesblatt“. Sie sind also epithelialer Herkunft und setzen sich durch Nervenfasern mit dem centralen Nervensystem, woselbst die Sinneseindrücke zum Bewusstsein kommen, secundär in Verbindung. Das Sehorgan der Wirbelthiere nimmt hinsichtlich seiner Genese insofern eine Ausnahmestellung ein, als es von dem Theil des äusseren Keimblattes entsteht, der sich bereits zur Medullar-Röhre differenziert hat.

Im Laufe der Phylogenese hat sich ein Theil der ursprünglich, d. h. phylogenetisch und ontogenetisch, im Bereich der Haut liegenden Sinnesapparate zu **Sinnesorganen höherer Ordnung** (im physiologischen Sinne) entwickelt. Dies gilt z. B. für das Seh-, Geruchs-, Geschmacks- und Gehörorgan.

Diesen in ihrer Lage an den Kopf gebundenen und daselbst, mit Ausnahme des Geschmackssinnes, in „Sinneskapseln“, d. h. in Abkömmlingen des mittleren Keimblattes, eingeschlossenen Sinnesorganen stellt man eine zweite Gruppe von Sinnesorganen gegenüber, die sogenannten **Hautsinnesorgane**. Sie dienen zur Vermittlung des Tast-, Druck- und Temperaturgefühls. Neben den hierbei in Betracht kommenden freien, durch die ganze Wirbelthier-Reihe verbreiteten Nervenendigungen in der Haut, existieren noch mannigfache Einrichtungen, bei welchen es sich um specifische Zellformen, d. h. um Sinneszellen handelt. Diese können wieder von Isolations- resp. Stützzellen umgeben sein, welch letztere ebenfalls ektodermalen Ursprungs sind. Ausser dem Ektoderm aber kann sich am Aufbau der Sinnesorgane auch noch das Mesoderm betheiligen. Dieses liefert theils schützende Hüllmassen und leitende Canäle, theils bewegende und ernährende Elemente, d. h. Muskeln, Blut- und Lymphbahnen.

Bei den Hautsinnesorganen der wasserbewohnenden Anamnia trifft man regelmässig stabförmige, bezw. keulen- oder birnförmige Sinneszellen. Dasselbe gilt für alle höheren Sinnesapparate, und dies ist deshalb sehr bemerkenswerth, weil hier wie dort das umgebende Medium ein feuchtes ist.

Wird das Wasserleben aufgegeben, so trocknen die obersten Epidermislagen (vergl. die Amphibien) aus, und die Hautsinnesorgane rücken unter gleichzeitiger Formänderung in die Tiefe. Auf Grund dieses Verhaltens wird man bei höheren Vertebraten, d. h. von den Reptilien an aufwärts, andere Hautsinnesorgane erwarten dürfen, und diese Erwartung bestätigt sich denn auch in der That.

Hautsinn.

Organe mit stäbchenförmigen Zellen bei Fischen, Dipnoërn und Amphibien

a) Nervenhügel.

Fische und Amphibien.

Bei Amphioxus existieren stab- oder birnförmige Zellen in der Epidermis, besonders in der vorderen Körpergegend; jede derselben ist an ihrem freien Ende mit einem haarähnlichen Fortsatz und proximalwärts mit einem Nerven versehen. Die Vertheilung am Körper ist keine regelmässige, aber an gewissen Stellen, wie z. B. in der Mundgegend, sowie in der Umgebung der Cirrhen sind sie zu Gruppen angeordnet.

Es ist zweifelhaft, ob von einem directen Anschluss jener, noch auf tiefer Stufe stehender Organe an die unter dem Namen der Nervenhügel und Nervenknospen bekannten Hautsinnesapparate der übrigen Fische die Rede sein kann. Immerhin aber ist die Thatsache bemerkenswerth, dass auch die eben genannten Apparate ontogenetisch stets mit der Bildung einer einzigen Epithel-Zelle einsetzen, aus deren Theilung dann die folgenden Sinneszellen hervorgehen. Es handelt sich dabei um central und peripher liegende Zellen, welche zusammen eine hügelartige Vorragung bilden; die centralen Zellen sind von einem zarten Netzwerk von Nervenfasern umgeben, und jede von ihnen trägt an ihrem freien Ende ein steifes, cuticulares Haar. Dies sind die eigentlichen Sinnes-

zellen, während die peripher liegenden, in Form eines Kohlen-
meilers angeordneten Zellen, eine isolierende, stützende,
schützende und schleimsecernierende Function haben.
Bei Dipnoërn, sowie bei wasserlebenden Amphibien und
Amphibienlarven, wo sie eine schärfere räumliche Abgrenzung
erfahren, behalten jene Organe zeitlebens ihre periphere, freie Lage
im Bereich der Epidermis bei [1]), bei Fischen dagegen können sie in nachembryonaler Zeit in Rinnen oder auch in vollständige, oft sehr reich verzweigte Canäle eingeschlossen werden, die entweder nur von der wuchernden Epidermis oder, was viel häufiger der Fall ist, durch Schuppen
und Kopfknochen, welche sich von Stelle zu Stelle nach aussen öffnen,

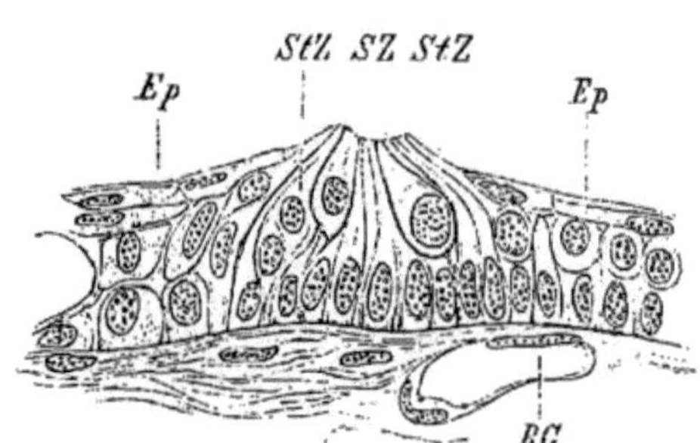

Fig. 188. Senkrechter Schnitt durch die
Haut mit einem Hautsinnesorgan aus der
Seitenlinie einer Larve von Triton taenia-
tus von 3 cm Länge. Nach F. Maurer. *BG*
Blutgefäss, *Ep, Ep* an das Sinnesorgan angrenzende
Epidermis, *SZ* Sinneszellen, *St Z* Stützzellen.

gebildet werden. Dies gilt
z. B. für Rochen und Ga-
noiden [2]), wo freistehende
Hügel überhaupt fehlen
(Fig. 191, **C**). Auch bei Selachiern spielen sie nur
eine untergeordnete Rolle.
So kann also das Meso-
derm bereits auch am Auf-
bau „niederer Sinnes-
organe" participieren.

Die Vertheilung dieser
Sinnesapparate, für welche
ein das ganze Leben dauern-
der Regenerationsprocess zu
constatieren ist, erstreckt
sich über den gesamten
Körper; doch lassen sich

im Allgemeinen gewisse, mit grosser Constanz auftretende Hauptzüge
unterscheiden. Dies gilt z. B. für den reichlich damit ausgestatteten
Kopf, wo der Verlauf in der Regel so erfolgt, wie dies in der Figur 189
und auf Figur 186, **A** durch die roth angegebenen Facialisbahnen dargestellt ist; von hier aus setzen sich die Organe, stets durch nervöse
Längscommissuren untereinander verbunden, in einer, oder, wie z. B.
bei Polypterus u. a. Fischen, Proteus und allen Amphibien-

<hr>

[1]) Zu Zeiten, wo die Amphibien das Wasserleben aufgeben (Larvenmetamorphose),
sinken die betr. Sinnesorgane in die tieferen Lagen der Haut herab, werden dadurch,
dass die Epidermis über ihnen zusammenwächst, von der Aussenwelt abgeschlossen und
gehen eine Rückbildung ein. Während sie nun bei allen Anuren und gewissen caducibranchiaten Amphibien gänzlich zu Grunde gehen, bleiben sie bei anderen Urodelen
(Salamandrina, Amblystoma, Triton) das ganze Leben erhalten und kehren,
wenn die betr. Thiere das Wasser aufsuchen, wieder an die Oberfläche zurück. Immerhin handelt es sich hierbei auch noch um Neubildung von Organen.

Bei Rana kommt es an den Stellen der ausgestossenen Sinneselemente durch locale,
stärkere Verhornung zur Bildung eines oberflächlichen Hornzapfens, der im Wesentlichen
an die „Perlorgane" der Cyprinoiden erinnert. Unter bestimmten Veränderungen der
Epidermis und des Coriums gehen diese Gebilde bei den Raniden in Tastflecke
über. (Siehe später.)

Was die oben erwähnten „Perlorgane" betrifft, so entstehen sie bei Cyprinoiden
durch eine Epithelwucherung, welche an Stelle des ausgestossenen Sinnesorganes auftritt.
Die dadurch entstehende Vermehrung und Verhornung von Zellen führt zur Brunstzeit
zu förmlichen Höckerbildungen („Perlausschlag").

[2]) Bei Polypterus bichir herrschen noch sehr primitive Verhältnisse (vergl. die
Arbeit von Edward Phelps Allis jr.).

larven, in mehreren „Seitenlinien" längs der Flanken des Körpers nach hinten bis zur Schwanzflosse fort (Fig. 189)[1]. Diesem Umstand verdanken sie den Namen der „**Seitenorgane**". Wie bei der Lehre von den Hirnnerven bereits mitgetheilt wurde, handelt es sich bezüglich ihrer Versorgung um das laterale System des Facialis, Glossopharyngeus und Vagus, also um Nerven,

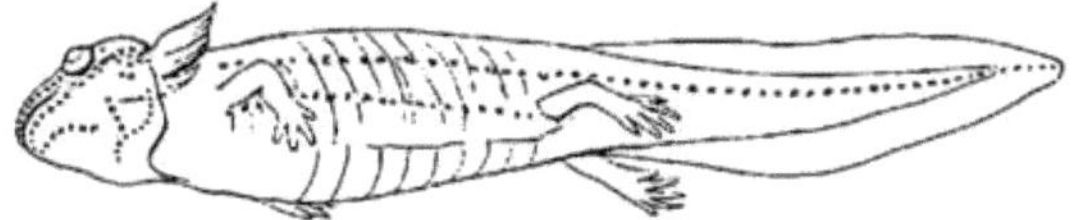

Fig. 189. Vertheilung der Seitenorgane einer Salamanderlarve. Nach Malbranc.

welche in dieselbe Kategorie wie der N. acusticus gehören und welche alle zusammen aus demselben Centrum entspringen.

Daraus erhellt, dass das ganze laterale Nervensystem, bezw. seine Modificationen bei Selachiern, incl. das Gehörorgan, eine unabhängige, eine Sonderstellung, einnimmt und sich morphologisch und histologisch von allen übrigen Sinnesorganen des Integuments unterscheidet. Dafür sprechen in erster Linie die dabei in Betracht kommenden, verschiedenen Nervenquellen.

Die Seitenorgane entwickeln sich zuerst im Bereiche des Kopfes und nehmen von hier aus ihre Verbreitung über den Rumpf. Von einer ursprünglich metameren Anlage ist keine Rede, und wenn bei erwachsenen Thieren, was nicht selten zu beobachten

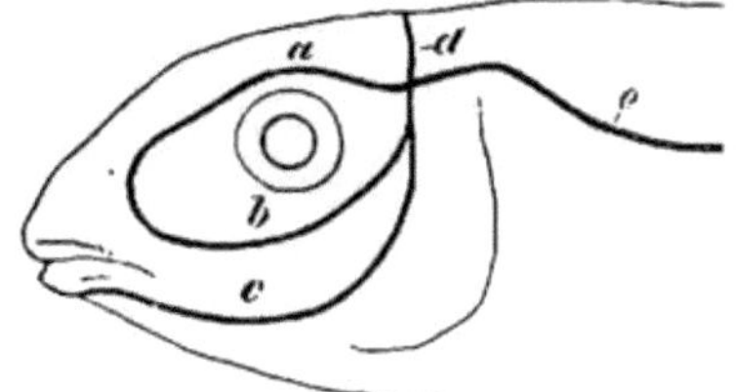

Fig. 190. Vertheilung des Seitencanalsystems bei Fischen. Schema. *a* Supra-, *b* infraorbitaler, *c* mandibularer, *d* occipitaler, *e* lateraler, seitlich am Rumpf verlaufender Zug.

ist, eine metamere Vertheilung vorkommt, so ist dieselbe stets secundär erworben.

Besondere Modificationen der Nervenhügel repräsentieren in der Gruppe der Rochen (Torpedo) die **Savi'sche Bläschen**, bei Ganoiden die **Nervensäckchen** und bei Selachiern die **Ampullen** oder **Gallertröhren**. Alle drei sind auf den Kopf und den vorderen Rumpftheil beschränkt und sitzen am reichlichsten an der Schnauze. Sie entstehen aus einer Verdickung und späteren Einstülpung der Epidermis, auf deren Grund sich die Neuro-Epithelien differenzieren. Während die Organe der Ganoiden die einfache Sackform beibehalten, und die Savi'schen Bläschen von der äusseren Haut gänzlich abgeschlossen sind, stellen die Gallertröhren kleine Gebilde dar, welche, zu Büscheln gruppenweise vereinigt, an ihrem Grund unter Bildung einer oder mehrerer Ausbuchtungen („Ampullen") sich

---

[1] Obwohl bei Neunaugen ein wohl entwickelter (bei Ammocoetes mit dorsalen und ventralen Spinalnerven in Verbindung stehender) Nervus lateralis Vagi vorhanden ist, so ist hier doch das System der Seitenlinie noch ganz regellos, indem die betreffenden Sinnesorgane wie zersprengt aussehen und durchaus keine streng segmentale Anordnung zeigen (vergl. die Hirnnerven).

erweitern. Letztere können von sehr verschiedener Form sein: länglich, oval oder traubenartig gelappt. Sie werden durch das von der Wand her radienartig einspringende Bindegewebe voneinander abgekammert und sind von einer gallertartigen Masse erfüllt. Die Nervenendorgane beschränken sich auf die Ampullen und setzen sich auf

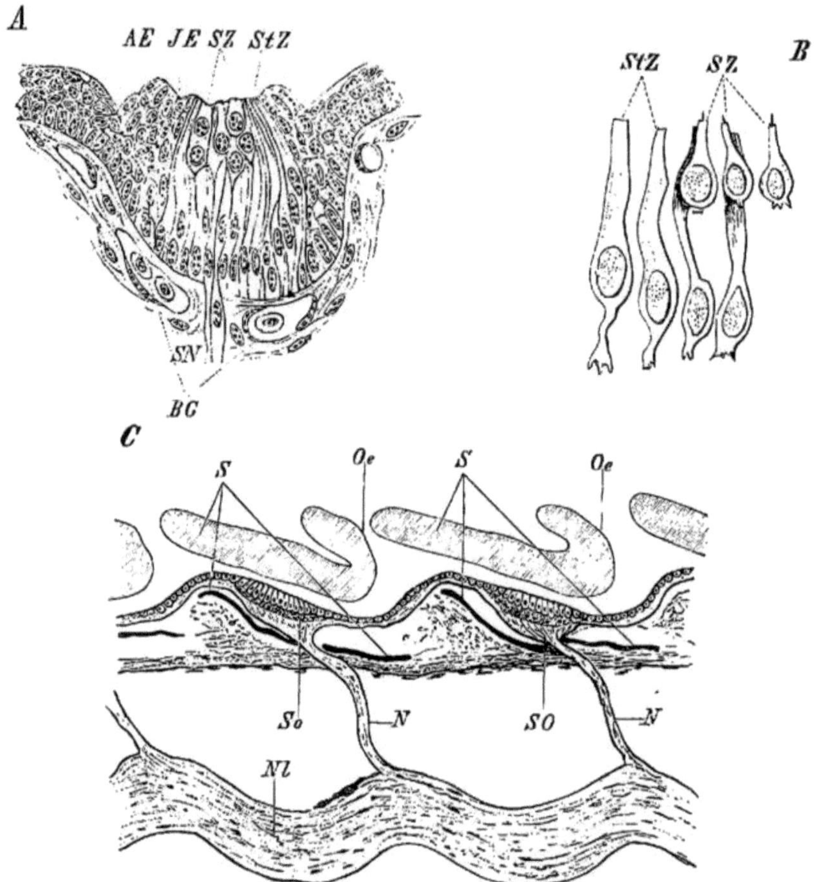

Fig. 191 A. Senkrechter Längsschnitt durch ein Hautsinnesorgan aus der Seitenlinie von Triton cristatus zur Zeit des Wasseraufenthaltes (das Thier war im Hochzeitskleid). Nach F. Maurer. *AE* Aeussere Lage von Epidermiszellen, welche dem Sinnesorgan angeschlossen sind, *BG* Blutgefäss, *JE* Innere Lage von Epidermiszellen, welche dem Sinnesorgan angeschlossen sind, *SN* Eintretender Sinnesnerv, *SZ* Sinneszellen, *StZ* Stützzellen.

Fig. 191 B. Isolierte Stütz- und Sinneszellen eines Hautsinnesorganes von Triton.

Fig. 191 C. Senkrechter Schnitt durch den Canalis lateralis von Amia calva. Nach Allis. Die Schuppen sind in der Darstellung einfacher behandelt als in der Originalfigur. *N* Nerv des Sinnesorganes, *Nl* Stamm des Nerv. lateralis, *Oe* Oeffnungen, durch welche der Seitencanal mit dem umgebenden Medium in Verbindung steht, *S, S* Schuppen, *SO, SO* Zwei in den Seitencanal verlagerte Hautsinnesorgane.

das röhrenförmige Ansatzstück nicht fort. Die Innervation durch Hirnnerven stimmt mit derjenigen der „Seitenorgane" überein.

Am nächsten an die Selachier schliesst sich hinsichtlich des Seitencanalsystems Polyodon an, während Acipenser schon zu den Knochenganoiden überleitet. gleichwohl aber haben beide viel Gemeinsames. Bei Polyodon liegen die massenhaft vorhandenen Hautsinnesorgane noch ganz im Bereich der äusseren Bedeckungen, während bei Acipenser zum erstenmal unter allen Vertebraten die Organe in craniale Elemente sich eingebettet zeigen. Bei Lepidosteus finden sich von den Hauptkanälen des Kopfes abgehende, baumartig verästelte Nebenkanälchen, welche in die Kopfknochen eindringen. Polypterus zeigt hiervon nichts. Das System der Hautsinnesorgane der physostomen Teleostier ist von demjenigen der Selachier sehr verschieden, besitzt aber, namentlich hinsichtlich der Deckung der Kanäle durch Knochengebilde, vielfache Aehnlichkeit mit dem der Ganoiden. Im Uebrigen differieren die einzelnen Familien und Arten sehr voneinander; auch Rückbildungen kommen vor (Siluroiden).

Was nun die Function der Nervenhügel anbelangt, so lässt sich mit voller Sicherheit darüber Nichts behaupten. Jedenfalls sind sie uralte Sinnesorgane, denn man hat ihre Spuren bereits bei den Selachiern des Jura, ja sogar schon bei den devonischen Cephalaspidae und Pteraspidae nachgewiesen, und ich betrachte auch die sogenannte „Brille" von Archegosaurus als hierher gehörig. Sicherlich spielten und spielen heute noch jene Organe bei der Perception der im umgebenden Wasser vor sich gehenden Erschütterungen (Wellenbewegungen) eine grosse Rolle.

h) Endknospen und Geschmacksorgane.

Die Nervenhügel durchlaufen in ihrer Entwicklung ein Stadium, welches gänzlich mit den Nervenknospen übereinstimmt, und man wird nicht fehlgehen, wenn man letztere als phyletisch ältere Organe, welche einer geringeren Differenzierung unterliegen, betrachtet. Zwischen beiden existieren die allerverschiedensten Uebergangsstufen, und eine scharfe Grenze lässt sich nicht aufstellen. Damit scheint übrigens der von C. J. Herrick an Siluroiden gemachte Befund, dass die Nervenhügel und Nervenknospen aus ganz verschiedenen Nervenquellen versorgt werden, im Widerspruch zu stehen. Erstere gehören nämlich in das Acustico-Lateralis-System, letztere in den Bereich des N. facialis, glossopharyngeus und vagus.

Im Gegensatz zu den Nervenhügeln, welche das Bestreben zeigen, sich nach der Tiefe zurückzuziehen, ragen die Endknospen meist kuppenartig über das Niveau der Epidermis hervor. Sie besitzen geringere Formverschiedenheiten als jene, zeigen aber sonst im Bau viel Uebereinstimmendes, d. h. man kann auch hier die centrale Zone der Neuro-Epithelien und aussen den Manteltheil unterscheiden. Während aber die borstentragenden, centralen Neuro-Epithelien der Nervenhügel kürzer sind als die Mantelzellen, zeigen sie bei den Endknospen eine den Mantelzellen vollkommen gleiche Länge, d. h. sie erstrecken sich durch das ganze Organ hindurch.

Fische. Bei Petromyzonten und den meisten Selachiern noch auf einer primitiven Entwicklungsstufe stehend, spielen die Endknospen bei Ganoiden und Teleostiern in voller Ausbildung die Hauptrolle und sind in regelloser Anordnung über den ganzen Körper verbreitet. Am zahlreichsten finden sie sich an den Flossen, den Lippen, Lippenfalten, Barteln und in der Mundhöhle bis in den Schlundanfang hinunter.

Jene Lagebeziehungen sind sehr bemerkenswerth, denn von den **Dipnoërn** und **Amphibien**[1]) an, durch alle höheren Thierklassen hindurch, beschränken sich die Endknospen auf die Mund-, Rachen- und Nasenhöhle und kommen ausserhalb dieser Cavitäten nicht mehr vor. Sie sitzen bei Dipnoërn, Amphibien und deren Larven auf Papillen der Mucosa, an den Rändern des Ober- und Unterkiefers, am Gaumen, in der Umgebung des Vomers und auf dem Gipfel der Papillae fungiformes der Zunge.

Bei **Reptilien** ist ihre Verbreitung schon eine etwas beschränktere, und dies leitet zu den **Säugethieren** hinüber, wo sie sich am zahlreichsten auf der Zunge finden. Man begegnet ihnen übrigens auch noch am weichen Gaumen und im Rachen, weit hinab bis in den Kehlkopfeingang hinein.

Auf der Zunge zeigen sie sich an die formell sehr verschiedenen Papillae vallatae[2]) und fungiformes, sowie an die seitlich am hinteren Zungenrand sitzende Papilla foliata gebunden und fungieren, mehr in die Tiefe sich zurückziehend, als **Geschmacksorgane**.

So sind also die im Allgemeinen enge an den Aufenthalt im Wasser gebundenen Hautsinnesorgane mit dem terrestrischen Leben noch nicht völlig verschwunden, sondern setzen sich, was die eine Abtheilung derselben, die Endknospen, betrifft, unter gewissen Bedingungen (feuchtes Medium) bis in die Reihe der Säugethiere hinauf fort. Ob damit eine Aenderung ihrer physiologischen Leistung eintritt, oder ob ein Rückschluss auf die Leistung der formell sich gleich verhaltenden Hautsinnesorgane in dem Sinne erlaubt ist, dass auch letzteren eine der Geschmacksempfindung ähnliche Function zukommt, muss dahingestellt bleiben. Jedenfalls sind die oben erwähnten Innervations-Verhältnisse sehr bemerkenswerth.

c) Tastzellen und Tastkörperchen.

(Terminale Ganglienzellen.)

Bei den Tastzellen und Tastkörperchen ist jede directe Communication mit der Oberfläche der Epidermis auszuschliessen, und es handelt sich um keine Stützzellen mehr.

Zum erstenmal begegnen wir zu Gruppen („Flecken") vereinigten „**Tastzellen**" bei **ungeschwänzten Amphibien**, wo sie, zum Theil auf kleinen Wärzchen stehend, über die Haut des ganzen Körpers verbreitet sind (Fig. 192). Sie sind phylogenetisch auf die Hautsinnesorgane der Ichthyopsiden zurückzuführen. (Vergl. die Fuss-

---

[1]) Ob der Frosch Geschmacksempfindungen oder nur Tastempfindungen in der Zunge hat, ist noch nicht sicher ausgemacht.

[2]) Papillae vallatae sind schon bei Echidna und Ornithorhynchus vorhanden, es existieren aber deren nur je zwei, bei Marsupialiern drei. Auch Papillae foliatae treten bereits bei Monotremen und Marsupialiern auf.

note auf pag. 268). Bei **Reptilien**, wo sie bei Hatteria[1]) in der einfachsten und wohl auch primitivsten Form (an den Schuppenrändern

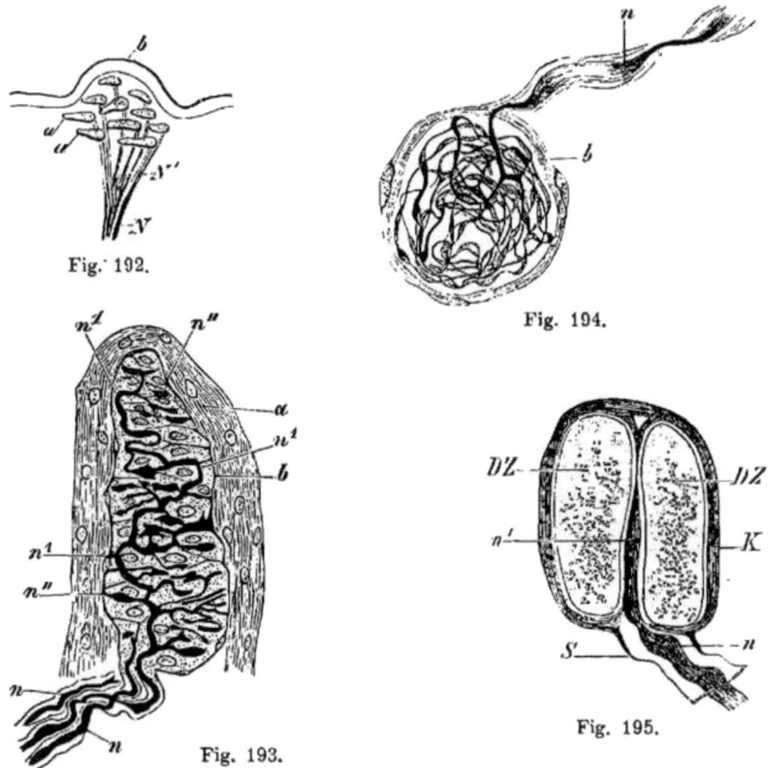

Fig. 192. Ein Tastfleck aus der Haut des Frosches, mit Zugrundelegung einer Figur Merkel's. a, a Neuro-Epithelien, b Epidermis, N Zutretender Nerv, der bei N^1 seine Markscheide verliert.

Fig. 193. Hautpapille aus den Fingern der menschlichen Hand mit Tastkörperchen (Meissner'sches Körperchen). Nach M. Lawdowski. (Behandlung mit Goldchlorid, reduziert in Ameisensäure). a Faseriges Hüllgewebe mit Zellen, b Tastkörperchen mit seinen Zellen, n die eintretenden Nervenfasern, n^1 der weitere Verlauf der Nerven in ihren Windungen und Krümmungen, n'' Terminalzweige der Nervenfasern mit keulenförmigen Endigungen.

Fig. 194. Endkörperchen (Corpusculum bulboideum) [Krause'sches Körperchen (aus dem Randtheile der Cojunctiva bulbi des Menschen)]. Nach A. S. Dogiel. b Bindegewebige, kerneführende Aussenhülle. n Markhaltige Nervenfaser, deren Achsencylinder in einen dichten Endknäuel übergeht.

Fig. 195. Querschnitt durch ein Grandry'sches Körperchen aus der Wachshaut des Entenschnabels. Nach J. Carrière. n der Nerv, welcher an die Kapsel K herantritt und seine Scheide S an letztere abgiebt. Der Nerv tritt zwischen die zwei Deckzellen DZ, DZ und verbreitert sich bei n^1 zur Tastplatte n^1. Die auffallende Verdünnung des Achsencylinders vor dem Eintritt in die Kapsel rührt wohl davon her, dass ein Theil der letzten Windung des geschlängelten Nerven durch den vorhergehenden Schnitt abgetrennt wurde.

---

1) Bei Hatteria und bei Saurierembryonen bleiben die Sinneszellen im Bereich des Tastfleckes zunächst im Verbande mit der Epidermis, aber sie lösen sich weiterhin von der letzteren ab und rücken als echte Tastkörperchen in die Tiefe. Dieses liegt dann unter der modifizierten Epidermis in einer papillenartigen Erhebung des Coriums.

angeordnet) auftreten, liegen sie vorzugsweise im Bereich des Kopfes,
an den Lippen, der Wangengegend und an der Schnauze, doch können
sie, wie z. B. bei Blindschleichen, Schlangen, Embryonen und jungen Exemplaren von Krokodilen, auch über den ganzen Körper verbreitet sein, wobei sie dann auf den Schuppen in verschiedener, häufig
symmetrischer Weise angeordnet sind. Bei **Vögeln** sind die Tastzellen
auf die Mundhöhle (Zunge) und den Schnabel („Wachshaut") beschränkt, bei beiden aber handelt es sich nicht mehr, wie bei Reptilien,
um „Tastflecke", sondern die Elemente treten schon viel enger zusammen und bilden förmliche Pakete, d. h. „**Tastkörperchen**". Die-

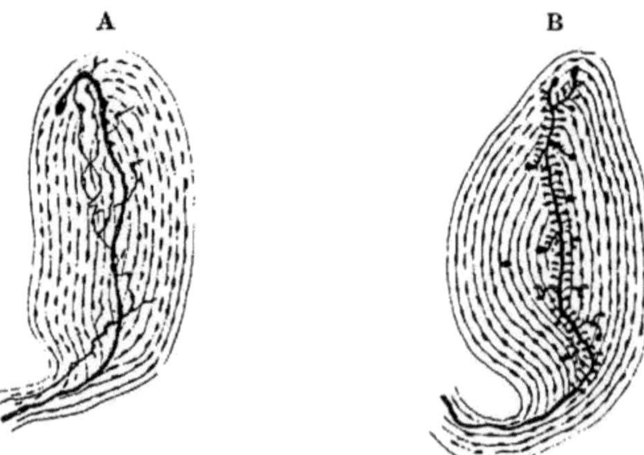

Fig. 196 **A**. Pacini'sches Körperchen (Kolbenkörperchen) des Mesorectums
eines zwei Tage alten Kätzchens. Nervengeflecht um die Hauptfaser.
B. Pacini'sches Körperchen (Kolbenkörperchen) des Mesorectums eines
drei Tage alten Kätzchens. Knopfförmige Sprossen am Nervenfaserstamm und an
den Endknöpfchen. Beide Figuren nach Guido Sala.

selben sind von einer kernführenden, bindegewebigen Hülle umgeben,
und diese schickt Scheidewände ins Innere, wodurch die einzelnen
Tastzellen voneinander theilweise abgekammert werden. Eine Modification der Tastkörperchen sind die ebenfalls im Vogelschnabel vorkommenden Grandry'schen Körperchen. (Das Nähere darüber
ist aus Fig. 193 und 195 zu ersehen).

Bei **Säugethieren** liegen die Tastzellen entweder isolirt, wie
z. B. an unbehaarten Körpertheilen, oder es handelt sich um ovale,
aus einer mehrschichtigen, kerneführenden Hülle gebildete Körperchen,
in die ein Nerv eintritt, um sich darin knäuelartig aufzuwickeln und
in einer oder mehreren terminalen Ganglienzellen zu endigen [1]) (Fig. 194).

---

[1]) Die Tastkörperchen der Säuger sind am einfachsten an der Glans penis et
clitoridis gebaut. Ob sie an behaarten Stellen vorkommen, ist zweifelhaft; sicher ist
aber, dass die Haare, und namentlich die Tastborsten, durch reichliche Versorgung mit
Nerven zu vorzüglichen Sinnesorganen sich gestalten.

Am zahlreichsten und zugleich am schönsten entwickelt finden sich die Tastkörperchen an der Volar- und Plantarfläche der Hände und Füsse, an der Cornea und an
der Nase (Rüssel). Zu ganz ausserordentlicher Entwicklung gelangen sie an der Maul-
wurfsschnauze.

d) Kolbenkörperchen.
Corpuscula lamellosa (Vateri, Pacini).

Bei Fischen und Amphibien kennt man keine Kolbenkörperchen, dagegen sind sie bei Lacertiliern, Scinken und Ophidiern nachgewiesen. Bei diesen Thieren, wo sie vorzugsweise im Bereich der Lippen und in der Umgebung der Zähne, jedoch auch am übrigen Körper sitzen (Lacerta), sind sie von langgestreckter, darm- oder wurstartiger Form und noch von sehr einfacher Structur. Im Innern jedes Kolbenkörperchens findet sich das von mehrfach geschichteten Lamellen umgebene Nervenende, an welchem man entweder knospenartige Sprossen oder Geflechtbildungen unterscheiden kann, welch letztere wieder einen stärkeren Nervenstamm umwickeln (Fig. 196). Dazu gesellt sich zuweilen noch eine Doppelsäule von Zellen, von welchen jede halbmondförmig derart um den Protoplasmamantel herumgebogen ist, dass sie mit ihrem Gegenstück in Berührung tritt. Dadurch entsteht eine hohle Säule, welche den Achsencylinder-Fortsatz allseitig umschliesst. Die Zellsäule bildet den sogenannten „Innenkolben“, während das peripher liegende Lamellensystem als „Aussenkolben“ bezeichnet wird.

Die Kolbenkörperchen finden sich nicht nur überall in der Haut, sondern sind auch in den verschiedensten Organen der grossen Körperhöhlen zahlreich verbreitet. Man hat sie z. B. im Mesenterium, Mesocolon, im Pankreas und in der Porta hepatis der Katze nachgewiesen, ferner in den Mesenterialdrüsen, in der Glandula submaxillaris, in der Haut des Katzenschwanzes und im Ligt. interosseum des Unterschenkels verschiedener Thiere.

Keine Stelle der Vogelhaut entbehrt dieser Organe vollständig, besonders schön sind sie aber am Schnabel, an den Contourfedern, an der Brust, sowie an den Schwanz- und Schwungfedern entwickelt; doch finden sie sich auch in der Vogelzunge, in den Gelenken und zwischen den Muskeln der Vögel, sowie in der Conjunctiva der verschiedensten Säuger und Vögel, in den Fascien und Sehnen, im Vas deferens, Corpus cavernosum penis et urethrae, im Periost, im Pericard und in der Pleura, in der Glans penis et clitoridis, in der Flughaut der Fledermäuse etc. etc.

Die Grösse der Körperchen schwankt bei einem und demselben Individuum ausserordentlich, stets aber liegen dieselben, im Gegensatz zu den Tastzellen, Tastflecken und Tastkörperchen, in den tieferen Lagen der Lederhaut, im Panniculus adiposus, resp. in dem interstitiellen Bindegewebe im Innern des Körpers; sie umgeben sich mit um so mehr Kapselhüllen, je weiter sie in die Tiefe rücken.

Bei allen Tastzellen, Tastkörperchen und Kolbenkörperchen handelt es sich um Organe des Tast- und Druckgefühls.

Auf eine endgiltige Eruierung der die Temperaturempfindungen vermittelnden Nervenendigungen muss man wohl verzichten, es ist jedoch die Möglichkeit nicht von der Hand zu weisen, dass dabei sowohl die Tastzellen, als die in der Epidermis mit häufigen varicösen Anschwellungen besetzten, frei endigenden Nervenfasern in Betracht

kommen mögen. Solche freien Nervenendigungen finden sich in der
Haut aller Vertebraten von den Cyclostomen bis zu den Mammalia.
Stets handelt es sich dabei um einen baumartig verzweigten, intercellularen Verlauf, und nirgends ist ein directer Uebergang
zwischen Epithelzelle und Nerv nachgewiesen.

Geruchsorgan.

Der Lobus olfactorius stellt, wie bereits erwähnt, eine Verlängerung des secundären Vorderhirns dar, dessen Ventrikel sich vorübergehend oder dauernd in denselben fortsetzen kann. Er bleibt
zuweilen mit der Hemisphärenmasse in breitester Verbindung oder
rückt mehr oder weniger weit davon ab (Fig. 159) und führt so zur
Bildung des **Tractus olfactorius**, der an
seinem Ende eine kolbige Anschwellung trägt
(Bulbus olfactorius) (vergl. auch die verschiedenen Hirnbilder), und welcher somit
ebenfalls noch unter den Gesichtspunkt eines
Hirntheiles fällt.

Mit dem Bulbus verbindet sich dann erst
der eigentliche Riechnerv in Gestalt einer
grösseren oder geringeren Zahl von „Filamenta olfactoria“, welchesich jederseits entweder zu einem oder zu zwei mehr oder
weniger von einander getrennten Bündeln[1])
zusammenschliessen. Die einzelnen Riechfäden verlassen den Schädelraum entweder getrennt durch eine sogenannte Siebmem-
bran (Lamina cribrosa) oder durch zwei
grössere Oeffnungen. Letzteres gilt z. B. für
alle Amphibien, mit Ausnahme von Menopoma (Wiedersheim), für alle Reptilien
und Vögel mit Ausnahme von Apteryx und
Dinornis. Von den Mammalia gehört nur
Ornithorhynchus hierher. Alle übrigen
Mammalia besitzen eine Lamina cribrosa.

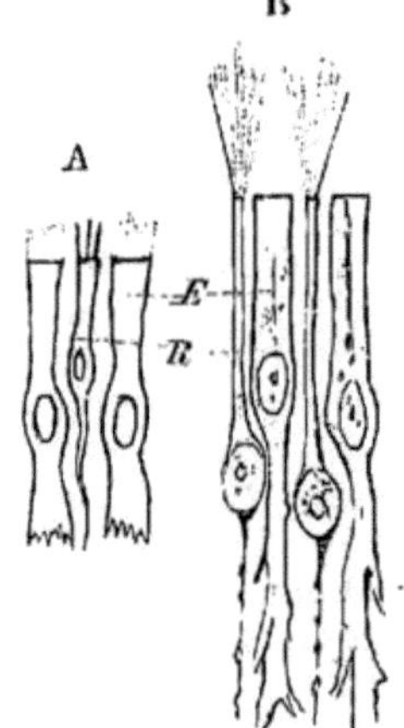

Fig. 197. Epithel der
Riechschleimhaut, A von
Petromyzon Planeri,
B von Salamandra atra.
E Epithelzellen, R Riech-
zellen.

Die Filamenta olfactoria entstehen in engstem Connex mit der
Bildung der primitiven Geruchsgruben, welche sich während
der Ontogenese oberhalb der Mundspalte in bilateral symmetrischer
Weise einsenken. Das auskleidende Epithel, ein Derivat des äusseren
Keimblattes, organisiert sich zum „primären Riech-Ganglion“,
von dessen Einzelelementen, welche sich wie bipolare Ganglienzellen
verhalten, die Riechfäden centripetal auf dem directesten Wege gegen
das Gehirn vorwachsen. Hier umfassen sie mit ihrem centralen Ende
den Riechlappen kelchartig, dringen ins Vorderhirn ein und verbinden
sich endlich mit Rindenzellen.

Riechzelle und Riechfaden bilden somit eine organische Einheit und erinnern durch dieses, unter sämtlichen Sinneszellen der Vertebraten einzig dastehende und

---

[1]) Vergl. später das Geruchsorgan der Amphibien.

auf einen phylogenetisch primitiven Zustand hinweisende Verhalten, an gewisse Hautsinnesorgane wirbelloser Thiere (Würmer und Mollusken). Es handelt sich also dabei noch um uralte primäre Sinneszellen, d. h. um wahre Neuro-epithelien, welchen man die übrigen Sinneszellen, bei welchen es sich nur um ein appositionelles Verhältnis zwischen Nerv und Zelle handelt, als secundäre Sinneszellen gegenüber stellen kann.

Wie Fig. 197 zeigt, stellen die entwickelten Riechzellen lange, stabförmige Elemente dar, die an ihrem freien Ende einen Haarbesatz tragen und an der Stelle des grossen Kernes eine starke Auftreibung zeigen. An ihrem centralen Ende setzen sie sich in einen Nervenfaden fort. Zwischen den Riechzellen stehen Isolations- oder Stützzellen, welche einem und demselben epithelialen Mutterboden entstammen, wie die Riechzellen selbst. Dazu können auch noch Flimmerzellen kommen.

Aus dem über die Entwicklungsgeschichte des Riechorganes Mitgetheilten erhellt, dass dasselbe unter den für ein Sinnesorgan denkbar günstigsten Bedingungen entsteht, allein von einem klaren Einblick in seine Urgeschichte sind wir noch weit entfernt. Wenn auch der Gedanke an eine Ableitung von Hautsinnesorganen sehr nahe liegt, so lässt sich doch ein directer Beweis hiefür vorderhand nicht erbringen, und die Schwierigkeiten mehren sich noch im Hinblick auf die zweifelhafte physiologische Rolle[1]), welche das Organ bei wasserlebenden Thieren, wie vor Allem bei Fischen, zu spielen berufen ist[2]).

Von den Amphibien an, wo die Luftathmung beginnt, treten in der Riechhöhle drüsige Elemente auf, welche für die nothwendige Befeuchtung der Nasenschleimhaut sorgen. Das Geruchsorgan der Fische zeigt in der Regel eine höchst einfache, blindsackartige Form, allein schon von den Dipnöern an kommt es zu einer Verbindung mit der Mundhöhle, sodass man jetzt vordere (Nares) und hintere Nasenlöcher (Choanen) unterscheiden kann. Damit wird ein Weg geschaffen, durch welchen die Luft einerseits zum Hintergrund der Riechhöhle, andrerseits zur Mundhöhle und von hier aus zum Tractus respiratorius gelangen kann. Dem

---

[1]) Man könnte dabei noch an eine Mittelstellung zwischen Riech- und Geschmacksorgan, d. h. an irgend eine Theilfunction des „chemischen Sinnes" denken (Nagel).

[2]) Von Kupffer wird behauptet, dass dem paarigen Riechorgan der heutigen Wirbelthiere einst ein unpaares vorausging, dass es sich also ursprünglich am vordersten Hirnende, im Bereich des Neuroporus, um einen Lobus olfactorius impar handelte, welcher sich aus einer unpaaren „Riechplakode" entwickelte und welcher durch Riechfäden mit einem im Bereich des Neuroporus liegenden, peripheren, unpaaren Riechsack verbunden gewesen sein soll. Erst nach Schwund des Monorhinenstadiums, welches sich nur bei Amphioxus noch in reiner Form am vorderen Ende des Centralorganes als „Wimpergrube" erhalten hat, soll dann das Amphirhinenstadium aufgetreten sein. Als Ueberleitung zu diesem wird das Geruchsorgan der Petromyzonten, welches gewissermassen eine Mittelstellung einnehmen würde, betrachtet, jedoch sollen sich auch bei Selachiern, Amphibien, Reptilien und Säugern an der Verschlussstelle des Neuroporus noch entwicklungsgeschichtliche Vorgänge abspielen, welche auf die einstige „unpaare Riechplakode" zurückweisen.

Nach neueren Untersuchungen von K. Peter hat sich jene Deutung als irrthümlich herausgestellt, und auch erneute Untersuchungen über die betreffenden Verhältnisse von Petromyzon erscheinen dringend geboten.

entsprechend unterscheidet man am Geruchsorgan luftathmender Thiere
eine **Pars olfactoria** und eine **Pars respiratoria**[1]).

a) Fische.

Bei **Amphioxus** ist die oben schon erwähnte, dem Vorderende
des centralen Nervensystems linkerseits und dorsalwärts aufsitzende
Wimpergrube, zu der ein unpaarer Nerv tritt, als Geruchsorgan zu
deuten.

Bei **Petromyzonten** und **Myxinoiden** stellt das Riechorgan einen
dicht vor dem Schädelcavum gelagerten, äusserlich **unpaaren Sack**[2])
dar, welcher durch eine mehr oder weniger lange, kaminartige Röhre
auf der **Dorsalfläche** des Vorderkopfes ausmündet und knorpelige
Stützen vom Cranium erhält. Die bei ihrer Anlage sowie bei derjenigen der eng damit verbundenen Hypophyse sich abspielenden
Bildungsvorgänge erinnern aufs Lebhafteste an diejenigen von **Ammocoetes**, von welchem gleich wieder die Rede sein wird. Hier
wie dort handelt es sich um die Bildung einer **Fossa olfactorio-
hypophysealis**. Bezüglich des Näheren verweise ich auf die
Arbeiten von **Legros**, **Lubosch** und **v. Kupffer**. Ebendaselbst
findet man auch Angaben über die auffallende Divergenz in der
Anlage des Geruchsorgans von **Ammocoetes** und **Bdellostoma**.

Bei **Myxinoiden** ist jene Röhre lang und durch Knorpelringe
gestützt. Bei **Ammocoetes**, dessen Riechsack anfangs noch unpaar
und ventralwärts gelagert ist, und ebenso bei **Petromyzon**, bleibt
derselbe nach hinten blind geschlossen, bei **Myxinoiden** dagegen
öffnet er sich durch einen Nasengaumengang in die Mundhöhle.

Ueber die nahen Lagebeziehungen der Anlage des Riechorgans
zur Hypophysenanlage vergl. Fig. 198. — Bezüglich des Verhaltens
des von Wasser durchströmten Nasengaumenganges zum **Palaeostoma**
verweise ich auf die Einleitung zum Capitel über das Gehirn.

Bei **Selachiern** nimmt das Geruchsorgan eine den ausgebildeten
Cyclostomen gegenüber geradezu entgegengesetzte (primitive) Lage ein,
nämlich an der **Unterfläche der Schnauze**. Es ist von hier an
durch die ganze Wirbelthierreihe hindurch **paarig** und erhält von
Seiten des Kopfskeletes eine mehr oder weniger vollständige, knorpelige
oder knöcherne Umhüllung.

---

[1]) Die hinteren Nasenlöcher, d. h. die **primitiven Choanen**, kommen so zu
stande, dass sich die bei **Selachiern** schon angedeuteten und auch bei **Ceratodus**-
Embryonen vorhandenen Furchen, welche sich von den äusseren Nasenlöchern median-
und rückwärts gegen die Oberlippe, bezw. sogar bis zur Mundspalte (**Rochen** und **Holocephalen**) herabziehen, später in ihrem Mittelstücke durch klappenartige Hautfalten zu
einem Kanale abschliessen, welcher von Wasser durchströmt wird. Die Bildung der **primitiven** Choanen der höheren Vertebraten erfolgt in ähnlicher Weise, d. h. durch Verschmelzung des sogen. medialen und lateralen Nasenfortsatzes, unter secundärer Durchbrechung der das Mundhöhlenepithel mit dem Nasenepithel verbindenden Lamelle. Auf
den so gebildeten **Zwischenkiefergaumen** folgt dann erst später der **Oberkiefer-
gaumen**.

[2]) Bezüglich der morphologischen Beurtheilung dieses Sackes ist, wie **Gegenbaur**
sehr richtig bemerkt, wohl im Auge zu behalten, dass auch bei **Petromyzonten** der
Riechnerv aus einer **doppelten Anlage** hervorgeht, sodass der Gedanke nahe liegt, die
unpaare Natur des Nasensackes möchte als eine **secundäre** Erwerbung zu betrachten sein.

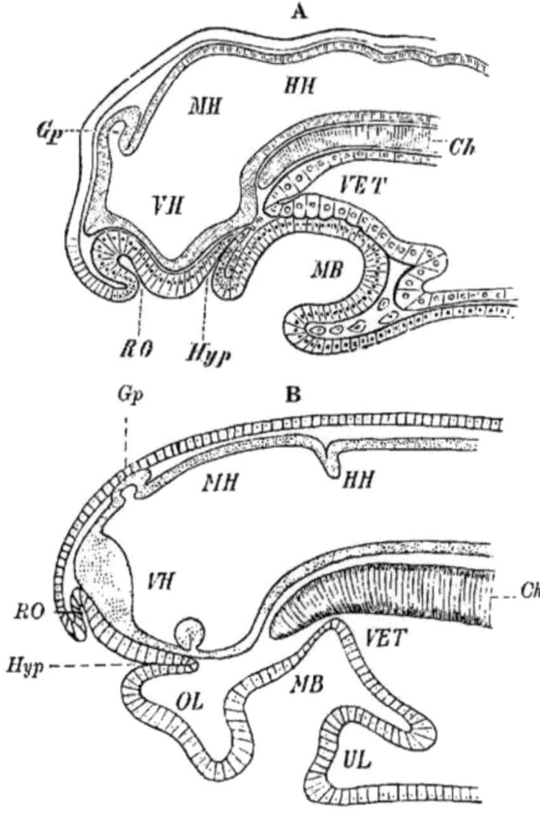

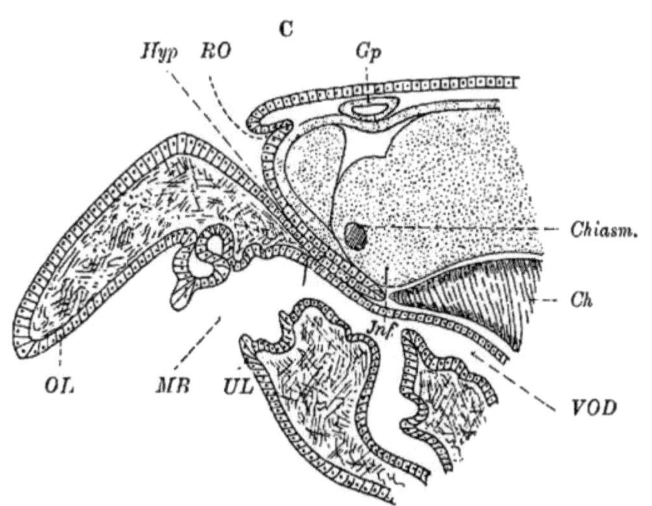

Fig. 198 **A, B, C.** Median-schnitte durch den Kopf von drei verschiedenen Entwicklungsstufen einer Larve von Petromyzon Planeri (Ammocoetes), zum grössten Theil nach Kupffer und Dohrn. Man ersicht daraus, wie unter allmählichem Auswachsen der gewaltigen Oberlippe die olfactorio-hypophyseale Bucht aus einer ursprünglich ventralen Lage nach oben, dorsal, verschoben wird.

Ch Chorda dorsalis, *Chiasm.* Chiasma opt., *Gp* Glandula pinealis, *HH* Hinterhirn, *Hyp* Bucht der Hypophyse, *Inf* Infundibulum, *MB* Mundbucht, *MH* Mittelhirn, *OL* Oberlippe, *RO* Riechorgan, *UL* Unterlippe, *VET* Vordere Entodermtasche, *VH* Vorderhirn, *VOD* Vorderdarm.

Von den **Ganoiden** an treffen wir das Geruchsorgan stets in denselben Lagebeziehungen zum Schädel, nämlich zwischen Auge und Schauze, entweder seitlich oder mehr dorsal gelagert. Im Lauf ihrer

Entwicklung zerfällt jede äussere Nasenöffnung der Ganoiden durch
einen auswachsenden Hautlappen in zwei Abtheilungen, eine vordere
und eine hintere. Die vordere liegt — und Aehnliches gilt auch für
Teleostier — häufig auf der Spitze einer tentakelartigen, von Flimmerzellen ausgekleideten Röhre, und der Abstand zwischen ihr und der

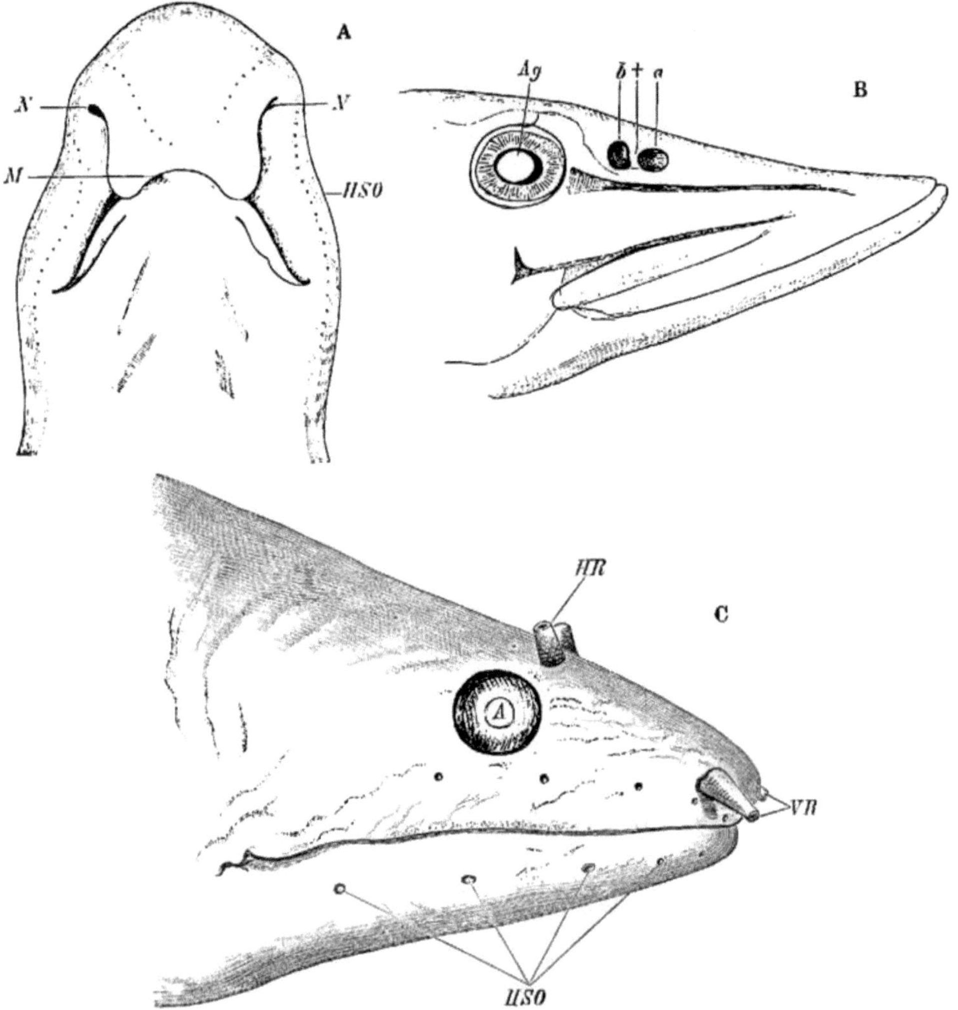

Fig. 199 **A. Ventrale Ansicht des Kopfes von Scyllium canicula.** *HSO* Hautsinnesorgane, *M* Mundeingang, *N, N* Aeussere Nasenöffnung. **B seitliche Ansicht
eines Hechtkopfes.** *Ag* Auge, *a* und *b* Vordere und hintere Oeffnung der Geruchs-
grube, † Hautfalte, welche *a* und *b* trennt. **C Seitliche Ansicht des Kopfes von
Muraena Helena.** *A* Auge, *HSO* Hautsinnesorgane, *VR, HR* Vordere und hintere
Riechröhre.

hinteren Oeffnung ist ein ausserordentlich wechselnder, je nach der
schmäleren oder breiteren Anlage der soeben erwähnten Hautbrücke

(Fig. 199). So kommt auch hier ein von Wasser durchströmter Hohlraum zustande, allein derselbe ist, im Gegensatz zu den Selachiern, dem Mundeingang entrückt und von einer Nasolabialrinne ist nichts mehr wahrzunehmen.

Die Schleimhaut des Riechsackes der Fische erhebt sich stets zu einem mehr oder weniger complizierten System von Falten, die entweder eine quere, radiäre, rosettenartige oder longitudinale (im Sinne der Schädelachse) Anordnung besitzen können. Auf ihnen findet neben Flimmerzellen die Ausbreitung geruchpercipierender Elemente statt.

Eine besonders hohe, ja vielleicht die höchste Entwicklung in der ganzen Reihe der Fische erreicht das Geruchsorgan von Polypterus bichir. Hier begegnet man einer Art Vorhöhle, von der aus man erst in die eigentliche Riechhöhle gelangt. Letztere stellt keine einfache, sackförmige Einsenkung dar, sondern besteht aus sechs, durch complizierte Septa von einander getrennten und um eine central liegende Spindel radienartig gruppierten Fächern. Der Querschnitt erscheint dem entsprechend wie der einer Pomeranze.

In schroffem Gegensatz zu Polypterus steht das Geruchsorgan gewisser Teleostier, nämlich einiger Vertreter aus der Familie der Plectognathi Gymnodontes. Hier unterliegt das Organ den allerverschiedensten Graden der Rückbildung bis zu fast völligem Schwund.

b) Dipnoër.

Bei Dipnoërn begegnet uns ein vom eigentlichen Schädel wohl differenziertes Nasenskelet. Es besteht bei Protopterus aus einem dicht unter der äusseren Haut liegenden, hyalinknorpeligen Gitterwerk, dessen Seitenpartieen medianwärts durch ein starkes, durchaus solides Septum vereinigt werden. Der Boden der Nasensäcke wird zum grössten Theile vom Pterygopalatinum, sowie von Bindegewebe und nur zum allerkleinsten Theile aus Knorpelgewebe gebildet.

Die Riechschleimhaut zeigt ein compliziertes Faltensystem, und es handelt sich dabei um eine Anzahl von Querfalten, welche durch Längsfalten verbunden werden. In seinem allgemeinen Verhalten erinnert das Riechorgan der Dipnoër am meisten an dasjenige der Selachier. Im Gegensatz zu letzteren aber besitzt es, wie schon erwähnt, nicht nur vordere, sondern auch hintere Nasenlöcher. Die vorderen öffnen sich unter der Oberlippe und können so bei geschlossenem Munde nicht gesehen werden, die hinteren münden etwas weiter rückwärts in die Mundhöhle[1]).

---

[1]) Die eigenartige Lage der vorderen Nasenöffnungen hat eine physiologische Bedeutung; wenigstens steht dies für Protopterus ausser Zweifel. Dieser Dipnoër macht nämlich in der wasserlosen, heissen Jahreszeit einen Sommerschlaf durch, wird lungenathmend und erhält während dieser Periode die Luftzufuhr durch eine Röhre, welche aus der Substanz des Cocons besteht, in welchen das Thier eingekapselt ist, und welche zwischen beiden Lippen hindurch in die Mundhöhle mündet. Die für die Anfeuchtung der Riechschleimhaut nothwendige Flüssigkeit wird von Becherzellen geliefert, welche die Wand beider Nasenöffnungen auskleiden (vergl. das Integument).

c) Amphibien.

In engem Anschluss an das Geruchsorgan der Dipnoër steht
dasjenige der Ichthyoden. Es liegt seitlich am Vorderkopf in
Form einer nahezu soliden (Siren lacertina) oder netzartig durchbrochenen Knorpelröhre (Menobranchus und Proteus) dicht
unter der äusseren Haut, ohne irgend welchen Schutz von Seiten des
knöchernen Kopfskeletes zu erfahren.

Der Boden des Nasensackes ist grösstentheils fibrös. Im Innern
erhebt sich die Riechschleimhaut, ganz ähnlich wie bei Cyclostomen und Prolypterus, in zahl-
reichen radiär stehenden Falten, ein
Verhalten, das uns hier zum
letztenmal unter den Wirbelthieren begegnet.

Bei den höheren Amphibien vollzieht sich unter immer vollstän-
digerer Einverleibung des Riechorgans in die Gesamtheit des
Kopfes und in Anpassung an
die zweite Function der Nasenhöhle als Respirations-, d. h. als
Luft-Weg eine namentlich in der
Pars respiratoria derselben sich ausprägende Entfaltung des Nasenlumens.

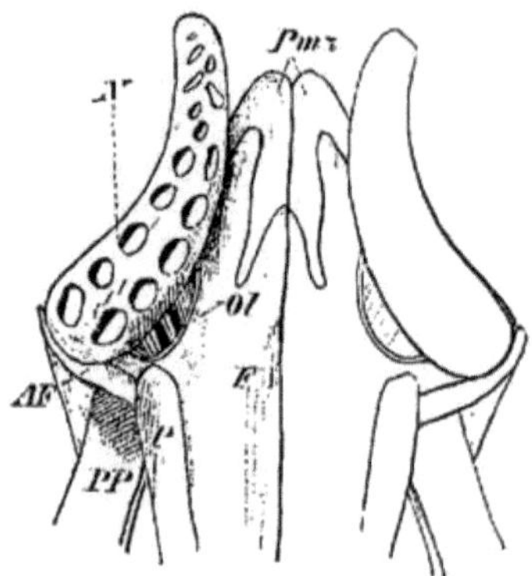

Fig. 200 Riechorgan von Menobranchus lat., von der Dorsalseite. *AF* Antorbitalfortsatz, *F* Frontale, *N* Riechsack, *Ol* Olfactorius, *P* Fortsatz des Parietale, *PP* Pterygopalatinum,
Pmz Praemaxillare.

Die weitere Fortbildung desselben findet aber bei Anuren und Urodelen
nicht wie bei den Amnioten dadurch
statt, dass eine vom Nasengrübchen
zur Mundbucht führende Rinne durch
Schluss eines Theiles ihrer Ränder in

einen Kanal verwandelt wird. Vielmehr tritt die Geruchsplatte mit
dem Mundhöhlenepithel dadurch in Verbindung, dass erstere einen
zunächst soliden Zapfen bildet, der mit dem Mundhöhlenepithel verwächst. Erst nach dem Eintritt dieser Verschmelzung bricht das Nasen-
lumen in die Mundhöhle durch. Dieser Durchbruch erfolgt caudal
von der Rachenmembran, also in den entodermalen Theil der Mundhöhle, während bei den Amnioten die Choane im ektodermalen
Theil liegt. Im Uebrigen erfolgt die Bildung des Nasenlumens bei
Anuren und Urodelen in verschiedener Weise, und ich verweise
hinsichtlich der dabei sich abspielenden Vorgänge auf die Arbeit von
V. Hinsberg. Hier sei daraus nur Folgendes bemerkt. Während
man bei Anuren schon frühzeitig ein „dorsales," ein „mittleres" und
ein „ventrales" Lumen unterscheiden kann, ist bei Urodelen von
Anfang an ein einheitliches Lumen vorhanden, bei beiden aber
wird das Cavum nasale später noch durch Blindsackbildungen
complizirt, bei den Anuren, und wie ich gleich hinzufügen will, bei
den Gymnophionen, stärker als bei den Urodelen. Ein zunächst
entstehender, von Sinnesepithel ausgekleideter unterer (ventraler) Blindsack verharrt bei Anuren zeitlebens in dieser Lage, während er bei
Urodelen ganz auf die laterale Seite herüberwandert. Bei beiden
bildet sich apicalwärts vom unteren Blindsack eine Ausbuchtung

der lateralen Wand, die bei den Anuren zum seitlichen Blindsack wird, während sie sich bei den Urodelen nur zu einer Rinne entwickelt. In dieselbe mündet bei beiden der Thränenkanal. Caudalwärts vom unteren Blindsack entsteht bei beiden, jedoch viel stärker ausgeprägt bei Anuren, die seitliche Nasenrinne, welche, secundär mit dem unteren Blindsack verschmelzend, sich in die sogen. Gaumenrinne fortsetzt.

Auch bei den Gymophionen gestaltet sich das Cavum nasale zu einem complizierten Höhlen-, Rinnen- und Spaltensystem. Gleichwohl aber kann man auch hier eine mediale dorsale Haupt- und eine laterale ventrale Nebenhöhle unterscheiden. Erstere entspricht dem dorsalen Blindsack der Anuren, letztere, welche aus dem unteren Blindsack und einer Ausbuchtung der lateralen Wand hervorgeht, dient wesentlich dem Exspirationsstrom und ist, weil sie ihrer grössten Ausdehnung nach vom Os maxillare umschlossen wird, von G. Born bei Anuren als primäre Kieferhöhle bezeichnet worden (Fig. 201).

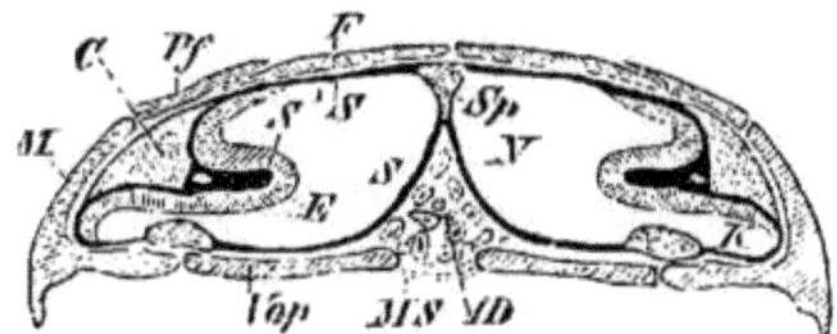

Fig. 201. Querschnitt durch die Riechhöhlen von Plethodon glutinosus. *C* hyalinknorpeliger Theil der Concha nasalis, *F* Frontale, *ID* Intermaxillardrüse, ventralwärts von der Mundschleimhaut (*MS*) begrenzt, *K* Kieferhöhle, *M* Maxilla, *N* Haupthöhle der Nase, *Pf* Praefrontale, *S, S* Riechschleimhaut, *S¹* fibröser Theil der Concha nasalis, welche das Riechepithel *E* weit in die Nasenhöhle vorstülpt, *Sp* Septum nasale, *Vop* Vomeropalatinum.

Bei gewissen Gymnophionen schnürt sich die Kieferhöhle von der Haupthöhle ganz ab und erhält einen besonderen Zweig des Olfactorius, so dass man hier also jederseits zwei getrennte Nasenhöhlen mit je zwei Riechnerven[1]) zu unterscheiden hat (vergl. später das Jakobson'sche Organ).

Während bei den Anuren die äusseren Nasenöffnungen von Anfang an an der lateralen Kopfseite liegen, gelangen sie bei den Urodelen erst secundär dahin, d. h. sie machen eine auf bestimmten Wachsthumsverhältnissen des Vorderkopfes beruhende Verschiebung und Lageveränderung durch. Diese Wanderung der äusseren Nasenöffnung bedingt, da die Choane ihren ursprünglichen Platz beibehält, eine Drehung des Geruchssackes um seine Längsachse. — Die mit dem Schwinden des Hornkieferapparates verknüpfte Umbildung des ganzen Kopfes hat bei Anuren eine Wachsthumsbehinderung in dorso-ventraler Richtung zur Folge und veranlasst eine stärkere Entfaltung in transversaler und apico-caudaler Richtung.

Ein weiterer, neuer Erwerb der terrestrischen Amphibien sind die unter der Riechschleimhaut gelegenen diffusen und auch zu grösseren, einheitlichen Organen vereinigten **Drüsen**. Sie münden entweder direct in die Nasenhöhle und bewirken hier mit ihrem Secret eine für die Sinnesepithelien unentbehrliche, bei Fischen,

---

[1]) Andeutungen einer Spaltung des Riechnerven finden sich auch bei Pipa, Spelerpes und Salamandrina. Auch bei Selachiern und namentlich bei Dipnoërn lässt sich ein doppelter Ursprung des Riechnerven constatieren und das Gleiche beobachtet man in der Reihe der Reptilien. Es handelt sich dabei offenbar um ein sehr primitives Verhalten, in dessen Wesen man aber noch keinen befriedigenden Einblick besitzt.

Ichthyoden und Amphibienlarven noch durch das äussere Medium geleistete Anfeuchtung der Mucosa, oder sie entleeren ihr Secret in den Rachen, beziehungsweise in die Choanen. Letztere liegen stets ziemlich weit vorne am Gaumen und werden daselbst grösstentheils vom Vomer und wohl auch vom Palatinum umrahmt.

Endlich ist noch des Thränennasenganges zu gedenken, welcher, vom vorderen Winkel der Orbita ausgehend, die laterale Nasenwand durchsetzt und somit von der Oberkieferseite her in das Cavum nasale ausmündet. Er leitet die Thränenflüssigkeit aus dem Conjunctivalsack des Auges in die Nasenhöhle und entsteht bei allen Vertebraten, von den Salamandrinen an, als eine von der Epidermis sich abschnürende und in die Cutis einwachsende Epithelleiste, welche sich erst secundär höhlt. Auch die Gymnophionen besitzen einen Thränennasengang, während er Proteus und Siren fehlt. Ueber die als Oeffner und Schliesser der Nasenlöcher bei Amphibien wirkenden Muskeln vergl. das Capitel über die Hautmuskeln.

d) Reptilien.

Das bei Fischen **seitlich**, bei den Amphibien dagegen gerade **vor** dem Gehirn liegende Geruchsorgan wird von den Reptilien an aufwärts mehr und mehr vom Gehirn überwachsen und schiebt sich, wie bei der Anatomie des Schädels bereits erörtert wurde, in Folge dessen, unter gleichzeitiger Herausbildung eines secundären Gaumens und unter Vorwachsen des Gesichtsschädels, scheinbar **unter** die Hirnkapsel hinunter. Wie bei Amphibien lässt sich auch bei Reptilien ein mehr lateral oder auch basal (Schildkröten) liegender respiratorischer und ein medialer, olfactorischer Abschnitt der Nasenhöhle unterscheiden.

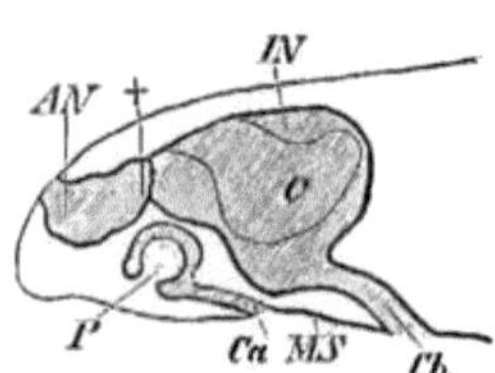

Fig. 202. Schematische Darstellung des Geruchsorganes einer Eidechse, Sagittalschnitt. *AN IN* Aeussere und innere Nasenhöhle, *C* Muschel, *Ca* Communication des Jakobsonschen Organes mit der Mundhöhle, *Ch* Choane, *MS* Mundschleimhaut, *P* Papille des Jakobson'schen Organes, † röhrenartige Verbindung zwischen beiden Nasenhöhlen.

Das complizierteste Riechorgan unter allen Reptilien besitzen die Crocodilier; einfacher gebaut ist dasjenige mancher Chelonier, der Saurier, Scinke und Ophidier. Die drei letzteren können, da sie hierin keine principiellen Abweichungen erkennen lassen, zusammen betrachtet werden und sollen ihrer einfachen Verhältnisse wegen zuerst zur Sprache kommen.

Die ungleich vertikaler als bei Amphibien entfaltete Nasenhöhle zerfällt bei den Reptilien in zwei Abtheilungen, eine äussere und eine innere. Erstere, welche aus dem Zugang zur Nasenhöhle der Amphibien herausentwickelt gedacht werden muss, und die nach Lage, Ausdehnung und Form bei den verschiedenen Gruppen sehr wechselt, kann man als Vorhöhle, die innere dagegen als eigentliche Nasenhöhle oder als Riechhöhle bezeichnen (Fig. 202 *AN, IN*); nur letztere ist mit Sinneszellen ausgestattet, erstere dagegen ist mit gewöhnlichem, epidermoidalem Plattenepithel, welchem becherartige

Zellen beigemischt sein können, belegt und gänzlich drüsenlos. Nach aussen von der epithelialen Schicht liegen Muskelelemente und cavernöses Gewebe.

Von der Aussenwand der inneren Nasenhöhle springt eine grosse, medianwärts leicht umgerollte **Muschel** weit ins Lumen herein, und diese ist auch bei Ophidiern, welchen eine eigentliche Vorhöhle abgeht, gut entwickelt (Fig. 202 bei C).

Die Muschel der Amphisbaeniden ist sehr einfach gestaltet und auf niederem Entwicklungszustand stehen geblieben. Wie bei andern Reptilien so handelt es sich auch bei den Amphisbaeniden noch um eine, an die Amphibien erinnernde Vor- und Hintereinanderlagerung der Vor- und Haupthöhle der Nase (E. Fischer).

Im Innern der Muschel liegt eine grosse, deren Form wesentlich bedingende Drüse,[1]) welche auf der Grenze von Höhle und Vorhöhle ausmündet. Sie entspricht der stark entwickelten Glandula nasalis superior der Urodelen. Unter der Muschel mündet der Thränennasengang; doch kann dieser auch am Dache der Rachenhöhle (Ascalaboten) oder in die Choane ausmünden (Ophidier).

Aus dem die Muschel umschliessenden Hohlraum zieht sich eine Verbindung in die Mundhöhle hinab, wodurch die Choanen zu stande kommen, welche bei den meisten Lacertiliern noch ziemlich weit vorne am Dache der Mundhöhle ausmünden (ähnlich wie bei Amphibien).

Bei den Schildkröten begegnet man einem ebenso complizierten als wechselnden Verhalten der Nasenkapsel. So zerfällt sie z. B. bei den Seeschildkröten jederseits in zwei übereinander liegende Gänge, die aber des durchbrochenen Septums wegen unter sich in Verbindung stehen. Im Gegensatz zu dem verhältnismässig drüsenarmen Riechorgan der Saurier und Ophidier ist dasjenige der Chelonier durch einen ungewöhnlichen Drüsenreichthum ausgezeichnet.

Bei den Crocodiliern tritt die oben erwähnte Verschiebung der Riechhöhle nach abwärts und rückwärts am schärfsten hervor, und dadurch werden die Nasengaumengänge sehr verlängert, sodass die Choanen ganz hinten am Gaumen ausmünden[2]). Zugleich zerfällt hier das Cavum nasale in seinem hinteren Bezirk ebenfalls in zwei übereinander liegende Räume, wovon der obere die eigentliche, von Sinnesepithelien ausgekleidete Riechhöhle, der untere dagegen nur eine Pars respiratoria darstellt. Mit der Nasenhöhle stehen gewisse Nebenräume in Verbindung, welche aber nur die Bedeutung von Lufträumen haben. Eine grosse, acinöse, zwischen dem knorpeligen Dach der Nasenhöhle und den Belegknochen (Praemaxillare, Maxillare und Nasale) liegende Drüse mündet bald mit einem, bald mit zwei Ausführungsgängen jederseits im Septum nasale am hintersten Ende der äusseren Nasenlöcher.

Wie bei den übrigen Reptilien, so findet sich auch bei den Crocodiliern nur eine einzige echte Muschel, lateralwärts davon liegt aber noch eine zweite Prominenz, die man als Pseudoconcha bezeichnet (vergl. das Geruchsorgan der Vögel).

---

[1]) Bei Hatteria fehlt die Drüse; es handelt sich um ein einfaches Hohlorgan.

[2]) Hinsichtlich der Länge der Choanengänge halten die Chelonier die Mitte zwischen Lacertiliern und Crocodiliern.

e) Vögel.

Wie den Sauriern, so kommt auch allen Vögeln eine tiefer
liegende, von Pflasterepithel ausgekleidete Vorhöhle und eine eigentliche, höher gelagerte Riechhöhle zu. Auch die Vögel besitzen
nur eine einzige echte Muschel, insofern man darunter eine freie,
selbständige, durch Skeletmasse ge-
stützte Einragung ins Cavum nasale
versteht. Im Gegensatz dazu stellen die zwei
übrigen Prominenzen, wovon die eine mit der
echten Concha in der eigentlichen Riechhöhle,
die andere aber in der Vorhöhle liegt, gerade
so wie die Pseudoconcha der Crocodilier, eine Vorbauchung der gesamten Nasenwand dar.

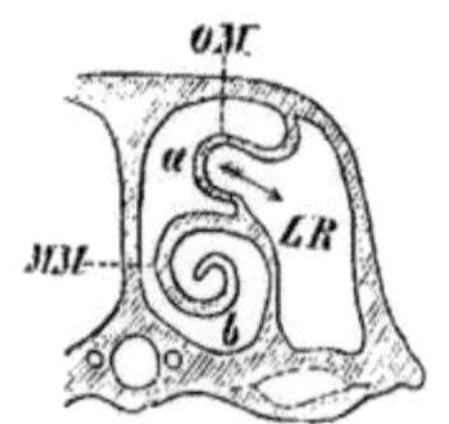

Fig. 203. Querschnitt
durch die rechte Nasen-
höhle des kleinen Wür-
gers. *a* oberer, *b* unterer
Nasengang, *LR* Luftraum,
der sich in die Pseudoconcha fortsetzt und diese vor-
baucht, *OM*, *MM* Pseudoconcha und wahre Muschel.

Die wirkliche Muschel, welche meist aus
Knorpel, seltener aus Knochen besteht, unterliegt bezüglich ihrer Form zahlreichen Schwankungen. Entweder stellt sie nur einen mässigen Vorsprung dar, oder rollt sie sich mehr
oder weniger (bis zu drei Umgängen) auf.
Unten und vorne von ihr mündet der Thränennasengang aus. Ueber die Möglich-
keit ihrer Parallelisierung mit der Muschel der Urodelen und Reptilien kann kein Zweifel existieren.

Die ziemlich weit nach hinten liegenden Choanen stellen enge
Spalten dar, in deren Grund die Nasenscheidewand sichtbar wird.

Die sogen. äussere Nasendrüse der Vögel liegt nicht im
Bereich des Oberkiefers, sondern auf den Stirn- oder Nasenbeinen
längs des oberen Randes der Orbita. Sie wird vom I. und II. Trigeminus versorgt und entspricht der seitlichen Nasendrüse der Saurier.

f) Säuger.

Durch eine viel bedeutendere Entfaltung des Gesichtsschädels
gewinnt bei Säugern das Cavum nasale an Tiefe und Höhe, und
dadurch ist der Ausbreitung des sogen. Siebbeinlabyrinths,
einer neuen Errungenschaft den niederen Vertebraten gegenüber, ein
viel freierer Spielraum gegeben. Das Siebbein erzeugt nämlich
eine Menge zelliger, wabiger, von Schleimhaut ausgekleideter Räume
(„Labyrinth"), sodass gegen das Cavum nasale herein die mannigfachsten, knorpelig-knöchernen Ausbuchtungen und Vorsprünge entstehen. So erreicht das Riechorgan der Säuger die höchste
Entfaltung unter allen Vertebraten. Allein auch hier kann
man einen oberen (hinteren), vertikal ausgedehnten, olfactorischen
und einen unteren, respiratorischen Abschnitt des Nasenraumes
unterscheiden [1]).

Die theils von der Aussenwand, theils vom Dach des Siebbeins
einragenden Bildungen nennt man **Ethmoturbinalia** und stellt sie

---

[1]) Ueber die Bildung der primitiven, an die Nasolabialrinne gewisser Anamnia erinnernden Choanen vergl. die Fussnote auf pag. 278.

dem „**Maxilloturbinale**“ gegenüber [1]). Nur letzteres (die „untere Muschel“ im Sinne der menschlichen Anatomie) entspricht der einzigen, wahren Muschel der Sauropsiden, sie besitzt aber hinfort kein Riechepithel mehr, sondern hat, in der Pars respiratoria des Cavum nasale liegend, einen Functionswechsel eingegangen. Sie ist zu einem Luftfilter, Erwärmungs-, Befeuchtungs- und vielleicht auch zu einem Spür- und Witterungsorgan geworden. Ihre Schleimhaut wird vom N. trigeminus versorgt, und, was ihre Gestalt betrifft, so ist sie in der Regel bei Thieren, die ein feines Riechvermögen besitzen, eine gefaltete, oder mehr oder weniger verästelte, d. h. sie weist compliziertere Formverhältnisse auf, als im gegentheiligen Fall, wo es sich um eine einfache oder doppelt gewundene Muschel handelt. Letztere ist als die ursprünglichste zu betrachten, aus der sich die übrigen Formen erst secundär entwickelt haben (Fig. 204).

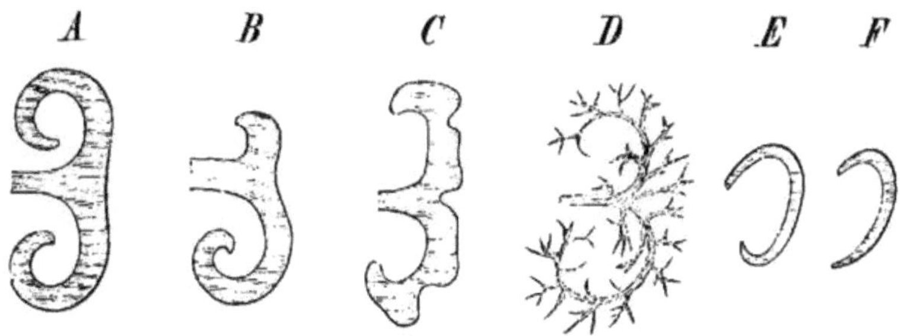

Fig. 204. Verschiedene Formen des Maxilloturbinale der Säugethiere. A doppelt gewundene Muschel, B Uebergang zur einfach gewundenen (E, F), C Uebergang der doppelt gewundenen zur dendritischen Nasenmuschel D. (Nach Zuckerkandl.)

Was nun die im Bereich des Siebbeins liegenden, in der Reihe der Mammalia neu erworbenen **Ethmoturbinalia** anbelangt, so ist hinsichtlich ihrer Lagebeziehungen zum Nasenraum vor allem zu betonen, dass sie bei Quadrupeden, entsprechend der noch mehr oder weniger steil aufgerichteten Siebplatte, von hinten nach vorne, beim Menschen aber, sowie bei fast allen Primaten, von oben nach unten, d. h. dorso-ventral, in Querreihen angeordnet sind, welche mit dem Gaumendach mehr oder weniger parallel ziehen.

Die Zahl der Ethmoturbinalia wechselt stark nach den einzelnen Säugethiergruppen, und man kann an ihnen eventuell eine mediale und laterale Reihe, d. h. **Endo-** und **Ektoturbinalia,** unterscheiden, wobei sich im Allgemeinen der Satz aufstellen lässt, dass sowohl die Zahl als das Auftreten in einer Doppelreihe in gerader Proportion zur Ausbildung des Riechvermögens, resp. des Lobus olfactorius, steht.

---

[1]) Die Ethmo- und Maxilloturbinalia entstehen, entgegen einer vielfach verbreiteten Annahme, nicht sowohl so, dass sie von der lateralen Wand aus in das Lumen einwachsen, sondern vielmehr dadurch, dass von der Nasenhöhle aus Epitheltaschen resp. -lamellen in die seitliche Wandung hineindringen. So werden jene Gebilde aus der lateralen Nasenwand gleichsam herausmodelliert.

Dabei ist aber wohl zu beachten: 1. dass die mediale und laterale
Reihe, weil von sehr verschiedenem, morphologischem Werthe, wohl

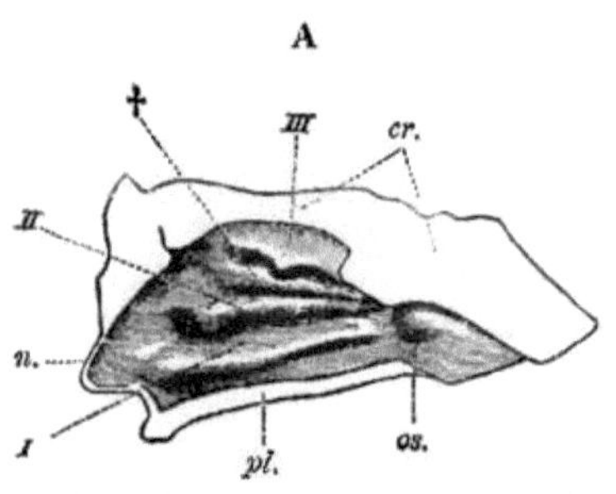

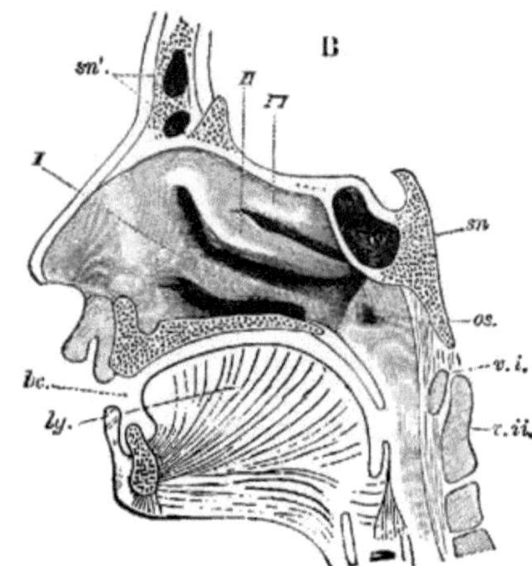

Fig. 205 A Sagittalschnitt durch die
Nasenhöhle eines menschlichen
Embryos. *cr* Schädelbasis, *I, II, III* die
drei „Nasenmuscheln", *n* Nasenspitze, *os*
Oeffnung der Ohrtrompete im Bereich der
seitlichen Rachenwand, *pl* Harter Gaumen,
† „Ueberzählige" Nasenmuschel. B Sagit-
talschnitt durch die Nasen- und Mundhöhle des erwachsenen Menschen.
I, II, III die drei „Nasenmuscheln", *bc* Eingang in die Mundhöhle, *ly* Zunge, *sn*[1] Stirn-
höhle, *sn*[11] Keilbeinkörper, *os* Ohrtrompete, *v.i, v.ii* Erster und zweiter Wirbel. Von den
drei „Nasenmuscheln" entspricht Nr. *I* einem Maxilloturbinale, während Nr. *II* und *III*
in das Siebbeinsystem gehören und als Ethmoturbinalia aufzufassen sind.

auseinanderzuhalten sind, und 2. dass die oft sehr complizierte Structur der Riechwülste nicht immer nur so ohne Weiteres als im Sinne
einer Oberflächenvergrösserung
zu erklären ist.

Was zunächst die Monotre-
men betrifft, so handelt es sich
hier um zwei extreme Grade der
Umformung des Siebbeins. Dasselbe erscheint nämlich bei Ornithorhynchus stark redu-
ziert, bei Echidna dagegen hoch
entwickelt und sehr compliziert.

Bei Marsupialiern findet
sich ein ganz bestimmt ausge-
sprochener Typus mit fünf Endoturbinalia, und bei Insectivoren begegnet man einem ähnlichen Verhalten (4—6 Endoturbinalia).

Hyrax, Chiropteren,
Carnivoren, Nager und Prosimier schliessen sich sehr enge
an den Insectivorentypus an und
lassen sich in den betreffenden
Modificationen leicht von diesem
ableiten.

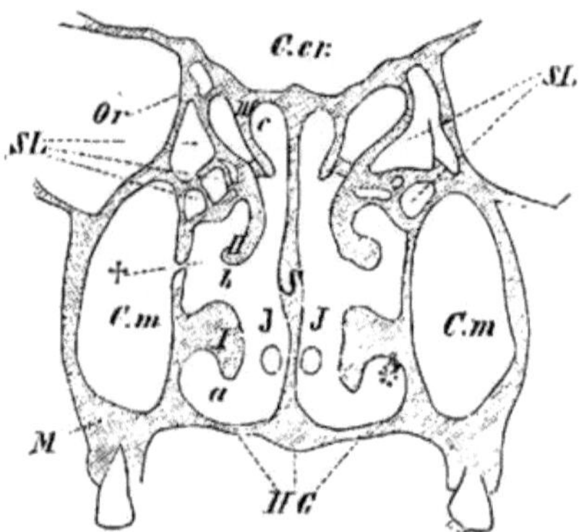

Fig. 206. Frontalschnitt durch die
menschliche Nasenhöhle. *a, b, c* unterer,
mittlerer und oberer Nasengang, *C.cr.* Cavum
cranii, *HG* Harter Gaumen, *J* Muschel (Maxilloturbinale), *II, III* unteres und oberes Ethmo-
turbinale, *M* Maxilla, *nd, nd* Lage des rudimentären Jakobson'schen Organes, *S* Septum nasale, *SL* Siebbein - Labyrinth, * Ausmündungsstelle des Thränennasenganges, † Eingang ins Cavum maxillare (*C.m*).

Bei Ungulaten, Proboscidiern und Edentaten treten
compliziertere Verhältnisse auf, die das Siebbein dieser Ordnungen

von dem ursprünglichen Typus bedeutend entfernen. Die Zahl der Endoturbinalien ist bis auf a c h t vergrössert worden. (Secundäre Spaltungen der Basallamellen der ursprünglichen Endoturbinalia).

Das reducierte Siebbein der P r i m a t e n kann man ohne Schwierigkeiten von dem der P r o s i m i e r ableiten.

A l l e s i n A l l e m e r w o g e n l ä s s t s i c h d a s S i e b b e i n d e r p l a c e n t a l e n S ä u g e r a u f e i n e n T y p u s d e r E n d o t u r b i n a l i e n z u r ü c k f ü h r e n, d e r s i c h b e i d e n I n s e c t i v o r e n f i n d e t, u n d d i e s e r i s t w i e d e r a u f d i e F ü n f z a h l d e r M a r s u p i a l i e r - E n d o t u r b i n a l i e n z u r ü c k z u f ü h r e n.

D i e s i s t a l s o d i e S t a m m f o r m f ü r a l l e M a m m a l i a!

Die Ektoturbinalien bieten innerhalb der einzelnen Ordnungen selbst zwischen nahe verwandten Arten so wesentliche Verschieden-

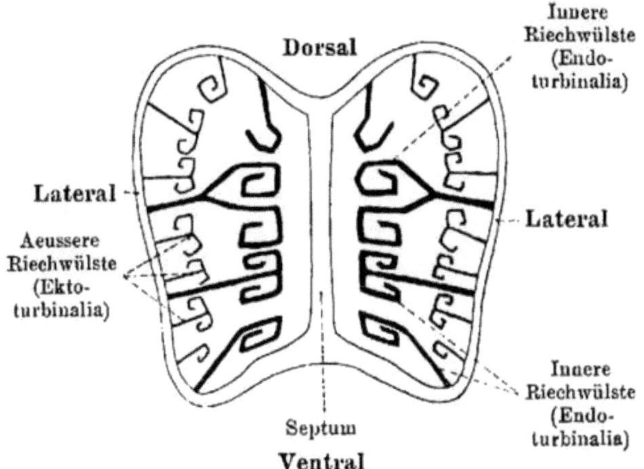

Fig. 207. F r o n t a l s c h n i t t d u r c h d a s C a v u m n a s a l e e i n e s S ä u g e t h i e r e s, u m d i e i n n e r e n u n d ä u s s e r e n R i e c h w ü l s t e z u z e i g e n. Schema. Mit Zugrundelegung einer Abbildung von P a u l l i.

heiten, dass sie sich, im Gegensatz zu den Endoturbinalien, nicht auf eine gemeinsame Stammform zurückführen lassen. Bei M a r s u p i a l i e r n, I n s e c t i v o r e n, H y r a x und C h i r o p t e r e n findet sich nur eine geringere, zur gleichen Kategorie gehörige Zahl von Ektoturbinalia, während es sich bei U n g u l a t e n, P r o b o s c i d i e r n, C a r n i v o r e n, P i n n i p e d i e r n, E d e n t a t e n und N a g e r n um eine Einschiebung von weiteren, kleineren Elementen und dadurch um eine Vergrösserung der Zahl handelt. Aehnlich verhält es sich bei E c h i d n a, während bei O r n i t h o r h y n c h u s eine vollständige Rückbildung stattgefunden hat. Bei den P r o s i m i e r n sind die Ektoturbinalien stark rückgebildet und fehlen den meisten P r i m a t e n. Stets lässt sich erkennen, dass die Ektoturbinalien Bildungen repräsentieren, die sehr enge an die Anpassung des Siebbeins geknüpft sind, und letzteres selbst wieder zeichnet sich durch die ganze Säugethier-Reihe hindurch durch ein sehr grosses Anpassungsvermögen aus. (P a u l l i)[1].

1) Ein längs des Os nasale sich hinziehender Riechwulst, der sich auch über das später zu erwähnende M a x i l l o - t u r b i n a l e erstrecken kann, wird von den übrigen Riechwülsten als N a s o - t u r b i n a l e unterschieden.

Auf Grund des Vorstehenden und unter gleichzeitiger specieller Berücksichtigung des cerebralen Abschnittes des Riechapparates kann man die Säugethiere eintheilen:

1. in Makrosmatische = Monotremen, Chiropteren, Edentata, Ungulata, Carnivora, Rodentia, Marsupialia, Lemuren und überhaupt die grössere Zahl der Säugethiere;
2. in Mikrosmatische = Pinnipedia, Bartenwale, Affen, Mensch[1]);
3. in Anosmatische = Delphin und die Zahnwale überhaupt, obgleich über manche derselben noch weitere Untersuchungen anzustellen sind. Hier tritt der bestimmte Einfluss der äusseren Umgebung deutlich hervor, wie sich dies auch in der Richtung, Form und dem complicierten Verschluss der Nasenkanäle ausspricht[2]).

Wie hoch die Zahl der Riechwülste bei den Ursäugethieren einst gewesen ist, lässt sich natürlich nicht sicher bestimmen, sehr beträchtlich aber wird sie, wie dies aus einer Ueberlegung der betreffenden Verhältnisse bei Reptilien erhellt, wohl kaum gewesen sein. Die ganze Einrichtung hat offenbar erst in der Reihe der heutigen Mammalia ihren Culminationspunkt erreicht und bewegt sich, wie wir gesehen haben, da und dort wieder bereits in absteigender Linie.

Die Nasenhöhle der Säugethiere steht häufig (Monotremen zeigen übrigens noch nichts Derartiges) mit Nebenhöhlen (Sinus para-

---

[1]) Bei Primaten trifft man ein bis drei Ethmoturbinalia, allein in embryonaler Zeit legt sich noch eine viel grössere Zahl an (Homo), so dass sowohl hierdurch wie auch durch die Reduction, welche die eigentliche Riechschleimhaut bezüglich ihrer Ausdehnung im Cavum nasale in der Ontogenese erfährt, der regressive Character des Riechorganes deutlich hervortritt.

[2]) Abgesehen von der Umbildung oder gar völligen Rückbildung, welche das Geruchsorgan der Cetaceen erfahren hat, ist die Cetaceen-Nase im Ganzen verkürzt und hat ihre Lage am Kopfe scheinbar verändert; sie öffnet sich nicht mehr, wie bei den Landsäugethieren und den Pinnipediern, an der Spitze der Schnauze, sondern oben auf dem Scheitel. Man muss die Verlagerung deshalb als eine „scheinbare" bezeichnen, weil es eigentlich nicht die Nase, sondern der ganze Kopf ist, welcher sozusagen eine Verlagerung eingegangen hat, d. h. die Längsachse des Schädels zeigt, im Gegensatz zu den übrigen Säugern, keine Abknickung mehr gegen die Längsachse der Wirbelsäule, sondern jene liegt vielmehr in der Verlängerung von dieser. Hand in Hand damit giengen auch die Reductionen der Halswirbelsäule, ihre starke Verkürzung, die mehrfachen Verwachsungen zwischen den einzelnen Wirbeln, die wie ineinandergeschoben erscheinen.

In Folge dessen ist der Kopf festgestellt, d. h. er kann so wenig als die Halswirbelsäule mehr gebeugt werden. Seitwärtsbewegungen (in der transversalen Achse) sind noch möglich. So ist (man denke auch noch an den Verlust der hinteren Extremitäten) fast der reine Fischhabitus erreicht, und die Cetaceen sind an's Wasserleben gebunden, wozu sie noch ganz besonders die zu einem Ruderorgan umgewandelte Hand und die breite Schwanzfinne disponiert.

In dieser Fischähnlichkeit liegt der Grund für die Verkürzung der Nase und für die mannigfache Umwandlung ihrer Theile, wie vor allem für die am Scheitel sich öffnenden äusseren Nasenlöcher, wodurch die physiologische Function des Luft-Athmens ungleich besser von statten gehen kann, als wenn die Nasenlöcher an der Schnauzenspitze angeordnet wären. Im letzteren Falle müssten sich die Thiere des festgestellten Kopfes wegen geradezu auf die Schwanzfinne stellen.

Welche Function die sogen. „Nasensäcke" der Cetaceen haben, welche vorne im peripheren Gebiet des Riechorganes, z. Th. direct unter der äusseren Haut, liegen, ist noch nicht mit Sicherheit bekannt. Man unterscheidet einen praenasalen, frontalen, paranasalen und nasalen Sack, von welchen jeder paarig ist (vergl. die Arbeiten von Rawitz und Kükenthal).

nasales), d. h. mit der Stirn-, Kiefer- und Keilbein-Höhle, in offener
Verbindung. Auch in der Stirn- und Keilbeinhöhle, welche sich von
dem ursprünglich knorpeligen Ethmoidalgerüst aus entwickeln, können
bei gut ausgebildetem Riechvermögen („osmotische Thiere") noch
Riechwülste entstehen, und auf Grund dessen ist die Annahme berechtigt, dass der erste Anstoss zur Bildung jener Nebenräume von
der Zunahme des Riechvermögens ausging; die Riechregion suchte
sozusagen Platz zu ihrer Ausbreitung und nahm naturgemäss die
angrenzende Schädelgegend durch die sich ausstülpende Schleimhaut
in Anspruch. — Die sekundäre Verringerung des Riechvermögens
kann dann zu einem mehr oder weniger vollkommenen Schwund
jener Höhlen führen (Pinnipedier), oder bestehen sie, von gewöhnlicher Schleimhaut ausgekleidet, als lufthohle, dem Riechvermögen entfremdete Räume, wie sie bereits beim Kopfskelet
zur Sprache gekommen sind, fort.

Massgebend für die Homologisierung der pneumatischen Höhlen
im Schädel der Säugethiere ist immer die Lage ihrer Einmündungen,
d. h. die Stelle, von wo aus sie sich entwickelt haben.   Der „Sinus
sphenoidalis" ist kein eigentlicher pneumatischer Raum, sondern
nur der hinterste, secundär abgeschnürte Theil der Regio olfactoria; ähnliche Gesichtspunkte gelten auch für den „Sinus frontalis".

Von allen jenen, von der Nasenhöhle aus entwickelten pneumatischen Höhlen zeichnet sich die Kieferhöhle (Sinus maxillaris) durch
ihr konstantes Vorkommen aus; sie muss als eine für die placentalen Säuger typische Bildung bezeichnet werden und zieht
sich bei den meisten Säugern noch in das Jugale, Palatinum,
Lacrimale, Nasale, Frontale, Prä- und Basisphenoid hinein.

Bei Insectivoren und Chiropteren ist die Pneumaticität
des Schädels auf die Kieferhöhle beschränkt.

Im Allgemeinen steht der Umfang der Pneumaticität in directem
Verhältnis zur Grösse des Thieres, und ihre Bedeutung ist überhaupt
in der durch die Anpassung bedingten Ausformung des Schädels zu
suchen (Paulli).

Was die **Drüsen** der Nasenhöhle betrifft, so kann man die kleinen,
überall zerstreuten Bowman'schen und die grosse Steno'sche
Nasendrüse unterscheiden. Letztere tritt schon in sehr früher Embryonalzeit auf und liegt seitwärts und basalwärts am Boden der
Nasenhöhle. Sie kann sich beim Vorhandensein einer Maxillar-Höhle
in diese hineinziehen. Bei manchen Säugern ist sie bereits in Rückbildung begriffen.

Das am meisten in die Augen springende Merkmal der Säuge-
thiernase besteht in dem Auftreten einer **äusseren Nase**, an deren
Aufbau die prominierenden Ossa nasalia, der knorpelige, zum Siebbeinsystem gehörige Scheidewandknorpel, sowie endlich der
damit zusammenhängende Dachknorpel (Cartilago nasi lateralis)
und der Vomer eine Hauptrolle spielen. Dazu kommen aber noch
Knorpelstücke, welche ursprünglich mit dem homogenen, aus einer
soliden knorpeligen Doppelröhre bestehenden Knorpelskelet der
äusseren Nase eine zusammenhängende, einheitliche Masse bildeten,
die sich aber im Laufe der Zeiten in Folge von Muskelzug und anderen,
mit der physiologischen Verwendung der Schnauze, bezw. des Rüssels

im Zusammenhang stehenden Einflüssen in verschiedener Weise differenzierten und selbständig geworden sind. Es handelt sich dabei um das aus der vorderen Partie speciell des Dachknorpels differenzierte, in die Nasenflügel eingebettete System der Alar-Knorpel. Die durch einen Vorraum (Vestibulum nasi) charakterisierte äussere Nase steht unter der Herrschaft einer oft reich entfalteten Muskulatur, die namentlich bei tauchenden Säugern von Wichtigkeit wird, indem hier durch einen Sphincter und auch durch einen besonderen Klappenapparat ein completer Abschluss der äusseren Nasenlöcher ermöglicht ist. Eine ganz excessive Entwicklung und Vermehrung der Muskulatur findet sich bei Rüsselbildungen (Tapir, Schwein, Maulwurf, Spitzmaus und Elephant). Der Rüssel, meist nur als Tastorgan fungierend, kann auch als Greifapparat Verwendung finden (z. B. bei Elephanten). Eine eigenartige Stellung nimmt die zu einem grotesken Organ auswachsende äussere Nase des Nasenaffen ein (vergl. meine hierauf bezügliche Schrift).

Organon vomero-nasale (Jakobson'sche Organe).

Unter Jakobson'schen Organen versteht man eine schon während der Ontogenese vom Cavum nasale sich differenzierende Nebennasen-Höhle, die vom Olfactorius und Trigeminus versorgt wird. Wir begegnen einer derartigen Einrichtung zum erstenmal bei **Amphibien**. Bei Anuren- und Salamander-Larven bildet sich, wie oben schon erörtert wurde, ventral- und medianwärts von der Nasenhöhle ein kleiner, von einem Sinnesepithel ausgekleideter Blindsack, welcher bei Salamandern später eine Verschiebung in lateraler Richtung erfährt, und an dessen blindem Ende sich eine Drüse entwickelt.

Diese bei Salamandrinen nur vorübergehend zu beobachtende mediale (basale) Lage jenes Divertikels der Hauptnasenhöhle wird bei Siren lacertina in Form eines nach vorne gerichteten, blind endigenden Sackes zeitlebens beibehalten, während der Axolotl hinsichtlich der Lageverhältnisse des in Frage stehenden Organes eine Mittelstellung zwischen Salamandrinenlarven und Siren lacertina einnimmt [1]).

Genau so entwickelt sich bei Ichthyophis (Epicrium glut.) jene in der Maxillarbucht liegende, bei verschiedenen Genera der Gymnophionen [2]) in verschiedenem Grade sich abschnürende Nebenkammer des Riechorganes, in deren Bereich ebenfalls eine grosse Drüse

---

[1]) **Proteus** und **Menobranchus** besitzen kein Jakobson'sches Organ. Ob dieses als ein primitiver oder als ein secundär erworbener Zustand zu beurtheilen ist, lässt sich nicht sicher feststellen.

[2]) Die **Gymnophionen** besitzen ein in naher topographischer Beziehung zur Nasen- und Augenhöhle stehendes, blasenförmiges, von Muskeln umsponnenes Organ, das sich nach vorne in einen Kanal des Oberkiefers hinein röhrenförmig verlängert und an der freien Wangenfläche, in der Nähe der Schnauze, ausmündet. Im Innern desselben liegt eine grosse Drüse, sowie ein als Retractor wirkender Längsmuskel, welcher in eine an der oben genannten Mündungsstelle gelegene, und wie es scheint, als Taster wirkende, ein- und ausstülpbare Papille ausstrahlt. Die Function der ganzen Einrichtung ist noch keineswegs sicher erkannt. Immerhin mag es sich um ein Orientierungsmittel der betreffenden Thiere bei ihrem nächtlichen Leben handeln, das zusammen mit dem excessiv entwickelten Riechorgan als ein Ersatz für das rudimentäre Sehorgan dienen mag. (Wiedersheim, Sarasin.)

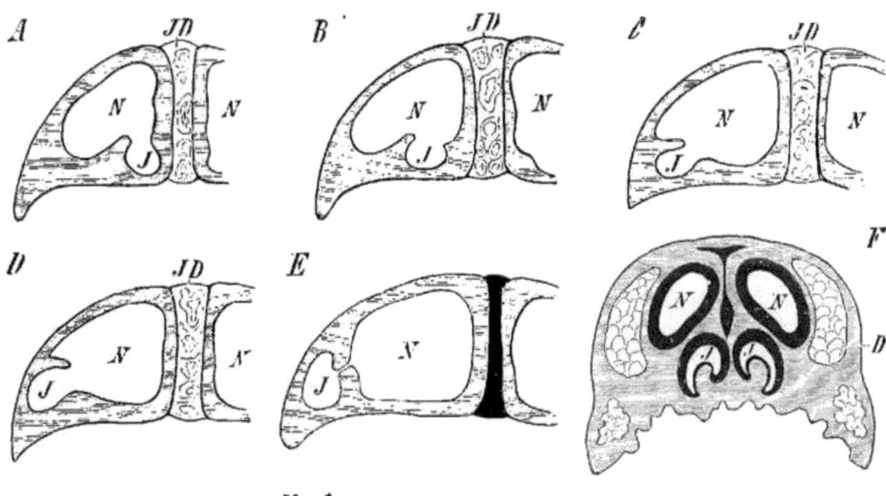

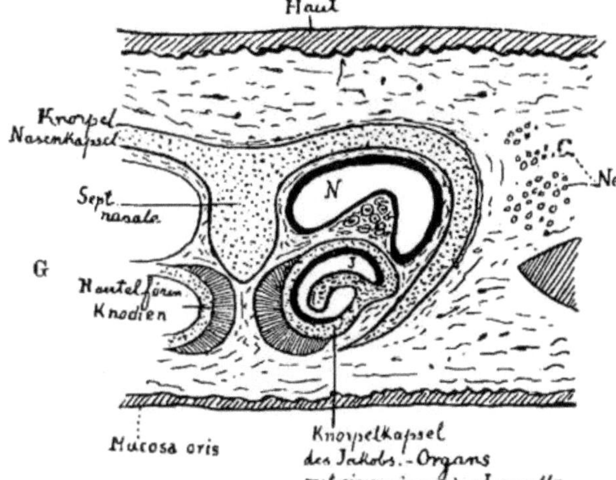

Fig. 208 **A—D.** Verschiedene Entwicklungsstadien des Jakobson'schen Organes bei Urodelen in der Onto- und Phylogenese (an Querschnitten illustriert). In **A** beginnt die Anlage median- und basalwärts, in **D** ist die laterale Lage erreicht. **E** Gymnophionen, wo es zur Abtrennung von der Haupthöhle kommt.

F Lacerta agilis **G** Querschnitt durch die Nasenhöhle von Ornithorhynchus. Nach J. Symington. **H** und **J** Quer- und senkrechter Schnitt durch die Nasenhöhle eines placentalen Säugethiers.

CJ Jakobson'scher Knorpel, *D* Nasendrüse bei Lacerta, *ID* Intermaxillardrüse, *J* Jakobson'sches Organ, *JC* Jakobson'scher Kanal, *CJ* Jakobson'scher Knorpel, *N* Hauptnasenhöhle, *OK* Oberkieferanlage, *Ol* Riechnerv, *Th* Thränennasengang, *Tr* Trigeminus.

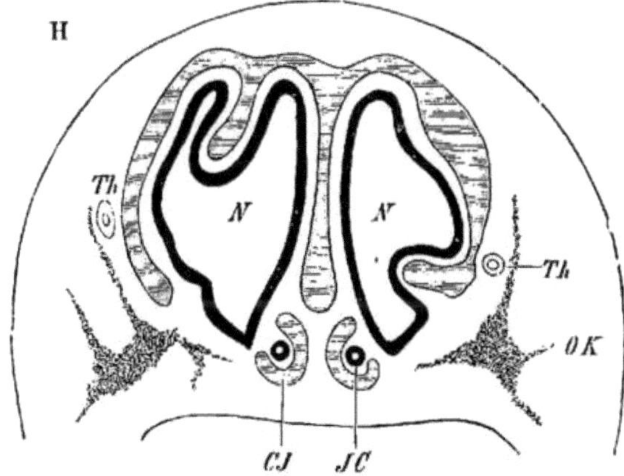

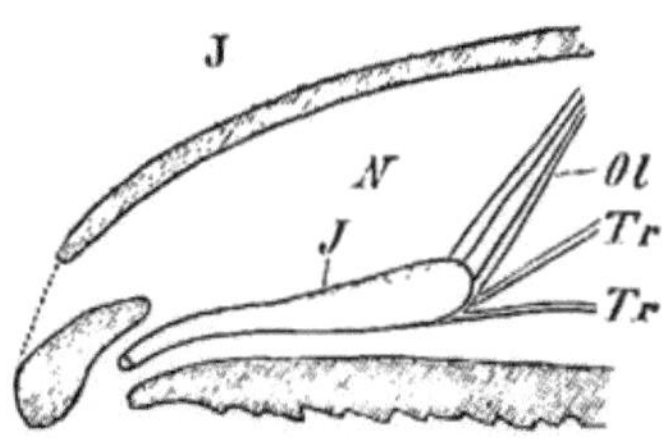

getroffen wird. Es kann keinem Zweifel unterliegen, dass jener Neben-nasenraum, wenn gleich in anderen Lagebeziehungen zum Cavum nasale, auch bei Anuren existiert.

Ganz an derselben Stelle, wie bei Amphibien, d. h. basal- und zugleich medianwärts, nahe dem Septum nasale, entsteht auch das Jakobson'sche Organ der **Amnioten**. Auch hier handelt es sich um eine Divertikelbildung der Hauptnasenhöhle mit schliesslicher Ab-schnürung und Communication mit der Mundhöhle; allein die kleine, paarige, von reichlichem Riechepithel ausgekleidete Höhle, von deren Boden sich in der Regel eine Papille erhebt, verschiebt sich hier nicht lateralwärts, sondern verharrt bei **Sauriern, Schleichen, Am-phisbänen** und **Schlangen** zwischen dem Boden der Nasenhöhle und dem Dach der Mundhöhle sozusagen in loco nascendi (Fig. 208, F).

Bei **Crocodiliern, Schildkröten** und **Vögeln** sind keine aus-gebildeten Jakobson'schen Organe nachgewiesen, doch treten bei Crocodiliern und Vögeln Spuren davon in der Embryonalzeit auf. Es handelt sich also hier um Rückbildungen. Bei **Säugern** (Marsupi-alier, Edentaten, Insectivoren, Nager, Carnivoren und Hufthiere) existieren Jakobson'sche Organe in weitester Ver-breitung. Hier handelt es sich stets um zwei basalwärts vom Septum nasale liegende, in den meisten Fällen von Knorpelhülsen gestützte Röhren [Jakobson'sche Röhren, Cartilago vomeronasalis; Carti-lago paraseptalis (Spurgat)], welche schon bei Sauriern auf-tretend, als Differenzierungen des Septum nasale zu betrachten sind, und die hinten einen Zweig des Riechnerven eintreten lassen, während sie vorne gewöhnlich in die den Zwischenkiefer durchbohrenden Stenson'schen Gänge einmünden, mit welchen sie sich dann ge-meinsam in die Mundhöhle öffnen [1]).

Eine sehr hohe Ausbildung erreicht das Jakobson'sche Organ bei Monotremen [2]). Es erfährt hier durch eine von der lateralen Seite einspringende, formell an ein Turbinale erinnernde Knorpel-lamelle eine eigenartige Structur und zugleich eine starke Oberflächen-vergrösserung seiner epithelialen Auskleidung. Auch die Drüsen-organe sind sehr gut entwickelt.

Nicht selten, wie z. B. bei den Primaten, ist das Organ mehr oder weniger stark zurückgebildet. Doch lassen sich auch beim Menschen noch deutliche Spuren davon nachweisen. Hier, wie auch anderwärts, zeigt es sich in der Ontogenese relativ stärker ent-wickelt und weist auch durch seine Innervation auf seine ursprüng-liche Bestimmung zurück. Letztere mag wohl darin bestanden haben, die in den Mund eingebrachten Speisen unter die directe Controlle der Riechnerven zu stellen.

---

1) Das Jakobson'sche Organ ist nicht etwa als causa efficiens für die Differenzie-rung der Cartilago paraseptalis zu betrachten, sondern es lässt sich deutlich erweisen, dass die Beziehungen des Jakobson'schen Organes zu jenem Skeletgebilde erst secundär gewonnen wurden. Dies schliesst allerdings nicht aus, dass nach Erlangung dieser Be-ziehungen das Organ selbst wieder formgestaltend auf den Knorpel zurückwirkte.

2) Nur bei Monitor sowie bei der australischen Fledermaus Miniopterus ist das Jakobson'sche Organ relativ noch mächtiger entwickelt als bei den Monotremen. Es steht in seinem Typus zwischen dem der Marsupialier und dem der Carnivoren, nähert sich aber mehr dem letzteren.

Sehorgan.

Die Entwicklungshöhe des Auges steht im Allgemeinen in gerader Proportion zu dem Schnelligkeitsgrad der Fortbewegung des betr. Thieres und ebenso zum Entwicklungsgrad des Mittelhirns.

Wie früher schon erwähnt, erfolgt der erste Anstoss zur Anlage eines Sehorgans durch einen im Bereich des primären Vorderhirns sich vollziehenden Ausstülpungsprocess, welcher zu jener Bildung führt, welche man als primitive Augenblase bezeichnet. In diesem Entstehungsmodus liegt somit eine Parallele mit der Anlage des cerebralen Abschnittes des Riechorgans, d. h. des Lobus olfactorius.

In den meisten Fällen kann man am Sehnerv drei mehr oder weniger scharf differenzierte Abschnitte unterscheiden, die man als **Tractus, Chiasma** und **Nervus** zu bezeichnen pflegt.

Ein Chiasma, d. h. eine Durchkreuzung der beiden Sehnerven, ist wohl stets vorhanden, wenn auch eine solche nicht überall an der Hirnbasis frei zu Tage liegt, sondern zuweilen, wie z. B. bei Myxinoiden, Dipnoërn und zum Theil auch bei Petromyzonten, in die Hirnsubstanz tief eingesenkt ist und so ihre ursprüngliche centrale Lage bewahrt.

Während es sich bei den meisten Teleostiern nur um eine einfache Uebereinanderlagerung der beiden Sehnerven handelt (Fig. 209 **A**), tritt bei einigen (Harengus, Engraulis) der eine Opticus durch einen Schlitz des andern hindurch, und dieses Verhältnis sehen wir bei Reptilien immer weiter gedeihen, bis schliesslich eine sehr complizierte, gegenseitige Durchflechtung zu Stande kommt (Fig. 209 **B—D**). Am feinsten und zartesten erscheint dieses korbartige Geflecht bei Säugethieren, wo es schliesslich nur noch durch Schnittserien analysierbar wird.

Eine zweite mehr oder weniger vollständige Durchkreuzung der Opticusfasern kann vor der Ausbreitung jedes Opticus in die Retina stattfinden (vergl. später das Capitel über die Retina).

Im Gegensatz zu den Wirbellosen, wo das Sehorgan auf einem Differenzierungsprocess des Integumentes beruht, bilden sich, wie oben schon angedeutet wurde, die lichtempfindenden Elemente des Wirbelthierauges aus jener paarigen Ausstülpung des primären Vorderhirnbläschens (vergl. auch die Anatomie des Gehirns, pag. 214—243).

Es handelt sich also bei den Vertebraten um einen an die Peripherie gerückten Hirntheil.

An der Stelle wo die Augenblase die Epidermis berührt, beginnt diese zu wuchern, während gleichzeitig die vordere Wand der Blase derart einsinkt, dass ein doppelwandiger Becher oder, wie der Ausdruck gewöhnlich lautet, eine **secundäre Augenblase** daraus resultiert (Fig. 210 **B**).

Indem dann später die innere und äussere Wand derselben (Fig. 210 **B** *IB* und *AB*) mit einander verwachsen, wird aus der ersteren die definitive, lichtpercipierende Haut, die **Retina,** aus der letzteren dagegen das sogen. **Pigmentepithel** s. Stratum pigmenti.

Die zuerst gebildeten Opticusfasern entstammen den Zellen der Retina und wachsen von diesen centripetalwärts; dazu gesellen sich später central entspringende Fasern.

Die weiteren Entwicklungsvorgänge gestalten sich nun so, dass sich jenes oben erwähnte epidermoidale Zellpacket in die **Augenlinse** (Lens crystallina) differenziert, von seinem Mutterboden, dem Ektoderm, abschnürt und das Innere der Augenblase mehr und mehr erfüllt (Fig. 210 **B**, und Fig. 211 *L*). Bei der Entwicklung der Linse kommt es anfangs zur Bildung eines Bläschens, aus dessen lateraler Wand sich das sogenannte Linsenepithel bildet, während aus dessen

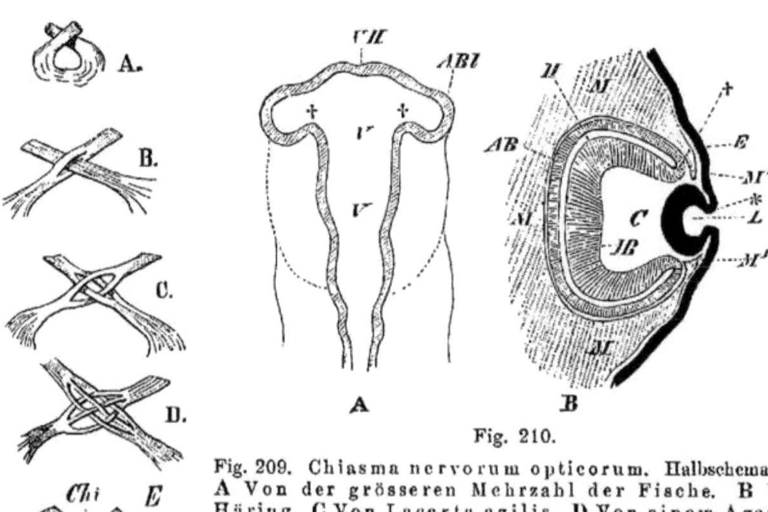

Fig. 210.

Fig. 209. Chiasma nervorum opticorum. Halbschematisch. A Von der grösseren Mehrzahl der Fische. B Vom Häring. C Von Lacerta agilis. D Von einem Agamen. E Vom einem höheren Säuger. *Chi* Chiasma der nach innen liegenden gekreuzten Nervenbündel, *Co* Commissur, *S, S¹* Seitenfasern.

Fig. 209.

Fig. 210. A Anlage der primitiven Augenblasen (*ABl*), *VH* Vorderhirn, *V, V* Ventrikelraum des Gehirns, welcher bei †† mit der Höhle der primitiven Augenblasen in weitester Communication steht. B Halbschematische Darstellung der secundären Augenblase und der vom Ektoderm sich abschnürenden Linse. *C* Vom Glaskörper erfüllter Raum zwischen Linse und Retina, *H* Höhle der secundären Augenblase, *IB* inneres Blatt der secundären Augenblase, aus welchem sich die Retina bildet, *L* Linse, welche als becherartige Einsenkung vom Ektoderm (*E*) aus entsteht, *M, M* mesodermales Gewebe, welches bei *M¹, M¹* zwischen Epidermis und der davon sich abschnürenden Linse hineinwuchert und sich zur hinteren Schicht der Cornea, sowie zur Iris differenziert, † Umschlagstelle des inneren Blattes in das äussere Blatt (*AB*), aus welchem das Pigmentepithel hervorgeht, * Umschlagsrand des Ektoderms.

medialer Wand die Zellen zu Fasern auswachsen. Die Epithelgrenze liegt anfangs hinter dem Aequator der Linse, und die Zellen an der Epithelgrenze ordnen sich in einem bestimmten Entwicklungsstadium zu meridionalen Reihen, während sich die Linsenfasern zur Bildung von radiären Lamellen aneinander legen. Trotz dieser principiellen Uebereinstimmung zeigt aber jede Wirbelthierklasse ihre Besonderheiten, auf die aber hier nicht näher eingegangen werden kann (vergl. Rabl). Was in der Augenblase an Raum übrig bleibt, wird von mesodermalem, ventralwärts durch den sogen. Chorioidealschlitz einwucherndem Gewebe eingenommen, und aus letzterem geht der der Linse gegenüber später immer mehr zur Geltung kommende **Glaskörper (Corpus vitreum)** hervor (Fig. 210 B C, Fig. 211 Cv); zugleich wachsen mit dem Mesoderm die für die Ernährung des embryonalen Auges hochwichtigen Gefässe herein (Vasa centralia N. optici, Arteria hyaloidea, Tunica vasculosa lentis).

Wie nun im Innern der secundären Augenblase zahlreiche Blutbahnen verlaufen, so gilt dasselbe auch für deren äussere Peripherie, allwo sich eine förmliche Gefässhaut, die sogen. **Chorioidea** s. Tunica vasculosa oculi, ausbildet (Fig. 211 Ch).

Diese wächst an ihrer vorderen Circumferenz zur sogen. **Regenbogenhaut** oder **Iris** aus (Fig. 211 Ir), legt sich unter Erzeugung eines radiär angeordneten Faltensystems (Corpus ciliare) mit diesem vorhangartig vor die Linse, erhält hier später einen Ausschnitt (**Sehloch, Pupille**) und lässt die Lichtstrahlen einfallen. Dies geschieht in geringerem oder höherem Grade, je nachdem der in der Iris vorhandene Musculus dilatator oder constrictor (Sphincter) in Wirkung tritt[1]). Es handelt sich somit um eine Art von Blendungsapparat.

Wie nun die Pupille, je nach verschiedenen physiologischen Zuständen, einem Wechsel hinsichtlich ihrer Form und Ausdehnung unterworfen ist, so gilt dies auch für die Linse, welche entweder ihren Ort oder ihre Form ändern und so sich für die Nähe oder für die Weite einstellen kann. Was die Formänderung betrifft, so handelt

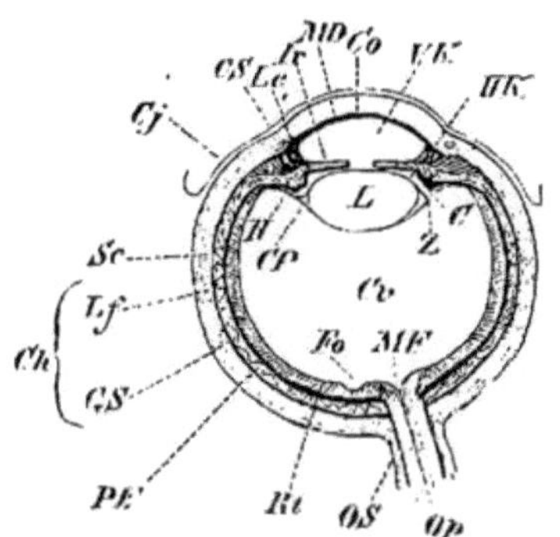

Fig. 211. Horizontalschnitt durch das linke Auge des Menschen, von oben gesehen, schematische Darstellung. C Ciliarfortsatz, Ch Chorioidea mit ihrer Lamina fusca (Lf) und Gefässschicht (GS), Cj Conjunctiva, Co Cornea, CP Canalis Petiti, CS Sinus venosus sclerae, (Canalis Schlemmii) (die punktierte Linie sollte durch die Sclera hindurch bis zu der kleinen, ovalen Oeffnung weiter geführt sein), Cv Corpus vitreum, Fo Fovea centralis (Macula lutea), H M. hyaloidea, Ir Iris, L Linse, Lc Ligamentum ciliare, MD Lamina elastica posterior (Membrana Descemetii), MF „Blinder Fleck", OS Opticusscheide, Op N. opticus, PE Pigmentepithel der Retina, Rt Retina, Sc Sclera, VK, HK vordere und hintere Augenkammer, Z Zonula ciliaris (Zinnii).

es sich bald um eine Abplattung, bald um eine Vorwölbung. Erstere tritt ein beim Sehen in die Ferne, letztere beim Sehen in die Nähe. Kurz, es handelt sich um einen sehr feinen **Accommodationsapparat**[2]) und dieser steht unter der Herrschaft eines dem N. oculomotorius unterworfenen Muskels (**M. ciliaris** s. tensor Chorioideae), welcher in ringartiger Anordnung an der Uebergangsstelle der Sclera in die Cornea entspringt und sich an dem peripheren Rand der Iris inseriert (Fig. 211 Lc). Die auf einer Wölbungsänderung der Krystalllinse beruhende Accommodation beherrscht das Auge der Säuge-

---

thiere, Vögel, Eidechsen und Schildkröten. Bei Fischen, Amphibien und Schlangen erfolgt die Accommodation nach einem andern Princip, nämlich durch Aenderung des Linsen-Netzhautabstandes (vergl. das Kapitel über das Sehorgan der Fische).

Nach aussen von der als Chorioidea bezeichneten Gefässhaut liegt ein Lymphraum (Perichorioidalraum), und nach aussen von diesem endlich trifft man auf eine derbe, fibröse, oder wohl auch theilweise knorpelige oder gar verknöcherte Schicht, die man als **Sclera** oder **Sclerotica** bezeichnet (Fig. 211 *Sc*). Auch diese ist von einem Lymphraum umgeben.

Während die Sclera nach hinten in die Opticusscheide (*OS*) und von dort aus in die Dura mater übergeht, setzt sie sich nach vorne unter Aufhellung ihres Gewebes in die sogen. **Hornhaut** oder **Cornea** fort und erhält hier auf ihrer freien Fläche von Seiten der **Bindehaut (Conjunctiva)** des Auges einen epithelialen Ueberzug (Fig. 211, *Co, Cj*). Sclera und Cornea zusammen stellen ihrer derben Beschaffenheit wegen eine Art von Aussenskelet des Auges dar und garantieren so zusammen mit der gallertigen Masse des Glas-körpers die für die Integrität der nervösen Endapparate nothwendige Expansion des ganzen Augapfels. Zwischen Hornhaut und Iris bezw. Linse liegt ein weiter Lymphraum, die sogen. vordere Augen-kammer (Fig. 211, *VK*).

Bei allen Wirbelthieren liegt in der Kammerbucht oder in deren Wand ein Venen-Plexus (Circulus venosus Schlemmii), der vom Kammerwasser bespült wird, und der bei niederen Vertebraten seinen Abfluss nach der Chorioidea, bei den höheren nach der Con-junctiva hin hat. Die Wände der Kammerbucht und die sie durch-setzenden Gebilde (Ligamentum pectinatum, Arterien, Nerven) besitzen sämtlich einen kontinuierlichen epithelialen (endothelialen) Ueberzug (vergl. H. Lauber).

Einen wichtigen Schutzapparat für das Auge bildet die tiefe, vom Kopfskelet gebildete Orbitalbucht, und dazu kommen noch gewisse **Neben- oder Hilfsapparate**, die sich in drei Kategorien bringen lassen:

1. **Augenlider (Palpebrae)**,
2. **Drüsenorgane**,
3. **Muskeln** (Bewegungsapparat des Bulbus oculi).

So finden wir also den Augapfel aufgebaut aus einem System concentrisch geschichteter Häute, die von innen nach aussen als Retina (Nervenhaut), als Chorioidea (mit Iris) (Gefässhaut) und als Sclera (mit Cornea) (Skelethaut) bezeichnet werden. Erstere entspricht der nervösen Substanz, die zweite der Pia-, die dritte der Dura mater des Gehirns. Das Innere des Auges ist erfüllt von licht-brechenden Medien, nämlich von der Linse und dem Glaskör-per, und dazu kommen noch die oben erwähnten Nebenapparate.

Wie das Geruchsorgan, so unterliegt auch das Sehorgan in seiner Structur äusseren Einflüssen. Diese bringen dasselbe bald zu ausser-ordentlich feiner Entwicklung, bald zur Rückbildung oder gar zum gänzlichen Schwund, kurz, sie wirken in der allerverschiedensten Weise modifizierend und umgestaltend auf dasselbe ein.

Von grossem Interesse sind deshalb jene Thiere, die durch ihren Aufenthalt an dunklen Orten, wie z. B. in der Tiefe der Meere und

Seen oder in Höhlen, ihre Sehorgane entweder theilweise oder gänzlich eingebüsst haben. Vertreter davon finden sich vorzugsweise unter den Wirbellosen bei Arthropoden, sowie unter den in den Körperhöhlen schmarotzenden Würmern. Von Vertebraten wären anzuführen: die blinden Fische Amblyopsis spelaeus, Troglichthys und Typhlogobius Nordamerikas, unter den Amphibien die nordamerikanischen Höhlenmolche Spelerpes maculicauda, Typhlotriton und Typhlomolge, sowie der im Karstgebirge hausende Olm (Proteus anguineus) und die Gymnophionen, unter den Schlangen Typhlops vermicularis, unter den Säugethieren endlich der Maulwurf etc. Auch bei der zu der Cetaceengruppe gehörigen Platanista gangetica ist das Auge ausserordentlich klein.

Um zum Schlusse dieser einleitenden Bemerkungen nochmals auf die erste Anlage des Sehorganes der Wirbelthiere zurückzukommen, so vollzieht sich diese, wie wir gesehen haben, in einer so eigenartigen Weise, dass man im Gegensatz zu den andern Sinnesorganen bezüglich des leitenden Sinnesnerven nicht ohne Weiteres an eine Ableitung vom Körperintegument denken darf. Mit andern Worten: der Opticus ist kein peripherer Nerv, sondern eine centrale Leitungsbahn, d. h. eine Leitungsbahn zwischen verschiedenen Theilen des Centralorganes selbst. Der eine davon ist die Retina, von der später noch weiter die Rede sein wird, der andere das Gehirn.

Gleichwohl ist zu betonen, dass die Histogenese der Retina sich principiell ebenso gestaltet, wie die des Nervengewebes überhaupt. Der Ausgangspunkt für die erste Anlage der reizaufnehmenden Elemente liegt hier wie dort in jener Gewebszone, welche ursprünglich den äusseren Grenzsaum des Ektoderms bildete, und dieser Satz gilt, wie ich schon früher auseinandergesetzt habe, sowohl für das centrale Nervensystem als für die Sinnesorgane.

Fische.

Bei **Amphioxus** gilt nach Einigen ein an der Vorderwand des „Hirnventrikels“ befindlicher Pigmentfleck als Sehorgan, dem wohl ein rudimentärer Charakter nicht abzusprechen ist. Andere sprechen die im Bereich des Rückenmarkes liegenden, schalenartig gehöhlten und je einer Zelle kappenartig aufsitzenden Pigmentflecken als Sehorgane an. Sicheres ist nicht bekannt, und nur das Eine steht fest, dass der Amphioxus auf plötzliche Beleuchtung reagiert, wenn irgend ein Theil des „Kopfes“ oder des Rückenmarkes, soweit dasselbe Pigment besitzt, beleuchtet wird.

Die Augen der **Cyclostomen** erreichen nur einen sehr geringen Entwicklungsgrad, nicht allein hinsichtlich der Structur der Retina, sondern auch, was z. B. die Myxinoiden betrifft, durch den Mangel einer Linse, Iris, einer differenzierten Sclera und Cornea, sowie endlich durch die fehlenden Augenmuskeln und die Persistenz der Fissura chorioidea. Dazu kommt noch die subcutane Lage des Myxinoiden- und Ammocoetes-Auges. Bei Petromyzon verdünnt sich die aufliegende Hautschicht zur Zeit der Metamorphose des Thieres. Dasselbe wird nun, nachdem es vorher blind oder halbblind gewesen war, sehend, und zugleich erhebt sich das Organ auf eine höhere Organisationsstufe, obgleich der primäre Hohlraum in der Linse nie ganz verschwindet. Offenbar handelt es sich beim Cyclostomen-Auge um Rückbildungsprocesse.

Die Augen der **übrigen Fische**, sowie der **Dipnoër** sind mit wenigen Ausnahmen von beträchtlicher Grösse, und allen liegt der in der Einleitung zu diesem Capitel skizzierte Bauplan zu Grunde[1]. Die Sclera ist gewöhnlich in grosser Ausdehnung verknorpelt und nicht selten zum Theil in Kalkknorpel oder in Knochensubstanz umgewandelt.

Die auf ihren beiden Flächen gleich stark gewölbte Linse ist ganz oder annähernd kugelig und besitzt dem entsprechend einen hohen

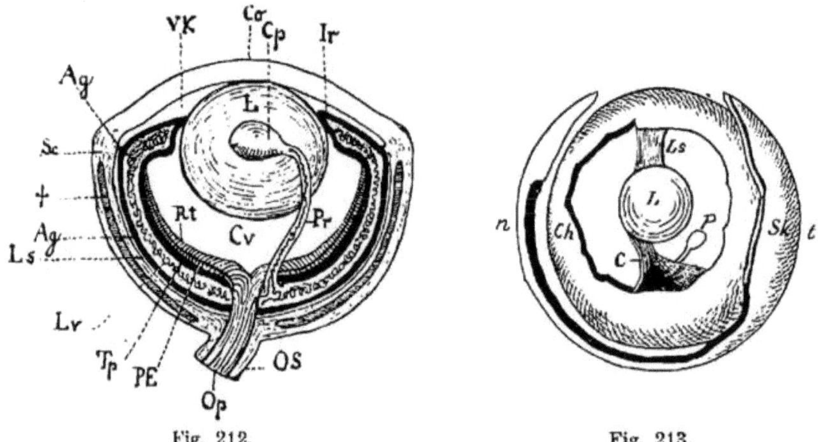

Fig. 212.   Fig. 213.

Fig. 212. **Typus des Fischauges.** *Ag* Argentea, *Co* Cornea, *Cp* Campanula Halleri, *Cv* Corpus vitreum, *Ir* Iris, *L* Linse, *Ls* Lamina suprachorioidea, *Lv* Lamina vasculosa, *Op* Opticus, *OS* Opticusscheide, *PE* Pigmentepithel, *Pr* Processus falciformis, *Rt* Retina, *Sc* Sclera mit Knorpel- beziehungsweise Knocheneinlage (†), *Tp* Tapetum, *VK* vordere Kammer.

Fig. 213. **Linkes Auge von Orthagoriscus mola** (Mondfisch) nach Abtragung der Hornhaut und Iris. *C* Campanula, *Ch* Chorioidea, *L* Linse, *Ls* Ligamentum suspensorium lentis, *n* Nasenseite, *P* Papille, *Sk* Sclera, *t* Temporalseite. Nach Th. Beer.

Brechungsindex[2]). Sie berührt mit ihrem vorderen Pol die mässig gekrümmte Hornhaut und nimmt auf Grund ihres Volums einen beträchtlichen Raum im Bulbus ein, so dass für den Glaskörper verhältnismässig nicht mehr viel Platz übrig bleibt.

---

[1] Der Sehnerv der Teleostier stellt in der Mehrzahl der Fälle ein in Falten gelegtes, flaches Band dar, das von einer lockeren Bindegewebshülle umgeben wird. Bei anderen Teleostiern aber kann er einfach cylindrisch sein. Diese zwei Hauptformen können dadurch modifiziert werden, dass ein Zerfall des ursprünglich bandartigen Sehnerven in einzelne kleinere Stränge eintritt.

[2] Bei dem amerikanischen blinden Höhlenfisch Amblyopsis verläuft die Entwicklung der Linse normal, letztere kommt aber nicht ins Innere des Auges zu liegen, sondern degeneriert früher schon wieder und ist, bevor der Embryo 10 mm misst, bereits wieder verschwunden. Am Ende der Embryonalzeit bildet sich auch der Nerv. opticus zurück, so dass zwischen Gehirn und Auge keine Verbindung mehr besteht. Die secundäre Augenblase kommt über die Form einer seichten Schale nicht hinaus. (C. H. Eigenmann.)

Die Linse ist also bei Fischen für das Sehen in der Nähe eingerichtet, die meisten Fische aber besitzen eine Accommodation für die Ferne. Darin liegt ein bemerkenswerther Gegensatz zu den terrestrischen Thieren, deren im Ruhezustand für parallele oder sogar convergente Strahlen eingerichtetes Auge activ für die Nähe eingestellt werden muss. Letzteres geschieht, wie bereits erwähnt, durch Wölbung der Linse, die Accommodation (für die Ferne) bei Fischen dagegen durch Aenderung des Linsen-Ortes, d. h. die an und für sich keiner Formänderung fähige Linse wird der Netzhaut genähert durch die Wirkung der als Accommodationsmuskels wirkenden sogenannten Campanula Halleri, d. h. eines von unten her an der Linsenkapsel sehnig ausstrahlenden Musculus retractor lentis[1]). Dieser Muskel übt einen nach unten, innen und rückwärts gerichteten Zug an der Linse aus und strebt gleichzeitig sie um eine frontale Achse zu drehen. Der Zug nach unten wird stets, die drehende Componente in vielen Fällen, durch die Anordnung und die Elasticitätsverhältnisse eines Bandes aufgehoben, durch welches die Linse mit ihrem oberen Pol aufgehängt ist (Ligamentum suspensorium) (Fig. 213). Wirksam bleiben die übrigen zwei Componenten des Muskelzuges; ihnen entsprechend bewegt sich die Linse temporal-retinalwärts. Im Allgemeinen arbeitet der Accommodationsmuskel, obgleich er aus glatten Elementen besteht, weitaus flinker als die Muskulatur der Iris.

Die im Ruhezustand des Auges existirende Kurzsichtigkeit der Knochenfische und die active Accommodation des Auges für die Ferne hängt offenbar mit dem Wasserleben zusammen: das nasse Element setzt einer rascheren Fortbewegung viel grösseren Widerstand entgegen als die dünne Luft und ist nirgends, wie diese, auf so grosse Strecken durchsichtig (Th. Beer).

Haie, Rochen, See-Aale und Schellfische besitzen keine oder doch nur eine sehr schwache Accommodation[2]).

Die Iris, die nur bei wenigen, in seichtem Wasser lebenden und mit nach oben gestellten Augen ausgestatteten Species ausgiebige Bewegungen auf Belichtung oder elektrische Reizung zeigt, spielt im Fischauge beim Accommodiren keine Rolle.

Nach aussen von der Chorioidea, dicht unter, d. h. einwärts von dem oben erwähnten suprachorioidalen Lymphraum, findet sich eine silber- oder grün-golden schimmernde Membran, die sogen. **Argentea.** Sie erstreckt sich entweder auf das ganze Augen-Innere (Teleostier) oder beschränkt sie sich auf die Iris (Selachier).

----

[1]) Als Campanula Halleri wird das vordere Ende einer (nicht überall vorkommenden) Einstülpung der Choriodea, und zwar ihrer Membrana chorio-capillaris, bezeichnet. Dieselbe verläuft als eine, glatte Muskeln, Gefässe und Nerven führende, mehr oder weniger hohe Leiste (Processus falciformis) am Boden des Auges bald mehr an der äusseren, bald an der inneren Seite von hinten nach vorne. Der Processus falciformis ragt vom Eintritt des Sehnerven an durch eine Spalte der Retina, d. h. durch den frühern Chorioidalschlitz in den Glaskörper hinein und reicht nach vorne bis zur Linse.

[2]) Bei Dipuoërn ist eine Accommodationsfähigkeit des Auges durch Linsenbewegung bis dato nicht festgestellt und ein Processus falciformis ist nicht nachgewiesen. Ob und in welcher von den Teleostiern und Ganoiden abweichenden Weise dieselbe zu Stande kommt, müssen weitere Untersuchungen lehren.

Eine zweite, metallisch glänzende Haut, das **Tapetum cellulosum s. lucidum**, liegt bei Selachiern auswärts von derjenigen Schicht der Chorioidea, welche man als Chorio-capillaris bezeichnet. Bei Teleostiern und Petromyzonten scheint kein Tapetum vorzukommen.

Die den Knochenfischen und gewissen Ganoiden (Amia) zukommende, formell sehr variable **Chorioidealdrüse** besteht aus einem von Arterien und Venen gebildeten bipolaren Wundernetz[1]), welches polsterartig neben der Eintrittsstelle des Sehnerven zwischen Argentea und Pigmentepithel der Retina eingeschoben ist, und welches somit in seiner Lage mit der Chorioidea übereinstimmt. Es steht in Beziehung zur Pseudobranchie. Von einer „Drüse" ist somit keine Rede; die physiologische Bedeutung des Apparates ist aber nichts weniger als klar.

Die Sclera ist, wie bereits erwähnt, häufig (Selachier, Sturionen) in grösster Ausdehnung verknorpelt, und nicht selten kommt es gegen den Cornealrand zu auch noch zur Verknöcherung (gilt auch für Teleostier).

Der Bulbus ist fast immer von einem fettigen, gallertartigen, von bindegewebigen und elastischen Fasern durchzogenen Gewebe umgeben und steht an seiner hinteren Circumferenz bei manchen Selachiern mit einem von der seitlichen Schädelwand hinter dem Foramen nervi optici entspringenden, schlanken, terminal bald knopfförmigen, theils mehr abgeplatteten Knorpelstab in eigenthümlicher Gelenkverbindung[2]).

Ein ganz besonderes Interesse beanspruchen die Augen gewisser Tiefseefische sowohl hinsichtlich ihrer Lage als ihres eigenartigen Baues. Während im Allgemeinen das Fischauge seitlich gestellt ist, so dass nur ein monoculäres Sehen möglich ist, sind die „Teleskopaugen", wie Chun[3]) die Augen von Argyropelecus, Opisthoproctus und Gigantura, Winteria und Dolichopteryx genannt hat, mit ihren Längsachsen einander fast parallel gerückt, so dass ein binoculäres Sehen stattfinden kann. Ferner ist der beim Fischauge gewöhnlich nicht sehr grosse Abstand zwischen Cornea und Augenhintergrund bei jenen Formen teleskopartig ausgezogen, so dass die Sagittalachse des Auges bedeutend grösser ist, als die Querachse. Die beiden Augen, die auch noch durch eine ausserordentlich grosse Linse, eine sehr stark gewölbte Cornea, den fast vollständigen Mangel einer Iris, durch eine eigenthümliche Gestaltung der Retina, welche in eine Haupt- und Nebenretina zerfällt, und durch das gänzliche Fehlen eines Accommodations- und Bewegungsapparates charakterisiert sind, können dabei entweder nach oben oder nach vorne gerichtet sein.

Die physiologische Bedeutung der Teleskopaugen liegt in erster Linie darin, von der geringen Lichtquelle der Retina möglichst viele Strahlen zuzuführen und dieselben über einen grossen Theil der Retina zu verbreiten.

Aehnlichen Verhältnissen begegnet man auch bei den im Dunkeln pelagisch lebenden Krustaceen (s. die Arbeit von A. Brauer).

---

[1]) Vergl. über Wundernetze das Gefäss-System.

[2]) Bei Ganoiden und Teleostiern findet sich häufig an Stelle jenes Knorpelapparates ein fibröses Haltband.

[3]) Chun, Aus den Tiefen des Weltmeeres, Jena 1900.

Amphibien.

Die Augen der Amphibien besitzen im Allgemeinen nur eine geringe Grösse und documentieren denjenigen der Fische gegenüber in ihrer Entwicklung keinen wesentlichen Fortschritt, allein ihre Linse ist derartig gestaltet, dass die Hinterfläche ungleich stärker gewölbt ist als die vordere. Dies tritt bei Anuren stärker hervor als bei Urodelen. Junge Thiere und Larven besitzen in der Regel einen kleineren Linsen-Index als erwachsene, so dass also die Linse im Laufe der individuellen Entwicklung sich mehr und mehr von der Kugelform entfernt.

. Bei Amphibien, wie im Allgemeinen bei luftlebenden Wirbel-thieren, ist das Auge normalerweise für die Ferne eingestellt. Soweit das Auge überhaupt das Vermögen der Accommodation besitzt, besteht eine positive Accommodation für die Nähe, und zwar erfolgt sie durch active Entfernung der in ihrer Form unveränderten Linse von der Netzhaut. Dies geschieht durch die langsame Contraction eines meist recht schwach entwickelten, zwischen Iriswurzel, Sclera und Chorioidea angeordneten Ciliarmuskels. Dadurch tritt eine Druck-steigerung im Glaskörper ein, welcher die Linse als der beweglichste Theil folgt, indem sie gegen die Hornhaut vortritt.

Die bis jetzt darauf untersuchten Frösche und die Unken besitzen kein Accommodationsvermögen, wohl aber die Kröten und Urodelen, doch ist es auch bei diesen nur schwach entwickelt (Th. Beer).

Wie bei Fischen, so enthält auch bei manchen Amphibien, und zwar sowohl bei Anuren als bei Urodelen, die Sclera hyalin-knorpelige, häufig pigmentierte Elemente eingesprengt. Verknöche-rungen sind bis jetzt nicht beobachtet.

Die Wölbung der Hornhaut ist beträchtlich und die Gesamt-form des Bulbus nähert sich einer Kugel. Die Pupille besitzt nicht immer eine runde Form, sondern ist da und dort, wie z. B. bei Bombinator igneus, dreieckig.

Der Chorioidea fehlt eine Argentea, ein Tapetum, eine Chorioidaldrüse, ein Processus falciformis samt einer Campanula Halleri; sie zeichnet sich also den Fischen gegenüber durch ein negatives Verhalten aus. Der Glaskörper besitzt übrigens Gefässe, die der Campanula der Fische homolog sind. Bei Urodelen treten die Ciliarfortsätze in den ersten Spuren auf; viel deutlicher sind sie bei Anuren entwickelt.

Die Iris besitzt eine wohl ausgeprägte, glatte Mus-kulatur.

Die Augen des Proteus und der Gymnophionen liegen mehr oder weniger tief unter der äusseren Haut; sie sind sehr klein und stark rückgebildet. Beim erwachsenen Proteus fehlen Linse und Iris, und der Glaskörper ist räumlich nur gering entwickelt. Es kommen übrigens zahlreiche Schwankungen in der Ausbildung vor, und dies gilt namentlich auch für gewisse Schichten der Retina.

Bei den americanischen Höhlenmolchen Spelerpes maculi-cauda und Typhlotriton zeigt das Sehorgan die ersten Spuren der Rückbildung, während dieselbe bei Typhlomolge sogar bereits weiter fortgeschritten ist, als bei irgend einem andern Höhlenmolch

(Proteus mit inbegriffen). Uebrigens schwankt der Degenerations-
grad nach den Local-Verhältnissen, d. h. nach den verschiedenen
Höhlenfundorten, wie dies auch für den blinden Fisch Troglichthys
gilt. (Ueber die blinden Fische und Salamander Americas vergl. die
Schriften von C. H. Eigenmann).

Reptilien und Vögel.

Bei Sauropsiden erreicht der Bulbus oculi — und dies gilt namentlich für die Vögel[1]) — eine im Verhältnis zum Kopf viel gewal-
tigere Grössenausdehnung als bei Amphibien. Die Sclera ist zum
grossen Theil, zumal in ihrem hinteren Abschnitt (Saurier, Eidechsen,

Fig. 214.

Fig. 214.   Scleral-Knochenring von
Lacerta muralis.

Fig. 215. Auge eines Nachtraubvogels.
Ch Chorioidea, *CM* Ciliarmuskel, *Co* Cornea,
Cv Corpus vitreum, *Ir* Iris, *L* Linse, *OP, OS*
Opticus und Opticusscheide, *P* Pecten, *Rt*
Retina, *Sc* Sclera mit Knocheneinlage bei †,
VK Vordere Kammer, *VN* Verbindungsnaht
zwischen Sclera und Cornea. Die zwischen
der grössten Breite des Bulbus gezogene punk-
tierte Linie zerfällt denselben in ein vorderes
und hinteres Segment.

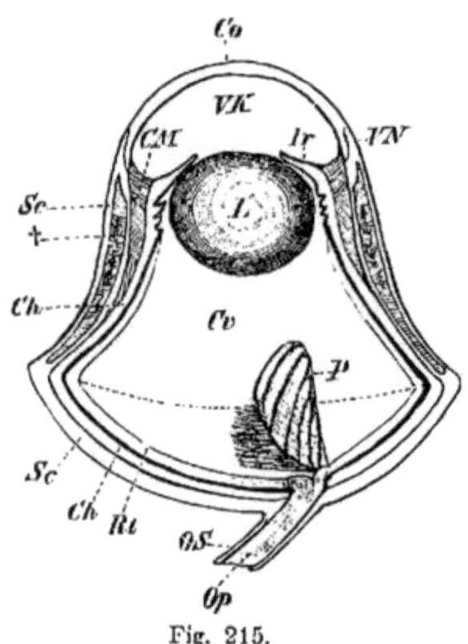

Fig. 215.

Schildkröten, Crocodile), knorpelig und besitzt in ihrem vorderen Abschnitt bei Sauriern, Scinken und Cheloniern einen Ring von
zierlichen Knochenplättchen. Dieser ist ebenso bei sehr vielen
fossilen Amphibien und Reptilien nachgewiesen und hat sich auch
auf die Vögel vererbt (Fig. 214, 215 †); bei letzteren aber finden
sich häufig ausserdem noch hufeisen- oder ringförmige Knochenbildungen in der Umgebung des Opticuseintrittes.

Während der Bulbus der Reptilien im Allgemeinen rundlich
ist, erscheint er bei Vögeln — und dies gilt vor Allem für Nachtraubvögel, viel weniger für Wasservögel — fernrohrartig in die
Länge gestreckt und in zwei Portionen, eine vordere grössere und
eine hintere kleinere, scharf abgeknickt (Fig. 215). Erstere wird nach
vorne zu durch die ausserordentlich stark gewölbte Cornea (*Co*) abgeschlossen und beherbergt eine sehr geräumige vordere Augen-
kammer (*VK*), sowie einen stark entwickelten, sehr complicierten,
in mehrere Portionen zerfallenden, quergestreiften Musculus
ciliaris. Die eine Portion wird als Crampton'scher Muskel

<hr>

[1]) Das Vogelauge schliesst sich am nächsten an das der Echsen an.

unterschieden. Auch bei Reptilien ist der Ciliarmuskel quergestreift und ist, wenn auch nicht in dem excessiven Grade wie bei Vögeln, so doch immerhin gut entwickelt, zumal bei Schildkröten[1]). Von den Vögeln an, deren Auge sich durch Klarheit und regelmässige Wölbung der brechenden Medien, durch ein grosses Gesichtsfeld und bei vielen Arten durch zwei Stellen deutlichsten Sehens in jeder Netzhaut auszeichnet, macht sich eine schärfere Differenzierung des Strahlenkörpers der übrigen Chorioiden gegenüber bemerklich, und damit kommt es zugleich zu der bereits erwähnten kräftigeren Entwicklung des Ciliarmuskels.

Während sich bei Reptilien (bei Lacertiliern und Scinken z. B.) noch ein Tapetum entwickeln kann, ist dies mit der Argentea und der Chorioidealdrüse nie mehr der Fall, und auch den Vögeln fehlen alle diese Gebilde. Dagegen findet sich bei den meisten Reptilien und Vögeln eine dem Processus falciformis des Fischauges homologe Bildung, nämlich der sogen. **Fächer** oder **Kamm**. Bei Hatteria und Cheloniern gar nicht vorhanden, erreicht er auch bei den übrigen Reptilien keine sehr kräftige Entwicklung, wohl aber ist dies bei Vögeln der Fall (Fig. 215 *P*). Hier kann er sich von der Eintrittsstelle des Opticus, beziehungsweise von der Stelle der früheren Chorioidealspalte aus nach vorne durch den Glaskörper hindurch bis zur Linsenkapsel erstrecken, oder endigt er, was viel häufiger zu beobachten ist, schon früher. Er ist bei Vögeln[2]) stets mehr oder weniger stark gefaltet und pigmentiert, besteht seiner Hauptmasse nach aus dicht verfilzten Capillarschlingen und scheint bei allen Sauropsiden in wichtigen Beziehungen zur Ernährung des Augenkerns und der Retina zu stehen. Mit der Accommodation hat er nichts zu schaffen; er ist ein schwellkörperartiges Organ und dient vielleicht auch zur Ergänzung der Irisblende.

Die bei allen Reptilien und Vögeln von einer quergestreiften Musculatur regierte und deshalb auf Lichteindrücke blitzartig schnell reagierende Iris zeigt oft eine sehr lebhafte Färbung, und dies beruht auf der Anwesenheit nicht nur von Pigment, sondern auch von bunten Fetttropfen.

Die Pupille ist in der Regel rundlich, doch kann sie auch eine senkrechte Spalte darstellen, wie z. B. bei manchen Reptilien und bei Eulen.

Die Linse der Reptilien zeigt sowohl hinsichtlich ihrer feineren Structur, als auch ihrer Form bei den einzelnen Gruppen sehr grosse Verschiedenheiten. Ihr Index ist bei den Schlangen am kleinsten, bei den Sauriern, mit Ausnahme des Gecko, am grössten. Sehr auffallend ist die ausserordentliche Grösse der Augenlinse des Gecko (Platydactylus mauritanicus); sie übertrifft diejenige einer mittelgrossen Eidechse um mehr als das Sechsfache, obgleich beide Thiere annähernd dieselbe Körpergrösse besitzen. (Th. Beer).

---

1) In Vogelaugen mit überwiegender Tensorportion fällt die Function der Accommodation, wie bei Säugern, wesentlich dem Brücke'schen Muskel, dem Tensor chorioideae, zu. D. h. durch letzteren wird die Linse durch Vorziehung der Chorioidea, durch den Crampton'schen Muskel auch oder sogar vorwiegend durch die Rückziehung der inneren Hornhautlamelle entspannt.

2) Bei Apteryx ist nur in der Embryonalzeit ein „Kamm" vorhanden, später bildet er sich zurück.

Die Linse der Vögel bietet eine ähnliche Mannigfaltigkeit der Form, wie die der Reptilien, nur fehlen so kugelige Linsen, wie sie die Nattern und Vipern besitzen, vollständig. Bezüglich des feineren Baues dagegen herrscht eine weitgehende Uebereinstimmung. Bei den Schwalben und Seglern treten Linsen von so eigenthümlicher Form (ohne radiäre Symmetrie, mit schief gegeneinander gestellten Endflächen) auf, wie sie sonst nirgends wieder angetroffen werden. Durch sehr grosse Linsen zeichnen sich die Nachtraubvögel aus. Die Linse des Kiwi und der Papageien zeigt noch den Sauriertypus.

Eine positive Accommodation durch active Entfernung der in ihrer Form unveränderten Linse von der Netzhaut existiert nur noch bei den Schlangen. Ihre Accommodationsbreite ist eine grosse. Ein eigentlicher Ciliarmuskel fehlt den Schlangen, und die Accommodation wird hier durch einen eigenthümlichen, in die Iriswurzel eingelagerten und z. Th. ihr aufgelagerten circulären, quergestreiften Muskel besorgt. Dabei spielen sich durch Steigerung des intraocularen Druckes ganz dieselben Vorgänge ab, wie sie vom Amphibienauge bereits geschildert wurden. Hier wie dort findet der von der Linse verdrängte Humor aqueus in der vertieften Kammerbucht Platz. Nicht alle Schlangen besitzen eine Accommodation.

Bei allen übrigen Sauropsiden erfolgt die Accommodation nach dem bei den Säugethieren herrschenden Modus (Entspannung der Linsenkapsel durch die Wirkung des M. ciliaris und dadurch bewirkte Aenderung d. h. Vermehrung der Linsenkrümmung). Schildkröten und namentlich Echsen besitzen eine viel grössere Accommodationsbreite als Krokodile. Bei Geckos besteht nur eine schwache Accommodation, und ebenso bei Alligatoren, Sand-, Riesenschlangen und Vipern) (Th. Beer).

Säuger.

Bei Säugern, und zwar am vollständigsten bei Primaten, wird der Bulbus in der Regel in grösserer Ausdehnung von der knöchernen Orbitalkapsel umhüllt, als bei den meisten übrigen Vertebraten, und darin mag zum Theil der Grund dafür zu suchen sein, dass sich im Bereich der Sclera keine korpeligen und knöchernen Theile mehr entwickeln, sondern dass dieselbe nur fibröser Natur ist. Die einzige Ausnahme machen die Monotremen[1]).

Die Cornea zeigt, mit Ausnahme der wasserbewohnenden Säuger, bei welchen sie flacher ist, eine ziemlich gute Wölbung, und der ganze Bulbus ist von mehr oder weniger rundlicher Gestalt.

Ein entweder aus Zellen oder aus Fasern bestehendes, nach aussen von der Membr. choriocapillaris liegendes Tapetum (P. cellulosum et fibrosum) existiert in der Chorioidea zahlreicher Säugethiere und erzeugt (durch Interferenz-Erscheinungen) die im Dunkeln „leuchtenden Augen" (Carnivoren, Robben, Wiederkäuer, Einhufer etc.). Erst bei Säugethieren, wenn auch nicht bei allen, kommt es zu einer Scheidung der capillaren Gefässe (Membrana

---

[1]) Bei Walthieren erreicht die Sclera und mit ihr die Opticus-Scheide eine extreme Mächtigkeit.

choriocapillaris) von den grösseren arteriellen Bahnen der Chorioidea. Die Venen (in wirbelförmiger Anordnung) liegen nach aussen von den Arterien.

Gewisse, einem **Processus falciformis**, resp. einem **Pecten** homologe Bildungen treten bei Säugethieren nur in der Fötalzeit auf.

Der **Ciliarmuskel**[1]) führt nur glatte Elemente, und die Linse ist an ihrer vorderen Fläche weniger stark gewölbt als an ihrer hinteren, mit welcher sie in die sogen. Fossa patellaris des Glaskörpers eingelassen ist. Die Pupille ist nicht immer rund, sondern kann queroval sein (**Ungulaten, gewisse Beutelthiere, Cetaceen u. a.**) oder eine senkrechte Spalte darstellen (**Felinen**)[2]).

Retina.

Der rechtwinkelig oder unter einem spitzen Winkel in den Bulbus einstrahlende **Sehnerv** erfährt an der Stelle seines Eintrittes eine Einschnürung, erzeugt ein **Chiasma** und löst sich dann in die licht-

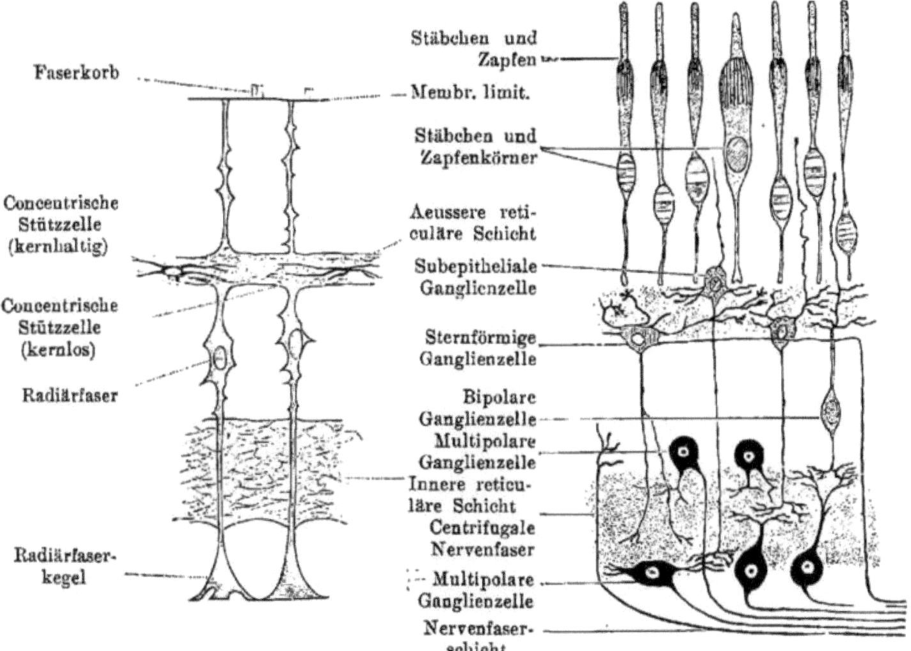

Fig. 216. Schema, links Stützelemente, rechts nervöse und epitheliale Elemente der Netzhaut. Nach Ph. Stöhr.

perzipierenden Elemente der Retina auf. Letztere muss also in der Umgebung des in der Physiologie als **blinder** oder **Mariotte'scher**

---

[1]) Beim **Känguruh** ist der Ciliarmuskel rudimentär entwickelt.

[2]) Im Auge des **Maulwurfs**, welches flach auf dem Schädel aufliegt und jeglichen knöchernen Schutzes entbehrt, handelt es sich um Beibehaltung gewisser embryonaler Charaktere. Vielleicht kann man aber die betreffenden Befunde richtiger auf den Umstand zurückführen, dass das Auge, weil für dieses Thier ohne Bedeutung, ähnlich wie bei **Proteus** und **anderen nächtlichen Thieren**, sozusagen ins Schwanken gerathen ist.

Fleck bekannten Nerveneintrittes die grösste Dicke besitzen und nach vorne gegen das Corpus ciliare zu allmählich an Stärke abnehmen, bis sie schliesslich gegen den Irisursprung hin nur noch aus einer einfachen Zellenlage besteht.

Nach aussen von der Netzhautschicht, die später als äussere Körnerschicht aufgezählt werden wird, liegt eine structurlose helle Haut, die Limitans externa. Das, was man früher als Limitans interna auffasste, gehört, streng genommen, zum Glaskörper und ist nichts Anderes als die Membrana hyaloidea desselben.

Die in frischem Zustande vollkommen durchsichtige Netzhaut besteht aus zwei, histologisch und physiologisch verschiedenen Substanzen, nämlich aus einer Stütz- und einer nervösen Substanz. Erstere, das sogen. Fulcrum, welches sich zwischen der Limitans interna und externa wie zwischen zwei Rahmen ausspannt, geht aus der ursprünglich epithelialen Anlage hervor.

Die nervösen Elemente sind in folgenden, concentrisch angeordneten Schichten angeordnet.

I. Inneres Blatt der secundären Augenblase.

A. Gehirnschicht.

1. Nervenfaserschicht (Schicht der Opticusfasern).
2. Ganglienzellenschicht.
3. Innere reticuläre Schicht.
4. Körnerschicht (innere Körnerschicht vieler Autoren).
5. Aeussere reticuläre oder subepitheliale Schicht.

B. Epithelschicht.

6. Schicht der Sehzellen (äussere Körnerschicht mit den Stäbchen und Zapfen).

II. Aeusseres Blatt der secundären Augenblase.

7. Pigmentepithel (Epithel der Retina).

Diese Schichten sind so angeordnet, dass die Nervenfaserschicht zunächst dem Glaskörper, d. h. zu innerst, die Stäbchenzapfenschicht aber zunächst der Chorioidea, also am meisten nach aussen liegt.

Somit liegen im Wirbelthierauge die letzten Endglieder der Epithelschicht, d. h. die Stäbchen und Zapfen, sowie die zugehörige äussere Körnerschicht nach aussen, d. h. den einfallenden Lichtstrahlen geradezu abgewandt. Letztere müssen also, bis sie zu ihnen gelangen, sämtliche nach innen von ihnen gelegenen Retinalschichten durchsetzen, und darin liegt die Grunddifferenz des Vertebraten-Sehorganes gegenüber demjenigen der Wirbellosen.

Fische besitzen die absolut längsten Stäbchen, sodass hier die Dicke der Stäbchenschicht ein Drittel, ja sogar in seltenen Fällen die Hälfte der ganzen übrigen Netzhaut betragen kann. Bei Säugern macht sie etwa den vierten Theil aus, und ähnlich verhält es sich auch bei Vögeln.

Die dicksten Stäbchen (die Zapfen sind viel kleiner) besitzen Frösche und Salamander, vor Allem die Spelerpesarten, so dass auf dem Raum eines Quadrat-Millimeters nur etwa 30000

Stäbchen Platz haben, während der Mensch auf demselben Raum
deren 250 000—1,000 000 besitzt. Die Vögel halten darin etwa die
Mitte.

Während bei Fischen, Vögeln nnd Säugern die (phyletisch
älteren) Stäbchen den Zapfen gegenüber weitaus vorgeschlagen[1]), ist
bei den Reptilien gerade das umgekehrte Verhalten zu beobachten
oder finden sich hier überhaupt nur Zapfen und gar keine Stäbchen. Dazu kommt, dass sich die Zapfen mancher Reptilien, aller
Vögel und der Beutelthiere durch buntgefärbte Oeltropfen
auszeichnen. Bei nächtlich lebenden Thieren treten die Zapfen den
Stäbchen gegenüber stark zurück.

In der Netzhaut der meisten Wirbelthiere existiert eine in besonderer Weise organisierte Stelle des schärfsten Sehens. Es ist dies
die in der Mitte des hinteren Augensegmentes liegende Fovea centralis oder Macula lutea. Sie beruht auf der Verdünnung sämtlicher, unter der Stäbchenzapfenschicht liegender Retinaschichten, ja
es schwinden sogar auch die Stäbchen, und nur die Zapfen persistieren (Fig. 211 *Fo*). Eine Fovea centralis fehlt den meisten Fischen
und den Urodelen. Schwach ausgeprägt ist sie bei Anuren und
den Sauropsiden. Ganz fehlt sie den Insectivoren, Nagern
und andern Säugern. Ihre eigenen Blutgefässe erhält die Retina
erst bei den Säugethieren. Bei allen übrigen Vertebraten ist sie noch
gefässlos. Die Glaskörpergefässe leisten hier Ersatz.

Hilfsorgane des Auges.

a) Augenmuskeln.

Der Bewegung des Bulbus oculi stehen im Allgemeinen sechs,
aus den Somiten hervorgehende, bezüglich ihrer Urgeschichte übrigens
noch sehr dunkle Muskeln vor, die, ihrem Verlauf entsprechend, in
vier gerade [M. rectus superior, inferior, lateralis (externus), medialis (internus)] und zwei schiefe (M. obliquus
superior und inferior) zerfallen. Erstere, welche im Hintergrunde
der Orbita, und zwar in der Regel von der Duralscheide des N. opticus
entspringen, beschreiben zusammen einen pyramidalen Hohlranm,
dessen Spitze hinten im Augengrund, dessen basale Oeffnung dagegen
in der Aequatorialebene des Augapfels, d. h. an ihrer Insertionsstelle
an der Sclera, gelegen ist.

Die beiden schiefen Augenmuskeln entspringen gewöhnlich nahe
übereinander an der inneren, d. h. nasalen Seite der Orbita, und indem sie von hier aus den Bulbus dorsal- und ventralwärts in äqua-
torialer Richtung umgreifen, stellen sie gewissermassen ein muskulöses Ringband desselben dar.

Eine Abweichung von diesem Verhalten zeigen die Säuger, insofern bei ihnen der obere schiefe Augenmuskel tief im Augenhinter-
grunde entspringt[2]), dann in der Längsachse der Orbita nach vorne

---

[1]) Bei Selachiern, Petromyzon u. A. finden sich überhaupt nur Stäbchen
und noch gar keine Zapfen.

[2]) Diese Verlagerung des Muskelursprungs vom Frontale in den Augenhintergrund
scheint, wie die Monotremen zeigen, in der Reihe der Säugethiere erst secundär zu erfolgen. Im Uebrigen ist die Natur und spätere Umbildung dieses Muskels noch keineswegs klar gestellt.

gegen den inneren (vorderen) Augenwinkel verläuft, wo er sehnig
wird und durch eine faserknorpelige Rolle (Trochlea) tritt, welche
an dem durch das Stirnbein gebildeten, oberen Augenhöhlenrand fest-
gewachsen ist (daher der Name Musculus trochlearis). Erst von
dieser Stelle an wechselt der Muskel seine Richtung und lenkt [in
querem Lauf zum Bulbus ab.

Ausser diesen sechs Muskeln, welche sich allein bei Selachiern,
Ganoiden, Dipnoërn und Teleostiern finden, existieren häufig
noch andere Augenmuskeln, wie vor Allem der vom Rectus superior
abzuleitende Levator palpebrae inferioris, sowie der Depressor palpebrae inferioris. Ferner sind noch zu erwähnen
der oft in mehrere Portionen gespaltene, zuerst bei Amphibien auf
tretende und genetisch auf den M. rectus externus zurückzuführende Retractor bulbi (am stärksten bei Hufthieren), der M.
quadratus und pyramidalis. Die beiden letztgenannten stehen
im Dienste der sogen. Nickhaut, finden sich bei Reptilien bezw.
bei Vögeln und sind genetisch mit dem Retractor bulbi verwandt.
Alle drei aber werden vom N. abducens versorgt. Bezüglich der
Innervation der geraden und schiefen Augenmuskeln verweise ich auf
das Capitel über die Hirnnerven.

b) Augenlider (Palpebrae).

Die als Schutzorgane dienenden Augenlider finden sich bei
wasserbewohnenden Thieren, vor Allem bei Fischen, nur
in rudimentärer Form, und zwar als kreis- oder halbkreisförmige,
starre Hautfalten oder -Lappen, welche das Auge an seiner oberen
und unteren Circumferenz von seiner Umgebung mehr oder weniger
scharf abgrenzen (vergl. die Arbeit von Harman). (Ueber das Verhalten der Selachier siehe unten.)

Je nach der mehr oder weniger scharfen Differenzierung eines
Lidrandes, d. h. je nach der mehr oder weniger deutlichen Absetzung
der äusseren Haut in ihrem Uebergang auf den Bulbus unter Bildung
eines oberen und unteren Fornix conjunctivae richtet sich auch
selbstverständlich die Bewegungsfähigkeit des Bulbus oculi. Um ein
ausgiebiges Schutzorgan für das Auge kann es sich dabei aber nie
handeln, insofern auch bei relativ guter Ausbildung der Lidränder
der grössere Theil der Cornea unbedeckt bleibt. Ein ungleich besseres
Schutzverhältnis wird durch das Auftreten accessorischer Lidfalten
erreicht, wie sie bei Häringen und Salmoniden auftreten. Sie
zeigen eine entfernte Aehnlichkeit mit der Nickhaut der Selachier.

Auch die Augenlider der Dipnoër und Amphibien sind in
der Regel von der umgebenden Haut noch nicht scharf differenziert
und stehen, indem sie keiner oder einer nur sehr geringen Bewegung
fähig sind, überhaupt noch auf niederer Entwicklungsstufe. Von der
ergänzend eintretenden Nickhaut wird später die Rede sein.

Bei Sauropsiden erreichen die Augenlider z. Th. schon eine
viel höhere Ausbildung. Zuweilen (Chamäleo) geht die Lidbildung
in eine Ringform über und wird durch Muskeln beweglich. Ein Hebe-
muskel für das häufig besser differenzierte (gilt auch für Säuger)
obere Augenlid findet sich bei Schildkröten, Crocodilen,
Vögeln und Säugern. Die Lacertilier, Schildkröten und
Vögel haben einen M. depressor des unteren Lides.

Bei Säugethieren endlich, wo die wohl differenzierten Lider eine grosse Beweglichkeit erreichen, kommt es durch Abspaltung von der mimischen Muskulatur zu einem Schliessmuskel (M. orbicularis s. sphincter oculi) der Lider. Zugleich entwickeln sich an deren freiem Rand schützende Haare (Cilien), während im Innern der Lider eine fibröse, harte Einlage, der sogenannte Lidknorpel (Tarsus) auftritt (Fig. 218).

Auf ihrer Rückseite sind die Augenlider aller Vertebraten von der Bindehaut des Auges, d. h. von der in die Kategorie der Schleimhäute gehörigen Conjunctiva überkleidet, und indem diese sich auf den Bulbus hinüberschlägt, erzeugt sie den sogenannten Fornix conjunctivae[1]).

Das Epithel der Conjunctiva bezw. Cornea macht hinsichtlich seiner Structur in der Wirbelthierreihe dieselben Veränderungen durch wie der Mutterboden, welchem es entstammt, nur zögernder und weniger intensiv. So zeigt es bei Fischen und Amphibienlarven noch genau denselben Bau wie die Epidermis[1]), nur kommen keine Leydig'schen Zellen mehr zur Entwicklung. Auch nach der Metamorphose behält es bei Urodelen noch einen gestrichelten Cuticularsaum, kann aber, wie dies auch für alle Anuren gilt, schon dreischichtig werden. Beim Frosch stellt die oberste Schicht ein echtes Stratum corneum dar, doch ist die Verhornung viel weniger intensiv als an der Epidermis. Dasselbe gilt auch für die Säugethiere, wo das Stratum corneum vielschichtig geworden ist. — Die Conjunctiva fornicis zeigt von den Amphibien bis zum Menschen hinauf mehrschichtiges Epithel mit gestricheltem Cuticularsaum und Leydig'schen Zellen — die ausgesprochenste Fischepidermis.

Der Mangel oder die geringe Entwicklung des oberen und unteren Augenlides bei allen unter den Säugern stehenden Vertebraten wird durch das Auftreten der sogen. **Nickhaut (Membrana nictitans)** bis zu einem gewissen Grade wenigstens compensiert[2]). Diese stellt gewissermassen ein drittes Augenlid dar, hat aber, im Gegensatz zu den oben betrachteten Augenlidern, mit der äusseren Haut nichts zu schaffen, sondern stellt nur eine Duplicatur der Conjunctiva vor und steht, wie oben schon erwähnt, unter der Herrschaft eines besonderen Muskelapparates.

Die Nickhaut kann hinter dem unteren Augenlid liegen oder auch dem vorderen (inneren) Augenwinkel genähert sein. Ersteres gilt z. B. für Anuren, letzteres für Sauropsiden. Bei letzteren. zumal bei Vögeln, erfährt sie zuweilen eine so stattliche Ausbildung, dass sie die ganze freiliegende Bulbusfläche zu überspannen im Stande ist. Bei Säugethieren liegt sie stets im vorderen (inneren) Augenwinkel und erscheint bei Primaten auf eine kleine halbmondförmige Falte (Plica semilunaris) reduziert, d. h. sie figuriert hier in der Reihe der rudimentären Organe.

---

[1]) Bei Schlangen und Ascalaboten verwächst das untere Augenlid mit dem oberen zu einer vor dem Auge liegenden durchsichtigen Haut („Brille"), welche bei der Häutung des Thieres mit abgestossen und immer wieder erneuert wird

[2]) Vergl. das Capitel über das Integument.

c) Drüsen.

Die Drüsen zerfallen in drei Abtheilungen: 1. die **Thränendrüse** (Glandula lacrimalis), 2. die **Harder**'sche bezw. **Nickhautdrüse** (Glandula Harderiana) und 3. die **Meibom**'schen **Drüsen** (Glandulae tarsales). Ihr Secret ist dafür bestimmt, die freiliegende Bulbusfläche feucht zu erhalten und Fremdkörper wegzuspülen.

Bei Fischen und Dipnoërn scheint das äussere Medium dieser Aufgabe in ausreichendem Maasse zu genügen, allein schon bei dem ersten Versuch der Wirbelthiere, das Leben im Wasser mit einem terrestrischen zu vertauschen, war auch der erste Anstoss für die Entwicklung von secretorischen Apparaten im Bereiche des Auges gegeben.

So sehen wir schon bei Urodelen ein der ganzen Länge des unteren Augenlides folgende, vom Conjunctivalepithel aus sich bildendes Drüsenorgan auftreten, und indem letzteres in der Gegend des vorderen und hinteren Augenwinkels an Ausdehnung gewinnt und die ursprüngliche Verbindungsbrücke zwischen beiden allmählich schwindet, gehen bei Reptilien[1]) zwei Drüsen daraus hervor, wovon sich jede in ganz bestimmter, histologisch-physiologischer Richtung weiter differenziert. Aus der einen wird die stets am vorderen (inneren) Augenwinkel liegende, den Bulbus median- und ventralwärts mehr oder weniger weit umgreifende **Drüse der Nickhaut (Harder**'sche), aus der anderen wird die **Thränendrüse** (Fig. 217 HH_1, *Th*). Letztere behält ihre ursprüngliche Lage am hinteren Augenwinkel zeitlebens bei, ja sie bleibt sogar noch bis zu den Vögeln hinauf im Bereiche des unteren Augenlides und zugleich im Gebiet des II. Trigeminus liegen. Bei den Säugern macht sich bei ihr mehr und mehr das Bestreben geltend, in mehrere Portionen zu zerfallen und in den Bereich des oberen Augenlides einzurücken, so dass hier die Ausführungsgänge (Fig. 219 * *) in den oberen Conjunctivalsack ausmünden. Gleichwohl finden sich auch hier noch bis zu den Primaten hinauf mehr oder weniger zahlreiche Ausmündungsstellen im unteren Conjunctivalsack und weisen so auf die ursprüngliche Lage der Thränendrüse zurück[3]).

[1]) Auch bei manchen Selachiern, (Carcharias, Galeus, Zygaena, Scyllium, Mustelus) kommt schon eine Bildung vor, die man als Nickhaut bezeichnet, die aber so wenig als der zugehörige Knorpel, Muskel und Nerv (s. später) eine directe Parallelisierung mit dem gleichnamigen Apparat der übrigen Vertebraten zu erlauben scheint. Sie ist genetisch auf die untere Lidfalte zurückzuführen und stellt diesem gegenüber eine spätere und secundäre Bildung, d. h. eine zwischen Bulbus und dem unteren Lid auswachsende Falte dar. An der zugehörigen Muskulatur kann man fünf Unterabtheilungen, die übrigens unter sich mehr oder weniger in Verbindung stehen, unterscheiden, nämlich: 1. Levator palpebrae nictitantis, 2. Depressor palpebrae superioris, 3. Retractor palpebrae superioris, 4. Constrictor spiraculi und 5. Dilatator spiraculi. Alle diese Muskeln entstammen einer Muskulatur, welche ursprünglich dem Spiraculum zugehört und welche einem hohen und tiefen Hautmuskellager entstammt. Sie wird vom Trigeminus versorgt, allein die Verbindung des betreffenden Astes mit dem Facialis ist eine so innige, dass vielleicht die eigentliche Quelle in letzterem zu suchen ist.

[2]) Bei Crocodilen und Hatteria fehlt die Thränendrüse, während sie bei Seeschildkröten (Chelonia midas) monströs entwickelt ist.

[3]) In der Primatenreihe incl. Homo stellt sich die Thränendrüse als ein Doppelgebilde dar, insofern sie aus einer durch compacteren Bau sich auszeichnenden Glandula principalis und aus einer lockerer gebauten Glandula accessoria besteht. Letztere ist der Conjunctiva immer mehr genähert und besitzt eine grössere Zahl von Ausführungsgängen. Die Gl. principalis kann ausserhalb der Orbita liegen. Ueber das Nähere vergl. die Arbeit von Trotsenburg.

Das Secret ergiesst sich in der Regel durch mehrere Oeffnungen in den Conjunctivalsack und würde sich hier ansammeln, wenn es nicht durch den Lidschlag in der Richtung gegen den inneren Augenwinkel fortgeschafft würde. Dort, dicht vor der Caruncula lacrimalis, am Rande des oberen und unteren Augenlides, liegen die oft auf kleinen Papillen sitzenden Puncta lacrimalia, welche hie und da, wie z. B. bei Nagern, Sauriern und Vögeln, schlitzartig gespalten sein können. Von diesen erstrecken sich quer gegen

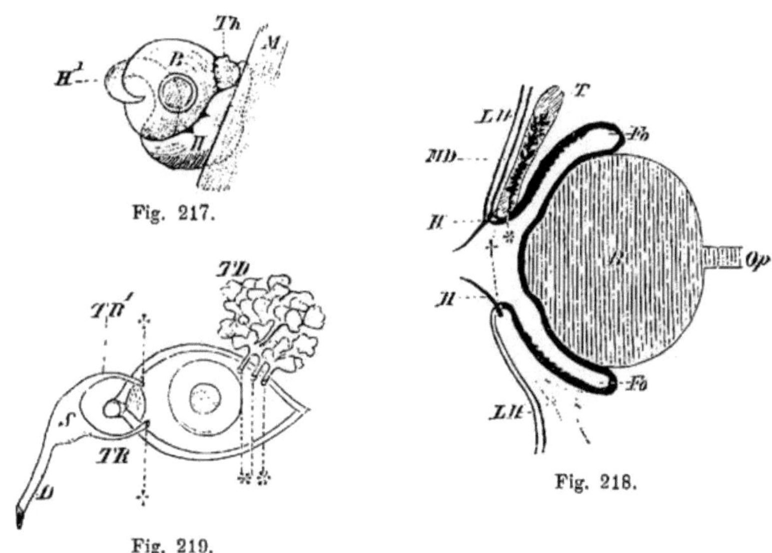

Fig. 217.

Fig. 218.

Fig. 219.

Fig. 217. Drüse der Nickhaut (Harder'sche Drüse) (H, H^1) und Thränendrüse (Th) von Anguis fragilis. B Bulbus oculi, M Kaumuskeln.

Fig. 218. Senkrechter Durchschnitt durch das Säugethierauge, schematische Darstellung. B Bulbus oculi, Fo, Fo Fornix Conjunctivae superior et inferior, H, H Wimperhaare, LH, LH äussere Haut der Augenlider, welche sich am freien Lidrand bei † in die Conjunctiva umschlägt, Op N. opticus, T Tarsus mit eingelagerter Tarsal-(Meibom'scher) Drüse (MD), welche bei * ausmündet.

Fig. 219. Schematische Darstellung des Thränenapparates eines Säugethiers. D Ductus naso-lacrimalis, S Thränensack, TD Thränendrüse, in mehrere Portionen zerfallen, TR, TR^1 Thränenröhrchen, ** Ausführungsgänge der Thränendrüse, †† Puncta lacrimalia.

die Nasenwurzel herüber kurze Gänge, welche in den sogenannten Thränensack einmünden (Fig. 219 TR, TR, S).

Von hier aus gelangt dann die Thränenflüssigkeit in den schon beim Geruchsorgan in genetischer und anatomischer Beziehung geschilderten Ductus naso-lacrimalis (Fig. 210 D), welcher bei Säugern unter der Concha inferior in die Nasenhöhle mündet.

Eine wohl differenzierte Harder'sche Drüse, die sich aber da und dort (z. B. bei Mammalia) als ein aus mehreren, anatomisch und physiologisch verschiedenen Elementen bestehender Drüsen-

complex herausstellt, findet sich von den ungeschwänzten Amphibien
an bis zu den Säugethieren hinauf[1]).

Bei Primaten wird sie rudimentär.

Die zu der Gruppe der Talgdrüsen gehörenden Glandulae
tarsales (Meibomianae) sind auf die Säugethiere beschränkt
und liegen hier als baumförmig verästelte Schläuche oder traubenförmige Massen in die Substanz des oberen Augenlides eingebettet.
Sie münden am freien Lidrand aus und produzieren ein fettiges Secret.
Endlich wären noch die Glandulae ciliares (Molli) zu erwähnen.
Diese sind modifizierte Schweissdrüsen und münden ebenfalls am
freien Lidrand dicht neben den Cilien aus.

Bei den Cetaceen ist der ganze Thränenapparat in Anpassung
an die Lebensbedingungen rückgebildet und auch die Nickhaut ist
rudimentär. Bei Phoca, Lutra und Hippopotamus ist die
Thränendrüse stark regressiv und thränenleitende Wege fehlen gänzlich; auch beim Maulwurf liegen Rückbildungen vor.

Gehörorgan.

Ich habe schon bei der Betrachtung der Neuro-Epithelien des
Geschmacks- und Geruchsorganes auf gewisse Beziehungen zu den
Hautsinnesorganen der Fische und Amphibien hingewiesen.
Daran ist nun auch beim Gehörorgan bezw. bei dem damit auf's
Innigste verknüpften Gleichgewichtsorgan wieder zu erinnern,
denn hier wie dort handelt es sich um eine Enstehung
des Sinnesepithels vom Integument, d. h. vom Ektoderm
her, welches an der betr. Stelle zunächst eine Verdickung erfährt.
Die verdickte Stelle senkt sich in der Gegend des primitiven Hinter-
hirns jederseits in die Tiefe und schnürt sich später in Form eines
Bläschens von der Oberfläche ab. Das auskleidende, in seinem
Verhalten an die Hautsinnesorgane der wasserlebenden
Anamnia erinnernde, Epithel differenziert sich in längliche
Sinneszellen (Haarzellen) und in indifferente, bandartige
Stützzellen. Erstere stehen mit Nerven in Verbindung und tragen
an ihrem freien Ende einen Haarbesatz (Fig. 220). Dass das betr.
Nervenende die Sinneszelle nur körbchenartig umflicht, kann nicht
mehr bezweifelt werden, und aus diesem Grund handelt es sich nicht
mehr um „primitive" sondern um „secundäre" Sinneszellen (vergl.
die Einleitung zum Geruchsorgan).

Wie die anderen höheren Sinnesorgane, so liegt auch das
Gehörorgan der Wirbelthiere stets im Bereiche des Kopfes, und zwar
zwischen der Trigeminus- und Vagusgruppe. Beim Fötus zeigt
sich die erste Anlage rechts und links vom Nachhirn (Fig. 221 *L B*),
und nachdem sich, wie oben schon angedeutet, das Bläschen jederseits
vom Ektoderm abgeschnürt hat und durch die vom peripheren

---

[1]) Bei der weissen Ratte mündet die am äusseren Augenwinkel liegende „In-
fraorbitaldrüse" sowie die am oberen Rand der Gl. parotis liegende „äussere Or-
bitaldrüse" durch einen und denselben Ausführgang im Bereich des äusseren Augenwinkels aus. Sie ist von der Harder'schen Drüse getrennt und hat mit ihr nichts zu
schaffen (Löwenthal). Weitere Untersuchungen müssen zeigen, ob diese Drüse zum
System der Thränendrüse zu rechnen ist oder nicht (vergl. Trotsenburg).

Acusticus-Ganglion auswachsenden Nervenfäden mit dem Gehirn in Verbindung getreten ist, rückt es bald tiefer in das mesodermale Gewebe des Schädels herein, verliert seine ursprüngliche birnförmige oder rundliche Form und theilt sich in zwei Abschnitte, die man als **Utriculus** (Sacculus ellipticus) und **Sacculus** (Sacculus sphaericus s. rotundus) bezeichnet und die anfangs durch eine sehr weite Communicationsöffnung (Canalis utriculo-saccularis) (Fig. 222, *cus*) miteinander in Verbindung stehen (Fig. 222, *u, s*). Aus

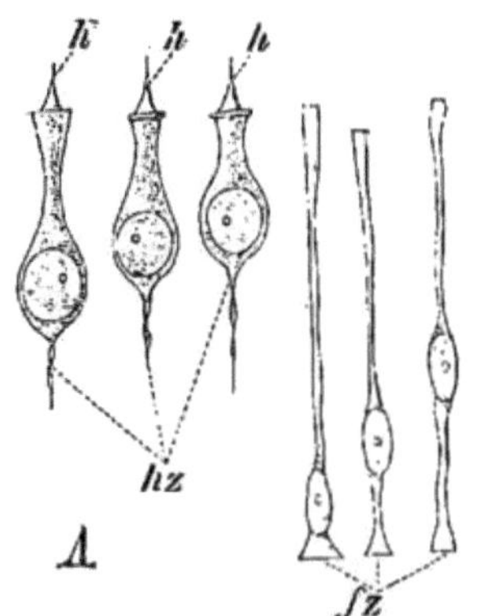
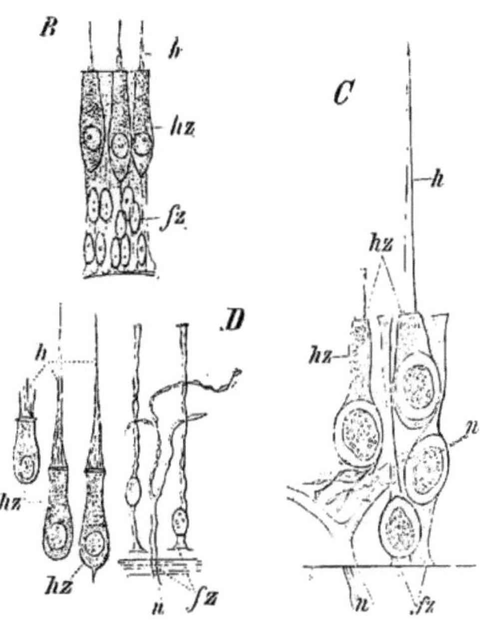

Fig. 220. Isolierte Elemente aus dem häutigen Gehörorgan. Nach G. Retzius. **A** aus der Macula acustica communis von Myxine glutinosa, **B** aus der Macula acustica neglecta von Raja clavata, **C** aus der Crista acustica einer Ampulle von Siredon mexicanus, **D** aus der Crista acustica der vorderen Ampulle von Rana esculenta. *fz* Fadenzellen, *hz* Haarzellen, welche an ihrem freien Ende das Haar *h* tragen, *n, n* Nerv, in Theilung begriffen. Auf der linken Seite von **D** ist das Haar abgebrochen und in seine einzelnen Fasern aufgelöst.

ersterem, welcher die Pars superior des häutigen Gehörorgans darstellt, differenzieren sich die sogen. **halbzirkelförmigen Canäle** oder **Bogengänge**, aus letzterem, welcher einer Pars inferior entspricht, der schlauchförmige, stets an der medialen Seite emporsteigende **Recessus vestibuli** (Aquaeductus vestibuli s. Ductus endolymphaticus) und die **Schnecke (Cochlea)** (Fig. 222).

Dieser ganze, sehr komplizierte Apparat stellt das häutige Gehörorgan oder das **häutige Labyrinth** dar. Dieses wird erst secundär von mesodermalem (anfangs gallertigem) Gewebe umwachsen, und zwar handelt es sich zuerst zwischen beiden um eine unmittelbare Berührung, später aber bildet sich zwischen ihnen eine, die innersten Mesodermschichten betreffende Resorptionszone aus.

Dadurch entsteht ein Hohlraum, welcher das häutige Labyrinth formell ebenso genau repetiert, wie dies von Seiten des später verknorpelnden oder verknöchernden, peripher davon gelegenen Mesodermgewebes geschieht. In Folge dessen kann man ein **häutiges** und ein **knöchernes Labyrinth** und zwischen beiden einen von lymphartiger Flüssigkeit erfüllten Hohlraum (**Cavum perilymphaticum** unterscheiden. Der ebenfalls ein Fluidum enthaltende Binnenraum des häutigen Labyrinthes wird **Cavum endolymphaticum** genannt[1]).

Abgesehen von den Cyclostomen sind die Bogengänge stets in der Dreizahl vorhanden. Man unterscheidet einen oberen (vorderen), hinteren und lateralen (äusseren) Bogengang.

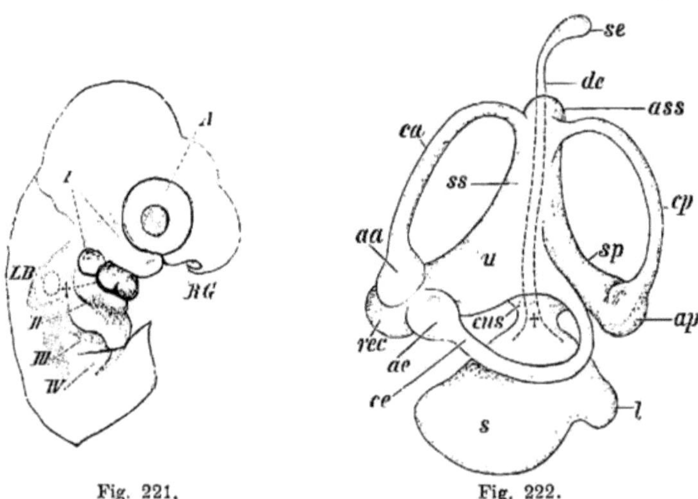

Fig. 221.   Fig. 222.

Fig. 221. Vorderer Körperabschnitt eines Hühnerembryos. Theilweise nach Moldenhauer. *A* Auge, *I—IV* erster bis vierter Kiemenbogen, *LB* Labyrinthbläschen (Primitives Gehörbläschen) durch die Körperdecken durchschimmernd, *RG* Primitive Riechgrube, † Stelle, wo sich der äussere Gehörgang zu bilden anfängt.

Fig. 222. Halbschematische Darstellung des häutigen Gehörorganes (Labyrinthes) der Wirbelthiere. Von aussen gesehen. *aa, ae, ap* die zu den halbcirkelförmigen Kanälen in Beziehung stehenden Ampullen, *ass* Apex sinus utriculi superioris, *ca, ce, cp* Canalis semicircularis superior (anterior), lateralis (externus) und posterior, *cus* Canalis utriculo-saccularis, *de, se* Ductus und Saccus endolymphaticus, wovon der erstere bei † aus dem Sacculus entspringt, *l* Recessus sacculi (lagena), *rec* Recessus utriculi, *s* Sacculus, *sp* Sinus posterior utriculi, *ss* Sinus utriculi superior, *u* Utriculus.

Der erste, sowie der letzte entspringt mit blasenförmiger Erweiterung, in Form einer sogen. Ampulle an demjenigen Theil des Utriculus, welchen man als Recessus utriculi bezeichnet. Auch der hintere Bogengang entsteht mit einer Ampulle (Fig. 222). Nur die Ampullen fungieren, wie gleich näher besprochen werden soll, als Träger von Sinnesorganen, die Bogen selbst stellen nur Schutzvorrichtungen für jene und die Träger der Endolymphe dar.

---

[1]) Zur Fixation der Bogengänge dienen bindegewebige, häufig durchbrochene Lamellen („Ligamenta"), welche von der Wand einspringen und den perilymphatischen Raum durchsetzen. Diese Membranen stellen die letzten Ueberreste jenes Gallertgewebes dar, welches sich an den betreffenden Stellen verdichtet hat.

Weitere Befestigungsmittel der häutigen Bogengänge stellen die Blutgefässe dar, welche den perilymphatischen Raum durchsetzen und sich zum grossen Theil an den Bogengängen verbreiten.

Von den anderen Enden der Bogengänge mündet dasjenige des horizontalen mit trichterartiger Erweiterung selbständig in den Utriculus ein, diejenigen des vorderen und hinteren Ganges dagegen fliessen in eine gemeinschaftliche, mit dem Utriculus in offener Communication stehende Röhre, in die sogen. Bogencommissur (Sinus utriculi superior) zusammen (Fig. 222).

Im Bereich der verschiedenen Nervenplatten finden sich bei sämtlichen Wirbelthieren Concretionen von vorwiegend kohlensaurem Kalk. Diese sogen. **Otolithen** oder **Gehörsteinchen**, welche sich im Innern der den betreffenden Binnenraum auskleidenden Epithelzellen

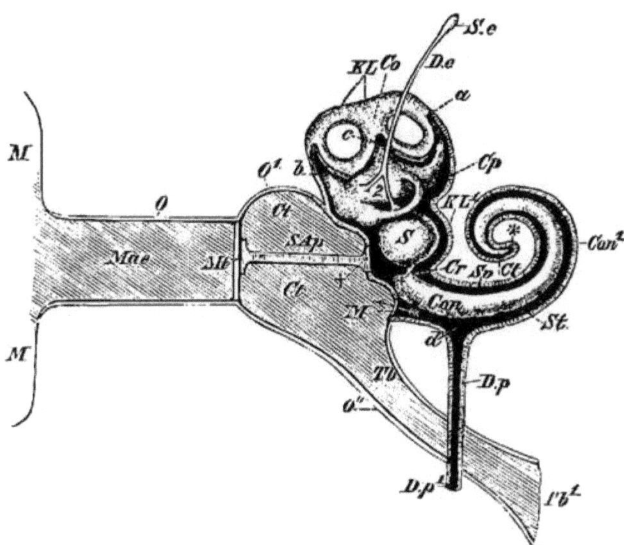

Fig. 223. Schematische Darstellung des gesamten Gehörorgans vom Menschen. Aeusseres Ohr: *M, M* Ohrmuschel, *Mae* Meatus auditorius externus, *Mt* Membrana tympani, *O* Wand des Meatus auditorius externus. Mittelohr: *Cl, Cl* Cavum tympani, *M* Membrana tympani secundaria, welche die Fenestra rotunda verschliesst, *O"* Wand der Tuba auditiva, *O¹* Wand des Cav. tympani, *SAp* schallleitender Apparat, welcher an Stelle der Ossicula auditiva nur als stabförmiger Körper eingezeichnet ist. Die Stelle † entspricht der Steigbügelplatte, welche das ovale Fenster verschliesst, *Tb* Tuba auditiva (Eustachii), *Tb¹* ihre Einmündung in den Rachen, Inneres Ohr mit zum grössten Theil abgesprengtem knöchernem Labyrinth (*KL, KL*), *a, b* der obere und hintere Bogengang, wovon der eine (*b*) durchschnitten ist, *c, Co* Commissur der Bogengänge des häutigen und knöchernen Labyrinths, *Con¹* knöcherne Schnecke, *Con* häutige Schnecke, die bei † den Vorhofblindsack erzeugt, *Cp* Cavum perilymphaticum, *Cr* Canalis reuniens, *D.p* Ductus perilymphaticus, welcher bei *d* aus der Scala tympani entspringt und bei *D.p¹* ausmündet, *S* Sacculus, *S.e, D.e* Saccus und Ductus endolymphaticus, wovon sich der letztere bei 2 in zwei Schenkel spaltet, *Sv* und *St* Scala vestibuli und Scala tympani, welche bei * an der Cupula terminalis (*Ct*) ineinander übergehen. — Der laterale Bogengang ist mit keiner besonderen Bezeichnung versehen, doch ist er leicht zu erkennen.

entwickeln und später frei werden, zeigen die mannigfachsten Form- und Grössenverhältnisse. Die grössten und massivsten finden sich bei Teleostiern. Sie stellen entweder durch das ganze häutige Gehörorgan hindurch eine zusammenhängende Masse dar oder sie sind gruppenweise angeordnet.

Was endlich die Vertheilung der Zweige des N. acusticus,

beziehungsweise den Sitz der Sinnesepithelien betrifft, so kommen dabei folgende Punkte des häutigen Labyrinthes in Frage: 1. die drei Ampullen der Bogengänge, wo die Hörzellen auf leistenartig ins Lumen vorspringenden Prominenzen (Cristae acusticae) sitzen; 2. der Utriculus mit dem Recessus utriculi; 3. der Sacculus, beziehungsweise die von letzterem ausgehende Schneckenanlage, d. h. der Recessus cochlea (lagena). Die Nervenendstellen des Utriculus und Sacculus werden als „Maculae acusticae“ bezeichnet, und zu diesen kommt noch 4. die Macula acustica neglecta. Letztere liegt bei Fischen, Vögeln und Reptilien dicht am Boden des Utriculus, ganz nahe dem Canalis utriculo-saccularis, bei Amphibien dagegen hat sie ihre Lage an der Innenseite des Sacculus. Sie besitzt ab origine schon einen rudimentären Charakter und unterliegt bei Säugethieren und dem Menschen einer immer weiter fortschreitenden Reduction, beziehungsweise einem vollständigen Schwund. Ursprünglich unter sich in Zusammenhang stehend, lösen sich die verschiedenen Abtheilungen der Sinnesplatte, d. h. der Macula acustica, später voneinander los und stellen schon von den Teleostiern an selbständige Maculae acusticae dar.

Man darf nun aber keineswegs annehmen, dass alle durch jene Sinnesepithelien charakterisierte Stellen der Gehörperception dienen. Ein grosser Theil derselben, wie z. B. diejenigen der Ampullen und wahrscheinlich auch noch die im Utriculus und Sacculus liegenden sind als Gleichgewichtsorgane, d. h. als Apparate aufzufassen, die dem Träger zur Orientierung im Raume dienen und ihm in erster Linie die jeweilige Lage und Stellung des Kopfes zum Bewusstsein bringen. Wenn man nun erwägt, dass der die Bogengänge, den Utriculus und Sacculus umfassende Abschnitt des häutigen Labyrinthes in der Stammesgeschichte ungleich weiter zurückreicht, und wenn man weiter die Thatsache in Betracht zieht, dass sich die früher bei Wirbellosen als Hörorgane gedeuteten Apparate bei genauerer Prüfung zum allergrössten Theile nicht als solche, sondern als Gleichgewichtsorgane erwiesen haben, so liegt der Gedanke nahe genug, dass der ganze Apparat ursprünglich überhaupt nicht als ein Gehör-, sondern als ein Gleichgewichtsapparat in die Erscheinung trat. Erst ganz allmählich, mit der phylogenetisch erst viel später auftretenden Schnecke trat dann eine Arbeitstheilung der Art ein, dass jener uralte Theil des Labyrinths seine Function unverändert beibehielt, während sich das neue Organ, die Cochlea, unter beharrlicher feinerer Differenzierung zum eigentlichen, für die Klanganalyse bestimmten Gehörorgan gestaltete.

Je höher wir nun in der Wirbelthierreihe emporsteigen, einen desto grösseren Antheil sehen wir das Mesoderm an der Bildung des Gehörorgans gewinnen. Anfangs, d. h. bei Fischen, noch dicht unter den äusseren Schädeldecken, d. h. seiner phylogenetischen Bildungsstätte (Ektoderm) noch näher liegend, und so für die theils durch die Kiemendeckel-Schilder fortgeleiteten, theils durch die Kiemenhöhle resp. das Spritzloch eindringenden Schallwellen sehr gut zugänglich, sehen wir es später immer weiter von der Oberfläche ab- und in die Tiefe rücken. Daraus entspringt mit Nothwendigkeit die Schaffung neuer Wege, welche die Zuleitung der Schallwellen ermöglichen. Es kommt zunächst zur Anlage eines Kanalsystems, das man als **Mittelohr** bezeichnet, und das aus einer als Paukenhöhle (Cavum tympani) bezeichneten, von den sogenannten Gehörknöchelchen (Ossicula auditus)[1] eingenommenen, erweiterten Partie, sowie aus einer röhrenartigen Verbindung der letzteren mit dem Rachen (Ohrtrompete, Tuba auditus) besteht.

Dieses Kanalsystem, welches nach aussen durch eine schwingungsfähige Membran, das Trommelfell (Membrana tympani), abgeschlossen wird, nimmt von jener Stelle aus seine Entwicklung, wo in embryonaler Zeit die erste Kiementasche, oder, was dasselbe besagen will, wo bei manchen Fischen das Spritzloch (Spiraculum) liegt[2].

Von den Reptilien an finden sich auch schon die ersten Andeutungen eines den Aussenrand des Trommelfelles umgebenden, eventuell durch Muskeln beweglichen Hautwulstes, der aber mit der erst bei Säugern zu typischer Entfaltung kommenden **Ohrmuschel (Auricula)** nichts zu schaffen hat. Auch der äussere Gehörgang (Meatus auditorius externus) beginnt erst bei den Mammalia eine bedeutsame Rolle zu spielen und wird dann zusamt der Ohrmuschel als **äusseres Gehörorgan** bezeichnet.

Fische und Dipnoër.

Unter den Cyclostomen besitzen die Myxinoiden nur einen, die Petromyzonten zwei Bogengänge, nämlich einen vorderen und einen hinteren. Beide stossen seitwärts in einem gemeinsamen Abschnitt, der sogen. Commissur, zusammen, und jene beiden Bogengänge zusammen sind dem einfachen Bogengang der Myxinoiden für homolog zu erachten.

Bei allen übrigen Fischen und Dipnoërn folgt das häutige Gehörorgan dem oben entwickelten Grundplan, und dies gilt auch für die höheren Wirbelthiere. Mit nur sehr wenigen Ausnahmen treffen wir eine in ihren Grundzügen überall gleich bleibende Pars superior und eine mehr und mehr sich differenzierende, sowie eine immer höhere Entwicklung und physiologische Bedeutung erreichende Pars inferior. Die Pars superior wird, wie oben schon erwähnt,

---

[1] Ueber ihre Outogenese und Phylogenese, vergl. das Kopfskelet der Säuger.

[2] In letzter Instanz ist dabei wohl an das Spritzloch der Selachier als an die Bildung zu denken, an welche sich die Ausgestaltung des Mittelohr-Raumes der Wirbelthiere anschloss, wie denn jener Kanal bei den Selachiern schon an der Labyrinthwand vorbeizieht, auch Ausbuchtungen gegen dieselbe entwickelt und somit zur Leitung von Schallwellen schon hier besonders geeignet erscheint. Es darf noch auf ein anderes functionelles Moment aufmerksam gemacht werden: beim Frosch vertheilt sich die stark venöses Blut führende Arteria subcutanea (aus der A. pulmonalis) mit einem kräftigen Aste hauptsächlich an der Paukenhöhlenschleimhaut, der somit wohl mit Recht noch respiratorische Functionen zugeschrieben werden dürfen (wie sie auch die übrigen Rachenschleimhaut z. T. noch zeigt). Auch hierin dürfen alte Beziehungen des Raumes zur Respiration erkannt werden.

Für das Trommelfell liegen die Dinge viel weniger klar, da es sich hier um eine secundäre Bildung handelt, und die Annahme sehr berechtigt erscheint, die Trommelfellbildungen in der Thierreihe nicht ohne weiteres als untereinander gleichwerthig, sondern als Parallel-Bildungen zu betrachten, die sich von einem gemeinsamen, indifferenten Ausgangspunkt aus bei Anuren, Sauropsiden und Säugern selbständig zur definitiven Vollendung ausgebildet haben (Gaupp). Nach W. K. Parker wäre das Trommelfell von einem Skelettheil, nämlich vom Spritzlochknorpel der Selachier (Rochen) abzuleiten.

durch den Utriculus mit den Bogengängen, einem vorderen, hinteren und einen äusseren, die Pars inferior durch den Sacculus

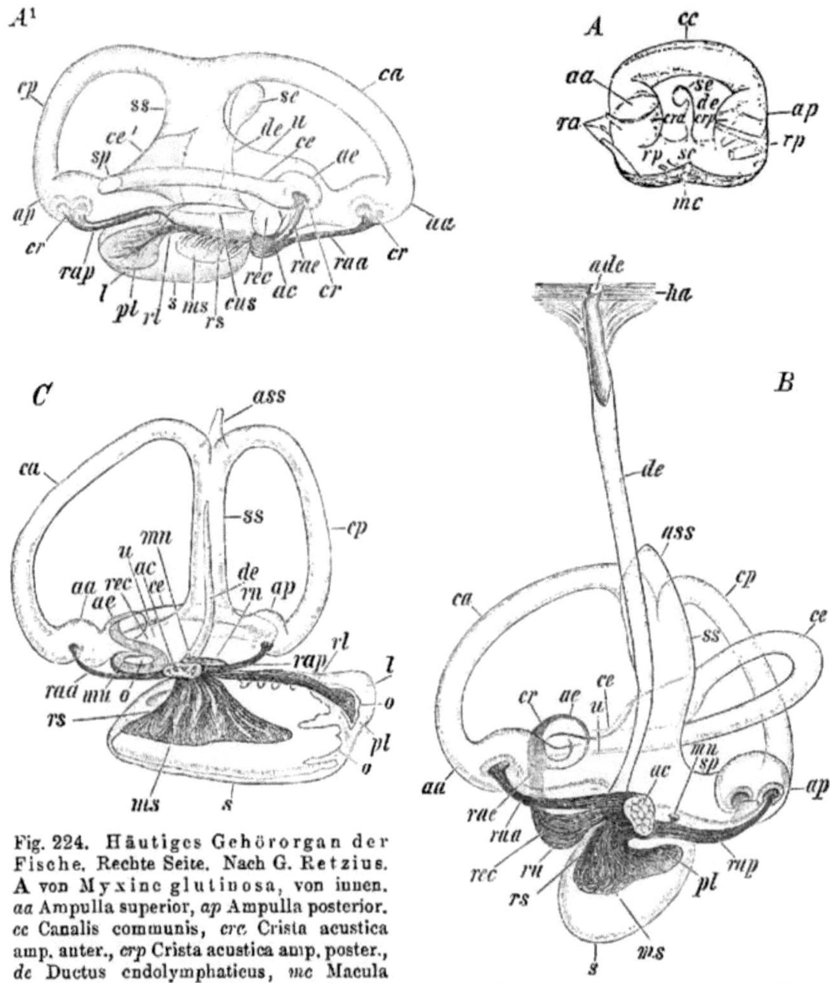

Fig. 224. Häutiges Gehörorgan der
Fische. Rechte Seite. Nach G. Retzius.
A von Myxine glutinosa, von innen.
aa Ampulla superior, ap Ampulla posterior.
cc Canalis communis, crc Crista acustica
amp. anter., crp Crista acustica amp. poster.,
de Ductus endolymphaticus, mc Macula
acustica communis, ra Ramus anterior N. acustici, rp Ramus posterior N. acustici, sc Saccus
communis, se Saccus endolymphaticus. A¹ von Acipenser sturio, von aussen geschen,
B von Chimaera monstrosa, von innen gesehen. C von Perca fluviatilis, von
innen geschen. aa Ampulla anterior, ac N. acusticus, ae Ampulla externa, ap Ampulla
posterior, ass Apex sinus superioris, ca Canalis superior, ce, ce Canalis lateralis, cp Canalis
posterior, cr Crista acustica amp., cus Canalis utriculo-saccularis, de Ductus endolymphaticus, welcher sich bei ade nach aussen durch die Haut h öffnet, l Lagena cochleae, mn Macula ac. neglecta, ms Macula acustica sacculi, mu Macula acustica recessus utriculi, o Otolithen (des Recessus utriculi, des Sacculus und der Lagena), pl Papilla acustica lagenae,
raa Ramulus ampullae anterioris, rae Ramulus ampullae externae, rap Ramulus ampullae
posterioris, rec Recessus utriculi, rl Ramulus lagenae, rn Ramulus neglectus, rs Ramulus
sacculi, ru Ramulus recessus utriculi, s Sacculus, sc Saccus endolymphaticus, sp Sinus
utriculi posterior, ss Sinus utric. superior, u Utriculus.

mit der Schnecke dargestellt. Letztere ist bei Fischen nur ein
ganz kleiner, knopfförmiger Anhang des Sacculus („Lagena"),

welcher mit der Hauptmasse des Sacculus durch den Canalis sacculo-cochlearis in offener Verbindung ist[1]). Auch Utriculus und Sacculus stehen, wenn auch nicht immer, durch den Canalis sacculo-utricularis in Communication. (Ueber die Vertheilung des Hörnerven vergl. Fig. 224—228).

Bei Selachiern öffnet sich der Ductus endolymphaticus an der hinteren Schädelgegend frei gegen das umgebende Medium hinaus[2]).

Bei Chimären, Ganoiden, Teleostiern und Dipnoërn ist das Gehörorgan nicht gänzlich von Knorpel oder Knochen umgeben, sondern es besteht gegen das Cavum cranii zu ein durch fibröses Gewebe erzeugter Abschluss. Ueberhaupt zeigt sich die bei Cyclostomen eine noch ganz selbständige Stellung einnehmende, knorpelige Labyrinthkapsel bei den Gnathostomen in nachembryonaler Zeit nicht mehr in einer solchen, sondern wird, wie dies schon früher beim Kopfskelet betont wurde, in das Schädelskelet mit einbezogen und geht sozusagen in ihm auf. Ja es können bei theilweisem Schwund des eigentlichen Labyrinthknorpels andere, dem Gehörapparat ursprünglich fremde Kopfknochen zur Umschliessung desselben beigezogen werden (viele Teleostier).

Bei gewissen Teleostiern (Siluroiden, Gymnotiden, Characiniden, Cobitiden, Clupeiden und Cyprinoiden) bestehen Beziehungen des Gehörorgans zur Schwimmblase. Diese werden hergestellt durch eine in Aussackungen der Dura mater liegende Knochenkette („Weber'scher Apparat"), deren Einzelglieder Abkömmlinge bezw. Umwandlungen gewisser Theile der vier vordersten Wirbel und ihrer zugehörigen Rippen darstellen. Durch diesen Apparat, der in die engsten Beziehungen zu den lymphatischen Räumen des Gehörorganes tritt, werden dem Centralorgan die verschiedenen Füllungszustände der Schwimmblase übermittelt.

Was das Gehörorgan der **Dipnoër**[3]) betrifft, so ist es im Allgemeinen nach dem Fischtypus gebaut, und zwar zeigt es die nächste Verwandtschaft mit dem der Selachier und besonders der Chimären.

---

1) Bei Chimaera ist noch keine Lagena differenziert, und bei den Selachiern bestehen insofern besondere Eigenthümlichkeiten, als es zu keiner Vereinigung des vorderen und hinteren Bogenganges im Sinus utriculi superior kommt, und der eine Ringform annehmende äussere Bogengang für sich getrennt in den Sacculus einmündet. Utriculus und Sacculus erfahren bei Selachiern keine Trennung.

2) Die Frage, ob jener Ductus endolymphaticus der Selachier mit dem gleichnamigen Gebilde der übrigen Wirbelthiere homologisiert werden, d. h. ob er als ein Rest des ursprünglichen Stieles betrachtet werden darf, durch welchen das Gehörbläschen zur Zeit seiner Abschnürung mit dem Ektoderm verbunden war, oder ob es sich dabei um eine erst nach der Trennung des Gehörbläschens vom Ektoderm erfolgende, secundäre Entstehung handelt, kann, wie es scheint, bis jetzt nicht sicher entschieden werden (vergl. später die Fussnote beim Gehörorgan der Reptilien).

3) Bei Protopterus erzeugt der bauchig erweiterte Saccus bezw. Ductus endolymphaticus eine Menge von schlauchförmigen, von Otolithen erfüllten Divertikeln. Das Schlauchsystem bedeckt fast die ganze Rautengrube und reicht bis zum Austritt des I. sensiblen Spinalnerven nach rückwärts. Die Schläuche der einen Seite communizieren nicht mit denjenigen der anderen Seite, sondern greifen bloss zwischen einander hinein (R. Burckhardt).

Amphibien.

Wenn sich auch bei Amphibien ein Anschluss an die Dipnoër und Fische nicht verkennen lässt, so existieren doch gewisse bemerkenswerthe Unterschiede. Diese betreffen vor Allem die Lagena, welche sich — und dies gilt namentlich für die Anuren — immer mehr von dem Lumen des Sacculus emancipiert und eine höhere Entwicklungsstufe erreicht. Während die Bogengänge bei Urodelen niedergedrückt und flach erscheinen, erheben sie sich viel höher bei Anuren. Der Sacculus erreicht bei Anuren zu Gunsten der Cochlearausbuchtung eine bedeutende Reduction, bei Urodelen dagegen zeigt er sich im Verhältnis zur Pars superior des Labyrinthes so voluminös und gerundet, wie dies bei Fischen nirgends der Fall ist.

Den ersten Anfängen einer Papilla acustica basilaris cochleae begegnet man bei Salamandrinen und sie ist sogar spurweise auch schon bei Menopoma und Siredon pisciformis nachzuweisen. Hier wie dort aber liegt die betreffende Nervenstelle noch innerhalb der Lagena; es handelt sich also noch um keine wirkliche Pars basilaris mit Knorpelrahmen. Eine solche, d. h. eine Membrana basilaris im Sinne der höheren Vertebraten, erscheint erst bei den Anuren, bei welchen die sehr verdickte Wand der Cochlea eine kleine eigenthümliche Ausbuchtung erfährt. In dieser befindet sich eine scharf umschriebene Stelle, welche von einer in einen Knorpelrahmen eingelassenen Membran (Membrana basilaris) überspannt wird.

Somit tritt zu den obengenannten Nervenendstellen der Fische im Gehörorgan der höheren Amphibien noch eine weitere hinzu, nämlich die Papilla acustica basilaris cochleae.

Der Ductus endolymphaticus kann, wie dies auch bei gewissen Teleostiern der Fall ist, eine sackartige Erweiterung erfahren, und indem die Otolithen-Massen enthaltenden Säcke von beiden Seiten entweder an der dorsalen oder zugleich auch an der ventralen Circumferenz des Gehirnes enge zusammentreten, kann letzteres in einen förmlichen Kalkgürtel zu liegen kommen. Dieses gilt z. B. für Anuren, und zugleich zieht sich hier der dorsale Theil jenes Kalkgürtels nach rückwärts in ein unpaares Gebilde aus, welches, dorsal vom Rückenmark liegend, durch den ganzen Spinalcanal bis zum Steissbeine sich erstreckt. In der Höhe der Foramina intervertebralia sendet dasselbe paarige Querfortsätze ab. Diese begleiten die Wurzeln der Spinalnerven durch die Foramina, erreichen die Spinalganglien und bedecken dieselben verschiedenartig, indem sie die sogenannten „Kalksäckchen" bilden. Dieser ganze vertebrale Theil des Sacksystemes besteht aus zahlreichen, kleinen, von Pflasterepithel ausgekleideten Schläuchen, welche haufenweise zusammenliegen, miteinander communizieren und von einem reichen Capillarnetz umwickelt sind.

Der zwischen dem häutigen Labyrinth und den umgebenden Hartgebilden befindliche Lymphraum, das Cavum perilymphaticum, steht bei Amphibien mit der Schädelhöhle medianwärts durch einen Gang, den **Ductus perilymphaticus** (Aquaeductus cochleae der menschlichen Anatomie), in Verbindung. — Diese neue Einrichtung setzt sich auf die Amnioten fort.

Ein weiterer Fortschritt den Fischen gegenüber besteht bei Amphibien in der allmählichen Anbahnung bezw. Erwerbung eines Mittelohres. An der Aussenwand der knorpelig-knöchernen Gehörkapsel liegt eine Oeffnung, die sogenannte **Fenestra vestibuli** (**ovalis**), welche durch die **Stapes-Platte** oder das **Operculum**·[1]) verschlossen wird. Von letzterer erstreckt sich ein kurzer Knorpel- oder Knochenstab — die **Columella** — zum Quadratum und Paraquadratum. (Ueber die morphologische Bedeutung dieses Apparates vergl. das Kopfskelet.) Bei vielen Amphibien sowie bei allen höheren Vertebraten besteht noch eine zweite Oeffnung an der äusseren Wand der Ohrkapsel, die sogenannte **Fenestra cochleae** (**rotunda**).

Erst in der Reihe der **Anuren** (z. B. bei den Raniden) treten eine **Paukenhöhle** (**Cavum tympani**), ein **Trommelfell** und eine **Ohrtrompete** auf[2]). Das Trommelfell liegt im Niveau der äusseren Haut und ist in einen Knorpelring eingelassen. Die Tuba mündet in den Rachen und entspricht phylogenetisch dem Spritzloch, d. h. der hyoidealen Kiemenspalte der Fische. Stapes und Columella bestehen theils aus

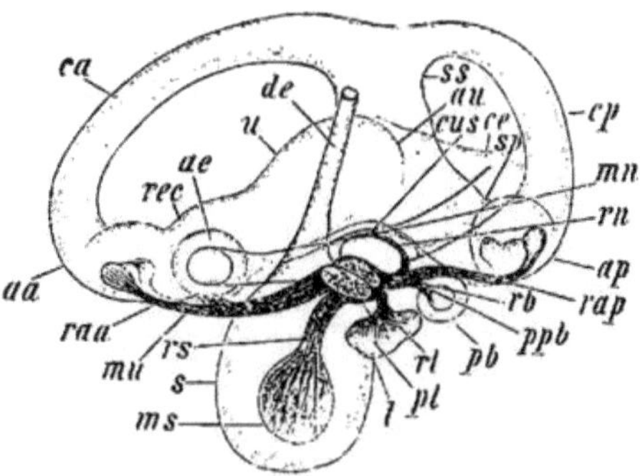

Fig. 225. Häutiges Gehörorgan von Rana esculenta, von innen. Rechte Seite. Nach G. Retzius. *a* Canalis superior, *aa* Ampulla superior, *ae* Ampulla lateralis, *ap* Ampulla posterior, *au* Apertura utriculi, *ce* Canalis lateralis, *cp* Canalis posterior. *cus* Canalis utriculo-saccularis, *de* Ductus endolymphaticus, *l* Lagena cochleae, *mn* Macula ac. neglecta, *ms* Macula ac. sacculi, *mu* Macula ac. recessus utriculi, *pb* Pars basilaris cochleae, *pl* Papilla ac. lagenae, *ppb* Papilla ac. basilaris, *raa* Ramulus amp. superioris, *rap* Ramulus amp. posterioris, *rb* Ramulus basilaris, *rec* Recessus utriculi, *rl* Ramulus lagena, *rn* Ramulus neglectus, *rs* Ramulus sacculi, *s* Sacculus, *sp* Sinus utriculi posterior, *ss* Sinus utriculi superior, *u* Utriculus.

Knorpel, theils aus Knochen; die Columella befestigt sich distalwärts mit zwei Fortsätzen einerseits am Trommelfell, andrerseits am paroccipitalen Abschnitt des Schädels. Ihr proximales Ende verbindet sich mit der Stapesplatte. Bei den **Aglossa** fliessen die beiden Tuben pharyngealwärts in eine einzige Mündung zusammen.

Das Gehörorgan der **Gymnophionen** schliesst sich in allen wesentlichen Punkten dem der **Urodelen** an.

Reptilien und Vögel.

Auch bei Sauropsiden, wo wir bei den **Cheloniern** in manchen Beziehungen Anschlüsse an das Gehörorgan der Urodelen treffen, beziehen sich die Hauptveränderungen auf die **Schnecke**, und wir können hierbei eine regelmässige Fortentwicklung von den **Cheloniern** und **Ophidiern** bis zu den **Sauriern** und **Crocodiliern** constatieren.

---

[1]) Bei den **Gymnophionen** wird die Stapesplatte von der Arteria stapedialis durchbohrt.

[2]) Die **Pelobatiden** besitzen so wenig als die **Urodelen** und **Gymnophionen** ein Trommelfell- und eine Paukenhöhle.

Bei den ersteren wächst die Schnecke immer weiter canal-
artig aus (**Ductus cochlearis**) und erfährt schliesslich bei Crocodiliern und Vögeln eine Krümmung sowie eine schwache
Spiraldrehung. Hand in Hand damit geht eine immer schärfere
Differenzierung der Lamina (Membrana) basilaris und der

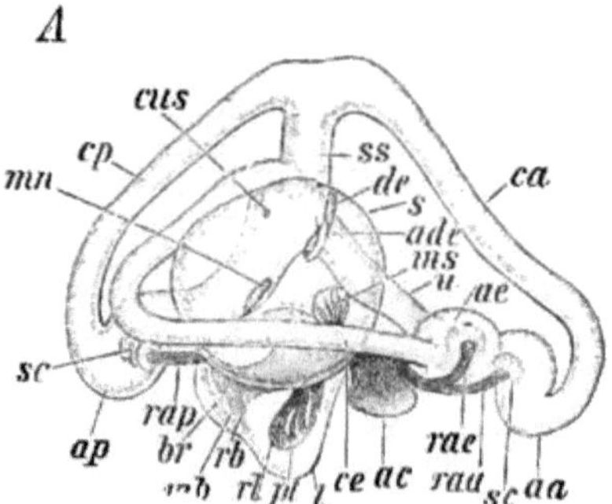

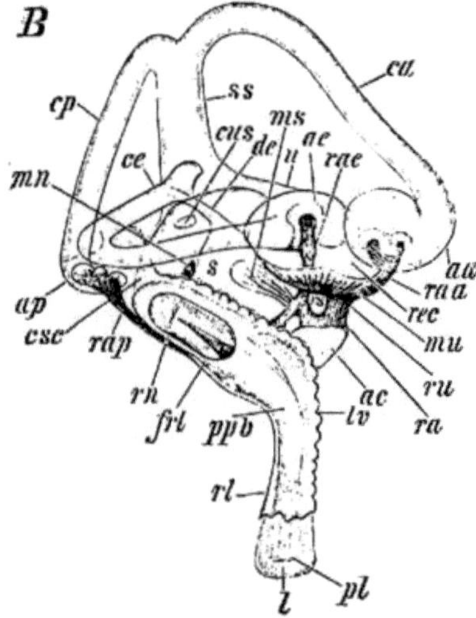

Fig. 226. **A** Häutiges Gehörorgan von
Lacerta viridis, von aussen gesehen.
B Dasselbe von Alligator mississip-
piensis. Rechte Seite. Nach G. Retzius.
aa Ampulla superior, ac N. acusticus, ade
Apertura ductus endolymph., ae Ampulla
lateralis, ap Ampulla posterior, br Ramulus
basilaris, ca Canalis superior, ce Canalis lateralis,
cp Canalis posterior, csc Canalis sacculo-cochlearis, cus Canalis utriculo-saccularis, de Ductus
endolymphaticus, frt Foramen recessus scalae tympani, l Lagena cochlea, mb Membrana
basilaris, mn Macula ac. neglecta, ms Mac. ac. sacculi, mu Macula ac. recessus utriculi,
pl Papilla ac. lagenae, ppb Papilla ac. basilaris, ra Ramus anterior des N. acusticus, raa
Ramulus amp. superioris, rae Ramulus amp. lateralis, rap Ramulus amp. posterioris, rec
Recessus utriculi, rl Ramulus lagenae, rn Ramulus neglectus, rs Ramulus sacculi, ru Ramulus recessus utriculi, s Sacculus, sc Septum cruciatum, ss Sinus utric. superior, tv Tegmentum vasculosum, u Utriculus.

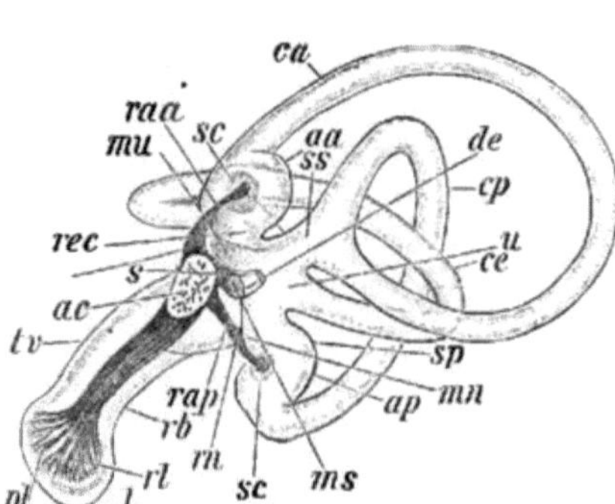

Fig. 227. Häutiges Gehörorgan von
Turdus musicus, von innen gesehen.
Rechte Seite. Nach G. Retzius. aa Ampulla superior, ac N. acusticus, ap Ampulla
posterior, ca Canalis superior, ce Canalis
lateralis, cp Canalis posterior, de Ductus
endolymphaticus, l Lagena cochleae, mn
Macula ac. neglecta, ms Macula ac. sacculi,
mu Macula ac. recessus utriculi, pl Papilla
ac. lagenae, raa Ramulus amp. superioris,
rap Ramulus amp. posterioris, rb Ramulus
basilaris, rec Recessus utriculi, rl Ramulus
lagenae, rn Ramulus neglectus, s Sacculus,
sc Septum cruciatum, sp Sinus utriculi
posterior, ss Sinus utriculi superior, tv
Tegmentum vasculosum, u Utriculus.

Papilla acustica basilaris. Beide strecken sich mehr und mehr
in die Länge, und zugleich ist eine **Scala tympani** und **vestibuli**
schon deutlich angelegt.

Bei den Sauriern trifft man die allerverschiedensten Typen des
Gehörorgans; manche sind, was die Membrana basilaris betrifft, kaum
höher entwickelt als die Ophidier (Phrynosoma, Pseudopus,

Anguis). Bei Iguana ist schon ein Fortschritt gegen Lacerta und die übrigen höheren Saurier hin zu bemerken. Die Lamina basilaris ist mehr in die Länge gezogen, und die Lagena mit ihrer Papille tritt in den Hintergrund. Bei Acantias und Platydactylus sind diese Verhältnisse noch weiter gediehen, und Plestiodon sowie Egernia endlich vermitteln durch ihre noch höhere Entwicklungsstufe eine Verbindung mit den Crocodiliern. So existiert also eine fortlaufende, ununterbrochene Entwicklungsreihe.

Indem also die Schnecke dem Sacculus gegenüber eine immer grössere Selbständigkeit gewinnt, unterliegt der Sacculus selbst bei den verschiedenen Typen den allergrössten Form- und Grösseschwankungen. So ist er z. B. bei Vögeln in der Regel sehr klein, dagegen sehr voluminös bei Sauriern (Lacerta).

Die Communicationsöffnung zwischen Utriculus und Sacculus besteht fort, doch erfährt sie eine immer grössere Beschränkung, und dasselbe gilt auch für die Oeffnung zwischen Sacculus und Cochlea. Dieselbe kann zu einem Canal ausgezogen sein (Canalis reuniens), und dies gilt insbesondere für die Vögel, welche durch die Crocodilier mit den Sauriern verbunden werden. Immerhin aber stellen sie im Bau ihres Gehörorgans einen einheitlichen Typus dar, der namentlich durch die besondere Anordnung des hoch geschwungenen vorderen und hinteren Bogenganges und die umgekehrte Einmündung desselben in den Sinus superior (Bogencommissur) charakterisiert ist.

Bei niederen Typen (Schwimmvögel) ist dies noch weniger ausgesprochen als bei höheren.

Was die Paukenhöhle der Sauropsiden betrifft, so setzt sie sich, zumal bei Krokodilen und Vögeln in Nebenhöhlen fort, wodurch lufterfüllte („pneumatische") Hohlräume in den benachbarten Knochen entstehen. Da wo eine Paukenhöhle, bezw. eine Tuba fehlen, wie z. B. bei Schlangen und Amphisbänen, ist dies als eine Rückbildungserscheinung (Anpassung an die Lebensverhältnisse) zu betrachten [1]. Unter denselben Gesichtspunkt fällt der Mangel eines Trommelfells und einer Tuba bei Hatteria.

Die Tuben der Chelonier besitzen diskrete Ostia pharyngea. Die Paukenhöhle zerfällt in einen äusseren und inneren Theil. Ersterer wird von dem tief gehöhlten Quadratum umgeben und aussen durch das Trommelfell abgeschlossen, das im Quadratum ausgespannt ist. Mit dem inneren Theil communiziert der äussere durch einen Canal, der entweder ganz vom Quadratum (Testudo u. a.) oder auch noch von Weichtheilen begrenzt sein kann (Chelonia, Emys). Durch jenen Verbindungscanal tritt die (einheitliche) Columella, deren eines Ende die Fenestra ovalis verschliesst, während das andere in das Trommelfell eingewebt ist. So viel bis jetzt bekannt ist, lässt sich die Columella der Chelonier so wenig als diejenige der übrigen Reptilien ontogenetisch auf den Hyoidbogen zurückführen.

---

[1] Bezüglich der Ophidier verweise ich auf das Capitel über das Kopfskelet der Reptilien. Ebendaselbst findet man auch das Nöthige über die Entwicklung und die morphologische Bedeutung der Ossicula auditiva. Ausdrücklich will ich aber hier noch erwähnen, dass sich das distale Ende der Columella bei Hatteria mit dem Hyoid verbindet.

Der Schallzuleitungsapparat der Crocodile ist sehr hoch entwickelt und zeigt einen complizierten Bau. Dies gilt namentlich für die Paukenhöhle und die Ohrtrompeten, welch letztere zu einer einheitlichen Rachenöffnung zusammenfliessen. Von dieser Oeffnung gehen drei Canäle aus, zwei paarige und ein medianer, unpaarer. Alle stehen nach sehr compliziertem Laufe mit dem Cav. tympani in Communication. Letzteres zeigt ausserordentlich verwickelte Raumverhältnisse, auf deren Schilderung hier nicht näher eingegangen werden kann.

Die Tubae auditivae der Vögel münden, wie bei Crocodilen, vereinigt in einer unpaaren Pharyngealöffnung. Die Paukenhöhle ist sehr geräumig und unregelmässig; ihr Haupttheil wird aussen vom Trommelfell abgeschlossen. (s. später).

Die Ohrcolumella besteht, wie dies, abgesehen von den Cheloniern, für die Sauropsiden im Allgemeinen gilt, aus einem inneren knöchernen, stabförmigen und einem äusseren, knorpeligen Stück (Stapes und Extracolumella), welch letzteres verbreitert und compliziert gestaltet ist. Ueber die Genese ist nichts Sicheres bekannt.

Ueber den M. stapedius der Sauropsiden vergl. das Capitel über den Säugethier-Schädel.

Was nun den Lymphapparat des Gehörorgans betrifft, so kommt das freie Ende des Ductus endolymphaticus bei vielen Reptilien dicht unter die Schädeldecken (Parieto-Occipital-Naht) zu liegen, ja bei Ascalaboten verlässt der Gang sogar die Schädelkapsel, drängt sich zwischen die Nackenmuskeln hinein und schwillt im Bereich des Schultergürtels zu einem grossen, gelappten Sacke an, von dem sich wurstförmige Ausläufer bis zur Ventralfläche der Wirbelsäule und zum submucösen Gewebe des Pharynx hinunterziehen. Auch bis in die Orbita hinein kann sich das Canalsystem labyrinthisch verzweigen und stets ist es von einem zähflüssigen, aus minimalen Kalkkrystallen bestehenden weissen Otolithenbrei erfüllt, wie dies für den Ductus endolymphaticus aller Vertebraton (in embryonaler Zeit wenigstens) gilt (Wiedersheim)[1].

Bei Vögeln handelt es sich von Seiten des Ductus endolymphaticus nie um eine Ueberschreitung des Schädelraumes.

Wie bei **Anuren**, so liegt auch bei den meisten **Sauriern** das Trommelfell noch ganz frei im Niveau der umgebenden Haut, bei einigen aber, wie z. B. bei Lacerta, Monitor und namentlich bei Ascalaboten, wird es von hinten her von einer kleinen, meist den vorderen Rand des Musculus digastricus einschliessenden Hautfalte ein wenig überdeckt, und geräth so in eine geschützte Lage. So kommt es allmählich zur Bildung eines äusseren Gehörganges.

---

[1] Bei der Eidechse liegt der Schluss des Gehörbläschens nicht auf seiner dorsalen Spitze und der Ductus endol. geht nicht aus diesem Kanal hervor, sondern wächst von der oberen (inneren) Wand des Bläschens aus. Aus diesem Grund wird es immer schwieriger, die Homologie jenes Anhanges mit dem gleichbenannten Gebilde bei Selachiern, falls letzteres sich aus dem offen bleibenden Ohrkanal bildet, aufrecht zu erhalten. Dies wird noch dadurch unterstützt, dass auch bei Bdellostoma und Rana, ganz so wie bei Lacerta, der Ductus endol. sich bereits angelegt zeigt, bevor das Gehörbläschen geschlossen, d. h. vom Ektoderm abgeschnürt ist.

Beim Huhn geht die das primitive Hörbläschen mit der Epidermis verbindende Epithelbrücke vollständig zu Grunde, und der Ductus endolymphaticus entsteht secundär aus der basalen Ansatzstelle der Epithelbrücke an das Bläschen.

Bei Crocodilen ist schon ein Fortschritt zu bemerken, insofern es zur Ausbildung einer durch Muskeln (M. abductor mandibulae, vom N. facialis versorgt) bewegten Klappe kommt, in welcher sich ein Hautknochen entwickelt. Auch bei **Vögeln**, wie z. B. bei Eulen, kann man von einer beweglichen, häutig-musculösen Klappe reden, und das Trommelfell erscheint auch hier von der Oberfläche des Kopfes abgerückt und kommt in den Grund eines kurzen, äusseren Gehörganges zu liegen. Es ist von einem knöchernen Ring umspannt, an dessen Zusammensetzung sich mehrere Knochen des Schädels betheiligen.

Säuger.

Den Anschluss der Säuger an die Reptilien, oder besser vielleicht an die Postreptilien, vermitteln die Monotremen, deren Gehörorgan in Manchem demjenigen der Crocodilier und Vögel ähnelt. Die Säugethier-Schnecke erfährt ihre höchste Entwicklung, indem sie zu einem langen, spiralig gewundenen Rohr auswächst[1]). In dieser Spiralwindung der Schnecke sowie in ihrem feineren histologischen Bau liegt das am meisten charakteristische Merkmal des Gehörorgans der Säugethiere.

Der Hörnerv bildet die Achse der Spirale. Entsprechend den starken Krümmungen der Schnecke erscheint auch die Papilla basilaris acustica weit in die Länge gezogen, und die von ihm eingenommene Partie der häutigen Schneckenwand wird Basilarmembran, die gegenüberliegende Wand Membrana vestibularis (Reissneri) genannt. Letztere ist bereits bei Reptilien vorhanden.

Die Papilla acustica lagenae ist, ausser den Monotremen, geschwunden. Den Säugern verbleiben somit nur sechs Nervenendstellen. Die M. neglecta fehlt auch.

Aus der ursprünglichen direkten Communication zwischen der Pars superior und inferior des häutigen Gehörorgans, also zwischen Sacculus und Utriculus, hat sich eine indirekte herausgebildet, derart, dass beide Theile nur noch durch den an seiner Einpflanzungsstelle in das häutige Labyrinth in zwei Aeste gespaltenen Ductus endolymphaticus miteinander in Verbindung stehen. Der eine Ast senkt sich nämlich in den Utriculus, der andere in den Sacculus ein.

Das obere freie Ende des Ductus endolymphaticus durchbohrt die mediale Wand der knöchernen Gehörkapsel, gelangt dadurch in den Schädelraum und endigt hier mit sackförmiger Auftreibung innerhalb der Dura mater. So wird ein Austausch von Liquor endolymphaticus einer- und Liquor epicerebralis andrerseits ermöglicht.

Was den schallleitenden Apparat betrifft, so erscheint die Membrana tympani in postembryonaler Zeit tief in den äusseren Gehörgang zurückgezogen, und darin liegt den Amphibien und

---

1) Der Mensch hat ca. 3, die Cetaceen besitzen $1^1/_2$, das Kaninchen $2^1/_2$, der Ochse $3^1/_2$, das Schwein fast 4 und die Katze 3 Schneckenwindungen. Uebrigens schwankt die Schnecke nach Gestalt und Richtung bei einzelnen Typen sehr bedeutend, und dies gilt auch für den Sacculus, sowie für alle Theile der Pars superior des häutigen Gehörorganes.

Sauropsiden gegenüber, wo sie ihre ursprüngliche, oberflächliche Lage mehr oder weniger noch beibehält, ein bemerkenswerther Unterschied. Im Cavum tympani, welches zusamt der Ohrtrompete stets gut entwickelt ist, liegen, im Gegensatz zu den Sauropsiden, wo es sich, wie oben erwähnt, nur um eine einheitliche oder in zwei Abschnitte gegliederte Knochensäule (Columella)

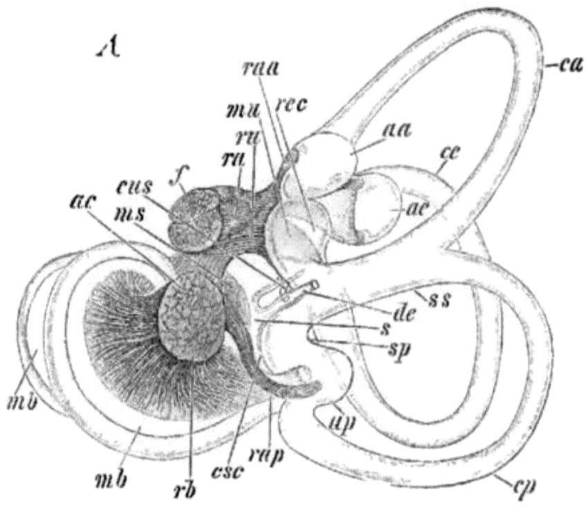

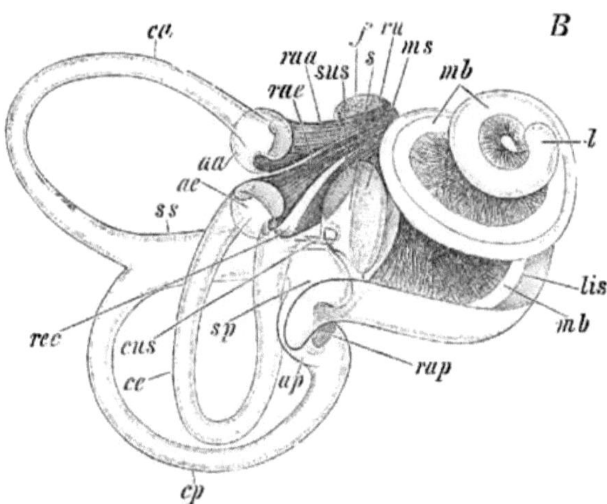

Fig. 228. Häutiges Gehörorgan des Kaninchens, A von innen, B von aussen gesehen. Rechte Seite. Nach G. Retzius. *aa* Ampulla superior, *ac* N. acusticus, *ae* Ampulla lateralis, *ap* Ampulla posterior, *ca* Canalis superior, *ce* Canalis lateralis, *cp* Canalis posterior, *csc* Canalis reuniens (Henseni), *cus* Canalis utriculo-saccularis, *de* Ductus endolymphaticus, *f* N. facialis, *l* Lagena, *lis* Ligamentum spirale cochleae, *mb* Membrana basilaris, *ms* Macula ac. sacculi, *mu* Macula ac. rec. utriculi, *ra* Ramus anterior N. acustici, *raa* Ramulus amp. superioris, *rae* Ramulus amp. lateralis, *rap* Ramulus amp. posterioris, *rb* Ramulus basilaris, *rec* Recessus utriculi, *ru* Ramulus rec. utriculi, *s* Sacculus, *sp* Sinus utriculi posterior, *ss* Sinus utriculi superior, *sus* Sinus utricularis posterior.

handelt, drei zu einer Kette gelenkig vereinigte, zwischen dem Trommelfell und der Fenestra vestibularis (ovalis) ausgespannte Gehörknöchelchen, nämlich der Hammer, der Amboss und der Steigbügel. (Ueber ihre Entwicklung vergl. den Säugethierschädel).

Im Bereich des Mittelohres finden sich zwei (quergestreifte) Muskeln, der M. stapedius und M. tensor tympani. Dieselben stehen in wichtigen Beziehungen zur Mechanik der Gehörknöchelchen bezw. des Trommelfells. Der phyletisch ältere Muskel ist der M. stapedius, dann folgt der M. tensor tympani. Der Stapedius ist in morphologischer Hinsicht der dorsalen Portion des zum Hyoid laufenden, tiefen Constrictors der Fische, aus welchem auch der hintere Bauch des M. biventer der Säugethiere hervorgeht, zuzurechnen. Dafür spricht auch seine Innervation durch den Facialis.

Ein M. tensor tympani kommt nur den Säugern zu und legt sich hier (Homo) ontogenetisch früher an, als der M. stapedius. Er hat sich vom System des Adductor mandibulae und zwar speciell von dessen erst bei höheren Formen sich differenzierender

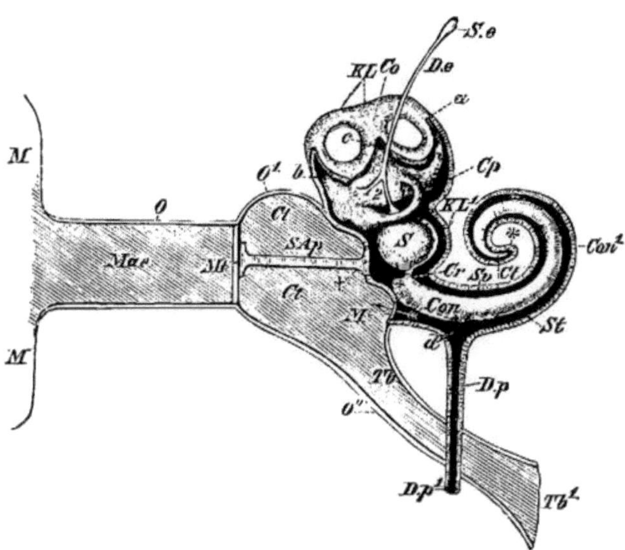

Fig. 229. Schematische Darstellung des gesamten Gehörorgans vom Menschen. Aeusseres Ohr: M, M Ohrmuschel, Mae Meatus auditorius externus, Mt Membrana tympani, O Wand des Meatus auditorius externus. Mittelohr: Ct, Ct Cavum tympani, M' Membrana tympani secundaria, welche die Fenestra rotunda verschliesst, O'' Wand der Tuba auditiva, O¹ Wand des Cav. tympani, SAp schallleitender Apparat, welcher an Stelle der Ossicula auditiva nur als stabförmiger Körper eingezeichnet ist. Die Stelle † entspricht der Steigbügelplatte, welche das ovale Fenster verschliesst, Tb Tuba auditiva (Eustachii), Tb¹ ihre Einmündung in den Rachen, Inneres Ohr mit zum grössten Theil abgespreugtem knöchernem Labyrinth (KL, KL), a, b der obere und hintere Bogengang, wovon der eine (b) durchschnitten ist, c, Co Commissur der Bogengänge des häutigen und knöchernen Labyrinths, Con¹ knöcherne Schnecke, Con häutige Schnecke, die bei † den Vorhofbliudsack erzeugt, Cp Cavum perilymphaticum, Cr Canalis reuniens, D.p Ductus perilymphaticus, welcher bei d aus der Scala tympani entspringt und bei D.p¹ ausmündet, S Sacculus, S.e, D.e Saccus und Ductus endolymphaticus, wovon sich der letztere bei 2 in zwei Schenkel spaltet, Sv und St Scala vestibuli und Scala tympani, welche bei * an der Cupula terminalis (Ct) ineinander übergehen. — Der laterale Bogengang ist mit keiner besonderen Bezeichnung versehen, doch ist er leicht zu erkennen.

Pars pterygoidea abgespalten[1]). Er steht unter der Herrschaft des III. Trigeminus (P. motoria).

---

[1]) Speciell beim Menschen steht er von Anfang an mit dem M. tensor veli palatini in Verbindung.

Bei Ornithorhynchus ist der M. tensor tympani zweigetheilt. Der eine Theil hängt mit der Rachenmuskulatur am hinteren lateralen Choanenrand zusammen, der andere entspringt selbständig an der Labyrinthwand. Beide Theile gehen in dieselbe End-

Knöchernes Labyrinth und die Schnecke der Säugethiere.

Nicht überall ist die Umschliessung des häutigen Labyrinthes von Seiten der Hartgebilde des Kopfskeletes dieselbe; gleichwohl aber spricht man in der ganzen Thierreihe, wie früher schon angedeutet, von einem häutigen und knöchernen Labyrinth und bezeichnet die einzelnen Partien des letzteren mit dem Namen der unterliegenden, häutigen Theile. Bei Säugethieren ist eine knöcherne Labyrinthkapsel, welche durch eine Knochenleiste unvollständig in zwei, den Sacculus und Utriculus umschliessende Abtheilungen zerfällt, schon vor der Verknöcherung des übrigen Schläfenbeins vorhanden.

Im Bereich des Sacculus, aus dem, wie schon oben bemerkt, als hauptsächlichstes Gebilde die Schnecke hervorgeht, bilden die knöchernen Hüllmassen des Labyrinths eine knöcherne Achse; rings um dieselbe windet sich in Spiraltouren eine Knochenlamelle

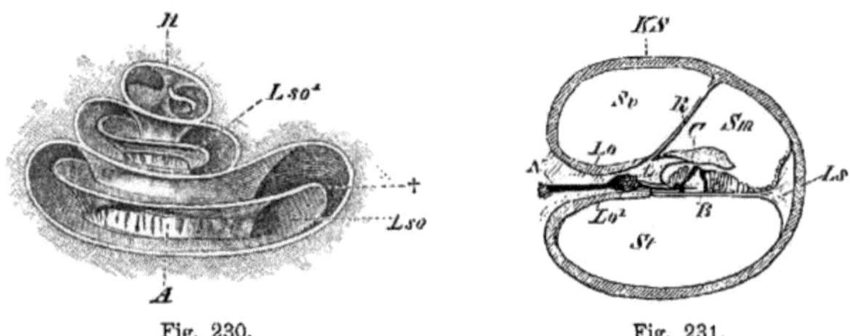

Fig. 230.　　　　　　　　　　Fig. 231.

Fig. 230. Knöcherne Schnecke des Menschen. *A* Achse, *H* Hamulus laminae spiralis, *Lso*, *Lso*¹ Lamina spiralis ossea, deren freier, von den Acusticusfasern durchbohrter Rand bei † sichtbar ist.

Fig. 231. Querschnitt durch den Schneckenkanal eines Säugethieres. Schema. *B* Lamina (Membrana) basilaris, auf welcher die Sinneszellen liegen, *C* Membrana tectoria, *KS* Knöcherne Schnecke, *L* Limbus laminae spiralis, *Lo*, *Lo*¹ die beiden Blätter der Lamina spiralis ossea, zwischen welchen bei *N* der N. acusticus (samt Ganglion links von *L*) verläuft, *Ls* Ligamentum spirale cochleae, *R* Membrana vestibularis (Reissneri), *Sm* Scala media (häutige Schnecke), *St* Scala tympani, *Sv* Scala vestibuli.

(Lamina spiralis ossea), welche in die Höhlung der Schneckenwindung vorspringt, ohne jedoch die gegenüberliegende Wand direct zu erreichen. Sie wird vielmehr durch zwei lateralwärts divergierende Lamellen fortgesetzt, und diese sind nichts Anderes, als die oben

---

sehne über, welche am Hammer inseriert. Das Ostium pharyngo-tympanicum ist keine Röhre, sondern nur eine Oeffnung, so dass man von einer eigentlichen Tuba nicht sprechen kann. Der Steigbügel hat wie bei Echidna die Form einer Columella. Bei Echidna besteht zwischen dem am Felsenbein entspringenden M. tensor und der Tuba kein Zusammenhang und ebensowenig hängt hier der Muskel mit der Rachenmuskulatur zusammen. Ein M. stapedius fehlt bei Echidna und Ornithorhynchus spurlos, und die Paukenhöhle ist, wie dies auch für Manis gilt, durch ein horizontales, bindegewebiges Septum in einen oberen und unteren Abschnitt zerlegt. (Bei Manis fehlt der M. tensor tympani.) Der untere Abschnitt gehört dem Rachen, der obere functionell dem Gehörsinn zu. Beide communizieren miteinander. Von Manis aufwärts in der Vertebratenreihe kommt es zu einer immer weiter gehenden Reduction jenes Septums, doch zeigt sich auch beim Menschen noch der obere Kuppelraum des Cavum tympani von der unteren Paukenhöhle etwas abgesetzt (Eschweiler).

schon erwähnte **Lamina basilaris** und **vestibularis**, d. h. die zwei miteinander einen Winkel erzeugenden Wände des häutigen Schneckenrohres. Die dritte Wand des letzteren wird durch einen Abschnitt der lateralen Circumferenz des knöchernen Schneckenrohres ergänzt. Die so im Querschnitt annähernd dreieckig erscheinende häutige Schnecke heisst auch **Ductus cochlearis** oder **Scala media**. Es erhellt daraus, dass letztere das Lumen der knöchernen Schnecke lange nicht ausfüllt, sondern dass noch zwei Räume übrig bleiben. Sie sind uns schon beim Gehörorgan der Vögel begegnet und werden als **Scala vestibuli** und **Scala tympani** bezeichnet (Fig. 229—231).

Beide gehören zum **perilymphatischen System** und stehen, der Scala media im Laufe folgend, über dem blinden Ende derselben, d. h. an der sogenannten **Cupula terminalis**, miteinander in offener Verbindung. Gegen die Paukenhöhle zu wird die **Scala vestibuli** durch das in die Fenestra ovalis eingelassene Glied der Gehörknöchelchen-Kette, nämlich durch den **Steigbügel (Stapes)**, die **Scala tympani** dagegen durch die die Fenestra rotunda ausfüllende **Membrana tympani secundaria** abgeschlossen [1]).

Nun liegt aber am Boden der knöchernen Schnecke, nicht weit entfernt von dem runden Fenster, eine Oeffnung, und diese führt in einen engen Canal, der als **Aquaeductus cochleae** bezeichnet wird und der bei den Amphibien bereits aufgeführt wurde.

Histologie der Säugethierschnecke.

Die in der knöchernen Schneckenachse verlaufenden Fasern des Hörnerven biegen im Laufe nach aufwärts seitlich ab und kommen in die zweiblätterige **Lamina spiralis ossea** zu liegen. An dem freien Rand der letzteren treten sie hervor und strahlen auf der Innenfläche der **Lamina basilaris** in ihre Endfibrillen aus. Diese treten an die **Sinnes-, Haar-** oder **Hörzellen** heran, und diese sind zwischen den resistenten Stütz- und Isolationszellen oder Bacilli wie in einem Rahmen ausgespannt. Von der Oberfläche der Bacilli aus zieht sich eine netzartig durchbrochene Haut (**Membrana reticularis**) lateralwärts, und in deren Maschen sind die Endhaare der Hörzellen eingelassen. Letztere werden von einer soliden Membran — **Membrana tectoria (Cortii)** bedeckt, welche vielleicht als Dämpfer wirkt, und welche vom **Labium vestibulare** der **Lamina spiralis ossea** entspringt. Die Basilarmembran besteht in ihrer ganzen Ausdehnung aus hellen, fadenförmigen, sehr elastischen Fasern, deren man beim Menschen circa 16—20000 unterscheidet.

Aeusseres Ohr.

Eine eigentliche **Ohrmuschel (Auricula)** tritt erst bei den Säugethieren als eine neue Erwerbung auf. Sie existiert schon bei den **Monotremen** und steht speciell bei **Echidna** mittelst des mit ihr

---

1) Bezüglich der Verschiedenheiten im Verhalten der Verschlussmittel der **Fenestra rotunda**, bezw. der **Apertura lateralis des Recessus scalae tympani**, bei **Säugern** und **Sauropsiden** verweise ich auf die Gaupp'sche Arbeit über das Chondrocranium von **Lacerta**. Dasselbe gilt für den **Ductus perilymphaticus (Aquaeductus cochleae)**.

ein Continuum ausmachenden knorpeligen Gehörganges mit dem oberen Ende des Hyoids in organischer Verbindung [1]).

Bei ihrem Zustandekommen bezw: bei ihrer weiteren Fortentwicklung, welche, wie wir sehen werden, zu typischen Reliefbildungen

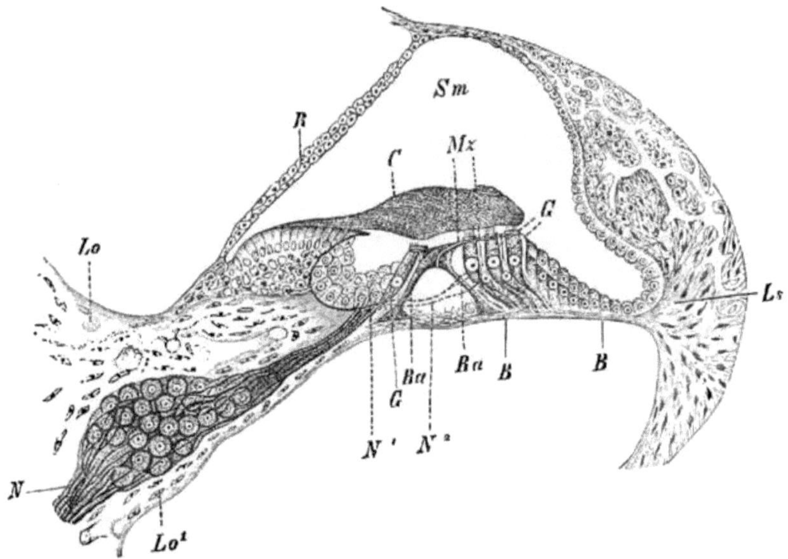

Fig. 232. Das Corti'sche Organ nach Lavdowsky. *B, B* Lamina basilaris, *Ba, Ba* Bacilli oder Stützzellen, *C* Membrana tectoria (Cortii), *Lo, Lo¹* Die beiden Platten der Lamina spiralis ossea, *Ls* Ligamentum spirale, in das die Basilarmembran ausstrahlt, *Mz* Membrana reticularis, *N* Gehörnerv mit Ganglion, N^1, N^2 der in seine Endfibrillen sich auflösende und zu den Gehörzellen (*G, G*) tretende Nerv, *R* Membrana vestibularis (Reissneri) —, *Sm* Scala media.

führt, spielt die Hautmuskulatur, als treibende und bestimmende Kraft, die wesentlichste Rolle.

Bei höheren Säugethieren [2]) handelt es sich bei der Ontogenese der Muschel und der damit auch hier continuierlich verbundenen Pars cartilaginea des äusseren Gehörganges um eine Anzahl von hügeligen Prominenzen, welche dem ersten und zweiten Kiemenbogenwulst aufsitzen und welche die äussere Oeffnung der hyoidealen Kiemenspalte (Spiraculum der Fische) begrenzen. Der ventrale Abschnitt der letzteren schliesst sich, der dorsale bleibt offen und wird zum Eingang des Meatus auditorius externus. Jene Auricularhöcker werden, indem sie sich zu einem plumpen Ring zusammenschliessen, später zu den charakteristischen Protuberanzen der Ohrmuschel, wie sie in der menschlichen Anatomie unter dem Namen des Tragus, Antitragus, Helix, Anthelix etc. bekannt sind.

---

[1]) Ob dieses Verhalten, wie es den Anschein hat, auf genetische Beziehungen zwischen der Ohrmuschel und dem branchialen Bogenapparat zurückweist, muss die Zukunft lehren. Die betr. Entwicklungsvorgänge speciell beim Menschen sprechen entschieden dafür.

[2]) Weitgehende Reductionen kann die Ohrfalte z. B. bei unterirdisch oder im Wasser lebenden Säugethieren erfahren.

Die grosse formelle Variationsbreite der Ohrmuschel in den verschiedenen Gruppen der Säugethiere betrifft namentlich diejenige Partie derselben, welche frei nach oben oder nach hinten absteht. Man pflegt sie als Ohrfalte der basalen Region als Ohrhügelzone gegenüberzustellen (vergl. Fig. 233 A).

Bezüglich des genaueren Verhaltens verweise ich auf die Fig. 233 A—E und bemerke nur noch, dass die die Ohrmuschel bewegenden

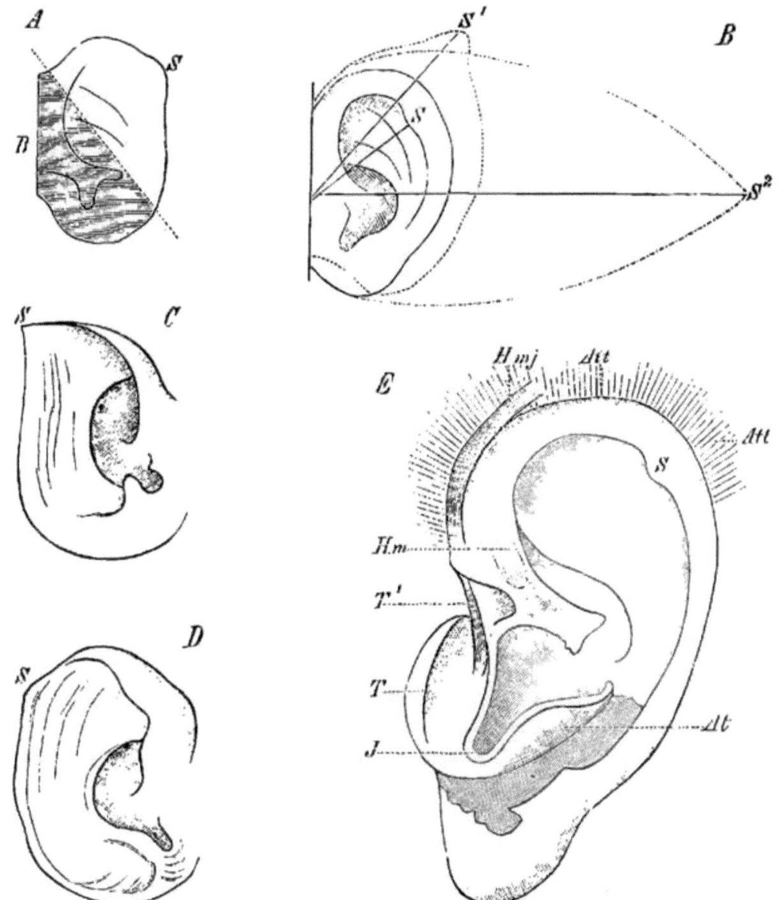

Fig. 233. **A** Ohrmuschel (Primatenform), an welcher die Ohrhügelzone schraffiert und die Ohrfaltenzone weiss gelassen ist. *B* Basis der Ohrmuschel. **B** Ohrmuschel des Menschen, des Pavian und des Rindes mit gleicher Basis aufeinander gezeichnet, *S* Spina, d. h. Ohrspitze des menschlichen, S^1 des Pavian- und S^2 des Rindsohres (homologe Punkte). Die von S, S^1 S^2 zum vorderen Ohreinschnitt gezogenen Linien bezeichnen die Höhenverhältnisse der drei Ohren. **C** Ohrmuschel von Macacus rhesus mit Ohrspitze (*S*) nach oben, **D** von Cercopithecus mit Ohrspitze (*S*) nach hinten, **E** Ohrmuschel des Menschen von der lateralen Seite mit den Muskeln: *At* Antitragicus, *Att* Attollens auriculae, *Hm* M. helicis minor, *Hmj* M. helicis major, *J* Incisura intertragica, *S* Umgerollte Ohrspitze (Spina), *T* M. tragicus, T^1 Inconstantes Bündel, welches sich vom M. tragicus zum Helixrand hinüberstreckt. Den Figuren A—D liegen die Schwalbe'schen Abbildungen, der Fig. **E** eine solche von Henle zu Grunde.

und in ihrer Ausbildung sehr schwankenden Muskeln zur Hautmuskulatur gehören und unter dem Einfluss des Nervus facialis
stehen. Genauere Angaben über die Urgeschichte der menschlichen
Ohrmuschel findet man in meinem Buch „Der Bau des Menschen
als Zeugnis für seine Vergangenheit".

Rückblick.

Die specifischen, percipierenden Elemente der Sinnesorgane sind
ektodermaler (epithelialer) Herkunft und setzen sich durch Nervenfasern mit dem centralen Nervensystem in Verbindung. Dies geschieht
entweder dadurch, dass die Nervenzelle selbst in eine Faser auswächst,
oder dadurch, dass die Sinneszelle erst secundär von Nervenfibrillen
umwachsen wird (Appositionelles Verhältnis). Ersteres Verhalten,
das in der Reihe der Wirbelthiere einzig und allein beim Riechorgan
besteht, ist als das ursprünglichste zu betrachten, und aus diesem
Grunde kann man die betreffenden Sinneszellen als primäre Sinneszellen (Neuroepithelien) den übrigen als den secundären Sinneszellen
gegenüberstellen.

Auch das Mesoderm kann sich, allerdings immer nur secundär,
insofern am Aufbau der Sinneswerkzeuge betheiligen, als es stützende,
bezw. schützende Zuschüsse liefert.

In phylogenetischer Beziehung müssen alle Sinnesorgane vom
Integument aus ihren Ursprung genommen haben, allein nur ein
Theil derselben, die Hautsinnesorgane, verharren zum grossen Theil
in dieser ihrer Lage, während andere, zu Organen höherer Ordnung
sich differenzierend, an den Kopf gebunden erscheinen, allwo sie
mehr oder weniger tief in Buchten und Hohlräume verlagert sind,
(Seh-, Geruchs-, Geschmacks- und Gehörorgan).

Die **Hautsinnesorgane** zerfallen, abgesehen von den in allen
Wirbelthierklassen vorkommenden, freien Nervenendigungen, je nach
ihrem Auftreten bei wasserlebenden oder terrestrischen Wirbelthieren,
in zwei grosse Gruppen, die sich in ihrem Auftreten geradezu gegenseitig ausschliessen.

Soweit es sich um ein feuchtes Medium handelt, begegnet man
bei den Sinneszellen stets einer Stab-, Birn- oder Keulen-Form. Die
in der Regel in hügel-, knospen- oder plattenförmiger Gruppierung
auftretenden Elemente stehen unter der Herrschaft von Nervenbahnen,
welche bei der Metamorphose (Amphibien) zusamt den betreffenden
Endapparaten wieder verschwinden.

Nur da, wo, wie im Seh-, Geruchs-, Riech-, Geschmacks- und
Gehörorgan, durch Drüsensekrete oder die umgebende Lymphe
für eine stetige Befeuchtung gesorgt ist, sehen wir die Stab- oder
Keulenform auch bei den terrestrischen luftathmenden Vertebraten
persistiren, während im Bereich der Haut andere, neue, corpusculäre
Elemente von verschiedener Form auftreten.

Am **Geruchsorgan** hat man zwei genetisch verschiedene Theile
zu unterscheiden: einen centralen bezw. cerebralen und einen peripheren, integumentalen Theil. Aus letzterem geht, unter grubenförmi-
ger Einsenkung des Ektoderms, das Sinnesepithel und in weiterem Sinne,
die Riechschleimhaut hervor. Die von hier auswachsenden „Riechfäden"
erreichen während der Ontogenese eine Ausstülpung des secundären

Vorderhirns, die man als Lobus oder Bulbus olfactorius bezeichnet. Wenn nun auch auf Grund des Vorstehenden der Gedanke an eine Ableitung des Riechorganes von Hautsinnesorganen sehr nahe liegt, so ist doch ein direkter Beweis für jene Annahme bis jetzt nicht zu erbringen, und wir sind von einem klaren Einblick in die Urgeschichte des ganzen Riech-Apparates noch weit entfernt.

Bei Fischen stellen die Riechorgane noch blind geschlossene Gruben vor, und erst von den Dipnoërn und Amphibien an kommt es zu einer Verbindung mit der Mundhöhle (Choanen-Bildung). Zugleich treten bei den terrestrischen luftathmenden Vertretern (Amphibien) drüsige Elemente und eine grössere Complication des nasalen Binnenraumes auf, welch letzterer sich bei den Amnioten durch das Erscheinen von Wulst- und Muschelbildungen noch mehr compliciert. Diese neue Einrichtung erreicht, unter Vertiefung des gesamten Nasenraumes und unter stetiger höherer Differenzierung des Ethmoidalskelets eine immer höhere Stufe, woraus eine immer bedeutendere Ausbreitungsmöglichkeit der Riechschleimhaut resultiert. Zugleich gerathen die bei niederen Vertebraten noch vorne, in der axialen Verlängerung der Schädelhöhle liegenden Nasenkapseln unter Herausbildung eines secundären Gaumens mehr und mehr an die ventrale Seite des Neurocraniums und werden von vorne her durch die äussere Nase überragt, welche in Folge der Reduction der aufsteigenden Fortsätze der Praemaxillaria bei Säugern zum erstenmal als prominentes Organ des Gesichtsschädels imponiert.

Der Anlage eines Organon vomero-nasale (Jakobson'sches Organ) begegnet man schon bei Amphibien, dasselbe kommt aber erst bei Reptilien und in noch weit höherem Masse bei Säugethieren zu deutlicher Differenzierung. Genetisch ist dasselbe auf die eigentliche Nasenhöhle zurückzuführen, d. h. es stellt ein immer mehr zur Abschnürung kommendes Divertikel derselben dar, welches schliesslich mit der Mundhöhle in Verbindung tritt und so die Perception von Riechstoffen vom Cavum oris aus vermittelt.

Das **Sehorgan** der Wirbelthiere nimmt, was die lichtpercipierende Schicht, die Retina, das Pigmentepithel und den Sehnerven anbelangt, seine erste Entstehung vom Gehirn aus. Alle diese Theile sind also, wenn auch nur indirect, Derivate des äusseren Keimblattes. Direct aus letzterem gehen hervor: das wichtigste dioptrische Element, die Linse sowie die Bindehaut. Alle übrigen Bauelemente des Sehorgans, d. h. die Gefässhaut mit der Iris, die harte Haut, der Glaskörper und der Ciliarmuskel sind mesodermalen Ursprungs. Retina, Chorioidea (plus Iris), Sclera (plus Cornea und einem Theil der Conjunctiva) constituieren die Wände des Augapfels, während die accessorischen Bestandtheile des Bulbus oculi durch äussere Bewegungs-, Schutz- und Befeuchtungsapparate, d. h. durch Muskeln, Drüsen, Lider, Cilien und Brauen, repräsentiert werden.

Wie alle Sinnesorgane, so reagiert auch das Sehorgan sehr fein auf äussere Einflüsse, d. h. es ist der Umgebung sich anpassend, in seiner Eigenart gleichsam ein Product derselben. Mit andern Worten: je nach verschiedenen Lebensbedingungen wird auch das Sehorgan verschiedene Modificationen zeigen. So begegnen wir z. B. bei Fischen, deren meist sehr grosse Augen für das Sehen in der Nähe eingerichtet sind, einer mässig gewölbten Cornea, einer kugeligen Linse, sowie einem ganz andern, auf die Einstellung in die Ferne berechneten Accommodationsapparat (Campanula Halleri), als bei terrestrischen Thieren. Nach aussen von der Gefässhaut liegen noch eine oder zwei für die Fische specifische, glänzende Membranen: die Argentea und das Tapetum lucidum, und neben der Eintrittsstelle des Nervus opticus findet sich bei Knochenfischen und Amia ein bipolares Wundernetz, die sogen. Chorioidaldrüse. Die Sclera kann verknorpeln oder verknöchern, doch kommt dies auch bei andern Wirbelthiergruppen (Amphibien und Sauropsiden) vor.

Im Gegensatz zu dem Fischauge ist das Amphibienauge im Allgemeinen nur von geringer Grösse und documentiert nicht nur keinen wesentlichen Fortschritt, sondern zeichnet sich vielmehr in mancher Hinsicht dem Fischauge gegenüber durch negative Charaktere aus (Fehlen eines Tapetum, einer Argentea, einer Chorioidaldrüse etc.). Die Linse, welche unter der Herrschaft eines, auch die höheren Vertebraten charakterisierenden Ciliar-Muskels steht, ist jetzt nicht mehr kugelig, sondern zeigt eine stärker gewölbte hintere und eine weniger gewölbte vordere Fläche.

Während bei Fischen und Dipnoërn das feuchte Medium für die Befeuchtung resp. Reinhaltung der freiliegenden Bulbusfläche genügt, treten von den Amphibien an drüsige, genetisch von der Conjunctiva abzuleitende Organe auf, welche jene Rolle übernehmen.

Die bei Fischen und Dipnoërn noch starren, unbeweglichen Augenlider setzen sich auch bei den Amphibien noch nicht sehr deutlich von der Umgebung ab und stehen überhaupt noch auf niederer Entwicklungsstufe. Der hierin sich aussprechende Mangel wird durch die von den ungeschwänzten Amphibien an auftretenden und durch die ganze übrige, höhere Wirbelthierreihe fortvererbte Nickhaut, die sozuzusagen ein drittes Augenlid darstellt und die unter der Herrschaft eines besonderen Muskelapparates steht, ausgeglichen.

Bei Sauropsiden, so namentlich bei Vögeln, erreicht der Augapfel eine im Verhältnis zum Kopf viel beträchtlichere Ausdehnung als bei den Amphibien und zeigt auch vielfach äussere Formunterschiede. Die unter Muskeleinfluss stehenden Augenlider gelangen jetzt auf eine höhere Stufe der Ausbildung und die Cornea ist ausserordentlich stark gewölbt. Der Ciliarmuskel, schon bei Reptilien ungleich besser entwickelt als bei Amphibien, erreicht bei Vögeln unter allen Vertebraten überhaupt den höchsten Grad seiner Ausbildung. Der im Sauropsidenauge auftretende Fächer oder Kamm, eine mit dem Processus falciformis des Fischauges homologe Bildung, scheint in wichtigen Beziehungen zur Ernährung des Augeninnern und der Retina zu stehen.

Die Ciliar- und Iris-Muskulatur sind quergestreift. Bei Reptilien kommen da und dort, bei Vögeln dagegen stets zwei Augendrüsen, eine Thränen- und eine Nickhautdrüse, vor.

Bei den Säugern, zumal bei den Primaten, erscheint der Augapfel ungleich tiefer in die knöcherne Ohrkapsel eingesenkt als bei den meisten übrigen Vertebraten. In Folge dessen treten in der Sclera in der Regel keine Verknorpelungen oder gar Verknöcherungen mehr auf. Der Bulbus ist mehr oder weniger rundlich, und die Cornea besitzt meistens eine ausgesprochene Wölbung. In der Chorioidea, wo es zu feinerer Differenzierung der Gefässschichten kommt, erscheint häufig ein Tapetum fibrosum und cellulosum. Die Ciliar- und Iris-Muskulatur besteht aus glatten Elementen, und die Linse ist auf ihrer hinteren Fläche stärker gewölbt, als auf der vorderen.

Die Pupillenform ist, wie dies auch in allen übrigen Wirbelthierklassen zu constatieren ist, durchaus nicht immer eine runde, sondern häufig eine eckige, längs- oder querovale.

Die Nickhaut zeigt sich sehr verschieden entwickelt und sinkt bei den höheren Säugern auf die Stufe eines rudimentären Organes herab, und dasselbe gilt auch für die Nickhautdrüse. Dagegen sind bei den Säugethieren zwei neue, an die Augenlider geknüpfte Drüsenapparate, die Glandulae tarsales und ciliares, aufgetreten.

Bei wasserlebenden Säugern erscheint der ganze Thränenapparat in Anpassung an das umgebende Medium mehr oder weniger rückgebildet, und bei unterirdisch lebenden Säugern ist das ganze Auge in regressiver Metamorphose begriffen, eine Thatsache, die auch durch nächtlich, in Höhlen etc. lebende Fische und Amphibien eine weitere Illustration erhält. Dieser Rückbildungsprocess kann hier zum vollständigen Verlust des Sehvermögens führen.

Andrerseits aber liegt auch die Möglichkeit vor, dass das Sehorgan in Anpassung an das Leben im Dunkeln eine in ganz bestimmter Weise gerichtete Umbildung erfährt (gewisse Tiefseefische).

Während die Urgeschichte des Riech- und Sehorganes der Wirbelthiere noch im Dunkeln liegt, kann hinsichtlich des Geschmacks- und Gehörorgans wohl kein Zweifel mehr darüber bestehen, dass dieselben phylogenetisch von Hautsinnesorganen abzuleiten sind.

Was ·zunächst das **Geschmacksorgan** anbelangt, so lässt sich dasselbe auf die sogenannten Endknospen, also auf Organe zurückführen, die bei Anamnia ursprünglich an verschiedenen Körperstellen über die äussere Haut zerstreut liegen, die sich aber von den Dipnoërn und Amphibien an auf die Mund- und Rachenhöhle beschränken, bis sie schliesslich bei Säugethieren ihr hauptsächlichstes Verbreitungsgebiet auf der Zunge finden.

Das **Gehörorgan** weist, wie schon die Innervation zeigt, auf das System der Nervenhügel zurück. Der bei denselben häufig zu beobachtende Vorgang, dass sie sich nach der Tiefe verlagern und hier zu unterliegenden Skelettheilen Beziehungen gewinnen, muss sich auch unter stetiger, weiterer Fortbildung und Differenzierung der betreffenden Organe in der stammesgeschichtlichen Entwicklung des Gehörorgans abgespielt und so schliesslich zur Aufnahme des gesamten Apparates in eine knorpelig-knöcherne Hörkapsel geführt haben. Anfangs, d. h. bei niederen Typen, noch eine mehr oder minder grosse Selbständigkeit besitzend, wurde die Hörkapsel im Laufe der Phylogenese immer mehr in das übrige Kopfskelet mit einbezogen und von demselben gleichsam assimiliert.

Das Primäre also ist das mit den betreffenden Sinnesepithelien aus dem Ektoderm sich entwickelnde häutige Gehörorgan. Dieses entsteht in bilateral symmetrischer Anlage zu beiden Seiten des Nachhirns und senkt sich bei weiterer Entwicklung immer tiefer in das mesodermale Gewebe, aus dem später die Skelettheile des Kopfes hervorgehen, hinein. Das Skeletgewebe liefert dann um das in einen Utriculus, Sacculus, in Bogengänge und in eine Schnecke sich differenzierende „häutige Labyrinth" eine feste Aussenhülle, das „knöcherne

Labyrinth". — Beide zusammen bezeichnet man als das innere Gehörorgan.

Früher war man gewöhnt, dem ganzen häutigen Labyrinth Hör-Functionen zuzuschreiben, allein man weiss jetzt mit Sicherheit, dass dieselben, was die eigentliche Klanganalyse anbetrifft, wohl einzig und allein der Schnecke zugeschrieben werden dürfen. Da nun ferner erwiesen ist, dass letztere bei vielen Anamnia kaum in den ersten schwachen Spuren auftritt, während der Bogenapparat mit seinen Ampullen bereits ausgebildet ist, so wird man zu der Annahme gedrängt, dass es sich bei jenen niederen Formen, wie vor Allem bei Fischen und Dipnoërn, noch nicht um ein wohl differenziertes Gehörorgan handeln kann, oder dass doch auf Grund der bei ihnen bestehenden Einrichtungen die Schallperception nur erst eine untergeordnete Rolle spielt.

In der Hauptsache handelt es sich dabei, wie Experimente dargethan haben, um einen Gleichgewichtsapparat, der seinem Besitzer bei der Bewegung im Raume zur Orientierung dient.

Somit sind in dem, was man schlechtweg als Gehörorgan zu bezeichnen pflegt, functionell zwei verschiedene, architectonisch aber zu einer einheitlichen Masse verbundene Apparate zu erblicken: ein einfacherer, phylogenetisch älterer Orientierungs- und ein ungleich complicierterer, erst bei höheren Formen ganz allmählich zu voller Entfaltung kommender, eigentlicher Gehörapparat. Ersterer, bei allen Vertebraten principiell gleich gestaltet, stellt das conservative, letzterer das fortschrittliche Princip dar.

Während nun die Fische, Dipnoër, Urodelen und Gymnophionen, sowie ein kleiner Theil der Anuren und Reptilien nur ein inneres Gehörorgan besitzen, tritt bei allen übrigen Wirbelthieren ein sogen. mittleres Gehörorgan hinzu, welches phylogenetisch dem Spritzloch gewisser Fische entspricht und wie dieses aus der ersten Kiementasche hervorgeht.

Es besteht aus der sogenannten Paukenhöhle und einer dieselbe mit dem Rachen in Verbindung setzenden Röhre, der Ohrtrompete. Nach aussen durch eine anfangs noch im Niveau der Haut liegende, schwingende Membran, das Trommelfell, abgeschlossen, birgt es in seinem Innern die sogenannten Gehörknöchelchen, welche genetisch auf den proximalen Abschnitt des mandibularen und hyoidealen Bogens zurückzuführen und dafür bestimmt sind, die Schwingungen des Trommelfells auf das innere Gehörorgan zu übertragen.

Ein Theil dieser Ossicula auditus tritt schon bei Urodelen und Gymnophionen in Form des Stapes (Operculum), bezw. der Columella auf, welch ersterer in die hier zum erstenmal erscheinende, aber noch von keinem Cavum tympani umschlossene, sondern frei, d. h. aussen an der Hörkapsel liegende Fenestra ovalis eingelassen ist. Diese Stapesplatte, bezw. die bei höheren Wirbelthieren zwischen Trommelfell und Fenestra ovalis ausgespannten Gehörknöchelchen, pflanzen ihre Schwingungen auf die das häutige Labyrinth umgebende Perilymphe und durch die Erschütterung der letzteren mittelbar auf die innerhalb des membranösen Labyrinthes befindliche Endolymphe fort. Durch diesen Vorgang endlich werden dann die Endhaare der Sinneszellen in Bewegung versetzt und der Reiz von hier aus auf die umspinnenden Nervenfibrillen übertragen. Ob es sich beim Ductus endo-

und perilymphaticus um offene Mündungen handelt, mittelst deren
diese Gänge mit dem peripheren Lymphsystem in Verbindung stehen,
ist noch nicht sicher zu bestimmen.

Zu dem Mittelohr gesellt sich von den Amphibien an noch eine
weitere, an der Aussenwand der Ohrkapsel liegende Oeffnung, die
Fenestra rotunda, hinzu, und bei höheren Formen unterscheidet man
endlich als dritte Abtheilung des Gehörorgans noch ein äusseres Ohr,
welches sich bereits bei Sauropsiden, wo das Trommelfell schon mehr
in die Tiefe sinkt. anbahnt. Es handelt sich dabei um die Anlage
eines äusseren Gehörorganes, und bei Säugethieren kommt als letzte
und jüngste Erwerbung noch eine Ohrmuschel dazu, welche, als
Schallbecher fungierend, eine typische Sculpturierung erfährt und genetisch höchst wahrscheinlich auf das Visceralskelet zurückzuführen ist.

F. Organe der Ernährung.

Darmcanal und seine Anhänge.

Der Darmcanal (Tractus intestinalis) stellt eine mit der
Mundöffnung beginnende, den Leibesraum (Cölom) durchziehende
und mit dem After[1]) endi-
gende Röhre dar. Die Wan-
dungen bestehen aus mehreren Schichten, die sich jedoch
in ihrer Zahl an verschiedenen
Körperstellen verschieden verhalten. Durch die ganze Länge
des Darmcanales hindurch erstreckt sich die als innere Auskleidung dienende Schleimhaut (Mucosa). sowie die
nach aussen davon liegende
Muskelschicht. Die erstere
besteht aus einem dem Entoderm entstammenden epithelialen Blatt und aus Bindegewebe. Letzteres geht allmählich in die locker gewebte
Submucosa über, und diese
vermittelt ihrerseits die Verbindung mit den unterliegenden Theilen, wie z. B. mit den
Muskeln. Die gesamte Binde-

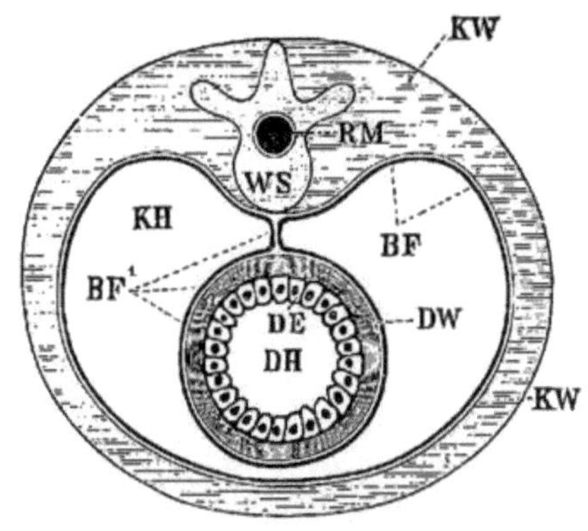

Fig. 234. Querschnitt durch den Wirbel-
thierkörper. Schema. *BF* das Bauchfell,
welches die Leibeswand auskleidet, bei *BF*¹ den
Darm überzieht und ihn an der Rückenwand des
Körpers durch ein Gekröse (Mesenterium) befestigt,
DE das Darmepithel, *DH* Darmhöhle, *DW* Darm-
wand, *KH* Körperhöhle, *KW* Körperwand, *RM*
Rückenmark und *WS* Wirbelsäule im Querschnitt.

substanz, sowie die Muskulatur des Darmrohres entstammt der
Splanchnopleura (vergl. die entwicklungsgeschichtliche Einleitung).

<hr>

[1]) Schon bei der Besprechung der Hypophysis cerebri habe ich darauf hingewiesen,
dass der Mund der heutigen Wirbelthiere nach C. von Kupffer als eine secundäre
Erwerbung, als ein Neostoma, welchem früher ein Palaeostoma vorherging, aufzufassen ist. Das Neostoma entstand höchst wahrscheinlich durch Zusammenfluss eines
Kiemenspaltenpaares, nachdem der kopfwärts sich erstreckende Urdarm eine Verkürzung
erfahren hatte. Der After (Anus), der bei vielen Vertebraten direct aus dem Blastoporus hervorgeht, ist phylogenetisch älter, als das Neostoma.

Das Schleimhautepithel kann als das specifische Darmblatt bezeichnet werden, aus welchem zahlreiche Drüsen ihren Ursprung nehmen.

Die zum weitaus grössten Theil aus glatten Elementen bestehende Muskelschicht zerfällt in der Regel in eine äussere Längs- und eine innere Querlage; sie sorgt für die Peristaltik, d. h. bringt den Nahrungsstoff mit der gesamten epithelialen Innenfläche des Darmes in möglichst innige und allseitige Berührung und schafft die nicht resorbierbaren Stoffe aus dem Körper hinaus.

Nur am Anfangs- und Endstück des Darmrohres findet sich quer-gestreifte, unter dem Einfluss von Gehirn- resp. Spinalnerven stehende Muskulatur.

Zu diesen drei Schichten der Darmwand kommt noch eine äussere, accessorische Umhüllungshaut, das **Bauchfell** (Peritoneum). Dies ist eine seröse, an ihrer freien Fläche mit Plattenepithelien überzogene Membran, welche den ganzen Leibesraum auskleidet, denselben zu einem grossen Lymphraum gestaltet und welche von der Körperinnenwand auf die inliegenden Eingeweide übergreift. So kann man ein wandständiges (parietales) und ein inneres (viscerales) Blatt unterscheiden. Der Uebergang zwischen beiden wird durch das aus zwei Blättern bestehende **Mesenterium** dargestellt, und dieses dient nicht nur als Aufhängeapparat, sondern auch als Leitband für die von der Wirbelsäulengegend auf die Eingeweide übertretenden Gefässe und Nerven, sowie für die vom Darm ausgehenden Chylus-bahnen. Die Nerven entstammen weitaus zum grössten Theil dem sympathischen System. Es handelt sich also um ein grosses, von der Körperinnenwand ausgehendes Faltensystem, in das die Viscera gewissermassen eingestülpt sind.

Der vordere Abschnitt des primitiven Darmrohres fungiert ebenso als **Nahrungsweg** wie auch als **Athmungshöhle,** und zwar beruht das Zustandekommen der letzteren auf folgenden zwei Einrichtungen: Es bildet sich eine Reihe hintereinander liegender, taschenartiger Ausstülpungen der Schleimhaut, gegen welche sich das Ektoderm einsenkt, und welche schliesslich nach aussen durchbrechen können. Zwischen den so gebildeten Oeffnungen liegen die uns vom Kopfskelet her bekannten Visceralbögen, in deren Bereich gewisse Einrichtungen des Gefässsystemes entstehen, mittelst deren unter dem Einfluss des vorbeiströmenden Wassers ein beständiger Gasaustausch des Blutes bewirkt wird. Kurz, es kommt zur Entwicklung von **Kiemen.**

Wenn auch die Kiemen nur bei Fischen, Dipnoörn und wasserlebenden (bezw. bei Larven von) Ampibien eine physiologische Rolle spielen, so stellt doch auch bei höheren Wirbelthieren, ehe es bei ihnen zur Bildung eines eigentlichen Gaumens kommt, der hinter den Choanen liegende, grosse Abschnitt des Cavum oris et pharyngis einen gemeinsamen Luft- und Nahrungsweg dar (Fig. 235 A—C).

Mit der Schaffung eines eigentlichen Gaumens (Mehrzahl der Amnioten) scheidet sich die primitive Mundhöhle in ein oberes respiratorisches und ein unteres nutritives Cavum, oder in eine Nasen- und in eine secundäre oder definitive Mundhöhle. Allein diese Trennung ist auch bei den höchsten Wirbelthieren, wie bei den Säugern (Fig. 235, C), keineswegs eine absolute, insofern in jenem zweiten Abschnitt des Vorderdarmes, den man mit dem Namen

Schlundkopf (Pharynx) bezeichnet, und der bei Säugethieren und Crocodiliern[1]) durch eine häutig-muskulöse Falte, d. h. durch den sogenannten weichen Gaumen[2]), von der Mundhöhle getrennt ist, Luft- und Nahrungsweg wieder eine Strecke weit gemeinsam sind. Erst vom Eingang in den Kehlkopf an sind und bleiben dann beide definitiv geschieden.

Der Darmcanal sämtlicher Wirbelthiere zerfällt — und dies Verhalten muss phylogenetisch sehr weit zurückdatieren — in drei Hauptabschnitte, nämlich in den **Vorder-, Mittel-** und **Hinterdarm**. Ersterer reicht bis zur Einmündung des Gallenausführungsganges der Leber und lässt sich wieder in vier Unterabtheilungen zerlegen: in den Mund- oder Kopfdarm (Cavum oris), in den Schlundkopf (Pharynx), den Schlund (Oesophagus) und (falls ein solcher ausgebildet ist) in den Magen (Ventriculus). Der stets den grössten Abschnitt

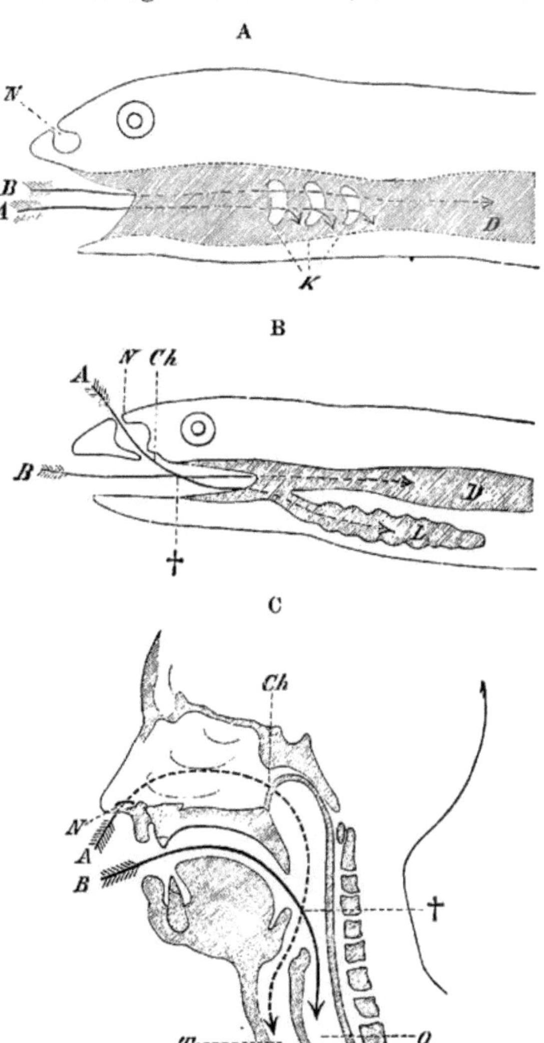

Fig. 235. Schematische Darstellung des Munddarmes der Fische (A), Amphibien, Reptilien (Vögel) (B) und Säuger (C). *Ch* Choanen (hintere Nasenlöcher), *D* Darm, *K* Kiemenlöcher, *L* Lunge, *N* Eingang in die Nasenhöhle, *O* Oesophagus, *T* Trachea. Der mit *A* bezeichnete Pfeil deutet den Luft-, der mit *B* bezeichnete den Nahrungsweg an. Das † zeigt die Kreuzungsstelle beider an.

[1]) Bei Crocodilen besteht die Falte nur aus fibrösem Gewebe. Ein Zäpfchen (Uvula) kommt in guter Ausprägung nur dem Menschen und einigen Affen zu; doch scheinen auch bei der Giraffe und dem Kamel Spuren davon zu existieren.

[2]) Die Muskeln des weichen Gaumens treten von den Vögeln an auf, erreichen aber ihre volle Entfaltung erst bei Säugethieren. Sie sind Abkömmlinge der visceralen Muskulatur (M. tensor und levator veli palatini, M. palato-pharyngues, palatoglossus und Azygos uvulae).

darstellende Mitteldarm steht mit seinem Anfangsstück in wichtigen Beziehungen zur Leber (Hepar, Jecur) und zur Bauchspeicheldrüse (Pankreas). Er wird in der menschlichen Anatomie als Intestinum tenue (Dünndarm) oder auch als Jejunum und Ileum bezeichnet. Der Hinterdarm, das Intestinum crassum (Dickdarm) s. Colon der menschlichen Anatomie, kann in einen solchen im engeren Sinne und in einen End- oder Afterdarm (Rectum) zerfallen. Letzterer kann selbstständig oder zusammen mit den Urogenitalcanälen in eine Cloake ausmünden. Zwischen Vorder- und Mitteldarm, sowie zwischen diesem und dem Hinterdarm findet sich in der Regel eine stärkere, als temporäres Verschlussmittel wirkende Anhäufung der Muskulatur (Valvula pylorica und Valvula ileocolica). Am Uebergang des Mittel- in den Enddarm kann ein Blinddarm (Coecum) entwickelt sein.

Der Verlauf des Darmcanales kann ein gerader oder mehr oder weniger gewundener sein. Im ersteren Falle handelt es sich um primitive Verhältnisse, im letzteren dagegen wird es sich, worauf oben schon hingewiesen wurde, um eine bedeutendere Ausdehnung desselben und in Folge dessen um eine Vergrösserung der resorbierenden, verdauenden Fläche handeln.

Eine nicht unerhebliche Steigerung dieses Verhaltens resultiert aus der häufig zu beobachtenden Erhebung der Mucosa zu Falten, Zotten und Papillen.

Ein Blick auf die Fig. 236 erläutert den dem menschlichen Tractus intestinalis und seinen Anhangsgebilden zu Grunde liegenden Grundplan. Alle jene Anhangsgebilde nehmen ihre erste Entstehung vom Darmepithel

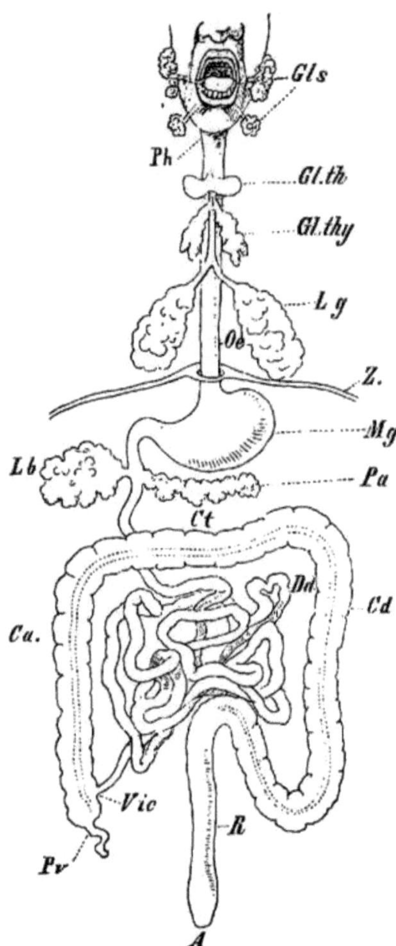

Fig. 236. Schematisches Uebersichtsbild über den gesamten Tractus intestinalis des Menschen. *A* Anus, *Ca* Colon ascendens, *Cd* Colon descendens, *Ct* Colon transversum, *Dd* Dünndarm (Mitteldarm), *Gls* Glandulae salivales, *Gl.th* Glandula thyreoidea, *Gl.thy* Glandula thymus, *Lb* Leber, *Lg* Lunge, *Mg* Magen, *Oe* Oesophagus, *Pa* Pankreas, *Ph* Pharynx, *Pv* Processus vermiformis, *R* Rectum, *Vic* Valvula ileo-colica, *Z* Zwerchfell.

aus, sie sind also epithelialer Abkunft und stellen entweder zeitlebens drüsige Organe dar oder bilden sich wenigstens nach dem Typus von Drüsen. Mesodermale Elemente kommen erst secundär in Betracht.

Vom Munddarm angefangen, lassen sich folgende Appendicularorgane des Darmes unterscheiden:

1. **Speicheldrüsen** (Glandulae salivales) (Fig. 236 *Gls*).
2. **Schleimdrüsen** (Glandulae muciparae).
3. **Die Schilddrüse** (Glandula thyreoidea) (*Gl.th*).
4. **Die Thymusdrüse** (Glandula thymus) (*Gl.thy*).
5. **Die Lungen** (Pulmones) (Schwimmblase) (*Lg*).
6. **Die Leber** (Hepar s. Jecur) (*Lb*).
7. **Die Bauchspeicheldrüse** (Pankreas) (*Pa*).

Dazu kommen noch die in die Darmwand eingebetteten **Magen-** und **Darmdrüsen.**

Vorderdarm.

Munddarm.

Abgesehen von Amphioxus[1]) und den Cyclostomen[1]), von welchen ersterer (vergl. das Kopfskelet) einen von Cirrhusstäben, letztere einen von einem Knorpelring umgebenen Mundeingang, d. h. einen Saugmund, besitzen, sind alle übrigen Vertebraten mit **Kieferbildungen** ausgerüstet[2]).

Eigentliche, d. h. mit Muskeln versehene **Lippenbildungen** finden sich erst bei Säugern[3]), und der zwischen ihnen und dem Kieferrand existierende Raum wird als Vorhof des Mundes (Vestibulum oris) bezeichnet. Er kann sich zu sog. Backentaschen aussacken, welche als Aufbewahrungsort für die Nahrung dienen (viele Affen und Nager).

Die fleischigen Lippen der Säugethiere, in Gemeinschaft mit den Backen, sowie mit der beweglichen, muskulösen Zunge ermöglichen das Saugen und stehen auch in wichtiger Beziehung zur articulierten Sprache des Menschen. Die Monotremen sind die einzigen Säugethiere, welche der Lippenbildungen gänzlich entbehren; die Kieferränder sind hier, ähnlich wie bei Vögeln und Cheloniern, mit einer Hornscheide bekleidet (s. später).

Die **Organe der Mundhöhle** zerfallen in vier Abtheilungen, welche die **Zähne**, die **Drüsen**, die **Zunge** und **lymphoide Apparate** in sich begreifen.

Zähne.

An der Anlage der Zähne, welche gänzlich unabhängig vom Endoskelet erfolgt, betheiligt sich sowohl das Ektoderm, als das Mesoderm.

---

[1]) Bezüglich der höchst eigenartigen Organisation der Kopfregion des Amphioxus, deren Schilderung den Rahmen dieses Buches überschreiten würde, verweise ich auf die Arbeiten van Wijhe's und Legros'.

Ueber den Myxinoiden-Mund, der sich aus einer ursprünglich quer gestellten Spalte erst secundär nach ganz anderer Weise entwickelt, vergl. man Bashford-Dean.

[2]) Die Larven von Lepidosteus, Lepidosiren paradoxa, Protopterus und Anuren besitzen vorübergehend ebenfalls einen Saugmund.

[3]) Auch bei Amphibien (Anuren) finden sich den Mundsaum umgebende (glatte) Muskelelemente, die bei der Respiration (s. diese) ein wichtiges Verschlussmittel abgeben.

In ihrem primitivsten Verhalten stellen die Zähne frei hervorstehende
Papillen der Mundschleimhaut dar; erst secundär wuchert das Schleimhautepithel in die Tiefe, bildet die sogen. Zahnleiste oder den
Schmelzkeim und trifft hier auf kuppelförmige Fortsätze des Mesoderms, die man als Zahnpapillen bezeichnet. Letztere entwickeln
an ihrer Oberfläche ein Lager von cylindrischen Zellen, die sogen.
Odontoblasten, und diese liefern die Hauptmasse des späteren
Zahnes, das sogenannte Zahnbein (Substantia eburnea), während der primäre (ektodermale) Zahnkeim den ungleich härteren
Schmelz (Substantia adamantina) mit dem Schmelzober-
häutchen (Cuticula dentis) aus sich hervorgehen lässt. Beide

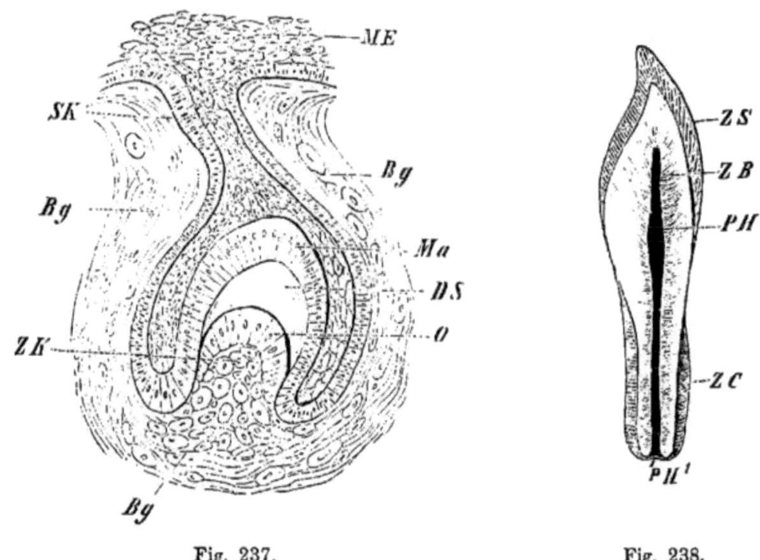

Fig. 237.   Fig. 238.

Fig. 237. **Entwicklung eines Zahnes.** *Bg*, *Bg* Bindegewebe, welches das Zahn-
säckchen liefert, *DS* Dentinschicht, *Ma* Membrana adamantina, *ME* Mundepithel, *O* Odontoblasten, *SK* Schmelzkeim, *ZK* Zahnkeim.

Fig. 238. **Längsschnitt durch einen Zahn**, halbschematisch. *PH¹* Eingang in die
Pulpahöhle, *PH*, *ZB* Zahnbein (Elfenbeinsubstanz), *ZC* Zahncement, *ZS* Zahnschmelz.

Substanzen, die ekto- wie die mesodermale, kommen bei diesem
Bildungsprocess in die allerengste Verbindung und das Zahnbein zeigt
sich von einem System feinster Canälchen (Canaliculi dentales)
durchzogen, in welche sich Ausläufer der Odontoblasten erstrecken.
Eine dritte, am Aufbau des Zahnes sich betheiligende Substanz, ist
das im Bereich der Zahnbasis oder der Wurzel sich entwickelnde
Cement (Substantia ossea), welches mesodermalen Ursprungs
ist und in seinem Bau an Knochen erinnert. — Falls es bei der
Schmelzsubstanz zu Faltenbildungen kommt, so kann sich das Cement
auch zwischen diese hineinziehen.

Im Innern des Zahnes liegt ein Hohlraum (Cavum dentis),
welcher von der sogenannten Pulpa dentis erfüllt ist. Diese besteht
aus Zellen, Nerven und Blutgefässen, welch letztere durch ein Loch

am Zahnwurzelende (Foramen apicis dentis) eindringend, für die Ernährung des Zahnes sorgen, resp. denselben zugleich zu einem feinen Tastwerkzeug gestalten.

Bei den meisten unterhalb der Mammalia stehenden Wirbelthieren haben die Zähne im Wesentlichen dieselbe Form (homodontes Gebiss), bei den Säugethieren[1]) dagegen kommt es zu Differenzierungen in formell verschiedene Gruppen, welche man als Schneide-, Eck-, Back- und Mahlzähne (Dentes incisivi, canini, praemolares et molares) unterscheidet (heterodonter Typus). Während die Schneidezähne meisselartig gestaltet sind, besitzen die Eckzähne eine Kegel- oder Pflockform. Die Praemolaren und Molaren dagegen zeichnen sich durch breite, höckertragende Kronen aus, weshalb man sie auch als Dentes cuspidati, bezw. multicuspidati bezeichnet.

Bei allen unterhalb der Säugethiere stehenden Vertebraten findet in der Regel[2]) ein unbeschränkter Zahnersatz („Dentition") das ganze Leben hindurch statt (polyphyodonter Typus). Bei den Mammalia dagegen werden bei immer höher gehender Specialisierung des Einzelzahnes und stetig gesteigerten Ansprüchen an die das Material liefernde Schmelzleiste im Laufe der Phylogenie die sich ursprünglich in ununterbrochener Folge ersetzenden Dentitionen der niederen Vertebraten schliesslich zu einigen wenigen „Zahngenerationen," den „Dentitionen" im heutigen Sinne zusammengefasst. Man pflegt dann in der Regel von zwei solchen Zahngenerationen zu sprechen, die man als Milch- und als definitives Gebiss (Dentes decidui et permanentes) bezeichnet (diphyodonter Typus). (Ueber die Anlage eines „praelactealen" Gebisses s. später.)

In den verschiedenen Zahngenerationen oder Dentitionen ist also der Ausdruck eines historischen Vorganges, eines Früher und eines Später, zu erkennen.

Fische, Dipnoër und Amphibien.

Die ersten Hartgebilde im Wirbelthierkörper waren, wie schon beim Hautskelet auseinandergesetzt wurde, Zähne und zahnartige Dentingebilde, ähnlich wie sie uns bei den Selachiern in deren Haut-Zähnen, resp. Placoidschuppen heute noch erhalten sind. Auch für die Mundzähne hat man als Urform die einfache Kegelform zu betrachten, und hiervon sind die Zähne der recenten **Selachier** schon vielfach abgewichen. Gleichwohl ist auch die erste Zahnanlage der Ganoiden, Dipnoër, Teleostier, Urodelen und Crocodile noch eine primitive und kann wegen ihrer Uebereinstimmung mit der Anlage der Placoidschuppen der Selachier als placoider Typus der Zahnanlage bezeichnet werden.

Im ganzen Thierkörper gibt es wohl kein anderes Organ, welches so vielfachen Schwankungen, Abänderungen, Rückbildungen etc. unterliegt, wie das Zahnsystem der Vertebraten.

---

[1]) Auch bei Reptilien kann es schon zu reichlichen Differenzierungen des Gebisses kommen (s. später).

[2]) Bei acrodonten Reptilien (s. später) ist der Zahnwechsel durchaus nicht immer ein durchgreifender, d. h. einige Zähne werden gewechselt, andere nicht (Agama colonorum).

Dadurch, dass die Placoidschuppen des Kiefereinganges in Beziehung zur Nahrungsaufnahme traten, d. h. eine neue und wichtige Function übernahmen, wurden sie modificiert, wuchsen zu den gewaltigen Selachierzähnen aus, welche, in mehrfachen Parallelreihen hintereinander sitzend, nicht nur zum Ergreifen und Festhalten der Beute, sondern auch als furchtbare Angriffswaffe dienen.

Bei den Anamnia, welche es zur Entwicklung eines knöchernen Kopfskeletes bringen, kann man im Allgemeinen drei Gruppen von zahntragenden Belegknochen des Oberkiefers unterscheiden: 1. den Oberkieferbogen (Intermaxillare und Maxillare), 2. den Gaumen-

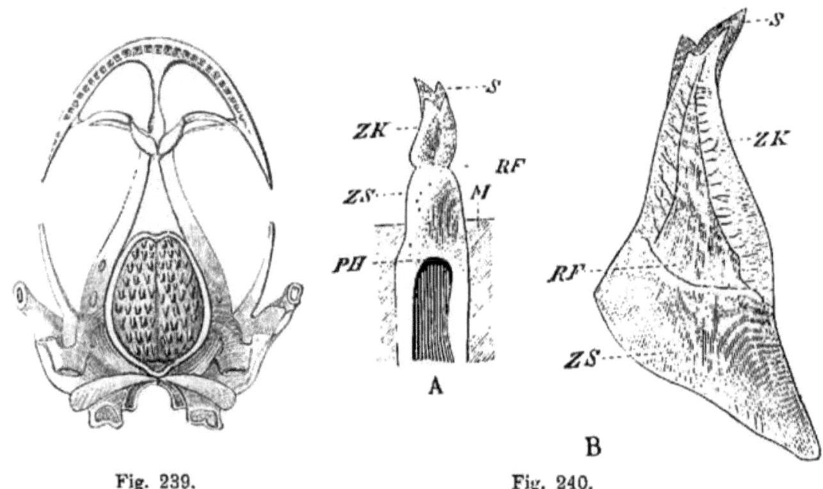

Fig. 239.   Fig. 240.

Fig. 239. Schädel von Batrachoseps attenuatus, Ventralseite, mit den Parasphenoidzähnen.

Fig. 240. A Zahn aus dem Oberkiefer des Frosches, getrocknet, B Zahn von Salamandra atra. *M* Maxilla, *PH* Pulpahöhle, *RF* Ringfurche, *S* Zahnspitze, von Schmelz überzogen, *ZK* Zahnkrone, *ZS* Zahnsockel.

bogen (Vomer, Palatinum, Pterygoid), 3. das unpaare Parasphenoid und 4. den Mandibularbogen (Dentale und Spleniale)[1].

Unter den ausgewachsenen Knorpelganoiden finden sich nur bei Scaphirhynchus und Polyodon Zähne. Bei Acipenser ruthenus treten sie nur in embryonaler Zeit auf und weisen so auf primitive Verhältnisse hin. Unter den Teleostiern entbehren die Lophobranchier und die Salmonidengattung Coregonus der Zähne vollständig. Bei Cyclostomen bestehen dieselben nur aus Hornsubstanz. Es findet sich hier kein Schmelzepithel und keine dem Schmelz der Gnathostomen vergleichbare Substanz. Von einer Homologie der Cyclostomenzähne mit den fertigen oder auch nur in der Entwicklung fortgeschrittenen Hautzähnen der Selachier kann also keine Rede sein.

Bei Knochenganoiden und Teleostiern können nicht nur alle die Mundhöhle begrenzenden Knochen, sondern auch das Zungen-

---

[1] Die Lage der Selachierzähne entspricht dem Gaumenbogen und dem Spleniale.

bein und die Kiemenbögen („Ossa pharyngea") bezahnt sein. Hier, wie auch am Parasphenoid, sind sie oft hechel- oder bürstenartig angeordnet. Ihre Form kann kegel-, cylinder- oder hackenartig sein; auch meisselartige Zähne kommen vor (Scarus, Sarginae), oder sie bilden ein förmliches Pflaster, sind abgerundet und auf das Zerquetschen der Nahrung berechnet. Ferner kommen haarartig feine, borstenförmige (Chaetodonten) oder säbelförmige Zähne vor (Chauliodus).

Die gänzlich schmelzlosen Dipnoër-Zähne stellen messerartig zugeschärfte, aus der Verwachsung einer grösseren Anzahl von Einzelzähnen hervorgegangen zu denkende Gebilde dar, und zugleich sieht man hier (bei Ceratodus) aufs Klarste, dass, wie dies auch für die Amphibien nachgewiesen ist, durch die Verwachsung der aus Knochengewebe bestehenden Basaltheile der Zähne der Vomer, das Pterygopalatinum und die Zahnplatten des Unterkiefers gebildet werden (Semon). Nichts deutet bei Dipnoërn auf einen Zahnwechsel hin, dagegen wird der epitheliale Hornüberzug, der wahrscheinlich als eine Schutzvorrichtung gegen die zu grosse Austrocknung der Zahnoberfläche zu betrachten ist, während jeder Schlafperiode erneuert. Dafür spricht, dass der Hornübergang nur bei eingekapselten oder eben aus dem Cocon befreiten Exemplaren von Protopterus in intactem Zustande angetroffen wird. Bei Ceratodus, der keine Schlafperiode durchmacht, wird jener Hornüberzug nicht beobachtet.

Die oben geschilderte Concrescenz von Zähnen steht in der Thierreihe einzig da. Früher suchte man sie auf eine ganze Reihe complizierter Zahngewebe, wie z. B. auf die mehrspitzigen, resp. mehrhöckerigen Zähne von Heptanchus, Chlamydoselache, auf die Pflasterzähne von Rochen (Myliobatis und Rhinoptera), die Faltenzähne der echten Crossopterygier, Labyrinthodonten und Ichthyosaurier auszudehnen. Dies hat sich als unrichtig herausgestellt, und wahrscheinlich erweist sich jene Annahme auch für den mehrhöckerigen Säugethierbackenzahn als hinfällig.

Unter den Teleostiern handelt es sich bei den Scaroiden erst um den Beginn einer Concrescenz, da die Einzelzähne hier ihre Individualität noch gewahrt haben, und man bei ihnen nur von einer Zusammenkittung durch Cement, nicht aber von einer wirklichen Verwachsung des Dentinkörpers der Einzelzähne sprechen kann.

Wie es sich bei den Gymnodonten verhält, ist noch unbekannt; dasselbe gilt für die Holocephalen, doch scheint hier eine Concrescenz recht wahrscheinlich.

Bei Amphibien tritt im Allgemeinen dem von Zähnen starrenden Fischschädel gegenüber eine bedeutende Beschränkung in der Zahl der Zähne auf, und zugleich macht sich in ihrer Form ein durchaus einheitlicher Charakter bemerkbar.

Sie sind basalwärts kegelartig verbreitert und sitzen einem Sockelstück auf. Gegen ihr oberes freies Ende zu werden sie schlanker, zeigen eine schwache Krümmung und laufen entweder in zwei (Salamandrinen, Anuren) oder, was das ursprünglichere Verhalten ist, nur in eine Spitze aus (Axolotl, Ichthyoden, Derotremen, Gymnophionen).

Was die Vertheilung der tief in der Schleimhaut steckenden Amphibienzähne betrifft, so finden sie sich in der Regel am Ober-, Zwischen- und Unterkiefer, sowie am Vomer und Palatinum.

Bei gewissen Salamandrinen (z. B. bei der Gattung Spelerpes
und Plethodon) zeigt auch das Parasphenoid, wie bei vielen Fischen,
eine bürstenartige Bezahnung, und ähnlichen Befunden begegnet man
auch bei gewissen fossilen Formen. Das Operculare (Spleniale)
des Unterkiefers ist nur bei Salamanderlarven und Proteus
bezahnt.

Bei den Larvenformen der Anuren finden sich Hornkiefer
und Hornzähne, und ähnliche Bildungen trifft man auch bei
Siren lacertina[1]).

Die Kröten (Bufones) und Pipa besitzen keine Zähne.

Bei gewissen fossilen Amphibien, wie z. B. bei den Labyrinthodonten und den devonischen Panzerganoiden zeigt der
Schmelz eine ins Innere der Zahnsubstanz sich erstreckende, falten-
artige Anordnung. Daher der Name: „Labyrinthodonten".

Reptilien und Vögel.

Mit der zunehmenden Festigkeit und Solidität des Kopfskelets
geht bei Reptilien eine stärkere Ansbildung und da und dort auch
eine reichere Differenzierung des Gebisses Hand in Hand. Die Zähne
sitzen entweder in einer medianwärts offenen Kiefer-Rinne und sind
mit der äusseren Circumferenz ihrer Basis der Innenfläche derselben
angewachsen (pleurodonte Saurier, Lacertilier, Scinke, Amphisbänen u. a.), oder sie sitzen am oberen, freien Kieferrand (akrodonte

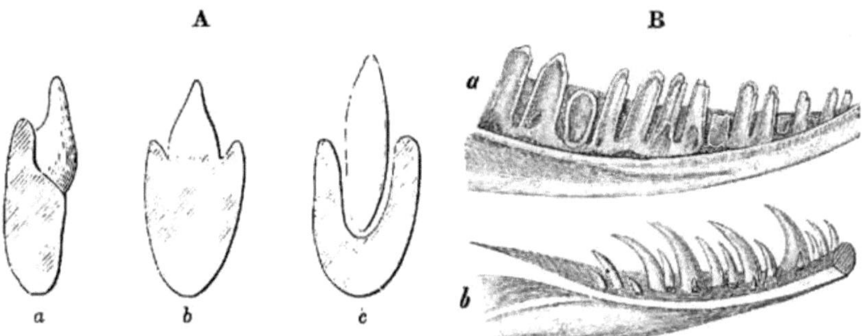

Fig. 241. **A** Drei Schemate für pleurodonte (*a*), akrodonte (*b*) und thekodonte (*c*) Saurier. B *a* Unterkiefer von Lacerta vivipara, *b* von Anguis
fragilis, beide nach Leydig.

Saurier, Chamaeleon) oder endlich stecken sie in Alveolen, wie bei
Crocodiliern und zahlreichen fossilen Reptilien (thekodonte Reptilien). (Vergl. Fig. 241, **A** *a, b, c.*) Ausser dem Unterkiefer können
auch noch die Knochen des Gaumenapparates, d. h. die Palatina
nnd Pterygoidea, bezahnt sein (Eidechsen, Pythonomorphen
und Schlangen).

---

[1]) Bei den Larven der auf den Salomon-Inseln einheimischen Rana opisthodon
bildet sich auf der Schnauzenspitze eine spitze, kegelartige Vorragung, mittelst welcher
die Eischale beim Ausschlüpfen des Thieres durchbohrt wird. In functioneller Beziehung
erinnert jenes Gebilde an den „Eizahn" der Reptilien (s. d.).

Was die Form der Zähne betrifft, so herrscht der Kegel vor. Die Zähne sind mehr oder weniger zugespitzt und in der Regel von einheitlichem Charakter. Ausnahmen hiervon finden sich übrigens nicht selten. So besitzen z. B die Lacertilier zweispitzige Zähne, und bei Hatteria[1]), Uromastix spinipes, bei Agamen, sowie bei zahlreichen fossilen Formen erscheint sogar ein heterodontes Gebiss angebahnt. Nicht selten wie z. B. bei Schlangen, sind auch starke Fangzähne ausgebildet. Auch Reductionen kommen vor (Typhlopiden u. a.).

Bei Giftschlangen zeigt sich eine wechselnde Anzahl von Oberkieferzähnen in Giftzähne differenziert. So handelt es sich bei der Kreuzotter (Vipera berus und prester) jederseits um zehn, in Querreihen angeordnete Giftzähne; die stärkeren stehen nach aussen, die schwächeren Reservezähne wie im Schutze darunter (Fig. 242 A).

Nur einer dieser Zähne ist mit dem Kieferknochen fest verbunden und besitzt ausser seiner eigentlichen Pulpahöhle noch einen, von letzterer halbringförmig umschlossenen Giftcanal (Fig. 242 B, C, GC), dessen obere, mit dem Giftdrüsencanal communizierende Oeffnung an seiner Basis liegt, während seine Ausmündung in kurzer Entfernung von der Zahnspitze sich befindet. (Vergl. den Pfeil in Fig. 242 A.) Es handelt sich also um ein Doppelrohr von Zahnbein, welches am unteren Ende des Zahnes in eine Hohlrinne ausläuft.

Bei Crocodilen zeigt das Gebiss trotz der gewaltigen Veränderungen, die das Gaumendach im Lauf der Zeit erlitten hat, die geringste Differenzierung innerhalb der stammesgeschichtlichen Entwicklung. Von den ältesten bekannten Vertretern der Crocodile an bis zu den jüngsten ist es sich überaus ähnlich geblieben. Zähne werden nur im Bereich der Kiefer produziert; sie sind formell denjenigen der Sauropterygier sehr ähnlich.

Ein Zahngebilde von besonderer Art stellt der bei Eidechsen- und Schlangen-Embryonen auftretende Eizahn dar. Ursprünglich wohl stets paarig[2]) vorhanden und aus umgewandelten Zwischenkieferzähnen hervorgegangen, überragt der Eizahn seine Nachbarn bedeutend nach Form, Stellung und Grösse. Er ist ein echter Dentinzahn aus der ersten Zahngeneration und von breiter, lanzettartiger Form. Er verwächst mit der Knochenmasse des Zwischenkiefers und ragt an der Schnauzenspitze zwischen den Kiefern wagrecht hervor. Er dient zum Zerschneiden der Eischale und darf nicht verwechselt werden mit der sogenannten Eischwiele der Hatteria, der Crocodile, Chelonier, Vögel und Monotremen. Hierbei handelt es sich um ein rein epitheliales, der Spitze des Oberkiefers vorn und oben aufsitzendes Organ, welches übrigens ebenfalls aus doppelter Anlage hervorgegangen zu denken ist.

Sehr bald nach der Geburt werden der Eizahn wie auch die Eischwiele abgestossen.

Unter den Reptilien besitzen die Schildkröten, mit Ausnahme einer einzigen Familie, Trionyx (im fötalen Zustande), keine

---

[1]) Bei Hatteria kann, wenn dies auch individuell wechselt, der Vomer noch bezahnt sein. Erwähnenswert ist auch, dass bei Hatteria ein functionsloses, embryonales Milchgebiss auftritt, das später wieder verschwindet. Aehnliches gilt auch für Crocodilus porosus und Iguana tuberculata (vergl. H. Spencer Harrison).

[2]) Ascalaboten und unter den Schlangen die Kreuzotter (Vipera berus).

Zähne, sondern Hornkiefer, ganz ähnlich wie die Vögel. Dass aber Vögel, wie Schildkröten aus zahntragenden Formen hervorgegangen sein müssen, wird für erstere durch die oben schon erwähnten fossilen Vögel und für letztere durch Trionyx erwiesen. Eine weitere Bestätigung aber hierfür liegt in der bei Schildkröten- (Che-

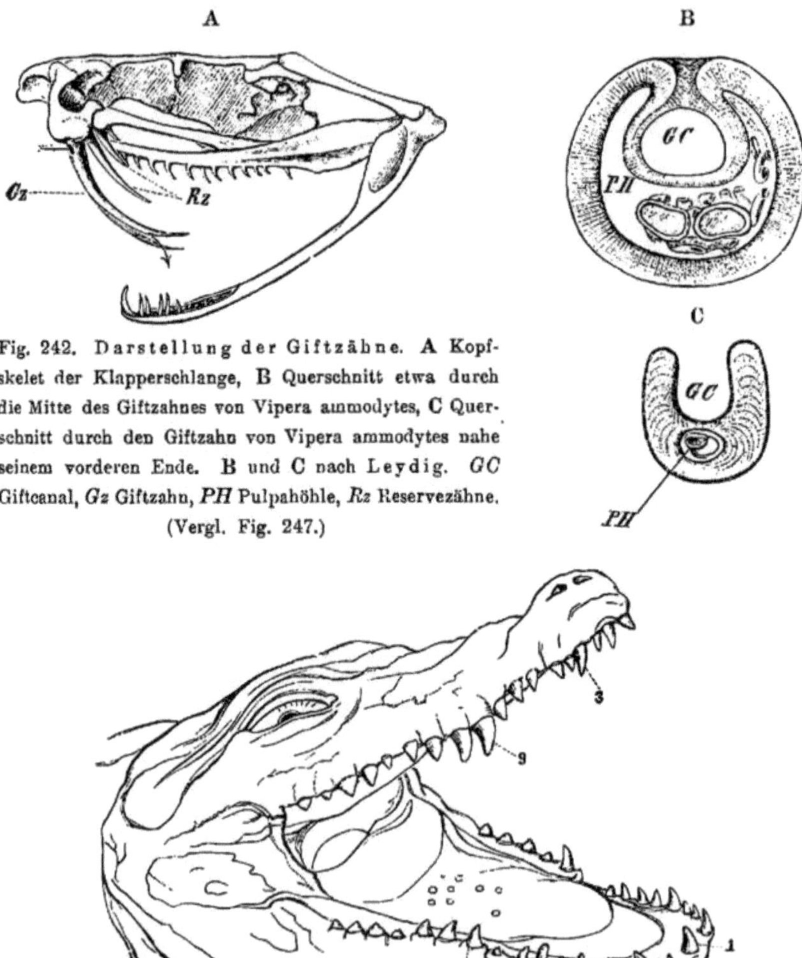

Fig. 242. Darstellung der Giftzähne. A Kopfskelet der Klapperschlange, B Querschnitt etwa durch die Mitte des Giftzahnes von Vipera ammodytes, C Querschnitt durch den Giftzahn von Vipera ammodytes nahe seinem vorderen Ende. B und C nach Leydig. GC Giftcanal, Gz Giftzahn, PH Pulpahöhle, Rz Reservezähne.

(Vergl. Fig. 247.)

Fig. 243. Die Kiefer des Crocodils (nach Tomes). Der 1., 4. und 11. Zahn im Unterkiefer und 3. und 9. im Oberkiefer sind bedeutend grösser als alle anderen.

lonia midas-) und Vogel-Embryonen auftretenden rudimentären Zahnleiste[1]).

1) Diese Zahnleiste erscheint, ganz wie bei den übrigen Reptilien, zunächst auf den Kieferrändern in Form einer flach erhabenen Leiste, später aber wächst sie, wie dort, in das Kiefermesoderm hinab, ohne dass es übrigens zur Umwachsung von Zahnpapillen

Das homodonte Gebiss der fossilen Vögel Amerikas (Odontornithes) sass entweder in eigentlichen Alveolen (Ichthyornis) oder nur in Furchen (Hesperornis), ähnlich wie bei Ichthyosaurus. Der Zwischenkiefer war unbezahnt und scheint einen hornigen Schnabel besessen zu haben. Alle heutigen Vögel, sowie auch weitaus die meisten des Tertiärs[1]) und Diluviums, sind zahnlos. An die Stelle der Zähne ist der Hornschnabel getreten.

Säugethiere.

Bei Säugethieren geht die Verkürzung der Kiefer, wodurch eine kräftigere Hebelwirkung erzielt wird, mit einer höheren Ausbildung des Einzelzahnes sowie mit einer gesetzmässigen Reduktion der Zahngenerationen (Dentitionen) Hand in Hand. Es wird sich also in Anpassung an die Art, Aufnahme und Verarbeitung der Nahrung um ein heterodontes Gebiss handeln, das phylogenetisch aus einem homodonten hervorging. Das häufige Auftreten von rudimentären, functionslosen Zähnen beweist, dass die Zahl[2]) der Säugethierzähne im Laufe der Stammesentwicklung eine Verminderung erfahren hat, und zwar zeigt sich die Reduction stets im Unterkiefer weiter fortgeschritten als im Oberkiefer, der auch hierin wie in manch andrer Hinsicht, primitivere Zustände bewahrt hat. Umgekehrt ist eine Steigerung der Zahl, wie man ihr bei Walen begegnet, als eine erst secundäre, während der Ontogenese vor sich gehende Differenzierung ursprünglich vielhöckeriger Zähne aufzufassen. Der daraus resultirende homodonte, durch kegelförmige Zähne ausgezeichnete Typus ist also nicht etwa im Sinne eines primitiven Verhaltens zu beurtheilen.

Wie bereits erwähnt, sind die Zahngenerationen der Säugethiere in der Regel auf zwei beschränkt; man bezeichnet sie als das Milch- und als das definitive oder Ersatz-Gebiss (Dentes decidui et permanentes).

In manchen Fällen jedoch kann die eine der beiden Dentitionen nur noch in Rudimenten auftreten oder so gut wie ganz in Wegfall gerathen. Andrerseits finden sich da und dort, wie z. B. am häufigsten bei den ältesten, noch heute existierenden Säugethierformen, den Beutlern, Insectivoren, Nagern u. a., seltener und dann auch spärlicher entwickelt, bei andern Säugern noch Spuren einer dem Milchgebiss einst vorangegangenen Dentition, sogenannte praelacteale Dentition. Und wenn man erwägt, dass es auch noch zu einem Ersatz definitiver Zähne („Dentes permanentes") kommen kann, so ergibt sich daraus die Möglichkeit, bei

---

kommt; es findet vielmehr, entsprechend der nunmehrigen Ausbildung rein epithelialer Hornkiefer, eine Rückbildung der Zahnleiste statt. Die von älteren Autoren beschriebenen papillenartigen Erhebungen am Schnabel der Embryonen verschiedener Vogelarten haben mit Zahnanlagen nichts zu thun.

[1]) Eine Ausnahme machen, wie es scheint, nur die fossilen, dem Eocän angehörigen Formen: Argillornis und zum Theil auch Gastornis.

[2]) Um nur ein Beispiel anzuführen, so zeigt der letzte Mahlzahn des Menschen (Dens serotinus [„Weisheitszahn"]) alle charakteristischen Merkmale eines im Schwund begriffenen Organes. Er erscheint zuletzt, und geht in der Regel zuerst wieder verloren.

den Säugern vier oder gar vielleicht noch mehr Dentitionen annehmen zu können[1].

Bei der Milch-, wie bei der definitiven Zahnreihe unterscheidet man Dentes incisivi, canini und praemolares. Sie alle werden in der Regel gewechselt, während die Molaren keine Vorläufer besitzen und deshalb im Sinne einer ersten Zahngeneration zu deuten sind, was nicht ausschliesst, dass sich am Aufbau ihres Schmelzorgans die praelacteale und auch die zweite Dentition betheiligen, welche beide, wahrscheinlich beeinflusst durch die allmählich sich vollziehende Verkürzung des hinteren Kieferabschnittes, im Laufe der Phylogenese zeitlich immer näher zusammenrückten und endlich miteinander zusammenfielen. Durch diese Abkürzung oder, wie man auch sagen könnte, Verschmelzung unterblieb eine Differenzierung in zwei selbstständige Anlagen, und von vorneherein wird dann nur ein Zahn angelegt, der heutige Molar.

Lässt man aber auch hierbei die praelacteale Dentition ganz bei Seite, so bleibt immer noch als das Wesentliche die 1. und 2. Dentition übrig. Bei Zahnwalen und Manatus ist übrigens die Betheiligung aller drei Dentitionen sicher festgestellt (Kükenthal). Derartige Verschmelzungen sind aber auch bei andern Zähnen, so z. B. bei den Praemolaren der Sciuromorphen, beobachtet (Adloff).

Alle Zähne, die ursprünglich in geschlossener Reihe angeordnet zu denken sind, stecken in wohl entwickelten Alveolen. Der Eckzahn (Dens caninus) ist nur als ein differenzierter, besonders bei Carnivoren zur Ausbildung gelangender Praemolarzahn aufzufassen, fungiert als erster Zahn vorne im Oberkiefer (s. s.) und schliesst sich somit an den äussersten (hintersten) der Schneidezähne an, welche oben im Zwischenkiefer, unten rechts und links von der Symphysis mandibulae stehen. Auf die Eckzähne folgen nach rückwärts die Praemolares und auf diese, am meisten nach hinten im Kiefer liegend, die Molares (Fig. 244)[2]. Zwischen dem Eckzahn und den Praemolaren kann ein mehr oder weniger grosser Zwischenraum liegen.

Der Grundtypus der Zahnstellung ist das gegenseitige Alternieren oberer und unterer Zähne; es entsprechen somit die Zähne je eines

---

[1] Durch den Polyphyodontismus der niederen Formen und den Oligophyodontismus der Reptilien gelangen wir zum Diphyodontismus der Säugethiere, welche ihrerseits in ihren höchsten Formen die Neigung haben, mit immer höherer Ausbildung der einzelnen Zähne monophyodont zu werden. Die „Milchzahnserie" wird also, wie dies für die praelacteale Dentition bereits eingetreten ist, dereinst rudimentär werden, die zweite Dentition in besonders hoch specialisierten Zähnen persistieren und ein Zahnwechsel unterbleiben.

[2] Die Zahl, Form und die Beziehungen der einzelnen Höcker zu einander, wie auch die Gesamtform des Einzelzahnes geben wichtige Anhaltspunkte für die Stammesentwicklung vieler Mammalia, wie vor allem der Huftiere. Auf Grund davon zerfallen z. B. die Paarhufer in selenodonte (halbmondzähnige) und bunodonte (höckerzähnige) Formen. Zu den ersteren gehören die Anoplotheridae, Ruminantia etc., zu den letzteren die Suidae und die Hippopotamidae. Zwischen beiden stehen erloschene, alttertiäre Uebergangsformen.

Die Urform der mehrhöckerigen Zähne wird durch den Tritubercular typus der mesozoischen Form Triconodon repräsentiert, und es steht fest, dass mit Ausnahme der Gruppe der „Multituberculaten" und des vereinzelten Genus Dricrocynodon die Molarzähne jeder fossilen Säugethierform vom Ende der unteren Kreideperiode bis zum Ende der Eocän-Periode nach dem triconodonten Typus gestaltet waren.

Kiefers gewöhnlich nicht den Zähnen des gegenüber liegenden, sondern den Zwischenräumen zwischen diesen.

In manchen Fällen persistiert das Schmelzorgan bei allen Zähnen, wodurch ihr Fortwachsen das ganze Leben hindurch ermöglicht wird (Lepus); in andern Fällen trifft dies nur für die Schneidezähne zu (viele Nager, Elephant). Es soll hier nicht unerwähnt bleiben,

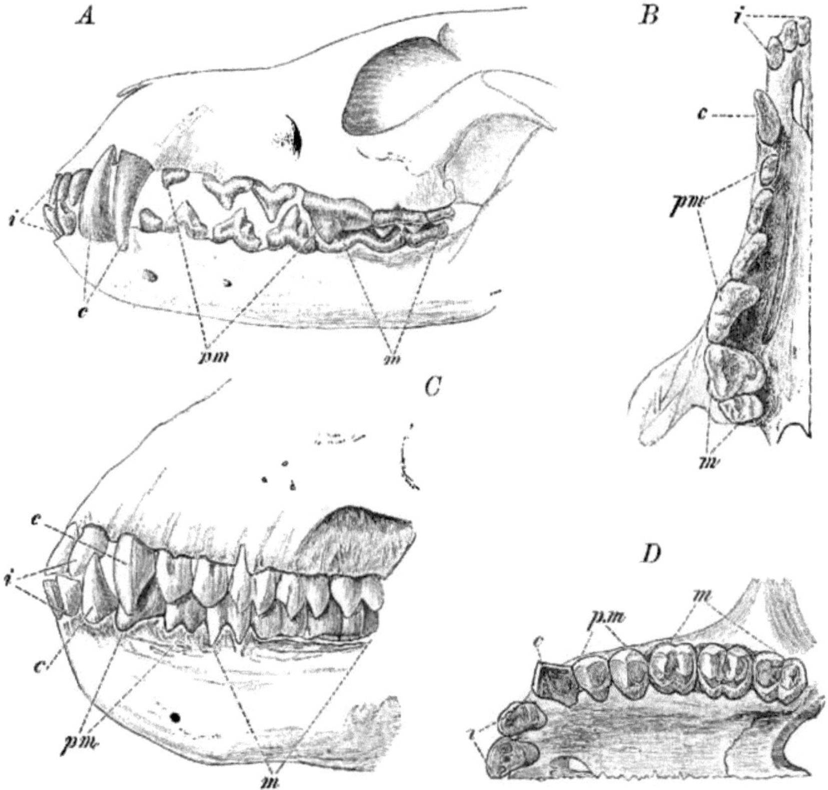

Fig. 244. **A** Gebiss vom Hund im Profil, **B** Oberkieferzähne desselben Thieres von der Mundhöhle aus gesehen, **C** Gebiss von Nasalis larvata, im Profil, **D** Oberkieferzähne desselben Thieres, von der Mundfläche gesehen. *c* D. canini, *i* D. incisivi, *m* D. molares, *pm* D. praemolares.

dass die mächtig ausgebildeten Nagezähne der Rodentia nicht den ersten, sondern den zweiten Scheidezähnen der andern Säuger entsprechen. Dies wird durch die Entwicklung, während welcher vor der Anlage des grossen Nagezahnes das Rudiment des ersten Incisivus auftritt, bewiesen.

Was die bereits oben berührte Thatsache bezüglich des Rudimentärwerdens oder gar des gänzlichen Ausfallens einer der beiden Hauptdentitionen der Säugethiere betrifft, so mag hier noch Folgendes erwähnt sein.

Beim Igel, welcher eine Uebergangsstufe zwischen dem di- und dem monophyodonten Stadium darstellt, und ebenso beim Maulwurf

ist das Milchgebiss zum Theil unterdrückt bezw. rudimentär. Bei Scalops und Condylura werden die Milchzähne alle, bezw. zum grössten
Theil resorbiert, ohne das Zahnfleisch durchbrochen zu haben. Aehnliches kommt bei Pinnipediern (Phoca, Halichoerus, Makro-
rhinus) vor, doch können hier die Milchzähne auch erst kurz nach
der Geburt verschwinden[1]).

Der Zahnwechsel erfolgt also in jenen erstgenannten Fällen schon
intrauterin, und die Milchzähne kommen gar nicht zur Verwendung.
Dasselbe gilt auch für einige Fledermäuse, bei andern aber erhält
sich das Milchgebiss in Anpassung an die Aufzucht des Jungen, welch
letzteres sich mittelst desselben an der Zitze der umherflatternden
Mutter festhält. Es ist dies ein sehr interessanter Fall von Functions-

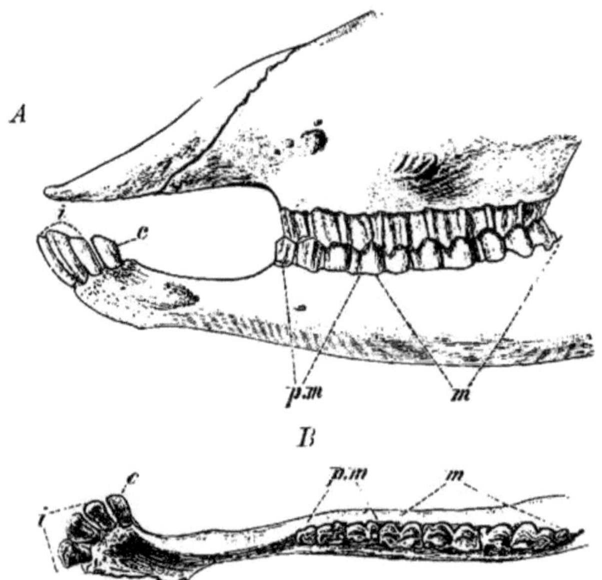

Fig. 245. Gebiss vom Schaf. A im Profil, B Unterkiefer von oben gesehen,
c Dentes canini, i Dentes incisivi, m Dentes molares, pm Dentes praemolares.

wechsel, durch welchen ein Organ durch neue Anpassung vom Untergang gerettet wird.

Was oben von dem allmählichen Ausfall der Milchzähne gesagt
wurde, gilt auch für gewisse Nager. Hier wie dort bereitet sich jener
völlige Verlust[2]) des Milchgebisses vor, welcher für die Soriciden
bereits typisch geworden ist.

---

1) Bei den Edentaten weisen die während der Ontogenese noch auftretenden, früher
oder später aber wieder der Resorption anheimfallenden Zähne darauf hin, dass es sich
um eine Abstammung von zahnreicheren Vorfahren handelt. Auch bei Wiederkäuern
treten im Zwischenkiefer ontogenetisch noch Zahnanlagen auf; ja auch bei erwachsenen
Wiederkäuern begegnet man zuweilen noch rudimentären Eckzähnen. Auch in zahlreichen
anderen Säugethiergruppen weist die Ontogenie auf eine früher formell und numerisch
andersartige Bezahnung hin.

2) Die mächtigen Nagezähne der Nager haben in Folge ihres immerwährenden Wachs-
thums den Zahnwechsel aufgegeben. Gewechselt werden nur die vor den drei Molaren

In schroffem Gegensatz hierzu stehen die Marsupialier, bei
welchen nur der vierte Praemolarzahn gewechselt wird, sodass also
hier die zweite Zahngeneration nur durch einen einzigen Zahn reprä-

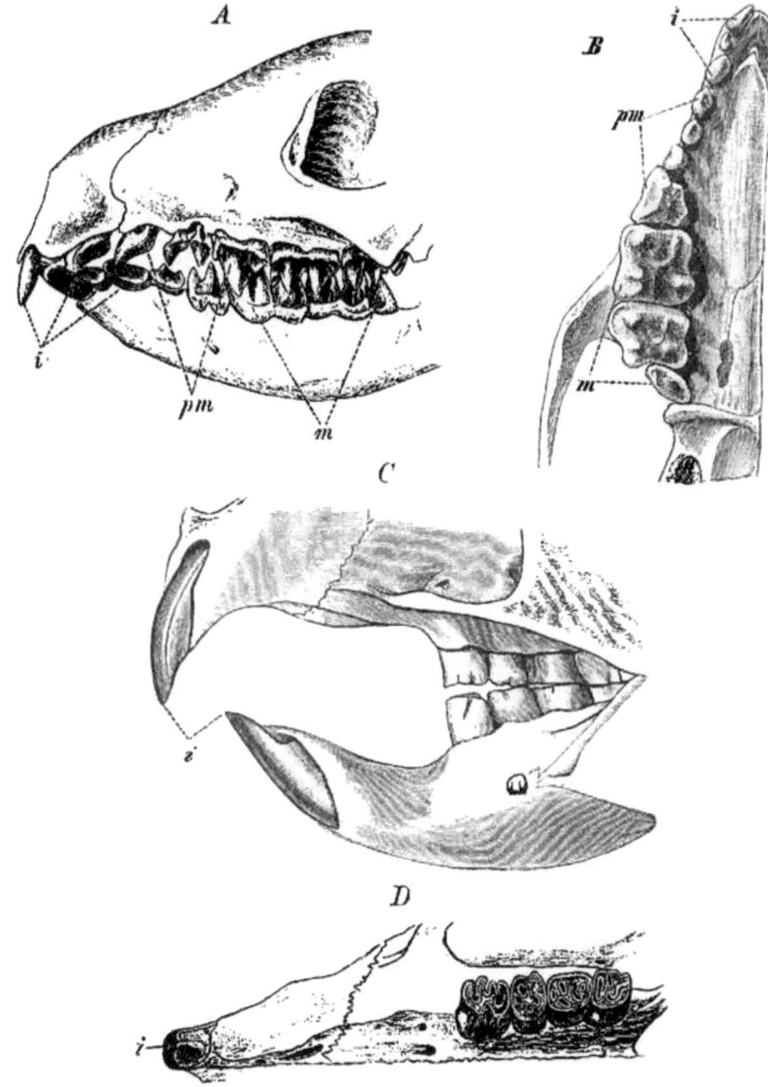

Fig. 246. **A** Gebiss vom Igel im Profil, **B** Oberkieferzähne desselben
Thieres von der Mundhöhle aus gesehen, **C** Gebiss vom Stachelschwein
im Profil, **D** Oberkieferzähne desselben Thieres von der Mundhöhle
aus gesehen. — i D. incisivi, m D. molares, pm D. praemolares.

stehenden Praemolaren und auch diese bei einem Theil der Nager schon intrauterin.
Die grosse Zahnlücke zwischen den Nage- und Backzähnen ist hervorgerufen durch Re-
duction von Incisivi, Canini und Praemolaren. Jene Lücke ist bei den verschiedenen
Nagergruppen verschieden gross.

sentiert wird und das ganze übrige Gebiss mit jener einzigen Ausnahme die erste Zahngeneration darstellt. Uebrigens ist bei allen Beutlern die II. Dentition neben allen persistierenden Zähnen vor dem III. Molarzahn in Form von knospenförmigen Schmelzkeimen vorhanden, welche als „Zukunftszähne" und nicht etwa als Reste von früheren, functionslos gewordenen Zähnen zu beurtheilen sind. Einem ähnlichen Verhalten begegnet man bei Zahnwalen, wo ebenfalls das Milchgebiss unter gleichzeitigem Auftreten von Ersatzanlagen persistiert[1]).

Aus praktischen Gründen, d. h. um einen raschen Ueberblick über die Anordnung der Zähne bei den Säugethieren zu gewinnen, hat man sogenannte Zahnformeln aufgestellt. Die Ziffern über dem Strich bedeuten von links nach rechts die Zahl der Schneide-, Eck-, Back- und Mahlzähne einer Oberkiefer-, die Ziffern unter dem Strich diejenigen einer Unterkiefer-Hälfte.

Also z. B.:

$$\text{Hund} \qquad \frac{3 \cdot 1 \cdot 4 \cdot 2}{3 \cdot 1 \cdot 4 \cdot 3} = 42$$

$$\text{Igel} \qquad \frac{3 \cdot 1 \cdot 3 \cdot 3}{2 \cdot 1 \cdot 2 \cdot 3} = 36$$

$$\text{Stachelschwein} \qquad \frac{1 \cdot 0 \cdot 1 \cdot 3}{1 \cdot 0 \cdot 1 \cdot 3} = 20$$

$$\text{Schaf} \qquad \frac{0 \cdot 0 \cdot 3 \cdot 3}{3 \cdot 1 \;\; 3 \cdot 3} = 32$$

$$\text{Katarrhine Affen} \qquad \frac{2 \cdot 1 \cdot 2 \cdot 3}{2 \cdot 1 \cdot 2 \cdot 3} = 32$$

Das zahnreichste Gebiss findet sich bei carnivoren Marsupialiern. So lautet z. B. die Zahnformel von

$$\text{Myrmecobius} \quad \frac{4 \cdot 1 \quad 3 \cdot 5 \text{ oder } 6}{4 \;\; 1 \quad 3 \cdot 5 \text{ oder } 6} = 50\text{—}52.$$

Im Allgemeinen aber besteht für die Marsupialier — und dasselbe gilt auch für die Stammformen der Placentalier[2]) — folgende Formel:

$$\frac{3 \cdot 1 \cdot 4 \cdot 3}{3 \;\; 1 \;\; 4 \cdot 3} = 44.$$

---

[1]) Unter allen Säugethiergebissen nimmt dasjenige von Manatus eine Sonderstellung ein. Einmal besteht das Gebiss beim erwachsenen Thiere ausschliesslich aus Molaren, dann aber findet sich auch ein Process der Bildung immer neuer Zähne, unter Entfernung der unbrauchbar gewordenen, der in der Säugethierreihe einzig dasteht. Die unbegrenzte Vermehrung findet am hintersten Ende jeder Zahnreihe statt, der Art, dass der jedesmalige vorderste Zahn nach einiger Zeit verdrängt wird und ausfällt. Auch bei Elephanten findet eine ganz ähnliche Ausbildung von Backzähnen am hinteren Ende und eine Verschiebung nach vorne zu statt, doch ist in diesem Fall die Zahnzahl eine begrenzte, während bei Manatus die Zahl der sich neu anlegenden Zähne eine unbegrenzte ist. Zugleich ist bei Manatus die Zahl der gleichzeitig functionierenden Backzähne eine sehr hohe und kann bis auf zehn steigen. — In embryonaler Zeit treten bei Manatus auch die Anlagen von Schneide-, Eck- und Praemolar-Zähnen auf, was auf eine früher ungleich reichere Bezahnung schliessen lässt. (Bezüglich der Details, wie namentlich hinsichtlich der Anlage der aus dem Material von drei Dentitionen zusammenfliessenden Backzähne verweise ich auf die Arbeit von W. Kükenthal.)

[2]) Man kennt Stosszähne von Elephas antiquus von 3,38 Meter und ebensolche vom Mammuth von gegen 4 Meter Länge, 60 cm Umfang und von gegen 100 kg Gewicht.

Sexuelle Unterschiede existieren im Gebiss zahlreicher Säugethiere. Bei männlichen Affen z. B. sind die bleibenden Eckzähne, sowie der erste Praemolarzahn stärker entwickelt als bei weiblichen Thieren. Auch beim Wildschwein, bei Monodon, bei Elephanten[1]) und bei Dugong bestehen Verschiedenheiten, welche mit den geschlechtlichen Kämpfen in Zusammenhang stehen. Jenes correlative Verhältnis zwischen dem Geschlecht und der Ausbildung der Zähne prägt sich auch darin aus, dass nach Castration eines Ebers die „Hauer" im Wachsthum stille stehen.

Viel schwerer verständlich sind die Beziehungen zwischen der Haut, resp. zwischen gewissen Integumentalorganen und den Zähnen. So können Anomalien der Zähne ebensowohl gepaart sein mit Haarmangel (Edentaten, fötale Wale, haarlose Hunde) als mit übermässigem Haarwuchs, wie er sich bei den sogenannten „Haarmenschen" findet.

Bei Ornithorhynchus sind anfangs Zähne vorhanden, sie werden aber später functionell durch Hornplatten ersetzt; auch bei Sirenen kommen hornige Quetschplatten vor.

Bei Echidna sind echte Zahnanlagen bis jetzt nicht nachgewiesen.

Mundhöhlendrüsen.

Wie die Augen- und höher entwickelten Hautdrüsen, so treten auch die Mundhöhlendrüsen erst bei terrestrischen Thieren, d. h. von den Amphibien an, auf. Sie haben hier die Aufgabe, die mit der äusseren Luft in Berührung kommenden Schleimhäute durch ihr Secret anzufeuchten und so vor Vertrocknung zu schützen. Anfangs aus fast indifferenten, nur eine schleimige Masse produzierenden Organen bestehend, differenzieren sie sich später in Apparate, deren Secret zur Chemie der Verdauung in Beziehung tritt, oder das auch, wie bei Giftschlangen und giftigen Sauriern, zu einer furchtbaren Waffe werden kann.

Mit ihrer immer höheren physiologischen Aufgabe geht morphologisch eine immer grösser werdende Mannigfaltigkeit in Zahl und Gruppierung Hand in Hand. Dabei wechselt auch der histologische Charakter der Art, dass man die verschiedensten Drüsenformen unterscheiden kann.

Amphibien.

Abgesehen von den Ichthyoden, Derotremen und Gymnophionen entwickelt sich bei allen Amphibien vom vorderen Theil des Mundhöhlendaches aus eine tubulöse Drüse, welche bei Urodelen ihrer Hauptmasse nach in den Hohlraum des Septum nasale resp. des Praemaxillare zu liegen kommt (**Glandula intermaxillaris s. internasalis.**) Bei Anuren erscheint sie noch weiter nach vorne in das Cavum praenasale und Cavum subnasale gerückt und ist voluminöser; hier wie dort aber münden ihre Ausführungsgänge in der vorderen Kopfgegend am Gaumen aus. Bei Anuren findet sich in der Choanen-

---

1) Auch zahlreiche recente Placentalier sind durch diese Zahnformel charakterisiert.

gegend noch eine zweite Drüse, welche ihr Secret theils in die Choanen-
öffnung, theils in den Rachen ergiesst (Rachendrüse).

Auch in der Zunge der Amphibien liegen zahlreiche Drüsenschläuche. Besonders reichlich finden sich Drüsen in der Mundhöhle
der Gymnophionen.

Reptilien.

Bei Reptilien macht sich den Amphibien gegenüber insofern ein
Fortschritt bemerklich, als es schon zu einer Sonderung in Drüsengruppen kommt. So unterscheidet man nicht allein eine der Intermaxillardrüse homologe **Gaumendrüse**, sondern auch noch **Zungen-**[1]),
Unterzungen- sowie obere und untere **Mundranddrüsen**.

Durch einen besonders grossen Drüsenreichthum ausgezeichnet
sind die Chamäleonten und die Ophidier, bei welch letzteren
die Specialisierung der einzelnen Drüsengruppen am weitesten geht.
Aus einem Theil der im Bereich der Oberlippe liegenden **Mundrand-
drüse** differenziert sich bei Giftschlangen die Giftdrüse oder
Glandula venenata. Sie ist von tubulösem Bau, in eine feste,
fibröse Scheide eingepackt und steht unter mächtiger Muskelwirkung,
sodass das Secret mit grosser Energie in den Giftcanal (Fig. 247)
und von da in den Giftzahn entleert werden kann.

Die Giftdrüse liegt in einer taschenartigen Verbreiterung des
Ligt. zygomaticum eingeschlossen. Letzteres zieht vorn über die Kaumuskeln hinweg. Indem sich letztere kontrahieren wird ein Druck
auf die die Drüse umgebende fibröse Tasche ausgeübt und so das
Secret in den Ausführungsgang gepresst.

Beim Einhauen des aufgerichteten Giftzahnes in die Beute werden
das Pterygoid und das Palatinum, unter gleichzeitigem Nachvorne-
rücken des Quadratums, durch die Mm. pterygo-sphenoidalis posterior
und pterygo-parietalis nach vorne gezogen.

Diese Bewegung wird auf das Transversum übertragen, und
letzteres endlich richtet den Oberkiefer durch eine Drehung um eine
durch die Gelenkverbindung mit dem Präfrontale gehende Querachse
auf. Zuvor schon wurde der Unterkiefer gesenkt und dadurch die
Mundspalte ad maximum geöffnet, eine Bewegung, die vollkommen
unabhängig von der oben erwähnten Schiebebewegung des Pterygoids etc. ausgeführt wird.

Die Aufrichtung des Oberkiefers bezw. seine Umlegung nach
hinten geschieht durch die Mm. pterygo-sphenoidalis anterior und
transverso-maxillo-pterygo-mandibularis. Der letztgenannte Muskel
verhütet auch eventuell, dass wenn der Zahn in das einen Flucht-
versuch machende Beutethier eingeschlagen ist, der Oberkiefer nicht
nach vorne umgerissen wird. — Als Hilfsmuskel beim Einhauen des
Zahnes, bezw. bei der Abwehr des Zuges, welchen, wie schon angedeutet, der ganze mit dem Oberkiefer verbundene Knochenapparat
auszuhalten hat, kommen noch die Mm. retractor ossis quadrati und
cervico-mandibularis in Betracht.

---

[1]) Bei Anguis, Pseudopus und Lacerta ist die Zunge äusserst reich an secernierenden Elementen, welche sich jedoch nicht zu wirklichen Drüsen angeordnet und
differenziert haben; es handelt sich hier um Einsenkungen des Epithels, die von Becherzellen ausgekleidet sind und deutliche Uebergänge zur Drüsenbildung aufweisen.

Auch eine vom Hinterende des M. transverso-maxillo-pterygo-mandibularis abgespaltene Portion kann in diesem Sinne gedeutet werden (Kathariner).

Eine giftige Eigenschaft besitzt auch die Unterzungendrüse eines mexikanischen Sauriers, des Heloderma horridum. Sie

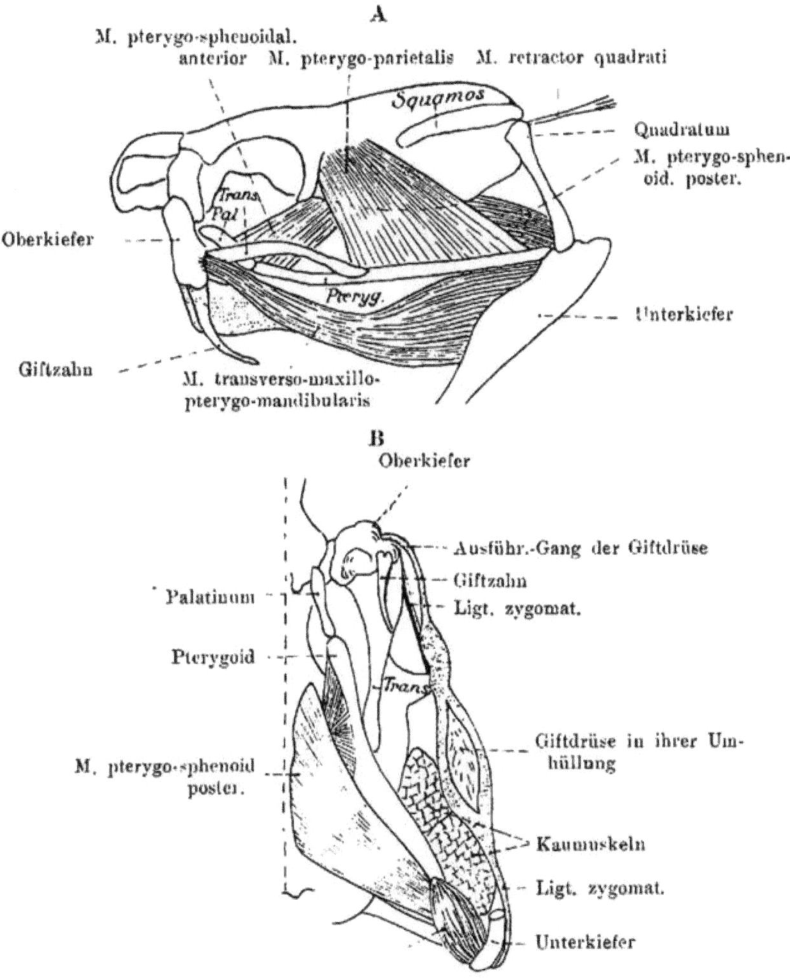

Fig. 247 A. Kopf der Kreuzotter, von der linken Seite. Die Haut, das Jochband mit der Giftdrüse, die Kaumuskeln, die Zähne des Palatinum und Pterygoids sind nicht dargestellt.

B. Kopf der Kreuzotter. Linke Hälfte von unten. Die Kaumuskeln sind quer durchschnitten. Die Umhüllung der Giftdrüse ist ein Stück weit gespalten. Beide Figuren nach Kathariner.

entleert sich durch vier, den Unterkieferknochen durchbohrende Ausführungsgänge vor den Furchenzähnen des Unterkiefers.

Bei Seeschildkröten und Crocodiliern existieren keine grösseren, d. h. zu Gruppen vereinigten Drüsenorgane in der Mundhöhle. Bei Testudo graeca existieren sehr starke Glandulae sublinguales.

Vögel.

Bei Vögeln — und dies gilt vor Allem für Klettervögel — finden sich gut entwickelte Zungendrüsen. Dass sie denjenigen der Saurier homolog sind, kann keinem Zweifel unterliegen, ob aber die in den Mundwinkel einmündende Drüse (Mundwinkeldrüse) der hinteren Oberlippendrüse, resp. der Giftdrüse der Ophidier entspricht, erscheint noch nicht sicher ausgemacht; wahrscheinlich handelt es sich um einen neuen Erwerb. Die medianen Gaumendrüsen der Vögel sind den gleichnamigen der Saurier nicht homolog, und dasselbe gilt für die seitlichen Gaumendrüsen. Lippendrüsen fehlen spurlos.

Säuger.

Bei Säugern unterscheidet man ihrer Lage nach vier grössere Drüsencomplexe: 1. die Gandula parotis mit dem Ductus parotideus (Stenonianus), 2. die Gl. submaxillaris mit dem D. submaxillaris (Whartonianus), 3. die Gl. retrolingualis mit dem gemeinsam mit dem D. submaxillaris ausmündenden D. retrolingualis, und 4. die Gl. sublingualis mit mehreren grösseren und kleineren Ausführungsgängen.

Die Gl. parotis, welche, wie ihr Name besagt, in der Regel in der Nähe des äusseren Ohres gelegen ist, entspricht vielleicht der Mundwinkeldrüse der Vögel, keineswegs aber der Giftdrüse der Schlangen (verschiedene Innervation!). Ihre Stammesgeschichte liegt noch nicht klar und weist jedenfalls nicht auf Drüsen am oberen Mundrand zurück. Vielleicht handelt es sich überhaupt um eine neue, erst in der Reihe der Säugethiere gemachte Erwerbung.

Die Gl. submaxillaris[1]) liegt im Wesentlichem unter dem M. mylohyoideus, und in nächster Nähe, bald über bald unter dem genannten Muskel, findet sich die Gl. retrolingualis. Letztere scheint unter allen Säugethieren nur dem Kaninchen, Hasen, Pferd und Esel zu fehlen. Die Gl. sublingualis, welche zwischen der Zunge und dem Alveolarrand liegt, wird nur bei der Hausmaus, der weissen Maus, dem Maulwurf und der Spitzmaus vermisst.

Alle die genannten Drüsen, mit Ausnahme der Parotis, sind den Mundhöhlendrüsen der niederen Wirbelthierklassen homolog, und dies gilt auch für die zu den grösseren Drüsen in nahen räumlichen Beziehungen stehenden kleineren Schleimhautdrüsen (Gl. Gl. buccales, linguales, palatinae und labiales)[2]). Die Schleimdrüsen der Mundhöhle sind phylogenetisch älter als die serösen Drüsen.

----

[1]) Es handelt sich bei der G. submaxillaris der Säugethiere um eine in histologisch-physiologischer Beziehung in zwei Gruppen zerfallende Drüse (seröser und mucöser Typus).

[2]) Bei Cetaceen fehlen die Speicheldrüsen gänzlich.

Zunge.

Fische und Dipnoër.

Bei **Fischen**, abgesehen von den Cyclostomen, wo sie zum Ansaugen (Petromyzonten) oder auch zum Bohren (Myxine) dient, stellt die Zunge noch kein selbständiges, für sich bewegliches Organ dar. Es handelt sich vielmehr nur um einen mehr oder weniger dicken Schleimhautüberzug der Copularia des Visceralskeletes, d. h. des Zungenbeines. In Folge dessen ist sie nur in Gemeinschaft mit dem Visceralskelet beweglich und fungiert, da sie mit Papillen ausgestattet ist, als Empfindungsorgan. Sie kann auch, wie wir schon früher gesehen haben, auf ihrer freien Fläche Zähne tragen (gewisse Teleostier).

Auch bei den Dipnoërn besitzt die Zunge noch keine Eigenmuskulatur und steht noch ganz auf dem Stadium der Fischzunge.

Amphibien und Reptilien.

Bei Ichthyoden und jungen Salamanderlarven zeigt die Zunge ein vom Fischtypus nur sehr wenig abweichendes Verhalten, allein die definitive Zunge der Salamandrinen darf nicht von dieser Zunge abgeleitet werden, da letztere nur in einem kleinen, hinteren, medianen Gebiet dieses Organes Verwendung findet, während der vordere, grössere, drüsentragende Theil eine Neubildung ist, welche bei den Fischen keinen Vorläufer hat.

Die ausgebildeten Zungen der Anuren und Urodelen sind bei manchen Formen einander sehr ähnlich, während der betr. Entwicklungsvorgang bedeutende Verschiedenheiten aufweist. Diese beruhen bei Anuren erstens in der viel kürzeren Dauer des Bestehens der primitiven (Fisch-)Zunge, zweitens auf der frühe beginnenden, viel reichlicheren Muskularisierung[1], drittens auf dem sehr späten Auftreten der Drüsen und viertens endlich auf der Art der Angliederung der primitiven Zunge an jenes vor ihr liegende Mundbodengebiet. Bei Anuren aber, wie bei Urodelen, bildet letzteres den grössten Theil der fertigen Zunge. Alles in Allem erwogen kann man sagen, dass die Anuren-Zunge in Folge functioneller Anpassung (ausgiebigere Verwendung des Organs beim Erfassen der Beute)[2] eine höhere Ausbildung gewinnt, als dies im Allgemeinen für die Urodelen gilt[3].

In der Regel ist die Amphibienzunge nur mit ihrem Vorderende oder einem Theil ihrer Ventralfläche angewachsen, oder aber sie ist ringsum frei und kann vermittelst eines complizierten Mechanismus weit aus der Mundhöhle hervorgeschossen werden (Spelerpes), (Wiedersheim).

Die Reptilien-Zunge ist ein sehr viel weiter entwickeltes

---

[1] Die Zungenmuskulatur entstammt den in den Bereich des N. hypoglossus fallenden Myotomen der vorderen Rumpfgegend.

[2] Bei der blitzschnellen Bewegung der Froschzunge fungiert der M. genioglossus als Pro-, der M. hyoglossus als Retractor. Die Fähigkeit der Zunge, das betr. Beuteobject geradezu zu umgreifen, beruht auf der Wirkung der Binnenmuskeln der Zunge (vergl. E. Gaupp).

[3] Bei den Aglossa (Pipa und Dactylethra) ist die Zunge rückgebildet.

Organ, als die Amphibienzunge. Letztere entsteht, wie bereits erwähnt, im Wesentlichen im Bereich des vorderen Abschnittes der primitiven (fischzungenähnlichen) Zunge der Larven, der sich ein ursprünglich getrennt liegendes Gebiet angegliedert hat, welches zwischen Copula und Unterkiefer liegt und das dann den Haupttheil der definitiven Zunge bildet. Diese beiden Gebiete, wovon das letztere (zwischen Copula und Unterkiefer liegende) bei Reptilien, wie bei Amnioten überhaupt, als Tuberculum impar bezeichnet wird, werden auch zum Aufbau der Reptilienzunge (Lacerta) verwendet, dazu kommen aber auch noch ein medialer Abschnitt des zweiten und ein kleinerer Abschnitt des dritten Visceralbogens, sowie die so überaus mächtigen seitlichen Zungenwülste, die Abgliederungen des ersten Visceralbogens sind. Letzterer Umstand bedingt dann, dass ein neuer Nerv zur Zunge hineintritt, der den Amphibien fehlt, der Ast des Trigeminus III (E. Gaupp, Kallius).

Bei den Reptilien, wo das Organ zum Theil von einer „Scheide" umgeben sein kann, ist die freiere Beweglichkeit der Zunge zur Regel geworden. In formeller Beziehung unterliegt sie hier noch zahlreicheren Variationen als bei Amphibien, und dies gilt namentlich für die Saurier, die deshalb als Vermilinguia, Crassilinguia, Brevilinguia und Fissilinguia unterschieden werden. Aus der die letztgenannte Gruppe charakterisierenden gespaltenen Zungenform ist diejenige der Schlangen hervorgegangen. Bezüglich der verschiedenen Typen verweise ich auf Fig. 248—251.

Die geringste Beweglichkeit besitzt die Schildkröten- und Cocodilier-, die grösste die Chamäleonzunge, welche ähnlich wie diejenige von Spelerpes, wenn auch auf Grund eines ganz verschiedenen Mechanismus, aus dem Mund hervorgestossen werden kann.

Vögel.

Die Zunge der Vögel ist im Allgemeinen muskelarm und besitzt einen hornigen, häufig mit Papillen und spitzen Widerhaken versehenen Ueberzug, ja sie kann sogar, wie bei manchen Reptilien, an ihrem Vorderende gespalten, also gegabelt sein (Colibris), oder eine pinselartige Form gewinnen. Bei Spechten, auf deren ausserordentlich entwickelte Epibranchialia ich schon im Capitel über den Schädel verwiesen habe, kann sie mittelst eines complizierten Muskelapparates weit aus der Mundhöhle hervorgestossen werden und dient als Greiforgan.

Alle diese Modificationen sind als Anpassungserscheinungen an die Art und Weise der Nahrungsaufnahme zu erklären, und dieselben Gesichtspunkte gelten selbstverständlich auch für die meisten Umbildungen, welche das Organ in den übrigen Wirbelthierklassen erfährt.

Am meisten ausgebildet ist die Zunge der Raubvögel und Papageien, bei welch letzteren sie ein breites, dickes Organ darstellt; allein ihre weiche, teigige Beschaffenheit beruht speciell bei Papageien nicht sowohl auf einer besonders stark entwickelten Eigenmuskulatur, als vielmehr auf Fett, Gefässen und Drüsen.

Fig. 248.

Fig. 248. Zunge von Spelerpes fusens, hervorgeschnellt.

Fig. 249. Froschzunge in drei ver-schiedenen Acten der Bewegung dar-gestellt.

Fig. 249.

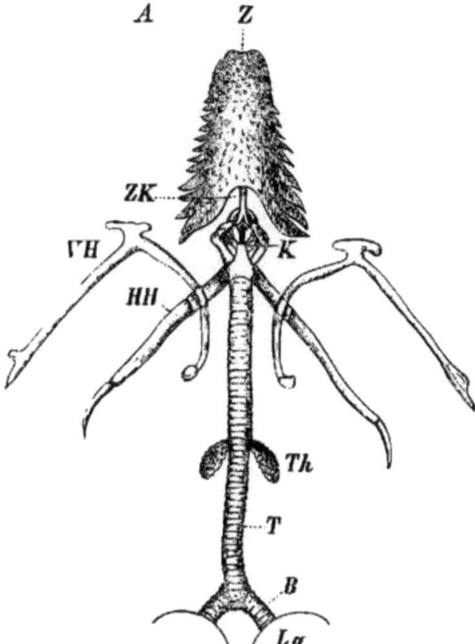

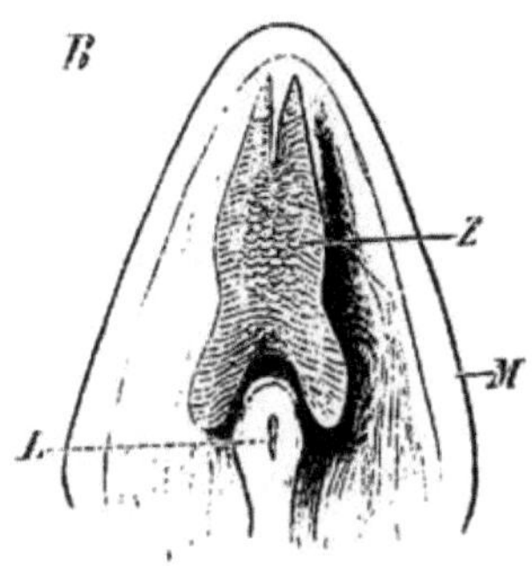

Fig. 250. A Zunge, Zungen-beinapparat und Ductus re-spiratorius von Phyllodac-tylus europaeus. B Bronchien, K Kehlkopf, Lg Lunge, T Tra-chea, Th Glandula thyreoidea, VH und HH vordere und hintere Zun-genbeinhörner, Z Zunge, ZK Zun-genbeinkörper.

B Zunge von Lacerta. L Adi-tus ad laryngem, M Mandibula, Z Zunge.

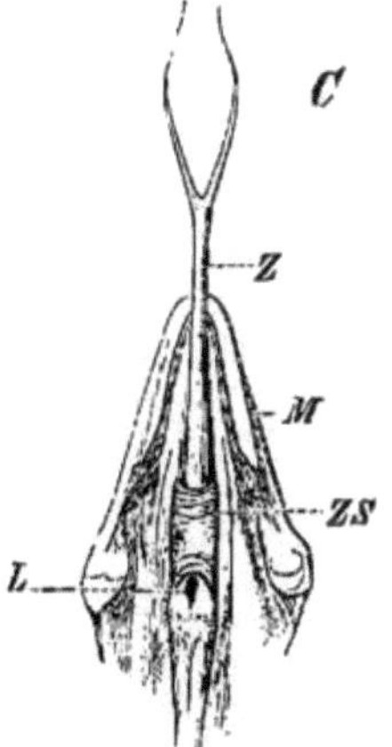

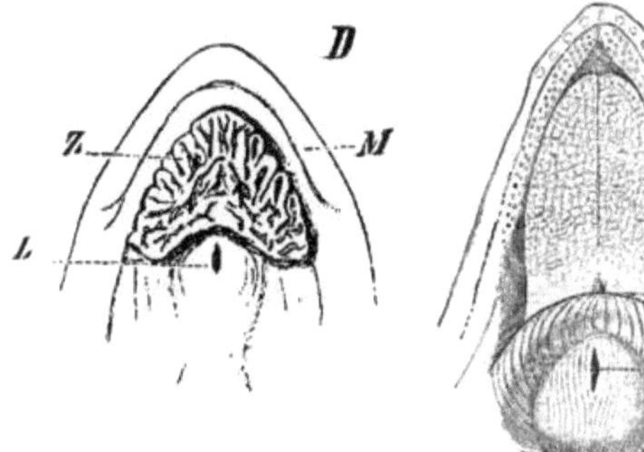

Fig. 251. C Zunge von Monitor indicus, D von Emys europaea, E vom Alligator. L Aditus ad laryn-gem, M Mandibula, Z Zunge, ZS Zungenscheide.

Säuger.

Bei Säugern hat die Zunge nach Volumen, Beweglichkeit und vielseitigster Functionsfähigkeit ihre höchste Entwicklung erreicht und unterliegt, wie überall, in ihrer Form den allerverschiedensten Anpassungen. Die Eigenmuskulatur ist stets reich ausgebildet, auch macht sich da und dort auf ihrer Oberfläche ein Verhornungsprocess bemerklich, wie z. B. bei Felinen[1]. Meist besitzt sie eine platte, vorne abgerundete, bandartige Form, ist drüsenreich und vorstreckbar. An ihrer Unterfläche, und zwar in stärkster Ausprägung bei Prosimien, findet sich ein Faltensystem, die sogenannte **Unterzunge**. Im Innern desselben muss sich früher, ähnlich wie dies bei Stenops heute noch der Fall ist, ein knorpeliges Stützskelet[2] entwickelt haben, und dieses ist als ein Erbstück von niederen Vertebraten (Reptilien) zu betrachten. Daraus erhellt, dass die eigentliche Säugethierzunge mit den Zungen niederer Vertebraten nicht direct homologisierbar ist, dass sie also bis zu einem gewissen Grade eine neue Erwerbung darstellt, die wahrscheinlich aus dem hintersten Theil der oder vielleicht aus der gesamten, sich allmählich rückbildenden Unterzunge ihre Entstehung genommen hat (Gegenbaur).

Glandula thyreoidea.

Die Schilddrüse entsteht ihrer ursprünglichen Anlage nach als ein medialer Auswuchs der ventralen Kiemenhöhlenwand. Dieser erstreckt sich über die Gegend der ersten vier oder fünf Branchialspalten und kann im Lauf der Entwicklung in zwei Lappen zerfallen. Zu dieser unpaaren Anlage können bei Säugern noch paarige, im hintersten Abschnitt der Visceraltaschen entstehende Theile hinzutreten.

Bei Ammocoetes steht das einfache, von Flimmerepithelien ausgekleidete Organ mit dem Pharynx zwischen der III. und IV. Kiemenspalte in offener Verbindung, bei Petromyzon aber, wie bei allen übrigen Wirbelthieren, schnürt es sich davon ab, bildet sich zum grössten Theil zurück und verwandelt sich mit dem übrigbleibenden Rest in eine Anzahl von geschlossenen Follikelhaufen.

Bei Selachiern verharrt die unpaare Anlage in ihrer ursprünglichen Form und liegt unter der Symphyse des Unterkiefers genau in der Medianlinie im Theilungswinkel des Kiemenarterienstammes. Bei erwachsenen Teleostiern stellt sie ein paariges, im Bereich des Hinterendes vom ersten Kiemenbogen liegendes Organ dar.

---

[1] Die ausser den Hornstacheln der Ornithorhynchus-Zunge zukommenden beiden Hornplatten sind nicht wie jene als papilläre Gebilde, sondern als Epithelbildungen eigener Art, bei deren Zustandekommen die ganze Schleimhaut betheiligt ist, aufzufassen. Sie entsprechen also nicht den Hornzähnen der Echidna-Zunge (Oppel).

[2] Die sogenannte „Lyssa“ der Säugethierzunge besteht theils aus Knorpel- theils aus Muskel-, Fett- und Bindegewebe. Das Organ unterliegt sehr zahlreichen Modificationen und ist als ein letzter Rest des Zungenknorpels niederer Wirbelthiere aufzufassen, was nicht ausschliesst, dass starke, weitere Fortbildungen existieren können, die dann als Neuerwerbungen zu beurtheilen sind. Dazu können noch andere, secundäre, im Anschluss an das mediane Zungenseptum entstandene, oder auch aus der Schleimhaut stammende Stützorgane kommen.

Die Schilddrüse der Dipnoër besteht aus einem quergelagerten, schmalen Körper, welcher in der Mittellinie eine schwache Einschnürung und dadurch die Andeutung eines Zerfalls in zwei Lappen erkennen lässt. Die mediane Partie des Organes liegt genau am Vorderende der visceralen Muskulatur.

Bei Urodelen und Anuren handelt es sich, wie überall, zunächst um eine unmittelbar am Vorderende des Pericards erfolgende, unpaare

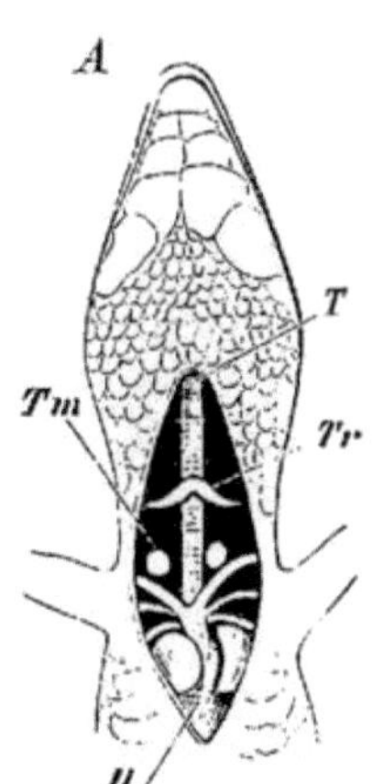

Fig. 252. Gl. thyreoidea (*Tr*) und thymus (*Tm*) von Lacerta agilis (**A**) und von einem jungen Storchen. (**B**) *B* Bronchus, *H* Herz, *Oe* Oesophagus, *T* Trachea.

Entstehung, später aber kommt es zur Theilung, und dann liegen die betreffenden, aus einem Conglomerat von glashellen, epithelialen Bläschen bestehenden Gebilde bei Urodelen an der hinteren Seite des II. Keratobranchiale, bei Anuren dagegen jederseits an der ventralen Fläche des hinteren Zungenbeinhorns, medial von der vordersten Ausstrahlung des M. rectus abdominis (M. sternohyoideus), oder zwischen deren Fasern eingeschoben.

Bei Lacertiliern befindet sich die Schilddrüse hinter der Mitte der Trachea, bei Cheloniern, Crocodilen und Ophidiern ist sie häufig zweilappig und liegt über den grossen Gefässen, nachdem diese aus dem Herz hervorgetreten sind. Eine ähnliche Lage hat das Organ bei Vögeln, ist aber hier paarig.

Die an der ventralen Seite des Larynx und der Trachea liegende Schilddrüse der Säugethiere besteht aus zwei Lappen, die häufig durch einen Isthmus in der ventralen Mittellinie verbunden sind. Letzterer kann, je nach seiner Entwicklung, einen „mittleren" Lappen darstellen[1]).

------

[1]) Der Ausdruck Glandula parathyreoidea (Nebenschilddrüse) darf nur für jene Theile der Schilddrüse angewendet werden, welche da und dort aus der unpaaren

Wahrscheinlich hatte die Schilddrüse ursprünglich die Bedeutung eines Drüsenorganes, dessen Secret bei den Vorfahren der heutigen Vertebraten für die chemisch-physiologischen Aufgaben des Tractus intestinalis von hoher Bedeutung war. Später trat ein Functionswechsel ein, und anstatt rückgebildet zu werden, persistierte die Schilddrüse als ein hochwichtiges, namentlich bei Säugern durch seinen Blutreichthum ausgezeichnetes Organ. Worin seine Function im Speciellen besteht, ist nicht bekannt, man weiss nur, dass es sich um die Production einer jodhaltigen Eiweissverbindung handelt, deren Ueberführung in den Lymph- und Blutstrom eine Conditio sine qua non für die Integrität des betreffenden Individuums bedeutet. Die totale Exstirpation bezw. Entartung ist mit den schwersten Folgeerscheinungen auf physischem wie auf psychischem Gebiet verknüpft.

Glandula thymus.

Die Thymus zeigt stets eine paarige Anlage. Ihrer Herkunft nach epithelialer (glandulärer) Natur nimmt sie in späteren Entwicklungsperioden einen lymphoiden Charakter an.

Bei Selachiern entwickelt sie sich jederseits aus einer Epithelwucherung im oberen Winkel der fünf ersten Kiemenspalten und zwar in der Nähe der Ganglien des IX. und X. Hirnnerven. Auch im Bereich des Spritzloches nimmt sie zum Theil ihren Ursprung, kurz es bestehen deutliche Anzeichen dafür, dass sich ursprünglich alle Kiementaschen an der Entwicklung des Organes betheiligten. Diesem Verhalten begegnet man heute noch bei Selachiern, Teleostiern und Urodelen. Bei Anuren kommen nur die zwei ersten

Anlage derselben hervorgehen können (Ductus thyreoglossus). Damit haben die als Derivate der II. bis IV. Schlundtasche entstehenden, sogenannten „Epithelkörper", welche sich secundär sowohl der Thyreoidea als der Thymus an- oder eingliedern können („äussere" und „innere" E. K.), nichts zu schaffen. Es handelt sich also hierbei um genetisch ganz selbständige Gebilde, und der oben erwähnte Anschluss an andere Schlundspalten-Derivate ist ein rein topographischer. Fische und Urodelenlarven besitzen noch keine Epithelkörper. Ihre physiologische und phylogenetische Bedeutung ist dunkel und man kann nur sagen, dass sie auf im Schwund begriffene Schlundspalten-Reste hindeuten, wie dies auch für den aus der hintersten Schlundspalte hervorgehenden sogenannten „postbranchialen Körper" gilt. Letzterer tritt schon bei Fischen auf.

Das Organ, welches man bei Anuren als „Carotisdrüse" bezeichnet hat, verdient diesen Namen keineswegs, sondern ist, da es sich dabei um eine eigenartige, im Bereiche der Carotis interna und externa liegende Gefässanordnung handelt, besser als Carotislabyrinth (Zimmermann, Kohn) zu bezeichnen.

Jenes fragliche Organ der ungeschwänzten Amphibien hat mit der „Carotisdrüse" der Säuger nichts zu schaffen, und neuere Untersuchungen haben gezeigt, dass es sich bei letzterem um eine gänzlich verschiedene Structur und Genese handelt. Die Carotisdrüse der Säuger hat auch mit den obengenannten „Epithelkörpern" nichts gemein; sie ist kein epitheliales, drüsiges Organ, sondern entsteht aus embryonalen Sympathicus-Zellen, welche sich zu Ballen ordnen, die sich entweder einheitlich zusammenschliessen oder in Knötchen, Läppchen etc. zerfallen. Das in der Gegend der Theilungsstelle der Carotis communis oder auch in der Wand der Carotis interna liegende Organ wird schon sehr frühe vascularisiert und von einer Unmasse von meist marklosen Nervenfasern durchsetzt.

So stellt die Carotisdrüse der Säuger ein Organ von eigenartigem Charakter dar und muss in eine besondere Kategorie eingereiht werden, welche dem sympathischen Nervensystem anzugliedern ist. Nahe liegt ein Vergleich mit dem Suprarenalorgan resp. der Marksubstanz der Nebennieren. — Auf Grund jener Beziehungen zum Sympathicus ist dafür der Name: „Paraganglion intercaroticum" in Vorschlag gebracht worden (vergl. das Capitel über die Nebennieren).

Kiementaschen in Betracht, und die bleibende Thymus entsteht hier sogar nur aus der zweiten.

Eine ähnliche, dorsal von den Kiemenspalten befindliche Lage wie bei Selachiern hat das Organ bei Dipnoërn, Ganoiden und Teleostiern, doch finden bereits Modificationen statt, die sich in einer später erfolgenden theilweisen Resorption, sowie in mannigfaltiger Lappung, oder auch in einem secundären Zusammenfluss ursprünglich getrennter Theile äussern. Dies gilt auch für die Amphibien, unter denen übrigens die Gymnophionen noch am typischsten die seriale, dorsal von den Kiemenschlitzen befindliche Anordnung bewahrt haben, und Aehnliches gilt unter den Reptilien auch für die Schlangen. Bei erwachsenen Urodelen und Anuren liegt die Thymus hinten und oben vom Kiefergelenke. Nach der Embryonalzeit besteht das Organ bei Schlangen, wie auch bei Lacertiliern und Cheloniern, jederseits aus zwei oder mehr getrennten, in der Nähe der Cartotiden liegenden Lappen.

Crocodilier und Vögel besitzen in der Jugendzeit eine mehrfach gelappte, lang am Hals sich hinziehende, bandartige Thymus, während dieselbe bei den Säugethieren zum grössten Theil in den Thorax, dicht hinter das Sternum und in der Regel nur zum kleineren Theil in die Halsgegend zu liegen kommt. Bei jungen Thieren bezw. bei Embryonen handelt es sich meistens um ein sehr voluminöses Organ, das sich später rückbildet.

Was die Anlage der Säuger-Thymus anbelangt, so kommen hierbei — und dies gilt wohl für die ganze Amniotenreihe — die drei bis vier vordersten Schlundtaschen in Betracht.

Über die physiologische Bedeutnng der Thymus sind bis jetzt die Meinungen noch getheilt. Am meisten Wahrscheinlichkeit scheint mir die Auffassung von John Beard zu besitzen, wonach die Thymus überhaupt als die erste Quelle für die Entstehung von Leukocyten im Thierkörper zu betrachten wäre. Von hier aus sollen sich dann die Leukocyten erst weiter im Körper verbreiten, d. h. also, sie würden, ganz entgegen der gewöhnlichen Annahme in die Thymus nicht ein- sondern aus ihr auswandern. Dabei sollen dieselben aus den Epithelzellen der embryonalen Thymus direct hervorgehen.

Speiseröhre, Magen- und Darmcanal.

Fische, Dipnoër und Amphibien.

Die Speiseröhre (Oesophagus) ist kurz und in der Regel nicht deutlich vom Magen abgesetzt, doch kommen Ausnahmen vor (viele Teleostier. Siren lacertina (Fig. 257).

Man ist gewöhnt eine zwischen dem Schlund und der Einmündungsstelle des Gallenganges liegende Auftreibung des Tractus intestinalis als „Magen" zu bezeichnen, allein eine solche Bezeichnung ist nur in den Fällen berechtigt, wo es sich um ein spezifisches Verhalten des Epithels und um das Auftreten von Magen-Drüsen handelt. Von diesem Gesichtspunkt aus fehlt ein Magen dem Amphioxus, den Cyclostomen, Holocephalen, Dipnoërn und gewissen Teleostiern, wie z. B. den

Cyprinidae, gewissen Labridae, Gobiidae, Blenniidae, Syngnathus acus und Cobitis fossilis.

Andere Fische (Selachier, Ganoiden, zahlreiche Tele-

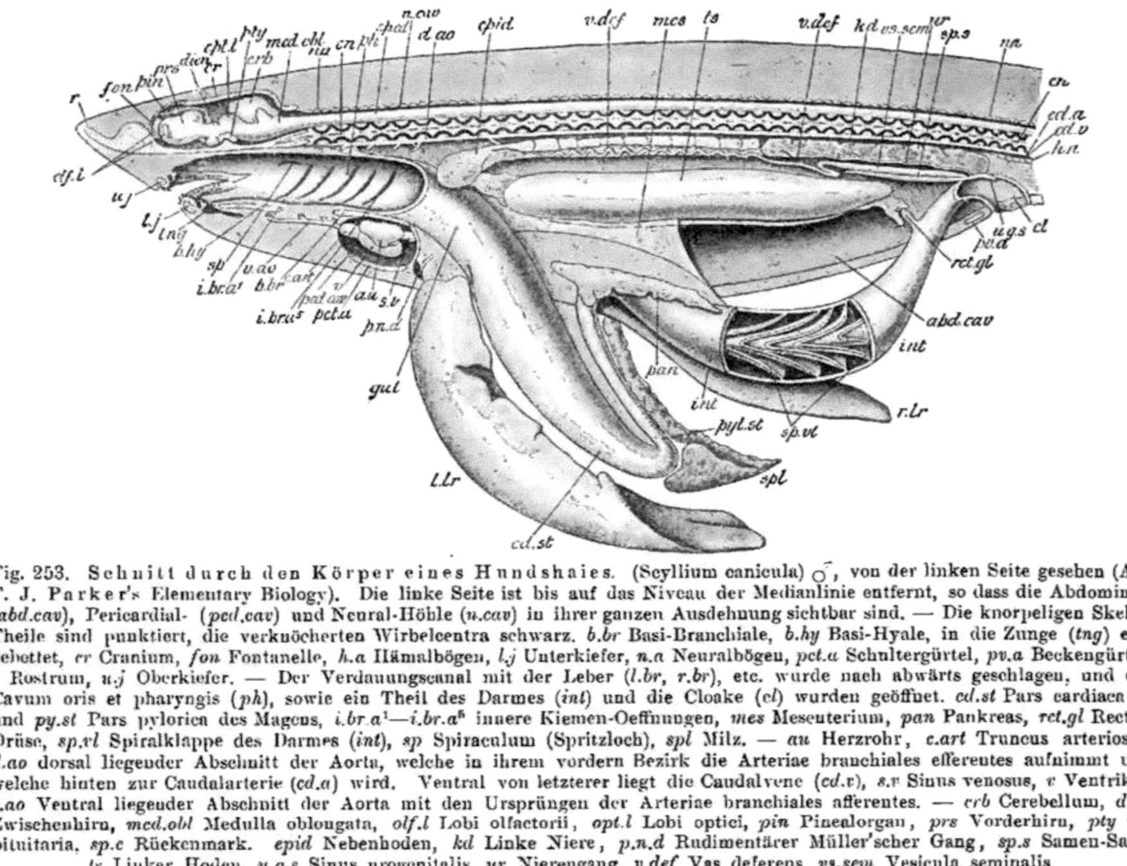

Fig. 253. Schnitt durch den Körper eines Hundshaies. (Scyllium canicula) ♂, von der linken Seite gesehen (Aus T. J. Parker's Elementary Biology). Die linke Seite ist bis auf das Niveau der Medianlinie entfernt, so dass die Abdominal-(abd.cav), Pericardial- (pcd.cav) und Neural-Höhle (n.cav) in ihrer ganzen Ausdehnung sichtbar sind. — Die knorpeligen Skelet-Theile sind punktiert, die verknöcherten Wirbelcentra schwarz. *b.br* Basi-Branchiale, *b.hy* Basi-Hyale, in die Zunge (*tng*) eingebettet, *cr* Cranium, *fon* Fontanelle, *h.a* Hämalbögen, *l.j* Unterkiefer, *n.a* Neuralbögen, *pct.a* Schultergürtel, *pv.a* Beckengürtel, *r* Rostrum, *u.j* Oberkiefer. — Der Verdauungscanal mit der Leber (*l.br, r.br*), etc. wurde nach abwärts geschlagen, und das Cavum oris et pharyngis (*ph*), sowie ein Theil des Darmes (*int*) und die Cloake (*cl*) wurden geöffnet. *cd.st* Pars cardiaca — und *py.st* Pars pylorica des Magens, *i.br.a¹—i.br.a⁵* innere Kiemen-Oeffnungen, *mes* Mesenterium, *pan* Pankreas, *rct.gl* Rectal-Drüse, *sp.vl* Spiralklappe des Darmes (*int*), *sp* Spiraculum (Spritzloch), *spl* Milz. — *au* Herzrohr, *c.art* Truncus arteriosus, *d.ao* dorsal liegender Abschnitt der Aorta, welche in ihrem vordern Bezirk die Arteriae branchiales efferentes aufnimmt und welche hinten zur Caudalarterie (*cd.a*) wird. Ventral von letzterer liegt die Caudalvene (*cd.v*), *s.v* Sinus venosus, *v* Ventrikel, *v.ao* Ventral liegender Abschnitt der Aorta mit den Ursprüngen der Arteriae branchiales afferentes. — *crb* Cerebellum, *dien* Zwischenhirn, *med.obl* Medulla oblongata, *olf.l* Lobi olfactorii, *opt.l* Lobi optici, *pin* Pinealorgan, *prs* Vorderhirn, *pty* Gl. pituitaria, *sp.c* Rückenmark. *epid* Nebenhoden, *kd* Linke Niere, *p.n.d* Rudimentärer Müller'scher Gang, *sp.s* Samen-Sack, *ts* Linker Hoden, *u.g.s* Sinus urogenitalis, *ur* Nierengang, *v.def* Vas deferens, *vs.sem* Vesicula seminalis.

ostier) und ebenso die Amphibien besitzen einen wahren Magen, der zugleich durch seine Auftreibung mehr oder wenig deutlich erkennbar ist. Er kann entweder gestreckt oder U-förmig umgebogen sein, sodass die beiden Schenkel (Pars cardiaca und pylorica) einander parallel laufen. Im Allgemeinen passt sich die Magenform derjenigen des Körpers an, und dementsprechend besitzen Rochen und Anuren einen weiteren Magen als die meisten übrigen Fische und Amphibien (vergl. Figg. 253—263), und ähnliche Gesichtspunkte gelten auch für

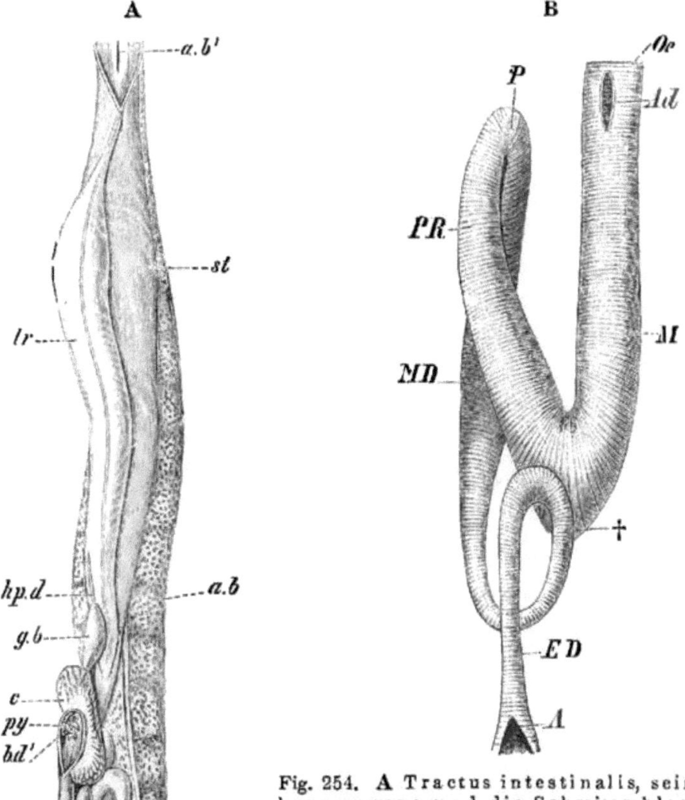

Fig. 254. **A** Tractus intestinalis, seine Anhangsorgane und die Schwimmblase von Lepidosteus, in situ. Nach Balfour und Parker. *a* Anus, *a.b* Schwimmblase, *a.b*[1] Ihre Einmündung in den Schlund, *b.d*[1] Einmündung des Gallenganges in den Darm, *c* Appendices pyloricae, *g.b* Gallenblase, *hp.d* Ductus hepaticus, *lr* Leber, *py* Valvula pylorica, *s* Milz, *sp.v* Spiralklappe, *st* Magen. **B** Tractus intestinalis von Amia. *A* Anus, *Ad* Zugang zum Ductus pneumaticus, *ED* Enddarm, *M* Magen, *MD* Mitteldarm, *Oe* Oesophagus, *P* Gegend der Valvula pylorica, *PR* die bei † umgebogene Pars pylorica des Magens.

die verschieden gestalteten Reptilien. Bei Teleostiern variiert seine Form beträchtlich[1]).

---

1) Bei zahlreichen Teleostiern (z. B. bei Tinca vulgaris und Cobitis fossilis) besitzen der Magen und der Darm nach aussen von einer aus glatten Muskeln bestehenden Wand noch eine zweite Muskellage, welche quergestreifte Elemente führt und welche eine äussere Längs- und eine innere circuläre Schicht erkennen lässt. Diese Elemente entwickeln sich vom Oesophagus aus caudalwärts.

Das Darmrohr ist gerade, oder fast gerade oder endlich mehr
oder weniger gewunden. Im ersteren Fall kann es bei Fischen zur
Entwicklung einer Spiral-Falte oder -Klappe und dadurch zur
Vergrösserung der Resorptionsfläche kommen. Bei der Lamprete
springt nur eine leicht gekrümmte Längsfalte in das Darmlumen ein,
bei den Selachiern[2]), Ganoiden und Dipnoërn dagegen ist die

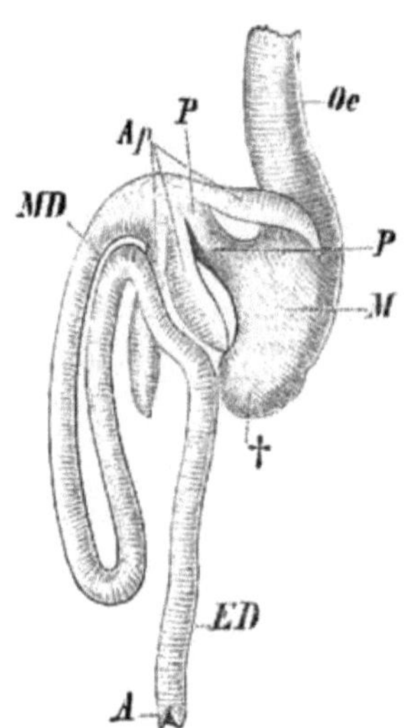

Fig. 255.

Fig. 255. Tractus intestinalis des Fluss-
barsches. A Anus, Ap Appendices pyloricae,
ED Enddarm, M Magen, MD Mitteldarm, Oe
Oesophagus, P, P Kurzes Pylorusrohr resp. Pylorusgegend, † Blindsack des Magens.

Fig. 256. Tractus intestinalis und seine An-
hangsorgane von Protopterus annectens.
Nach W. N. Parker. A.P Porus abdominalis,
B.D Gemeinsamer Gallengang, und B.D¹ seine Ein-
mündung in den Darmcanal, B ENT Bursa entiana
(vorderer Abschnitt des Darmrohres), CL Cloake, CL.C
Coecum der Cloake, C.M.A Arteria coeliaco-mesenterica, CY.D Ductus cysticus, G.B Gallenblase, H.D
Ductus hepaticus, H.P.V Vena portae hepatis, K.D
Nierenausführungsgang (abgeschnitten), LR Leber,
M.A², M.A³ Arteriae mesentericae, OES Oesophagus,
OVD Oviduct (abgeschnitten), PY.V Valvula pylo-
rica, RC Rectum, SP Milz, SP.V Spiralklappe, ST
der sogenannte Magen, V Oeffnung der Cloake. Das
Pankreas ist nicht sichtbar, da es in die Wand des
sogen. Magens und des vorderen Darmabschnittes
(dorsal und rechts) eingebettet ist.

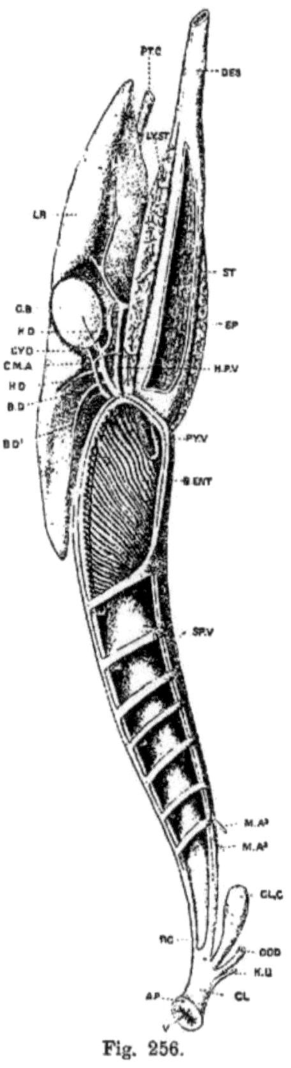

Fig. 256.

<hr>

2) Bei den meisten Selachiern beginnt die Spiralfalte unmittelbar hinter dem
Pylorus, bei Galeus canis aber findet sich vorher noch ein kleines Zwischenstück, die
sogen. Bursa Entiana. Bei einigen Haien und vielen Rochen, bei welchen sich die
Spiralfalte auf den hinteren Theil des Mitteldarmes beschränkt, wird jenes Zwischenstück
viel länger, so dass man hier einen klappenlosen Zwischendarm und den eigentlichen
Spiraldarm unterscheiden kann. (Vergl. die Arbeit von H. C. Redeke.)

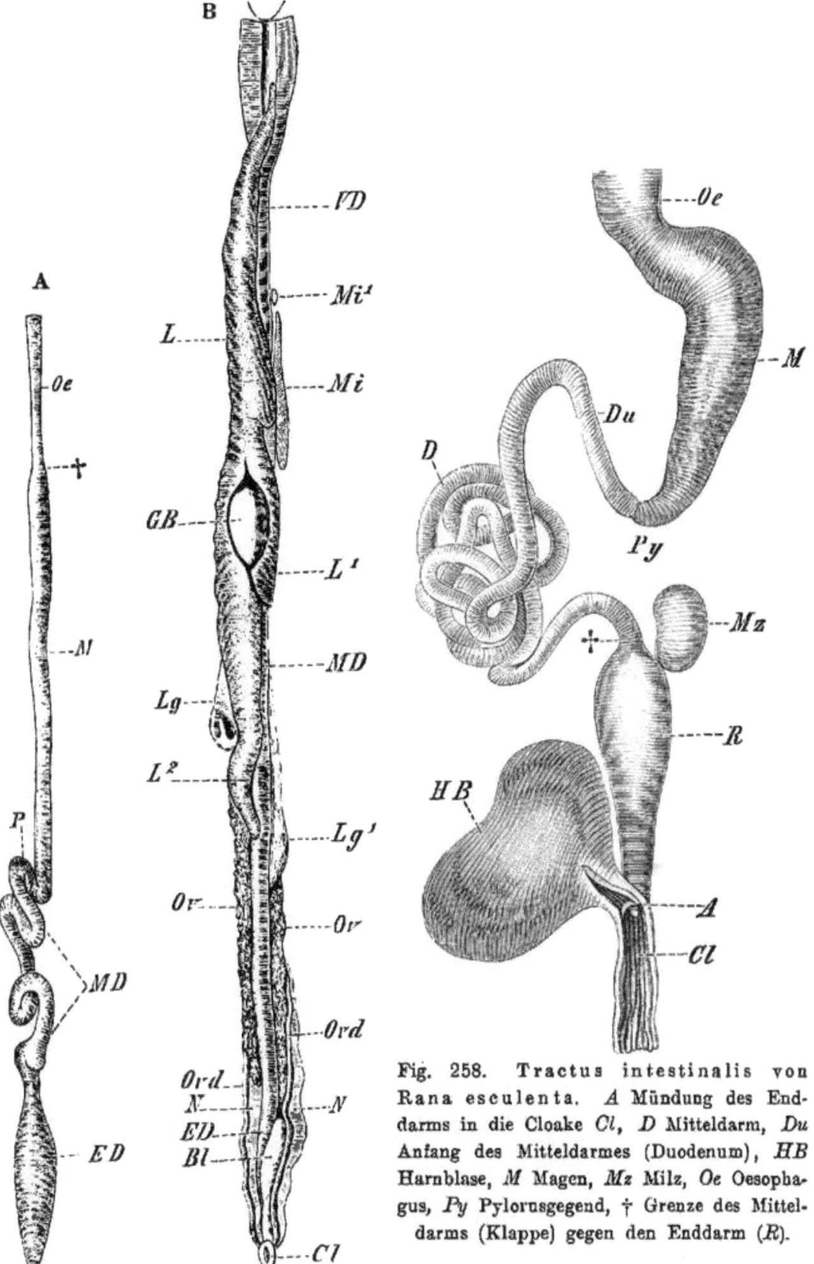

Fig. 258. Tractus intestinalis von Rana esculenta. *A* Mündung des End-darms in die Cloake *Cl*, *D* Mitteldarm, *Du* Anfang des Mitteldarmes (Duodenum), *HB* Harnblase, *M* Magen, *Mz* Milz, *Oe* Oesopha-gus, *Py* Pylorusgegend, † Grenze des Mittel-darms (Klappe) gegen den Enddarm (*R*).

Fig. 257. **A** Tractus intestinalis von Siren lacertina. *ED* Enddarm, *MD* Mittel-darm, *Oe* Oesophagus, der sich durch eine Furche † vom Magen *M* absetzt, *P* Gegend des Pylorus. **B** Situs Viscerum von Proteus anguineus. *Bl* Harnblase, *Cl* Cloake, *ED* Enddarm, *L* vorderer-, *L¹* linker-, *L²* hinterer Leberlappen. In einem Ausschnitt von *L* und *L¹* liegt die grosse Gallenblase *GB*, *Lg* Rechte-, *Lg¹* Linke Lunge, *MD* Mittel-darm, *Mi*, *Mi¹* Milz, *NN* Nieren, *Ov*, *Ov* Ovarien, *Ovd*, *Ovd* Oviducte, *VD* Vorderdarm.

24*

Falte höher entwickelt und prägt sich als eine deutliche Spiralklappe aus, deren Umgänge so dicht zusammenliegen, dass sie nahezu das Cavum intestinale ausfüllen (Figg. 253, 256).

In der Reihe der Ganoiden, wie z. B. bei Lepidosteus, zeigt sich die Spiralklappe schon rückgebildet und ist nur auf den hinteren Darmabschnitt beschränkt. Kaum noch in Spuren tritt sie bei einigen Teleostiern auf.

Blindsackartige Anhänge (Appendices pyloricae) finden sich bei Ganoiden und zahlreichen Teleostiern. Sie bestehen aus längeren oder kürzeren, fingerartigen, je an eine grosse Drüse erinnernden Fortsätzen des Dünndarmes und liegen hinter dem Pylorus in der Gegend des Gallenganges (Fig. 254 und 255). Ihre Zahl schwankt von 1 (Polypterus und Ammodytes) bis zu 191 (Scomber scomber). Bei manchen Fischen treten die einzelnen Appendices zu einem einheitlichen, compacten Drüsenkörper zusammen.

Entsprechend dem schlangenartigen, schmalen Körper der Gymnophionen ist ihr Darmcanal nur schwach gewunden, während derjenige der Anuren zahlreiche Schlingen aufweist. Der Darm der Urodelen, zumal der der Salamandrinen, hält die Mitte zwischen diesen beiden Extremen (Fig. 257, 258).

Die Cyclostomen, Holocephalen, Ganoiden und viele Teleostier besitzen einen selbständigen, vor der Urogenitalöffnung mündenden After; bei allen anderen Fischen, den Dipnoërn, Amphibien, Sauropsiden, Monotremen und Beutlern (weiblichen Geschlechts), sowie endlich bei Nagern öffnet sich der Dickdarm zusammen mit den Urogenitalcanälen in einen gemeinschaftlichen, unter Muskeleinfluss (Sphincter)[1] stehenden Hohlraum, den man als Cloake bezeichnet. Der Dickdarm (Rectum) ist verhältnismässig kurz, hat einen geraden Verlauf und ist bei Amphibien und bis zu einem gewissen Grade auch bei manchen Ganoiden und Teleostiern vom Dünndarm deutlich abgesetzt. An der Grenze zwischen beiden Darmabschnitten existiert oft eine kreisförmige Klappe. Es gibt Fälle, in denen das weit ausgedehnte Rectum sogar den Magen an Volum übertrifft. Ein Auswuchs der ventralen Cloakenwand führt bei Amphibien zur Bildung der Harnblase, von der beim Urogenitalsystem wieder die Rede sein wird.

Bei Selachiern öffnet sich eine fingerförmige Drüse (Glandula rectalis s. Processus digitiformis) in den vorderen Abschnitt des Rectums, und sie entspricht vielleicht dem Blinddarm (Coecum) höherer Formen (Fig. 253). Spuren eines Blinddarmes finden sich bei gewissen Teleostiern; bei Dipnoërn existiert ein blinddarmartiger Anhang der Cloake (Fig. 256).

Bei Fischen, welchen eine Cloake fehlt, liegt der Anus vor der Urogenital-Oeffnung.

Reptilien.

Entsprechend dem schärfer differenzierten Hals erreicht der Oesophagus der Reptilien eine relativ grössere Länge als bei den Anamnia.

---

[1] Aus diesem ursprünglich einfach sich verhaltenden Cloaken-Sphincter differenziert sich dann weiterhin der Urogenital- und Darm-Sphinkter, und aus einem von den Stammmuskeln abzuleitenden, ursprünglich als Depressor caudae wirkenden Muskelgebiet entsteht der M. levator ani.

Zugleich ist er von dem ungleich weiteren Magen stets deutlich abgesetzt. Letzterer ist gewöhnlich sackförmig oder schlingenartig gebogen und iu Folge dessen quergelagert (Schildkröten)[1]. Der Magen der Crocodile ist, was die äusseren Formverhältnisse anbelangt, höher specialisiert, als derjenige der übrigen Reptilien und nähert sich demjenigen der Vögel.

Schlangen, schlangenähnliche Saurier und Amphisbänen besitzen einen in der Körperlängsachse liegenden, schlanken, spindelförmigen Magen, und der ganze Vorderdarm ist hier entsprechend der zu gleicher Zeit massenhaft und unzerkaut eingehenden Nahrung einer excessiven Erweiterung fähig. Der Darm liegt nur in mässigen Schlingen, während er bei Lacertiliern reicher gewunden ist, ein Verhalten, das sich bei breitrumpfigen Reptilien, wie bei Cheloniern und Crocodilen, noch steigert.

Der in eine Cloake sich öffnende Dickdarm hat einen geraden Verlauf und zeigt häufig eine beträchtliche Ausdehnung. Er kann an Ausdehnung dem Dünndarm gleichkommen oder eine zweifache Biegung erfahren. Von der bei vielen Reptilien vorhandenen Harnblase wird in einem späteren Kapitel die Rede sein.

Von den Reptilien an aufwärts tritt eine in der Regel asymmetrische Aussackung am Beginn des Dickdarmes auf, die man als Blinddarm (Intestinum coecum) bezeichnet.

Vögel.

In Anpassung an die Nahrung, an die Lebensweise und an den Mangel eines Gebisses ist es bei Vögeln insofern zu einer Art von Arbeitstheilung gekommen, als der Magen in zwei Abtheilungen, eine vordere und eine hintere, zerfällt. Nur die vordere (Fig. 259 *DM*), welche ihres grossen Drüsenreichthums wegen Drüsenmagen genannt wird, betheiligt sich durch ihr Secret an dem Chemismus der Verdauung, die hintere Abtheilung dagegen (Fig. 259 und 260 *MM*), auf deren Innenfläche sich eine aus erstarrtem Drüsensecret bestehende keratinoide Schicht befindet, wirkt nur in mechanischem Sinn und besitzt dementsprechend eine ungemein dicke, mit zwei sehnigen Scheiben versehene, muskulöse Wandung. Aus diesem Grunde spricht man hier vom sogenannten Muskelmagen, und es lässt sich constatieren, dass seine Entwicklung in gerader Proportion steht zu dem Consistenzgrad der zu bewältigenden Nahrung. Bei Körnerfressern werden wir also die stärksten Muskellagen und auf der Innenfläche die dickste keratinoide Schicht erwarten dürfen, während durch die Reihe der Insectenfresser hindurch bis den Raubvögeln eine continuirliche Abnahme dieses Verhaltens zu bemerken ist, wobei sich die obenerwähnte Arbeitstheilung in immer geringerem Grade bemerklich macht. So lässt sich noch in der Reihe der heutigen Vögel

---

[1] Der Oesophagus der Seeschildkröten ist wie derjenige mancher Vögel von Hornpapillen ausgekleidet. Der Magen der Chelonier zerfällt auf Grund stärkerer Differenzierung der Drüsenzonen in einen Fundusdrüsen- und einen Pylorusdrüsenmagen. Aehnliches kommt auch schon bei Selachiern und Ganoiden vor, und zwar handelt es sich dabei um eine innere und äusserliche Scheidung des Organes (Jungklaus).

der Weg verfolgen, den die Differenzierung des Organes in der Phylogenese eingeschlagen hat.

Schliesslich sei noch jenes Organ des Vogelschlundes erwähnt,
das man als Kropf (Ingluvies) bezeichnet, und das entweder eine
örtliche Erweiterung des gesamten Schlundes oder nur eine ventrale
Ausbuchtung desselben darstellt. Es handelt sich dabei entweder nur
um ein Futter-Reservoir oder kann auch die Schleimhaut durch ihren
Drüsenreichthum mit einer spezifischen (chemischen) Aufgabe betraut sein.

Der Dünndarm ist in der Regel von beträchtlicher Länge und
bildet mehr oder weniger zahlreiche Schlingen, jedoch bestehen so-

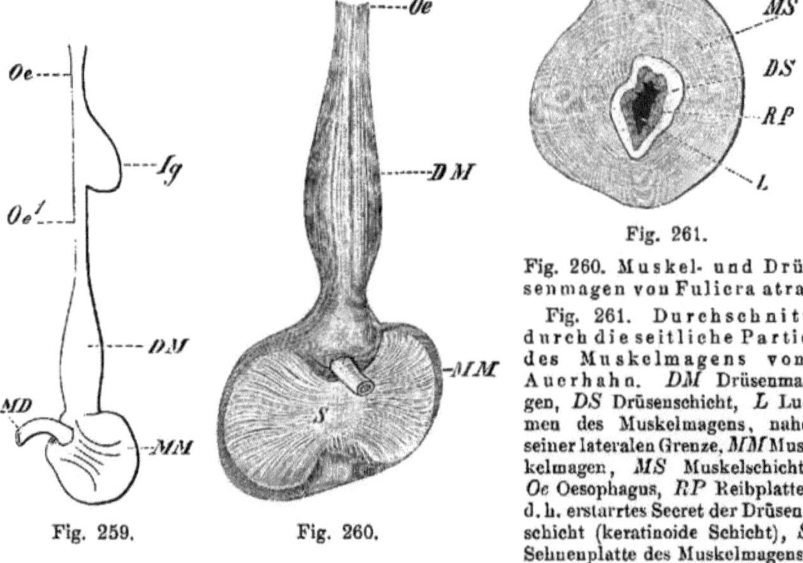

Fig. 259.

Fig. 260.

Fig. 261.

Fig. 260. Muskel- und Drüsenmagen von Fulica atra.

Fig. 261. Durchschnitt
durch die seitliche Partie
des Muskelmagens vom
Auerhahn. DM Drüsenma-
gen, DS Drüsenschicht, L Lumen des Muskelmagens, nahe
seiner lateralen Grenze, MM Muskelmagen, MS Muskelschicht,
Oe Oesophagus, RP Reibplatte,
d. h. erstarrtes Secret der Drüsenschicht (keratinoide Schicht), S
Sehnenplatte des Muskelmagens.

Fig. 259. Schematische Darstellung des Vorderdarmes eines Vogels. DM
Drüsenmagen, Ig Ingluvies, MD Mitteldarm, MM Muskelmagen, Oe, Oe¹ Oesophagus.

wohl nach Ausdehnung als nach Form und Volumen die allergrössten
Verschiedenheiten.

Der Dickdarm öffnet sich in eine Cloake und variiert hinsichtlich
seines Durchmessers. Das Coecum ist in der Regel paarig und kann
eine enorme Länge erreichen (Lamellirostres, Rasores, Ratitae).
Andrerseits aber kommen alle möglichen Zwischenstufen bis zum
völligen Verschwinden vor.

Bei starker Ausdehnung stehen die Blinddärme jedenfalls in
wichtiger Beziehung zur Verdauung, indem sie eine Oberflächenvergrösserung der Mucosa darstellen; ja es kann dieses Verhalten noch
dadurch eine Steigerung erfahren, dass, wie z. B. beim Strauss, im
Innern eine, zahlreiche Windungen bildende Spiralfalte auftritt.

Den Vögeln eigenthümlich ist die sogenannte **Bursa Fabricii.**
Sie ist ektodermaler Abkunft und stellt ein aus solider, epithelialer
Anlage hervorgehendes, später aber zu einer Blase sich aushöhlendes,

kleines Gebilde dar, welches frei in der Beckenhöhle zwischen Wirbelsäule und dem hintersten Theile des Enddarmes liegt. Es stösst nach
hinten an den tiefsten Theil der Cloake, in die es unterhalb der
Urogenitalöffnungen ausmündet.

Von dem in physiologischer Beziehung noch ganz dunklen Organ
erhalten sich bei einigen Vogelarten mehr oder weniger deutliche Reste
auch im erwachsenen Zustande.

Säuger.

Wie bei Vögeln so ist auch bei Säugethieren der Oesophagus
scharf vom Magen abgesetzt und seine Muskeln sind auf eine grössere
oder geringere Strecke quergestreift.

In Anpassung an sehr verschiedene Nahrungsverhältnisse zeigt
der Magen viel zahlreichere Modificationen als bei irgend einer andern
Wirbelthier-Klasse. In der Regel nimmt er eine mehr oder weniger
quere Lage ein und ist sackförmig, wobei die mit dem Oesophagus
in Verbindung stehende Pars cardiaca meistens weiter aber auch
dünnwandiger ist als die mit dem Duodenum communizierende Pars
pylorica.

Auf Grund der auf pag. 367 gegebenen Definition fehlt ein wahrer
Magen den Monotremen (Fig. 262, A). Der bisher als solcher bezeichnete weite Sack ist durchaus drüsenlos und allerorts von einem
geschichteten Epithelium ausgekleidet, ein Verhalten, das zweifellos
secundär und zwar im Sinn einer Degeneration aufzufassen ist. Unter
den Edentaten begegnet man einer ähnlichen Eigenthümlichkeit
bei Manis javanica, allein hier sind die Drüsen wenigstens theilweise, nämlich in einem sackartigen Auswuchs im Bereich der grossen
Curvatur, erhalten. Beim Faulthier sind sie noch zahlreicher.

Bei Pflanzenfressern ist der Magen in der Regel voluminöser
und complierterer als bei Fleischfressern (Fig. 262, 263) und zerfällt häufig in zwei oder mehr Unterabtheilungen oder Kammern.
Solche kann man bei manchen Nagern und beim Pferd in der
Regio cardiaca und pylorica unterscheiden, während bei Ungulaten
zahlreiche Zwischenstufen zwischen einfachen und ausserordentlich
complizierten Magenformen existieren. Letzteres gilt in erster Linie
für die typischen Wiederkäuer, bei welchen (Fig. 263) der Magen
in folgende vier Abtheilungen zerfällt: Rumen oder Pansen, Reticulum oder Haube, Omasus oder Blättermagen[1]) und Abomasus oder Labmagen[2]).

Die beiden ersten, also Pansen und Haube, gehören morphologisch
nahe zusammen und dienen nur als einfache Behälter, aus welchen
die Nahrung wieder in die Mundhöhle emporsteigt, um hier noch
einmal eingespeichelt und durchgekaut zu werden. Ist das geschehen,
so gelangt sie in den Omasus und von hier aus endlich in den
Abomasus, welch letzterer allein mit Labdrüsen und Pylorus-
drüsen ausgestattet und als Verdauungsmagen anzusehen ist.
Im Gegensatz zum Abomasus sind die drei erstgenannten Magenabtheilungen ösophagealen Charakters und sind wie der Schlund

---

[1]) Auch Buch, Psalterium oder Mittelmagen genannt.
[2]) Auch Hintermagen genannt.

von Plattenepithel ausgekleidet. Es handelt sich hier sozusagen
noch um keinen echten Magen, sondern, wie schon erwähnt, nur um
einfache Behälter.

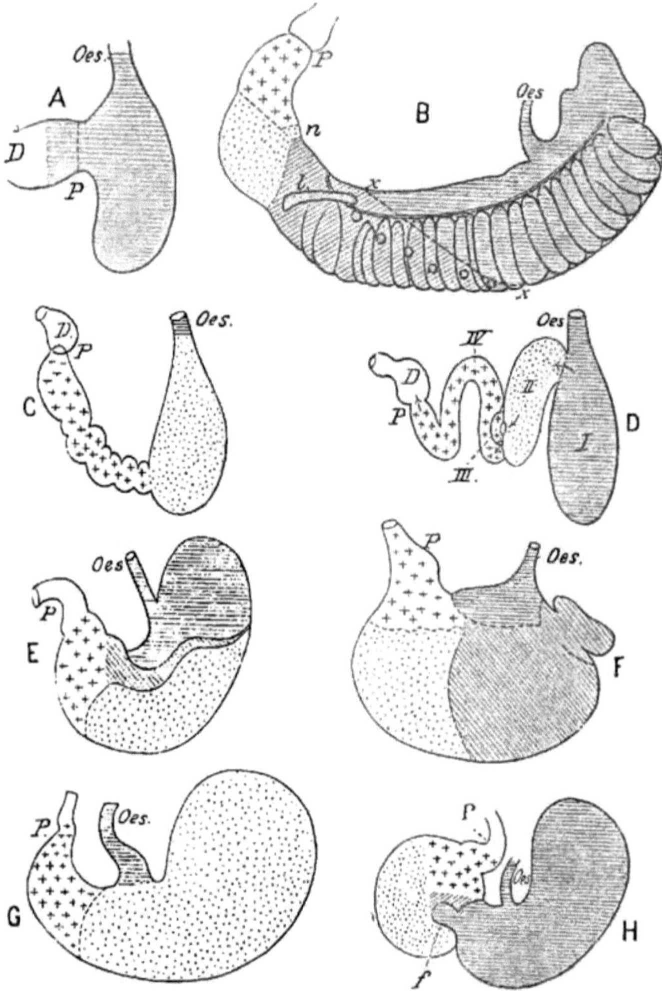

Fig. 262. Schematische Darstellung des Magens verschiedener Säugethiere mit den verschiedenen Regionen. Nach A. Oppel. A Ornitorbyn-
chus auatinus, B Känguruh (Dorcopsis luctuosa), C Zahnwal (Ziphius),
D Phocaena communis, E Pferd, F Schwein, G Hase, H Hamster (Crice-
tus frumentarius). Die oesophageale, durch ein geschichtetes Epithelium charakterisierte Region ist durch quere, die durch Glandulae cardiacae ausgezeichnete Partie durch
schräge Linien angedeutet. Die Zone der Fundus-Drüsen ist punctiert und diejenige der
Pylorus-Drüsen trägt kleine Kreuzchen (+ + +). D Duodenum, Oes Oesophagus, P
Pylorus, I—IV (in D) die vier Magen-Kammern, l (in B) Lymphoides Gewebe, x—x (in B)
Grenzlinie zwischen der Regio oesophagea und Regio cardiaca, f (in H) Grenzfalte der
Regio oesophagea.

Der Omasus ist phylogenetisch und ontogenisch als jüngstes
Differenzierungsproduct bei der allmählichen Herausbildung des Wieder-

käuermagens zu betrachten. Er variiert auch formell und ebenso in der Ausbildung seiner Blätter am meisten; am voluminösesten ist er bei Bos. Ontogenetisch durchläuft er phylogenetisch niedrigere Entwicklungsstufen. Bei den Traguliden ist er rudimentär.

Der Rumen der Cameliden besitzt zwei Haufen drüsenhaltiger Ausstülpungen, die als „Wasserzellen" bezeichnet werden.

Der Magen der Bartenwale unterscheidet sich von dem der Zahnwale durch die mangelnde Schärfe der Abschnürung der einzelnen Abtheilungen und durch das Grössenverhältnis zwischen erstem und zweitem Magen.

Im Zusammenhang mit der wenig scharfen Absetzung der ein-

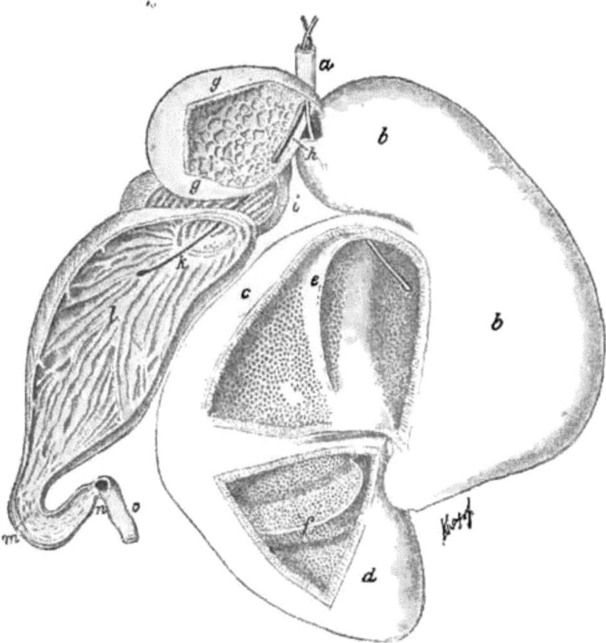

Fig. 263. Magen des Schafes. (Aus Oppel. Nach Carus und Otto.) a Oesophagus, b, c, d Unterabtheilungen des Pansen, welche durch die Falten e und f von einander abgetrennt werden, g Haube, h Schlundrinne, i Blättermagen, k Oeffnung, welche vom Blättermagen in den Labmagen (l, m) führt, n Valvula pylorica, o Duodenum.

zelnen Magenabschnitte von einander steht die Weite der Communication. Bei den Zahnwalen sind die Communicationen oft eng zusammengerückt.

Im Allgemeinen weicht der Bartenwal-Magen weniger von dem gewöhnlichen Verhalten des Säugethiermagens ab, als der Zahnwal-Magen.

Alle Cetaceen besitzen die vier oder mehr Magenabtheilungen in einer Reihe angeordnet und stehen dadurch im Gegensatz zum Wiederkäuermagen. Darin liegt übrigens nichts Spezifisches für die Cetaceen, da sich viele andere Thiere hierin gerade so verhalten! Das was aber den Cetaceenmagen vor allen anderen Mägen auszeichnet, ist die scharfe und eigenthümliche Zweitheilung

des echten (mit Cylindrepithel und Drüsen versehenen) Magens.
Es ist nämlich die Fundusdrüsen- (Labdrüsenmagen) und Pylorus-
drüsenzone nicht nur innerlich, sondern auch äusserlich derart voneinander abgesetzt, dass daraus verschiedene Mägen resultieren. Dasselbe gilt auch für den Sirenen-Magen, allein der Pylorusabschnitt
theilt sich hier, im Gegensatz zu den Cetaceen, nicht weiter.

Der gewundene Dünndarm der Mammalier ist gewöhnlich lang
und variiert bezüglich seiner Ausdehnung und seines Durchmessers
mehr bei domestizierten als bei wilden Formen. Auch der Dickdarm
ist meistens von beträchtlicher Länge und bildet eine wechselnde Zahl
von Schlingen. Sein Durchmesser ist ungleich grösser, als derjenige
des Dünndarmes, und er ist von letzterem stets deutlich abgesetzt.
Beide unterscheiden sich auch dadurch von einander, dass der Dickdarm Aussackungen (Haustra) erzeugt, während die Wandungen
des Dünndarmes gleichmässig entwickelt sind.

Nur der hintere, in die Beckenhöhle sich einsenkende Abschnitt
des Dickdarmes (Rectum) entspricht dem Dickdarm der niederen
Vertebraten; der übrige, viel grössere Theil ist als eine erst in der
Reihe der Säugethiere gemachte Erwerbung aufzufassen und heisst
Colon.

Der in weitester Verbreitung vorkommende Blinddarm unterliegt, je nach der Art der Nahrung, auch bei den Säugern den allergrössten Schwankungen nach Form und Grösse. So ist er sehr klein
oder kann auch ganz fehlen bei Edentaten (Manidae, Bradypodae),
Carnivoren, Zahnwalen Insectivoren und Chiropteren,
oder kann er bei Herbivoren den ganzen Körper sogar an Länge
übertreffen. Zwischen ihm und dem übrigen Dickdarm besteht ein
gewisses compensatorisches Verhältnis. In manchen Fällen (einige
Nager, Affen, Mensch) tritt bei einem Theil des Blinddarmes im Laufe
der individuellen Entwicklung eine Verkümmerung ein, sodass man
von einem wurmförmigen Fortsatz (**Processus vermiformis**) sprechen
kann. Es weist diese Thatsache auf den früheren Besitz eines längeren
Darmrohres zurück[1].

Allein die Monotremen unter allen Säugethieren haben eine
typische Cloake, und darauf weist ja auch schon der Name dieser
Thiergruppe hin. Uebrigens werden auch noch bei Marsupialiern
und Nagern der Anus und die Urogenitalöffnungen von einem gemeinsamen Sphincter umgeben. Bei allen übrigen Mammalia sind
diese Oeffnungen von einander getrennt.

Histologie der Darmschleimhaut.

Das den Tractus intestinalis der Vertebraten auskleidende Epithelium ist, abgesehen von der durch geschichtetes Pflasterepithel charakterisierten Mund- und Cloakenhöhle, ursprünglich, d. h. phylogenetisch
aus amoeboiden Zellen, resp. aus Flimmerzellen hervorgegangen zu
denken. In manchen Fällen lässt sich dies auch noch ontogenetisch
nachweisen, und bei Amphioxus, sowie bei Protopterus persistiert

---

1) Bei Lepus ist der enorme Blinddarm mit einer Spiralklappe versehen, und Hyrax besitzt, abgesehen von dem an der gewöhnlichen Stelle, d. h. an der Grenze zwischen
Dünn- und Dickdarm befindlichen, sehr weiten Coecum, noch ein Paar geräumige, einfache und kegelförmige Blinddärme, welche weiter caudalwärts am Dickdarm entspringen.

das Flimmerepithel das ganze Leben hindurch. Bei Ammocoetes gilt dies wenigstens bis zur Zeit der Metamorphose. Der erwachsene Petromyzon, viele Fische und Amphibien besitzen das Flimmerepithel constant nur noch in gewissen Abschnitten des Darmcanales, und bei den höheren Vertebraten endlich tritt dasselbe in nachembryonaler Zeit nur noch ausnahmsweise auf. An seiner Stelle trifft man mit grosser Regelmässigkeit ein gewöhnliches Cylinderepithel, dessen Randsaum gestrichelt zu sein pflegt. Mit Recht wird diese Strichelung im Sinn einer letzten Andeutung des früheren Flimmerkleides aufgefasst, ja bei einigen niederen Vertebraten (Selachier, Proteus, Salamanderlarven) kann man sogar noch eine active, amöboide Bewegung der einzelnen Epithelzellen nachweisen. Diese active Betheiligung der Zelle am Resorptionsprocess ist als ein altes Erbstück von primitiven wirbellosen Thieren her zu betrachten, wo die „intracelluläre Verdauung" noch eine sehr grosse Rolle spielt. Im Gegensatz dazu geschieht bei den Vertebraten, zumal bei den höheren, die Aufnahme der Nahrungsstoffe, nachdem sie, je nach verschiedener Art eine verschieden chemische Umänderung erfahren haben, in der Regel ohne sichtbare, formelle, äusserlich erkennbare Veränderung der Gesamtzelle. Weitere Umsetzungen finden dann in der Zelle selbst statt, und erst nach Ablauf dieses Processes erscheinen die betreffenden Stoffe resorptionsfähig.

Bei Amphioxus, den Cyclostomen und Dipnoërn hat man sich noch die ganze Darmschleimhaut secernierend vorzustellen, d. h. jede Epithelzelle stellt eine kleine Drüse für sich dar. Die übrigen Fische, die Amphibien und Reptilien erreichen bereits eine höhere Stufe, insofern Zellgruppen im Magen zur Bildung von einfachen Schlauchdrüsen zusammentreten, und diese .erfahren bei den Säugern noch eine ungleich feinere Differenzierung[1]). Entsprechend ihrem Auftreten in den verschiedenen Regionen theilt man die Magendrüsen in Fundus- und Pylorusdrüsen, und dazu kommen bei zahlreichen Mammalia noch die sogenannten Cardiadrüsen. Die wichtigsten sind die Fundusdrüsen. Als Hauptbestandtheile derselben finden sich bei Fischen, Amphibien und zahlreichen Reptilien feingekörnte Zellen, welche ihrer Lage nach als Drüsengrundzellen oder Grundzellen bezeichnet werden. Den Drüsenhals nehmen die Drüsenhalszellen oder Halszellen ein. Beide stehen also räumlich getrennt.

Bei den Säugern finden sich auch zwei Zellarten in den Drüsenschläuchen, welche räumlich nicht getrennt sind, sondern mehr untermischt in den Drüsenschläuchen liegen. Es sind dies die sogen. Belegzellen und die der Zahl nach überwiegenden Hauptzellen[2]).

Im Darm der Wirbelthiere, zumal bei den höheren (Vögel, Säuger), spielen die tubulösen Glandulae intestinales (Lieber-

---

1) Dass die Monotremen keine Magendrüsen besitzen, wurde früher schon erwähnt.

2) In wie weit dieses Verhalten der Säugethiere von demjenigen der niederen Vertebraten abgeleitet werden kann, ob und wie sich also die Beleg- und Hauptzellen aus den Grundzellen herausentwickelt haben, oder ob nach der Oppel'schen Theorie die Hauptzellen der Säuger den Halszellen niederer Vertebraten und die Belegzellen den Grundzellen entsprechen, ist noch Gegenstand der Controverse. Dieselbe Unsicherheit herrscht darüber, ob, was allerdings wahrscheinlich ist, alle Arten von Drüsenzellen, also Hals-, Grund-, Beleg- und Hauptzellen, oder nur gewisse Abtheilungen derselben, an der Bildung des Magensaftes betheiligt sind.

kühn'sche Drüsen)[1], eine grosse Rolle, und was die Säugethiere anbelangt, so treten hier im Duodenum auch noch die Glandulae
duodenales (Brunner'sche Drüsen) auf. Diese entstehen phylogenetisch in engem Anschluss an die Pylorusdrüsen des Magens und
beschränken sich bei vielen Säugethieren auf den Anfangstheil des
Darmes, bei anderen aber überschreiten sie die Einmündungsstelle des
Gallenganges und breiten sich secundär nach abwärts im Darme aus.

Eine sehr grosse Verbreitung im Darm haben die Schleimzellen bezw. Becherzellen, und dasselbe gilt auch für die Leukocyten. Diese häufen sich namentlich in der Submucosa an, durch-
wandern von hier aus die Schleimhaut und gelangen in das Lumen
des Darmes. Sie verhalten sich also hier genau so wie allen übrigen
Schleimhäuten des Körpers sowie den Wandungen zahlreicher Blutgefässe gegenüber (vergl. das Lymph-System).

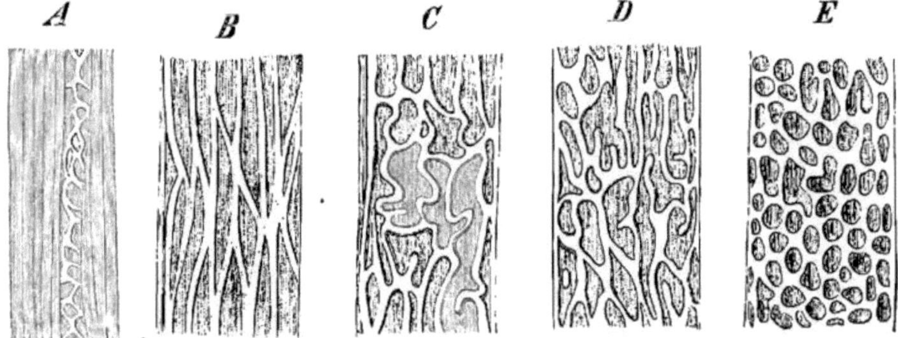

Fig. 264. Halbschematische Flächenschnitte durch Fischdärme zur Demonstration des Ueberganges der Längsbuchten in rundliche Krypten.
Nach Edinger. A von Petromyzon, mit der deutlich vorspringenden Spiralfalte, B von
einem Selachier, C—E von verschiedenen Teleostiern.

Ueber die Schichtung der Darmwand habe ich früher bei
der Einleitung schon das Nöthige berichtet, und ich gehe hier nur
noch auf die im Interesse einer Oberflächenvergrösserung auftretende
Faltenbildung der Schleimhaut etwas ein.

Mit diesen Kryptenbildungen haben die Glandulae intestinales (Lieberkühn'sche Drüsen) genetisch nichts zu schaffen.
Auch phylogenetisch sind sie nicht aus einer Verwachsung von
Falten der Mucosa entstanden zu denken, sondern sie bilden sich
durch ungleiches Wachsthum des Epithels, dessen Resultat in diesem
Falle Hohlsprossen sind. Kurz, diese Organe sind sowohl nach ihrem
histologischen Baue, als auch nach ihrer physiologischen Thätigkeit
als echte Drüsen zu betrachten (A. Oppel).

Verschiedenartig gestaltete Erhebungen der Schleimhaut treten
schon bei Selachiern, wie z. B. bei Spinax, Rhina und Torpedo, auf; sie lassen sich auch bei den Amphibien, und namentlich

<hr>

bei den Anuren nachweisen; zu höherer und reicherer Ausbildung aber gelangen sie erst bei den Mammalia.

Was ihren Bildungsmodus anbelangt, so ist er ein doppelter: 1. entstehen sie aus Faltenbildungen, d. h. aus einer Zerklüftung der Darmoberfläche (Parallele mit der Phylogenese, und 2. in Form kleiner Erhebungen) (Fig. 264).

Ausser jenen leistenförmigen oder auch zottigen Auswüchsen der Schleimhaut giebt es bei Ratiten und Säugern auch noch solche, welche in Gestalt von Quer-Falten ins Darmlumen einspringen (Plicae circulares [Valvulae conniventes Kerkringi] des Dünndarmes und Plicae semilunares coli).

Anhangsorgane des Darmcanals.

Leber.

Die der Nachbarschaft stets genau sich anpassende und den Tractus intestinalis namentlich von der Ventralseite her mehr oder weniger weit überlagernde Leber kommt jedem Wirbeltier zu [1]).

Sie entwickelt sich am Anfangstheil des Mitteldarmes und zwar von dem intestinalen (entodermalen) Epithel aus, d. h. sie bildet sich mit dem Pankreas, wovon später die Rede sein wird, aus einem und demselben entodermalen Mutterboden. Die Leber ist onto- und phylogenetisch ein älteres Organ als das Pankreas, und ist ihrer morphologisch primären Anlage nach sicherlich unpaar, sie kann aber durch die Masse des Dotters auseinandergedrängt und so paarig angelegt werden (Wellensittich).

Bei Anamnia (Ganoiden und Ichthyoden z. B.) ist sie in der Regel relativ voluminöser, als bei Amnioten, und carnivore Thiere besitzen gewöhnlich eine grössere Leber als herbivore.

Das durch eine Bauchfellduplicatur an der Körperwand befestigte Organ zeigt eine Menge von Variationen nach Zahl und Form der Lappen. Man hat dabei ursprünglich von einer einfachen, tubulösen, schon sehr früh in der Ontogenese aber zweilappig werdenden Grundform auszugehen. Bei höheren Formen legt sich die Leber gleich von vorneherein zweilappig an. Von jener gemeinsamen tubulösen Grundform nun haben sich die Myxinoiden [2]) am wenigsten entfernt, während die Amphibien und Reptilien, zumal aber die

---

[1]) Es ist sehr wahrscheinlich, dass der blindsackartige Auswuchs am Darm von Amphioxus im Sinn einer Leberanlage gedeutet werden darf. Die Abschnürung der medianen Leberfalte vom Darm schreitet beim Embryo caudalwärts fort, und erst secundär nimmt der daraus entstehende Blindsack eine rechtsseitige Lage an. Die Leberentwicklung des Amphioxus skizziert so gewissermassen bereits im Wesentlichen die der Leberentwicklung der Vertebraten zu Grunde liegende Anlage.

[2]) Die Myxinoidenleber steht in ihrer Structur derjenigen der Gl. submaxillaris der Säuger sehr nahe, unterscheidet sich aber von ihr durch das Vorhandensein einer sehr starken Schicht von glatten Muskelfasern, welche die grossen Blutgefässe und die Gallengänge in sich aufnimmt. — Wie der Darmkanal, so macht auch die Leber des Ammocoetes bei der Umwandlung in das Petromyzonstadium eigenartige Veränderungen durch. Anfangs von typisch tubulösem Bau, mit Gallenblase, Gallengängen und einem zum Darm führenden Kanal, degeneriert das Organ nach Obliteration dieses Kanals theilweise. Gallen-Blase, -Gänge und -Capillaren verschwinden allmählich, die Blutcapillaren dagegen werden grösser und umspülen die Zellenbalken mehr (Functionswechsel).

Säugethiere, am weitesten davon abgewichen sind. Als Causa movens für alle Abweichungen von dem ursprünglichen tubulösen Bau ist das Gefässsystem zu betrachten, das bezüglich seiner Anordnung und Vertheilung gerade bei der Leber ein ganz spezifisches Verhalten erkennen lässt. Man kann also für die Leber keine continuierliche Entwicklungsreihe statuieren, sondern muss einen divergenten Bildungsmodus annehmen und die Säugethiere von Vorfahren ableiten, die tiefer standen als die jetzt lebenden Amphibien. Von

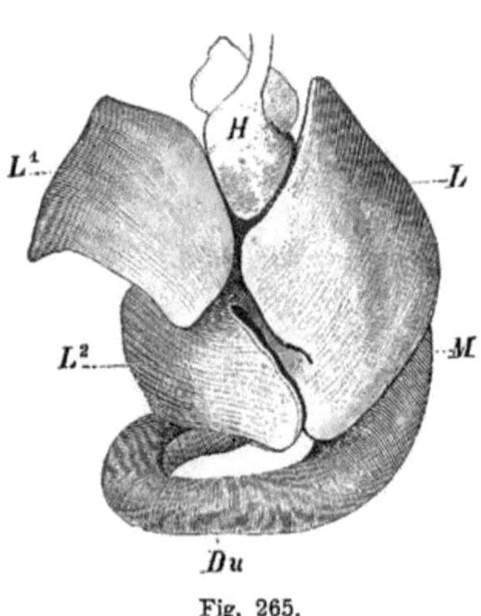

Fig. 265.

Fig. 265. Leber von Rana esculenta, von der Ventralseite gesehen. *D* Duodenum, *H* Herz, *L*, *L*¹, *L*² die verschiedenen Leberlappen, *M* Magen.

Fig. 266. Situs viscerum von Lacerta agilis. *Bl* Harnblase, *Ci* Vena cava inferior, *ED* Enddarm, *GB* Gallenblase, *H* Herz, *L* Leber, *Lg*, *Lg*¹ die beiden Lungen mit ihrem Gefässnetz, *M* Magen, *MD* Mitteldarm, *Oe* Oesophagus, *Pn* Pankreas, *Tr* Trachea.

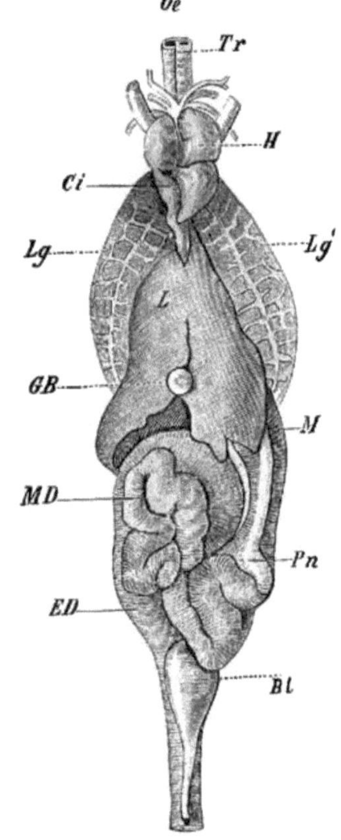

Fig. 266.

diesen Proamphibien führt eine Entwicklungsreihe der Leber zu den Amphibien und Sauropsiden, die andere zu Echidna und den übrigen Säugern.

Was das feinere Verhalten der Secret-Capillaren anbelangt, so handelt es sich um eine dendritische bezw. um eine netzartige Anordnung derselben, und zwar kommen bei diesen Verschiedenheiten nicht nur verschiedene Thiergruppen, sondern auch verschiedene Altersstufen in Betracht, der Art, dass wie z. B. beim Menschen, in den Embryonalstadien nur der dendritische Typus mit blind endigenden Aesten, ohne jeden Maschenbau, angetroffen wird, während man beim erwachsenen Menschen den netzförmigen Typus durchgeführt sieht.

Die im Allgemeinen sehr voluminöse und blutreiche Leberdrüse
hat es in erster Reihe mit der Gallenbereitung zu schaffen, steht
aber auch in anderen wichtigen Beziehungen zum Stoffwechsel
(Chemismus des Blutes, Glykogen-Bereitung, Harnstoff etc.). Mit
dem Darmlumen steht sie durch einen oder mehrere Ausführungsgänge (Ductus choledochus s. Ductus hepato-entericus)
in Verbindung. Eine Gallenblase (Vesica fellea), welche in
morphologischer Hinsicht als ein stark modifizierter, erweiterter Gallen-

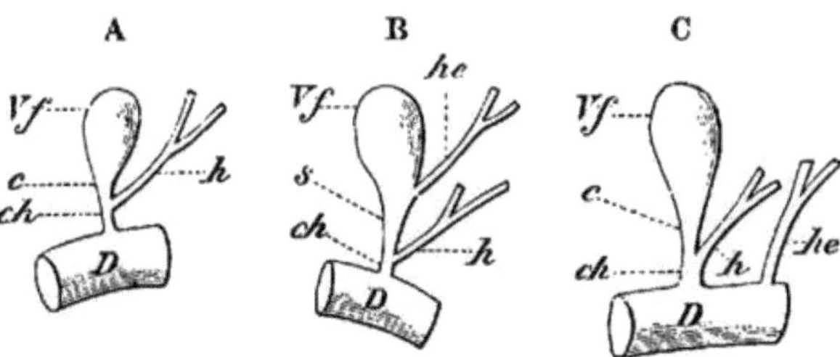

Fig. 267. A, B, C Verschiedene Modificationen des Gallenausführungs-
systems. c und s Ductus cysticus, ch Ductus choledochus, D Duodenum, h Ductus hepaticus, hc Ductus hepato-cysticus; he Ductus hepato-entericus, Vf Vesica fellea.

gang zu betrachten ist, kann vorhanden sein oder fehlen; im ersteren
Fall ist sie durch einen Ductus cysticus mit dem den allergrössten
Schwankungen unterliegenden Gallenausführungssystem verbunden.
Bezüglich des letzteren verweise ich auf die Fig. 267, A—C.

Bauchspeicheldrüse (Pankreas).

Die Bauchspeicheldrüse, deren Bau, was die charakteristischen
Punkte der einzelnen Drüsenzelle anbelangt, im Wesentlichen mit
anderen Drüsen des Verdauungsapparates, so z. B. mit den Drüsen
der Mundhöhle, übereinstimmt, und die als die älteste Speichel-
drüse der Vertebraten zu betrachten ist (A. Oppel), entwickelt sich,
wie bereits erwähnt, im Bereich des Anfangstheiles des Dünndarmes
(Duodenum) in der Nachbarschaft der Leber und zwar in Form verschiedener selbständiger Wucherungszonen des Darmepithels.

Bei Teleostiern, Amphibien, Sauropsiden[1] und Säugern[1])
unterscheidet man in der Regel drei Pankreas-Anlagen, eine dorsale
und zwei ventrale. Bei Selachiern, Ganoiden, Cyclostomen liegen besondere Verhältnisse vor. So begegnen wir bei
Selachiern nur einer dorsalen Pankreasanlage und die ventralen
Anlagen fehlen vollständig, während beim Stör, ausser den drei,

---

1) Nach einer anderen Auffassung (Brachet) würden Ontogenie und Phylogenie in
der Weise übereinstimmen, dass wie in der Ontogenese die grossen Drüsen in folgender
Reihenfolge auftreten: zuerst die Leber, dann das dorsale Pankreas und zuletzt das ventrale
Pankreas, so auch in der Pylogenese der Amphioxus und die Cyclostomen als wohl differenzierte Drüse nur die Leber besitzen, die Selachier Leber und dorsales Pankreas aufweisen, die
höheren Vertebraten, Säugethiere und Mensch, Leber, dorsales Pankreas und ventrales
Pankreas. — Nach Völker soll bei Lacerta agilis und bei Spermophilus nur
ein dorsales Pankreas zur Anlage kommen.

auch bei höheren Wirbelthieren vorkommenden, noch eine vierte, weiter hinten gelegene, dorsale Anlage beschrieben wurde. Bei dem Versuch, diese verschiedenen Verhältnisse auf ein gleichartiges ursprüngliches Verhalten zurückzuführen, stehen zwei Wege offen. Entweder kann man annehmen, dass ursprünglich zahlreiche Pankreas-Anlagen vorhanden waren, und dass dort, wo sie heute fehlen, ein Verlust eingetreten ist, oder aber dass ursprünglich nur eine Anlage existierte und die übrigen neuere Erwerbungen seien. Im ersteren Falle würden die Ganoiden, im letzteren die Selachier als Ausgangspunkt zu betrachten sein. Was nun das Pankreas der Cyclostomen betrifft, so erinnert es in seinem Bau mehr an die sogenannten, „intertubulären Zellhaufen" („Langerhaus'sche Inseln"), wie sie in der ganzen Wirbelthierreihe als in das gewöhnliche Pankreas eingesprengte, eigenartige Bildungen nachgewiesen worden sind. Es handelt sich dabei um Zellgruppen von epithelialer Herkunft, über deren Drüsencharakter kein Zweifel bestehen kann, und die, da ein Ausführungsgang nicht deutlich, oder wie bei den Säugern, überhaupt nicht nachweisbar ist, in mancher Hinsicht an Blutgefässdrüsen erinnern. Das in Betracht kommende Sekret würde also in die umgebenden Lymphräume abströmen.

Die Deutung dieser Gebilde ist sehr schwierig; am plausibelsten aber erscheint mir die von A. Oppel ausgesprochene Auffassung, wonach es sich dabei um eine phyletisch ältere, einfachere Form des Pankreas, um ein „Urpankreas" handeln würde, welches sich in den mannigfachsten Modificationen bei sämtlichen Vertebraten, wenn auch nur in rudimentärer Weise, noch forterhalten hat. Dieses, aus dorsalen und ventralen Darmdivertikeln hervorgegangene Urpankreas hat man sich als ein zusammenhängendes Drüsensystem vorzustellen, welches mit seinen Schläuchen den Mitteldarm umzieht und welches mit der Leber insofern in genetischem Zusammenhang steht, als die ventralen Divertikel aus dem primitiven Lebergang ihren Ursprung nehmen (C. von Kupffer).

Auf Grund des Vorstehenden würden also der Bauchspeicheldrüse der Wirbelthiere vielleicht zwei ganz verschiedene Drüsen zu Grunde liegen, die zwar beide dem Darmepithel entstammen, von denen aber die eine, das Urpankreas, nur noch bei den recenten Cyclostomen als selbständige Drüse (pankreasähnliches Organ) erhalten blieb, während es unter allmählichem Verlust der Ausführungsgänge, bei den übrigen Wirbelthieren functionell zurückgetreten ist und der zweiten Drüse, dem bleibenden Pankreas, die Vorherrschaft gelassen hat (A. Oppel).

Um nun noch einmal auf die oben erwähnte, bei fast allen Vertebraten, von den Teleostiern an, sich findende ventrale und dorsale Pankreasanlage zurückzukommen, so ist noch zu betonen, dass jene ursprünglich getrennten Anlagen während der weiteren Entwicklung zu einem mehr oder weniger einheitlichen Organ miteinander verschmelzen können, oder dass sich die eine oder die andere von ihnen schon während der Ontogenese wieder gänzlich zurückbildet. Auf Grund dessen schwankt die Zahl der späteren Ausführungsgänge, und in manchen Fällen kann es auch zu einer Verbindung mit dem Ductus choledochus kommen (Fig. 268). Nach Form und Grösse stark variierend stellt das ausgebildete Pankreas ein bandartig plattes oder ein mehr oder weniger gelapptes Organ dar, welches seiner grössten Ausdehnung nach in der Regel in der Duodenal-Falte liegt. In manchen Fällen, wie z. B. bei Protopterus, überschreitet es den Darm nicht, sondern bleibt in dessen Wandung eingebettet, und bei Teleostiern, wo man früher bei erwachsenen Thieren die Existenz eines Pankreas gänzlich leugnete, wird es zum Theil von der Leber umschlossen, zum Theil aber stellt es keine compacte Drüse dar, sondern ist in Form feiner, zwischen den Platten des Mesenteriums eingeschlossener Züge durch die ganze Bauchhöhle vertheilt.

Bei den Petromyzonten findet sich das betreffende Organ am cranialen Ende des Mitteldarmes und ist hier in die Darmwand eingebettet. Es liegt theils (und zwar zum allergrössten Theil) in der Spiralfalte, theils im dorsalen Abschnitt der Leber. Auch bei Myxine und Bdellostoma existiert in der Gegend des Gallenganges ein in die Darmserosa eingebettetes, drüsiges Organ, dessen Läppchen einzeln in den Gallenblasengang münden.

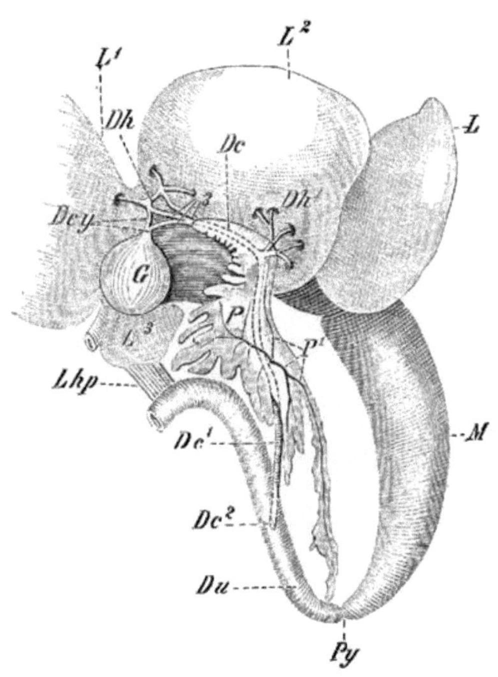

Fig. 268. Pankreas und Gallensystem von Rana esculenta. *Dcy* Ductus cystici, welche mit den Ductus hepatici *Dh* ein Netzwerk formieren, aus dem schliesslich drei Sammelgänge (3) hervorgehen, welche sich zum Hauptausführungsgang *Dc* vereinigen. Letzterer durchzieht die Substanz des Pankreas (*P*), nimmt bei *Dh*¹ weitere Ductus hepatici und bei *P*¹ die Ductus pancreatici auf. Bei *Dc*¹ verlässt er die Substanz des Pankreas, wird frei und mündet bei *D*² in das Duodenum. Letzteres ist durch das Ligamentum hepatoduodenale (*Lhp*) an die Leber (*L*³) befestigt. *G* Gallenblase, *L—L*³ die verschiedenen Leberlappen gegen den Kopf zurückgeschlagen, so dass ihre dorsale Fläche frei liegt, *M* Magen, *Py* Pylorusgegend.

— Vielleicht handelt es auch bei den Cyclostomen um jenes einfachere, phylogenetisch ältere Urpankreas im Sinne von A. Oppel.

Rückblick.

Das Darmrohr sämtlicher Wirbelthiere baut sich aus zwei Keimblättern auf: aus dem Entoderm und dem Mesoderm. Ersteres liefert die für den Tractus intestinalis specifischen Elemente, die secernierenden und resorbierenden Epithelien der Mucosa und ihrer Derivate

(Drüsen), letzteres dagegen die Muskel- und Bindegewebslagen samt den Gefässen. Die Nerven stammen vom sympathischen und cerebrospinalen System und zwar spielt das letztere eine weit untergeordnetere, im Allgemeinen auf die Eingangs- und Ausgangsöffnung, sowie auf den Vorderdarm beschränkte Rolle. In seiner ursprünglichen Form ist das Darmrohr als ein ganz einacher, in der Längsachse des Körpers verlaufender, durch Peritoneallamellen an der Coelomwand aufgehängter Schlauch zu denken, und wenn es später zu einer Krümmung oder gar zu Schlingenbildungen kommt, so ist dies auf eine Incongruenz zwischen seiner eigenen Wachstums-Intensität und derjenigen des Körpers zurückzuführen.

Durch einen, in engstem Connex mit der Natur, der Aufnahme, der Verarbeitung und Ausführung der Nahrung stehenden Differenzierungsprocess zerfällt der Darm der meisten Wirbelthiere in drei grosse, äusserlich mehr oder weniger deutlich von einander abgegrenzte Abschnitte, die man als Vorder-, Mittel- und Enddarm bezeichnet. Innerlich sind sie in der Regel durch klappenartige Bildungen von einander geschieden, und diesen kommt die Aufgabe zu, dem Speisebrei nur in einer Richtung das Weiterrücken zu gestatten, also eine Rückstauung desselben zu vermeiden, und zweitens, ihn auf eine bestimmte Zeit in einem und demselben Darmabschnitt zurückzuhalten.

Am Eingang zur Mundhöhle finden sich in allgemeinster Verbreitung Kieferbildungen, viel seltener, wie z. B. bei den Cyclostomen, knorpelig-häutige Saugringe oder gar nur elastische Cirrhen, wie bei Amphioxus. Fleischige, d. h. musculöse Lippen sind fast nur auf die Säugethiere beschränkt, doch sind sie auch hier nicht allgemein verbreitet.

Die Organe der Mundhöhle lassen sich eintheilen: in Zähne, Drüsen und in die Zunge. Dazu kommen noch lymphoide Organe, von welchen später die Rede sein wird.

Was die Zähne betrifft, so gehen sie theils aus dem äusseren, theils aus dem mittleren Keimblatte hervor und sind einer formellen Anpassung an die Art der Aufnahme und Bewältigung der Nahrung unterworfen, woraus eine ungemeine Vielgestaltigkeit derselben resultiert. Ebenso finden wir einen auf derselben Ursache basierenden homodonten und heterodonten Zahncharakter, sowie eine Verschiedenheit in der Verbindung der Zähne mit ihrer Unterlage. Während das in der Regel aus einer sehr grossen Zahl von Zähnen bestehende Gebiss der Fische, Amphibien und Reptilien einer stetigen Regeneration fähig ist, sehen wir dasjenige der Säugethiere in der genealogischen Entwicklung einer fortschreitenden Reduction unterworfen, und ferner ist hier der Zahnwechsel mit der zweiten Dentition in der Regel ein für allemal beendigt.

Bei den Drüsen der Mundhöhle konnte festgestellt werden, dass sie erst von den höheren Amphibien an, d. h. erst bei Thieren auftreten, welche das Wasserleben aufzugeben im Begriffe stehen.

In ihren ersten Anfängen fast noch indifferent und mit ihrem klebrigen Secret für die Nahrungsaufnahme nur von mechanischer Bedeutung, erfahren diese, zunächst in Anpassung an die Luftathmung auftretenden Organe von Stufe zu Stufe, sowohl in morphologischer als in physiologisch-chemischer Beziehung, immer höhere Differenzierungen, die von den Reptilien an zu eigentlichen Speicheldrüsen führen. Die bei einigen Repräsentanten dieser Thiergruppe auftretende und als furchtbare Waffe dienende Giftdrüse ist, als eine in bestimmter Richtung modifizierte Oberlippendrüse zu betrachten. Die Speicheldrüsen sämtlicher Amnioten lassen sich ihrer Lage nach in zwei grosse Hauptgruppen zerfällen. Die eine findet sich am Boden der Mundhöhle, die andere umfasst die Mundranddrüsen mit ihren Derivaten.

Die ebenfalls aus dem Epithel des primären Vorderdarmes sich entwickelnde Glandula thyreoidea und Thymus sind phylogenetisch z. Th. vielleicht auf rudimentäre Kiemenorgane zurückzuführen und mögen, was die Schilddrüse betrifft, in ihrer weiteren Stammesgeschichte zunächst ein Drüsen-Stadium mit offenem Ausführungsgang durchlaufen haben. Später trat dann mit ihrer Abschnürung vom Darmrohr ein nochmaliger Functionswechsel ein.

Was die Zunge anbelangt, so ist sie bei Fischen und Ichthyoden noch sehr rudimentär und keiner eigenen Bewegung fähig, insofern sie nur einen Schleimhautüberzug der Copularia des Visceralskeletes darstellt. Die definitive Zunge der Salamandrinen und ebenso die eine höhere Ausbildung erreichende Zunge der Anuren ist nur zum kleinsten Theil von der Fisch- oder Ichthyodenzunge abzuleiten. Der stark muskulöse, drüsige, weit grössere Abschnitt des Organs stellt vielmehr eine erst in der Reihe der Amphibien gemachte, neue Erwerbung dar.

Bei Reptilien complizieren sich die Entwicklungsvorgänge immer mehr und die Zunge wird, wie dies übrigens auch schon in der Reihe der Amphibien zu beobachten ist, in Anpassung an die Art der Nahrungsaufnahme zu einem Fang-, beziehungsweise zu einem Tastapparat (gewisse Reptilien) und zum hauptsächlichsten Träger des Geschmackssinnes. Unter beharrlich fortschreitender Volumsvermehrung erreicht die Zunge bei Säugethieren nach jeder Hinsicht ihre vielseitigste Functionsfähigkeit und damit das Maximum ihrer Vollendung. Die an ihrer Unterfläche liegende Sublingua stellt ein altes Erbstück von niederen Vertebraten dar.

Was endlich den Darm selbst betrifft, so bleibt er bei Amphioxus, den Cyclostomen, gewissen Teleostiern, Dipnoërn und den niedersten Amphibien (Proteus) insofern auf primitiver Stufe stehen, als er zeitlebens ein in der Körperlängsachse verlaufendes, ganz gerades Rohr darstellt, das entweder gar keine oder doch nur sehr undeutliche Spuren eines Zerfalles in die obengenannten drei Hauptabschnitte erkennen lässt.

In allen diesen Fällen bildet die Einmündungsstelle des Ductus hepato-entericus, d. h. der embryonale Ausgangspunkt für die Leberanlage, den äusserlich allein sicheren Anhaltspunkt für die Grenzbestimmung des Vorder- und Mitteldarms.

Da nun jene Stelle bei manchen Teleostiern sehr weit vorne, unmittelbar hinter dem Herzen, d. h. da liegt, wo man bei andern Vertebraten erst den Anfang des Oesophagus erwarten würde, so geht (ganz abgesehen von histologischen Gründen) daraus hervor, dass sich in dem betreffenden Beispiel die morphologischen und physiologischen Begriffe des Magens nicht decken, und dass hier die sonst dem Magen zufallende physiologische Rolle vom Mitteldarme übernommen werden muss (s. später).

Neben diesen Fällen eines ganz gerade verlaufenden Darmrohres finden sich nun schon von den Fischen an die allerverschiedensten Grade von Schlängelungen und Schlingenbildungen des Mitteldarmes (weniger des Enddarmes), welche alle als Anpassungen an die Nahrung, d. h. als secundäre Erwerbungen aufzufassen sind. Sie können so weit gedeihen, dass der auch in seinen Caliberverhältnissen stark schwankende Darm, wie z. B. bei vielen Vögeln und pflanzenfressenden Säugethieren, die Körperlänge um ein Vielfaches übertrifft. Dadurch wird eine Vergrösserung der verdauenden Fläche, eine Verlangsamung und in Folge dessen eine gesteigerte Resorption des Speisebreies erreicht, lauter Vortheile, die noch durch die mannigfachsten Falten, Papillen, Zotten, Leisten, Ausbuchtungen und Divertikelbildungen der Darmschleimhaut eine Steigerung erfahren. Auch sie haben selbstverständlich ihre Stammesgeschichte und lassen sich z. Th. von ursprünglich nur in der Längsachse des Darmes verlaufenden Falten ableiten. Bei Petromyzonten, Selachiern und Dipnoërn erfährt eine solche Längsfalte eine besonders starke Entwicklung, sie nimmt eine Spiraldrehung an, springt weit ins Darmlumen vor und fällt somit unter denselben, soeben hervorgehobenen, physiologischen Gesichtspunkt. Schon in der Reihe der Ganoiden geht sie einer regressiven Metamorphose entgegen und kommt in der Reihe der recenten Amphibien nicht mehr zur Entwicklung. Endlich gehören noch in dieselbe Kategorie die auf die Teleostier und Ganoiden sich beschränkenden Appendices pyloricae, sowie sämtliche Blinddarmbildungen des Enddarmes, deren erste schwache Spuren wir bei Reptilien nachzuweisen vermochten. Auch sie unterliegen, in Anpassung an die Nahrung, den allermannigfachsten Grösse- und Formschwankungen, sodass alle Mittelstufen von einem unscheinbaren kegelförmigen Anhängsel bis zu Schläuchen beobachtet werden, die an Länge selbst den Hauptdarm übertreffen können. Im Allgemeinen besitzen herbivore Thiere längere Coeca, als carnivore, und so weist auch der Processus vermiformis der Primaten neben andern Merkmalen (Gebiss) auf eine Zeit zurück, wo diese Thiere noch vorwiegend oder ausschliesslich Pflanzenfresser waren und als solche ein längeres Coecum besassen, als dies heute der Fall ist.

Kein Abschnitt des ganzen Tractus intestinalis trägt der für den Organismus nothwendigen Verarbeitung der Nahrung durch die allerfeinste Anpassung nach Form und Grösse so sehr Rechnung, wie der Magen. Wir müssen ihm daher noch unsere ganz besondere Aufmerksamkeit zuwenden.

Während es bei den niedersten Fischen, wie dem Amphioxus und den Cyclostomen, sowie auch bei manchen Knorpelfischen, Dipnoërn und vielen Teleostiern noch zu keiner Differenzierung eines Magens im histologisch-physiologischen Sinne kommt, ist derselbe bei Selachiern und Ganoiden gut ausgeprägt, ja viel besser, als bei den niedersten Amphibien, den Ichthyoden.

Er stellt einen, häufig aus zwei Schenkeln bestehenden, in der Körperlängsachse liegenden Sack dar. Von den ungeschwänzten Amphibien an nimmt er mehr oder weniger eine Querstellung an, richtet sich aber doch formell im Allgemeinen nach der Configuration des Leibes und der grossen Körperhöhlen (Kröten und Chelonier im Gegensatz zu Schlangen, Amphisbänen und fusslosen Sauriern).

In Folge einer immer mehr zunehmenden Entwicklung in die Breite kann man an ihm jetzt eine Curvatura major und minor, sowie eine scharfe Abgrenzung gegen den Oesophagus (Pars cardiaca) und den Anfang des Mitteldarmes (Pars pylorica) unterscheiden (Säuger).

Harte oder überhaupt schwer zu bewältigende Nahrung führt bei Vögeln zu einer Differenzierung des Vorderarmes in drei Abschnitte, die man als Kropf, Drüsen- und Muskelmagen bezeichnet. Nur die beiden ersten wirken chemisch, der letztere nur mechanisch.

Unter denselben Gesichtspunkt fallen jene complizierten Magenbildungen, wie sie uns bei gewissen Säugern, wie vor Allem bei Wiederkäuern, Cetaceen und Hufthieren, begegnen. Hier ist es, im Interesse einer möglichst langen Retention des Speisebreies im Magen, zu einer mehr oder weniger fortgeschrittenen Abkammerung desselben in mehrere Abschnitte gekommen. Im Gegensatz zu dieser hohen Differenzierung vermissen wir bei Monotremen und zum Theil auch bei Edentaten einen echten Magen im physiologischen Sinne, eine Thatsache, die als eine regressive Erscheinung zu deuten ist.

Der Enddarm, der bei allen unter den Säugern stehenden Wirbelthieren eine nur unbedeutende Länge besitzt und hier seinen Namen Rectum mit Recht führt, erfährt da und dort, wie namentlich bei Amphibien eine ausserordentlich starke, sackartige Aufblähung. Erst bei Säugern gewinnt er eine längere Ausdehnung, bildet mehr oder weniger Windungen und zeichnet sich dem Mitteldarm gegenüber in der Regel durch grössere Weite aus. Nur sein hinterstes Ende entspricht dem „Rectum" der übrigen Vertebraten, während der ganze, weiter nach vorne gelegene Abschnitt als ein neuer, erst in der Reihe der Säugethiere gemachter Erwerb aufzufassen ist.

In histologischer Beziehung kann man an dem Darm sämtlicher Wirbelthiere von aussen nach innen eine seröse Aussenschicht (Bauchfell), eine doppelte, d. h. eine longitudinale und circuläre Muskellage, eine aus adenoidem Gewebe bestehende Submucosa und eine Mucosa unterscheiden. Dazu kommen noch zahlreiche Gefässe und Nerven. Was zunächst die Mucosa betrifft, so haben wir sie uns in ihrer ursprünglichsten Form als aus einem flimmernden Cylinderepithelium bestehend zu denken. das sich, wenn auch oft nur in schwachen Spuren, bis zu den Säugethieren hinauf fortvererbt. Immerhin aber macht es bei weitaus der grössten Mehrzahl der Vertebraten in postfoetaler Zeit einem gewöhnlichen Cylinderepithelium Platz. Der Amphioxus-, Ammocoetes- und Protopterus-Darm bewahren das Flimmerkleid in ihrer ganzen Ausdehnung. Bei allen Wirbelthieren aber geht das Darmepithel an den beiden Ostien, am Mund und After, in das Epithel des äusseren Integumentes über.

Die von der Schleimhaut aus gegen die Submucosa hinab sich entwickelnden Drüsen sind vorschlagend tubulös und zeigen im Magen hinsichtlich ihres eigenartigen Zellcharakters eine besonders reiche Differenzierung, die in der Reihe der Säugethiere zur Bildung von Fundus-Pylorus- und Cardiadrüsen führt.

Die Submucosa wird von Lymphbahnen (Chylusgefässen), sowie von zahlreichen, häufig zu grösseren oder kleineren Nestern vereinigten Lymphkörperchen durchsetzt (solitäre Follikel, Peyer'sche Plaques).

Die der Leibesform sich stets genau anpassende, durch das Bauchfell an die Leibeswand befestigte Leber kommt jedem Wirbelthier zu und zeigt ausserordentlich viele Variationen nach Zahl und Gestalt der Lappen. Die beiden Extreme bilden hierin die die zweilappige Urform beibehaltenden Cyclostomen einer-, sowie gewisse Gymnophionen andrerseits. Die Entstehung des Organs ist, wie wir oben schon gesehen haben, constant an den Anfang des Mitteldarmes geknüpft, die späteren, in den Ductus hepato-enterici sich aussprechenden Beziehungen beider sind jedoch mannigfachen, auf Gruppierung und Zahl der Gallenausführungsgänge beruhenden Schwankungen unterworfen. Nicht minder bedeutend sind die die Form, Grösse, An- oder Abwesenheit einer Gallenblase betreffenden Variationen.

Die Leber der Anamnia (Ganoiden und Ichthyoden z. B.) ist im Allgemeinen relativ voluminöser als diejenige der Amnioten. Carnivore Thiere besitzen in der Regel eine grössere Leber als herbivore.

Von dem ursprünglich zweilappigen, nach tubulösem Typus gebauten Organ führt je eine phylogenetische Entwicklungsreihe einerseits zu den Amphibien und Sauropsiden, andererseits zu den Säugethieren. Der Anstoss zu den Abweichungen von jenem primitiven Verhalten liegt in dem specifischen Verhalten der Lebergefässe.

Das stets mit dem Anfang des Mitteldarmes in Verbindung stehende Pankreas, welchem wahrscheinlich hinsichtlich seiner phylogenetischen Entwicklung zwei ganz verschiedene Drüsen zu Grunde liegen, kommt sämtlichen Vertebraten zu. Es unterliegt mehrfachen Schwankungen nach Anlage, (ventrales, dorsales Pankreas) Grösse und Form und ist entweder nur einfach bandförmig oder mehrfach gelappt. Häufig verbindet sich sein Ausführungsgang mit dem Ductus hepato-entericus der Leber, oder es existieren mehrfache, selbständige Ausführungsgänge in den Mitteldarm.

G. Athmungsorgane.

Die Athmungsorgane der Wirbelthiere sind in topographischer, wie in genetischer Beziehung aufs Engste an die vordere Partie des Darmrohres geknüpft und zerfallen in **Kiemen** und **Lungen**. In gewissen Fällen, die aber stets als secundäre Erscheinungen zu betrachten sind, können sich auch die Mund- und Rachenschleimhaut am Athmungsgeschäft betheiligen.

Ausser jenen drei Möglichkeiten besteht auch eine Hautathmung, die z. B. bei Amphibien eine grosse Rolle spielt. Auch der Darmcanal kann am Athmungsgeschäft partizipieren, wie z. B. bei gewissen zur Familie der Welse gehörigen Fischen (Callichthys, Hypostomos und Doras).

Die Kiemen, als die phyletisch älteren Organe, sind auf die Wasserathmung berechnet und liegen im Bereiche des primären Munddarmes, resp. der Visceral- oder Kiemenbögen. Die Lungen stellen paarige, sackförmige Ausstülpungen des Vorderdarmes dar, welche in den Leibesraum zu liegen kommen und der Luftathmung dienen.

Beide Apparate können sich bei einem und demselben Thier

nebeneinander entwickeln, allein sie treten gewöhnlich nicht gleichzeitig in Function und schliessen sich in physiologischer Beziehung geradezu gegenseitig aus. Das Ausschlaggebende hierbei sind die Circulations-Verhältnisse, indem nur dort eine Respiration denkbar ist, wo venöse Blutbahnen mit dem umgebenden Medium derart in Contact treten, dass Kohlensäure abgegeben, Sauerstoff aufgenommen und mittelst eines arteriellen Blutstromes dem Körper zugeführt werden kann.

So lange diese Bedingungen für eine Oxydation des Blutes nicht erfüllt sind, so lange kann man auch nicht von einem Athmungsorgan reden. Dies gilt z. B. für die sogenannte **Schwimmblase** der Fische, welche, obgleich sie auch, wie die Lunge, als Ausstülpung aus dem Vorderarm entsteht, doch in der Regel (über die Ausnahmen s. später) nicht jene Kreislaufsverhältnisse aufweist. Sie erhält vielmehr nur arterielles Blut aus der Aorta und giebt venöses Blut an die Venae cardinales oder an die Pfortader wieder ab; folglich ist sie nur in morphologischem, nicht aber in physiologischem Sinne mit einer Lunge zu vergleichen.

I. Kiemen.

Die Kiemenanlagen stellen, wie schon zu wiederholten Malen hervorgehoben worden ist, eine Reihe hintereinanderliegender, bilateral angeordneter Ausstülpungen des primitiven Vorderdarmes vor, welche im Laufe der Entwicklung durch die äussere Haut durchbrechen. So ist ein Durchgangsweg für das durch den Mund einströmende Wasser geschaffen, und um den an dasselbe gebundenen Sauerstoff in möglichst ausgiebiger Weise zu absorbieren, macht sich im Bereich jener Oeffnungen das Bestreben geltend, blätterige, quasten- oder fadenartige, reich vascularisierte Fortsätze, d. h. Kiemen, zu entwickeln. Jene zerfallen je nach ihrer Lage in innere und äussere.

Während nun die Fische zeitlebens functionierende Kiemen besitzen, gilt dies nur für einen kleinen Theil der Amphibien, nämlich für die Ichthyoden s. Perennibranchiaten; alle übrigen durchlaufen nur in ihrer Jugend ein Kiemenstadium und werden später lungenathmend, sodass man aus dem Studium dieser einen Thiergruppe ein vortreffliches Bild der phyletischen Entwicklung gewinnt, welche sämtliche höhere Vertebraten einst durchlaufen haben müssen.

Mit der Gruppe der Amphibien, wo sich, wie bei Teleostiern, noch sechs Schlundtaschen anlegen, schliesst das Auftreten von functionierenden Kiemen ein für allemal ab. Welch mächtigen Faktor aber die Kiemenathmung in der Organisation des Thierkörpers darstellt, und wie sie sich in Zeiträumen von ungemessener Dauer darin befestigt hat, beweist der Umstand, dass sie bis zu den höchsten Thierformen, den Säugern hinauf, im Auftreten von Kiementaschen beziehungsweise -Furchen und -Bögen, sowie in einer bestimmten Anordnung des Gefässsystems ihren morphologischen Ausdruck findet. Somit können wir mit vollster Sicherheit den Satz aussprechen, dass auch die Amnioten in ihrer Stammesgeschichte ein Sta-

dium durchlaufen haben müssen, in welchem sie einmal
kiemenathmend waren [1]).

Auf den Functionswechsel, dem das Kiemenskelet nach Ablauf
jener Periode theilweise unterlag, habe ich schon früher, im Capitel
über das Kopfskelet und das Gehörorgan, hingewiesen und
will hier nur noch betonen, dass sich phylogenetisch und ontogenetisch
eine in der Richtung gegen den Kopf fortschreitende Reduction der
Kiemen-Spalten-Bogen- und -Gefässe bemerklich macht.

Fische.

Bei **Amphioxus** wird die Kiemenhöhle durch eine Schleimhautfalte „Velum", in welcher sich ein Muskel entwickelt, von der Mundhöhle abgeschlossen. Die Respirationskammer erstreckt sich, von
zahlreichen elastischen, unter der Herrschaft von Muskeln stehenden
Stäben von cuticularer Natur gestützt, fast bis zur Mitte des Körpers
nach rückwärts. In einer gewissen Entwicklungsperiode münden die
Kiemenspalten frei nach aussen, später aber werden sie von zwei
seitlichen Hautfalten überwachsen, wodurch ein sogenannter Peribranchialraum gebildet wird. Die Zahl der Kiemenspalten beläuft
sich bei Amphioxus auf 80—100 und mehr. Von hier aus wird
das ausgeathmete Wasser weiter nach hinten geführt und aus einer
hinter der Körpermitte gelegenen Oeffnung, dem sogenannten Porus
abdominalis, oder, wie er richtiger heissen würde: Porus branchialis, entleert.

Diese, auf uralte Verhältnisse zurückweisende, auf einen sehr
grossen Abschnitt des Körpers sich erstreckende Ausdehnung des
Kiemenapparates erfährt schon bei den **Cyclostomen** eine bedeutende
Einschränkung.

Wir haben zunächst den Ammocoetes ins Auge zu fassen.

Hier liegt der Oesophagus in directer Rückwärtsverlängerung der Kiemenhöhle (Fig. 270 *A*), und am Eingang zur letzteren
befindet sich, ähnlich wie bei Amphioxus, eine muskulöse Schleimhautfalte (Fig. 271 *V*), das sogenannte Velum oder Mundsegel [2]).
Die bei Ammocoetes vorhandenen sieben, mit blattartigen Schleim-
hautflächen besetzten Kiemenspalten persistieren auch bei Petromyzon, allein hier wird der Kiemenkorb nach hinten blindsackartig
abgeschlossen, während das Darmrohr, mit der Herausbildung eines
Saugmaules, nach vorne auswächst. In Folge dessen geräth man

---

[1]) Bei Sauriern legen sich in der Regel in embryonaler Zeit noch fünf bis sechs,
bei Vögeln und Säugern noch fünf Kiementaschen an, in vielen Fällen jedoch bricht
nur noch ein Theil von ihnen nach aussen durch oder unterbleibt der Durchbruch gänzlich
(viele Säuger). Stets erfolgt die Schlundtaschen-Anlage vom Entoderm aus, während
sich das Ektoderm anfangs ganz passiv verhält und (eventuell) erst secundär von der an-
wuchernden Entoderm-Falte erreicht wird. Während also die Kiementaschen der Ichthyoden einerseits eine Doppelfunction zu erfüllen hatten, d. h. während sie einerseits zu
Respirationsorganen sich gestalteten und andrerseits die Thymus-Anlage von
ihnen ausging, ist bei den Amnioten letztere Aufgabe allein übrig geblieben. Auf diesen
Punkt hat C. Peter mit Recht hingewiesen.

[2]) Das Velum von Amphioxus und von Ammocoetes, sowie die embryonale
„Rachenhaut" der andern Cranioten sind als homologe Bildungen zu betrachten.
Dasselbe gilt auch für die Oeffnung des Velum, welche aus der Mund- in die Rachen-
höhle führt.

vom Munddarm aus in zwei Hohlräume, einen ventral liegenden Kiemensack und einen dorsal liegenden Oesophagus (Fig. 270 *B*).

Während nun bei Petromyzonten und Bdellostoma[1]) die einzelnen Kiemengänge frei nach aussen münden, ist dies bei Myxine nicht der Fall; hier ist vielmehr, in Anpassung an die parasitäre

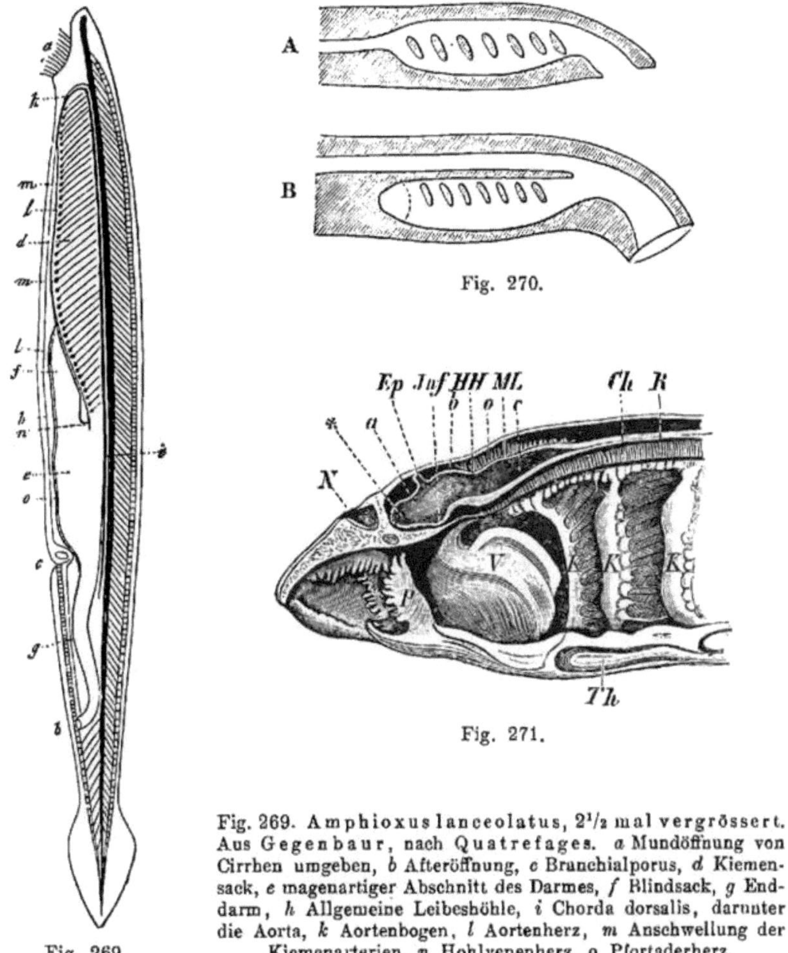

Fig. 270.

Fig. 271.

Fig. 269. Amphioxus lanceolatus, 2¹/₂ mal vergrössert. Aus Gegenbaur, nach Quatrefages. *a* Mundöffnung von Cirrhen umgeben, *b* Afteröffnung, *c* Branchialporus, *d* Kiemensack, *e* magenartiger Abschnitt des Darmes, *f* Blindsack, *g* Enddarm, *h* Allgemeine Leibeshöhle, *i* Chorda dorsalis, darunter die Aorta, *k* Aortenbogen, *l* Aortenherz, *m* Anschwellung der Kiemenarterien, *n* Hohlvenenherz, *o* Pfortaderherz.

Fig. 269.

Fig. 270. Längsschnitt durch den Kopf von Ammocoetes (*A*) und Petromyzon (*B*). Schema.

Fig. 271. Längsschnitt durch den Kopf von Ammocoetes. *b*, *c* Hirnhöhle, *Ch* Chorda dorsalis, *Ep* Epiphyse, *HH* Hinterhirn, *Jnf* Infundibulum, *K K K* die drei vordersten Kiemen, *ML* Medulla oblongata, *N* Nasensack, *o* Subduralraum, *P* Papillen der Schleimhaut, *R* Rückenmark, *Th* Gl. thyreoidea (Hypobranchialrinne), *V* Velum, * Eingang in den Lobus olfactorius von der Höhle (*a*) des Vorderhirns aus.

1) Bdellostoma besitzt in der Regel 6—7 Kiemensäcke, und nach rückwärts von diesen öffnet sich linkerseits ein Ductus oesophageo-cutaneus direct in den Pharynx, wie dies auch bei Myxine der Fall ist. Bdellostoma bischoffi und B. stouti haben 11—12, Bdellostoma polytrema bis zu 14 Kiementaschen.

Lebensweise, insofern eine Modification jenes ursprünglichen Verhaltens eingetreten, als die äusseren Kiemengänge zu langen Röhren ausgewachsen sind, welche jederseits zu einem gemeinsamen, langen Gange zusammenfliessen. Dieser mündet weit hinten vom Kiemenapparat an der Bauchseite des Thieres aus.

Die ursprüngliche Kiementaschenzahl der Cranioten zu bestimmen, ist bis jetzt nicht möglich, allein es darf wohl angenommen werden, dass sowohl nach vorne als nach hinten von den heutzutage auftretenden Kiemen früher noch weitere lagen. Deshalb dürfte die auf Grund der Verhältnisse von Ammocoetes und Heptan-

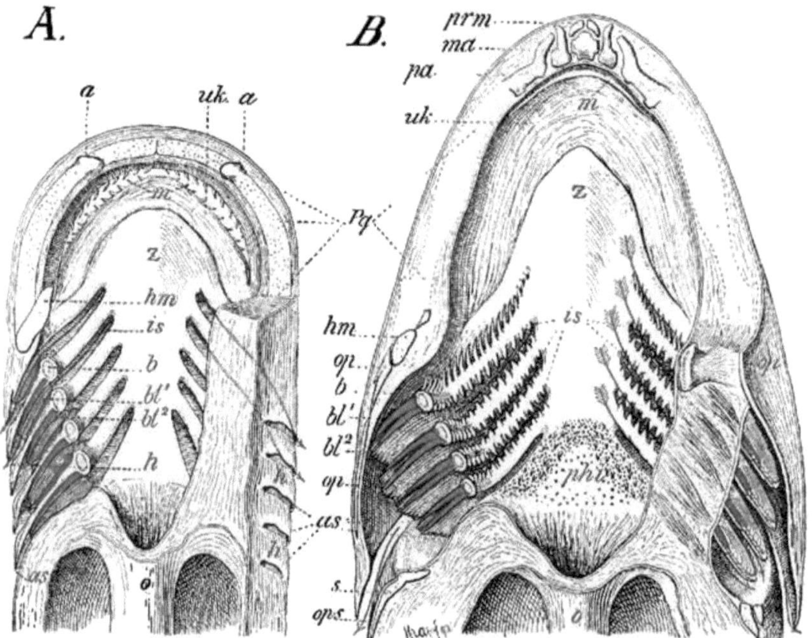

Fig. 272. Schnitt durch den Kopf eines A Haifisches (Zygaena malleus) und B eines Teleostiers (Gadus aeglefinus) zur Demonstration des Kiemenapparates. In beiden Figuren, auf welchen der Mundhöhlenboden sichtbar ist, sind die Visceralbogen der linken Seite horizontal durchgeschnitten. (Nach R. Hertwig.) *as* äussere Kiemenöffnungen, *bl*[1] vordere und *bl*[2] hintere Halbkieme einer Kiementasche, *h* Kiemenseptum, *hm* Hyomandibulare, *is* Innere Kiemenöffnungen, *m* Mundhöhle, *ma* Maxilla, *o* Oesophagus, *op* Kiemendeckel, *ops* Oeffnung des Kiemendeckels, *pa* Palatinum, *phi* unterer Schlundknochen, (*os pharyngeum*), *Pq* Palatoquadratum, und *a* seine Verbindung vorne am Schädel, *prm* Zwischenkiefer, *s* Schultergürtel, *uk* Unterkiefer, *Z* Zunge.

chus, wo sich acht Kiemen nachweisen bezw. erschliessen lassen, angenommene Maximalzahl acht zu niedrig gegriffen sein. Andrerseits können aber auch die Verhältnisse von Amphioxus und Bdellostoma polytrema[1]) nicht ohne weiteres zu Grunde gelegt werden, da hier eine secundäre Vermehrung nicht mit Sicherheit ausgeschlossen werden kann.

Bei den Embryonen der Selachier sowie bei einer beschränkten

---

1) Siehe pag. 393 Note 1.

Zahl von Teleostiern (Gymnarchus und Heterotis niloticus) finden sich „äussere“, sehr lange, fadenartige Kiemen, welche sich in Form blutrother gefässeführender Büschel dem Rumpfe entlang weit nach hinten erstrecken (vergl. Fig. 274 **A**). Auch bei Polypterus und Calamoichthys treten äussere Kiemen auf, allein sie sind wohl mit den oben erwähnten fadenartigen Kiemen nicht zu parallelisieren und unterscheiden sich auch schon durch ihren, an einen Federbart erinnernden Bau sehr bedeutend von denselben (vergl. Fig. 275 **A**, **a**). Alle jene „äusseren“ Kiemen sind entodermalen Ursprungs und haben mit dem Integument nichts zu schaffen.

Was nun das Verhalten der Kiemen bei erwachsenen **Selachiern** betrifft, so treten sie hier in engere Beziehungen zu den Visceralbögen, d. h. sie sitzen der convexen Seite derselben in Gestalt von dicht gedrängten, kammartig angeordneten Blättern unmittelbar auf (Fig. 272). Dabei sind sie auf beiden Seiten der die einzelnen Kiementaschen voneinander trennenden Septa der Art befestigt, dass jedes Septum je eine halbe Kieme an seiner vorderen und hinteren Seite trägt. So besteht also die ganze Kieme je aus einem Kiemenbogen plus der hinteren Halbkieme der vorderen und der vorderen Halbkieme der nächst hinteren Kiementasche. Die Kiementaschen, deren meistens fünf existieren[1]) münden mit getrennten Oeffnungen nach aussen, und nach vorne von ihnen, zwischen dem Unterkiefer- und Zungenbeinbogen, liegt in der Regel das, eine rudimentäre Kiemenspalte darstellende Spritzloch (Spiraculum). Bei den Holocepalen ist letzteres reduziert. Es existieren hier nur drei Vollkiemen, wozu noch je eine Halbkieme am Zungenbein- und vierten Branchialbogen kommt. Ferner tritt ein die äusseren Kiemenlöcher überlagernder, membranöser Kiemendeckel auf, in welchen sich vom Hyoidbogen Knorpelstrahlen hineinentwickeln und unter dessen hinterer Circumferenz eine schlitzartige Oeffnung sich befindet. Spuren einer ähnlichen Einrichtung begegnet man auch bei Chlamydoselache.

Bei **Ganoiden** und **Teleostiern** giebt es keine abgekammerten Kiementaschen mehr. Die kiementragenden Septa sind stark reduziert, sodass die Spitzen der Kiemenblättchen frei liegen.

Man geräth also durch die inneren (pharyngealen) Kiemenspalten, nach aussen vordringend, jenseits der Kiemenblättchen in eine gemeinsame Branchialhöhle, welche von dem Kiemendeckel und von der Branchiostegalmembran (vergl. das Kopfskelet) derart überlagert wird, dass nur eine einzige Ausgangsöffnung für die Kiemenhöhle übrig bleibt (Fig. 272, **B**).

In der Regel haben die **Teleostier**[2]) nur vier bis fünf

---

[1]) Hexanchus und Chlamydoselache besitzen, abgesehen vom Spritzlochcanal, sechs, Heptanchus sieben, die übrigen Selachier in der Regel fünf Kiementaschen.

So muss man für die Mehrzahl der Selachier eine in der Richtung von hinten nach vorne fortschreitende Reduction der Kiementaschen annehmen, ein Punkt, auf welchen ich schon bei der Schilderung des Visceralskeletes hingewiesen habe. Dabei ist aber nicht zu vergessen, dass es sich auch im vorderen Kiemenbezirk um Rückbildungen handelt (Spritzloch!?).

[2]) Bei Teleostiern kommt zuweilen eine Reduction auf drei, ja sogar auf zwei kiementragende Visceralbögen vor.

kiementragende, auf den Hyoidbogen folgende Visceralbögen, und dasselbe gilt auch für alle Ganoiden.

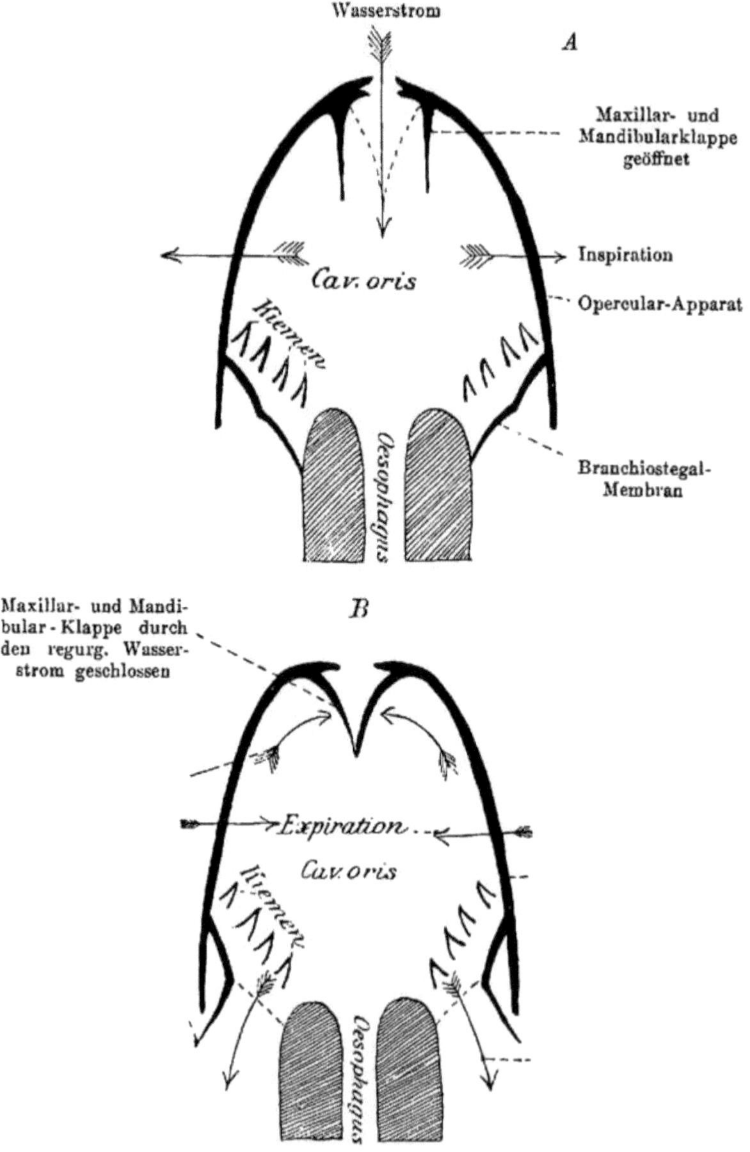

Fig. 273 **A** und **B**. Mechanismus der Teleostier-Athmung, schematisch dargestellt nach Dahlgren. A Inspirations-, B Exspirations-Phase. Bei beiden Figuren ist der vordere (Mund-) Theil senkrecht, der hintere (Kiemen-) Theil horizontal geschnitten zu denken. Die Pfeile in der Mund- und Kiemengegend deuten die Wasserpressungen, diejenigen, welche quer durch die Aussenwände des Cavum oris gelegt sind, die Ausdehnung, resp. Zusammenziehung des Opercularapparates an. Ueber alles Weitere vergl. den Text, sowie die den Figuren eingefügte Bezeichnung.

Der Mechanismus der Athmung spielt sich bei Teleostiern in folgender Weise ab:

Unter Abhebung des Opercular-Apparates und gleichzeitiger entgegengesetzter Bewegung der Branchiostegal-Membran geschieht die Erweiterung der Mundhöhle, wobei die Maxillar- und Mandibular-Klappen, wie die Flügel einer Klappthüre durch den Wasserstrom auseinander gehen (Inspiration).

Dann kommt es unter Zusammenziehung des Opercular-Apparates zur Verengerung der Mundhöhle; das nach vorne regurgitierende

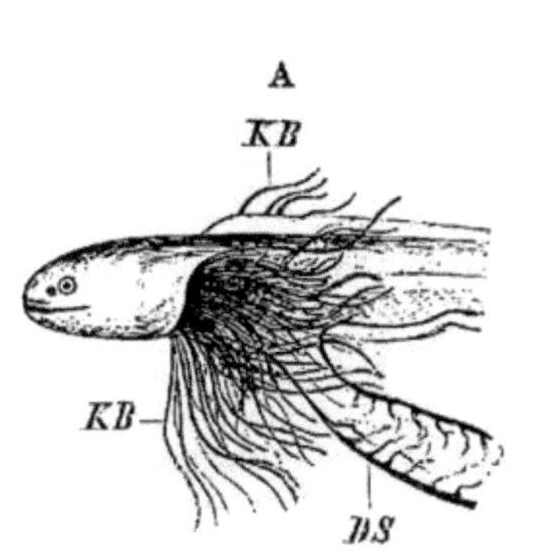

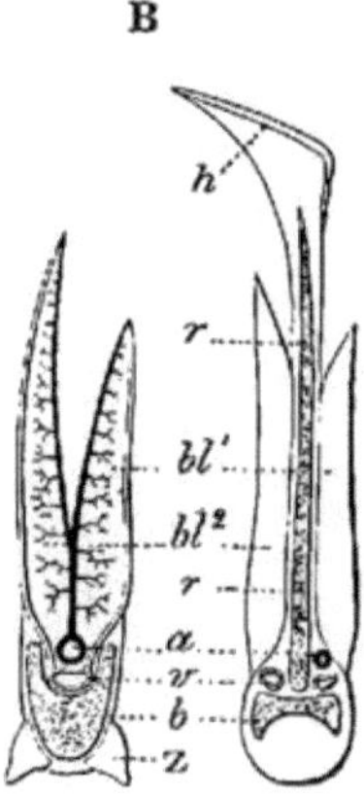

Fig. 274 **A**. Aeussere Kiemen einer **Gymnarchus niloticus-Larve**, vier Tage nach dem Ausschlüpfen. Nach J. S. Budgett. *DS* Dottersack, *KB* Kiemenbüschel.

Fig. 274 **B**. Querschnitt durch eine Vollkieme von Zygaena (rechts) und von Gadus (links). Schwach vergrössert. Nach R. Hertwig. *a* und *v* Zu- und abführendes Kiemengefäss, *b* Kiemenbogen, *bl¹* und *bl²* hintere und vordere Halbkieme, *h* Septum, *r* knorpeliger Kiemenstrahl, *z* Kiemenstrahlen.

Wasser schliesst die Maxillar- und Mandibularklappe und strömt durch die gleichzeitig sich abhebende Branchiostegalmembran, die also gleichfalls klappenartig functioniert, ab (Fig. 273).

Die Maxillarklappe hängt als querstehende, aus elastischen und zahlreichen glatten Muskelelementen sich aufbauende Schleimhautfalte vom Dache der Mundhöhle herab, die histologisch gleich gebaute Mandibularklappe erhebt sich vom Boden der Mundhöhle.

Der Mechanismus der Maxillo-Mandibular- und Branchiostegalklappen entspricht ganz demjenigen der Herzklappen. Der Wasserstrom steht also unter der Herrschaft der wie eine Pumpe gebauten und functionierenden Mundhöhle (Dahlgren)[1].

---

[1] Bei Petromyzon geschieht die Inspiration und Exspiration durch die Kiemenlöcher, mag das Thier festgesogen sein oder nicht. Nur selten tritt ein Strom Wasser durch den Mund aus und ein. Die Nase zieht ebenfalls bei jeder Inspiration einen Strom Wasser ein und stösst ihn mit der Exspiration aus. Grosse Exemplare von P. marinus spritzen das Wasser 5 cm weit. Ammocoetes zeigt denselben Athmungsmechanismus wie die übrigen Fische.

Ein Spritzloch besitzen folgende Ganoiden: Acipenser, Polyodon und Polypterus; bei vielen Selachiern und Knorpelganoiden existiert an der Vorderwand desselben noch eine rudimentäre Kieme „Spritzlochkieme“ oder „Pseudobranchie“, und eine ähnliche Bildung kann an der unteren und inneren Fläche des Kiemendeckels vorhanden sein („Kiemendeckelkieme“).

Bei manchen Teleostiern, zumal bei Schlammbewohnern (manche Siluroiden, Clupeiden, Labyrinthobranchia und Characiniden), entwickeln sich im hinteren Bereich der Kiemenhöhle, unter den mannigfachsten Modificationen des Kiemenskeletes, gewisse Apparate (sackförmige Ausstülpungen, Blätter- und Maschenwerke, Wundernetzbildungen, Fettgewebe etc.) zur Aufnahme von Wasser und Luft. Dieselben gestatten, als accessorische Athmungsorgane fungierend, den betreffenden Fischen wenigstens vorübergehend ein amphibienartiges Leben, d. h. eine temporäre Luftathmung. Ihre Blutversorgung geschieht vom Kiemenkreislauf aus. Genaueres hierüber findet man in meinem Lehrbuch d. vgl. Anatomie.

Dipnoër.

Protopterus und Lepidosiren athmen während ihres Aufenthaltes im Wasser mit Kiemen, doch bedienen sie sich, indem sie, namentlich bei zeitweiser Verschlechterung des Wassers, an die Oberfläche kommen, nicht selten auch der Lungen. Der im Sommerschlaf befindliche Protopterus athmet ausschliesslich mit Lungen. Was den Kiemenapparat betrifft, so erregt er deswegen unsere ganz besondere Aufmerksamkeit, weil bei Lepidosiren paradoxa während der Larvenperiode, sowie bei Protopterus das ganze Leben hindurch, neben den auf den Visceralbögen sitzenden inneren Kiemen, welche sich, wie bei Fischen, als entodermale Bildungen entwickeln, auch noch „äussere“ vorkommen (vgl. das Kopfskelet, sowie Fig. 275, **A, a**). Diese liegen bei jungen Protopterus-Larven in serialer, kopf-schwanzwärts gerichteter Anordnung zu vieren an der obersten Grenze des Dottersackes, und zwar oberhalb des späteren Schulterbogens, bald jedoch gehen sie eine Lageveränderung ein und zwar der Art, dass sie jetzt nicht mehr hinter-, sondern übereinander zu liegen kommen. Endlich bildet sich die unterste, am meisten ventral liegende Kieme vollkommen zurück, während die drei oberen, welche Gefässe aus dem II., III. und IV. Aortenbogen führen, persistieren, nachdem sie allerdings zuvor eine starke Reduction erlitten hatten.

Aehnlich, wie bei Ganoiden und Teleostiern, findet sich auch bei Dipnoërn nur eine einzige, von einem (allerdings rudimentären) Kiemendeckel überlagerte, äussere Oeffnung.

Die Kiemen des Ceratodus, welcher nie in einen Trockenschlaf verfällt, und bei welchem es in keinem Entwicklungsstadium zu einer Anlage von „äusseren“ Kiemen kommt, sind viel mehr nach dem Teleostiertypus gebaut, und von den fünf Branchialbögen tragen vier vollkommene Kiemen. Am Hyoid findet sich eine Pseudokieme.

Bei Protopterus trägt der I. und II. Branchialbogen gar keine Kiemen, der III. und IV. dagegen besitzt solche auf der Vorder- und

Hinterseite, der fünfte auf der Vorderseite (Halbkieme). Bei der Larve findet sich noch die Spur eines Spritzloches. Ueber die beim männlichen Protopterus während der Fortpflanzungszeit auftretende, wahrscheinlich im Sinne eines accessorischen Kiemenapparates zu

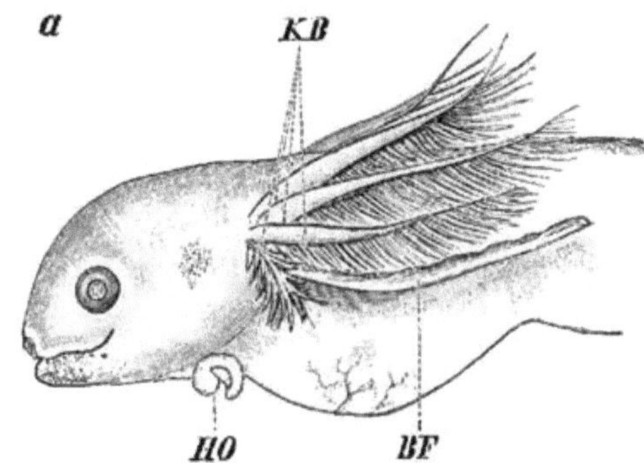

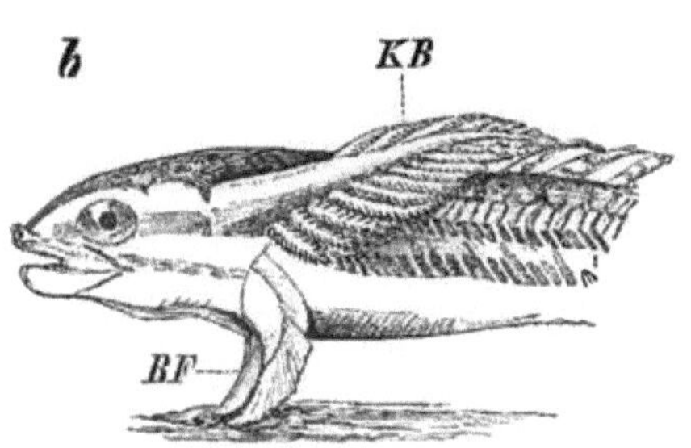

Fig. 275 **A.** *a* Protopterus annectens, Larve vom 17. Tag, *b* Polypterus lapradei Stein. Larve von 1¼ engl. Zoll Länge, etwa viermal vergrössert, *c* Gymnarchus niloticus. Larve vier Tage nach dem Ausschlüpfen. Von den Figuren, welche beide nach J. S. Budgett gezeichnet sind, ist nur die Kopf- und vordere Rumpfpartie dargestellt. *BF* Brustflosse, *DS* Dottersack, *HO* Haftorgan *KB* Kiemenbüschel, welche bei Polypterus federbartartig dem Hyoid aufsitzen.

deutende Umbildung der hinteren Extremität vergl. das Capitel über die Beziehungen zwischen Mutter und Frucht.

Amphibien.

Bei **Urodelenlarven** und **Ichthyoden**, wo sich in der Regel noch fünf Kiementaschen anlegen, von denen aber die hinterste und die vorderste (Hyomandibular- oder Spiracularspalte) nicht mehr zum Durchbruch gelangen, handelt es sich um drei übereinander liegende, von oben nach unten an Grösse abnehmende, frei über die äussere Haut hervorragende, bindegewebige, durch keinen Knorpel gestützte Kiemenbüschel[1]). Diese ektodermalen Kiemen-

---

1) Beim **Axolotl** und den **Salamandridenlarven** existieren vier, bei **Siren** drei, bei **Menobranchus** und **Proteus** nur zwei innere, die Schlundwand durchbohrende Kiemenspalten. Jene zeigen also ein primitiveres, diese dagegen ein reduzierteres Verhalten. An der äusseren Haut ist stets nur eine einzige, von einer wie ein Kiemendeckel angeordneten Hautfalte überlagerte Oeffnung vorhanden. — Bei **Derotremen** schwinden die Kiemen vollständig; es erhält sich aber ein zwischen dem III. und IV. Bogen liegendes Kiemenloch.

Bei **Gymnophionen**, so z. B. bei **Hypogeophis**, legt sich während der Ontogenese noch das **Spritzloch** an, persistiert eine ziemliche Zeit und verschwindet dann gänzlich.

bildungen (Hautkiemen) haben mit den Vorderdarmkiemen der Fische nichts zu schaffen, sondern stellen selbständig erworbene, d. h. neue Bildungen dar, welche mit dem Kiemenapparat der Fische nicht in directe Verbindung gebracht werden können. Sie entstehen seitlich, dicht hinter dem Kopf vom Ektoderm her, in Form kleiner, epithelbekleideter Höckerchen, welche bald zu Stäbchen mit einer Gefässschlinge im Innern auswachsen. An jedem sprossenden Kiemenstäbchen unterscheidet man bei der weiteren Entwicklung einen Hauptstrahl mit allmählich sich bildenden Aesten oder Nebenzweigen. Bemerkenswerth ist, dass hierbei die Anuren, die wahrscheinlich schon von den Ur-Amphibien her ererbten, primitiveren Verhältnisse bewahrt haben, während die Urodelen zu complizierteren Bildungen fortgeschritten sind. Hier begegnet man

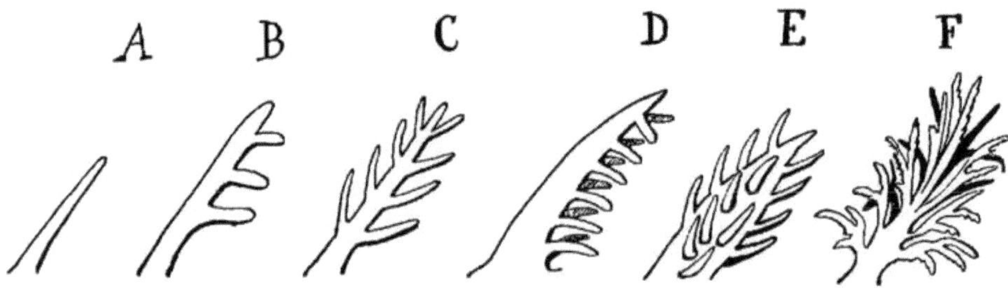

Fig. 275 B. Entwicklung (phylogenetisch und z. Th. ontogenetisch) der Amphibienkieme. Zum grössten Theil nach P. Clemens. A Primitive, stabförmige, unverzweigte Ausgangsform, ontogenetisch noch bei allen Kiemen angedeutet und bei gewissen Anuren persistierend (z. B. bei Dactylethra). B—E Verzweigte Kiemen. B Aeste, nur auf einer Seite ansitzend (Geweihform der Anuren-Kieme). C Aeste auf beiden Seiten ansitzend (Fiederform der Derotremen- und ursprünglichen Gymnophionenkieme. Ontogenetische Stufe der Salamandridenkieme). D Bildung eines keilförmigen, unverzweigten Kiemenkörpers, an dessen unteren Kanten, ursprünglich je in einer Reihe, sich die Kiemenfäden ansetzen (Entwicklungsstufe der meisten Urodelen). E Blattförmiger Kiemenkörper (unverzweigt). Die Kiemenfäden vermehren sich, werden vielreihig und besetzen nun nicht nur die Kanten, sondern auch die Flächen des Kiemenkörpers (Axolotl, Menobranchus). F Kiemenkörper verzweigt (Proteus, Siren lacertina).

bald mehr oder weniger reichlichen, blätter-, quasten- und fransenförmigen Bildungen, welche dem Hauptstrahl aufsitzen, oder handelt es sich um baumartige Verzweigungen, kurz, es existieren die mannigfaltigsten, von der einfachen, stabförmigen Urform sich weit entfernenden und auf eine stetige Vergrösserung der Respirationsfläche berechneten Einrichtungen [1]).

Die Kiemen stehen, den hintersten (äussersten) Enden der drei vordersten Kiemenbögen aufsitzend, wie bei Fischen in der

---

1) Die äusseren Kiemen der Amphibien können den allerverschiedensten Formänderungen unterliegen, wobei Anpassungserscheinungen eine grosse Rolle spielen. Eine ausserordentliche, auf 5—6 cm sich erstreckende Ausdehnung erreichen sie bei der Larve der viviparen Salamandra atra (vergl. das Capitel über die Beziehungen von Mutter und Frucht). Von ähnlichem, ebenfalls gefiedertem Charakter erscheinen sie bei gewissen Gymnophionen, wie z. B. bei Epicrium glutinosum; bei anderen dagegen, wie bei Coecilia compressicauda, kommt es zur Entwicklung von zwei hinter dem Kopf hervorstehenden, grossen Lappen, auf denen sich die Gefässe verzweigen, und die wohl in ihrer natürlichen Lage den Körper der Larve mantelartig umhüllen (Fig. 276, 277).

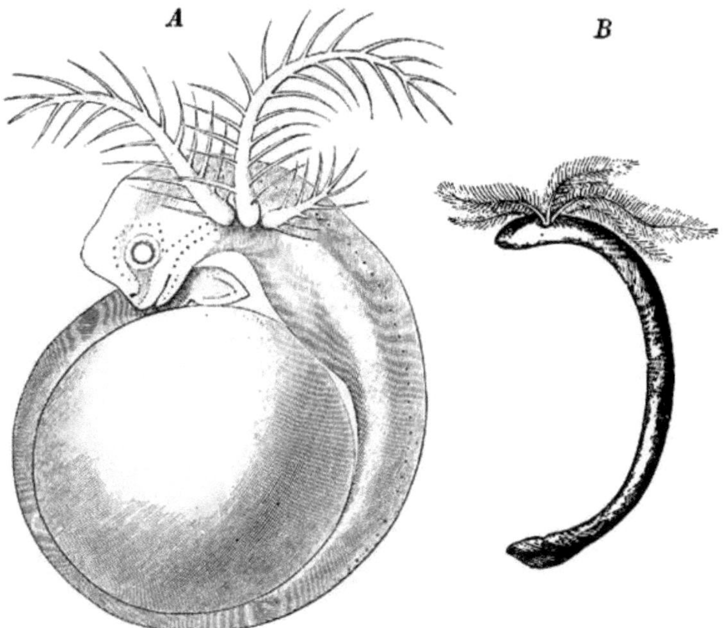

Fig. 276. **A** und **B**. Aeussere Kiemen der Larve von Epicrium glutinosum. Nach Sarasin.

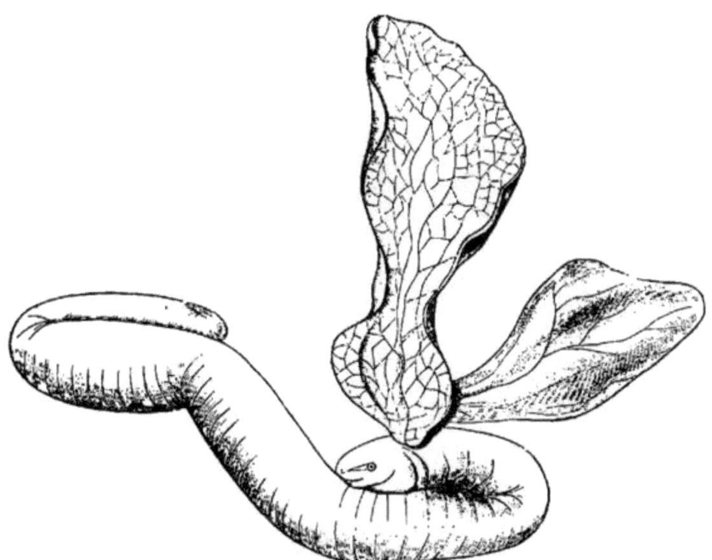

Fig. 277. Aeussere Kiemen der Larve von Coecilia compressicauda. Nach
Sarasin.

Regel unter der Herrschaft einer komplizierten Muskulatur (vergl.
L. Drüner) und sind, im Interesse der stetigen Erneuerung des umgebenden Mediums, mit Flimmerepithel überzogen.

Die bei **Anuren** anfangs vorhandenen äusseren (ektodermalen)
Kiemen schwinden schon nach kurzem Bestand und machen inneren,
anders (baumförmig) gestalteten, Platz. Auch diese sollen einen ektodermalen Ueberzug erhalten, und jedenfalls haben sie mit den
inneren Kiemen der Fische nichts zu schaffen.

Wie bei Salamanderlarven und beim Axolotl, so kann
man auch im Jugendstadium der Anuren von einer Kiemendeckel-
oder Opercularfalte reden, welche jene äusseren Kiemen theilweise überwächst, während gleichzeitig die oben erwähnten inneren
Kiemen an den Branchialbogen hervorsprossen. Nie kommt es aber
dabei zu einem knorpeligen oder gar knöchernen Stützskelet derselben;
es handelt sich vielmehr stets nur um Bindegewebe, welches von der
äusseren Haut einen Ueberzug erhält[1]).

Später rückt dann die äussere Respirationsöffnung immer weiter
ventralwärts, um hier, sei es in der Medianlinie (Bufo, Bombinator),
oder sei es seitlich davon (Rana), mit derjenigen der anderen Seite
zu confluieren.

Abgesehen von den Perennibranchiaten (Ichthyoden) verschwinden bei den Amphibien die Kiemen nach der Metamorphose, und
nur bei den Derotremen persistiert die Kiemenöffnung zwischen
dem III. und IV. Branchialbogen. Bei den übrigen Amphibien wird
sie von der Haut der Opercularfalte überwachsen, und damit ist der
Anstoss zu veränderten Kreislaufsverhältnissen gegeben, wie sie beim
Blutgefäss-System zur Erörterung kommen werden.

II. Schwimmblase und Lungen.

1. Die Schwimmblase.

Schwimmblase und Lungen verfolgen, wie oben schon erwähnt,
in ihrer ersten Anlage denselben Entwicklungsplan und weichen nur
insofern von einander ab, als die Lungen ausnahmslos aus der ventralen Seite des primären Vorderdarmes hervorwachsen, während
dies bei der Schwimmblase nur ausnahmsweise der Fall ist (Polypterus, Calamoichthys)[2]). Trotz ihrer Aehnlichkeit in der Genese

---

[1]) Auch bei Anuren finden sich interessante Umgestaltungen der ursprünglichen
Kiemenformen. So kommt es z. B. bei Notodelphys (Nototrema) zur Entwicklung
von glockenförmigen, reich vascularisierten Kiemen, welche durch einen hohlen
Stiel mit den Kiemenbogen in Verbindung stehen, den in der Rückentasche des Mutterthieres liegenden Embryo mantelartig umhüllen und zugleich auch mit der mütterlichen
Haut in directe Berührung treten. Ausser den eigentlichen, für die Respiration bestimm-
ten Apparaten sehen wir bei gewissen Amphibien resp. deren Larven auch noch andere
Organe mit jener physiologischen Aufgabe betraut. So scheint bei dem Embryo des seine
ganze Entwicklung im Ei durchlaufenden Hylodes martinicensis (Antillenfrosch) der
dem Körper dicht anliegende, breite Schwanz als Athmungsorgan zu fungieren. Bei
Rana opisthodon (Bewohner der Salomons-Inseln), wo die ganze Entwicklung, wie bei
Hylodes mart., ebenfalls im Ei abläuft, dienen etwa neun, auf beiden Seiten der Bauchhaut liegende, in Querreihen angeordnete Falten als Respirationsorgane.

[2]) Bei Erythrinen mündet die Schwimmblase lateral in den Schlund.

ist ein Beweis dafür, dass die Lungen sich aus der Schwimmblase phylogenetisch heraus entwickelt haben, bis dato noch nicht erbracht. Die Abgangsstelle der Schwimmblase von der dorsalen Vorderdarmwand liegt bei verschiedenen Fischgruppen verschieden weit vorne oder hinten. Der Verbindungsgang (Ductus pneumaticus) kann, wie z. B. bei allen Ganoiden und vielen Teleostiern (Physostomen), zeitlebens offen bleiben, oder kann er, wie bei anderen Teleostiern (Aphysostomi oder Physoklisten), später obliterieren und zu einem bindegewebigen, soliden Strang degenerieren. Im letzteren Fall wird es sich selbstverständlich um keine von aussen eindringende Luft handeln, und man hat an eine, von der Schwimmblasenwand selbst ausgehende Gasausscheidung zu denken. Die Möglichkeit für letztere ist durch den die Schwimmblasen-Wand charakterisierenden grossen Blutreichthum (Retia mirabilia) gegeben. Auch drüsige Organe sind nachgewiesen (Physoklisten).

Stets liegt die Schwimmblase retroperitoneal, dorsalwärts im Leibesraum, zwischen Wirbelsäule (resp. Aorta und Urogenitalapparat) und Darmcanal. Sie stellt einen, häufig der ganzen Leibeshöhle an Länge gleichkommenden, in der Regel unpaaren oder (seltener) paarigen, mit bindegewebigen, elastischen und muskulösen Wänden versehenen Sack dar. In manchen Fällen trifft man auch auf Ossificationen der Wandung, wie z. B. bei Cobitis u. a.

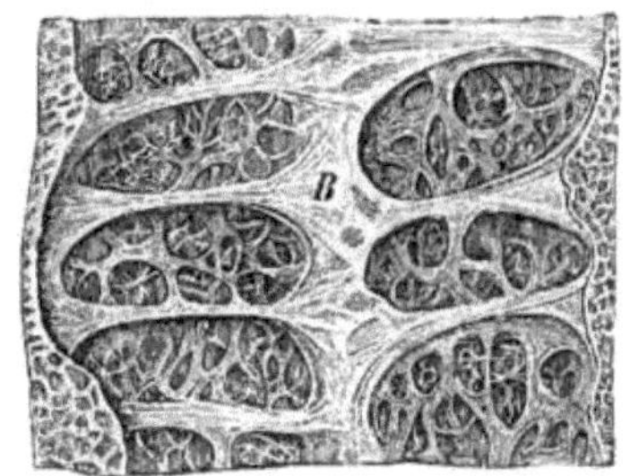

Fig. 278. Innenfläche der Schwimmblase von Lepidosteus mit dem Trabekelsystem. *B* Fibröses Längsband.

Beide Hälften können symmetrisch oder asymmetrisch entwickelt sein, und wieder in anderen Fällen (gewisse Teleostier) zerfällt das unpaare Organ durch Einschnürungen in mehrere hintereinander liegende Abtheilungen; endlich kann es da und dort zu blinddarmähnlichen, mehr oder weniger zahlreichen Aussackungen kommen.

Was die Innenfläche der Schwimmblase betrifft, so ist sie entweder glatt oder durch ein einspringendes, gröberes oder feineres Balkensystem maschig, schwammartig. Man wird dadurch unwillkürlich schon an die Lunge der Dipnoër und Amphibien erinnert (Fig. 278).

Amphioxus, Cyclostomen und Selachier besitzen keine Schwimmblase.

Die Aufgabe der Schwimmblase besteht in der Regel darin, einen hydrostatischen Apparat zu bilden, der dem betreffenden Fisch das Steigen und Sinken im Wasser erleichtert. Immerhin mag sie in seltenen Fällen auch als Respirationsorgan fungieren, wie z. B. bei Lepidosteus, Amia und gewissen Knochenfischen. So erhält sie z. B. bei Lepidosteus Blut von der Aorta, also arterielles Blut, welches in der als Lunge functionierenden Schwimmblase weiter oxydiert wird.

Die Lungenvenen, welche in Folge dessen sehr sauerstoffreiches Blut führen, vereinigen sich dann mit den grossen Venen, welche das venöse Blut aus dem übrigen Körper zum Herzen führen. Das Herz und damit auch die Kiemen empfangen also gemischtes, arteriell-venöses Blut (Boas).

Auf die Beziehungen zwischen der Schwimmblase und dem Gehörorgan wurde schon früher hingewiesen.

2. Die Lungen.

Die Lungen entwickeln sich an der hinteren Grenze jener taschenförmigen Ausstülpungen, die wir schon früher als Kiemen- oder Schlundspalten kennen gelernt haben. Ihre Phylogenese ist dunkel.

Der Vorderdarm geht bei der ersten Anlage der Lunge, unmittelbar über dem fünften resp. sechsten Aortenbogen, in eine seitlich comprimierte Gestalt über und wird durch eine von rechts und links her einspringende Längsfalte in eine dorsale und ventrale Partie getheilt.

Letztere treibt am hinteren (caudalen) Ende eine sackförmige,

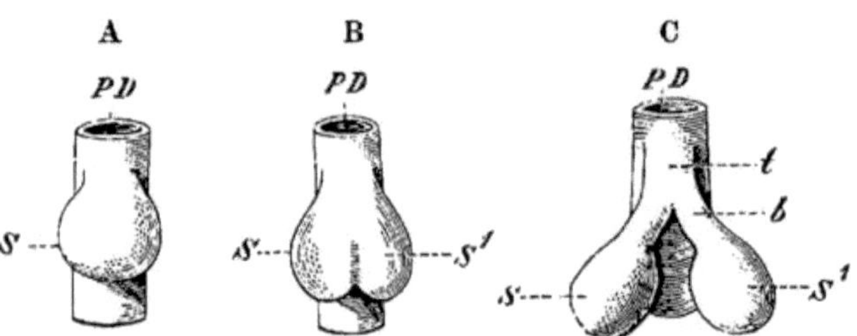

Fig. 279. **A, B, C.** Schematische Darstellung der Lungenentwicklung. *b* Bronchus, *PD* Primitives Darmrohr, *S, S*[1] das anfangs unpaare, später aber paarig werdende Lungensäckchen, *t* Trachea.

unpaare Ausstülpung hervor, welche anfangs noch durch eine weite Mündung mit dem Darmlumen in Verbindung steht.

Bald zerfällt dieses primitive Lungensäckchen durch eine Längsfurche in zwei Seitenhälften, welche in der Richtung von unten nach oben, d. h. oralwärts, immer freier werden und sich vom Darmrohr allmählich emancipieren (Fig. 279 **A, B, C**). In einem weiteren Entwicklungsstadium kann man nun jederseits **einen eigentlichen Lungensack**, sowie ein **röhrenförmiges Ansatzstück**, den primitiven **Bronchus**, unterscheiden; beide Bronchen zusammen münden in die noch kurze **Trachea** (Luftröhre). Am oberen Ende derselben, d. h. an der Abgangsstelle des gesamten Tractus respiratorius vom primitiven Darmrohr, entwickelt sich der **Larynx** (Kehlkopf).

Daraus erhellt, dass der eigentliche Lungensack als das phyletisch ältere Gebilde, dagegen Bronchen, Trachea und der Kehlkopf als spätere Erwerbungen zu betrachten sind. Dieser Satz erhält auch durch die vergleichende Anatomie seine Bestätigung.

An dieser Entstehungsweise der Lunge sind beide Blätter des Darmcanales, d. h. das **Mesoderm** und das **Entoderm**, betheiligt; letzteres aber spielt in den ersten Entwicklungsstadien weitaus die Hauptrolle und ist als das treibende, formative Princip zu betrachten.

Es erzeugt hohle Aussackungen und Knospen, welche in das umgebende, reich vascularisierte, Muskeln und Bindesubstanz führende,
mesodermale Gewebe hineinwuchern und unter immer fortdauernder
Abschnürung ein ganzes
Bäumchen von hohlen
Canälen, d. h. Bron-
chen II. III. etc. Ord-
nung, mit kolbig ange-
schwollenen Enden (In-
fundibula und Alveo-
len) erzeugen.

Das die Binnenräume
der Bronchen ausklei-
dende Epithel ist mit Ci-
lien besetzt. Die In-
fundibula und Alve-
olen besitzen Platten-
epithel.

Auf diese Weise
kommt es — und dies
gilt namentlich für die
höheren Vertebraten —
zu einer starken Vergrös-
serung der Athmungs-
fläche, d. h. zu einer
Steigerung der phy-

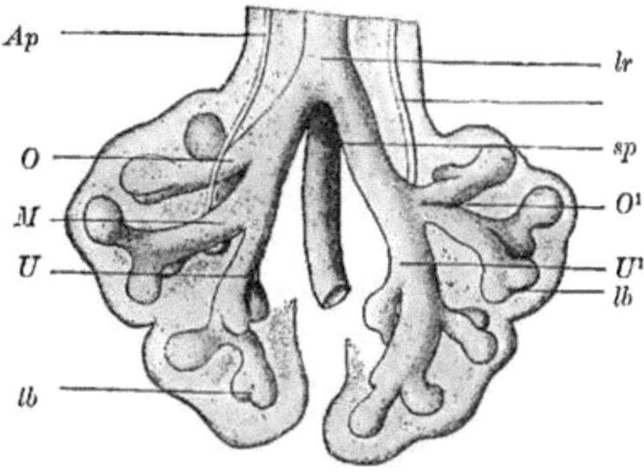

Fig. 280. Constructionsbild der Lungenanlage
von einem älteren menschlichen Embryo, nach
W. His. Vergr. 50fach. *Ap* Arteria pulmonalis, *lb*
Lungenbläschen in Theilung, *lr* Luftröhre, *M, U* rechter,
mittlerer und unterer Lungenlappen, *O* rechter oberer
Lungenlappen mit zuführendem, eparteriellem Bronchus,
O¹ linker oberer Lungenlappen mit zuführendem hypar-
teriellem Bronchus, *sp* Speiseröhre, *U¹* linker unterer
Lungenlappen.

siologischen Leistungsfähigkeit des Organes. Der in der
aufsteigenden Thierreihe hierin sich aussprechende Fortschritt findet
eine Parallele in der Ontogenese, und dies gilt auch für den da und
dort zu beobachtenden Zerfall der Lunge in **Lappen** (Lobi), welch
letztere stets als secundäre, wenn auch ontogenetisch oft sehr früh
auftretende, Erwerbungen zu betrachten sind.

Luftwege und Kehlkopf.

Die Wandungen der Luftwege bestehen entweder nur aus Bindegewebe, Muskeln und elastischen Fasern, oder es handelt
sich — und dies kann im Allgemeinen als die Regel gelten — auch
um Knorpelelemente, d. h. um ein Stützskelet, welches durch
seine Elasticität für ein Offenbleiben des gesamten Canalsystems sorgt.
Am Kehlkopf gelangen die Knorpeltheile zu kräftiger Entwicklung
und stellen hier einen Rahmen dar, in welchem schwingende Membranen, die **Stimmbänder (Ligamenta vocalia)**, ausgespannt sein
können. Zwischen letzteren befindet sich die sogenannte Stimmritze
(Glottis).

Die Länge der Luftwege steht in der Regel im Verhältnis zur
Länge des Halses, doch kann dieser Satz, wie gewisse Ichthyoden
und Derotremen, die Gymnophionen und manche Reptilien
beweisen, zuweilen eine Einschränkung erfahren. Hier wie dort spielen
die Wachsthumsverhältnisse, beziehungsweise die von ihrem Ent-
stehungspunkt aus sich caudalwärts verschiebenden Lungen die
Hauptrolle.

Dipnoi.

Bei den Dipnoërn ist noch kein hyalinknorpeliges Kehlkopfskelet entwickelt, und da auch noch keine eigentliche Luftröhre vorhanden ist, so geräth man von der Glottis aus in einen sackartigen, unpaaren Raum, welcher gleichsam ein Vestibulum pulmonis darstellt. Ein genetisch auf die Pharynx-Muskulatur zurückführbarer, erweiternder Muskel (Dilatator glottidis) ist gut ausgebildet, an Stelle eines muskulösen Verengerers (Sphincter glottidis) aber fungiert eine aus elastischen Fasern gebildete Ringfalte.

Amphibien.

Bei Amphibien tritt zum erstenmal ein knorpeliges Kehlkopfskelet auf und zwar in Form von zwei, nach den verschiedenen Amphibiengruppen sehr variierenden, die Glottis begrenzenden Spangen oder Platten. Dies sind die sogenannten Cartilagines laterales, welche das primäre Laryngotrachealskelet darstellen. Sie sind vom fünften Kiemenbogen (7. Visceralbogen) abzuleiten, wie auch die in Betracht kommende Kehlkopfmuskulatur auf denselben Bogen zurückzuführen ist.

Die branchiale Abkunft des Larynx wird ferner noch durch die Innervation (N. vagus) bewiesen, ein Punkt, auf den ich später noch zurückkomme.

Jene Cartilagines laterales erfahren nun unter dem Einfluss verschiedener Umstände, wie z. B. der Muskulatur, schon in der Reihe der Amphibien die mannigfachsten Fortentwicklungen, die sich vor Allem darin äussern, dass sich der vordere Abschnitt zu den sogenannten Giessbecken- oder Stellknorpeln (Cartilagines arytaenoideae), der hintere (caudale) zum Cricotrachealskelet abgliedern kann. Dieses passt sich in immer vollkommenerer Weise der Wand des Luftweges an, dehnt sich eventuell über die ganze Länge der Luftröhre aus und greift dabei mehr oder weniger auf die Ventral- und Dorsalseite derselben über, sodass es schliesslich von den Reptilien an zu gänzlich geschlossenen Trachealringen kommen kann.

Bevor wir uns aber zur Betrachtung der Reptilien-Luftwege wenden, erfordern diejenigen der Amphibien noch eine genauere Berücksichtigung.

Das vorderste Ende des Cricotrachealskeletes gestaltet sich bei Urodelen zu dem noch sehr einfach sich verhaltenden Ringknorpel (Cartilago cricoidea), an welchen sich caudalwärts die bei den meisten Amphibien noch sehr kurze Trachea anschliesst. Bei Siren lacertina, Amphiuma und den Gymnophionen gewinnt sie beträchtlich an Länge und wird von zahlreichen Knorpeln gestützt (Fig. 281, B, C).

Bei Anuren kommt der Ringknorpel schon zu viel stattlicherer Entfaltung, wie überhaupt der ganze Kehlkopf der ungeschwänzten Amphibien eine ungleich höhere Stufe der Ausbildung erreicht. Er wird hier zu einem wirklichen, mit schwingenden Membranen (Ligamenta vocalia) versehenen Stimmorgan, das durch, vom Mundhöhlenboden sich ausstülpende Schallbasen im männlichen Geschlecht noch

eine weitere Verstärkung erfahren kann. Das Knorpelgerüste ist bei
Rana zwischen die hinteren Zungenbeinhörner wie in eine Gabel eingelassen und durch Ligamente damit verbunden, sodass es alle Be-

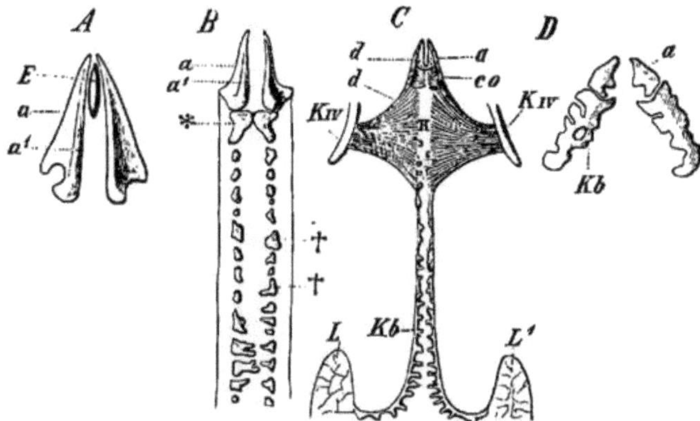

Fig. 281. Kehlkopf und Trachealgerüste von Urodelen. A von Menobranchus, B von Siren lac., C von Amphiuma, D von Salamandra mac. a Die den
Aditus ad laryngem (E) seitlich begrenzenden Knorpelplättchen, a^1 Muskelleiste an ihrem
medialen Rand, co M. constrictor laryngis, K^{IV} vierter Kiemenbogen, von welchem der
Dilatator tracheae (d) entspringt. Dieser fliesst von beiden Seiten her in der Trachealwand
zu einer aponeurotischen Haut (H) zusammen und strahlt mit seinen vordersten Bündeln
(das vordere d in Fig. C) an den Knorpel a aus, so dass er auch als Dilatator laryngis
fungiert, L, L^1 Lungen, * Knorpel, die als Vorläufer der Cartilago cricoidea der höheren
Wirbelthiere zu betrachten sind, † † Knorpelsplitterchen in der Trachea von Siren, die
bei Amphiuma und Salamandra zu Knorpelbändern (Kb) vereinigt sind.

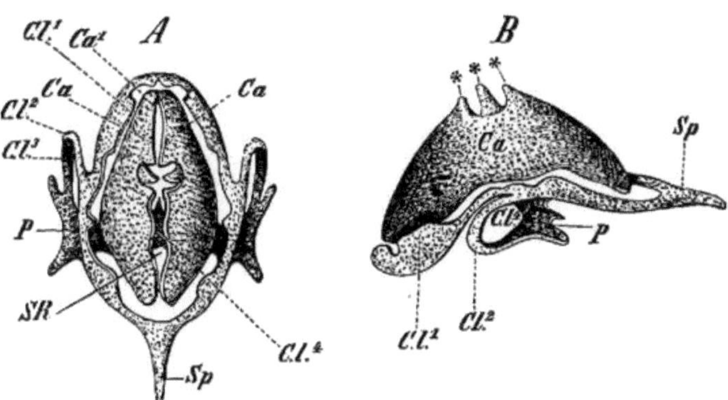

Fig. 282. Knorpeliges Kehlkopfgerüste von Rana esculenta. A von oben,
B von der Seite gesehen. Ca, Ca Cartilago arytaenoidea, Cl., $Cl.^1—Cl^4$ Cartilago cricoidea.
p Plattenartige Ausbreitung des ventralen Theiles der Cartilago cricoidea, Sp Spiessartiger
Fortsatz der Cartilago cricoidea, SR Stimmritze, * * * drei zahnartige Protuberanzen an
den Aryknorpeln.

wegungen des Zungenbeinapparates mitmachen muss. Man unterscheidet einen rechts und links vom Eingang liegenden, gleichsam
aus zwei Schalenhälften gebildeten (Fig. 282 Ca), sowie einen unpaaren,
ringförmigen, mit spangenartigen Fortsätzen je eine Lungenwurzel

umgreifenden Knorpel (Fig. 282 $Cl^1 - Cl^4$). Jener entspricht dem Giessbeckenknorpel, dieser dem Ringknorpel der höheren Wirbelthiere. Beide sind durch straffes Bindegewebe miteinander verlöthet, und der erstere trägt an seiner medialen, concaven Fläche die oben genannten starken, schwingungsfähigen Stimmbänder.

Von den Amphibien an bis zu den Säugern hinauf lassen sich am Kehlkopf zwei Muskelgruppen unterscheiden. Die eine, welche sich zwischen dem Kehlkopfgerüste und den benachbarten Skelettheilen erstreckt, ist als ein Abkömmling der Rumpfmuskulatur zu betrachten, die andere dagegen, welche sich auf den Kehlkopf selbst beschränkt, ist, wie oben schon bemerkt, branchialen (bezw. pharyngealen) Ursprungs.

Die eigene Kehlkopfmuskulatur besteht bei Amphibien, wie auch bei allen höher stehenden Vertebraten aus einem Erweiterer und einem resp. mehreren Verengerern der Stimmritze. Beide sind von Pharynxmuskeln (Constrictores pharyngis) abzuleiten und zeigen in ihrem ursprünglichen Verhalten die Eigenschaften von Schlund- und Kehlkopfmuskeln. Erst bei höheren Formen kommt es zur Sonderung, d. h. zur scharfen Trennung in zwei Muskelgruppen, von welchen die eine von nun an einzig dem Pharynx, die andere dem Larynx angehört.

Der Erweiterer des Kehlkopfes resp. der Stimmritze ist mit Sicherheit von dem[1]) in das System der Mm. levatores arcuum branchialium gehörenden Dorso-pharyngeus abzuleiten, während die Verengerer wohl dem M. hyo-pharyngeus gleichwertig, bezw. ihm gleichartig sind. Ersterer ist auf einen M. levator —, letzterer auf einen M. interarcualis des fünften Kiemenbogens zurückzuführen[1]) (E. Göppert, H. H. Wilder, L. Drüner).

---

1) Bei Proteus und Menobranchus herrschen bezüglich der Larynxmuskulatur noch sehr primitive Verhältnisse. Zu dem einfachen Dilatator treten, nachdem letzterer seine Insertion bereits erheblich verändert hat, secundär noch zwei Verengerer hinzu, die nach ihrer Lage zum Kehlkopf als Mm. laryngei dorsales und ventrales bezeichnet werden. Beide wirken hier zugleich noch als Schlundkopfschnürer, wie dies auch noch für den Dilatator gilt. Bei der allmählichen Differenzierung geben die beiden Mm. laryngei ihre flache Lage auf und ordnen sich mehr in Form eines Ringes an (Siren lacertina), oder die seitliche Trennung zwischen dorsalem und ventralem Paar schwindet, und aus der Verschmelzung beider geht der paarig gebaute Sphincter hervor (Amphiuma, Anuren), oder endlich tritt eine Differenzierung innerhalb der primitiven Mm. laryngei nach den beiden Seiten ihrer Wirkung ein, d. h. das eine Product der Sonderung tritt ganz in den Dienst des Pharynx, das andere in den des Larynx (Salamander-Larven [E. Göppert, H. H. Wilder]).

Man könnte die Frage aufwerfen, wozu eine Differenzierung der Kehlkopfmuskulatur in der oben beschriebenen Weise bereits bei den Amphibien durchgeführt wird, von welchen doch bekanntlich nur die Anuren eine Stimme besitzen. Diese sehr berechtigte Frage lässt sich dahin beantworten, dass die betreffenden Muskeln im Dienst des Athmungs-Geschäftes stehen, wovon später noch weiter die Rede sein wird. Für jetzt sei nur bemerkt, dass die Verengerer des Kehlkopfs für den Abschluss des Lungenraumes von der Mundhöhle sorgen, so lange die durch die Kehlbewegung erfolgende Mund-Rachenhöhlenathmung dauert, wobei die Luft behufs ihrer Erneuerung durch die Nasenlöcher ein- und ausströmt. — Bei der Lungenathmung wird zunächst durch eine starke Senkung des Mundhöhlenbodens Luft in das Cavum oris eingesaugt (Aspiration) und der Kehlkopfeingang durch den M. dilatator geöffnet, worauf dann die verbrauchte Luft aus der Lunge ausströmt (Exspiration). Hierauf wird unter Verschliessung der Nasenlöcher die Mundhöhle stark verkleinert und die Luft in die Lunge gepresst. Alles dies geschieht, während der Kehlkopf zugleich energisch nach vorne gestossen wird (Inspiration, Druckpumpen-Mechanismus der Inspiration). Während der jetzt folgenden Pause der

Reptilien.

Bei Reptilien kommt es zu immer vollkommeneren und solideren Trachealknorpelringen, die allerdings noch nicht überall ringförmig geschlossen sind, sondern dorsalwärts noch offen bleiben können. Stets sind sie aber gut differenziert, und ähnlich verhalten sich auch die übrigen Amnioten.

Die Länge der Trachea ist bei den verschiedenen Gruppen eine sehr verschiedene. Sie hängt nicht allein von der Länge des Halses,

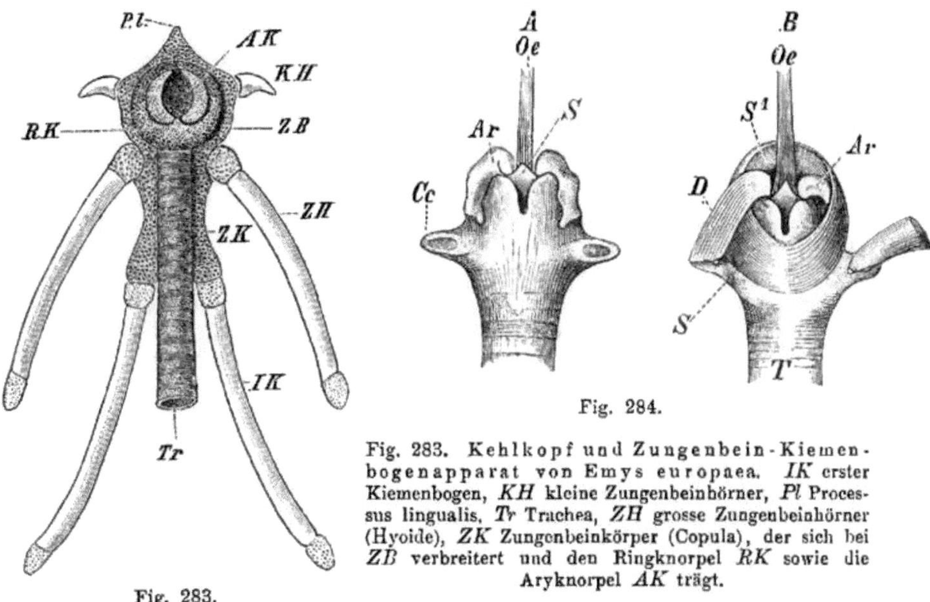

Fig. 284.

Fig. 283.

Fig. 283. Kehlkopf und Zungenbein-Kiemenbogenapparat von Emys europaea. *IK* erster Kiemenbogen, *KH* kleine Zungenbeinhörner, *Pl* Processus lingualis, *Tr* Trachea, *ZH* grosse Zungenbeinhörner (Hyoide), *ZK* Zungenbeinkörper (Copula), der sich bei *ZB* verbreitert und den Ringknorpel *RK* sowie die Aryknorpel *AK* trägt.

Fig. 284. Kehlkopf von Phyllodactylus europaeus. A Kehlkopfgerüste. B Muskulatur des Kehlkopfes. *Ar* Cartil. arytaenoidea, *Cc* Cartil. cricoidea, *D* Musc. dilatator, *Oe* Os entoglossum, *S, S¹* Musc. sphincter, *T* Trachea.

sondern auch davon ab, ob die Spaltung in die Bronchen höher oder tiefer erfolgt[1]). Stets geschieht das Vordringen der Skeletbildungen von

Lungenathmung, in welcher die die Mundhöhle ventilierenden Kehlschwankungen ihren Fortgang nehmen, schliesst sich der Kehlkopf. (F. Gaupp.)

Der Dilatator fungiert somit bei der In- und Exspiration, die Constrictoren während der Aspiration und der oft langen Pause der Lungenathmung. Während letztere dauert, verhindern also die Constrictoren das Ausströmen der in die Lunge getriebenen Luftmenge, und darin liegt für jene Muskeln eine ungleich wichtigere Aufgabe als dies bei den Säugern der Fall ist. Bei letzteren schliesst sich bekanntlich die Exspiration der Inspiration ohne Pause an, und der Füllungszustand der Lunge wird von den Inspirationsmuskeln beherrscht.

Bei den Anuren kommt für die Bedeutung der Kehlkopfmuskeln für den eigentlichen Respirationsvorgang noch ihre Verwendung im Dienste der Stimmbildung hinzu.

[1]) Bei Testudo pardalis zeigt sich die lange Trachea darmähnlich gewunden, und auch bei Cinixys homeana, sowie bei Testudo calcarata ist sie, wenn auch in weit geringerem Grade, gekrümmt. Bei der letztgenannten Form wird die Luftröhre von den beiden gekrümmt verlaufenden Bronchen an Länge weit übertroffen, da die Spaltung nicht erst innerhalb der Leibeshöhle, sondern schon am Halse erfolgt.

der extrapulmonalen Strecke des Luftweges aus und schreitet von hier aus allmählich in's Innere der Lunge fort.

Die Cartilago cricoidea differenziert sich bei Reptilien ungleich schärfer und wird in vielen Fällen schon ein recht stattliches, mit Fortsätzen versehenes Stativ, auf welchem die Aryknorpel beweglich aufsitzen.

Bei Sauriern treten bereits Bildungen auf, die mit der später zu besprechenden Epiglottis (Kehldeckel) der Säuger verglichen werden können, ohne dass man dieselben jedoch damit direct homologisieren könnte. Auch bei Cheloniern und Ophidiern finden sich Erhebungen der Schleimhaut, welche an eine Epiglottis erinnern, allein sie sind wohl functionell davon zu trennen (Göppert).

Was die Muskulatur des Reptilien-Kehlkopfes betrifft, so bildet ein paarig gebauter Sphincter das häufigste Vorkommen, doch trifft man bei allen Reptiliengruppen insofern noch ein primitives, an die niedersten Urodelen erinnerndes Verhalten, als sich die ursprüngliche Gliederung jenes Muskels in ein dorsales und ventrales Paar von Mm. laryngei noch nachweisen lässt.

Der bei verschiedenen Reptiliengruppen in sehr verschiedener Weise an den Ary-Knorpeln inserierende Dilatator zeigt demjenigen der Amphibien gegenüber keine principiellen Unterschiede.

Abgesehen von den Schlangen, wo es sich um starke Rückbildungen handelt, existieren bei allen übrigen Reptilien sehr bemerkenswerthe, für die phylogenetische Fortbildung bedeutsame, nahe Lagebeziehungen zwischen dem Kehlkopf und dem Zungenbein-Apparat, speciell dem Basihyale, in welches bei Crocodilen und Schildkröten der Kehlkopf geradezu eingebettet ist, und zweitens ist zu betonen die in Folge jenes Umstandes und der Reduction des Kiemenskelets stattfindende Vorwärtswanderung des Kehlkopfes gegen den nasalen Luftweg. Eine solche Vorwärtswanderung lässt sich übrigens auch schon in der Ontogenese der Amphibien constatieren.

Was endlich die Innervation anbelangt, so erfolgt dieselbe bei Reptilien principiell in gleicher Weise, wie bei Säugern. Der N. laryngeus superior entspricht dem Ramus branchialis I. Nervi vagi, der N. laryngeus inferior (Recurrens) repräsentiert das Homologon des vierten und letzten Branchialastes des Vagus. Er gehört also dem 5. Kiemen- (7. Visceral-) Bogen an, d. h. demselben Bogen, dessen Skeletstück als Cartilago lateralis in den Dienst des Luftweges trat. — Bei Urodelen kommt nur ein Ast des Vagus, ein Homologon des R. laryngeus inferior der Amnioten, in Betracht.

Alles in Allem erwogen sehen wir übrigens im Reptilien-Kehlkopf bezüglich einer höheren, zu einem Stimmorgan führenden Entwicklung keine oder nur geringe Fortschritte angebahnt, und dies ist um so bemerkenswerther, als auch der (obere) Kehlkopf der Vögel hierin nicht nur keine weitere Fortbildung zeigt, sondern als Stimmorgan sogar ganz ausscheidet und hinsichtlich dieser Function von einem neuen Apparat abgelöst wird.

Vögel.

Hier sind zwei Kehlköpfe zu unterscheiden, ein oberer und ein unterer. Ersterer liegt an der gewöhnlichen Stelle hinter der Zunge am Boden der Mundhöhle und ist selbstverständlich demjenigen der übrigen Vertebraten homolog, aber er ist keiner Lauterzeugung fähig. Er macht einen durchaus rudimentären Eindruck und dient nur als Passage für die Respirationsluft.

Von ungleich höherem Interesse ist der untere Kehlkopf (Syrinx), welcher gewöhnlich an der Uebergangsstelle der Trachea in die Bronchien, seltener am hinteren Ende der Trachea oder erst im Bereich der Bronchien selbst, gelegen ist. Er fungiert als Stimmorgan und ist als eine, vielleicht erst in der Reihe der

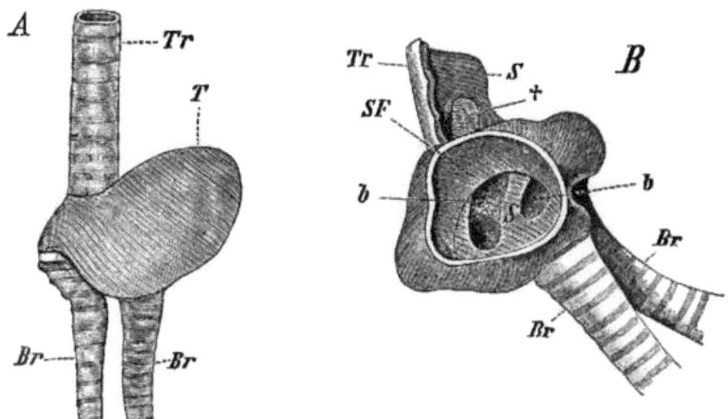

Fig. 285. Der untere Kehlkopf der männlichen Ente. A äussere, B innere Ansicht. *Br* Bronchus, *S* Steg, von welchem ein Seitenausläufer (*S* zwischen den *b b*) in die Trommelhöhle hineinragt. Dadurch wird deren Communicationsöffnung mit der Trachea in zwei Abschnitte (*bb*) zerfällt, und ausserdem wird jene durch die ringförmige Schleimhautfalte *SF* sehr beschränkt, *T* die sogenannte Trommel, *Tr* Trachea, † dünne Stelle im Steg.

Vögel gemachte Erwerbung aufzufassen. Gleichwohl aber deutet Manches darauf hin, dass auch schon bei Reptilien Spuren davon nachweisbar sind[1]).

In dem oben zuerst namhaft gemachten, am häufigsten eintretenden Falle, d. h. bei einem Larynx broncho-trachealis, handelt es sich um eine bewegliche, unter der Herrschaft einer complizierten, Muskulatur stehende Verbindung der obersten Bronchialringe und dadurch um Spannung resp. Entspannung von elastischen, schwin-

---

[1]) Bei gewissen Schildkröten (Cinixys homeana) findet sich an der Spaltungsstelle der Trachea in die beiden Bronchien eine mässige, an die „Trommel" mancher Vögel erinnernde Auftreibung. Am eigentlichen Kehlkopf fehlen die Stimmbänder, und die betreffende Muskulatur ist reduziert. In diesen beiden Punkten liegt ein Verhalten, das die Schildkröten den Vögeln nahe bringt.

gungsfähigen Membranen (Membr. tympaniformis interna und externa), die aus einer Differenzierung des elastischen Gewebes der Bronchialwandung hervorgegangen zu denken sind. Die betreffende Muskulatur liegt an der Aussenfläche der Trachea und der Bronchen. Auch das unterste, in ganz bestimmter Weise abgeänderte, aus der Verschmelzung einer Anzahl von Trachealringen hervorgegangene

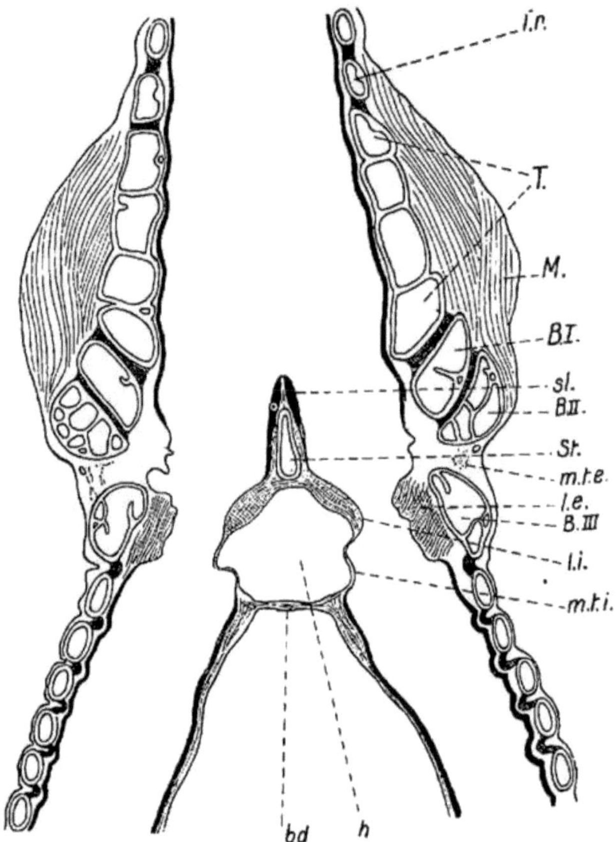

Fig. 286. Schnitt durch den Syrinx einer männlichen Amsel (Turdus merula) nach V. Häcker. *bd.* Bronchidesmus. *B.I., B.II., B.III.* erster bis dritter Bronchialhalbring, *h.* ventralwärts offener Hohlraum (Abschnitt des vorderen thoracischen Luftsacks), *l.e.* Labium externum, *l.i.* Labium internum, *M.* Muskulatur, *m.t.e.* Membrana tympaniformis externa, *m.t.i* Membrana tympaniformis interna, *sl.* Membrana semilunaris, *T.* Trommel, *T.r.* Trachealring.

Ende der Trachea spielt dabei als sogenannte „Trommel" eine grosse Rolle. Letztere erreicht bei Wasservögeln, wie z. B. bei männlichen Enten, eine ganz excessive Entwicklung und wird hier zu einer als Resonanzapparat fungierenden Knochenblase [1]).

<hr>

[1]) Die Länge der Trachea wechselt bei Vögeln ausserordentlich, und ihre Knorpelringe zeigen eine grosse Geneigtheit zu verkalken. In manchen Fällen, wie beim Schwan und Kranich, kommt die Trachea zum Theil in die hohle Crista sterni zu liegen, worin sie mehr oder weniger Windungen beschreibt, um dann wieder dicht neben ihrer

Die gesamte Syrinx-Muskulatur ist, wie schon die aus Hypoglossus- und Cervical-Elementen bestehende Innervation beweist, von dem System des M. sterno-hyoideus, d. h. von dem auf den Hals fortgesetzten Rectus-System abzuleiten. Es handelt sich also um Abkömmlinge der Rumpfmuskulatur, und dadurch ergiebt sich ein fundamentaler Gegensatz zu der Kehlkopfmuskulatur der übrigen Wirbelthiere, welche aus der Pharynx-Muskulatur hervorgegangen zu denken, d. h. visceralen Ursprungs ist.

Bezüglich des genaueren Verhaltens der nach einzelnen Vogelgruppen sehr verschiedenen, einen mehr oder weniger vollkommenen

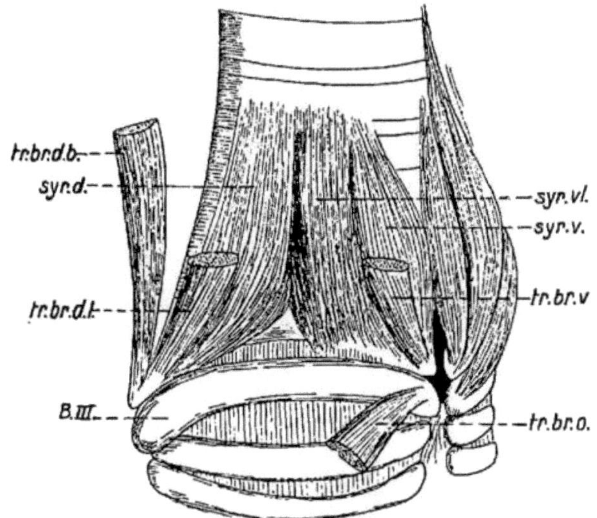

Fig. 287. Syrinx der Rabenkrähe (Corvus corone) mit abgetragenen Tracheo-bronchialmuskeln. Nach V. Häcker. Darstellung der tiefen Muskellage (Syringealmuskeln). *syr. d* M. syringeus dorsalis (dorsales Ende von *B. II.*), *syr. v.* M. syringeus ventralis (Insertion: ventrales Ende von *B. II.*), *syr. vl.* M. syringeus ventrilateralis (*B. II* und äussere Paukenhaut), *tr. br. d. b.* Musc. tracheo-bronchialis dorsalis brevis, *tr. br. d. l.* M. tr.-br. dorsalis longus, *tr. br. o.* M. tr.-br. obliquus, *tr. br. v.* M. tr.-br. ventralis.

Zerfall in ventrale, seitliche und dorsale Portionen, oder eine mehrfache Schichtung etc. zeigenden tracheo-bronchialen, bezw. sternotrachealen Muskulatur verweise ich auf die Arbeit von V. Häcker. Hier sei nur noch bemerkt, dass viele Vögel, wie z. B. der afrik. Strauss, sowie Enten, Hühner, Tauben u. a., überhaupt keine Muskeln am Syrinx besitzen. Andere, wie die Möven, Reiher, Limicolen, Raubvögel, Kuckucke, Spechte, besitzen nur ein Paar von broncho-trachealen Muskeln, während Schreivögel und echte Singvögel von 3—7 Paaren aufweisen können. Schon daraus ergiebt sich eine sehr verschiedene Modulationsfähigkeit der Stimme, welche gegen die Singvögel hin stetig zunimmt, wenn auch die Diffe-

---

Eintrittsstelle aus dem Sternum heraus- und in die Brusthöhle hinabzusteigen. Bei gewissen Vertretern der Familie der Sturnidae schiebt sie sich, zahlreiche Spiralwindungen beschreibend, zwischen Haut- und Brustmuskeln hinein.

renzierung der Singmuskulatur nicht ohne weiteres proportional ist
der Modulationsfähigkeit. So zeigen z. B. die drosselartigen Vögel

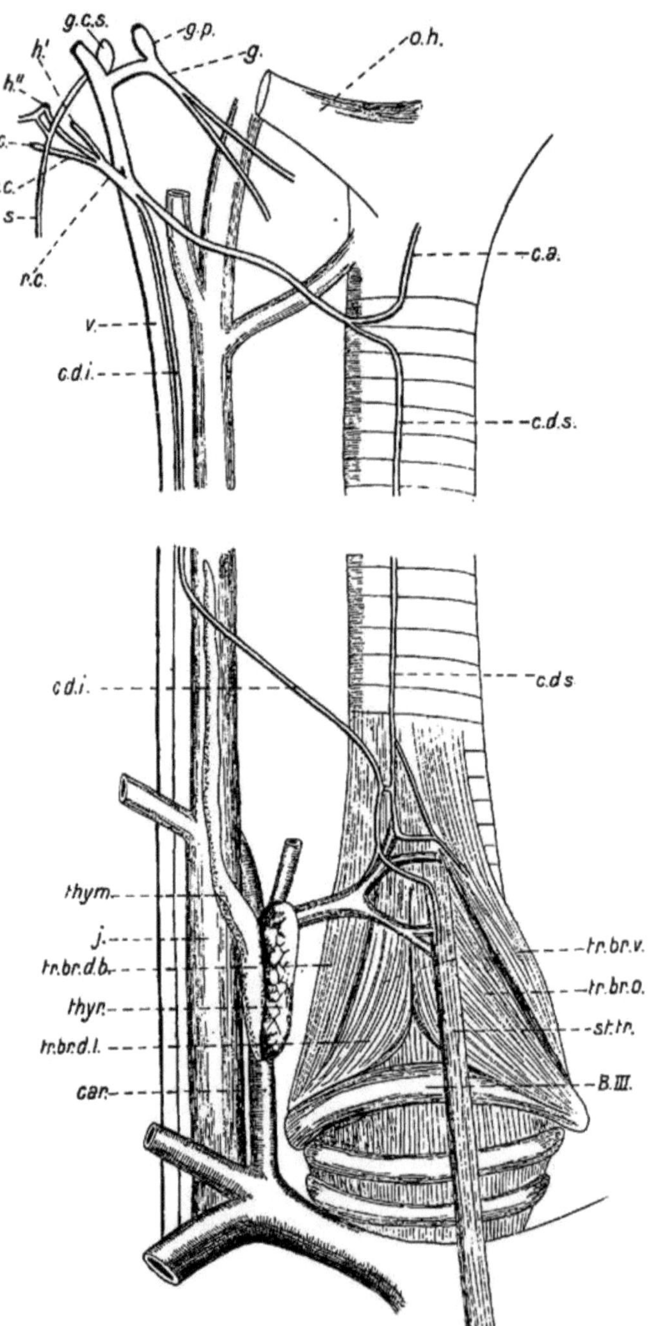

Fig. 288. Syrinx der Rabenkrähe (Corvus corone), nach V. Häcker. Darstellung der Innervierung und Gefässversorgung, sowie der Tracheobronchialmuskeln. *B. III.* dritter Bronchialhalbring, *car.* Carotis, *j* Vena jugularis, *o. h.* Zungenbein (abgeschnitten), *thym.* Thymus, *thyr.* Schilddrüse. Muskulatur: *st. tr.* Musc. sterno-trachealis, *tr. br. d. b.* M. tr.-br. dorsalis brevis (Insertion: innere Paukenhaut), *tr. br. d. l.* M. tr.-br. dorsalis longus (dorsales Ende von *B. II.*), *tr. br. o.* M. tr.-br. obliquus (ventrales Ende von *B. III.*), *tr. br. v.* Musc. tracheobronchialis ventralis (Insertion: ventrales Ende von *B. II.* und Stellknorpel). Innervierung: *c.* erster Cervicalnerv, *c. a.* R. cervic. ascendens, *c. d. i.* R. cervic. descendens inferior, *c. d. s.* R. cervic. descendens superior, *g.* N. glossopharyngeus, *g. c. s.* Ganglion cervicale supremum, *g. p.* Ganglion petrosum (auf der Fig. zu weit von *g. c. s.* abgerückt), *h'* erste Hypoglossuswurzel, *h"* zweite Hypoglossuswurzel, *p. c.* Plexus cervicalis, *r. c.* R. cervicalis, *s.* Halssympathicus, *v.* N. vagus.

(Turdidae) eine weniger weitgehende Differenzierung als die raben-
artigen (Corvidae). Offenbar spielen hinsichtlich des spezifischen
Ausbildungsgrades des Gesanges psychische Eigenschaften eine wichtige
Rolle (vergl. V. Häcker). Erwähnenswerth ist, dass ein sexueller
Dimorphismus existiert. Beim Weibchen besitzt das Stimmorgan
stets ein geringeres Volum, schwächere Muskulatur, einen primitiveren
Bau der Skeletstücke etc.

Es handelt sich um ein Stehenbleiben auf einem weniger differenzierten Zustand in der Entwicklung.

Säuger.

Drei Punkte unterscheiden den Kehlkopf der Säuger von demjenigen aller übrigen Wirbelthiere und stellen ihn auch selbst schon
bei den Monotremen demjenigen der Reptilien scharf gegenüber:

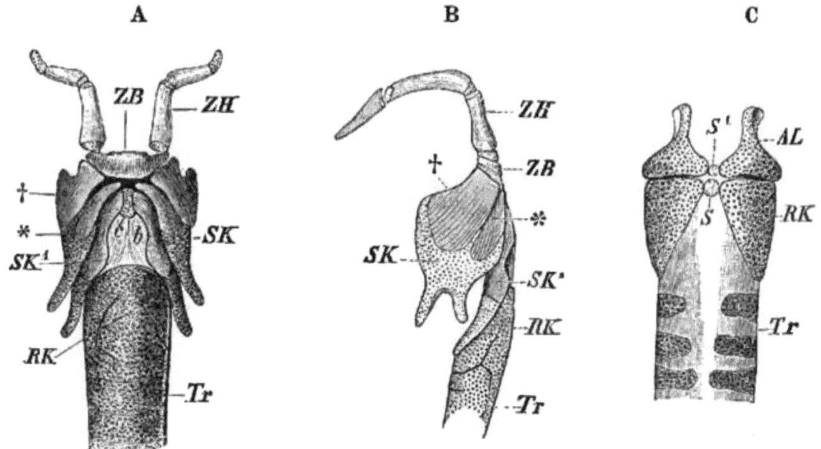

Fig. 289. Kehlkopf von Echidna. A ventrale, B seitliche, C dorsale Ansicht.
RK Ringknorpel, in welchen dorsalwärts das Schaltstück *S* eingefügt ist. Ein ähnliches
Knorpelkörperchen liegt zwischen den Giessbeckenknorpeln *AL*, *SK* Skeletstück, welches
nach aussen und abwärts eine theilweise Spaltung in zwei Abschnitte erfährt. Der obere
(†) entspricht dem grossen Zungenbeinhorn der höheren Säugethiere, d. h. dem III. Visceralbogen, der untere Abschnitt (*) bildet das obere Thyreoidelement, welches dem IV.
Visceralbogen entsprechen soll. Das mit *SK¹* bezeichnete untere Thyreoidelement ent-
spräche dann dem V. Visceralbogen. Dieses Stück besitzt bei c in der Mittellinie eine
Copula = Copula des V. Visceralbogens, *Tr* Trachea, *ZB* Zungenbeinkörper = Copula
des II. und III. Visceralbogens, *ZH* kleine Zungenbeinhörner = II. Visceralbogen.

eine sehr reiche Differenzierung der Muskulatur[1]), wobei die
Constrictoren den Dilatatoren gegenüber an Zahl stets vorschlagen,

---

1) Es muss übrigens ausdrücklich bemerkt werden, dass das oben erwähnte, im
Schliessmuskel des Reptilien-Larynx noch zu Tage tretende, primitive Verhalten bei den
Säugern nicht verschwunden ist, sondern sogar noch deutlicher hervortritt. Hier entsprechen nämlich die Mm. interarytaenoidei (resp. ary-procricoidei) den Mm. laryngei
dorsales, die seitlichen Muskeln (M. crico-arytaenoideus und thyreo-arytaenoideus) den Mm.
laryngei ventrales. Diese ursprüngliche Anordnung wird nur unbedeutend verschleiert
durch Zusammenhänge, welche sich secundär zwischen den Segmenten der Schliessmusku-
latur sowohl seitlich als auch in der dorsalen Mittellinie herausgebildet haben (E. Göppert).

das constante Auftreten eines Kehldeckels (Epiglottis) und ebenso eines eigentlichen Schildknorpels (Cartilago thyreoidea). In nächster Verbindung mit letzterem steht auch bei den Säugern der Zungenbein-Apparat, und bei Monotremen sind die Hyoid- und Thyreoid-Elemente sogar noch zu einem einheitlichen Apparate verbunden. Allein abgesehen davon zeigt der Monotremen-

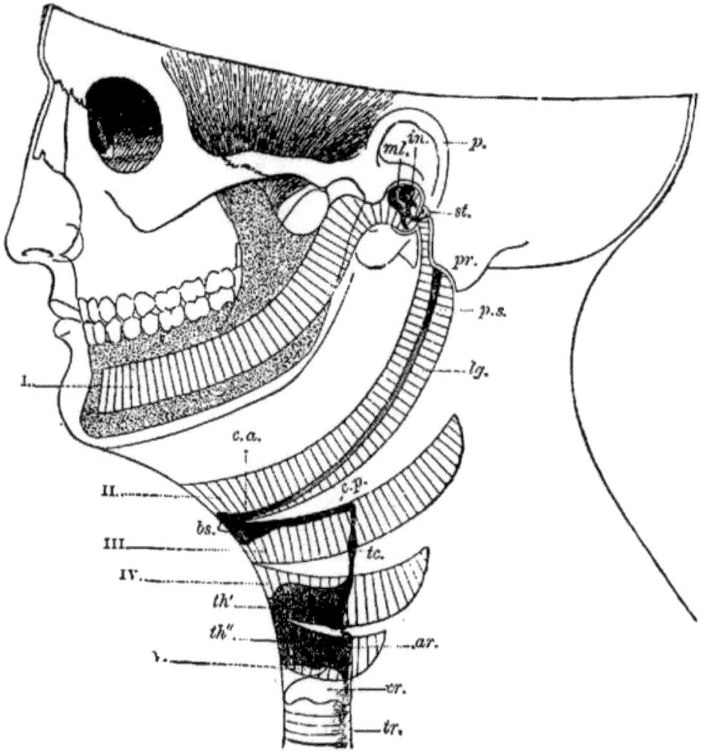

Fig. 290. **Derivate der Branchialbogen beim Menschen. Schema.** *I—V* Erster bis fünfter primordialer Kiemenbogen. Aus dem I. Bogen, welcher dem sog. Meckel'schen Knorpel entspricht, gehen proximalwärts die zwei Gehörknöchelchen, Hammer und Amboss (*ml.* und *in.*) hervor. Man sieht dieselben in natürlicher Lage, nach Abtragung des Trommelfells. *p.* Ohrmuschel, *st.* Steigbügel, *pr.* Processus mastoideus. Aus dem II. primordialen Kiemenbogen („Zungenbein-" oder „Hyoidbogen") gehen hervor: proximalwärts der Processus styloideus (*p. s.*), distalwärts die kleinen Zungenbeinhörner (*c. a.*) und ein Theil der Copula (*bs.*), d. h. des Zungenbeinkörpers. Der weitaus grösste Abschnitt wird zum Ligamentum stylo-hyoideum (*lg.*). Aus dem III. Bogen gehen hervor: der grössere Theil des Zungenbeinkörpers (*bs.*) und das grosse Horn des Zungenbeins (*c. p.*). Die Cartilago triticea (*tc.*) und die grossen Hörner des Schildknorpels stellen einen Rest der einstigen Verbindung des Hyoid- und Thyreoid-Apparates dar. Aus dem IV. Bogen entwickelt sich der obere Abschnitt (*th'*) der Cartilago thyreoidea und aus dem V. Bogen endlich der untere Abschnitt (*th"*) des ebengenannten Knorpels. Wahrscheinlich verdanken dem V. Bogen auch die Aryknorpel (*ar.*) ihre Entstehung. *cr.* Cartilago cricoidea, *tr.* Trachea.

Kehlkopf, wie vor allem derjenige von Echidna, ungleich ursprünglichere Verhältnisse, als wir ihnen bei den übrigen Mammalia begegnen. Es sind nämlich an der Cartilago thyreoidea deutlich zwei Bogenpaare und auch noch die Copula zu unterscheiden, und dazu kommt noch, dass der M. dilatator laryngis, wie dies übrigens auch noch für die Marsupialier gilt, die Verlagerung seines Ursprungs vom letzten Thyreoidbogen auf das Cricoid noch nicht vollendet hat. — Auf der anderen Seite aber ist die Entwicklung des Laryngopharyngealgebietes der Monotremen mehrfach eigene Wege gegangen, welche man keineswegs als primitive bezeichnen kann, und welche die Gruppe von den übrigen Mammalia unterscheiden, beziehungs-

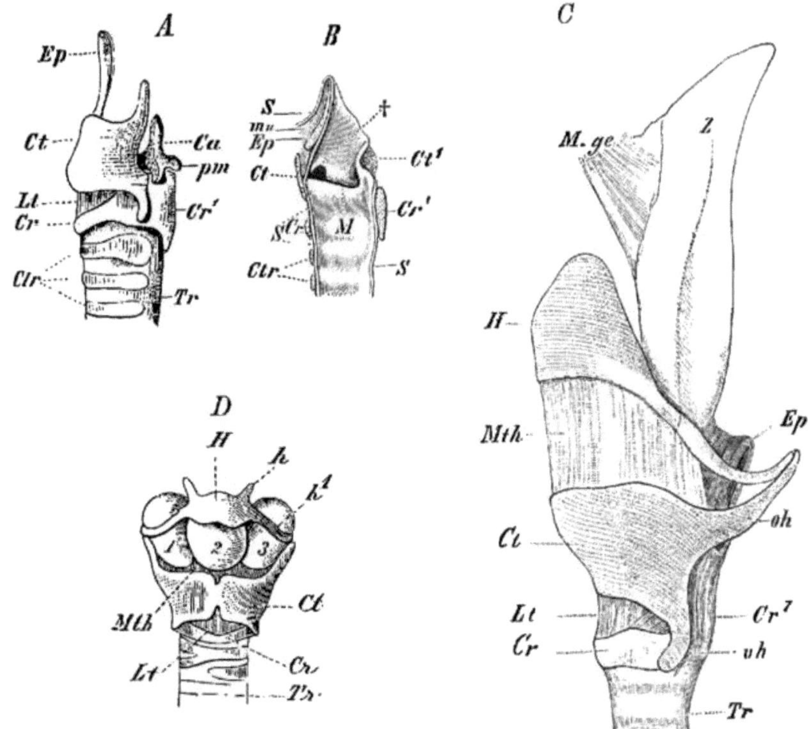

Fig. 291. Kehlköpfe von verschiedenen Säugethieren. A Kehlkopf vom Reh, von der linken Seite gesehen, B Längsschnitt durch den Kehlkopf des Fuchses, C Kehlkopf des Brüllaffen (Mycetes ursinus) von der linken Seite gesehen, D Kehlkopf von Simia troglodytes, von vorne gesehen (Ventralfläche). Ca Cartilago arytaenoidea, Cr vordere, Cr¹ hintere, zur Platte erhobene Spange des Ringknorpels, Ct, Ct¹ Cartilago thyreoidea, Ctr knorpelige Trachealringe, Ep Epiglottis, H Zungenbeinkörper, h kleine, h¹ grosse Zungenbeinkörper, Lt Ligamentum crico-thyreoideum, M Ventriculus laryngis, welcher bei † eine starke Aussackung besitzt, M.ge Musc. genioglossus, Mth Ligamentum thyreo-hyoideum, mu submucöses Gewebe mit Muskeln, oh, uh obere und untere Hörner der Cartilago thyreoidea, pm Processus muscularis der Cartilago arytaenoidea, S Schleimhaut der Trachea und der Zunge, Tr Trachea, Z Zunge, 1, 2, 3 die drei Schallblasen von Simia troglodytes.

weise sie zusamt den Marsupialiern den Placentaliern gegenüberstellen. Immerhin ist ein Zusammenhang mit den letzteren in wichtigen Punkten nicht zu verkennen, während, wie oben schon bemerkt, zwischen Monotremen und Reptilien bezüglich der Organisation der Luftwege und ihrer Nachbarschaft eine unüberbrückbare Kluft besteht (vergl. E. Göppert).

Bei den über den Monotremen stehenden Säugern existiert in postembryonaler Zeit jene innige Vereinigung des Hyoid- und Thyreoid-Apparates nirgends mehr[1]), und die in der Mittellinie ventralwärts miteinander verwachsenden Schildknorpelplatten zeigen einen einheitlichen Charakter. Beide zusammen umgreifen des Cavum laryngis wesentlich von der lateralen, sowie von der ventralen Seite aus und bedecken dabei zugleich theilweise den Ringknorpel[2]).

Ueber den Stimmbändern, welche sich zwischen dem Schild- und den Giessbeckenknorpeln ausspannen, buchtet sich die Schleimhaut taschenartig zu den sogenannten Ventriculi laryngis (Morgagni) aus. Diese können bei Anthropoiden und auch bei gewissen anderen Affen eine so beträchtliche Ausdehnung erfahren, dass sie als Schall- oder Resonanzblasen fungieren und theilweise in den sich aushöhlenden (Gorilla, Schimpanse) oder gar zu einer grossen Knochenblase sich umwandelnden Zungenbeinkörper zu liegen kommen (Fig. 291 *A*, *D*, 1, 2, 3). Letzteres gilt z. B für Mycetes.

Beim Orang-Utang reicht die paarig sich anlegende, später aber unpaar werdende Schallblase unter vielfachen, in die Muskelinterstitien eindringenden Recessus-Bildungen von einer Schulter zur anderen und zieht sich sogar in die Achselhöhlen hinunter. Das Gesamtvolum beläuft sich auf c. 6 Liter.

Die die Ventriculi laryngis von oben her begrenzenden Schleimhautfalten werden als Ligamenta ventriculi (Ligamenta vocalia falsa) bezeichnet und kommen nicht allen Säugern zu. Auch die wahren Stimmbänder können fehlen und werden dann durch eine Vorragung der Schleimhaut, welche durch Muskelwirkung (Musculus thyreo-arytaenoideus) temporär verstärkt werden kann, ersetzt (Monotremen, Affen, Cetaceen).

Die Cartilago epiglottis besteht aus elastischem Knorpel, doch können bei verschiedenen Säugern hyaline Knorpelmassen inselartig eingesprengt sein. Sie entspringt im Winkel des Schildknorpels, überragt dessen vorderen Rand und deckt, nach hinten umgelegt, die Stimmritze. Auf Grund davon führt sie ihren Namen: Epiglottis (Kehldeckel).

Ueber ihre Phylogenie (6. Visceral- = 4. Kiemenbogen?) ist noch keine volle Sicherheit gewonnen, und dies gilt auch hinsichtlich der Frage nach ihrer unpaaren oder ursprünglich paarigen Anlage. Immerhin scheint mir letztere die wahrscheinlichere zu sein, und wenn dies den Thatsachen wirklich entsprechen sollte, so wäre die unpaare Epiglottis als secundär erworben zu betrachten (E. Göppert). Wahrscheinlich sind die sogenannten Cartilagines cuneiformes (Wrisberg'sche Knorpel) als abgeschnürte Stücke des Epiglottisknorpels

---

[1]) Selbst beim Menschen aber erhält sich noch eine Verbindung in Form der Cartilago triticea; auch die mannigfach sich gestaltenden „grossen Hörner" des Thyreoidknorpels gehören hierher. Ferner treten hier, wie bei andern Säugern, häufig noch Spalt- oder Lochbildungen auf und weisen auf die ursprüngliche Doppelanlage der Thyreoidplatte jeder Seite zurück.

[2]) Der Ringknorpel kann vorne offen oder rings geschlossen sein; seine hintere (dorsale) Partie erhebt sich häufig zu einer hohen Platte, auf der die Aryknorpel articulieren (Fig. 291 A *Cr*, *Cr*[1], *Ca*). Letztere wachsen an ihrem oberen Ende zuweilen aus und schnüren sich wohl auch in eine Cartilago corniculata (Santoriniana) ab.

zu betrachten. Darauf deuten die Insectivoren, Myrmecophaga, die Caniden und die Prosimier hin. Ihre ursprüngliche Bedeutung liegt darin, die seitliche Kehlkopfwand, bezw. die sogenannten Plicae ary-epiglotticae, welche den den Aditus laryngis der Reptilien begrenzenden Falten homolog sind, zu stützen. In vielen Fällen erscheinen sie in Rückbildung begriffen.

Die Bedeutung des Kehldeckels ist bei den über den Monotremen stehenden Säugern insofern aufs Innigste an die Bildung des weichen Gaumens, beziehungsweise einer dadurch entstehenden Pharyngo-Nasaltasche geknüpft, als er sich, gegen die Choanen mehr oder weniger weit emporwachsend, in die eben genannte Tasche einlagert und dabei von der Muskulatur des weichen Gaumen zwingenartig umfasst wird. So entsteht eine, schon in der Reihe der Reptilien sich anbahnende directe, sichere Verbindung zwischen den nasalen Luftwegen und dem Larynx, während in den seitlichen Abschnitten des Pharynx eine gleichzeitige Communication des Schlundes mit der Mundhöhle bestehen bleibt. Mit andern Worten: Athmung und Speisezufuhr können unabhängig von einander vor sich gehen. Daraus werden namentlich diejenigen Säugethiere, deren Junge in unreifem Zustande geboren werden, und die, eigener Saugbewegungen noch wenig oder geradezu unfähig, die Milch durch den Musculus compressor mammae des Mutterthieres zugeführt erhalten, den grössten Nutzen ziehen, d. h. die Marsupialier, allein auch bei den placentalen Säugern findet sich jene Einrichtung in weitester Verbreitung und zwar entweder nur in embryonaler Zeit oder das ganze Leben hindurch persistierend. Auch die Cetaceen, bei welchen die Anpassung an das Wasserleben in Betracht kommt, reihen sich hinsichtlich jener, unter Hochstand des Larynx erfolgenden und durch einen Musc. compressor der Milchdrüse unterstützten Ernährungsweise andern Säugethieren an [1]).

Die Lungen im engeren Sinne.

Dipnoër.

Während die Lungen von Ceratodus zu einem unpaaren weiten Sack, ohne Spur eines trennenden Septums, zusammenfliessen, gilt dies bei den übrigen Dipnoërn nur für den vordersten, durch ein maschiges Netzwerk charakterisierten Abschnitt derselben; gleich dahinter bleiben sie voneinander getrennt.

Nur an ihrer Ventralfläche vom Bauchfell überzogen, erstrecken sich die Lungen durch die ganze Leibeshöhle und besitzen, ähn-

---

[1]) Bezüglich der eigenartigen Verhältnisse des Cetaceen-Larynx verweise ich auf die Arbeit von B. Rawitz und bemerke hier nur, dass sowohl die einzelnen Theile desselben, als auch deren Verbindungen untereinander trotz mancher äusserlichen Aehnlichkeit bei beiden Cetaceen-Gruppen von Grund aus verschieden sind. So hat z. B. die Epiglottis der Zahnwale eine ganz andere Gestalt, als die der Bartenwale, und es wird der Larynx der ersteren viel enger vom weichen Gaumen umfasst, und dadurch die Nase anscheinend viel genauer gegen den Pharynx abgeschlossen, als bei letzteren. Alles in Allem erwogen scheint der Larynx der Zahnwale eine viel bedeutendere Umbildung erfahren zu haben, als der der Bartenwale, und die Annahme, dass sich der Odonto- und Mystacocetenlarynx auseinander entwickelt haben könnten, ist unzulässig.

lich wie manche Schwimmblasen (Lepidosteus), eine zu Leisten und Netzen erhobene Mucosa.

Amphibien.

Die Lungen von Menobranchus und Proteus stehen insofern noch auf einer primitiveren Entwicklungsstufe, als diejenigen der Dipnoër, als ihre Innenfläche absolut glatt ist, also eine viel geringere Oberflächenvergrösserung erkennen lässt. Es handelt sich um zwei schlanke, in ihrem Mittelstück eingeschnürte, ungleich lange Säcke, welche sich bei Proteus viel weiter nach hinten erstrecken, als bei Menobranchus. Solche Längenunterschiede finden sich auch bei anderen Amphibien, wie bei Amphiuma, wo die beiden runden, cylindrischen Lungenschläuche — und dies gilt auch für Siren lacertina — dicht nebeneinander liegen und mit der Aorta enge verlöthet sind. Die Lungeninnenfläche ist hier zu einem der Gefässvertheilung entsprechenden Netzwerk erhoben, welches übrigens bei Amphiuma und namentlich bei Menopoma eine ungleich feinere Maschenstructur zeigt, als bei Siren.

Bei Salamandrinen stellen die eine mehr oder weniger glatte Innenfläche besitzenden Lungen in der Regel gleichmässige, bis zum Ende des Magens reichende, cylindrische Schläuche dar. Dieselbe Form besitzt auch die Gymnophionenlunge, allein nur die rechte kommt hier zu vollständiger Entwicklung und zeigt im Innern ein reiches Balkennetz; die linke ist nur einige Millimeter lang, ein Verhalten, das auch bei den Schlangen zu beobachten ist und das hier wie dort ursächlich auf die langgestreckte Leibesform zurückzuführen ist.

Bei sehr vielen Salamandrinen (Salamandrina perspicillata, Amblystomatinae, Desmognathinae, Spelerpidae resp. Plethodontinae) hat der Respirations-Apparat eine mehr oder weniger starke Rückbildung erfahren, d. h. jene Urodelen besitzen in erwachsenem Zustande weder Lungen noch luftleitende Wege, obwohl jede Spur von Kiemen verschwunden ist[1].

Jener Ausfall wird durch eine ungemein reiche Vascularisation der Mund-Rachen-Schleimhaut einer- und der äusseren Haut andrerseits ergänzt. Letztere spielt auf Grund eines viel stärker, als bei Salamandra und Triton ausgebildeten, subepidermoidalen Kapillarnetzes eine ungleich grössere Rolle, als dies bei lungenbesitzenden Urodelen der Fall ist. Während die Hautcapillaren von Salamandra mac. und Triton 7—12 bezw. 12—16 Mikromill. weit sind, messen sie bei Spelerpes 24—30 (!), und zugleich drängen sie sich hier, traubenförmige Divertikel erzeugend, zwischen die Zellen der tiefen Epidermisschichten hinein und reichen oft bis an die oberste Schicht hinaus.

[1] Bezüglich des Verhaltens des Gefäss-Systems bei Spelerpes fuscus verweise ich auf die Arbeit von Bethge. Hier sei nur erwähnt, dass bei allen lungenlosen Salamandern die Oeffnung der Pulmonalvene in den Atrien vollständig fehlt, und dass der Sinus venosus in den linken Vorhof einmündet, während bei Lungen-Salamandern der Sinus in den rechten Vorhof und die Lungenvene in den linken tritt. Von einer Trennung beider Vorhöfe kann man bei lungenlosen Formen überhaupt nicht sprechen.

Das Verhältnis zwischen der Wichtigkeit der Bucco-pharyngeal-Athmung einer- und der Hautathmung andrerseits lässt sich übrigens bei S p e l e r p e s schon deswegen nicht genau feststellen, weil im Körper hochgradig gemischtes Blut cirkuliert. Um dieses sauerstoffreich zu erhalten, d. h. um das Thier vor dem Ersticken zu bewahren, genügt die Bucco-pharyngeal-Athmung jedenfalls nicht; es muss die Hautathmung dazu kommen. Letztere ist also im vorliegenden Falle zweifellos von grösster Wichtigkeit.

Was die o r a l e und p h a r y n g e a l e S c h l e i m h a u t anbelangt, so kommen die aus der Tiefe frei hervortretenden Blutkapillaren auch hier mit den Epithelzellen, z w i s c h e n w e l c h e n sie streckenweise verlaufen, in innigste Berührung. In weiter caudalwärts liegenden Darmbezirken reichen sie nur bis a n die Epithelgrenze heran.

Bei D e s m o g n a t h u s f u s c a betheiligt sich auch noch die gefässreiche Oesophagus-Schleimhaut an der Respiration.

Ganz symmetrisch gestaltet sind die weiten, zu elliptischen Blasen ausgedehnten Lungen der A n u r e n. Ihre in der Hauptsache mit respiratorischem, stellenweise aber mit Flimmerepithel überzogene Innenfläche erhebt sich zu einem sehr reichen respiratorischen Balkennetz, und in den Wänden finden sich zahlreiche glatte Muskelfasern.

Was den A t h m u n g s m e c h a n i s m u s der Amphibien betrifft, so ist er ein so eigenartiger und weicht so sehr von dem der höheren Wirbelthiere ab, dass nothwendig etwas näher darauf eingegangen werden muss. Beim F r o s c h verhält es sich damit wie folgt:

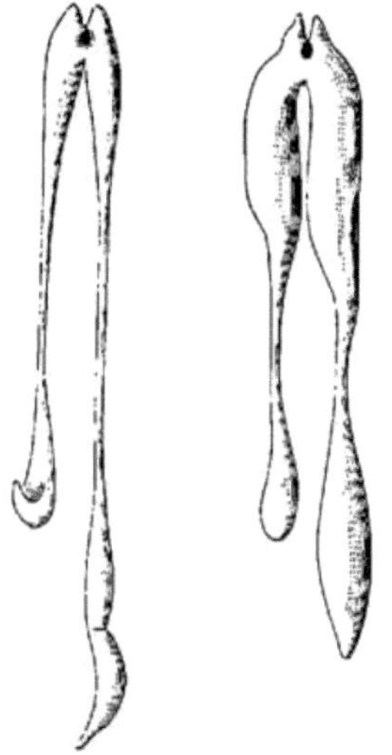

Fig. 292. L u n g e n v o n P r oteus (A) und Menobranchus (B). Vorne an dem schwarzen Punkt liegt der Eingang.

Da Rippen und Zwerchfell fehlen, können die Lungen nicht durch Ansaugen mit Luft gefüllt werden. Anstatt eines Saugmechanismus besteht ein D r u c k m e c h a n i s m u s. Bei gewöhnlicher Athmung finden alle Respirationsbewegungen des Frosches bei fest geschlossenem Munde statt, wobei der Tonus der in den Lippensäumen vorhandenen glatten Muskulatur (vergl. H. L. B r u n e r) sicherlich eine Rolle spielt. Die Luft streicht hierbei nur durch die Nasenlöcher hin und zurück. Dies geschieht bei geschlossenem Aditus laryngis, offenen Nasenlöchern und unter „oscillatorischen" Bewegungen der Kehlgegend. Letztere schaffen also keine Luft in die Lungen, sind also von der eigentlichen Lungenathmung unabhängig. Sie stehen vielmehr im Dienst einer M u n d r a c h e n h ö h l e n - R e s p i r a t i o n. Daneben bestehen aber eigentliche Athembewegungen, welche die Luft in die Lungen pumpen, und welche sich, je nach Bedürfnis, in unregelmässigen Intervallen vollziehen. Man kann diese Athembewegungen des Frosches in drei Phasen zerlegen:

a) Aspiration, d. h. die Aufnahme von Luft durch die geöffneten Nasenlöcher in die bezüglich ihrer Blutversorgung ähnlich wie bei lungenlosen Urodelen sich verhaltende Mundrachenhöhle, durch Erweiterung derselben bei geschlossenem Aditus laryngis.

b) Exspiration eines Theiles der in den Lungen erhaltenen Luft bei geöffnetem Aditus laryngis, hauptsächlich durch Contraction der Bauchmuskeln.

c) Inspiration, die unmittelbar auf die Exspiration folgt. Durch Verengerung der Mundrachenhöhle bei geschlossenen Nasenlöchern und geöffnetem Aditus laryngis wird in dieser Phase die Luft aus der Mundrachenhöhle in die Lungen gepresst.

Der Athmungsmodus der lungenathmenden Salamandrinen ist der des Frosches wesentlich gleich (E. Gaupp, vergl. auch S. Baglioni).

Reptilien.

Bei Reptilien, wie überall, richtet sich die Form der Lunge im Allgemeinen nach derjenigen des Körpers, ihre Architektur erreicht aber vielfach eine feinere Ausbildung, als bei Amphibien. Diese findet ihren Ausdruck in einer ungemeinen Vergrösserung der Respirationsfläche, und dem entsprechend haben wir es hier, abgesehen von der noch ein primitiveres Verhalten zeigenden, dünnwandigen Lacertilierlunge, nicht mehr mit einem weiten, centralen Hohlraum zu thun, sondern finden das Organ von einem fein verästelten Bronchialsystem durchwachsen, sodass ein röhriges und maschiges, badeschwammartiges Gefüge entsteht.

Die Mitte hält die Ophidierlunge, insofern sich hier trotz des von der Peripherie einspringenden feinmaschigen Gewebes noch ein spaltförmiger, centraler Hohlraum erhält. Dem langen schlanken Leib entsprechend kommt bei Schlangen und Amphisbänen, wie oben schon erwähnt, in der Regel nur die rechte Lunge zu vollständiger Entwicklung, während die linke rudimentär erscheint oder ganz schwindet. Auch bei Scinken übertrifft die rechte Lunge stets die linke an Ausdehnung.

Was die feineren Structurverhältnisse betrifft, so gestaltet sich der Aufbau der Lacertilier-, Chelonier- und Crocodilier-Lunge nach den Untersuchungen Milani's folgendermassen:

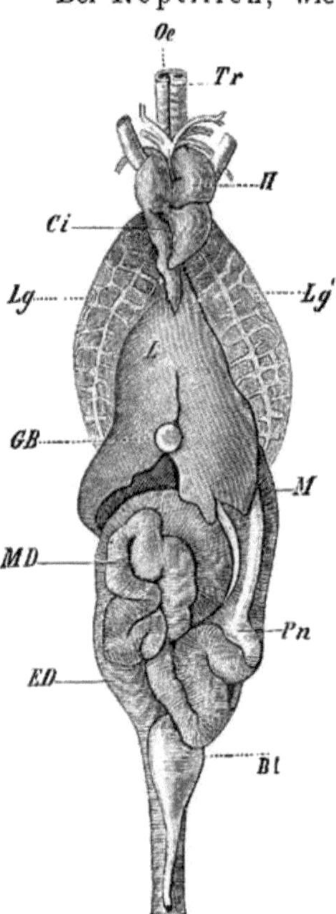

Fig. 293. Situs viscerum von Lacerta agilis. *Bl* Harnblase, *Ci* Vena cava inferior, *ED* Enddarm, *GB* Gallenblase, *H* Herz, *L* Leber, *Lg, Lg¹* die beiden Lungen mit ihrem Gefässnetz, *M* Magen, *MD* Mitteldarm, *Oe* Oesophagus, *Pn* Pankreas, *Tr* Trachea.

Lacertilier.

Die Complication der Lunge bei den Lacertiliern beruht zunächst auf der Bildung von Septen, die sich von der ventralen und dorsalen Lungenwand erheben und sich, bei mehr oder weniger paral-

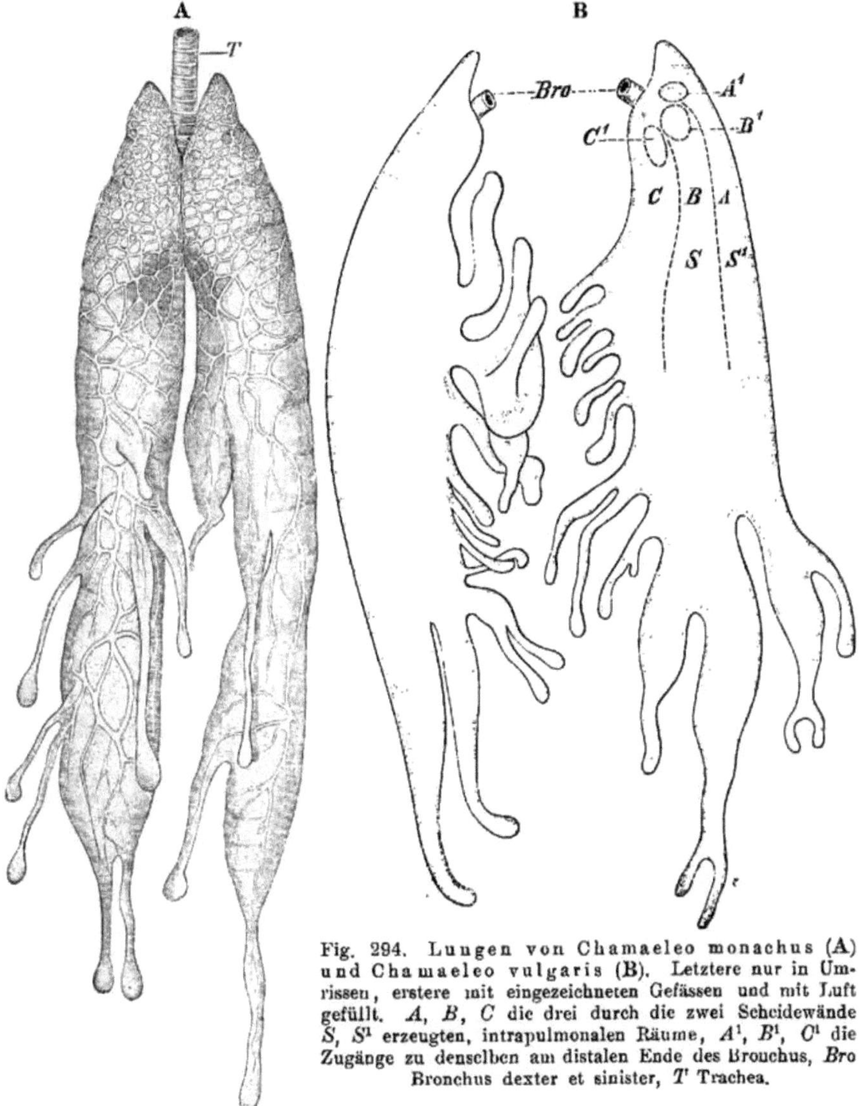

Fig. 294. Lungen von Chamaeleo monachus (A) und Chamaeleo vulgaris (B). Letztere nur in Umrissen, erstere mit eingezeichneten Gefässen und mit Luft gefüllt. A, B, C die drei durch die zwei Scheidewände S, S^1 erzeugten, intrapulmonalen Räume, A^1, B^1, C^1 die Zugänge zu denselben am distalen Ende des Bronchus, Bro Bronchus dexter et sinister, T' Trachea.

lelem Verlauf zur Querschnittebene, zwischen der lateralen und medialen Lungenwand ausspannen.

Dazu kommt aber dann noch weiterhin eine in der Richtung

von vorne nach hinten (caudalwärts) fortschreitende Alveolisierung[1])
der Lunge, welche gleichzeitig von einer weiteren Entfaltung des
Bronchialsystems begleitet ist.

Bei dem einfachsten Verhalten geht die Trachea bloss mit zwei
Bronchialöffnungen in die Lunge über, bei fortschreitender Compli-
cation der Lunge aber treten extrapulmonale Bronchien auf, die
zunächst kurz sind, die aber in dem Maass länger werden, als die
Lunge complizierter wird, bis sie sich endlich bei den compliziertesten
Formen in die Lunge hinein fortsetzen. (Intrapulmonaler
Bronchus)[2]).

Chelonier.

Im Verhältnis zur Körpergrösse sind die Lungen der Chelonier
sehr gross zu nennen; bei gewissen Arten können sie nach vorne
den Schulter- und nach hinten den Beckengürtel noch überschreiten
Sie sind in dorso-ventraler Richtung niedergedrückt. Die Trachea
gabelt sich in zwei mässig lange Bronchen, welche ziemlich weit vorne
in die ventrale Lungenwand eintreten und sich als Röhren von rund-
lichem Umfang weit in das Innere des Organs hinein fortsetzen. Je
mehr dieser intrapulmonale Bronchus hineindringt, desto weiter
rücken die vom extrapulmonalen Bronchus eingewanderten Knorpelstücke auseinander, verlieren ihre regelmässige Anordnung und zeigen
eine netzartige Architektur.

Im Innern der Lunge finden sich grössere Hohlräume, die mit
dem intrapulmonalen Haupt- und Stammbronchus durch eine, bei
verschiedenen Familien verschiedene Zahl von Oeffnungen in Verbindung stehen. Das Lumen der Lunge wird mit Ausnahme des
hinteren Abschnittes[3]) von einer Anzahl von Scheidewänden durchzogen, die theils in der Längsachse des Organs parallel verlaufen

---

[1]) Das zu alveolen- oder kryptenartigen Bildungen angeordnete Netzwerk beschränkt
sich bei der Lacertilierlunge im Allgemeinen auf die kopfwärts schauende, spitz ausgezogene, vordere Partie des Organs. An der übrigen Lungenwand sind die Alveolen weit-
maschiger und flacher, oder ist die Wand vollkommen glatt.

[2]) So z. B. bei den Varaniden, wo sich die Bronchien eine Strecke weit in das
Lungenlumen hereinziehen und sich darin in zwei Aeste gabeln. Der Hauptstamm verläuft in der Lunge von vorne nach hinten, der zweite Bronchialast wendet sich zum
vorderen, kopfwärts gerichteten Lungenzipfel. Von diesen beiden Bronchialgängen führen
verschiedene, auf das mannigfachste sich verzweigende Canäle nach der Lungenwand hin.
Darin zeigen sich Verhältnisse angedeutet, die an die Lungenstructur der höheren, warmblütigen Amnioten erinnern (speciell an die der Vögel).

[3]) Der hinterste Abschnitt kann in einen schlanken, wurstartigen Blindsack aus-
laufen, in welchem die Alveolenbildung in der Regel nicht stark ausgesprochen ist oder
gänzlich fehlt.

Solche wurstartigen Fortsätze finden sich auch bei gewissen Askalaboten, Igua-
niden und Varaniden. Bei Chamaeleoniden, wo nur das vordere Lungenende
durch Septen abgekammert ist, entspringen sie auch schon weiter vorne vom ventralen
Lungenrand. Sie besitzen hier eine faden-, spindel-, keulen- oder auch lappenartige Configuration. Dadurch erscheinen Verhältnisse angebahnt, welche wir in der Architektur der
Vogellunge zur höchsten Entwicklung kommen sehen. Während aber hier die Fortsätze der Lunge zur Pneumatisation des Skeletes in Beziehung stehen, dienen sie bei Chamaeleoniden (Fig. 294) zum Aufblähen des Körpers im Affect. Dieses Schreckmittel —
denn um ein solches handelt es sich offenbar — wird noch unterstützt durch einen Kehl-
sack, mittelst dessen die Luft bei der Ausathmung unter starkem Zischen hervorgestossen
werden kann. Im Weiteren kann noch der Farbenwechsel der Haut hinzukommen (vergl.
das Integument).

und es in einen lateralen, dorsalen und ventralen Raum zerfällen,
theils mehr oder weniger senkrecht dazu stehen und die eine bei

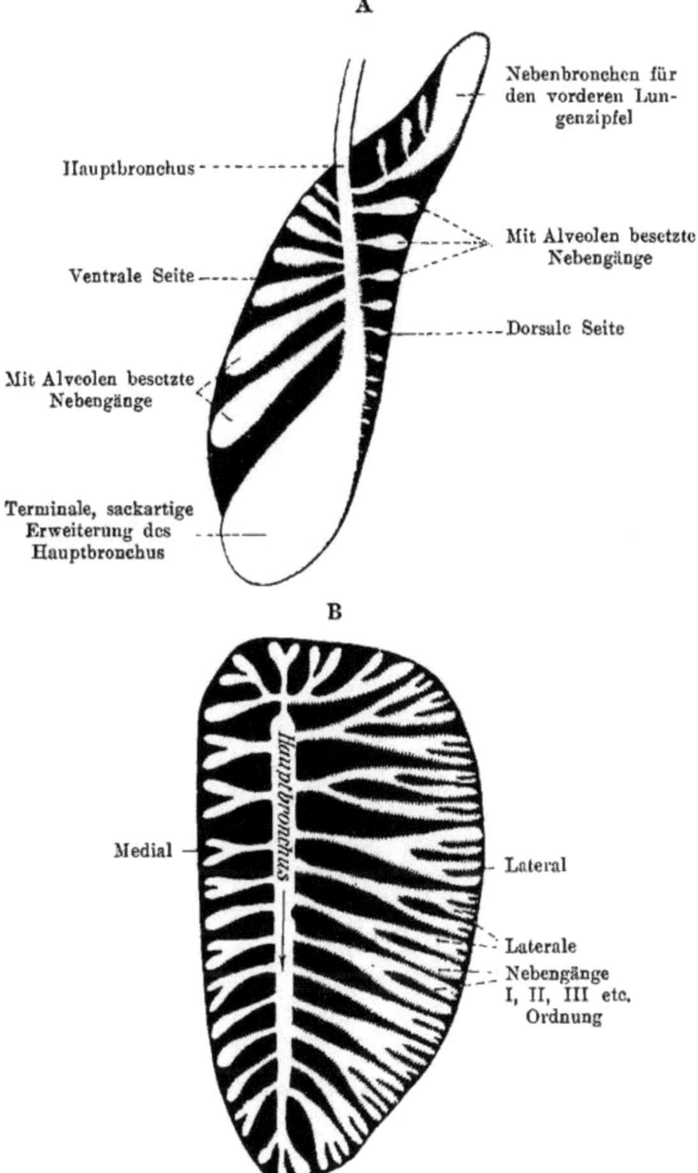

Fig. 295. **A** Lunge von Varanus varius und **B** von Thalassochelys caretta
(Familie der Chelonidae), nach A. Milani.

verschiedenen Familien verschiedene, gegenseitige Lagebeziehung und
Abkammerung des Gesamtorgans zu Stande bringen. Die einzelnen

lateralen, dorsalen und ventralen Kammern, deren Scheidewäude mannichfach durchbrochen sein können, sind von einem Alveolen- und Cryptensystem ausgekleidet, dessen Einzeltheile im Allgemeinen tiefer und weiter sind als bei Lacertiliern.

In der Familie der Chelonidae durchsetzt der Bronchus das Organ in viel grösserer Länge und ist von viel zahlreicheren Oeffnungen durchbrochen, als bei den übrigen Schildkrötenfamilien, und Hand in Hand damit geht die grosse Zahl dicht gelagerter Luftcanäle erster, zweiter, dritter etc. Ordnung, sodass also hier die Bildung der Septa eine viel reichere und compliziertere geworden ist. Im vorderen Lungenabschnitt setzen sich die Knorpelstücke vom Hauptbronchus sogar auch z. Th. noch auf die Nebengänge fort und dies ist ausserordentlich wichtig, da dadurch der Weg vorgezeichnet wird, den die weitere und höhere Entwicklung, bezw. die Knorpelausbreitung des intrapulmonalen Bronchus bis zu den höheren Formen hinauf genommen hat, nämlich von vorn nach hinten.

Sämtliche Uebergänge communicieren nicht unmittelbar, sondern nur mittelbar durch den Hauptbronchus miteinander.

Da nun bei den Lacertiliern die Lungensepta von der ventralen und dorsalen Lungenwand aus entstehen, bei den Schildkröten aber die Entstehung der Septa von der lateralen und medialen Lungenwand ausgeht, so muss man bei dem Versuch, beide auf eine gemeinsame Stammform zurückzuführen, annehmen, dass sich bei den Schildkröten in Anpassung an die Verbreiterung und Abflachung ihres Körpers eine derartige Drehung der Lunge um ihre Längsachse vollzogen hat, dass die ventralen Theile derselben in eine laterale, die dorsalen in eine mediale Lage gerückt sind. Dies geht schon aus der Lage der Eintrittsstelle des Bronchus in die Lungen hervor: während sich nämlich diese bei den Lacertiliern an der medialen Lungenwand, unmittelbar ventral vom vorderen dorsalen Lungenzipfel, befindet, gehört sie bei den Schildkröten der ventralen Lungenwand an.

Alles weist darauf hin, dass auf Grund der Lungenentwicklung die Emydeae und Testudinidae als die ältesten Formen anzusehen sind. An diese schliessen sich die Trionychidae als die nächst jüngeren und die Chelonidae als die jüngsten. Auf Grund der Ausbildung des Panzers hielt man gewöhnlich im Gegensatz dazu die Weich- und Seeschildkröten bis jetzt für die ältesten, die Landschildkröten dagegen für die jüngsten. Offenbar aber handelt es sich bei den ersteren um in Anpassung an das Wasserleben eingetretene Rückbildungen des Panzers. Die Trionychidae und Chelonidae erweisen sich übrigens auch durch die Beschaffenheit des knöchernen Gaumens und die Chelonidae überdies auch noch durch die Entwicklung des Schädeldaches als höher organisiert [1]).

---

[1]) Zu beachten ist, dass auch andere Organe des Schildkrötenkörpers, wie der gesamte Darmtractus, wie besonders der Magen, in Anpassung an die Körpergestalt, eine Verlagerung erfahren haben. Auch bei Lacertiliern (Agama stellio, Phrynosoma, Varaniden) kommt übrigens eine Verlagerung des hinteren Lungenabschnittes in der für die Chelonier angegebenen Richtung vor.

Crocodile.

Die Crocodilier-Lungen stellen sich als zwei annähernd gleich grosse, eiförmige Säcke dar, die äusserlich grössere und kleinere buckelartige Auftreibungen erkennen lassen, ähnlich wie die Lungen der Lacertilier und Chelonier.

Die Eintrittsstelle der Bronchien in der ventralen Lungenwand liegt viel weiter hinten, als bei Lacertiliern und Cheloniern, nämlich etwa in der Längenmitte des Organs, und jeder Bronchus setzt sich eine Strecke weit in das Innere der Lunge hinein fort und ist durch Knorpel gestützt. In seiner Achsenverlängerung zieht, wie bei den Chelonidae, ein knorpelloses, am Ende sackartig erweitertes Rohr bis zum hinteren Lungenende. Wie dort, so gehen auch bei Crocodilen vom Bronchus und seiner Verlängerung Seitengänge ab, die sich gegen die Lungenwand hin in zahllose Gänge

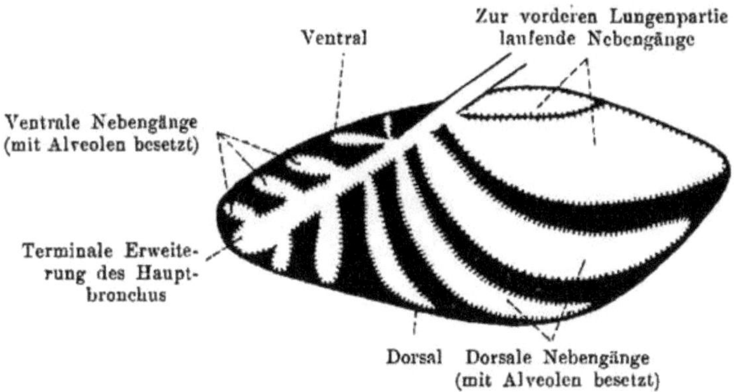

Fig. 296. Lunge von Alligator mississipp. Nach A. Milani.

erster, zweiter etc. Ordnung theilen und die alle geschlossen endigen, d. h. auch hier nicht direct unter sich, sondern nur mittelst des Hauptbronchus miteinander in Verbindung stehen und einen reichlichen Alveolenbesatz haben.

Während sich die vom Hauptbronchus auf die Peripherie fortschreitenden Knorpelelemente bei Chelonidae, wie oben schon bemerkt, erst auf den vordersten Seitengang ausgedehnt haben, gilt dies bei Crocodilus americanus, wenn auch hier erst in schwächerem Grade, für den zweit und am schwächsten für den drittvordersten Seitengang. So bestätigt sich auch hier die früher schon in ihrer weiteren Ausdehnungstendenz skizzierte Fortentwicklung des knorpeligen Bronchialsystems, und es ist nicht schwer, sich vorzustellen, wie nicht nur alle Seitengänge sich mit Knorpeln besetzen, sondern wie auch das in der Achsenverlängerung des Hauptbronchus liegende, bis zum hinteren Lungenende reichende Rohr im Laufe der Phylogenese noch knorpelige Stützelemente gewinnen und so zum Typus der Säugethierlunge hinüberführen konnte. Ebenso kann man verstehen, wie dadurch, dass sich die Seitengänge zweiter, dritter etc. Ordnung ineinander öffneten, zu jenen Bildungen Veranlassung gegeben werden konnte, die man in den Vogellungen als „Pfeifen“

bezeichnet, und die, wie die Entwicklung lehrt, als eine secundäre
Erscheinung aufzufassen sind.

So lassen sich auch die Crocodilierlungen von jener für die
Lacertilier und Chelonier gemeinsamen Stammform ableiten, und
für alle können die bei der Lacertilierlunge namhaft gemachten Ent-
wicklungsgesetze hinsichtlich weiter fortschreitender Complicationen
ihre Geltung beanspruchen.

Lungen und Luftsäcke der

Vögel.

Die Vogellungen sind im Verhältnis zu dem sehr umfangreichen
Thorax klein, dabei aber ausserordentlich blutreich. Fest den Brust-
wirbeln und den Rippen angepresst, besitzen sie nur eine geringe
Elastizität und Erweiterungsfähigkeit. Der Hauptbronchus, welcher
von seinem Eintritt an nahe der ventralen Lungenoberfläche bis zur
hintersten Grenze des ganzen Organs verläuft, gabelt sich jederseits
nur in wenige Nebenbronchen, welche theils eine ventrale, theils eine
dorsale Lage haben. Die von den Nebenbronchen ausgehenden Zweige
sind von einer Menge dicht stehender, gleich weiter Oeffnungen durchbohrt, welche in kleine Röhrchen, die sogenannten Lungenpfeifen
oder Parabronchia, hineinführen. Diese schaarenweise parallel
nebeneinander laufenden Lungenpfeifen stehen entweder ganz oder
nahezu senkrecht zu den Bronchialästen und sind rings von kleinen
Aussackungen, den primären Lungenläppchen, umgeben. Letztere
endigen mit terminalen und seitlichen Blindsäcken, den Alveolen.

Die Lungenpfeifen endigen übrigens nur zum Theil blind geschlossen, zum Theil stehen sie in offener Verbindung untereinander
oder führen in einen benachbarten Bronchus; die Luft kann also frei
durch sie hindurchstreichen und kommt dabei mit den sie und
die Alveolen umstrickenden dichten Blutcapillar-Netzen in Contact
(Fig. 300 F).

An der ventralen Fläche jeder Lunge bemerkt man fünf Oeffnungen, durch welche Bronchialäste ausmünden. Sie führen in ebenso
viele dünnhäutige Aussackungen und setzen diese somit in Verbindung
mit der Aussenluft. Diese von der Lunge aus mit Luft füllbaren
„Luftsäcke" stellen ein System bestimmt angeordneter Hohlräume
dar; sie schieben sich nicht nur zwischen die Eingeweide, bez. zwischen
diese und die Rumpfwand ein, sondern überschreiten auch noch vielfach die Rumpfhöhle und kommen zwischen die Muskeln und in die
Knochen zu liegen[1]).

In früher embryonaler Zeit als zartwandige hohle Aussackungen des
primitiven Lungenbläschens entstehend, wachsen die Luftsäcke sehr
rasch heran, übertreffen die eigentliche Lunge bald weit an Volum
und bohren sich zwischen und in die oben erwähnten Organe und
Organtheile ein.

---

[1]) Bei vielen Vögeln erreicht die Pneumaticität des Skeletes und der Weichtheile
einen noch viel höheren Grad. So können die Luftsäcke innerhalb und ausserhalb des
Knochens bis zu den äussersten Phalangen der Hand, des Fusses, bis ans hintere und vordere
Ende der Wirbelsäule, unter die Haut und zwischen die Federwurzeln vordringen.

Bezüglich der physiologischen Bedeutung der Luftsäcke sei Folgendes bemerkt.

Der durch die rhythmische Bewegung des Thorax erzeugten Erweiterung und Verengerung des Brustkorbes können die fest eingekeilten kleinen Lungen nicht folgen, wohl aber die eine beträchtliche Ausdehnung besitzenden Luftsäcke, welche dabei einerseits als **Einsauger**, andrerseits als **Auspresser** der Luft fungieren. Da bei der Einsaugung die frische Luft nicht allein in die feinsten Lungentheilchen, sondern auch zum Theil direct von den Nebenbronchen aus in die Luftsäcke dringt, so wird, wenn bei der Verengerung des Thorax die in den Luftsäcken befindliche Luft durch die Lunge ausgepresst wird, auch die Ausathmung für die Sauerstoffversorgung[1] des Blutes nutzbar gemacht. Die Luftsäcke, die in ihren Hauptabschnitten geradezu gefässarm sind, **dienen also nicht zur Vergrösserung der Athemfläche**, sondern wirken dabei gleichsam wie **Blasebälge** oder **Ventilatoren**, welche die Durchlüftung der Lunge besorgen, **während der eigentliche Gasaustausch, d. h. die Respiration, nur in der Lunge selbst erfolgt.** Durch diese Arbeitstheilung wird ein Apparat von höchster Leistungsfähigkeit erzeugt.

Der Gasaustausch zwischen Blut- und Athemluft vollzieht sich also bei Vögeln zwar in einem räumlich eingeschränkten Organe, aber mit ausserordentlicher Geschwindigkeit und Intensität. So begreift man auch, wie die Wandervögel während ihrer Reise zuweilen die staunenerregende Höhe von 3—10—12000 m einhalten können.

Während des Fluges, wo das den mächtigen Brustmuskeln zum Ursprung dienende Brustbein sowie das Coracoid und die Rippen festgestellt sind, kann es sich nicht mehr um jene rhythmischen Bewegungen des Thorax, bezw. um Hebung und Senkung des Brustbeins handeln. Dafür tritt nun die Auf- und Abbewegung der Flügel, welche bei manchen Vögeln 3—13 mal in der Secunde erfolgt, compensatorisch ein, insofern dadurch die unter dem Flügelansatz und zwischen den Brustmuskeln liegenden Luftsäcke abwechselnd erweitert und verengert werden. Dieselben wirken also auch hier wieder als Saug- und Druckpumpen und sorgen als solche für einen stetigen Luftwechsel in den Lungen.

Während des Fluges stellt der Vogel seine Athembewegungen ein, d. h. die Luftversorgung geschieht ohne Zuthun des Vogels, und so wird es auch erklärlich, dass sich Vögel anhaltend pfeilschnell durch die Luft bewegen können, ohne ausser Athem zu kommen[2].

Aus dem Vorstehenden erhellt aber auch, in welch nahen Be-

----

[1] Die wenigen, ihrer Ernährung dienenden Gefässe der Luftsäcke gehören dem **Körperkreislauf** an. Die Arterien entspringen aus der Aorta, und die Venen entleeren sich in die Hohlvenen. Capillar-Netze fehlen vollständig.

[2] Man kann die Wahrheit dieser wunderbaren Thatsache experimentell beweisen, wenn man den Luftstrom eines Gebläses gegen die Naslöcher eines Vogels leitet. Alsdann stellt der Vogel seine Athembewegungen ein und lebt, ohne die geringste Athemnoth zu zeigen, ruhig weiter, während sonst bei Hinderung der Athembewegungen binnen kurzem Athemnoth und der Tod eintritt. — Um die vollkommene Durchlüftung des Vogelkörpers zu zeigen, braucht man nur einem (toten) Vogel den Humerus abzubrechen und einen Schlauch in die Luftröhre einzuführen. Bläst man nun kräftig in den Schlauch, so wird ein vor die Oeffnung des Oberarmes gestelltes Licht ausgelöscht.

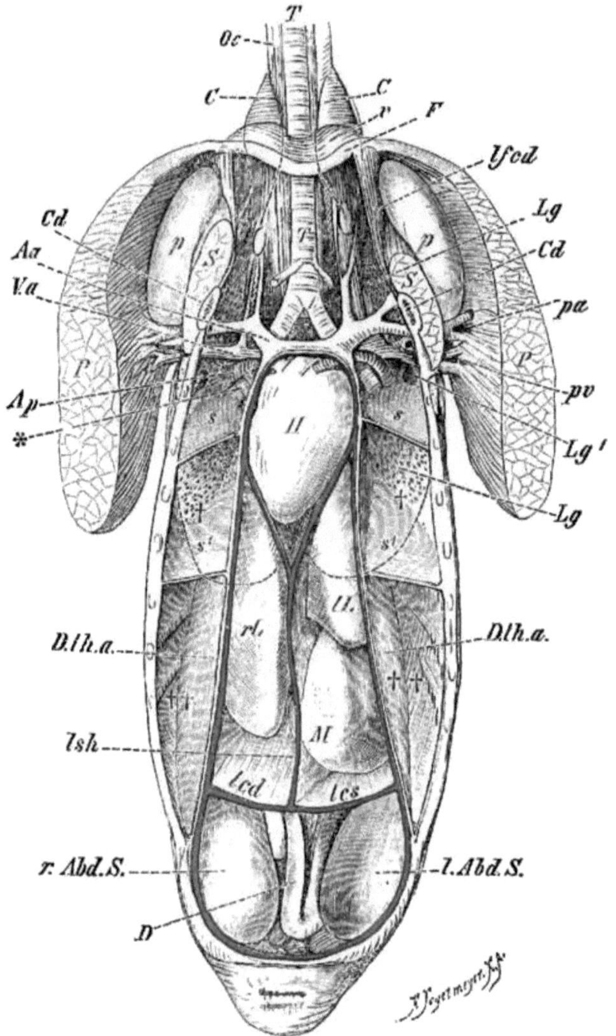

Fig. 297. Rumpfeingeweide und Luftsäcke einer Ente, nach Entfernung der ventralen Rumpfwand. Nach einer Originalzeichnung von H. Strasser. *Ap* Arteria pulmonalis, *Aa*, *V.a* Arteria und Vena anonyma mit ihren Aesten, *Cd* Coracoid, *C, C* Cervicalsack, *D* Darm, *D.th.a.* das fibröse Diaphragma thoracico-abdominale, *F* Furcula, *H* Herz im Herzbeutel *lcd, lcs* Ligamentum coronarium hepatis dextrum und sinistrum, *lfcd* Ligamentum coraco-furcularis, *Lg, Lg¹* Lunge, *lsh* Ligamentum suspensorium hepatis, *Oc* Oesophagus, *P* grosser Brustmuskel, *p* Pectoraltasche zwischen Coracoid, Scapula und den vordersten Rippen mit dem Supracoracoidalraum communizierend, *pa* Arterie des Brustmuskels, *pv* Vene desselben, *r.Abd.S, l.Abd.S* rechter und linker Abdominalsack, *r.L, lL* rechter und linker Leberlappen, *S* Musculus subclavius, *s, s* Scheidewand zwischen den vorderen diaphragmat. Luftsäcken und dem im vordersten Theil des Thorax gelegenen, unpaaren Supracoracoidalsack, *s¹, s¹* Scheidewand zwischen dem hinteren diaphragmat. Luftsack und dem vorderen diaphragmat. Luftraum, *T* Trachea, *V* Vorderes Wandstück des Supracoracoidalsackes, * Eintritt des Trachealastes in die Lunge, † vorderer diaphragmatischer Luftraum, †† hinterer diaphragmat. Luftsack. Roth: Schnittlinien des Pericardes und Peritoneums.

ziehungen eine bedeutende Ausbreitung der Pneumatisation zu der Ausbildung der Flugorgane steht, denn eine Ausweitung der vorderen Brustgegend, d. h. des vom Schultergürtel umspannten Raumes, war jedenfalls eine günstige Vorbedingung und Begleiterscheinung für die Weiterentwicklung der vorderen Extremität, ihrer Hautfalten und ihrer Muskeln. Es war dadurch die Möglichkeit für ein Auseinanderrücken der Theile, für eine stärkere Entfaltung des Skelets und für die Gewinnung grösserer Ursprungsflächen der Muskulatur gegeben, ohne dass damit eine erhebliche Gewichtszunahme dieser Theile selbst, sowie des ganzen Rumpfes Hand in Hand zu gehen brauchte. Kurz der Vortheil für das Fluggeschäft durch stetig fortschreitende Vergrösserung der Flugflächen und durch Gewinnung neuer Kraftmittel liegt auf der Hand.

Der Nutzen der Pneumatisation des Vogelkörpers beruht also nicht einfach auf der Verminderung des absoluten Gewichtes des Thieres durch die Knochenpneumaticität (Ersatz von Knochenmark etc. durch Luft, Ersparnis an Knochensubstanz durch zweckmässigeren Verlauf der Zug- und Druckbalken). Auch die Lufträume zwischen den Muskeln und im Innern des Rumpfes sind für den Flug von Bedeutung[1]).

Der früher allgemein angenommene Satz, dass die Pneumaticität der Knochen durch Erleichterung des ganzen Skeletes zur Erleichterung des Fluges diene, lässt sich nicht mehr in dieser Form aufrecht erhalten, seitdem man weiss, dass ausgezeichnete Flieger, wie die Sterna, keine, oder, wie die Möven, fast gar keine lufthohlen Knochen haben, während die nicht fliegenden Ratiten in ausgiebigster Weise damit ausgerüstet sind. Somit ist die Knochenpneumaticität (man denke auch an die Chiropteren) überhaupt keine unter allen Umständen wesentliche Bedingung des Flugvermögens, wenn damit auch nicht geleugnet werden soll, dass sie — und ich habe dabei namentlich die grösseren Flieger im Auge — von Vortheil dafür werden kann. Dabei wird es sich in erster Linie um eine Verminderung der Eigenschwere des Flügels handeln, und ebenso muss natürlich jede Verminderung des Gesamtgewichtes die Flugarbeit vermindern.

Etwas Eigenartiges, nur fliegenden Thieren oder nur der Classe der Vögel Zukommendes, liegt in der Einrichtung der Knochenpneumaticität überhaupt nicht. So haben die Untersuchungen Marsh's über die zum grossen Theil gigantischen Dinosaurier Amerikas gezeigt, dass auch unter ihnen lufthohle Knochen allgemein verbreitet waren. Auch die Sinus frontales, sphenoidales etc. der Säugethiere gehören hierher. Hier wie dort handelt es sich offenbar in erster Linie um eine Ersparnis an Material[2]).

---

1) Es ist von Interesse, dass die Knochen der neuseeländischen Moa's ungleich solider, d. h. weniger lufthohl waren, als die der heutigen Ratiten.
Die Knochen der Archaeopteryx waren solid.

2) Dies prägt sich z. B. auch in allen jenen Schädelknochen deutlich aus, welche wie bei Vögeln und Crocodiliern, mit der Paukenhöhle communizieren. Dahin gehört das Alisphenoid, das Squamosum und das Mastoideum. Auch das Os occipitale ist zum grössten Theil pneumatisch.
Zu ganz excessiver Entfaltung gedeihen die lufthohlen Räume bei Ungulaten und Anthropoiden. Die Sinus frontales sind stark entwickelt, und ausser den auch dem Menschen zukommenden Sinus maxillares und sphenoidales finden sich auch

Säuger.

Eine directe Ableitung der Säugethierlunge von derjenigen der Reptilien ist nicht möglich; nur die bei Echidna auftretenden weiten Lufträume erlauben eine gewisse Parallelisierung mit den bei Reptilien herrschenden Verhältnissen. Dabei (— und dies gilt auch für

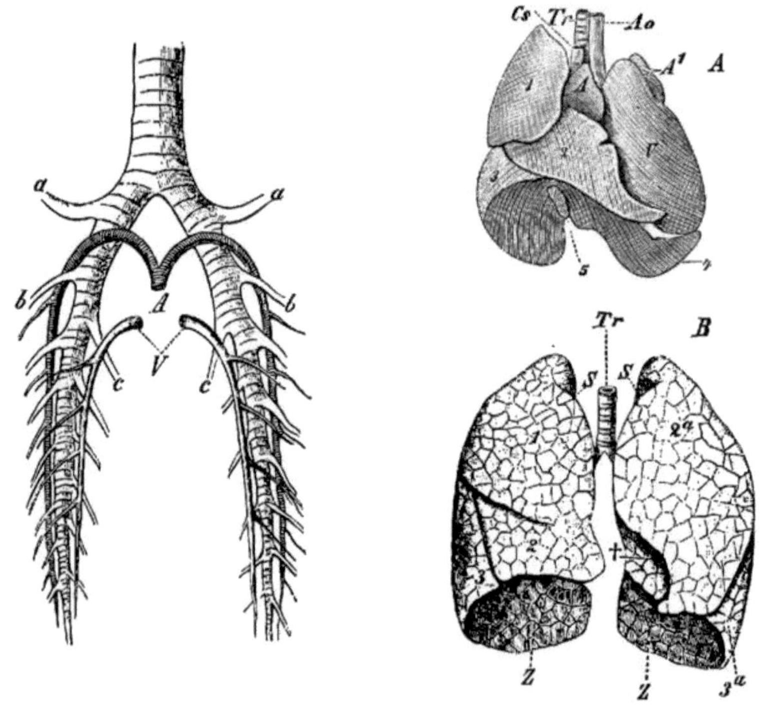

Fig. 298. Fig. 299.

Fig. 298. Schematische Darstellung des Bronchialbaumes der Säugethiere. A und V Arteria und Vena pulmonalis, a, a beiderseitiger, bronchialer, eparterieller Bronchus, b Reihe der hyparteriellen Ventral-, c der hyparteriellen Dorsalbronchien.
Fig. 299. A Rechte Lunge des Maulwurfs, welche die gänzlich ungelappte linke an Volumen 3—4 mal übertrifft. B Beide Lungen des Menschen von der Ventralseite gesehen, 1, 2, 3, 4, 5 die verschiedenen Lungenlappen, 2a und 3a der sogenannte obere und untere Lappen der linken Lunge des Menschen, A, A¹ die beiden Atrien des Herzens, Ao Aorta, Cs Cava superior, S, S Sulcus für die Arteria subclavia, Tr Trachea, V Herzventrikel Z, Z Zwerchfellfläche (Basis) der Lunge; in der Figur A entsprechen die Zahlen 4 und 5 dieser Fläche, † Incisura cordis.

Opossum —) ist aber der Gedanke an eine secundäre Erwerbung nicht auszuschliessen.

An dem sogenannten Stammbronchus, welcher bei allen Säugern die gesamte Lunge bis zu ihrem Hinterende durchsetzt,

noch Lufträume in den Processus pterygoidei und in den Alae magnae des Keilbeines. Eine im Jochbein liegende Höhle communiziert mit der Highmorshöhle.
Im Gegensatz zu diesem spongiösen Knochencharakter besitzen die Sirenen unter allen Mammalia die compacteste Knochensubstanz (vergl. das Kopfskelet).

unterscheidet man ein zweireihiges System von Seitenbronchen,
nämlich ein aus grösseren Elementen bestehendes ventrales und
ein durch schwächere Ausbildung seiner Componenten charakterisiertes,
dorsales System. Die Lehre von Aeby, nach welcher die sogen.

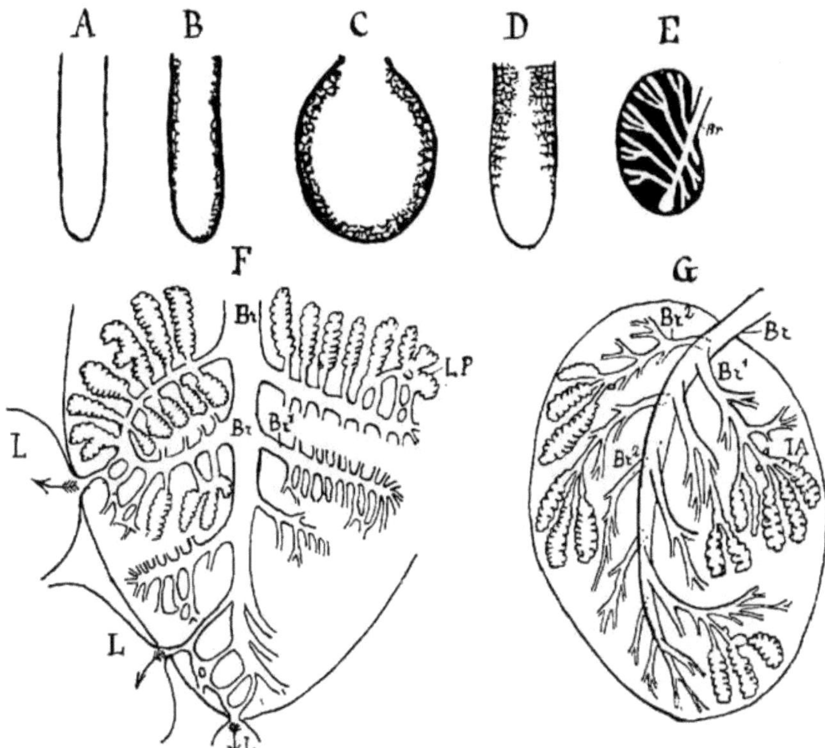

Fig. 300. Schematische Darstellung der Lungenarchitektur bei den
Hauptgruppen der Wirbelthiere. A und B Urodelen, theils mit glatter theils
mit schwach spongiöser Lungenoberfläche. C Anuren, D Schlangen (Hinterende der
Lunge), E Crocodile und Schildkröten, F Vögel. (Die Lunge ist nicht ganz aus-
gezeichnet.) *Br* Hauptbronchus, *Br¹* Nebenbronchus, dem die Lungenpfeifen (*LP*) ansitzen.
Die Pfeile bedeuten die Verbindungen des Bronchialsystems mit den Luftsäcken (*L, L*).
G Säugethiere. Der Bronchialbaum ist nicht ganz ausgezeichnet, doch sieht man deut-
lich den das ganze Organ durchziehenden Hauptbronchus (*Br*), die ventralen, stärkeren
(*Br¹*) und die dorsalen schwächeren Nebenbronchen (*Br²*). Beide verästeln sich nach der
Peripherie zu feiner und feiner und endigen schliesslich mit den alveolenbesetzten Infundi-
bula (*IA*), von denen auf der Abbildung nur wenige angedeutet sind.

eparteriellen Bronchen ein besonderes, für sich bestehendes
System von Seitenbronchen darstellen sollen, hat neuerdings Angriffe
erfahren, indem man nachzuweisen suchte, dass es sich dabei nur
um eine kopfwärts erfolgende secundäre Verschiebung von Elementen
handle, welche ursprünglich dem oben erwähnten, zweireihigen System
angehörten[1]).

---

[1]) Die Vertreter der letzteren Auffassung lassen, dem Gefäss-System die von Aeby
s. Z. vertretene fundamentale Bedeutung absprechend, die Namen cp- und hyparterielles

Ob jener Angriff berechtigt ist, erscheint noch sehr fraglich. Jedenfalls verdienen die Lagebeziehungen zu den grossen Gefäss-Stämmen insofern alle Beachtung, als die meistens unpaar und nur sehr selten bilateral-symmetrisch vorhandenen eparteriellen Bronchen, wie dies ja ihr Name treffend ausdrückt, in der Regel über, d. h. kopfwärts von der Arteria pulmonalis entspringen[1]). Letztere liegt dorsal-lateral, während die Vena pulmonalis ventral-medial im Bereiche des grossen zweireihigen Bronchialsystems, welches deshalb als hyparterielles System bezeichnet wird, herabzieht (Fig. 298).

Die in der Säugethierlunge zu beobachtende Lappenbildung tritt in ihrer Bedeutung der Bronchialverzweigung gegenüber stets in den Hintergrund, d. h. der innere Bau der Lunge bleibt dadurch in seinem Wesen unberührt. So ist die Lappung der Säugethierlunge als eine erst secundär eingetretene Erscheinung anzusehen, der eine phylogenetische Bedeutung nicht zukommt.

Was die feinere Architektur betrifft, so sei noch Folgendes bemerkt:

Die Bronchen werden gegen ihre Endausstrahlung hin immer feiner und feiner und besitzen in ihren Wandungen immer spärlichere Knorpelelemente, bis diese bei den Endbronchiolen endlich ganz schwinden. Letztere münden in trichterartige Endbläschen, die sogen. Infundibula, und da deren Wandung an zahlreichen Stellen zu Alveolen vorgebaucht ist, so wird dadurch eine bedeutende Oberflächenvergrösserung erreicht. Diese aber kommt wiederum dem die Infundibula umspinnenden, dichten Capillarnetz und dadurch dem Gasaustausch, welcher sich in den Infundibula und Alveolen vollzieht, zu Gute.

Nachdem im Vorstehenden ein Ueberblick gewonnen wurde über die bei den Hauptgruppen der Wirbelthiere der Lunge zu Grunde liegende, zu einer stetigen Vergrösserung der Athmungsfläche führende Architektur verweise ich noch einmal auf die Fig. 300 A—G.

System fallen und bezeichnen die eparteriellen Seitenbronchen schlechtweg als Bronchen der Lungenspitze = apicale Bronchen.

[1]) Im günstigsten Fall kommt bei Säugern jederzeit nur noch ein einziger eparterieller Bronchus zur Entwicklung, viel häufiger tritt derselbe nur auf einer und zwar dann stets auf der rechten Seite auf. Bei Situs inversus verhält es sich gerade umgekehrt.

Dazu kommt, dass ein eparterieller Bronchus, mag er nun auf der einen oder auf beiden Seiten entwickelt sein, auch von der Trachea entspringen, und dass daneben noch der gewöhnliche bronchiale eparterielle Bronchus vorhanden sein kann (trachealer eparterieller Bronchus).

Eine weitere Möglichkeit ist die, dass das eparterielle Bronchialsystem links wie rechts gänzlich geschwunden ist.

Worin der Grund der allmählichen Aufgabe des ursprünglich bilateral symmetrisch angelegt zu denkenden, eparteriellen Bronchialsystems gelegen ist, lässt sich nicht bestimmen. Der Anstoss dazu ging wohl kaum von der Lunge selbst aus, sondern war das Resultat einer Summe von äusseren Einflüssen, die vielleicht in gewissen Umbildungsprocessen (Verkürzung) des Thorax oder in einer Aenderung des Athmungsmechanismus zu suchen sind. Jedenfalls steht so viel fest, dass jener Rückbildungsprocess schon bei den niedersten Formen der heutigen Mammalia in vollem Gange ist, dass er also bereits bei den Vorfahren derselben eingeleitet worden sein muss. Ein klarer Einblick in diese Verhältnisse setzt also einen solchen in die Phylogenie der Säugethierlunge im Grossen und Ganzen voraus, und ob ein solcher sich je eröffnen wird, muss die Zukunft lehren.

Peritoneum und Pleura.

Der von einer Serosa ausgekleidete Leibesraum, das Cölom, ist bei Anamnia noch einheitlich, und auch in der Reihe der Reptilien treten erst schwache Spuren einer Abkammerung auf. Bei Vögeln macht aber der Process schon weitere Fortschritte und bei Säugern endlich begegnen wir auf Grund des gut entwickelten Zwerchfells einer Abspaltung der Leibeshöhle in zwei grosse Abschnitte, einen hinteren, den Peritoneal- und einen vorderen, den Pleuralraum. Im letzteren liegt als dritter, abgespaltener Raum das das Herz umschliessende Cavum pericardii. Letzteres findet sich auch schon bei Anamnia. Bei allen jenen drei serösen Cavitäten kann man ein wandständiges oder parietales, sowie in das Lumen einspringende viscerale, d. h. die betreffenden Eingeweide in suspenso haltende, bezw. umschliessende Blätter unterscheiden.

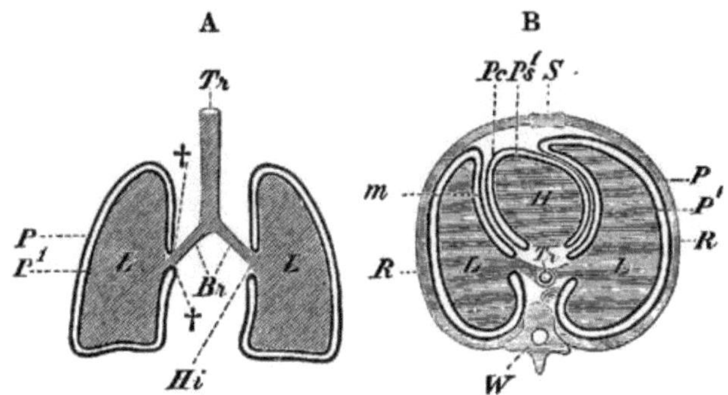

Fig. 301. Schemat. Darstellung des Pleural- und Pericardialraumes bei Säugethieren mit Zugrundelegung der menschl. Verhältnisse. A Frontalschnitt, B Querschnitt, *Br* Bronchien, *H* Herz, *L L* Lungen, *m* mediastinales Blatt der Pleura parietalis, *P* parietales, *P'* viscerales Blatt der Pleura, *Pc, Ps'* parietales und viscerales Blatt des Herzbeutels, *R* Rippen (Brustwand), *S* Sternum, *Tr* Trachea, *W* Wirbelsäule, † † Umschlagstelle des parietalen und visceralen Blattes der Pleura am Hilus pulmonis (*Hi*).

Dementsprechend existirt also ein Peritoneum parietale und viscerale, eine Pleura parietalis s. costalis (Rippfell), visceralis s. pulmonalis und endlich ein Pericardium parietale und viscerale (Vergl. das Zwerchfell). Die entlang der medialen Lungenfläche sich erstreckende Partie der Pleura parietalis wird Mittelfell oder Mediastinum genannt.

Da sich nun zwischen jenen beiden Blättern eine lymphartige („seröse") Flüssigkeit befindet, so kann sich die Bewegung der betreffenden, einem wechselnden Volum unterworfenen Organe leicht und ungehindert vollziehen.

Pori abdominales.

Unter „Pori abdominales" versteht man eine — in der Regel paarige — Durchbohrung der Wand des hinteren Abschnittes des Peritonealcavums, welche das Cölom in directe Communication mit der Aussenwelt setzt.

Bei den Cyclostomen öffnet sich ein Poren-Paar in den Sinus urogenitalis und dient zur Ausleitung der Geschlechtsproducte. Es handelt sich dabei wahrscheinlich nicht um ein Homologon der Pori

abdominales anderer Thierformen, indem die eigentlichen Abdominalporen normalerweise nicht in jener Weise fungieren. Aus diesem Grunde
würde man sie besser als Pori genitales bezeichnen, und derselbe
Gesichtspunkt gilt auch für die Pori genitales der Muraenoiden.

Die Leibeshöhle aller Selachier männlichen und weiblichen
Geschlechts steht mit der Aussenwelt in Communication, und zwar
1. entweder indirect nur durch Nephrostomen, von welchen
beim Harnapparat wieder die Rede sein wird, oder, 2. direct durch
Pori abdominales, oder endlich 3. durch Nephrostomen und
Pori abdominales. Da nun das gleichzeitige Vorkommen beider nur auf sehr wenige Selachier beschränkt und bei allen anderen
Fischen sowie bei allen Dipnoërn und Amphibien überhaupt auszuschliessen ist, so lässt sich nicht verkennen, dass zwischen den
Nephrostomen einer- und den Pori abdominales andrerseits
ein reciprokes, bezw. ein compensatorisches Verhalten besteht, d. h. also, dass sich beide gegenseitig nahezu ganz
ausschliessen.

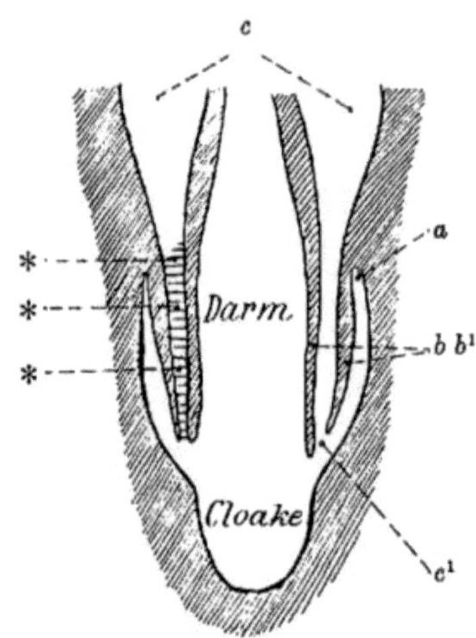

Fig. 302. Horizontalschnitt durch
die Cloakengegend eines Selachiers nach E. J. Bles. Schema. Die
*** sollen andeuten, dass der Abdominalporus auch an irgend einem Punkte des
in weiten Abständen quer gestreiften Abschnittes der Cloakenpapille durchbrechen
kann. In solchen Fällen ist dann die
Papille solid (Raja). a blind endigende,
ektodermale Einstülpung (Cloakentasche),
b, b¹ Cloakenpapille, c Peritonealhöhle,
welche sich bei c¹ in den Abdominalporus
öffnet.

Bezüglich des genaueren Verhaltens der Pori abdominales
der Holocephahlen (Chimaera)
und Selachier ist zu erwähnen,
dass sie in der Regel paarig auftreten und hinter der Cloake, innerhalb der dieselbe umsäumenden Lippen liegen.

Cestracioniden und Rhi-
niden fehlen die Pori abd. vollständig; inconstant sind die bei
Scylliiden u. a., oder treten sie
erst während der Geschlechtsreife
in die Erscheinung.

Bei Ganoiden liegen sie zwischen der Urogenitalöffnung und
dem Anus. Amia scheint im geschlechtsreifen Zustande keine Abdominalporen zu besitzen.

Unter den Teleostiern sollen sie nur den Salmoniden und
den Mormyriden, wo sie rechts und links vom Anus liegen, zukommen, allein häufig sind sie hier nur einseitig entwickelt oder
fehlen sie gänzlich. (Fig. 303, **A, B, C.**)

Bei Ceratodus öffnen sich die paarigen Abdominalporen hinter
der Cloake, während bei Protopterus nur ein unpaarer, nach
vorne (d. h. kopfwärts) blindgeschlossener Canal existiert, welcher sich,
je nachdem der After rechts oder links von der Mittellinie liegt, rechts
oder links nach aussen öffnet. Dabei liegt er entweder inner- oder
ausserhalb des Cloaken-Sphincters.

Von Abdominalporen bei Amphibien, Vögeln und Mammalia
ist nichts bekannt, bei Reptilien aber, nämlich bei zahlreichen
Schildkröten und Crocodilen, werden sie vielleicht durch die sogen.

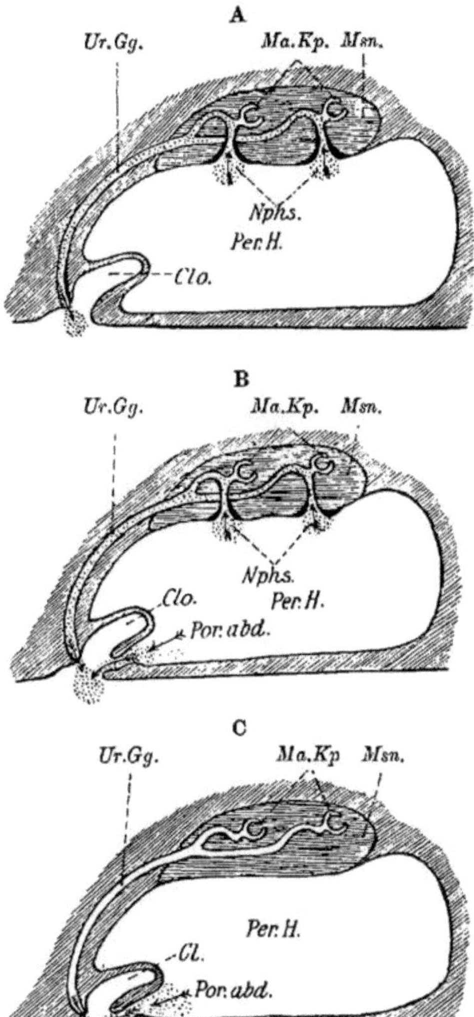

Fig. 303 **A, B, C.** Drei schematische Figuren nach E. J. Bles, um die drei
Möglichkeiten der Communication der Peritonealhöhle mit der Aussenwelt bei Fischen und Dipnoërn zu zeigen. **A:** Nur Verbindung durch die
Nephrostomen (*Nphs.*) (Cestracion, Rhina und gewisse andere Selachier, bevor sie
ausgewachsen, bezw. bevor sie in die Geschlechtsreife getreten sind; auch Amia calva-
Larven). **B:** Verbindung durch Nephrostomen (*Nphs.*) und Abdominalporen (*Por.abd.*)
(Gewisse erwachsene Scylliiden und Spinacidae). **C:** Verbindung nur durch Ab-
dominalporen (*Por. abd.*) (Carchariidae, Lamnidae und Batoidei; Holocephala,
erwachsene Ganoiden, gewisse Dipnoi, gewisse Salmoniden, Mormyridae.
Sonstige allgemein giltige Bezeichnungen obiger Figuren: *Cl., Clo.* Cloake, *Ma.Kp.* Malpighi'sche Körperchen der Urniere, *Msn.* (Mesonephros), *Per. H.* Peritonealhöhle, *Ur.Gg.*
Urnieren- s. Mesonephrosgang.

Peritonealcanäle repräsentiert. Diese besitzen bei den Schildkröten nahe Lagebeziehungen zum Penis und zur Clitoris, dringen in die spongiöse Substanz der Eichel ein und endigen dann gewöhnlich blind. Bei Crocodilen, wo sich das Cavum peritonei gegen die Peniswurzel zu trichterartig auszieht, münden die Canäle in die Cloake.

Ueber die morphologische Bedeutung der Pori abdominales ist nichts Sicheres bekannt, und künftige entwicklungsgeschichtliche Untersuchungen müssen zeigen, ob sie den letzten Resten von Segmentalgängen entsprechen. Immerhin ist wohl im Auge zu behalten, dass Pori abdominales und Nephrostomen, mögen nun diese oder jene phylogenetisch älter sein, unter einen und denselben physiologischen Gesichtspunkt fallen, insofern sie beide für die Ausfuhr regressiver Stoffe aus der, zum grossen Theile ein Excretions-Organ repräsentierenden Leibeshöhle dienen können. Bezüglich weiterer Verbindungen der Leibeshöhle mit der Aussenwelt vergl. später das Urogenitalsystem (Ostium abdominale des Müller-schen Ganges).

Rückblick.

Die bei vielen Wirbellosen eine grosse Rolle spielende Hautrespiration tritt bei den meisten Wirbelthieren der Kiemen- oder Lungenathmung gegenüber in der Regel stark in den Hintergrund und spielt nur bei Amphibien noch eine grössere Rolle. Bei manchen derselben ist auch die Mund-Rachen-Athmung von Bedeutung.

Die wasserathmenden Kiemen sowohl als die luftathmenden Lungen sind genetisch aufs engste an den Tractus intestinalis gebunden, und beide erfüllen durch den auf dem Wege des Kreislaufes sich vollziehenden Gaswechsel eine und dieselbe Function.

Während nun aber die Kiemen im Bereich des Kopfes, beziehungsweise des Visceralskeletes an die Existenz von Oeffnungen geknüpft sind, welche die Schlundwand durchbohren, handelt es sich bei den Lungen um Divertikelbildungen des Vorderdarms, welche in den Leibesraum zu liegen kommen. Aehnliche Einrichtungen finden sich schon bei Fischen in Form der ausserordentlich vielgestaltigen Schwimmblase, allein es handelt sich dabei, aus Gründen des Kreislaufes, in der Regel nur um eine morphologische und um keine functionelle Parallele, d. h. die Schwimmblase fungiert, abgesehen von gewissen Ganoiden und einigen Teleostiern, als ein hydrostatischer Apparat.

Die Kiemen sind als eine phyletisch ältere Einrichtung zu betrachten, als die Schwimmblase, resp. Lunge, denn die niedrigsten Fische zeigen davon noch keine Spur, und dieser Satz wird auch durch die Ontogenie gestützt. Letztere beweist, dass sämtliche Wirbelthiere früher einmal kiemenathmend waren und dass sie erst ganz allmählich, in Anpassung an das umgebende Medium, luftathmend geworden sind, ein Process, den wir heute noch in der Entwicklung der meisten Amphibien unter unsern Augen sich abspielen sehen.

Dass der Kiemenraum bei den Vorfahren der heutigen Wirbelthiere über einen viel grösseren Abschnitt des Körpers sich erstreckt haben muss, erhellt unzweifelhaft aus dem Verhalten des Amphioxus, der Cyclostomen und der Notidaniden, sowie aus gewissen Kiemenrudimenten, wie sie bei anderen Fischen häufig noch nachzuweisen sind.

Die Kiemen sämtlicher Wirbelthiere lassen sich in morphologischer Beziehung in fünf Abtheilungen zerfällen, die unter sich keine directen Beziehungen aufweisen. Die erste ist durch den Amphioxus, die zweite durch die Cyclostomen, die dritte durch die übrigen, im erwachsenen Zustande befindlichen Fische, die vierte durch die Embryonen der Selachier, gewisser Ganoiden und Teleostier, die fünfte endlich durch die Dipnoër und die Amphibien, bezw. durch die Amphibien-Larven repräsentiert.

Was den Respirationsapparat der luftathmenden Wirbelthiere anbelangt, so kann man bei allen die Luft zuführenden Wege und die eigentliche Lunge unterscheiden. Erstere zerfallen in den Kehlkopf, die Trachea und die Bronchien.

Der Kehlkopfeingang liegt im Gegensatz zu demjenigen des Luftganges der Schwimmblase stets an der ventralen Schlundwand, unterscheidet sich aber von letzterem bei niederen Typen im Uebrigen nur wenig.

Hier wie dort handelt es sich zunächst nur um einen M. dilatator und entweder um gar keine (Dipnoër) oder doch nur um eine sehr geringe Differenzierung von Stützknorpeln (gewisse Amphibien). Bei Urodelen begegnet man den primitivsten Spuren eines Kehlkopfes, und auch die Trachea ist in der Regel noch ausserordentlich kurz, bezw. noch gar nicht vorhanden, sodass man von der Glottis aus direct in die Lungensäcke geräth. Eine von Knorpeln gestützte Trachea ist somit als ein secundärer Erwerb zu betrachten, findet sich aber bereits bei gewissen Urodelen.

Zu dem M. dilatator gesellt sich bei Urodelen weiterhin noch ein Constrictor, und ein knorpeliges Kehlkopfgerüste (Giessbecken- und Ringknorpel) beginnt sich immer mehr zu differenzieren. In der Reihe der Anuren erreicht es eine höhere Ausbildung, und hier treten zum erstenmal schwingende Membranen auf, wodurch das erste Stimmorgan gebildet ist.

Von den Reptilien an ist der Typus des Säugethierkehlkopfes in seinen Grundzügen vorgezeichnet und, was bei letzteren neu hinzukommt, ist im Wesentlichen nur die Cartilago thyreoidea und eine durch Knorpel gestützte, selbständige Epiglottis, sowie endlich eine ungleich reicher differenzierte Muskulatur.

Eine Sonderstellung nehmen die Vögel insofern ein, als ihr Stimmorgan in die Tiefe der Brust versenkt, d. h. an dem Uebergang der Trachea in die Bronchien angebracht, und der obere, eigentliche Kehlkopf (im Sinne der übrigen Vertebraten) rudimentär und nur zu einem einfachen Luftweg geworden ist.

Was die Lunge selbst betrifft, so ist sie keineswegs bei allen terrestrischen Thieren entwickelt; sie hat vielmehr bei zahlreichen Urodelen eine Rückbildung bezw. einen gänzlichen Schwund erfahren, sodass sie in functioneller Hinsicht durch eine Mund-Rachen- und Hautathmung ersetzt wird.

In ihrer Form passt sich die Lunge, wie dies auch für andere Eingeweide, wie z. B. für die Leber, gilt, der Configuration des Körpers im Allgemeinen an und stellt in ihrer primitivsten Form einen nach innen und aussen glattwandigen Sack mit weitem Lumen dar (manche Dipnoër und Urodelen). Bei Anuren und in viel weiterer Ausbildung bei Ophidiern entsteht eine Zone randständiger, alveolenartiger Gebilde, welche, eine Oberflächenvergrösserung der Respirationsfläche bedeutend, alle mit dem centralen Lungenraum in offener Verbindung stehen. Eine ungleich bedeutendere Vergrösserung der Athmungsfläche wird bei Sauriern, Cheloniern und Crocodiliern dadurch erreicht, dass es unter Zusammenfluss der Alveolenwände zur Bildung von Septen kommt, welche das Organ in mannigfacher Weise durchziehen. Der hierin sich ausprägende höhere Grad der Entwicklung erfährt dann dadurch noch eine weitere Complication, dass die immer mehr sich differenzierenden Bronchien allmählich in die Lunge eindringen und dieselbe in Form eines Stammbronchus, von welchem eine wechselnd grosse Zahl alveolenbesetzter Seitenbronchien ausgehen, in der Richtung von vorne nach hinten durchwachsen. Den gleichen Weg nimmt, im Anschluss an das intrabronchiale Röhrensystem auch die Ausbreitung des Knorpels. Diese Verhältnisse führen dann zum Typus der Säugethierlunge hinüber, und andrerseits kann man sich vorstellen, wie dadurch, dass sich die Seitengänge zweiter, dritter etc. Ordnung in einander öffneten, secundär Bildungen entstehen konnten, die man in der Vogellunge als Pfeifen (Parabronchia) bezeichnet. Eine weitere, schon bei Reptilien vorgebildete Eigenthümlichkeit der Vogellunge bilden die in früher Embryonalzeit entstehenden Aussackungen des Organes, die sogenannten Luftsäcke. Diese dienen nicht sowohl zur Vergrösserung der Athemfläche, als vielmehr, nach der Art von Blasebälgen wirkend, zum Einsaugen und Auspressen der Luft, kurz es handelt sich um einen Durchlüftungs- oder Ventilationsapparat.

Das ganze Coelom der Wirbelthiere ist ausgekleidet von einer serösen Haut, an welcher man ein parietales Blatt, sowie viscerale, die verschiedenen Eingeweide umhüllende Blätter unterscheiden kann.

Auf dreierlei Art kann das Coelom nach aussen communizieren, 1. durch die Nephrostomen, 2. durch das Ostium abdominale des weiblichen Eileiters, und 3. durch die in der Nähe der Urogenital- resp. Analöffnung mündenden Pori abdominales. Letztere, welche paarig oder unpaar sein können, finden sich bei vielen Fischen und allen Dipnoërn. Ob die bei Cheloniern und Chrocodiliern sich findenden Peritonealöffnungen damit verglichen werden dürfen, ist nicht sicher.

Die Bedeutung der Abdominalporen ist noch keineswegs klar, und es lässt sich vorderhand nur behaupten, das sie eine uralte, schon von den Vorfahren der Cyclostomen erworbene, wahrscheinlich zum Urogenitalsystem in Beziehung stehende Einrichtung darstellen.

H. Organe des Kreislaufs.

(Gefässsystem).

Die Organe des Kreislaufes, welche mesodermaler Abkunft sind, zerfallen in das **Herz**, die **Gefässe**, das **Blut** und die **Lymphe.**[1)]

[1)] Die Herzhöhle, sowie die Lumina der Gefässe sind in genetischer Beziehung als Derivate der **primären Leibeshöhle**, d. h. des Zwischenraumes zwischen den primären Keimblättern, zu betrachten. Ob, wie zahlreiche Autoren annehmen, auch das Entoderm an der Anlage des Gefäss-Systems betheiligt ist, oder ob es sich dabei um cänogenetische Erscheinungen handelt, müssen weitere Untersuchungen lehren.

Das Herz stellt das Centralorgan des Gefässsystems dar, besitzt muskulöse Wände und dient als **Saug-** und **Druckpumpe**. Es sorgt für die in regelmässiger Weise sich vollziehende Bewegung der ernährenden Flüssigkeit, d. h. des die Gefässe durchströmenden Blutes. Die Blutgefässe[1] zerfallen in solche, welche ihren Inhalt in das Herz ergiessen (**Venen**) und in solche, die das Blut aus dem Herzen fortleiten (**Arterien**). Die letzteren führen in der Regel sauerstoffreiches (oxydiertes), helles, die ersteren kohlensäurereiches und mit andern Stoffen der regressiven Metamorphose erfülltes, dunkles Blut. Allein diese Regel gilt nicht durchweg, insofern man dem allgemeinen Sprachgebrauch gemäss alle in das Herz mündenden Gefässe Venen und die aus demselben entspringenden Arterien nennt, mag der Inhalt derselben in chemischer Beziehung so oder so beschaffen sein.

Die Wand der Arterien ist im Allgemeinen dicker, elastischer und viel reicher an glatten Muskelfasern, als diejenige der Venen, welche zum grossen Theil in ihren Wandungen gar keine muskulösen, sondern nur bindegewebige, beziehungsweise elastische Elemente führen. Was aber manche Venen vor den Arterien voraus haben, das sind Klappen, welche in das Gefässlumen einragend, mit ihrem freien Rand stets herzwärts gerichtet sind und so gegen die Rückstauung der Blutsäule wirken. Meist sind sie halbmondförmig gestaltet und so angeordnet, dass sich jeweils zwei gerade gegenüberliegen.

Die letzten feinsten Ausbreitungen der Gefässe nennt man **Haargefässe** oder **Capillaren**. Die Wände derselben bestehen nur aus Zellen (Endothelien); in den grösseren Gefässen wird die Wandung durch Bindegewebe, elastisches Gewebe und häufig auch (zumal bei Arterien) durch Muskeln verstärkt.

Während sich nun der Blutstrom in einem allseitig geschlossenen Röhrensystem bewegt, gilt dies nicht in derselben gesetzmässigen Weise für die **Lymphe**. Wohl ist dieselbe häufig genug ebenfalls an geschlossene Bahnen (**Lymphgefässe**) gebunden, allein sie erfüllt auch die verschiedensten Spalten, Lücken und Hohlräume des Körpers und durchtränkt alle Gewebe. Später wird dies in einem besonderen Capitel noch genauer zu besprechen sein, für jetzt mag die Bemerkung genügen, dass die Lymphe des Wirbelthierkörpers einen doppelten Ursprung besitzt, nämlich in den Geweben (parenchymatöse Quelle) und im Darm (Chylusquelle).

Im Blute unterscheidet man 1. das Plasma und 2. Formelemente, die **Blut-** und **Lymphzellen**. Für die ersteren wird auch der Name „rothe"[2] Blutzellen (Erythrocyten) oder Blutkörperchen gebraucht. Sie sind als specifisch respiratorische Zellen zu betrachten und haben mit den Lymphzellen denselben Ursprung, d. h. beide gehen aus compacten Anlagen hervor, welche später durch Serum gelockert werden und in Circulation kommen. Synonyma für Lymphzellen sind: weisse oder farblose Blut-

---

[1] Zwischen Blutgefässen und Nerven besteht eine unzweifelhafte topographische Abhängigkeit, in deren Grundursache wir vorderhand noch keinen befriedigenden Einblick besitzen, jedoch lässt sich so viel mit Gewissheit sagen, dass das Nervensystem als das phyletisch ältere für das ursprüngliche, bestimmende Moment erklärt werden darf.

[2] Der Ausdruck „rothe" Blutkörperchen ist nicht zutreffend, da es sich um keine rothe, sondern um eine blass-schwefelgelbe Farbe der Einzelzelle handelt.

zellen oder Blutkörperchen, Leukocyten, Lympkörperchen, Phagocyten. Im Lymphplasma finden sich nur Lymphzellen[1]).

Ausser den Erythrocyten und Leukocyten kommt dem Blut noch ein drittes Formelement zu, nämlich die sogenannten **Blutplättchen** (Thrombocyten). Sie bestehen aus flachen, blassen, farblosen Scheiben mit Kern und Protoplasma, sind amöboider Bewegung fähig und zeigen bei der Blutgerinnung eigenartige, charakteristische Veränderungen, welche die rothen und farblosen Blutzellen nicht besitzen.

Die rothen Blutzellen der Fische[2]), Amphibien und Sauropsiden sind oval, biconvex und haben einen Kern, welcher das ganze Leben hindurch persistiert.

Unter allen Mammalia besitzen nur die Tylopoden ovale (kernlose) Blutkörper, bei allen übrigen sind es runde, biconcave kernlose Scheiben. So lautet die Regel, allein dabei ist wohl zu beachten, dass auch bei Säugethieren in postembryonaler Zeit an den Körperstellen, wo eine Neubildung von rothen Blutzellen das ganze Leben fortdauert, kernhaltige Formen stets in grosser Zahl getroffen werden. Solche Bildungsstätten sind in erster Linie das Knochenmark[3]). Ob und in wie weit auch die Leber, die Lymphdrüsen und die Milz an der Bildung von Erythrocyten betheiligt sind, müssen künftige Untersuchungen zeigen.

Tabelle über die verschiedenen Grösse- und Zahlenverhältnisse der rothen Blutkörperchen.

Amphiuma	75 μ	Salamandrinen	25—37 μ
Proteus und Meno-		Schildkröten	24—26 „
branchus .	. 58 „	Eidechse	15—16 „
Siren lac. . .	c. 60 „	Anuren .	22—25 „
Cryptobranchus	. 47 „	Fische	5—33 „
Menopoma .	47—48 „	Vögel . .	. 12—15 „
Protopterus	40—46 „	Säugethiere	2,5—9—10 „
Axolotl	44 „		

In einem Cubikmillimeter Blut besitzen:

Menopoma	138,600	Blutzellen
Frösche	. . . 229,000	„
Fische (Petromyzon)	. . 362,889—500,000	„
Vögel	1,000,000—4,000,000	„
Säuger (verschiedene Gruppen)	3,000,000—18,000,000	„

Das Herz ist, wie früher bereits erwähnt, in einen Sack, den sogenannten Herzbeutel (Pericardium) eingeschlossen. Derselbe ist von einer serösen Membran ausgekleidet, an der man ein parietales und viscerales Blatt unterscheiden kann (Fig. 301). Letzteres überzieht das Herz selbst, und zwischen beiden Blättern findet sich ein

---

[1]) Amphioxus besitzt nur weisse Blutkörperchen.

[2]) Nur die Cyclostomen machen mit ihren runden (kernhaltigen) Blutzellen eine Ausnahme.

[3]) Auch bei den übrigen Vertebraten, bis zu den Fischen hinab, spielt das Knochenmark bei der Blutbildung eine grosse Rolle, nebenher vermehren sich aber allerdings die Blutzellen, wenn auch in beschränkterem Maasse, fortdauernd in jedem andern Körpertheil, gerade wie in embryonaler Zeit.

mehr oder weniger weiter, zum Theil von Flüssigkeit (Liquor pericardii) erfüllter Lymphraum (Cavum pericardii), der als ein Abkömmling des vorderen Abschnittes des Cöloms zu betrachten, in der Regel aber in postembryonaler Zeit gänzlich davon abgeschnürt ist; nur bei Selachiern stehen beide durch die Canales pericardiaco-peritoneales[1]) miteinander in Verbindung.

Das Herz entsteht entweder einheitlich (Selachier, Amphibien) oder aus paariger (getrennter) Anlage (Teleostier, Sauropsiden, Mammalia) als ein röhrenförmiges Hohlorgan in der ventralen Wand der Splanchnopleura der Kopfdarmhöhle, dicht hinter der Kiemenspaltenregion[2]). Die Herzwand differenziert sich in verschiedene Schichten, nämlich in eine innere, das Endocardium, welches aus einer Modification des Darmepithels hervorgeht, also entodermaler Abkunft ist und sehr früh schon das eigentliche Herzrohr bildet, zweitens in eine später entstehende mittlere, muskulöse, das Myocardium[3]) und endlich in eine äussere, das Pericardium, von welchem bereits oben die Rede war.

So stimmt das Herz hinsichtlich seines Aufbaues im Wesentlichen mit den grösseren Gefässen überein, an welchen man ebenfalls eine epitheliale Innen-, eine muskulöse und elastische Mittel- und eine bindegewebige, perivasculäre Lymphräume einschliessende Aussenschicht unterscheiden kann. Diese drei Schichten werden auch kurzweg als **Intima, Media** und **Adventitia** bezeichnet.

In frühen Embryonalstadien der höheren Thiere, sowie zeitlebens bei niederen Vertebraten (grösster Theil der Anamnia), liegt das Herz in der vordersten Cölomregion, später aber — und dieser Vorgang besitzt ebenfalls wieder seine phylogenetische Parallele — finden mit der schärferen Herausbildung der einzelnen Körperregionen, wie namentlich eines Halses, mehr oder weniger bedeutende Wachsthumsverschiebungen statt, wodurch das Herz mehr distal-, d. h. caudalwärts, zu liegen kommt.

Ursprünglich stellt also das Organ nur eine einfache Blut- oder Gefässröhre dar, später aber erfährt dieselbe durch mannigfache Krümmungen (S-Krümmung), Verschränkungen und Ausbuchtungen grosse Complicationen. Diese bestehen vornehmlich darin, dass der gekrümmte Herzschlauch durch vermindertes Wachsthum seiner mittleren Abtheilung gleichsam z. Th. eingeschnürt wird, wodurch sich der sogenannte Ohrcanal bildet. Dadurch zerfällt das Herz in zwei Abtheilungen, die man als **Vorhof (Atrium)** und als **Hof (Ventrikel)** bezeichnet. Zwischen beiden entstehen **klappenartige Vorrichtungen (Valvulae)**, welche dem durchströmenden und unter die Muskelpresse der Herzwände kommenden Blutstrom die Fortbewegung nur in einer

---

[1]) Dass Pericardium, Diaphragma und Pleuralräume bei den höheren Vertebraten genetisch in engstem Connex mit einander stehen, wurde bereits im Kapitel über die Muskeln betont.

[2]) Der Grund für die paarige Anlage liegt in einer Vermehrung des Dottermaterials, d. h. in einer Anpassung an die Ernährungsverhältnisse, wie sie in gewissen Stadien der Embryogenese zur Geltung kommen (cänogetischer Vorgang).

[3]) Das Myocardium ist mehr oder weniger compact. Es baut sich auf aus quergestreiften und mit ihren Ausläufern netzartig sich verbindenden Zellen, von welchen jede einen (centralliegenden) Kern einschliesst, und welche unter der Herrschaft theils des cerebro-spinalen (Vagus), theils des sympathischen Nervensystems stehen.

bestimmten, vom Atrium nach dem Ventrikel gehenden Richtung erlauben und jegliche Rückstauung verhindern. Sie sind aus einem
Wucherungsprocess des Endocards hervorgegangen zu denken. Aus
dem Gesagten erhellt, dass das Atrium die für den Eintritt des
Blutes bestimmte venöse, der Ventrikel die auf den Austritt
des Blutes berechnete arterielle Herzabtheilung darstellt.

Am venösen Ende bildet sich durch Vereinigung der zuführenden
Körpervenen noch ein selbständig pulsierender Behälter, der sogenannte **Sinus venosus**, welcher sich anfangs mit sehr weiter Mündung
in den Vorhof öffnet, später aber durch Vorwachsen der umgebenden
Muskelfalten nur durch eine engere Pforte damit in Verbindung bleibt.
Dabei legen sich die atriale und die Sinuswand eine Strecke weit
aneinander, wodurch zwei scharf umrandete, ins atriale Lumen vorspringende Falten, die beiden Sinusklappen, entstehen.

Wie dies soeben vom Vorhof des Herzens ausgeführt wurde, so
findet sich auch in der Fortsetzung des Ventrikelabschnittes noch eine
besondere Bildung, der sogen. **Conus arteriosus** oder **Bulbus cordis**
(A. Langer) (in der Embryologie der Amnioten meist unzweckmässig
als „Bulbus arteriosus" bezeichnet). Er besitzt als richtiger Herz-
abschnitt quergestreifte Musculatur und in seinem Innern finden sich
in Längsreihen angeordnete Klappen, welche aus ursprünglichen Längs-
wülsten hervorgegangen zu denken sind [1]). An den Conus schliesst sich
der Anfangstheil des arteriellen Gefässsystems als Truncus arteriosus mit glatter Musculatur an. Auch er kann eine bulbusartige Anschwellung zeigen, die von dem Bulbus cordis wohl zu unterscheiden
ist und die, wie es scheint, ontogenetisch später zur Ausbildung kommt,
als der Conus. Sie führt in ihrer Wand glatte Muskelfasern, welche
von bindegewebigen und elastischen Elementen umsponnen werden
(s. Teleostier).

Der Truncus arteriosus verlängert sich in ein starkes
arterielles Gefäss, die ventrale Aorta, und diese giebt rechts und
links in symmetrischer Reihenfolge eine grössere Zahl von Querästen
(Fig. 304 *Ab*) ab, welche je zwischen zwei Kiemenlöchern (*KL*) verlaufen, sich daselbst capillär auflösen und sich jenseits derselben,
nachdem sie zuvor Aeste an den Kopf (Carotiden) abgegeben haben,
jederseits zu einem Längsstamme (*SS¹*) vereinigen. Jene Queräste
sind die **Vasa branchialia**, welche also je aus einem, venöses Blut
führenden Vas afferens und einem, arterielles Blut führenden Vas
efferens bestehen. Speciell die Vasa efferentia sind es, die sich
jederseits zu den oben erwähnten Längsstämmen sammeln und mittelst
letzterer weiterhin die rechte und linke Wurzel der dorsalen Aorta
(Fig: 304 *A*), bilden. Diese erstreckt sich an der ventralen Seite der
Wirbelsäule als ein mächtiger, unpaarer Gefäss-Stamm dem ganzen
Rumpf entlang bis in die Schwanzspitze hinein und entsendet auf
diesem ihrem Wege zahlreiche Aeste zu den Körperwänden, den Eingeweiden und den Extremitäten. Auch erzeugt sie während der
Embryonalzeit die hochwichtigen Arteriae vitellinae s. omphalo-

---

[1]) Die die Längswülste zu Klappen umformenden Factoren müssen in phylogenetischer
Hinsicht in den Druckwirkungen des nach der Ventrikel- und Conussystole sich rück-
stauenden Blutes gesucht werden. Die anfangs weiche Gewebsmasse der Längswülste erhielt dadurch Eindrücke, und diese buchteten sich successive zu Taschen aus.

mesentericae zum Dottersack, sowie (abgesehen von den Fischen und Dipnoërn) die Allantois-Arterien zum embryonalen Harnsack (Allantois).

Die Arteriae omphalomesentericae breiten sich an der Oberfläche des Dottersackes aus und vermitteln die Respiration, indem das durch den Gasaustausch mit dem umgebenden Medium gereinigte Blut auf dem Wege der Venae omphalo-mesentericae zum Embryo zurückkehrt. Letztere verbinden sich mit den Allantoisvenen, sowie den Venen des Darmcanales und führen so eventuell zur Bildung einer Vena portarum hepatis, welche sich innerhalb der Leber in ein Capillarnetz auflöst.

Aus der Vereinigung dieser venösen Lebercapillaren entstehen dann wieder grössere Bahnen, welche zu den aus der Leber austretenden Venae hepaticae führen, und diese endlich ergiessen sich in den Sinus venosus cordis. In diesen mündet auch von jeder Seite der Ductus Cuvieri, welcher aus den Zusammenfluss der vorderen und hinteren Cardinalvenen[1]), die das venöse Blut aus dem gesamten Körper, abgesehen vom Darmcanal, sammeln, besteht. Die Caudalvene, welche direct unter dem caudalen Abschnitt der Aorta (A. caudalis) liegt, kann, wenn auch in der Regel nur indirect, durch ein Nierenpfortader-System mit den hinteren Cardinalvenen verbunden sein (vergl. die später folgenden Abbildungen des venösen Systems).

Die weitere Entwicklung des Embryos kann auf folgende drei verschiedene Weisen vor sich gehen:

1. Der Embryo verlässt das Ei und beginnt ein Wasserleben (Anamnia), wobei ausschliesslich der Kiemenkreislauf für die Erneuerung des Blutes, d. h. für die Respiration sorgt

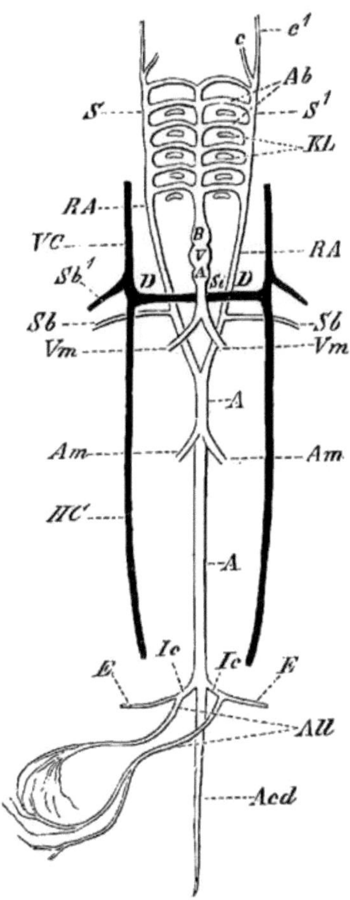

Fig. 304. Schematische Darstellung des embryonalen Gefässsystemes. Von den Venen sind nur die Cardinalvenen und die Ductus Cuvieri dargestellt. Die Portal-Systeme fehlen. *A* Atrium, *A*, *A* Aorta abdominalis, *Acd* Arteria caudalis, *All* Allantoisarterien, (Art. hypogastricae), *Am* Arteriae omphalo-mesentericae, *B* Bulbus arteriosus, *c, c1* die Carotiden, *E, E* Arteriae iliacae externae, *Ic, Ic* Arteria iliaca communis, *KL* Kiemenlöcher, *RA, RA* Radix dextra et sinistra Aortae, welche mittelst der Sammelgefässe *S, S1* aus den Branchialgefässen *Ab*, deren Capillarität nicht dargestellt ist, hervorgehen, *Sb* Arteria subclavia, *Si* Sinus venosus, *V* Ventrikel, *Vm* Venae omphalo-mesentericae, *VC, HC* vordere und hintere Cardinalvenen, die bei *Sb1* die Vena subclavia aufnehmen und dann in die Ductus Cuvieri *D, D* confluieren.

---

[1]) Die vordere Cardinalvene heisst auch V. jugularis.

und die Allantois, falls es sich um Amphibien handelt, in ihrer Gesamtheit zur Harnblase wird.

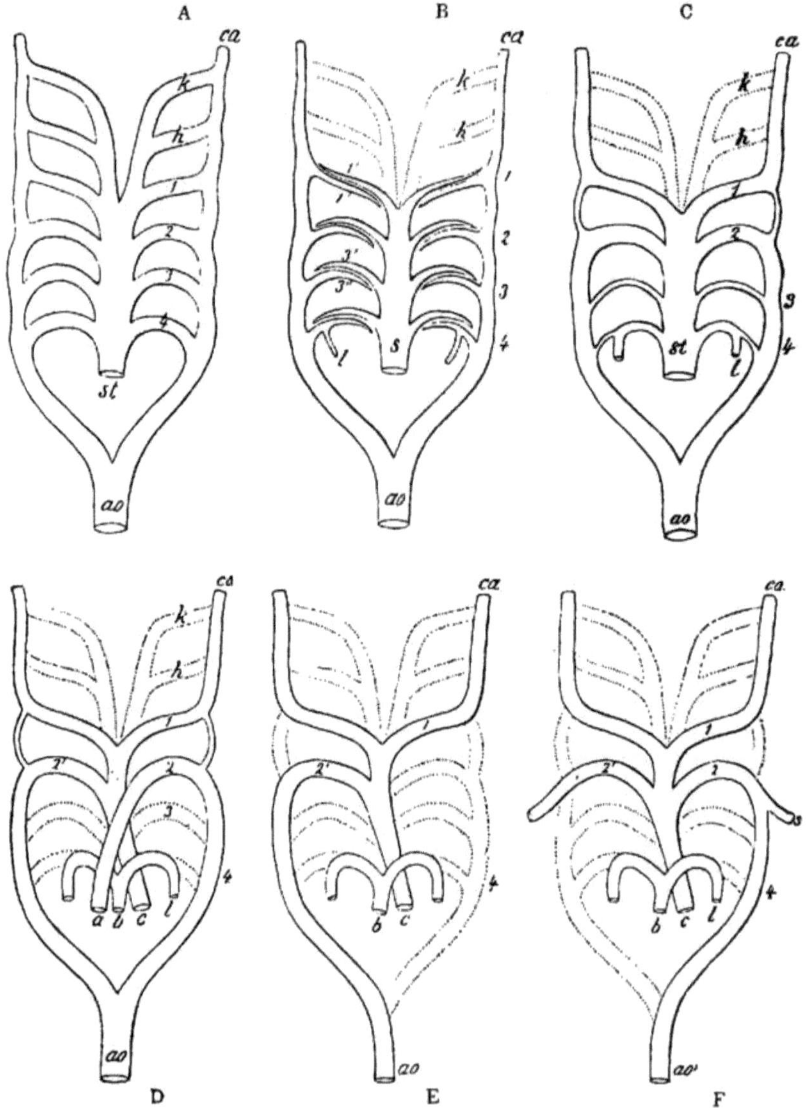

Fig. 305. Schema der Arterienbogen verschiedener Wirbelthiere. Nach Boas.
A Embryonales Ausgangsstadium, **B** Fisch, **C** Urodel, **D** Reptil (Eidechse), **E** Vogel,
F Säugethier. Die später wieder schwindenden Theile sind punctiert. *a, b, c* die Gefässe,
in welche sich der ventrale Arterienstamm bei Reptilien, Vögeln und Säugethieren theilt,
ao dorsale Aorta, *ca* Carotis, *k* und *h* die zwei ersten (vordersten) embryonalen Bögen,
welche fast stets wieder schwinden, *l* Arteria pulmonalis, *s* (in **F**) linke Arteria subclavia,
s (in **B**) und *st* (in **C**) ventrale Aorta, *1—4* die vier weiter hinten liegenden Bögen, 1^1—3^1
erste und dritte Arteria branchialis afferens, $1''$ und $3''$ die entsprechenden Arteriae branchiales efferentes, *2* in **D** und **F** zweiter Bogen der linken Seite, 2^1 in **D**, **E** und **F** zweiter
Bogen der rechten Seite.

2. Bei den Amnioten erfahren mit der sich herausbildenden Luft- (Lungen-) Athmung die Kiemengefässe eine Modification resp. Reduction, und dasselbe gilt für die Allantois, welche sich sogar gänzlich zurückbilden und schwinden kann [gewisse Reptilien, alle Vögel (vergl. das Harnsystem)].

3. Die dritte, ebenfalls die Amnioten betreffende Möglichkeit endlich ist die, dass der Embryo noch längere Zeit ein intrauterines Leben führt und dass seine Allantoisgefässe, unter Bildung der sogenannten **Chorionzotten**, in die Uteruswand einwuchern, um dort die innigsten, auf den Gasaustausch und auf die fötale Ernährung

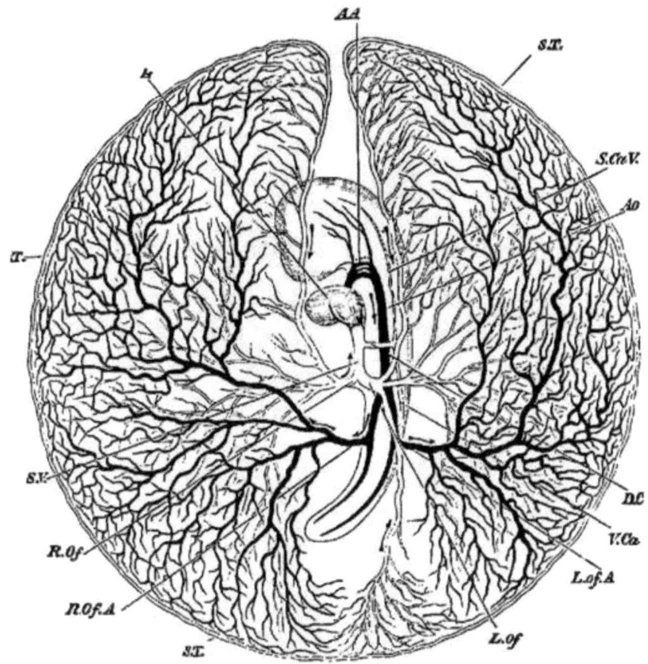

Fig. 306. Schema des Gefässsystems des Dottersackes vom Hühnchen am Ende des dritten Brüttages. Nach Balfour. *AA* zweiter, dritter und vierter Aortenbogen; der erste ist in seinem Mittelstück obliteriert, setzt sich aber von seinem proximalen Ende aus in die äussere, von seinem distalen Ende aus in die innere Carotis fort, *AO* Rückenaorta, *DC* Ductus Cuvieri, *H* Herz, *L.Oj.A* linke Dotterarterie, *L.Of* linke, *R.Of* rechte Dottervene, *R.Of.A* rechte Dotterarterie, *S.T* Sinus terminalis, *S.Ca.V* obere, *V.Ca* untere Cardinalvene, *SV* Sinus venosus. Die Venen sind in doppelten Contouren angegeben, die Arterien schwarz. Die ganze Keimhaut ist vom Ei abgelöst und in der Ansicht von unten dargestellt. Daher erscheint rechts, was eigentlich links ist, und umgekehrt.

berechneten Beziehungen zu dem mütterlichen Gefässsystem zu gewinnen. Kurz, es kommt zur Bildung eines **Placentarkreislaufes.**

Mit der Herausbildung der Lungenathmung treten an dem anfangs so einfach gestalteten Herz tief eingreifende Veränderungen auf, die aber schliesslich alle darauf hinauslaufen, dass die ursprünglichen zwei Abtheilungen eine Trennung in zwei weitere Abschnitte, nämlich noch in ein Atrium und noch einen Ventrikel, erfahren, kurz, dass es zur Viertheilung des Herzens kommt. Zu-

gleich werden der Sinus venosus und der Conus arteriosus
mehr oder weniger in den rechten Vorhof, resp. rechten Ventrikel
mit einbezogen. Man kann also nun eine **rechte Herzhälfte**, welche
nur venöses, und eine **linke**, welche nur arterielles Blut führt,
unterscheiden, und es ist die Möglichkeit gegeben, dass das durch ein
neu entstandenes Gefäss (**Art. pulmonalis**) aus dem rechten Ventrikel
in die Lungen geworfene, venöse Blut, nachdem es hier oxydirt
worden ist, durch besondere Bahnen (**Venae pulmonales**) wieder zum
Herzen, und zwar zur linken Hälfte desselben, zurückkehren kann,

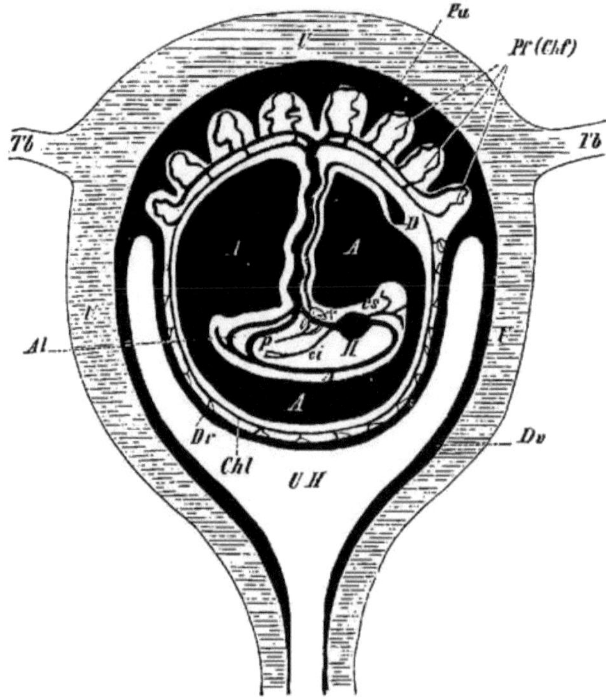

Fig. 307. Schematisches Durchschnittsbild durch den schwangeren Uterus
des Menschen. *A, A* die von einer Flüssigkeit erfüllte Höhle des Amnion. Innerhalb
befindet sich der an der Nabelschnur hängende Embryo. *Al* Allantoisarterien (Art. umbilicalis), *Ao* Aorta, *Chl* Chorion laeve, *ci* und *es* Vena cava inferior und superior, *D* das
rudimentäre Dotterbläschen, *Dr* Decidua reflexa, *Dv* Decidua vera, welche bei *Pu* zur
Placenta uterina wird, *H* Herz, *p* Vena portarum, *Pf* Placenta foetalis (Chorion frondosum),
Tb, Tb Tuben, *U* Uterus, *UH* Uterushöhle, † die von der Vena umbilicalis durchsetzte Leber.

um dann erst von hier aus durch die **Aorta** in den Körperkreislauf
zu gelangen.

Weder bei Sauropsiden, noch bei Mammalia functionieren, wie
schon früher betont wurde, die Kiemengefässe zu irgend einer Entwicklungsperiode als solche; dagegen werden sie, soweit sie persistieren, zu wichtigen Gefässstämmen des Kopfes und Halses (Carotiden), der vorderen Gliedmassen (A a. subclaviae) und der Lungen
(A. pulmonalis). Ferner stehen sie in allernächster Beziehung zur
Bildung der Aortenwurzeln, von welchen sich beide oder nur eine
erhalten können (Fig. 305).

Die ursprüngliche Zahl der arteriellen Kiemenbogen ist sechs, wovon die vordersten zwei, welche im Bereich des mandibularen resp. hyoidealen Bogens liegen, schon in der Embryonalzeit fast immer wieder verschwinden. Bei caducibranchiaten Amphibien (incl. Anuren) und bei den Amnioten verschwindet auch wieder der fünfte Arterienbogen, während der dritte zum Carotidenbogen wird. Aus dem vierten gehen beiderseits (Amphibien, Reptilien) oder nur auf einer Seite (Vögel, Säuger) der Aortenbogen und aus dem sechsten die Lungenarterie (A. pulmonalis) hervor.

Von den Dipnoërn an aufwärts werden die hinteren Cardinalvenen in functioneller Beziehung mehr oder weniger vollständig durch ein grosses unpaares Gefäss, die hintere Hohlvene (V. cava posterior), ersetzt. Sie öffnet sich unabhängig von andern Gefässen in den rechten Vorhof (vergl. später den venösen Kreislauf).

Das Herz und seine Gefässe.

Fische[1]).

Während dem Amphioxus ein differenziertes Herz, im Sinne der übrigen Vertebraten, abgeht, ist es bei den übrigen Fischen gut entwickelt und liegt weit vorne in der Rumpfhöhle, gleich hinter dem Kopf. Stets ist es nach einem und demselben Grundtypus gebaut, wie ich ihn oben geschildert habe. Man unterscheidet also eine Kammer (Fig. 308 A, V) und eine Vorkammer, welch letztere aus einem Sinus venosus das Blut aufnimmt und sich seitlich zu den sogenannten Herzohren (Auriculae cordis) ausbuchtet (Fig. 308 A, a, a). Entsprechend der verschiedenen physiologischen Aufgabe der beiden Abtheilungen besitzt der Vorhof eine schwächere, der Ventrikel dagegen durchweg eine stärkere, nach innen netzartig, oder auch mit grösseren Balken (Trabeculae cordis), vorspringende Muskulatur, eine Einrichtung, die für die ganze Thierreihe gilt (Fig. 309).

An der Verbindungsstelle zwischen Kammer und Vorkammer, am sogenannten Ostium atrio-ventriculare, findet sich ein Klappenapparat (Valvulae atrio-ventriculares), der ursprünglich aus zwei Klappen besteht. Dieselben können sich aber weiterhin noch theilen.

Zahlreiche, in Reihen angeordnete Klappen existieren in dem muskulösen Conus arteriosus. Am zahlreichsten finden sie sich bei Selachiern und Ganoiden, allein es macht sich bei den am meisten rückwärts, also gegen den Ventrikel zu, liegenden Klappen bereits da und dort das Bestreben geltend, einen Reductionsprocess einzugehen. Nur die vorderste Klappenreihe wird hiervon nicht ergriffen, und diese ist es denn auch, welche der einzigen, zwischen Ventrikel und Bulbus arteriosus liegenden Klappenreihe der Teleostier entspricht. Hand in Hand damit hat auch der Conus arteriosus

---

[1]) Bezüglich der eigenen Gefässe des Herzens, welche aus den Vasa efferentia der Kiemengefässe stammen, will ich nur bemerken, dass sie unter den Fischen bei Selachiern, Rochen, Ganoiden und Teleostiern nachgewiesen sind (vergl. G. H. Parker und Frederica K. Davis).

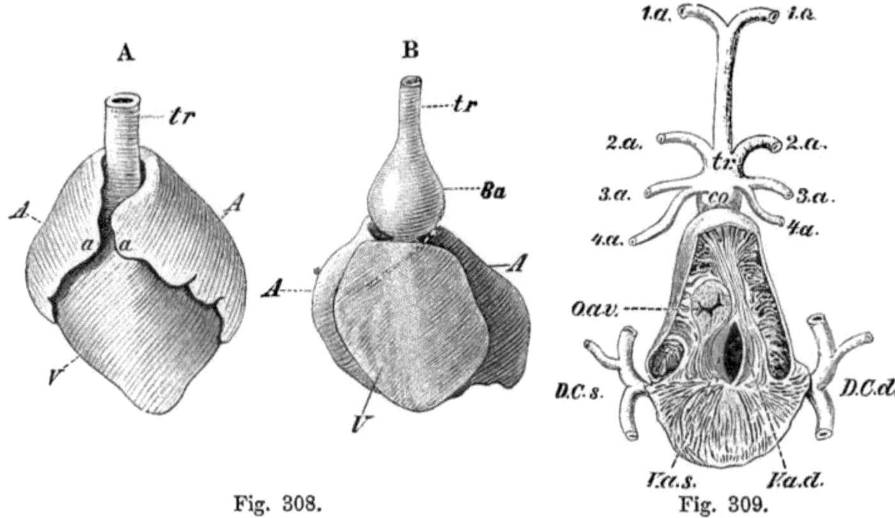

Fig. 308.   Fig. 309.

Fig. 307. Verschiedene Fischherzen. **A** vom Hammerhai, **B** vom Wels (Silurus glanis). *A, A* Atrium, *a a* Auriculae cordis, *Ba* Bulbus arteriosus, *tr* Truncus arteriosus, *V* Ventrikel.

Fig. 309. Herz von Acanthias vulgaris von hinten. Natürliche Grösse. Nach C. Röse. Der obere Vorhoftstheil ist abgelöst und zurückgeschlagen, um den Einblick ins Innere desselben zu gewähren. *Co* Conus arteriosus, *D.C.d* Ductus Cuvieri dexter, *D.C.s* Ductus Cuvieri sinister, *O.a.v* Ostium atrio-ventriculare commune, *tr* Truncus arteriosus, *V.a.d* und *V.a.s* rechte und linke Sinusklappe, *1.a, 2.a, 3.a, 4.a,* 1., 2., 3., 4. Kiemenarterien.

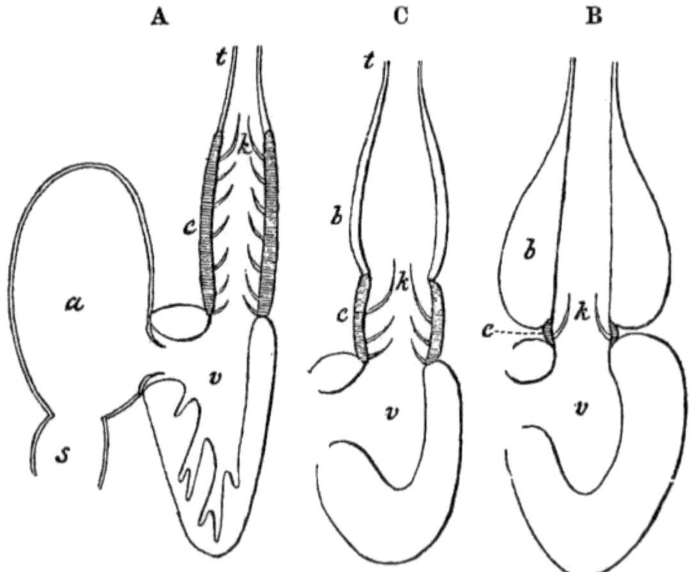

Fig. 310. Schematischer Längsschnitt durch das Herz verschiedener Fische. Nach Boas. **A** Fisch mit gut entwickeltem Conus arteriosus (d. h. Selachier), **B** Amia, **C** Teleostier. In **B** und **C** sind der Sinus venosus und das Atrium nicht angedeutet. *a* Atrium, *b* Bulbus arteriosus, *c* Conus arteriosus, *k* Klappen, *s* Sinus venosus, *t* ventrale Aorta, *v* Ventrikel.

der Teleostier eine mehr oder weniger starke Rückbildung erfahren, bezw. ist er bei ausgewachsenen Exemplaren in den Ventrikel mit hineinbezogen, sodass der Bulbus arteriosus häufig direct an den Ventrikel stösst (Fig. 310, C).

Das Herz der Fische führt nur venöses Blut und wirft dieses durch die Kiemenarterien (Fig. 332) in die Kiemencapillaren, von wo es, nachdem die Oxydation stattgefunden hat, durch die Vasa efferentia („Kiemenvenen") wieder ausgeführt wird, um endlich von hier aus in die Aortenwurzeln zu gelangen.

Dipnoi.

Auch bei den Dipnoërn liegt das Herz weit vorne im Cölom, gegen den Kopf zu, allein es zeigt entsprechend der hier neben der Lungenathmung bestehenden Kiemenathmung schon eine höhere, zwischen die Fische (Selachier) und Amphibien eingeschobene Entwicklungsstufe. In Anpassung an diese Verhältnisse zerfällt das Atrium durch das Auftreten eines Septums in zwei Abtheilungen, und dies gilt in einer gewissen Ausdehnung auch für den Ventrikel, insofern sich ein von der Sinusmündung in den Vorhof einragender, faserknorpeliger Wulst auch noch in den Ventrikelraum hineinerstreckt, allwo er sich mit den muskulösen Wänden durch fächerförmig angeordnete Muskelfasern in Verbindung setzt. Offenbar fungiert dieser Apparat an Stelle der fehlenden Atrioventricularlappen.

Der Sinus venosus kommt von den Dipnoërn an bei allen ein Septum atriorum besitzenden Wirbelthieren stets rechts von diesem zu liegen, mündet also in den rechten Vorhof.

Der Conus arteriosus ist spiralig gedreht, besitzt bei Ceratodus acht Querreihen von Klappen und beginnt sich ebenfalls in zwei Abtheilungen zu trennen. Dies ist bei Protopterus vollends erreicht, sodass also hier zwei Blutströme, ein wesentlich arterieller und ein wesentlich venöser, nebeneinander hergehen (Fig. 312). Ersterer führt das Lungenvenenblut, welches von dem linken Atrium in die linke Abtheilung des Ventrikels und von hier in die beiden vordersten Kiemenarterien eingetrieben wird (Fig. 312). Der venöse Strom dagegen stammt aus der rechten Abtheilung des Ventrikels und gelangt, nachdem das Blut in der dritten und vierten Kiemenarterie durchgeathmet ist, durch die entsprechenden Kiemenvenen in die Aortenwurzeln.

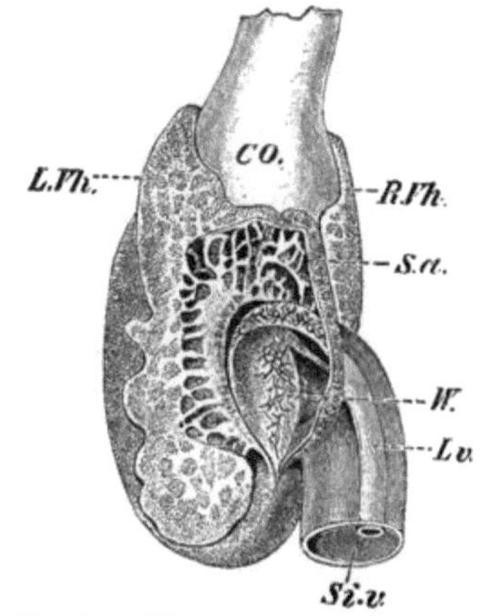

Fig. 311. Herz von Protopterus annectens. Ansicht von der linken Seite. Ein Theil der Vorhofswand ist entfernt. Natürliche Grösse. Nach C. Röse. Man sieht den fibrösen Wulst *W*; ferner die beiden Lungenvenenklappen, von denen die rechte sehr gross, die linke ziemlich unbedeutend und unter der ersten verborgen ist. *Co* Conus arteriosus, *Lv* Lungenvene, welche anfangs auf der Dorsalseite der Lebervene verläuft, dann aber in die Wand des Sinus venosus förmlich einsinkt, so dass sie, wie dies aus der Figur ersichtlich ist, innerhalb desselben zu liegen kommt, *L.Vh* und *R.Vh* Linker und rechter Vorhof, *S.a* Septum atriorum, *Si.v* Sinus venosus.

Die paarige **Arteria pulmonalis** entspringt von dem IV. Vas branchiale efferens (IV. Kiemenvene) bei **Ceratodus** (Fig. 312) und von der Aortenwurzel bei **Protopterus** und **Lepidosiren**. Diejenige der rechten Seite ist für die dorsale, diejenige der linken Seite für die ventrale Fläche der Lunge bestimmt.

Die zwei **Lungenvenen** vereinigen sich zu einem unpaaren Stamm, welcher sich mit seinem Ende der Art in den Sinus venosus

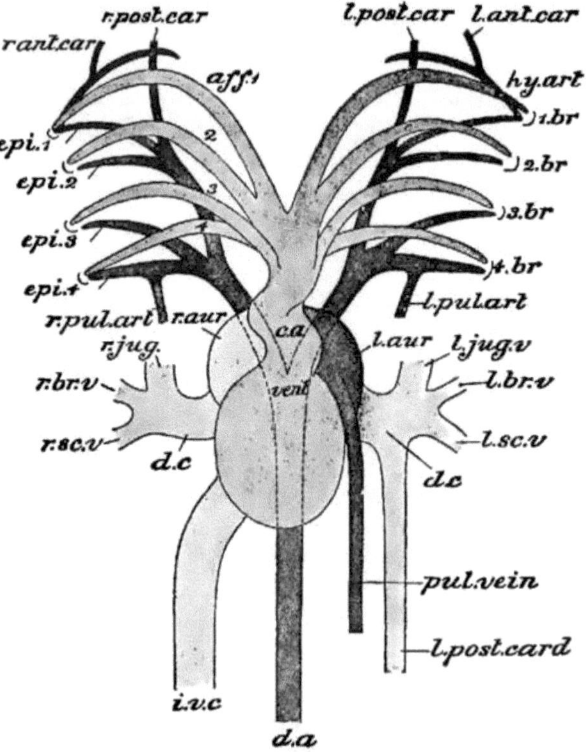

Fig. 312. Schematische Darstellung des Herzens und der grossen Blutgefässe von Ceratodus Forsteri. Ventrale Seite. Aus Parker und Haswell's „Zoology", nach Baldwin Spencer. *aff.1, 2, 3, 4* Aa. branchiales afferentes, *1.br, 2.br, 3.br, 4.br* Stelle der Kiemen, *c.a* Conus arteriosus, *d.a* dorsale Aorta, *d.c* Ductus Cuvieri, *epi.1, epi.2, epi.3, epi.4* Vv. branchiales efferentes, *hy.art* A. hyoidea, *i.v.c* V. cava posterior, *l.ant.car* linke vordere Carotis, *l.aur* linkes Herzohr (Atrium), *l.br.v* linke V. brachialis, *l.jug.v* linke Jugularvene, *l.post.car* linke hintere Carotis, *l.post.card* linke hintere Cardinalvene, *l.pul.art* linke A. pulmonalis, *l.sc.v* linke V. subscapularis, *r.ant.car* rechte vordere Carotis, *r.aur* rechtes Herzohr (Atrium), *r.br.v* rechte V. brachialis, *r.jug.v* reche V. jugularis, *r.post.car* rechte hintere Carotis, *r.pul.art* rechte A. pulmonalis, *r.sc.v* rechte V. subscapularis, *vent* Ventrikel.

einsenkt, dass seine Wände in Form von zwei klappenartigen Vorsprüngen in das Atrium hineinragen[1]). So wird das Blut noch einmal gereinigt, bevor es in den linken Ventrikel gelangt.

---

[1]) Die eine und zwar die grössere dieser Klappen, sowie der oben erwähnte in das Atrium sowohl wie in den Ventrikel einragende faserknorpelige Wulst haben an der Scheidung des Vorhofs der Dipnoër den Hauptantheil; das eigentliche Vorhofs-

Amphibien.

Mit Ausnahme der Gymnophionen, wo das Herz weit nach hinten rückt, finden wir es bei allen übrigen Amphibien noch sehr weit vorne im Thorax, ventral von den ersten Wirbeln, gelagert.

Das Septum atriorum ist ausgebildet, allein bei Urodelen und Gymnophionen ist es mehr oder weniger durchlöchert, während es bei Anuren stets solid ist. Bei keinem Amphibium aber scheidet das Septum die Atrien vollständig. Es endigt scharfbogig über dem Ostium atrio-ventriculare, welches vom Septum gleichsam überbrückt wird. Die beiden Pfeiler jenes Brückenbogens verbinden sich mit den beiden Atrioventricularklappen, welche stets wohl entwickelt sind. Bei Urodelen stehen sie schief von links hinten nach rechts vorne, bei den Anuren dagegen genau quer, sodass man eine vordere ventrale und eine hintere dorsale Klappe unterscheiden kann. Sie sind durch sehnige und zum Theil noch muskulöse Fäden an die Herzwand befestigt.

Weder bei Anuren noch bei Urodelen besteht ein durchgehendes Septum ventriculorum, dagegen wird der Ventrikelraum durch zahlreiche Muskellamellen und -balken in eine grosse Anzahl kleiner, untereinander communizierender Räume zerlegt, sodass er einen schwammigen, vielhöhligen Bau erhält. Nur an der Ventrikelbasis existiert ein kleiner einheitlicher Raum. Jene schwammige Structur verhindert die Mischung der beiden Blutarten wenigstens bis zu einem gewissen Grade.

Was die äussere Form des Ventrikels betrifft, so ist sie meistens eine gedrungene, und nur bei Amphiuma, Proteus und den Gymnophionen streckt sie sich mehr in die Länge. Wie beim Selachier-, Ganoiden- und Dipnoërherzen, so schliesst sich auch bei den Amphibien nach vorne zu an den Ventrikel ein Conus und weiterhin ein Truncus arteriosus. Ersterer ist bei typischer Entwicklung spiralig gedreht, besitzt eine Querreihe von Klappen an jedem Ende und zeigt eine in's Lumen einspringende Spiralfalte, welche aus verschmolzenen Klappen hervorgegangen zu denken ist. Dies gilt z. B. für den Axolotl, für Amblystoma, Salamandra, Amphiuma und Siren. Bei anderen (Menobranchus, Proteus, Gymnophionen etc.) finden sich Rückbildungen, die sich in einer Streckung des Conus, Schwund der Spiralfalte und der einen Klappenreihe äussern.

Der Truncus arteriosus der Urodelen enthält in seinem Anfangstheil einen einheitlichen, ungetheilten Hohlraum, der im weiteren Verlauf zunächst durch ein Septum horizontale in das dorsale Cavum pulmonale und das ventrale Cavum aorticum zerfällt. Durch weitere Scheidewandbildungen differenziert sich das Aorten-Cavum in Räume, die sich in die Carotiden und Aorten fortsetzen.

Bei Anuren erstreckt sich die im Truncus liegende Falte (Septum horizontale) so weit nach hinten, dass gar kein un-

<hr>

septum tritt dagegen sehr in den Hintergrund. Principiell aber ist dasselbe von höchster Wichtigkeit, weil die feinere Entwicklung des Herzens bei höheren Formen gerade daran anknüpft, während der fibröse Wulst und die Klappen der Lungenvene nicht fortvererbt werden.

getheilter Raum im Truncus mehr existiert. Die Folge davon ist, dass die respiratorischen Arterien stärker venöses Blut erhalten, als die Körper-Arterien.

Was den Sinus venosus betrifft, so rückt er bei Amphibien noch weiter an der Hinterfläche des Vorhofs hinauf. Die Sinusmündung ist von zwei typischen Klappen begrenzt.

Von unten her mündet die V. cava inferior in den Sinus venosus ein, und jene nimmt die Lebervenen (durch eine Haupt- und Nebenmündung) auf[1].

Die zwei Venae cavae superiores münden in den Sinus mit getrennten Oeffnungen.

Bei allen Urodelen existiert eine aus zwei Theilästen entstandene

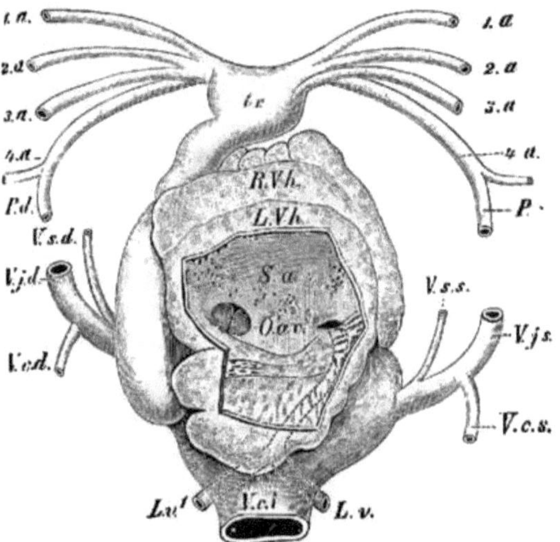

Fig. 313. Herz von Cryptobranchus japonicus. Ventralansicht. Natürliche Grösse. Nach C. Röse. Die vordere Wand des linken Vorhofs ist entfernt. Man sieht das Septum atriorum (*S.a*) von vielen kleinen Löchern durchbohrt, besonders links oben, ferner sehr schön die Mündung der Lungenvene und das Ostium atrio-ventriculare (*O.av*). *L.v*, *L.v¹* Die beiden Lungenvenen, welche in das linke Atrium (rechts von *O.av*) durch eine einzige Oeffnung münden. *L.Vh*, *R.Vh* Linkes und rechtes Atrium, *P.d* und *P.s* Linke und rechte Pulmonar-Arterie, *tr* Truncus arteriosus, *V.c.d* und *V.c.s* Vena cardinalis posterior dextra et sinistra, *V.c.i* Vena cava inferior, *V.j.d* und *V.j.s* Vena jugularis dextra et sinistra, *V.s.d* und *V.s.s* Vena subclavia dextra et sinistra, *1a—4a* die vier Arterienbogen.

Vena pulmonalis, deren Stamm bald frei (Salamandrinen), bald mit der unteren Hohlvene, resp. dem Sinus venosus (Derotremen, Axolotl) verwachsen getroffen wird. Aehnlich verhält es sich bei Anuren, wo der Endstamm ebenfalls stets einheitlich, wenn auch zuweilen sehr kurz ist[2].

---

[1] Ueber eigene Gefässe des Herzens ist bei Anuren bis dato nichts Sicheres bekannt; bei Cryptobranchus japon. sind eigene Herzvenen nachgewiesen.

[2] Hier wie dort handelt es sich um eine schiefe Einmündungsweise in den Vorhof, und darin liegt ein Ersatz für die fehlenden Klappen (im Gegensatz zu den Dipnoërn), da durch die Vorhofssystole bei Amphibien die Wandungen der Vene einfach aufeinandergepresst werden, wodurch der Rückfluss des Blutes verhindert wird. — Diese schiefe Einmündung behält die Lungenvene von nun an immer bei.

Das Herz der lungenlosen Urodelen gleicht in seinem äusseren Verhalten völlig demjenigen von Salamandra maculosa, bei genauerer Untersuchung wird man aber gewahr, dass eine Vena pulmonalis spurlos fehlt, und dasselbe gilt auch für das Septum atriorum. Die Klappe zwischen Sinus und Atrium ist, wie bei Salamandra, gut entwikkelt; sie ist aber an der linken atrialen Wand befestigt und nimmt auf Grund des mangelnden Septums ihre Richtung gegen das Ostium atrio-ventriculare, wo sie sich anheftet. Das Verhalten des Bulbus cordis weicht von demjenigen bei Salamandra nicht ab und auch die Arteria pulmona-

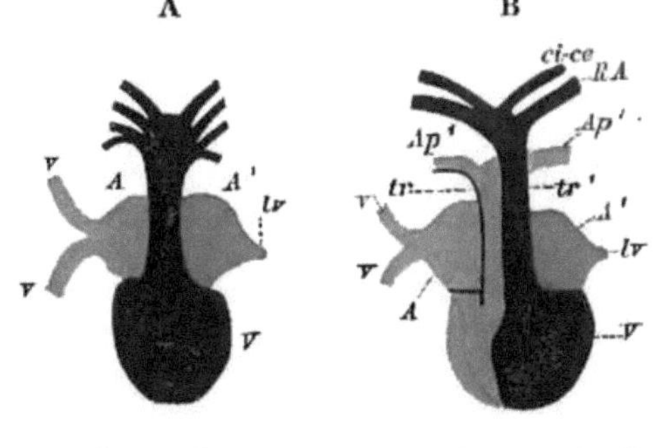

Fig. 314. **A** und **B**. Schema der Blutvertheilung im Urodelen- und Anurenherzen. *A* Rechtes —, *A*¹ linkes Atrium, *lv, lv* bedeuten die Lungenvenen, *tr* Truncus arteriosus, bei Anuren in zwei Abtheilungen *tr tr*¹ getrennt. Durch *tr* fliesst rein venöses Blut in die Lungenarterien *Ap Ap*¹, durch die Abtheilung *tr*¹ aber strömt gemischtes Blut in die Carotiden *ci* und *ce*, sowie in die Wurzeln der Aorta *RA*; *V* Ventrikel, *v v* die in das rechte Atrium einmündenden Körpervenen.

lis bleibt in Kraft, wenn auch ihre Ursprungsverhältnisse (am Ductus Botalli) eine Aenderung erfahren haben. — Daraus, dass bei lungenlosen Salamandern das Septum fehlt, erhellt somit deutlich genug, dass hier seine Function, welche bei lungenathmenden Urodelen in einer Scheidung des venösen und arteriellen Blutes besteht, unnöthig geworden ist. Wenn aber bei lungenathmenden Salamandern eine solche Scheidung besteht, so wäre ja der Effect illusorisch, wenn es, wie man bisher annahm, im Ventrikelraum nachträglich doch zu einer Mischung kommen sollte. Auf Grund dessen ist wohl auch dem spongiösen Ventrikelseptum eine viel bedeutendere Fähigkeit, die beiden Blutströme zu trennen, zuzuschreiben, als man dies bisher gethan hat. Dadurch würde sich also Salamandra den Anuren viel mehr nähern, als man bisher annahm.

Zur Bestätigung fehlen aber noch genauere Studien über das Verhalten des Bul-

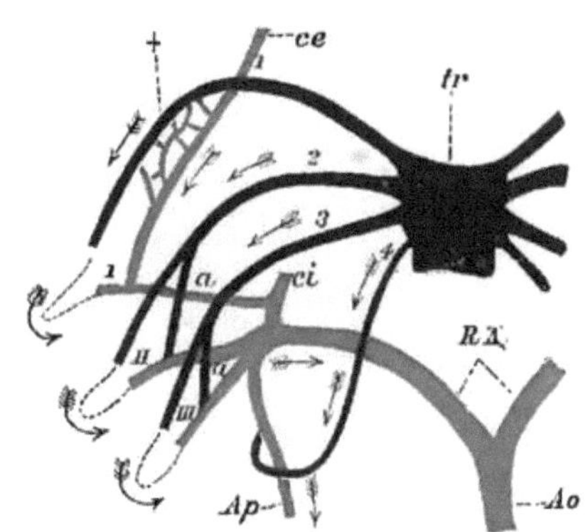

Fig. 315. Die Arterienbögen einer Salamanderlarve, leicht schematisiert. Nach J. E. V. Boas. *a, a* Directe Anastomosen zwischen der zweiten und dritten Kiemenarterie und Kiemenvene. *AO* Aorta, *ce, ci* Carotis externa und interna, *I—III* die entsprechenden Venen, *RA* Radix Aortae, *tr* Truncus arteriosus, *1—4* die vier Kiemenarterien, wovon sich die vierte mit der Arteria pulmonalis (*Ap*) verbindet, † netzförmige Anastomosen zwischen der Carotis externa und der ersten Kiemenarterie („Carotislabyrinth“). Die Pfeile zeigen die Richtung des Blutstromes an.

bus und Truncus des Salamanderherzens zu der Richtung der beiden
Blutströme.

Wie bei Dipnoërn, so functionieren auch bei Amphibien-Larven
von den ursprünglich angelegten sechs Kiemenarterien jederseits die
vier hinteren. Sie verhalten sich bei der, einen guten Typus darstellenden Larve von Salamandra folgendermassen:

Die vordersten drei begeben sich zu ebenso vielen äusseren
Kiemenbüscheln, wo sie sich capillär auflösen (Fig. 315, 1, 2, 3).
Aus dieser Capillarität gehen drei Kiemenvenen ($I-III$) hervor,
welche sich dorsalwärts wenden, um hier zusammenzufliessen und
jederseits die Aortenwurzel (RA) zu bilden. Die vierte (schwächere)
Kiemenarterie geht zu keiner Kieme, sondern zu der aus der dritten
Kiemenvene entspringenden Arteria pulmonalis (Fig. 315, 4, AP).
Letztere führt also weit mehr arterielles als venöses Blut, und so wird

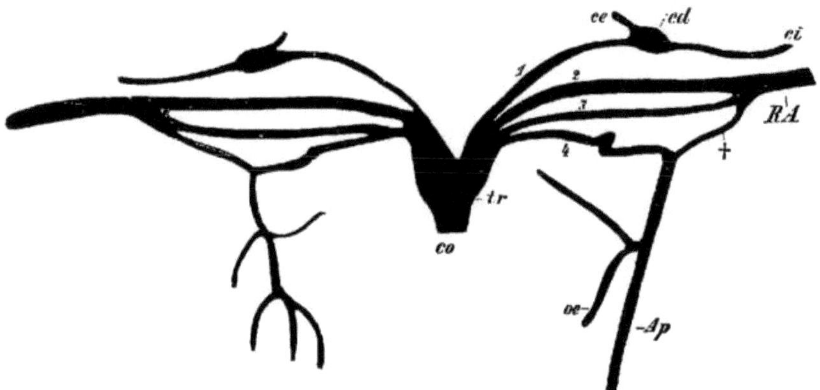

Fig. 316. Arterienbogen einer entwickelten Salamandra maculosa, ausgebreitet. Nach J. E. V. Boas. *cd* Carotisdrüse, *ce* Carotis externa, *ci* Carotis interna,
co Conus, *oe* Ramuli oesophagei, *RA* Radix Aortae, *tr* Truncus arteriosus. *1—4* die vier
Arterienbögen. Der vierte Arterienbogen hat als Arteria pulmonalis (*Ap*) bedeutend an
Ausdehnung zugenommen und hängt nur durch einen dünnen Ductus arteriosus (Botalli)
(†) mit dem 2. resp. 3. Bogen zusammen.

die Lunge der Salamanderlarve ähnlich wie eine Schwimmblase sich verhalten und keiner respiratorischen Function fähig sein.

Aus der ersten Kiemenvene entspringt medianwärts die Carotis
interna (*ci*), lateralwärts die Carotis externa (*ce*).

Letztere ist in ihrem Laufe nach vorwärts durch netzartige Anastomosen (†) mit der benachbarten ersten Kiemenvene (1) verbunden,
und aus denselben geht später die als accessorisches Herz fungierende
sogenannte Carotidendrüse[1]) des erwachsenen Salamanders hervor.

Gegen das Ende der Larvenperiode prävaliert die zweite Kiemenvene bedeutend an Stärke, und auch der vierte Arterienbogen ist
stärker geworden. Dieser liefert nun, unter gleichzeitiger Reduction
der Anastomose mit der dritten Kiemenvene, die Hauptmasse des

---

[1]) Beim erwachsenen Thier verliert die „Carotisdrüse" ihren Charakter als Rete
mirabile und besteht nur aus einem muskulösen Bläschen von dessen Wänden Septa
in's Innere vorspringen. Das Gebilde hat mit der sog. Carotisdrüse der Säuger nichts
zu schaffen (vgl. pag. 366).

Blutes für die Lungenarterie, d. h. jenes ist nun weit mehr venös als arteriell. Zuletzt sistiert die Kiemenathmung, und die Folge davon ist, dass die Anastomosen der Gefässbögen nicht mehr durch Capillarität, sondern direct erfolgen (Fig. 316, 2, 3, 4). Schliesslich löst sich die Verbindung zwischen dem ersten und zweiten Gefässbogen, und während jener zum Carotidensystem und dieser zur ausserordentlich starken Aortenwurzel wird (Fig. 316, *ce*, *ci*, *RA*), bleibt zeitlebens eine Anastomose (Fig. 316 †) zwischen dem zur starken Arteria pulmonalis werdenden vierten und dem zweiten resp. dritten Gefässbogen bestehen. Dies ist der **Ductus arteriosus** (**Botalli**).

Der dritte Bogen unterliegt bezüglich seiner Entfaltung den allergrössten Schwankungen, ja er kann sogar nur einseitig entwickelt sein oder auch ganz fehlen. In diesem Falle (**Triton**) sind also nur der I., II. und IV. Bogen vorhanden, und der IV. ist mit dem II. durch einen zarten **Ductus Botalli** verbunden. Der II. bildet allein für sich die **Aorta**.

Bei den **Anurenlarven** finden sich jederseits ebenfalls vier Kiemenarterien, allein sie stehen mit den zugehörigen Venen nur durch Capillarität und nicht durch directe Anastomosen (vergl. Fig. 315 *a*, *a*) in Verbindung. Die Folge davon ist, dass hier **alles Blut** oxydiert wird.

Beim **erwachsenen Frosch** ist der dritte Arterienbogen völlig obliteriert und der erste vom zweiten ganz abgeschnürt. Alles Uebrige verhält sich wie bei **Salamandra**.

Bei den **lungenlosen Salamandern** kommt es selbstverständlich zu einer entsprechenden Rückbildung der Lungengefässe.

Reptilien.

Auch bei Reptilien, wie überhaupt bei **allen Amnioten**, entsteht das Herz weit vorne in der Nähe des Kopfes, bezw. der Kiemenspalten, später aber, bei der Differenzierung eines Halses, rückt es viel weiter in die Brusthöhle herab, als dies bei den **Anamnia** der Fall ist[1]). Die Folge davon ist, dass der N. **vagus** entsprechend weit mitausgezogen wird, und dass andererseits die zum Kopfe aufsteigenden **Carotiden**, wie auch die absteigenden **Jugularvenen** an Länge gewinnen.

Der Hauptfortschritt dem **Amphibienherzen** gegenüber liegt in dem Auftreten einer **Ventrikelscheidewand**, mag dieselbe, wie bei **Sauriern**, **Ophidiern** und **Cheloniern**, noch unvollkommen sein oder vollkommen, wie bei **Crocodiliern**.

Das **Septum atriorum** ist solide, undurchbrochen und scheidet, da es sich viel tiefer als bei Amphibien herabsenkt, nicht allein die Vorhöfe vollständig von einander, sondern es trägt auch zur Scheidung des bisherigen einheitlichen **Ostium atrio-ventriculare** in zwei getrennte Oeffnungen wesentlich bei. Jenes Tieftreten des Septum atriorum hat auch auf die Klappenverhältnisse insofern einen wichtigen Einfluss, als die hintere und vordere Taschenklappe mit-

---

[1]) Am weitesten nach vorne treffen wir das Herz zeitlebens bei **Lacertiliern** und **Cheloniern**, viel weiter nach hinten liegt es bei den **Amphisbänen, Schlangen** und **Crocodiliern**.

einander verwachsen, und zwar in der Richtung von vorne nach
hinten. In Folge dessen entsteht jederseits durch Vereinigung je einer vorderen und hinteren Hälfte der
durch das Vorhofsseptum halbierten primären Taschenklappen eine neue Klappe. So existiert also bei Reptilien
im Bereich jedes secundären Ostiums eine neue Klappe, welche

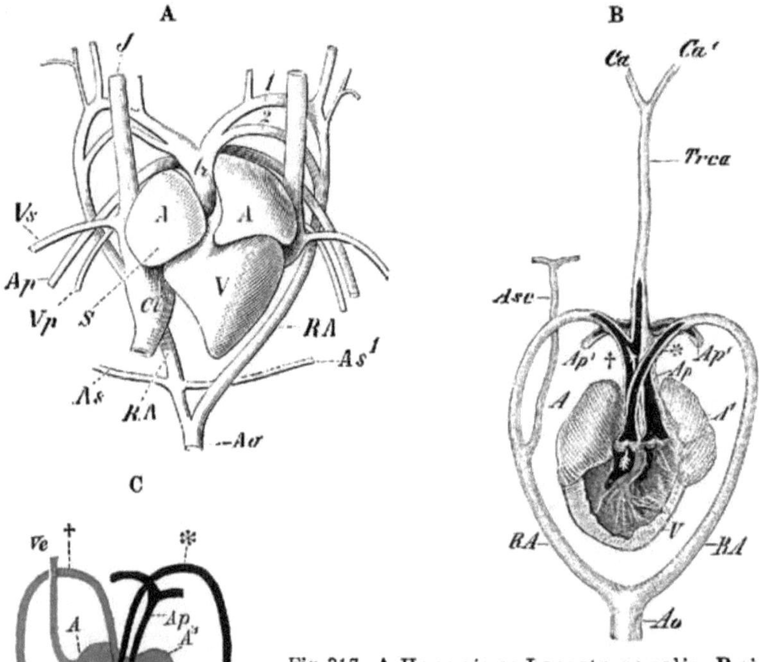

Fig. 317. **A Herz einer Lacerta muralis, B eines
grossen Varanus, aufgeschnitten, C Schema
des Reptilienherzens.** *A*, *A*¹ Herzatrien, *Ao* Aorta,
Ap, *Ap*¹, *Vp* Arteria und Vena pulmonalis, *Asc*, *As*
Arteria subclavia, *Ca*, *Ca*¹ Carotiden, *Ci* Vena cava inferior, *J* Vena jugularis, *Vs* Vena subclavia. Diese drei
Venen fliessen in den Sinus venosus zusammen. *RA*
Radix Aortae, *tr*, *Trca* Truncus anonymus, *Ve*, *Ve* deuten
in dem Herzschema C die V. jugul. und cava inferior
an, *VV*¹ Herzventrikel, *1*, *2* erster und zweiter Arterien-
bogen, † und * rechter und linker Aortenbogen. Die von *S* ausgehende punktierte Linie
ist unter das Atrium dextrum (*A*) hinuntergehend zu denken.

jederseits medial befestigt ist und ihren freien Saum der lateralen
Kammerwand zuwendet; man kann diese Klappen, entsprechend ihrer
Stellung, bei Reptilien als rechte und linke bezeichnen. Die Muskel-
trabekeln setzen sich an den vorderen und hinteren Endpunkten derselben fest [1]).

----

[1]) Eine Ausnahmestellung nehmen die Crocodile ein. Hier haben sich durch
Rarefication der schwammartig angeordneten Muskelmasse die Ventrikelräume schon ungleich mehr erweitert, als bei den übrigen Reptilien. Die einfache Taschenklappe jederseits würde zum Abschluss der Ostia venosa nicht mehr ausreichen, und so finden sich
denn bei Crocodilen die ersten Anfänge der secundären, aus Ventrikel-

Der Conus arteriosus wird in die Ventrikelmasse des Herzens mit einbezogen, sodass der Truncus arteriosus sich mehr oder weniger direct an den Ventrikel anschliesst. Jede Aortenwurzel bildet sich an ihrem Ursprung aus zwei mit einander anastomosierenden Gefäss-(Branchial-)Bögen (Lacerta, Fig. 317 A), oder nur aus einem (gewisse Saurier, Schlangen, Chelonier, Crocodilier, Fig. 317 B, 319), aus welchem die Carotis direct entspringt. Der linke und der rechte Aortenbogen kreuzen sich an ihrer Basis, so dass also der linke rechterseits und der rechte linkerseits entspringt[1]).

Der am meisten nach rückwärts gelegene Gefässbogen ist die Arteria pulmonalis. In letztere, sowie auch in den linken Aortenbogen, ergiesst sich das Blut des rechten Ventrikels, und dieses wird, je nachdem das Septum ventriculorum vollständig oder unvollständig ist, entweder rein venös sein (Crocodilier), oder einen gemischten Charakter besitzen (die übrigen Reptilien Fig. 317 C).

Die Klappen am Anfang der grossen Arterienstämme haben in der Reihe der Reptilien eine bedeutende Reduction erfahren, denn es handelt sich am Ursprung der Aorta und der A. pulmonalis stets nur noch um eine einzige Reihe von Klappen, und dies gilt von nun an auch für alle übrigen Amnioten.

Während bei Batrachiern trotz der allmählich sich anbahnenden Einstülpung des Sinus venosus in den rechten Vorhof jener doch immer noch von aussen als selbständige Herzabtheilung sichtbar bleibt, verwischt sich dieses Verhältnis bei Reptilien mehr und mehr, sodass man äusserlich die Lage des Sinus nur noch an den zuführenden drei Hauptvenenstämmen zu erkennen vermag. Gleichwohl aber bleibt er bei allen Reptilien noch als eine selbständige Herzabtheilung mit den zwei typischen, schlussfähigen Mündungsklappen (vergl. Fig. 309) bestehen[2]).

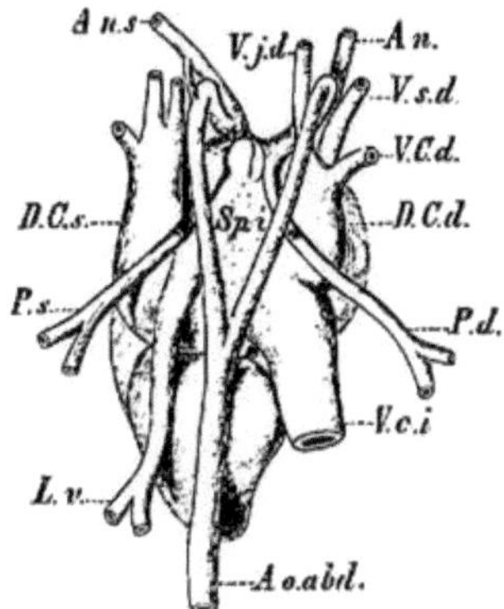

Fig. 318. Herz von Cyclodus Boddaertii. Natürliche Grösse. Dorsalansicht nach C. Röse. Der Sinus venosus ist grösstentheils in den rechten Vorhof eingestülpt. Die Lungenvene ist einheitlich (L.v); die Lungenarterien doppelt (Ps. Pd), An.s und An.d Arteria anonyma sinistra und dextra, Ao.abd Aorta abdominalis (dorsaler Abschnitt), D.C.s und D.C.d Ductus Cuvieri sinister et dexter, Sp.i Spatium intersepto-valvulare, V.C.d Vena cardinalis posterior dextra, V.c.i Vena cava inferior, V.j.d Vena jugularis und V.s.d Vena subclavia dextra.

Letztere rücken mit ihren Mündungen näher zusammen, und zugleich erfährt der Sinus durch eine einspringende Falte (Septum sinus venosi) eine theilweise Scheidung in zwei ungleiche Hälften. Links münden der linke Ductus Cuvieri, rechts die untere Hohl-

muskulatur (Trabekelmassen) entstehenden Atrioventricularklappen. Es entsteht also neben jener medialen (endocardialen) Klappe eine laterale Muskelklappe.

[1]) Bei Crocodilen existiert zwischen den beiden Aortenwurzeln eine kleine Communicationsöffnung: das sogenannte Foramen Panizzae.

[2]) Bei Hatteria, wo sich sehr primitive Verhältnisse erhalten haben, springt der Sinus venosus noch wenig ins rechte Atrium ein.

vene und der rechte Ductus Cuvieri. Jene Scheidung des Sinus, welche bei Cheloniern kaum angebahnt, bei Crocodiliern dagegen gut ausgeprägt ist, wird bei Vögeln und Säugern vollständig durchgeführt.

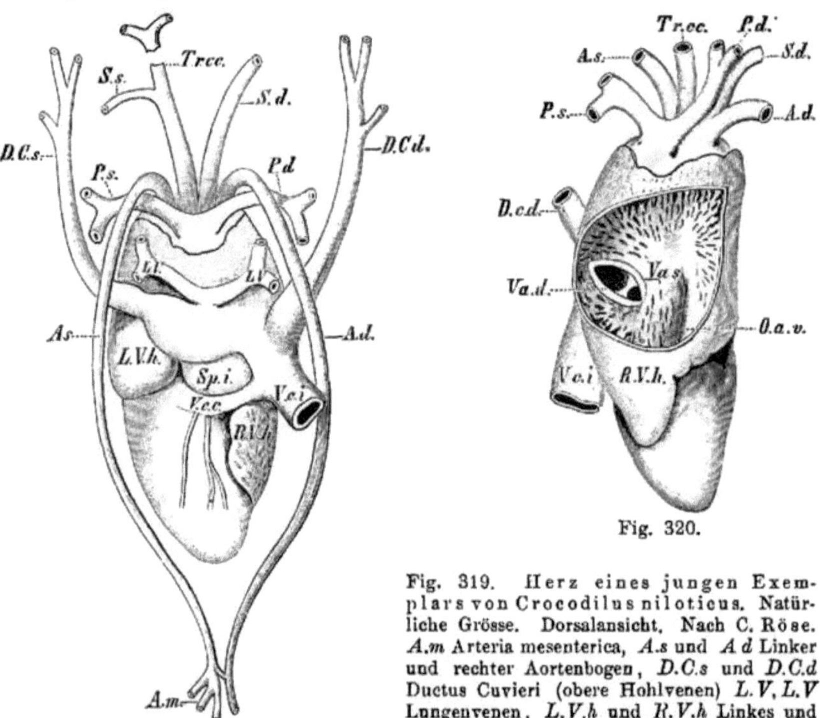

Fig. 320.

Fig. 319.

Fig. 319. Herz eines jungen Exemplars von Crocodilus niloticus. Natürliche Grösse. Dorsalansicht. Nach C. Röse. *A.m* Arteria mesenterica, *A.s* und *A d* Linker und rechter Aortenbogen, *D.C.s* und *D.C.d* Ductus Cuvieri (obere Hohlvenen) *L.V, L.V* Lungenvenen, *L.V.h* und *R.V.h* Linkes und rechtes Atrium, *P.s* und *P.d* Arteria pulmonalis sinistra und dextra, *S.d* Arteria subclavia dextra, *Sp.i* Spatium intersepto-valvulare, *S.s* Arteria subclavia sinistra, *Tr.c.c* Truncus caroticus communis, *V.c.c* Vena coronaria cordis, *V.c.i* Vena cava inferior.

Fig. 320. Herz von Crocodilus niloticus. Natürliche Grösse. Ansicht von der rechten Seite. Nach C. Röse. Ein Theil der Vorhofswand ist entfernt. Man sieht das Ostium atrio-ventriculare (*O.a.v.*), ferner die beiden Sinusklappen *Va.d* und *Va.s.* Zwischen beiden bemerkt man in Gestalt einer leicht gebogenen weissen Linie den vorderen Rand des Septum sinus venosi. Die übrigen Bezeichnungen wie auf Fig. 319.

Die Lungenvenen vereinigen sich vor ihrem Eintritt in den linken Vorhof stets zu einem Stamme[2]).

Vögel und Säuger.

Bei Vögeln und Säugern ist die Scheidung der Atrien und der Ventrikel stets eine vollkommene, und nirgends findet mehr eine Mischung des arteriellen und venösen Blutes statt. Die Ventrikel spielen von jetzt ab durch stärkere Entfaltung den Atrien gegenüber die Hauptrolle, und ihre Muskulatur ist äusserst compact und sehr stark ge-

---

[2]) Die eigenen Venen des Herzens sind stets gut entwickelt; bald münden sie in einem Stamme vereint, bald in mehreren kleinen Stämmen.

worden. Dies gilt insbesondere für den linken Ventrikel, der an seiner
Innenwand mächtige Papillarmuskeln entwickelt, und um den
der, von einer viel dünneren Muskelwand begrenzte rechte Ventrikel
halbmondförmig herumgebogen ist (Fig. 321, *Vd*, *Vg*).

Wie bei Säugethieren, so nimmt auch bei den Vögeln das
rechte Atrium durch die obere und untere Hohlvene das Körper-
venenblut, sowie das eigene Blut des Herzens durch die Vena coronaria cordis auf und ist durch eine wohl ausgebildete Klappe
vom rechten Ventrikel abgegrenzt.

Bei Vögeln ähnelt diese Klappe derjenigen der Crocodile; sie
ist sehr stark und muskulös, während sie bei den meisten Säuge-

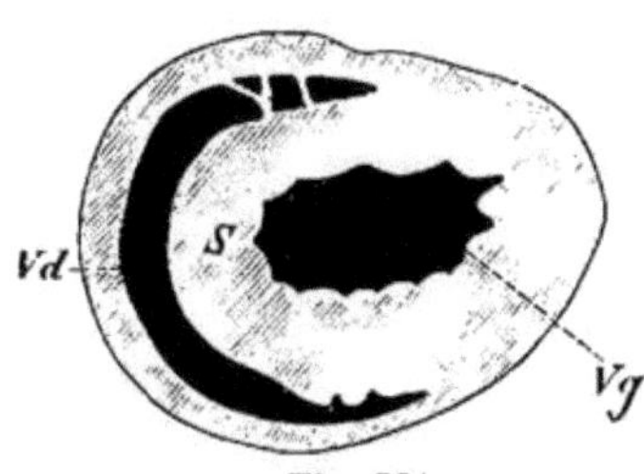

Fig. 321.

Fig. 321. Querschnitt durch den
rechten *(Vd)* und den linken *(Vg)*
Herzventrikel von Grus cinerea.
S Septum ventriculorum.

Fig. 322. Herz von Anser vulgaris.
Natürliche Grösse. Ansicht von der rechten
Seite. Nach C. Röse. Die Wand des
rechten Vorhofs und Ventrikels ist aufge-
schnitten und nach rechts zurückgeschlagen.
Man sieht links vom Limbus fossae ovalis
(Vieussenii) *(L.Vi)*, nach links sich hin-
über erstreckend, das Spatium interscepto-

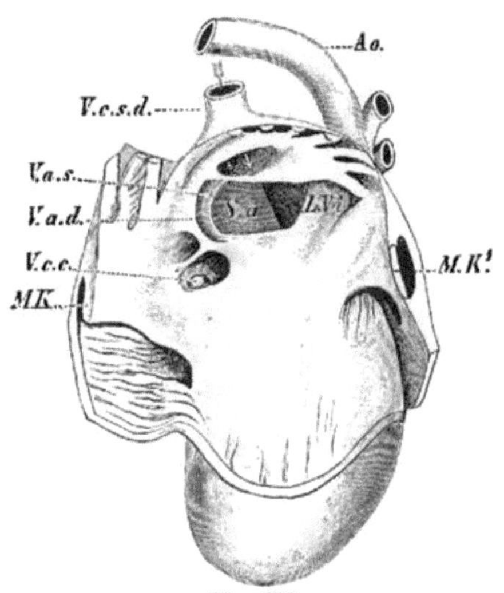

Fig. 322.

valvulare. Die beiden Sinusklappen sind vollständig nur noch in der Umrandung 'der
unteren Hohlvene vorhanden. Ausser dem unteren Sinusseptum, welches die linke obere
Hohlvene abscheidet, findet sich hier noch ein quer von einer Klappe zur andern verlaufendes, oberes Sinusseptum, welches die Mündung der rechten oberen Hohlvene abscheidet. *Ao* Aorta, *M.K* Muskelklappe, *M.K*[1] Vorderer Ansatz der Muskelklappe an
der Ventrikelwand. *V.a.s* und *V.a.d* die zwei Sinus-Klappen, welche die Einmündung der
Vena cava inferior begrenzen, *V.c.c* Vena coronaria cordis, *V.c.s.d* Vena cava superior dextra.

thieren aus drei membranösen Zipfeln besteht, deren Ränder durch
sehnige Fäden (Chordae tendineae) mit papillenartigen, von der
Herzwand ausgehenden Muskeln verbunden sind[1]). Diese Klappe
wird bei den Säugethieren Valvula tricuspidalis genannt.

Die linke Atrio-ventricular-Klappe der Vögel und Monotremen besteht aus drei, die der übrigen Säuger dagegen nur aus
zwei membranösen Zipfeln, und führt deshalb hier den Namen Valvula bicuspidalis[2]). Drei halbmondförmige Taschenklappen finden

---

[1]) Bei den Monotremen existieren keine Chordae tendineae, und das Herz derselben erinnert auch in vielen andern Punkten an das der Sauropsiden.

[2]) Sowohl rechterseits als linkerseits unterscheidet man an der Valvula tricuspidalis
resp. mitralis eine septale Klappe. Rechterseits kommen dazu zwei, linkerseits eine
laterale Klappe. Diese lateralen Klappen haben sich beiderseits lediglich aus der früheren

sich bei Vögeln und Säugern am Ursprung der Aorta und der Arteria pulmonalis.

Bei Vögeln persistiert der rechte, bei Säugern der linke Aortenbogen. Der entsprechende Bogen der andern Seite betheiligt sich in beiden Fällen am Aufbau der A. subclavia. So findet sich also sowohl bei Vögeln als bei Säugern nur ein einziger Aortenbogen. Bei beiden geht, genau wie bei Amphibien, aus dem hintersten branchialen Arterienbogen die Arteria pulmonalis hervor.

Die Pulmonalvenen, von denen bei den Säugern je zwei von einer Lunge kommen, öffnen sich nahe nebeneinander in das linke Atrium (Fig. 323).

Der Sinus venosus zeigt sich bei Vögeln, in noch viel stärkerem Grade aber bei Säugern, rückgebildet, und Hand in Hand damit unterliegen auch die Einmündungen der ihr Blut in das rechte Atrium ergiessenden Venen bei Vögeln[1]) den mannigfachsten Variationen. Von den Sinusklappen erhalten sich im Bereich jener Mündungen mehr oder weniger deutliche Reste, die bei den Säugethieren unter dem Namen der Valvula venae cavae inferioris (Eustachii) und als Valvula sinus coronarii (Thebesii) aufgeführt zu werden pflegen; zum Theil verwachsen sie auch mit dem Septum atriorum.

Sowohl bei Vögeln als bei Säugethieren findet in embryonaler Zeit eine secundäre Durchbrechung des Septum atriorum statt, sodass beide Atrien durch eine oder mehrere Oeffnungen miteinander in Verbindung stehen, und das venöse Blut aus dem rechten direct in den

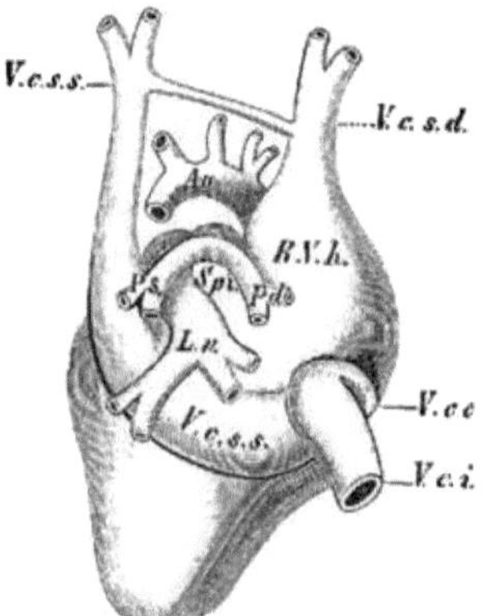

Fig. 323. Herz von Ornithorhynchus paradoxus. Natürl. Grösse. Dorsalansicht. Nach C. Röse. *Ao* Aorta, *Lv* Lungenvenen, *Ps* und *Pd* Arteriae pulmonales, *R.Vh* Rechter Vorhof, *Spi* Spatium interseptovalvulare, *V.c.c* Vena coronaria cordis, *V.c.s.s* und *V.c.s.d* die beiden oberen Hohlvenen (Ductus Cuvieri), welche durch einen Querast verbunden sind, *V.c.s.s* Sinus coronarius (Ventrikelvene), *V.c.i* Vena cava inferior.

muskulösen Ventrikelwand herausdifferenziert, während die septale Klappe theils muskulösen, theils endocardialen Ursprungs ist.

Bezüglich der Papillar-Muskeln sei für die Säugethiere noch bemerkt; als Typus bezüglich der Papillarmuskeln kann bei placentalen Säugern Folgendes gelten: Im rechten Ventrikel befestigen sich die beiden lateralen Klappen an drei Papillarmuskeln oder Muskelgruppen, eine stärkste laterale, die bald am Septum, bald an der Ventrikelwand sitzt, eine schwächere vordere oder conale, und einige schwächere hintere. Die mediale Klappe ist mittels Chordae tendineae meist direct an die Septumwand — oft durch Vermittlung kleiner Papillarmuskeln — befestigt.

Im linken Ostium findet sich eine vordere und eine hintere Gruppe von Papillarmuskeln, von welchen die Sehnenfäden der medialen Klappe ausschliesslich ausgehen. Die laterale Klappe sendet auch noch einige Chordae tendineae direct zur lateralen Ventrikelwand.

1) So bestehen z. B. bei Vögeln drei verschiedene Möglichkeiten. Entweder münden die drei Hauptvenenstämme gemeinsam, oder alle drei getrennt, oder mündet die linke, obere Hohlvene für sich getrennt und die untere sowie die rechte obere Hohlvene noch gemeinsam ins Atrium.

Bei Edentaten, Cetaceen, Carnivoren, Prosimien und Primaten schwindet die Vena cava superior sinistra, und nur ihr in der Herzfurche liegendes End-

linken Vorhof überströmen kann. Bei Sauropsiden und Monotremen schliessen sich die betreffenden Oeffnungen später wieder
durch Endocardwucherungen, während bei den höheren Säugethieren,
in Anpassung an den Placentarkreislauf, durch complizierte Wachs-

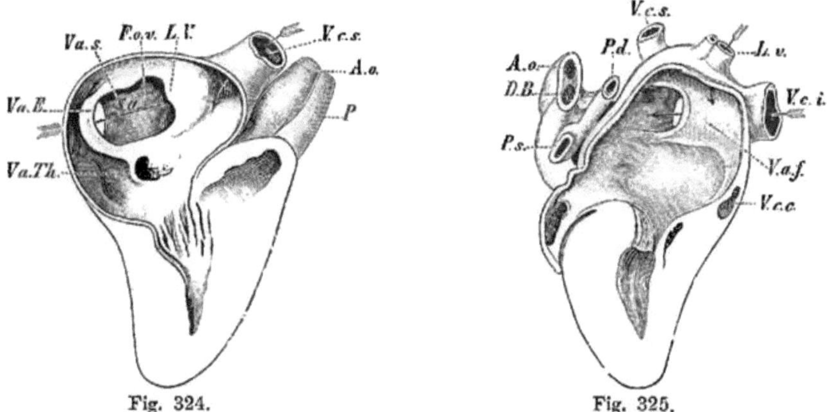

Fig. 324.   Fig. 325.

Fig. 324. Fötalherz von Homo sapiens aus dem achten Monate. Natürliche Grösse.
Ansicht von rechts. Nach C. Röse. Ventrikel- und Vorhofswand zum Theil entfernt.
Rechter Vorhof sehr ausgedehnt. Linke Sinusklappe (*Va.s*) mit dem Septum atriorum verwachsen. *Ao* Aorta, *F.o.v* Foramen ovale, *L.V* Limbus fossae ovalis (Vieussenii), *P* A. pulmonalis, *Sa* Septum atriorum, *V.c.s* V. cava superior. Die Valvula sinus coronarii (Thebesii) (*Va.Th*) steht in directem Zusammenhang mit der Valvula venae cavae inferioris
(Eustachii) (*Va.E*).

Fig. 325. Fötalherz von Homo sapiens aus dem achten Monate. Natürliche Grösse.
Ansicht von links. Nach C. Röse. Man sieht hier das Septum atriorum oder die Valvula foraminis ovalis (*Va.f*) ringsum in directem Zusammenhange mit der Muskelwand des
linken Vorhofs. *A.o* Aorta, *D.B* Ductus arteriosus (Botalli), *L.v* Lungenvene, *P.d* und
P.s A. pulmonalis, *V.c.c* Querschnitt durch die Vena coronaria cordis, *V.c.i* V. cava inferior, *V.c.s* V. cava superior.

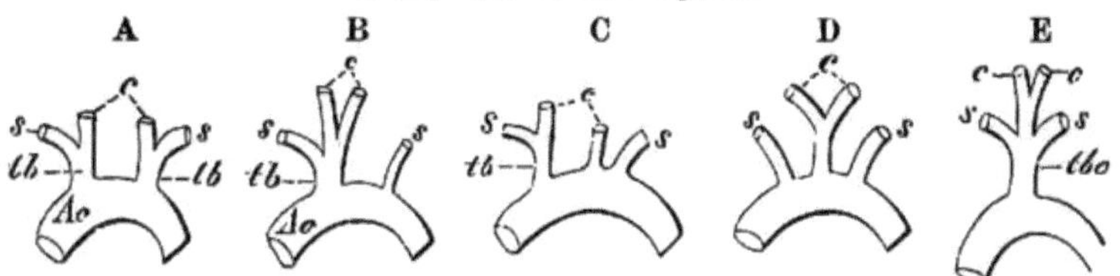

Fig. 326. Fünf verschiedene Modificationen der aus dem Arcus Aortae
entspringenden grossen Gefässe. *Ao* Aortenbogen, *c* die Carotiden, *s* Arteriae
subclaviae, *tb* Truncus brachio-cephalicus, *tbc* Truncus brachio-cephalicus communis.

thumsvorgänge ein secundäres, ringförmiges Hilfsseptum
entsteht. Dieses ganz secundär entstandene, aus verschiedenen An-

stück (Sinus coronarius cordis) bleibt aus dem Grunde erhalten, weil die Herzvenen
in dasselbe an verschiedenen Stellen einmünden.

In diesem Fall gelangt das venöse Blut der linken Kopf- und Hals-Seite, sowie der
linken vorderen Extremität in den rechten Ductus Cuvieri, bezw. in die allein persistierende
rechte obere Hohlvene.

Stets vorhanden ist die linke obere Hohlvene bei Monotremen, Marsupialiern,
Nagern, Insektenfressern, Dickhäutern, Wiederkäuern und Fledermäusen, und auch in diesem Falle münden die Herzvenen in ihren Endstamm, den
obengenannten Sinus coronarius.

lagen sich zusammensetzende Gebilde bezeichnete die bisherige Terminologie als Vorhofsseptum *κατ' ἐξοχήν*, während das eigentliche Vorhofsseptum als Valvula foraminis ovalis benannt wurde. Die Ansicht, als habe an dem innerhalb des Annulus fossae ovalis (Vieussenii) liegenden Raum früher ein Loch, das erst secundär durch die Valvula for. ov. bedeckt wurde, — ein „Foramen ovale" — bestanden, ist somit durchaus unrichtig.

Bezüglich des Ursprungs der Carotiden und Subclavien aus dem Aortenbogen herrschen bei den Säugethieren sehr grosse Verschiedenheiten, welche im Wesentlichen darauf hinauskommen, dass die betreffenden Gefässe entweder getrennt entstehen oder in den allermannigfachsten Verbindungen miteinander getroffen werden. So kann es sich, je nach den verschiedenen Thiergruppen, jederseits um einen Truncus brachiocephalicus (Fig. 326 **A**), oder um einen unpaaren Truncus brachiocephalicus communis (**E**), oder endlich um einen gemeinsamen Carotidenstamm und einen jederseits getrennten Ursprung der Subclavia (**D**) etc. etc. handeln.

Arteriensystem.

Schon mehrfach wurde darauf hingewiesen, dass bei allen Wirbelthieren ein grosses, subvertebral gelegenes, in der Längsachse des Körpers verlaufendes Gefäss, die dorsale Aorta, existiert, und dass letztere aus dem Zusammenfluss der Kiemenvenen hervorgeht. Aus letzteren bilden sich aber auch die für den Hals und den Kopf bestimmten Carotiden, eine innere, welche das Blut zur Ernährung des Gehirns, d. h. hauptsächlich nach der Schädelhöhle führt, und eine äussere, welche sich an der äusseren Kopffläche, dem Gesicht, der Zunge und an den Kaumuskeln verbreitet. Von den Amphibien aufwärts entspringen die beiden Carotiden aus einem gemeinsamen Stamme, der Carotis communis[1]).

Die für die vordere Extremität bestimmte Subclavia[2]) zeigt einen sehr unbeständigen, bald symmetrischen, bald asymmetrischen Ursprung. Sie entsteht entweder noch im Bereich der Kiemengefässe, oder aus den Aortenwurzeln, oder auch erst aus dem Aortenstamm.

Auf die freie Extremität übertretend, wird die A. subclavia zur A. axillaris und weiterhin zu der Arterie des Oberarmes, A. brachialis. Diese endlich zerfällt in zwei für den Vorderarm bestimmte Zweige, die A. radialis und ulnaris, aus welchen in der Vola manus der Primaten der hohe und der tiefe Hohlhandbogen, sowie die Fingerarterien hervorgehen.

So lautet die gewöhnliche, im Wesentlichen auf die Verhältnisse beim Menschen basierte Lehre. Nun haben aber neuere Untersuchungen gezeigt, dass die Vorderarmarterien der Säuger (incl. Mensch) secundäre, von ihrer primären Anlage wesentlich verschiedene Bil-

---

[1]) Bezüglich des Verhaltens der Kopfarterien bei den Säugethieren und der hier existierenden zahlreichen Verschiedenheiten verweise ich auf die Arbeit von Tandler (s. d. Litteraturverzeichnis).

[2]) Bei Amphibien (Fig. 327) entspringt aus ihr gleich nach ihrem Ursprung die A. cutanea magna, welche, caudalwärts ziehend, sich mit der A. epigastrica verbindet und allerorts Aeste an die Haut abgiebt.

dungen repräsentieren. Ursprünglich — darauf weisen Amphibien, Reptilien und auch ontogenetische Durchgangsstadien gewisser Säuger hin — handelt es sich um ein axial zwischen den beiden Skelet-Elementen des Vorderarmes verlaufendes Gefäss, welches sich distal in der Hand ausbreitet[1]. Dies ist die Arteria interossea interna, welche der Peronea des Unterschenkels entspricht. Auf dieses Interossea-Stadium folgte dasjenige der Arteria mediana. Dieser Arterie, welche in Gesellschaft des Nervus medianus verläuft, begegnen wir in mehr oder weniger typischer Ausbildung bei den heutigen Säugethieren und ebenso, wenn auch meist in rudimentärer Form, beim Menschen.

Als das Medianastadium noch florierte, wie dies bei den Beutelthieren und zum Theil, wenn auch in weniger reiner Form, bei den meisten Carnivoren heute noch der Fall ist, stellte die betreffende Arterie die axiale Fortsetzung der Arteria brachialis und zugleich das Hauptgefäss des Vorderarmes dar. Eine A. radialis und ulnaris im Sinne der menschlichen Anatomie existierten noch nicht, sodass der Ausdruck: „die Brachialis spaltet sich in eine Radialis und Ulnaris" unstatthaft ist, wie man auch die Interossea resp. die Mediana nicht von der Art. ulnaris ableiten darf. Alle diese Gefässe, wozu auch noch die Interossea externa und Recurrens ulnaris zu rechnen sind, sind Zweige des Stammgefässes. — Daraus erhellt, dass auch die Mediana ursprünglich die alleinige Versorgerin der Hohlhand und der Finger ist, und dass es erst später zur Entstehung einer A. radialis und ulnaris, bezw. durch mediano-ulnare und mediano-radiale Anastomosenbildungen zur Bildung eines tiefen und hohen Hohlhandbogens kam. Mit der Herausbildung dieser neuen Gefässbahnen fiel die Mediana einer mehr oder weniger grossen Rückbildung anheim, und die A. radialis, vor Allem aber die mächtige A. ulnaris, traten in den Vordergrund.

Aus der dorsalen Aorta, an welcher man bei höheren Vertebraten eine vordere Abtheilung, die Pars thoracica, und eine hintere, die Pars abdominalis, unterscheiden kann, entspringen die die Leibesdecken, sowie die Brust- und Baucheingeweide versorgenden Arteriae intercostales, lumbales und intestinales. Letztere zerfallen wieder in zwei Hauptgruppen, d. h. in solche, welche für den Tractus intestinalis mit der Milz und den drüsigen Adnexa (Leber, Pankreas), und in solche, welche für das Urogenitalsystem bestimmt sind. Beide unterliegen in ihren einzelnen Zweigen den allergrössten Schwankungen nach Zahl und Stärke. So unterscheidet man bald eine einzige A. coeliacomesenterica (Fig. 327 *Cm*), bald eine getrennte Coeliaca und eine oder mehrere Arteriae mesentericae, intestinales etc. etc.[2]. Aehnlich verhält es sich mit den Arteriae renales und genitales.

---

[1] Ornithorhynchus ist, so viel bekannt, das einzige Säugethier, bei welchem die während der Ontogenese bei anderen Säugern auftretende axiale Arterie des Vorderarmes mit ihrem den Carpus durchsetzenden Endast zeitlebens persistiert und die Hauptarterie des Vorderarmes darstellt. Dieses höchst primitive Verhalten erinnert an das der Saurier. — Mit einer Arteria mediana fehlt Ornithorhynchus ein Arcus volaris sublimis und profundus.

[2] Bei den Sauriern sind die Aeste der Bauchaorta genau untersucht, und man

Alle Zweige der dorsalen Aorta besitzen ursprünglich einen metameren Charakter, und die Beschränkung ihrer Zahl, bezw. die
Verwischung jenes primitiven Verhaltens beruht da und dort auf
einer mehr oder weniger starken Concentration der Einzelgefässe,

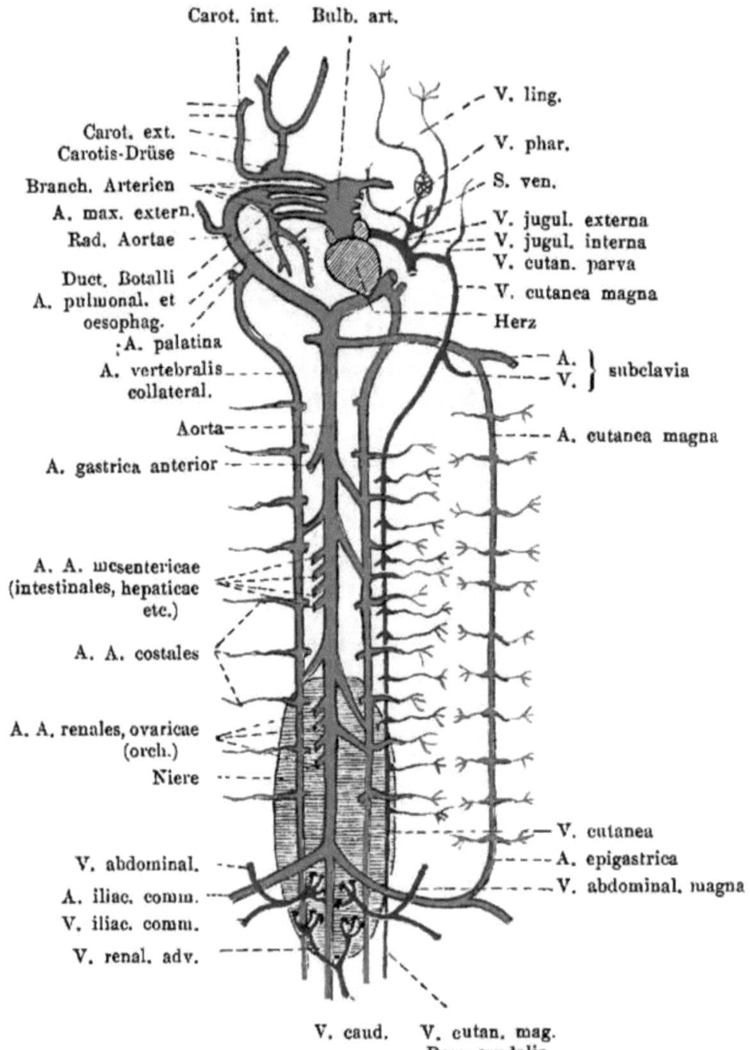

Fig. 327. Arterielles (z. Th. auch venöses) Gefäss-System von Salamandra
macul. und Triton taen. mit Zugrundelegung der Abbildungen von Bethge.

ein Verhalten, das bei Thieren mit langgestrecktem Körperbau im
Allgemeinen stärker hervortritt, als bei solchen von kürzerer, ge-

erkennt, dass bei Hatteria die ursprünglichsten Verhältnisse vorliegen, von denen diejenigen von Lacerta und den übrigen Gruppen ableitbar sind.

drungener Gestalt. In andern Fällen findet eine Beschränkung der Gefässzahl durch Anastomosenbildung der Art statt, dass ein Gefäss die peripheren Zweige eines andern an sich reisst, während der Wurzelstamm jener Zweige selbst zu Grunde geht.

Eine besondere Erwähnung verdient die Arteria vertebralis collateralis, welche jederseits aus der Radix Aortae entspringt und dann entlang der Wirbelsäule nach hinten bis zur Schwanzspitze zieht. An der Basis der Wirbelquerfortsätze dringen zahlreiche Aeste in den Canalis vertebralis, während andere entlang den Rippen verlaufen und bis zur Haut vordringen. Die Arteria vert. coll. communiziert in ihrem ganzen Laufe mit der Aorta (Fig. 327).

Das Endstück der Aorta abdominalis, welches häufig in den von den unteren Wirbelbogen gebildeten Canal zu liegen kommt, wird A. caudalis (Fig. 327) genannt und steht bezüglich seiner Entwicklung selbstverständlich in gerader Proportion zur Stärke des Schwanzes. Wo dieser, wie z. B. bei den Anthropoiden und dem Menschen, rudimentär wird, spricht man von einer Arteria sacralis media, und in diesen Fällen erscheint die Aorta ihrer Hauptmasse nach nicht mehr durch jene, sondern durch die in der Beckengegend abgehenden Arteriae iliacae (Fig. 327) fortgesetzt.

Diese grossen Gefässe zerfallen in eine, aus dem Anfangsstück der embryonalen Allantoisarterien hervorgegangene, für die Beckeneingeweide bestimmte Iliaca interna s. A. hypogastrica und in eine für die hintere Extremität bestimmte Iliaca externa s. A. cruralis s. femoralis (Fig. 327, 328).

Wie bei den arteriellen Gefässen der vorderen, so haben sich auch bei denjenigen der hinteren Extremität im Laufe der Stammesgeschichte der Vertebraten grosse Umbildungen vollzogen, in welche man aber noch keinen durchaus befriedigenden Einblick besitzt. Immerhin lässt sich mit Sicherheit behaupten, dass die A. femoralis ursprünglich nicht das Hauptgefäss der hinteren Gliedmasse war, sondern dass sie durch eine weiter caudalwärts vom Aortenstamme entspringende Arterie, die A. ischiadica, ersetzt wurde. Durch eine solche geht heute noch der Hauptstrom des arteriellen Blutes bei Amphibien, Reptilien und Vögeln zur hinteren Extremität, ein Verhalten, welches auch noch gewisse Embryonalstadien der Säugethiere und wahrscheinlich auch des Menschen charakterisiert. Wenn dann später bei den Embryonen der Säugethiere die anfangs kurze und schwache A. femoralis in der Kniekehlengegend Verbindungen mit der A. ischiadica gewinnt, geht das proximale Stück der letzteren einem allmählichen Schwund entgegen, während die sich immer mehr entfaltende A. femoralis functionell an ihre Stelle tritt. Sehr wahrscheinlich waren es Ursachen mechanischer Natur, welche bei den Vorfahren der Säuger zu einem Wechsel des Hauptschlagaderstammes der hinteren Gliedmassen geführt haben.

So wenig als am Vorderarm die A. radialis und ulnaris die ursprünglichen Hauptschlagadern repräsentieren, so wenig ist dies am Unterschenkel mit der A. tibialis antica und postica der Fall. Auch diese beiden stellten früher nur unbedeutende Muskeläste dar, und wurden durch die oben schon erwähnte A. peronea bezw. durch Zweige einer primitiven Arteria saphena ersetzt[1]).

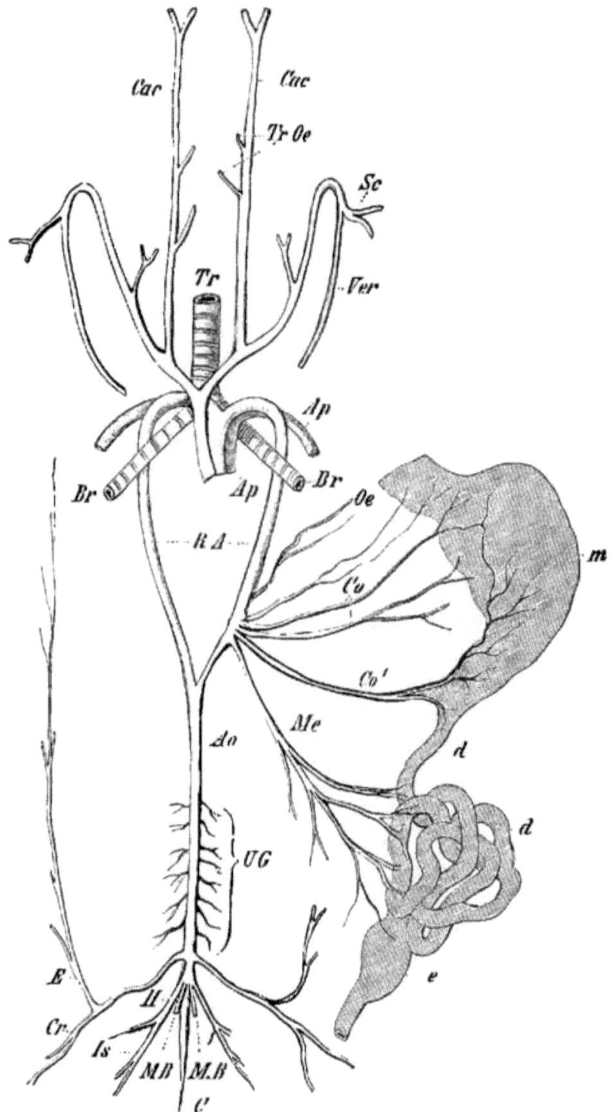

Fig. 328. Das arterielle Gefässsystem von Emys europaea. *Ao* Aorta, *Ap* A. pulmonalis *Br Br* die beiden Bronchien, *C* A. caudalis, *Cac* Carotides communes, *Co*, *Co*[1] und *Me* Arterien der hier in Form eines grossen Gefässbüschels entspringenden A. coeliaco-mesenterica, *Cr* A. cruralis, *d, d* Dünn- oder Mitteldarm, *E* A. epigastrica, *e* Enddarm, *H* A. hypogastrica, *Is* A. ischiadica, *m* Magen, *MD* Mastdarmarterien, *RA* Radix Aortae, *Sc* A. subclavia, *Tr* Trachea, *Tr, Oe, Oe* Ramuli ad tracheam et oesophagum, *UG* A. A. uro-genitalis, *Ver* A. vertebralis.

----

[1]) Reste von der ursprünglichen Gefässanlage haben sich bei den verschiedenen

Um noch einmal auf die A. iliaca externa s. femoralis zurückzukommen, so entspringt sie nicht immer zusammen mit der A. iliaca interna s. hypogastrica aus einem gemeinsamen Stamme, d. h. aus einer A. iliaca communis, sondern häufig, wie z. B. bei Vögeln und vielen Reptilien, selbständig aus der Aorta. Sie verhält sich also hierin wie viele andere Arterien, u. a. auch wie die A. ischiadica, und fällt mit allen diesen unter denselben morphologischen Gesichtspunkt, d. h. sie weist noch auf einen primitiveren Zustand zurück, in welchem, wie dies bei den Sauropsiden heute noch der Fall ist, mehrere segmentale Arterien zur Anlage der Extremität in Beziehung standen und so zusamt dem Nervenplexus an die ursprünglich polymere Natur derselben erinnern (vergl. das Capitel über die Extremitäten und das periphere Nervensystem).

Venensystem.

Fische.

Im Folgenden sollen zunächst die Verhältnisse bei den Selachiern etwas eingehender beschrieben werden; um jedoch ein richtiges Verständnis zu erzielen, ist eine wiederholte Betrachtung der entwicklungsgeschichtlichen Vorgänge, auf die bereits schon oben kurz eingegangen wurde, nicht zu umgehen.

Die zuerst im Embryo auftretenden Venae omphalo-mesentericae führen das Blut von der Oberfläche des Dottersackes und aus den Darmwänden zurück (Fig. 306, 329). Ersteres leisten die Vv. vitellinae, letzteres die Vv. subintestinales (Fig. 329, III.—VII). Die Subintestinalvenen erstrecken sich längs des Darmes hin und zwar zu einer Zeit, wo letzterer als sogenannter Schwanzdarm noch bis in die Caudalregion hineinreicht. Nachdem der Schwanzdarm eine Rückbildung erfahren hat, geht aus dem Hinterende der genannten Venen die Caudalvene hervor, welche nun direct unter der Aorta caudalis liegt und ihren Zusammenhang mit dem vorderen Abschnitt verliert 329, VIII—XII).

Mit der allmählichen Entstehung der Leber löst sich innerhalb derselben der Hauptstamm der linken V. omphalo-mesenterica in Capillaren auf, und diese sammeln sich wieder in grössere Stämme, welche die Leber verlassen und sich in das proximale Ende beider Vv. omphalo-mesentericae einsenken. Letztere werden dadurch zu den Venae hepaticae, welche in den Sinus venosus, bezw. in die Ductus Cuvieri (Cyclostomen) münden.

Im ferneren Lauf der Entwicklung sind einstweilen neue Venen entstanden, welche das Blut aus dem Tractus intestinalis, der Milz und dem Pankreas zurückführen und dadurch die praecaudale Portion der Subintestinalvene in ihrer physiologischen Bedeutung in den Hintergrund drängen.

Alle jene neuen Venen, welche unter dem Namen der Leberpfortader (V. portarum hepatis) zusammengesetzt werden, ergiessen ihr Blut in die Capillarität der Leber.

Säugethiergruppen in verschiedener Weise und in den mannigfachsten Combinationen mit dem System der Art. tibialis antica und postica erhalten (Vergl. G. Salvi).

Vorne vom Herzen entstehen die Ductus Cuvieri und öffnen sich in den Sinus venosus des Herzens. Sie bilden sich jederseits durch den Zusammenfluss der vorderen und hinteren Cardinal-

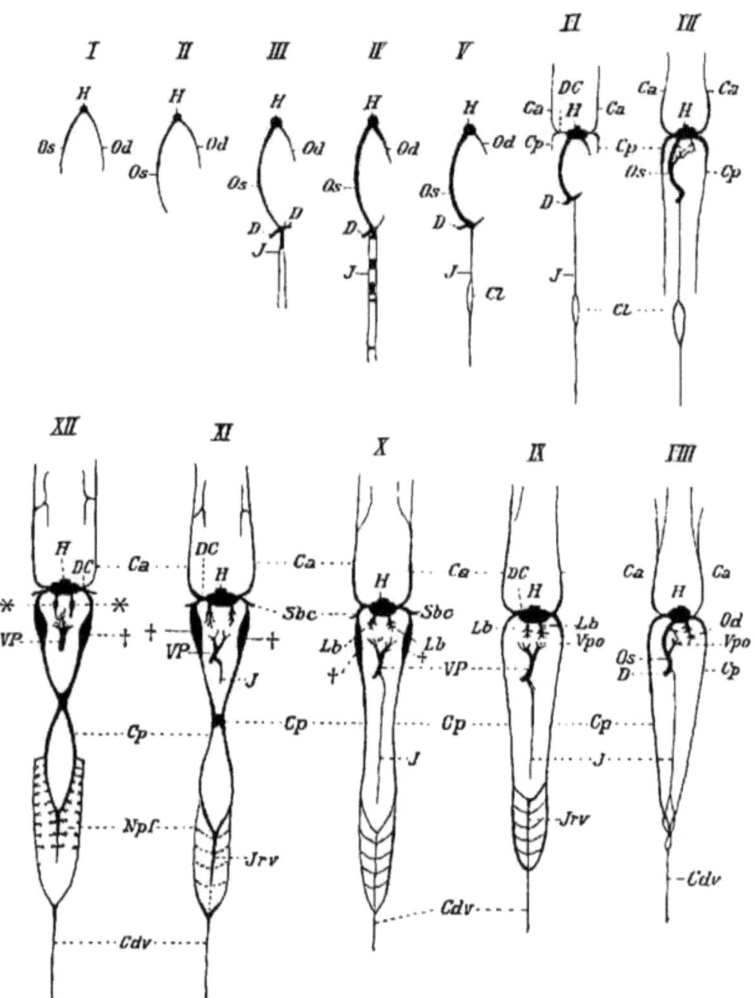

Fig. 329. Eine Reihe von Entwicklungsstadien des Venensystems der Selachier. *I—XI* nach Rabl, *XII* nach F. Hochstetter. *Ca*, *Cp* Vordere und hintere Cardinalvenen, *Cdv* Caudalvene, *Cl* Cloakengegend, *DC* Ductus Cuvieri, *D*, *D* Dottervene, *H* Herz, bezw. Sinus venosus cordis, *J* Subintestinalvene, *Jrv* Interrenalvene, *Lb* Lebervenen, *Npf* Nierenpfortaderkreislauf, *Os*, *Od* V. omphalo-mesenterica dextra und sinistra, *Sbc* Vena subclavia, *VP* Vena portarum, *Vpo* Capillarität des Venenpfortaderkreislaufs, † Cardinalvenensinus, ** Lebervenen-Sinus.

vene, von denen die erstere auf dem Wege der Venae jugulares das Blut des Kopfes, die letztere das des Rumpfes dem Herzen zuführt. — Auch eine Vena subclavia, welche das Blut von der

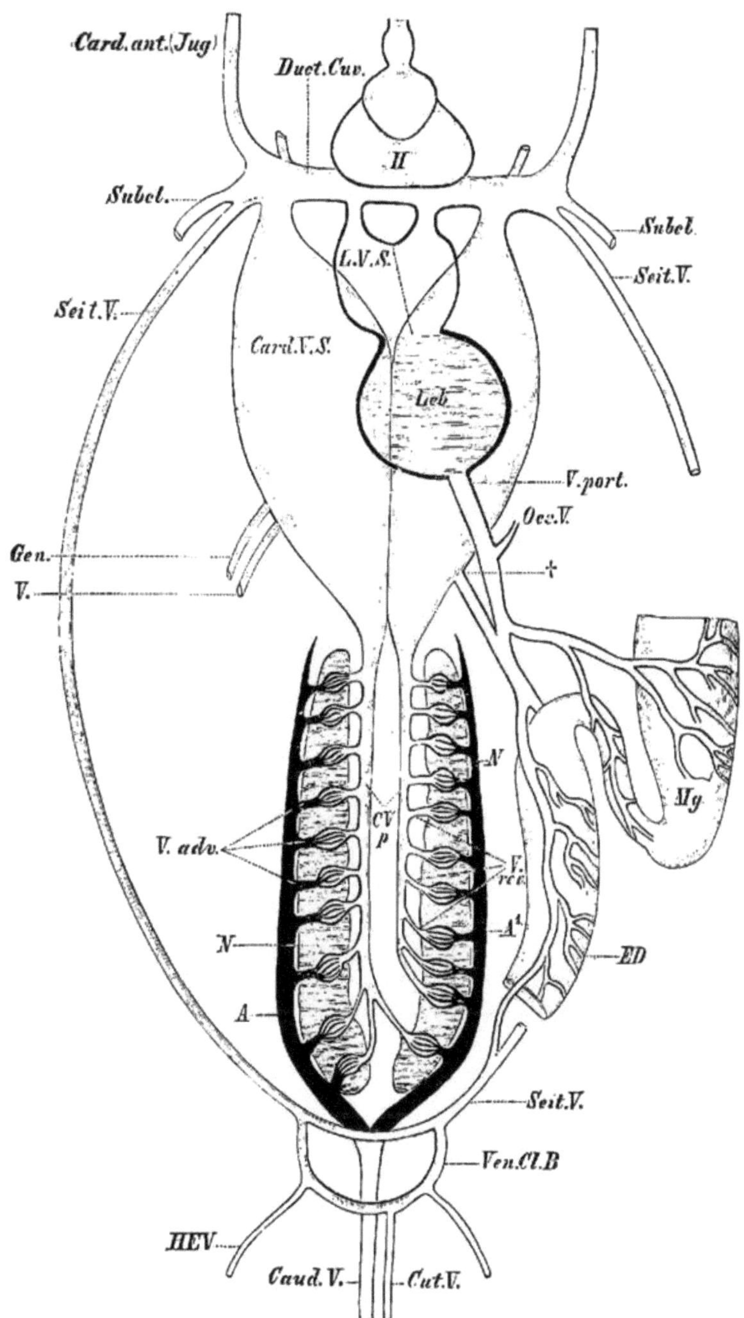

Fig. 330. Das Venensystem der Selachier. Schematisch. *Card. ant. (Jug.)* Vena cardinalis anterior (V. jugularis). *Card. V. S.* Cardinalvenen-Sinus. Beide Sinus stehen in der Medianlinie in Verbindung. *Caud. V.* Caudalvene, welche sich am distalen Nierenende in zwei Aeste A, A^1 spaltet. Aus diesen gehen die Venae advehentes des Nierenpfortader-Kreislaufs (*V. adv.*) hervor. *Duct. Cuv.* Ductus Cuvieri. *H* Herz. *Leb* Leber. *LVS* Lebervenen-Sinus. *Seit. V.* Seitenvene, welche aus einem im Bereich der Cloake liegenden Venen-Netz (*Ven Cl. B*), aus einer oder mehreren Hautvenen des Schwanzes (*Cut. V.*), aus den Venen der Leibesdecken und aus den Venen der Bauchflossen (*HEV*) hervorgeht, *Subcl.* V. subclavia. *V. port.* Leberpfortader, welche theils vom Enddarm (*ED*) und Magen (*Mg*) theils vom Oesophagus (*Oes. V.*) ihr Blut bezieht. Sie steht im Bereich des Enddarmes mit einem Zweig der Seitenvene in Verbindung. Ein Theil des Blutes strömt bei † in den Caudalvenen-Sinus. In letzteren ergiessen sich auch die Genitalvenen (*Gen. V.*). *V. rev.* Venae revehentes des Nierenpfort- ader-Kreislaufes, aus welchen die rechte und die linke V. cardinalis posterior (*CV*) hervorgeht.

Brustflosse bringt, öffnet sich in die Ductus Cuvieri oder in den Sinus venosus.

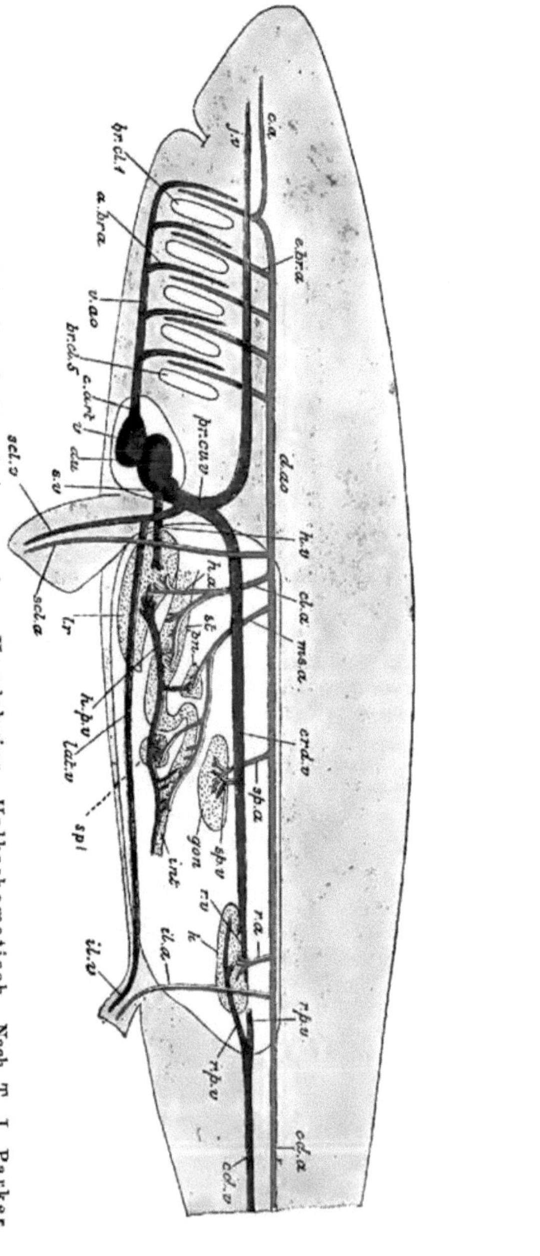

Fig. 331. Seitliche Ansicht des Gefäss-Systems eines Hundshaies. Halbschematisch. Nach T. J. Parker. *a.br.a* Vasa branchialia afferentia, *a.br.a* und *e.br.a* Vasa branchialia afferentia und efferentia, welche sich zwischen den Kiemenschlitzen *br.cl.1 – br.cl.5* verbreiten, *au* Atrium, *c.a* Carotis, *cd.a* A. caudalis, *cd.v* V. caudalis, *c.art* Truncus arteriosus, *cl.a* A. coeliaca, den Magen (*st*) und die Leber (*lr*) versorgend, *crd.v* V. cardinalis posterior, *d.ao* Dorsale Aorta, *h.p.v* Leberpfortader, *h.v* Vv. hepaticae, *il.a* A. iliaca, *il.v* V. iliaca, *j.v* V. jugularis (V. cardinalis anterior), *lat.v* V. lateralis, *ms.a* A. mesenterica, den Darm (*int*), das Pankreas (*pn*) und die Milz (*spl*) versorgend, *pr.c.v* Ductus Cuvieri, *r.a* Aa renales, *r.p.v* Nierenpfortader, (in der Niere (*k*) capillär sich auflösend), *r.v* Venae revehentes derselben, *scl.a* A. subclavia, *s.clv* V. subclavia, *sp.a* Aa. spermaticae, die Geschlechtsdrüse (*gon*) versorgend, *sp.v* Vv. spermaticae, *s.v* Sinus venosus, *v* Ventrikel, *v.ac* Ventrale Aorta.

Die V. caudalis gabelt sich in der Regel in der Cloakengegend in zwei Zweige, von denen jeder am Aussenrand der Niere nach vorne

zieht und während dieses Verlaufes
Venae renales advehentes an das
genannte Organ abgiebt. Sie lösen sich
im Innern in ein Capillarsystem auf, und
aus diesem entspringen die Venae renales revehentes, welche sich in die
V. cardinales posteriores ergiessen.
— Damit ist das typische Verhalten des
Venensystems der erwachsenen Fische
erreicht, und nur einige der wichtigsten
Modificationen desselben sollen im Folgenden noch Erwähnung finden (Fig.
330, 331).

Bei Cyclostomen und Sela-
chiern erhält sich der vordere Theil
der Subintestinalvene als ein kleines, in
der Spiralfalte des Darmes verlaufendes
Gefäss. Bei den Selachiern (Fig. 330)
speciell erweitern sich viele Venen zu
grossen Sinusen, so z. B. die Ductus
Cuvieri, die vordere und hintere Cardinalvene, die Leber- und Genitalvenen.
Ferner bildet sich eine grosse Seitenvene (V. lateralis), welche in den
Leibesdecken, entweder unter der Haut
oder gerade nach aussen vom Peritoneum, verläuft und sich in den Ductus
Cuvieri oder in die hintere Cardinalvene
jederseits ergiesst. Sie entspricht wahrscheinlich der Vene der primitiven Seitenfalte (vergl. das Capitel über die Anlage der Extremitäten).

Dipnoi.

Hier ist als wichtiger Punkt die Existenz einer grossen unpaaren Vena cava
inferior hervorzuheben. Sie entsteht
zum Theil aus der hinteren Cardinalvene und ist mit derjenigen der Amphibien und Amnioten in Parallele zu
stellen (Fig. 332). Ein Nierenpfortadersystem ist vorhanden, und das
Nierenblut sammelt sich in zwei Venen,
die das Verhalten der hinteren Cardinalvenen zeigen, allein nur die linke derselben öffnet sich vorne in den entspre-

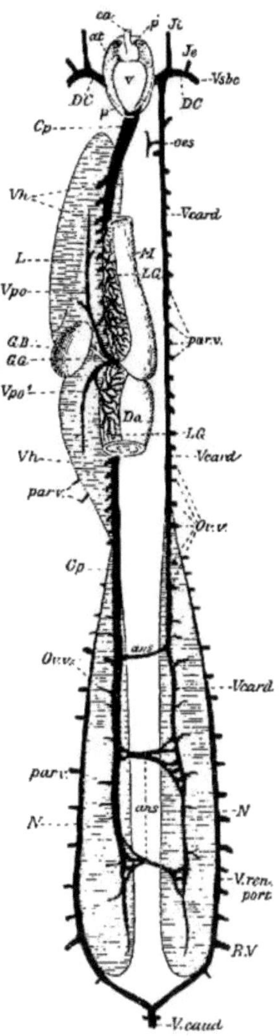

Fig. 332. Venensystem von
Protopterus annectens nach
W. N. Parker. *at* Atrium des
Herzens, *BV* Beckenvene, *ca* Conus
arteriosus, *Cp* Vena cava posterior,
Da Darm, *DC, DC* Ductus Cuvieri,
GB Gallenblase, *GG* Gallenausfüh-
rungsgänge, *Ji, Je* V. jugularis in-
terna und externa, *L* Leber, *M* Ma-
gen, *NN* Nieren, *oes* Venen des
Oesophagus, *Ov.v* Venen des Ova-

riums, *p* Pericard, *par.v* Parietal-, d. h. aus der Körperwand das Blut aufnehmende Venen, *v* Ventrikel, *V.caud* V. caudalis, *Vcard* Linke Vena cardinalis, welche in ihrem hinteren Bezirk mit
der Vena cava posterior (*Cp*) durch Queranastomosen (*ans*) verbunden ist, *Vh, Vh¹* Venae hepaticae, *V.ren.port* Pfortader der Niere, *Vsbc* V. subclavia. Auf dem Magen und Darm ist das lymphadenoide Organ (*LG*) eingezeichnet, aus welchem die Pfortader (*Vpo, Vpo¹*) ihr Blut bezieht.

chenden Ductus Cuvieri, während die rechte, weitaus stärkere, am dorsalen Leberrand hinzieht und sich dann direct in den Sinus venosus des Herzens ergiesst.

Der im Bereich der Niere liegende Abschnitt dieser Vene ist offenbar dem hinteren Abschnitt der entsprechenden Cardinalvene homolog, während deren vorderer Abschnitt als solche nicht mehr erkennbar ist. Daraus folgt, dass die untere Hohlvene aus einer hinteren (Nierenportion) und einer vorderen (selbständigen) Anlage (Leberportion) hervorgegangen zu denken ist.

Bei Ceradotus steht die hintere Cardinal- und die untere Hohlvene in directer Verbindung mit der Caudalvene, und die Nierenpfortader, Zuzüge vom hinteren Körperende enthaltend, entspringt von der V. iliaca, welche auch einen Beckenast besitzt. Letztere vereinigt sich mit ihrem Gegenstück in der Mittellinie zu einer medianen Abdominalvene, welche mit der der Amphibien zu vergleichen ist und sich in den Sinus venosus öffnet.

Die zwei Pulmonalvenen vereinigen sich vor ihrer Einmündung in das linke Atrium zu einem gemeinsamen Stamm.

Amphibien.

Die hier auftretende grosse untere Hohlvene entsteht prinzipiell wie bei den Dipnoërn, insofern ihr hinterer (Nieren-) Abschnitt aus einer an der betreffenden Stelle erfolgenden Verschmelzung der beiden hinteren Cardinalvenen herorgeht. Der vordere (Leber-) Abschnitt entstammt offenbar zum Theil der rechten V. omphalo-mesenterica, zum Theil aber entsteht er unabhängig. Die V. portarum hepatis verdankt ihren Ursprung der linken V. omphalo-mesenterica.

Die untere Hohlvene empfängt ihr Blut aus dem Urogenitalapparat und indirect auch aus den hinteren Extremitäten, den Körperwänden und (eventuell) aus dem Schwanz.

Der vordere Abschnitt beider hinterer Cardinalvenen persistiert bei Urodelen und bei Bombinator in Gestalt der paarigen Vena azygos, und dieses Verhalten ist dann und wann ausnahmsweise auch bei andern Anuren zu constatieren und zwar entweder nur auf einer oder auf beiden Seiten. In allen diesen Fällen handelt es sich um eine Verbindung mit dem entsprechenden Ductus Cuvieri.

Ein Nierenpfortader-System kommt bei Amphibien auf dieselbe Weise zu Stande wie bei Fischen, nämlich durch die Bifurcation der Caudalvene, welche übrigens bei erwachsenen Anuren obliteriert. In die Nierenpfortader ergiessen sich die Venen der hinteren Extremität und nicht selten auch diejenigen der Körperwand. Das Blut der Nieren gelangt in die untere Hohlvene.

Aus einer Verbindung der linken und rechten Nierenpfortader oder auch der Vv. femorales entsteht eine quer verlaufende Beckenvene, und aus dieser entspringt, ähnlich wie bei Ceratodus, eine den Muskeln der Bauchwand aufliegende V. abdominalis s. V. epigastrica, welche, in der ventralen Mittellinie verlaufend, innerhalb der Bauchwand bis zur Leber nach vorne zieht, um schliesslich

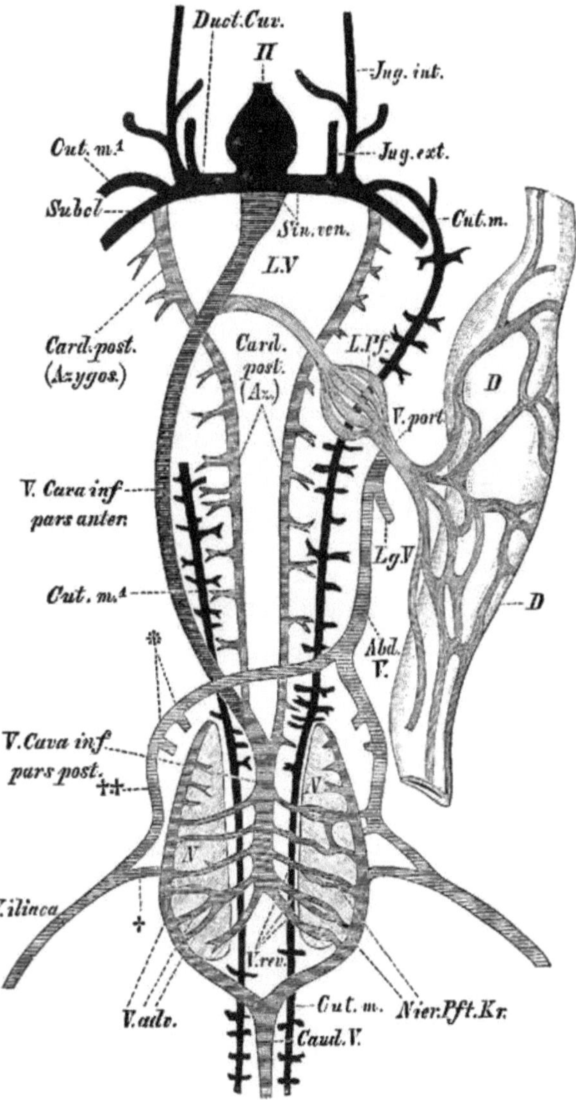

Fig. 333. Schematische Darstellung des Venensystems von Salamandra maculosa. *Card. post. (Azygos)* bedeutet die hintere Cardinalvene, resp. Azygos, *Caud.V* Caudalvene, die sich am hinteren Umfang der Nieren (*N,N*) theilt, *Cut.m.* V. cutanea magna, *Cut.m¹.* dieselbe der andern Seite, abgeschnitten, *Cut.par.* V. cutanea parva, *D, D* Darm, von dem die Pfortader *V.e port.* entspringt, *Duct. Cuv.* Ductus Cuvieri, *H* Herz, *Jug.int.* und *ext.* Jugularis interna und externa, *Lg* Längsvene des Darmes, *Lpft.Kr.* Leber-pfortader-Kreislauf, *Sin.ven.* Sinus venosus, *Subcl* Subclavia, *L.V.* Lebervene, *V.adv., V.rev.* Venae advehentes und revehentes des Nierenpfortaderkreislaufs (*Nier.Pft.Kr.*), *V.iliaca,* welche sich in einen hinteren (†) und vorderen (††) Ast theilt; ersterer tritt zur Niere, letzterer confluiert mit seinem Gegenstück zur Bildung der Abdominalvene (*Abd.V.*); letztere bezieht ihr Blut auch noch durch die Zweige * von der Cloake, der Blase und dem hinteren Abschnitt des Enddarmes. Der hintere und vordere Abschnitt der hinteren Hohlvene ist mit *V. cava inf. pars post.* und *pars anter.* bezeichnet.

innerhalb derselben capillär zu zerfallen und sich also secundär mit der V. portarum hepatis zu verbinden. Die ursprünglich nur dem Integument angehörige Abdominalvene, welche ihrer Anlage nach paarig ist und den Seitenvenen (Vv. laterales) der Selachier entspricht, empfängt ihr Blut aus der Cloake, der Harnblase und den Leibesdecken. Bei Urodelen stehen gewisse Ueberbleibsel der Subintestinalvene ebenfalls mit dem System der Leberpfortader in Verbindung.

Das Verhalten der vorderen Cardinalvenen (Vv. jugularis externa und interna) entspricht im Wesentlichen demjenigen bei Fischen und Dipnoërn.

Das venöse Blut der Schwanz-[1]) und der Rumpfhaut wird durch eine grosse, der Haut dicht anliegende Vene, die V. cutanea magna, zurückgeführt. Im Laufe nach vorne begleitet sie den grossen Rückenlängsmuskel und macht dann einen weiten Bogen zur vorderen Extremität herüber, wo sich die Vena subclavia mit ihr vereinigt. Kurz vor ihrer Mündung in den Sinus venosus empfängt sie von der Kehlhaut her eine kleinere Hautvene, die V. cutanea parva (Bethge).

In der Rumpfgegend nimmt die V. cutanea magna jederseits sowohl aus der Haut des Rückens als der seitlichen Körperwände Aeste auf.

Amnioten.

Der in den Bereich der embryonalen Urniere fallende hintere Abschnitt der rechten V. cardinalis posterior lässt bei Amnioten, wie bei Dipnoërn, den hinteren Theil der unteren Hohlvene aus sich hervorgehen, während die vordere (Leber-) Portion derselben wie bei Amphibien entsteht (s. diese).

Bei den verschiedenen Gruppen der Reptilien und Vögel werden die vorderen Abschnitte der hinteren Cardinalvenen in verschiedenem Grade rückgebildet und durch neue Venen, nämlich durch die Vv. vertebrales[2]) ersetzt; bei den Säugethieren persistieren sie dagegen als die Vv. azygos. Zwischen diesen entsteht eine Anastomose, und eventuell bildet sich im Anschluss an den Schwund der linken oberen Hohlvene die vordere Portion des Gefässes der linken Seite mehr oder weniger stark zurück, sodass es nun als V. hemiazygos bezeichnet wird. Die Folge davon ist, dass jetzt das Blut von beiden Seiten in das Gefäss der rechten Seite (V. azygos) gelangt. Dieses mündet in den rechten Ductus Cuvieri resp. in den aus letzterem hervorgehenden Endstamm der V. cava superior. Da nun das Azygos-System in der Lumbal- und Beckengegend auch mit dem Quellgebiet der unteren Hohlvene in Verbindung steht, so stellt es eine wichtige Communication zwischen der unteren und oberen Hohlvene dar.

Die vorderen Cardinalvenen werden, wie bei niederen Vertebraten, zu den Jugularvenen, welche sich zusamt den V. subclaviae und den Vertebral- oder Azygosvenen in die Ductus Cuvieri öffnen.

---

[1]) Bei Triton und Spelerpes entsteht die V. cutanea magna erst vor dem Becken, hat also mit dem Schwanze nichts zu thun.

[2]) Der letzte Anstoss zu ihrer Entstehung liegt stets in der Rückbildung der Urniere.

Dass bei gewissen Säugern die Ductus Cuvieri resp. die oberen Hohlvenen beider Seiten bestehen bleiben, während bei andern das Gefäss linkerseits bis auf geringe Spuren (Sinus coronarius cordis) in nachembryonaler Zeit rückgebildet wird, wurde schon in der Anmerkung auf pag. 362/3 des Genaueren erörtert, und es ist hier nur noch zu erwähnen, dass auch bei Reptilien und Vögeln die Ductus Cuvieri beider Seiten das ganze Leben persistieren.

Ein Nierenpfortader-System tritt in Verbindung mit der Embryonalniere bei allen Reptilien und Vögeln auf, doch

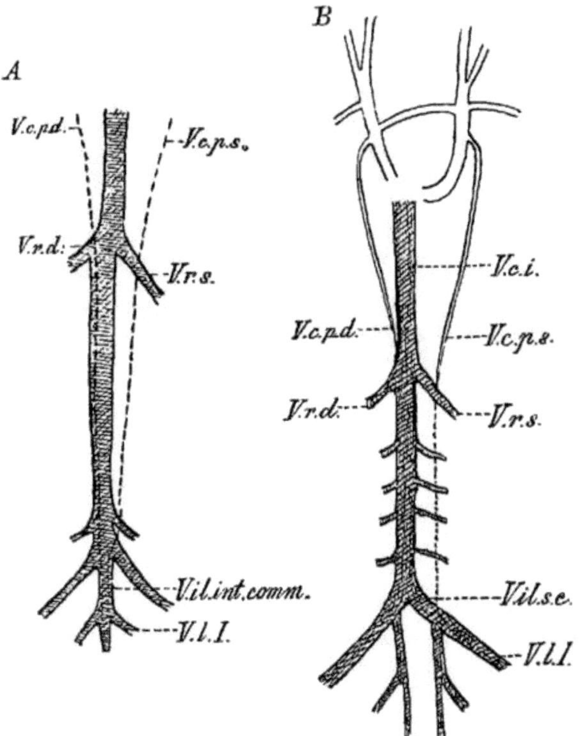

Fig. 334. Schematische Darstellung der Beziehungen der hinteren Cardinal- und unteren Hohlvenen beim Kaninchen A, und beim Mensch B. Nach Hochstetter. *V.c.i* V. cava inferior, *V.c.p.d*, *V.c.p.s* V. cardinalis posterior dextra und sinistra, *V.il.s.c* V. iliaca communis sinistra, *V.il.int.comm* V. iliaca interna communis, *V.l.I* V. lumbalis I., *V.r.d*, *V.r.s* Vena renalis dextra und sinistra.

finden sich auch bei Säugethieren noch Spuren davon und zwar am besten ausgeprägt bei Echidna-Embryonen[1].

Ueberhaupt zeigen die Monotremen, wie schon im Capitel über das Herz hervorgehoben wurde, in ihren Kreislaufverhältnissen noch viele Anklänge an die Sauropsiden.

---

[1] Der Grund des allmählichen Schwindens eines Nierenpfortader-Kreislaufes beruht auf den Gefässverhältnissen und zwar speziell auf der sich entwickelnden Verbindung zwischen hinterer Hohlvene und den hinteren Cardinalvenen.

Bei allen erwachsenen Sauropsiden und Mammalia wird ein Nierenpfortadersystem vermisst, oder ist es nur, wie bei gewissen Reptilien und Vögeln, in schwachen Spuren nachweisbar.

Wie bei Fischen, so erscheinen auch bei Amnioten in der Embryonalzeit zuerst die Venae vitellinae s. omphalo-mesentericae, von deren Bedeutung schon wiederholt die Rede war. Sie fliessen vor ihrer Einmündung in den Sinus venosus cordis zu einem unpaaren Stamme zusammen.

Die vom Darm aussprossende Leber umwächst nun die vereinten Dottervenen, und diese schicken Zweige in die Lebersubstanz hinein (Venae advehentes); andererseits nehmen sie aus derselben venöse Bahnen (Venae revehentes) auf, aus welch letzteren sich später die Lebervenen, eine rechte und eine linke, bilden. Dabei geht der venöse Hauptstamm der Dottervene, soweit er innerhalb des Lebergewebes liegt, eine Rückbildung ein, bis er schliesslich ganz schwindet, sodass jetzt alles Blut der Venae omphalo-mesentericae auf dem Wege der Venae advehentes und revehentes die Lebercapillarität durchsetzen muss. Dasselbe gilt für die Vena mesenterica, welche sich unterdessen im Bereich des Darmes entwickelt hat und welche, von hier aus das venöse Blut sammelnd, das eigentliche Wurzelgebiet der Leber-Pfortader darstellt. Ihr Endstück communiziert mit demjenigen Abschnitt der vereinigten Dottervenen, welcher eben im Begriff ist, sich in die Leber einzusenken, und das aus diesem Zusammenfluss hervorgehende starke Gefäss stellt den Stamm der Leber-Pfortader dar.

Während nun mit dem Schwund des Dottersackes das ausserhalb der Leber liegende Gebiet der Venae omphalo-mesentericae immer mehr verödet und allmählich zu Grunde geht, wird das ganze System der Venae advehentes schliesslich nur noch von dem mit dem Darm immer mehr sich vergrössernden Quellgebiet der Pfortader gespeist.

Endlich muss auch noch die Vena umbilicalis einer Betrachtung unterzogen werden. Auch sie ist, wie die Dottervenen, ursprünglich paarig und entspricht phylogenetisch den Venae laterales der Selachier und der Vena abdominalis s. epigastrica des Ceratodus und der Amphibien. Ursprünglich fast ausschliesslich die Rolle von Bauchwandvenen spielend, gewinnen jene Venen später Beziehungen zu der Allantois und können eventuell mit der V. cava inferior in Verbindung treten. Später erst, mit dem zunehmenden Wachsthum der Allantois, treten sie in immer wichtigere Beziehungen zu dieser, sowie auch unter Umständen zu den Chorionzotten und der Placenta. Mit anderen Worten: die Umbilicalvenen, resp. eine derselben (s. u.), bilden bei jenen Säugethieren, welche es zu einem Mutterkuchen (Placenta) bringen, die wichtigsten Zufuhrwege, auf welchen der Fötus das arterielle Blut seitens des mütterlichen Organismus erhält[1]).

Anfangs münden nun beide Umbilicalvenen direct an jener

---

[1]) Unter eben denselben physiologischen Gesichtspunkt fällt der Allantoiskreislauf der Sauropsiden, von welchem im nächsten Capitel ausführlicher die Rede sein wird.

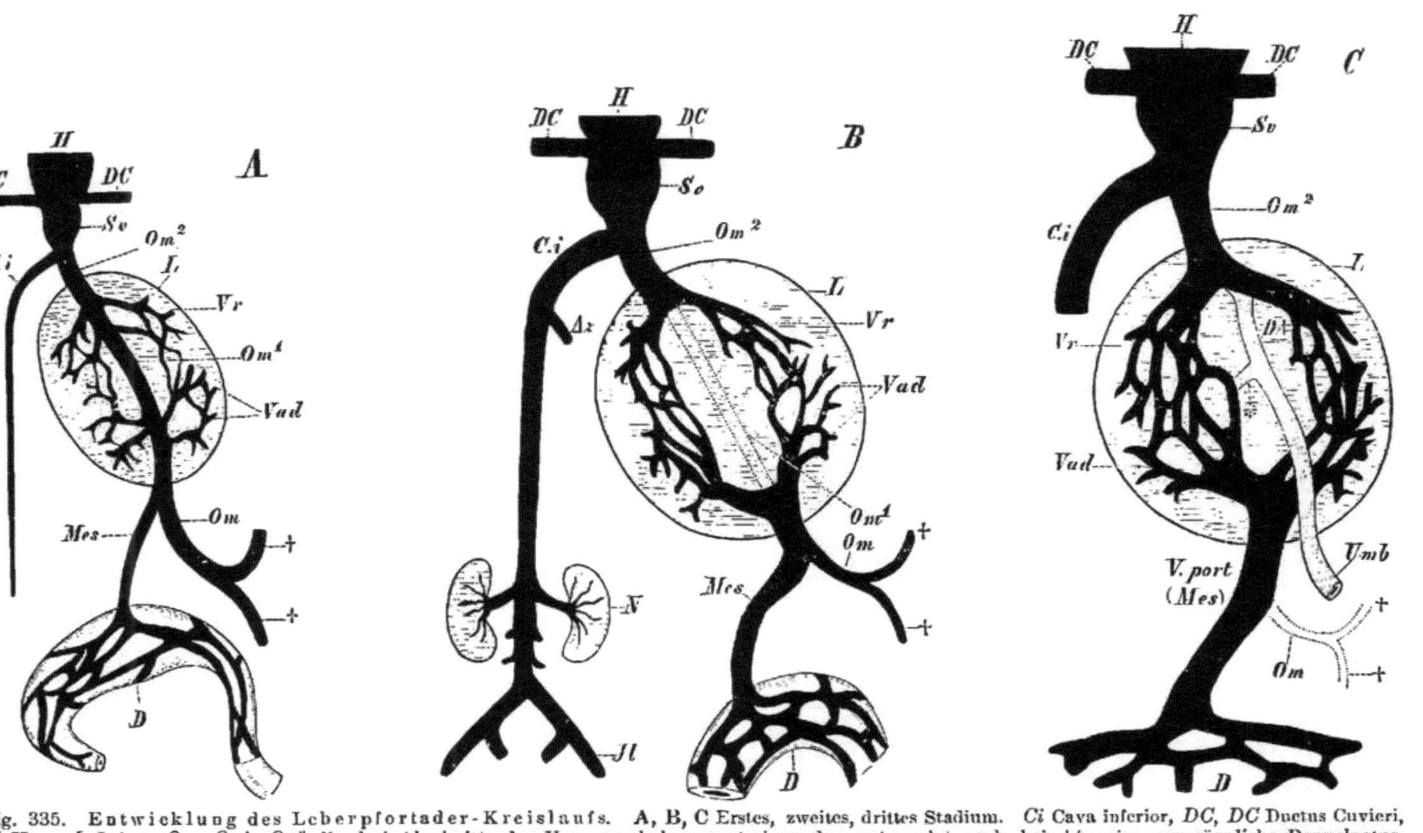

Fig. 335. Entwicklung des Leberpfortader-Kreislaufs. A, B, C Erstes, zweites, drittes Stadium. *Ci* Cava inferior, *DC, DC* Ductus Cuvieri, *H* Herz, *L* Leber, *Om, Om¹, Om²* die drei Abschnitte der Vena omphalo-mesenterica; der erste zeigt noch bei †† seine ursprüngliche Doppelnatur. *Sv* Sinus venosus. Im Stadium B kommt der zweite, in der Lebersubstanz liegende Abschnitt *Om¹* zum Schwund, so dass jetzt *Om* und *Om²* nur durch Capillarität verbunden sind. Im Stadium C ist das Anfangsstück (*Om*) ganz geschwunden, dagegen hat sich die Nabelvene *Umb* entwickelt, *Az* V. azygos, *DA* Ductus venosus (Arantii), *Jl* V. iliaca, *Mes* V. mesenterica, spätere V. portarum (*V.port*), die das Blut aus dem Darm (*D*) bezieht, *N* Niere, *Vad* Venae advehentes, *Vr* Venae revehentes, * Verbindung der Nabelvene mit der Lebercapillarität.

Stelle des Sinus venosus des Herzens aus, wo sich die Cuvier-
schen Gänge in letzteren einsenken, später aber erleidet die rechte
Umbilicalvene eine Rückbildung, während sich die linke mit dem
Gefässnetz der Leber in Verbindung setzt, und der eigentliche Stamm
obliteriert.

In Folge dessen ist nun das Umbilicalblut, bevor es zum Herzen
gelangt, gezwungen, den Leberkreislauf durchzumachen. Erst ganz
allmählich kommt es zur Herausbildung einer directen Verbindung
zwischen der schliesslich allein noch übrig bleibenden V. umbilicalis sinistra und jenem letzten, die Venae revehentes aufnehmenden Rest der vereinigten Dottervenen. Jene directe Blutbahn
ist der Ductus venosus (Arantii), und dessen Einmündung in den
Stamm der Dottervene entspricht genau der Stelle, von welcher aus
inzwischen schon längst die Cava inferior ihre Entstehung genommen hat. Wenn die definitiven Verhältnisse erreicht sind, so
imponiert die untere Hohlvene als die Hauptbahn, in welche sich die
aus dem System der Venae revehentes gebildete Vena hepatica
dextra und sinistra einsenken, während der Ductus venosus
(Arantii) mit dem Aufhören des Allantois- resp. Placentarkreislaufes
zu einem Bindegewebsstrang degeneriert.

Die intraabdominale Portion der Umbilicalvene persistiert das
ganze Leben hindurch bei Reptilien und bei Echidna als Vena
epigastrica, verschwindet aber bei andern Säugern, sowie bei
Vögeln.

Was die Extremitäten-Venen der Amnioten betrifft, so
herrscht bezüglich ihrer Anlage überall eine fast völlige Uebberein-
stimmung, und auch bei geschwänzten Amphibien (Tritonen) lässt sich
derselbe Typus nicht verkennen. In Verfolgung des weiteren Ent-
wicklungsganges jedoch treten zwischen den Amnioten und den genannten Anamnia bedeutende Verschiedenheiten auf, welche namentlich die Entwickelung des Gefässsystems der Zehen betreffen. Ob die
bei den Embryonen der Fische auftretenden Extremitätenvenen mit
denen höherer Wirbelthierformen in Einklang gebracht werden können,
müssen weitere Untersuchungen lehren, doch ist diese Möglichkeit
nicht ausgeschlossen.

Wundernetze.

Unter Wundernetzen versteht man den plötzlichen Zerfall oder
die Auflösung eines venösen oder arteriellen Gefässes in ein Büschel
feiner Aeste, die, untereinander anastomosierend, schliesslich in ein
Capillarnetz sich auflösen oder nach ihrer Auflösung wieder zu
einem grösseren Gefässe confluieren. Im ersteren Falle spricht man
von einem unipolaren, im letzteren von einem bipolaren Wundernetz. Handelt es sich nur um Arterien, oder nur um Venen, so hat
man es mit einem Rete mirabile simplex. bei Mischung beiderlei
Gefässe aber mit einem Rete mirabile duplex zu thun.

Die Wundernetze haben immer eine Verlangsamung des Blutstromes und dadurch eine Veränderung der Diffusionsverhältnisse zum
Ziele. Sie finden sich äusserst zahlreich in der ganzen Wirbelthierreihe, und zwar an den allerverschiedensten Stellen des Körpers, wie
z. B. in den Nieren, wo ihre soeben skizzierte physiologische Aufgabe

am klarsten hervortritt; ferner an den Augenästen der Carotis interna, in der Pseudobranchie und an den Gefässen der Schwimmblase der Fische, im Bereich der Intercostalarterien der Cetaceen, an der Pfortader, in der Schwanzregion der Eidechsen-Wirbelsäule etc.

Lymphgefässsystem.

Bei den Anamnia — und dies gilt in erster Linie für die Fische, sind die Lymphbahnen vielfach noch nicht deutlich differenziert, sondern zum grossen Theil an die grossen Blutbahnen, resp. an den Bulbus arteriosus und den Herzventrikel geknüpft, d. h. sie bilden in diesen Fällen, im adventitiellen Gewebe liegend, perivasculäre Scheiden um dieselben. Ausserdem aber finden sich gleichwohl schon zahlreiche, selbständige Lymphgefässe, welche von einem Capillarnetz unter der Haut entspringen und sich in den Ligamenta intermuscularia verbreiten. Auch der Darmcanal kommt dabei in Betracht und zwar bei Amphibien und Amnioten.

In Verbindung mit den Lymphgefässen kommen **Lymphherzen** vor. Bei Fischen sind sie noch wenig bekannt, sehr gut studiert dagegen sind sie bei Amphibien, Reptilien und Vogelembryonen. Bei Amphibien liegen sie entweder nur am hinteren Leibesende, zwischen Becken und Steissbein, oder auch noch, wie z. B. bei Fröschen, zwischen den Querfortsätzen des dritten und vierten Wirbels. Bei Urodelen finden sich zahlreiche Lymphherzen längs der Linea lateralis unter der Haut. Bei Reptilien sind nur hintere Lymphherzen vorhanden. Sie liegen auf der Grenze der Rumpf- und Caudalgegend auf Wirbelquerfortsätzen oder Rippen. Ihre Wand ist, der eingelagerten Muskeln wegen, rhythmischer Contractionen fähig.

Bei Vogelembryonen liegen sie rechts und links an der Grenze der Sacral- und Coccygealwirbel, z. Th. bedeckt vom M. coccygeus dorsalis (M. levator coccygis). Die genaueren Verhältnisse der in der Anlage begriffenen Lymphherzen des Hühnchen-Embryos sind folgende. Ursprünglich handelt es sich um einen Connex mit dem R. lateralis der ersten fünf Coccygealvenen, in späteren Entwicklungsstadien nur mehr aber mit dem Ram. lateralis der zweiten, dritten und vierten Coccygealvene. Um diese Zeit sind die Lymphherzen schon gut differenziert. Jene drei Coccygealvenen öffnen sich in den caudalsten Abschnitt der Vena hypogastrica und der Venae coccygeo-medianae. Zugleich setzen sich jetzt [gegen den 10. Tag der Bebrütung] die Lymphherzen mit dem allgemeinen Lymphsystem mittelst eines, oder seltener, mittelst zweier Lymphgefässe in Verbindung. Diese dringen in's Becken ein und öffnen sich dort in die die A. und V. pudenda communis umgebenden Lymphräume (Sala).

Bei 30—35 Tage alten Hühnchen (vom Ende der Bebrütung an gerechnet) existieren noch deutliche Spuren der Lymphherzen (vergl. Fig. 336).

Bei Säugethieren ist weder in embryonaler noch in späterer Zeit eine Spur von Lymphherzen nachzuweisen.

Ausnehmend grosse lacunäre Lymphräume finden sich unter der Haut der ungeschwänzten Amphibien, die dadurch leicht verschiebbar und vom Körper abhebbar erscheint. Diese subcutanen Lymphsäcke stehen mit den Rumpflymphsäcken des Cavum peritoneale in offener Verbindung.

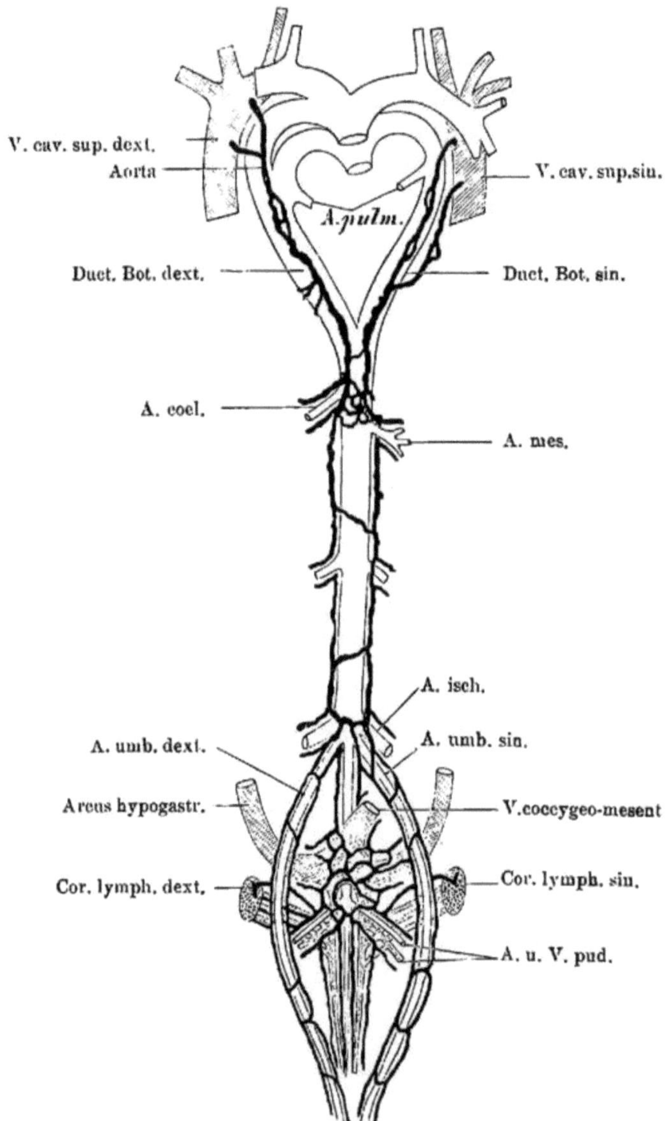

Fig. 336. Schematische Darstellung des Verlaufs der beiden Ductus thoracici, sowie der grossen abdominalen und caudalen Lymphstämme eines Hühner-Embryos von 17 Tagen. Nach L. Sala. Die Arterien sind hell, die Venen schraffiert, die Lymphherzen punctiert, die Lymphgefässe schwarz gehalten.

Unter den Rumpflymphsäcken spielt bei Fischen, Dipnoërn und Amphibien der subvertebrale Lymphraum eine grosse

Rolle. Er umhüllt die Aorta, resp. die Urogenitalorgane (Dipnoër) und steht mit dem im Gekröse liegenden (mesenterialen) Lymphraum, in welchen die Lymphgefässe des Darmes münden, in Verbindung. Bei Fischen und Dipnoërn liegt auch innerhalb des Wirbelrohres noch ein grosser lymphoider Längsstamm.

Je höher man nun in der Thierreihe emporsteigt, desto häufiger begegnet man Lymphbahnen mit selbständiger Wandung, und só unterscheidet man von den Vögeln an einen [bezw. zwei (Vögel)] praevertebral gelagerten, grossen Längsstamm, den Ductus thoracicus. Bei Vögeln entwickeln sich die beiden Ductus thoracici in dem Gebiet zwischen Gl. thyreoidea und A. coeliaca. Sie stehen in wichtigen Beziehungen zu dem Ductus Botalli, der Aorta und der Vena cava superior, mit welch letzterer sie mehrfach communizieren. Die Verbindungen mit den weiten, die Aorta caudalis und abdominalis umgebenden Lymphräumen entstehen erst am 12. Tage der Bebrütung (Fig. 336).

Bei Säugern beginnt der Ductus thoracicus in der Lendengegend häufig mit einer sinuösen Erweiterung (Cisterna chyli) und nimmt die Lymphe der hinteren Extremitäten, der Beckenorgane und die Chylusgefässe des Darmes auf. Nach vorne ergiesst er sich bei Säugern in die linke Vena brachio-cephalica und bei Sauropsiden auch in die rechte. In dieselben Venen mündet bei allen Amnioten von vorne her der Lymphstrom des Kopfes, des Halses und der vorderen Extremitäten. Bei Säugern kommt dabei auch noch die rechte Thoraxhälfte in Betracht.

Die Lymphgefässe der Vögel und Säuger sind, wie das venöse System, mit Klappen ausgerüstet, die ihrer Anordnung gemäss eine bestimmte Richtung des Lymphstromes garantieren und andererseits eine Rückstauung desselben verhüten.

Wie das Blut, so besteht auch die Lymphe aus zwei Bestandtheilen, nämlich aus **Flüssigkeit (Plasma)** und **zelligen Elementen (Lymphkörperchen, Leukocyten)**, welch letztere uns im Capitel über das Blut und den Tractus intestinalis schon einmal begegnet sind. Die amöboider Bewegungen fähigen Leukocyten zeigen überall da, wo sich eine adenoide Substanz unter einer Schleimhaut befindet, die Neigung, durch die Schleimhaut hindurchzutreten. Dies gilt nicht nur für die Darm- und Bronchialschleimhaut, sondern auch für die Conjunctiva des Auges, die Schleimhaut des Urogenitalapparates und namentlich für die Tonsillen, von welchen später noch die Rede sein wird [1]).

Eine sehr ausgedehnte Rolle spielt das lymphoide Gewebe in der Leibeshöhle der Fische und Amphibien. Es findet sich hier, ganz abgesehen vom Darmcanal, in starker Anhäufung in der Umgebung der Urogenitaldrüsen, welch letztere oft ganz darin eingepackt liegen (Dipnoër). Dahin gehören auch der sogenannte „Fettkörper" der Amphibien (vergl. den Urogenitalapparat) und

---

[1]) Die Bedeutung der Durchwanderung der Leukocyten besteht sicherlich zum grossen Theil in der Entfernung des der Rückbildung anheimfallenden Körpermaterials, bei welcher Thätigkeit die Leukocyten selbst zu Grunde gehen. Möglicher Weise hat der ursprünglich nur der Abfuhr dienende Process noch die andere Bedeutung, das betreffende Material anderen Körperstellen und Organen zu anderweitiger Verwendung zuzuführen. Sicheres ist hierüber noch nicht bekannt.

Reptilien, sowie die lymphoiden Gewebsmassen am Störherzen. Endlich ist vielleicht auch die „Winterschlafdrüse" gewisser Nager hierherzurechnen. Ob auch der sogenannte „ventrale Kiemenrest" (Maurer), das „Corpus propericardiale" sowie das „Corpus procoracoideum" (Gaupp) der Anuren hierher gehören, müssen künftige Untersuchungen lehren (vergl. Ecker's und Wiedersheim's Anatomie des Frosches, neubearb. von E. Gaupp).

Eine innigere Vereinigung solcher Follikel führt dann zu jenen Bildungen, welche man als **Blutlymphdrüsen** und **Lymphdrüsen** bezeichnet. Beide haben, was den Bau der umgebenden Kapsel und die sie durchflechtenden, bindegewebigen Trabekel anbelangt, manches Gemeinsame, unterscheiden sich aber in folgenden Punkten von einander. Die Blutlymphdrüsen haben unter der Kapsel sowie in den das centrale, lymphoide Gewebe trennenden Gebieten, sinusartige, Blut und Lymphe führende Räume, welche z. Th. von einem bindegewebigen Maschenwerk durchsponnen sind und welche alle miteinander communizieren. Eine zuführende Arterie verästelt sich rasch, und aus dem centralen Sinus setzt sich dann eine Vene zusammen, die das Blut zum Hilus zurückführt.

Im Gegensatz dazu besitzen die eigentlichen Lymphdrüsen neben zu- und ableitenden Blutgefässen besondere zu- und ableitende Lymphgefässe, und beide Gefässsysteme sind vollständig von einander getrennt. Das zuführende Lymphgefäss geht hier gleichfalls in sinusartige, mit einander communizierende und die Rindenfollikel, sowie die Markstränge umgebende, überall von einem feinen bindegewebigen Maschenwerk durchsetzte Räume über, aus denen dann am Hilus der Lymphdrüse die mit der Ausfuhr der produzierten Lymphzellen betrauten Vasa efferentia hervorgehen.

Als dritte hierher gehörige Bildung, welche zwischen den den primitivsten Zustand repräsentierenden Blutlymphdrüsen und den am höchsten differenzierten Lymphdrüsen sozusagen eine Mittelstellung einnimmt, ist die **Milz** zu erwähnen.

Insofern ihr die zu- und ableitenden Lymphgefässe fehlen, steht sie den Blutlymphdrüsen näher. Was ihren Bau betrifft, so entsprechen die Milzknötchen den Rindenfollikeln und die Lymphscheiden der Arterien den Marksträngen; beide sind von einem centralen, arteriellen Blutgefäss durchbohrt. Die das ganze Organ durchsetzenden plexusbildenden Sinus, welche z. Th. wirkliche Hohlräume, z. Th. aber Maschenräume eines bindegewebigen Reticulums sind, führen Blut und Lymphe und gehen über in Arterien und Venen.

Die Hohlräume sind die sogenannten „Milzsinus" und die Maschenräume das „Milzparenchym". Beide aber, die rothe „Pulpa" repräsentierend, sind gleichwerthige Bildungen, insofern sie zusammen den einfachen Buträumen der Blutlymphdrüsen entsprechen, in welche, wie oben bemerkt, die Arterien übergehen, und aus welchen sich die Venen zusammensetzen.

Ableitende Lymphröhrchen existieren auch in der Milz, sie ergiessen aber ihren Inhalt in die Sinus.

Während also die Hohlräume der Blutlymphdrüsen und der Milz von Blut und Lymphe durchströmt sind, ist bei den eigentlichen

Lymphdrüsen eine reinliche Scheidung eingetreten, insofern hier die Maschenräume nur Lymphe enthalten, welche, wie oben erwähnt, zwischen zu- und ableitende Lymphgefässe gleichsam eingeschoben sind, oder wenn man will, gewissermassen sinuöse Erweiterungen solcher darstellen.

Ausdrücklich hervorgehoben muss werden, dass die Aufgabe aller drei Bildungen, der Milz sowohl, als der Blutlymph-drüsen und eigentlichen Lymphdrüsen eine und dieselbe ist, d. h. dass sie in der Neuschaffung von Lymphkörper-chen besteht, deren Bildungsstätten in allen drei Or-ganen im wesentlichen einander gleichgesetzt werden können (vergl. die Arbeit von Weidenreich).

Schliesslich sei noch erwähnt, dass auch Uebergangsformen zwischen den verschiedenen Drüsenarten vorkommen, allein eine genauere Kenntnis derselben ist vorläufig noch Desiderat.

Was nun die Form, das Vorkommen und die Entwicklung der in der Wirbelthierreihe allgemein verbreiteten Milz betrifft, so ist sie ursprünglich als ein entlang dem ganzen Darm sich erstreckendes Organ zu denken. Sie entsteht im Bereich des Mesenteriums, indem es hier zu einer Verdichtung des Mesenchymgewebes, zur Anhäufung von Leukocyten und zu einem localen Wucherungsprocess des Coelom-epithels kommt. Stets handelt es sich um ein in nahen Lagebe-ziehungen zum Pankreas stehendes Organ, welches die grössten Ver-schiedenheiten nach Ausdehnung und Lage zum Darmcanal, sowie auch hinsichtlich seines da und dort zu beobachtenden Zerfalls in mehrere Stücke erkennen lässt. In gewissen Fällen erfährt der proxi-male oder distale Theil eine Reduction, oder gilt dies für beide, sodass man dem Organ in der Mitte zwischen Magen und Enddarm (Hatteria) begegnet. Wieder in anderen Fällen erhält sich nur sein distaler (caudaler) Abschnitt, welcher dann, wie bei Anuren und Cheloniern, am Beginn des Rectums getroffen wird. Sehr häufig liegt die Milz in der Höhe des Magens, wie dies z. B. für viele Säugethiere gilt, allein es ist hier eine secundäre, von der Schlingenbildung des Darmes beeinflusste Entwicklung in proximaler Richtung nicht auszuschliessen, und Hand in Hand damit geht eine Lappenbildung, welche nament-lich bei Monotremen und Marsupialiern gut ausgeprägt sein kann. Bei den Placentaliern macht die Reduction der Milzlappung immer weitere Fortschritte, doch lässt sie sich bis in die Reihe der Primaten hinein verfolgen[1].

Die **Tonsillen** kommen in vollster Ausbildung den Säugern zu und bestehen aus einem paarigen, jederseits am Isthmus fau-cium, d. h. am Uebergang der Mund- in die eigentliche Rachen-höhle sowie in der letzteren selbst liegenden Organ (Pharynxton-

---

[1] Was die Milz der Fische betrifft, so erscheinen hier genauere Untersuchungen dringend geboten. Ein Zerfall des Organes in mehrere Portionen ist ein häufiger Be-fund, und zwar können die einzelnen Theile gleich gross sein oder vermag man ein grösseres Stück als Hauptmilz den kleineren Stücken als „Nebenmilzen" gegenüberzu-stellen. Ein ähnlicher Zerfall findet sich auch bei Schlangen. Bei Protopterus erscheint die Milz in die Magenwand eingeschlossen (Fig. 256) und bei den Myxinoiden lässt sich ein in die Wand des ganzen Mitteldarmes eingelassenes eigenthümliches Gewebe seinem Bau nach und speciell wegen der Beziehungen seiner Balken zu den Gefässen als eine lockere und diffuse Milz bezeichnen. Bei Ammocoetes ist ein ähnliches Gewebe in der Spiralfalte des Darmes entwickelt.

sille). Hier wie dort handelt es sich um eine adenoide Grundsubstanz mit Infiltration von Lymphzellen, welche sich zu sogen. Follikeln ordnen.

Die Rachentonsille besitzt eine ziemlich grosse Verbreitung in der Wirbelthierreihe, wenn sie auch bei den Säugethieren nicht so constant vorkommt wie die Gaumentonsille. Sie findet sich aber, im Gegensatz zu letzterer, schon bei Vögeln und Reptilien in guter Ausbildung und ist, wenn wir auch noch die Lymphfollikel der Zunge mit zum Vergleich herbeiziehen, von allen drei Anhäufungen lymphatischen Gewebes im Schlundgebiet offenbar die älteste. Auch bei Urodelen und Anuren finden sich bereits tonsillenartige Bildungen, und zwar theils am Dach, theils am Boden der Mundhöhle.

Beziehungen zwischen Mutter und Frucht in der gesamten Wirbelthierreihe.

I. Anamnia.

1. Selachier und Dipnoër.

Bei gewissen lebendig gebärenden Haien, nämlich bei Mustelus laevis und Carcharias, greifen Falten und Runzeln des embryonalen Dottersackes in entsprechende Vertiefungen der drüsenreichen Schleimhaut des Oviductes (sog. Uterus) ein. Hier wie dort ist ein grosser Blutreichthum vorhanden, und dabei senken sich die eng verflochtenen Gefässe des Dottersackes derartig in die mütterliche Mucosa hinein, dass der Eindruck entsteht, als handle es sich um jene Gebilde, die wir bei den Säugethieren als Cotyledonen kennen lernen werden.

Bei Pteroplatea micrura M. et H. (Gruppe der Trygoniden) erreichen die blutreichen Schleimhautzotten des Uterus eine sehr hohe Ausbildung und erscheinen gerade gegenüber den sehr weiten Spritzlöchern des Embryos besonders localisiert. Sie dringen nicht nur durch die Spritzlöcher, sondern ragen noch tief in den Schlund hinein, sodass das von ihnen gelieferte ernährende Secret demzufolge direct in den Oesophagus abtropft. Für dergleichen Zotten hat Alcock[1]) den Namen Trophonemata vorgeschlagen und zwar in Bezug auf ihre Function: die Secretion einer nutritorischen Flüssigkeit, einer Art Uterinmilch, womit sich der Embryo im Uterus ernährt (Redeke).

Im Bereich der hinteren Extremität von Lepidosiren paradoxa männlichen Geschlechts finden sich merkwürdige Papillen, welche während der grössten Zeit des Jahres allerdings nur undeutlich sind, die aber zur Regenzeit, in welche die Fortpflanzung fällt, ausserordentlich schnell heranwachsen und sich innerhalb zweier oder dreier Wochen zu langen, in Folge ihres starken Blutgehaltes, rothen Fäden von 2—3 Zoll Länge entwickeln. Auch die Hauptachse der Hinterflosse nimmt dabei an Umfang zu. Nach der Laichzeit atrophieren die Fäden schnell und brechen dabei in einzelne Stücke auseinander.

---

[1]) Alcock, A., Observations on the Gestation of some Sharks and Rays. Journ. Asiat. Soc. Bengal. LIX, 2, Nr. 1, 1890, pag. 51—56.

Auch nach ihrer Rückbildung zeichnen sich die Papillen noch längere Zeit durch eine schwarze Pigmentierung aus.

Was diese Bildungen für eine physiologische Bedeutung haben, ist nicht klar, und man weiss nicht, ob es sich um accessorische Respirationsorgane handelt, doch ist dies sehr wahrscheinlich, weil die Männchen dadurch befähigt sind, stets unter Wasser zu bleiben und ihre Aufmerksamkeit den Eiern zu widmen.

Die Eier werden in tiefen, gestreckt oder gekrümmt verlaufenden Höhlungen, welche sich horizontal unter dem Sumpfgrund hinziehen, abgelegt. In diesen Höhlungen führen vertical verlaufende, an ihrer Mündung 4—5 Zoll weite Schächte hinab. Die Höhlungen sind 2—4— 5 Fuss lang. Nachdem die Eier abgelegt sind, bleibt das Männchen bei ihnen. Ob es auch zurückbleibt, wenn die Jungen ausschlüpfen, ist nicht bekannt.

Ueber die Art der Eiablage und der Befruchtung ist nichts bekannt. Nach der Meinung des Eingeborenen findet keine Copulation statt und die Befruchtung der Eier soll erst nach deren Ablage erfolgen. Jedenfalls darf die oben beschriebene Bauchflosse nicht als ein Copulationsorgan angesprochen werden.

Die Entwicklung des Eies verläuft zuerst nach dem Ganoiden-, dann aber auch nach dem Petromyzonten- und Amphibientypus; so bildet sich z. B., wie dies so häufig bei Anurenlarven vorkommt, ein Haftorgan.

Vier äussere Kiemenbüschel erscheinen, wovon die drei vorderen den äusseren Kiemen der Urodelen homolog sind. Die Larve gleicht bei oberflächlicher Betrachtung einer Kaulquappe und zur Zeit der Metamorphose einer Tritonlarve. (Vergl. Graham Kerr).

2. Teleostier.

Bei den viviparen Teleostiern begegnet man verschiedenen Ernährungsmöglichkeiten des Embryos. So finden wir bei der lebendig gebärenden Aalmutter oder Aalquappe (Zoarces viviparus) — und Aehnliches gilt wahrscheinlich auch für die Embiotocoidea (Halconoti) — während der Schwangerschaft im Innern des Ovariums ausserordentlich blutreiche Zotten, welche aus den entleerten Follikeln (Corpora lutea) des Eierstocks hervorgegangen sind. Sie scheiden in die Höhlung des Ovariums eine seröse, trübe, reichlich von Blut- und Lymphzellen durchsetzte Flüssigkeit aus, von welcher die zahlreichen, zu dichten Klumpen zusammengeballten Embryonen umspült werden. Letztere führen Schluckbewegungen aus, und so gelangt jene Flüssigkeit in den Darm, in dessen letztem, blutreichem Abschnitt die Blutzellen verdaut werden.

Das Ei der viviparen Cyprinodonten entwickelt sich innerhalb des blutreichen Follikels; es wird also eine ausreichende Ernährung für jedes einzelne sich entwickelnde Ei durch einfache Diffusion aus dem Blut stattfinden können. Auch bei einem nahen Verwandten des Zoarces, nämlich bei Clinus, ist eine ähnliche Ernährung der Jungen in den Follikeln mit grosser Wahrscheinlichkeit anzunehmen, und die Zahl der viviparen Arten in der Gruppe der Blenniiden wird sich sicherlich bei näherer Untersuchung noch als eine grössere herausstellen.

Endlich ist hier noch der vivipare Anableps zu erwähnen, dessen gefässreicher Dottersack Zotten erzeugt, mittelst deren die von den erweiterten Kammerwänden des Ovariums abgeschiedene Ernährungsflüssigkeit resorbiert wird. (Vergl. Wiedersheim, Brutpflege bei niederen Wirbelthieren.)

3. Amphibien.

Bei Amphibien finden sich bei dem schwarzen Erdsalamander (Salamandra atra) ausserordentlich interessante Verhältnisse. Von den zahlreichen, jederseits in den Eileiter bez. Uterus eintretenden Eiern entwickelt sich in der Regel in jedem der beiden Fruchtbehälter nur ein einziges, und zwar immer nur das unterste, dem Uterusausgang zunächst liegende Ei, während die übrigen Eier aufgelöst werden und zu einer gemeinschaftlichen Dottermasse zusammenfliessen. Hat der Embryo sein eigenes Dottermaterial aufgebraucht, so eignet er sich die übrige Dotterflüssigkeit des Uterusraumes durch Verschlucken und Verdauen ebenfalls an, und ist dadurch im Stande, alle Entwicklungsstadien der Urodelenbrut bis zur Entwicklung eines luftathmenden Landsalamanders im Mutterleibe durchzumachen. Wesentlich unterstützt wird er dabei dadurch, dass sich die ausserordentlich langen, blutreichen, fiederartig gestalteten Kiemen der uterinalen Schleimhaut aufs Innigste anlegen und so einen Gasaustausch vermitteln. (Ueber die Brutpflege der Amphibien vergl. Wiedersheim, Brandes und Schoenichen).

II. Amnioten.

Während bei den Anamnia der Embryonalkörper selbst die Athmung, und zwar zunächst bloss durch die äussere Haut, später aber durch Kiemen besorgt, dienen die Gefässe des Dottersackes in erster Linie ernährenden Zwecken. Daneben aber mögen sie wohl auch respiratorische Function ausüben. Auch bei Amnioten ist die erste embryonale Athmung blosse Gewebsathmung, allein später, wenn der Körper voluminöser, in den Dottersack versenkt und von der Oberfläche immer mehr abgekapselt wird, kann jene Form der Athmung natürlich nicht mehr ausreichen, und da Kiemen- und Lungenathmung nicht in Betracht kommen, so fällt den Gefässen des Dottersackes neben ihrer nutritorischen auch die respiratorische Function zu. In dieser Doppelfunction treffen wir den Dotterkreislauf auf gewissen mittleren Entwicklungsstufen der Sauropsiden, Monotremen und viviparen Säuger. Hiervon sowie von der Anbahnung neuer respiratorischer und nutritiver Beziehungen zwischen Mutter und Frucht kann aber erst später wieder die Rede sein, nachdem gewisse, bereits in der entwicklungsgeschichtlichen Einleitung dieses Buches erwähnte fötale Gebilde einer genaueren Besprechung unterzogen sein werden. Ich meine das Amnion und die Allantois. Letztere, die primitive embryonale Harnblase, erfährt bei Amphibien keine so gewaltige Ausbildung, wie bei den meisten Amnioten, wo sie sich mächtig entwickelt und in Folge davon aus den noch ungeschlossenen Bauchdecken prolabiert, d. h. extraembryonal zu liegen kommt. Dabei erreicht sie hier eine sehr hohe physiologische

Bedeutung und beschränkt sich in der Regel nicht etwa nur darauf, das Excret der embryonalen Niere aufzunehmen, sondern tritt auch, wie später gezeigt werden soll, zur Athmung und (bei den höheren Säugern) indirect zur Ernährung des Foetus in innigste Beziehung.

Die Entwicklung des Amnion steht in engem causalem Zusammenhang mit dem terrestrischen Aufenthalt, bezw. mit der Dotterzunahme, d. h. der Erhöhung der relativen Schwere der Eier.

Ein Blick auf Fig. 8, 9, 10 zeigt, dass das Amnion entsprechend seiner Anlage, ursprünglich aus zwei Schichten besteht, einer inneren, dem eigentlichen Amnion und einer äusseren, dem falschen Amnion. Letzteres liegt der Dottermembran innig an und bildet die sogenannte seröse Membran oder Serosa.

Während nun die Allantois heranwächst, erstreckt sie sich in den mit dem Cölom in directer Verbindung stehenden Raum zwischen das wahre und falsche Amnion hinein und kann eventuell den ganzen Embryo umgeben [1]).

1. Reptilien.

Bei dem viviparen Seps chalcides sind die Eier im Gegensatz zu denjenigen anderer Reptilien ziemlich arm an Nahrungsdotter. In Folge dessen kommt es zu ausserordentlich nahen Beziehungen zwischen Mutter und Frucht, welche in gewissem Sinne an diejenigen der Säugethiere erinnern. Es bildet sich nämlich an dem einen Eipol eine Allantois-, an dem anderen eine Dotterplacenta. Die Allantoisplacenta übertrifft die Dotterplacenta an Ausdehnung und physiologischer Bedeutung weit, und ihre zahlreichen Erhabenheiten sind in Gestalt von Runzeln und Papillen in die Zwischenräume und Vertiefungen der zottentragenden Uterusstelle, wo die mütterliche Placenta liegt, enge eingelassen. Die beiderseitigen Epithelflächen kommen zu unmittelbarer Berührung; sowohl der fötale als der mütterliche Theil ist reich an Gefässen.

Auch bei andern Sauriern (Trachydosaurus und Cyclodus) sowie bei Cheloniern kommt es zu einer Art von Dotter-Placenta. Bei Cheloniern sind daran übrigens auch die Allantoisgefässe betheiligt.

2. Säugethiere.

Der Umstand, dass sich auch bei Säugethieren noch ein Dottersack (hier „Nabelbläschen" genannt) und ein Dotterkreislauf entwickeln, beweist ihre Abstammung von Thieren, die früher, ähnlich wie die Sauropsiden, grosse dotterreiche Eier besessen haben, die also ovipar gewesen sein müssen, wie die heutigen Monotremen. Letztere produzieren heute noch grosse, dotterreiche Eier, und auch das Ei der Marsupialier besitzt eine stattliche Grösse.

---

[1]) Der Ausbildungsgrad der Allantois ist ein nach verschiedenen Thiergruppen stark wechselnder. So ist sie z. B. bei Monotremen sehr gross und nimmt schliesslich mehr als die Hälfte der Ei-Oberfläche in Anspruch. Niemals aber überwächst sie den Dottersack und schiebt sich zwischen ihn und die seröse Hülle. Wie bei Cheloniern existiert eine Verwachsungsnaht zwischen Amnion und seröser Hülle. Geradezu monströs ist die Allantois bei Hufthieren, minimal dagegen bei manchen Nagern.

Auf primitive Verhältnisse weisen auch die Eihäute, wie z. B. das Amnion, zurück.

Bei den placentalosen Beutlern wird im Eileiter, ähnlich wie bei Reptilien und Vögeln, eine Eiweiss- oder Gallertschicht um den Keim ausgeschieden, und nach aussen davon findet sich noch ein Rest der dem Ei aufsitzenden Granulosazellen, die sogenannte „Granulosamembran". Die Ernährung im Uterus erweist sich als sehr primitiv. Die Keimblasen schwimmen in einer an geformten Elementen armen Lymphe und können bei gewissen Species vorübergehend etwas mit dem Uterus verkleben. Am fünften Tage nach Beginn der Furchung wird die Resorption der accessorischen Keimhüllen eingeleitet, d. h. die Gallert- oder Eiweissschicht wird von dem Ektoderm resorbiert. Dabei wachsen die Zellen des Chorionektoderms der nun nackten Keimblasen stellenweise zu enormen „Nährzellen" heran und vergrössern so die resorbierende Fläche. Zu einer Verbindung der Chorionoberfläche und der Uterusinnenfläche kommt es nicht. Schon nach acht Tagen werden die Embryonen in sehr unvollkommenem Zustande geboren, im Beutel ausgetragen und mit dem Secret der Mammardrüsen ernährt (Selenka).

Erst ganz allmählich, nachdem die Säugethiere ihren Dottergehalt einbüssten, erwuchs ihnen durch den langen intrauterinen Aufenthalt eine ungleich ergiebigere, unbeschränkte Nahrungsquelle seitens der Mutter, sodass es jenes Dottermateriales nicht mehr bedurfte. Es kam zu immer innigeren Beziehungen zwischen mütterlichem und fötalem Gefässsystem; allein wie ausserordentlich langsam sich dieser Process vollzog, beweist die Thatsache, dass heute noch zwei niedere Säugethierordnungen existieren, welche es noch nicht zu der eben genannten Verbindung gebracht haben; es sind dies die Monotremen und die grösste Zahl der Marsupialier (s. oben). Man nennt sie daher **Mammalia aplacentalia** s. **achoria** und stellt ihnen die übrigen Säuger als **Mammalia placentalia** s. **choriata** gegenüber.

Wenn auch in der Reihe der Placentalier mit dem intrauterinen Leben der Dottersack der (Allantois-) Placenta gegenüber im Allgemeinen mehr oder weniger in den Hintergrund tritt, spielt derselbe doch bei gewissen Placentaliern nicht nur als erstes Organ der embryonalen Athmung noch eine Rolle, sondern er tritt auch in Beziehung zur Ernährung des Embryos, kurz seine Gefässe kommen in so innige Berührung mit der Uterinschleimhaut, dass man von einer mehr oder weniger deutlich ausgeprägten Dotterplacenta sprechen kann. Dies gilt z. B. für Nager, Insectenfresser, Fledermäuse, Fleischfresser und Hufthiere[1]).

Bevor es noch zur Differenzierung eines Dotter- oder Nabelbläschens kommt, werden die Eier, nachdem sie schon im Eileiter ebenfalls von einer ernährenden Gallertschicht umhüllt worden waren, durch das Secret der Uterus-Drüsen bezw. durch Uterinlymphe,

---

[1]) Der Dottersack hat also hier im Laufe der Phylogenese einen Functionswechsel erfahren, indem die Aufsaugung der Nährstoffe von Seiten seiner Gefässe nicht mehr an der dotterreichen entodermalen Fläche desselben, sondern an der äusseren, der Uterinschleimhaut anliegenden Fläche erfolgt. Seine aus dem Embryo kommenden Arterien führen venöses Blut, wie die Nabelarterien, während das arterielle Blut, wie dies sonst durch die Venae umbilicales geschieht, aus der Dotterplacenta auf dem Weg der Venae omphalo-mesentericae zum Embryo zurückkehrt.

welche die Gebärmutterschleimhaut durchsetzt und welcher grössere oder geringere Massen von Leukocyten und Fett beigemischt sein können, ernährt; auch mehr oder weniger reichliche Blutergüsse aus der Uterusschleimhaut tragen mit zur Ernährung des jungen Keimes bei (vergl. die viviparen Teleostier, pag. 487[1]).

Bei Monotremen und Marsupialiern betheiligen sich sowohl der Dottersack als die Allantois an der Respiration. Während sich aber bei den Monotremen (vergl. das Capitel über das Integument) beide die Wage halten, übernimmt bei den Marsupialiern der Dotterkreislauf allein oder doch zum grössten Theil (Phascolarctos) jene Function bezw. die Ernährung, und die Allantois dient hier, abgesehen von Perameles, von dem gleich weiter die Rede sein wird, ausschliesslich als Harn-Reservoir. Da sie also von keiner irgendwie nennenswerthen ernähren-den Function ist, wird das Junge in einem relativ frühen, sozusagen un-reifen Stadium geboren und wird dann in den mütterlichen Beutel (Marsu-pium) aufgenommen, wo es die müt-terliche Zitze erfassend, anfangs we-sentlich durch die Wirkung des die Mamma auspressenden Muskels zum Genusse der Milch kommt (vergl. das Capitel über das Integument, pag. 31, 32, den Kehlkopf, pag. 419, und den „Descensus testiculi" im Capitel über das Urogenitalsystem.

Die Allantois von Phascolarctos erreicht, wenn auch nur auf eine ver-hältnismässig kleine Strecke, die Fal-ten der Uterusschleimhaut. Zu einer wirklichen Allantois-Placenta kommt es nicht, wohl aber ist dies bei Perameles obesula der Fall; hier verwächst nämlich die seröse

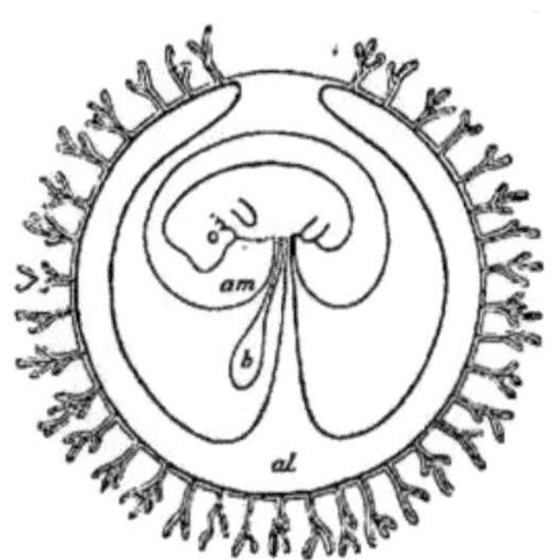

Fig. 337. Schema der Foetus-Mem-branen eines placentalen Säuge-thieres. Nach Boas. *al* Allantois, *am* Amnion, *b* Dottersack oder Nabel-bläschen. Der äusserste Contour der Figur stellt die seröse Membran dar. Mit letzterer ist die äussere Wand der Allantois verwachsen, und in ihre hoh-len zottenartige Auswüchse kommen die Allantoisgefässe zu liegen.

Hülle innig mit der Uterusschleimhaut und bildet kleine, von den Capillaren der Allantoisgefässe eingenommene Zotten.

So repräsentiert also Perameles eine wichtige Zwischenform zwischen Phascolarctos einer- und den Placentaliern andrer-seits. Dies ist um so bemerkenswerther, als Perameles im Ver-halten des weiblichen Urogenitalapparates ungleich primitivere Cha-raktere aufweist, als alle übrigen australischen Beutler.

Bei den höheren Säugethieren hat die Dottersackplacenta gewöhn-lich nur eine sehr vorübergehende Bedeutung, obgleich wohl zu be-achten ist, dass sie in einigen Fällen, wie z. B. bei Nagern, an der Athmung und an der Ernährung während des ganzen Uterinlebens Theil nehmen kann.

---

[1] Vergl. auch R. Bonnet, Ueber Embryotrophe, sowie die Schriften von Hu-brecht, Selenka, van Beneden und Duval.

Die weit auswachsende Allantois entsendet Gefäss-Sprossen in die hohlen Zotten der Serosa, und letztere senken sich in die Uteruswand hinein (Fig. 338).

Damit, d. h. mit einer wohlausgebildeten Allantois-Placenta, ist die letzte und höchste Etappe in der stufenweisen Entwicklung der physiologischen Beziehungen zwischen Mutter und Frucht erreicht.

Was die feinere histologische Structur der Placenta, wie namentlich das eigenthümliche, bei verschiedenen Thiergruppen verschiedene Verhalten des mütterlichen Epithels anbelangt, so kann hierauf nicht näher eingegangen werden; nur Eines möchte ich noch betonen, nämlich das, dass die Zotten meist nicht frei ins mütterliche Blut hieinragen, sondern dass sie bei ihrer Vorwucherung die Wände der zahlreichen sinuös erweiterten mütter-

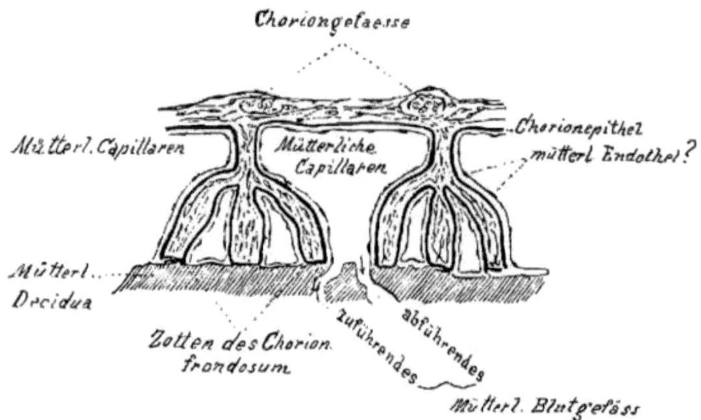

Fig. 338. Darstellung der embryonalen und mütterlichen Blutbahnen in der menschlichen Placenta. Nach F. Keibel.

lichen Capillaren einstülpen und sozusagen vor sich herschieben. Sie erhalten also auf diese Weise einen aus mütterlichem Gewebe gelieferten Endothelbelag.

Daraus folgt, dass, wenn die Gefäss-Verbindung, d. h. der Stoffaustausch zwischen Mutter und Frucht, bei einer Allantois-Placenta auch noch so innig wird, doch nie eine directe Gefäss-Verbindung, d. h. kein continuierlicher Blutübergang von der Mutter zur Frucht stattfindet.

In der Reihe der Mammalia begegnet man sehr verschiedenen Placenta-Formen. Die primitivste Form ist offenbar die Placenta diffusa, bei welcher es sich um gleichmässig über die seröse Hülle vertheilte und verhältnismässig einfach gestaltete, gefässführende Chorionzotten, handelt (Manis, Suidae, Hippopotamus, Tylopoda, Tragulina, Perissodactyla und Cetacea).

Die nächst höhere Entwicklungsstufe charakterisiert sich dadurch, dass sich die Chorionzotten reicher verästeln und, an Oberfläche gewinnend, an bestimmten Stellen haufenweise, d. h. zu sogenannten Cotyledonen zusammenrücken[1]).

Auch die Uterusmucosa zeigt sich an den betreffenden Stellen blutreich und gewuchert, sodass man von jetzt an eine Placenta foetalis und eine Placenta uterina unterscheiden kann.

Eine Placenta cotyledonica besitzen die meisten Wiederkäuer, und einige davon, wie Cervus mexicanus und die Giraffe, erheischen dadurch noch ein weiteres Interesse, dass sie ein Uebergangsglied bilden, insofern ihre Placenta theilweise noch diffus, theilweise schon eine cotyledonica ist.

Bei allen Säugethieren mit Placenta diffusa und cotyledonica ziehen sich die chorialen Zotten, wenn sie auch noch so reich verästelt sind, bei der Geburt aus der Uterusschleimhaut heraus; es werden also keine Theile der Gebärmutter mit abgeworfen, d. h. es bildet sich keine sogenannte Membrana decidua. Aus diesem Grunde bezeichnet man die betreffenden Säugethiere als Mammalia non deciduata.

Eine weitere Stufe in der Entwicklung wird durch jene Form dargestellt, welche man als Gürtel-, Glocken- und Scheibenplacenta bezeichnet.

Auch hier kann man wieder eine Placenta foetalis und uterina unterscheiden; allein ihre Verbindung ist eine viel innigere als bei der früher betrachteten Form. Die Chorionzotten treten nämlich durch überaus feine Verästelung in so innige Beziehungen zum Uterus und durchwachsen dessen Mucosa der Art, dass schliesslich die Loslösung zur Unmöglichkeit wird. Deshalb muss bei der Geburt ein grösserer oder geringerer Theil der Gebärmutterschleimhaut, d. h. die sogenannte Membrana decidua, ausgestossen werden. Aus diesem Grunde bezeichnet man die betreffenden Thiere als Mammalia deciduata.

Beim Vorkommen einer Gürtelplacenta bleiben nur die beiden entgegengesetzten Pole des Chorions mehr oder weniger frei von vascularisierten Zotten, und diese Placentaform charakterisiert die Carnivoren, die Elephanten, Hyrax und Orycteropus.

Bei einem Theil der Edentaten (Bradypoda), Chiropteren und Prosimiern ist die Placenta kuppel- oder glockenförmig, während bei anderen Edendaten (Myrmecophaga, Dasypodidae) und bei den Primaten[2]) die Scheibenform angetroffen wird. Die Scheibenplacenta der Nager, Insectenfresser und Fledermäuse ist wahrscheinlich nicht aus einer diffusen Placenta hervorgegangen, sondern war, entsprechend der ein ausgedehntes Feld des Chorions einnehmenden Dotterblase, schon ab origine auf eine scheibenförmige Configuration angewiesen.

Aus der obigen Schilderung dürfte klar zu ersehen sein, dass es sich bezüglich der Differenzen in der Form der Placenta hauptsächlich nur um graduelle Unterschiede handelt, und dass letztere wenig Aussicht bieten, für die systematische Zoologie Verwerthung zu finden.

---

[1]) Ihre Zahl schwankt bedeutend, so finden sich beim Schaf und der Kuh 60 bis 100, beim Reh nur 5—6.

[2]) Auch die Primaten haben genau genommen in früheren Stadien eine kuppelförmige Placenta.

Rückblick.

Die Organe des Kreislaufs entstehen sämtlich aus mesodermalem Gewebe und zerfallen in vier grosse Abtheilungen: 1. in die aus Arterien, Venen und Capillaren bestehenden Blutgefässe, 2. in das als centraler Motor fungierende Herz, 3. in das Lymphsystem und 4. in die Blut- resp. Lymphflüssigkeit. Die betreffenden Formelemente bezeichnet man als Blut-, Lymphkörperchen und Blutplättchen. Das Lymphgefässsystem, in dem man bei allen[1]) unter den Säugern stehenden Vertebraten unter Muskeleinfluss stehende, rhythmisch sich bewegende Centren (Lymphherzen) unterscheiden kann, erscheint als ein zwischen das arterielle und venöse System eingeschobenes, intermediäres System. Es wurzelt theils im Parenchym der Körperperipherie, in den verschiedensten Spalten und Lücken der Organe, theils im Darm (Chylussystem).

Bei den Anamnia, sowie auch bei Reptilien noch wenig selbstständig und im wesentlichen an den Verlauf der arteriellen Bahnen gebunden, erreicht es bei Vögeln und Säugern eine grössere Selbstständigkeit (Ductus thoracicus) und zugleich treten die sogenannten Lymphdrüsen und Blutlymphdrüsen auf, zu welchen auch die Milz in verwandten Beziehungen steht. Gleichwohl behält das Lymphsystem auch bei höheren Typen seinen interstitiellen Charakter zum grossen Theil noch bei.

Mit Ausnahme des Amphioxus besitzen alle Vertebraten ein wirkliches Herz, welches vom Darmfaserblatt, an der ventralen Schlundseite seinen Ursprung nimmt. Es entsteht bei sämtlichen Vertebraten weit vorne in der Nähe des Kopfes, verharrt aber nur bei Fischen, Dipnoërn und vielen Amphibien zeitlebens an dieser Stelle. Bei den Amnioten kommt es mehr oder weniger weit in die Brusthöhle hinab zu liegen. Seine Wände componieren sich, wie diejenigen der Arterien und Venen, aus drei Schichten, einer inneren, dem Entoderm entstammenden, epithelialen, einer mittleren, musculösen und einer äusseren pericardialen. Letztere, serösen Charakters, entspricht der Adventitia der Gefässe.

Während man bei Fischen am Herzen nur zwei Abtheilungen, einen Ventrikel und ein Atrium, unterscheidet, tritt, in Anpassung an die allmählich sich herausbildende Lungenathmung, von den Amphibien an eine immer weiter fortschreitende Abkammerung des Herzens ein.

Sie ist darauf zurückzuführen, dass das venöse Blut zunächst in die Lunge geworfen, dort oxydiert werden und dann wieder in's Herz zurückbefördert werden muss, um endlich von hier aus in die Körpergefässe (Vasa publica) einzuströmen. Im Gegensatz dazu führt das Fischherz nur venöses Blut zu den Kiemen, von wo es nach seiner Durchathmung direkt in den Körperkreislauf geworfen wird, ohne zum Herzen zurückzukehren.

Jene Abkammerung tritt zuerst nur in ganz schwachen, einen Zerfall des anfangs unpaaren Atriums in zwei Räume anbahnenden Spuren auf; erst später. d. h. von den Reptilien an, kommt es auch zu einer doppelten Ventrikelanlage, doch erscheint diese erst von den Crocodiliern an ganz durchgeführt. So unterscheidet man also bei

---

[1]) Bei Vögeln finden sich Lymphherzen allerdings nur in embryonaler Zeit.

Vögeln und Säugern vier Herzabschnitte, 1. ein, das venöse Körperblut aufnehmendes Atrium dextrum, 2. den den venösen Strom in die Lunge befördernden Ventriculus dexter, 3. das Atrium sinistrum, welches das von der Lunge zurückströmende arterielle Blut aufnimmt, und endlich 4. den Ventriculus sinister, welcher den arteriellen Strom in die grösste Schlagader des Körpers, nämlich in die Aorta und von hier aus in die peripheren Bahnen wirft.

Um die Rückstauung des Blutes zu verhindern, sind im Herzen sogenannte Klappen angebracht, die bei Anamnia in viel grösserer Zahl und in mehreren Reihen über- und nebeneinander vorkommen, während bei Amnioten nur eine einzige Klappenreihe persistiert. Auch in vielen Venen und in den Lymphgefässen finden sich solche Klappen und fallen hier unter denselben physiologischen Gesichtspunkt.

Die bei Fischen und manchen Amphibien zeitlebens functionierenden Kiemenarterien erscheinen, ihrer hohen Bedeutung entsprechend, so sehr im Wirbelthierorganismus befestigt, dass sie bis zum Menschen hinauf in embryonaler Zeit noch auftreten. Ursprünglich in der Sechszahl vorhanden, werden sie bei höheren Typen immer mehr reduziert. Stets aber entspringen sie aus dem Truncus-, resp. Bulbus arteriosus des Herzens, umgreifen von der Ventral- nach der Dorsalseite bogenförmig den Vorderdarm und confluieren zwischen letzterem und der Wirbelsäule zu den Aortenwurzeln.

Die Aorta verläuft an der ventralen Seite der Wirbelsäule dem ganzen Rumpf entlang bis zur Schwanzspitze hinaus und entsendet auf diesem ihrem Wege zahlreiche Aeste zum Kopf und Hals, zu den Eingeweiden und zu den Extremitäten.

Das Venensystem zeigt, wie das arterielle, zahlreiche Parallelen zwischen Ontogenese und Phylogenese. Die vorderen und hinteren Cardinalvenen, welche zu den späteren Vv. jugulares und z. Th. auch zu den Vv. azygos und hemiazygos in genetischen Beziehungen stehen, vereinigen sich zu den Ductus Cuvieri, und diese ergiessen ihr Blut in den Sinus venosus des Herzens. Die vom Schwanz kommende Vena caudalis schickt ihr Blut bei den Anamnia und den Embryonen der Sauropsiden in die Niere, wo es zur Entstehung eines Pfortaderkreislaufes kommt. Die austretenden Venen ergiessen ihr Blut in die hinteren Cardinalvenen, bezw. in die V. cava inferior, welch letztere zum erstenmal bei Dipnoërn zu typischer Ausprägung gelangt.

Dieses grosse Gefäss, welches in erster Linie dafür bestimmt ist, das venöse Blut aus den hinteren Extremitäten, dem Urogenitalsystem, eventuell aus dem Schwanze und indirect auch aus der Leber zum Herzen zurückzuführen, entsteht aus einer hinteren, genetisch auf die Cardinalvenen zurückzuführenden und aus einer vorderen, z. Th. selbständigen Portion.

Die Vena cava superior (ursprünglich paarig) entsteht aus Zuzügen vom Kopf, Hals und den vorderen Extremitäten, d. h. aus den Vv. jugulares und subclaviae, die sich eventuell zu Vv. anonymae vereinigen. Bei Säugern ergiesst sich auch das Blut der Azygos und indirect auch das der Hemiazygos in die obere Höhlvene, bezw. in die Ductus Cuvieri.

Bei Amphibien spielen die V. abdominalis und die V. cutanea magna eine grosse Rolle, und zwar entspricht die erstere den primitiven Seitenvenen der Selachier. Beide sind ursprünglich als reine Hautvenen entstanden zu betrachten.

In der ganzen Vertebratenreihe durchströmt das vom Darm, der Milz und dem Pankreas kommende, venöse Blut die Leber und bildet hier einen Pfortaderkreislauf. Nach Vollendung desselben tritt das Blut auf dem Wege der Vv. hepaticae in die V. cava inferior und gelangt von hier aus zum Herz zurück.

I. Organe des Harn- und Geschlechtssystems.

Die erste Anlage der Urogenitalorgane sämtlicher Wirbelthiere erfolgt im Bereich der dorsalen Körperwand, rechts und links von der Wirbelsäule. Dabei handelt es sich nicht nur um nahe Lageverhältnisse der Harn- und Geschlechtsorgane zu einander, sondern auch um morphologische und physiologische Beziehungen allerengster Natur. Aus diesem Grunde müssen die Urogenitalorgane bei der Darstellung in einen einheitlichen Rahmen gebracht werden.

Pronephros.

Das erste in diese Gruppe gehörige Organ, welches in die Erscheinung tritt, ist die **Vorniere (Pronephros)** mit dem **Vornierengang.** Die Vorniere ist in der Regel auf wenige Körpersegmente des vorderen, fast unmittelbar hinter dem Kopf gelegenen Rumpfabschnittes beschränkt. Es kann jedoch keinem Zweifel unterliegen, dass sie früher eine grössere Ausdehnung besass, sich also weiter caudalwärts erstreckte, wie dies bei verschiedenen Anamnia heute noch der Fall ist (vergl. das Kapitel über die Urniere). Was ihre ursprüngliche Anlage betrifft, so handelt es sich im Bereich des ventralen Abschnittes der Mesoblastsegmente um segmental angeordnete, gegen einander von Anfang an völlig abgeschlossene Kammern oder Ausstülpungen, welche sich von dem dorsalen Mesoderm abschnüren und aus welchen Drüsenschläuche („Nephridia") hervorgehen; später jedoch, in Folge von Wachsthumsverschiebungen entspringen die betreffenden Gebilde aus der unsegmentierten Leibeshöhle. Jedes Drüsencanälchen öffnet sich in das Cölom mittelst eines wimpertragenden Trichters (Nephrostom) und tritt zu einem segmental angeordneten, die Aorta mit der Subintestinalvene ursprünglich verbindenden Blutgefäss in Beziehung. Dieses bildet einen Knäuel (Glomus) von der charakteristischen Anordnung eines Rete mirabile. Bei den Vorfahren der heutigen Wirbelthiere muss jedes Drüsencanälchen, ähnlich wie dies bei der hochorganisierten Gruppe der Ringelwürmer, die man als Chaetopoden bezeichnet, heute noch der Fall ist, für sich allein unter Durchbohrung des Ektoderms direct an der Körperoberfläche ausgemündet haben, allein bei den Cranioten ist dieses Verhalten ontogenetisch nicht mehr nachweisbar, und alle Canälchen verbinden sich hier jederseits mit einem in der Längsrichtung angeordneten Sammelgang (Vornierengang) (vergl. Fig. 339, 340).

Es ist eine charakteristische Eigenthümlichkeit der
Vorniere, dass sie selbst früher entsteht, als der Vornierengang. Letzterer bildet sich im parietalen Mesoderm[1]) durch
Verschmelzung der peripheren Enden der Vornierendivertikel zu einem
gemeinschaftlichen Längscanal oder Sammelrohr, welches dann in
caudaler Richtung eine Verlängerung erfährt und endlich in die Cloake
durchbricht. Dadurch bahnt sich eine Verbindung zwischen Cölom
und Aussenwelt an.

Während nun die Vorniere selbst als Harndrüse bei den
Cranioten in der Regel nur eine transitorische Bedeutung hat

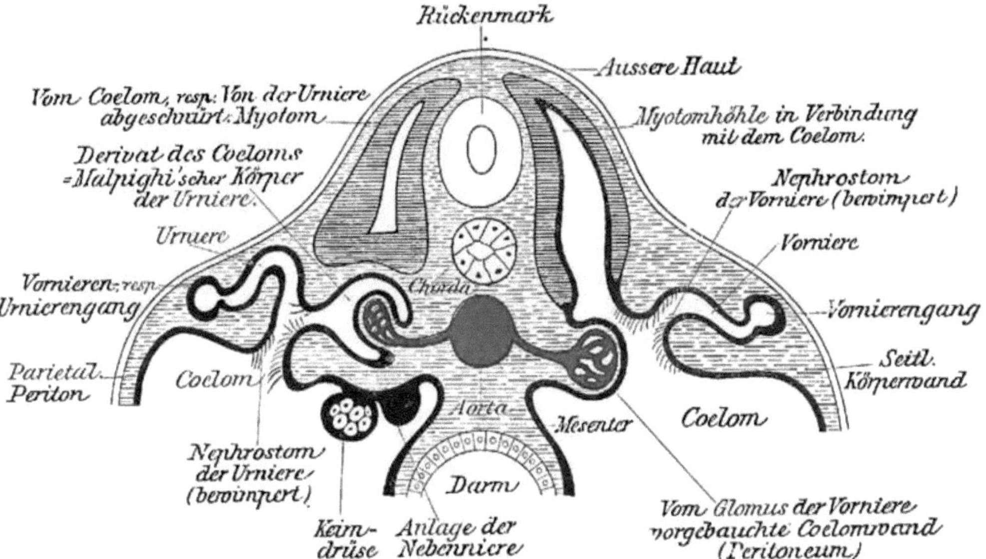

Fig. 339. Schematische Darstellung des Vornieren- und Urnierensystems
der Wirbelthiere. Querschnitt. Rechts ist die Vorniere, links die Urniere dargestellt.
Links ist auch die Anlage der Keimdrüse und der Nebenniere zu sehen.

und mit dem caudalwärts sich erstreckenden Rest ihrer epithelialen
Anlage genetische Beziehungen zur Nebenniere gewinnen kann[2]), persistiert ihr Gang bei allen Vertebraten, geht aber zugleich hochwichtige
Umbildungen ein. Diese sind eng geknüpft an das Auftreten eines
zweiten, seinem grössten Umfang nach weiter caudalwärts gelegenen,
ungleich umfangreicheren Excretionsorgans, das man als **Urniere
(Mesonephros)** oder als Wolff'schen Körper bezeichnet und das,
ontogenetisch später auftretend, die allmählich schwindende Vorniere
zu ersetzen berufen ist. Der Vornierengang wird zum Urnierengang.

---

[1]) Bei Selachiern existieren Andeutungen für eine ektodermale Entstehung
des Vornierenganges.

[2]) Ueber die Beziehungen der Vorniere zu der Anlage der Müller'schen Gänge
wird später die Rede sein.

Mesonephros.

Was die morphologische Stellung der Urniere anbelangt, so herrschen hierüber zwei verschiedene Auffassungen.

Nach der einen handelt es sich dabei der Vorniere gegenüber um ein selbständiges Organ, welches mit letzterer nichts zu schaffen und eine Stellung sui generis zu beanspruchen hat. Nach einer andern Auffassung, welche sich auf die ausserordentliche Uebereinstimmung der beiden Excretionsorgane in der Entwicklung und im Bau gründet, sind dieselben als serial homologe oder homodyname Abschnitte eines und desselben Systems zu betrachten, sodass, wenn auch die verbindende Zwischenzone einen rudimentären Charakter erkennen lässt, doch eine ursprüngliche Continuität als sehr wahrscheinlich bezeichnet werden muss. Es wird sich also einst um ein fast den ganzen Rumpf durchziehendes Excretionsorgan gehandelt haben, das durch einen streng segmentalen Bau charakterisiert, in allen Abschnitten gleich entwickelt war und bezüglich der wesentlichsten Punkte auch denselben Bau besass.

Von diesem ursprünglichen Excretionssytem, welches man nach dem Vorgang von Brauer und Price als „Holonephros" bezeichnen kann, hat sich später der vordere Theil zum Pronephros, der hintere zum Mesonephros differenziert. „Ein wichtiger Factor, welcher diese Sonderung bedingt hat, mag in der verschieden raschen Ausbildung des vorderen und hinteren Körperabschnittes liegen, wie wir sie bei Fischen und Amphibien finden. Der vordere Abschnitt ist das larvale oder embryonale Excretionsorgan geworden und ist am wenigsten in seinen Theilen modifiziert, der hintere Abschnitt hat sich zum Excretionsorgan für das erwachsene Thier umgebildet und ist höher ausgebildet worden. Je schärfer sich diese Sonderung ausgeprägt hat, um so mehr haben sich neue, jedem Organ eigenthümliche Charaktere ausgebildet, sodass eine Unterscheidung von Vorniere und Urniere stets sicher durchzuführen ist" (Brauer). Was die vorderen Urnierenabschnitte, bezw. die Vorniere durch Rückbildungsprocesse einbüssen, wird durch Vermehrung, Concentration, kurz durch Vervollkommnung der hinteren Urnierenabschnitte ersetzt, und zugleich bahnen sich schon in der Reihe der Anamnia Beziehungen der Urniere zu den Genitalorganen an, welche, wie später des Weiteren ausgeführt werden soll, bei den Amnioten zu einer im erwachsenen Thier vollzogenen Trennung der Urniere in einen Geschlechtstheil und in eine bleibende Niere führen.

Bezüglich der genaueren Details verweise ich auf die lichtvolle Darstellung von A. Brauer, welche ich den obigen Ausführungen zu Grunde gelegt habe.

Im Uebrigen sei nur noch bemerkt, dass Vieles dazu berechtigt, auch die definitive Harndrüse der Amnioten, den Metanephros, als Abschnitt desselben einheitlichen Excretionssystems zu betrachten, welchem auch der Pro- und Metanephros zugehören.

Ich wende mich nun zur Ontogenese der Urniere, des Mesonephros, und bemerke zunächst, dass der segmentale Charakter des Organs auch hier, wie bei dem Pronephros, darauf beruht, dass die erste Anlage an die Somiten gebunden ist. Mit andern Worten: die Urnierenröhrchen entsprechen den primitiven Communicationscanälen der unsegmentierten Leibeshöhle mit den Somitenhöhlen.

Indem diese Communicationscanäle von den Somiten sich abschnüren, mit der ungetheilten Leibeshöhle aber in Verbindung bleiben, resultiert daraus eine Reihe von segmentalen Nierencanälchen (Nephridia), von denen sich jedes durch ein Nephrostom (vergl. die gleichnamigen Gebilde der Vorniere) in die Körperhöhle öffnet, während das andere, ursprünglich blinde Ende in Verbindung mit dem Vor- — oder wie er jetzt genannt werden muss — Urnierengang tritt (vergl. pag. 497).

Der uns von der Vorniere her schon bekannte und caudalwärts fortgesetzte Glomus zerfällt im Bereich der Urniere in einzelne Theilstücke, in Glomeruli, und zwar geschieht dieses auf Grund einer vielfachen Abkammerung des Peritoneums, wodurch es zu jenen Bildungen kommt, welche man als die Corpuscula renis (Malpighii) bezeichnet.

An jedem Canälchen der Urniere der Vertebraten in seiner ursprünglichen Form handelt es sich um folgende Abschnitte: 1. um eine trichterartige, von Wimperepithel ausgekleidete Communication mit der Leibeshöhle (Segmentaltrichter, Nephrostom), 2. um einen arteriellen Gefässknäuel (Glomerulus), welcher von einem auf das Cölom zurückzuführenden Hohlraum umschlossen wird; 3. um einen gewundenen Drüsenschlauch, welcher in den Sammelgang ausmündet (Fig 340).

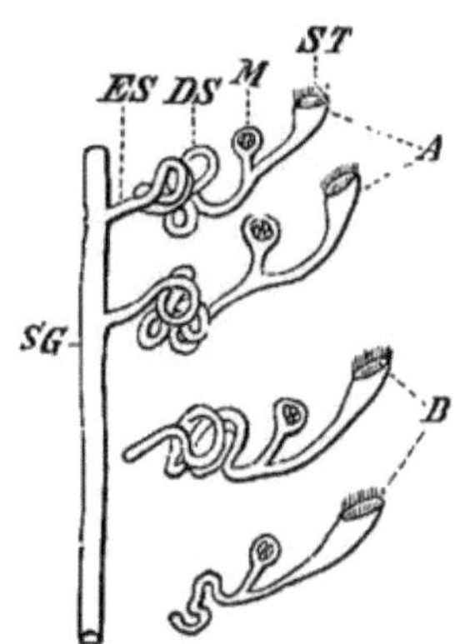

Fig. 340. Schematische Darstellung der erst secundär erfolgenden Verbindung der Urnieren-Canälchen mit dem Sammelgang *SG*. Die vorderen zwei bei *A* haben den Sammelgang schon erreicht, die beiden hinteren (*B*) noch nicht. *DS* Drüsenschlinge, *ES* Endstück derselben, *M* Malpighisches Körperchen, *ST* Segmentaltrichter.

Somit werden bei der Urniere, wie bei der Vorniere, zwei Functionen in Betracht kommen, einmal eine Ableitung von Wasser (Function des Glomerulus) und von Cölomflüssigkeit, und dann vor Allem eine Ausscheidung von Stoffen der regressiven Metamorphose, wobei die Epithelien der Drüsenschläuche dem Blut gegenüber auswählend verfahren.

Die Urniere spielt bei den Anamnia die allergrösste Rolle; während sie aber bei den meisten Fischen lediglich als Harnsystem bestehen bleibt, geht sie, wie oben schon angedeutet, bei anderen Fischen, wie bei Selachiern, ferner bei Amphibien und Amnioten gewisse Beziehungen zum Geschlechtsapparate ein; sie wird zum Rete — sowie zu den Ductuli efferentes (Vasa efferentia) testis, ferner zum Nebenhoden, sowie endlich (bei Amnioten) zu mehr oder weniger rudimentären Gebilden von untergeordneter Bedeutung, nämlich zum Nebeneierstock (Epoophoron), Paroophoron, zu einem oder zu mehreren Appendices vesiculosi (Morgagnische Hydatiden) und zur Paradidymis (Giraldès'sches Organ).

Daneben kann die Urniere als **bleibendes Harnsytem** noch fortbestehen (Selachier, Amphibien), oder sie erfährt als Harnsystem eine gänzliche Rückbildung (Amnioten), und in diesem Falle bildet sich dann ein **drittes Nierensystem**, die definitive **Niere (Metanephros)** zusamt dem ebenfalls neu sich bildenden **Harnleiter** (Ureter).

Metanephros.

Die definitive Niere hat man nicht als eine neue Bildung, sondern, wie ich schon früher betont habe, nur gleichsam als den dritten Abschnitt eines ursprünglich einheitlichen Excretionssystems zu betrachten.

Der Entwicklungsvorgang gestaltet sich folgendermassen: vom hinteren, mit der Cloake in Verbindung stehenden Ende des Urnierenganges zweigt sich ein hohler Auswuchs ab, der, zu einem Canal sich verlängernd, seine Richtung nach vorne zu (kopfwärts) nimmt. Dies ist der spätere Metanephrosgang oder Ureter, und dieser tritt mit einer Reihe vom hinteren Urnierenabschnitte aussprossenden, mit Corpuscula renis (Malpighii) (Cölomderivate) bezw. Glomeruli, aber nicht mit Nephrostomen versehenen Drüsencanälchen in secundäre Verbindung. Letztere scheint aber nicht direct zu erfolgen, insofern den von der Urniere gelieferten Canälen Seitensprossen des Metanephros-Ganges entgegenwachsen.

Aus diesen Abkömmlingen des Metanephrosganges entstehen die späteren „Sammelgänge", während die drüsigen, secernierenden Elementen von der Urniere aus geliefert werden.

Nach anderer Auffassung würde die gesamte Metanephros-Bildung aus dem Metanephros-Gang, beziehungsweise aus Sprossen desselben, deren periphere Enden durch einen Gefässknäuel eingestülpt würden, hervorgeben.

Darnach wären die Corpuscula renis des Metanephos von denen des Mesonephros räumlich und genetisch verschieden, und ein secundäres Zusammenwachsen von Nieren- und Urnieren-Elementen wäre auszuschliessen.

Der Ureter bleibt an seinem Hinterende nicht lange mit dem Urnierengange in Verbindung, sondern erhält durch complizierte Wachsthumsvorgänge eine gesonderte Ausmündung in die Cloake, resp. in die Harnblase (Vesica urinaria)[1].

Es ist von hohem Interesse an der Hand der Entwicklungsgeschichte eines höheren Säugethieres, wie z. B. des Menschen, die

[1] Dass in der Ahnenreihe der Amnioten Formen existiert haben müssen, bei welchen die Urniere das ganze Leben hindurch noch als eigentliche Harndrüse fungierte, während das Metanephros-System kaum erst angebahnt war, beweist u. a. die Thatsache, dass sowohl bei gewissen Sauriern als bei gewissen Säugern auch im postembryonalen Stadium die Urniere in grösseren oder kleineren Resten noch als Harnorgan eine Zeit lang bestehen bleibt (Lacerta, Uromastix, Chamaeleo, Opossum).

Andrerseits muss aber betont werden, dass die Urniere bereits in der Embryogenese gewisser Säuger, wie z. B. bei der Maus, so stark rückgebildet erscheint, dass eine Function derselben geradezu auszuschliessen ist. In diesem Falle kommen für die Harnausscheidung in die Allantois wohl die reichlichen Allantoisgefässe und vielleicht auch die Gefässe der Nabelschnur in Betracht.

Parallele zu constatieren, welche zwischen der Ontogenese der Ausführungsgänge des Excretionssystems und den betreffenden phylogenetischen Zuständen besteht. So münden die Urnierengänge, bevor sie das Gebiet der Cloaken (After-)Membran erreichen, wie bei den meisten Fischen, zuerst selbständig vom Darm hinter dem After. Wenn die Gänge später in die Cloake ausmünden, so ist das **Amphibienstadium** erreicht, wobei in beiden Fällen von der ventralen Seite dieser Cloake eine Ausstülpung ausgeht: bei den **Amphibien** die **Harnblase**, bei den **Säugerembryonen** die **Allantois**, bezw. der **Allantoisgang**. Bei den **Reptilien** liegen ähnliche Verhältnisse vor, doch sind hierüber noch genauere entwicklungsgeschichtliche Untersuchungen erforderlich. Bei den **Monotremen** liegt dasjenige Stadium des menschlichen Fötus vor, wo die Theilung der Cloake nahezu durchgeführt ist, und wo die Ureteren noch nicht in die Harnblase, sondern auf gleicher Höhe etwa mit den Geschlechtscanälen in den Sinus urogenitalis münden. Auch die ausserordentliche Länge des letzteren erinnert an Verhältnisse bei **Monotremen** und **Beutlern**. Ueber die bei Beutlern, resp. den **Mammalia placentalia** verschiedenen Lageverhältnisse der Ureteren zu den Geschlechtsgängen und die betreffende Erklärung vergl. die späteren Capitel, sowie die Schriften von F. Keibel.

Die männlichen und weiblichen Geschlechtsgänge.

Bei **Selachiern**, **Amphibien** und **Amnioten** bilden sich in engem Connex mit dem primitiven Excretionsapparat **zwei Canäle** aus: 1. der sogenannte **secundäre Urnieren-** oder **Wolff**'sche und 2. der **Müller'sche Gang**. Ersterer fungiert bei **männlichen Selachiern und männlichen Amphibien** zugleich als **Harn- und Samenleiter** („**Harnsamenleiter**), bei **männlichen Amnioten** dagegen ausschliesslich als **Samenleiter** (Ductus [Vas] deferens). Beim **Weibchen** verfällt der **Wolff'sche Gang** in der Regel einer starken Rückbildung, und nur die **Selachier** und die **Amphibien**, wo er als **Harnleiter** dient, machen hiervon eine Ausnahme.

Der **Müller'sche Gang** wird zum gesamten Geschlechtscanal des **Weibchens**. Er öffnet sich mit seinem proximalen Ende (**Ostium abdominale**) in die Leibeshöhle, so dass letztere bei allen **Vertebraten weiblichen Geschlechts**, abgesehen von den **Cyclostomen**, den **Teleostiern** und einem **Theil der Ganoiden**, mit der Aussenwelt in freier Communication steht. Bei höheren Wirbelthieren wird der proximale Abschnitt des Geschlechtscanals als **Eileiter**, **Tuba uterina** (Falloppii) oder als **Oviduct**, das Mittelstück als **Gebärmutter** (Fruchthälter, Uterus) und das Endstück als **Scheide** (Vagina) bezeichnet.

Beim **Männchen** bildet sich der **Müller'sche Gang** in der Regel mehr oder weniger zurück.

Die unter dem Gesichtspunkt einer physiologischen Arbeitstheilung aufzufassende Entstehung des **Wolff'schen** und **Müller'schen Ganges** ist auf eine Differenzierung des primitiven, ab origine einheitlichen Urnierenganges zurückzuführen, wie sie sich heute noch bei **Selachiern** und in mehr oder weniger deutlichen Spuren auch noch bei gewissen

Vögeln (Ente) und Säugern, wie z. B. bei Insectivoren und Nagern, ontogenetisch nachweisen lässt. Bei Amphibien[1]) und Reptilien, vielen Vögeln und Säugern jedoch ist hiervon nichts mehr zu erkennen, und die in der Ontogenese verhältnismässig spät erfolgende Anlage des Müller'schen Ganges geschieht hier gänzlich unabhängig vom Urnierengang, und zwar in Form einer vom Cölomepithel aus neu sich bildenden Rinne, deren Ränder sich allmählich zum Canal zusammenschliessen[2]).

Bei den Sauropsiden, wie bei den Anamnia, bleiben die Müller'schen Gänge stets das ganze Leben hindurch getrennt, und dies gilt auch noch für die niedrigsten Säugethiere, die Didelphen. Bei allen übrigen Mammalia (Monodelphen) aber kommt es noch in embryonaler Zeit zu einer mehr oder weniger ausgedehnten Verwachsung derselben.

Bezüglich der weiteren Schicksale des Wolff'schen und Müllerschen Ganges, beziehungsweise der aus ihren Rudimenten bei beiden Geschlechtern hervorgehenden Organe verweise ich auf die pag. 499 gegebene übersichtliche Zusammenstellung und die darauf bezügliche ausführliche Erklärung.

Schliesslich sei hier nur noch erwähnt, dass der ganze, mit seinen Wandungen aus Muskel- und Bindegewebe aufgebaute Urogenitalapparat von einer Schleimhaut ausgekleidet wird, deren Epithelien in letzter Instanz als Abkömmlinge derjenigen der Leibeshöhle zu betrachten sind. Ich hebe letzteres ausdrücklich hervor, um noch einmal auf die nahen Beziehungen zwischen den Urogenitalorganen und ihrem **Mutterboden**, dem **Cölom**, bezw. der **Cölomwand**, hinzuweisen.

---

[1]) Ob bei allen Amphibien, ist fraglich. So soll bei Triton punctatus nur der vordere Abschnitt selbständig, der hintere dagegen aus einer Verdickung der Wand des Wolff'schen Ganges entstehen. Bei Gymnophionen, so wenigstens bei Hypogeophis rostratus, ist die durch einen Einfaltungsprocess des Peritonealepithels vor sich gehende Bildung der vorderen Partie des Müller'schen Ganges sicher nachgewiesen. An der weiteren Ausbildung des Ganges nimmt das Peritonealepithel keinen Antheil; er wächst vielmehr selbständig nach hinten aus und erreicht schliesslich die Cloake. (A. Brauer.)

[2]) Von vielen und gewichtigen Seiten wird hervorgehoben, dass der proximale Abschnitt des Müller'schen Ganges in engstem genetischem Connex mit der Vorniere stehe. Nachdem nämlich letztere ihre Rolle in späteren Embryonalstadien als Excretionsorgan ausgespielt habe, solle sie bei Selachiern, Dipnoërn, Amphibien und Amnioten, kurz bei allen, Müller'sche Gänge besitzenden Wirbelthieren nicht verschwinden, sondern in veränderter Form persistieren und dabei einen Functionswechsel eingehen. Mit anderen Worten: die Vornierentrichter sollen zur Bildung des proximalen Abschnittes des Müller'schen Ganges und in erster Linie zu der des Ostium abdominale tubae zusammenfliessen und die Ueberführung der Eier aus der Bauchhöhle in ähnlicher Weise ermöglichen, wie dies bei den Männchen jener Thiergruppen der vordere Theil der Urniere dem Samen gegenüber thut, indem er denselben in den Ductus (Vas) deferens leitet. Ob sich die oben erwähnte Auffassung bestätigt, müssen weitere Untersuchungen lehren, Eines steht aber jetzt schon fest, nämlich das, dass die erste Anlage des Müller'schen Ganges genau einer im Bereich der Vornierentrichter liegenden Zone von verdicktem Cölomepithel entspricht. Zugleich darf aber auch nicht ausser Acht gelassen werden, dass Thiere existieren (z. B. der Axolotl), bei welchen der Müller'sche Gang schon zu einer Zeit der Ausbildung gelangt, in welcher die Vorniere noch in ihrem ganzen Umfang functioniert, wo also von der Rück- bezw. Umbildung derselben noch keine Rede sein kann. Dasselbe gilt für die Gymnophionen.

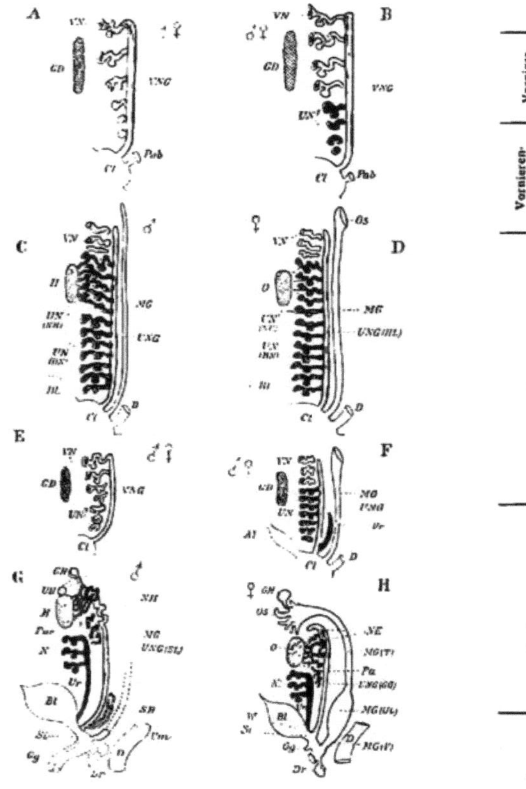

Fig. 341. Uebersicht über die Urogenitalorgane der Vertebraten (Schema). A Vornierenstadium der Anamnia, B Späteres Stadium derselben, die Urniere bereits in Bildung begriffen, C Urogenitalapparat der männlichen —, D der weiblichen Amphibien, E Vornierenstadium der Amnioten, die Urniere ist in der Anlage begriffen, F Urogenitalapparat der Amnioten (Stadium der geschlechtlichen Indifferenz), G Urogenitalapparat der männlichen —, H der weiblichen Amnioten (♂ Mann, ♀ Weib). Al Allantoisgang, Bl Harnblase, BN derjenige Theil der Urniere, welcher bei männlichen Amphibien und Selachiern zur sogenannten Beckenniere wird, Cl Cloake, D Enddarm, Dr accessorische Geschlechtsdrüsen, die zum Theil auch beim weiblichen Geschlechte vorkommen, GD Geschlechtsdrüsen im Stadium der Indifferenz, Gg Geschlechtsglied, GH gestielter Appendix epididymidis (Hydatide) [GH stellen ebenfalls Rudimente der Urniere beim weiblichen Geschlechte dar], H Hoden, MG Müller'scher Gang, der sich bei Säugern in die Tuba (T) den Uterus (Ut) und die Vagina (V) differenziert, N Metanephros oder definitive Niere der Amnioten, NH, NE derjenige Theil der Urniere, der zum Nebenhoden und Nebeneierstock wird, O Ovarium, Os Ostium abdominale tubae, Pab Pori abdominales resp. genitales, Par, Pa Rudimente der Urniere: Paradidymis und Paroophoron, SB die aus dem Urnierengang auswachsenden Samenblasen, Si Sinus urogenitalis, UH Appendix testis (ungestielte Hydatide), Um Vesicula prostatica (Uterus masculinus) (Rudimente des Müller'schen Ganges), UN Urniere, bei UN' in Fig. B noch in der Anlage begriffen, UNG Urnierengang, welcher bei männlichen Amphibien (und Selachiern) zum Harnsamenleiter, bei weiblichen zum Harnleiter (HL) wird, bei den Amnioten männlichen Geschlechts wird daraus der Samenleiter (SL), im weiblichen Geschlecht der Ductus epoophori longitudinalis (Gartner'sche Gang) (Gö.). Ur der aus dem Urnierengang auswachsende Metanephrosgang (Ureter) der Amnioten, VN Vorniere, VNG Vornierengang, † Rete et Ductuli efferentes testis, ++ ein diesem Gefäßen homologes Netzwerk am Hilus ovarii.

		Anamnia	Amnioten
Vorniere	Mann und Weib	Legt sich bei allen Anamnia an, bleibt aber nur selten als bleibendes Harnsystem bestehen. Steht in Beziehungen zur Anlage der Nebenniere.	Legt sich bei sämtlichen Amnioten noch an, erfährt aber auch hier schon in fötaler Zeit als Harnsystem eine vollständige Rückbildung.
Vornierengang	Mann und Weib	Bei Haifischen und einem Theil der Amphibien scheint es durch eine secundäre Abspaltung des Vornierenganges zur Bildung eines Urnieren- (Wolff'schen) und eines Müller'schen Ganges zu kommen. Bei Amphibien wird er zum Urnierengang. Sein Schicksal bei andern Anamnia ist noch nicht sicher festgestellt.	Bleibt als Wolff'scher Gang bei allen Amnioten zeitlebens bestehen, gewinnt secundäre Beziehungen zur Urniere und wird zum Ausführungsgang derselben. Zugleich betheiligt er sich einigermassen um Aufbau des Müller'schen Ganges.
Urniere	Mann und Weib	Fungiert bei allen Anamnia als Harndrüse, gewinnt aber bei Selachiern und Amphibien in ihrem vorderen (proximalen) Abschnitt (Geschlechtstheil der Urniere) Beziehungen zum Geschlechtsapparat. Der hintere (distale) Abschnitt bleibt als bleibendes Harnsystem bestehen.	Verliert bei allen Amnioten, und zwar in der Regel schon in embryonaler Zeit, ihre Function als Harndrüse, verschwindet zum grossen Theil und geht beim Manne mit dem Rest Beziehungen zum Geschlechtsapparat ein. Vielleicht betheiligt sie sich am Aufbau der Nebenniere.
	Mann	Wird (abgesehen von den Cyclostomen und Teleostiern) in ihrem proximalen Abschnitt zum Nebenhoden, fungiert aber mit ihrem distalen Abschnitt noch als Niere.	Wird in ihrem proximalen Abschnitt zum Rete und den Ductuli efferentes (Vasa efferentia) testis, zum Kopf des Nebenhodens und vielleicht zum Appendix epididymidis resp. epoophori (gestielte Morgagni'sche Hydatide) in ihrer distalen Partie wird sie zur Paradidymis (Giraldès'sches Organ).
	Weib	Bleibt als Niere bestehen.	Wird in ihrem proximalen Abschnitt zum grössten Theil des Epoophorons, in ihrem distalen zum Paroophoron.
Urnierengang	Mann	Fungiert bei der grössten Mehrzahl der höheren Fische als Ausführungsgang der Urniere. Bei Selachiern, einigen Ganoiden und den Amphibien dient er als Harnsamenleiter.	Wird in seinem proximalen Abschnitt zum Körper und Schwanz des Nebenhodens, in seinem distalen zum Samenleiter, Ductus (Vas) deferens.
	Weib	Fungiert ausschliesslich als Ausführungsgang der Urniere, d. h. als Harnleiter.	Geht in der Regel zum grössten Theil zu Grunde; der proximale Theil erhält sich in rudimentärer Form als eine Art von Sammelgang zuweilen im Bereich des Nebeneierstockes. In gewissen Fällen kann er in seiner Gesamtheit als Ductus epoophori longitudinalis (Gartner'scher Gang) persistieren. Das distale Ende wird zum Weber'schen Organe.
Müller'scher Gang	Mann	Verfällt bei Selachiern in postembryonaler Zeit einer Rückbildung, bleibt aber zeitlebens in seinem proximalen Abschnitt erkennbar. Seine Existenz ist bei den meisten anderen Fischen zweifelhaft. Bei Dipnoërn und Amphibien erhält er sich zum mindesten eine gewisse Zeit lang in seiner ganzen Ausdehnung und zwar, obgleich er keine physiologische Bedeutung mehr hat, oft ohne starke Rückbildungserscheinungen.	Wird in seinem proximalen Abschnitt zum Appendix testis (ungestielte Morgagni'sche Hydatide), in seinem distalen bei gewissen Säugern zur Vesicula prostatica (Uterus masculinus). Ausnahmsweise erhält er sich in seiner ganzen Länge als Rathke'scher Gang. Bei Sauropsiden erlischt in der Regel der distale Abschnitt.
	Weib	Wird, wenn vorhanden, zum gesamten Tractus genitalis.	Wird zum gesamten Tractus genitalis (Tuba uterina, Uterus, Vagina).
Niere und Ureter	Mann und Weib	Ist wahrscheinlich nirgends vorhanden.	Entwickelt sich theils (Ureter und Sammelgänge) vom distalen Ende des Urnierenganges, theils (secernierende Elemente) von dem caudalen Abschnitte der Urniere aus.
Geschlechtsdrüse	Mann	Hoden.	Hoden.
	Weib	Ovarium.	Ovarium.

Geschlechtsdrüsen.

Der zuletzt ausgesprochene Satz findet hier insofern gleich wieder eine weitere Bestätigung, als auch die weiblichen und männlichen **Generationszellen,** d. h. die **Ei-** und **Samenzellen,** durch eine Differenzierung des Cölomepithels entstehen.

Diesem sogenannten Keimepithel begegnet man an der dorsalen Wand der Körperhöhle, rechts und links von der Wirbelsäule, bezw. der Wurzel des Gekröses, und indem dasselbe von der freien Oberfläche der Serosa dorsalwärts in das unterliegende mesodermale Gewebe hineinwuchert, kommt es zur Bildung einer männlichen und weiblichen „Geschlechtsdrüse".

Ursprünglich muss die Geschlechtsdrüsen-Anlage eine segmentale gewesen sein und muss sich über eine grössere Zahl von Körpersomiten erstreckt haben (vergl. später den Abschnitt über Amphioxus).

Die Geschlechtszellen sind in ihrem primitivsten Zustande völlig indifferenter Natur, im Laufe der weiteren Entwicklung aber kommt es zur geschlechtlichen Differenzierung, und das Resultat ist dann beim Manne die Bildung eines **Hodens** (Testis, Orchis, Didymis) bei Weibe diejenige eines **Eierstocks** (Ovarium),

Eierstock.

Die in das unterliegende, aus bindegewebigen und contractilen Elementen bestehende Stroma einwuchernden Geschlechtszellen ordnen sich zu sogenannten Sexualsträngen an, die aber später in einzelne Haufen zerfallen. Frühe schon zeichnen sich zahlreiche Zellen vor ihren Nachbarn durch besondere Grösse aus, und aus diesen, den sogenannten „Ureiern", gehen die späteren Eizellen hervor, während die umgebenden kleineren, vielleicht als Nährmaterial dienenden Zellen, eine Art von Follikel um sie herum bilden. Aus diesem Grunde werden sie als Follikelepithel bezeichnet.

Während nun dieses Follikelepithel immer weiter wuchert und bald eine mehrschichtige Lage um das Ovulum bildet, entsteht innerhalb desselben ein Spaltraum, der von einer, von den Zellen abgeschiedenen Flüssigkeit, dem Liquor folliculi, erfüllt wird (Fig. 342 *S, Lf*).

Durch die Vermehrung dieser Flüssigkeit wird der Follikel immer weiter ausgedehnt, und die Follikelzellen liegen nun theils an der Peripherie (Stratum granulosum), theils springen sie, zu einem Hügel (Cumulus oophorus) angeordnet, weit ins Follikellumen vor.

Im Innern dieses Hügels liegt wohlgeborgen das Ei mit seinem Keimbläschen und Keimfleck (Fig. 342 *Ei, K*). Es wird von der zart gestreiften Membrana pellucida (*Mp*) umhüllt und steht so in Anbetracht der umgebenden Follikelzellen und des Liquor folliculi unter sehr guten Ernährungsbedingungen. Letztere erhellen auch aus der Structur der rings um den Follikel sich erstreckenden, reich vascularisierten, aus bindegewebigen und glatten Muskelfasern bestehenden Kapsel (Theca folliculi *Tf*).

Die eben beschriebenen, prall gefüllten Follikel treten, wenn sie die nöthige Reife erreicht haben, an die freie Oberfläche des Ovariums, platzen und entleeren ihren Inhalt in die Bauchhöhle. Von hier aus gelangen dann die Eizellen in die Bauchöffnung des Eileiters, wo sie eventuell befruchtet werden [1]).

Durch das Platzen des Follikels reissen die Gefässe der Theca ein, und es entsteht ein Bluterguss in die leere Follikelhöhle. Ringsherum bildet sich ein vom Follikelepithel ausgehender Zellbelag, und indem es im weiteren Fortschreiten dieses Involutionsprocesses zur Fettablagerung in den hypertrophisch gewordenen Follikelzellen kommt, entsteht ein sogenanntes Corpus luteum.

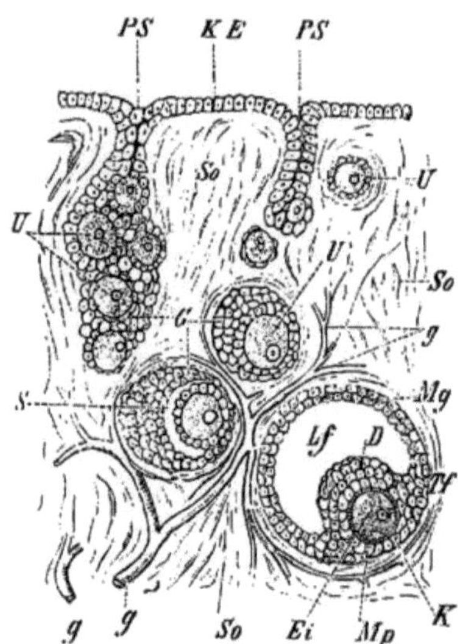

Fig. 342. Entwicklung der Folliculi vesiculosi (Graaf'sche Follikel) bei Säugethieren. D Cumulus oophorus, Ei Reifes Ei mit seinem Keimbläschen und Keimfleck (K). KE Keimepithel, Lf Liquor folliculi, Mg Stratum granulosum, Mp Membrana pellucida, Ps Sexualstränge, S Spaltraum zwischen Follikelzellen (G) und Cumulus oophorus, So Stroma ovarii. Letzteres ist von Gefässen g, g durchzogen, Tf Theca folliculi, U, U Folliculi primarii (Ureier).

Hoden.

Jene uns bereits von der Anlage der weiblichen Keimdrüse her bekannten, ursprünglich indifferenten, peritonealen Zellnester und Zellstränge erhalten ein Lumen und werden so zu den sogenannten Samenröhrchen (Tubuli seminiferi). Sie werden durch eindringendes Bindegewebe bei verschiedenen Wirbelthiergruppen in verschiedener Weise von einander getrennt. Das Epithel der Samencanälchen wird durch zwei Arten von Zellen gebildet, die man als „Stützzellen" und als Hodenzellen bezeichnet.

Was nun die Samenbildung betrifft, so scheint es keinem Zweifel mehr zu unterliegen, dass die Spermatosomen ausschliesslich aus den grossen rundlichen Hodenzellen entstehen, während die „Stützzellen" als Nährmaterial fungieren. Sie heissen deshalb auch Nähr- oder vegetative Zellen.

Die Bildung der männlichen Keimzellen (Samenzellen, Spermatosomen, Samenkörperchen) erfolgt in erster Linie durch einen Kerntheilungsprocess. Aus dem Kern geht der sogen.

---

[1]) Die im Ovarium verbleibenden, d. h. nicht zur Befruchtung gelangenden Eier gehen eine Rückbildung ein, und zwar wird dieselbe zum Theil durch das Eindringen von Leukocyten in das Ei, wodurch destructive Vorgänge eingeleitet werden, zum Theil durch die in der Umgebung des Eies reichlich wuchernden Blutgefässe bedingt. Stets wird durch die Schrumpfung bezw. durch das Absterben des Ovulums der ganze Eifollikel in Mitleidenschaft gezogen. Bei diesem Vorgang handelt es sich um einen ganz normalen physiologischen und, wie es scheint, an die Reifezeit der Eier im Eierstock oft direct sich anschliessenden Process, insofern sich der Organismus zu den von ihm erzeugten Keimproducten, sobald sie nicht zur rechten Zeit aus ihm ausscheiden, wie zu Fremdkörpern verhält, welche für die Zellen ihrer Umgebung das Object der Zerstörung werden.

Kopf, aus dem Nebenkern (Centrosoma), welcher sich mit dem
Hauptkern der Samenzelle verbindet, das Mittelstück, und aus
dem Protoplasma der Samenzelle endlich der fadenartige Anhang,
der „Schwanz" des Spermatosoma, hervor. Letzterer dient als Be-
wegungsorgan und hat mit dem Befruchtungsvorgang als
solchem nichts zu schaffen[1]).

Während die aus der Urniere stammenden sog. „Segmental-
stränge" beim Ovarium nur eine vorübergehende Rolle spielen und
später wieder wahrscheinlich ganz zu Grunde gehen, spielen sie, wie
bereits oben erwähnt, im männlichen Geschlecht beim Aufbau der
Ausführungscanäle des Hodens und des Canalsystems
des Nebenhodens (Epididymis) eine grosse Rolle. Eine Betheiligung aber am Aufbau der eigentlichen Geschlechtsdrüse,
d. h. an den Tubuli seminiferi des Hodens selbst, ist vollkommen
auszuschliessen.

Harnorgane.

Fische.

Bei **Amphioxus** existieren auf jeder Seite mehr als 90 streng
segmental angeordnete, zu dem System der Kiemengefässe in wichtiger
Beziehung stehende Canälchen, welche eine wechselnde Zahl von
Seitensprossen besitzen und in jenem unsegmentierten Leibesabschnitt
liegen, welcher sich dorsalwärts von den Kiemenspalten zwischen der
Darmwand, der Rumpfmuskulatur und der dorsalen Wand des Peri-
branchialraumes hinzieht. Jedes von Wimperepithel ausgekleidete
Canälchen beginnt im Cölom mit mehreren Oeffnungen („Trichtern")
und mündet mit je einer, genau branchiomer angeordneten Oeffnung im Peribranchialraum aus. Die Canälchen erstrecken sich über
den gesamten Kiemendarm von seinem Vorder- bis zu seinem Hinterende, sie reichen aber nirgends darüber hinaus.

Diese epibranchialen Canälchen können wohl nicht mit der Vorniere der Cranioten homologisiert werden, denn sie sind nicht segmental (den Myotomen und Spinalnerven entsprechend), sondern streng
branchiomer angeordnet, ferner stehen sie nicht wie diejenigen der
Vorniere mit den Myotomen, sondern mit den Kiemenspalten in genetischem Zusammenhang, und endlich gehören die vordersten derselben
der Kopfregion an, während das Pronephros-System sämtlicher Cranioten auf den Rumpf beschränkt ist. Der Gedanke liegt nahe, dieselben mit der Thymus zu vergleichen, mit welcher sie in ihren
Lagebeziehungen zu den Kiemenspalten übereinstimmen. Spätere
Untersuchungen müssen darüber entscheiden, und sollte sich wirklich
eine Homologie herausstellen, so würde man in der Thymus der
Cranioten einen Kephalonephros, eine echte Kopfniere, erblicken
müssen, ein Excretionsorgan, welches phylogenetisch noch älter wäre
als der Pronephros. Beim Amphioxus wird sich dieser Kephalo-

---

[1]) Der schwanzartige Anhang der Samenzellen besteht aus zwei Fäden, nämlich aus
einem Achsenfaden und einem als Schraube oder Bohrer wirkenden, protoplasmatischen
Spiralfaden, der den Achsenfaden spiralig umwickeln kann. Letzterer kann wieder in
eine wechselnde Zahl von contractilen Elementarfibrillen zerfallen und stellt stets
den wesentlichsten Bestandtheil des Schwanzes dar.

nephros mit den Kiemenspalten auch in der Rumpfregion ausgedehnt haben. Bei den höheren Thieren dagegen, bei denen das Organ auf den Kopf beschränkt blieb, entwickelte sich im Bereich des Rumpfes der Pronephros, welcher die excretorische Function vom Kephalonephros übernahm und dieselbe später dem Mesonephros abtrat. Bei den Amnioten wurde diese Function schliesslich noch dem Metanephros übergeben (J. W. van Wijhe).

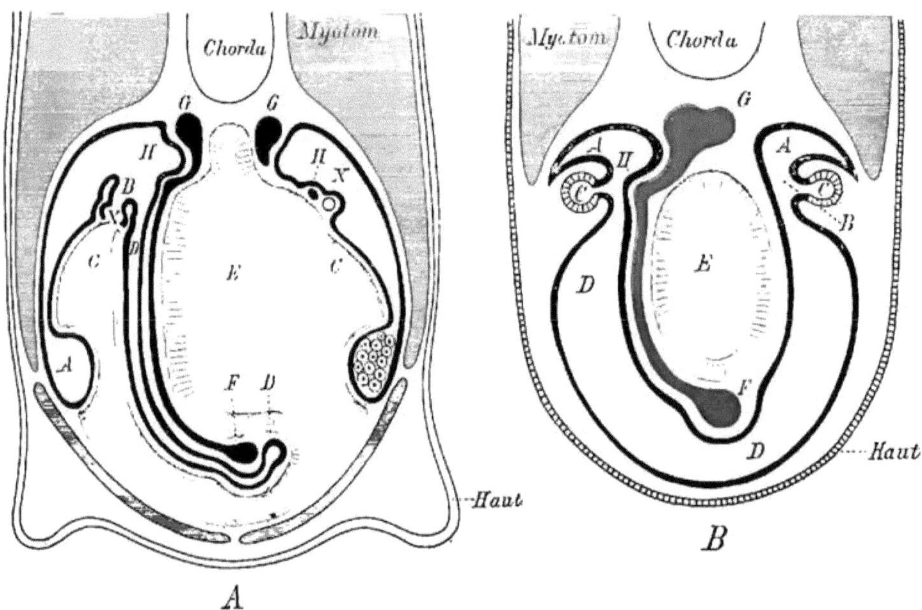

Fig. 343. **A Schematischer Querschnitt durch die Kiemenregion des ausgewachsenen Amphioxus.** Rechts ist eine Kiemenspalte getroffen; dementsprechend zeigt die linke Seite von dem epibranchialen Canälchen (X) sowohl die peribranchiale als auch eine peritoneale Mündung, die rechte den quergetroffenen, nach vorn ziehenden Schenkel. A Genitalkammer, B peritoneale Mündung des epibr. Canälchens X, C Peribranchialraum, D Leibeshöhle, E Darmlumen, F Subbranchialgefäss, G Aorta, die der linken Seite durch ein Kiemengefäss mit dem Subbranchialgefäss verbunden, H excretorischer Abschnitt der Kiemengefässe. **B Schematischer Querschnitt durch einen Selachierembryo**; links Vornierenregion, rechts Urnierenregion. A blindgeschlossene Anlage des Urnierencanälchens (die punktierten Linien rechts deuten die spätere Eröffnung in den Urnierengang an), B peritoneale Mündung des Vornierencanälchens, C Vor- bezw. Urnierengang, D Leibeshöhle, E Darmlumen, F Subintestinalvene, G Aorta, linkerseits durch ein Mayer'sches Darmgefäss mit der Subintestinalvene verbunden, H excretorischer Abschnitt des P. Mayer'schen Gefässes. Beide Figuren sind ausgeführt mit Zugrundelegung Boveri'scher Abbildungen.

Die **Cyclostomen** besitzen eine die Larvenzeit noch überdauernde Vorniere. Bei Petromyzonten wird sie übrigens bald schon rudimentär und durch die Urniere ersetzt, wobei der Zwischenraum zwischen beiden von einem Fettkörper eingenommen wird.

Das was man bisher bei Myxinoiden als „Vorniere" aufgefasst hat, ist keine vollständige Vorniere, sondern nur der Malpighi'sche Körper einer solchen mit Innen- und Aussentrichtern[1]). (Ueber die Bedeutung der „Innen- und Aussentrichter" vergl. die Niere der Ganoiden und Amphibien.) Der Vornierengang und die Mündung der Trichtercanäle in denselben sind rückgebildet, ähnlich wie dies auch an älteren Vornieren andrer Thiere, z. B. der Amphibien, beobachtet wird.

In wie weit das distal sich anschliessende Excretionssystem bei erwachsenen Thieren einem Mesonephros, bezw. einem Pronephros entspricht, müssen künftige (entwicklungsgeschichtliche) Untersuchungen erweisen.

Beziehungen der Excretions-Organe zum Generations-System existieren bei Cyclostomen nicht. Die beiden in ihrer Anlage über die ganze Körperlänge sich erstreckenden und wahrscheinlich in unmodifizierter Form das ganze Leben hindurch persistierenden Vornieren, bezw. Urnieren-Gänge münden jederseits in den Urogenitalsinus, und die Geschlechtsprodukte werden, wie bereits erwähnt, durch die Pori genitales eben dahin entleert.

Bei den **Teleostiern** hat die Vorniere in weitaus der grössten Mehrzahl der Fälle[2]) nur eine vorübergehende Bedeutung, insofern die Urniere das bleibende Excretionsorgan darstellt. Sie liegt zwischen Wirbelsäule und Schwimmblase und stellt ein langes, schmales Band von wechselnder Ausdehnung dar. Secundäre Verwachsungen zwischen den Organen beider Seiten sind nicht selten.

Der Harnleiter ist im Sinne eines primären Urnierenganges (d. h. eines Vornierenganges) zu deuten und kann mehr oder weniger frei oder auch ins Nierenparenchym eingebettet liegen. Nach hinten zu fliessen die Harnleiter in der Regel zusammen und blähen sich zu einer Art von Harnblase auf, die aber mit dem gleichnamigen, früher schon geschilderten Organ der Amphibien und Amnioten nichts zu schaffen hat. Das Endrohr der Blase mündet meistens hinter dem After, entweder getrennt für sich oder zusammen mit den Geschlechtsgängen, in einem Porus oder auf einer Papilla uro-genitalis aus.

Von einer Abgliederung des primären Urnierenganges in einen secundären Urnieren-, sowie in einen Müller'schen Gang bezw. von Beziehungen des Excretionsapparates zum Generationssystem ist bei Teleostiern nichts nachzuweisen, wohl aber ist dies, wie früher schon erwähnt, bei **Selachiern** der Fall[3]). Der vordere Abschnitt der Urniere setzt sich beim Selachiermännchen mit der Geschlechtsdrüse in Verbindung, wird zur Geschlechtsniere, d. h. zum Nebenhoden, und entsendet seine Canälchen in den vorderen Abschnitt des secundären Urnierenganges, welcher dadurch

---

1) Es handelt sich dabei um eine Gleichwerthigkeit des (glandulären) Theiles der Nebenniere höherer Anamnier, denn hier, wie dort, kommt die sich allmählich rückbildende distale Fortsetzung des Malpighi'schen Körpers der Vorniere, welcher seine Verbindung mit dem Vornierengang eingebüsst hat, in Betracht. Auch die nahen Lagebeziehungen des Organes zur Vena cava inferior stimmen damit überein.

2) Eine Ausnahme machen Lepadogaster Goüanii, Fierasfer (vergl. Emery) und Zoarces, bei welchen die Vorniere das ganze Leben hindurch persistiert. Das Urogenitalsystem von Lepadogaster zeigt auch in anderen Beziehungen sehr bemerkenswerthe Besonderheiten (vergl. Guitel).

3) Die Vorniere der Selachier zeigt stets nur eine spärliche Entwicklung. Sie besteht jederseits nur aus 3—4 Canälchen.

zu einem Samenleiter (Ductus deferens) wird; der hintere Urnierenabschnitt dagegen, als reines Harnsystem persistierend, entleert sein Secret durch Vermittlung von besonderen Harn-Canälen in den hintersten (caudalsten) Abschnitt des secundären Urnieren- oder Wolff'schen Ganges [1]. Beim Weibchen steht die Geschlechtsdrüse in gar keiner Beziehung zum secundären Urnierengang, und die Eier werden durch die Müller'schen Gänge entleert. (Zur genaueren Orientierung über diese Verhältnisse verweise ich auf die das Urogenitalsystem der Urodelen darstellende Figur 345 A, B.)

Die Niere der Selachier kann zahlreichen individuellen Form- und Grösseschwankungen, wobei auch zuweilen eine asymmetrische Entwicklung eine Rolle spielt, unterliegen. Es handelt sich dabei, wie es scheint, um gewisse Anpassungsverhältnisse an andere Eingeweide, Tractus intest. etc. Häufig weist der eingekerbte Aussenrand auf eine ursprünglich segmentale Anlage des Organes hin, und damit stimmt auch die metamere Anordnung der fötalen Nephrostomen überein. Später verwischt sich der segmentale Charakter, indem die Nierentrichter bei erwachsenen Thieren ausnahmslos in viel geringerer Zahl vorhanden sind, als die auf die Leibeshöhle entfallenden Wirbel. Dabei unterliegen die Trichter vielen Zahl- und Grösseschwankungen, je nach verschiedenen Gattungen, oder sogar nach verschiedenen Individuen [2].

---

[1] Bei den Holocephalen, wo es keine Vasa efferentia (Ductus efferentes) giebt, kann von einer Geschlechtsniere nicht die Rede sein. Dennoch zeigt sich auch hier die Niere deutlich in einen grossen vorderen und kleineren hinteren Abschnitt differenziert. Diese Scheidung ist nicht nur an der Niere selbst bemerklich, sondern spricht sich auch und vor Allem deutlich in dem Verhalten der Ausführungswege aus. Der vordere, im Gegensatz zu den Selachiern, grössere Abschnitt entspricht übrigens dem vorderen Abschnitt der letzteren nur zum Theil.

Bei Callorhynchus ist er mehr compact, während er bei Chimaera deutlich gelappt ist. Die austretenden Canälchen senken sich alle in den Ductus deferens ein.

Die Ausführungsgänge des hinteren Nierenabschnittes, dessen Antimeren über ihre ganze Länge verschmelzen, sind viel weniger zahlreich, zum grössten Theil ampullenartig erweitert und haben mit dem Ductus deferens nichts zu schaffen, sondern fliessen jederseits zu einer einzigen Oeffnung im Sinus urogenitalis zusammen.

So verhält es sich bei Chimaera; bei Callorhynchus dagegen münden von den 6 Ausführcanälen die vorderen 4 gemeinsam und unabhängig von den hintersten zwei.

Alles dies gilt für männliche Thiere.

Bei den Weibchen öffnen sich die im Uebrigen wie bei den Männchen sich verhaltenden Endcanäle in eine unpaare mediane Blase, welche rings von Bindewebe umschlossen zwischen den beiden Oviducten liegt und hinter den Geschlechtsöffnungen in die Cloake einmündet. Diese sogen. „Harnblase" wird bei allen übrigen Selachiern vermisst. Ihre morphologische Bedeutung ist unklar. Jedenfalls ist sie nicht zu verwechseln mit der als „Vesicula seminalis" beschriebenen Aussackung der weiblichen Chimaera. Dieses eigenthümliche Gebilde findet sich, wenn auch in etwas abweichender Form, bei Callorhynchus.

Die oben geschilderten Verhältnisse stellen sich als primitive heraus, indem sich bei Holocephalen noch keine so grosse (4—6) Zahl von Endcanälchen der Niere vom Ductus deferens emanzipiert haben, als bei Selachiern (12 und mehr). Massgebend ist auch, dass sich bei Holocephalen noch keine Geschlechtsniere differenziert, dass die caudale Nierenzone noch sehr klein ist im Vergleich mit der übrigen Niere, dass jedes Nierensegment noch mehr oder weniger deutlich seinen eigenen Ausführungscanal besitzt und dass endlich die caudalen Endcanäle nicht miteinander verschmolzen sind, wie dies bei Selachiern der Fall ist (Redeke).

[2] Zeitlebens finden sich Nephrostomen bei folgenden Haien: Squatina, Acanthias, Spinax, Centrophorus, Cestracion, Scymnus, Hexanchus, Heptanchus, Pristiurus, Scyllium und Chiloscyllium. Vermisst werden sie bei Carcharias, Mustelus, Echinorhinus, Myliobatis, Raja.

Bei den **Ganoiden** besteht die Vorniere in der Regel nur aus einer geringen Anzahl von Segmentalcanälchen, so bei Amia jederseits nur aus einem, bei Lepidosteus aus drei, bei Sturionen[1]) aus sechs. Vieles weist aber darauf hin, dass die Vorniere bei den Vorfahren der heutigen Ganoiden eine ungleich grössere Ausdehnung besessen und sich viel weiter caudalwärts erstreckt haben muss, als dies heute der Fall ist. Damit stimmt auch die noch viel reicher entwickelte Vorniere bei jungen Exemplaren von Calamoichthys überein.

Bemerkenswerth ist, dass die betreffenden Wimper-Trichter oder Nephrostomen bei Ganoiden ein doppeltes Verhalten erkennen lassen. Sie öffnen sich nämlich theils in die Bauchhöhle, theils in einen Raum, welcher den mehr oder weniger gelappten, mit der Aorta in Verbindung stehenden Glomus enthält und der von der Bauchhöhle gänzlich abgeschlossen ist (Abkammerung der Peritonealhöhle). Im ersteren Falle spricht man von Aussen-, im letzteren von Innentrichtern.

Während von einer streng segmentalen Anordnung der Vorniere nichts zu verzeichnen ist, gilt dies für die weiter caudal[2]) sich anlegende und als definitives Excretionsorgan persistierende Urniere.

Diese gewinnt bei Sturionen erst später eine Verbindung mit dem Peritonealraum (Nephrostomen), und hierin liegen wichtige Anknüpfungspunkte mit den Urodelen[3]).

Dipnoër.

Bei den Dipnoërn, so z. B. bei Protopterus[4]), liegen die Nieren (Urnieren) als lange, im Querschnitt platt-ovale Organe seitlich von der Wirbelsäule. Sie beginnen etwas vor der Rumpfmitte fein zugespitzt und verbreitern sich, ähnlich wie bei Selachiern, allmählich nach rückwärts. Ihre Aussenränder sind glatt. In ihrer Umgebung, namentlich lateralwärts, findet sich ein Mantel von Lymph- und Fettgewebe, welche über die Mittellinie herüber mehrfache Verbindungsbrücken erzeugen und caudalwärts zu einer, pflockartig in das hinterste Cölomende sich einkeilenden Masse zusammenfliessen. Nephrostomen fehlen bei ausgebildeten Thieren spurlos.

---

1) Bei Sturionen finden sich im Bereich der Vorniere jederseits ein medialer und ein lateraler Sammelgang, welche beide am Kopfende der Vorniere mit einander communizieren.

2) Während beide Nierensysteme bei Sturionen nur durch 3—4 Leibessegmente von einander getrennt sind, liegen bei Amia calva 16—17 Segmente dazwischen, und auch bei Lepidosteus sind beide Systeme weit von einander getrennt. Bei Calamoichthys dagegen decken sich beide, d. h Vor- und Urniere existieren in denselben Leibessegmenten.

3) Im Bau der Vorniere von Amia dagegen tritt eine Annäherung an die Teleostier deutlich hervor (Verkürzung der Vornierenkammer und die Verbindung derselben mit nur einem Trichter). Eine Differenz liegt dagegen in der Anwesenheit des zweiten Aussentrichters.

4) Bei Ceratodus besteht die Vorniere aus drei ausgebildeten und der Andeutung eines vierten Segmentes. Sie zeigt viel Aehnlichkeit mit der Vorniere der anuren und urodelen Amphibien. Die bei Ceratodus jederseits in der Zweizahl vorhandenen Trichter münden frei in die allgemeine Leibeshöhle, in welche hier medial, den Trichtern gegenüber, von der Aorta her ein Glomerulus eingestülpt ist. Es kommt also hier nicht zum Abschluss des Malpighi'schen Körpers der Vorniere gegen die übrige Leibeshöhle.

Die Ausführungsgänge werden durch die Urnierengänge repräsentiert; es lässt sich aber, bevor entwicklungsgeschichtliches Material vorliegt, nicht mit Sicherheit entscheiden, ob es sich dabei um primäre oder secundäre Urnierengänge handelt, d. h. ob, wie bei Selachiern und Amphibien, eine Abspaltung eines Müller'schen Ganges anzunehmen ist oder nicht. Die Gänge öffnen sich bei beiden Geschlechtern dicht hinter den Mündungen der Geschlechtsgänge durch zwei schlitzartige Oeffnungen in die Cloake (vergl. Fig. 354).

Die „Harnblase“, welche sich zwischen Rectum und Urogenitalcanäle in die Cloake öffnet, ist auf Grund ihrer dorsalen Lage zum Rectum viel eher mit der sogenannten Rectaldrüse (Processus digitiformis) der Selachier, als mit der Harnblase der Amphibien zu vergleichen.

Amphibien.

Bei Urodelen legen sich in der Regel jederseits zwei, bei Anuren drei und bei Gymnophionen zwölf bis dreizehn Vornierencanäle an. Ueberhaupt begegnet man bei Gymnophionen, und zwar auch bei erwachsenen Thieren, den primitivsten Verhältnissen unter allen Amphibien, insofern die Nieren (Urnieren) in Form eines langen, schmalen, varicösen Bandes in der Regel vom Herzen bis zum Vorderende der oft langgestreckten Cloake reichen[1]). Bei genauerem Studium ergiebt sich, dass sie aus einzelnen, in embryonaler Zeit rein segmental (d. h. im Sinne der Gliederung der Stammzone des Körpers) angelegten Knäueln bestehen, an denen man je ein Corpusculum renis (Malpighii), einen Peritonealtrichter oder ein Nephrostom, sowie einen Ausführungsgang unterscheiden kann (Fig. 358, 359).

Bei erwachsenen Thieren persistiert das Verhalten zuweilen im vordersten Nierenabschnitt, während im übrigen Organ durch secundäre Wachsthumsvorgänge später bis zu 20 Trichter in einem einzigen Leibessegment getroffen werden. Die Gesamtzahl der Nephrostomen in jeder Niere mag an tausend oder mehr betragen.

Die Nieren der Urodelen und Anuren liegen, wie überall, dorsalwärts in der Leibeshöhle, dort mehr bandartig in die Länge gestreckt, hier mehr gedrungen, kürzer und in ihrer Ausdehnung auf die mittlere Rumpfgegend beschränkt.

Bei den Urodelen zerfallen die Nieren stets in einen vorderen, schlankeren, und in einen hinteren, compacteren Abschnitt. Letzterer fungiert, wie bei Selachiern, nur als Harndrüse (Fig. 345 *N*), und wird als Beckenniere bezeichnet, der vordere Abschnitt dagegen tritt im männlichen Geschlecht in Beziehung zur Sexualdrüse und wird deshalb schlechtweg Geschlechtsniere (Nebenhoden) genannt. Es erstrecken sich nämlich vom Hoden aus samenführende Canälchen (Fig. 345 A *Ho Ve Ve*), sogenannte Ductuli efferentes (Vasa efferentia), entweder direct oder nach vorheriger Bildung eines Sammelganges (†), in das Nierenparenchym hinein und münden hier

---

[1]) Diesen primitiven Verhältnissen lassen sich unter allen Wirbelthieren vielleicht nur noch diejenigen der Myxinoiden an die Seite stellen, doch bedarf dies noch genauerer Untersuchungen.

in die Harncanälchen ein. Letztere werden also von dem betreffenden Punkte an, so gut wie der gesamte, am Vorderende der Niere beginnende Harnsamenleiter, von Harn und Samen durchflossen (Fig. 345 **A** *lg, a*). Die Hinterenden der beiden Gänge münden, nachdem sie bei männlichen Urodelen, ebenfalls wieder wie bei Selachiern, zuvor noch aus der Beckenniere sehr lange Sammelcanäle

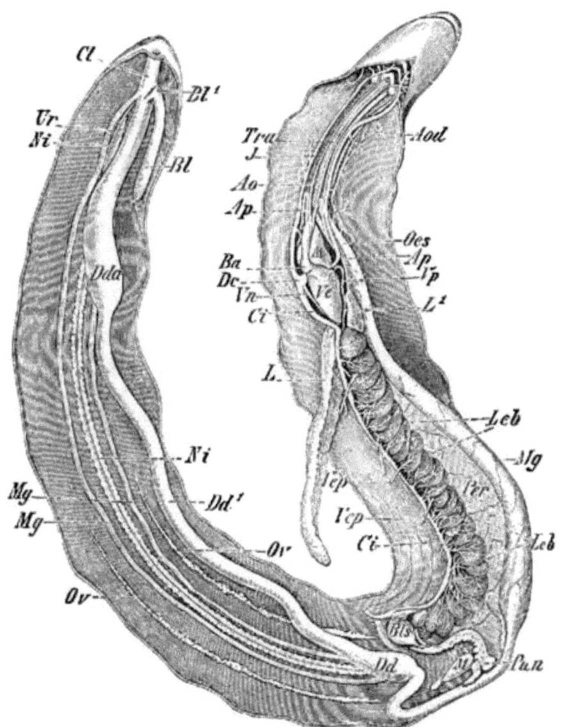

Fig. 344. Der gesamte Situs viscerum von Siphonops annulatus (♀). Die Körperdecken sind in der ventralen Mittellinie geschlitzt und nach beiden Seiten auseinandergelegt. Tractus intestinalis: *Bl*, *Bl*[1] der vordere grössere und der hintere kleinere Zipfel der Harnblase, *Bls* Gallenblase, *Cl* Cloake, *Dd*, *Dd*[1] Mitteldarm, *Dda* Enddarm, *Leb* Leber, *M* Milz, *Mg* Magen, *Oes* Oesophagus, *Pan* Pankreas, *Per* Peritoneum (Ligamentum gastro-hepaticum). Urogenitalorgane: *Mg*, *Mg* Müller'sche Gänge (Oviducte), *Ni*, *Ni* Niere, *Ov*, *Ov* Ovarien, *Ur* Ureter. Respirationssystem: *L* Rechte, wohl ausgebildete —, *L*[1] linke, rudimentäre Lunge, *Tra* Trachea. Circulationssystem: *Ao* Aorta ascendens der rechten Seite; die der linken Seite ist nicht besonders bezeichnet, *Aod* Aorta descendens der linken Seite, *Ap*, *Ap* Arteria pulmonalis, *B* Conus arteriosus, *Ci* Vena cava inferior, *Dc* Ductus Cuvieri, *J* Vena jugularis, *Ve* und *A* Ventrikel und Atrium des Herzens, *Vep*, *Vep* Vena portarum, *Vn* Vene, welche das Blut aus dem Urogenitalsystem, aus der Muskulatur des Rückens und aus dem Wirbelkanal zum Herzen führt, *Vp* Vena pulmonalis.

aufgenommen haben, bei Urodelen und Anuren jedes für sich, und auch von den Geschlechtsgängen getrennt, in die Cloake aus [1]).

---

[1]) Bei Alytes (Weibchen) fliessen die Gänge an ihrem Hinterende zu einem kurzen, unpaaren Canal zusammen. Derselbe öffnet sich etwas weiter abwärts in die Cloake als die Müller'schen Gänge.

Bei Anuren ziehen die Gänge, der Lage der Niere entsprechend,
auf eine grössere Strecke frei durch den Leibesraum dahin und zeigen
beim männlichen Geschlecht eine während der Brunstzeit als Samen-
behälter dienende, blasenartige Erweiterung („Samenblase"). Von den
Beziehungen der Ductus efferentes des Hodens zu den Nierencanälchen
wird beim Geschlechtsapparat die Rede sein.

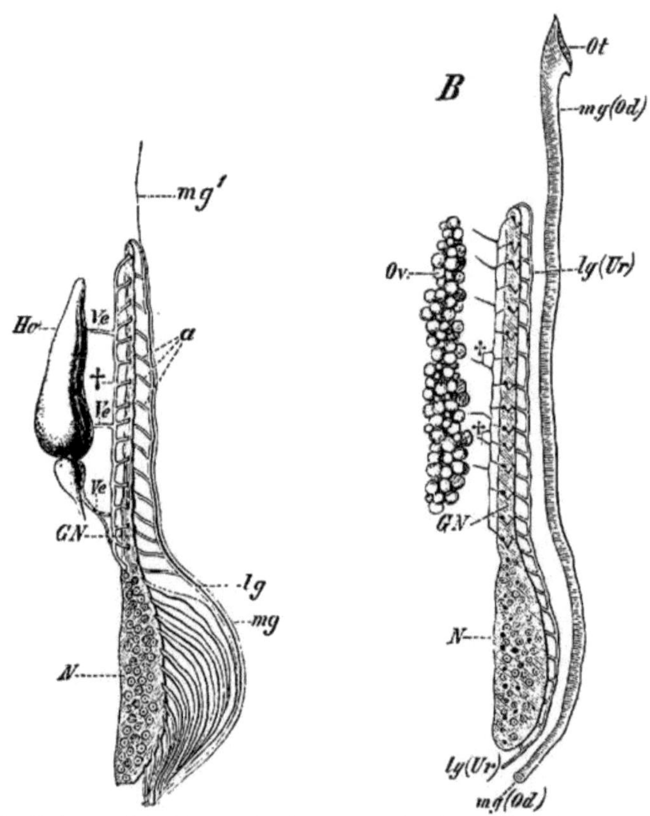

Fig. 345. Schema des Urogenitalsystems eines männlichen (A) und eines
weiblichen (B) Urodelen, mit Zugrundelegung eines Präparates von
Triton taeniatus. Nach J. W. Spengel. *a* Ausführgänge der Harnkanälchen, welche
sich in den sogen. Leydig'schen Gang *lg*, *lg* (Harnsamenleiter) einsenken; letzterer fungiert beim Weibchen (Fig. B bei *lg*) einzig und allein als Harnleiter (*Ur*). Das System
der Ductuli efferentes testis (Vasa efferentia) und ihres Sammelganges (*lg*) wird hier abortiv.
GN Geschlechtsniere (Nebenhoden des Männchens), *Ho* Hoden, *mg*, *mg*[1] (*Od*) Müller-
scher Gang, *N* eigentliche oder sogenannte Beckenniere, *Ot* Ostium des Müller'schen
Ganges (Ostium tubae) beim Weibchen, *Ve*, *Ve* Ductuli efferentes testis (Vasa efferentia),
welche sich in einen Sammelgang † vereinigen.

Die Harnblase der Amphibien entsteht als eine unpaare Ausstülpung der Cloakenwand, und insofern entwächst sie demselben
Mutterboden wie die Harnblase der Säuger. Gleichwohl aber kann
von einer vollkommenen Homologie beider nicht die Rede sein. Die
Amphibien-Harnblase entspricht nämlich der ganzen Allantois
der höheren Formen, und letztere ist auch in der Reptilien-Harn-

blase noch mitenthalten, während, wie später gezeigt werden wird, die
Harnblase der placentalen Säuger schon lange vor dem Auftreten
einer Allantois, mit der sie gar nichts zu schaffen hat, vorhanden ist.
Sie ist also zum allergrössten Theil als eine Neuerwerbung zu betrachten,

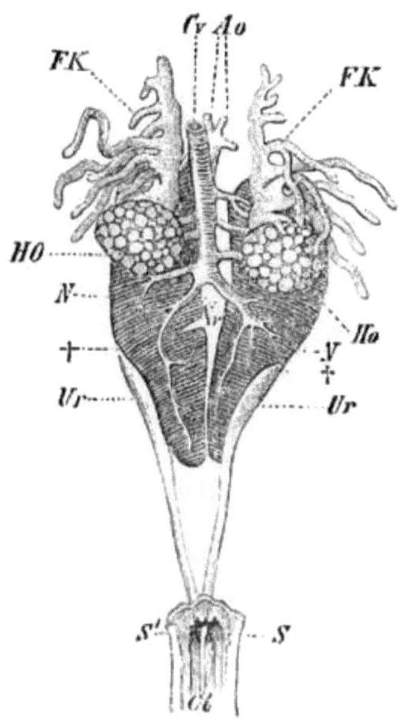

Fig. 346.

Fig. 346. Urogenitalapparat einer
männlichen Rana esculenta. *Ao* Aorta,
Cv Vena cava inferior, *FK*, *FK* Fettkörper,
Ho, *Ho* Hoden, *N*, *N* Nieren, *S*, *S¹* Aus-
mündung der Ureteren in die Cloake (*Cl*), *Ur*,
Ur Ureteren, welche bei † am lateralen Nieren-
rand hervortreten, *Vr* Venae revchentes des
Nierenpfortaderkreislaufes.

Fig. 347. Niere mit Nephrostomen
eines männlichen Discoglossus pictus.
Flächenansicht nach J. W. Spengel.
Man sieht auf der der Bauchhöhle zugekehrten,
freien Fläche bei *ST* die Nephrostomen (Segmentaltrichter), *Ur* Ureter, der sich bei *Ur¹*
zur sogenannten Samenblase erweitert.

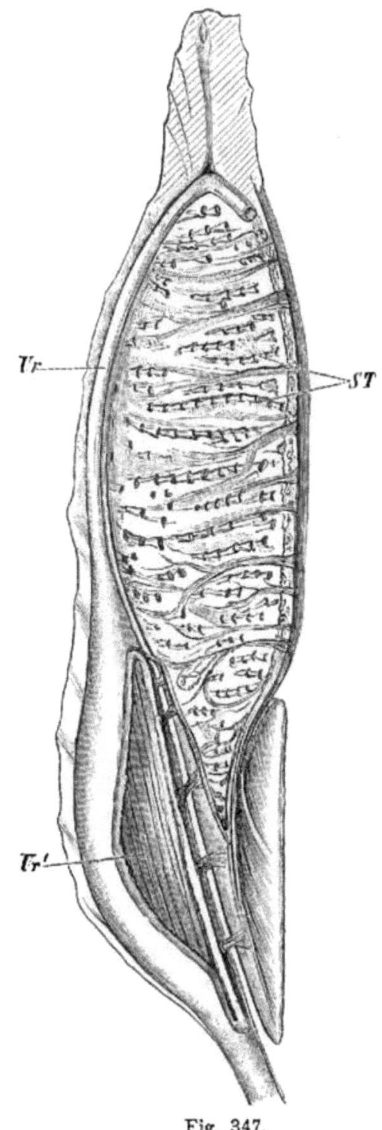

Fig. 347.

und dies gilt in vollem Umfang auch für die Urethra und den
Sinus urogenitalis der Säuger.

In unpaarer Form persistiert die Harnblase bei Siren und Proteus
zeitlebens, während sie bei Amphiuma zu einem ausserordentlich

langen, fingerartigen Schlauch auswächst, der bis zur Gallenblase nach vorne ragen kann.

Wenn man absieht von den Gymnophionen, wo die höchst eigenartige Blase secundäre Veränderungen durchgemacht hat, und wo ausserdem in Folge der Ausstülpungsfähigkeit der Cloake besondere Verhältnisse vorliegen können, sieht man bei den übrigen Amphibien, wie sich die Form und Lagerung der Harnblase dem Situs viscerum anpasst, sodass man bald einer einfachen Sackform (Amblystoma), bald einer unter den mannigfaltigsten Modificationen sich vollziehenden Theilung der Blase an ihrem Scheitel begegnet (Salamandra, Triton, sehr viele Anuren). Bei Alytes und Bombinator besteht sie sogar aus zwei getrennten Schläuchen, die erst nahe an der Ausmündungsstelle zusammentreffen.

Andeutungen einer segmentalen Anlage des Urogenitalapparates finden sich bei erwachsenen Urodelen nur noch spurweise im Geschlechtsabschnitt der Niere; im Beckenabschnitt, sowie in der ganzen Niere der Anuren, welche ein mehr einheitliches, compactes oder doch nur wenig gelapptes, plattes Organ darstellt, ist sie verwischt. Hier wie dort aber erhalten sich die Nephrostomen in grosser Zahl das ganze Leben hindurch an der vom Peritoneum überzogenen ventralen Nierenfläche.

Bei Anuren stehen die Nephrostomen nur in der Larvenperiode mit den Harncanälchen in offener Verbindung, später aber rücken sie von ihnen ab und münden in die Renalvenen (Vena cava posterior) ein. Durch diese Verschiebung stellt sich die Bauchhöhle der Anuren, wie diejenige der Amnioten, als ein Lymphraum heraus, insofern das vorher dem Körper verloren gehende peritoneale Transsudat nach Art der übrigen Lymphe dem Blutgefässsystem wieder zugeführt wird und so dem Organismus erhalten bleibt.

Reptilien und Vögel.

Bei den Sauropsiden — und dies gilt auch für die Mammalia — emancipiert sich, wie früher schon erwähnt, die Urniere, soweit sie in postembryonaler Zeit sich forterhält, in der Regel gänzlich vom excretorischen Apparat, während eine neue, jeglicher Nephrostomen entbehrende Niere (**Metanephros**) die Rolle der Harndrüse übernimmt.

Nie erreicht diese Niere die Ausdehnung der, wie wir wissen, bei den Anamnia zuweilen durch die ganze Leibeshöhle sich erstreckenden Urniere, sondern sie stellt in der Regel ein kleineres, compactes oder gelapptes, meistens auf die hintere Rumpfhälfte beschränktes oder auch ganz in die Beckengegend gerücktes Organ dar. Dies gilt z. B. für die Mehrzahl der Reptilien und alle Vögel (Fig. 348, 349 N), ja es kann sich das zuweilen verjüngte Hinterende der Niere unter besonderer Abzweigung des Ureters bis in die Schwanzwurzel hinein erstrecken, so z. B. bei Lacerta, wo es zugleich an der betreffenden Stelle zu einem Zusammenfluss der Organe von beiden Seiten kommt.

Dem Gesagten zufolge werden sich die Ureteren gar nicht mehr, oder aber mehr oder weniger weit, frei durch die Bauchhöhle erstrecken. Letzteres ist z. B. bei Crocodiliern und in noch höherem Grade bei Vögeln der Fall, bei welchen die Niere in die Beckenhöhle förmlich eingegossen erscheint und auf ihrer Dorsalfläche das Skeletrelief in umgekehrter Weise repetiert (Fig. 348). Die ventrale, abgeplattete Nierenfläche ist in der Regel gelappt, durch die sich einwühlenden Venen (Fig. 349 *V, V*) oft von sehr tief einschneidenden Furchen durchzogen und mannigfach zerklüftet; die

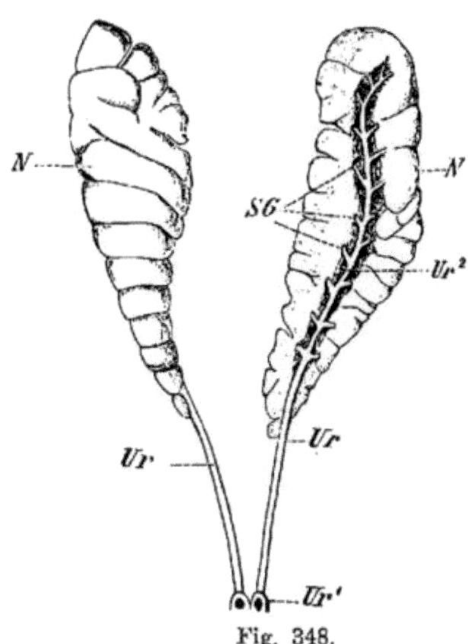

Fig. 348.

Fig. 348. **Harnapparat von Mouitor indicus.** Die rechte Niere in natürlicher Lage, die linke um ihre Längsachse lateralwärts gedreht, so dass der Ureter und die Sammelgänge sichtbar werden. Die Harnblase ist weggelassen. *N, N* Niere, *SG* Sammelgänge, welche in den Ureter *Ur²Ur* einmünden. *Ur¹* Mündung des Ureters in die Cloake.

Fig. 349. **Männlicher Urogenitalapparat von Ardea cinerea.** *Ao* Aorta, *BF* Bursa Fabricii, welche bei *BF¹* ebenfalls in die Cloake mündet. *Ep* Nebenhoden (Epididymis), *Ho* Hoden, *N* Niere, *Ur* Ureter, der bei *Sr* in die Cl. (*Cc*) mündet. Letztere ist aufgeschnitten. *Vd* Ductus (Vas) deferens, welches bei *Vd¹* auf einer Papille in die Cloake mündet, *V, V* Durch Venen erzeugte Furchen auf der ventralen Nierenfläche.

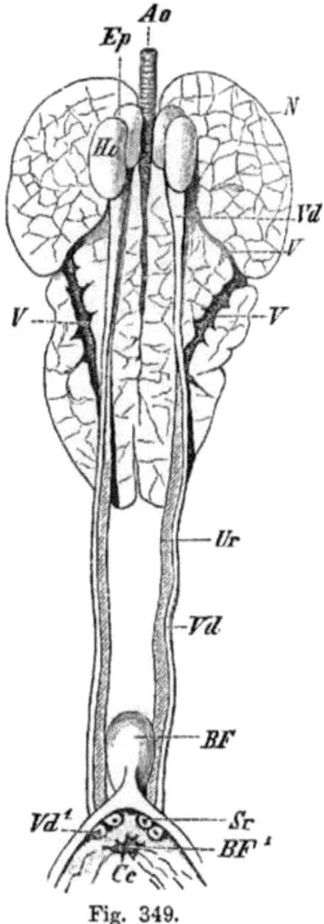

Fig. 349.

Hinterenden beider Nieren können, ähnlich wie bei Lacertiliern, in der Mittellinie zu einer Masse zusammenfliessen.

Zwischen rechts und links herrscht durchaus nicht immer eine strenge Symmetrie, und zwar am allerwenigsten bei Schlangen, wo die reich gelappten Nieren, ähnlich wie bei fusslosen Sauriern, eine der Körperform entsprechende, lange, schmale, bandartige Form besitzen.

Eine an ihrem Scheitel mehr oder weniger tief eingekerbte Harnblase kommt fast allen Sauriern (auch den Scinken)[1], sowie

____
[1] Sie fehlt z. B. den Monitoren und Amphisbänen.

sämtlichen Schildkröten zu. Sie entspringt von der ventralen Cloakenwand, fehlt aber in postembryonaler Zeit den Schlangen, Crocodiliern und Vögeln[1]).

Säuger.

Bei den Säugethieren[2]) liegen die verhältnismässig kleinen Nieren auf dem M. quadratus lumborum und auf den Rippen auf; sie besitzen

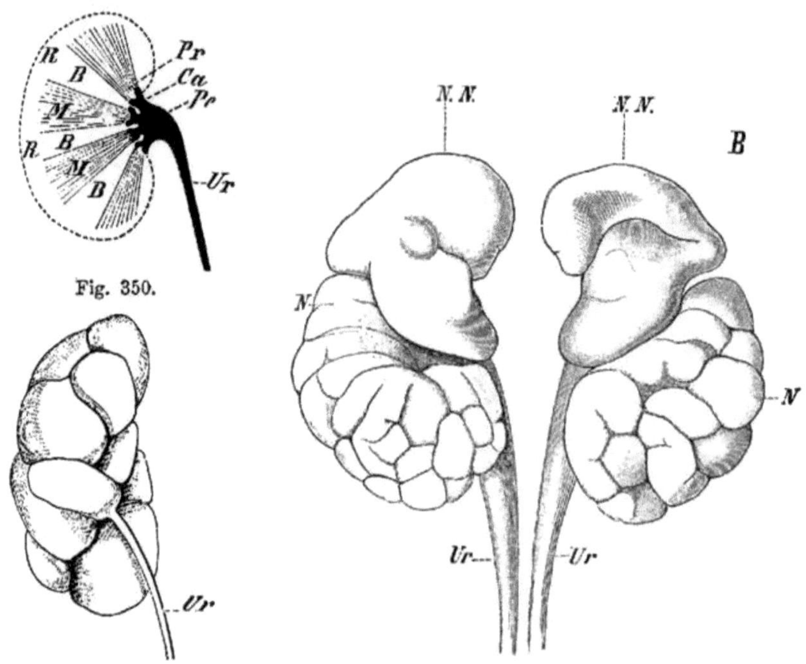

Fig. 350. Längsschnitt durch eine Säugethierniere. Schema. *Ca* Calyces, *Pe* Pelvis, *R, R* Rinden-, *M, M* Marksubstanz, zu den Pyramiden (*Pr*) angeordnet. Zwischen die letzteren setzt sich die Rindensubstanz in Form von (Bertini'schen) Säulen (*B, B*) hinein fort. *Ur* Ureter.

Fig. 351. A Rechte Niere vom Reh. B Beide Nieren und Nebennieren eines menschlichen Embryos. Beide Figuren stellen das Organ von der ventralen Seite dar. *N* Nieren, in Lappen zerfallend, *N, N* Nebennieren, *Ur, Ur* Ureteren.

meistens einen convexen Aussen-, resp. Hinter- und einen concaven Innen- resp. Vorderrand. Dieser wird als Hilus bezeichnet, da an ihm die Blutgefässe und der Ureter ein- resp. austreten. Der Ureter

---

[1]) Wo eine Harnblase bei Reptilien vorhanden ist, kann sie der Harnblase der Amphibien nicht für vollständig homolog erachtet werden, sie entspricht vielmehr nur einem Theil derselben, während die Harnblase der Amphibien, wie oben erwähnt, der ganzen Allantois als gleichwertig zu erachten ist. Ob die Harnblase der Reptilien physiologisch als Harnreservoir aufzufassen ist, erscheint zweifelhaft, da der Harn als breiige Masse in die Cloake entleert wird und sich dort ansammelt.

[2]) Prof. Keibel, welcher gegenwärtig mit Untersuchungen über das Urogenitalsystem der Semon'schen Echidna-Embryonen beschäftigt ist, theilt mir mit, dass die Urniere dieser Embryonen sehr deutliche und zahlreiche Nephrostomen zeigt.

umschliesst mit seinem erweiterten, häufig mehrfach gespaltenen Anfangsstück, mit dem sogen. Calyx bezw. mit den Calyces (Fig. 350 *Ca*), kleine papillenartige, in den Hilus renalis vorragende Bildungen, (Papillae renales), auf welchen die Harncanälchen in wechselnder Zahl ausmünden (Fig. 350 zwischen *Pr* und *Ca*). Im weiteren Verlauf fliessen die Nierenkelche zu einem grösseren Hohlraum, dem Pelvis renalis oder Nierenbecken, zusammen, und dieses mündet in den zur Blase ziehenden Ureter aus (Fig. 350 *Pe*, *Ur*). (Die Monotremen machen eine Ausnahme.)

Bei allen Säugern laufen die Ureteren eine grössere Strecke weit frei durch die Bauchhöhle und senken sich dann in die Harnblase ein. Der Eintrittspunkt befindet sich stets auf der Hinterseite, entweder — und dies ist das häufigere Verhalten — unten am Fundus, oder weiter nach aufwärts gegen den Scheitel zu.

In embryonaler Zeit stellt die Niere eine vielfach gelappte Masse dar, und dieses Verhalten, das im Sinne einer Oberflächenvergrösserung der Rindenschicht (Ausbreitungsmöglichkeit der Glomeruli) zu deuten ist, kann das ganze Leben bestehen bleiben (Cetaceen[1]), Pinnipedier, Ursus, Lutra u. a.), oder es kommt zu einem mehr oder weniger vollkommenen Zusammenfluss der Lappen, Lobi renales (Renculi), wodurch das Organ ein höckeriges, maulbeerartiges oder auch ein ganz compactes Aussehen gewinnen kann (Fig. 351).

Gleichwohl ist aber in diesem Fall die ursprüngliche Sonderung in Lappen häufig noch mehr oder weniger deutlich auf dem Durchschnitt nachzuweisen. Man unterscheidet nämlich eine in keilförmigen Figuren (Fig. 350 *M*, *Pr*), d. h. in sogen. Pyramiden, angeordnete Innenschicht (Substantia medullaris) und eine äussere, unter der Form von sogen. Säulen (Columnae Bertini) zwischen die Pyramiden sich hinziehende Rindenschicht (Substantia corticalis (Fig. 350 *R*, *B*).

Die Corpuscula renis (Malpighii), sowie die gewundenen, von Blutgefässen umstrickten Harncanälchen der Säugethierniere liegen in der Rindensubstanz, die sogen. geraden Harncanäle dagegen vornemlich in den Pyramiden, wo sie gegen die Papille hinab unter beharrlichem Zusammenfluss immer grössere Sammelgänge erzeugen.

Was die Harnblase anbelangt, so fungiert als solche bei Monotremen und Marsupialiern die Allantois. Diese wird nämlich in nachembryonaler Zeit ganz in die Leibeshöhle aufgenommen, und nimmt mit dem fortschreitenden Körperwachstum des Thieres absolut, aber nicht relativ, an Grösse zu.

So begegnen wir also auch hier wieder Verhältnissen, welche auf Reptilien zurückweisen.

Im Gegensatz dazu ist die Harnblase der placentalen Säuger, wie dies schon früher genauer ausgeführt wurde, zum grössten Theil als eine Neuerwerbung zu betrachten, welche mit der Allantois nichts zu schaffen hat. Sie entsteht so, dass der ursprünglich einheit-

---

[1] Unter den Cetaceen besitzt die geringste Zahl der Läppchen Phocaena communis. Sie beträgt ungefähr 250. Bei Balaenoptera sind ungefähr 3000 vorhanden. In wie weit es sich hierbei um eine secundäre, in Anpassung an die äusseren Lebensbedingungen erfolgte Erwerbung handelt, müssen weitere Untersuchungen zeigen.

liche Cloakenraum durch einwachsende Falten in einen ventralen und dorsalen Abschnitt zerlegt wird. Aus dem ersteren geht die Harn-blase, aus dem letzteren der spätere Mastdarm hervor, und beide rücken im Laufe der Entwicklung durch das sich bildende Mittel-fleisch (Peritoneum) immer weiter auseinander (E. Keibel).

Das unterste Ende des proximalwärts an die Blase sich an-schliessenden Allantois-Stieles („Urachus") wird ebenso, wie dies auch für die Endstücke der Urnierengänge gilt, in die Anlage der Blase noch mit einbezogen, während der weitaus grössere Rest des Allantoisstieles unter Verlust seines Lumens rückgebildet und in das sogenannte Ligamentum vesico-umbilicale medium umge-wandelt wird.

Geschlechtsorgane.

Fische.

Bei **Amphioxus** bleiben die auf jeder Seite des Pharynx und des Darmes liegenden Geschlechtsdrüsen lange auf einer indifferenten Entwicklungsstufe stehen. Sie zeigen eine streng segmentale Anlage. Jeder Abschnitt mündet für sich in die Peribranchialhöhle und ist von der Leibeshöhle abgeschlossen. Von der Peribranchialhöhle aus werden, da keine Geschlechtsgänge zur Ausbildung gelangen, die Geschlechtsproducte durch den Porus entleert (s. oben).

Die Geschlechtsdrüsen der **Cyclostomen**, welche von dem Harn-apparat strenge geschieden sind, stellen ein langes, unpaares, an der dorsalen Darmseite durch ein peritoneales Mesoarium, resp. Mesorchium suspendiertes Organ dar, welches zwischen den Nieren seine Lage hat[1]). Die Geschlechtsproducte gelangen durch die Pori genitales, welche bei Petromyzonten an der Spitze einer länglichen Papille sitzen, nach aussen.

Bei den übrigen Fischen gehören unpaare Geschlechtsdrüsen zu den Ausnahmen, und stets ist die ursprüngliche Anlage, wie bei allen übrigen Vertebraten, eine paarige, bilateral symmetrische.

---

[1]) Die Myxinoiden sind Zwitter. Der caudalwärts gelegene Abschnitt der Geschlechtsdrüse setzt sich von dem in der Regel grösseren, weiter nach vorne zu liegen-den Theil frühe schon durch eine milchweise Farbe ab, springt stärker hervor, wird breiter und gelappt. Es handelt sich um einen richtigen, in voller Spermatogenese be-griffenen Hoden. Nachdem dieser seine reifen Spermatosomen entleert und seine Rolle ausgespielt hat, gelangt der kopfwärts von ihm gelegene Theil der Geschlechtsdrüse zu mächtiger Entfaltung und wird zum Ovarium, in welchem grosse Eier entstehen. Somit ist Myxine in jugendlichem Alter (mit 32—33 cm Länge) männlichen, in späterem Alter weiblichen Geschlechts, und da die verschiedenen Ge-schlechtsproducte zu verschiedener Zeit entstehen, kann es sich um keine Selbstbefruchtung handeln.

Dass zwischen weiblichem und männlichem Geschlecht Uebergangsformen existieren, dass also Ovarien und Hoden gemischt durcheinander liegen können, wird nach dem oben Erwähnten nicht befremden, und dasselbe gilt für die Erfahrung, dass man in anderen Fällen wahren Männchen bezw. Weibchen begegnet.

Die von einer hornartigen Schale umgebenen Eier sind an beiden Polen mit einem Hakenapparat versehen, mittelst dessen sie aneinander geheftet sind. Die Eier von Bdel-lostoma Stouti sind etwa 22 mm lang und circa 8 mm breit. An ihrem einen Pol grenzt sich eine Art von Deckel ab und sie besitzen eine Mikropyle. Die ganze Ent-wicklung vollzieht sich innerhalb des Eies, und von einem Larvenstadium im Sinne einer Ammocoetes-Form (Petromyzonten) ist keine Rede (vergl. Bashford-Dean).

Diese kann dadurch secundär eine Störung erleiden, dass sich während der weiteren Entwicklung nur das Organ der einen Seite ausbildet oder aber auch, dass beide in der Mittellinie zu einer unpaaren Masse zusammenfliessen. Zuweilen kommt es auch zu einem asymmetrischen Verhalten zwischen rechts und links.

Das häufig ungeheure Mengen von Eiern producierende Ovarium der **Teleostier** bildet in der Regel einen gegen den Kopf blind geschlossenen Schlauch, einen Hohlsack, auf dessen Innenwand die Eier auf längs- oder querlaufenden Blättern entstehen, und dessen Rückwärtsverlängerung die „Tube" ist. Die meist nur kurzen „Tuben" fliessen an ihrem Hinterende häufig zu einem unpaaren Canal zusammen, und dieser mündet in einem Schlitz oder auch auf einer Papille aus, welche sich zu einer Röhre („Legröhre") verlängern kann.

Von einem directen Vergleich der Eileiter der Teleostier mit den Müller'schen Gängen andrer Vertebraten kann keine Rede sein. Sie entstehen im Bereich verdickter, unmittelbar hinten an die Genitalfalten sich anschliessender Strecken des Bauchfellepithels, welche sich secundär von vorne nach hinten aushöhlen.

Dies geschieht erst, nachdem die lange auf einem geschlechtlich indifferenten Stadium bleibende Genitaldrüse sich in den weiblichen und männlichen Typus gesondert hat.

Bei manchen Teleostiern kommt es, was das Ovarium betrifft, nur zur Bildung eines Halbsackes oder stellt dasselbe eine ganz solide Masse dar, sodass die Eier in beiden Fällen nicht wie sonst in den vom Bauchfell gänzlich abgeschnürten ovarialen Sack, sondern in das Cölom selbst und von hier aus in „Peritonealtrichter" gelangen, mittelst deren die Oviducte in der Nähe des Ovariums mit dem Cölom in offener Verbindung stehen (Osmerus und Mallotus). Wieder in anderen Fällen (Salmoniden, Muraeniden, Cobitis) sind jene durch Trichteröffnungen charakterisierten Canäle kürzer oder fehlen sie gänzlich, sodass die Eier durch eine paarige oder unpaare Oeffnung (Genitalporen, vergl. pag. 435—438) in den Urogenitalsinus entleert werden (vergl. Laemargus im Kapitel über die Selachier). Ob letzteres Verhalten als ein primitives oder als ein regressives, d. h. als ein unter allmählicher Verkürzung der Eileiter erworbenes, zu betrachten ist, ist bis dato nicht sicher auszumachen.

Die **Hoden** der **Teleostier**, welche nach Lage und Form mit den Ovarien viel Uebereinstimmendes besitzen, stellen stets längliche, im Querschnitt runde, ovale oder dreiseitig-prismatische Körper dar, welche dorsalwärts an die Nieren, ventralwärts an den Darmcanal stossen[1]. Der oft intensiv weisse **Ausführungsgang** mündet zwischen Rectum und Urethra nach aussen, nachdem er sich kurz vorher mit seinem Gegenstück zu einem unpaaren Canal vereinigt hat. Er fällt unter denselben morphologischen Gesichtspunkt, wie der Oviduct, d. h. er ist auch hier als eine directe Fortsetzung der Geschlechtsdrüse aufzufassen, und von irgend welchen Beziehungen zum Urnierengang ist hier so wenig etwas nachzuweisen als beim Weibchen. Auch die Urniere selbst geht mit der Geschlechtsdrüse keine Verbindung ein[2].

---

[1] Zwei Typen des Teleostierhodens sind zu unterscheiden: 1. einer mit deutlichen Hodenkanälchen in radiärer Anordnung (Acanthopteren) und 2. einer von mehr acinösem Bau (Cyprinoiden, Hecht, Salmoniden, Clupeaceen und Gadus).

[2] Weitaus die meisten Teleostier legen Eier, doch giebt es auch lebendig gebärende (vergl. p. 486—488). Der Seestichling baut sich zum Schutz der Brut ein Nest, und dieses

Schliesslich sei noch bemerkt, dass bei Teleostiern ein Hermaphroditismus vorkommt. So liegt bei Serranus und Chrysophrys ein wohlausgebildeter Hoden in der Wand des Eierstockes, auch ist ein Vas deferens vorhanden, welches den ganzen Ovarial-

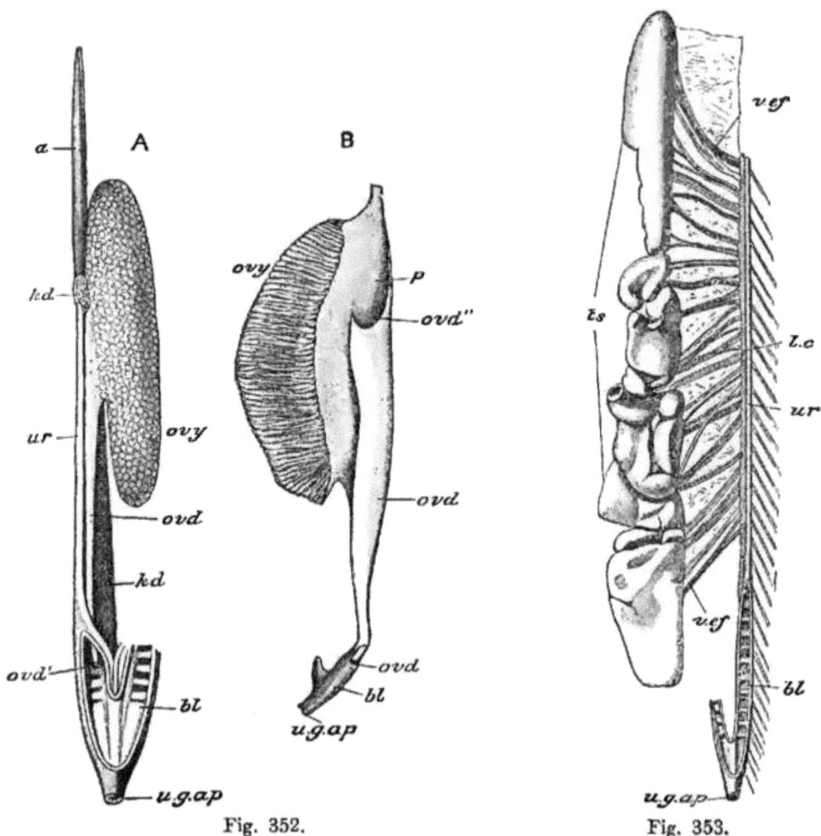

Fig. 352.   Fig. 353.

Fig. 352. Weiblicher Urogenitalapparat von Lepidosteus (A) und Amia (B). A nach Balfour und Parker; B nach Huxley. a rudimentärer vorderer Abschnitt der Niere, bl blasenartige Erweiterung der Nierengänge, kd Niere, ovd Oviduct ovd¹ Oeffnung des Oviductes in die blasenartige Erweiterung der Nierengänge, ovd" Peritonealöffnung des Oviductes, ovy Ovarium, p Peritoneum, u.g.ap Urogenitalöffnung, ur Nierengang.

Fig. 353. Männlicher Urogenitalapparat von Lepidosteus. Nach Balfour und Parker. bl blasenartige Erweiterung des Harnsamenleiters (ur), lc Längscanal, welcher die querlaufenden Vasa efferentia (v.ef) des Hodens (ts) aufnimmt u.g.ap Urogenitalöffnung.

canal umschliesst. Serranus soll sich selbst befruchten, bei Chrysophrys findet gegenseitige Befruchtung statt. Fische mit inconstantem

wird aus dem hart werdenden Secret der Niere gebildet, welch letztere zur Fortpflanzungszeit einen Functionswechsel eingeht. Bei Syngnathus (Seenadel) und Hippocampus (Seepferdchen) werden die Jungen in einer Tasche an der Bauchseite des Männchens, und bei dem Weibchen von dem ebenfalls zur Gruppe der Büschelkiemer gehörigen Solenostoma in einer solchen zwischen den Bauchflossen geborgen. Bei den Siluroiden werden sie von dem männlichen Arius im Pharynx getragen, und bei dem Weibchen von Aspredo finden sich die Eier der zarten Bauchhaut angeheftet.

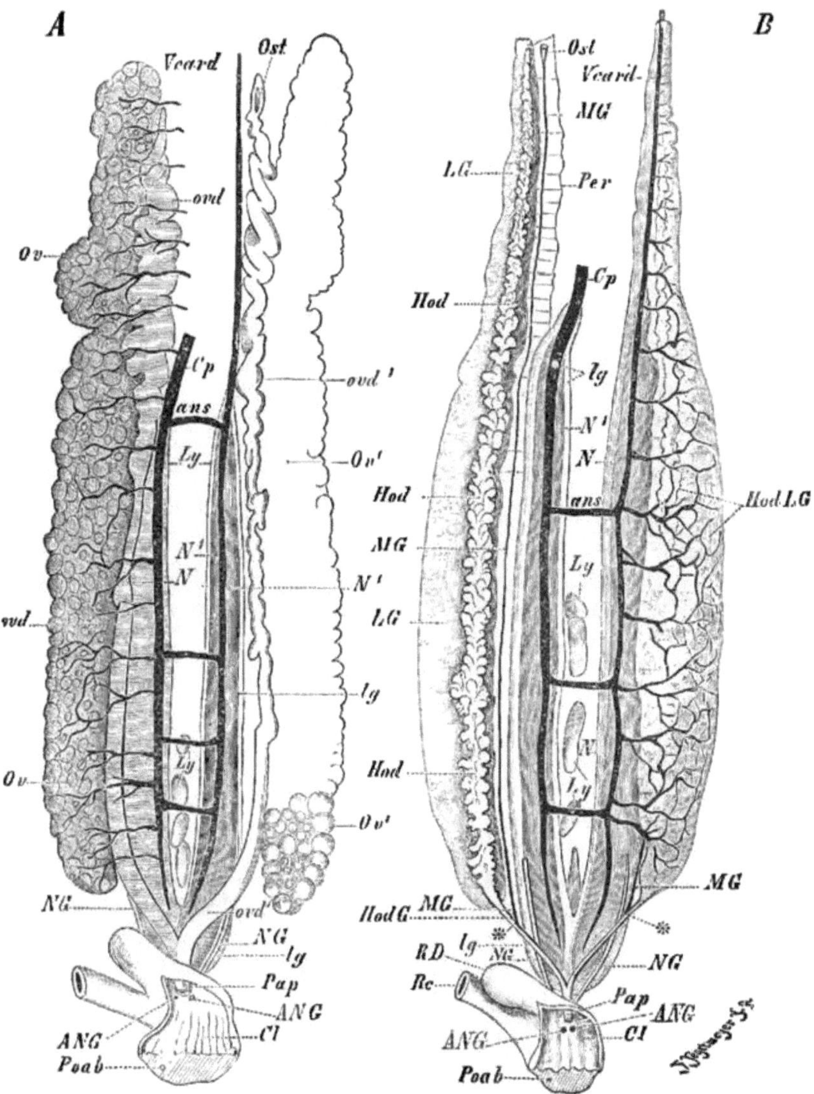

Fig. 354. **A** weiblicher, **B** männlicher Urogenitalapparat von Protopterus
annectens. Nach W. N. Parker. Die Fig. **A** ist auf der rechten Seite (bei *Ov'*)
nicht ganz ausgeführt. Bezeichnungen auf Fig. A. *Ov, ovd* und *N* Ovarien, Oviduct und Niere in situ, d. h. vom Bauchfell noch bedeckt. Zahlreiche Venen ziehen zur
Vena cava posterior. *Ov', ovd'* und *N'* Dieselben Organe der linken Seite nach Wegnahme
des Bauchfells. Der Oviduct ist dadurch viel deutlicher geworden und zeigt bei *Ost* sein
Ostium abdominale. Auch die Eier treten bei *Ov'* scharf hervor, sind aber nur im hintersten Bezirk ins Ovarium eingezeichnet. Bezeichnungen auf Fig. B, *Hod LG* und
N Hoden, lymphadenoides Gewebe und Niere, sämtlich in situ, d. h. vom Bauchfell bedeckt. Linkerseits ist dieses entfernt, so dass man den Hoden (*Hod*) als langgestreckte,
feingelappte Masse, von dem lymphadenoiden Gewebe (*LG*) umgeben, zu Gesicht bekommt.
Innerhalb der Hodenläppchen zieht der Ausführungsgang zur Cloake herab, wird bei *Hod G*
frei und senkt sich bei * in den Müller'schen Gang (*MG*) hinein. *Ost* Ostium abdominale des Müller'schen Ganges. *Per* Abgeschnittenes Peritoneum. Gemeinschaft-

liche Bezeichnungen: *ANG* Mündungen der Nierenausführungsgänge in der Cloake
(*Cl*), *ly* Lymphadenoides Gewebe in der Umgebung der Niere (*N¹*), *Ly* dasselbe Gewebe
zwischen den Nieren, *NG* Nierenausführungsgänge, *Pap* Papille in der Cloake, *Poab* Pori
abdominales, *Rc* Rectum, *RD* Rectaldrüse (Process. digitif.). Gefässe: *Cp* Vena cava
posterior, durch Queranastomosen (*ans*) mit der Vena cardinalis (*Vcard*) verbunden. Letztere
nimmt rechterseits auf Fig. B das Blut der Geschlechtsdrüse auf.

Hermaphroditismus, wie z. B. Gadus morrhua, Scomber scomber und Clupea harengus, leiten zu den gewöhnlichen Verhältnissen hinüber.

Unter den **Ganoiden** folgt der weibliche Lepidosteus dem uns bei den Teleostiern soeben bekannt gewordenen Verhalten.

Bei Amia und den Sturionen öffnet sich der Oviduct mit weiter Trichteröffnung in das Cölom, wahrscheinlich aber — und dies gilt für alle Ganoiden — handelt es sich auch hier um keinen Müller'schen Gang, sondern um Verhältnisse, die sich nahe an diejenigen der Teleostier anschliessen.

Die Eier der Ganoiden erreichen keine bedeutende Grösse, werden aber in grossen Mengen produziert. Im Uebrigen bedürfen die morphologischen und genetischen Verhältnisse der weiblichen Ganoiden noch einer genaueren Untersuchung.

Was das männliche Geschlecht betrifft, so senkt sich bei Acipenser ein vom Hoden ausgehendes, quer gerichtetes Canalsystem (Vasa efferentia) in einen in der Körperlängsachse verlaufenden Gang ein, und von diesem aus mündet eine zweite Serie von Quercanälen in die Niere (Urniere) ein, deren Ausführungsgang somit als Harnsamenleiter fungiert und hierdurch an Selachier und Amphibien erinnert.

Als Repräsentanten der Oviducte des Weibchens gelten beim Männchen kurze Peritonealtrichter, welche sich in die Nierengänge hinein öffnen.

Beim männlichen Lepidosteus, welcher im Uebrigen viele Aehnlichkeit mit Acipenser zeigt, fehlen jene Andeutungen der Oviducte gänzlich; dagegen erfahren hier die Harnsamenleiter vor ihrer Ausmündung in den Urogenitalsinus eine blasenartige Erweiterung (Fig. 353).

Bei den **Dipnoërn** liegen die langgestreckten, von Fett- und lymphadenoidem Gewebe umhüllten Geschlechtsdrüsen an die laterale Seite der Nieren enge angeheftet. Im geschlechtsreifen Zustande nehmen sie so an Umfang zu, dass sie den Darmcanal ventralwärts umschliessen.

Der zwischen Ovarium und Niere liegende Oviduct, der sicherlich einem wirklichen Müller'schen Gang entspricht, nimmt, ähnlich wie bei Amphibien, zur Brunstzeit eine geschlängelte Form an. Das Ostium abdominale ist eng und liegt etwas hinter dem Herzbeutel. Kurz vor der Cloake fliessen die Oviducte zu einem unpaaren Stück zusammen, welches auf einer Papille in die Cloake einmündet (Fig. 353).

Ueber die Samenausleitung des Ceratodus ist man noch nicht sicher unterrichtet. Bei Protopterus (Fig. 354, **B**) öffnen sich die Samencanälchen in einen Gang, welcher ventralwärts zwischen die Hodenlappen eingebettet ist. Gegen die Cloake zu taucht der Gang aus der Hodensubstanz empor, wird auf eine kleine Strecke frei und senkt sich endlich jederseits in das, auch beim Männchen unpaare,

Endstück des Müller'schen Ganges ein. Letzteres mündet auf einer
Papilla genitalis in die Cloake aus.

Offenbar handelt es sich bezüglich des Hodenausführungsganges
des Protopterus, wie bei Teleostiern, um eine vom Harnapparat

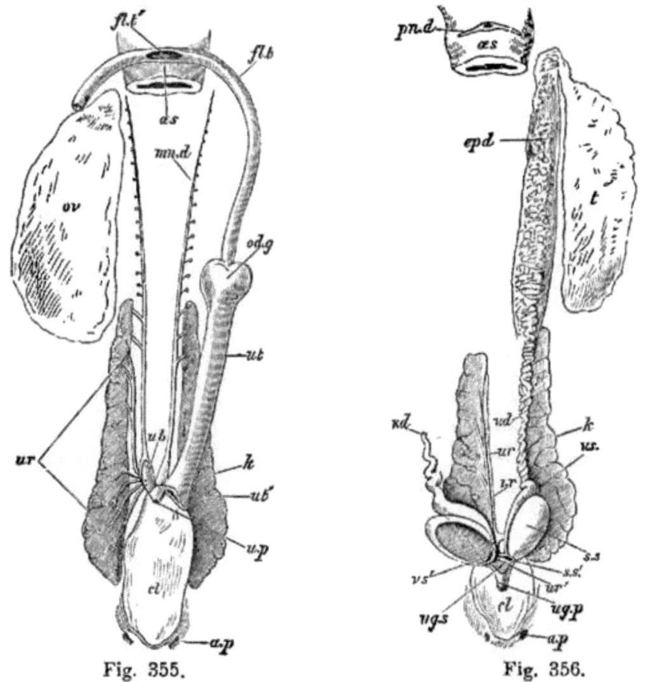

Fig. 355. Fig. 356.

Fig. 355 und 356. Weiblicher und männlicher Urogenital-Apparat von Raja
batis. × ⅓. Nach T. J. Parker. *a p* Porus abdominalis, *cl* Cloake, *apd* linker
Nebenhoden (der rechte ist entfernt), *fl.t* vorderer Abschnitt des Oviductes (Müller'scher
Gang), *fl.t*[1] Gemeinsames Ostium abdominale der beiden Oviducte, *i.r* Interrenalorgan (Theil
der Nebenniere), *k* Niere (Urniere), *mn.d* Wolff'scher Gang, *od.g* Schalendrüse, *oes* Oesophagus, *ov* Rechtes Ovarium (das linke ist entfernt), *pn.d* Rest des vorderen Abschnittes
vom Müller'schen Gange, *s.s* Samensack, *s.s*[1] seine Oeffnung in den Urogenitalsinus,
t linker Hoden (der rechte ist entfernt), *u.b* aufgetriebenes Ende des Wolff'schen Ganges,
ug.p Urogenitalpapille, *ug.s* Urogenitalsinus, *u.p* Harnpapille, *ur* Nierengänge, *ur'* Oeffnung
derselben in den Urogenitalsinus, *ut* Portio uterina des linken Oviducts (das Organ der
rechten Seite ist entfernt), *ut'* ihre Einmündung in die Cloake, *v d* Ductus (Vas) deferens,
v.s Vesicula seminalis, *v.s*[1] ihre Oeffnung in den Samensack.

gänzlich unabhängige, im Connex mit dem Hoden entstandene
Bildung.

Bei der grösseren Zahl der **Selachier** sind die weit vorne im
Cölom liegenden Ovarien in der Regel paarig[1]), und die Oviducte,

---

1) Auch bei gewissen Rochen-Species (Trygoniden und Myliobatiden)
kommt, und zwar in Folge der ganz enormen Ausdehnung des Klappendarmes, häufig, bei
einigen Species sogar constant, nur ein einziger Eierstock (der linke) zur Ausbildung,
ja auch im ganzen übrigen, weiblichen Genitaltractus tritt hier eine Asymmetrie viel deutlicher hervor als bei Squaliden. Zur vollen Ausbildung kommt der Genitaltractus nur
auf jener Seite, wo auch der Eierstock gefunden wird. Die beiden Ostia tubarum sind
nicht verwachsen, sondern bleiben, im Gegensatz zu den Squaliden, getrennt.

welche als Müller'sche Gänge zu deuten sind, zeigen sich von
ihnen stets getrennt. Sie beginnen ebenfalls weit vorne in der
Rumpfhöhle, unmittelbar hinter dem Herzen, und zwar mit einem
gemeinsamen Ostium abdominale. Der vordere, die sogenannte
Schalendrüse einschliessende Abschnitt ist stets schlanker und
enger als der hintere, welch letzterer sich zu einer Art von Uterus
ausdehnt, in welchem sich bei den viviparen Haien der Embryo entwickelt. An seinem Hinterende fliesst er mit demjenigen der anderen
Seite zu einem unpaaren Canal zusammen und dieser mündet etwas
hinter der Oeffnung der Ureteren in die Cloake aus.

Jene Schalendrüse liefert einen das Ei umhüllenden, zu einer
festen, hornartigen Masse erstarrenden Stoff. Am stärksten entwickelt
ist sie bei den eierlegenden Selachiern, d. h. unter den Haien
bei den Scyllii, unter den Rochen bei den Rajidae, und ebenso
bei Chimaera; am schwächsten ist sie bei den viviparen Haien.
Meist ist die Hornkapsel länglich-viereckig und an den vier Winkeln
zu spiral gewundenen Schnüren ausgezogen[1]).

Der stets paarige, symmetrisch angeordnete Hoden der Selachier liegt, in dem Mesorchium aufgehängt, im vordersten Theile
der Bauchhöhle, dorsalwärts von der Leber. Er besteht aus zahl-
zeichen Blasen oder Kapseln, in welchen die Spermatosomen
entstehen. Zwischen den Organen beider Seiten kann es zum theilweisen Zusammenfluss kommen.

Die quer gerichteten Ductuli efferentes (Vasa efferentia)
verbinden sich mit den auswachsenden, vordersten Urnieren- (Neben-
hoden-)Canälchen und ordnen sich zu einem Längscanal, aus dem
wieder ein den Ductuli efferentes an Zahl gleiches Quercanalsystem
entspringt. Letzteres öffnet sich, wie schon bei der Niere näher geschildert wurde, in den Wolff'schen Gang, der somit als Samenleiter
(Vas deferens) fungiert. Eine aufgetriebene Stelle an dessen caudalem
Ende wird als Vesicula seminalis bezeichnet, und an der Stelle,
wo er sich in den Urogenitalsinus einsenkt, erzeugt er eine nach vorne
(kopfwärts) blind endigende Aussackung, den sogen. Samensack,
der sich auf einer Papille in die Cloake öffnet (vergl. Fig. 356).

Was den Müller'schen Gang der männlichen Haifische betrifft,
so macht er einen sehr rudimentären Eindruck. Sein Lumen ist eng
und oft unterbrochen[2]).

Amphibien.

Bei allen Amphibien zeigen die, in der Regel die Längenmitte
der Leibeshöhle einnehmenden, rechts und links von der Wirbelsäule
liegenden Geschlechtsdrüsen eine paarige, symmetrische
Anordnung und richten sich in ihrer Gestaltung im Allgemeinen
nach der äusseren Körperform. So stellen die Ovarien der Gymnophionen (Fig. 344, 358, B) lange, schmale Bänder, und die Hoden

---

[1]) Bei manchen Selachiern bilden sich sogenannte polyembryonale Eikapseln, d. h.
in diesen Fällen umschliesst eine gemeinschaftliche, hornartige Hülle mehrere Eier,
beziehungsweise Embryonen (Trygon pastinaca, Trygonorhina fasciata, Rhino-
bates vincentianus, Acanthias vulgaris u. a.).

[2]) Bei Laemargus entleeren sich die (paarigen) Keimdrüsen bei beiden Geschlechtern in das Coelom, und von hier aus werden die Geschlechtsprodukte durch die Pori abdominales nach aussen befördert.

derselben eine lange Kette kleiner, durch einen Sammelgang perlschnurartig aufgereihter Einzelstückchen dar. Jedes Hodenstück besteht aus einer Reihe kugeliger Kapseln (Fig. 357 *K*), welche den

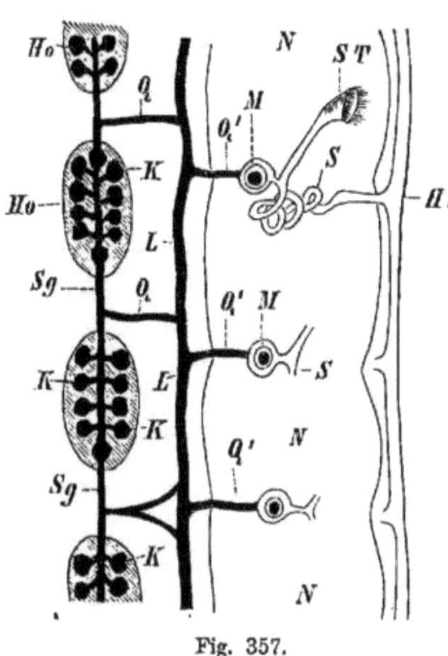

Fig. 357.

Fig. 357. Schematische Darstelluug
eines Abschnittes des männlichen
Geschlechtsapparates der Gymuo-
phionen. *Ho*, *Ho* Hoden, *HS* Harnsamenleiter, *K*, *K* Hodenkapseln, *M*, *M*
Corpuscula renis (Malpighi'sche Körperchen), *N*, *N* Niere, *Q*, *Q* austretende Quercanäle, welche sich in den Längscanal *L*,
L einsenken, *Q¹*, *Q¹* zweite Serie von Quercanälen, *S* Schleifencanäle, *Sg* Sammelgang der Hoden, *ST* Segmentaltrichter.

Fig. 357. Das männliche (A) und
weibliche (B) Urogenitalsystem
von Epicrium glutinosum. Nach J.
W. Spengel. *B*, *B* Harnblase, *ct*, *cl*
Cloake, die sich bei *a* nach aussen öffnet,
f f Fettkörper, *Ho* Hoden, *lg* Leydig-
scher Gang, *mg*, *mg¹* der Müller'sche
Gang des Männchens, welchem beim Weibchen der Oviduct *Od* entspricht, *mr.ct* Musculus retractor cloacae, *NN* Niere, *Ot* Ostium
tubae, *ov* Ovarium, *r* Rectum.

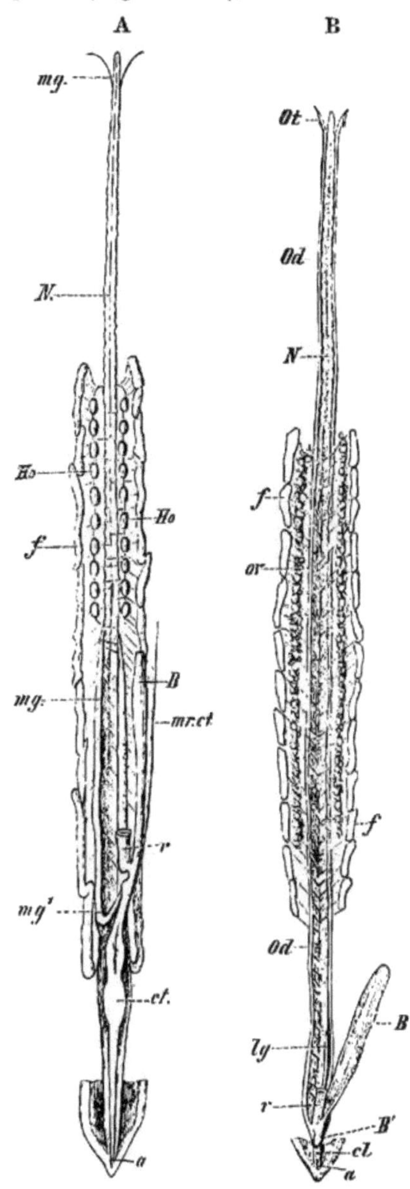

Fig. 358.

Samen bereiten und ihn in den durchziehenden Sammelgang ergiessen.
Aus dem zwischen je zwei Hodenstückchen frei zu Tage liegenden
Abschnitte des Sammelganges entspringt ein Quercanälchen (Q) gegen

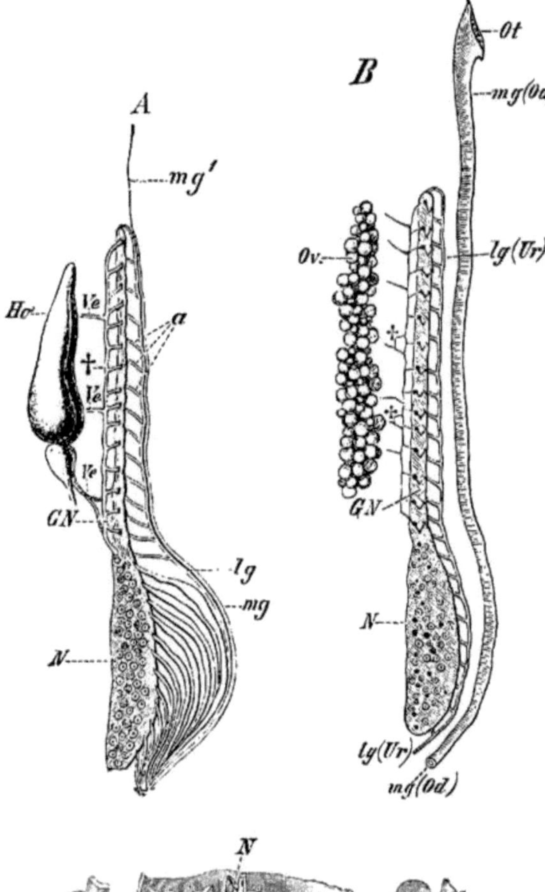

Fig. 359. Schema des Urogenitalsystems eines männlichen (A) und eines weiblichen (B) Urodelen, mit Zugrundelegung eines Präparates von Triton taeniatus. Nach J. W. Spengel. *a* Ausführungsgänge der Harncanälchen, welche sich in den Leydig'schen Gang *lg*, *lg* (Harnsamenleiter) einsenken; letzterer fungiert beim Weibchen (Fig. **B** bei *lg*) einzig und allein als Harnleiter (*Ur*). Das System der Ductuli efferentis und ihres Sammelganges (*lg*) wird hier abortiv. *GN* Geschlechtaniere (Nebenhoden des Männchens), *Ho* Hoden, *mg*, *mg*¹ (*Od*) Müller'scher Gang, *N* eigentliche oder sogenannte Beckenniere, *Ot* Ostium des Müller'schen Ganges (Ostium tubae) beim Weibchen, *Ve*, *Ve* Ductuli efferentes (Vasa efferentia) des Hodens, welche sich in einen Sammelgang † vereinigen.

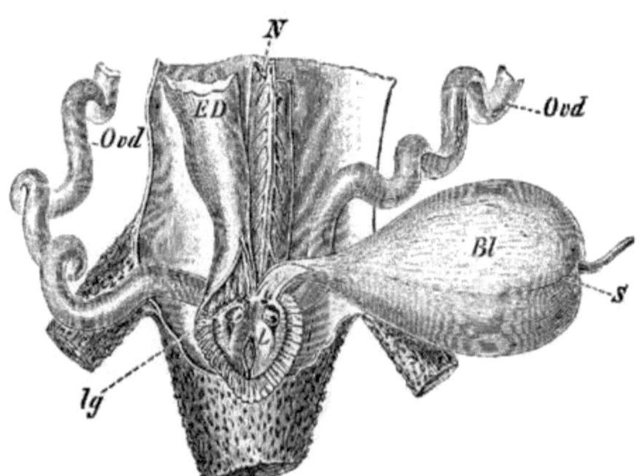

Fig. 360. Cloake einer weiblichen Salamandrina perspic., aufgeschnitten. *ED* und *Bl* Enddarm und Harnblase, beide an ihrer Einmündungsstelle in die Cloake aufgeschnitten. *lg* Ausmündung der Leydig'schen Gänge (Harnleiter), *N* Nieren, *Ovd*, *Ovd* Oviducte, welche auf zwei Papillen münden. Links von der Schleimhautfalte *L* die Genitalpapille, *S* Blasenfurche.

die Niere (*N*, *N*) herüber und senkt sich in den dort verlaufenden Längscanal (*L*, *L*) ein. Dieser endlich führt den Samen durch ein zweites System von Quercanälen (*Q*¹ *Q*¹) zu den Corpuscula renis (Malpighii), und von hier aus gelangt er weiter durch das Canalsystem der Niere hindurch in den Harnsamenleiter (*HS*). Mit diesem Verhalten, das ich oben im Capitel über das Harnsystem bereits geschildert habe, stimmt auch der männliche Geschlechtsapparat aller Urodelen (Fig. 359 **A** *Ho*) und gewisser Anuren (Bufonen) prinzipiell überein. Dabei unterliegt aber der Hoden in seiner äusseren Configuration den allermannigfaltigsten Schwankungen, ist entweder oval, an einem Ende zugespitzt, spindelförmig (Fig. 359 **A** *Ho*) (Urodelen), oder mehr rundlich (Anuren) (Fig. 346 *Ho*).

Bei Rana temporaria (Sp. fusca) nimmt das Sperma vom Hoden aus seinen Weg durch die Ductus efferentes zu einem am medialen Nierenrand verlaufenden Längscanal und strömt dann durch die sogenannten Ampullen, d. h. durch die ihres Glomerulus verlustig gegangenen Malpighi'schen Kapseln, sowie durch die Quercanäle zum Ureter. Ganz anders verhält es sich bei Rana esculenta, doch muss bezüglich der genaueren Details auf die Arbeiten von Nussbaum und Reissner verwiesen werden.

Auch bei Bombinator und Alytes emancipiren sich die Ductuli efferentes des Hodens mehr und mehr von dem Harnsystem, d. h. sie senken sich, ohne sich mit den Nierencanälchen zu verbinden, entweder direct in den Harnleiter ein, oder endigen sie der grösseren Mehrzahl nach blind, während sich nur die vordersten mit dem Harnleiter in directe Verbindung setzen (Bombinator). Bei Alytes endlich münden die Ductuli efferentes am vorderen Nierenende in den Müller'schen Gang, ein in der Thierreihe ganz ungewöhnliches Verhalten[1]). (Eine Nachprüfung erscheint geboten.) In den Müller'schen Gang, der also hier als Vas deferens fungiert, mündet der am hinteren Nierenende auftretende Harnleiter, und erst nach der Vereinigung beider Gänge kann also von einem Harnsamenleiter die Rede sein.

Bei allen übrigen Amphibien sind zwar im männlichen Geschlecht die Müller'schen Gänge stets vorhanden, aber nur in mehr oder weniger rudimentärer Form. Sie laufen nahe dem lateralen Nierenrand gerade so weit wie die entsprechenden Organe beim Weibchen. Ein Lumen kann vorhanden sein oder fehlen, und dasselbe gilt für ihre Communication mit der Bauch- und Cloakenhöhle.

Der vordere Abschnitt der männlichen Geschlechtsdrüse unserer einheimischen und auch mancher exotischer Kröten (Gattung Bufo) wird von einem Körper gebildet, der aus grossen, in allen Beziehungen den jüngeren Eiern des Weibchens gleichenden Elementen zusammengesetzt ist und der deshalb von verschiedenen Autoren als ein „rudimentäres Ovarium" gedeutet worden ist. Nun trifft man aber jene, einer Reifung absolut unfähigen Eier (Bidder'sches Organ, Spengel) auch am vorderen Ende des Ovariums der weiblichen Kröten, und es bestehen auch hier die gleichen Unterschiede von den normalen Theilen des Eierstocks, wie an dem sogenannten rudimentären Ovarium der Männchen: die „Eier" liegen in einer compacten Masse in mehreren Schichten übereinander, und es fehlt der weite Hohlraum, der das normale Ovarium auszeichnet. — Jene

---

1) Vergl. übrigens den von Constantinesco beschriebenen Fall von einem männlichen Triton taeniatus, wo der wie ein Oviduct erweiterte Müller'sche Gang als Samenleiter fungierte.

Verhältnisse sind um so schwerer zu deuten, als in den Fällen, wo
es bei Anuren, wie z. B. bei Pelobabes, Bufo, Rana temporaria und R. viridis, zu einer unverkennbaren Zwitterdrüse,
d. h. zur Einbettung von bis zu normaler Grösse sich entwickelnden
Eiern in die Substanz des Hodens der einen Seite kommt, dies, wie
soeben angedeutet, stets auf
Kosten der funktionie-
renden Geschlechtsdrüse
geschieht.

Während nun bei den
oben erwähnten echten Zwitterbildungen von Pelobates
und Bufo die Geschlechts-
gänge in der Regel wie bei
gewöhnlichen Männchen entwickelt sind, kommt es bei
Rana temporaria (seltener
bei R. viridis) zu einer für
ein Männchen ganz ungewöhnlichen Entwicklung der Müller'schen Gänge.

Bei Urodelen (Triton
taeniatus) ist bis jetzt nur
ein einziger Fall von Hermaphroditismus bekannt geworden.

Die Ovarien der Uro-
delen [1]) sind immer nach
einem und demselben Typus
gebaut. Sie stellen einen ringsum geschlossenen, länglichen
Schlauch mit einheitlichem Lumen dar. Im Gegensatz da-
zu zerfällt das Ovarium der
Anuren in eine Längsreihe
von (3—20) gänzlich getrennten, hohlen Taschen oder
Kammern, deren Wände die
Eier enthalten, und letztere
hängen von der Wand aus
in die Hohlräume hinein.

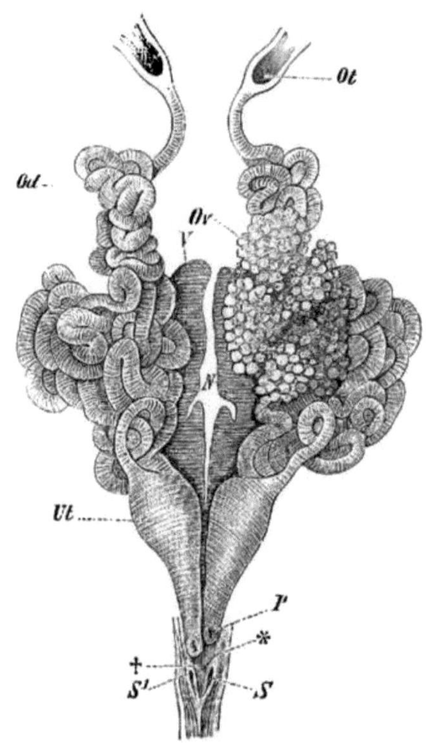

Fig. 361. Urogenitalapparat einer weiblichen Rana esculenta. *N* Niere, *Od* Oviduct, *Ot* Ostium tubae, *Ov* Ovarium (das Ovarium
der anderen Seite ist entfernt), *P* Ausmündung
des Oviductes in die Cloake, *S, S¹* Ausmündungen
der Ureteren in die Cloake, welche auf zwei,
durch einen tiefen Intervall (†) voneinander getrennten Längsfalten (*) liegen, *Ut* das aufgetriebene, uterusartige Hinterende des Oviductes.

Trotzdem fallen die Eier in die Bauchhöhle (Gegensatz zu den
Teleostiern!).

---

[1]) Die Eier des den fusslosen Lurchen angehörigen Epicrium glutinosum
sind von besonderem Interesse, da sie ganz und gar an Sauropsideneier erinnern.
Sie sind oval, von auffallender Grösse (9 mm lang u. ca. 3 mm breit) und besitzen einen
mächtigen Dotter. In den Oviducten werden sie von reichlichem Eiweiss umhüllt, und
die zähe Umhüllungsmasse zieht sich an jedem Eipol zu Chalazen aus, wodurch die einzelnen Eier untereinander perlschnurartig verbunden werden. Sie werden in die Erde
abgelegt und zwar so, dass alle Chalazen nach der Mitte des Eiklumpens zusammenge-
bogen werden. Um den Eiklumpen herumgeschlungen liegt die Mutter und übernimmt
so, denselben gegen Feinde und Austrocknung schützend, selbst die Brutpflege. Die Be-

Die Eileiter beginnen weit vorne in der Leibeshöhle mit freier, trichterartiger Oeffnung, und laufen in der Jugend, sowie ausserhalb der Fortpflanzungsperiode ziemlich gerade gestreckt, in der Brunstzeit aber reichlich geschlängelt und gewunden (Fig. 361 *Od*) nach hinten, am lateralen Nierenrand vorbei zur Cloake. Kurz vor ihrer Ausmündung blähen sie sich häufig zu einem uterusähnlichen Körper auf und öffnen sich, nachdem sie sich zuvor wieder verjüngt haben, in der Regel getrennt auf je einer Papille in die Dorsalwand der Cloake (Fig. 361 *Ut, P*). Nur bei der Gattung Bufo und Alytes fliessen beide Oviductenden in einen unpaaren Canal zusammen. — Ueber die Receptacula seminis und die Cloakendrüsen s. später.

In dem oben erwähnten aufgetriebenen Abschnitte der Tuben fügen sich die Eier, nachdem sie zuvor von Seiten der Eileiterdrüsen einen gallertigen Ueberzug erhalten haben, zu Ballen (Frösche) oder Schnüren (Kröten) zusammen.

Schliesslich sei noch des Fettkörpers gedacht, der bei allen Amphibien in der Nähe der Geschlechtsdrüsen vorkommt und der sich aus adenoider Substanz, Fett, Leukocyten und zahlreichen Blutgefässen aufbaut. Er entsteht aus einer Proliferation des adventitiellen Bindegewebes der unteren Hohlvene, hat also keine genetischen Beziehungen zum Urogenitalapparat.

Zu den Geschlechtsdrüsen muss er in sehr wichtigen physiologischen (ernährenden) Beziehungen stehen, denn nur so lässt es sich erklären, dass die aus langem Winterschlaf erwachenden und viele Monate lang ohne Nahrung gebliebenen Thiere sofort, d. h. häufig schon in den ersten Tagen des Frühlings, Tausende von Nachkommen zu erzeugen im Stande sind.

Reptilien und Vögel.

Die das Urogenitalsystem der Anamnia und Amnioten betreffenden Unterschiede habe ich schon in der entwicklungsgeschichtlichen Einleitung hervorgehoben, sodass ich hierauf nicht mehr zurückzukommen brauche.

Bei den Sauropsiden, wie bei vielen andern Vertebraten, richtet sich die Form der Geschlechtsdrüsen im Allgemeinen nach derjenigen des Körpers. So findet man sie bei Cheloniern mehr in die Breite, bei Schlangen und schlangenähnlichen Sauriern mehr in die Länge entwickelt. Im letzteren Falle — und dies gilt auch für die Lacertilier — zeigen sie insofern ein asymmetrisches Verhalten, als sich die Organe beider Seiten aneinander gewissermassen vorbeischieben und dadurch statt nebeneinander theilweise hintereinander zu liegen kommen.

Dadurch gewinnt jeder Eierstock einen genügenden Raum zu seiner Entfaltung, und in jenen Fällen, wo es sich um die Entwicklung sehr grosser Eier handelt, kommt es sogar zum allmählichen Schwund des Eierstockes der einen Seite, sodass z. B. bei den Vögeln

---

fruchtung erfolgt innerlich, wie dies bei der starken Entwicklung der männlichen Begattungsapparate (vergl. diese) nicht anders zu erwarten ist, und die ganze Eifurchung verläuft im Innern des Mutterthieres. Sie ist eine meroblastische und erinnert an diejenige der Reptilien und Vögel.

nur noch der linke Eierstock zur vollen physiologischen Function
gelangt. Mehr oder minder deutliche Reste des rechten Eierstockes
und des Oviductes finden sich bei Nachtraubvögeln, Tauben,
Habichten und Papageien.

Das Ovarium der Reptilien stellt einen vom Bauchfell über-

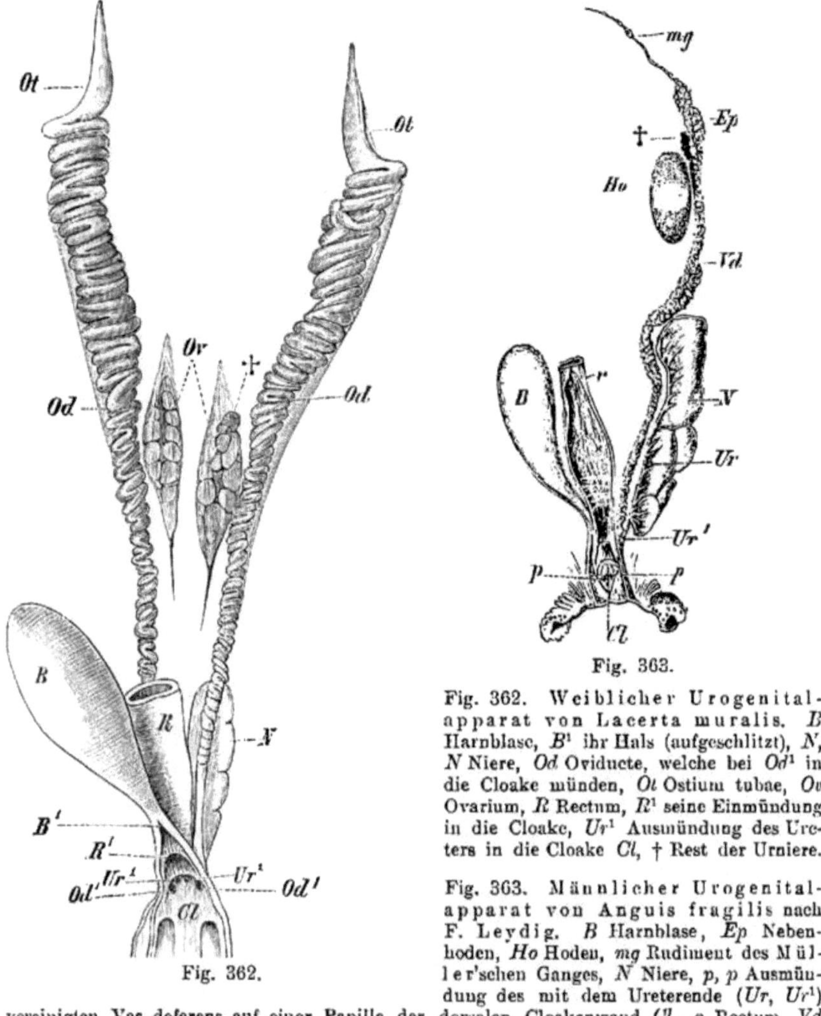

Fig. 362.

Fig. 363.

Fig. 362. Weiblicher Urogenitalapparat von Lacerta muralis. B
Harnblase, B¹ ihr Hals (aufgeschlitzt), N,
N Niere, Od Oviducte, welche bei Od¹ in
die Cloake münden, Ot Ostium tubae, Ov
Ovarium, R Rectum, R¹ seine Einmündung
in die Cloake, Ur¹ Ausmündung des Ureters in die Cloake Cl, † Rest der Urniere.

Fig. 363. Männlicher Urogenitalapparat von Anguis fragilis nach
F. Leydig. B Harnblase, Ep Nebenhoden, Ho Hoden, mg Rudiment des Müller'schen Ganges, N Niere, p, p Ausmündung des mit dem Ureterende (Ur, Ur¹)
vereinigten Vas deferens auf einer Papille der dorsalen Cloakenwand Cl, r Rectum, Vd
Vas deferens, † der sogenannte goldgelbe Körper (Nebenniere).

zogenen, fibrösen Sack dar, dessen Lumen von einem reich vascularisierten Netz- oder Balkenwerk durchzogen wird. In den so entstehenden Lymphkammern geht die Eifollikelbildung vor sich.

Die Oviducte, in deren Wand sich zahlreiche Muskelelemente
und Drüsen für die Schalenbildung finden, besitzen stets ein sehr
weites, trichterförmiges Ostium abdominale und sind häufig in zahl-

reiche Querfalten gelegt. Zur Fortpflanzungszeit gewinnen sie an Umfang und erzeugen bei Vögeln viele Windungen.

Von der Urniere und dem Wolff'schen Gange erhalten sich bei weiblichen Reptilien in der Regel nur sehr spärliche, in fettiger Degeneration begriffene Reste von gelbbrauner Farbe. Dieselben entsprechen dem Nebenhoden des Männchens und liegen in asymmetrischer Anordnung, d. h. nur in einer Reihe zwischen Oviduct und Wirbelsäule. Bei weiblichen Ophidiern, Cheloniern und Ascalaboten erhält sich der Wolff'sche Gang in grösserer Ausdehnung, als bei Sauriern.

Die **Hoden** der Sauropsiden stimmen in ihrer Lage mit den Ovarien überein (Fig. 362, 363) und nehmen wie diese zur Fortpflanzungszeit an Umfang zu.

Sie stellen compacte, ovale, rundliche oder birnförmige Gebilde dar (Fig. 363 *Ho*) und bestehen aus einem Convolut vielfach gewundener Samencanälchen, die durch fibröses Gewebe zusammengehalten werden. Bei Vögeln finden sich häufig Grössenunterschiede zwischen rechts und links. Am lateralen Hodenrand liegt bei Reptilien (Lacerta, Anguis) der als Nebenniere zu deutende sogen. „goldgelbe Körper", und an derselben Stelle sieht man Quercanäle aus dem Hoden hervor- und in den Nebenhoden eintreten (Fig. 363 *Ep*).

Der Nebenhoden besteht ebenfalls aus vielfach verschlungenen Canälchen, und aus diesen geht endlich der gerade verlaufende, oder mehr oder weniger stark gewundene Ductus (Vas) deferens hervor (Fig. 363 *Vd*) und bricht bei Vögeln mit selbständiger Oeffnung in die Cloake durch. Bei Lacertiliern fliesst er kurz vor seinem Durchbruch mit dem hintersten Ende des Ureters zusammen.

Die männlichen Tuben sind in der Regel nur in Rudimenten vorhanden, stimmen aber in ihrer Lage genau mit den weiblichen überein. Ihr Lumen ist häufig von Strecke zu Strecke unterbrochen, doch kann das Ostium abdominale offen sein (Emys europaea). Nur ausnahmsweise (Lacerta viridis) erreichen die Oviducte im männlichen Geschlecht eine so starke Entwicklung wie beim Weibchen. In diesem Fall zeigt dann aber der Hoden, im Gegensatz zu gewissen Amphibien (s. oben), keine hermaphroditische Structur, sondern alle Attribute einer männlichen Geschlechtsdrüse.

Wie bei Amphibien, so finden sich auch bei vielen Reptilien fettige, lymphadenoide Massen im Leibesraum, und vielleicht stehen sie auch hier in physiologischer Beziehung zu den Generationsorganen (vergl. pag. 529). Sehr mächtig und sehr mannigfaltig sind sie bei vielen Echsen und liegen bei ihnen im Bereich des Beckens. Bei Schlangen erstrecken sie sich meistens durch die ganze Körperhöhle.

Nicht selten kommt bei Vögeln eine Art von Hermaphroditismus („Androgynie, Hahnenfedrigkeit") zur Beobachtung. In diesem Fall nimmt dann ein weibliches Thier Gewohnheiten (Stimme, Aeusserung des Begattungstriebes etc.) des männlichen an. Hand in Hand damit gehen Structuränderungen der Geschlechtsorgane, wie vor Allem des Eierstockes, welcher keine Geschlechtszellen mehr aufweist; daneben treten aber auch Kamm-, Sporenbildungen und Gefiederfärbungen nach Art des Männchens auf. Ein wahres anatomisches Zwitterthum ist bei Vögeln (Buchfink) mit Sicherheit nachgewiesen.

Säuger.

Bei Säugern erstreckt sich der Geschlechtsapparat nie mehr durch die gesamte Leibeshöhle, wie wir dies bei niederen Wirbelthiergruppen constaticren konnten, sondern er ist auf die Lenden- und

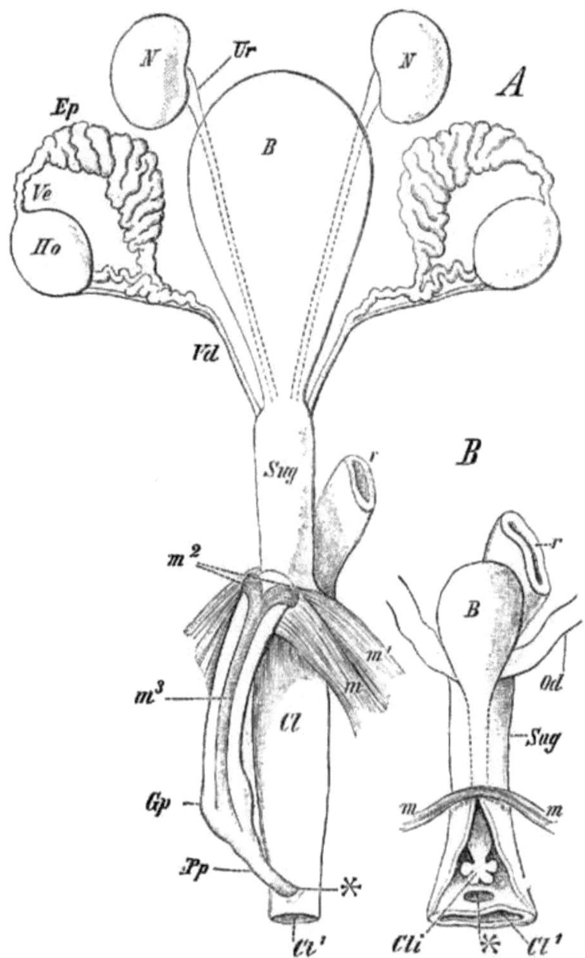

Fig. 364. **A** Männlicher Urogenitalapparat von Ornithorhynchus paradoxns. **B** Theil des weiblichen Urogenitalapparates von Echidna hystrix. *B* Harnblase, *Cl* Cloake, welche sich bei *Cl¹* nach aussen öffnet, *Cli* Clitoris, *Ep* Epididymis, *Gp* Gegend der Glans penis innerhalb des fibrösen Schlauches, *Ho* Hoden, *m—m³* Muskeln der Cloake und des Penis (vergl. den Text), *N* Niere, *Od* Oviduct, *Pp* Praeputium, *r* Mastdarm, *Sug* Sinus urogenitalis, *Ur* Ureter, *Vd* Ductus deferens, *Ve* Ductus efferens, ** Oeffnung, durch welche das Geschlechtsglied in den Cloakenraum eintritt.

Beckengegend beschränkt. Dazu kommt, dass es sich hier, im Zusammenhang mit den innigen, früher schon erörterten Beziehungen zwischen Mutter und Frucht, um eine viel reichere Differenzierung der Geschlechtsorgane handelt, als dies bei den übrigen

Wirbelthierklassen der Fall ist. Der Uebergang ist jedoch kein ganz unvermittelter, insofern sich bei den niedersten Formen der Säugethiere, d h. bei **Monotremen** und **Beutelthieren,** manche Anklänge an die Vögel und Reptilien finden.

Dahin gehören, was die ersteren betrifft, der ovipare Charakter, ferner die traubige Beschaffenheit des linkerseits stärker entwickelten Ovariums[1]), die Fortdauer einer Cloake, und das gänzliche Getrenntbleiben der Müller'schen Gänge, welche bei höheren Säugern mehr oder weniger miteinander zusammenfliessen und sich in drei Portionen differenzieren: Tuba uteri (Oviduct), Uterus und Vagina. Letztere öffnet sich nach aussen, während die Oviducte mittelst einer trichterartigen, häufig fransentragenden und mit Flimmerzellen besetzten Oeffnung mit der Leibeshöhle in Verbindung stehen.

Auch bei **Beutelthieren** ist der Zusammenfluss der Müller'schen Gänge noch viel weniger stark ausgeprägt, als bei den höheren Mammalia, und da es sich dabei, wie oben schon angedeutet, um die Fortdauer phyletisch und ontogenetisch niederer Zustände handelt, so sollen die Verhältnisse der Didelphiden, welche den Monotremen am nächsten kommen, etwas eingehender beschrieben werden (Fig. 364 **A**).

Die von den Oviducten (*Od*) durch eine Anschwellung deutlich abgesetzten Uteri (*Ut*) treten mit ihren verjüngten Hinterenden in der Mittellinie bis zu unmittelbarer Berührung zusammen. An dieser Stelle (Fig. 364 **A** †) sind sie durch ein Orificium uteri jederseits von einem weiter nach hinten liegenden Abschnitte des Müllerschen Ganges, den man als Vagina bezeichnet, mehr oder weniger deutlich abgesetzt. Die beiden Vaginae (*Vg*) erzeugen eine nach oben gerichtete, henkelartige Krümmung, wenden sich dann nach hinten und senken sich in den Urogenitalsinus (*Sug*) ein. Die Ureteren (*Ur*) laufen hier, sowie bei allen übrigen Marsupialiern, bei denen eine ähnliche Anordnung der Vaginen auftritt, durch das von letzteren gebildete Thor hindurch zur Blase (*B*), liegen also medianwärts von den Vaginen[2]). Ein besonders primitives Verhalten zeigt Perameles (vergl. die Arbeit von Hill).

---

[1]) Die nach Bersten des Follikels in die linke Tube gelangenden Eier der Monotremen besitzen einen Durchmesser von 3—4 mm. Bei Echidna wird in der Regel jedesmal nur ein einziges Ei befruchtet und entwickelt sich weiter. Nach erfolgter Befruchtung wird das Ei von einer dünnen Keratinhülle umgeben und durchläuft seine erste Entwicklung im linken Uterus. Im rechten Uterus wurde nie ein Ei angetroffen, und auch der rechte Eierstock, wenn er auch anschwillt und zahlreiche grosse Eier produziert, scheint keine Eier durch Bersten der Follikel zu liefern. Auch bei Ornithorhynchus werden nur die Eier des linken Ovariums befruchtet, es finden sich aber in der Regel zwei Eier im linken Oviduct. Gelege von 3 oder gar 4 Eiern sollen gefunden worden sein, müssen aber jedenfalls als Ausnahme gelten.

[2]) Diese eigenartige, von den höheren Säugern abweichende Lage der Ureteren zu den Geschlechtsgängen lässt sich nach Keibel folgendermassen erklären: Zunächst muss man den Gedanken, dass die Beutler eine directe Vorahnenform der höheren Säugethiere darstellen, aufgeben, und für beide Hauptgruppen vielmehr eine weiter zurückliegende, gemeinsame Stammform annehmen. Nun existiert in der menschlichen Ontogenese ein Stadium, aus dem sich sowohl die Anordnung der betreffenden Organe bei Beutlern, als auch bei den anderen Säugern ableiten lässt. Die erste Aussprossung des Ureters erfolgt dorso-medial aus dem Urnierengang und gewinnt erst secundär seine laterale Lage zu dem letzteren. Bei den Beutlern nun bleibt jenes primitive Verhalten so lange bestehen, bis das untere Ende des Urnierenganges in die Blase aufgenommen ist. Der Ureter liegt nun

Von diesen Verhältnissen aus lassen sich die weiblichen Geschlechtsorgane dieser ganzen Thiergruppe leicht beurtheilen. So kann man

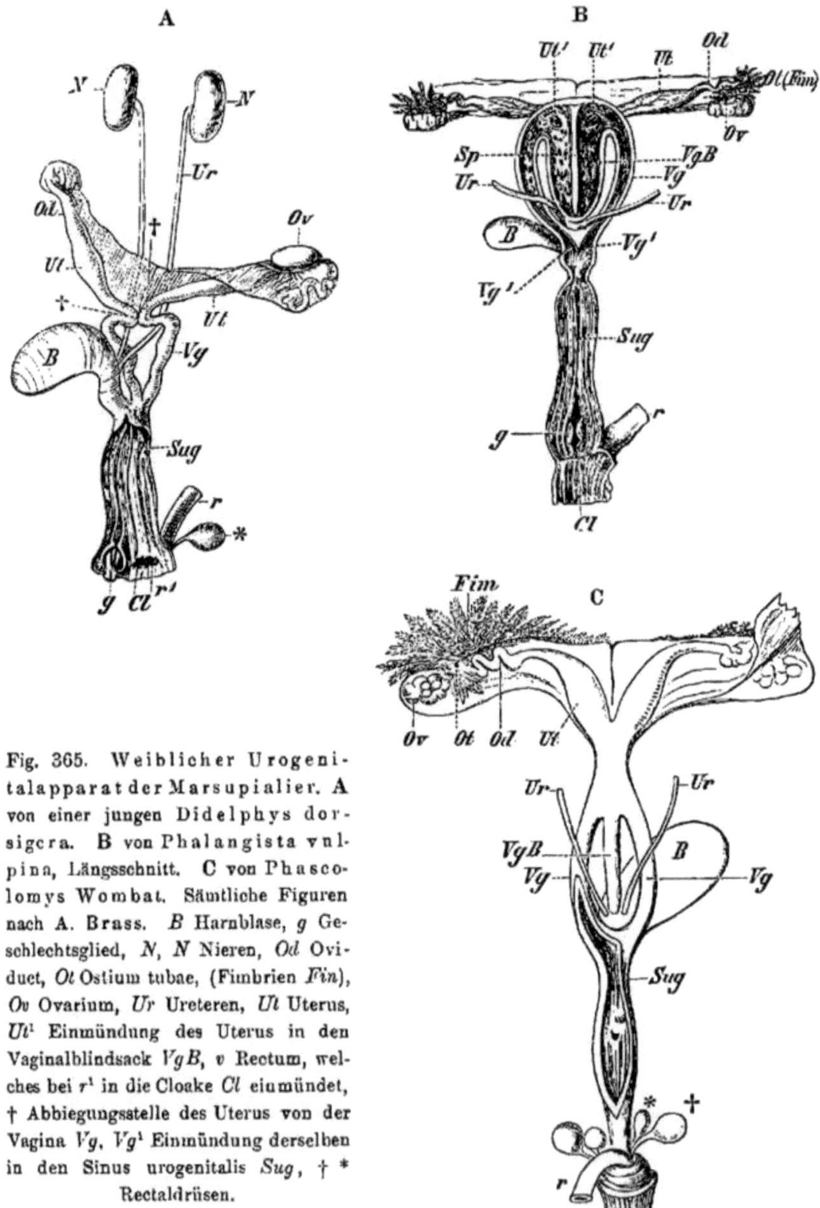

Fig. 365. Weiblicher Urogenitalapparat der Marsupialier. **A** von einer jungen Didelphys dorsigera. **B** von Phalangista vulpina, Längsschnitt. **C** von Phascolomys Wombat. Sämtliche Figuren nach A. Brass. *B* Harnblase, *g* Geschlechtsglied, *N, N* Nieren, *Od* Oviduct, *Ot* Ostium tubae, (Fimbrien *Fin*), *Ov* Ovarium, *Ur* Ureteren, *Ut* Uterus, *Ut¹* Einmündung des Uterus in den Vaginalblindsack *VgB*, *v* Rectum, welches bei *r¹* in die Cloake *Cl* einmündet, † Abbiegungsstelle des Uterus von der Vagina *Vg*, *Vg¹* Einmündung derselben in den Sinus urogenitalis *Sug*, † * Rectaldrüsen.

medial vom Urnierengange; bei den höheren Säugern dagegen gewinnt der Ureter, bevor das untere Ende des Urnierenganges in die Blase aufgenommen wird, die laterale Seite des Ganges. So liegt dann der Ureter später sowohl lateral vom Urnierengange, als auch von dem in seiner Entwicklung so nahe an ihn angeschlossenen Müller'schen Gang.

sich z. B. gut vorstellen, wie sich bei Beutlern von der Art der
Phalangista vulpina und des Phascolomys Wombat (Fig. 365
B und C) die obersten Enden der knieförmig gebogenen Vaginen im
Laufe der Stammesgeschichte immer enger aneinanderlegten und dann
anfingen, sich gegen den Sinus urogenitalis nach abwärts zu erstrecken.
Dadurch kam es zur Bildung eines Vaginalblindsackes (Fig. 365, B,
C *Vg B*), der bei weiterer Längenentwicklung schliesslich auf die obere
Wand des Sinus urogenitalis treffen und jene — unter Erzeugung
einer sogenannten dritten Vagina — durchbrechen musste. Dieser
Zustand ist bei Macropus Benetti und Billardieri erreicht[1]).

Was nun die über den Marsupialiern stehenden monodelphen Säugethiere betrifft, so kommt es bei der weitaus grösseren
Mehrzahl der Fälle an der Grenze des ersten und des zweiten Dritt-
theiles der Müller'schen Gänge in der Embryonalzeit zu einer Verschmelzung derselben. Von dieser Stelle aus nimmt dann jener
Process seinen weiteren Fortgang, sodass, je nach dem verschiedenen Grade der Verschmelzung, daraus die allerverschiedensten
Formen des Uterus, wie dies auf Fig. 366 A---D dargestellt ist,
resultieren können. Man spricht von einem Uterus duplex,
bicornis, bipartitus und simplex[2]). Die Primaten besitzen
einen Uterus simplex, und in diesem Falle prägt sich die ursprünglich paarige Anlage der Müller'schen Gänge nur noch
in den Oviducten aus, welch' letztere eine sehr verschiedene Form
und Länge besitzen können[3]).

Der Urogenitalcanal wird zuweilen auch bei placentalen Säugern,
wie bei Marsupialiern, sehr lang getroffen (bei Nagern z. B.) und
kann an seiner Mündung in die Scheide mit einer mannigfach gestalteten Schleimhautfalte versehen sein, die man als Hymen bezeichnet. Dieselbe entspricht in topographischer Beziehung der in
das Harnröhrenlumen prominierenden Ausmündungsstelle der Vesicula prostatica (Uterus masculinus) bezw. der Prostata-
Drüsen, d. h. dem Colliculus seminalis (Caput gallinaginis)
der menschlichen Anatomie (s. später). Ueber das eigentliche Wesen
und die Bedeutung des Hymen herrscht noch tiefes Dunkel.

Im Bereich der ventralen (vorderen) Wand des Urogenitalcanals liegt
der Kitzler oder die Clitoris, das weibliche Geschlechtsglied.
Im männlichen wie im weiblichen Geschlecht bezeichnet man,

---

1) Bei Halmaturus Benetti erfolgt die Geburt durch die dritte Vagina,
welche an ihrem Fundus vor der Geburt noch geschlossen, nach derselben aber geöffnet
ist. Wie sich die übrigen Marsupialier bezüglich dieses Punktes verhalten, ist noch nicht
genauer bekannt. Bei Didelphys Azarae dagegen geschieht die Befruchtung wie die
Geburt nur durch die seitlichen Vaginen.

2) Auf Grund dieser Thatsachen fallen die beim Menschen hie und da vorkommenden „Missbildungen" der weiblichen Geschlechtswege unter den Begriff von Hemmungs-
bildungen resp. von Rückschlägen.

3) Bei den Tuben mit zuweilen vorkommenden, mehrfachen abdominalen, oft
auch mit Fimbrien besetzten Ostien handelt es sich offenbar insofern um eine Bildungs-
hemmung, als nur ein partieller Abschluss der von der Cölomwand aus sich entwickelnden, ursprünglich rinnenförmigen Anlage des Müller'schen Ganges erfolgt. Vergl. übrigens
auch die pag. 502 behandelten genetischen Beziehungen der Müller'schen Gänge zur
Vorniere. Schwieriger sind die Fälle zu erklären, wo es sich um „Nebeneileiter",
d. h. um röhrenförmige Abzweigungen vom Tubencanal handelt, an deren Ostium abdominale, wie an der eigentlichen Tube, ein Fimbrienbesatz bestehen kann.

wie oben schon erwähnt, den Raum zwischen der Urogenital- und
Darmöffnung (Anus) als Mittelfleisch oder Perineum.

Die Ovarien sind meistens klein, rundlich oder oval, an ihrer
Oberfläche glatt, höckerig oder gefurcht. Die Stelle, wo die Gefässe

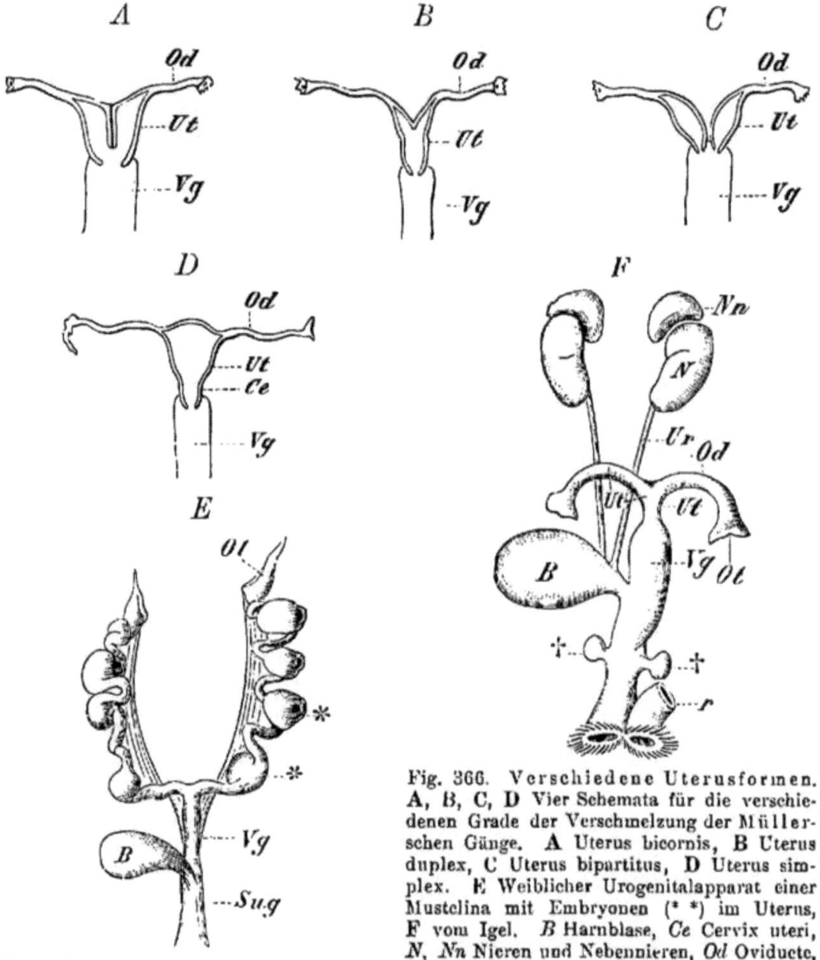

Fig. 366. Verschiedene Uterusformen.
A, B, C, D Vier Schemata für die verschie-
denen Grade der Verschmelzung der Müller-
schen Gänge. A Uterus bicornis, B Uterus
duplex, C Uterus bipartitus, D Uterus sim-
plex. E Weiblicher Urogenitalapparat einer
Mustelina mit Embryonen (* *) im Uterus,
F vom Igel. B Harnblase, Ce Cervix uteri,
N, Nn Nieren und Nebennieren, Od Oviducte,
Ot Ostium tubae, r Rectum, Sug Sinus urogenitalis. Ut Uterus, Ur Ureteren, Vg Vagina,
† † Accessorische Geschlechtsdrüsen.

und Nerven eintreten, besitzt keinen Bauchfellüberzug und wird als
Hilus bezeichnet.

Bezüglich des feineren histologischen Verhaltens der Ovarien, resp.
der Eibildung verweise ich auf das früher Mitgetheilte.

Was die Lageverhältnisse des Ovariums zum Bauchfell betrifft, so bestehen bei den Säugethieren zahlreiche Unterschiede. Von
einer einfachen Anlagerung an das Peritoneum oder einer nur sehr
wenig tiefen Einsenkung in dasselbe (Kaninchen, Katze z. B.) bis zu
einer vollständigen, das Ovarium einschliessenden Sackbildung, existieren

alle Zwischenstufen. Im letzteren Fall, der z. B. für die Muriden
gilt, ist der Ovarialsack vom Cölom vollständig abgekapselt und steht
nur durch das Ostium tubae mit dem Uterus in Verbindung. So
erscheint die Ueberleitung in die Tuben gesicherter, als in den anderen
Fällen, wo es sich in der Regel um eine weite Verbindung des peritonealen Ovarialsackes mit dem Cavum peritonei handelt. Der Grund
für jene Einrichtung ist aber nicht klar, da es sich gerade bei Mäusen
und Ratten um Thiere handelt, welche excessiv fruchtbar sind,
sodass eigentlich keine Ursache für die Bildung jener Sicherheits-
einrichtung vorliegt.

In der Nachbarschaft der Ovarien, der Oviducte und des Uterus
liegen die unter dem Namen des Epoophoron bekannten Reste der
Urniere. Es handelt sich gewöhnlich um kleine, blind geschlossene,
netzebildende Schläuche, die durch einen Sammelgang unter sich in
Verbindung stehen. Falls der damit in Zusammenhang stehende und
in den Sinus urogenitalis, bezw. zwischen Orificium urethrae und
Introitus vaginae einmündende Urnieren- oder Wolff'sche Gang
bei weiblichen Thieren persistiert, so spricht man, wie oben schon
erwähnt, vom Gartner'schen Gang.

Es ist vielleicht hier der passendste Moment, um des bereits im
Capitel über das Integument erwähnten, durch eine Duplicatur der
Bauchhaut gebildeten Beutels, des Marsupiums, noch einmal zu
gedenken. Dieses liegt vor dem Genitalhöcker, tritt zuerst bei
Schnabelthieren auf und hat sich von hier auf die Marsupialier („Beutelthiere)" fortvererbt[1]. Das Marsupium ist dazu
bestimmt, das noch im Ei liegende (Monotremen) oder in gänzlich
unreifem Zustand (Marsupialier) zur Welt kommende Junge aufzunehmen und so während der Lactation einen längeren Connex
zwischen Mutter und Frucht zu vermitteln.

Je nach verschiedener Lebensweise des Thieres (kletternd, aufrecht stehend etc.) ist die durch einen Bauchhautmuskel (Sphincter
marsupii) verschliessbare Oeffnung des Beutels nach vorne oder nach
hinten gerichtet.

Der die Zitze des Mutterthieres fassende Saugmund der Marsupialier ist eine secundäre Bildung; er entsteht erst nach, vielleicht hie und da auch schon vor der Geburt durch eine theilweise
Verwachsung des Epithels beider Lippenränder. Es handelt sich also
dabei um einen Vorgang, der in gewisser Beziehung an den während
des Embryonallebens stattfindenden Verschluss der Augenlider der
Säugethiere erinnert. Später, wahrscheinlich unter dem Einfluss der
sich ausbildenden Kaumuskeln und Mundbewegungen, lösen sich
die Lippen wieder, und es bildet sich der definitive Mund aus,
welcher sich wieder der Gestalt des embryonalen Mundes nähert,
bevor ein Saugmund gebildet war. Letzterer erscheint demnach nur
als eine temporäre Anpassungserscheinung[2].

[1] Auch bei männlichen Beutlern, welche ein gewisses jugendliches Alter nicht über-
schritten haben, finden sich Rudimente der Beutelfalten (Acrobata pygmaea, Dasyurus viverrinus, Belideus breviceps, Perameles, Didelphys). Thylacinus
zeigt im männlichen Geschlecht nichts Derartiges, beim Weibchen bleiben die Falten
rudimentär.

[2] Wenn man dabei noch die Persistenz der Urnieren, den unperforierten Penis, die
noch sehr wenig entwickelten, meistens noch nicht in Function getretenen Sinnesorgane,

Der aus dem Leistencanal der weiblichen Marsupialier hervortretende, dem männlichen Cremaster entsprechende Muskel (Theil des Transversus abdominis) strahlt jederseits kegelartig auf dem Milchdrüsenkörper aus, wobei er, sehnig werdend und in der Mittellinie mit Theilen des anderseitigen Muskels zusammentreffend, an allen Punkten der Glandula lactifera angreift. Seine Function als Compressor mammae kann keinem Zweifel unterliegen. Bei seiner Wirkung — denn seiner Verlaufsrichtung nach ist er auch ein Retractor — wird das Mammarorgan gegen den Beutelknochen, das Epipubis, als an einen festen Stützpunkt gedrängt und so die Entleerung desselben noch befördert werden (vergl. das Capitel über das Haut- und das Muskelsystem).

Was die **männlichen Geschlechtsorgane** der Säuger betrifft, so stimmen die Hoden bezüglich ihres locus nascendi mit den Ovarien überein. Während nun aber letztere in der weiteren Entwicklung in der Regel nur bis ins Becken herabwandern, können die Hoden eine weitere Verlagerung erfahren, welche man als Descensus testiculorum bezeichnet. Der unter Bildung des sogenannten Processus vaginalis peritonei, welch letzterer später den Canalis vaginalis (Leistencanal) passiert, erfolgende Descensus hängt nicht nur mit der Geschichte des Hodens, gegeben durch die Resultate der wechselseitigen Einwirkung des Organs und seiner benachbarten Theile aufeinander, sondern auch mit den Beziehungen des Hodens zu anderen, ausser ihm gelegenen Organen enge zusammen.

Die Art und Weise der Hodenverlagerung und die dabei auftretenden Veränderungen der Bauchwand bieten bei den Säugethieren mannigfache Verschiedenheiten dar. Die Rückführung derselben auf einen einheitlichen Grundplan und ihre Ableitung im Einzelnen erscheint aber gleichwohl möglich.

Die Verlagerung der Hoden, eine neue Erwerbung der Säugethiere darstellend, zeigt sich in ihrem ursprünglichen Verhalten bei Insectivoren und Nagern. Alles weist darauf hin, dass sie hier zunächst nur periodisch, und zwar bei erwachsenen Thieren, eintrat. Bis zur Zeit der Reife behalten die Hoden ihre ursprüngliche, intraabdominale Lage, nach Eintritt der Reife aber kommen sie in eine nach aussen vorgestülpte Partie der inguinalen Bauchwand zu liegen. Zur Zeit der Brunst kehren sie, unter dem Einfluss des Musculus cremaster, einer ausgestülpten Portion des M. obliquus abdominis internus und transversus (oder des letzteren allein), wieder in die Bauchhöhle zurück.

Jene vorgestülpte, innen vom Peritoneum ausgekleidete Partie der Bauchwand bezeichnet man als Hodensack oder Scrotum, und da die Ausstülpung beiderseits erfolgt, so resultiert daraus die paarige, doppeltkammerige Natur des Scrotums[1]).

die zum Zwecke der Befestigung an den mütterlichen Körper hervorgerufene, durchaus abweichende Entwicklungsart der Extremitäten, die nur mit sehr wenigen Lufträumen versehene Lunge etc. in Betracht zieht, so kann man sagen, dass die Beutelthiere, im Gegensatz zu allen anderen Amnioten, ein aus Anpassungsverhältnissen hervorgehendes Larvenstadium mit provisorischen Organen durchlaufen.

[1]) Die Thatsache, dass die Scrota bei Marsupialiern weit vor dem Penis liegen, verliert durch den Nachweis principiell gleicher Bildungsvorgänge, wie sie den Descensus begleiten, sehr an Bedeutung und lässt sich durch secundäre Wachsthumserschei-

Die „Wanderung" des Hodens, welche also, wie oben bemerkt, ursprünglich beim erwachsenen Thier eintrat, wurde bei andern Gruppen der Mammalia im Laufe der Phylogenese in immer frühere jugendliche oder ontogenetische Stadien zurückverlegt. Die Scrotalbildung, einst durch die Hodenverlagerung selbst bedingt, entstand später selbständig und stellt das dar, was man als Genitalwülste oder äussere Genitalfalten bezeichnet, und aus welchen bei den höchsten Säugern im weiblichen Geschlecht die grossen Schamlippen, die Labia majora, hervorgehen. Es ist also hier, wie z. B. beim Menschen, die Scrotal-Anlage zu einer festen und dauernden Einrichtung geworden, welche unter den Gesichtspunkt einer zeitlichen Verschiebung fällt, wie sie häufig in der Ontogenese zur Beobachtung kommt. Dasselbe gilt für Beutelthiere, Ungulaten und Carnivoren. Unter den Edentaten besitzen nur die Orycteropodidae ein Scrotum, in welches der Hoden zeitweilig eintritt. Bei Monotremen, Dasypus, Bradypus, Myrmecophaga und bei Elefanten liegt der Hoden abdominal, d. h. er überschreitet den Raum der Bauchhöhle überhaupt nicht; bei Manis liegt er subintegumental in der Inguinalgegend.

Kommt es zur Rückbildung, resp. wie beim Menschen, zur gänzlichen Verödung des das Scrotallumen mit dem Cölom ursprünglich verbindenden Leistencanales, so ist natürlich jeder Reditus testis unmöglich und die Hoden verharren zeitlebens im Scrotum.

Alles in Allem erwogen, ist ein befriedigender Einblick in das eigentliche Wesen und die erste Ursache der Hodenwanderung bis jetzt nicht möglich, und ob man berechtigt ist, dieselbe mit der Urgeschichte der Mammarorgane in causale Verbindung zu bringen, muss die Zukunft lehren [1]).

---

nungen, wie sie bei Rinds- und Carnivorenembryonen auftreten, erklären. Es handelt sich dabei um ein längeres, bauchwärts gerichtetes Wachsthum des Penis, welcher, zwischen den Scrotalhälften allmählich nach vorne sich schiebend, in das Integument des Bauches eingebettet wird, während die Scrotalanlagen hinten um den Penis herum wachsen und sich in der Medianlinie vereinigen. Vielfach werden die Hoden auch in der Prosimier-Primatenreihe vor dem Penis getroffen.

[1]) Die Vertreter dieser Auffassung (vergl. vor allem Klaatsch) betonen, dass die Mammarorgane, welche sich in Form einer scharf abgegrenzten, durch Drüsen und glatte Muskeln charakterisierten Hautpartie in der Inguinalgegend differenzierten, eine tiefgreifende Einwirkung auf die Bauchmuskeln gewannen. Es erfolgte, wie die Monotremen zeigen (vergl. das Integument), schon sehr frühzeitig eine Uebertragung der Mammarorgane vom weiblichen Geschlecht auf das männliche, so dass sie auch hier eine Wirkung auf tiefere Theile der Bauchwand ausgeübt haben. Diese bestand darin, dass das bei Monotremen bereits mächtige Drüsenorgan die seitlichen Bauchmuskeln unter Bildung eines sogen. Conus inguinalis an einer mehr oder weniger scharf umschriebenen Partie einstülpte, wodurch es zur Differenzierung eines Compressors des Mammarorganes aus dem M. transversus heraus kam.

Die Bildung jenes Conus inguinalis, bei welcher es sich eigentlich nicht sowohl um eine wirkliche Einstülpung, als vielmehr um ein förmliches Hineinwachsen von Zellen aus der Myoblastenzone der vorderen Bauchwand ins Ligamentum inguinale handelt, soll sich auch noch während des Descensus testiculi im männlichen Geschlecht ontogenetisch nachweisen lassen, und zwar am deutlichsten bei Nagern, während Carnivoren, Artiodactyla, Perissodactyla und Marsupialia keine Spur davon erkennen lassen. In der Mitte zwischen den obengenannten vier Säugethiergruppen einer- und den Nagern andererseits stehen die Primaten incl. Mensch, insofern sich bei diesen wenigstens noch ein Conus-Rudiment findet. — Jener M. compressor des Mammarorgans erhielt sich bei den Marsupialiern im Interesse der extrauterinen Ernährung des unreifen Jungen, während er bei Placentaliern in Anpassung an die andere Art der Brutpflege hinfällig

Was die Form der Hoden anbelangt, so handelt es sich in der Regel um ovale oder rundlich ovale Gebilde, welche bezüglich ihrer Grösse häufig (wie z. B. bei Nagern und Insectivoren) periodischen, nach der Brunstzeit sich richtenden Schwankungen unterliegen.

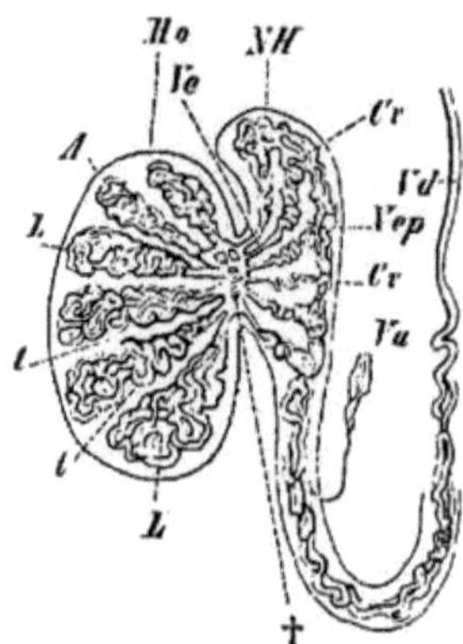

Fig. 366.

Fig. 367. Schematische Darstellung d. Säugethierhodens. *A* Tunica albuginea des Hodens, welche nach einwärts die Septula testis *t*, *t* und das Mediastinum testis (Corpus Highmori) (†) erzeugt, *Cv* Lobuli epididymidis (Coni vasculosi), die durch den Sammelgang Ductus epididymidis (*Vep*) untereinander verbunden werden, *Ho* Hoden, *L*, *L* Läppchen der Samencanäle, *NH* Nebenhoden, *Va* Ductus (Vas) aberrans, *Vd* Ductus (Vas) deferens, *Ve* Ductuli efferentes (Vasa efferentia) testis, Rete testis (Halleri).

Fig. 368. Männlicher Urogenitalapparat des Igels, *B* Harnblase, *Cd* Glandulae bulbo-urethrales (Cowper'sche Drüsen), *Cpc* Corpora

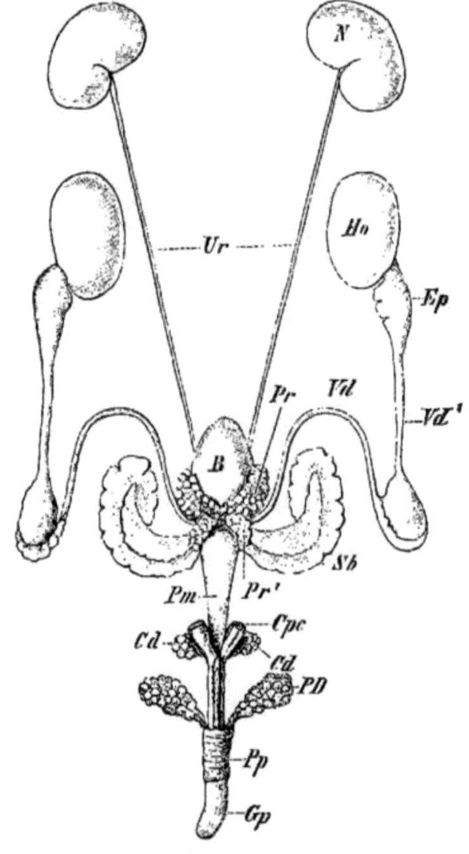

Fig. 367.

cavernosa, *Ep* Epididymis, *Gp* Glans penis, *Ho* Hoden, *N* Niere, *PD* Präputialdrüsen, *Pm* Pars membranacea der Harnröhre, *Pp* Praeputium, *Pr*, *Pr*¹ die verschiedenen Lappen der Prostata, *Sb* Samenblasen, *Ur* Ureter, *Vd*, *Vd*¹ Ductus (Vas) deferens.

Abgesehen aber davon stehen sie bezüglich ihrer Grösse überhaupt nicht immer in geradem Verhältnis zu derjenigen des Körpers.

wurde, beziehungsweise sich zum M. cremaster umgestaltete. Periodisch, wie die Grössenschwankungen des Drüsencomplexes, musste sich auch die Entfaltung des Conus in das Lumen der Bauchhöhle hinein gestalten. Der männliche Conus gewann Beziehungen zur männlichen Keimdrüse, für deren periodische Dislocation (nach der Stelle des Locus minoris resistentiae hin) die grossen, periodischen, mit dem Geschlechtsleben verbundenen Volumschwankungen von Bedeutung wurden. Für die Ovarien kommen letztere Momente nicht in Betracht; ihre Excursionsfähigkeit ist in Folge ihrer Lagebeziehungen zu den Müllerschen Gängen und ihren Derivaten eine ungleich geringere, auch unterliegen sie keinen so starken Volumschwankungen.

Die fibröse Aussenhülle (Fig. 367 *A*) schickt häufig, aber nicht immer, Ausläufer (Trabekeln) ins Innere (*t, t*). Dadurch werden die Samencanälchen in lappenartige Portionen gesondert (*L, L*) und zugleich entsteht ein Gitterwerk, das Mediastinum testis (Corpus Highmori †), durch welches das Rete testis (Halleri), d. h. die Ductuli efferentes (Vasa efferentia) testis (*Ve*) in den Nebenhoden (*NH*) übertreten. Hier angelangt, ballen sich die Samencanälchen zu den sogenannten Lobi epididymidis (Coni vasculosi), und diese werden durch einen Sammelgang, Ductus (Vas) epididymidis, untereinander verbunden (Fig. 367 *Cv, Cv, Vep*). Aus dem letzten Lobus epididymidis geht dann der Ductus (Vas) deferens hervor (*Vd*), und dieser erzeugt an seinem Ende, kurz bevor er sich in den Sinus urogenitalis einsenkt, drüsenartige Ausstülpungen (Vesiculae seminales (Fig. 368 *Sb*), von welchen später noch weiter die Rede sein wird (s. d. Copulationsorgane).

Jenseits von dieser Stelle werden die Samenleiter als Ductus ejaculatorii bezeichnet.

Ausser ihnen münden bei manchen Säugern Rudimente der Müller'schen Gänge in den Sinus urogenitalis (vergl. die entwicklungsgeschichtliche Einleitung).

Beim Menschen erhält sich nur das unterste (hinterste) Ende derselben, und zwar unter der Form eines unpaaren, in eine accessorische Geschlechtsdrüse, die **Prostata,** eingebetteten Bläschens, Vesicula prostatica (Uterus masculinus).

Die Glandula prostatica s. Prostata, welche den Sinus urogenitalis mehr oder weniger vollkommen umgiebt, besteht aus Drüsenschläuchen, die durch fibröses und muskulöses Gewebe vereinigt werden und die ihr Secret in den Urogenitalsinus entleeren (s. die Copulationsorgane).

Aeussere Geschlechtsorgane, accessorische Geschlechtsdrüsen und Begattungsorgane.

Die Begattungsorgane der Wirbelthiere gehören mehreren, untereinander morphologisch nicht vergleichbaren Typen an.

Bei männlichen **Petromyzonten** findet sich eine unter Muskeleinfluss stehende, röhrenartige Verlängerung des Urogenitalsinus, deren physiologische Bedeutung nicht näher bekannt ist.

Bei **Selachiern** männlichen Geschlechts zeigt sich der distale Abschnitt der Bauchflosse zu einem Kopulationsglied (früher unpassenderweise als „Pterygopodium" bezeichnet) umgebildet[1]. Es handelt sich dabei um eine Modification der Stammreihe der Flosse, welcher sich aber auch noch Seitenstrahlen und secundäre Skeletstücke, die ursprünglich mit der Flosse nichts zu schaffen haben, beigesellen können. Jener bei verschiedenen Gruppen aus einer verschieden grossen Zahl beweglich unter einander verbundener und von einer Rinne durchzogener Knorpelstücke bestehende Apparat zeigt die Tendenz, sich so viel als möglich aus dem Flossenverbande hervorzuheben. Bei vielen Altselachiern ist der Flossensaum fast mit

---

[1] Eine andere Bezeichnung lautet „Mixopterygium".

der ganzen Länge des geschlechtsreifen Gliedes verbunden, bei phylogenetisch jüngeren Formen wird diese Verbindung schon an der Basis des Gliedes aufgelöst. So ragt z. B. bei Squaliden und Rochen oft nur der terminale Abschnitt frei hervor, während bei Holocephalen das ganze Copulationsgebiet aus dem Flossenverband hervortritt. — Ueberall aber ist wohl im Auge zu behalten, dass es sich bei dem Copulationsorgan der Selachier um kein selbständiges Organ handelt, sondern dass dasselbe, wie oben bereits betont wurde, der Hauptsache nach genetisch auf die Bauchflosse zurückgeführt werden muss.

Der betreffende Knorpelcomplex, in welchen unter mechanischen Einflüssen neben hyalinknorpeligen Elementen auch solche aus elastischem und Kalkknorpel auftreten können, steht unter dem Einfluss eines M. abductor et extensor, und auf Grund dessen können die Knorpelstücke in zusammengeklapptem Zustande in die weibliche Cloake und von hier aus weiter in die Eileiter eingeschoben werden. Dort werden die aus einer wechselnd grossen Zahl bestehenden Endglieder, nach Art gewisser chirurgischer Instrumente, ausgebreitet, worauf der Samenerguss in die auf jene Weise künstlich erweiterten Oviducte erfolgt.

Die Spitze des Copulationsgliedes ist in den meisten Fällen nackt; die Epidermiszellen häufen sich polsterartig an und werden von stark verlängerten Cutispapillen durchsetzt, welche sowohl bindegewebige als nervöse Elemente enthalten, und an deren Spitzen die Epidermiszellen eine eigenthümliche Modification erfahren. Ohne Zweifel handelt es sich hier um Sinnesorgane, welche der Wollustempfindung dienen (O. Huber).

In manchen Fällen zeigen sich die Endglieder des Copulationsgliedes mit einem oder mehreren beweglichen Stacheln besetzt, die bei Spinaciden aus einem eigenthümlichen Gewebe („Chondrodentin", Huber) bestehen.

Mit dem Copulationsorgan ist eine unter der Herrschaft eines zweischichtigen Muskelapparates[1]) stehende, aus verästelt tubulösen Elementen zusammengesetzte Drüse in Verbindung. Diese bildet sich durch eine sackartige Einsenkung des Integumentes, und die Entwicklung ihres Epithels steht in engem Zusammenhang mit der Begattungszeit des Thieres; ausserhalb dieser Periode sind nur wenige Zellreste des Epithels vorhanden.

Bei Holocephalen kommt zu dem oben geschilderten Apparat noch die sogenannte „Sägeplatte" hinzu (Fig. 369). Darunter versteht man eine paarig angeordnete, dem vorderen Beckenrand aufsitzende Platte, welche mit Hautzähnen überzogen ist und in einer seichten Grube liegt, aus welcher sie hervorgeklappt werden kann. Bei Chimaera ist die Sägeplatte einfach, bei Callorhynchus dagegen sehr compliziert gestaltet (mit einer grossen Drüse und eigenthümlich geformten Nebenknorpeln ausgestattet).

Unter den **Teleostiern** ist bei dem männlichen Girardinus die Analflosse durch die Entwicklung eines terminalen Zangen-

---

[1]) Die Muskulatur des Drüsensackes verbindet sich erst secundär mit den oben schon genannten Muskeln des Copulationsgliedes. Beide aber sind genetisch auf die ganze hinterste Partie der Flossenmuskulatur zurückzuführen.

apparates und anderer Modificationen zu einem Copulationsorgan umgebildet, womit sich das Männchen während der Begattung am Weibchen festhält.

Von anderen Gattungen mit ähnlichen Einrichtungen ist bei Knochenfischen wenig bekannt; bei manchen Cyprinodonten kommen Umbildungen der Analflossen vor, doch erheischen dieselben eine erneute Untersuchung. Dasselbe gilt auch für das drüsige und zugleich erectile Organ des zur Familie der Siluroiden gehörigen Plotosus anguillaris, dessen Beziehungen zum Copulations-Acte nicht sicher festgestellt sind.

Bei den **Amphibien** verdient die Cloake der Urodelen eine genauere Besprechung.

Bei beiden Geschlechtern stellt die Cloake einen Spaltraum dar, der von der äusseren Haut lippenartig umsäumt wird. Die Höhlung selbst kann durch einspringende Falten wieder in verschiedene Unterabtheilungen zerfallen. Die Seitenwände der weiblichen Cloake werden von zahlreichen Schläuchen eingenommen, die während der Brunstzeit mit Spermatozoën erfüllt sind (Receptacula seminis)[1].

Beim Männchen sind die Cloakenlippen und die dorsale Wand der Cloakenhöhle von Drüsen vollständig durchsetzt. Diese Drüsen sind besonders stark während der Brunstzeit entfaltet und wölben alsdann die Cloakenlippen mächtig hervor.

Jene Drüsenapparate zerfallen genetisch und histologisch in verschiedene Unterabtheilungen, die man als Cloakendrüse im engeren Sinne und als Beckendrüse unterscheidet. Letztere liegt mehr dorsal-kopfwärts und schiebt sich mit einem besonders differenzierten Abschnitt, den man als Bauchdrüse bezeichnet, zwischen Bauchmuskulatur und Peritoneum ein. Diese Bauchdrüse wird, wenn auch nicht constant und in stark wechselnder Entfaltung, auch bei weiblichen Urodelen angetroffen. Ihre ursprüngliche Zugehörigkeit zur äusseren Haut kann keinem Zweifel unterliegen (M. Heidenhain).

Die wesentlichste Aufgabe aller jener Drüsen besteht darin, eine

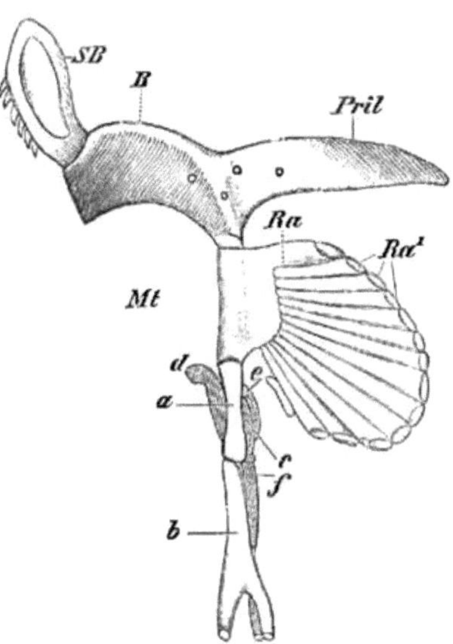

Fig. 369. Beckengürtel und Bauchflosse einer männlichen Chimaera monstrosa. Ventrale Ansicht. Nach Davidoff. a—f Gliedstücke des Basalanhanges, B ventraler Beckentheil (Processus iliacus), Mt Metapterygium, Pril dorsaler Beckentheil (Processus iliacus), Ra Randstrahl (Propterygium), Ra¹ Radien des Metapterygiums, SB Sägeplatte, 1, 2, 3 Endglieder des zweiten Stückes (b) vom Basalanhang.

[1] Bei Salamandra maculata und atra können die in die Receptacula aufgenommenen Spermatosomen 1—2 Jahre lang lebendig und zu verschiedenmaligen Befruchtungsacten functionsfähig bleiben.

schützende, gallertige Hüllmasse um die zu packetartigen Massen
(Spermatophoren) vereinigten Spermatozoën zu bilden [1]).

Bei den Anuren ist von einer innerlichen Befruchtung nichts
bekannt. Das auf dem Rücken des Weibchens sitzende und dessen
seitliche Rumpfwände mit den vorderen Extremitäten krampfhaft um-

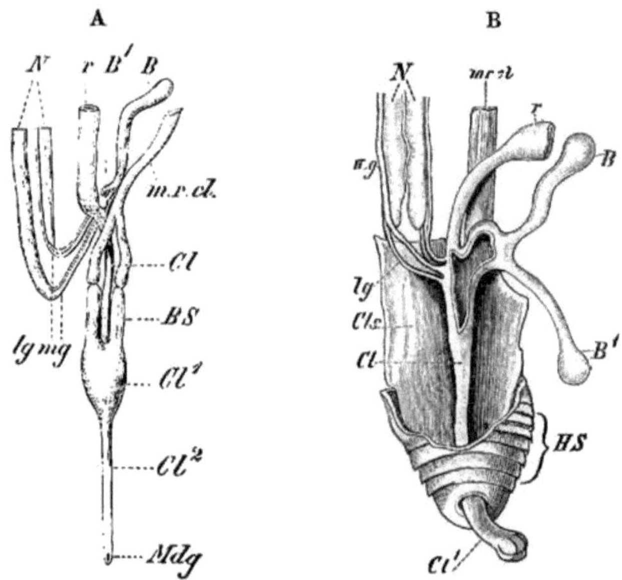

Fig. 370. Der hinterste Theil des männlichen Urogenitalapparates von
Epicrium glutinosum (A) und von Coecilia lumbricoides (B). *B, B¹* Die
beiden Zipfel der Harnblase, *BS* Blindsäcke der Cloake, *Cl, Cl¹, Cl²* die verschiedenen
Abschnitte derselben. Die Cloake ist auf Fig. A in der Ruhelage, auf Fig. B in aus-
gestülptem Zustande dargestellt. *Cls* Cloakenscheide, *HS* Hautschienen, *lg, mg* Urnieren-
und Müller'scher Gang, *Mdg* Mündung der Cloake, *mrcl* M. retractor cloacae, *N* Niere,
r Rectum.

klammernde Männchen ergiesst den Samen über die gleichzeitig aus
der weiblichen Cloake austretenden Eier.

Unter allen Amphibien existiert nur in der Reihe der Gymnophionen (Fig. 370 A, B) bei den Männchen ein wirkliches äusseres
Begattungsorgan, und zwar wird dasselbe durch die, eine Länge bis
zu fünf Centimetern erreichende, unter der Herrschaft einer reich entwickelten Muskulatur stehende, ausstülpbare Cloake dargestellt.

---

[1]) Die Begattung der einheimischen Tritonen geht folgendermassen vor
sich: Das Männchen setzt, vom Weibchen gefolgt, mehrere Spermatophoren ab, deren
milchweisse, stiftförmige Samenmasse aus der glockenförmigen, von der Cloakendrüse gelieferten Gallerthülle hervorragt. Indem nun das Weibchen darüber hinwegkriecht, bleibt
die Samenmasse an den krampfartig geschlossenen Cloakenlippen hängen und gelangt nach
kurzer Zeit in die Receptacula seminis. Hie und da kriecht das Weibchen weiter und
hängt sich noch einen zweiten oder dritten Spermatophoren an. Das auf diese Weise auf-
genommene Quantum von Sperma mag zur Befruchtung von 100 Eiern genügen, welche
vielleicht innerhalb der folgenden 8—14 Tage abgelegt werden. Darauf erfolgt eine erneute Samenaufnahme. — Aehnliches gilt auch für den Axolotl, welcher bis zu 1000
und mehr Eier ablegt.
Bezüglich des interessanten Liebesspieles des Pleurodeles Waltlii, des Triton
viridescens und des Axolotl verweise ich auf die Arbeit von E. Zeller.

Bei **Reptilien** sind ebenfalls accessorische Geschlechtsdrüsen entwickelt.

Blindschleichen, Eidechsen und Amphisbänen besitzen
im Bereich der dorsalen und ventralen Cloakenwand mächtig entwickelte Drüsenpackete, die bei den Männchen ihr Secret in die Samen-
rinnen der Ruthen ergiessen.

Bei den Schlangen gleichen die Verhältnisse vielfach denjenigen
der Lacertilier, in manchen Punkten aber weichen sie davon ab.

Chelonier entbehren der accessorischen Geschlechtsdrüsen vollkommen. Da wo sogen. Analblasen existieren, dienen sie hydrostatischen Zwecken; sie können der Bursa Fabricii der Vögel
nicht als homolog erachtet werden.

Die Crocodile (geschlechtsreife Thiere) besitzen nur Stink-
drüsen (Moschusdrüsen), welche wohl ebenso sehr als Schreck- wie

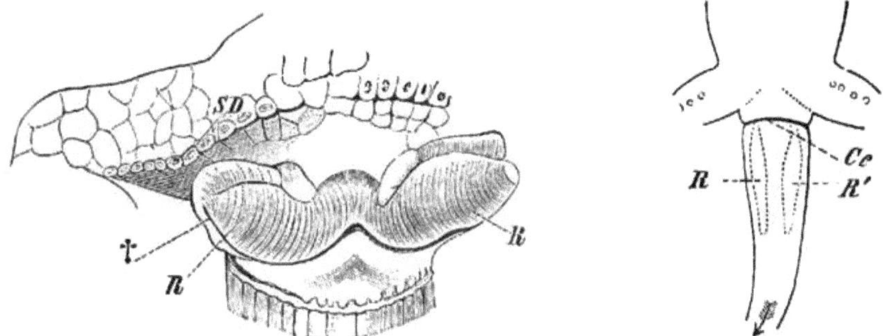

Fig. 371. Die beiden Ruthen R, R^1 von Lacerta agilis, in hervorgestülptem
Zustande. Nach F. Leydig. Auf Fig. **B** sind sie durch die punktierten Linien in
der Ruhelage, unter der Haut der Schwanzwurzel liegend, dargestellt. *Ce* Querliegender
Cloakenschlitz, *SD* Sogenannte Schenkeldrüsen, † die Spiralfurche, welche zum Abfluss des
Samens dient. Der Pfeil auf der Figur B deutet die Richtung gegen das Schwanzende an.

als sexuelle Anreizungsmittel dienen. Sie öffnen sich in die Cloake
und sollen ausstülpbar sein.

In wie weit und ob überhaupt die accessorischen Geschlechtsdrüsen der Amphibien und Reptilien denjenigen
der Mammalia homologisiert werden dürfen, steht dahin.

Was die äusseren Begattungsorgane der Reptilien betrifft, so erscheinen sie nach zwei verschiedenen Richtungen entwickelt. Die eine Art besitzen die Saurier, Schlangen, Scinke
und Amphisbänen, die andere die Schildkröten und Crocodilier.

Bei Sauriern und Schlangen finden sich zwei (paarige)
Säcke oder Penes, welche sich jederseits dicht am After öffnen und
sich unter der Haut der Schwanzwurzel nach hinten erstrecken. Sie
können ausgestülpt und mittelst eines am blinden Ende des Sackes
sich inserierenden Muskels wieder zurückgezogen werden. In aus-
gestülptem Zustande ist jeder Sack an seiner Oberfläche mit einer
spiraligen Furche versehen, welche den Samen in die weibliche Cloake
überleitet (Fig. 371).

Bei Schildkröten[1]) und Crocodilen ist das Geschlechtsglied unpaar und wird durch eine verdickte, theils aus fibrösem,
theils aus cavernösem Gewebe bestehende und vorstreckbare Partie
der ventralen Cloakenwand dargestellt.

Nach vorne zu (kopfwärts) spaltet sich dieser Längswulst in zwei
Schenkel, während sein caudales Ende sich zu einem freien, zungen-
artigen Vorsprung erhebt.

Seine Oberseite wird von einer Längsrinne eingenommen, an
deren vorderstem Theil die Samenleiter ausmünden.

Bei Crocodilen ist jene Längsrinne tiefer und der frei hervorstehende Theil des Längswulstes länger.

Ueberall finden sich auch im weiblichen Geschlecht, allerdings viel
schwächer entwickelt, die Homologa der
männlichen Ruthen (Clitoris).

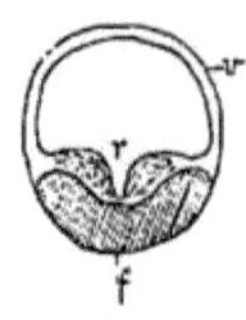

Fig. 372. Querschnitt
der Cloake einer
Schildkröte, wenig
schematisiert. Nach Boas.
f Corpus fibrosum, *r* Samenrinne, von cavernö-
sem Gewebe umgeben,
v Cloakenwand.

Das Begattungsorgan der **Vögel** schliesst sich
an dasjenige der Schildkröten und Crocodile
an. In ausgebildetem Zustande findet es sich
nur bei den straussartigen Vögeln, sowie
bei den Lamellirostres, d. h. bei den Enten-
vögeln. Bei einer Anzahl anderer Vögel ist
das Begattungsorgan rudimentär.

Bei Struthio handelt es sich, wie bei Crocodilen, um einen besonders ausgebildeten Theil
der ventralen Cloakenwand, der hintere, freie
Spitzentheil ist aber länger als bei jenen. Auf
der Oberseite findet sich ebenfalls jene Rinne,
und innerlich wird das Organ von einem starken Corpus fibrosum, welches sich nach hin-
ten zu in zwei Hälften sondert, gestützt. Zwischen beiden Hälften
herrscht eine grosse Asymmetrie. Auf der Oberseite des Organs, wie
auch am grössten Theile seiner Unterseite, liegt ein cavernöser Körper;
ersterer ist paarig, letzterer dagegen unpaar; beide stehen mit einander in Verbindung.

Bei Dromaeus und Rhea verhält sich Alles im Wesentlichen
ebenso wie bei Struthio, allein in einem Punkt besteht ein wichtiger Unterschied. Es findet sich nämlich an der Spitze des Penis
eine Oeffnung, welche in einen langgestreckten, kopfwärts gerichteten Blindsack hineinführt. Dieser endigt an der Basis des
Penis mit einer stark gewundenen Partie und besitzt auf seiner Innenseite eine von zwei stark hervortretenden Lippen begrenzte Rinne,
welche eine Fortsetzung jener Rinne vorstellt, die auf der Oberseite
des Penis liegt; dieselbe setzt sich jedoch nicht bis an das blinde
Ende des Blindsackes fort, sondern hört eine gute Strecke vorher schon
auf. Die Wände des Schlauches sind, so weit die Rinne reicht, cavernös.
Auch der Penis der Entenvögel schliesst sich eng an den von
Dromaeus und Rhea an. Das Corpus fibrosum von Cygnus olor
ist abgeplattet und in seiner grössten Ausdehnung gespalten. Die
linke Hälfte reicht weiter nach hinten, als die rechte. Der Blind-

---

[1]) Der betr. Apparat der Schildkröten steht unter der Herrschaft von Muskeln,
welche als Rückzieher und Vorstrecker fungieren, und um ähnliche Einrichtungen handelt
es sich auch bei den Ratiten.

schlauch, welcher aus einem ausstülpbaren Theil besteht, liegt unterhalb des linken Corpus fibrosum; auch bei Rhea erscheint er etwas nach links verschoben. Der freie Theil des Penis ist, wenn der Schlauch zurückgezogen ist, ausserordentlich kurz.

Das Fehlen des bei den genannten Vögeln so charakteristischen Blindschlauches bei Struthio ist als eine secundäre Erscheinung zu betrachten; wahrscheinlich entspricht demselben die oben erwähnte cavernöse Gewebsmasse an der Unterseite des Penis von Struthio.

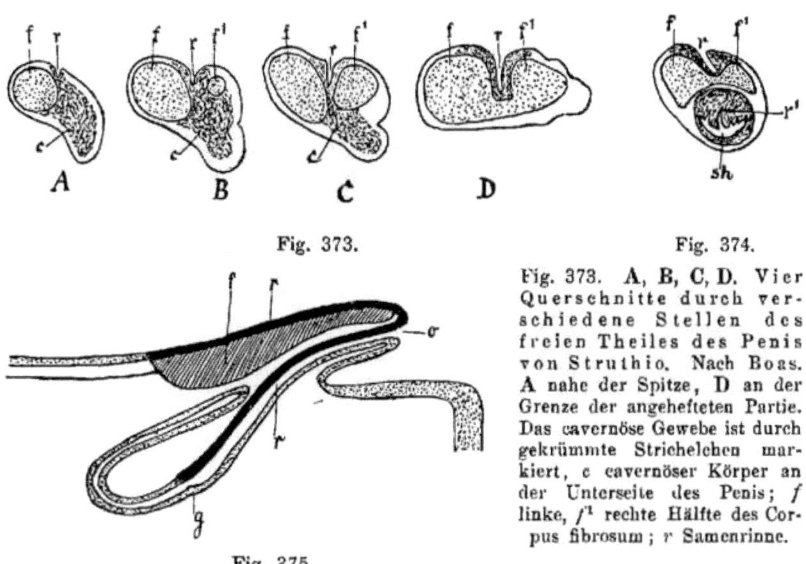

Fig. 373.

Fig. 374.

Fig. 373. **A, B, C, D.** Vier Querschnitte durch verschiedene Stellen des freien Theiles des Penis von Struthio. Nach Boas. A nahe der Spitze, **D** an der Grenze der angehefteten Partie. Das cavernöse Gewebe ist durch gekrümmte Strichelchen markiert, c cavernöser Körper an der Unterseite des Penis; *f* linke, *f*¹ rechte Hälfte des Corpus fibrosum; r Samenrinne.

Fig. 375.

Fig. 374. Querschnitt durch den freien Theil des Penis von Dromaeus. Blindschlauch eingestülpt. Nach Boas. ff^1 Corpus fibrosum. Unterhalb desselben liegt der Blindschlauch, dessen Wandung cavernös ist; sein Hohlraum (sh) erscheint spaltförmig, an der oberen Wand findet sich die tiefe Samenrinne r^1; ausserdem bemerkt man an derselben Wand mehrere andere Furchen, welche beim Umstülpen des Schlauches verstreichen, was mit r^1 nicht der Fall ist, r Samenrinne, in deren Umgebung cavernöses Gewebe.

Fig. 375. Schematischer Längsschnitt des Penis und der ventralen Cloakenwand von Rhea. Blindschlauch eingestülpt. Nach Boas. Schleimhaut weiss mit schwarzen Punkten, nur die Schleimhaut der Samenrinne schwarz. *f* Corpus fibrosum; g Grenze der beiden Abschnitte des Blindschlauches; o Oeffnung des letzteren an der Penisspitze; r Samenrinne, die sich an der Wand des Blindschlauches fortsetzt.

Wenn der Penis von Struthio also mit demjenigen der Schildkröten und Crocodile eine grössere Aehnlichkeit darbietet als der Penis von Dromaeus etc., so beruht dies offenbar auf einer secundären Rückbildung eines Elementes des ersteren.

Eine Clitoris ist bei den Weibchen der obengenannten Vögel vorhanden. Zwischen dem Begattungsorgan der Reptilien (Schildkröten und Crocodile) und demjenigen der **Monotremen** besteht eine bis jetzt nicht überbrückbare Kluft. Bei letzteren tritt ein langer geschlossener, als eine neue Erwerbung aufzufassender Urogenitalsinus auf, in dessen Boden die Samen- und Harnleiter, sowie die Harnblase einmünden.

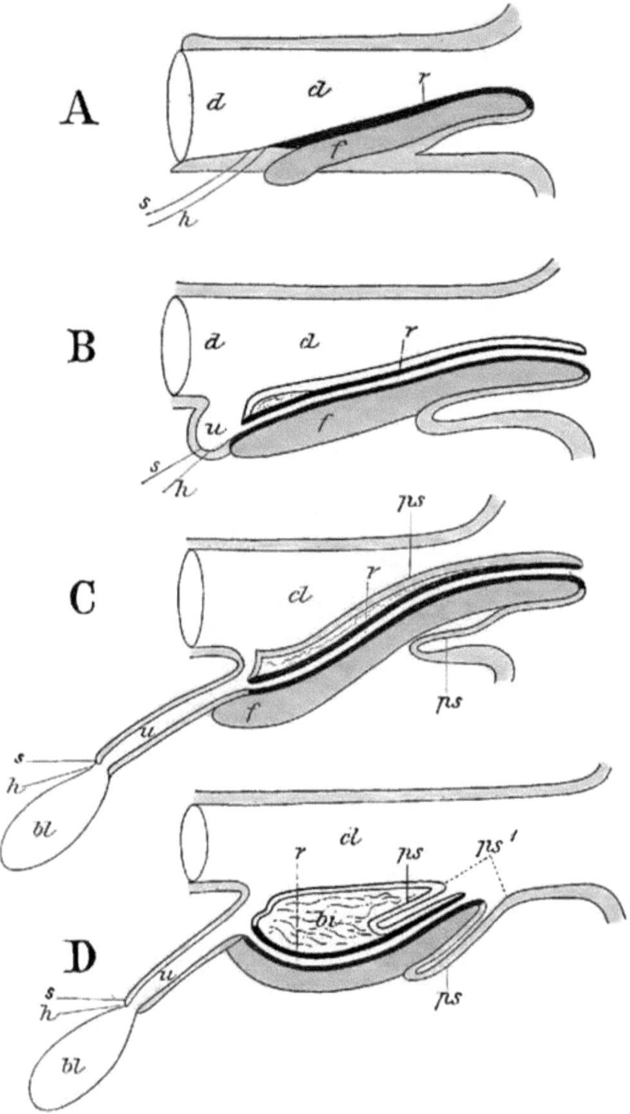

Fig. 376. **A—D.** Schematische Längsschnitte des hinteren Theiles des
Darmcanales, der Cloake und des Copulationsorganes bei verschiedenen
Wirbelthieren. Nach J. E. V. Boas. Harn- und Samenleiter sind, obgleich nicht
median gelegen, doch mit angedeutet. Auf das bei einigen Säugethieren stark verdickte
Corpus cavernosum urethrae, sowie auf den Schwellkörper der Eichel ist in den Figuren
keine Rücksicht genommen. **A** Crocodil, **B** Hypothetische Zwischenform
zwischen **A** und **C**. **C** Monotremen. Penis hervorgestreckt. **D** Monotremen. Penis
zurückgezogen. Allgemein giltige Bezeichnungen: *bi* Bindegewebe, *bl* Harnblase,
cl Cloake, *d* Darm, *f* Corpus fibrosum (Corpora cavernosa der menschlichen Anatomie),
h Harnleiter, *ps* Penisscheide, *ps*[1] Oeffnung derselben, *r* Samenrinne, Samenröhre, *s* Samenleiter, *u* Urogenitalcanal.

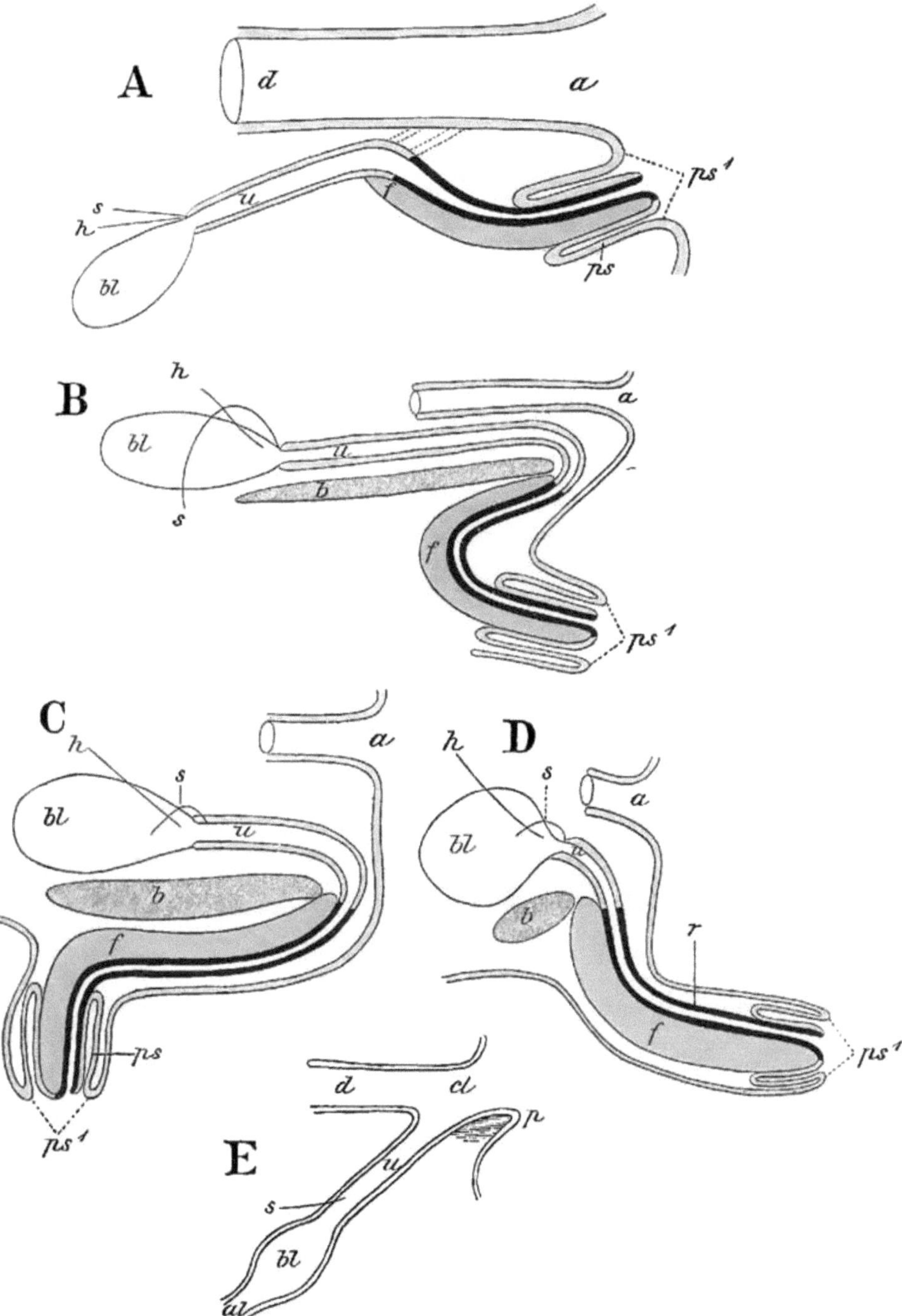

Fig. 377. Die schematischen Längsschnitte des Darmcanals, der Cloake und des Copulationsorgans schliessen sich an diejenigen der Fig. 376.

direct an. Auch die Bezeichnungen der letztgenannten Figur gelten; dieselben haben aber auf Fig. 376 einige Zusätze bekommen, welche unten angemerkt sind. A Marsupialier; ganz schematisch, um den Vergleich mit den Monotremen (vergl. Fig. 376 C) zu erleichtern Die obliterierte Mündung des Urogenitalcanals in die Cloake ist durch punktierte Linien angedeutet, B Paca (Coelogenys), C Affe (Cercopithecus). Wenn man sich die Glanspartie in der Achse des übrigen Gliedes bauchwärts gestreckt denkt, so kann man sich eine Vorstellung machen von der Lage des Copulationsorganes der meisten placentalen Säuger. D Mensch. *a* bezeichnet After, *b* Becken. E Schematischer Längsschnitt durch die Cloake etc. eines Säugethierfötus. *al* Allantoisstiel, *bl* Blase, *cl* Cloake, *d* Darm, *p* Penis, *s* Samenleiter, *u* Urogenitalcanal.

Will man den Weg der Hypothese betreten, so wäre er nach Boas etwa folgender.

Man könnte sich vorstellen, dass jener Urogenitalsinus so entstanden sei, dass sich am vorderen (Kopf-) Ende des Penis einer Monotremenstammform eine sackförmige Ausstülpung der ventralen Cloakenwand zur Aufnahme der Harn- und Samenleiter ausbildete, und dass sich die Samenrinne zu einer Röhre mit vorderer und hinterer Oeffnung geschlossen hätte. In die vordere Oeffnung mündet die sackförmige Ausstülpung, die hintere mündet an der Spitze des Penis.

Die Samenröhre der Monotremen hat sich mit einem unpaaren Corpus fibrosum zu einem wurstförmigen Penis eng verbunden, und da dieser nur sehr lose von der Schleimhaut umgeben ist, kann er vorgestülpt und in eine Art Scheide zurückgezogen werden, in welcher die Eichel (Glans penis) liegt[1]).

Bei den **Marsupialiern** ist der hintere Cloakenabschnitt rückgebildet, so dass die Oeffnung der Penisscheide nicht mehr in der Cloakenwand, sondern an der Körperoberfläche unterhalb des Afters liegt (Fig. 377 **A**). Ferner hat sich die Oeffnung des Urogenitalcanales in die Cloake geschlossen, so dass jetzt Harn und Samen durch die Samenröhre, welche sich mit dem Urogenitalcanal ganz von der Cloakenwand abgelöst hat, fliessen muss. Urogenitalcanal und Samenröhre bilden jetzt einen continuierlichen Schlauch. Das Corpus fibrosum ist paarig und cavernöser Natur, wie auch die Wandung der Samenröhre cavernös ist.

Von allen **höheren Mammalia** schliessen sich die Nager und Insectivoren im Bau ihres Begattungsapparates am nächsten den Marsupialiern an. Der Apparat liegt, soweit es sich um das Corpus fibrosum und die Samenröhre handelt, ganz ausserhalb des Beckens; das Corpus fibrosum heftet sich aber mit seinem vorderen Ende (seiner Wurzel) durch straffes Bindegewebe an den Hinter- (Unter-)Rand beider Sitzbeine — eine Verbindung, welche bei den Marsupialiern fehlt; darin liegt der Hauptunterschied mit den letzteren.

Schon in der Reihe der Nager (z. B. bei Coelogenys paca und noch mehr bei der Ratte) sieht man, wie sich die Oeffnung der

---

[1]) Eigentliches cavernöses Gewebe scheint in der Nähe der Samenröhre von Ornithorhynchus nicht zu existieren, wohl aber bei Echidna, wo es sich namentlich in der Glans stark anhäuft. — Auf der mit kurzen, weichen Stacheln besetzten Glans penis von Ornithorhynchus bemerkt man eine Längsfurche, wodurch die Glansspitze in einen rechten und linken Theil gesondert wird. Auf jedem Theil findet sich eine Grube mit einer Gruppe längerer, weicher, conischer Papillen, auf deren jeder die extrem feinen Endcanäle der Samenröhre ausmünden. Ueber die Bildungsgeschichte dieser Einzelcanäle ist nichts bekannt.

Penisscheide allmählich vom After entfernt, um an der Ventralseite des Körpers kopfwärts zu wandern (Fig. 377 **B**). Von da aus bis zur gewöhnlichen Form des Copulationsorgans der placentalen Säugethiere ist nun kein weiter Weg mehr. Hier schaut die Penisöffnung ganz nach vorne (kopfwärts), und der Penis selbst liegt horizontal längs der Bauchseite (**C**).

Von dieser Form des gewöhnlichen Säugethierpenis ist wieder der „hängende" Penis der Primaten ableitbar. Bei Affen ist übrigens noch die Hauptmasse des Peniscylinders mit der Bauchwand verwachsen (Fig. 377 **C**), und nur das Ende desselben hängt frei herab. Dies steigert sich nun beim Menschen gewaltig, indem der weitaus

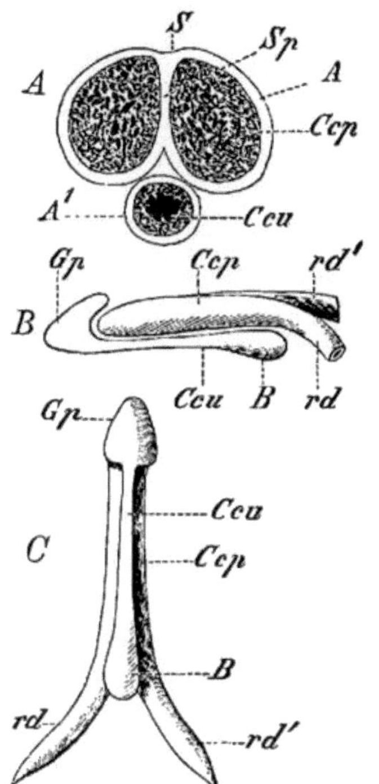

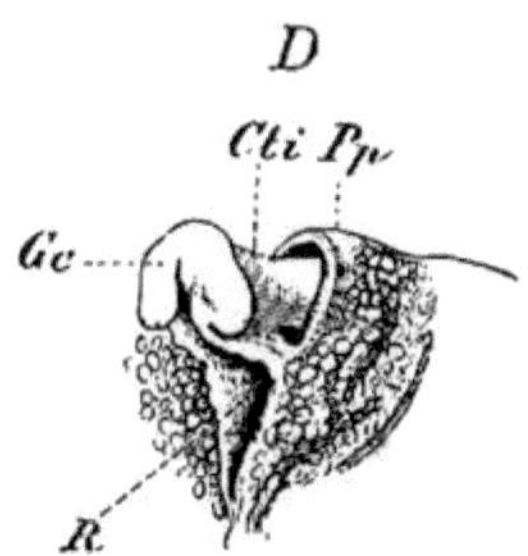

Fig. 378. Die Ruthe des Menschen halbschematisch dargestellt. **A** Im Querschnitt. **B** Von der Seite. **C** Von der Ventralseite. **D** Clitoris von einem Affen (Cebus Capucinus). *A* Tunica albuginea penis, *A¹* Tunica albuginea urethrae, *Ccp* Corpus cavernosum penis, *Ccu* Corpus cavernosum urethrae, das sich bei *Gp* zur Glans penis entwickelt und bei *B* eine Auftreibung (Bulbus) erzeugt, *Cli* Clitoris, *Gl* Glans clitoridis, *Pp* Praeputium clitoridis, *R* Rinne an der Ventralseite der Clitoris, welche in den Sinus urogenitalis hineinführt, *rd*, *rd¹* Radices penis resp. corpora cavernosa penis, *S* Sulcus dorsalis penis, *Sp* Septum zwischen den beiden Schwellkörpern des Penis.

grösste Theil frei herabhängt (Fig. 377 **D**). Dazu kommt, dass in Folge des aufrechten Ganges die Richtung der Penisspitze eine andere geworden ist: der Penis des Menschen ist bekanntlich im Ruhezustand caudalwärts gerichtet. — Nur bei den mit „hängendem Penis" ausgestatteten Säugethieren, wie z. B. beim Menschen, kann man von einer „Vorhaut" (Praeputium), d. h. von einer röhrenförmigen, doppeltblätterigen Hülle der Eichel sprechen.

Die anfangs bei beiden Geschlechtern ganz gleichartig gestaltete Oberfläche der Glans penis, resp. clitoridis ist ursprünglich mit der Innenfläche des Praeputiums durch eine solide Epithelmasse verbunden. Dieselbe löst sich erst ziemlich spät, nämlich kurz vor oder erst nach der Geburt, mit welchem Vorgang dann das Auftreten eines eigentlichen Praeputialcavums verbunden ist. Die zuvor glatte Oberfläche bekommt Papillen und Vertiefungen, von denen einzelne sich zu Crypten (früher „Tyson'sche Drüsen" genannt) ausbilden. Die Clitoris behält mehr den embryonalen Charakter bei, da ihre Epithelien dem Verhornungsprocess fast gar nicht unterworfen sind, und ihre Papillen flach und niedrig bleiben. Bei beiden Geschlechtern finden sich im Praeputialcavum Talgdrüsen, die aber sehr grossen individuellen Schwankungen nach Grösse und Zahl unterliegen. (Vergl. Tandler und Dömeny.)

Bei den placentalen Säugerembryonen (Fig. 377 E) steht der Urogenitalapparat mit der Cloake eine Zeit lang in offener Verbindung, und an deren ventraler Wand erhebt sich der später zum Penis, bezw. zu der Clitoris auswachsende „Genitalhöcker". Derselbe ist mit einer Samenrinne versehen (Reptilienstufe); später schliesst sich die Rinne zum Canal (Monotremenstufe), und endlich wird der Ausgang des Urogenitalcanales in die Cloake abgeschlossen (Marsupialier und die übrigen Mammalia).

Jene im Bereich des Genitalhöckers liegende und zum Urogenitalsinus führende Rinne erhält sich entweder, wie beim weiblichen Geschlecht, zeitlebens (Fig. 378 D), oder sie wird zu einem Canal abgeschlossen, wodurch der Sinus urogenitalis eine bedeutende, röhrenartige Verlängerung erfährt; im letzteren Fall, der in der Regel nur das männliche Geschlecht[1]) betrifft, entwickeln sich drei Schwellkörper, ein paariger, im Bereich des Geschlechtsgliedes, und ein unpaarer, der Harnröhre zugehöriger (Corpus cavernosum penis et urethrae). Im weiblichen Geschlecht wird der Schwellkörper der männlichen Urethra durch die, den Scheideneingang umgebenden, sogenannten Vorhofszwiebeln (Bulbi vestibuli) repräsentiert. Das weibliche Geschlechtsglied, die Clitoris, besitzt, wie beim Manne, zwei Corpora cavernosa (vergl. Fig. 376, 377 bei f und Fig. 378[2]).

Am vorderen Ende des Gliedes bildet sich die, starken formellen Schwankungen unterliegende, nicht selten mit Hornspitzen versehene Eichel (*Gp*) (Glans penis, resp. clitoridis), welche in einer Hautduplicatur, der Vorhaut (Praeputium) steckt und mit dem sogenannten Wollustkörperchen (einer besonderen Art einfach gestalteter Tastkörperchen) versehen ist.

Die Rigidität des erigierten Copulationsorganes kann noch dadurch gesteigert werden, dass sich innerhalb desselben ein Knochen (Penisknochen, Os priapi) bildet, der in den allermannigfachsten Form- und Grösseschwankungen als eine neue Erwerbung sehr vielen Säugethieren zukommt (Marsupialier, Nager, Chiropteren, Pinnipedia, Carnivoren, Balaenen, Prosimier und Affen). Bei einigen entwickelt er sich auch in der Clitoris[3]).

Mit seinem Hinterende sitzt der Penisknochen dem Corpus fibrosum

---

1) Bei vielen Nagern, dem Maulwurf, bei manchen Prosimiern u. a. ist die Clitoris durchbohrt.

2) Die Schwellkörper sind von Muskeln (M. bulbo- und ischio-cavernosus) überzogen, die, wie schon früher erwähnt (vergl. pag. 187 und 372), aus einer Differenzierung des Cloakensphinkters hervorgehen. Ausser jenen Muskeln kommen aber noch da, wo der Penis an der Bauchwand fixiert ist, besondere Retractores praeputii et penis, sowie Protractores praeputii vor (Carnivoren, Wiederkäuer).

3) Bei Walen, wo die Ruthe in postembryonaler Zeit in das Innere der Leibeshöhle eingestülpt wird, findet sich kein Penisknochen. Auch eine Glans penis im Sinne der übrigen Mammalia ist nicht vorhanden.

auf, während das Vorderende, an welchem sich noch einige stabförmige Aufsätze finden können, weit in die Eichel vorragt.

Was die **accessorischen Geschlechtsdrüsen** der Säugethiere
anbelangt, so werden sie nirgends ganz vermisst, schwanken aber bei
den einzelnen Gruppen sehr bedeutend sowohl nach Vorkommen, als nach Form und Volumen. Sie nehmen von der Schleimhaut des Sinus urogenitalis, der Ductus (Vasa) deferentes, der Urethra sowie vom Praeputium (inneres Blatt) aus ihre Entwicklung und werden als Glandulae prostaticae, ductus deferentis, vesiculares s. seminales, urethrales, bulbo-urethrales (Cowperi)[1] und als Gl. praeputiales bezeichnet. Die Homologa der Gl. urethrales, praeputiales und Cowperi finden sich auch beim weiblichen Geschlecht, und letztere werden hier als Glandulae vestibulares majores (Bartholini) bezeichnet.

Bei jenen Säugethiergruppen, wo die einen Arten der accessorischen Geschlechtsdrüsen fehlen, pflegen die andern im Verhältnis besser entwickelt zu sein. Es handelt sich also um ein vicariierendes Verhalten[2].

Das Secret der accessorischen . Geschlechtsdrüsen, wie vor allem das der Glandulae prostaticae und vesiculares, ist für die Zeugungs- bezw. für die

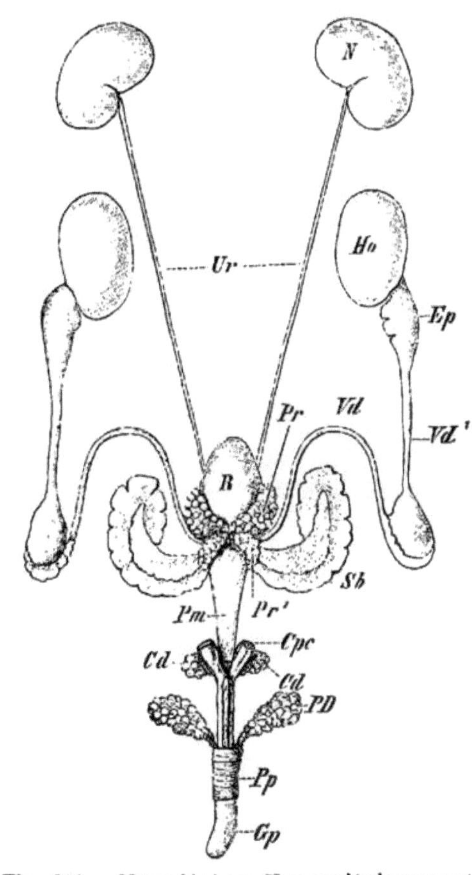

Fig. 379. Männlicher Urogenitalapparat
des Igels. *B* Harnblase, *Cd* Bulbo-urethral-
(Cowper'sche)Drüsen, *Cpc* Corpora cavernosa, *Ep*[1]
Epididymis, *Gp* Glans penis, *Ho* Hoden, *N* Niere,
PD Präputialdrüsen, *Pm* Pars membranacea der
Harnröhre, *Pp* Praeputium, *Pr*, *Pr*[1] die verschiedenen Lappen der Prostata, *Sb* Samenblasen, *Ur*
Ureter, *Vd*, *Vp* Ductus (Vas) deferens.

---

[1]) Die Gl. bulbo-urethrales repräsentieren die ältesten derartigen Organe und
kommen fast bei allen Säugethieren vor.

[2]) Bei den Marsupialieru fehlen Glandulae ductus deferentis und Gl. vesiculares,
während die Gl. urethrales eine ausserordentliche, in der Säugethierreihe einzig dastehende
Entwicklung erfahren; ausserdem sind die Gl. bulbo-urethrales (Cowperi) zahlreicher als
bei anderen Säugern. Bei den Artiodactyla non ruminantia fehlen die Gl. ductus
deferentis; dagegen sind die Gl. vesiculares gross und die Gl. bulbo-urethrales mächtig
angelegt (Sus scrofa). Den Carnivora fehlen die Gl. vesiculares, während entweder die
Gl. prostaticae oder die Gl. bulbo-urethrales kräftig vertreten sind. In der Gruppe der

Befruchtungsfähigkeit des Samens eine unerlässliche Bedingung, insofern die normale Thätigkeit und Lebensenergie, d. h. die
nöthige Lebensdauer und Fortbewegungsfähigkeit der Spermatosomen,
davon abhängig ist. Auf Grund dieser experimentell erhärteten Thatsache wird auch verständlich, dass grosse Fruchtbarkeit mit
einer hohen Entwicklungsstufe der accessorischen Geschlechtsdrüsen zusammenfällt (Rodentia, Insectivora,
Suidae, Felidae, Canidae). (Steinach.)

Ausser jener Aufgabe fällt den betr. Drüsen bei manchen Säugethieren, wie z. B. bei Nagern und Insectenfressern, noch eine
andere zu. Ihr nach dem Erguss gerinnendes Secret steht hier zur
Bildung eines die Vagina pfropfartig verschliessenden und so die Befruchtung sichernden Gebildes („bouchon vaginal" der französischen
Autoren) in wichtigen Beziehungen [1]).

Die die äussere Scham des menschlichen Weibes umgebenden
„grossen Lippen" sind fettreiche, behaarte Hautduplicaturen, welche,
wie oben schon beim Descensus testiculi erwähnt wurde, den Scrotalanlagen homolog sind und welche sich andeutungsweise auch schon
bei Halbaffen (Lemur varius und L. catta) und Affen finden
(Hapale albicollis, iachus und rosalia, Cebus hypoleukos
und Orang). Bei den meisten Affen bildet übrigens das auch dem
Menschen zukommende, zweite Faltensystem, die Labia minora, die
alleinige Begrenzung der Schamspalte. Sie erzeugen ein starkes Praeputium und Frenulum clitoridis und gehören entwicklungsgeschichtlich zum Geschlechtsglied, an dessen Unterfläche sie
entstehen. Sie fallen also unter einen anderen morphologischen Gesichtspunkt als die Labia majora.

Nebennieren.

Ihrer ursprünglichen Anlage nach sind die Nebennieren, ebenso
wie die Harn- und Geschlechtsdrüsen auf das Epithel der Leibeshöhle (Serosa-Epithel) zurückzuführen, und zwar scheint es sich
in manchen Fällen, aber durchaus nicht immer, um nahe genetische
Beziehungen zur Vorniere und Urniere, oder wenigstens zu einer von
diesen beiden zu handeln.

Felidae, Viverridae und Hyaenidae giebt es keine Gl. ductus deferentis, wohl aber
sehr grosse Bulbo-urethral-Drüsen. Letztere fehlen den Ursidae, Mustelidae, Procyonidae und Ailuridae; alle diese aber besitzen Gl. ductus deferentis. Die Gruppe
der Caniden ist durch das alleinige Vorkommen von sehr stark entwickelten Gl. prostatae ausgezeichnet. Bei den Lamnungia fehlen die Gl. ductus deferentis; die Gl.
vesiculares sind sehr gross, die Gl. prostatae klein. Bei den Proboscidea und Perissodactyla sind die Gl. vesiculares sehr umfangreich, die Gl. prostatae klein. Der
Mensch hat eine sehr kräftige Prostata, aber im Vergleich zu anderen Säugern kleine
Gl. vesiculares und kleine Gl. bulbo-urethrales.

[1]) Bei gewissen Gruppen der Nager (gewisse kleinere Mäusearten u. a.) handelt es
sich um einen von der Epidermis aus in die Vagina einwuchernden Pfropf aus Epithelgewebe, welcher zur Copulation und der Geburt in keiner Beziehung steht. Durch jenes
einwuchernde Gewebe wird der Verschluss der Vagina während der sexuellen Inactivität,
der Schwangerschaft und der Lactation bei weitaus der grössten Zahl der Individuen ein
so vollständiger, dass das weibliche Perineum genau dem männlichen gleicht. Von einer
Homologie mit einem Hymen kann keine Rede sein; dagegen sprechen nicht nur die topographischen, sondern auch die histologischen Verhältnisse. Offenbar handelt es sich um
einen Schutzapparat gegen das Eindringen schädlicher Stoffe.

So ist z. B. bei den Selachiern und Sauropsiden eine Betheiligung der Vorniere ganz ausgeschlossen, und nur die Urniere
kommt vielleicht in Betracht. Bei den ersteren spielt dabei derjenige
Abschnitt der Urniere eine Rolle, welcher hinter der Geschlechtsdrüsen-
anlage sich befindet, bei den Sauropsiden dagegen die Geschlechts-
drüsenanlage.

Bei den Gymnophionen, in specie bei Hypogeophis rostratus, wo die betreffenden Verhältnisse von A. Brauer aufs
Klarste dargestellt worden sind, hat die Nebenniere ihrer Anlage nach
weder mit den Harn- noch mit den Geschlechtsorganen irgend etwas
zu schaffen (s. später).

Bei höheren Formen (Säuger) kann der oben angedeutete
primitive Bildungsmodus verwischt sein und der Eindruck hervorgerufen werden, als handle es sich um eine Entstehung im Mesenchym.

Die primitive, auf das mesodermale Serosa-Epithel zu beziehende
Anlage führt zur Bildung des sogenannten „Interrenalorgans“.
Diesem stellt man das sogenannte „Suprarenalorgan“ gegenüber
und versteht darunter eine dem sympathischen Nervensystem,
also dem Ektoderm, entstammende Bildung, welche in der Reihe
der Thiere mehr oder weniger innige Lagebeziehungen zum Interrenalorgan gewinnen kann. Dabei ist aber zu betonen, dass jene
Beziehungen stets secundärer Natur sind, und dass die Nebenniere als solche ab origine mit dem Suprarenalorgan
nichts zu schaffen hat. Letzteres ist und bleibt ein in-
tegrirender Bestandtheil des Sympathicus, d. h. ein Ab-
schnürungsproduct sympathischer Ganglienzellen, welche für die
Nebenniere keine specifische Bedeutung haben.

Bei **Myxinoiden, Ganoiden** und **Teleostiern** kommen überhaupt nur Interrenalorgane vor. Diese erscheinen bei den
beiden letztgenannten Gruppen mehr oder weniger tief in die Niere
eingesenkt und erstrecken sich entlang der Wirbelsäule durch das
ganze Coelom hindurch.

Bei **Selachiern** treten Inter- und Suprarenalorgane auf, sie
bleiben aber noch vollkommen von einander getrennt, und was die
letzteren anbelangt, so ist ihre Verbindung mit den Ganglien
des Sympathicus hier eine noch so innige, dass beide überhaupt
nicht von einander zu trennen sind. Die Interrenalorgane der
Selachier stellen im ausgebildeten Zustande in der Regel einen
unpaaren, annähernd median gelagerten Körper dar, welcher aus
Zellröhrchen, Zellsträngen und Blutgefässen besteht und der auf der
Dorsalfläche des caudalen Nierenabschnittes gelegen ist, oder man
trifft eine unpaare, discontinuirliche Reihe von einzelnen längeren
und kürzeren Streifen und Körner-Complexen. In beiden Fällen zeigt
das Organ in Folge der in die Zellen eingeschlossenen Fetttröpfchen
eine gelbe Farbe und erinnert hierdurch, sowie durch die oben erwähnte eventuelle Anordnung in einzelne getrennte Partien an die
Nebenniere der Amphibien [1]).

Was die **Amphibien** anbelangt, so liegen hier die Nebennieren

---

[1]) Bei Protopterus sollen die Nebennieren in zwei gleichmässigen Massen vertheilt auf der Dorsalseite der Nieren, genau der Ventralfläche der Cardinalvenen angeschlossen, liegen. Genauere Untersuchungen hierüber erscheinen dringend geboten.

als gelbe Streifen, Platten oder Tupfen an der ventralen Seite (Anuren) oder an dem medialen Rand (Urodelen) der Niere. Inter- und Suprenalorgane sind bereits vereinigt, allein über die entwicklungsgeschichtlichen Vorgänge ist nichts Sicheres bekannt. Wohl aber gilt dies, wie oben schon bemerkt, für die Gymnophionen, und so mag es am Platze sein, hierauf etwas näher einzugehen.

Bei der Anlage des drüsigen Theiles (Interrenalorgan) treten segmental angeordnete, paarige Wucherungen des Peritonealepithels auf.

Diese erfolgen zwischen den Cardinalvenen und dem Mesenterium, lateral von den Nephrotomen und im grössten Theil des Körpers lateral von den Anlagen der Genitalorgane. Mit der fortschreitenden Segmentirung des Embryos setzen sich dieselben bis zum hinteren Körperende, d. h. bis zur Cloake hin fort, schnüren sich dann in Form einzelner Zellhaufen völlig vom Epithel ab, rücken in der Richtung von vorn nach hinten medialwärts zusammen[1]) und erfahren, offenbar unter dem Einfluss der Cardinalvenen, eine dorsale Verlagerung. Dadurch kommen sie in den Winkel zwischen jenen Venen und die Aorta und später, nach der Vereinigung der beiden Venen, auf jeder Seite der dorsalen Wand der Hohlvene zu liegen.

Was nun den nichtnervösen Theil der Nebenniere betrifft, so entsteht derselbe zeitlich viel später, und zwar ebenfalls in segmentaler Weise. Von den sympathischen Ganglien lösen sich Zellgruppen ab, welche allmählich ventralwärts wandern und entlang der Aorta gegen die nicht nervösen Theile des Organs vorrücken. Gewöhnlich ordnen sie sich dabei in einer oder zwei Reihen an und legen sich, ausser im vorderen Abschnitt, durchweg der medialen Seite des andern Theiles der Nebenniere an. Zuweilen kommt es auch gar nicht zur Vereinigung, und in diesem Falle bleiben dann Gruppen von Nervenzellen, ähnlich wie die Suprarenalorgane der Selachier, an der dorsalen Seite der Urniere liegen. — In einzelnen Fällen erscheinen die sympathischen Zellen der Nebenniere durch einen continuirlichen Strang von hintereinander gereihten Zellen mit dem sympathischen Ganglion verbunden. In der Regel aber ist von einer derartigen Beziehung zwischen den beiden nichts zu erkennen (Brauer).

Bei den **Amnioten** stellt die Nebenniere jeder Seite eine mehr einheitliche, in sich abgeschlossene Masse dar, in welcher das Inter- und Suprarenalorgan stets vereinigt sind; während aber die Organe bei den Sauropsiden (Fig. 362 †) als ein goldgelbes, längliches, glattrandiges oder auch gelapptes Organ in unmittelbarer Nachbarschaft der keimbereitenden Drüsen getroffen werden, befinden sie sich bei Säugern, wo sie in einer gewissen Entwicklungsperiode sehr voluminöse Organe[2]) darstellen, in engster Verbindung mit den

---

[1]) Diese Zusammenschiebung der Organe von beiden Seiten führt dann zur Bildung länglicher, grösserer Ballen, welche auf beiden Seiten verschieden gross sind und welche auch über und ineinander verlagert werden können. In Folge davon kommt es auch streckenweise über die Medianlinie hinweg zu grösseren, zusammenhängenden, scheinbar unpaaren und sehr verschieden breiten Haufen. Es mag dies z. Th. auf selbständigen Wachsthumsprocessen beruhen, der Hauptsache nach aber liegen die Wachsthumsverhältnisse der umgebenden Bauchorgane, wie namentlich der grossen Venenstämme zu Grunde.

[2]) Beim menschlichen Fötus sind sie ungleich mächtigere Organe als bei den Säugethieren. Ja es giebt ein Fötalstadium, wo die Nieren von den Nebennieren an Grösse sogar übertroffen werden können.

Nieren (Fig. 350 B, *N*, *N*), und diesen Lagebeziehungen verdanken sie auch ihren Namen [1]).

Wie überall in der ganzen Wirbelthierreihe, so zeigen auch die Nebennieren der Amnioten charakteristische enge Lagebeziehungen zu den grossen Gefässstämmen der Bauchhöhle.

Der drüsige und der nervöse Abschnitt, welche, wie oben gezeigt wurde, bei Selachiern noch gänzlich von einander getrennt bleiben, vereinigen sich, wie bereits erwähnt, bei Amphibien, Reptilien und Vögeln, ohne dass man übrigens bei den genannten drei Gruppen, wie es scheint, von typischen Lagebeziehungen der drüsigen und nervösen Substanz, d. h. von einer scharfen Trennung derselben reden kann. Eine solche findet sich bei Säugethieren, bei welchen die nervöse Substanz während der Ontogenese in das Innere des Organs verlagert und von der drüsigen mantelartig umschlossen wird. Auf Grund dessen unterscheidet man hier an der Nebenniere eine Mark- und eine Rindenschicht. Erstere entspricht dem Supra-, letztere dem Interrenalorgan der Selachier [2]) und Gymnophionen.

Der Blutreichthum der Nebennieren tritt speciell bei den Säugethieren in excessiver Weise hervor. Es handelt sich um zahlreiche und verhältnismässig starke Arterien, welche aus der Aorta stammen. Bei Amphibien und Sauropsiden existiert für die Nebennieren ein Pfortader-Kreislauf.

Jener grosse Blutreichthum spricht für eine das ganze Leben andauernde, wichtige, physiologische Function der Nebennieren, worin aber letztere besteht, lässt sich bis jetzt durchaus nicht angeben, und alle darüber aufgestellten Meinungen erheben sich nicht über den Werth von Hypothesen. Dasselbe gilt auch für den grossen Reichthum an nervösen Elementen, Lymphbahnen, Lymphfollikeln und Pigment. Es erscheint nicht unmöglich, dass das

---

1) Es finden sich übrigens häufig bei Säugern ausserdem „accessorische" oder „versprengte Nebennieren" in der Nähe des Ovariums und Epoophorons, der benachbarten Venenstämme, in der Nähe des Epididymis, im Plexus pampiniformis, im ganzen Verlauf der Vena spermatica, in der Leber und im Bereich der Vena suprarenalis. Die meisten versprengten Nebennieren bestehen nur aus Rindensubstanz; nur die in unmittelbarer Nähe der Hauptmasse liegenden enthalten auch Marksubstanz. Ueber die Entstehung jener „accessorischen Nebennieren" sind noch genauere Untersuchungen anzustellen. Vieles spricht dafür, dass es sich nicht allein um Abkömmlinge vom Hauptorgan handelt, sondern dass die betreffenden Bildungen z. Th. auch vom Epoophoron und Paroophoron ausgehen können. Sie sind also von einem genetisch verschiedenen Gesichtspunkt aus zu betrachten

Formell herrschen bei der Nebenniere der Säuger die allergrössten Schwankungen. Auch Asymmetrien zwischen rechts und links und verschiedenartige Lappungen kommen vor, wie z. B. bei Hunden und Katzen.

Bei allen Säugern steht die rechte Nebenniere in engster Verbindung mit der unteren Hohlvene und wird meist ganz von der Leber bedeckt. Bei den Nagern u. v. a. ist die Nebenniere beiderseits von einem eigenthümlichen fettartigen Gewebe umschlossen.

2) Ausser den typischen, sympathischen Ganglienzellen findet sich in der Marksubstanz der Säugethier-Nebenniere noch eine weit grössere Menge einer zweiten, kleineren Form von Nervenzellen, die sich in gleicher Weise auch in den sympathischen Knoten des Grenzstranges finden, und die wegen ihrer Reaction auf Chromsäuresalzlösungen als chromaffine (Kohn) oder als chromophile (Stilling) Sympathicus-Zellen bezeichnet worden sind. Sie finden sich schon bei Amphibien und Sauropsiden und nehmen auch hier bereits am Aufbau der Nebenniere Theil. Sie bilden auch die Bau-Elemente der Suprarenalkörper der Selachier. (Vergl. auch die in dieselbe Kategorie gehörende „Carotisdrüse", das „Paraganglion intercaroticum" [Kohn]).

Pigment, welches sich auch in den Venen der Nebennieren findet,
von den Zellen des Organs selbst produziert, mit der Lymphe fort-
geführt und in die zunächst liegenden Lymphdrüsen, welche sich
häufig genug pigmentiert zeigen, abgelagert wird. Von diesem Gesichtspunkt aus würden dann die Lymphgefässe, welche sowohl
peripher als auch central angeordnet sind und welche die Blutgefässe
an Zahl weit übertreffen, als die von den alten Anatomen so lange
Zeit vergeblich gesuchten Ausführungsgänge der specifischen Producte
der Nebennieren angesprochen werden dürfen.

Rückblick.

Der gesamte Urogenitalapparat wurzelt hinsichtlich seiner Genese
in der epithelialen Auskleidung der Leibeshöhle, d. h. im Coelomepithel. Dieses liefert einerseits das Baumaterial für die excretorischen
Zellen der verschiedenen Nierensysteme und ebenso gehen aus ihm
die Generationszellen hervor.

Das älteste und primitivste Excretionsorgan der Vertebraten ist
die Vorniere (Pronephros), welche wohl früher eine grössere Ausdehnung besass als heutzutage, wo sie sich in der Regel auf den
vorderen, hinter dem Kopf gelegenen Rumpfabschnitt beschränkt.
Sie entsteht ursprünglich in Form segmental angeordneter Ausstülpungen des ventralen Abschnittes der Mesoblastsegmente, und die
daraus hervorgehenden Drüsenschläuche verbinden sich mit einem,
erst secundär sich bildenden, in der Längsrichtung verlaufenden und
in die Cloake durchbrechenden Sammelgang, dem Vornierengang.
Jedes Vornierencanälchen steht mit der Leibeshöhle durch trichterartige Oeffnungen (Nephrostomen) in Verbindung und tritt zugleich
zu einem arteriellen, einen Knäuel (Glomus) bildenden Gefäss in
Beziehung.

Während nun die Vorniere selbst als Harndrüse bei den Cranioten,
in der Regel von transitorischer Bedeutung ist, d. h. in nachembryonaler
Zeit wieder verschwindet, persistiert ihr Ausführungsgang bei allen
Vertebraten, geht aber zugleich hochgradige Umbildungen ein. Diese
sind enge geknüpft an das Auftreten eines zweiten, ungleich umfangreicheren Excretionssystems, das man als Urniere (Mesonephros) oder
als Wolff'schen Körper bezeichnet, und das, ontogenetisch später auftretend, die allmählich schwindende Vorniere zu ersetzen berufen ist.
Der Vornierengang wird zum Urnieren- oder Wolff'schen Gang.

Mag man nun die Urniere als eine Bildung sui generis oder nur
als eine zweite, spätere Generation der Vorniere betrachten, so steht
jedenfalls Eines fest, nämlich die grosse Aehnlichkeit beider Drüsen-
systeme nicht nur hinsichtlich ihrer Genese, sondern auch ihrer
Structur (segmentale Anlage, Verbindungen durch Nephrostomen mit
dem Coelom bei vielen Anamnia und innigster Connex mit dem Gefäss-System).

Was nun speciell jene ursprüngliche Verbindung zwischen der
Leibeshöhle und dem Canalsystem der Urniere betrifft, so ist die
natürliche Folge davon die, dass das seröse Transsudat der Leibeshöhle auf jenen Wegen abgeführt wird, ein Verhalten, das erst ganz

allmählich eine Aenderung erfährt. So sind bei den ungeschwänzten Amphibien die in die Bauchhöhle mündenden Trichter wohl noch vorhanden, allein die von ihnen ausgehenden Canälchen haben sich bereits von den Harncanälchen emanzipiert und eine Verbindung mit dem Blutgefäss-System der Niere bezw. Urniere gewonnen. Von den Amnioten an sind die Wimpertrichter in postfötaler Zeit definitiv verschwunden.

Während die Urniere bei der Mehrzahl der Fische lediglich als Harnsystem bestehen bleibt, geht sie bei Selachiern, sowie auch bei Amphibien und sämtlichen Amnioten gewisse Beziehungen zum Geschlechtsapparat ein, persistiert aber im Uebrigen entweder als bleibendes Harnsystem (Selachier, Amphibien) oder sie erfährt bedeutende Reductionen (Amnioten).

Jene Beziehungen zum Geschlechtsapparat erhalten bei männlichen Thieren dadurch eine höhere Bedeutung, dass hier der vordere Abschnitt der Urniere zum ganzen Nebenhoden oder doch wenigstens zu einem Theil desselben wird. Beim weiblichen Geschlecht entsteht daraus der physiologisch bedeutungslose, ein rudimentäres Organ darstellende Nebeneierstock und andere Gebilde von untergeordneter Bedeutung.

Während wir uns das Verhalten der Cyclostomen und gewisser anderer Fische, bei welchen die Sexualproducte einfach in die Bauchhöhle fallen, um von hier aus durch die Pori abdominales entleert zu werden, als das ursprüngliche vorzustellen haben, kommt es bei weitaus der grössten Mehrzahl der Wirbelthiere zu besonderen, ausleitenden Geschlechtscanälen.

So übernimmt der ursprünglich lediglich als Ausführungsgang der Urniere fungierende, primitive Urnierengang nun auch die Ausführung der männlichen Geschlechtsproducte und wird auf Grund dieser doppelten physiologischen Aufgabe zum sogen. Harnsamenleiter (Selachier, Amphibien). Im weiblichen Geschlecht fungiert als Ausleitungsweg der Keimzellen der sogen. Müller'sche Gang, welcher bei höheren Formen in einem gewissen Abschnitte seines Verlaufes auch als Fruchthälter (Uterus) und in seinem distalen Abschnitt als Vagina bezeichnet wird.

Bei allen Amnioten dient der secundäre Urnierengang in Form des sogen. Ductus (Vas) deferens nur zur Ausführung des Samens, während der Harn durch einen neuen, erst in der Reihe der Amnioten erworbenen Gang, den Ureter, abfliesst.

Und wie dieser, so ist auch die Amniotenniere höchstwahrscheinlich zum Theil wenigstens als eine neue Erwerbung zu betrachten, während ein mehr oder weniger grosser Abschnitt derselben wohl nur als eine zweite, zeitlich später auftretende Generation der Urniere aufzufassen ist. Man bezeichnet die Amnioten-Niere als definitive Niere oder im Gegensatz zu Vorniere und Urniere. schlechtweg als Niere (Metanephros). Damit ist also die dritte Etappe in der Entwicklung des Harnsystems erreicht.

Obgleich nun, wie oben schon angedeutet, bei jedem Geschlecht immer nur je einer der beiden Geschlechtscanäle zu grösserer physiologischer Bedeutung gelangt, so legen sich doch in embryonaler Zeit beide ganz gleichmässig an; bald aber geht der eine davon einer regressiven Metamorphose entgegen, und letztere wird also beim weiblichen Geschlecht den Urnieren-, beim männlichen den Müller'schen Gang betreffen.

Bei den meisten unter den Marsupialiern stehenden Wirbelthieren besteht eine Cloake, d. h. ein Hohlraum, in welchen sowohl die Ausführungsgänge des Urogenitalsystems, als der Enddarm einmünden. Bei allen höheren Säugethieren stellt die Cloake nur einen vorübergehenden Entwicklungszustand dar, insofern sich der Enddarm davon abspaltet und eine selbständige Ausmündung erhält. Hand in Hand damit geht ein andrer wichtiger Process, der zur Bildung einer, die einmündenden Ureteren aufnehmenden Harnblase, sowie einer Harnröhre (Urethra) und eines Mittelfleisches (Perineum) führt. Während nun die Harnröhre beim weiblichen Geschlecht in der Regel schon nach kurzem Laufe zur Ausmündung gelangt, gewinnt sie beim männlichen Geschlecht eine grössere Länge, verbindet sich mit dem Zeugungsglied und führt dadurch, als Ausführungsweg der Geschlechtsstoffe wie des Harns, zur Bildung eines röhrenartig verlängerten Sinus urogenitalis.

Was die männlichen und weiblichen Geschlechtsproducte, den Samen und die Eier, betrifft, so entstehen sie beide aus dem sogen. Keim-Epithel, d. h. aus einer in bestimmter Weise differenzierten Strecke der epithelialen Auskleidung des Leibesraumes. Dasselbe gilt auch für die als Nährmaterial dienenden, in nächster Nähe der Geschlechtszellen liegenden, zelligen Elemente.

Während nun die Geschlechtsdrüsen bezüglich ihres Locus nascendi bei beiden Geschlechtern im Wesentlichen übereinstimmen, kommt es bei Säugethieren gegen das Ende der Fötalperiode hin zu einer mehr oder weniger weit gegen das Becken zu gerichteten Lageverschiebung derselben. Ja, letztere kann beim männlichen Geschlecht so weit gedeihen, dass die vordere Bauchwand von ihnen durchsetzt wird und sie in einen beutelartigen Anhang derselben (Scrotum) zu liegen kommen. Eine befriedigende Erklärung für das Zustandekommen dieses Vorganges erscheint bis dato nicht möglich.

Neben den sogenannten inneren Geschlechtsorganen sind nun auch noch die äusseren Geschlechtstheile, resp. die Begattungs- oder Copulationsorgane zu berücksichtigen.

Letztere stellen in der Vertebratenreihe durchaus keine unter sich homologen Gebilde dar. Abgesehen von dem in vieler Hinsicht noch dunklen Organ der Petromyzonten, dem Copulationsglied der Selachier und der beim Begattungsakt zur Verwendung kommenden, ausgestülpten Cloake in der kleinen Gruppe der fusslosen Amphibien, kann man füglich behaupten, dass ein richtiges, selbständiges, äusseres Begattungsorgan erst von den Reptilien an auftritt. Von hier an erscheint also eine innere Begattung ungleich gesicherter, wenn sie auch schon bei vielen Amphibien (Urodelen), welchen eigentliche Begattungsorgane fehlen, mit Sicherheit angenommen werden darf.

Während den Sauriern, Scinken, Amphisbänen und den mit den erstern stammverwandten Schlangen ein doppeltes, ausstülpbares, unter der Herrschaft einer complizierten Muskulatur stehendes Copulations-Organ zukommt, ist das unpaare Organ der Chelonier und Crocodilier wahrscheinlich nur wenig ausstülpungsfähig, besitzt aber wohl ausgebildete, von der Cloakenschleimhaut überzogene Schwellkörper. Bei den Vögeln ist das Auftreten äusserer, gut entwickelter Begattungsorgane nur auf wenige Gruppen beschränkt, und dieselben lassen sich (bei den Ratiten wenigstens) von denjenigen der Crocodilier und Chelonier ableiten.

In allgemeinster Verbreitung finden sich gut entwickelte Begattungsorgane in der Reihe der Säugethiere, und zwar sind sie, wie dies auch schon für die Reptilien gilt, bei beiden Geschlechtern nach einem und demselbem Typus gebaut. Beim weiblichen Geschlecht erreichen sie nie die Grössenverhältnisse wie beim männlichen.

Sie entwickeln sich unter der Form eines an der vorderen Cloakenwand hervorwachsenden Genitalhöckers, der dann, unter Zuhilfekommen von Schwellkörpern, zum Schaft des Penis und der Clitoris auswächst. Am vorderen Ende differenzirt sich die nervenreiche, von der Vorhaut überzogene Eichel, und auf der Spitze der letzteren mündet beim männlichen Geschlecht die Harnröhre, oder, wie man dem oben Mitgetheilten zufolge richtiger sagen würde, der röhrenartig verlängerte Urogenital-Sinus aus.

Die äusseren Begattungsorgane stehen, zumal bei den Säugethieren, unter der Herrschaft einer oft reich entwickelten Muskulatur.

Zu den von der Schleimhaut des Urogenitalsinus, resp. dessen Verlängerung aus sich entwickelnden Drüsenapparaten gehören auch die sogenannten Vesiculae seminales und die Ampullen der Ductus deferentes.

Unter den Primaten kommt es beim weiblichen Geschlecht im Bereich der äusseren Geschlechtsorgane zu Haut- und Schleimhaut-Duplicaturen, die man als Labia majora und minora bezeichnet.

Von diesen Gebilden, welche den Eingang der Vagina umsäumen, sind die Labia majora als später erworbene Bildungen zu betrachten als die Labia minora.

Die Nebennieren, dem Cölomepithel entsprossend, stellen epitheliale, drüsige Organe dar, welchen sich erst secundär nervöse Theile zugesellen.

Letztere, die sogenannten Suprarenalorgane, haben mit der eigentlichen Nebenniere, dem Interrenalorgan, ursprünglich überhaupt nichts zu schaffen, sondern sind als Abschnürungsproducte des N. sympathicus zu betrachten.

Bei Selachiern bleiben die drüsigen und nervösen Elemente noch vollkommen von einander getrennt und erstrecken sich, wie dies auch für die Interrenalorgane der Ganoiden und Teleostier gilt, unter nahen Lagebeziehungen zu den Nieren, entlang der Wirbelsäule durch das ganze Coelom hindurch.

Von den Amphibien an kommt es bereits zur Vereinigung des Interrenal- und Suprarenalorganes, und dieser Zustand wird nun bis zu den höchsten Formen hinauf beibehalten, und zwar der Art, dass das Suprarenalorgan bei Säugethieren von dem Interrenalorgan in Form der „Substantia corticalis" umwachsen wird.

Dabei stellen die Gebilde eine mehr einheitliche, in sich abgeschlossene Masse dar, und ihre topographischen Beziehungen zu den Nieren sowie zu den grossen Blutgefässen der Bauchhöhle bleiben durch die ganze Wirbelthierreihe hindurch sehr innige. Dem ersteren Umstand verdanken die „Nebennieren" auch ihren Namen.

Der grosse Reichthum an Blut- und Lymphgefässen, sowie an Lymphfollikeln und Pigment spricht für eine das ganze Leben hindurch dauernde, wichtige, physiologische Function der Nebennieren; worin dieselbe aber besteht, ist bis jetzt nicht mit Sicherheit zu entscheiden.

Anhang.

Litteraturverzeichnis.

Allgemeine Werke über Ontogenie und Phylogenie.

von Bär, K. E., Ueber die Entwicklungsgeschichte der Thiere. Königsberg 1828—1837.

Balfour, F. M., Handbuch der vergl. Embryologie. Deutsch von B. Vetter. Jena 1881.

Beard, J., On Certain Problems of Vertebrate Embryology. Jena 1896.

van Beneden, E., und Julin, Ch., Recherches sur la formation des annexes fœtales chez les Mammifères. (Lapin et Cheiroptères.) Arch. de Biologie. Tome V. 1884.

Bischoff, Th., Entwicklungsgeschichte der Säugethiere und des Menschen. Leipzig 1842.

Bonnet, R., Grundriss der Entwicklungsgeschichte der Haussäugethiere. Berlin 1891.

Born, G., Ueber Verwachsungsversuche mit Amphibienlarven. Leipzig 1897.

Dohrn, A., Der Ursprung der Wirbelthiere und das Princip des Functionswechsels. Leipzig 1875.

— — Studien zur Urgeschichte des Wirbelthierkörpers. Mittheilungen aus der Zoologischen Station zu Neapel, 1882 begonnen; in Fortsetzung begriffen.

Duval, M., Atlas d'embryologie. Paris 1888.

Foster, M., und Balfour, F. M., Grundzüge der Entwicklungsgeschichte der Thiere. Deutsch von N. Kleinenberg. Leipzig 1876.

Fraisse, P., Die Regeneration von Geweben und Organen bei den Wirbelthieren, besonders Amphibien und Reptilien. Cassel und Berlin 1885.

Götte, A., Entwicklungsgeschichte der Unke. Leipzig 1875.

Haddon, A., An Introduction to the Study of Embryology. London 1887.

Haeckel, E., Natürliche Schöpfungsgeschichte. 9. Aufl. 1897.

— — Studien zur Gastraeatheorie. Jena 1877, und Jenaische Zeitschrift VIII und IX, 1874 und 1875.

— — Anthropogenie. Leipzig 1891.

Handbuch der vergl. u. experim. Entwicklungslehre der Wirbelthiere. Herausg. von O. Hertwig 1901. (In Fortsetzung begriffen.)

Hertwig, O., Die Cölomtheorie. Jena 1891.

— — Lehrbuch der Entwicklungsgeschichte des Menschen und der Wirbelthiere. VII. Aufl. 1900.

His, W., Unsere Körperform. Leipzig 1878.

— — Anatomie menschlicher Embryonen (mit Atlas). Leipzig 1880—1885.

— — Lecithoblast und Angioblast der Wirbelthiere. Histol. Studien. Abhandlg. der mathemat.-physik. Cl. d. K. Sächs. Gesellsch. d. Wissensch. Bd. XXVI, Nr. IV 1900.

Keibel, F., Studien zur Entwicklungsgeschichte des Schweines. „Morphologische Arbeiten", herausgegeben von G. Schwalbe. I. Th. III. 1893. II. Th. V. 1895.

— — Normentafeln zur Entwicklungsgeschichte der Wirbelthiere. Normentafel zur Entwicklungsgeschichte des Schweines (Sus scrofa domesticus). Jena 1897.

Keibel, F., und Abraham, K., Normentafel zur Entwicklungsgeschichte des Huhns (Gallus domesticus). Jena 1900.

Keibel, F., Normentafel zur Entwicklungsgeschichte des Ceratodus Forsteri von Richard Semon. Jena 1901.

Keibel, F., Die Gastrulation und die Keimblattbildung der Wirbelthiere. Ergebnisse d. Anat. u. Entwicklgesch. X. Bd. 1900.

Koelliker, A. Entwicklungsgeschichte des Menschen und der höheren Thiere. 2. Aufl. Leipzig 1879.

— Grundriss der Entwicklungsgeschichte des Menschen und der höheren Thiere. Leipzig 1880. II. Aufl. 1884. (vergl. O. Schulze.)

Kollmann, J., Lehrbuch der Entwicklungsgeschichte des Menschen. Jena 1898.

Lwoff, B., Die Bildung der primären Keimblätter und die Entstehung der Chorda und des Mesoderms bei den Wirbelthieren. Bull. de Moscou. 1894.

Mehnert, E., Kainogenesis als Ausdruck differenter phylogenetischer Energien. Morphol. Arbeiten, herausg. von G. Schwalbe. 1897.

Milnes-Marshall, Vertebrate Embryology. London 1893. Deutsche Ausg. 1894.

Sedgwick Minot, Ch., Human Embryology. New-York 1892.

— — A Bibliography of Vertebrate Embryology. Boston 1892. (Enthält über 3000 Nummern.)

Rabl, C., Theorie des Mesoderms. Morphol. Jahrb. Bd. XV und XIX. 1889, 1892.

Rathke, H., Entwicklungsgeschichte der Wirbelthiere. Leipzig 1861.

Remak, R., Untersuchungen über die Entwicklung der Wirbelthiere. Berlin 1850—1855.

Romiti, G., Lezioni di embriogenia umana e comparata dei vertebrati. Siena 1881, 1882, 1888.

Roux, W., Ueber die Zeit der Bestimmung der Hauptrichtungen des Froschembryo. Leipzig 1883.

— — Ueber die Bedeutung der Kerntheilungsfiguren. Leipzig 1883.

— — Beitr. z. Entwicklungsmechanik des Embryo. Nr. 4 Arch. f. mikr. Anat. Bd. XXIX.

— — Die Entwicklungsmechanik der Organismen, eine anatomische Wissenschaft der Zukunft. 1890.

— — Ueber das entwicklungsmechanische Vermögen jeder der beiden ersten Furchungszellen des Eies. Verhandl. d. Anatom. Gesellschaft. 1892.

Schenk, Lehrbuch der vergl. Embryologie der Wirbelthiere. Wien 1874.

Schultze, O., Grundriss der Entwicklungsgeschichte des Menschen und der Säugethiere. Bearbeitet unter Zugrundelegung der 2. Auflage des Grundrisses der Entwicklungsgeschichte von A. Koelliker. Leipzig 1896.

Selenka, E., Studien über die Entwicklungsgeschichte der Thiere. Heft V. 2. Hälfte: Affen Ostindiens, Schluss; Keimbildung des Kalong (Pteropus edulis); Dottersack und Placenta des Kalong, von R. Göhre. Wiesbaden 1892.

Heft I: Keimblätter und Primitivorgane der Maus. 1883. — Heft II: Die Keimblätter der Echinodermen. 1883. — Heft III: Die Blätterumkehrung im Ei der Nagethiere. 1884. — Heft IV: Das Opossum (Didelphys virginiana). 1887. — Bd. V. 1. Hälfte: Beutelfuchs und Känguruhratte (Phalangista u. Hypsiprimnus); zur Entstehungsgeschichte des Amnion; des Kantjil (Tragulus javanicus); Affen Ostindiens. 1891.

Waldeyer, W., Archiblast und Parablast. Arch. f. mikr. Anat. Bd. XXII.

Ziegler, H. Ernst., Der Ursprung der mesenchymatischen Gewebe bei den Selachiern. Arch. f. mikr. Anat. Bd. XXXII. 1888.

— — Experim. Studien über die Zelltheilung. Erste Mittheil. I. Die Zerschnürung der Seeigeleier. II. Furchung ohne Chromosomen. Arch. für Entwicklungsmechanik der Organismen. VI. Bd. 2. H. 1898.

Werke für vergleichende Anatomie im Allgemeinen.

Bronn's Classen und Ordnungen des Thierreiches. (Am vollständigsten durchgearbeitet sind die Amphibien und Reptilien von C. K. Hoffmann. Die Abtheilung: Fische ist begonnen durch Hubrecht und Sagemehl, die der Vögel durch Selenka und Gadow, die der Säugethiere durch Giebel und Leche).

Brühl, C. B., Zootomie aller Thierklassen. 1876—1886.

Cuvier, G., Leçons d'anatomie comparée. V. vol. Paris 1799—1805. Deutsch und mit Anmerkungen versehen von H. Froriep und J. F. Meckel. Leipzig 1809—1810. II. Aufl. des Franz. Textes Paris 1835—1846.

Gaudry, A., Les enchaînements du monde animal dans les temps géologiques. 1878 ff.

Haeckel, E., Generelle Morphologie der Organismen. 2 Bde. Berlin 1866.

— — Systematische Phylogenie der Wirbelthiere (Vertebrata). Berlin 1895.

Huxley, T. H., Lectures on the elements of comparative anatomy. London 1864.

Leydig, F., Vom Bau des thierischen Körpers. I. Bd. 1. Hälfte. Tübingen 1864. (Mit Atlas).

Leydig, F., Untersuchungen zur Anatomie und Histologie der Thiere. Bonn 1883.
— — Zelle und Gewebe. Neue Beiträge zur Histologie des Thierkörpers. Bonn 1895.
Meckel J. F., System der vergl. Anatomie. VI Bde. Halle 1821—1833 (unvollendet).
Mine-Edwards, H., Leçons sur la physiologie et l'anatomie comparée de l'homme et
    des animaux. XIV Bde. Paris 1857—1880.
Müller, J., Vergl. Anatomie der Myxinoiden. Berlin 1834—1845.

Iconographische Werke.

Lehr- und Handbücher der vergl. Anatomie und Paläontologie.

Bell, F., Jeffrey, Comparative Anatomy and Physiology. London 1885.
Blumenbach, Handbuch der vergl. Anatomie. 1824.
Carus, C. G., Lehrbuch der vergl. Zootomie. II Bde. Leipzig. 1834.
Carus, C. G., und Otto, Erläuterungstafeln zur vergl. Anatomie. VIII Hefte. Leipzig
    1826—1852.
Claus, C., Grundzüge der Zoologie. Marburg und Leipzig.
Cope, E. D., The Vertebrata of the tertiary formations of the West. Book I. (Report
    of the United States geolog. Survey of the Territories. Vol. III. Washington 1884.
— — The Origin of the fittest. New-York 1887.
Ecker, A, Icones physiologicae. Leipzig 1852—1859.
Fol, H., Lehrbuch der vergl mikrosk. Anatomie mit Einschluss der vergl. Histologie u.
    Histogenie. Leipzig 1884 (nicht vollendet).
Gegenbaur, C, Grundzüge der vergl. Anatomie Leipzig 1870.
— — Grundriss der vergl. Anatomie. Leipzig 1878.
— — Vergl. Anatomie der Wirbelthiere mit Berücksichtigung der Wirbellosen. I. und
    II. Bd. Leipzig 1898 und 1901.
Hatschek, B., und Cori, C. J., Elementarkurs der Zootomie in 15 Vorlesungen. Jena
    1896.
Howes, G. B., An Atlas of practical elementary Biology. London 1885.
Huxley, T. H., Handbuch der Anatomie der Wirbelthiere. Deutsch von Fr. Ratzel.
    Breslau 1873.
Kingsley, J. S., Text Book of Vertebrate Zoology. New York 1899.
Leydig, F., Lehrbuch der Histologie des Menschen und der Thiere. Frankfurt 1857.
    (Einziges Werk in seiner Art.)
Macalister, A., Introduction to Animal Morphology. II. Band (Vertebrates). London
    1878
Milnes-Marshall, A., und Hurst, C. H., a junior Course of practical Zoology. II. Ed.
    London 1888.
Nuhn, A., Lehrb. d. vergl. Anatomie. 1878.
Oppel, A., Lehrbuch der vergl. mikroskop. Anatomie der Wirbelthiere. I. Band: Der
    Magen. II. Band: Schlund und Darm. Jena 1896/97. III. Band: Mundhöhle, Bauch-
    speicheldrüse und Leber. 1900.
Owen, R., Anatomy of Vertebrates. Vol. I—III. London 1866—68.
Parker, T. J., A Course of Instruction in Zootomy (Vertebrates). London 1884.
— — Lessons in Elementary Biology. III. Ed. London 1896.
Parker, T. J., and Haswell, W., A Textbook of Zoology in II. Vol. London 1897.
Pouchet, G., et Beauregard, H., Traité d'Ostéologie comparée. Paris 1889.
Schmidt, O., Handbuch der vergl. Anatomie. VIII. Aufl. Jena 1882.
— — Handatlas der vergl. Anatomie. Jena 1852.
v. Siebold und Stannius, Lehrbuch der vergl. Anatomie. II Bde. Berlin 1845.
    Zweite Auflage als Lehrbuch der Zootomie. Bis jetzt nur Bd. I, Heft 1—2, Anatomie
    der Fische und Amphibien (Reptilien) enthaltend.
Steinmann, G., und Döderlein L., Elemente der Paläontologie. Leipzig 1890.
Stricker, S., Handbuch der Lehre von den Geweben etc. Leipzig 1871. Enthält neben
    genauen histologischen Angaben auch werthvolle vergl.-anatomische Mittheilungen.
Vogt, C., und Yung, F., Lehrbuch d. prakt. vergleichenden Anatomie. Braunschweig
    1883—94.
Wagner, R., Lehrbuch der Zootomie. II Bde. Leipzig 1843—48.
— — Icones zootomicae. Handatlas zur vergl. Anatomie. Leipzig 1841.
Wiedersheim, R., Lehrbuch der vergl. Anatomie der Wirbelthiere. Jena 1886. Vergl.
    auch Elements of comparative Anatomy adapted from the German of R. Wiedersheim
    by W. N. Parker, with Additions by the author and the translator. London 1886.

II. Aufl. 1897. Weitere Zusätze finden sich in der russischen, französischen und
italienischen Ausgabe.

Woodward, A. S., Outlines of Vertebrate Palaeontology for Students of Zoology. Cambridge 1898.

Zittel, K., Handbuch der Paläontologie. München und Leipzig.

Periodisch erscheinende Schriften vergl.-anatomischen, embryologischen und histologischen Inhalts.

Abhandlungen und Monatsberichte der K. Preuss. Academie der Wissenschaften zu Berlin.

American Journal of Anatomy. Erscheint seit 1901.

Anatomische Hefte, herausgeg. von F. Merkel und R. Bonnet.

Anatomischer Anzeiger, Centralblatt für die gesamte wissenschaftliche Anatomie. Herausgeg. von K. v. Bardeleben (Jena). Besteht seit 1886. (Enthält sehr werthvolle Litteraturberichte.)

Arbeiten, Morphologische, herausgeg. von G. Schwalbe.

Archiv für Physiologie von J. C. Reil und Autenrieth. Fortsetzung desselben: Deutsches Archiv für Physiologie von J. F. Meckel, später: Archiv für Anatomie und Physiologie, von J. F. Meckel, dann: Archiv für Anatomie, Physiologie und wissenschaftl. Medicin von J. Müller, fortgesetzt von C. B. Reichert und E. Du Bois-Reymond, endlich als Archiv für Anatomie und Physiologie vereinigt mit der von W. His und W. Braune herausgegebenen Zeitschrift für Anatomie und Entwicklungsgeschichte.

Archiv für Naturgeschichte von Wiegmann, fortgesetzt von Erichson und Troschel, besteht seit 1835.

Archiv für mikroskopische Anatomie, herausgeg. von M. Schultze, nach seinem Tode fortges. von W. Waldeyer, La Valette St. George u. O. Hertwig; besteht seit 1865. Seit 1894: „Archiv für mikroskop. Anatomie und Entwicklungsgeschichte."

Archives Italiennes de Biologie, herausgegeben von A. Mosso, Turin.

Archivio italiano di Anatomia e di Embriologia. Diretto da G. Chiarugi (erscheint seit Januar 1902).

Archiv de Biologie, herausgeg. von van Beneden und Bambeke, exist. seit 1880.

Archiv für patholog. Anatomie. (Enthält zahlreiche anatomische Beiträge.)

Archiv für Entwicklungsmechanik der Organismen, herausgeg. von W. Roux. (Besteht seit 1895.)

Annals and Magazine of Natural history. (Besteht seit 1838.)

Annales (Mémoires) Archives du Muséum d'histoire naturelle. Paris. (Bestehen seit 1878.)

Annales des sciences naturelles. Paris. (Bestehen seit 1824.)

Biologisches Centralblatt, Unter Mitwirkung von M. Rees und E. Selenka herausgegeben von J. Rosenthal (Erlangen). Besteht seit 1881.

Denkschriften und Sitzungsberichte der Kaiserl. Akademie zu Wien.

Internationale Monatsschrift für Anatomie und Histologie, herausgegeben von W. Krause (Berlin). Besteht seit 1884.

Jenaische Zeitschrift für Naturwissenschaft. Jena. (Besteht seit 1864.)

Journal of Anatomy and Physiology.

Journal de l'anatomie et de physiologie normales et pathologiques de l'homme et des animaux (fondé par Charles Robin) publié par G. Pouchet et M. Duval.

Journal of the College of Science. Imp. University, Japan. Besteht seit 1891.

Journal of Comparative Neurology, herausgegeben von C. L. Herrick und C. Judson Herrick. Besteht seit 1890.

Journal of Morphology, ed. by C. O. Whitman. (Besteht seit 1887.)

Mémoires de l'Académie des Sciences de l'institute de France. Paris.

Mittheilungen aus der Zoologischen Station zu Neapel. Leipzig. (Bestehen seit 1878.)

Monitore Zoologico Italiano. Diretto da G. Chiarugi ed E. Ficalbi, Firenze.

Monthly Microscopical Journal.

Morphologisches Jahrbuch, herausgeg. von C. Gegenbaur. (Besteht seit 1876.)

Nova Acta Academiae Caesareae Leopoldino-Carolinae.

Philosophical Transactions of the Royal Society. London. (Bestehen seit 1801.)

Proceedings of the Zoological Society of London. London. (Bestehen seit 1830.)

Quart. Journal of Microscopical Science. London. (Besteht seit 1852.)

Retzius, G., Biologische Untersuchungen. N. F. (In Fortsetzung begriffen.)
Sitzungsberichte der Gesellschaft für Morphologie und Physiologie in München.
　　Studies from the Morphological Laboratory in the University of Cam-
　　bridge. Edit. by Adam Sedgwick.
Transactions of the Zoological Society of London. (Bestehen seit 1833 und
　　reichen bis 1855.)
Verhandlungen der physikalisch-medicinischen Gesellschaft in Würzburg.
Zeitschrift für wissenschaftliche Zoologie, herausgeg. von v. Siebold und
　　Koelliker, später unter Betheiligung von Ehlers. (Besteht seit 1849.)
Zeitschrift für Morphologie und Anthropologie herausgeg. v. G. Schwalbe.
Zoologischer Anzeiger, herausgegeben von V. Carus. Leipzig. (Besteht seit 1878.)
Zoologische Jahrbücher, herausgeg. von J. W. Spengel. (Bestehen seit 1886.)

Jahresberichte.

Ergebnisse der Anatomie und Entwicklungsgeschichte, herausgegeben von
　　Fr. Merkel und R. Bonnet. (Bestehen seit 1891.)
Jahresberichte über die Fortschritte der Anatomie und Physiologie, als
　　Fortsetzung der Henle-Meissner'schen Jahresberichte, herausgeg. von F. Hof-
　　mann und G. Schwalbe. (Exist. seit 1873.) (Fortgesetzt von G. Schwalbe).
Zoologischer Jahresbericht, herausgeg. von der Zoologischen Station zu Neapel.
　　(Exist. seit 1881.)

Verzeichnis auf einzelne Thiere und Thiergruppen resp. auf einzelne Organsysteme sich erstreckender Arbeiten (Monographieen etc.).

Fische und Dipnoër.

Agassiz, A., 1. The Development of Lepidosteus. Proc. Amer. Acad. of arts and sciences.
　　Vol. XIII.
— — On the young stages of some osseous fishes. I. II. III. Development of the Flounders.
　　Proc. Am. Acad. XIII, 1877, und ebendaselbst XIV, 1878 und XX, 1884.
Agassiz, A., and Whitman, C. O., The development of osseous fishes I. The pelagic
　　stages of young fishes. Mem. of the Museum of Comparative Zoology at Harvard
　　College. Vol. XIV. No. I. part. 1. 1885.
Agassiz, L., Recherches sur les poissons fossiles. V vol. av. atlas 1833—1843.
Agassiz, L, et Vogt, C., Anatomie des Salmones. Neufchâtel 1845.
Ayers, H., Beiträge zur Anatomie und Physiologie der Dipnoër. Jen. Zeitschr. f. Naturw.
　　Bd. XVIII N. F. XI. Bd. 1884.
Ayers, H., and Jackson, C. M., Morphology of the Myxinoidei. Bull. Cincinnati Uni-
　　versity. Ser. II. Vol. I, Bull. Nr. 1. Decbr. 1900.
Balfour, F. M., A Monograph on the Development of Elasmobranch Fishes. London
　　1878.
Balfour, F. M., and Parker, W. N., On the Structure and Development of Lepidosteus.
　　Philos. Trans. of the Royal Society. 1882.
Ballowitz, E., Die Innervation der Chromatophoren etc. Verhandl. d. Anat. Gesellsch.
　　auf der VII. Versamml. der Anat. Gesellsch. zu Göttingen. 1893. (Ebendaselbst be-
　　handelten gleiche und verwandte Themata: Eberth und Zimmermann.)
Bischoff, Th., Lepidosiren paradoxa. Leipzig 1840.
Bujor, P., Contribution à l'étude de la Métamorphose de l'Ammocoetes branchialis en
　　Petromyzon Planeri. Thése présentée à la Faculté des Sciences de l'Université de
　　Genève etc. Revue Biologique du Nord de la France, T. III. 1891.
Bashford, Dean, Fishes, Living and Fossil. An Outline of their Forms and probable
　　Relationsships. New York 1895.
— — On the larval development of Amia calva. Zoolog. Jahresber. IX. Bd. 1896.
— — On the Development of the Californian Hagfish, Bdellostoma Stouti, Lockington.
　　Quart. Journ. Microsc. Science. Vol. 40, IV. S.
— — The Devonian „Lamprey", Palaeospondylus Gunni, Traquair, with Notes on the
　　Systematic Arrangement of the Fish-Like Vertebrates. New York Acad. of Science.
　　Memoirs, Vol. II. p. 1. January 20. 1900 (vergl. auch: Proc. Zool. Soc. London.
　　April 19, 1898.

Bashford, Dean, On the Embryology of Bdellostoma stouti, a general Account of Myxinoid Development from the Egg and Segmentation to Hatching. Festschrift z. 70. Geburtstag von Carl von Kupffer, 1899.

Budgett, J. S., On the Breeding-habits of some West-African Fishes, with an Account of the External Features in Development of Protopterus annectens, and a Description of the Larva of Polypterus lapradei. Transact. Zool. Soc. London. Vol. XVI. P. 2. 1901.

Cuvier et Valenciennes, Hist. nat. des poissons. XXII vol. 1828—48.

Dollo, L., Sur la phylogénie des Dipneustes. Bull. de la Soc. Belge de Géologie etc. Tome IX. 1895.

Ecker, A., Untersuchungen zur Ichthyologie, Freiburg i. Br., 1857.

Ehlers, E., Zur Kenntnis der Eingeweide von Lepidosiren. Nachr. d. K. Gesellsch. d. Wissensch. z. Göttingen. Math.-physik. Kl. 1895. Nr. 1.

Emery, C., Fierasfer. Studi intorno alla Sistematica, l'Anatomia e la Biologia delle specie mediterranee di questo genere. Reale Accademia dei Lincei 1879—80. Anno CCLXXVII.

Felix, W., Beitrag zur Entwicklungsgeschichte der Salmoniden. Anat. Hefte. I. Abth. Heft 25. (8. Bd. H. 2.) 1897.

Fritsch, A., Fauna der Gaskohle und der Kalksteine der Permformation Böhmens. Bd. II. Heft 3. Die Lurchfische, Dipnoi. Nebst Bemerkungen über Silurische und Devonische Lurchfische. Prag 1888. Bd. III. Selachii (Traquairia, Protacanthodes, Acanthodes). Actinopterygii (Megalichthys, Trissolepis). Prag 1893. Palaeoniscidae. Prag 1894/95.

Garman, S., Chlamydoselachus anguineus Garm. a living species of cladodont shark. Bull. of the Museum of comparat. Zoology at Havard College. Vol. XII. Nr. 1.

Graham Kerr, J, The external Features in the Development of Lepidosiren paradoxa, Fitz. Philos. Transact. R. Society, London Ser. B. Vol. 192. 1900.

— — The Development of Lepidosiren paradoxa Part. I. ad II. with a Note upon the corresponding Stages in the Development of Protopterus annectens. Quart. Journ. Micr. Science Vol. 45. N. S.

Götte, A., Entwicklungsgeschichte des Flussneunauges (Petromyzon fluv.). I. Theil. Leipzig 1890.

Günther, A., Ceratodus. Philos. Trans. of the Royal Society. London 1871.

— — (Deutsche Uebersetzung von G. von Hayek.) Handbuch der Ichthyologie. Wien 1886.

— — An Introduction in the study of fishes. Edinburgh 1880.

Guitel, F., Rech. sur les Lepadogasters. Arch. de Zool. exp et gen. 2. Serie, Vol. VI. (Enthält eine Beschreibung aller Organsysteme und der Entwicklung.)

Hasse, C., Das natürliche System der Elasmobranchier auf Grundlage des Baues und der Entwicklung ihrer Wirbelsäule. Jena 1879. Besonderer Theil, I. und II. Lieferung. Jena 1882. Ergänzungsheft 1885.

— — Beitrag zur allgemeinen Stammesgeschichte der Wirbelthiere. Jena 1883.

Hatschek, B., Studien über Entwicklung des Amphioxus. Arbeiten aus dem Zoolog. Institut der Universität Wien, 1882.

Howes, G. B., On the Affinities, Inter-Relationships and Systematic Position of the Marsipobranchii. Trans. Biol. Soc., Liverpool. Vol. VI. 1892.

Hubrecht, A. A. W., und Sagemehl, Bronn's Klassen und Ordnungen des Thierreiches. Abthl. Fische. (Bis jetzt sind nur wenige Lieferungen erschienen.)

Hyrtl, J., Lepidosiren paradoxa. Abhdl. d. böhm. Gesellsch. d. Wiss. 1845.

Jaekel, O., Siehe dessen Abhandlungen über fossile Fische und Amphibien in den Berichten der Gesellschaft naturforschender Freunde vom Jahrgang 1894 an. Vergl. auch d. Zeitschr. d. deutsch. geolog. Gesellschaft. Jahrg. 1896.

Jaquet, M., Rech. sur l'anat. et l'histol. du Silurus Glanis. Bull. Société des Sciences de Bucarest-Roumanie. Anul VIII. 1899.

Julin, Ch, Rech. sur l'anatomie de l'Ammocoetes. Extr. du Bull. scientif. du Departement du Nord. 7. Sér. X. Année. — 1887. (Behandelt die Kopfnerven, die Gl. thyreoidea und den N. lateralis.)

Kowalevsky, A., Entw. des Amphioxus. Mém. Acad. imp. de St. Pétersbourg. Sér. VII. T. XI.

Kupffer, C., Die Entwicklung des Herings im Ei. Jahresbericht der Commission zur wissenschaftlichen Untersuchung der deutschen Meere in Kiel für die Jahre 1874—76 Berlin 1878.

— — Die Entwicklung von Petromyzon Planeri. Arch. f. mikr. Anat. Bd. XXXV. 1890.

Langerhans, P., Untersuchungen über Petromyzon Planeri. Verhandl. d. Naturforsch. Gesellsch. zu Freiburg i B. 1875.

— — Zur Anatomie des Amphioxus lanceolatus. Arch. f. mikr. Anat. Bd. XII.

Lankester, E. Ray, Contributions to the Knowledge of Amphioxus lanceolatus Yarrell, in: Quart. Journ. Micr. Science (new Series). No. 124. Vol. 31, 1890.

Lankester and Willey, The development of the atrial chamber of Amphioxus, in: Quart. Journ. Micr. Science (new Series). No. 124. Vol. 31. 1890.

Leydig, Fr., Beiträge zur mikrosk. Anatomie und Entwicklungsgeschichte der Rochen und Haie. Leipzig 1852.

— — Anatomisch-histologische Untersuchungen über Fische und Reptilien. Berlin 1853.

— — Zur Anatomie und Histologie der Chimaera monstrosa. Arch. f. Anatomie u. Physiologie, 1851.

List, J. H., Zur Entwicklungsgeschichte der Knochenfische (Labriden), I. Theil. Morphologische Ergebnisse. Arbeiten aus d. Zool. Inst. zu Graz. II. Bd. No. 1. Leipz. 1887.

Marcusen, J., Die Familie der Mormyren. Anat.-zoolog. Abh. Mém. acad. imp. de St. Pétersbourg. Ser. VII. T. VII.

Müller, J., Ueber den Bau und die Grenzen der Ganoiden. Berlin 1846.

— — Ueber den Bau und die Lebenserscheinungen des Branchiostoma lumbricum. Abhandlungen der Berliner Akademie, 1844.

— — Vergl. Anatomie der Myxinoiden, 1833—1843.

Nuel, J. P., Quelques phases du développement du Petromyzon Planeri. Arch. de Biologie. Vol. II. 1881.

Owen, R., Description of Lepidosiren annectens. Trans. Linn. Soc. XVIII.

Owsjannikow, Ph., Zur Entwicklung des Flussneunauges. Vorläuf. Mittheilg. Bull. Acad. Impér. des Sciences de St. Petersbourg. Tome XIII. 1889.

Panceri, P., e de Sanctis, L., Alcuni organi delle Cephaloptera Giorna. Napoli 1869.

Parker, T. J., Studies in New-Zealand Ichthyology. I. On the Skeleton of Regalecus argenteus. Transact. of the Zoologic. Society. Vol. XII. part. 1. 1886.

— — Notes on Carcharodon rondelettii. Proc. Zool. Soc. London 1887.

Parker, W. N., On the Anatomy and Physiology of Protopterus annectens. Transact. R. Irish Acad. Vol. XXX, P. 3. 1892. (Vergl. auch den Auszug in Proc. R. Soc. London. Vol. 49. 1891.)

Peters, Lepidosiren. Arch. f. Anat. u. Phys. 1845.

Pollard, H. B., On the Anatomy and Phylogenetic Position of Polypterus. Zoolog. Jahrb. Bd. V. 1892. (Umfasst das Skelet, die Muskeln, Hautsinnesorgane, Nerven u. Gefässe des Kopfes, ferner Schultergürtel, Brustflosse, Thymus und Thyreoidea.)

Rathke, H., Bemerk. über den inneren Bau der Pricke. Danzig 1825.

— — Ueber den Bau des Querders. Beitr. z. Gesch. d. Thierwelt. IV. Halle 1827.

Reighard, J., Developm. of the Wall-Eyed Pike. Bull. Michigan Fish Commission. 1890.

Ryder, J. A., A contribution to the Embryography of osseous fishes with special reference to the development of the Cod (Gadus morrhua). Extracted from the Annual report of the commissioner of fish and fisheries for 1882. Washington 1884.

Rolph, W., Untersuchungen über den Bau des Amphioxus lanceolatus. Morph. Jahrb. Bd. II. 1876.

Rohon, J. V., Unters. über Amphioxus lanc. Denkschr. d. Wiener Acad., Math.-Naturw. Cl. Bd. XLV. Abth. II.

Salensky, W., Entwicklung des Sterlets (Acipenser ruthenus) II Thle. Verhandl. der naturf. Gesellsch. zu Kasan, 1878—1879. Franz. Uebersetz. im Arch. de Biol. T. II, fasc. 2, 1881.

Schneider, A., Beiträge zur vergl. Anatomie und Entwicklungsgeschichte der Wirbelthiere. Berlin 1879. (Enthält werthvolle Notizen über Amphioxus, Petromyzon und als Anhang: „Grundzüge einer Myologie der Wirbelthiere".)

Scott, W. B., Beiträge zur Entwicklungsgeschichte der Petromyzonten. Morphholog. Jahrb. Bd. VII.

— — Development of Petromyzon. Journ. of Morphol. Vol. I. 1887.

Semon, R., Zoolog. Forschungsreisen in Australien und dem malayischen Archipel. I. Die äussere Entwicklung des Ceratodus Forsteri. Jena 1893.

Semper, C., Die Stammesverwandtschaft der Wirbelthiere und Wirbellosen. Arb. aus dem Zool.-zoot. Inst. zu Würzburg. Bd. II. 1875.

Shipley, A., On some points in the Development of Petromyzon fluviatilis. Quart. Journ. of microscop. Science. Vol. XXVII. 1887.

Stannius, H., Symbolae ad anat. piscium. Rostock 1839.

Swaen, A., u. Brachet, A., Étude sur les premières phases du développement des Organes dérivés du Mésoblaste chez les Poissons Téléostéens. Arch. de Biolog. T. XVI. 1899.

Vogt, C., Embryologie des Salmones. Neuchâtel 1842.

Wiedersheim, R., Zur Biologie von Protopterus. Anat. Anzeiger, 1887.

van Wijhe, J. W., Ueber Amphioxus. Anat. Anz. VIII. Jahrg. 1893. (Behandelt den
    vorderen Körpertheil, mit Ausnahme des Gehirns.)
— — Beitr. z. Anatomie der Kopfregion des Amphioxus lanceolatus. „Petrus Camper",
    Deel I, Aflevering 2. 1901.
Willey, A., The later larval development of Amphioxus, in: Quart. Journ. Micr. Science
    for March 1891.
— — Amphioxus and the ancestry of Vertebrates. New York, 1894.
Wright, R., Murrich, J. Mc., Macallum, A., Mackenzie, T., Contrib. to the
    Anatomy of Amiurus. Proceed. Canad. Inst. Toronto. N. S. Vol. II. No. 3. Toronto 1884.

Amphibien.

Bayer, F., Ueber das Skelet der Pelobatiden. Ein Beitrag zur vergl. Osteologie der
    Amphibien. Abhandl. der K. böhm. Gesellsch. der Wissensch. 1884. (Böhmischer
    Text mit deutscher Tafelerklärung.)
Brauer, A., I. Beitrag zur Kenntnis der Entwicklungsgeschichte und Anatomie der Blind-
    wühlen. Zool. Jahrb. Bd. X. 1897. No. II. Ebendaselbst Bd. XII. 1899.
— — Beitrag zur Kenntnis der Entwicklung und Anatomie der Gymnophionen. Zool.
    Jahrb. Abth. f. Anat. u. Ontog. d. Thiere. XVI. Bd. H. 1. 1902.
Cope, E. D., The Batrachia of North America. Bull. of the United States National
    Museum. No. 34. Smithsonian Institution Serial Number 45. Washington 1889.
Calori, L., Sulla anat. del Axolotl. Mem. d. Acad. di Bologna. T. III. 1851.
Cuvier, G., in Recueil d' Observations de Zoologie et d'Anat. comp. I. Paris 1805.
Credner, H., Die Stegocephalen und Saurier aus dem Rothliegenden des Plauen'schen
    Grundes bei Dresden (Zeitschr. d. Deutsch. Geolog. Gesellschaft.) Leipzig 1881—93.
— — Die Urvierfüssler [Eotetrapoda] (vergl. die Litteratur über das Skelet).
Dugès, A. Recherches sur l'ostéologie et la myologie des Batraciens à leurs differents
    âges. Paris 1834.
Ecker, A., Icones physiologicae. Leipzig 1851—59.
Ecker, A., und Wiedersheim, R., Die Anatomie des Frosches. Braunschweig 1864
    bis 1882. III. Auflage bearb. von E. Gaupp, 1896. In Fortsetzung begriffen.
Fischer, J. G., Anatomische Abhandlungen über die Perennibranchiaten und Derotremen.
    Hamburg 1864.
Fritsch, A., Fauna der Gaskohle und der Kalksteine Böhmens (vergl. die Litteratur über
    die Fische und Dipnoër).
Gaudry, A., L'Actinodon (Mém. extr. des Nouvelles Archives du Museum d'Histoire
    naturelle). Paris 1887.
Gaupp, E., Ecker's und Wiedersheim's Anatomie des Frosches. In Vollendung
    begriffen.
Götte, A., Entwicklungsgeschichte der Unke. Leipzig 1875.
Grönberg, G., Zur Anatomie der Pipa americana. Zool. Jahrb. Abth. f. Anat. etc.
    VII. Bd. 1894.
Hoffmann, C. K., Amphibien in Bronn's Klassen und Ordnungen des Thierreiches.
    Leipzig und Heidelberg 1873—78.
Van der Hoeven, J., Aanteekeningen over de Anatomie van den Cryptobrauchus ja-
    ponicus. Haarlem 1862.
— — Ontleed-een deerkundige Bijdragen tot de Kenniss van Menobranchus. Leyden 1867.
Hyrtl, J., Cryptobranchus japonicus. Schediasma anatomicum. Vindobonae 1865.
Jacquet, M., M., Anatomie comparée des systèmes sqelettaires et musculaires (Axolotl).
    Arch. Scienc. médic. de Bucarest. Nr. 3—4. Mai et Juillet 1899.
von Klinckowström, A., Zur Anatomie der Pipa americana. Zool. Jahrb. Abth. für
    Anatomie etc. VII. Bd. 1894.
Leydig. F., Anatomisch-histologische Untersuchungen über Fische und Reptilien. Berlin
    1853.
Mayer, Zur Anatomie der Amphibien. Analecten f. vergl. Anat. Bonn 1835.
von Mehely, L., Beitrag zur Kenntnis der Engystomatiden von Neu-Guinea. Termés
    zetrajzi Füzetek XXIV. Kötet. 1901. Budapest.
Müller, J., Beitr. z. Anat. d. Amphibien. Zeitschr. f. Physiol. T. IV. 1832.
Rusconi, M., Observations anatomiques sur la Siren mise en parallel avec le Protée etc.
    Pavie 1854.
— — Histoire naturelle, développement et métamorphose de la Salamandre terrestre.
    Paris 1854.
Rusconi, M., e Configliachi, Del Proteo anguineo di Laurenti monografia. Paris 1818.
Sarasin, P. u. F., Ergebnisse naturwissenschaftl. Forschungen auf Ceylon in den Jahren
    1884—1886. II. Bd. I. u. II. Heft.

Sarasin, P. u F., Zur Entwicklungsgeschichte und Anatomie der ceylonischen Blindwühle Ichthyophis glutinosus. Wiesbaden 1887—1890. (Enthält neben biolog. Notizen auch eine Menge interessanter morphologischer [embryologischer und histologischer] Thatsachen.)

Wiedersheim, R., Bemerkungen zur Anatomie des Euproctus Rusconii. Annal. del Museo civico di Stor. nat. di Genova. Vol. VII, 1875.

— — Die Anatomie der Gymnophionen. Jena 1879.

— — Salamandrina perspicillata und Geotriton fuscus. Versuch einer vergl. Anatomie der Salamandrinen. Genua 1875.

— — Zur Anatomie des Amblystoma Weismanni. Zeitschr. f. wiss. Zool. Bd. XXXII.

— — Beiträge zur Entwicklungsgeschichte von Proteus anguineus. Arch. f. mikr. Anat. Bd. XXXV. 1890.

— — Beitrag zur Entwicklungsgeschichte von Salamandra atra. Arch. f. mikr. Anatomie. Bd. XXXVI. 1890.

Wilder, Harris H., A Contribution to the Anatomy of Siren lacertina. Zoolog. Jahrb. IV. Bd. 1891.

Mehr biologischen Inhaltes sind:

Fatio, V., Faune des Vertébrés de la Suisse. Vol. III. Hist. nat. des Reptiles et des Batraciens. Genève et Bâle 1872.

Leydig, F., Die anuren Batrachier der deutschen Fauna. Bonn 1877.

— — Die Molche der württembergischen Fauna. Berlin 1867 und im Arch. f. Naturgeschichte. Bd. XXIII.

Schwalbe, G., Zur Biologie und Entwicklungsgeschichte von Salamandra atra u. maculosa. Zeitschr. f. Biol. Bd. XXXIV. N. F. Bd. XVI. 1897.

Eine der wichtigsten Quellen für die Anatomie der Fische und der Amphibien ist das oben schon erwähnte Handbuch der Zootomie von Stannius.

Zeller, E., Zur Neotenie der Tritonen. Jahresber. des Vereins für vaterländ. Naturkunde in Württemberg. 1899.

Reptilien.

van Bemmelen, J. F., Beiträge zur Kenntnis der Halsgegend bei Reptilien. I. Anatomischer Theil. Amsterdam 1889.

Bojanus, Anatome testudinis europaeae. Vilnae 1819—1821.

Cope, E. D., Vergl. die zahlreichen Schriften dieses Autors in den verschied. american. Fachzeitschriften.

Credner, H., Vergl. dessen im Litteraturverzeichnis über die Amphibien angeführten Schriften.

Dendy, A., Summary of the principal Results obtained in a Study of the Developement of the Tuatara (Sphenodon punctatum). Proc. Royal Soc. Vol. 63. 1898.

— — Outlines of the Developement of the Tuatara, Sphenodon (Hatteria) punctata. Quart. Journ. Micr. Sc. Vol. 42. p. 1. IV. 3 1899.

Duméril et Bibron, Erpétologie générale. Paris 1834—1854.

Duvernoy, Serpens. Ann. sc. nat. Sér. 1. T. XXX.

Günther, A., Contrib. to the Anatomy of Hatteria (Rhynchocephalus). Philos. Trans. 1867.

Hoffmann, C K., Reptilien in Bronn's Classen und Ordnungen des Thierreiches.

Leydig, F., Die in Deutschland lebenden Arten der Saurier. Tübingen 1872.

— — Ueber die einheimischen Schlangen. Zool. und anatom. Bemerkungen. Abhandlg. der Senckenbergischen naturforsch. Gesellsch. Bd. XIII. Frankfurt 1883.

Marsh, O. C., The Dinosaurs of North America. From the sixteenth annual report of the U. S. Geological Survey. Washington 1896.

Mehnert, E., Gastrulation und Keimblätterbildung der Emys lutaria taurica. I. Theil einer Entwicklungsgeschichte der Emys lutaria taurica. Morpholog. Arbeiten, herausgegeben von G. Schwalbe. I. Bd. 3. Heft. 1891. (Enthält ein Litteraturverzeichnis von 275, die Entwicklung und die Geschichte der Keimblätter der Chordaten behandelnden Arbeiten.)

Mitsukuri, K., On the Foetal Membranes of Chelonia etc. Journ. of the College of Science. Imperial University, Tokyo, Japan. Vol. IV. 1891. (Vergl. auch Vol. I.)

— — On the Process of Gastrulation in Chelonia. Journ. of the College of Science. Imp. University, Tokyo, Japan. Vol. VI. P. IV. 1893.

Mitsukuri, K., On the Fate of the Blastopore, the Relations of the Primitive Streak, and the Formation of the Posterior End of the Embryo in Chelonia, together with Remarks on the Nature of Meroblastic Ova in Vertebrates. Journ. of the College of Science. Imp. Univ., Tokyo, Japan. (Contribut. to the Embryology of Reptilia, V.) Vol. X. Pt. I. 1896.

Orlandi, S., Note anatom. sul Macroscincus Coctei (Barb. du Boc). Aus dem Mus. di Zool. e Anat. comp. della Università di Genova. No. 22. 1894. Atti Soc. Ligust. Sc. nat. Vol. V.

Osawa, G., Siehe die verschiedenen Aufsätze dieses Autors im Arch. f. mikr. Anatomie und Entwicklungsgeschichte. Bd. 47, 49, 51. 1896—98. (Vergl. auch die bei den einzelnen Organsystemen verzeichneten Arbeiten.)

Osborn, H. F., A complete Mosasaur Skeleton and a Skeleton of Diplodocus. Mem. Americ. Mus. of Nat. Hist. Vol. I. p. 1 and 2. October 1899.

— — Additional Charakters of the Great Herbivorous Dinosaur Camarasaurus. Ebendaselbst. Article XII. June 1898.

Owen, R., Descript. and illustr. catalogue of the Fossil Reptilia of South Africa.

Rathke, H., Entwicklungsgeschichte 1. der Natter, 2. der Schildkröten, 3. der Crocodile. (Königsberg 1837, Braunschweig 1848 und 1866.)

Schauinsland, H., Beitr. z. Biol. u. Entw. der Hatteria nebst Bemerkungen über die Entw. d. Sauropsiden. Anat. Anz. XV. Bd. 1899.

— — Weitere Beiträge zur Entwickl.-Geschichte der Hatteria. Arch. f. mikr. Anat. und Entw.-Gesch. Bd. 57. 1900.

Smalian, C., Beiträge zur Anatomie der Amphisbäniden. Zeitschr. für wiss. Zoologie. Bd. XLII. 1885.

Siebenrock, F., Vergl. die Arbeiten über Reptilien in den Annal. des K. K. naturhistor. Hofmuseums in Wien von 1892 ab.

— — Das Skelet von Brookesia superciliares Ruhl. Sitz.-Ber. d. K. Acad. der Wissensch. in Wien. Math.-Naturw. Cl., Bd. CII. Abth. I. 1893.

— — Das Skelet der Lacerta Simonyi Steind. und der Lacertidenfamilie überhaupt. Ebendaselbst CIII. Bd. I. Abth. 1894.

— — Das Skelet der Agamidae. Ebendaselbst 1895. Bd. CIV. Abth. I.

Thilenius, G., Vorl. Bericht über die Eiablage und erste Entwicklung der Hatteria punctata. Sitz.-Ber. d K. Preuss. Akad. d. Wissensch. zu Berlin. XIV. 1899.

Voeltzkow, A., Beitr. z. Entw.-Gesch. d. Reptilien. Biologie u. Entwicklg. der äuss. Körperform von Crocodilus madagascariensis. Grand. Abhdlg. d. Senckenberg. naturf. Gesellsch. Bd. XXVI. H. 1. 1899.

Wiedersheim, R., Zur Anatomie und Physiologie des Phyllodactylus europaeus etc. Morphol. Jahrb. I. 1876.

— — Labyrinthodon Rütimeyeri. Abhandl. der Schweizer Paläontol. Gesellsch. Vol. V. 1878.

Zittel, K., Ueber Flugsaurier aus dem lithogr. Schiefer Bayerns. Palaeontographica N. F. IX. 2. (XXIX.)

Eine der wichtigsten Quellen für die Anatomie der Reptilien ist das oben schon erwähnte Handbuch der Zootomie von Stannius.

Bezüglich der fossilen Reptilien verweise ich auf die Palaeontographica und andere paläontologische Zeitschriften. (Vergl. auch die Schriften von Zittel, Marsh und Cope.)

Vögel.

Baur, G., W. K. Parker's Bemerkungen über Archaeopteryx. 1864. Enthält zugleich eine Zusammenstellung der wichtigsten Litteratur über diesen Vogel. Zool. Anzeiger 1886.

Cuvier, G., Leçons d'anatomie comparée. II. édit. T. IV. Paris 1835.

Dames, W., Ueber Archaeopteryx. Paläontol. Abhandl., herausgeg. von W. Dames und E. Kayser. Bd. II. Heft 3. Berlin 1884. Vergl. auch Sitz.-Ber. der K. preuss. Akad. d. Wissensch. 1897. (Brustbein, Schulter- und Beckengürtel der Archaeopteryx.)

Fürbringer, M., Untersuchungen zur Morphologie und Systematik der Vögel, zugleich ein Beitrag zur Anatomie der Stütz- und Bewegungsorgane. I. Specieller Theil: Brust, Schulter und proximale Flügelregion der Vögel. II. Allgemeiner Theil: Resultate und Reflexionen auf morphol. Gebiete, systematische Ergebnisse und Folgerungen. Amsterdam 1888. Vergl. auch den Auszug im Biolog. Centralblatt. Bd. IX und X bis Bd. XVII.

Marsh, O. C., Odontornithes, a Monograph on the extinct toothed birds of North-America. Washington 1880.

Marshall, W., Der Bau der Vögel (Weber's naturwissenschaftl. Bibliothek). Leipzig 1895.
von Menzbier, M., Vergl. Osteologie der Pinguine. In Anwendung zur Haupteintheil-ung der Vögel. Bull. de la Société Imp. des Naturalistes de Moscou. 1887. Nr. 2. (Enthält reiche Beiträge zur Genealogie der Vögel).
Milne-Edwards, A., Recherches sur la faune ornithologique éteinte des îles Mascareignes et de Madagascar. 1866—1879.
Owen, R., 1. Aves; in Todd's Cyclopaedia I. 2. On the anatomy of the southern apteryx. Transact. Zool. Soc. Vol. II, III.
Parker, W. K., On the Morphology of the Duk and the Auk Tribes. R. Irish Academy. Cunningham Memoirs. No. VI. Dublin 1890. (Behandelt das ganze Skeletsystem).
Parker, T. Jeffery, Observations on the Anatomy and Development of Apteryx. Philos. Transact. Royal Soc. London. Vol. 182. 1891. Additional Observations etc. Eben-daselbst Bd. 183, 1892,
de Quatrefages, A., Les Moas et les chasseurs de Moas. Annal. des scienc. nat. Zool. und Palaeontologie T. XVI. Nr. 4, 5, 6. Paris 1883.
Selenka, E., Bronn's Classen und Ordnungen des Thierreiches. Abtheil.: Vögel. Ist von H. Gadow zu Ende geführt.
Tiedemann, F., Anatomie und Naturgeschichte der Vögel. Heidelberg 1810—1814.
    Zahlreiche anatomische Angaben von R. Wagner und Nitsch finden sich in Naumann's „Naturgeschichte der Vögel Deutschlands".
    Alle übrigen Werke über die Vögel befassen sich nur mehr oder weniger mit ein-zelnen Organsystemen. (Vergl. die Litteratur hierüber.)

Säugethiere.

Barkow, H. C. L., Comparative Morphologie des Menschen und der menschenähnlichen Thiere. Breslau 1862—1866. 5 Theile.
van Beneden und Gervais, Ostéographie des Cetacées. Paris 1868—1880.
Blainville, H., Ducrotay de, Ostéographie ou description iconographique comp. des Mammifères réc. et fossiles. 4 Bde. Text und Atlas mit 323 Taf. Paris 1839—1864.
Brandt, Untersuchungen über die fossilen und subfossilen Cetaceen Europas. Mém. Acad. Petersbourg 1873.
Bronn's Classen und Ordnungen des Thierreiches. Die Säugethiere sind bearbeitet von Giebel und Leche (noch nicht vollendet).
Burmeister, Annales del Museo publico de Buenos-Aires, 1874—1889.
— — Beitr. z. näh. Kenntnis der Gattung Tarsius. Berlin 1846.
Bischoff, Th. L. W., Beitr. z. Anat. d. Genus Hylobates leuciscus. München 1873.
Caldwell, W. H., The Embryology of Monotremata and Marsupialia Part I. Philos. Transact. Royal Soc. London. Vol. 178. 1887. (Enthält zugleich viele Angaben über die Monotremen- und Marsupialier-Litteratur.)
Camerano, L., Ricerche intorno all' anatomia di un feto di Otaria jubata (Forster). Memorie delle Reale Accademia delle Scienze di Torino. Ser. II. Tom. XXXV. 1882.
Cope, E. D., Report upon the U. St. Geogr. Surveys west of 100th Meridian. Vol. IV. Paleontology, 1877. (Vergl. auch dessen zahlreiche Abhandlungen in den Proceed. of the Philadelphia Academy of nat. hist. und im American Naturalist.)
Cuvier, G., Rech. sur les ossements fossiles. 4. Ed. 1834—36.
Ellenberger, W., und H. Baum, Systemat. und topogr. Anatomie des Hundes. Berlin 1891.
Eschricht, Zoologisch-anatomisch-physiologische Untersuchungen über die nordischen Walthiere. Leipzig 1849.
Delage, Y., Histoire du Balaenoptera musculus. Arch. d. Zool. expérimentale et générale. 2. sér. t. III. 1885 ed. 1887.
Dollo, L., Les ancêtres des Marsupiaux étaient — ils arboricoles? Miscell. biolog. dediées au Prof. A. Giard à l'occasion du XXVe Anniversaire de la Fondation de la Station zool. de Wimereux 1874—1899. Paris 1899.
Duvernoy, G. L., Caract. anat. des grands singes. Arch. d. Museum T. III.
Fick, R., Vergl.-anatom. Studien an einem erwachsenen Orang-Utang. Archiv f. Anat. u. Physiol., Anat. Abtheil. 1895.
Filhol, Recherches sur les Phosphorites du Quercy. Études sur les fossiles qu'on y rencontre et spécialement les mammifères. Annal. des scienc. géolog. VII. VIII. Mammi-fères fossiles de St.-Gérard le Puy. Ibid. X. Mammifères de Ronzon, XII. Vergl. auch XIV. XXI.
Fleischmann, A., Embryol. Untersuchungen. A. Die Stammesgeschichte der Nagethiere. B. Die Umkehr der Keimblätter. Wiesbaden 1891.

Fletscher, J. J., Catalogue of papers and works relating to the mammaliau orders, Marsupialia and Monotremata. Extracted from Vol. IX. Part 3 of the Proceedings of the Linnean Society of New South Wales. (Enthält auf 55 Seiten ein ausführliches Litteraturverzeichnis über Marsup. und Monotremen.)

Flower, W. H., Introduction to the Osteology of the Mammalia. 3th ed. London 1885.

Frank, L., Anatomie der Hausthiere. Stuttgart 1871.

Gaudry, A., Animaux fossiles et Géologie de l'Attique. Paris 1862—67.

— — Die Vorfahren der Säugethiere in Europa. Aus dem Französischen übersetzt von W. Marshall. Leipzig 1891.

Giacomini, C., Annotazioni sulla Anatomia del Negro. Fünf Abtheilungen. Torino 1878—1892.

Giebel, C. G., Die Säugethiere in zoologischer, anatomischer und paläontologischer Beziehung. 1855.

Guldberg, G., Études sur la Dyssymétrie morphologique et fonctionelle chez l'homme et les Vertébrés supérieurs. (Aus d. Festschr. f. d. Regier.-Jubiläum König Oscar II. von Schweden.) Christiania 1897.

Günther, M., Haarknopf und innere Wurzelscheide des Säugethierhaares. Inaug.-Dissert. Berlin 1895.

Gurlt, Handbuch der vergl. Anatomie der Haussäugethiere. Berlin 1860.

van der Hoeven, J., (Stenops). Verhand. d. Acad. Amsterdam T. VIII.

Hubrecht, A. A. W., The Descent of the Primates. Lectures delivered on the occasion of the sesquicentennial Celebration of Princeton University. New York 1897.

Hyrtl, J., (Chlamydophorus truncatus). Denkschr. d. Wiener Acad. Bd. IX. 1855.

Kohlbrügge, J. H. F., Versuch einer Anat. d. Genus Hylobates in M. Weber's Zool. Ergebn. Bd. II. Leiden 1891.

Kowalewsky, W., Sur l'Anchitherium Aurelianense Cuv. (Académie de St. Petersbourg, 1873.) — Osteology of the Hyopotamidae. Philosophic. Transactions, 1873. — Versuch einer natürlichen Classification der fossilen Hufthiere. Monographia der Gattung Anthracotherium, Palaeontographica, 1876.

Krause, W., Anat. des Kaninchens. 2. Aufl. Leipzig 1884.

Kükenthal, W., Vergl. anatomische und entwicklungsgeschichtliche Untersuchungen an Walthieren. I. Theil (Haut, Hand und Centralnervensystem der Cetaceen). Jena 1889. II. Theil (Die Entwicklung der äusseren Körperform, Bau und Entwicklung äusserer Organe, die Bezahnung).

— — Ueber die Entstehung und Entwicklung des Säugetierstammes. Biolog. Centralbl. XII. Bd. Nr. 13, 1892.

— — Vergl. anatomische und entwicklungsgeschichtliche Untersuchungen an Sirenen. Mit Atlas. Aus „Zoolog. Forschungsreisen in Australien und dem malayischem Archipel" von R. Semon. IV. Bd. 1. Lief. 1897.

Leisering und Müller, Handbuch der vergl. Anatomie der Haussäugethiere. 1885.

Leyh, Handbuch der Anatomie der Hausthiere. 1850.

Leche, W., Zur Anatomie der Beckenregion bei Insectivora etc. K. Schwed. Acad. der Wissensch. Bd. XX. 1882.

— — Ueber die Säugethiergattung Galeopithecus. Ebendaselbst Bd. XXI. Nr. 11. 1885.

— — (Galeopithecus). K. Schwed. Acad. d. Wissensch Bd. XXI. 1885.

Leidy, L., The ancient Fauna of Nebraska. 1853.

— — Contrib. to the extinct Vertebrate Fauna of the Western Territories. United States' Geological Survey I. Washington 1873.

Marsh, O. C., Dinocerata, an extinct order of gigantic Mammals. Washington 1884.

— — Zahlreiche Abhandlungen im Americ. Journ. Sc. 1874—1897.

Meckel, J. F., Ornithorhynchi paradoxi descriptio anatomica. Leipzig 1826.

Murie, J., (Manatus). Transact. Zool. Soc. Vol. VIII.

— — (Globiocephalus, Otaria, Trichechus). Ebendaselbst Vol. VII. VIII.

— — (Lemuriden). Ebendaselbst Vol. VII.

Osborn, H. F., Present Problems in Evolution and Heredity. The Cartwright Lectures for 1892. Reprint. from the Medical Record. Feb. 20, March 5, April 23 and May 14, 1892.

— — The Origin of Mammalia. Americ. Naturalist Vol. 32. Nr. 377. May 1898. Vergl. auch Americ. Journ. of Science Vol. VII. Febr. 1899 und Proceed. of the Internat. Congr. of Zoology, Cambridge 1898. Vergl. die grosse Zahl interessanter Arbeiten dieses Autors, welche im Anhang des Aufsatzes: „Correlations between Tertiary Mammal Horizons of Europe and America" (Annals N. Y. Acad. Sc. Vol. XIII. Nr. 1. Juli 1900) zusammengestellt sind.

— — Memoirs of the American Museum of Natural History. Vol. I. Part 3. The extinct Rhinozeroses. April 1898.

Osborn, H. F., A Complete Skeleton of Teleoceras fossiger. Notes upon the Growth and Sexual Characters of this Species. Bull. Americ. Museum of Natural History. Vol. X. Article IV. March, 1898.

— — A Complete Skeleton of Coryphodon radians. Notes upon the Locomotion of this Animal. Ebendaselbst. Article VI. New York, April, 1898.

— — Remounted Skeleton of Phenacodus primaevus. Comparison with Euprotogonia. Ebendaselbst. Article IX. May, 1898.

— — Evolution of the Amblypoda. Part I. Taligrada and Pantodonta. Ebendaselbst. Article XI. June, 1898.

Owen, R., (Giraffe). Transact. Zool. Soc. Vol. II.

— — (Rhinoceros). Ebendaselbst. Vol. IV.

— — (Myrmecophaga). Ebendaselbst.

— — Monograph. on the Aye-Aye. London 1863.

— — Extinct Mammals of Australia. London 1877. Mit 131 Tafeln.

— — Monograph. of the fossil Mammalia of the mesozoic formation. Palaeontol. Society 1871. Vergl. auch Monotremata und Marsupialia in Todd's Cyclopaedia.

Peters, W., (Chiromys). Abh. d. Berl. Acad. 1865.

Pouchet, G., Mém. sur le grand Fourmilier. Paris 1874.

Rapp, 1. Anatom. Untersuchungen über die Edentaten, 2. Die Cetaceen. Stuttgart und Tübingen 1837.

Reighard, J., and H. S. Jennings, Anatomy of the Cat. New York 1901.

Rütimeyer, L, Die Fauna der Pfahlbauten der Schweiz. Basel 1861.

— — Beitrag zur Kenntnis der fossilen Pferde. Basel 1863.

— — Ueber die Herkunft unserer Säugethiere. Basel 1867.

— — Versuch einer natürl. Geschichte des Rindes. Abh. der Schweiz. paläontol. Gesellschaft. Bd. XXII. 1877 fg.

— — Die natürliche Geschichte der Hirsche. Ebendaselbst 1880.

— Die eocäne Säugethierwelt von Egerkingen. Ebendaselbst 1891.

Schmidt, O., Die Säugethiere in ihrem Verhältnis zur Vorwelt. (Internationale wissenschaftl. Bibliothek. 45. Bd.) Leipzig 1884.

Semon, R., Zoolog. Forschungen in Australien etc. II. Bd. I. Liefg. Monotremen und Marsupialier. 1. Beobacht. über die Lebensweise und Fortpflanzung der Monotremen nebst Notizen über ihre Körpertemperatur. 2. Die Embryonalhüllen der Monotremen und Marsupialier. 3. Zur Entwicklungsgeschichte der Monotremen.

Strauss-Dürckheim, H., Anatomie du Chat. Vols. II. Paris 1845.

Struthers, J., Anat. of the Humpback Whale. Edinburg 1889.

Vrolik, W., Rech. d. anat. comp. sur le Chimpausc. Amsterdam 1841.

Weber, M., Studien über Säugethiere. I Th. Ein Beitrag zur Frage nach dem Ursprung der Cetaceen. Jena 1886. II. Th. Jena 1898.

— — Anatomisches über Cetaceen. Morphol. Jahrb. Bd. XIII. 1888. (Handelt über Carpus und Magen.)

— — Zoolog. Ergebnisse einer Reise in Niederländ. Ost-Indien. Bd. II. Beitr. zur Anat. und Entwickl. des Genus Manis. Leiden 1891.

Wiedersheim, R., Der Bau des Menschen als Zeugnis für seine Vergangenheit. Berichte der naturforsch. Gesellsch. zu Freiburg i. B. Bd. II. 1887. — II. Aufl. (illustriert) separat erschienen. Freiburg i. B. 1893. Ins Englische übersetzt: 1896. III. Aufl. 1902.

Wortmann, J. L., The extinct Camelidae of North-America and some Associated Forms Bull. Americ. Mus. of Nat. Hist. Vol. X. Art. VII. New-York 1898.

Zuckerkandl, E., Zur Anatomie von Chiromys Madagascarensis. Denkschr. d. K. Acad. der Wissensch. zu Wien. Math. Naturw. Cl. Bd. LXVIII. 1899.

Bezüglich weiterer Schriften vergl. Owen, Milne-Edwards, Camper, Peters, Duvernoy u. v. A. Vergl. auch die Abhandlungen der deutschen, englischen, französischen, russischen und holländischen Academieen und Gesellschaften.

Litteraturangaben über die einzelnen Organsysteme.

A. Integument[1].

a) Fische.

Bottard, A., Les Poissons venimeux, Contribution à l'Hygiène navale. Paris 1889. (Enthält eine ausführliche Uebersicht der Litteratur über die Giftorgane bei Fischen.)

Brandes, G., Die Leuchtorgane der Tiefseefische etc. Zeitschr. f. Naturw. Bd. 71.

Burckhard, R., On the Luminous Organs of Selachian Fishes. Annal. and Magaz. of Nat. Hist. Ser. 7, Vol. VI. Decbr. 1900.

Bujor, P. (Vergl. dessen Aufsatz im „Verzeichnis wichtiger, auf einzelne Thiere und Thiergruppen sich erstreckender Arbeiten“ etc.)

Emery, C., Intorno alle macchie splendenti della pelle nei pesci del genere Scopelus. Mittheil. a. d. Zoolog. Station zu Neapel, Bd. V.

Fritsch, G., Die äussere Haut und die Seitenorgane des Zitterwelses (Malopterurus electricus). Sitz.-Ber. der K. Preuss. Acad. der Wissensch. XXII. 1886.

— — Die elektrischen Fische. Leipzig 1887 und 1890.

Handrick, K., Zur Kenntnis des Nervensystems und der Leuchtorgane des Argyropelecus hemigymnus. Zoologica. Original-Abhandl. aus dem Gesamtgebiete der Zoologie. Herausg. v. C. Chun. Heft 32. XIII. Bd. I. Lief. Stuttgart 1901.

Hirota, S., On the Dendritic Appendage of the Urogenital Papilla of a Siluroid. Journ. of the Coll. of Science, Imp. University, Japan. Vol. VIII. Part. II. 1895.

Hubrecht, A. A. W., Fische; in Bronn's Classen und Ordnungen des Thierreiches.

Kapelkin, W., Der histologische Bau der Haut von Petromyzon. Bull. de Moscou. 1896.

Langerhans, P., Unters. über Petromyzon Planeri. Verhandl. der naturf. Gesellsch. zu Freiburg i. Br. 1875.

— — Unters. über den Bau des Amphioxus lanceolatus. Morph. Jahrb. Bd. II. 1876.

von Lendenfeld, R., Die Leuchtorgane der Fische. Biol. Centralbl. Bd. VII. 1887.

Leydig, F., Anat.-hist. Unters. über Fische und Reptilien. Berlin 1853.

— — Beitr. zur mikr. Anat. und Entwicklungsgeschichte der Rochen und Haie. Leipzig 1852.

— — Die augenähnlichen Organe der Fische. Bonn 1881.

— — Lehrbuch der Histologie des Menschen und der Thiere. Frankfurt 1857.

— — Neue Beitr. zur anatomischen Kenntnis der Hautdecke und Sinnesorgane der Fische. Halle 1879.

— — Zur Anatomie und Histologie der Chimaera monstrosa. Arch. f. mikr. Anatomie. Bd. III. 1867.

— — Integument brünstiger Fische und Amphibien. Biolog. Centralbl. Bd. XII. 1892.

— — Besteht eine Beziehung zwischen Hautsinnesorganen und Haaren? Biolog. Centralbl. Bd. XIII. 1893.

List, J., Ueber Wanderzellen im Epithel. Zool. Anzeig. No. 198. VIII. Jahrg. 1885. Vergl. auch Arch. f. mikr. Anat. Bd. XXV.

Maurer, F., Die Epidermis und ihre Abkömmlinge. Leipzig 1895. (Erstreckt sich auf alle Wirbelthierklassen.)

Parker, W. N., On the poison-organs of Trachinus. Anat. Anz. III. Jahrg. 1888.

Rolph, W., Untersuchungen über den Bau des Amphioxus lanceolatus. Morph. Jahrb. Bd. II. 1876.

Sacchi, Maria, Sulla struttura del tegumento negli embrioni ed avannotti del Salmo lacustris. Rend. del R. Istituto Lombardo. Vol. XX. fasc. XV—XVI. Milano 1887.

— — Sulla struttura degli organi del veleno della Scorpena. Bull. Mus. di Zool. e Anat. comp. della R. Università di Genova. No. 30 e 36. 1895. Publ. i. d. Atti Soc. Ligust. Sc. Nat. e Geogr. Vol. VI.

Schulze. F. E, Epithel- und Drüsenzellen. Arch. f. mikr. Anat. Bd. III.

— — Ueber cuticulare Bildungen und Verhornungen von Epithelzellen bei Wirbelthieren. Arch. f. mikr. Anat. Bd. V (erstreckt sich auch auf andere Wirbelthierklassen).

Schultze, M., Die kolbenförmigen Gebilde in der Haut von Petromyzon und ihr Verhalten im polaris. Licht. Arch. f. Anat. u. Phys. 1861.

Solger, B., Zur Kenntnis der Verbreitung von Leuchtorganen bei Fischen. Arch. f. mikr. Anat. Bd. XIX.

---

[1] Vergl. auch die Litteratur über die Sinnesorgane.

Solger, B., Ueber pigmentierte Zellen und deren Centralmasse. Mittheil. d. naturw. Vereines von Neuvorpommern und Rügen. 22. Jahrg. 1890.
Ussow, M., Ueber den Bau der sogen. augenähnlichen Flecken einiger Knochenfische. Bull. Soc. imp. des Naturalistes de Moscou. T. LIV.
Wolff, G., Die Cuticula der Wirbelthierepidermis. Jenaische Zeitschrift. Bd. XXIII. N. F. XVI. 1889.

b) Amphibien.

Calmels, Étude histologique des glandes à venin du crapaud et recherches sur les modifications apportées dans leur évolution normale par l'excitation électrique de l'animal. Arch. de Phys. T. XV. 1883.
Carrière, J., Die postembryonale Entwicklung der Epidermis des Siredon pisciformis. Arch. f. mikr. Anat. Bd. XXIV. 1884.
Drasch, Beobacht. an lebenden Drüsen mit und ohne Reizung der Nerven derselben. Arch. f. Physiol. 1889.
— — Ueber die Giftdrüsen des Salamanders. Verhandl. d. Anat. Gesellsch. auf der VI. Versammlung zu Wien, 1892.
Eberth, Unters. z. norm. u. pathol. Anat. d. Froschhaut. Leipzig 1869. W. Engelmann.
Ecker, A. und Wiedersheim, R., Die Anatomie des Frosches. Braunschweig 1864—82. Osteologie und Myologie in II. Aufl. 1886. III. Aufl. bearbeitet von E. Gaupp. 1896.
Engelmann, W., Die Hautdrüsen des Frosches. Pflüger's Arch. f. Physiol. Bd. V u. VI.
Ficalbi, E., Ricerche sulla Struttura minuta della Pelle degli Anfibi. Pelle degli anuri della famiglia delle Hylidae. Atti della R. Accademia Peloritana in Messina. Anno XI. 1897. Enthält ein 174 Nummern umfassendes Litteratur-Verzeichnis über die Amphibien.
Fischel, A., Zur Histologie der Urodelen-Cornea und des Flimmerepithels. Anatom. Hefte, XLVIII. Heft (XV. Bd., H. 2) 1900.
Göppert, E., Zur Phylogenie der Wirbelthierkralle. Morph. Jahrb. Bd. XXV. 1896. (Bezieht sich auf Amphibien und Amnioten.)
Haller, B., Ueber das blaue Hochzeitskleid des Grasfrosches. Zool. Anz. No. 207. 1885.
Heidenhain, M., Ueber das Vorkommen von Intercellularbrücken zwischen glatten Muskelzellen und Epithelzellen des äusseren Keimblattes und deren theoretische Bedeutung. Anat. Anz. VIII. Jahrg. 1893.
— — Die Hautdrüsen der Amphibien. Sitz.-Ber. d. Würzburger Physical.-med. Gesellsch 1893.
Hoffmann, C. K., Bronn's Classen u. Ordnungen des Thierreiches. Abth. Amphibien.
Huber, O., Ueber Brunstwarzen bei Rana temporaria. Zeitschr. f. wiss. Zool. Bd. XLV.
Junius, P., Ueber die Hautdrüsen des Frosches. Arch. f. Anatomie u. Entwicklungsgeschichte. 47. Bd. 1896.
Kromeyer, E., Einige epitheliale Gebilde in neuer Auffassung. Beiträge zur Pigmentfrage. Dermatol. Zeitschr. Bd. IV. H. 3. 1897.
Langerhans, P., Ueber die Haut der Larve von Salamandra maculosa. Arch. f. mikr. Anat. Bd. IX.
Leydig, F., Die Anuren Batrachier der deutschen Fauna. Bonn 1877.
— — Die Hautdecke und Hautsinnesorgane der Urodelen. Morph. Jahrb. Bd. II. 1876.
— — Lehrbuch der Histologie des Menschen und der Thiere. Frankfurt 1857.
— — Ueber die allgemeinen Bedeckungen der Amphibien. Arch. f. mikr. Anat. Bd. XII. 1876.
— — Zum Integument niederer Wirbelthiere abermals. Biolog. Centralbl. XII. Bd. No. 14 und 15. 1892. (Behandelt vorzugsweise Amphibien, daneben auch Fische, Reptilien und Mollusken. Der Verfasser giebt darin eine Uebersicht über alle seine zahlreichen Arbeiten, soweit sie sich auf das Integument der Wirbelthiere beziehen [vergl. auch Bd. XIII. 1893]).
— — Vascularisirtes Epithel. Arch. f. mikr. Anat. u. Entw.-Gesch. Bd. LII. 1898. (Enth. u. a. eine Litteratur-Uebersicht über bis zur Epidermis vordringende Blutgefässe bei Anneliden und Amphibien.)
Maurer, F., Glatte Muskelzellen in der Cutis der Anuren und ihre Beziehung zur Epidermis. Morphol. Jahrb. Bd. XXI. 1894.
— — Die Vascularisirung der Epidermis bei anuren Amphibien zur Zeit der Metamorphose. Morphol. Jahrb. Bd. XXVI. 1898.
Nicoglu, Ph., Ueber die Hautdrüsen der Amphibien. Zeitschr. f. wiss. Zool. LVI. Bd. 1893. (Enthält auch ein ausgedehntes Litteraturverzeichnis.)
Paulicki, Ueber die Haut des Axolotls. Archiv f. mikr. Anat. Bd. XXIV. 1884.

Pfitzner, W., Die Epidermis der Amphibien. Morph. Jahrb. Bd. VI. 1880.
— — Die Leydig'schen Schleimzellen in der Epidermis der Larve von Salamandra maculosa. Inaug.-Diss. Kiel 1879.
Sarasin, P. und F., Zur Entwicklungsgeschichte und Anatomie der ceylonesischen Blindwühle Ichthyophis glutinosus (vergl. die Litteratur der Monographieen).
Schuberg, A., Ueber den Bau und die Function der Haftapparate des Laubfrosches. In: Arbeiten aus dem zool.-zoot. Institut Würzburg. Bd. X. 1891.
— — Beitr. zur Kenntnis der Amphibienhaut. Zool. Jahrb. VI. Bd.
Schulz, P., Ueber die Giftdrüsen der Kröten und Salamander. Arch. f. mikr. Anat. Bd. XXXIV. 1889.
Studnička, F. K., Ueber die Structur der sog. Cuticula und die Bildung derselben aus den intercellularen Verbindungen in der Epidermis. Sitz.-Ber. d. k. böhm. Gesellsch. d. Wissensch. Math.-naturw. Classe. 1897.
Tonkoff, W., Ueber die elast. Fasern in der Froschhaut. Arch. f. mikr. Anat. u. Entw.-Gesch. Bd. LVII. 1900.
Weiss, O., Ueber die Hautdrüsen von Bufo cinereus. Arch. f. mikr. Anat. u. Entw.-Gesch. Bd. LIII. 1898.
Wiedersheim, R., Die Anatomie der Gymnophionen. Jena 1879.
— — Die Kopfdrüsen der geschwänzten Amphibien und die Glandula intermaxillaris der Anuren. Zeitschr. f. wissensch. Zoologie. Bd. XXVII.
Zalesky, Ueber das Samandarin, med.-chem. Untersuchungen, herausgeg. von Hoppe-Seyler. Berlin 1866.

c) Reptilien.

Batelli, A., Beiträge zur Kenntnis des Baues der Reptilienhaut. Arch. f. mikr. Anat. Bd. XVII.
Blanchard, H., Recherches sur la structure de la peau des lézards. Bull. de la Soc. zool. de France 1880.
Braun, M., Zur Bedeutung der Cuticularborsten auf den Haftlappen der Geckotiden. Arb. aus d. zool.-zoot. Institut in Würzburg. Bd. IV.
Cartier, O., Studien über den feineren Bau der Haut bei den Reptilien. Verhandl. der phys.-med. Gesellsch. zu Würzburg. N. F. III, V.
Ficalbi, E., Ricerche istologiche sul Tegumento dei Serpenti. Atti d. Soc. Toscana d. Scienze nat. Vol. IX. 1888. (Ein Auszug in französ. Sprache erschien im Arch. Ital. de Biologie. T. X. Turin 1888.)
— — Osserv. sulla Istologia della Pelle dei Rettili Cheloniani. Atti d. R. Accadem. dei Fisiocritici. Ser. IV. Vol. I. Siena 1889.
Hoffmann, C. K., Bronn's Classen und Ordnungen des Thierreiches. Abtbl.: Reptilien.
Kerbert, C., Ueber die Haut der Reptilien und anderer Wirbelthiere. Arch. f. mikr. Anat. Bd. XIII.
Lvoff, Beitr. zur Histologie der Haut der Reptilien. Bulletin. Moscou 1885.
Oppenheimer, E., Ueber eigenthümliche Organe in der Haut einiger Reptilien. Ein Beitrag zur Phylogenie der Haare. Morphol. Arbeiten, herausgeg. von G. Schwalbe, V. Bd. 3. H. 1896.
Osawa, G., Beiträge zur feineren Structur des Integumentes der Hatteria punctata. Arch. f. mikr. Anat. etc. Bd. XXXXVII. und die folg. Bände.
Thilenius, G., Der Farbenwechsel von Varanus griseus, Uromastix acanthinurus und Agame inermis. Morphol. Arbeit. VII. Bd. 3. H. 1897.
Tornier, G., Ein Eidechsenschwanz mit Saugscheibe. Biol. Centralbl. Bd. XIX. 1899.

d) Vögel.

Davis, H. R., Zur Entwicklung der Feder und ihre Beziehungen zu anderen Integumentalgebilden. Morphol. Jahrb. Bd. XV. 1889. (Enthält u. A. eine ausgedehnte Litteraturübersicht.)
Dames, W., Ueber Archaeopteryx. (Vergl. die allgem. Uebersicht der Vogel-Litteratur.)
Ficalbi, E., Sulla architettura istologica di alcuni peli degli uccelli con considerazioni sulla Filogenia dei peli e delle penne. Atti della Società Toscana di Science Naturali Memor. Vol. XI. 1890.
Gardiner, E., Beitr. zur Kenntnis des Epitrichiums und der Bildung des Vogelschnabels. Inaug.-Dissert. Leipzig 1884.
Haecker, V., Ueber die Farben der Vogelfedern. Arch. f. mikr. Anat. Bd. XXXV. 1890.

Haecker, V., und Meyer, G., Die blaue Farbe der Vogelfedern. Zool. Jahrb. Abth. für Systematik, Geogr. u. Biologie der der Thiere. XV. Bd. 2. H. 1901.
Hurst, C. H., The Structure and habits of Archaeopteryx. Studies in Biology from the Biological Department of the Owens College. Vol. III. Manchester 1895.
Keibel, F., Zur Ontogenie und Phylogenie von Haar und Feder. Anat. Hefte. II. Abth. 1895. (Enthält auch ein umfassendes Litteraturverzeichnis.)
Leydig, F., Lehrbuch der Histologie. Frankfurt 1857.
de Meijere, J. C. H., Ueber die Federn der Vögel, insbesondere über ihre Anordnung. Morphol. Jahrb. XXIII. Bd.
Nitzsch, System der Pterylographie, herausgeg. v. Burmeister, Halle 1840.
Studer, Th., Die Entwicklung der Federn. Inaug.-Diss. Bern 1873.
— — Beiträge zur Entwicklungsgeschichte der Feder. Zeitschr. f. wiss. Zool. Bd. XXX.

e) Säuger (Milchdrüsen).

Alsheimer, A., Ueber die Ohrenschmalzdrüsen. Inaug.-Dissert. Würzburg. 1888.
von Bardeleben, K., Ueber 600 neue Fälle von Hyperthelie bei Männern. Verhandl. der Anat. Gesellschaft auf der VI. Versammlung zu Wien, 1892.
Beard, J., The Bird-period of Trichosurus vulpecula. Zoolog. Jahrb. XI. Bd. 1897. (Handelt u. A. von der Anlage des Mammarorgans.)
Blanchard, R., Sur un cas de polymastie et sur la signification des mamelles surnuméraires. Bull. de la Société d'anthropologie, Séance du 19 Mars 1885.
Blaschko, A., Beiträge zur Anatomie der Oberhaut. Arch. f. mikr. Anat. Bd. XXX.
Boas, J. E. V., Ein Beitrag zur Morphologie der Nägel, Krallen, Hufe und Klauen der Säugethiere. Morphol. Jahrb. Bd. XI. 1884. (Vergl. auch Bd. XXI. 1894.)
Bonnet, R., Haarspiralen und Haarspindeln. Morphol. Jahrb. Bd. XI.
— — Ueber Eingeweidemelanose. Verhandl. d. Physical.-Med. Gesellsch. zu Würzburg. N. F. XXIV. Bd. 1890.
— — Ueber Hypertrichosis congenita universalis. Anat. Hefte, herausgeg. von F. Merkel und R. Bonnet. Heft III. 1892.
— — Die Mammarorgane im Lichte der Ontogenie und Phylogenie. Anatom. Ergebnisse. Bd. II. 1892.
— — Die Mammarorgane im Lichte der Ontogenie und Phylogenie. Ergebn. d. Anat. u. Entw.-Geschichte. VII. Bd. 1897.
Bowen, J. T., The epitrichial Layer of the human Epidermis. Anat. Anz. IV. Jahrg. 1889.
Brandt, A., Zur Phylogenie der Säugethierhaare. Biol. Centralbl. XX. Bd. Nr. 17. 1900.
Burckhardt, G., Ueber embryonale Hypermastie und Hyperthelie. Anat. Hefte. I. Abth. Heft 26 (8. Bd. H. 3). 1897.
Calef, A., Studio istologico e morfologico di un' appendice epiteliale del pelo nella pelle del Mus decuma nus var. albina e del Sus scropha. Anat. Anz. XVII. Bd. 1900.
Creighton, C., On the Development of the Mamma etc. Journal of Anat. and Physiol. Vol. XI.
von Dombrowski, R., Geweihe und Gehörne. Naturwissenschaftl. Studie. Wien 1885. Mit 40 Tafeln in Tondruck.
Ebner, v. V., Mikr. Studien über Wachsthum u. Wechsel der Haare. Wien. Sitz.-Ber. Bd. LXXIV. Abth. III.
Ecker, A., Ueber abnorme Behaarung des Menschen etc. Gratul.-Schrift f. v. Siebold, 1878. Abgedr. im „Globus“ 1878.
— — Der Steisshaarwirbel (Vertex coccygeus), die Steissbeinglatze (Glabella coccygea) und das Steissbeingrübchen (Foveola coccygea) etc. Arch. f. Anthropologie. Bd. XII.
Eckert, A., Zur Kenntnis der Schenkelmammae. Ber. d. Naturforsch.-Gesellsch. zu Freiburg i. Br. Bd. X. H. 1.
Eggeling, H., Ueber die Stellung der Milchdrüsen zu den übrigen Hautdrüsen. I. Mitth.: Die ausgebildeten Mammardrüsen der Monotremen und die Milchdrüsen der Edentaten nebst Beobachtungen über die Speicheldrüsen der letzteren. Aus Semon, Zool. Forsch.-Reisen in Australien und dem Malayisch. Archipel. (Jenaische Denkschr. Bd. VII.)
— — Ueber die Hautdrüsen der Monotremen. Verhandl. der anat. Gesellsch. XIV. Versamml. Pavia 1900.
— — Ueber die Stellung der Milchdrüsen zu den übrigen Hautdrüsen. Aus Semon, Zoolog. Forschungsreisen. Bd. IV. Jen. Denkschr. Bd. VII. 1901.
— — Ueber die Schläfendrüse des Elephanten. Biol. Centralbl. XXI. Bd. 1901.
Emery, C., Ueber das Verhältnis der Säugethierhaare zu schuppenartigen Hautgebilden. Anat. Anz. VIII. Jahrg. 1893.

Eschricht, Ueber die Richtung der Haare am menschlichen Körper. Arch. f. Anat. u. Physiol. 1837.

Exner, S., Die Function der menschlichen Haare. Vortrag, gehalten i. d. Jahressitzung der K. K. Gesellsch. d. Aerzte in Wien am 20. März 1896. Biolog. Centralbl. XVI. Bd. 1896.

Feiertag, F., Ueber die Bildung der Haare. Inaug.-Diss. Dorpat 1875.

Fjelstrup, A., Ueber d. Bau d. Haut bei Globiocephalus melas. Zool. Anz. XI. Jahrg. 1888.

Flemming, W., Ein Drillingshaar mit gemeinsamer innerer Wurzelscheide. Monatshefte für prakt. Dermatologie. II. Bd. No. 6. 1883.

Gegenbaur, C., Zur genaueren Kenntnis der Zitzen der Säugethiere. Morphol. Jahrb. Bd. I. 1876.

— — Zur Morphologie des Nagels. Morph. Jahrb. Bd. X. 1885.

— — Zur Kenntnis der Mammarorgane der Monotremen. Leipzig 1886.

Graff, K., Vergl.-anatom. Unters. über den Bau der Hautdrüsen der Haussäugethiere und des Menschen. Inaug.-Diss. Leipzig 1879.

Grote, G., Ueber die Glandulae anales des Kaninchens. Inaug.-Diss. Königsberg 1891.

Haacke, W., Eierlegende Säugethiere. Humboldt, VI. Jahrg. Stuttgart 1887.

Hamburger, C., Studien zur Entwicklung der Mammarorgane. I. Die Zitze von Pferd und Esel. Anat. Anz. XVIII. Bd. 1900.

Henneberg, Br., Die erste Entwicklung der Mammarorgane der Ratte. Anat. Hefte. I. Abth. Nr. 41. (13. Bd. H. 1.)

von Hessling, Th., Ueber die Brunftfeige der Gemse. Zeitschr. f. wiss. Zool. Bd. VI.

Huss, M., Beiträge zur Entw. der Milchdrüsen etc. Jenaische Zeitschr. Bd. VII.

Jakobis, Pathogenese der Pigmentierungen und Entfärbungen der Haut. Referat aus den Sitzungen der dermatologischen Section auf dem X. internat. medicin. Congress zu Berlin. Centralbl. f. allg. Pathol. u. pathol. Anat. I. Bd. No. 20. 1890.

Kallius, E., Ein Fall von Milchleiste bei einem menschl. Embryo. Anat. Hefte, herausgeg. von Fr. Merkel und R. Bonnet. I. Abth. H. 24. (8. Bd. H. 1.) 1887.

Keibel, F., Ontogenie und Phylogenie von Haar und Feder. Anat. Hefte. II. Abth. „Ergebnisse". 1895. Enthält auch ein umfassendes Litteraturverzeichnis.

Klaatsch, H., Zur Morphologie der Säugethierzitzen. Morphol. Jahrb. Bd. IX. 1883.

— — Zur Morphologie der Tastballen der Säugethiere. Morphol. Jahrb. Bd. XIV. 1888.

— — Ueber die Beziehungen zwischen Mammartasche und Marsupium. Morphol. Jahrb. Bd. XVII. 1892. (Vergl. auch Bd. XX. 1893.)

— — Ueber Marsupialrudimente bei Placentaliern. Morphol. Jahrb. Bd. XX. 1893.

— — Ueber die Herkunft der Scleroblasten. Morphol. Jahrb. Bd. XXI. 1894.

— — Ueber die Bedeutung der Hautsinnesorgane für die Ausschaltung der Scleroblasten aus dem Ektoderm. Verhandl. d. Anat. Gesellsch. auf der IX. Versamml. zu Basel. 1895.

— — Studien zur Geschichte der Mammarorgane. Theil I. Die Taschen- und Beutelbildungen am Drüsenfeld der Monotremen. Jena (Semon's Zoolog. Forschungsreisen) 1895. (Vergl. auch das Litteraturverzeichnis der Geschlechtsorgane.)

von Koelliker, A., Ueber die Entwicklung der Nägel. Sitz.-Ber. der Würzb. Physik.-Med. Gesellsch. 1888.

Kromayer, Oberhautpigment der Säugethiere. Arch. f. mikr. Anat. 42. Bd. 1893.

— — Einige epithel. Gebilde in neuer Auffassung. Beitr. zur Pigmentfrage. Dermatol. Zeitschr. Bd. VI. 1897.

Kükenthal, W., Ueber die Anpassung von Säugethieren an das Leben im Wasser. Zool. Jahrb. V. Bd. 1890.

— — Ueber Reste eines Hautpanzers bei Zahnwalen. Anat. Anz. V. Jahrg. 1890.

— — Vergl. anat. u. entwicklungsgeschichtl. Untersuchungen an Sirenen. In: Zoolog. Forschungsreisen in Australien etc. von R. Semon. IV. Bd. 1. Lief. 1897.

Leboucq, H., Rech. sur la Morphologie de la main chez les Mammifères marins etc. Arch. de Biologie. T. IX. 1889. (Behandelt u. A. auch die Nagelbildungen.)

Leche, W., in Bronn's Classen und Ordnungen des Thierreiches.

Leichtenstern, Ueber überzählige Brüste. Arch. f. pathol. Anat. 1878.

Leydig, F., Lehrbuch der Histologie des Menschen und der Thiere. Frankfurt 1857.

— — Ueber die äusseren Bedeckungen der Säugethiere. Arch. f. Anat. u. Physiol. 1859.

— — Zur Deutung der epidermoidalen Organe im Integument von Säugethieren. Arch. f. mikr. Anat. u. Entw.-Gesch. LII. Bd. 1898.

List, J., Ueber die Herkunft des Pigmentes in der Oberhaut. Biolog. Centralbl. X. Bd.

Lwoff, W., Beitr. z. Histol. des Haares, der Borste, des Stachels u. d. Feder. Bull. de la soc. imp. d. Naturalistes, Moscou 1884.

Martin, C. J., und Tidswell, Frank, Observ. on the femoral Gland of Ornithorhynchus etc. Proc. Linn. Soc. N. South Wales. Vol. IX.

Maurer, F., Haut-Sinnesorgane, Feder- und Haaranlagen, und deren gegenseitige Beziehungen, ein Beitrag zur Phylogenese der Säugethiere. Morphol. Jahrb. XVIII. u. XX. Bd. 1892, 1893. Vergl. auch: „Zur Kritik meiner Lehre von der Phylogenese der Säugethierhaare". Ebendaselbst. XXVI. Bd. 1898. (Polemik gegen Keibel.)

de Meijere, J. C. H., Ueber die Haare der Säugethiere, besonders über ihre Anordnung. Morphol. Jahrb. Bd. XXI. 1894. Ueber ihre Gruppenstellung vergl. Anatom. Anz. XVI. Bd.

Michaelis, L., Beitr. z. Kenntnis der Milchsecretion. Arch. f. mikr. Anat. u. Entw.-Gesch. LI. Bd. 1898.

Nörner, C., Ueber den feineren Bau des Pferdehufes. Arch. f. mikr. Anat. Bd. XXVIII. 1886.

Poulton, E. B., The Structure of the Bill and Hairs of Ornithorhynchus paradoxus; with a Discussion of the Homologies and Origin of Mammalian Hair. Quart. Journ. Micr. Sc. Vol. 36. N. S. 1894. Enthält sehr werthvolle kritische Bemerkungen über die neuere Litteratur der Horngebilde im Allgemeinen.

Profé, O., Beitr. z. Ontogenie und Phylogenie der Mammarorgane. Anat. Hefte. XXXVI. Heft. (XI. Bd. H. III.) 1898.

Rauber, A., Ueber den Ursprung der Milch und die Ernährung der Frucht im Allgemeinen. Leipzig 1879.

Rawitz, B., Ueber den Bau der Cetaceenhaut. Arch. f. mikr. Anat. u. Entw.-Gesch. Bd. LIV. 1899.

Reh, Die Schuppen der Säugethiere. Jenaische Zeitschr. f. Naturwissensch. Bd. 29. 1894.

Rein, G., Untersuchungen über d. embr. Entwicklungsgeschichte der Milchdrüse. Arch. f. mikr. Anat. Bd. XX u. XXI. 1882.

Ruge, G. (Vergl. die über die Hautmusculatur der Monotremen handelnde Schrift dieses Autors. Daselbst finden sich werthvolle Mittheilungen über den Brutbeutel von Echidna.)

Schickele, G., Beitr. z. Morphol. u. Entwicklg. d. normalen u. überzähligen Milchdrüsen. Zeitschr. f. Morphol. u. Anthropol. Bd. I. H. 3. 1899.

Schmidt, H., Ueber normale Hyperthelie menschlicher Embryonen. Anat. Anz. XI. Bd. No. 23/24. März 1896.

— — Ueber normale Hyperthelie menschl. Embryonen und über die erste Anlage der menschl. Milchdrüsen überhaupt. Morphol. Arbeiten, herausgeg. von G. Schwalbe. VII. Bd. 1. Heft. 1897.

— — Ueber die Entwicklung der Milchdrüse und die Hyperthelie menschl. Embryonen. Morphol. Arb. VIII. Bd. H. 2. 1898.

Schultze, O., Ueber die erste Anlage des Milchdrüsenapparates. Anat. Anz. VII. Jahrg. 1892.

— — Milchdrüsenentwicklung und Polymastie. Sitz.-Ber. d. Würzburger Physik.-Medic. Gesellschaft. VIII. Sitz. vom 7. Mai 1892. Vergl. ferner: Verhandl. der Physikal.-Medicin. Gesellschaft zu Würzburg. N. F. XXVI. Bd. 1893.

Schwalbe, G., Ueber den Farbenwechsel winterweisser Thiere. Ein Beitrag zur Lehre vom Haarwechsel und zur Frage nach der Herkunft des Hautpigments. Morphol. Arbeiten, herausgeg. von G. Schwalbe. II. Bd. 3. Heft. (Enthält auch eine umfassende Litteraturübersicht über die Pigmentfrage.)

— — Ueber die vermeintlichen offenen Mammartaschen bei Hufthieren. Morph. Arbeiten. VIII. Bd. 2. 1898.

Sell, K., Ueber Hyperthelie, Hypermastie und Gynäkomastie. Inaug.-Diss. Freib. i. Br. 1894. (Auch veröffentlicht in dem Ber. der Naturf.-Gesellschaft zu Freiburg i. Br. Bd. IX.)

Semon, R., Bemerk. über die Mammarorgane der Monotremen. Morphol. Jahrbücher. Bd. XXVII. 1899.

Sixta V., Wie junge Ornithorhynchi die Milch ihrer Mutter saugen. Zool. Anz. Bd. XXII. Nr. 589. 1899.

Spuler, A., Ueber die Regeneration der Haare. Verhdl. d. Anat. Gesellsch. zu Tübingen. 1899.

Stieda, L., Ueber den Haarwechsel. Biolog. Centralbl. VII. Bd. 1887. Enthält auch die einschlägige Litteratur.

Strahl, H., Die erste Entwicklung der Mammarorgane beim Menschen. Verhandl. der Anat. Gesellsch. zu Kiel. 1898.

Torri, G. Silvio, Sul Significato di un' appendice epiteliale dei follicoli piliferi nell' uomo. Ricerche Lab. Anat. Roma e altri Lab. Biolog. Vol. V. 1896.

Unger, E., Beitr. z. Anat. u. Physiol. der Milchdrüse. Anat. Hefte. Referate u. Beitr. z. Anat. u. Entw.-Gesch. I. Abth. Arbeiten aus anatom. Instituten. XXXII. Heft. (X. Bd. H. II.) 1898.

Unna, P., Beitr. zur Histologie und Entwicklungsgeschichte der menschlichen Oberhaut und ihrer Anhangsgebilde. Arch. f. mikr. Anat. Bd. XII. 1876.

Waldeyer, W., Atlas der menschlichen u. thierischen Haare sowie der ähnlichen Fasergebilde. Herausg. v. J. Grimm in Offenburg. Lahr 1884.

Weber, M., Ueber neue Hautsecrete bei Säugethieren. Arch. f. mikr. Anat. Bd. XXI. 1888.

— — Bemerkungen über den Ursprung der Haare und über Schuppen bei Säugethieren. Anat. Anz. VIII. Jahrg. 1893. (Zwei Abhandl.)

Wilson, J. T., and Martin, C. J., Further Observations upon the Anatomy of the Integumentary Structures in the Muzzle of Ornithorhynchus. Proc. Linn. Soc. of New South Wales. Vol. IX. (Series 2 nd.) 1894.

— — a) Observations on the femoral gland of Ornithorhynchus etc.

　　b) Observation upon the Anat. and Relations of the „Dumb-Bell-Shaped“ Bone in Ornithorhynchus.

　　c) On the Nasal Septum in the Genera Ornithorhynchus and Echidna. Ebendaselbst.

Zander, R., Die frühesten Stadien der Nagelentwicklung und ihre Beziehungen zu den Digitalnerven. Arch. f. Anat. u. Entwicklungsgeschichte. Jahrg. 1884.

— — Untersuch. über den Verhornungsprozess. II. Mittheil. Der Bau der menschlichen Epidermis. Ebendaselbst. Jahrg. 1888.

B. Hautskelet.

Bienz, A., Dermatemys Mavii Gray, eine osteol. Studie mit Beitr. z. Kenntnis vom Bau der Schildkröten. Revue Suisse de Zoologie. III. Bd. 1895. (Enthält u. A. eine genaue Schilderung des architectonischen Baues der Schildkrötenschale.)

Benda, C., Die Dentinbildung in den Hautzähnen der Selachier. Arch. f. mikr. Anat. u. Entw.-Gesch. Bd. XX.

Göldi, E., Kopfskelet und Schultergürtel von Loricaria cataphracta, Balistes capriscus und Acipenser ruthenus. Jen. Zeitschr. f. Naturwissensch. Bd. XVII. N. E. X. Bd. 1884.

Götte, A., Ueber die Entwicklung des knöchernen Rückenschildes (Carapax) der Schildkröten. Zeitschr. f. wiss. Zool. Bd LXVI. 3. 1899.

Haycraft, J. B., The Development of the Carapace of the Chelonia. Transact. Royal Soc. of Edinburgh. Vol. XXXVI. part. 2. 1891.

Hertwig, O., Ueber den Bau und Entwicklung der Placoidschuppen und der Zähne der Selachier. Jenaische Zeitschr. Bd. VIII. N. F. I.

— — Ueber das Hautskelet der Fische (3 Aufsätze). Morphol. Jahrb. Bd. II. 1876. Bd. V. 1879. Bd. VII. 1881.

Hofer, B., Ueber den Bau und die Entwicklung der Cycloid- und Ctenoidschuppen. Sitz.-Ber. Gesellsch. f. Morphol. u. Physiol. in München. 1889.

Hoffmann, C. K., Bronn's Classen und Ordnungen des Thierreiches. Abth.: Reptilien (Hautskelet der Schildkröten etc.).

Klaatsch, H., Zur Morphologie der Fischschuppen und zur Geschichte der Hartsubstanzgewebe. Morphol. Jahrb. Bd. XVI. 1890. (Enthält ein ausführliches Litteraturverzeichnis.)

Lataste, F., Les cornes des Mammifères etc. (vergl. das Kopfskelet der Säuger).

Leydig, F., Histol. Bemerkungen über den Bau von Polypterus. Zeitschr. f. wiss. Zool. Bd. V.

Markert, F., Die Flossenstrahlen von Acanthias. Ein Beitrag zur Kenntnis der Hartsubstanzgebilde der Elasmobranchier. Zool. Jahrb. Abth. f. Anat. u. Ontog. IX. Bd. 1896.

Nickerson, W. S., The Development of the scales of Lepidosteus. Bull. Mus. Comp. Zoology at Harward College. Vol. XXIV. Nr. 5.

Parker, G. H., Correlated Abnormalities in the Scutes and Bony Plates of the Carapace of the Sculptured Tortoise. Americ. Naturalist. Vol. 35. Nr. 409. 1901.

Peters, W., (Schildkrötenpanzer). Arch. f. Anat. u. Physiol. 1839.

Rathke, H., Entwicklung der Schildkröten. Braunschweig 1848.

Reissner, Ueber die Schuppen von Polypterus und Lepidosteus. Arch. für Anat. und Physiol. 1859.

Römer, F., Ueber den Bau und die Entwicklung des Panzers der Gürtelthiere. Jenaische Zeitschr. f. Naturwissensch. Bd. 27 (vergl. auch den gegen M. Weber gerichteten,

dasselbe Thema behandelnden Aufsatz dieses Autors im Anat. Anz. VIII. Jahrg. 1893:
„Zur Frage nach dem Urspr. der Schuppen der Säugethiere“).
Wiedersheim, R., Die Anatomie der Gymnophionen. Jena 1879.
— — Zur Histologie der Dipnoërschuppen. Arch. f. mikr. Anat. Bd. XVIII. 1880.
Williamson, W. C., Investig. into the structure and development of the Scales and
Bones of Fishes. Philos. Trans. 1852. Part II.

Ueber den Hautpanzer fossiler Fische, Amphibien und Reptilien handeln:

Agassiz, L., Poissons fossiles.
Bauer, G., Osteol. Notizen über fossile Reptilien. III. Zool. Anzeiger 1886.
Credner, H., Die Stegocephalen (Labyrinthodonten) aus dem Rothliegenden des Plauen-
schen Grundes bei Dresden. Zeitschr. der deutschen geolog. Gesellsch. 1881—1893.
Fraas, O., Aëtosaurus ferratus Fr. Die gepanzerte Vogelechse aus dem Stubensandstein
bei Stuttgart. Stuttgart 1877.
Fritsch, A., Die Reptilien und Fische der böhmischen Kreideformation. Prag 1878.
— — Fauna der Gaskohle und der Kalksteine der Performation Böhmens. Prag 1879—85.
(Von diesem noch in Fortsetzung begriffenen, grossartig angelegten Werke sind bis
jetzt die Amphibien vollständig erschienen.)
Marsh, O. C., Zahlreiche Aufsätze im American Journal of Sciences and arts.
Meyer, H. v., Zahlreiche Aufsätze in Palaeontographica, z. B. in Bd. VI. Archegosaurus.
Rütimeyer, L., Ueber den Bau von Schale und Schädel bei lebenden und foss. Schild-
kröten. Verhdl. d. naturf. Ges. in Basel. VI, 1. 1872.
Traquair, Ramsay, H., On Silurian Fishes. Trans. Roy. Soc. Edinb. Vol. XXXIX.
Decbr. 1899. (Vergl. das Referat hierüber von A. Smith Woodward in Geolog.
Magaz. N. S. Decade IV. Vol. VII. Febr. 1900.
Zahlreiche, z. gr. Th. aus der Feder Huxley’s und Owen’s stammende Abhdl.
finden sich in verschiedenen englischen Akademie- und Gesellschaftsschriften.

Vergl. auch die schönen Arbeiten Dollo’s über fossile Reptilien. Sie finden sich
alle im Bulletin du Musée royal d’histoire naturelle de Belgique von 1882 an. Am wichtigsten darunter ist die „Troisième note sur les Dinosauriens de Bernissart“, tome II. 1883.

C. Inneres Skelet.

1. Wirbelsäule.

a) Fische.

Agassiz, A., On the young stages of osseous fishes. Proceed. of the Americ. acad. of
arts and Sciences. Vol. XIII und XVI.
Agassiz, L., Rech. sur les poissons fossiles. Neuchâtel 1833—1843.
Balfour, F. B., A Monograph of the Development of Elasmobranch Fishes. London 1878.
Balfour, F. M., and Parker, W. N., On the Structure and Development of Lepidosteus.
Philos. transact. of the Royal Society. II. 1882.
Calberla, E., Ueber die Entw. d. Medullarrohres und der Chorda dorsalis der Teleostier
und Petromyzonten. Morphol. Jahrb. Bd. III. 1887.
Cartier, O., Beitr. z. Entw.-Geschichte der Wirbelsäule. Zeitschr. f. wiss. Zool. Bd. XXV.
Suppl. 1875.
Claus, C., Ueber die Herkunft der die Chordascheide der Haie begrenzenden äusseren
Elastica. Sitz.-Ber. k. k. Acad. d. Wissensch. zu Wien vom 4. Mai 1894. (Akadem.
Anzeiger Nr. XII.)
v. Ebner, V., Ueber den feineren Bau der Chorda dorsalis der Cyclostomen. Sitz.-Ber.
d. k. k. Acad. d. Wissensch. zu Wien. Math.-naturw. Cl. Bd. CIV. Abth. III. Jan. 1895.
— — Ueber den feineren Bau der Chorda dorsalis von Myxine, nebst weiteren Bemerk-
ungen über die Chorda von Ammocoetes. Sitz.-Ber. K. Acad. d. Wissensch. in Wien.
Math.-naturw. Cl. Bd. CIV. Abth. III. Juni 1895.
— — Ueber die Wirbel der Knochenfische und die Chorda dorsalis der Fische und Amphibien. Sitz.-Ber. d k. Acad. d. Wissensch in Wien. Bd. CV. Abth. III. 1896.
— — Ueber den feineren Bau der Chorda dorsalis von Acipenser. Sitz.-Ber. k. k. Acad.
d. Wiss. in Wien. Bd. CV. Abth. III. 1896.

v. Ebner, V., Ueber den Bau der Chorda dorsalis des Amphioxus lanceolatus. Ebendaselbst.

— — Die Chorda dorsalis der niederen Fische und die Entwicklung des fibrillären Bindegewebes. Zeitschr. f. wiss. Zool. LXII. 1896.

Eimer, G. H. Th., Vergl. anat.-physiol. Untersuchungen über das Skelet der Wirbelthiere. Die Entstehung der Arten. III. Th. (Nach dem Tode des Verfassers herausgegeben von C. Fickert und Dr. Gräfin M. v. Linden. Leipzig 1901.) [Erstreckt sich auf das gesamte Skelet und umfasst alle Classen der Wirbelthiere.]

Gegenbaur, C., Ueber das Skeletgewebe der Cyclostomen. Jenaische Zeitschr. Bd. V.

— — Ueber die Entwickl. der Wirbelsäule des Lepidosteus mit vergl. anat. Bemerkungen. Ebendaselbst. Bd. III.

Götte, A., Beiträge zur vergl. Morphologie des Skeletsystems der Wirbelthiere. Arch. f. mikr. Anat. Bd. XV. 1878.

— — Entwicklungsgeschichte der Unke. Leipzig 1875.

Grassi, B., Beitr. z. näheren Kenntnis der Entwicklung der Wirbelsäule der Teleostier. Morphol. Jahrb. Bd. VIII. 1882.

— — Lo Sviluppo della Colonna vertebrale nei Pesci ossei. Reale Accademia dei Lincei. anno CCLXXX 1882—83.

Harrison Granville Ross, On the Occurrence of Tails in Man, with a description of the Case reported by Dr. Watson. Johns Hopkins Hospital Bull. Vol. XII. Nos. 121—122—123. April—May—June, 1901.

Hasse, C., Die fossilen Wirbel. Morphol. Jahrb. II (1876), III (1877), IV (1878). Vergl. auch die in der allgemeinen Uebersicht über die Fisch-Litteratur aufgeführten Arbeiten dieses Autors.

— — Das natürliche System der Elasmobranchier etc. Jena 1879—82.

— — Beitr. zur allgem. Stammesgeschichte der Wirbelthiere. Jena 1883.

— — Die Entwicklung der Wirbelsäule der Elasmobranchier. Zeitschr. f. wiss. Zool. Bd. LV. 1892.

— — Die Entwickl. und der Bau der Wirbelsäule der Ganoiden. Ebendaselbst. Bd. LVII. 1893. — Der Cyclostomen. Ebendaselbst. LVII. Bd. 1893.

Hubrecht, A. A. W., und Sagemehl, Bronn's Classen und Ordnungen des Thierreichs. Abtheil.: Fische.

Joseph, H., Ueber das Achsenskelet des Amphioxus. Z. f. w. Zool. Bd. LIX. 3. 1895. (Enthält u. a. die ganze Litteratur.)

Klaatsch, H., Beitr. z. vergl. Anatomie der Wirbelsäule. Morphol. Jahrb. Bd. XIX, XX, XXII, XXIII.

Koelliker, A., Ueber die Beziehung der Chorda zur Bildung der Wirbel der Selachier und einiger anderer Fische. Verhandl. der physik.-medic. Gesellschaft zu Würzburg. Bd. X.

— — Weitere Beobachtungen über die Wirbel der Selachier. Abhdlg. der Senckenberg. Gesellsch. zu Frankfurt. Bd. V.

— — Ueber das Ende der Wirbelsäule der lebenden Teleostier und einiger Ganoiden. Gratul.-Schrift f. d. Univ. Basel 1860.

Langerhans, P., Untersuch. über Petromyzon Plan. Verhandl. d. naturf. Gesellsch. zu Freiburg i. B. 1875.

Leydig, F., Anat.-hist. Unters. über Fische und Reptilien. Berlin 1853.

Lvoff, B., Vergl.-anat. Studien über die Chorda und die Chordascheide. Bull. Soc. imp. d. Naturalistes de Moscou. 1887.

— — Ueber Bau u. Entw. der Chorda von Amphioxus. Mitth. Zool. Station zu Neapel. Bd. IV. 1890.

— — Die Bildung der primären Keimblätter und die Entstehung der Chorda und des Mesoderms bei den Wirbelthieren. Bull. de Moscou. 1894.

Mayer, P., Die unpaaren Flossen der Selachier. Mitth. der Zool. Station zu Neapel. VI. Bd. 1885. (Enthält unter anderem auch sehr werthvolle Notizen über die Wirbelsäule.

Müller, Aug., Beobacht. zur vergl. Anat. der Wirbelsäule. Arch. f. Anat. u. Physiol. 1853.

Müller, J., Vergl. Anatomie der Myxionoiden. Berlin 1834—1845.

Müller, W., Ueber den Bau der Chorda dorsalis. Jenaische Zeitschr. 1871.

Rabl, C., Theorie des Mesoderms (Fortsetzung). Morphol. Jahrb. Bd. XIX. 1892.

Retzius, G., Ueber das hintere Ende des Rückenmarkes bei Amphioxus, Myxine und Petromyzon. Biol. Untersuch. N. F. VII. 1895.

Rolph, W., Untersuchungen über den Bau des Amphioxus lanc. Morphol. Jahrb. Bd. II. 1876.

Scheel, C., Beitr. z. Entwicklungsgeschichte der Teleostierwirbelsäule. Morphol. Jahrb. Bd. XX. 1893.

Schmidt, L., Untersuch. z. Kenntnis des Wirbelbaues von Amia calva. Inaug.-Dissert. Strassburg i. E. 1892.

Schmidt, V., Das Schwanzende der Chorda dorsalis bei den Wirbelthieren. Anat. Hefte herausgeg. von Fr. Merkel und R. Bonnet. I. Abth. VI./VII. Heft (II. Band, Heft III/IV).

Schneider, A., Beiträge z. vergl. Anat. und Entwicklungsgeschichte der Wirbelthiere. Berlin 1879. (Enthält Beitr. für Amphioxus u. die Cyclostomen.)

Stannius, H., Handb. der Anatomie der Wirbelthiere. I. Die Fische. 1854.

Studnicka, F. K., Ueber das Gewebe der Chorda dorsalis und den sog. Chordaknorpel. Sitz.-Ber. d. K. Böhm. Gesellsch. d. Wissensch. Math.-naturw. Cl. 1897.

Ussow, S., Zur Anat. u. Entw. Gesch. d. Wirbelsäule der Teleostier. Bull. de Moscou, 1900.

b) Dipnoër.

Bischoff, Th., Lepidosiren paradoxa. Leipzig 1840.

Günther, A., Description of Ceratodus Forsteri. Philos. Transact. of the Royal Society. London 1871.

Hasse, C., Die Entwicklung der Wirbelsäule der Dipnoi. Zeitschr. f. wiss. Zool. Bd. LV. 4.

Hyrtl, J., Lepidosiren paradoxa. Prag 1845.

Owen, R., Description of the Lepidosiren annectens. Linnean Soc. Vol. XVIII, 1839.

Wiedersheim, R., Das Skelet und Nervensystem von Lepidosiren annectens (Protopterus). Morphol. Studien. II. I. Jena 1880.

c) Amphibien und Reptilien.

Albrecht, P., Ueber einen Processus odontoides des Atlas bei den urodelen Amphibien. Centralbl. f. die medic. Wissenschaft. 1878.

— — Ueber den Proatlas, einen zwischen dem Occipitale und dem Atlas der amnioten Wirbelthiere gelegenen Wirbel, und den Nervus spinalis I s. proatlanticus. Zool. Anz. Bd. III. 1880.

— — Note sur la présence d'un rudiment de Proatlas sur un exemplaire de Hatteria punctata. Extr. du Bull. d. Musée royale d'hist. nat. de Belgique. Tome II. 1883.

— — Notes sur une hémivertèbre gauche surnuméraire de Python Sebae. Extr. d. Bull. d. Musée royale d'hist. nat. d. Belgique. Tome II. 1883.

— — Note sur le basi-occipital des batraciens anoures. Extr. d. Bull. de Musée royale d'hist. nat. d. Belgique. Tome II. 1883.

Baur, G., Osteolog. Notizen über Reptilien. Zool. Anz. IX. und X. Jahrg. 1886, 1887. (Behandelt die Wirbelsäule von Sphenodon punctatum, der Crocodilier, Chelonier und zahlreiche andere Skelettheile.)

— — Ueber die Morphogenie der Wirbelsäule der Amnioten. Biol. Centralbl. VI. Bd. 1886.

— — Ueber den Proatlas einer Schildkröte. (Platypeltis spinifer Les.) Anat. Anz. X. Bd. 1895.

Bergfeldt, A., Chordascheiden und Hypochorda bei Alytes obstetricans. Anatom. Hefte, herausg. von Fr. Merkel und R. Bonnet. I. Abth. H. 21. (7. Bd. H. 1.)

Blessig, E., Eine morphol. Untersuchung über die Halswirbelsäule der Lacerta vivipara. Inaug.-Diss. Dorpat 1885.

Claus, C., Beitr. z. vergl. Osteologie der Vertebraten. Sitz.-Ber. d. Kais. Akademie d. Wissensch. z. Wien. I. Abthlg. Bd. LXXIV. 1876.

Cope, E. D., Extinct Batrachia from the Perm. Form. of Texas. Pal. Bullet. Nr. 29; Proc. Americ. philos. Soc. 1878, 1880, 1886. Pal. Bull. Nr. 32 (handelt vom ganzen Skelet), Americ. Naturalist 1880, 1882, 1884, 1885, 1886. (Mehrere dieser Abhandlungen behandeln auch die übrigen Skelettheile.)

Davison, A., A Preliminary Contribution to the Development of the Vertebral Column and its Appendages. Anat. Anz. XIII. Bd. 1897. (Handelt von Amphiuma.)

Dollo, L., Sur la Morphologie de la Colonne vertébrale. Travaux du Laboratoire de Wimmereux. 1892.

Ecker, A., u. Wiedersheim, R., Die Anatomie des Frosches. III. Aufl. bearb. von E. Gaupp. Braunschweig 1896.

Field, H. H., Bemerk. über die Entwicklg. d. Wirbelsäule der Amphibien etc. Morphol. Jahrb. Bd. XXII. 1895.

Fraisse, P., Beitr. zur Anatomie des Pleurodeles Waltlii. Arb. aus d. zool.-zoot. Inst.
    zu Würzburg. Bd. V.
— — Eigenthümliche Structurverhältnisse im Schwanz erwachsener Urodelen. Zool. Anz.
    III. Jahrg. 1880.
Gadow, H., On the Evolution of the Vertebral Column of Amphibia and Amniota.
    Philos. Transact. R. Soc. of London Vol. 187 (1896) B.
Gegenbanr, C., Unters. z. vergl. Anatomie der Wirbelsäule der Amphibien und Rep-
    tilien. Leipzig 1862.
Götte, A., Entwickelungsgeschichte der Unke. Leipzig 1875.
— — Ueber die Zusammensetzung der Wirbel bei den Reptilien. Zool. Anz. No. 458,
    1894. (Handelt auch von Amphibien und Säugern.)
— — Ueber den Wirbelbau bei den Reptilien und einigen anderen Wirbelthieren. Zeitschr.
    f. wiss. Zool. Bd. LXII. 1896.
Hasse, C., Anatomische und paläontologische Ergebnisse. Leipzig 1878.
— — Die Entwicklung der Wirbelsäule von Triton taeniatus. Zeitschr. f. wiss. Zool. L.
    III. Bd. Suppl. 1892.
— — Die Entwicklung der Wirbelsäule der ungeschwänzten Amphibien. Ebendaselbst.
Hoffmann, C. K., Bronn's Classen und Ordnungen des Thierreiches. Abthl.: Amphibien
    und Reptilien. Leipzig und Heidelberg 1873—1883.
— — Beiträge zur vergl. Anatomie d. Wirbelthiere. Niederl. Arch. f. Zool. Bd. IV.
Howes, G. B., and Swinnerton, H. H., On the Development of the Skeleton of the
    Tuatara, Sphenodon punctatus; with Remarks on the Egg on the Hatching and on
    the Hatched Young. Transact. Zool. Soc. London. Vol. XVI. P. I. 1901. (Behandelt
    das ganze Skelet.)
Marsh, O. C., Versch. Artikel über fossile Reptilien und Vögel. Americ. Journ. of
    Science and arts. Vol. XV—XXIII. Von besonderem Interesse ist der Artikel „The
    wings of Pterodactyles". Vol. XXIII.
Mivart, G., On the axial skeleton of the Urodela. Proc. Zool. Soc. London 1870.
Müller, F., Ueber die Abstossung und Regeneration des Eidechsenschwanzes. Jahr.-Ber.
    d. Ver. für vaterländ. Naturkunde in Württemberg. 52. Jahrg. Stuttgart 1896. pag.
    LXXXV.
Murray, J. A., The Vertebral Column of certain primitive Urodela: Spelerpes, Plethodon,
    Desmognathus. Anat. Anz. XIII. Bd. 1897.
Osawa, G., Beitr. zur Anat. d. Hatteria punctata. Arch. f. mikr. Anat. u. Entwicklungs-
    geschichte. Bd. 51. 1898.
Peter, K., Die Wirbelsäule der Gymnophionen. Inaug.-Diss. Freiburg i. Br. 1894. (Er-
    schien auch in den Berichten d. Naturforsch.-Gesellsch. zu Freiburg i. Br. Bd. IX.)
— — Ueber die Bedeutung des Atlas der Amphibien. Anat. Anz. X. Bd. 1895.
Ridewood, W. G., On the Development of the Vertebral Column in Pipa and Xenopus.
    Anat. Anz. Bd. XIII. 1897.
Schauinsland, H., Weitere Beiträge zur Entwicklungsgeschichte der Hatteria. Arch.
    f. mikr. Anat. u. Entw.-Gesch. Bd. LVII. 1900. (Vergl. auch das Referat von
    Gaupp im Zool. Centralbl. VIII. Jahrg. 1901. Nr. 5, 6.)
Schwink, F., Ueber die Entwicklung des mittleren Keimblattes und der Chorda dorsalis
    der Amphibien. München 1889.
Siebenrock, F., Zur Kenntnis d. Rumpfskeletes d. Scincoiden, Anguiden u. Gerrhosauriden.
    Annal. d. K. K. naturhistor. Hofmuseums. Bd. X. H. 1. 1896. (Vergl. auch die
    Arbeiten von F. Siebenrock im Verzeichnis der auf einzelne Thiere bezw. Thier-
    gruppen etc. sich erstreckenden Arbeiten.)
Stannius, H., Handbuch der Anatomie der Wirbelthiere. II. Reptilien. 1854.
Vaillant, Léon, Mém. sur la disposition des vertèbres cervicales des chéloniens. Ann.
    scienc. nat. zool. art. No. VII.
Wiedersheim, R., Salamandrina perspicillata etc. Versuch einer vergl. Anatomie der
    Salamandrinen. Annali del Museo civico. Vol. VII. Genua 1875.
— — Das Kopfskelet der Urodelen etc. Morph. Jahrb. Bd. III. 1877.
— — Die Anatomie der Gymnophionen. Jena 1879.
— — Labyrinthodon Rütimeyeri etc. Abhandl. d. schweiz. paläont. Gesellschaft. Vol. V.
    1878.
— — Zur Anatomie des Amblystoma Weismanni. Zeitschr. f. wiss. Zool. Bd. XXXII.
— — Das Skelet von Pleurodeles Waltlii. In: Morph. Studien. Heft I. Jena 1880.
Zittel, K., Ueber Flugsaurier aus dem lithograph. Schiefer Bayerns. Palaeontographica.
    Bd. XXIX.

        Vergl. ferner die verschiedenen paläontologischen Zeit- und Gesellschaftschriften,
wie namentlich die oben schon erwähnten Palaeontographica.

d) Vögel.

Dames, W., Ueber Archaeopteryx. Paläont. Abhandl., herausgeg. von W. Dames und E. Kayser. Bd. II. Heft 3. Berlin 1884.

Gegenbaur, C., Beiträge zur Kenntnis des Beckens der Vögel etc. Jenaische Zeitschr. Bd. VI.

Hasse, C., und Schwarck, Stud. zu vergl. Anat. d. Wirbelsäule etc. in „Hasse, Anat. Studien, H. I.“

Marsh, O. C., Odontornithes, A Monograph on the extinct toothed birds of North-America. Washington 1880.

— — Jurassic birds and their allies. Americ. Journ. of Science and arts. Vol. XXII.

Owen, R., Archaeopteryx lithographica. Philos. Transact. of the Royal Society. London 1863.

Parker, W. N., On the Morphology of Birds. Proceed. Royal Soc. of London. Vol. 42. 1887.

e) Säugethiere.

Albrecht, P., Die Epiphysen und die Amphiomphalie der Säugethierwirbelkörper. Zool. Anzeiger. Leipzig 1879.

— — Note sur un sixième costoide cervical chez un jeune Hippopotamus amphibius. Extr. du Bull. du Musée royale d'histoire naturelle de Belgique. Tome I. 1982.

— — Ueber die Wirbelkörperepiphysen und Wirbelkörpergelenke zwischen dem Epistropheus. Atlas und Wirbelkörpergelenke zwischen dem Epistropheus, Atlas und Occipitale der Säugethiere. Comptes rendus des internat. med. Congresses. Kopenhagen 1884.

— — Ueber die Chorda dorsalis und sieben knöcherne Wirbelcentren im knorpeligen Nasenseptum eines erwachsenen Rindes. Biolog. Centralbl. Bd. V. No. 5 u. 6.

Cornet, J., Note sur le prétendu Pro-Atlas des Mammifères et de Hatteria punctata. Bull. de l'Acad. royale de Belgique. 3me. série. t. XV. 1888.

Cunningham, J., The Lumbar Curve in Man and the Apes with account of the topogr. Anatomy of the Chimpanzee, Orang-Utan and Gibbon. R. Irish Academy, Cunningham Memoirs, No. II. 1886.

von Ebner, V., Urwirbel und Umgliederung der Wirbelsäule. Sitz.-Ber. d. K. Acad. d. Wissensch. in Wien. Math.-naturw. Cl. Bd. XCVII. Abth. III. 1888.

— — Ueber die Beziehungen der Wirbel zu den Urwirbeln. Ebendaselbst, Bd. CI. Abth. III. 1892.

Ecker, A., Der Steisshaarwirbel, die Steissbeinglatze und das Steissbeingrübchen etc. Arch. f. Anthropologie. Bd. XII.

Fol, H., Sur la queue de l'embryon humain. Comptes rendus. 1885.

Froriep, A., Zur Entwicklungsgeschichte der Wirbelsäule, insbesondere des Atlas und Epistropheus und der Occipital-Region. Arch. f. Anat. u. Physiol. 1886. (Handelt auch über die Vogelwirbelsäule.)

Gerlach, L., Ein Fall von Schwanzbildung bei einem menschl. Embryo. Morph. Jahrb. Bd. VI.

Grix, E., Beitr. z. Kenntnis der Halswirbelsäule der Ungulaten. Inaug.-Dissert. Bern 1900.

Hasse, C., und Schwarek, Studien zur vergl. Anatomie der Wirbelsäule etc. Hasse, Anat. Studien. Heft I.

Keibel, F., Ueber die Entwicklungsgeschichte der Chorda bei Säugern (Meerschweinchen und Kaninchen). Arch. f. Anat. u. Physiol. (Anat. Abtheilung) 1889.

— — Ueber den Schwanz des menschl. Embryos. Arch. f. Anat. u. Physiol. (Anatom. Abtheilung) 1891. (Vergl. auch Anat. Anz. VI. Jahrg. 1891.)

Kohlbrugge, J. H. F., Bijdragen tot de Natuurlijke Geschiedenis van Menschen en Dieren. VI. Schwanzbildung und Steissdrüse des Menschen und das Gesetz der Rückschlagsvererbung. Natuurkund-Tijdschrift voor Ned.-Indië, Dl. LVII, 1897.

Koelliker, A., Ueber die Chordahöhle und die Bildung der Chorda beim Kaninchen. Sitz.-Ber. d. Würzb. Phys.-med. Gesellsch. 1883.

Leboucq, H., Recherches s. l. mode de Disparition de la corde dorsale chez les Vertébrés supérieurs. Arch. de Biologie. Vol. I. 1880.

Rodenacker, G., Ueber den Säugethierschwanz mit bes. Berücksichtigung der caudalen Anhänge der Menschen. Inaug.-Dissert. Freiburg i. B. 1898.

Rosenberg, C., Ueber die Entwicklung der Wirbelsäule und das Centrale Carpi des Menschen. Morph. Jahrb. Bd. I. 1876.

Rosenberg, C., Ueber die Wirbelsäule von Myrmecophaga jubata. Festschr. z. 70. Geburtstag von Carl Gegenbaur. Leipzig 1896.

Steinbach, E., Die Zahl der Caudalwirbel beim Menschen. Inaug.-Dissert. Berlin 1889.

Waldeyer, W., Die Caudalanhänge des Menschen. Sitz.-Ber. der K. Preuss. Acad. der Wissensch. z. Berlin. Sitz.-Ber. d. physik.-mathemat. Cl. vom 9. Juli 1896.

Weiss, A., Die Entwicklung der Wirbelsäule der weissen Ratte, besonders des vordersten Halswirbel. Zeitschr. f. wiss. Zool. Bd. LXIX. 4. 1901.

2. Rippen und Sternum.

Albrecht, P., Ueber die im Lauf der phylogenetischen Entwicklung entstandene, angeborene Spalte des Brustbeinhandgriffes des Brüllaffen. Sitz.-Ber. d. K. preuss. Acad. d. Wissensch. zu Berlin. XX. 1885.

Bardeleben, K., Ueber das Episternum des Menschen. Sitz.-Ber. Jenaisch. Gesellsch. f. Medic. u. Naturwiss. 1879.

Baur, G., On the Morphology of Ribs. Americ. Naturalist. 1887.

— — On the Morphology of Ribs etc. Journ. of Morphol. Vol. III. 1889.

— — Ueber Rippen und rippenähnliche Gebilde und deren Nomenclatur. Anat. Anz. IX. Bd. 1893. (B. schliesst sich hierin Hatschek und Rabl an.)

Blanchard, R., La septième côte cervicale de l'homme. Revue scientif. 1885. (3e série.) No. 23.

Bridge, T. W., On the Presence of Ribs in Polyodon (Spatularia) folium. Proc. Zool. Soc. London June 15, 1897.

Brush Clinton, E., Notes on cervical ribs. Johns Hopkins Hospital Bulletin, Vol. XII. Nos. 121—122—123. April—May—June, 1901.

Claus, C., Beiträge zur vergl. Osteologie der Vertebraten. Sitz.-Ber. d. K. Acad. d. Wiss. zu Wien. Bd. LXXIV. 1876.

Dames, W., Ueber Archaeopteryx. Vergl. die allgem. Litteraturübersicht über die Vögel.

Dollo, L., Sur la Morphologie des Côtes. Bull. scient. de la France et de la Belgique. Tome XXIV. 1892.

Ehlers, E., Zoolog. Miscellen, I. Der Processus xiphoideus und seine Musculatur von Manis macrura Erxl. und Manis tricuspis Sundev. Abhandl. der K. Gesellsch. der Wissensch. zu Göttingen. Bd. 39. 1894.

Fick, A. E., Zur Entwicklungsgeschichte der Rippen und Querfortsätze. Arch. f. Anat. und Phys. 1879.

Gegenbaur, C., Ueber die epistern. Skelettheile und ihr Vorkommen bei den Säugethieren und beim Menschen. Jenaische Zeitschr. Bd. I.

Göppert, E., Zur Kenntnis der Amphibienrippen. Morph. Jahrb. XXII. Bd. 1895. Vergl. auch „Die Morphologie der Amphibienrippen" in Festschrift f. Gegenbaur. 1896.

— — Unters. zur Morphol. der Fischrippen. Ebendaselbst. XXIII. Bd.

— — Bemerkungen zur Auffassung der Morphologie der Fischrippen in Rabl's „Theorie des Mesoderm". Morph. Jahrb. XXV. Bd. 1897.

— — Erläuternde Bemerkungen zur Demonstration von Präparaten über die Amphibienrippen. Verhdl. d. deutsch. Zoolog. Gesellsch. 1898.

Götte, A., Beiträge zur vergl. Morphologie des Skeletsystems der Wirbelthiere. Arch. f. mikr. Anat. Bd. XV. pag. 143—147.

— — Beiträge zur vergl. Morphologie des Skeletsystems der Wirbelthiere. Brustbein und Schultergürtel. Arch. f. mikr. Anat. Bd. XIV.

Hasse, C., und Born, G., Bemerkungen über die Morphologie der Rippen. Anat. Anz. 1879.

Haswell, W. A., Studies on the Elasmobranch Skeleton. Proc. Linn. Soc. N. S. W. Vol. IX. 1884. (Handelt von einer Art von Sternalbildung bei Notidanus indicus.)

Hatschek, Die Rippen der Wirbelthiere. Verhandl. d. anat. Gesellsch. auf d. III. Versammlung in Berlin 1889. Jena 1889.

Hoffmann, C. K., Beiträge zur vergl. Anatomie der Wirbelthiere. Niederländ. Arch. f. Zoologie. Bd. IV, V.
    Vergl. denselben Autor in der Abtheilung Amphibien und Reptilien von Bronn's Classen und Ordnungen des Thierreichs.

Howes, G., The Morphology of the Sternum. Reprinted, with a Correction from „Nature", Bd. 43. No. 1108. p. 269.

Leboucq, H., Rech. sur les Variations anatomiques de la première côte chez l'homme. Mémoires couronnés et Mém. des savants étrangers, publiés par l'Acad. royale des sciences etc. de Belgique. T. LV. 1896.

Lindsay, B., On the avian Sternum. Proceed. of the Zoolog. Soc. of London 1885.

Müller, A., Beob. z. vergl. Anat. der Wirbelsäule. Müller's Archiv, 1853. (Handelt auch von den Rippen.)

Osawa, G., Vergl. die bei der Wirbelsäule aufgeführte Arbeit.

Parker, T. J., On the Origin of the Sternum. Trans. New. Zeal. Inst. Vol. XXIII. 1890.

— — On the Presence of a Sternum in Notidanus indicus. Nature, V. 43, 1890/91. p. 142 and 516.

Parker, W. K., A monograph on the structure and development of the shoulder-girdle and sternum. Ray Soc. 1867.

Pilling, E., Ueber die Halsrippen des Menschen. Inaug.-Dissert. Rostock 1894.

Rabl, C., Theorie des Mesoderms (Fortsetzung). Morphol. Jahrb. Bd. XIX. 1892.

Rathke, H., Ueber den Bau und die Entwicklung des Brustbeins der Saurier. Königsberg 1853.

Ruge, G., Untersuchungen über Entwicklungsvorgänge am Brustbeine und an der Sternoclavicularverbindung des Menschen. Morph. Jahrb. Bd. VI. 1880.

(Vergl. auch die Arbeit von F. Siebenrock im Verzeichnis wichtiger, auf einzelne Thiere bezw. Thiergruppen etc. sich erstreckender Arbeiten. Ebendaselbst finden sich auch Angaben über die Extremitäten.)

White, Ph. J., A Sternum in Hexanchus griseus. Anat. Anz. XI. Bd. No. 7. 1895.

Wiedersheim, R., Das Gliedmassen-Skelet der Wirbelthiere. Jena 1892.

3. Schädel.

a) Fische.

Ahlborn, F., Ueber die Segmentation des Wirbelthierkörpers. Zeitschr. f. wiss. Zool. 1884.

Allis, E. Phelps, The Cranial Muscles and Cranial and first Spinal Nerves in Amia calva. Journ. of Morphol. Vol. XII. Nr. 3. 1897.

Allis, E. Phelps jr., On the Morphology of certain of the Bones of the Cheek and Snout of Amia Calva. Journ. of Morphol. Vol. XIV. No. 3. 1898.

— — On certain Homologies of the Squamosal, Intercalar, Exoccipitale and Extrascapular Bones of Amia calva. Anat. Anz. XVI. Bd. 1899.

— — The Premaxillary and Maxillary Bones, and the Maxillary and Mandibular Breathing Valves of Pplypterus bichir. Anat. Anz. XVIII. Bd. 1900.

Ayers, H., and Jackson, S. M., Morphology of the Myxinoidei I. Skeleton and Musculature. Journ. of. Morphol. Vol. XVII. No. 2. 1901.

Baur, G., On the Morphology and Origin of the Ichthyopterygia. Americ. Naturalist 1887.

Braus, H., Beitr. z. Entw. der Muskulatur u. d. periph. Nervensystems der Selachier. Morph. Jahrb. Bd. XXVII. 1899.

Bridge, T. W., On certain Features in the Skull of Osteoglossum formosum. Proc. Zool. Soc. London. April 2, 1895.

Bujor, P. (Vergl. die allgem. Uebersicht über die Fischlitteratur.)

Dohrn, A., Studien zur Urgeschichte des Wirbelthierkörpers. Mitth. aus der Zool. Station zu Neapel. Bd. III, H. 1. 2. Bd. V, H. 1. Bd. VI, H. 1,

· — — Studien zur Urgeschichte des Wirbelthierkörpers. XV. Neue Grundlagen zur Beurtheilung der Metamerie des Kopfes. Mitth. a. d. Zool. Station zu Neapel. IX. Bd. 3. Heft. 1890.

— — Bemerk. über den neuesten Versuch einer Lösung des Wirbelthierkopf-Problems. Anat. Anz. V. Jahrg. 1890.

Dollo, L., Nouvelle Note sur le Champsosaure, Rhynchocéphalien adapté à la vie fluviatile. Bull. de la Société Belge de Géologie etc. T. V. 1891. (Vergl. auch die übrigen zahlreichen Arbeiten dieses Autors in den früheren Jahrgängen jener Zeitschrift, sowie in Bull. Mus. Roy. Hist. Mat. Belg. und Bull. scient. Giard.)

Gadow, H., On the Modifications of the first and second visceral arches with especial reference to the homologies of the auditory ossicles. Phil. Transact. of the Royal Soc. of London. Vol. 179. 1888.

Gaupp, Die Metamerie des Schädels. Ergebnisse der Anatomie u. Entw.-Gesch. VII. Bd. 1897.

— — Alte Probleme und neuere Arbeiten über den Wirbelthierschädel. Ebendaselbst. Bd. 10. 1900.

Gegenbaur, C., Unters. z. vergl. Anat. d. Wirbelthiere. III. Heft. Das Kopfskelet der Selachier. Leipzig 1872.

— — Ueber das Kopfskelet von Alecocephalus rostratus Risso. Festgabe des Morphol. Jahrb. Leipzig 1878.

— — Ueber die Occipitalregion und die ihr benachbarten Wirbel der Fische. Festschrift zu A. v. Koellikers 70. Geburtstag. Leipzig 1887.

— — Die Metamerie des Kopfes und die Wirbeltheorie des Kopfskeletes. Morpholog. Jahrb. Bd. XIII. 1888.

Haswell, W. A., Studies on the Elasmobranch Skeleton. Proc. Linnean Soc. of New South Wales. Vol. IX. part. 1.

Hatschek, Die Metamerie des Amphioxus und des Ammocoetes. Verhdl. d. Anat. Gesellsch. auf der VI. Versammlung in Wien. 1902.

Hoffmann, C. K., Beitr. z. Entwicklungsgeschichte der Selachii. Morphol. Jahrb. XXIV. Bd. 1896. (Behandelt die Entwicklungsgeschichte des Kopfes, Somiten, praeoral. Darm, Geruchsorgan, Hypophyse etc.)

— — Zur Entwicklungsgeschichte des Selachierkopfes. Anat. Anz. IX. Bd. 1894. (Vergl. Morphol. Jahrb. XXIV. und XXV. Bd. 1896/97.)

Howes, G. B., On the Affinities, Interrelationships and Systematic Position of the Marsipobranchii. Trans. Biol. Soc., Liverpool, Vol. VI. 1892.

Hubrecht, A. A. W., und Sagemehl, Bronn's Classen und Ordnungen des Thierreiches. Abth. Fische.

Huxley, T. H., The nature of the craniofacial apparatus of Petromyzon. Journ. of Anat. and Physiol. Vol. X.

Jaekel, O., Ueber die Organisation der Pleuracanthiden. Sitz.-Ber. d. Gesellsch. naturforsch. Freunde in Berlin. Jahrg. 1895. No. 4.

Jaquet, M., Rech. sur l'anatomie et l'histologie du Silurus glanis L. Arch. d. scienc. médic. Bukarest. T. 3. (Umfasst auch das übrige Skelet.) 1898.

— — Contributions à l'anatomie comparée des Systèmes squelettaire et musculaire de Chimaera Collei, Callorhynchus antarcticus, Spinax niger, Protopterus annectens, Ceratodus Forsteri et Axolotl. Ebendaselbst, T. 2 und 3. (Umfasst auch das übrige Skelet und die Muskulatur.) 1897.

v. Klein, Beitr. zur Bildung des Schädels der Knochenfische. Jahresb. des Vereins für vaterländ. Naturkunde in Württemberg. 1884—1886.

Killian, G., Zur Metamerie des Selachierkopfes. Verhdl. der Anat. Gesellschaft auf der fünften Versammlung in München vom 18.—20. Mai 1891.

Kupffer, C., Studien zur vergl. Entwicklungsgeschichte d. Kopfes d. Kranioten. I. Heft. Die Entwicklung des Kopfes von Acipenser Sturio, an Medianschnitten untersucht. 1893. II. Heft. Die Entwicklung des Kopfes von Ammocoetes Planeri. 1894. III. Heft. Die Entwicklung der Kopfnerven von Ammocoetes Planeri. 1895. IV. Heft. Zur Kopfentwicklung von Bdellostoma. 1900. München und Leipzig. (Wichtig auch für die Hirnanatomie.)

— — Ueber die Entwicklung des Kiemenskelets von Ammocoetes und die organogene Bestimmung des Exoderms. Verhdl. d. Anat. Gesellsch. auf der IX. Versammlung zu Basel 1895.

— — Entwicklungsgeschichte des Kopfes. In: „Ergebnisse der Anat. u. Entwicklungsgeschichte." 1895.

— — Zur Kopfentwicklung von Bdellostoma. Sitz.-Ber. d. Gesellsch. f. Morphol. u. Physiol. in München. H. 1. 1899.

Locy, W. A., Contrib. to the Structure and Development of the Vertebrate Head. Journ. of Morphol. Vol. XI. No. 3. 1895.

Milnes Marshall, A., The segmental value of the cranial nerves. Journ. of Anat. and Phys. Vol. XVI.

— — On the head cavities and associated nerves in Elasmobranchs. Quart. Journ. of Micr. Science. Vol. XXI. In's Deutsche übers. von B. Vetter. Stuttgart 1879. (Umfasst sämtliche Wirbelthierklassen.)

Müller, J., Vergl. Anat. der Myxinoiden. Berlin 1834—1845.

Neal, H. V., The Segmentation of the Nervous System in Squalus Acanthias. A Contribution to the Morphology of the Vertebrate Head. Bull. Mus. Comp. Zoölogy at Harvard College. Vol. XXXI. No. 7. 1898.

— — The Problem of the Vertebrate Head. Journ. Comp. Neurol. Vol. VIII. 1898.

Platt, J., A Contribution to the Morphology of the Vertebrate Head. Journ. of Morphol. Vol. V. 1891.

— — Further Contributions to the Morphology of the Vertebrate Head. Anatom. Anz. VI. Jahrg. 1891.

Parker, W. K., On the structure and development of the skull in Sharks and Scates. Trans. Zool. Soc. Vol. X. Pt. IV.

— — On the Skeleton of the Marsipobranch Fishes. Part. 1. The Myxinoids (Myxine and Bdellostoma). Part. II. Petromyzon. Philos. Transact. of the Royal Society. Part. II. 1883.

— — On the structure and development of the skull in Sturgeons. Philos. Transact. of the Royal Society. London 1882.

— — On the development of the skull in Lepidosteus osseus. Philos. Transact. of the Royal Society. London 1882.

Parker, W. K., und Betany, G. T., Die Morphologie des Schädels. In's Deutsche übersetzt von B. Vetter. Stuttgart 1879. (Dieses Werk umfasst sämtliche Wirbelthierklassen.)

Parker, W. K., Vergl. dessen zahlreiche, auf alle Wirbelthierklassen sich erstreckende Schriften in den „Transactions of the Royal —, Linnean — and Zoological Society“ sowie in den Schriften der R. Irish Academy.

Pollard, H. B., The Suspension of the Jaws in Fish. Anat. Anz. X. Bd. No. 1. 1894.

— — The Oral Cirri of Siluroids and the Origin of the Head in Vertebrates. Zoolog. Jahrb. Bd. VIII. 1895.

Pouchet, G., Du développment du squelette des poissons osseux. Journ. de l'anat. et de la physiol. 1878.

Rabl, Ueber die Metamerie des Wirbelthierkopfes. Verhandl. d. Anat. Gesellschaft auf der VI. Versammlung in Wien 1892.

Rosenberg, E., Untersuchungen über die Occipitalregion des Cranium und den proximalen Theil der Wirbelsäule einiger Selachier. Eine Festschrift. Dorpat 1884.

— — Ueber das Kopfskelet einiger Selachier. Sitz.-Ber. d. Dorpater Naturforsch.-Gesellsch. Jahrg. 1886.

Sagemehl, M., Beiträge zur vergl. Anat. der Fische. Morph. Jahrb. Bd. IX und X. 1884, 1885. (Enthält auch wichtige Notizen über das Nervensystem [Sinnesorgane und Hirnnerven.])

— — Beiträge zur vergl. Anatomie der Fische. IV. Das Cranium der Cyprinoiden. Morphol. Jahrb. XVII. Bd. 1891. (Neben dem Skelet werden auch die Muskeln und Nerven behandelt.)

Schaffer, J., Ueber das knorpelige Skelet von Ammocoetes branchialis nebst Bemerkungen über d. Knorpelgewebe im Allgemeinen. Zeitschr. f. wiss. Zool. LXI. 1896.

Sewertzoff, A., Die Entwicklung der Occipitalregion der niederen Vertebraten im Zusammenhang mit der Frage über die Metamerie des Kopfes. Bull. Soc. Imper. des Naturalistes de Moscou, 1895. No. 2.

— — Beiträge zur Entwicklungsgeschichte des Wirbelthierschädels. Anat. Anz. XIII. Bd. 1897.

— — Studien zur Entw.-Geschichte des Wirbelthierkopfes. Bull. des Natur. de Moscou. No. 2—3. 1898. (Handelt von Torpedo.)

— — Die Entwicklung des Selachierschädels. Ein Beitrag zur Theorie der korrelativen Entwicklung. Festschr. z. 70. Geburtstag von C. v. Kupffer. 1899.

Stannius, H., Handbuch der Zootomie der Wirbelthiere. I. Abth.: Fische.

Stöhr, Ph., Zur Entwicklungsgeschichte des Kopfskelets der Teleostier. Aus der Festschrift zur Feier des 300jährigen Bestehens der Universität Würzburg. Leipzig 1882.

Vrolik, J. A., Studien über die Verknöcherung und die Knochen des Schädels der Teleostier. Niederl. Arch. f. Zool. Vol. I.

Walther, J., Die Entwicklung der Deckknochen am Kopfskelet des Hechtes. Jenaische Zeitschr. XVI. N. F. IX.

White, P. J., The existence of sceletal elements between the mandibular and hyoid arches in Hexanchus und Laemargus. Anat. Anz. Bd. XI. 2. 1895.

van Wijhe, J. W., Ueber das Visceralskelet und die Nerven des Kopfes der Ganoiden und von Ceratodus. Niederl. Arch. f. Zool. Bd. V. H. 3. 1882.

— — Ueber die Mesodermsegmente und die Entwicklung der Nerven des Selachierkopfes. Veröffentl. durch die K. Academie d. Wissensch. zu Amsterdam. 1882.

— — Die Kopfregion der Cranioten beim Amphioxus, nebst Bemerkungen über die Wirbeltheorie des Schädels. Anat. Anz. IV. Jahrg. 1889.

— — Beitr. zur Anatomie der Kopfregion des Amphioxus lanceolatus. „Petrus Camper“, Deel I, Aflevering 2, 1901.

Wright, R. Ramsay, On the Skull and Auditory Organ of the Siluroid Hypophthalmus. Trans. Roy. Soc. Canada. Section IV. 1885.

b) Dipnoër.

Bridge, T. W., On the Morphology of the Skull in the Paraguayan Lepidosiren and in other Dipnoids. Transact. Zoologic. Soc. London. Vol. XIV. P. V. February 1898.
Winslow, Guy M., The Chondrocranium in the Ichthyopsida. Tufts College Studies Nr. 5. March 1898.
   Vergl. auch die bei der Wirbelsäule angeführte Litteratur (Bischoff, Günther, Hyrtl, Wiedersheim).

c) Amphibien.

Born, G., Ueber die Nasenhöhlen und den Thränennasengang der Amphibien. Bresl. Habil.-Schrift. Leipzig 1877. Abgedr. im Morph. Jahrb. Bd. II. 1876.
Cope, E. D., On the Structure and affinities of the Amphiumidae. Americ. Philos. Soc. 1886.
— — On the Relations of the Hyoid and Otic Elements of the Skeleton in the Batrachia. Journ. of Morphol. Vol. II. 1888.
Corning, H. K., Ueber einige Entwicklungsvorgänge am Kopfe der Anuren. Morph. Jahrb. Bd. XXVII. 1899. Erstreckt sich auch auf Muskeln und Nerven.
Dugès, A., Recherches sur l'ostéologie et la myologie des Batraciens. Paris 1835.
Ecker, A., und Wiedersheim, R., Die Anatomie des Frosches. Braunschweig 1864 bis 1882. III. Aufl., bearbeitet von E. Gaupp. 1896.
Fischer, J. G., Anatom. Abhandlungen über die Perennibranchiaten und Derotremen. Hamburg 1864.
Fritsch, Fauna der Gaskohle etc. Prag 1879—1881.
Gaupp, E., Grundzüge der Bildung und Umbildung des Primordialcraniums von Rana fusca. Verhandl. d. Anat. Gesellsch. auf der III. Versammlung in Wien, 1892.
— — Beiträge zur Morphologie des Schädels. I. Primordialcranium und Kieferregion von Rana fusca. II. Das Hyo-Branchialskelet der Anuren und seine Umwandlung. In: Morphol. Arbeiten, herausgeg. von G. Schwalbe. II. Bd. 2. Heft und III. Bd. 3. Heft. (Enthält auch werthvolle Notizen über Gehörorgan u. Kopfnerven.) III. Zur vergl. Anatomie der Schläfengegend etc. Morph. Arbeiten, herausgeg. v. G. Schwalbe. IV. Bd. I. H. 1894.
Götte, A., Entwicklungsgeschichte der Unke. Leipzig 1875.
Hay, O. P., The Skeletal Anatomy of Amphiuma during its earlier Stages. Journ. of Morphol. Vol. IV. Nr. 1. 1890.
Hertwig, O., Ueber das Zahnsystem der Amphibien und seine Bedeutung für die Genese des Skelets der Mundhöhle. Arch. f. mikr. Anat. Vol. XI. Suppl.-H. 1874.
Hoffmann, C. K., Bronn's Classen und Ordnungen des Thierreiches. Abth.: Amphibien.
Huxley, T. H., On the structure of the skull and of the heart of Menobranchus lateralis. Proc. Zool. Soc. London 1874, pt. II.
Hyrtl, J., Cryptobranchus japonicus. Schediasma anatomicum. Vindobonae 1865.
Kingsley, J. S., The Head of an Embryo Amphiuma. Americ. Naturalist. Aug. 1892.
Osawa, G., Vergl. die bei der Wirbelsäule aufgeführte Arbeit.
Parker, W. K., On the structure and development of the skull in the Urodelous Amphibia, pt. I. Philos. Trans. of the Royal Society. London 1877.
— On the structure and development of the skull of the common Frog. Philos. Trans. of the Royal Society. London 1871.
— — On the structure and development of the skull in the Batrachia, pt. II. Philos. Trans. 1881.
— — On the structure and development of the skull in the Batrachia, pt. III. Philos. Trans. 1881.
Peter, K., Die Entwicklung u. funct. Gestaltung des Schädels von Ichthyophis glutinosus. Morphol. Jahrb. XXV. Bd. H. 4. 1898.
Platt, J. B., The Development of the Cartilaginous Skull and of the Branchial- and Hypoglossal-Musculature in Necturus. Ebendaselbst.
Reichert, C. B., Vergl. Entwicklungsgeschichte des Kopfes der nackten Amphibien. Königsb. 1838.
Riese, H., Beiträge zur Anatomie des Tylototriton verrucosus. Zool. Jahrb. Bd. V. 1891.
Schultze, F. E., Ueber die inneren Kiemen der Batrachierlarven etc. I. II. Abtheil. Abhandl. d. K. Preuss. Acad. d. Wissensch. zu Berlin 1888 u. 1892. (Enthält u. A. werthvolle Mittheilungen über das Kopfskelet von Pelobates fuscus.)
Stannius, H., Handbuch der Anatomie der Wirbelthiere. II. Reptilien. 1854.

Spemann, H., Ueber die erste Entwicklung der Tuba Eustachii und des Kopfskelets von Rana temporaria. Zool. Jahrb. Abth. f. Anat. u. Ontogenie der Thiere. XI. Bd. 1898.

Stöhr, Ph., Zur Entwicklungsgeschichte des Urodelenschädels. Würzburger Habil.-Schrift 1879. Abgedr. in d. Zeitschr. f. wiss. Zool. Bd. XXXIII.

— — Zur Entwicklungsgeschichte des Anurenschädels. Zeitschr. für wissensch. Zoologie. Bd. XXXVI.

Walter, F., Das Visceralskelet und seine Muskulatur bei den einheimischen Amphibien und Reptilien (gekrönte Preisschrift). Jenaische Zeitschrift für Naturw. XXI. Bd. N. F. XVI.

Wiedersheim, R., Salamandrina perspicillata etc. Versuch einer vergl. Anatomie der Salamandrinen. Genua 1875.

— — Das Kopfskelet der Urodelen. Morph. Jahrb. Bd. III. 1877.

— — Die Anatomie der Gymnophionen. Jena 1879.

— — Zur Anatomie des Amblystoma Weismanni. Zeitschr. f wiss. Zool. Bd. XXXII.

— — Bemerkungen zur Anatomie des Euproctus Rusconii (Triton platycephalus). Annali del Mus. civ. Vol. VII. Genua 1875.

— — Das Skelet von Pleurodeles Waltlii. Morph. Studien. Heft 1.

Winslow, Guy M., The Chondrocranium in Ichthyopsida. Tufts College Studies No. 5. March. 1898.

d) Reptilien.

Baur, G., Osteolog. Notizen über Reptilien. Zool. Anz. Jahrg. IX. 1886. (Enthält auch Beiträge zum übrigen Skelet.) Vergl. auch die verschied. Jahrgänge des Anat. Anz. bis auf heute.

van Bemmelen J. F., Bemerkn. z. Phylogenie der Schildkröten. Compte rendu des Séances du troisième Congrès international de Zoologie. Leyde 16—21. Septembre 1895.

— — Bemerkungen über den Schädelbau von Dermochelys coriacea. Festschr. zum 70. Geburtstag von Carl Gegenbaur. Leipzig 1896.

Gaupp, E., Beitr. z. Morphol. d. Schädels. III. Zur vergl. Anat. der Schläfengegend etc. Morph. Arb. herausgeg. von G. Schwalbe. IV. Bd. I. H. 1894.

— — Zur Entwicklungsgeschichte des Eidechsenschädels. (Vorläufige Mittheilung.) Ber. d. Naturforsch. Gesellsch. zu Freiburg i. Br. Bd. X. H. 3. 1897. Vergl. auch Verh. der Anat. Gesellsch. in Kiel 1898.

— — Das Chondrocranium von Lacerta agilis. Ein Beitrag zum Verständnis des Amniotenschädels. Anat. Hefte, herausgeg. von Merkel und Bonnet. I. Abth. H. XLIX. (15. Bd. H. 3).

Günther, A., Contrib. to the Anatomy of Hatteria (Rynchocephalus). Philos. Transact. of the Roy. Soc. London 1867.

Hoffmann, C. K., Bronn's Classen und Ordnungen des Thierreiches. Abth. Reptilien.

Howes, G. B., and Swinnerton, H. H. (vergl. die bei der Wirbelsäule aufgeführte Arbeit über Tuatara (Sphenodon punctatus).

Leydig, F., Die in Deutschland lebenden Arten der Saurier. Tübingen 1872.

Oppel, A., Ueber Vorderkopfsomiten und die Kopfhöhle von Anguis fragilis. Arch. f. mikr. Anat. Bd. XXXVI. 1890.

Parker, W. K., On the structure and development of the skull in the common Snake. Philos. Transact. of the Royal Society. London 1878.

— — On the structure and development of the skull in the Lacertilia. Philos. Transact. 1879.

— — The development of the Green Turtle. The Zoology of the Voyage of H. M. S. Challenger. Vol. I. pt. V.

— — On the structure and development of the skull in the Crocodilia. Transact. Zool. Society. Vol. XIX. part V.

Rathke, H., Entwicklung der Natter. Königsberg 1839.

Schauinsland, H., Vergl. die bei der Wirbelsäule aufgeführte Arbeit über Hatteria.

Sewertzoff, A. N., Zur Entw.-Gesch. von Ascalabotes fascicularis. Anat. Anz. XVIII. Bd. 1900.

Siebenrock, F., Zur Kenntnis des Kopfskeletes der Scincoiden, Anguiden u. Gerrhosauriden. Annal. d. K. K. Naturhistor. Hofmuseums. Bd. VII. Heft 3. Wien 1892. (Vergl. auch die Arbeiten von F. Siebenrock im Verzeichnis wichtiger, auf einzelne Thiere bezw. Thiergruppen etc. sich erstreckenden Arbeiten.)

Siebenrock, F., Das Kopfskelet der Schildkröten. Sitz.-Ber. K. Akad. d. Wissensch. in Wien. Math. naturw. Cl. Bd. CVI. Abth. 1. Juli 1897. (Enth. u. A. auch eine genaue Beschreibung des knöchern. Gehörorgans und seiner Nachbarbezirke.)

— — Ueber den Bau und die Entwicklung des Zungenbeinapparates der Schildkröten. Annal. d. K. K. naturhistor. Hofmuseums. Bd. XIII. Wien 1898.

Stannius, H., Handbuch der Anatomie der Wirbelthiere. II. Reptilien, 1854.

Wiedersheim, R., Zur Anat. und Physiol. des Phyllodactylus europ. Morph. Jahrb. Bd. I. 1876.

e) Vögel.

D'Arcy W. Thompson, On characteristic Points in the Cranial Osteology of the Parrots. Proc. Zool. Soc. London 1899.

Balfour, F. M., und Forster, M., Grundzüge zur Entwicklungsgeschichte der Thiere. Deutsche Ausgabe von N. Kleinenberg. Leipzig 1876.

Dames, W., Ueber Archaeopteryx, vergl. die allgem. Uebersicht über die Vogellitteratur.

Koelliker, A., Entwicklungsgeschichte des Menschen und der höheren Thiere. II. Aufl. Leipzig 1878.

— — Grundriss der Entwicklungsgesch. des Menschen und der höheren Thiere. Leipz. 1880.

Parker, T. Jeffery, On the cranial Osteology, Classification and Phylogeny of the Dinornithidae. Trans. Zool. Soc. London, Vol. XIII. p. XI. October 1895.

Parker, W, K., On the structure and development of the skull of the common fowl. Philos. Transact. of the Roy. Soc. London 1869.

Pycraft, W. P., Contrib. to the Osteology of Birds. Proc. Zool. Soc. London 1898. (Enth. auch Schilderungen des übr. Skelets.)

Selenka, E., und Gadow, Bronn's Classen und Ordnungen des Thierreiches. Abthlg. Vögel.
    Ueber den Schädel fossiler Vögel vergl. die bei der Vogel-Wirbelsäule angeführte Litteratur.

Suschkin, P. P., Morphol. des Vogelskelets. I. Schädel von Tinnunculus. Nouveaux mémoires de la Soc. impér. d. Naturalistes de Moscou. T. XVI, formant le T. XXI de la collection. Moscou 1899.

Tonkoff, W., Zur Entw.-Gesch. des Hühnerschädels. Anat. Anz. XVIII. Bd. 1900.

Walker, M. L., On the Form of the Quadrate Bone in Birds. Studies from the Museum of Zoology in University College, Dundee 1888.

f) Säuger.

Albrecht, P., Sur la fente maxillaire double sousmuqueuse et les 4 os intermaxillaires de l'Ornithorhynche adulte normal. Bruxelles 1883.

— — Mémoire sur le basiotique, un nouvel os de la base du crane, situé entre l'occipital et le sphénoide, présenté à la société pathologique de Bruxelles. Bruxelles 1883.

— — Sur les 4 os intermaxillaires, le bec-de-lièvre et la valeur morphologique des dents incisives supérieures de l'homme. Bruxelles 1883.

— — Sur la valeur morphologique de l'articulation mandibulaire, du cartilage de Meckel et des osselets de l'ouïe avec essai de prouver que l'écaille du temporal des mammifères est composée primitivement d'un squamosal et d'un quadratum. Bruxelles 1883.

Baur, G., Ueber das Quadratum der Säugethiere. Biol. Centralbl. VI. Bd. 1887.

— — Ueber dasselbe. Gesellsch. f. Morphologie und Physiologie zu München 1886.

van Bemmelen, J. F., The results of a comparative investigastion concerning the palatine-, orbital- and temporal regions of the Monotreme-skull. K. Akad. d. Wetensch. te Amsterdam (Proc. of the Meeting of Saturday. Sept. 30. 1899.

— — Ueber den Schädel der Monotremen. Zool. Anz. Bd. XXIII. Nr. 622. 1900.

— — Further results of an investigation of te Monotreme-skull. K. Akad. van Wetenschappen te Amsterdam. Poc. Meet. of Saturday. June 30. 1900.

— — Third note concerning certain details of the Monotreme-Skull. Ebendaselbst. January 23. 1901.

— — Der Schädelbau der Monotremen. Aus Semon, Forschungsreisen. Bd. III. Jenaer Denkschr. Bd. VI. 1901.

Broom, R., On some developments of the mammalian prenasal Cartilage. Proc. Linn. Soc. New South Wales. Vol. X. 1895.

Collinge, W. E., The Skull of the Dog. A Manual for Students. London and Birmingham 1896.

Cope, E. D., The phylogeny of the Camelidae. Americ. Naturalist, July 1886.

Decker, F., Ueber den Primordialschädel einiger Säugethiere. Zeitschr. f. wiss. Zool. Bd. XXXVIII. 1884.

Dubois, Eug., Pithecanthropus erectus, eine menschenähnl. Uebergangsform. Batavia 1894. Vergl. auch einen anno 1896 erschienenen späteren Aufsatz desselben Autors im Anat. Anz. Bd. XII. Siehe auch die hier aufgeführte Litteratur.

Dursy, E., Entwicklungsgeschichte des Kopfes des Menschen und der höheren Wirbelthiere. Tübingen 1869.

Ficalbi, E., Sulla ossificazione delle Capsule periotiche nell' uomo e negli altri Mammiferi. Atti d. R. Accadem. Medica di Roma. Vol. III. Ser. II. 1886—87.

Fischer, E., Das Primordialcranium von Talpa europaea. Ein Beitrag zur Morphologie des Säugethierschädels. Anatomische Hefte. I. Abth. LVI/LVII. Heft. 17. Bd. II. 3/4. 1901.

Froriep, A., Bemerkungen zur Frage nach der Wirbeltheorie des Kopfskeletes. Anat. Anz. II. Jahrg. 1887.

Giebel, C. G., Bronn's Classen und Ordnungen des Thierreiches. Abtheil.: Säugethiere.

Hallmann, Die vergl. Anatomie des Schläfenbeins. 1837.

Harrison Allen, On a revision of the ethmoid bone in the Mammalia. Bull. of the Museum of comp. Zoology, at Harvard College. Vol. X. Nr. 3.

Hartlaub, C., Beiträge zur Kenntnis der Manatus-Arten. Zoolog. Jahrb. Bd. I. 1886.

His, W., Beobachtungen zur Geschichte der Nasen- und Gaumenbildung beim menschlichen Embryo. Abhandl. der math.-physik. Cl. d. K. Sächs. Gesellsch. d. Wissensch. XXVII. Bd. Nr. III. 1901.

Howes, G. B., On the Mammalian Hyoid, with especial Reference to that of Lepus, Hyrax und Choloepus. Journ. Anat. and Physiol. Vol. XXX. 1897.

Jacoby, M., Ein Beitrag zur Kenntnis des menschlichen Primordialcraniums. Arch. f. mikr. Anat. u. Entwicklungsgeschichte. Bd. 44. 1894.

Joseph, G., Morphologische Studien am Kopfskelet des Menschen und der Wirbelthiere. Breslau 1873.

Koelliker, A., Entwicklungsgeschichte des Menschen und der höheren Thiere. 2. Aufl. Leipzig 1879.

— — Grundriss der Entwicklungsgeschichte des Menschen und der höheren Thiere. Leipzig 1880.

Lucae, J., Die Sutura transversa squamae occipitis. Abhandl. der Senckenberg'schen Gesellsch. 1883.

Maggi, L., Postfrontaux chez les Mammifères. Arch. Ital. de Biol. T. XXVIII. Fasc. III. 1898.

Marsh, O. C., Dinocerata. Vergl. die allgem. Uebersicht über die Säugethier-Litteratur.

von Mihalkovics, Bau und Entwicklung der pneumatischen Gesichtshöhlen. Verhdl. der Anat. Gesellsch. auf der X. Versammlung zu Berlin. 1896.

— — Anatomie und Entwicklungsgeschichte der Nase und ihrer Nebenhöhlen. Handb. der Laryngologie und Rhinologie, herausgeg. von P. Heymann. Bd. III. Berlin 1896.

von Nathusius, H., Vorstudien für Geschichte und Zucht der Hausthiere, zunächst am Schweineschädel. Mit einem Atlas. 1864.

Neuner, R., Ueber angebliche Chordareste in der Nasenscheidewand des Rindes. Inaug.-Dissert. München 1886.

Osborn, H. F., Vergl. die zahlreichen interessanten Arbeiten dieses Autors. (Bulletin of the American Museum of Natural History.)

— — Origin of the Mammalia, III. Occipital Condyles of Reptilian Tripartite Type. Americ. Naturalist. Vol. XXXIV. Nr. 408. 1900.

Parker, W. K., On the structure and development of the skull in the pig. Philos. Trans. 1874.

— — On the structure and development of the skull in the Mammalia. Part II. Edentata. Philos. Trans. of the Royal Soc. Nr. 232, 1884, and Part III. Insectivora ebendaselbst Nr. 235, 1885.

Parker, W. N., On some Points in the Structure of the Young of Echidna aculeata. Proc. Zool. Soc. London. 1894. (Behandelt den Vorderkopf.)

Parsons, F. G., The Joints of Mammals compared with those of Man. Journ. of Anat. and Physiol. Vol. 34. (Handelt auch von den Gelenken der Extremitäten.)

Paulli, S., Ueber die Pneumaticität des Schädels bei den Säugethieren. Morph. Jahrb. Bd. XXVIII. 1899.

Rütimeyer, L., Versuch einer natürl. Geschichte des Rindes etc. Neue Denkschr. d. allgem. schweiz. Gesellsch. f. d. ges. Naturwissenschaft. 22. Bd. 1866.

— — Die Rinder der Tertiärepoche etc. Abhandl. der schweiz. paläont. Gesellschaft. Bd. IV. 1877.

Rütimeyer, L., Beiträge z. Gesch. d. Hirschfamilie. I. Schädelbau. Verhandl. d. naturf. Gesellsch. in Basel. VI, 3. 1877.

— — Ueber das zahme Schwein und das Hausrind. Verhandl. d. naturf. Gesellsch. in Basel. VII, 1. 1882.

Salensky, W., Beiträge zur Entwicklungsgeschichte der knorpeligen Gehörknöchelchen bei Säugethieren. Morphol. Jahrb. Bd. VI.

Schwink, F., Ueber den Zwischenkiefer und seine Nachbarorgane bei Säugethieren. München 1888. (Enthält unter anderem eine kritische Behandlung der Frage nach der paarigen oder unpaaren Anlage jeder Zwischenkieferhälfte; ausserdem aber finden sich darin interessante Mittheilungen über den Thränennasen-Canal, die Steno'sche Nasendrüse und das Jakobson'sche Organ.)

Selenka, E., Menschenaffen (Anthropomorphae). Studien über Entwicklung und Schädelbau. Lief. I. Rassen, Schädel und Bezahnung des Orangutan. Wiesbaden 1898.

Sixta, V., Der Monotremen- und Reptilien-Schädel. Zeitschr. f. Morphol. u. Anthropol. Bd. II. 1900.

— — Vergl. osteol. Unters. über den Bau des Schädels von Monotremen und Reptilien. Zool. Anz. Bd. XXIII. 1900.

Spöndli, H., Ueber den Primordialschädel der Säugethiere und des Menschen. Inaug.-Dissert. Zürich 1846.

Stehlin, H. G., Zur Kenntnis der postembryonalen Schädelmetamorphosen bei Wiederkäuern. Basel 1893.

Wiedersheim, R., Beitr. z. Kenntnis der äusseren Nase von Semnopithecus nasicus. Eine physiognomische Studie. Zeitschr. f. Morphol. u. Anthropol. Bd. III. Heft II. 1901.

4. Schultergürtel.

Broom, G., On the Existence of a Sterno-Coracoidal Articulation in a Foetal Marsupial. Journ. of Anat. and Physiol. Vol. XXXI. 1897.

Dohrn, A., Studien zur Urgeschichte des Wirbelthierkörpers. VI. Die paarigen und unpaaren Flossen der Selachier. Mittheil. aus der Zool. Station zu Neapel. V. Band. 1. Heft. 1886.

Dugès, Recherches sur l'ostéologie et la Myologie des Batraciens à leurs différens âges. In: Mémoires présentés par divers savants à l'académie royale des sciences de l'institut de France. Sciences mathématiques et physiques. Tome VI. Paris 1835.

Emery, C., et Simoni, L., Recherches sur la ceinture scapulaire des cyprinoides. Arch. ital. de biologie. T. VII. Fasc. 3. 1886.

— — Ueber die Beziehungen des Cheiropterygium zum Ichthyopterygium. Zool. Anz. X. Jahrg. 1887.

Fürbringer, M., vergl. die Litteratur der Myologie.

Garmann, S., Chlamydoselachus anguineus Garm. — A living species of cladodont Shark. Bull. Mus. Comparat. Zool. Harvard College.

Gegenbaur, C., Untersuchungen zur vergleichenden Anatomie der Wirbelthiere: Schultergürtel der Wirbelthiere. Carpus und Tarsus und Brustflosse der Fische. Leipzig 1864—1865.

— — Clavicula und Cleithrum. Morphol. Jahrb. XXIII. Bd. 1895.

Göldi, E. A., Kopfskelet und Schultergürtel von Loricaria cataphracta, Balistes capriscus und Acipenser ruthenus. Vergl. anatomisch-entwicklungsgeschichtl. Studien zur Deckknochenfrage. Jena 1884.

Götte, A., Beiträge zur vergl. Morphologie des Skeletsystems der Wirbelthiere: Brustbein und Schultergürtel. Arch. f. mikr. Anat. Bd. XIV. 1877.

Hoffmann, C. K., Beiträge zur vergl. Anatomie der Wirbelthiere. Niederländ. Archiv f. Zool. Vol. V. 1879.

— — Zur Morphologie des Schultergürtels und des Brustbeins bei Reptilien, Vögeln, Säugethieren und dem Menschen. Ebendaselbst.

Howes, G. B., The Morphology of the Mammalian Coracoid. Journ. of Anat. and Physiol. Vol. XXI. (N. S. Vol. 1.) 1887.

— — On the Coracoid of the Terrestrial animals. Proc. Zool. Soc. London, June 20, 1893.

Hyrtl, J., Cryptobranchus japonicus, Schediasma anatomicum etc. Vindobonae 1865.

Lataste, F., Les Cornes des Mammifères. Dans leur axe osseux aussi bien que dans leur revêtement corné sont des Productions cutanées. Act. Soc. scient. du Chili. IV. année. T. IV. 5. Livr. 1894.

Osawa, G., vergl. die bei der Wirbelsäule aufgeführte Arbeit.

Parker, W. K., A Monograph on the structure and development of the Shoulder Girdle and Sternum in the Vertebrata. Ray Society. 1868.

Sabatier, A., Comparaison des ceintures et des membres antérieurs et postérieurs dans la Série des Vertébrés. Montpellier 1880.

Siebenrock, F., Ueber die Verbindungsweise des Schultergürtels mit dem Schädel bei den Teleostiern. Annal. d. K. K. Naturhist. Hofmuseums. XVI. Bd. Wien 1901.

Swirski, G., Untersuchungen über die Entwicklung des Schultergürtels und des Skelets der Brustflosse des Hechtes. Inaug.-Dissert. Dorpat 1880.

Wiedersheim, R., Salamandrina perspicillata und Geotriton fuscus etc. Genua 1875.

— — Das Skelet und Nervensystem von Lepidosiren annectens. Morph. Studien, Heft I. Jena 1880.

— — Das Gliedmassenskelet der Wirbelthiere mit besonderer Berücksichtigung des Schulter- und Beckengürtels bei Fischen, Amphibien und Reptilien. Jena 1892.

5. Beckengürtel.

Albrecht, P., Note sur le pelvisternum des Edentés. Bruxelles 1883.

Baur, G., The Pelvis of the Testudinata; with Notes on the Evolution of the Pelvis in General. Journ. of Morphol. Bd. IV. Boston 1891.

Bolk, L., Beziehungen zwischen Skelet, Musculatur und Nerven der Extremitäten, dargelegt am Beckengürtel, an dessen Musculatur und am Plexus lumbo-sacralis. Morph. Jahrb. Bd. XXI. 1894.

Bunge, A., Unters. zur Entwicklung des Beckengürtels der Amphibien, Reptilien und Vögel. Inaug.-Dissert. Dorpat 1880.

Credner, G., Die Stegocephalen aus dem Rothliegenden des Plauenschen Grundes. Zeitschr. d. Deutsch. Geolog. Gesellsch. 1881—1890.

— — Die Urvierfüssler (Eotetrapoda) des Sächsischen Rothliegenden. „Naturw. Wochenschrift". Allgem. verständl. naturw. Abhandlungen. Heft 15. 1891.

Dohrn, A., vergl. die beim Schultergürtel aufgeführte Arbeit dieses Autors.

Gegenbaur, G., Ueber den Ausschluss des Schambeines von der Pfanne des Hüftgelenkes. Morph. Jahrb. Bd. II. 1876.

— — Beitr. z. Kenntnis des Beckens der Vögel. Jenaische Zeitschr. Bd. VI. 1871.

Goodrich, E. S., On the. pelvic girdle and fin of Eusthenopteron. Quart. Journ. Micr. Science. Vol. 45. Nr. 5. 1901.

Gorski, Ueber das Becken der Saurier. Inaug.-Dissert. Dorpat 1852.

Günther, A., Contribution to the Anatomy of Hatteria (Rhynchocephalus Owen). Philos. Transact. London 1867.

Hilgendorf, R., Das Ileo-Sacral-Gelenk der zungenlosen Frösche (Pipa, Dactylethra). Gesellsch. naturf. Freunde. Sitzung v. 19. Febr. 1884.

Howes, G. B., On the Mammalian Pelvis with especial Reference to the Young of Ornithorhynchus anatinus. Journ. of Anat. and Physiol. Vol. XXVII.

Howes, G. B., and Swinnerton, H. H., (vergl. die bei der Wirbelsäule aufgeführte Arbeit über Tuatara, Sphenodon punctatus).

Hoffmann, C. K., Beitr. z. Kenntnis des Beckens der Amphibien und Reptilien. Niederl. Arch. f. Zool. Bd. III.

Huxley, T. H., On the characters of the pelvis in Mammalia etc. Proceed. Ray Soc. Vol. XXVIII. 1879.

Johnson, Alice, On the Development of the pelvic Girdle and Skeleton of the Hind Limb in the Chick. Stud. from the morphol. Laboratory in the University of Cambridge. Vol. II. Part. I. 1884.

Leche, W., Zur Anatomie der Beckenregion bei Insectivora etc. Vergl. die allg. Uebersicht über die Säugethier-Litteratur.

— — Das Vorkommen und die morphol. Bedeutung des Pfannenknochens (Os acetabuli). Internat. Monatsschr. f. Anat. u. Histol. Bd. I. 1884.

— — Zur Morphologie der Beutelknochen. Verhandl. des Biolog. Vereins zu Stockholm. III. Bd. 1891. Nr. 7.

Marsh, O. C., vergl. verschiedene Artikel über fossile Reptilien in Americ. Journ. of science and arts. Vol. XVI—XXIII. (Handelt z. Th. auch über den Schultergürtel.)

— — Dinocerata, a Monograph of an extinct Order of gigantic mammals. Washington 1884.

Mehnert, E., Untersuch. über die Entwicklung des Os pelvis der Vögel. Morph. Jahrb. Bd. XIII. 1888.

— — Untersuch. über die Entwicklung des Beckengürtels bei einigen Säugethieren. Ebendaselbst. Bd. XV. 1889.

Mehnert, E., Untersuch. über die Entwicklung des Beckengürtels der Emis lutaria taurica. Ebendaselbst. Bd. XVI. 1890.

— — Unters. über die Entwicklung des Os hypoischium (Os cloacae), Os epipubis und Ligamentum medianum pelvis bei den Eidechsen. Ebendaselbst. Bd. XVII. 1891.

Osawa, G., vergl. die bei der Wirbelsäule aufgeführte Arbeit.

Osborn, H. F., Reconsideration of the Evidence for a common Dinosaur-Avian Stem in the Permian. Americ. Naturalist, Vol. XXXIV. No. 406. (Handelt vom Becken, der hinteren Extremität etc.)

Sabatier, M. A., Compar. d. ceintures thoraciques et pelv. dans la Série des Vertébrés. Acad. Science et lettr. de Montpellier. Tom. IX. 1880.

Wiedersheim, R., Labyrinthodon Rütimeyeri. Abhandl, der Schweiz. Palaeontol. Gesellschaft. Bd. V. 1878.

— — Ueber das Becken der Fische. Morph. Jahrb. Bd. VII. 1881.

— — Zur Urgeschichte des Beckens. Berichte der naturforsch. Gesellsch. zu Freiburg i. B. VI. 1888.

— — Ueber die Entwicklung des Schulter- und Beckengürtels. Anat. Anz. IV. Jahrg. 1889. Nr. 14.

— — Weitere Mittheilungen über die Entwicklungsgeschichte des Schulter- und Beckengürtels. Anat. Anz. V. Jahrg. 1890. Nr. 1.

— — Das Gliedmassenskelet der Wirbelthiere, mit besonderer Berücksichtigung des Schulter- und Beckengürtels bei Fischen, Amphibien und Reptilien. Jena 1892. (Enthält ein ausführliches Litteratur-Verzeichnis.)

— — Die Phylogenie der Beutelknochen. Eine entwicklungsgeschichtlich - vergleichend-anatomische Studie. Zeitschr. f. wissensch. Zoolog. LIII. Bd. Suppl. 1892.

Woodward, A. Smith, Palaeontological Contribution to Selachian Morphology (Beckengürtel von Cyclobatis). Proc. Zool. Soc. of London 1888.

6. Freie Gliedmassen.

Albrecht, P., Beitrag zur Torsionstheorie des Humerus und zur morph. Stellung der Patella in der Reihe der Wirbelthiere. Inaug.-Dissert. Kiel 1875.

— — Das Os intermedium tarsi der Säugethiere. Zoolog. Anzeiger. VI. Jahrg. Nr. 145. 1883.

— — 1. Os trigone du pied chez l'homme, 2. Épihallux chez l'homme, 3. Epiphyses entre l'occipital et le sphénoide chez l'homme. Bulletin de la Société d'anthropologie de Bruxelles. Tome III, Fasc. 3. 1885.

Balfour, F. M., On the development of the skeleton of the paired fins of Elasmobranchs etc. Proceed. of the zool. Soc. of London. 7. Juni 1881.

— — Handbuch der vergl. Embryologie. Uebers. von Vetter. Jena 1881.

— — A Monograph on the development of Elasmobranch fishes. London 1878.

Bardeleben, K., Das Os intermedium tarsi der Säugethiere. Zool. Anz. VI. Jahrg., 1883. Nr. 139.

— — Beitr. z. Morphologie des Hand- und Fussskeletes. Sitz.-Ber. d. Jen. Gesellsch. f. Medic. u. Naturwissensch. 1885.

— — Ueber neue Bestandtheile der Hand- und Fusswurzel der Säugethiere, sowie das Vorkommen von Rudimenten „überzähliger" Finger und Zehen beim Menschen. Jena'sche Zeitschr. f. Naturwissensch. Bd. XIX. N. F. XII. Suppl. Heft III 1886.

— — On the Bones and Muscles of the Mammalian Hand. and Foot. Proc. Zool. Soc. London. April 17, 1894.

— — Hand und Fuss (Referat). Verhandl. d Anat. Gesellsch. Jahrg. 8. 1894. (Enthält viele Litteraturangaben.)

Bashford, Dean, The Fin-fold Origin of the Paired Limbs, in the Light of the Ptychopterygia of Palaeozoic Sharks. Anat. Anz. XI. Bd. 1896. (Vergl. auch „Natural Science". Vol. VIII. 1896.)

Baur, G., Der Tarsus der Vögel und Dinosaurier. Morph. Jahrb. Bd. VIII. 1883.

— — Ueber das Archipterygium und die Entwicklung des Cheiropterygium. Zool. Anz. Nr. 209, VIII. Jahrg. 1885.

— — Zur Morphologie des Carpus und Tarsus der Reptilien. Ebendaselbst, Nr. 208. VIII. Jahrg. 1885.

— — Bemerkungen über den Astragalus und das Intermedium tarsi der Säugethiere. Morphol. Jahrbuch, Bd. XI. 1885. Enthält eine ausführliche Zusammenstellung der neueren Litteratur über den Carpus und Tarsus.

— — Zur Morphologie des Carpus und Tarsus der Wirbelthiere. Zool. Anz. VIII. Jahrg. 1885.

Baur, G., Der älteste Tarsus (Archegosaurus). Ebendaselbst. IX Jahrg. 1886.
— — Die zwei Centralia im Carpus von Sphenodon (Hatteria) und die Wirbel von
   Sphenodon und Gecko verticillatus Laur. (G. verus Gray). Zool. Anz. IX. Jahrg.
   1886.
— — Ueber die Canäle im Humerus der Amnioten. Morph. Jahrb. Bd. XII. 1887.
— — Beiträge zur Morphologie des Carpus und Tarsus der Vertebraten. I. Th.: Batrachia.
   Jena 1888.
— — Neue Beiträge zur Morphologie des Carpus der Säugethiere. Anat. Anz. IV. Jahrg.
   1889.
van Bemmelen, Ueber die Herkunft der Extremitäten- und Zungenmuskulatur bei den
   Eidechsen. Anat. Anz. IV. Jahrg. 1889.
Boas, J. E. V., a) Ueber den Metatarsus der Wiederkäuer. b) Ein Fall von vollständiger
   Ausbildung des 2. und 5. Metacarpale beim Rind. Morph. Jahrb. Bd. 16. 1890.
Bolk, L., Die Segmentaldifferenzierung des menschl. Rumpfes und seiner Extremitäten.
   Beitr. z. Anatomie u. Morphogenese des menschl. Körpers. Morph. Jahrb. XXV. Bd.
   1898.
Born, G., Die sechste Zehe der Anuren. Morph. Jahrb. Bd. I. 1876.
— — Eine frei hervorragende Anlage der vorderen Extremität bei Embryonen von Anguis
   fragilis. Zool. Anz. 1883, Nr. 150.
— — Ueber das Skelet des Fersenhöckers von Rana fusca etc. Sitz. d. Schles. Gesellsch.
   f. vaterl. Kultur vom 2. Juli 1879.
— — Zum Carpus und Tarsus der Saurier. Morph. Jahrb. Bd. II. 1876.
— — Nachträge zum Carpus und Tarsus. Morph. Jahrb. Bd. VI. 1880. Enth. Mitth.
   über Anuren und Saurier.
Boyer, E. R., The mesoderm in Teleosts especially its share in the formation of the
   pectoral fin. Bull. Mus. of comparat. Zool. at Harvard College. Vol. XXIII. No. 2.
   1892.
Brandt, E., Vergl. anat. Untersuchungen über die Griffelbeine (Ossa calamiformia) der
   Wiederkäuer. Zool. Anz. XI. 1888.
Braus, Ueber die Extremitäten der Selachier. Verhdl. d. Anat. Gesellsch. XII. Ver-
   sammlung zu Kiel 1898.
— — Die Muskeln u. Nerven der Ceratodusflosse. Aus: Semon, Forschungsreisen. Bd. I.
   1900. (Enthält auch zahlreiche Beiträge zur Anatomie u. Phylogenie der Selachier-
   und Ganoidenflosse.)
— — Ueber neuere Funde versteinerter Gliedmassenknorpel und -Muskeln von Selachiern.
   Verhdl. der Phys.-med. Gesellsch. zu Würzburg. N. F. Bd. XXXIV. 1901.
Bridge, T. W., The Mesial Fins of Ganoids and Teleosts. Linnean Society's Journ.-Zool.
   Vol. XXV. 1896.
Bunge, A., Ueber die Nachweisbarkeit eines biserialen Archipterygiums bei Selachiern
   und Dipnoërn. Jenaische Zeitschr., Bd. VIII.
Carlson, A., Von den weichen Theilen des sogen Praepollex und Praehallux. Biolog.
   Föreningens Förhandlingar (Verh. d. biolog. Vereins) in Stockholm. Stockholm 1890.
— — Untersuch. über die weichen Theile der sog. überzähligen Strahlen an Hand und
   Fuss. K. Svenska. Vet.-Akad. Handlingar. Bd. 16. Afd. IV. Stockholm 1891.
Cope, E. D., New and little Paleozoic and Mesozoic Fishes. Journ. Acad. Nat. Sci.
   Philada. 2. Ser. Vol. IX. (Behandelt u. a. die Frage nach der Urgeschichte der
   Selachierflosse.)
Cuénod, A., L'articulation du coude. Internat. Monatsschr. f. Anat. und Physiol. 1888.
   Bd. V.
von Davidoff, M., Beitr. z. vergl. Anatomie der hinteren Gliedmassen der Fische.
   Morph. Jahrb., Bd. V, VI, IX.
Döderlein, L., Das Skelet von Pleuracanthus. Zool. Anz. XII. Jahrg. 1889.
Dohrn, A., Vergl. die beim Schultergürtel aufgeführte Arbeit dieses Autors.
— — Studien zur Urgeschichte des Wirbelthierkörpers. VI. Die paarigen und unpaarigen
   Flossen der Selachier. Mittheil. aus der zoolog. Station zu Neapel. V. Bd. 1. Heft.
   1886.
Dollo, L., Sur l'origine de la nageoire caudale des Ichthyosaures. Bull. Soc. Belge de
   Géologie. T. VI. 1892.
Ducret, E., Contrib. à l'étude du développment des Membres pairs et impairs des
   poissons téléostéens, type Trutta lacustris, Inaug.-Diss. Lausanne 1894.
Eisler, P., Die Homologie der Extremitäten. Abhandl. d. Naturf.-Gesellschaft zu Halle.
   Bd. XIX. 1895. (Enthält auch ein grosses Litteratur-Verzeichnis.)
Emery, C., Ueber die Beziehungen des Cheiropterygiums zum Ichthyopterygium. Zool.
   Anz. X. Jahrg. 1887.
— — Zur Morphologie des Hand- und Fussskelets. Anat. Anz. V. Jahrg. 1890.

Emery, C., Ulteriori studi sullo scheletro della mano degli Anfibi Anuri. R. Accad. dei Lincei. Vol. I, 1. Serie 5ª Rendiconti Seduta dei 3 aprile 1892.

— — Studi sulla Morfologia dei Membri dei Mammiferi. Mem. R. Accad. d. Scienze dell Istituto di Bologna. T. II. 1892.

— — Studi sulla Morfologia dei Membri degli Anfibi sulla Filogenia del Chiropterigio. Ricerche Lab. Anat. Roma e altri Lab. Biologici. Vol. IV. Fasc. 1. 1894.

— — Die fossilen Reste von Archegosaurus und Eryops und ihre Bedeutung für die Morphologie des Gliedmassenskeletes. Anat. Anz. XIV. Bd. 1897.

— — Sulla Morfologia del Tarso dei Mammiferi. Rend. d. R. Accad. d. Lincei. Vol. IV. 2. Sem. Ser. 5. Fasc. 11. 1895.

— — A Propos du Carpe des Anoures. Bull. Scientif. de la France et de la Belgique. T. XXIX. 1896.

— — Beitr. z. Entwicklungsgeschichte der Morphologie des Hand- und Fuss-Skelets der Marsupialier. In: Semon, Zoolog. Forschungsreisen in Australien etc. Bd. II. Jenaische Denkschriften V. 1897.

— — Ueber die Beziehungen des Crossopterygiums zu anderen Formen der Gliedmassen der Wirbelthiere. Eine kritische Erwiderung an Herrn Prof. H. Klaatsch. Anat. Anz. XIII. Bd. 1897.

Ewart, J. C., The Development of the Skeleton of the Limbs of the Horse. Journ. of Comparat. Pathology and Therapeutics. 1894. (Vergl. auch den Artikel in Journ. of Anat. and Physiol. Vol. XXVIII. 1894.)

Fraas, E., Ueber einen neuen Fund von Ichthyosaurus in Württemberg. Neues Jahrb. f. Mineralogie etc. Bd. II. 1892.

Fritsch, A., Ueber die Brustflosse von Xenacanthus Decheni, Goldf. Zoolog. Anzeiger. Bd. XI. 1888.

— — Fauna der Gaskohle und der Kalksteine der Permformation Böhmens. Prag 1879 bis 1890. Bd. III. Heft 1. Selachii (Pleuracanthus, Xenacanthus). Prag 1890.

Fürbringer, M., Die Knochen und Muskeln der Extremitäten bei den schlangenähnlichen Sauriern. Leipzig 1870.

— — Untersuchungen zur Morphologie und Systematik der Vögel, zugleich ein Beitrag zur Anatomie der Stütz- und Bewegungsorgane. II Theile. Amsterdam 1888.

— — Ueber die Nervencanäle im Humerus der Amnioten. Morphol. Jahrb. Bd. XI. 1886.

Gaupp, E., Mittheil. zur Anatomie des Frosches. I. Carpus und Tarsus. Anat. Anz. XI. Bd. 1895.

Gegenbaur, C., Ueber das Skelet der Gliedmassen der Wirbelthiere im Allgemeinen und der Hintergliedmassen der Selachier insbesondere. Jenaische Zeitschr., Bd. V. 1870.

— — Ueber die Modificationen des Skelets der Hintergliedmassen bei den Männchen der Selachier und der Chimären. Ebendaselbst.

— — Ueber die Drehung des Humerus. Jenaische Zeitschr. Bd. IV.

— — Untersuch. zur vergl. Anatomie der Wirbelthiere. Leipzig 1864—65. I. Heft: Carpus und Tarsus. II. Heft: Brustflosse der Fische.

— — Ueber das Archipterygium. Jenaische Zeitschr., Bd. VII. 1872.

— — Zur Morphologie der Gliedmassen der Wirbelthiere. Morphol. Jahrb., Bd. II. 1876.

— — Kritische Bemerkungen über Polydactylie als Atavismus. Morphol. Jahrb. Bd. IV. 1880.

— — Ueber das Gliedmassenskelet der Enaliosaurier. Jenaische Zeitschr., Bd. V. Heft 3. 1870.

— — Ueber Polydactylie. Morphol. Jahrb. Bd. XIV. 1888.

— — Das Flossenskelet der Crossopterygier und das Archipterygium der Fische. Ebendaselbst. XXII. Bd. 1894.

Gervais, P., Théorie du squelette humain fondée sur la comparaison ostéologique de l'homme et des animaux vertébrés. Paris, Montpellier 1856.

Götte, A., Ueber Entwicklung und Regeneration des Gliedmassenskelets der Molche. Leipzig 1879.

Goodsir, On the Morphological Constitution of Limbs. The Edinburgh New Philosoph. Journal, Vol. V. New Series 1857.

Guitel, F., Rech. sur le Développement des Nageoires paires du Cyclopterus Lumpus. Arch. de Zool. expérimentale et générale. 3e Série. Tom. IV.

Harrison, R. G., Ueber die Entwicklung der nicht knorpelig vorgebildeten Skeletttheile in den Flossen der Teleostier. Arch. f. mikr. Anat. XXXXII. Bd. 1893.

— — The Development of the Fins of Teleosts. Johns Hopkins University Circulars. No. 111. May 1894.

— — Die Entwicklung der unpaaren und paarigen Flossen der Teleostier. Arch. f. mikr. Anat. und Entwicklungsgeschichte. Bd. XXXXVI. 1895.

Haswell, W. A., Studies on the Elasmobranch Skeleton. Proc. Linnean Soc. of New-South-Wales, Vol. IX, part. I, 1. J.

Hatschek, B., Die paarigen Extremitäten der Wirbelthiere. Verhandl. d. Anat. Gesellschaft auf der III. Versammlung. Berlin 1889.

Henke, W., und Reyher, C., Studien über die Entwicklung der Extremitäten des Menschen etc. Sitz.-Ber. d. K. Acad. d. Wiss. in Wien. III. Abth. Juliheft 1878.

Hoffmann, C. K., Beitr. zur vergl. Anat. der Wirbelthiere. Niederl. Arch. f. Zool. Bd. IX.

Holl, M., Ueber die Entwicklung der Stellung der Gliedmassen des Menschen. Sitz.-Ber. d. K. Akad. d. Wissensch. in Wien. Math. naturw. Classe. Bd. C. Abth. III. Febr. 1891.

Howes, G. B., On the Skeleton and Affinites of the Paired Fins of Ceratodus, with Observations upon those of the Elasmobranchii. Proceed. Zool. Soc. London 1887.

— — Observations on the Pectoral Fin-Skeleton of the Living Batoid Fishes and of the Extinct Genus Squaloraja, with especial reference to the Affinities of the same. Proceed. Zool. Soc. London 1890.

— — On the Pedal Skeleton of the Dorking Fowl, with Remarks on Hexadactylium and Phalangeal Variation in the Journ. of Anat. and Physiol. Vol. XXVI. 1892.

Howes, G. B., and Ridewood, R., On the Carpus and Tarsus of the Anura. Proceed. Zool. Soc. London 1888.

Howes, G. B., and Davies, A. M., Observat. upon the Morphology and Genesis of Supernumerary Phalanges, with especial reference to those of the Amphibia. Proc. Zool. Soc. of London 1888.

Humphry, Observat. on the limbs of vertebrate animals; the plan of their construction; their homology and the comparison of the fore and hind limbs. 1860.

Huxley, T. H., Contributions to Morphology. Ichthyopsida. — No. 1. On Ceratodus Forsteri, with Observations on the Classification of Fishes. Proceed. Zoolog. Soc. Part. I. London 1876.

— — Ou Ceratodus Forst. etc. Proceed. Zool. Soc. 1876.

Jordan, P., Die Entwicklung der vorderen Extremität der Anuren Batrachier. Inaug.-Dissert. Leipzig 1888.

Jungersen, Hector F. E., Remarks on the Structure of the Hand in Pipa and Xenopus. Annals and Magazine of natural. History. September 1891.

Kehrer, G., Beiträge zur Kenntnis des Carpus und Tarsus der Amphibien, Reptilien und Säuger. Berichte der naturf. Gesellsch. zu Freiburg i. B. Bd. I 1886.

Klaatsch, H., Die Brustflosse der Crossopterygier. Ein Beitrag zur Anwendung der Archipterygiumtheorie auf die Gliedmassen der Landthiere. Festschr. z. 70. Geburtstag von Carl Gegenbaur. Leipzig 1896

Kollmann, J., Handskelet und Hyperdactylie. Verhandl. d. anat. Gesellsch. auf der II. Versammlung in Würzburg, den 20.—23. Mai 1888.

Kükenthal, W., Ueber die Hand der Cetaceen. Anat. Anz. III. Jahrg. 1888. (Vergl. die verschiedenen Aufsätze dieses Autors im IV. u. V. Jahrg. des Anat. Anzeigers, sowie auch dessen grosses Werk: „Vergl. anat. u. entwicklungsgeschichtl. Untersuch. an Walthieren." Jena 1889 und 1893.)

— — Ueber die Anpassung von Säugethieren an das Leben im Wasser. Zoolog. Jahrb. Bd. V. 1890.

— — Mittheilungen über den Carpus des Weisswals. Morphol. Jahrb. Bd. XIX. 1892.

— — Zur Entwicklung des Handskelets des Krokodils. Ebendaselbst.

Lazarus, S. P., Zur Morphologie des Fuss-Skeletes. Morphol. Jahrb. XXIV. Bd. 1896.

Leboucq, H., Resumé d'un mémoire sur la morphologie du carpe chez les mammifères. Bull. de l'Académie r. de médecine de Belgique: 3. sér. t. XVIII. No. 1.

— — Rech. sur la morphologie du carpe chez les mammifères. Arch. de Biolog. Tom. V. 1884.

— — Sur la morphologie du carpe et du tarse. Anat. Anzeiger, I. Jahrg. No. 1. Jena 1886.

— — De l'os central du carpe chez les mammifères. Acad. Roy. Belgique, 3. sér. tom. IV. 1882.

— — La nageoire pectorale des cétacés au point de vue phylogénique. Anat. Anzeiger. II. Jahrg. 1887.

— — L'Apophyse styloïde du 3e Métacarpien chez l'homme. Annal. de la Soc. de Méd. de Gand 1887. (Enthält auch zahlreiche Litteraturangaben.)

— — Rech. sur la Morphologie de la main chez les Pinnipèdes. (Studies from the Museum of Zool. in the Univ. Coll. Dundee 1888.) Vergl. auch Anatom. Anzeiger 1888.

Leboucq, H., Rech. sur la Morphologie de la main chez les Mammifères marins (Pinni-
    pèdes, Siréniens, Cétacés). Arch. de Biologie. T. IX. 1889. (Handelt auch von den
    Nagelbildungen.)
— — Le développement du premier métatarsien et de son articulation tarsienne chez
    l'homme. Extr. d'annal. de la société de Méd. de Gand, 1882.
— — Rech. sur la Morphologie de l'aile du murin (Vespertilio murinus). Livre jubilaire
    dédié à Charles van Bambeke etc. Bruxelles 1899.
Leighton, V. L., The development of the wing of Sterna Wilsonii. Americ. Naturalist,
    Vol. XXVIII. 1894.
Leuthardt, F., Ueber die Reduction der Fingerzahl bei Ungulaten. Inaug.-Dissert. Jena
    1890.
Leydig, F., Ueber den Bau der Zehen bei Batrachiern und die Bedeutung des Fersen-
    höckers. Morphol. Jahrb. Bd. II. 1876.
Marsh. O. C., Versch. Abhandl. über fossile Saurier in Americ. Journ. of science and
    arts. Vol. XVI—L. Von besonderem Interesse sind folgende Artikel:
    1. The limbs of Sauranodon (Vol. XIX).
    2. The wings of Pterodactyles (Vol. XXIII).
    3. Polydactyle horses, recent and extinct (Vol. XVII).
    4. On the Affinities and Classification of the Dinosaurian Reptiles (Vol. L).
    5. Restoration of some European Dinosaurs etc. (Ebendaselbst).
        Vergl. auch die bei dem Litteratur-Verzeichnis über die Wirbelsäule aufgeführte
Schrift von K. Zittel, Ueber die Flugsaurier aus dem lithogr. Schiefer Bayerns. Palae-
ontographica. Bd. XXIX.
Marsh, O. C., Odontornithes, a Monograph on the extinct toothed birds of North-America.
    Washington 1880.
— — Recent polydactyle horses. Americ. Journ. of Science. Vol. XLIII. April. 1892.
Martins, Ch., Nouvelle comparaison des membres pelviens et thoraciques chez l'homme
    et chez les mammifères, déduite de la torsion de l'humérus. Extr. de mém. de l'acad.
    d. Montpellier. T. III, VIII. 1857.
— — Ost. comp. des articulations du coude et du genou. Mémoires de l'acad. de Mont-
    pellier. T. III. 1862.
Mayer, P., Die unpaaren Flossen der Selachier. Mittheil. aus d. Zool. Station zu Neapel.
    VI. Bd. 1885.
Mehnert, E., Kainogenesis als Ausdruck differenter phylogenetischer Energien. Morph.
    Arbeiten, herausgeg. von G. Schwalbe. VII. Bd. 1897.
Mivart, G., Notes on the fins of Elasmobranchs etc. Transact of the St. Zool. Soc. of
    London. Vol. X. pt. 10. 1879.   .
        Ueber dis Herkunft der Extremitäten vergl. auch K. E. v. Baer, Ueber die Ent-
    wickluugsgeschichte der Thiere. II. Th. Königsberg 1837.
Mollier, S., Die paarigen Extremitäten der Wirbelthiere. I. Das Ichthyopterygium.
    II. Das Cheiropterygium. III. Die Entwicklung der paarigen Flossen des Störs.
    Anatom. Hefte, herausgeg. von Fr. Merkel und R. Bonnet. I. Abth. VIII. Heft
    (III. Bd. Heft I). 1893 und I. Abth. XVI. Heft (V. Bd. Heft III) und XXIV. Heft
    (VIII. Bd. Heft I).
— — Ueber die Entwicklung der fünfzehigen Extremität. Sitz.-Ber. d. Gesellsch. für
    Morphologie und Physiologie in München, 1894. Heft 1.
Niemiec, J., Rech. morphol. sur les ventouses dans le règne animal. Dissert. Genf
    1885.
Norsa, Elisa, Alcune Ricerche sulla Morfologia dei Membri anteriori degli uccelli.
    Ricerche Lab. Anat. Roma e altri Lab. Biologici. Vol. IV. Fasc. I.
Osawa, G., Vergl. die bei der Wirbelsäule aufgeführte Arbeit.
Parker, W. K., On the Morphology of Birds. Proceed. Royal. Soc. Vol. 42. (Handelt
    auch über Sternum, Schulter- und Beckengürtel.) 1887.
— — On the Structure and Development of the Wing in the Common-Fowl. Philos.
    Transact. of the Royal Society of London. Vol. 179. 1888. Vergl. auch dessen
    Schrift: On the Morphology of the Duck and the Auk Tribes. R. Irish Academy
    „Cunningham Memoires". No. VI. Dublin 1890.
— — On the Morphology of a Reptilian Bird. Opisthocomus cristatus. Transact. of the
    Zoolog. Society of London. Vol. XIII. a. 2. No. 1. 1891.
Paterson, A. Melville, The Position of the mammalian limb; regarded in the light
    of its innervation and development. Stud. Anatomy from the Anatomical Departement
    of Owen's College. Vol. I. 1891.
Perrin, A., Constitution du carpe des Anoures. Bull. sc. de la France et de la Belgique.
    T. XXVII. 1896.

Pfitzner, W., Die kleine Zehe. Eine anat. Studie. Arch. f. Anat. u. Physiol. 1890.
— — Bemerk. z. Aufbau des menschl. Carpus. Verhandl. der anat. Gesellsch. auf der VII. Versamml. zu Göttingen. 1893.
— — Ein Fall von beiderseitiger Doppelbildung der fünften Zehe. Nebst Bemerkungen über die angeblichen Rückbildungserscheinungen an der „kleinen" Zehe des Menschen. Morph. Arbeiten, herausgeg. von G. Schwalbe. V. Bd. 2. H. 1895.
— — Beitr. z. Kenntnis des menschl. Extremitätenskelets. VIII. Die morphol. Elemente des menschl. Handskelets. Zeitschr. f. Morphol. u. Anthropol. Bd. II. H. 1. 1900.
Rabl, C., Theorie des Mesoderms (Fortsetzung). Morph. Jahrb. Bd. XIX. 1892.
— — Gedanken und Studien über den Ursprung der Extremitäten. Zeitschr. f. wiss. Zool. Bd. LXX. 3. 1901.
von Rautenfeld, E., Morphol. Untersuchungen über das Skelet der hinteren Gliedmassen von Ganoiden und Teleostiern. Inaug.-Dissert. Dorpat 1882.
Rosenberg, E., Ueber die Entwicklung des Extremitätenskelets bei einigen durch Reduction ihrer Gliedmassen characterisierten Wirbelthieren. Zeitschr. f. wissensch. Zool. Bd. XXIII.
— — Ueber die Entwicklung der Wirbelsäule und das Centrale Carpi des Menschen. Morph. Jahrb. Bd. I. 1876.
— — Ueber einige Entwicklungsstadien des Handskelets der Emys lutaria Marsili. Morphol. Jahrb. Bd. XVII. 1891.
Roux, W., Beitr. zur Morphologie der functionellen Anpassung. Structur eines hochdifferenzierten bindegeweb. Organs (Schwanzflosse des Delphins). Arch. für Anat. und Physiol. 1883.
Ryder, J. A., On the genesis of the extra terminal phalanges in the Cetacea. The Americ. Naturalist, 1885. Vol. XIX. p. 1013.
Salensky, W., Sur le développement de l'ichthyoptérygie des poissons ganoides et dipnoides. Ann. Mus. Zool. Acad. Impr. Sc. St. Pétersbourg. T. 3. No. 3/4. 1898.
Schauinsland, H., vergl. die bei der Wirbelsäule aufgeführte Arbeit (Hatteria).
Schlosser, M., Ueber die Modificationen des Extremitäten-Skelets bei den einzelnen Säugethierstämmen. Biol. Centralbl. IX. Bd.
Schneider, A., Ueber die Dipnoi und besonders die Flossen derselben. In „Zoolog. Beiträge". Bd. II. Breslau 1887.
Semon, R., Die Entwicklung der paarigen Flossen des Ceratodus forsteri. Zoolog. Forschungsreisen in Australien und dem Malayischen Archipel. Bd. I. (Jenaische Denkschr. Bd. IV). 1898.
— — Weitere Beiträge zur Physiol. d. Dipnoërflossen, auf Grund neuer, von Mr. Arthur Thomson an angefangenen Exemplaren von Ceratodus angestellter Beobachtungen. Morphol. Jahrb. Bd. XXVII. 1899.
Stieda, L., Der Talus und das Os trigonum Bardeleben's beim Menschen. Anat. Anz. IV. Jahrg. 1889.
— — Ueber die Homologie der Gliedmassen der Säugethiere und des Menschen. Biol. Centralbl. XIII. Bd. 1893.
— — Ueber die Homologie der Brust- und Beckengliedmassen des Menschen und der Wirbelthiere. Anat. Hefte. I. Abth. H. XXVII (Bd. VIII. H. 4).
— — Ueber die Homologie der Brust- und Beckengliedmassen. Biolog. Centralbl. XVII. Bd. 1897.
Storms, R., The Adhesive Disk of Echeneis. Ann. and Magaz. of natur. Histor. for July 1888. (Enth. eine ausgedehnte Litteraturübersicht.)
Strasser, H., Zur Entwicklung der Extremitätenknorpel bei Salamandern und Tritonen. Morphol. Jahrb. Bd. V. 1879.
Stuckens, M., Note sur la ventouse abdominale du Liparis barbatus. Bull. de l'Acad. royale de Belgique. 3me série, t. VIII. No. 7. 1884.
Studer, Th., Die Forschungsreise S. M. S. „Gazelle" in den Jahren 1874—1876. Herausgegeben von dem hydrograph. Amt der Admiralität. III. Theil: Zoolog. und Geolog. Berlin 1889. (Enthält werthvolle Mittheilungen über die Entwicklung des Extremitätenskelets der Pinguine.)
Thacher, J. K., Median and Paired Fins, a Contribution to the History of Vertebrate Limbs. Transact. of the Conecticut Academy. Vol. III. 1878.
— — Ventral Fins of Ganoids. Transact. of the Connecticut Academy. Vol. IV. 1878.
Thilenius, G., Die „überzähligen" Carpuselemente menschlicher Embryonen. Anat. Anz. IX. Bd. 1894.
— — Zur Entwicklungsgeschichte der Sesambeine der menschl. Hand. Morphol. Arbeiten, herausgeg. von G. Schwalbe. V. Bd. 2. H. 1895.
— — Das Os intermedium antebrachii des Menschen. Ebendaselbst 1. H.

Thilenius, G., Unters. über die morphol. Bedeutung accessorischer Elemente am menschlichen Carpus (und Tarsus). Morphol. Arbeiten, herausgeg. v. G. Schwalbe). V. Bd. 3. H. 1896.

Thilo, O., Die Umbildungen an den Gliedmassen der Fische. Morphol. Jahrb. XXIV. Bd. 1896 (vergl. auch die Bemerkungen dazu von W. Sörensen, Ebendaselbst XXV. Bd. 1897). Vergl. auch den Nachtrag Thilo's. Ebendaselbst XXVI. Bd. 1898 und Biolog. Centralbl. XX. Bd. 1900.

Thompson, D'Arcy W., On the Hind Limb of Ichthyosaurus, and on the Morphology of Vertebrate Appendages. Rep. Brit. Assoc. Adv. Soc. 1885. p. 1065—1066.
— — On the Hind-Limb of Ichthyosaurus and on the Morphology of Vertebrate Limbs. Journ. of Anatomy u. Physiol. Vol. XX. 1886.

Tornier, G., Ueber den Säugethier-Praehallux etc. Arch. f. Naturgeschichte, 1891.
— — Das Entstehen der Gelenkformen. Arch. f. Entw.-Mechanik der Organismen. I. Bd. H. 1—3. 1894/95.
— — Ueber Hyperdactylie, Regeneration und Vererbung mit Experimenten. Arch. für Entw.-Mechanik der Organismen. III. Bd. 4. H. und IV. Bd. 1. H. 1896.
— — Ueber Schwanzregeneration und Doppelschwänze bei Eidechsen und über Entstehungsursachen der Poly- und Syndactylie der Säugethiere. Sitz.-Ber. d. Gesellsch. naturforsch. Freunde zu Berlin. Jahrg. 1897. Nr. 5.

Traquair, R. H., On Cladodus Neilsoni (Traquair) from the Carboniferous Limestone of East Kilbride. Trans Geol. Soc. of Glasgow. Vol. XI. p. 1. 1897. (Wichtig für die Anatomie der Brustflossen.)

Tschau, A., Rech. sur l'Extremité antérieure des oiseaux et des Reptiles. Inaug.-Diss. Genève 1889.

Vogt, Ch., Ueber die Verknöcherung des Hohlhandbandes und anderer Sesambeine der Säuger etc. Inaug.-Dissert. Tübingen 1894.

Weber, M., Studien über Säugethiere. II. Th. Jena 1899. (Handelt u. A. über den Bau der Extremitäten des Elefanten).

Wiedersheim, R... Salamandrina persp. und Geotriton fuscus. Versuch einer vergl. Anatomie der Salamandrinen. Genua 1875.
— — Die ältesten Formen des Carpus und Tarsus der heutigen Amphibien. Morphol. Jahrb. Bd. II. 1876. Nachträgl. Bemerkungen hierzu: Ebendaselbst Bd. III.
— — Labyrinthodon Rütimeyeri. Abhandl. der schweiz. paläontol. Gesellsch. Vol. V. 1878.
— — Ueber die Vermehrung des Os centrale im Carpus und Tarsus des Axolotl. Morph. Jahrb. Bd. VI.
— — Das Skelet und Nervensystem von Lepidosiren annectens. Morphol. Studien. Heft I. Jena 1880. (Abgedruckt in: Jenaische Zeitschrift, Bd. XIV. Neue Folge, Bd. VII, Heft II.)
— — Das Gliedmassenskelet der Wirbelthiere mit besonderer Berücksichtigung des Schulter- und Beckengürtels bei Fischen, Amphibien und Reptilien. Jena 1892.

Zander, R., Ist die Polydactylie als thermomorphe Varietät oder als Missbildung anzusehen? Arch. f. pathol. Anat. Bd. 125.

Zehnter, L., Beiträge zur Entwicklung von Cypselus melba. Inaug.-Dissert. Bern 1890.

Zwick, W., Beiträge zur Kenntnis des Baues u. der Entwicklung der Amphibiengliedmassen, besonders von Carpus und Tarsus. Tübinger Zoolog. Arbeiten. II. Bd. Nr. 8.

D. Myologie.

Albrecht, P., Beitrag zur Morphologie des M. omo-hyoideus und der ventralen, inneren Interbranchial-Muskulatur. Inaug.-Diss. Kiel 1876.

Bardeleben, C., Muskel und Fascie. Jenaische Zeitschrift. Bd. XI. N. F. VIII.
— — Ueber die Hand- und Fussmuskeln der Säugethiere, besonders die des Praepollex (Praehallux) und Postminimus. Anat. Anz. V. Jahrg. 1890. (Vergl. auch die viele Angaben enthaltende, beim Extremitätenskelet aufgeführte Arbeit des Verfassers: On the Bones and Muscles of the Mammalian Hand and Foot.)

Baum, J., Beitr. z. Kenntnis der Muskelnspindeln. Anat. Hefte. H. 42/43, 13 Bd. II. 2. 1900.

Bertelli, D., Ricerche sulla Morfologia del Muscolo Diaframma nei Mammiferi. Arch. per le Science mediche. Vol. XIX. No. 19. 1895.

Bertelli, D., Pieghe dei Reni primitivi nei Rettili. Contributo allo Sviluppo del Diaframma. Atti della Società Toscana di Scienze naturali resid. in Pisa. Memorie, Vol. XV und XVI. 1897.

— — Contributo alla morfologia ed allo sviluppo del diaframma ornitico. Monit. zoolog. Ital. Anno IX. No. 10. 1898.

Bischoff, Th., Beitrag zur Anat. des Hylobates leuciscus. München 1870.

Blum, F., Die Schwanzmuskulatur des Menschen. Anat. Hefte (Merkel und Bonnet). 1. Abth. Heft XIII. (IV. Bd. H. 3). 1894.

Brachet, A., Rech. sur le Développ. du Diaphragme et du Foie chez le Lapin. Journ. de l'Anat. et de la Physiol. norm. et pathol. de l'homme et des animaux. publ. p. Math. Duval. XXXIe année 1895. No. 6.

Braus, H., Beitr. z. Entw. der Muskulatur und des periph. Nervensystems der Selachier. I. und II. Th. Morphol. Jahrb. Bd. XXVI u. XXVII. 1898/99.

— — Die Muskeln u. Nerven der Ceratodusflosse. Aus: Semon, Forschungsreisen, Bd. I. 1900.

Brooks, H., On the Morphology of the Extensor Muscles. Studies from the Museum of Zoology in University College Dundee. Dundee 1889.

Bruner, H. L., Ein neuer Muskelapparat zum Schliessen und Oeffnen der Nasenlöcher bei den Salamandriden. Anat. Anz. XII. Bd. 1896. Vergl. auch Arch. f. Anat. u. Physiol. Anat. Abtheilung 1896.

— — Description of New Facial Muscles in Anura with New Observations on the Nasal Muscles of Salamandridae. Anat. Anz. XV. Bd. 1899.

Buri, R. O., Zur Anat. des Flügels von Micropus melba u. einig. and. Coracornithes. Jen. Zeitschr. Bd. XXXIII. N. F. XXVI. 1900.

Cadiat, M., Du développement de la partie cephalothoracique de l'embryon, de la formation du diaphragma, des pleures, du pericarde, du pharynx et de l'oesophage. Journ. de l'anat. et de la physiol. Vol. XIV. 1878.

Carlson, A., Untersuch. über Gliedmassenreste bei Schlangen. Königl. Schwed. Acad. Bd. XI. No. 11.

Chappuis, Die morphol. Stellung der kleinen, hintern Kopfmuskeln. Inaug.-Dissert. Bern 1876.

Corning, H. K., Ueber die Entw. d. Kopf- und Extremitäten-Muskulatur bei Reptilien. Morphol. Jahrb. Bd. XXVIII. 1899.

Cuvier, G., Leçons d'anatomie comparée. Vol. I, II. Paris 1835.

Dugès, A., Rech. sur l'ostéologie et la myologie des batraciens à leurs différents âges. Paris 1834.

von Davidoff, M., Beitr. z. vergl. Anat. der hinteren Gliedmasse der Fische. Morphol. Jahrb. Bd. V—VI. 1879 und 1880.

Drüner, L., Studien zur Anatomie der Zungenbein-, Kiemenbogen- und Kehlkopfmuskeln der Urodelen. I. Theil. Zool. Jahrb. Abth. f. Anatomie u. Ontogenie der Thiere. XV. Bd. 3. H. 1901.

De Man, Verglijkende myologische en neurologische Studien over Amphibien en Vogels. Leiden 1873.

Ecker, A., und Wiedersheim, R., Die Anatomie des Frosches Braunschweig 1864 bis 1882. III. Auflage bearbeitet von E. Gaupp. Jena 1896.

Eggeling, H., Zur Morphologie der Damm-Muskulatur. Morphol. Jahrb. Bd. XXIV. 1896.

Engert, H., Die Entwickung der ventralen Rumpfmuskulatur bei Vögeln. Morphol. Jahrb. XXIX. Bd. 1900.

Fischer, J. G, Anat. Abhandl. über die Perennibranchiaten und Derotremen. Hamburg 1864.

Fischel, A., Zur Entw. der ventr. Rumpf- und der Extremitätenmuskulatur der Vögel u. Säugethiere. Morphol. Jahrb. XXIII. Bd. 1895.

Fürbringer, M., Die Knochen und Muskeln der Extremitäten bei den schlangenähnlichen Sauriern. Leipzig 1870.

— — Zur vergl. Anat. der Schultermuskeln. 1., 2. und 4. Theil in: Jenaische Zeitschr. Bd. VII und VIII. 3. Theil in: Morphol. Jahrb. Bd. I. 1876.

Fürbringer, P., Unters. z. vergl. Anat. der Muskulatur des Kopfskelets d. Cyclostomen. Jenaische Zeitschr. Bd. IX. N. F. II.

— — Ueber Deutung und Nomenklatur der Muskulatur des Vogelflügels. Morph. Jahrb. Bd. VI. 1885.

— — Ueber die mit dem Visceralskelet verbundenen spinalen Muskeln bei Selachiern. Jenaische Zeitschr. f. Naturw. Bd. XXX. N. F. XXIII.

Gadow, H., Unters. über die Bauchmuskeln der Krokodile, Eidechsen und Schildkröten. Morphol. Jahrb. Bd. VII. 1881.

Gadow, H., Zur vergl. Anatomie der Muskeln des Beckens und der hinteren Gliedmassen der Ratiten. Jena 1880.

— — Beitr. zur Myologie der hinteren Extremitäten der Reptilien. Morph. Jahrb. Bd. VII. 1881.

— — Bronn's Classen und Ordnungen des Thierreiches. Abtheilung: Vögel.

Gaupp, E., Mittheil. zur Anat. des Frosches. II. Hand- und Fussmuskeln des Frosches. Anat. Anz. XI. Bd. 1895. III. Die Bauchmuskeln des Frosches. Ebendaselbst. IV. Ueber die angebl. Nasenmuskeln des Frosches nebst Bemerkungen über die Hautmuskulatur der Anuren überhaupt. Ebendaselbst XII. Bd.

Gegenbaur, C., Ueber den M. omo-hyoideus und seine Schlüsselbeinverbindung. Morphol. Jahrb. Bd. I. 1876.

Giglio-Tos, E., Sull' Omologia tra il Diaframma degli Anfibi anuri e quello dei Mammiferi. Atti della R. Academia delle Scienze di Torino. Vol. XXIX. 1894.

von Gorski, Ueber das Becken der Saurier. Inaug.-Diss. Dorpat 1852.

von Gössnitz, W., Beitr. zur Diaphragmafrage. Aus: Semon, Zoolog. Forschungsreisen etc. Bd. IV. 1901.

Grenacher, Muskulatur der Cyclostomen und Leptocardier. Zeitschr. für wiss. Zoolog. Bd. XVII.

Günther, A., Contrib. to the anat. of Hatteria (Rhynchocephalus Owen). Philos. Trans. London 1847.

Hair, M., On the muscular fibres of the Alligator. Journ. of anat. and phys. Vol. II.

Harrison, R. G., The Metamerisme of the Dorsal and the Ventral Longitudinal Muscles of the Teleosts. John Hopkins University Circulars, Nr. 111. May, 1894.

Hatta, S., On the Relation of the metameric Segmentation of Mesoblast in Petromyzon to that in Amphioxus and the higher Craniota. Annot. zoolog. Japon. Vol. IV. P. I. 1901.

Haughton, M., On the muscular Anatomy of the Crocodile. Proceed. Roy. Irish. Acad. Dublin. Vol. IX. Dieselbe Abhandl. figuriert auch in: Annals and Magazine of Nat. Hist. London. III. Ser. vol. XVI.

— — On the muscular Anatomy of the Alligator. Annals and Magaz. of Nat. Hist. London. IV. Ser. vol. I.

Henle, J., Handbuch der systematischen Anatomie des Menschen. Braunschweig 1868.

Hepburn, D., The Comparative Anatomy of the Muscles and Nerves of the Superior and Inferior Extremities of Anthropoid Apes. Journ. of Anat. and Physiol. Vol. XXVI. 1892.

His, W., Mittheil. zur Embryologie der Säugethiere und des Menschen. Arch. f. Anat. und Physiol. Anat. Abth. 1881.

Hochstetter, F., Ueber partielle und totale Scheidenwandbildung zwischen Pleurahöhle und Peritonealhöhle bei einigen Sauriern. Morph. Jahrb. Bd. XXVII. 1899.

Hoffmann, C. K., Bronn's Classen und Ordnungen des Thierreiches. Abthl.: Amphibien und Reptilien.

Holl, M., Zur Homologie und Phylogenese der Muskeln des Beckenausganges des Menschen. Anat. Anz. XII. Bd. 1896.

Huxley, T. H., Handbuch der Anatomie der Wirbelthiere. Deutsch v. Ratzel. Breslau 1873.

Humphry, The muscles of the smooth Dog-Fish (Mustelus laevis). Journ. of Anat. and Physiol. Vol. 1873.

— — The muscles of Ceradotus. Ebendaselbst.

— — The muscles and nerves of the Cryptobranchus japonicus. Ebendaselbst.

— — The muscles of Lepidosiren annectens with the cranial nerves. Ebendaselbst.

— — The muscles of the Glass-Snake (Pseudopus Pallasii). Ebendaselbst.

— — On the disposition of muscles in vertebrate animals. Ebendaselbst.

— — On the disposition and homologies of the extensor and flexor muscles of the leg and fore-arm. Journ. of Anat. and Physiol. Vol. III.

Jaquet, M., Contrib. à l'anat. comp. des systèmes squelettaire et musculaire de Chimaera Collei, Callorhynchus antarct., Spinax niger, Protopterus, Ceratodus und Axolotl. Arch. de scienc. médical. Bukarest. T. II. 1897. Vergl. auch: Arch. d. Sciences médic. T. 5. 1900.

Juge, M., Rech. sur les Nerves cerebraux et la Musculature céphalique du Silurus glanis. Rev. Suisse de Zool. T. VI. 1898.

Kaestner, S., Ueber die allgemeine Entwicklung der Rumpf- und Schwanzmuskulatur bei Wirbelthieren. Mit besonderer Berücksichtigung der Selachier. Arch. f. Anat. und Physiol. 1892.

— — Die Entwicklung der Extremitäten- und Bauchmuskulatur bei den anuren Amphibien. Arch. f. Anat. und Physiol. Anat. Abthlg. 1893.

Killian, G., Zur vergl. Anatomie und Entwicklungsgeschichte der Ohrmuskeln. Anat. Anz. V. Jahrg. 1890.

Kohlbrugge, J. H. F., Versuch einer Anatomie des Genus Hylobates (Muskeln und Nerven). Zool. Ergebnisse einer Reise in Niederl. Ost-Indien. Heft 2. Leiden 1890.

— — Muskeln und periphere Nerven der Primaten, mit besonderer Berücksichtigung ihrer Anomalien. Eine vergl. anat. und anthropol. Untersuchung. Verhandl. d. K. Akad. d. Wissensch. zu Amsterdam. II. Sect. Th. V. No. 6. 1897.

— — Die Homotypie des Halses und Rumpfes. Eine vergl. Untersuchung der Hals- und Brustnerven und ihrer Muskeln, mit einem Anhang über den N. facialis. Arch. f. Anat. u. Physiol. Anatom. Abth. 1898.

Kolster, R., Vergl. anat. Studien über den M. pronator teres der Säugethiere. Anat. Hefte. LVI—LVII. Heft (XVII. Bd., H. 3/4) 1901.

Langerhans, P., Zur Anat. des Amphioxus lanc. Arch. f. mikr. Anat. Bd. XII. 1876.

— — Unters. über Petromyzon Planeri. Verhandl. der naturf. Gesellsch. zu Freiburg i. B. 1875.

Lartschneider, J., Die Steissbeinmuskeln des Menschen. Denkschr. d. math.-naturw. Cl. d. Kaiserl. Acad. d. Wissensch. Bd. LXI. Wien 1895.

— — Zur vergleich. Anat. d. Diaphragma pelvis. Sitz-Ber. derselben Acad. Bd. CIV. Abth. III. 1895.

Leche, W., Zur Morphologie der Beckenregion der Insectivora. Vorl. Mittheil. Morph. Jahrb. Bd. VI. 1880.

— — Zur Anat. der Beckenregion bei Insectivora etc. K. Schwed. Acad. der Wissensch. Bd. XX. Nr. 4. 1882. Vergl. auch Leche in Bronn's Classen und Ordnungen des Thierreiches.

Macalister, A., On the homologies of the flexor mucles of the vertebrate limbs. Journ. of Anat. and Physiol. Vol. II.

Maj, A., Contributo allo studio dello sviluppo della Muscolatura negli arti (Gallus domesticus). Boll. Soc. Med. Chir. di Pavia 1901.

Mall, P., On the Development of the human Diaphragm. Proc. Assoc. Americ. Anatomists 1900. (Vergl. auch Journ. of Morph. Vol. 12. 1897.)

Maurer, F., Der Aufbau und die Entwicklung der ventralen Rumpfmuskulatur bei den urodelen Amphibien und deren Beziehung zu den gleichen Muskeln der Selachier und Teleostier. Morph. Jahrb. XVIII. Bd. 1892.

— — Die Elemente der Rumpfmuskulatur bei Cyclostomen und höheren Wirbelthieren. Morph. Jahrb. Bd. XXI. 1894.

— — Die ventrale Rumpfmuskulatur einiger Reptilien. A. d. Festschr. für Carl Gegenbaur, 1896. Vergl. auch die Abhandlung im Morph. Jahrb. XXVI. Bd. 1898.

— — Die Rumpfmuskulatur der Wirbelthiere und die Phylogenie der Muskelfaser. Ergebnisse der Anat. u. Entw.-Gesch. IX. Bd. 1899.

Meckel, J. F., System der vergl. Anat. Bd. III und IV. Halle 1821—1833.

Mivart, St. G., On the myology of Menopoma allegh., Menobranchus int., Chamaeleon Parsonii. Proceed. Zool. Soc. London 1869 und 1870.

Müller, J., Vergl. Anat. der Myxinoiden. Berlin 1834—1845.

Neal, H. V., The Development of the Hypoglossus Musculature in Petromyzon and Squalus. Anat. Anz. Bd. XIII. 1897.

Nussbaum, M., Nerv und Muskel. I. und II. Mittheilung. Der Oberschenkel einiger anuren Batrachier. Arch. f. mikr. Anat. u. Entw.-Gesch. Bd. 47 u. 52.

Osawa, G., vergl. die bei der Wirbelsäule aufgeführte Arbeit.

Owen, R., Anatomie of vertebrates. Vol. I. London 1866.

Paterson, On the Fate of the Muscle Plate, and the Development of the spinal Nerves and Limb Plexuses in Birds and Mammals. Quart. Journ. of Microscop. Sc. Vol. XXVIII. N. Ser. 1888.

Perrin, A., Contrib. à l'étude de la myologie comparée: Membre postérieur chez un certain nombre de Batraciens et des Sauriens. Bull. scient. de la France et de la Belgique. T. XXIV. 1893.

Phelps Allis, E., The cranial muscles and cranial and first spinal Nerves in Amia Calva. Journ. of Morphol. Vol. XII. 3. 1897.

Ravn, E., Unters. über die Entwicklung des Diaphragmas und der benachb. Organe bei den Wirbelthieren. Arch. f. Anat. u. Physiol. 1889 und Suppl. 1889. (Enthält ein ausführliches Litteratur-Verzeichnis. Behandelt Lacerta und Kaninchen.) Vergl. auch Biol. Centralbl. Bd. VII.

Retzius, G., Biolog. Untersuchungen. N. F. I. Nr. 2. Muskelfibrille und Sarkoplasma. Stockholm 1890.

Rex, H., Ein Beitrag zur Kenntnis der Muskulatur der Mundspalte der Affen. Morph. Jahrb. Bd. XII. 1887.

Ruge, G., Entwickl.-Vorgänge an der Muskulatur des menschl. Fusses. Morph. Jahrb. Bd. IV. Suppl.-H. 1878.
— — Zur vergl. Anat. der tieferen Muskeln in der Fusssohle. Ebendaselbst.
— — Untersuchungen über die Extensorengruppe am Unterschenkel und Fuss des Menschen und der Säugethiere. Ebendaselbst.
— — Ueber die Gesichtsmuskulatur der Halbaffen. Morph. Jahrb. Bd. XI. 1885.
— — Untersuchungen über die Gesichtsmuskulatur der Primaten. Leipzig 1887.
— — Die vom Facialis innervierten Muskeln des Halses, Nackens und des Schädels eines jungen Gorilla („Gesichtsmuskeln"). Morph. Jahrb. XII. Bd. 1887.
— — Anatomisches über den Rumpf der Hylobatiden (Skelet, Muskulatur, Abschnitte des Gefäss- und Nervensystems, seröse Höhlen). Ein Beitrag zur Bestimmung der Stellung dieses Genus im Systeme. Heft 2. Leiden 1890.
— — Zeugnisse für die metamere Verkürzung des Rumpfes bei Säugethieren. Der M. rectus thoraco-abdominalis der Primaten. Morph. Jahrb. Bd. XIX. 1892.
— — Die ventrale Rumpfmuskulatur der anuren Amphibien. Morphol. Jahrb. Bd. XXII, 1894.
— — Die Hautmuskulatur der Monotremen und ihre Beziehungen zu dem Marsupial- und Mammarapparate. Aus Semon: Zool. Forschungsreisen in Australien und dem malayischen Archipel. Bd. II. Jenaische Denkschr. V.
Rüdinger, N., Die Muskeln der vorderen Extremitäten der Vögel und Reptilien. Mit besonderer Rücksicht auf die analogen und homologen Muskeln bei Säugethieren und Menschen. Harburg 1868.
Schneider, A., Beitr. zur vergl. Anatomie und Entwicklungsgeschichte der Wirbelthiere. Berlin 1879. (Enthält als Anhang „Grundzüge einer Myologie der Wirbelthiere".)
Selenka, E., Bronn's Classen und Ordnungen des Thierreiches. Abthlg.: Vögel.
Seydel, O., Ueber die Zwischensehnen und den metameren Aufbau des M. obliquus thoraco-abdominalis (abdominis) externus der Säugethiere. Morph. Jahrb. XVIII. Bd. 1892.
Sioli, Vergl. Untersuch. über die Bauch- und Zwischenrippenmuskulatur der Wirbelthiere. Inaug.-Dissert. Halle 1875.
Smalian, C., Beitr. zur Anatomie der Amphisbaeniden. Zeitschr. für wiss. Zoologie. XLII. Bd.
Stannius, H., Handbuch der Zootomie. II. Th.: Die Wirbelthiere. Berlin 1856.
Testut, L., Les anomalies musculaires chez l'homme expliquées par l'anatomie comparée leur importance en Anthropologie. Paris 1884.
Tiesing, B., Ein Beitr. zur Kenntn. d. Augen-, Kiefer- und Kiemenmuskulatur der Haie und Rochen. Jenaische Zeitschr. f. Naturwiss. Bd. XXX. N. F. XXIII.
Uskow, N., Ueber die Entwicklung des Zwerchfells, des Pericardiums und des Coeloms. Arch. f. mikroskop. Anat. Bd. XXII, 1883.
Vetter, B., Untersuchungen zur vergl. Anat. der Kiemen- und Kiefermuskulatur der Fische. Jenaische Zeitschr. Bd. VIII und XII. N. F. I. Bd.
Weber, M., Zool. Ergebnisse einer Reise in Niederl. Ostindien. Heft 2. Leiden 1890.
Westling, Ch., Anat. Unters. über Echidna. Svenska Vet. Akad. Handl. Bd. XV. Afd. IV. 1889 (enthält eine Litteratur-Uebersicht über die Myologie der Monotremen).
Wiedersheim, R., Salamandrina persp. und Geotriton fuscus etc. Genua 1875 (enthält eine ausführliche Schilderung des Schleudermechanismus der Zunge von Geotriton fuscus).
— — Die Anatomie der Gymnophionen. Jena 1879. (Vergl. auch die beim Nervensystem aufgeführten Arbeiten von Ch. Westling und A. Carlson.)
— — Beiträge zur Kenntnis der äusseren Nase von Semnopithecus nasicus. Zeitschr. f. Morphol. u. Anthropol. Bd. III. H. 2. 1901.
van Wijhe, J. W., Ueber die Mesodermsegmente und die Entwicklung der Nerven des Selachierkopfes. Verhandl. d. K. Acad. d. Wissensch. z. Amsterdam 1893.
Wilson, J. T., On the Myology of Notoryctes Typhlops with comparative Notes. Trans. Roy. Soc. of S. Australia 1894.
Windle, B. C. A., The flexors of the digits of the hand. I. The Muscular of the Fore-Arm. Journ. of Anat. n. Physiol. Vol. XXIV. 1889.
— — The pectoral Group of Muscles. Transact. R. Irish. Acad. Vol. XXIX. part. XII. 1889.
— — The Muscles of Mammals with Special Relation to Human Myology. Journ. of Anat. and Physiol. Vol. XXVII. 1898.
Windle, B. C. A., and Parsons, F. G., On the Myology of the Terrestrial Carnivora, P. I. Muscles of the Head, Neck and Fore-Limb. Proc. Zool. Soc. London 1897. P. II. Muscles of the hindlimb and trunk. Ebendaselbst 1898.
— — On the Myology of the Edentater. Ebendaselbst, 1899.

E. Elektrische Organe.

Babuchin, Ueber die Bedeutung und Entwicklung der pseudoelektrischen Organe. Medic. Centr.-Blatt. Nr. 35, p. 545—548.

—— Entwicklung der elektrischen Organe und Bedeutung der mot. Endplatten. Medic. Centr.-Blatt. 1870. Nr. 16 und 17,

—— Uebersicht der neueren Untersuchungen über Entwicklung, Bau und physiol. Verhältnisse der elektrischen und pseudo-elektrischen Organe. Arch. f. Anat. u. Physiol. 1876.

—— Beobachtungen und Versuche am Zitterwelse und Mormyrus des Niles. Arch. f. Anat. und Physiol. 1877.

Ballowitz, E., Ueber den Bau des elektrischen Organes von Torpedo mit besonderer Berücksichtigung der Nervenendigungen in demselben. Arch. f. mikr. Anat. 42. Bd. 1893. (Enthält eine ausführliche Litteratur-Uebersicht.)

—— Ueber den feineren Bau des elektrischen Organs des gewöhnlichen Rochen (Raja clavata L.). Anat. Hefte, herausgeg. v. F. Merkel und R. Bonnet. I. Abthl. H. XXIII (VII. Bd. H. 3).

—— Zur Anat. des Zitteraales (Gymnotus electricus L.), mit besonderer Berücksichtigung seiner elektrischen Organe. Arch. f. mikr. Anat. u. Entwicklungsgeschichte. Bd. L. 1897.

—— Die Nervenendigungen in dem elektrischen Organ des afrikanischen Zitterwelses (Malopterurus electricus Lacép.). Anat. Anz. Bd. XV. 1898.

Du Bois-Reymond, E., Gesammelte Abhandl. zur allgemeinen Muskel- und Nervenphysik. Bd. II.

—— Vorl. Bericht über die von Professor G. Fritsch in Aegypten angestellten neuen Untersuchungen an elektrischen Fischen. Monatsschr. d. Berl. Akad. Dec. 1881.

Boll, F., Beitr. zur Physiol. von Torpedo. Arch. f. Anat. u. Physiol. 1873.

—— 1. Die Structur der elektrischen Platten von Torpedo. 2. Die Structur der elektrischen Platten von Malopterurus. Arch. f. mikr. Anat. Bd. X. 1874.

—— Neue Untersuchungen zur Anat. und Physiol. von Torpedo. Monatsber. der Berl. Akad. 1875.

—— Neue Untersuchungen über die elektrischen Platten von Torpedo. Arch. f. Anat. und Physiol. 1876.

Ciaccio, G. V., Intorno all' intima tessitura dell' organo elletrico della torpedine (Torpedo Narke). Accad. delle scienze dell' istituto di Bologna. 21. Maggio 1874. Deutsch in Moleschott's Untersuchungen. Bd. XI, 4. S. 416—419.

Crevatin, F., Ueber das sogen. Stäbchennetz im elektr. Organ der Zitterrochen. Anat. Anz. XIV. Bd. 1898.

Ecker, A., Einige Beobachtungen über die Entwicklung der Nerven des elektrischen Organs von Torpedo Galvanii. Zeitschr. f. wiss. Zool. Bd. I. 1848.

—— Unters. zur Ichthyologie. Freiburg 1857.

Ewart, J. C., The Electric Organ of the Skate. Philos. Transact. Royal Soc. London. Vol. 179. 1888.

—— The Electric Organ of the Skate. Philos. Transact. R. Soc. Vol. 183. London 1892.

Fritsch, G., Bericht über die Fortsetzung der Untersuchungen an elektrischen Fischen. Beitr. zur Embryol. von Torpedo. Sitzungsber. der Berl. Akad. 1883.

—— Die elektr. Fische. Nach neuen Untersuchungen anatomisch-zoologisch dargestellt. Abthlg. I. Malopterurus electricus. Leipzig 1887. Abthlg. II. Die Torpedineen. Leipzig 1890. (Siehe auch die anderen Schriften dieses Autors in den Sitz.-Ber. der Berliner Akademie der letzten 10 Jahre.)

—— Zur Organisation des Gymnarchus niloticus. Sitzungsber. d. Berl. Akad.

Gotch, F., The Electromotive Properties of the Electrical Organ of Torpedo marmorata. (Zwei Abhandlungen.) Philos. Transact. Royal. Soc. of London. Vol. 178 (1887) and 179 (1888). (Physiologischen Inhaltes.)

Hartmann, R., Bemerk. über die elektrischen Organe der Fische. Arch. f. Anat. und Physiol. 1861.

Iwanzoff, N., Der mikrosk. Bau des elektrischen Organs von Torpedo. Bull. de Moscou 1894. (Enthält u. a. eine ausführliche historische Uebersicht.)

—— Das Schwanzorgan von Raja. Ebendaselbst. 1895.

Retzius, G., Ueber die Endigung der Nerven im elektrischen Organ von Raja clavata und Raja radiata. Biolog. Untersuchungen, N. F. VIII. 1898. (Enthält u. a. eine ausführl. Litteratur-Uebersicht.)

Sachs, C., Beobachtungen und Versuche am südamerikanischen Zitteraale (Gymnotus electricus). In Briefen an den Herausgeber (Du Bois-Reymond) und mit Vorbemerkungen des letzteren. Arch. f. Anat. u. Physiol. 1877.

de Sanctis, L., Embryogénie des Organs électriques de la torpille et des organs pseudo-électriques de la raie. Journ. de Zool. p. Gervais II. p. 336—342.

Sanderson, Burdon, J., and Gotch, Francis, On the electrical Organ of the Skate. Journ. of Physiol., vol. X. 1889.

Schultze, M., Zur Kenntnis der elektr. Organe der Fische. Abhdlg. d. naturf. Gesellsch. zu Halle. IV. und V. Bd. 1858 und 1859.

F. Nervensystem.

a) Centrales Nervensystem.

1. Fische.

Ahlborn, F., Zur Neurologie der Petromyzonten. Vorl. Mitth. Gött. Nachr. Nr. 20. 1882.

— — Untersuchungen über das Gehirn der Petromyzonten. Z. f. wiss. Zool. Bd. XXXIX. 1883.

Auerbach, L., Die Lobi optici der Teleostier und die Vierhügel der höher organisierten Gehirne. Morph. Jahrb. Bd. XIV. 1888.

Balfour, F. M., The development of Elasmobranch Fishes. Journ. of Anat. and Phys. Vol. X. (Auch als Monographie ersch., London 1878.)

Balfour, F. M., and Parker, W. N., On the structure and development of Lepidosteus. Philos. Transact. of the Roy. Soc., London 1882. pt. II.

Beard, J., The History of a Transient Nervous Apparatus in certain Ichthyopsida. Zoolog. Jahrb. Abthl. f. Morphol. Bd. IX. 1896.

Bellonci, J., Ueber den Ursprung des Nervus opticus und den feineren Bau des Tectum opticum der Knochenfische. Zeitschr. f. wiss. Zool. Bd. XXXV. 1880.

— — Ueber die centrale Endigung des Nervus opticus bei den Vertebraten. Zeitschr. f. wiss. Zool. Bd. XLVII. 1888.

Boeke, J., Die Bedeutung des Infundibulums in der Entwicklung der Knochenfische. Anat. Anz. XX. Bd. 1901.

Burckhardt, R., Zur vergl. Anatomie d. Vorderhirns bei Fischen. Anat. Anz. IX. Bd. 1894.

— — Der Bauplan des Wirbelthiergehirns. Morph. Arb., herausgeg. von G. Schwalbe. IV. Bd. 2. Heft. 1894.

Busch, W., De Selachiorum et Ganoideorum encephalo. Berlin 1848.

Calberla, E., Zur Entwicklung des Medullarrohres und der Chorda dorsalis der Teleostier und Petromyzonten. Morphol. Jahrb. Bd. III. 1877.

Carus, C. G., Versuch einer Darstellung des Nervensystems und besonders des Gehirns. Leipzig 1814.

Cuvier et Valenciennes, Hist. nat. des poissons. T. I. Paris 1828.

Dohrn, A., Stud. zur Urgesch. des Wirbelthierkörpers. Mittheil. aus d. Zoolog. Station zu Neapel. III. Bd. 1891, Heft 2 und IV. Bd. 1882, Heft 1. Ferner Bd. VI. Heft 3. 1884. Letzterer Aufsatz handelt zum grossen Theile über Hirnnerven im Anschluss an die von Dohrn vertretene Anffassung der Phylogenie des Schädels. Ferner Bd. VIII, 1888, Bd. IX, 1890, Bd. X, 1891.

Ecker, A., Anat. Beschreib. des Gehirns vom karpfenartigen Nilhecht. 1854.

Edinger, L., Untersuchungen über die vergl. Anatomie des Gehirns. 1. Das Vorderhirn. 2. Das Zwischenhirn (Selachier, Amphibien). Frankfurt a/M. 1888, 1891. (Behandelt die feineren Structurverhältnisse bei Fischen, Amphibien und Reptilien.)

— — Vorlesungen über den Bau der nervösen Centralorgane des Menschen und der Thiere. 6. Aufl. Leipzig 1900.

Fritsch, G., Unters. über den feineren Bau des Fischgehirns. Berlin 1878.

— — Ueber einige bemerkenswerthe Elemente des Centralnervensystems von Lophius piscatorius. Arch. f. mikr. Anat. Bd. XXVII. 1886.

Froriep, A., Ueber die Ganglienleisten des Kopfes und des Rumpfes und ihre Kreuzung in der Occipitalregion. Arch. f. Anat u. Physiol., Anat. Abth. 1901.

Fusari, R., Unters. über die feinere Anatomie des Gehirns der Teleostier. Internat. Monatsschr. f. Anat. u. Physiol. Bd. IV. 1887.

Götte, A., Beitr. z. Entwicklungsgeschichte der Wirbelthiere. III. Ueber die Entwicklung des Centralnervensystems der Teleostier. Arch. f. mikr. Anat. Bd. XIII. 1877.

— — Ueber die Entstehung und die Homologien d. Hirnanhangs. Zool. Anz. VI. Jahrg. 1883. Nr. 142.

Goronowitsch, N., Das Gehirn und die Cranialnerven von Acipenser ruthenus. Ein Beitrag zur Morphologie des Wirbelthierkopfes. Morph. Jahrb. Bd. XIII. 1888.

Gottsche, M., Vergl. Anatomie des Gehirns der Grätenfische. Arch. f. Anat. u. Physiol. 1835.

Haller, B., Ueber das Centralnervensystem, insbesondere über das Rückenmark von Orthagorisicus mola. Morphol. Jahrb. Bd. XVII. 1891.

— — Untersuch. über das Rückenmark der Teleostier. Ebendaselbst. XXIII. Bd. 1895.

— — Untersuch. über die Hypophyse und die Infundibularorgane. Morphol. Jahrb. Bd. XXV. 1897.

— — Vom Bau des Wirbelthiergehirns. I. Theil. Salmo und Scyllium. Morphologisches Jahrb. Bd. XXVI. 1898. Vergl. auch die Kritik von Edinger im Journ. of comp. Neurology. Vol. IX, 2. 1899.

Handrick, K., Zur Kenntnis des Nervensystems und der Leuchtorgane des Argyropelecus. hemigymnus. Zoologica. Orig. Abhandlgn. aus dem Gesamtgebiet der Zoologie. Herausg. von C. Chun. 32. Heft. XIII. Bd. Lief. I. Stuttgart 1901. (Behandelt auch das periphere Nervensystem.)

Hatschek (vergl. dessen beim Kopfskelet aufgeführte Arbeit über die Metamerie des Amphioxus etc.)

Hill, Ch., Primary Segments of the Vertebrate Head. Anat. Anz. XVI. Bd. 1899. (Enthält auch Angaben über das Hühnchen.)

His, W., Eröffnungsrede der VI. Versammlung der Anatom. Gesellschaft zu Wien 1892. (Behandelt die Grundlagen einer allgemeinen Morphologie des Vertebratengehirns.)

Hoffmann, C. K., Zur Ontogenie der Knochenfische. Verhandl. d. K. Acad. d. Wissensch. zu Amsterdam. Bd. XXIII. 1882, und Arch. f. mikr. Anat. Bd. XXIII. 1883.

Holm, J. F., The finer Anatomy of the Nervous System of Mixine glutinosa. Morph. Jahrb. Bd. XXIX. 1901.

Johnston, J. B., The Olfactory Lobes, Fore-Brain, and Habenular Tracts of Acipenser. A Summary of Work on their minute Structure. Reprint from Zoölogical Bulletin. Vol. I. Nr. 5. (Zoolog. Laboratory, University of Michigan. Ann. Arbor. Sept. 24. 1897.) Vergleiche auch: Hind Brain and Cranial Nerves of Acipenser. Anat. Anz. XIV. Bd. 1898.

— — The Brain of Acipenser. A Contribution to the Morphology of the Vertebrate Brain. Zoölog. Jahrb. Abth. f. Anat. u. Ontog. der Thiere. XV. Bd. 1. u. 2. Heft. 1901. (Behandelt die feinere Anatomie und berücksichtigt auch die Hirnnerven.)

Kingsbury, F., The Structure and Morphology of the Oblongata in Fishes. Journ. Comp. Neurol. Vol. VII. 1897.

Kupffer, C., Beobachtungen über die Entwicklung der Knochenfische. Arch. für mikr. Anat. Bd. IV. 1868.

— — Mittheil. zur Entwicklnngsgeschichte des Kopfes bei Acipenser sturio. Sitz.-Ber. d. Gesellsch. f. Morphol. u. Physiol. zu München. 1891.

— — Studien z. vergl. Entwicklungsgeschichte der Cranioten. 1. Heft. Die Entwicklung des Kopfes von Acipenser sturio an Medianschnitten untersucht. (Sehr wichtig für die Hirn-Anatomie im Allgemeinen.) 2. Heft. Die Entwicklung des Kopfes von Ammocoetes Planeri. 3. Heft. Die Entwicklung der Kopfnerven von Petromyzon Planeri. 1895. 4. Heft. Zur Kopfentwicklung von Bdellostoma 1900. München und Leipzig, 1893.

— — Die Deutung des Hirnanhanges. Sitz.-Ber. d. Gesellsch. f. Morphol. u. Physiol. in München 1894.

Legros, R., Développement de la Cavité buccale de l'Amphioxus lanceolatus. Contrib. à l'étude de la morphologie de la téte. Arch. d'Anat. microscop. Nr. 4. T. I. 1897, et Nr. 1. T. II. 1898.

von Lenhossék, M., Beobachtungen an den Spinalganglien und dem Rückenmark von Pristiurusembryonen. Anat. Anz. VII. Jahrg. 1892. (Vergl. auch die bei den Säugethieren aufgeführten Arbeiten dieses Autors.)

Locy, W. A., Metameric Segmentation in the Medullary Folds and Embryonic Rim. Anat. Anz. IX. Bd. 1894.

Lundborg, H., Die Entwicklung der Hypophysis und des Saccus vasculosus bei Knochenfischen und Amphibien. Zool. Jahrb. Abtheil. f. Anat. etc. Bd. VII. 1894.

Mayer, F., Das Centralnervensystem von Ammocoetes. Anatom. Anz. XIII. Bd. 1897. (Behandelt den feineren Bau.)

Mayser, P., Vergl. anat. Studien über das Gehirn der Knochenfische. Zeitschr. f. wiss. Zool. Bd. XXXVI. 1881.

von Miklucho-Maclai, Beitr. z. vergl. Neurologie der Wirbelthiere. Das Gehirn der Selachier. Leipzig 1870.

Müller, J., Vergl. Anatomie der Myxinoiden. Berlin 1840.

Müller, J., und Henle, J., Syst. Beschreibung der Plagiostomen. Berlin 1841.

Müller. W., Ueber Entwicklung und Bau der Hypophysis und des Processus infundibuli cerebri. Jenaische Zeitschr. Bd. VI. 1871.

Nansen, F., The Structure and Combination of the Histological Elements of the Central Nervous System. Bergen 1887. (Umfasst zahlreiche Wirbellose und von Vertebraten Amphioxus und Myxine.)

Neal, H. V., A Summary of Studies on the Segmentation of the Nervous System in Squalus acanthias. Anat. Anz. XII. Bd. 1896. (Handelt von der Neuromerie.)

Neumayer, L., Histol. Untersuch. über den feineren Bau des Centralnervensystems von Esox Lucius etc. Arch. f. mikr. Anat. u. Entwickl. Bd. 44. 1895.

Oellacher, J., Beitr. zur Entwicklung der Knochenfische nach Beobachtungen am Bachforellencie. Zeitschr. f. wiss. Zool. Bd. XXIII.

Osborn, H. F., The origin of the Corpus callosum etc. Part. I u. II. Morph. Jahrb. Bd. XII. 1888.

Parker, T. Jeffery, Notes from the Otago University Museum. On the Nomenclature of the brain and its Cavities. Nature. Vol. XXXV. Nr. 896. 1886.

— — Notes on Carcharodon rondelettii. Proceed. of the Zool. Society of London 1887. (Enthält auch Notizen über das Skelet, den Darm und die Geschlechtsorgane.)

Platt, J., A Contribution to the Morphology of the Vertebrate Head. Journ. of Morphology. Vol. V. Nr. 1. 1891.

Rabl-Rückhard, H., Die gegenseitigen Verhältnisse der Chorda, Hypophysis etc. bei Haifischembryonen, nebst Bemerkungen über die Deutung der einzelnen Theile des Fischgehirns. Morph. Jahrb. Bd. VI. 1880.

— — Zur Deutung und Entwicklung des Gehirns der Knochenfische. Arch. f. Anat. u. Phys. 1882.

— — Entwicklung des Knochenfischgehirns (Entw. der Zirbel). Sitz. v. 18. April 1882 der Ges. f. naturf. Freunde in Berlin.

— — Weiteres zur Deutung des Gehirns der Knochenfische. Biol. Centralbl. III. Bd. 1883. Nr. 1.

— — Das Grosshirn der Knochenfische und seine Anhangsgebilde. Arch. für Anat. und Physiol. 1883.

— — Das Gehirn der Knochenfische. Vortrag, gehalten in der Gesellsch. für Heilkunde zu Berlin am 20. Juni 1884. Später publ. in der deutschen medicin. Wochenschrift Nr. 33 ff. 1884. Berlin.

— — Zur onto- und phylogenetischen Entwicklung des Torus longitudinalis im Mittelhirn der Knochenfische. Anat. Anz. II. Jahrg. 1887.

— — Der Lobus olfactorius impar der Selachier. Anat. Anz. VIII. Jahrg. 1893.

— — Das Vorderhirn der Cranioten. Eine Antwort an Herrn F. K. Studnicka. Anat. Anz. IX. Bd. 1894.

Rathke, H., Ueber die Entstehung der Glandula pituitaria. Arch. f. Anat. u. Physiol. 1838.

Reichenheim, M., Beitr. zur Kenntnis des elektrischen Centralorganes von Torpedo. Arch. f. Anat. u. Physiol. 1873.

Reissner, E., Beitr. zur Kenntnis vom Bau des Rückenmarkes von Petromyzon fluviatilis. Arch. f. Anat. u. Physiol. 1860.

Sagemehl, M., Beitr. zur vergl. Anatomie der Fische (Hirnhäute der Knochenfische). Morph. Jahrb. Bd. XI. 1883.

Scott, W. B., Beitr. z. Entwicklungsgeschichte der Petromyzonten. Morph. Jahrb. Bd. VII. 1881.

Schaper, A., Die morphol. und histolog. Entwicklung des Kleinhirns der Teleostier. Anat. Anz. VIII. u. IX. Bd. 1894.

— — Die morphol. und histolog. Entwicklung des Kleinhirns der Teleostier. Morphol. Jahrb. Bd. XXI. 1894.

— — Die frühesten Differenzierungsvorgänge im Centralnervensystem. Kritische Studie und Versuch einer Geschichte der Entwicklung nervöser Substanz. Archiv für Entwicklungsmechanik der Organismen. V. Bd. 1. Heft. 1897.

— — The finer Structure of the Selachian Cerebellum (Mustelus vulgaris). Journ. Comp. Neurol. Vol. VIII. Nr. 1. 1898.

— — Zur Morphologie des Kleinhirns. Verhandl. d. Anat. Gesellsch. XIII. Versammlg. Tübingen 1899. (Die Arbeit erstreckt sich auch auf andere Wirbelthierklassen.)

Sedgwick, A., On the Inadequacy of the Cell Theorie, and on the Early Development of Nerves, particularly of the Third Nerve and of the Sympathetic in Elasmobranchii. Studies from the Morphol. Laboratory in the University of Cambridge. Vol. VI. 1896.

Serres, Anatomie comparée du cerveau dans les quatres classes des animaux vertébrés. T. I et II. Paris 1821—1826.

Shipley, A., On some points in the development of Petromyzon fluviatilis. Quart. Journ. of microscop. Science. Vol. XXVII. 1887.

Stannius, H., Ueber den Bau des Gehirns des Störs. Arch. für Anat. und Physiol. 1835.

— — Zootomie der Fische. Berlin 1846.

Steiner, J., Die Functionen des Centralnervensystems und ihre Phylogenese. II. Abth. Die Fische. Braunschweig 1888. III. Abth. Die wirbellosen Thiere. 1898.

Sterzi, G., Le meningi spinali dei Pesci. Monit. zool. Italiano. Anno X. Nr. 2. 1899.

— — Ricerche intorno alla anatomia comparata ed all' ontogenesi delle meningi. Considerazioni sulla filogenesi. P. I. Meningi midollari. Atti del R. Istit. Veneto di Scienze, Lettere ed Arti. Anno accadem. 1900—1901. T. LX. P. II. 1901.

— — Gli spazii linfatici delle meningi spinali ed il loro significato. Monit. Zool. Ital. Anno XII. Nr. 7. 1901.

Stieda, L., Studien über das centrale Nervensystem der Knochenfische. Zeitschr. für wiss. Zool. Bd. XVIII.

— — Ueber die Deutung der einzelnen Theile des Fischgehirns. Ebendas. Bd. XXIII.

— — Ueber den Bau des Rückenmarkes der Rochen und der Haie. Ebendas. Bd. XXIII.

— — Geschichte der Entwicklung der Lehre von den Nervenzellen und Nervenfasern während des 19. Jahrhunderts. I. Theil: Von Sömmering bis Deiters. Festschr. z. 70. Geburtstag von Carl v. Kupffer. Jena 1899.

Strasser, H., Ueber die Hüllen des Gehirns und Rückenmarks. Ihre Functionen und ihre Entwicklung. Comptes rendus de l'association des anatomistes, 3. session, Lyon 1901.

Studnicka, F. K., Beitr. z. Anat. u. Entwicklungsgeschichte des Vorderhirns der Cranioten. I. Abth. Sitz.-Ber. d. K. Böhm. Gesellsch. d. Wissensch. Math.-naturw. Cl. 1895. (Handelt auch von Dipnoërn und Amphibien.) Vergl. auch Anat. Anz. XIV. Bd. 1898.

— — Ueber die terminale Partie des Rückenmarkes. Sitz.-Ber. d. K. Böhm. Gesellsch. der Wissensch. Math.-naturw. Cl. 1895.

— — Ein Beitrag zur vergl. Histologie und Histogenese des Rückenmarkes. Ebendaselbst.

— — Unters. über den Bau des Ependyms der nervösen Centralorgane. Anat. Hefte. XLVIII. H. (XV. Bd. H. II). 1900.

— — Ueber die erste Anlage der Grosshirnhemisphären am Wirbelthiergehirne. Sitz.-Ber. K. Böhm. Gesellsch. d. Wissensch. in Prag. 1901. (Behandelt die Frage nach der paarigen bezw. unpaaren Anlage der Grosshirn-Hemisphären in der Vertebratenreihe überhaupt).

Waldschmid, J., Beitr. z. Anatomie des Centralnervensystems und des Geruchsorganes von Polypterus bichir. Anat. Anz. II. Jahrg. 1887.

van Wijhe, J. W., Ueber den vorderen Neuroporus und die phylogenetische Function des Canalis neurentericus der Wirbelthiere. Zool. Anz. VII. Nr. 183, 1884.

Ziegler, E., Die embryonale Entwicklung von Salmo salar. Inaug-Dissert. Freib. i/B. 1882.

2. Dipnoër.

Beauregard, H., Encéphale et nerfs craniens de Ceratodus Forsteri. Robin et Pouchet, Journ. de l'anat. et de la physiol. Paris 1881.

Burckhardt, R., Das Centralnervensystem von Protopterus annectens. Eine vergl. anatom. Studie. Berlin 1892.

Dohrn. A., Studien zur Urgeschichte des Wirbelthierkörpers. Mitth. der Zool. Station zu Neapel, Bd. III.

Fulliquet, G., Recherches sur le cerveau du protopterus annectens. Dissertat., Genève 1886.

Sanders, A., Contrib. to the Anatomy of the Central Nervous System in Ceratodus Forsteri. Annal. and Magazine of Natural History. Series VI, Vol. III, No. 15. 1889.

Serres, Rech. sur quelques points des l'organisation du Lepidosiren annectens, description du cerveau. Compt. rend. de l'Académie des sciences de Paris. T. LVII. 1863.

Wiederheim, R., Das Skelet und Nervensystem von Lepidosiren annectens. Morph. Studien, Heft I. Jena 1880.

3. Amphibien.

Burckhardt, R., Untersuch. am Hirn und Geruchsorgan von Triton und Ichthyophis. Zeitschr. f. wiss. Zool. LII. 1891.

Edinger, L., Untersuchungen über die vergl. Anatomie des Gehirns. I. Das Vorderhirn. Abhdl. d. Senckenb. naturf. Ges. Bd. XV. 1888. II. Das Zwischenhirn (Selachier und Amphibien). Bd. XVIII. 1892.
Vergl. auch die bei den Fischen aufgeführten „Vorlesungen" von L. Edinger.

Ecker, A., Icones physiologicae. Leipzig 1851—1859.
— — und Wiedersheim, R., Die Anatomie des Frosches. Braunschweig 1864—1882. III. Aufl. bearb. von E. Gaupp.

Fischer, J. G., Amphibiorum nudorum neurologia specimen primum. Berlin 1843. (Müll. Arch. 1844.)

Fish, P. A., The central nervous System of Desmognathus fusca. Journ. of Morphol. Vol. X. 1895.

Götte, A., Entwicklungsgeschichte der Unke. Leipzig 1875.

Hoffmann, C. K. Bronn's Classen und Ordnungen des Tierreichs. Abthl. Amphibien.

Köppen, M. Zur Anatomie des Froschgehirns. Arch. f. Anat. und Physiol. Anat. Abthl. 1888.

Kupffer, C., Ueber primäre Metamerie des Neuralrohres der Vertebraten. K. bayer. Akad. d. Wissensch. Sitz.-Ber. v. 5. Dec. 1885.

Mc. Clure, The segmentation of the primitive vertebrate brain. Journ. of Morphology 1890.

Froriep, Zur Frage der sogen. Neuromerie. Verhandl. der Anat. Gesellsch. 1892.

Kingsbury, B. F., On the Brain of Necturus maculatus. Journ. Comparat. Neurol. Vol. V. 1895. (Enthält ein grosses Litteratur-Verzeichnis.)

O'Neil, H. M., Hirn- und Rückenmarks-Hüllen bei Amphibien. Morphol. Arbeiten. VIII. Bd. 1898.

Osborn, H., Preliminary notes upon the brain of Menopoma. Proceed. of the Acad. of nat. scienc. of Philadelphia. October 1884.
— — Observations upon the presence of the corpus callosum in the brains of Amphibians and Reptiles. Zool. Anz. IX. Jahrg. 1886.
— — An contribution to the internal Structure of the Amphibian Brain. Journ. of Morphology. Vol. II, 1888.
— — Note upon the cerebral commissures in the lower Vertebrata and a probable fornix rudiment in the brain of Tropidonotus.

Phelps Gage, S., The brain of Diemyctylus viridescens from larval to adult life. The Wilder Quarter-Century Book Ithaka N. Y. 1893.

Platt, J., Ontogenetische Differenzierung des Ektoderms bei Necturus. Arch. f. mikr. Anat. 43. Bd. 1894.

Schaper, A., Experiment. Stud. an Amphibienlarven. I. Mittheilg. Haben künstlich erzeugte Defekte des Centralnervensystems oder die vollständige Elimination desselben einen nachweisbaren Einfluss auf die Entwicklung des Gesamtorganismus junger Froschlarven? Arch. f. Entw.-Mechanik der Organismen. VI. Bd. 2. H. 1898.

Sqire, C. A., The Brain of Necturus maculatus. Bull. Univers. Wisconsin Nr. 33. Science Series, Vol. 2. No. 3.

Sterzi, G. N., Die Rückenmarkshüllen der schwanzlosen Amphibien. Beitr. zur Phylogenese der Rückenmarkshüllen. Anat. Anz. XVI. Bd. 1899.

Stieda, L., Ueber den Bau des centralen Nervensystems der Amphibien und Reptilien. Zeitschr. f. wiss. Zool. Bd. XXV.

Waldschmidt, J., Zur Anat. des Nervensystems der Gymnophionen. Jenaische Zeitschr. Bd. XX. 1886.

Wlassak, R., das Kleinhirn des Frosches. (Histologische Structur, Faserverlauf.) Arch. f. Anat. u. Physiol. Physiol. Abth. 1888.

Wiedersheim, R., Zur Anat. des Amblystoma Weismanni. Zeitschr. f. wiss. Zoolog. Bd. XXXII.

Zimmermann, Ueber die Metamerie des Wirbethierkopfes. Verhandl. d. anat. Gesellschaft. 1891.

4. Reptilien.

Bojanus, Anat. testudinis europaeae. Vilnae 1819—21.

Braun, M., Die Entwicklung des Wellenpapageies etc. Würzburg 1881.

Braun, M., Aus der Entwicklung des Wellenpapageies. Verhdl. der Phys.-med. Gesellsch. zu Würzburg. Bd. XV, IV.

— — Entw.-Vorgänge am Schwanzede bei einigen Säugethieren etc. Arch. f. Anat. u. Physiol. 1882.

Carus, J. G., Darstellung des Nervensystems und Gehirns. Leipzig 1818.

Edinger, L., Untersuchungen über die vergl. Anat. des Gehirns. 3. Neue Studien über das Vorderhirn der Reptilien. Abhandl. d. Senckenb. naturf. Gesellsch. Bd. XIX. 1896. 4. Studien über das Zwischenhirn der Reptilien. Ebendas. Bd. XX. 1899.

— — Vorlesungen etc. (vergl. das Litterat.-Verz. über die Fische; vergl. auch den Anat. Anz. VIII. Jahrgang 1893, woselbst sich Notizen über das erste Rindengrau [Ammonsrindenformation] finden).

Gaupp, E., Ueber die Anlage der Hypophyse bei Sauriern. Arch. f. mikr. Anat. Bd. 42.

Haller, B., Vom Bau des Wirbelthiergehirns. II. Th. Emys Morph. Jahrb. XXVIII. Bd. 1900.

Herrick, C. L., Notes on the Brain of the Alligator. Journ. of the Cincinnati Soc. of Natural Hist., Vol. XII. (Vergl. auch die Arbeiten dieses Autors über das Reptil- und Fischhirn im Journ. of Comparative Neurology. Vol. I, sowie im Anat. Anz. VI. Jahrg. 1891 und VII. Jahrg. 1892.)

Hoffmann, C. H., Weitere Untersuchungen zur Entwicklungsgeschichte der Reptilien. Morphol. Jahrb. Bd. XI. 1885.

Köppen, M., Beitr. zur vergl. Anat. des Centralnervensystems der Wirbelthiere. Zur Anat. des Eidechsengehirns. Morphol. Arbeiten, herausgeg. von G. Schwalbe. I. Bd. 3. Heft.

Leydig, F., Die in Deutschland lebenden Arten der Saurier. Tübingen 1872.

Orr, A contribution to the Embryology of the Lizard. Journ. of Morphol. Vol. I. 1887.

Osawa, G., Vergl. die bei der Wirbelsäule aufgeführte Arbeit.

Owen, R., On the Anat. of Vertebrates. Vol. I. Fishes and Reptiles. London 1866. (Enthält neben vielen anderen werthvollen Notizen über das Gehirn der Vertebraten im allgem. eine genaue Beschreibung des Schildkrötengehirns.)

Rabl-Rückhard, H., Das Centralnervensystem des Alligators. Zeitschr. f. wiss. Zool. Bd. XXX.

— — Ueber das Vorkommen eines Fornixrudiments bei Reptilien (Psammosaurus terrestris). Vorl. Mitth. Zool. Anz. Nr. 84. 1881.

— — Einiges über das Gehirn der Riesenschlange. Zeitschr. f. wiss. Zool. Bd. LVIII. 1894.

Retzius, G., Biolog. Untersuchungen. Neue Folge VIII. 1898. (Enthält Beiträge zur Entwicklung des Rückenmarks der Ophidier und von Anguis fragilis).

Salvi, G., Sopra la regione ipofisaria e le cavità premandibolari di alcuni sauri. Studi Sassaresi. Anno I. Sez. II. Fasc. II. 1901.

Steiner, J., Ueber das Centralnervensystem der grünen Eidechse, nebst weiteren Untersuchungen über das des Haifisches. Sitz.-Ber. der K. Preuss. Acad. d. Wissensch. zu Berlin. Bd. XXXII, 1886.

Strahl, H., Ueber die Entwicklung des Canalis myeloentericus etc. Arch. für Anat. und Physiol. 1881. Vergl. auch das Litt.-Verz. des Urogenitalsystems pag. 895.

Stannius, H., Handbuch der Anat. der Wirbelthiere. II. Th.

Stieda, L., Ueber den Bau des centralen Nervensystems der Amphibien und Reptilien. Zeitschr. f. wissensch. Zool. Bd. XXV.

5. Vögel.

Brandis, F., Untersuch. über das Gehirn der Vögel (behandeln den Faserverlauf im Uebergangsgebiet vom Rückenmark zur Medulla obl.). Arch. f. mikr. Anat. Bd. 41, 42, 43, 44. 1893/95.

Bumm, A., Das Grosshirn der Vögel. Zeitschr. f. wiss. Zool. Bd. XXXVIII. 1883.

Edinger, L., Vorlesungen (vergl. das Litteraturverzeichnis über die Fische).

Edinger, L., und Wallenberg, A., Untersuchungen über das Gehirn der Taube. Anat. Anz. XV. Bd. 1899.

Locy, A., Accessory Optic Vesicles in the Chick Embryo. Anat. Anz. XIV. Bd. 1897.

Ris, F., Ueber den Bau des Lobus opticus der Vögel. Arch. f. mikr. Anat. u. Entw.-Gesch. LIII. Bd. 1898.

Stieda, L., Studien über das centrale Nervensystem der Vögel u. Säugethiere. Zeitschr. f. wiss. Zool. Bd. XIX.

Im Uebrigen vergl. die verschiedenen mit der Entwicklungsgeschichte der Vögel sich befassenden Lehr- und Handbücher von Koelliker, Foster und Balfour etc.

Eine vorzügliche Schilderung hat das Nervensystem der Vögel von Gadow (vergl. das Bronn'sche Sammelwerk) erfahren.

6. Säugethiere.

Bechterew, W., Die Leitungsbahnen im Gehirn u. Rückenmark. II. Aufl. Leipzig 1898.
— — Bewusstsein u. Hirnlokalisation. Leipzig 1898.
Bertelli, D., Il solco intermediario anteriore del midollo spinale umano. Atti della
    Società Toscana di Scienze naturali residente in Pisa. Memorie, Vol. XI. 1890.
Blaxland Benham, W., A Description of the Cerebral Convolutions of the Chimpanzee
    Known as „Sally“; with Notes on the Convolutions of others Chimpanzees and of
    two Orangs. Quart. Journ. Microscop. Science. Vol. 37. N. S. 1894.
Bischoff, Th., Die Grosshirnwindungen des Menschen. München 1868. Vergl. auch
    dessen Schriften über das Schimpansen-, Orang-Outan- und Gorillagehirn in den Sitz.-
    Ber. der Münchener Acad. vom Jahre 1874, 1876 und 1877.
Bolk, L., Beitr. z. Affenanatomie. II. Ueber das Gehirn von Orang-Outan. Peter
    Camper Jaarg. I. 1901.
Broca, P. Étude sur le cerveau du Gorille. Revue d'anthropologie 1878.
— — Anatomie comparée des circonvolutions cérébrales. Ebendas. 1878.
— — Rech. sur les centres olfactifs. Ebendas. 1879.
Chiarugi, G., Di un organo nervoso che va dalla regione del chiasma all' ectoderma
    in embrioni di mammifero. Monitore zoologico italiano. VI. Anno. No. 7. 1895.
Cunningham, J., Contrib. to the Surface Anatomy of the cerebral Hemispheres, with
    a chapter upon cranio-cerebral. Topography by Victor Horsley R. Irish Academy.
    Cunningham Memoirs No. VII. 1892.
Dexter, F., A Contribution to the Morphology of the Medulla oblongata of the Rabbit.
    Arch. f. Anat. u. Physiol. Anat. Abthl. 1896.
Dursy, E., Zur Entwicklungsgeschichte des Kopfes des Menschen und der höheren Wirbel-
    thiere. Tübingen 1869. Mit Atlas.
Eberstaller, O., Das Stirnhirn. Ein Beitrag zur Anatomie der Oberfläche des Gross-
    hirns. Wien und Leipzig. 1890.
Ecker, A., Zur Entwicklungsgeschichte der Furchen und Windungen der Grosshirnhemi-
    sphären im Fötus des Menschen. Arch. f. Anthrop. Bd. III.
— — Die Hirnwindungen des Menschen. Braunschw. 1869. II. Aufl. 1885.
Edinger, L., Vorlesungen (vergl. das Litteraturverzeichnis über die Fische).
Familiant, von, Beiträge zur Vergleichung der Hirnfurchen bei den Carnivoren und
    den Primaten etc. Inaug.-Dissert. Bern 1885.
Figueiredo-Rodrigues, J. A., Das Rückenmark des Orang-Utan. Arch. f. mikr.
    Anat. u. Entw. Gesch. Bd. LIX. 1901.
Fish, P. A., The Indusium of the Callosum. Journ. Comparat. Neurology. Vol. III.
    1893.
Flesch, M., Ueber die Hypophyse einiger Säugethiere. Tageblatt der 58. Versammlung
    deutscher Naturforscher u. Aerzte in Strassburg 1885.
    (Siehe auch über dasselbe Thema das Tageblatt d. 57. Versammlung zu Magdeburg.)
Flechsig, P., Die Leitungsbahnen im Gehirn und Rückenmark des Menschen. Auf
    Grund entwicklungsgeschichtl. Unters. Leipzig 1876.
Ganser, S., Vergl. anat. Studien über das Gehirn des Maulwurfs. Morphol. Jahrb.
    Bd. VII. 1882.
Giacomini, C., Sul cervello di un Chimpansè. Atti della R. Accad. delle Scienze di
    Torino. Vol. XXIV. 1889.
Gierke, H., Die Stützsubstanz des Centralnervensystems. Arch. f. mikr. Anat. Bd. XXV,
    1885, u. Bd. XXVI, 1886.
Giese, E., Ueber die Bestandtheile der weissen Substanz des menschl. Rückenmarks nach
    der entwicklungsgeschichtl. Methode. Aus dem anat.-physiol. Laboratorium an der
    psychiatr. u. Nervenklinik von Prof. W. v. Bechterew. Dissertation (Russisch).
    St. Petersburg 1898.
— — Ueber die Bestandtheile der weissen Substanz des menschl. Rückenmarks nach der
    entwicklungsgeschichtl. Methode.
Golgi, C., Ueber den feineren Bau des Rückenmarkes. Anat. Anz. V. Jahrg. 1890.
    Dieser Aufsatz enthält ein Litteratur-Verzeichnis aller auf die feinere Anatomie des
    Centralnervensystems sich erstreckenden Arbeiten des Verfassers.
— — Untersuchungen über den feineren Bau des centralen u. peripheren Nervensystems.
    Aus dem Italienischen übersetzt von R. Teuscher. Mit Atlas. Jena 1894.
Grönberg, G., Die Ontogenie eines niederen Säugergehirns nach Untersuchungen an
    Erinaceus europaeus. Zool. Jahrb. Abth. f. Anat. u. Ontog. XV. Bd. 1—2 H. 1891.
Guldberg, G., Zur Morphologie der Insula Reilii. Anat. Anz. II. Jahrg. 1887. (Weitere
    Arbeiten des Verfassers über dieses Thema stehen in Aussicht.)

Haller, B., Vom Bau des Wirbelthiergehirns. III. Th. Mus. nebst Bemerkungen über das Hirn von Echidna. Morphol. Jahrb. Bd. XXVIII. 1900.

Henle, J., Handbuch der Nervenlehre des Menschen. 2. Aufl. Braunschweig 1879.

His, W., Zur Geschichte des menschlichen Rückenmarkes und der Nervenwurzeln. Abhandl. d. math.-phys. Classe der K. Sächs. Gesellsch. d. Wissensch. Bd. XIII. No. VI. Leipzig 1886.

— — Die Neuroblasten und deren Entstehung im embryonalen Mark. Ebendas. Bd. XV. Leipzig 1888.

— — Zur Geschichte des Gehirns sowie der centralen und peripheren Nervenbahnen beim menschlichen Embryo. Ebendaselbst. Bd. XIV. No. VII. Leipzig 1888.

— — Die Formentwicklung des menschl. Vorderhirns. Ebendas. Bd. XV. 1889.

— — Die Entwicklung des menschlichen Rautenhirns etc. Ebendas. Bd. XVII. 1890.

— — Histogenese und Zusammenhang der Nervenelemente. Referat i. d. anat. Section des internat. medizin. Congresses zu Berlin. 1890. Siehe auch Arch. f. Anat. und Physiol. Suppl.-Bd. 1890.

— — Ueber das frontale Ende des Gehirnrohres. Arch. f. Anat. und Physiol. 1893.

— — Vorschläge zur Eintheilung des Gehirns. Ebendaselbst.

— — Ueber die Vorstufen der Gehirn- und Kopfbildung bei Wirbelthieren. Sonderung und Charakteristik der Entwickl.-Stufen junger Selachierembryonen. Ebendaselbst. 1894.

Hoche, A., Beitr. zur Anat. der Pyramidenbahn und der oberen Schleife, nebst Bemerkungen über die abnormen Bündel in Pons und Medulla oblongata. Arch. f. Psychiatrie. Bd. 30. H. 1. 1897. (Vergl. auch den Aufsatz desselben Autors im „Neurolog. Centralbl." Nr. 21. 1897.)

— — Vergl. Anatomisches über die Blutversorgung der Rückenmarksubstanz. Zeitschr. f. Morphol. u. Anthropologie. Bd. 1899.

Hochstetter, F., Beitr. z. Entw.-Gesch. des Gehirns. Bibliotheca medica. Abth. A. Anatomie. 1898.

Holl, M., Ueber die Insel des Carnivorengehirnes. Arch. f. Anat. u. Physiol. 1899.

Jelgersma, G., Ueber den Bau des Säugethiergehirns. Morphol. Jahrb. XV. Bd. 1889.

Koelliker, A., Der feinere Bau des verlängerten Markes. Anat. Anz. VI. Jahrg. 1891.

— — Die Medulla obl. u. die Vierhügelgegend von Ornithorhynchus u. Echidna. Leipzig 1901.

Kükenthal, W., Vergl. anat. und entwicklungsgeschichtl. Untersuchungen an Walthieren. [Kapitel III: Das Centralnervensystem der Cetaceen; gemeinsam mit Privatdozent Dr. med. Th. Ziehen.] Jena 1889. Enthält auch viele, namentlich die äusserliche Gestaltung (Windungstypus etc.) betreffende Angaben über das Gehirn der Ungulaten, Chelophoren, Pinnipedier und Carnivoren.

— — und Ziehen, Th., Unters. über die Grosshirnfurchen der Primaten. Jenaische Zeitschr. f. Naturw. Bd. 29. N. F. 22. (Vergl. auch Anat. Anz. XI. Bd. No. 15. pag. 470.)

Krueg, J., Ueber die Furchung der Grosshirnrinde der Ungulaten. Zeitschr. f. wissensch. Zool. Bd. XXXI. 1879.

— — Ueber die Furchen auf der Grosshirnrinde der zonoplacentalen Säugethiere. Zeitschr. f. wiss. Zool. Bd. XXXIII. 1881.

von Lenhossék, M., Ueber die Pyramidenbahn im Rückenmark einiger Säugethiere. Anat. Anz. IV. Jahrg. No. 7. 1889.

— — Zur Kenntnis der Neuroglia des menschlichen Rückenmarkes. Verhandl. d. Anat. Gesellsch. auf der V. Versammlung in München, vom 18.—20. Mai 1891.

— — Der feinere Bau des Nervensystems im Lichte neuester Forschungen. In: Fortschritte der Medizin. Bd. X. 1892.

— — Beiträge zur Histologie des Nervensystems und der Sinnesorgane. Wiesbaden 1894.

Leuret et Gratiolet, Anatomie comparée du système nerveux. Paris 1839—1857.

Lothringer, S., Untersuchungen der Hypophyse einiger Säugethiere und des Menschen. Arch. f. mikr. Anat. Bd. XXVIII. 1886.

Luys, J., Recherches sur le système nerveux cérébrospinal. Paris 1865. Mit Atlas von 40 Tafeln.

— — Iconographie photographique des centres nerveux. Paris 1872.

Lugaro, E., Sulla Genesi delle Circonvoluzione cerebrali e cerebellari. Rivista di Patologia nervosa e mentale. Vol. II. fasc. 3. Marzo 1897.

Marchand, F., Ueber die Entwickl. des Balkens im menschl. Gehirn. Arch. f. mikr. Anat. 37. Bd. 1891. (Vergl. ebendaselbst auch den Artikel von L. Blumenau.)

— — Die Morphol. des Stirnlappens und der Insel der Anthropomorphen. Arbeiten aus d. pathol. Inst. z. Marburg. Bd. II. 1893.

Martin, R., Zur Entwicklung des Gehirnbalkens bei der Katze. Anat. Anz. IX. Bd. 1893.

von Mihalcovics, V., Entwicklungsgeschichte des Gehirns. Nach Untersuch. an höheren Wirbelthieren und dem Menschen. Leipzig 1877.

Neumayer, L., Studien zur Entw.-Geschichte des Gehirns der Säugethiere. Festschrift z. 70. Geburtstag von C. v. Kupffer. 1899. (Vergl. auch Sitz.-Ber. der Gesellschaft für Morphol. u. Physiol. in München. 1899. H. 1.)

Nusbaum, J., Einige neue Thatsachen z. Entwicklungsgeschichte der Hypophysis cerebri bei Säugethieren. Anat. Anz. XII. Bd. 1896.

Owen, R., Anatomy of vertebrates. Vol. I. London 1858.

Pansch, A., De sulcis et gyris in cerebris simiarum et hominum. Kieler Habil.-Schrift. Eutin 1867.

— — Ueber die typische Anordnung der Furchen und Windungen auf den Grosshirnhemisphären des Menschen und der Affen. Arch. f. Anthropol. Bd. III.

— — Ueber gleichwerthige Regionen am Grosshirn der Carnivoren und der Primaten. Medic. Centralbl. 1875, Nr. 38.

— — Beitr. zur Morphol. des Grosshirns der Säugethiere. Morphol. Jahrb., Bd. V, 1879. (Canina, Felina, Ursina, Mustelina.)

Ramon y Cajal, Neue Darstellung vom Bau des Centralnervensystems. Arch. f. Anat. und Physiol. (Anat. Abthl.) 1893.

Reichert. C. B., Der Bau des menschlichen Gehirns. Leipzig 1859 und 1861.

Retzius, G., Ueber ein dem Saccus vasculosus entsprech. Gebilde am Gehirn des Menschen u. der Säugethiere. Biol. Untersuchungen. N. F. VII. 1895.

— — Das Menschenhirn, Studien i. d. makroskop. Morphol. Stockholm 1896. Vergl. auch die Biolog. Untersuchung. Neue Folge VIII. 1898 und IX. 1900. (Enthält werthvolle Beiträge zur Kenntnis des Menschen- und Säugethiergehirns).

Sabin, Florence R., Model of the Medulla. Pons and Midbrain of a newborn babe. Contrib. to the Science of Medicine etc. Vol. IX of the John Hopkins Hosp. Reports. 1900.

Salensky, Morphol. Studien an Tunicaten. I. Ueber das Nervensystem der Larven und Embryonen von Distaplia magnilarva. Morphol. Jahrb. XX. Bd. 1893.

Salvi, G., Sopra lo Sviluppo delle Meningi cerebrali. Atti Soc. Tos. Sc. Nat. Vol. XV, 1897.

— — L'Istogenesi e la Struttura delle Meningi. Atti Soc. Tosc. di Sc. Nat. resid. i. Pisa. Memoire, Vol. XVI. 1898.

— — Sopra il tentorium osseum dialcuni Mammiferi. Monit. Zool. Ital. Anno IX. N. 5. 1898.

Salzer, H., Zur Entwicklung der Hypophyse bei Säugern. Arch. f. mikr. Anat. und Entwicklungsgeschichte LI. Bd. 1897.

Schaper, A., Die frühesten Differenzierungsvorgänge im Centralnervensystem. Arch. f. Entw.-Mechanik d. Organismen. V. Bd. 1. H. 1897.

Schwalbe, G., Lehrbuch der Neurologie. Zugleich als zweite Abtheilung des zweiten Bandes von Hoffmann's Lehrbuch der Anatomie des Menschen. Erlangen 1880.

— — Der Arachnoidalraum, ein Lymphraum und sein Znsammenhang mit dem Perichorioidalraum. Medic. Centralbl. 1869. Nr. 30.

G. Elliot, The relation of the Fornix to the Margin of the Cerebral Cortex. Journ. of Anat. and Physiol. Vol. XXXII. 1897.

Smith, G. Elliot, Further Observations on the Anatomy of the Brain in the Monotremata. Ebendaselbst. Vol. XXXIII. 1898.

Sperino, G., Contrib. allo Studio del cervello del Gibbone. Giornale della R. Accad. di Medicina di Torino. 1898. No. 12.

Sterzi, G, Sviluppo delle meningi midullari dei mammiferi e loro continuazione con le guaine dei nervi. Arch. ital. di Anat. e di Embriol. Vol. I. 1902.

Symington, J., The cerebral commissures in the Marsupialia and Monotremata. Journ. of Anat. and Physiol. Bd. XXVII. 1892.

Tiedemann, Fr., Anatomie und Bildungsgeschichte des Gehirns im Fötus des Menschen. Nürnberg 1816.

Vergl. auch die Lehr- und Handbücher über Entwicklungsgeschichte im Allgemeinen von Koelliker, His, Foster und Balfour, Häckel, Rathke etc.

Turner, W., The Convolutions of the brain etc. Journ. of Anat. and Physiol. October 1890. (Enthält eine grosse Zahl von Abbildungen der Gehirnwindungen von Vertretern aller Hauptgruppen der Säugethiere.)

Waldeyer, W., Das Gorilla-Rückenmark. Abhandl. d. K. Preuss. Akad. d. Wissensch. Berlin 1888.

— — Das Gibbonhirn. Festschr. R. Virchow gewidmet. 1891. („Internat. Beitr. zur wissensch. Medizin", Bd. I.)

Weber, A., Observ. sur les premières phases du développement de l'hypophyse chez les chéiroptères. Bibliogr. anat.. fasc. 3. 1898.

Weber, M., Vorstudien über das Hirngewicht der Säugethiere. Festschr. f. C. Gegenbaur 1896. (Vergl. Studien über Säugethiere. II. Theil. Jena 1899. (Handelt über das Elephantenhirn).

Zander, R., Die moderne Histologie des Nervensystems. Die Heilkunde, Monatsschr. f. pract. Medicin, herausgeg. v. d. Weiss. Wien 1898.

Zander, W., Beitr. z. Morphol. der Dura mater und zur Knochenentwicklung. Festschr. z. 70. Geburtstag von Carl v. Kupffer. Jena 1899.

Zieben, Th., Zur vergl. Anat. der Hirnwindungen mit spec. Berücks. der Gehirne von Ursus maritimus und Trichechus rosmarus. Anat. Anz. V. Jahrg. Nr. 24. 1890.

— — Das Centralnervensystem der Monotremen und Marsupialier. I. Th. Makrosk. Anat. Aus: A. R. Semon, Zool. Forschungsreisen in Australien u. d. Malayischen Archipel. Jena 1897.

— — Die Grosshirnfunction des Hylobates- u. Semnopithecusgehirns. Ebendaselbst, XI. Bd. Nr. 15. 1896.

Zuckerkandl, E., Ueber das Riechcentrum. Eine vergleichend-anatomische Studie. Stuttgart 1887.

— — Ueber den Fornix der Beutler. Verhandl. d. Physiol. Clubs zu Wien. Heft 18 (1898) und 26 (1899). (Vergl. auch Zuckerkandl's Monogr. über Chiromys madago).

b) Glandula pinealis cerebri (Parietalorgan und Stirnorgan).

Ahlborn, F., Ueber die Bedeutung der Zirbeldrüse. Zeitschr. f. wissensch. Zool. Bd. XL. 1884.

Beard, J., The parietal Eye in Fishes. Nature, Vol. 36. No. 924. Juli 1887.

— — Morphol. Studies Nr. 1. The Parietal Eye of the Cyclostome Fishes. Quart. Journ. of Microsc. Science. July 1888.

Béraneck, E., Ueber das Parietalauge der Reptilien. Jenaische Zeitschr. 1887.

— — Sur le nerf pariétal et la morphologie du troisième oeil des Vertébrés. Anat. Anz. VII. Jahrg. 1892.

— — L'individualité de l'oeil pariétal. Ebendaselbst VIII. Jahrg. 1893.

— — Contrib. à l'embryogénie de la glande pincale des Amphibiens. Revue Suisse de Zoologie et Annal. du Musée d'hist. nat. de Genève. T. I. 1893.

Carrière, J., Neuere Untersuchungen über das Parietalorgan. Biolog. Centralbl. IX. Bd. Nr. 5. 1889. (Kritische Uebersicht.)

Cattie, J., Ueber die Epiphyse der Fische. Arch. de Biolog. Vol. III. 1882.

Dendy, A., On the Development of the Parietal Eye and Adjacent Organs in Sphenodon (Hatteria). Quart Journ. Microscop. Science. Vol. 42, IV. S. p. 2. 1899.

Duval et Kalt, Des yeux pinéaux multiples chez l'Orvet. Soc. de Biologie 1889. Nr. 6.

Ehlers, E., Die Epiphyse am Gehirn der Plagiostomen. Zeitschr. f. wissensch. Zool. Bd. XXX.

Eycleshymer, Paraphysis and Epiphysis in Amblystoma. Anatom. Anz. VII. Jahrg. 1892.

Flesch, M., Ueber die Deutung der Zirbel bei den Säugethieren. Anat. Anz. III. Jahrg. 1888.

Francotte, Rech. sur le developpement de l'épiphyse. Arch. de Biologie 1888.

Gaupp, E., Zirbel, Parietalorgan und Paraphysis. Ergebnisse der Anatomie u. Entw.-Gesch. VII. Bd. 1897.

de Graaf, H., Bydrage tot te Kennis van den Bouw en de Ontwikkeling der Epiphyse bei Amphibiën en Reptiliën (Proefschrift). Leiden 1886.

— — Zur Anatomie und Entwicklung der Epiphyse bei Amphibien und Reptilien. Zool. Anz. IX. Jahrg. 1886.

Grieb, A., Contribuzione allo studio dell' organo parietale del Podarcis muralis (Sunto). Monitore zool. ital. Anno XII. N. 8. 1901.

Hanitsch, R., On the Pineal Eye of the Young and Adult Anguis fragilis. Proc. Biol. Soc. Liverpool. Vol. III. 1889.

Hill, Ch., Development of the Epiphysis in Coregonus albus. Journ. of Morphol. Decbr. 1891.

— — The Epiphysis of Teleosts and Amia. Ebendaselbst. Vol. IX. 1894.

Julin, Ch., De la Signification morphol. de l'Épiphyse (Glande pinéale) des Vertébrés. Bull. scientif. du Nord; 2. Série. Xme année. Paris 1887. (Enthält eine Uebersicht über das „Pinealauge" sämtlicher Classen der Wirbelthiere.)

Kingsbury, B. F., The Encephalic Evagination in Ganoids. Journ. Comp. Neurol. Vol. VII. 1897.

de Klinckowström, A., Le premier développement de l'œil pinéal, l'épiphyse et le nerf pariétal chez Iguana tuberculata. Anat. Anz. VIII. Jahrg. 1893. (Vergl. auch Zool. Jahrb. Bd. VII. 1893.)

— — Die Zirbel und das Foramen parietale bei Callichthys (asper und littoralis). Ebendaselbst.

Leydig, F., Das Parietalorgan der Amphibien und Reptilien. Abhandl. d. Senckenberg. naturf. Ges. Bd. XVI. 1890. Vergl. auch Biol. Centralbl. Bd. VIII. 1889.

— — Zirbel und Jacobson'sche Organe einiger Reptilien. Arch. f. mikr. Anat. u. Entw.-Gesch. L. Bd. 1897.

Locy, W. A., The derivation of the pineal Eye. Anat. Anz. IX. Bd. Nr. 5, 6, 15. 1894. (Vergl. auch den Aufsatz in Journ. of Morphol. Vol. VIII.)

Owsiannikow, Ph., Ueber das dritte Auge von Petromyzon fluviatilis nebst einigen Bemerkungen über dasselbe Organ bei anderen Thieren. Mém. de l'Acad. Impér. des Sciences de St. Pétersbourg. VI. Série. Tome XXXVI. Nr. IX. 1888.

Peytoureau, A., La glande pinéale et le troisième œil des Vertébrés. Paris 1887. (Enthält eine ausführl. historische Behandlung des Organes von Galen bis auf unsere Tage.)

Prenant, A., Sur l'œil pariétal accessoire. Anat. Anz. IX. Bd. 1893.

Retzius, G., Ueber den Bau des sog. Parietalauges von Ammocoetes. Biol. Untersuch. N. F. VII. 1895.

Ritter, W. E., The parietal eye in some lizards from the western United States. Bull. Museum of comp. Zoöl. at Harvard College. Vol. XX. Nr. 8. 1891. (Enthält eine sehr ausführl. Litteraturübersicht über das Pinealauge.)

— — On the Presence of a Parapineal Organ in Phrysnosoma coronata. Anat. Anzeiger Bd. IX. 1894.

Schauinsland, H., vergl. das Verzeichnis auf einzelne Thiergruppen etc. sich erstreckender Arbeiten.

Scott, W., The parietal Eye of the Cyclostome Fishes. Journ. of Morphology. Decbr. 1887.

Sedgwick Minot, Charles, On the Morphology of the Pineal Region, based upon its development in Acanthias. Americ. Journ. of Anatomy. Vol. I. Nr. 1. 1901.

Selenka, E., Das Stirnorgan der Wirbelthiere. Biol. Centralbl. Bd. X. 1890.

Sörensen, A. D., Comp. Study of the Epiphysis and Roof of the Diencephala. Journ. Comp. Neurology. Vol. IV. 1894. (Enthält auch ein ausführliches Verzeichnis der Epiphysen-Litteratur.)

Studnicka, F. Ch., Sur les organes pariétaux de Petromyzon Planeri. Travail du laboratoire de zoologie et d'anat. comparée, à l'université de Bohême de Prague. 1893. (Enthält auch u. a. einen Ueberblick über das Parietalorgan der Vertebraten im Allgemeinen sowie über alle einschlägigen Litteraturangaben.)

— — Zur Morphologie der Parietalorgane der Cranioten. Zool. Centralbl. I. Jahrgang. Nr. 7. 1894.

— — Zur Anatomie der sogen. Paraphyse des Wirbelthierhirns. Sitz.-Ber. d. K. Böhm. Ges. d. Wissensch., math.-naturwiss. Cl. Prag 1895.

— — Ueber den feineren Bau der Parietalorgane von Petromyzon marinus L. Ebendas. Prag 1899.

— — Zur Kenntnis der Parietalorgane und der sog. Paraphyse der niederen Wirbelthiere. Verhandl. der anat. Gesellsch. auf der 14. Versamml. zu Pavia, April 1900.

Spencer, W. Baldwin, The parietal Eye of Hatteria. „Nature", Nr. 863. Vol. 34. London 1886.

— — Preliminary Communication of the Structure and Presence in Sphenodon and other Lizards of the Median Eye. Proceed. Royal Soc. Nr. 245. 1886.

— — On the Presence and Structure of the Pineal Eye in Lacertilia. Quart. Journ. of microscopic. Science. New Series. Nr. CVI. (Vol. XXVII. Part II.) 1886.

Strahl, H., und Martin, E., Die Entwicklung des Parietalauges bei Anguis fragilis und Lacerta vivipara. Arch. f. Anat. u. Physiol. 1888.

Wiedersheim, R., Ueber das Parietalauge der Reptilien. Anat. Anz. 1886.

c) Peripheres Nervensystem.[1]

Adolphi, H., Ueber Variation der Spinalnerven und der Wirbelsäule anurer Amphibien I. Morph. Jahrb. XXI. Bd. 1892.

— — Ueber das Wandern des Extremitätenplexus und des Sacrum bei Triton taeniatus. Morph. Jahrb. Bd. XXV. 1898.

Anderson, A., Zur Kenntnis des sympathischen Nervensystems der urodelen Amphibien. Zool. Jahrb. V. Bd. 1892.

Balfour, F. M., A Monograph on the development of Elasmobranch Fishes. London 1878.

Beard, J., The system of branchial Sense organs and their associated Ganglia in Ichthyopsida. A contribution to the ancestral history of Vertebrates. Quart. Journal of Microscop. Science 1885.

— — The Ciliary or Motoroculi ganglion and the Ganglion of the ophthalmicus profundus in Sharks. Anat. Anz. II. Jahrg. 1887.

— — The development of the Peripheral Nervous-System in Vertebrates. Part I. Quart. Journal of Microsc. Science. 1888. Vergl. Anat. Anzeiger III. Jahrg. Nr. 29 u. 30. 1888.

Beck, W., Ueber den Austritt des N. hypoglossus und N. cervicalis primus aus dem Centralorgan beim Menschen und in der Reihe der Säugethiere unter besonderer Berücksichtigung der dorsalen Wurzeln. Anatom. Hefte, herausgeg. von Merkel und Bonnet, I. Abth. XVIII. H. (VI. Bd. 2. H.) 1895.

van Bemmelen, Die Halsgegend der Reptilien. Zool. Anz. X. Jahrg. 1887. (Handelt unter Anderem über den Vagus mit seinen Rami laryngei; vergl. auch das grosse, in der Uebersichtslitteratur „Reptilien“ aufgeführte Werk desselben Autors.)

Béraneck, E., Rech. sur le développement des nerfs craniaux chez les Lézards. Recueil. zool. Suisse. T. I.

Bolk, L., Beitr. zur Neurologie der unteren Extremität der Primaten. Morphol. Jahrb. Bd. XXV. 1897. (Vergl. auch die beim Beckengürtel aufgeführte Arbeit.)

— — Die Segmentaldifferenzierung des menschlichen Rumpfes und seiner Extremitäten. Morphol. Jahrb. Bd. XXV—XXVIII. 1898, 99.

Bowers, M. A., Peripheral Distribution of the Cranial Nerves of Spelerpes bilineatus. Proc. Americ. Acad. Arts and Scienc. Vol. XXXVI. No. 11. 1901.

Brandis, F., Vergl. die beim Gehirn erwähnte Arbeit dieses Autors.

Braus, H., Ueber die Innervation der paarigen Extremitäten bei Selachiern, Holocephalen und Dipnoën. Jenaische Zeitschr. f. Naturwissensch. Bd. XXXI. N. F. XXIV. 1898.

— — Beitr. z. Entw. d. Muskulatur u. d. periph. Nervensystems der Selachier. Morph. Jahrb. Bd. XXVI/VII. 1898/99.

— — Die Muskeln u. Nerven der Ceratodus-Flosse. Aus: Semon, Forschungsreisen. Bd. I. 1900.

Buri, R. O., Zur Anatomie des Flügels von Micropus melba und einigen anderen Coracorinthes etc. Jenaische Zeitschr. f. Naturw. Bd. XXXIII. N. F. XXVI. 1900.

Carlsson, A., Beitr. z. Kennt. d. Anatomie d. Schwimmvögel. Abh. d. K. Schwed. Vet. Acad. Bd. III.

— — Untersuch. über Gliedmassenreste der Schlangen. Königl. Schwed. Acad. Bd. 11. Nr. 11.

Chevrel, O., Sur l'Anatomie du Système nerveux grand sympathique des Elasmobranches et des Poissons osseux. Poitiers 1889.

Chiarugi, G., Lo sviluppo dei Nervi vago, accessorio, ipoglosso e primi cervicali nei Sauropsidi e nei Mammiferi. Atti della Società Toscana di Scienze Naturali residente in Pisa, Vol. X. 1889.

— — Osservazioni intorno alle prime fasi di sviluppo dei nervi encefalici dei Mammiferi e in particolare sulla formazione del nervo olfattivo. Monitore zoologico italiano, Firenze. Anno II. 1891.

— — Contrib. allo Studio dello Sviluppo dei Nervi encefalici nei Mammiferi in confronto con altri Vertebrati. Public. del R. Istit. di Studi super. pract. e di perfezionamento in Firenze 1894.

— — Contribuzioni allo studio dello Sviluppo dei Nervi encefalici nei Mammiferi in confronto con altri Vertebrati. IV. Sviluppo dei nervi Oculomotori e Trigimello. Public.

---

[1] Hinsichtlich des Sympathicus vergl. auch die bei den Nebennieren aufgeführten Schriften von Kohn, Kose, Stilling.

del R. Istituto di Studi super. prat. e di perfezionamento in Firenze. Sezione di Medicina e Chirurgia. Firenze 1897.

Coggi, A., Ricerche su alcuni derivati dell' ectoderma nel capo dei Selaci. Ricerche Lab. Anat. Roma e altri Lab. Biologici. Vol. V. 1895.

Cole, F. J., On the Sensory and Ampullary Canals of Chimaera. Anat. Anz. XII. Bd. 1896.

— — On the Cranial Nerves of Chimaera monstrosa with a Discussion of the Lateral Line System and of the Morphology of the Chorda Tympani. Transact. Royal Soc. Edinburgh. Vol. XXXVIII. P. III. No. 19. 1896.

Cole, F. J., Observations on the Structure and Morphology of the Cranial Nerves and Lateral Sense Organs of Fishes; with special Reference to the Genus Gadus. Trans. Linn. Soc. of London. 2. Ser. Zool. Vol. VII. Part. 5. 1898. (Vergl. auch hiermit die Entgegnung von Edward Phelps Allis jr. Anat. Anz. XV. Bd. 1899.)

— — Reflections on the Cranial Nerves and Sense Organs of Fishes. Trans. Liverpool Biol. Soc. Vol. XII. 1898.

— — The peripheral Distribution of the Cranial Nerves of Ammocoetes. Anat. Auz. Bd. XV. 1898. (Wesentlich polem. Inhalts, gegen Miss A. Alcock gerichtet.)

— — On the Cranial Nerves and Sense Organs of Fishes. (A. Reply to Mr. Allis.) Anat. Anz. XVI. Bd. 1899.

Cunéo, B., Nerfs craniens. In: Traité d'Anatomie Humaine publié par P. Poirier et A. Charpy. T. III. 1899.

von Davidoff, M. (Vergl. die beim Extremitätenskelet und bei der Myologie aufgeführten Arbeiten dieses Autors.)

Deyl, J., Zur vergl. Anatomie des Sehnerven. Bull. Interat. de l'Académie des Sciences de l'Empereur François Joseph I. Prag 1895.

Dixon, A. F., On the Development of Branchies of the fifth Cranial Nerve in Man. Scient. Transact. of the R. Dublin Society. Ser. II. Vol. VI. 1896.

— — The Sensory distribution of the Facial Nerve in Man .Journ. of Anat. and Physiol. Vol. XXXIII. 1899.

Dohrn, A., Vergl. die Litteratur des Centralnervensystems.

Ecker, A., Icones physiologicae. Leipzig 1851—1859.

Ecker, A., und Wiedersheim, R., Die Anatomie des Frosches. Braunschweig 1864 bis 1882. III. Aufl. bearbeitet von E. Gaupp. 1896.

Eisler, E., Der Plexus lumbosacralis des Menschen. Anhandl. d. naturf. Gesellsch. zu Halle. Bd. XVII. 1892.

d'Erchia, F., Contr. allo studio della Struttura e delle connessioni del ganglio ciliare. Monit. zcol. ital. VI. Anno. No. 7. 1895.

Fischer, J. G., Die Gehirnnerven der Saurier. Hamburg 1852.

— — Amphibiorum nudorum neurologiae specimen primum. Berlin 1843. (Müll. Arch. 1844.)

— — Anatom. Abhandlungen über die Perennibranchiaten und Derotremen. Hamburg 1854.

Freud, S., Ueber Spinalganglien und Rückenmark des Petromyzon. Wiener Sitz.-Ber., Bd. 78, III. Abth., Juliheft 1878.

Froriep, A., Ueber ein Ganglion des Hypoglossus und Wirbelanlagen in der Occipitalregion. Arch. f. Anat und Phys. 1882.

— — Ueber Anlagen von Sinnesorganen am Facialis, Glossopharyngeus und Vagus, über die genetische Stellung des Vagus zum Hypoglossus und über die Herkunft der Zungenmuskulatur. Arch. f. Anat. und Physiol. 1885, anatom. Abtheilung.

— — Ueber das Homologon der Chorda tympani bei niederen Wirbelthieren. Anat. Anz. II. Jahrg. 1887.

Froriep, A., und Beck, W., Hypoglossuswurzeln mit Ganglion, in der Reihe der Säugethiere. Anat. Anz. Bd. X. 1895.

Frohse, F., Die oberflächlichen Nerven des Kopfes. Berlin-Prag 1895.

Fürbringer, M. (Vergl. die bei der Myologie aufgeführten Schriften dieses Autors).

— — Zur Lehre von den Umbildungen des Nervenplexus. Morphol. Jahrb. Bd. V. 1879.

— — Ueber die spino-occipitalen Nerven der Selachier und Holocephalen und ihre vergleichende Morphologie. Festschr. f. Carl Gegenbaur. 1896.

Gadow, H. (Vergl. die bei der Myologie aufgeführten Schriften dieses Autors).

Gaskell, W. H., The structure, distribution and function of the nerves which innervate the visceral and vascular system. Journ. of Physiol. Vol. VII. 1886.

— — On the Relation between the Structure, Function and Distribution of the Cranial Nerves. Prelim. Commun. Proc. of the Royal Soc. Vol. 43. London 1888.

— — On the relation between the structure, function, distribution and origin of the cranial nerves, together with a theory of the origin of the nervous system of vertebrata. Journ. of Physiol. Vol. X. No. 3.

Gegenbaur, C., Ueber die Kopfnerven von Hexanchus etc. Jenaische Zeitschr. Bd. VI.
— — Unters. z. vergl. Anatomie der Wirbelthiere. III. Heft. Das Kopfskelet der Selachier.
Leipzig 1872.

Götte, A., Entwicklungsgeschichte der Unke. Leipzig 1875.

Goronowitsh, N. (Vergl. die Litteratur über das Fischgehirn).
— — Untersuch. über die Entwicklung der sog. „Ganglienleisten“ im Kopfe der Vögelembryonen. Morphol. Jahrb. Bd. XX. 1893.
— — Der Trigemino-Facialis-Complex von Lota vulgaris. Leipzig (Gegenbaur-Festschrift) 1897. gr. 4. 44 p. mit 2 Tafeln (1 coloriert).

Haller, B., Der Ursprung der Vagusgruppe bei den Teleostiern. Leipzig (Gegenbaur-
Festschr.) 1897. gr. 4. 55 p. mit 4 Tafeln (2 coloriert) und 1 Holzschn.
— — Vergl. die beim Centralnervensystem aufgeführte Arbeit: Vom Bau des Wirbelthiergehirns etc.

Handrick, K. (Nervensystem von Argyropelecus hemigymnus). Vergl. die Litteratur über
das Gehirn.

Harrison, R. G., Ueber die Histogenese des periph. Nervensystems bei Salmo salar.
Arch. f. mikr. Anat. u. Entwicklungsgesch. LVII. Bd. 1901.

Hatschek. (Vgl. dessen beim Kopfskelet aufgeführte Arbeit über die Metamerie des
Amphioxus etc.)

Herrick, C. J., The Cranial Nerves of the Bony Fishes. Journ. Comp. Neurol. Vol. VIII.
No. 3. 1898. The cranial and first spinal Nerves of Menidia.
— — A Contribution upon the Nerve Components of the Bony Fishes. Arch. f. Neurol.
and Psychopathology. Vol. II. 1899.
— — The cranial nerves and cutaneous sense organs of the North-American Siluroid
Fishes. Journ. Comp. Neurol. Vol. XI. No. 3. 1901.

His, W. (junior), Ueber die Entwicklung des Sympathicus bei Wirbelthieren, mit besonderer Berücksichtigung der Herzganglien. Verhandl. d. Anat. Gesellsch. auf der
VI. Versammlung in Wien 1892.
— — Ueber die Anfänge des peripheren Nervensystems. Arch. f. Anat. u. Physiol. 1879.
— — Die Entwicklung der ersten Nervenbahnen beim menschlichen Embryo. Uebersichtliche Darstellung. Eine kritische Studie. Arch. f. Anat. und Physiol. 1888.

Hoffmann, C. K., Zur Entwicklungsgeschichte des Selachierkopfes. Anat. Anz. IX. Bd.
1894.
— — Beitr. z. Entwicklungsgeschichte der Selachii. Morphol. Jahrb. Bd. XXVII. 1899.
— — Zur Entwicklungsgeschichte des Sympathicus. I. Die Entwicklungsgeschichte des
Sympathicus bei den Selachiern (Acanthias vulgaris). Verhandl. d. K. Akad. van
Wetensch. te Amsterdam. II. Sectie. Deel VII. No. 4. 1900. (Enthält auch werthvolle Angaben über die Cerebrospinal-Nerven, die Urniere, das Supra- und Interrenalorgan.)

Jaquet, M., Anat. comp. du Système nerveux sympathique cervical dans la série des
Vertébrés. Arch. des Scienc. médic. Organe de l'Inst. d'Anat. et de Chir. etc. de
Bucarest. No. 3—4. Mai - Juill. 1900. (Enthält ein ausführliches Litteraturverzeichnis.)
— — Recherches sur l'Anatomie et l'Histologie du Silurus glanis L. (Nerfs craniens).
Bull. Soc. des Sciences de Bucarest-Roumanie. An. X. Sept.-Oct. No. 5. 1901.

von Ihering, H., Das periphere Nervensystem der Wirbelthiere etc. Leipzig 1878.

Johnson, A., and Sheldon, L., On the development of the Cranial Nerves in the
Newt. Proc. Roy. Soc. London 1886.

Johnston, J. B., Hind Brain and Cranial Nerves of Acipenser. Anat. Anz. XIV. Bd.
1898.

Juge, Recherches sur les Nerfs craniaux et la Musculature céphalique du Silurus glanis.
Revue Suisse de Zool. T. VI. 1898.

Julin, Ch., Le système nerveux grand sympathique de l'Ammocoetes (Petromyzon
Planeri). Anat. Anz. II. Jahrg. 1887.
— — De la valeur morphologique du nerf latéral du Petromyzon. Bull. Acad. Roy. de
Belgique. Tom. XII. 1887.

Iversen, M., Bemerkungen über die dorsalen Wurzeln des Nervus hypoglossus. Ber. d.
naturf. Gesellsch. zu Freiburg i. B. Bd. II, Heft 1. 1886.

Key, A., und Retzius, G., Studien in der Anatomie des Nervensystems und des Bindegewebes. I, II, 1. Stockholm 1875 und 1876.

Kingsbury, B. K. (s. d. centrale Nervensystem).

Kohlbrugge, J. H. F. (Vergl. dessen Arbeiten über Muskeln und periphere Nerven
beim Muskelsystem.)

Koelliker, A., Der feinere Bau und die Functionen des sympathischen Nervensystems. Sitz.-Ber. d. physic.-med. Gesellsch. zu Würzburg. Jahrg. 1894.

Kohn, A., Ueber den Bau und die Entwicklung der sogen. Carotisdrüse. Arch. f. mikr. Anat. u. Entw.-Gesch. LVI. Bd. 1900.

Krause, W., Ueber die Doppelnatur des Ganglion ciliare. Morph. Jahrb. Bd. VII. 1881.

von Kupffer, C., Ueber die Entwicklung von Petromyzon Planeri. Sitz.-Ber. der K. Bayer. Acad. der Wissensch. München 1888.

— — Die Entwicklung der Kopfnerven der Vertebraten. Referat. Verhandl. d. Anat. Gesellsch. auf der V. Versammlung in München, vom 18.—20. Mai 1891.

— — Ueber Monorhinie u. Amphirhinie. Sitz.-Ber. d. math.-phys. Classe der K. Bayer. Acad. der Wissensch. 1894. Bd. XXIV. Heft I.

— — Entwicklungsgeschichte des Kopfes. In: „Ergebnisse der Anat. und Entwicklungsgeschichte." 1895.
      Vergl. auch die beim Gehirn angeführten Arbeiten dieses Autors.

von Lenhossék, Untersuch. über die Spinalganglien des Frosches. Arch. f. mikrosk. Anat. Bd. XXVI. 1886.

Lee, St., Zur Kenntnis des Olfactorius. Berichte d. naturforsch. Gesellsch. zu Freib. i. B. Bd. VIII. 1893.

Locy, W. A., New Facts regarding the Development of the Olfactory Nerv. Anat. Anz. XVI. Bd. 1899.

Lubosch, W., Vergl. anatom. Untersuchungen über den Ursprung und die Phylogenese des Nerv. accessorius Willisii. Arch. f. mikr. Anat. u. Entw.-Geschichte. LIV. Bd. 1899.

— — Drei kritische Beiträge zur vergl. Anatomie des N. accessorius. Anat. Anz. XIX. Bd. Nr. 18. 1901.

Lugaro, E., Sulle modificazioni delle cellule nervose nei diversi stati funzionali. Sperimentale, anno XLIX. (Sezione Biologica, fasc. II.) Firenze, 1895.

Luschka, H., Ueber die drüsenartige Natur des sogen. Ganglion intercaroticum. Arch. f. Anat. u. Physiol. 1862.

Marchand, Beitr. z. Kenntnis der normalen und pathol. Anat. der Glandula carotica u. d. Nebennieren. Internat. Beitr. zur wissensch. Medicin (Festschr. z. 70. Geburtstag von Rudolf Virchow, Bd. I).

Milnes-Marshall, A., On the early stages of the development of the nerves in Birds. Journ. of Anat. and Phys. Vol. XI.

— — The development of the cranial nerves in the Chick. Quart. Journ. of Micr. Science. Vol. XVIII.

— — The morphology of the vertebrate olfactory organ. Ebendaselbst. Vol. XIX.

— — On the head-cavities and associated nerves in Elasmobranchs. Ebendas. Vol. XXI.

— — The segmental value of the cranial nerves. Journ. of Anat. and Phys. Vol. XVI.

Milnes-Marshall, A. and Spencer, B., Observ. on the cranial Nerves of Scyllium. Quart. Journ. of Micr. Science. Vol. XXI.

Mitrophanow, P., Étude embryogénique sur les Sélaciens. Arch. de Zool. expérim. et générale. 3. Sér. Vol. I.

Müller, J., Vergl. Anatomie der Myxinoiden. Berlin 1834.

— — Ueber Bau und Grenzen der Ganoiden. Abhandl. der Berliner Akademie 1834.

Neal, H., V., The Segmentation of the Nervous System in Squalus Acanthias etc. Bull. Mus. Comp. Zoölogy at Harvard College. Vol. XXXI. No. 7. 1898.

Onodi, A., Ueber die Entwicklung des sympath. Nervensystems. Arch. f. mikr. Anat. Bd. XXVI. 1886—86.

— — Neurologische Untersuchungen an Selachiern. Internat. Monatsschr. für Anat. und Hist. Bd. III. 1888.

Osawa, G., vergl. die bei der Wirbelsäule aufgeführte Arbeit.

Owsiannikow, Ph., Ueber das sympathische Nervensystem der Flussneunaugen etc. Bull. de l'Académie impériale des Sciences de St. Pétersbourg. T. XI. 1883.

Paterson, A. M., On the Fate of the Muscle-Plate and the Development of the Spinal Nerves and Limb Plexus in Birds and Mammals. Quart. Journ. Microscop. Science, August, 1887.

— — The Origin and Distribution of the Nerves to the Lower Limb. Journal of Anat. and Physiol. Vol. XXVIII. 1894.

— — Development of the Sympath. Nerv. Syst. in Mammals. Philos. Transact. Roy. Soc. London. Vol. 181. 1890.

Phelps Allis, E., The Cranial Muscles and Cranial and first Spinal Nerves in Amia Calva. Journ. of Morphol. Vol. XII, 3. 1897.

Pinkus, F., Die Hirnnerven des Protopterus annectens. Morphol. Arbeiten, herausgeg. von G. Schwalbe. Bd. IV. H. 2. 1894.

Pinkus, F., Ueber einen noch nicht beschriebenen Hirnnerven des Protopterus annectens. Anat. Anz. IX. Bd. 1894.

Platt, J., vergl. die beim centr. Nervensystem aufgeführte Arbeit.

von Plessen, J., und Rabinovicz, J., Die Kopfnerven von Salamandra maculata im vorgerückten Embryonalstadium. München (Verlag von J. F. Lehmann) 1891.

Popowsky, J, Zur Entwicklungsgeschichte des Nervus facialis beim Menschen. Morph. Jahrb. XXIII. Bd. 1885.

Punnet, R. C., On the Formation of the Pelvic Plexus, with especial reference to the nervous Collector in the Genus Mustelus. Philos. Trans. R. Soc. London. Vol. 192. 1901.

Rabl, K., Ueber das Gebiet des Nervus facialis. Anat. Anz. Jahrg. II. 1887.

Ransom, W. B., and D'Arcy, Thompson, W., On the Spinal and Visceral Nerves of Cyclostomata. Zool. Anz. IX. Jahrg. 1886.

Retzius, G., Ueber das Ganglion ciliare. Anat. Anz. IX. Bd. 1894.

Rohon, J. V., Ueber den Ursprung des Nervus acusticus bei Petromyzonten. Sitz.-Ber. d. K. Acad. d. Wissensch. LXXXV. Bd. 4. u. 5. Heft. Wien 1882.

Rotgans, J., Bijdrage tot te Kennis van de Halsgedelte der laatste vier Hersenzenuwen. Meppel 1886.

Ruge, G., Verschiebungen in den Endgebieten der Nerven des Plexus lumbalis der Primaten. Morph. Jahrb. XX. Bd. 1894.

— — Ueber das peripherische Gebiet des Nervus facialis bei Wirbelthieren. Festschr. für Carl Gegenbaur. Leipzig 1896.

Sagemehl, M., Untersuch. über die Entwicklung der Spinalnerven. Inaug.-Diss. Dorpat 1882.

Schaper, A., Beitr. zur Histologie der Glandula carotica. Arch. für mikrosk. Anatomie. Bd. XL. 1892.

— — Ueber die sogen. Epithelkörper (Glandulae parathyreoideae) in der seitlichen Nachbarschaft der Schilddrüse und der Umgebung der Art. carotis der Säuger und des Menschen. Arch. f. mikr. Anat. u. Entw.-Gesch. XLVI. Bd. 1895.

Schauinsland, H., vergl. die bei der Wirbelsäule aufgeführte Arbeit über Hatteria (Hirnnerven).

Schneider, H., Ueber die Augenmuskelnerven der Ganoiden. Jenaische Zeitschr. Bd. XV.

Schwalbe, G., Das Ganglion oculomotorii. Jenaische Zeitschr. Bd. VIII.

Solger, B., Zur Anatomie der Faulthiere. Morph. Jahrb. Bd. I. 1876.

Sherrington, Ch. S., Notes on the arrangement of some motor fibres in the lumbo-sacral plexus. Journ. of Physiol. Vol. XIII. Nr. 6. 1892.

— — Experiments in examination of the Peripheral Distribution of the Fibres of the Posterior Roots of some Spinal Nerves. Philos. Transact. Royal Society of London. Vol. CLXXXIV. 1893.

Stannius, H., Das periphere Nervensystem der Fische. Rostock 1849.

— — Handbuch der Zootomie. I. Fische. 1854.

Steinach, E., Motorische Function hinterer Spinalnervenwurzeln. Arch. f. d. ges. Physiol. Bd. LX. 1895.

— — Ueber die viscero-motorischen Functionen der Hinterwurzeln und über die tonische Hemmungswirkung der Medulla oblongata auf den Darm des Frosches. Arch. f. d. ges. Physiol. Bd. LXXI. 1898.

Strasser, H., Alte und neue Probleme der entwicklungsgeschichtlichen Forschung auf dem Gebiete des Nervensystems. In: Ergebnisse der Anatomie und Entwicklungsgeschichte. Herausgeg. von Fr. Merkel und R. Bonnet. I. Bd. Das Jahr 1891.

Strong, O. S., The Cranial Nerves of Amphibia. Journ. of Morphol. Vol. X. Nr. 1. 1895. (Enthält auch eine ausgedehnte Litteraturübersicht.)

Vincent Swale, The Carotid Gland of Mammalia and its Relation to the Suprarenal Capsule etc. Anat. Anz. XVIII. Bd. 1900.

de Watteville, A., A Description of the cerebral and spinal nerves of Rana esculenta. Journ. of Anat. and Phys. Vol. IX

Westling, Ch., Beitr. z. Kenntnis des periph. Nervensystems. Abhandl. d. K. Schwed. Vet. Acad. Bd. IX. Nr. 8. (Behandelt Pithecus satyrus und Ornithorhynchus parad.)

Wiedersheim, R., Die Anatomie der Gymnophionen. Jena 1879.

— — Das Gehirn von Ammocoetes und Petromyzon Plan. mit bes. Berücksichtigung der spinalartigen Hirnnerven. Morph. Studien. I.

van Wijhe, J. W., Ueber das Visceralskelet und die Nerven des Kopfes der Ganoiden und von Ceratodus. Niederl. Arch. f. Zool. Bd. V, 3.

— — Ueber die Mesodermsegmente und die Entwicklung der Nerven des Selachierkopfes. Verhandl. d. K. Acad. d. Wissensch. zu Amsterdam 1882.

van Wijhe, J. W., Ueber Somiten und Nerven im Kopfe von Vögel- und Reptilien-Embryonen. Zool. Anz. Bd. IX. 1886.

Zimmermann, Ueber die Carotisdrüse von Rana esculenta. Inaug.-Diss. Berlin 1887.

G. Sinnesorgane.

Hautsinn und Geschmacksinn.

Arnstein, C., Die Nervenendigungen in den Schmeckbechern der Säuger. Arch. für mikr. Anat. Bd. XLI. 1893. (Enthält auch Litteraturangaben.)

Ayers, H., On the structure and development of the nasal rays in Condylura cristata. Biol. Centralbl. Bd. IV. 1885.

Beard, J., On the Segmental Sense organs of the lateral line, and the Morphology of the Vertebrate Auditory Organ. Zool. Anz. VII. Jahrg. Nr. 161 u. 162. 1884.

— — On the cranial Ganglia and segmental sense organs of fishes. Zool. Anz. VIII. Jahrg. 1885.

— — The System of branchial Sense Organs and their associated Ganglia in Ichthyopsida. A contribution to the ancestral history of Vertebrates. Quart. Journal of Microscop. Science 1885.

Blaue, J., Untersuch. über den Bau der Nasenschleimhaut bei Fischen und Amphibien, namentl. über Endknospen als Endapparate des Nerv. olfactorius. Arch. f. Anat. u. Physiol. 1884.

Boll, F., Die Lorenzi'schen Ampullen der Selachier. Arch. f. mikr. Anat. Bd. IV. 1868.

— — Die Savi'schen Bläschen von Torpedo. Arch. f. Anat. u. Phys. 1875.

Brock, J., Ueber Terminalkörperchen-ähnliche Organe in der Haut von Knochenfischen. Internat. Monatsschr. f. Anat. u. Phys. Bd. IV. 1887.

Carrière, J., Kurze Mittheilungen zur Kenntnis der Hérbst'schen und Grandry'schen Körperchen in dem Schnabel der Ente. Arch. f. mikr. Anat. Bd. XXI. 1882.

Cartier, O., Studien über den feineren Bau der Haut bei den Reptilien. Verhandl. der phys.-med. Gesellsch. zu Würzburg. N. F. Bd. III. 1872. 1. Vorläufige Mittheilung p. 235. 2. I. Epidermis der Geckotiden p. 282. N. F. Bd. V. 1873. 3. Abth.

Coggi, A., Le Vesicole di Savi e gli organi della linea laterale nelle Torpedini. R. Accad. dei Lincei. Vol. VII. 2. Semestre 1891.

— — Sullo Sviluppo delle Ampolle di Lorenzini. Ebendaselbst.

Cole, F., (vergl. die Litteratur über das periphere Nervensystem).

Collinge, W. E., The Sensory Canal System of Fishes. Part I. Ganoidei. Quart. Journ. of Microscop. Sc. Vol. 36. P. 4. N. S. (Enthält eine gute Litteraturübersicht.)

— — The Morphol. of the Sensory Canal System in some Fossil Fishes. Proc. Birmingham Philos. Soc. Vol. IX. Part I. 1893.

— — The Lateral Canal System of 1. Lepidosteus osseus, 2. Polypterus (zwei Abhandl.). Proceed. Birmingham Philos. Soc. Vol. VIII. Part II. 1893.

— — On the Sensory Canal System of Fishes. Teleostei-Suborder A. Physostomi. Proc. Zool. Soc. London 1895.

— — On the Sensory and Ampullary Canals of Chimaera. Proceed. Zool. Soc. London 1895.

Dogiel, A. S., vergl. dessen Arbeiten im Arch. f. mikr. Anat.

Dostoiewsky, A., Ueber den Bau der Grandry'schen Körperchen. Arch. f. mikr. Anat. Bd. XXVI. 1886.

Eberth, C. J., Untersuchungen zur normalen und pathologischen Anat. der Froschhaut. Leipzig 1869.

— — und Bunge, R., Die Endigungen der Nerven in der Haut des Frosches. Anat. Hefte, herausgeg. von Merkel und Bonnet. I. Abth. V. Heft. 1892.

Eimer, Th., Die Schnauze des Maulwurfs als Tastwerkzeug. Archiv für mikrosk. Anat. Bd. VII. 1871.

— — Ueber die Nervenendigungen in der Haut der Kuhzitze. Archiv für mikr. Anat. Bd. VIII. 1872.

Eisig, H., Die Seitenorgane und becherförmigen Organe der Capitelliden. Mittheil. der zool. Stat. zu Neapel. Bd. I.

Emery, C., Fierasfer. Studi intorno alla sistematica, l'anatomia e la biologia delle specie mediterranee di questo genere. Reale Accad. dei Lincei anno CCLXXVII (1879—1880).

Engelmann, W., Stricker's Handbuch der Lehre von den Geweben. Band II. 1872. Artikel: Geschmacksorgane.

Ewart, J. C., and Mitchell, J. C., Lateral Sense Organs of Elasmobranchs. 1. The Sensory Canals of Laemargus. 2. The Sensory Canals of the common Skate. Royal Soc. of Edinburgh. Vol. XXXVII. Part I. 1892.

Ludwig Ferdinand, Prinz von Bayern, Ueber Endorgane der sensiblen Nerven in der Zunge der Spechte. Sitz.-Ber. der K. bayer. Acad. der Wissensch. 1884. Heft 1.

Fritsch, G., Die äussere Haut und die Seitenorgane des Zitterwelses (Malopterurus electricus). Sitz.-Ber. d. K. Acad. d. Wissensch. zu Berlin XXII. 1886.

— — Ueber den Angelapparat von Lophius piscatorius. Ebendaselbst. 1884.

— — Die elektrischen Fische, I und II. Leipzig 1887 und 1890.

Garman, S., On the lateral Canal System of the Selachia and Holocephala. Bull. Mus. Comp. Zoölogy at Harvard College. Vol. XVII. Nr. 2. 1888.

Gmelin, Zur Morphol. der Papilla vallata und foliata. Arch. für mikr. Anat. Bd. XL. 1892.

Götte, A., Entwicklungsgeschichte der Unke. Leipzig 1875.

Gottschau, M., Ueber Geschmacksorgane der Wirbelthiere. Biolog. Centralbl. Bd. II. 1882.

Grandry, Sur les corpuscules de Pacini. Journ. de l'anat. et de la physiologie norm. et path. Vol. VI. 1869.

Guitel, F., Rech. sur la ligne latérale du Lophius piscatorius. Arch. de Zool. expérim. et générale. 2. Sér. Vol. IX. 1891.

— — Sur les boutons nerveux bucco-pharyngiens de Baudroie (Lophius piscat.). Ebendas.

Hermann, F., Studien über den feineren Bau des Geschmacksorganes. Sitz.-Ber. d. K. bayer. Acad., math.-physik. Cl. 1888.

Hesse, Fr., Ueber die Tastkugeln des Entenschnabels. Arch. f. Anat. u. Phys. 1882.

Hoffmann, C. K., Zur Ontogenie der Knochenfische. Arch. für mikrosk. Anat. 1883. Bd. XXIII.

Huss, G., Beitr. zur Kenntnis der Eimer'schen Organe in der Schnauze von Säugern. Tübinger Zool. Arbeiten. II. Bd. Nr. 7.

Holl, M., Zur Anatomie der Mundhöhle von Rana temporaria. Sitz.-Ber. der K. Acad. d. Wissensch. Bd. XCV. III. Abthl. Wien 1887. (Enthält zugleich die Litteratur über die Geschmacksorgane der Vertebraten.)

Jobert, Études d'anatomie comparée sur les organes du toucher chex divers mammifères, oiseaux, poissons et insectes. Annales des Sciences naturelles. Sér. V Tom. 16. 1872.

Key, A., Ueber die Endigungsweise der Geschmacksnerven in der Zunge des Frosches. Arch. f. Anat. u. Physiol. 1861.

— — und Retzius, G., Studien in der Anatomie des Nervensystems. Archiv f. mikr. Anat. Bd. IX. 1873.

Kingsbury, B. F., The Lateral Line System of Sense Organs in some American Amphibia, and Comparison with Dipnoans. Proceed. Americ. Microscop. Soc. Vol. XVII. 1895.

Koelliker, A., Stiftchenzellen in d. Epidermis von Froschlarven. Zool. Anz. VIII. Jahrg. 1885.

— — Histologische Studien an Batrachierlarven. Zeitschr. f. wiss. Zool. XLIII. Bd. 1886. (Letztgenannte Arbeit enthält auch werthvolle Mittheilungen über die Genese und den Bau der Nervenfaser.)

Kollmann, A., Der Tastapparat der Hand der menschlichen Rassen und der Affen in seiner Entwicklung und Gliederung. Hamburg und Leipzig 1883.

Krause, W., Die Nervenendigungen innerhalb der terminalen Körperchen. Archiv für mikr. Anat. Bd. XIX. 1881.

Langerhans, P., Untersuchungen über Petromyzon Planeri. Ber. der naturf. Gesellsch. zu Freiburg i. B. 1875.

— — Zur Anatomie des Amphioxus lanceolatus. Arch. f. mikr. Anat. Bd. XII. 1875.

— — Ueber die Haut der Larve von Salamandra maculosa. Arch. f. mikr. Anat. Bd. IX. 1873.

— — Ueber Tastkörperchen und Rete Malpighii. Ebendaselbst.

— — Ueber die Nerven der menschlichen Haut. Arch. f. pathol. Anat. Bd. 44. 1868.

von Lenhossék, M., Die Geschmacksknospen in d. blattförmigen Papillen der Kaninchenzunge. Verhandl. d. Physikal.-medicin. Gesellsch. zu Würzburg. N. F. XXVII. Bd. Nr. 5. 1893.

— — Die Endknospen der Barbe und des Aales. Beitr. zur Histol. des Nervensystems und der Sinnesorgane. Wiesbaden 1894.

Leydig, F., Ueber die Schleimcanäle der Knochenfische. Müller's Arch. 1850. Vorläufige Notiz: Froriep's-Tagesberichte, April 1850.

Leydig, F., Ueber die äussere Haut einiger Süsswasserfische. Zeitschrift f. wiss. Zool. Bd. III. 1851.

— — Zur Anatomie und Histologie der Chimaera monstrosa. Arch. f. Anat. u. Physiol. 1851.

— — Beiträge zur mikrosk. Anatomie und Entwicklungsgeschichte der Rochen und Haie. Leipzig 1852.

— — Einige histologische Beobachtungen über d. Schlammpeitzger (Cobitis fossilis). Arch. f. Anat. und Physiol. 1853.

— — Anat.-histol. Untersuchungen über Fische und Reptilien. Berlin 1853.

— — Hist. von Polypterus bichir. Zeitschr. f. wiss. Zool. Bd. V.

— — Lehrbuch der Histol. des Menschen und der Thiere. Frankfurt 1857.

— — Ueber Organe eines sechsten Sinnes. Zugleich als Beitrag zur Kenntnis d. feineren Baues der Haut bei Amphibien und Reptilien. Nova acta Acad. Caes. Leopold. Carol. germ. nat. curios. Bd. 34. 1868.

— — Ueber Tastkörperchen und Muskelstruktur. Arch. f. Anat. u. Physiol. 1856.

— — Ueber die Molche der württemberg. Fauna. Arch. für Naturgesch. Bd. XXXIII. 1867.

— — Ueber die allgem. Bedeckungen der Amphibien. Archiv f. mikr. Anat. Bd. XII. 1876.

— — Ueber die Schwanzflosse, Tastkörperchen u. Endorgane d. Nerven bei Batrachiern. Arch. f. mikr. Anat. Bd. XII. 1876.

— — Die Hautdecke und die Hautsinnesorgane der Urodelen. Morphol. Jahrb. Bd. II. 1876.

— — Die in Deutschland lebenden Arten der Saurier. Tübingen 1872.

— — Zur Kenntnis der Sinnesorgane der Schlangen. Archiv für mikr. Anat. Bd. VIII. 1872.

— — Ueber die äusseren Bedeckungen der Reptilien und Amphibien. I. Die Haut einheimischer Ophidier. Arch. f. mikr. Anat. Bd. IX. 1873.

— — Ueber die Vater-Pacini'schen Körperchen der Taube. Zeitschrift für wiss. Zoologie. Bd. V. 1854.

— — Ueber den Bau, insbesondere die Vater'schen Körperchen d. Schnabels d. Schnepfe. Arch. f. mikr. Anat. Bd. IV. 1868.

— — Studien über die äussere Bedeckung der Säugethiere. Arch. f. Anat. u. Physiol. 1859.

Malbranc, M., Bemerkung betreffend die Sinnesorgane der Seitenlinie bei Amphibien. Centralbl. f. d. med. Wissensch. Nr. 1. 1875.

— — Von der Seitenlinie und ihren Sinnesorganen bei Amphibien. Zeitschrift für wiss. Zool. Bd. XXVI. 1875.

Maurer, F., Haut-Sinnesorgane, Feder- und Haaranlagen und deren gegenseitige Beziehungen. Ein Beitrag zur Phylogenie der Säugethiere. Morph. Jahrb. XVIII. Bd. 1892.

— — Die Epidermis und ihre Abkömmlinge. Leipzig 1895.

Mayer, S., Beitr. z. Lehre vom Bau d. Sinneshaare. Arch. f. mikr. Anat. Bd. XXXV. 1890.

Merkel, Fr., Ueber die Endigungen d. sensiblen Nerven in der Haut. Göttinger Nachr. No. 5. 1875.

— — Tastzellen und Tastkörperchen bei den Hausthieren und beim Menschen. Arch. f. mikr. Anat. Bd. XI. 1875.

— — Ueber die Endigungen der sensiblen Nerven in der Haut der Wirbelthiere. Rostock 1880. Enthält zugleich ein ausführl. Litteraturverz.

— — Die Tastzellen der Ente. Arch. f. mikr. Anat. Bd. XV. 1878.

Minckert, W., Zur Topogr. u. Entw. Gesch. der Lorenzini'schen Ampullen. Anat. Anz. XIX. Bd. 1901.

Mitrophanow, P., Zur Entwicklungsgeschichte und Innervation der Nervenhügel der Urodelenlarven. Biol. Centralbl. VII. Bd. 1887.

Müller, H., Der nervöse Follikelapparat der Zitterrochen und die sogen. Schleimcanäle der Knorpelfische. Verhandl. der Phys.-med. Gesellsch. zu Würzburg. Bd. II. 1852.

Nagel, A., Vergl. physiol. und anatomische Untersuchungen über den Geruchs- und Geschmacksinn und ihre Organe mit einleitenden Betrachtungen aus der allgem. vergl. Sinnesphysiologie. Bibliotheca zoologica. Heft 18. Stuttgart 1894.

Pfitzner, W., Nervenendigungen im Epithel. Morphol. Jahrb. Bd. VII. 1881.

Phelps Allis, E., The Anat. and Development of the Lateral Line System in Amia Calva. Journ. of Morphol. Vol. II. 1889. Boston.

— — The Lateral Sensory Canals of Polypterus bichir. Anat. Anz. XVII. Bd. 1900.

Pollard, H. B., The Lateral Line System in Siluroids. Zool. Jahrb. V. Bd. 1892.

Rauber, Neue Fundstellen Vater-Pacini'scher Körperchen am Menschen und Säugethier. Zool. Anz. Bd. III. Nr. 72. 1880.

— — Vater'sche Körperchen der Bänder und Periostnerven. Neustadt a. H. 1865.

— — Untersuchungen über das Vorkommen u. die Bedeutung der Vater'schen Körperchen. München 1867.

Retzius, G. (Vergl. dessen beim centralen Nervensystem aufgeführten Werke.)

Ritter, W. E., On the eyes, the integumentary sense papillae, and the integument of the San Diego Blind Fish (Typhlogobius Californiensis, Steindachner). Mus. Comp. Zoöl. Harvard College, Vol. XXIV. Nr. 3. 1893.

Sarasin, P. u. F., Einige Punkte aus der Entwicklungsgeschichte von Ichthyophis glutinosus (Epicrium gl.). Zool. Anz. X. Jahrg. 1887. (Handelt u. a. von Nervenhügeln und „Nebenohren". Vergl. das in der Litteratur der Monographieen aufgeführte Hauptwerk dieser Autoren.)

Schultze, M., Die kolbenförmigen Gebilde in der Haut von Petromyzon etc. Arch. f. Anat. u. Physiol. 1861.

Schulze, F. E., Ueber die becherförmigen Organe der Fische. Zeitschr. f. wiss. Zool. Bd. XII. 1863.

Schulze, F. E., Epithel- und Drüsenzellen. Arch. f. mikr. Anat. Bd. III. 1867.

— — Ueber die Nervenendigungen in den sogen. Schleimcanälen der Fische und über entsprechende Organe der durch Kiemen athmenden Amphibien. Arch. f. Anat. und Physiol. 1861.

— — Ueber die Sinnesorgane der Seitenlinie bei Fischen und Amphibien. Arch. f. mikr. Anat. Bd. VI. 1870.

— — Die Geschmacksorgane der Froschlarven. Ebendaselbst.

Schwalbe, G., Ueber das Epithel der Papillae vallatae. Arch. f. mikr. Anat. Bd. III. 1867.

— — Ueber die Geschmacksorgane der Säugethiere und des Menschen. Arch. für mikr. Anat. Bd. IV. 1868.

— — Zur Kenntnis der Papillae fungiformes der Säugethiere. Centralbl. f. d. medicin Wissensch. 1868.

— — Lehrbuch der Anatomie der Sinnesorgane. Zugleich des zweiten Bandes 3. Abth. von Hoffmann's Lehrbuch der Anatomie des Menschen. Erlangen 1883. Enthält zugleich ein ausführl. Litteraturverzeichnis.

Semper, C., Das Urogenitalsystem d. Selachier. Arbeiten aus dem zool-zootom. Institut zu Würzburg. Bd. II.

Solger, C., Zur Kenntnis der Seitenorgane der Knochenfische. Centralbl. für d. med. Wissensch. 1877. Nr. 37 u. 45.

— — Neue Untersuch. zur Anat. der Seitenorgane der Fische.
    I. Die Seitenorgane der Chimaera.
    II. Die Seitenorgane der Selachier. Arch. f. mikr. Anat. Bd. XVII.
    III. Die Seitenorgane der Knochenfische (berührt auch die Dipnoër und Ganoiden). Arch. f. mikr. Anat. Bd. XVII und XVIII.

— — Ueber den feineren Bau der Seitenorgane der Fische. Sitz.-Ber. d. naturf. Gesellschaft zu Halle. Sitzung vom 27. Nov. 1880.

Wilson, H. V., and Mattocks, J. E., The Lateral Sensory Anlage in the Salmon. Anat. Anz. XIII. Bd. 1897.

Zander, R., Ueber das Verbreitungsgebiet der Gefühls- und Geschmacksnerven in der Zungenschleimhaut. Anat. Anz. XIV. Bd. 1897.

Riechorgan.

Babuchin, Das Geruchsorgan. In Stricker's Handbuch der Lehre von den Geweben. II. Bd. 1872.

Balogh, C., Ueber das Jakobson'sche Organ des Schafes. Sitz.-Ber. d. Kais. Acad. d. Wissensch. in Wien. Bd. 42. 1860.

Bancroft, J. R., The Nasal Organs of Pipa Americana. Bull. Esex. Inst. Vol. XXVII. 1895.

Beard, J. (Vergl. das Litteratueverzeichnis über Hautsinnesorgane.)

— — The nose and Jakobson's Organ. Zool. Jahrb. (Abth. f. Anat. u. Ontog.) III. Bd. 1889.

Blaue, J., Ueber den Bau der Nasenschleimhaut bei Fischen und Amphibien. Zool. Anz. Nr. 127. 1882.

Blaue, J., Untersuch. über den Bau d. Nasenschleimhaut bei Fischen u. Amphibien, namentlich über Endknospen als Endapparate des Nerv. olfactorius. Arch. f. Anat. u. Physiol. 1884.

Born, G., Ueber die Nasenhöhle und den Thränennasengang der Amphibien. Morphol. Jahrb. Bd. II. 1876.

— — Die Nasenhöhlen und der Thränennasengang der amnioten Wirbelthiere. Morphol. Jahrb. Bd. 5, 1879 und Bd. VIII, 1882. Drei Abhandlungen.

Broom, R., On the Organ of Jakobson in an Australian. Bat (Miniopterus). Ebendas. Vol. X. 1895.

— — On the comp. Anat. of the Organ of Jakobson in Marsupials. Proc. Linn. Soc. New South Wales. 1896. Part. 4.

— — Observat. on the Relations of the Organ of Jakobson in the Horse. Proc. Linn. Soc. New South Wales. 1896.

— — On the Organ of Jakobson in the Monotremata. Journ. Anat. u. Physiol. Vol. XXX.

— — A Contribution to the Comparative Anat. of the Mammalian Organ of Jakobson. Trans. Royal. Soc. of Edinburgh. Vol. XXXIX. P. I. Nr. 8. 1898.

— — On the Organ of Jakobson. Journ. Anat. and Physiol. Vol. XXXII. 1898.

v. Brunn, A., Die Membrana limitans olfactoria. Medic. Centralbl. 1874. Nr. 45.

— — Untersuch. über das Riechepithel. Arch. f. mikr. Anat. Bd. XI. 1875.

— — Weitere Unters. über das Riechepithel und sein Verhalten zum Nervus olfactorius. Arch. f. mikr. Anat. Bd. XVII. 1879.

— — Die Endigung der Olfactoriusfasern im Jakobson'schen Organ des Schafes. Arch. f. mikr. Anat. Bd. XXXIX. 1892.

Disse, J., Ueber Epithelknospen in der Regio olfactoria der Säuger. Nachr. der K. Gesellsch. d. Wissensch. zu Göttingen. 1894. Nr. I.

— — Ueber die erste Entwicklung d. Riechnerven. Sitz.-Ber. d. Gesellsch. z. Beförderung d. ges. Nat.-Wissensch. zu Marburg. Nr. 7. 1896.

Dogiel, A., Ueber die Drüsen der Regio olfactoria. Arch. f. mikr. Anat. Bd. XXVI. 1885.

— — Ueber den Bau des Geruchsorgans bei Fischen und Amphibien. Biol. Centralblatt. Bd. V. 1886.

— — Ueber den Bau des Geruchsorgans bei Ganoiden, Knochenfischen und Amphibien. Arch. f. mikr. Anat. Bd. XXIX. 1887.

Dursy, E., Zur Entwicklungsgeschichte des Kopfes. Tübingen 1869.

Exner, S., Untersuchungen über die Riechschleimhaut des Frosches. Sitz.-Ber. d. Wien. Akad. Bd. LXIII. I. Abth. Januar 1870.

— — Weitere Studien in derselben Schrift. Bd. LXV. III. Abth. Januar 1872 und Bd. LXXVI. III. Abth. Oktober 1877.

Fischer, E., Beitr. z. Kenntnis der Nasenhöhle und des Thränenganges der Amphisbaeniden. Arch. für mikr. Anat. und Entwicklungsgesch. Bd. LV. 1900.

Fleischer, R., Beitr. z. Entwicklungsgeschichte des Jakobson'schen Organs und zur Anatomie der Nase. Sitz.-Ber. der physik.-med. Soc. zu Erlangen 1877.

Gaupp, E., Anat. Untersuch. über die Nervenversorgung der Mund- und Nasenhöhlendrüsen der Wirbelthiere. Morph. Jahrb. Bd. XIV. 1888.

Gegenbaur, C., Ueber die Nasenmuscheln der Vögel. Jen. Zeitschr. Bd. VII. 1873.

— — Ein Fall von mangelhafter Ausbildung d. Nasenmuscheln. Morphol. Jahrb. Bd. V. 1879.

— — Ueber das Rudiment einer septalen Nasendrüse beim Menschen. Morphol. Jahrb. Bd. XI. 1885.

Gratiolet, Recherches sur l'organe de Jacobson. Paris 1845.

Grimm, O., Ueber das Geruchsorgan der Störe. Göttinger Nachr. 1872.

— — Ueber die Nervenendigung im Geruchsorgane der Störe. Arb. der St. Petersburger Gesellsch. d. Naturf. Bd. IV. 1873.

Grosser, O., Zur Anatomie der Nasenhöhle und des Rachens der einheim. Chiropteren. Morph. Jahrb. Bd. XXIX. 1900.

Henle, J., Handbuch der system. Anat. Bd. II. Eingeweidelehre. 2. Aufl. 1875.

Herzfeld, P., Ueber das Jakobson'sche Organ des Menschen und der Säugethiere. Zool. Jahrb. (Abth. für Anat. und Ontog. der Thiere) Bd. III. (Enthält eine umfassende Litteratur-Uebersicht.)

Hinsberg, V., Die Entwicklung der Nasenhöhle bei Amphibien. Theil I u. II: Anuren und Urodelen. Arch. f. mikr. Anat. u. Entwicklungsgesch. Bd. LVIII. 3. H. 1901.

Hochstetter, F., Ueber die Bildung der inneren Nasengänge oder primitiven Choanen. Verhandl. der anatom. Gesellsch. auf der V. Versammlung zu München vom 18. bis 20. Mai 1891.

Hoffmann, C. K., Zur Ontogenie der Knochenfische. Arch. f. mikr. Anat. Bd. XXIII. 1883.

Holm, J. F., The Development of the Olfactory Organ in the Teleostei. Morph. Jahrb. Bd. XXI. 1894.

— — Some Notes on the earley Developm. of the Olfactory Organ of Torpedo. Anat. Anz. X. Bd. 1894.

Kangro, C., Ueber Entwicklung nnd Bau der Steno'schen Nasendrüse der Säugethierc. Inaug.-Dissert. Dorpat 1884.

Keibel, F., Zur Entwicklungsgeschichte und vergl. Anatomie der Nase und des oberen Mundrandes (Oberlippe) bei Vertebraten. Anat. Anz. VIII. Jahrg. 1893.

Killian, G., Znr Anat. der Nase menschl. Embryonen. Arch. f. Laryngologie. II, III. IV. Bd.

Klein, E., The glands of the nasal cavity of the guinea-pig. Quart. jour. of micr. scienc. Vol. XX. 1880.

— — The organ of Jacobson in the Rabbit. Ebendaselbst 1881.

— — Contributions to the minute anatomy of the nasal mucous membrane. Ebendaselbst 1881.

— — A further communication to the minute anatomy of the Organ of Jacobson of the guinea-pig. Ebendaselbst.

Koelliker, A., Ueber die Jakobson'schen Organe des Menschen. Gratul.-Schrift der Würzburger med. Facultät f. Rinecker 1877.

— — Zur Entwicklung des Auges und Geruchsorganes menschl. Embryonen. Gratulat.-Schrift an die Universität Zürich 1883.

Kükenthal, W. (Vergl. dessen Monographie der Walthiere, wo sich u. a. eine genaue Beschreibung des Geruchsorganes findet.)

von Kupffer, C, Ueber Monorhinie u. Amphirinie. Sitz.-Ber. d. math.-physik. Cl. d. K. Bayer. Akad. d. Wissensch. Bd. XXIV. 1894. (Vergl. auch die beim Gehirn aufgeführten Werke desselben Autors.)

Leboucq, H., Le canal naso-palatin chez l'homme. Arch. de biologie. Vol. II. 1881.

Legal, E., Die Nasenhöhlen n. der Thränennasengang der amnioten Wirbelthiere. Morph. Jahrb. Bd. VIII. 1882.

Legros, R., Développement de la Cavité buccale de l'Amphioxus lanceolatus etc. Arch. d'Anat. micr., No. 4, t. I. 1897 et No. 1. t. II. 1898.

von Lenhossék, M., Die Nervenursprünge u. -Eudigungen im Jakobson'schen Organ des Kaninchens. Anat. Anz. VII. Jahrg. 1892.

— — Beitr. z. Histol. des Nervensystems und der Sinnesorgane. Wiesbaden 1894.

Leydig, F., Die in Deutschland lebenden Arten der Saurier. Tübingen 1872.

— — Zirbel und Jakobson'sche Organe einiger Reptilien. Arch. für mikr. Anat. und Entwicklungsgesch. L. Bd. 1897.

Locy, W. A., New Facts regarding the Development of the Olfactory Nerv. Anat. Anz. XVI. Bd. 1899.

Lubosch, W., Die erste Anlage des Geruchsorgans bei Ammocoetes und ihre Beziehungen zum Neuroporus. Morphol. Jahrb. XXIX. Bd. 3. 1901.

Madrid-Moreno, J., Ueber die morphologische Bedeutung der Endknospen in der Riechschleimhaut der Knochenfische. Bericht von C. Emery. Biolog. Centralbl. Bd. VI. 1886.

Marshall, A. M., Morphology of the Vertebrate Olfactory Organ. Quart. Journ. of micr. Science. Vol. XIX. 1879.

Merkel, Fr., Ueber das Jakobson'sche Organ des Menschen und die Papilla palatina. Festschrift zum 50jähr. med. Doctor-Jubiläum Koelliker's. Wiesbaden 1892.

Meyer, H., Lehrb. der Anatomie. 3. Aufl. 1873.

von Mihalkovics, V., Vergl. die in der Litteratur über den Schädel angeführten Arbeiten dieses Autors. Dieselben enthalten auch ein sehr reiches Litteraturverzeichnis über die Anatomie und Entwicklungsgeschichte des Geruchorganes der Wirbelthieren.

Nagel, A., Vergl. das beim Haut- und Geschmackssinn aufgeführte Werk dieses Autors.

Osawa, G., Beitr. z. Lehre von den Sinnesorganen der Hatteria punctata. Arch. für mikr. Anat. u. Entw.-Gesch. Bd. LII. 1898. (Enth. auch Beitr. zur Lehre vom Sch- und Gehör-Organ. Den Schluss bildet ein Rückblick auf die in allen Organsystemen der Hatteria gewonnenen Resultate).

Parker, W. N., „Exhibition of and remarks upon some young specimens of Echidna aculeata" at Brit. Assoc. Meeting. Aug. 1891. See Summary on „Nature" 1891. p. 483. Die ausführliche Arbeit findet sich in den Prcc. Zool. Soc. London, 1894.

Paulli, S., vergl. die Litteratur des Kopfskelets.

Paulsen, E., Ueber die Drüsen der Nasenschleimhaut, besonders der Bowman'schen Drüsen. Arch. f. mikr. Anat. Bd. XXVI. 1885.

Pereslaweewa, S., Ueber die Structur und die Form des Geruchsorgans bei den Fischen. Arb. d. St. Petersb. Gesellsch. der Naturf. Bd. IX.

Peter, K., Mittheilungen zur Entwicklungsgeschichte der Eidechse. I. Wachsthum des Riechgrübchens. Arch. f. mikr. Anat. u. Entw.-Gesch. Bd. LV. 1900.

Piana, G. P., Contribuzioni alla conoscenza della struttura e della funzione dell' organo di Jakobson, Bologna 1880. Ref. i. d. Deutsch. Zeitschr. f. Thiermed., Bd. 7, 1882. p. 325.

Rawitz, B., Die Anatomie des Kehlkopfes und der Nase von Phocaena communis Cuv. Internat. Monatsschr. f. Anat. u. Physiol. Bd. XVII. 1900.

Retzius, G., Das Riechepithel der Cyclostomen. Arch. f. Anat. und Physiol. 1880. Vergl. auch die beim Centralnervensystem aufgeführten Werke dieses Autors.

Röse, C., Ueber das rudimentäre Jakobson'sche Organ der Crocodile und des Menschen. Anat. Anz. VIII. Jahrg. 1893.

Sarasin. P. und F., Ergebnisse naturwissensch. Forschungen auf Ceylon in den Jahren 1884—86. II. Bd. IV. Heft. Zur Entwicklungsgeschichte und Anatomie der ceylonesischen Bindwühle Ichthyophis glutinosus. Wiesbaden 1890.

Schiefferdecker, P., Histologie der Riechschleimhaut der Nase und ihrer Nebenhöhlen. Handb. der Laryngologie und Rhinologie, herausgeg. von P. Heymann. Enthält ein grosses Litteraturverzeichnis. Wien 1896.

Schönemann, A., Beitr. zur Kenntnis der Muskelbildung und des Muskelwachsthums. Anat. Hefte. I. Abth. LVIII. Heft. (18. Bd. II. 1). 1901.

Schultze, M., Ueber die Endigungsweise der Geruchsnerven und die Epithelialgebilde der Nasenschleimhaut. Monatsber. der Berliner Academie, Nov. 1856.

— — Unters. über den Bau der Nasenschleimhaut, namentl. die Structur u. Endigungsweise der Geruchsnerven bei dem Menschen und den Wirbelthieren. Abhandl. der naturf. Gesellsch. zu Halle, VII. 1862.

— — Das Epithelium der Riechschleimhaut des Menschen. Medic. Centralblatt Nr. 25. 1864.

Schwalbe, G., Ueber die Nasenmuscheln der Säugethiere und des Menschen. Sitz-Ber. d. physik. ökonom. Gesellsch. zu Königsberg. XXIII. 1882.

— — Lehrbuch der Anatomie der Sinnesorgane. Zugleich des 2. Bandes dritte Abtheilung von Hoffmann's Lehrbuch der Anatomie des Menschen. Erlangen 1883 und 1887.

Schwink, F. (Vergl. die beim Kopfskelet aufgeführte Arbeit dieses Autors.)

Seydel, O., Ueber die Nasenhöhle der höheren Säugethiere und des Menschen. Morphol. Jahrb. Bd. XVII. 1891.

— — Ueber die Nasenhöhle und das Jakobson'sche Organ der Amphibien. Morphol. Jahrb. XXIII. Bd. 1895.

— — Ueber die Nasenhöhle und das Jakobson'sche Organ der Sumpfschildkröten. Festschr. zum 70. Geburtstag von Carl Gegenbaur. Leipzig 1896.

Sluiter, C. Ph., Das Jakobson'sche Organ von „Crocodilus porosus". Anatom. Anz. VII. Jahrg. 1892.

Smith, G. E., Jakobson's Organ and the Olfactory Bulb. in Ornithorhynchus. Anat. Anz. XI. Bd. 1895.

Solger, B., Beitr. z. Kenntnis der Nasenwandung, und besonders der Nasenmuscheln der Reptilien. Morph. Jahrb. Bd. I. 1876.

Spurgat, F., Beitr. zur vergl. Anat. der Nasen- und Schnauzenknorpel des Menschen und der Thiere. Morph. Arbeiten, herausgeg. von G. Schwalbe. V. Bd. 3. Heft. 1896.

Symington, J., On the Nose, the Organ of Jakobson, and the Dumbbell-shaped Bone in the Ornithorhynchus. Proc. Zool. Soc. of London 1891.

— — On the Organ of Jakobson in the Kangaroo and Rock Wallaby (Makropus giganteus and Petrogale penicillata). Journ. of Anat. and Physiol. Vol. XXVI. 1891.

— — On the Homology of the Dum-Bell-Shaped Bone in the Ornithorhynchus. Journ. Anat. and Physiol. Vol. XXX. 1896.

Weber, M., Studien über Säugethiere. II. Th. Jena 1899 (handelt u. a. über das periphere Geruchsorgan des Elephanten).

Wiedersheim, R., Das Kopfskelet der Urodelen. Morphol. Jahrb. Bd. III. 1877.

— — Die Anatomie der Gymnophionen. Jena 1879.

— — Die Stammesentwicklung des Jakobson'schen Organs. Tagebl. d. 54. Versamml. deutscher Naturforscher und Aerzte in Salzburg. 1881.

Wiedersheim, R., Das Geruchsorgan der Tetrodonten, nebst Bemerkungen über Hautmuskulatur derselben. Festschrift zum 70. Geburtstag A. v. Koelliker's. Leipzig
1887. Im Auszug im Anat. Anz. II. Jahrg. 1887.
— — Beiträge zur Kenntnis der äusseren Nase von Semnopithecus nasicus. Eine physiogno-
mische Studie. Zeitschr. f. Morphol. u. Anthropol. Bd. III. H. 2. 1901.
— — Nachträgl. Bemerkungen über den Semnopithecus nasius und Beiträge zur äusseren
Nase des Genus Rhinopithecus. Ebendaselbst.
van Wijhe, J. W., Ueber die Kopfsegmente und die Phylogenie des Geruchsorganes der
Wirbelthiere. Zool. Anz. Bd. IX. 1886.
Wilder, H. Harris, A Contribution of the Anatomy of Siren lacertina. Zool. Jahrb.
IV. Bd. 1891.
— — Die Nasengegend von Menopoma Alleghaniense und Amphiuma tridactylum. Nebst
Bemerkungen über die Morphologie des Nervus ophthalmicus profundus trigemini.
Ebendaselbst. V. Bd. 1892.
Wilson, J. T., Observat. upon the Anatomy and Relations in the „Dumb-Bell-Shaped"
Bone in Ornithorhynchus, with a new theory of its Homology ect. Proc. Linn. Soc.
of N. South Wales. Vol. IX. 1894.
Wright, R. Ramsay, On the Organ of Jacobson in Ophidia. Zool. Anz. VI. Jahrg.
1883. Nr. 114.
Zuckerkandl, E., Normale und pathologische Anatomie der Nasenhöhle. Wien 1882.
— — Das periphere Geruchsorgan der Säugethiere. Stuttgart 1887.
— — Ueber das Riechcentrum. Stuttgart 1877.
— — Die Entwicklung des Siebbeines. Verhandl. der Anat. Gesellsch. auf der VI. Ver-
sammlung zu Wien 1892.

Sehorgan.

Aeby, Ch., Der Canalis Petiti und die Zonula Zinnii beim Menschen und bei Wirbel-
thieren. Gräfe's Arch. f. Ophthalmologie XXVIII. 1.
Arnold, J., Beitr. zur Entwicklungsgeschichte des Auges. Heidelberg 1874.
Babuchin, Beitr. zur Entwicklungsgeschichte des Auges.
Beer, Th., Studien über die Accommodation d. Vogelauges. Archiv für d. ges. Physiol.
Bd. 53. 1892.
— — Die Accommodation des Fischauges. Ebendaselbst. Bd. 58. 1894.
— — Die Accommodation des Auges in der Thierreihe. Wien. klin. Wochenschr. Nr. 42.
1898. (Erstreckt sich über alle Hauptgruppen der Wirbelthiere.)
— — Ueber primitive Sehorgane. Wiener klinische Wochenschr. Jahrg. 1901. Nr. 11—13.
Béraneck, E., L'oeil primitif des Vertébrés. Arch. des sciences physiques et naturelles.
Tome XXIV. 1890.
— — et Verrey, L., Sur une nouvelle fonction de la choroïde. Bull. Soc. d. sciences
nat. Neuchâtel. T. XX. 1891/92.
Berger, E., Beiträge zur Anat. des Sehorganes der Fische. Morphol. Jahrb. Bd. VIII.
1882.
Boll, F., Zur Anatomie und Physiologie der Retina. Arch. f. Anat. und Physiol. 1877.
Physiol. Abthl.
Brauer, A., Ueber einige von der Valdivia-Expedition gesammelte Tiefseefische und ihre
Augen. Sitz.-Ber. d. Gesellsch. z. Beförderung der ges. Naturwissensch. zur Marburg.
Nr. 8. Juli 1901.
Canfield, W., Vergl. anat. Studien über den Accommodationsapparat des Vogelauges.
Arch. f. mikr. Anat. Bd. XXVIII. 1886.
Carrière, J., Die Sehorgane der Thiere, vergl. anatomisch dargestellt. München 1885.
(Behandelt auch die Wirbellosen.)
Corning, H. K., Ueber die vergl. Anatomie der Augenmuskulatur. Morphol. Jahrb.
Bd. XXIX. 1900.
Denissenko, G., Einiges über den Bau der Netzhaut des Aales. Arch. f. mikr. Anat.
Bd. XXI. 1882.
Dogiel, A., Die Retina der Ganoiden. Arch. f. mikr. Anat. Bd. XXII. 1883.
— — Ueber das Verhalten der nervösen Elemente in der Retina d. Ganoiden, Reptilien,
Vögel und Säugethiere. Anat. Anz. III. Jahrg. 1888.
— — Die Retina der Vögel I. Arch. f. mikr. Anat. u. Entwicklungsgeschichte. Bd. 44.
1895.
Dohrn, A., Stud. zur Urgeschichte des Wirbelthierkörpers. Mittheilg. der Zool. Station .
zu Neapel. VI. Bd. 1885.

Eigenmann, C. H., The Eyes of the Blind Vertebrates of North America, II. The Eyes of Typhlo-Molge Rathbuni Stejneger. Trans Americ. Micr. Soc. 1899.
— — Causes of Degeneration in Blind Fishes. Popul. Science Monthly. Vol. LVII. 1900.
— — Degeneration in the Eyes of the Cold-Blooded Vertebrates of the North Americ. Cave. Proc. Indiana-Acad. Sci. 1899. p. 31—46, 239, 251—57.
— — The Blind - Fishes. Biol. Lect. from the Marine. Biolog. Labor. of Woods Holl. 1899.
— — The Developm. of the Eyes in the Blind-Fish. Amblyopsis. Science. Vol. XII. Nr. 295. 1900.
— — The Eye of the Cave Salamander Typhlotriton. Ebendaselbst.
— — The Eyes of the Blind Vertebrates of North Americ. III. Biolog. Bullet. Vol. II. Nr. 1. 1900.
Engelmann, Th. W., Ueber Bewegungen der Zapfen und Pigmentzellen der Netzhaut unter dem Einfluss d. Lichtes u. d. Nervensystems. Comptes rendus d. VIII. Sitzung des internat. med. Congresses. Kopenhagen 1884.
Ficalbi, E., Osserv. sull' Apparecchio palpebrale dei Serpenti e de Gcchidi. Atti d. Soc. Toscana di Scienze naturali. Vol. IX. Pisa 1888.
Fick, A. E., Ueber die Ursachen der Pigmentwanderungen in der Netzhaut. Vierteljahrsschrift der naturf. Gesellsch. in Zürich. XXXV. Jahrg. Heft 1. 1890.
Fischel, A., Zur Histologie der Urodelen-Cornea und des Flimmerepithels. Anat. Hefte. I. Abth. XLVIII. (15. Bd. H. 2.) 1900.
Giacomini, C., Annotazioni sulla Anatomia del Negro (Esistenza della ghiandola d'Harder in un Boschimane. Duplicità della cartilagine della Plica semilunaris etc.) Atti della R. Accademia delle Scienze di Torina. Vol. XXII. 1887.
— — La Plica semilunaris e la laringe nelle Scimmie antropomorfe. Nota suppl. alla Anatomia del Negro. Torino 1897.
Graber, V., Grundlinien zur Erforschung des Helligkeits- und Farbensinnes der Thiere. Leipzig 1884.
Harman, N. B., The Palpebral and Oculomotor Apparatus in Fishes. Journ. of Anat. and Physiol. Vol. XXXIV. 1899.
Heinemann, C., Beiträge zur Anatomie der Retina. Arch. für mikr. Anat. Bd. XIV. 1877.
Hoffmann, B., Die Thränenwege der Vögel und Reptilien. Zeitschr. f. Naturwissensch. 1882.
Hoffmann, C. K., Ueber den Bau der Retina bei Amphibien und Reptilien. Niederl. Arch. f. Zool. Bd. III. Heft 1.
— — Zur Ontogenie der Knochenfische. Arch. f. mikr. Anat. Bd. XXIII. 1883.
Johnson, Lindsay G., Contrib. to the comparative Anatomy of the Mammalian Eye, chiefly based on ophthalmoscopic examination. Phil. Trans. Royal Soc. London. B. Vol. CXCIV. 1901.
Kessler, L., Zur Entwicklung des Auges. Leipzig 1877.
Koelliker, A., Handbuch der Gewebelehre. Leipzig 1867.
— — Zur Entwicklung des Auges und Geruchsorgans menschlicher Embryonen. Gratul.-Schrift an die Universität Zürich. 1883.
Kohl, C., Einige Notizen über das Auge von Talpa europaea und Proteus anguineus. Zool. Anz. Jahrg. XII. 1889.
— — Rudimentäre Wirbelthieraugen. I., II. u. III. Thl. mit einem Nachtrag. In „Bibliotheca zool." herausg. von R. Leuckart u. C. Chun. Heft 13, 14. Cassel 1892. (Mit Litteraturverzeichnis.)
Krause, W., Die Nervenendigung in der Retina. Arch. f. mikr. Anat. Bd. XII. 1876.
— — Die Retina der Fische. Internat. Monatsschrift für Anat. und Histologie. Bd. III. 1886.
— — Ueber die Retinazapfen der nächtlichen Thiere. Arch. für mikr. Anat. Bd. XIX. 1881.
von Kries, J., Ueber die Function der Netzhautstäbchen. Zeitschrift für Psychol. und Physiol. d. Sinnesorgane. Bd. IX. 1895.
Kühne, W., Verschied. Abhandl. über die Anat. und Physiol. der Retina (Sehpurpur). Untersuch. a. d. physiol. Institut zu Heidelberg.
Langerhans, P., Untersuchungen über Petromyzon Planeri. Verh. d. naturf. Gesellsch. zu Freiburg i/B. 1895.
Lauber, H., Beitr. z. Anatomie des vorderen Augenabschnittes der Wirbelthiere. Anat. Hefte. I. Abth. LIX. H. (XVIII. Bd. H. 2. 1902.) (Handelt vom Schlemm'schen Canal bezw. verschiedenen Abfluss-Möglichkeiten des Kammer-Wassers.)
— — Beitr. z. Anat. des vorderen Augenschnittes der Wirbelthiere. Anat. Hefte. I. Abth. LIX. H. (XVIII. Bd. II. 2) 1901.

Leuckart, R., Organologie des Auges. In: A. Graefe und Th. Saemisch, Handb. der ges. Augenheilkunde. I. Band: Anatomie und Physiologie.

Leber, Th., Ernährungsverhältnisse des Auges. Ebendaselbst.

Leydig, F., Beitr. zur mikr. Anatomie und Entwicklungsgeschichte der Rochen u. Haie. Leipzig 1859.

Lieberkühn, N., Beitr. z. Anat. des embryonalen Auges. Arch. für Anat. u. Physiol. 1879.

Löwe, L, Beitr. z. Anat. des Auges und die Histogenese der Retina. Arch. für mikr. Anat. Vol. XV. 1878.

Loewenthal, N., Beitr. z. Kenntnis der Harder'schen Drüse bei den Säugethieren. Anat. Anz. VII. Jahrg. 1892 und Intern. Monatsschr. f. Anat. 1896.

— — Die Gl. infraorbitalis und eine besondere der Parotis anliegende Drüse bei der weissen Ratte. Arch. f. mikr. Anat. u. Entwicklungsgesch. Bd. LVI. 1900.

Mall, F., Histogenesis of the Retina. Journ. of Morphol. Vol. VIII. 1893.

Manz, W., Die Ganglienzellen der Froschnetzhaut. Zeitschr. f. rat. Medic. Bd. XXVIII.

— — Ueber den Mechanismus der Nickhautbewegung beim Frosche. Verhandl. d. naturf. Gesellsch. zu Freiburg i/B. Bd. II.

— — Anat.-physiol. Untersuch. über die Accommodation des Fischauges. Inaug.-Dissert. Freiburg i/B. 1858.

— — Entwicklungsgeschichte des menschl. Auges. In dem Handb. d. gesamten Augenheilkunde von A. Graefe und Th. Saemisch. I. Bd.

— — Ueber albinotische Menschenaugen. Arch. f. Ophthalm. XXIV.

Merkel, F., Makroskopische Anatomie des menschlichen Auges. In: A. Graefe und Th. Saemisch, Handbuch der gesamten Augenheilkunde. I. Band: Anatomie u. Physiol.

Miessner, H., Die Drüsen des dritten Augenlids beim Schweine. Deutsche Zeitschr. f. Thiermedicin und vergl. Pathol. XVIII. Bd.

von Mihalcovics, V., Untersuchungen über den Kamm des Vogelauges. Arch. f. mikr. Anat. Bd. IX. 1873.

Müller, H., Gesammelte und hinterlassene Schriften zur Anatomie und Physiologie des Auges. Herausgeg. von O. Becker. Leipzig 1872.

Müller, W., Ueber die Stammesentwicklung des Sehorgans der Wirbelthiere. Festgabe von C. Ludwig. Leipzig 1874.

Nagel, W. A., Der Lichtsinn augenloser Thiere. Eine biolog. Studie. Jena 1896.

Nussbaum, W., Entwicklung der Augenmuskeln bei den Wirbelthieren. Sitz.-Ber. der Niederrhein. Gesellsch. f. Natur- u. Heilkunde zu Bonn. 1899.

— — Die Pars ciliaris retinae des Vogelauges. Arch. f. mikr. Anat. u. Entwicklungsgesch. LVII. Bd. 1901.

— — Die Entwicklung der Binnenmuskeln des Auges der Wirbelthiere. Ebendaselbst. LVIII. Bd. 1901.

Nüsslin, O., Zur Kritik des Amphioxusauges. Inaug.-Diss. Tübingen 1877.

Osawa, G., Vergl. die beim Geruchsorgan aufgeführte Arbeit über Hatteria punctata.

Peters, A., Beiträge zur Kenntnis der Harder'schen Drüse. Arch. f. mikr. Anatomie. Bd. XXXVI. 1890.

Pfitzner, W., Das Epithel der Conjunctiva. Zeitschr. f. Biologie. XXXIV. Bd. 1897.

Piersol, G., Beitr. z. Histologie der Harder'schen Drüsen der Amphibien. Arch. für mikr. Anat. Bd. XXIX. 1887.

Pilliet, A., und Bignon F., Sur la glande lacrymale d'une tortue géante (Chelone viridis). Bull. de la Société zoolog. de France. 1855. 1ère partie.

Rabl, C., Ueber den Bau und die Entwicklung der Linse. Zeitschr. f. wiss. Zool. LXIII, 3, und LXV, 2, 1898 (Selachier, Amphibien, Reptilien, Vögel), LXVII, 1, 1899 (Säugethiere).

Retzius, G, Biolog. Untersuchungen. N. F. V. Stockholm 1893.

Reuter, K., Ueber die Entwicklung der Augenmuskulatur beim Schwein. Anat. Hefte. I. Abth. XXVIII.—XXX. Heft (IX. Bd. H. 1—3).

Ridewood, W. G., The Eyelid-Muscles of the Carchariidae and Scyllium. Journ. of Anat. and Physiol. Vol. XXXIII.

Ritter, W. E. (Vergl. die bei den Hautsinnesorganen aufgeführte Arbeit über den blinden Fisch Typhlogobius.)

Sardemann, E., Die Thränendrüse. Preisschr. Freiburg i. Br. 1884. Ausz. im Zool. Anz. 1884.

Schaper, A., Zur Histologie der menschlichen Retina spec. der Macula lutea und der Henle'schen Faserschicht. Arch. f. mikr. Anat. Bd. XLI. 1893.

Schaper, A., Die nervösen Elemente der Selachier-Retina in Methylblaupräparaten. Festschr. zum 70. Geburtstag von Carl v. Kupffer. 1899.

Shafer, G. D., The Mosaic of the Single and Twin Cones in the Retina of Micropterus salmoides. Zoology at the American Association. Report fr. Eigenmann. Science Vol. XII. Nr. 295. 1900. (Vergl. auch „Americ. Naturalist" Vol. XXXIV. Nr. 398. Febr. 1900.)

Schultze, M., Die Retina. Stricker's Handbuch der Lehre von den Geweben. Leipzig 1871.

— — Ueber die Retina der Neunaugen. Sitz.-Ber. der niederrhein. Gesellsch. für Natur- u. Heilkunde. 6. Novbr. 1871.

— — Ueber die Netzhaut des Störes. Ebendaselbst. 2. Decbr. 1872.
Ueber weitere Aufsätze desselben Verfassers vergl. Bd. II, III, IV, V, VI u. VII des Arch. f mikr. Anatomie.

Schultze, O., Zur Entwicklungsgeschichte des Gefäss-Systems im Säugethier-Auge. Fest-schrift für A. v. Koelliker. 1892.

Schwalbe, G., Mikrosk. Anatomie des Sehnerven, der Netzhaut und des Glaskörpers. In: A. Graefe und Th. Saemisch, Handbuch der gesammten Augenheilkunde. I. Bd.: Anatomie und Physiologie.

— — Untersuchungen über die Lymphbahnen des Auges. Arch. f. mikr. Anat. Bd. VI. 1870.

— — Lehrbuch der Anatomie der Sinnesorgane. Zugleich des II. Bandes. 3. Abtheil. von Hoffmann's Lehrbuch der Anatomie des Menschen. Erlangen 1883 u. 1887.

Seiler, H., Zur Entwicklung des Conjunctivalsackes. Arch. f. Anat. u. Physiol. Jahrg. 1890.

Steinach, E., Untersuch. zur vergl. Physiologie der Iris. Arch. f. d. ges. Physiologie. Bd. XLVII. 1890 und Bd. LII. 1892.

Studnicka, F. K., Unters. über den Bau der Sehnerven der Wirbelthiere. Jenaische Zeitschr. f. Naturw. Bd. XXXI. 1897.

— — Ueber eine eigenthümliche Form des Sehnerven bei Syngnathus acus. Sitz.-Ber. K. Böhm. Gesellsch. d. Wissensch. 1901.

Tiesing, B., Ein Beitrag zur Kenntnis der Augen-, Kiefer- und Kiemenmuskulatur der Haie und Rochen. Jenaische Zeitschr. f. Naturw. Bd. XXX. N. F. XXIII.

van Trotsenburg, J. A., Die topograph. Beziehung der Thränendrüse zur lateralen Orbitalwand, als Differenzmerkmal zwischen Ost- und Westaffen. „Petrus Camper", Deel I. Aflevering 2. 1901.

Virchow, H., Ueber Fischaugen. Verhandl. der physik.-medic. Gesellsch. zu Würzburg. 1881.

— — Ueber die Gefässe im Auge und in der Umgebung des Auges beim Frosche. Zeit-schrift f. wiss. Zool. Bd. XXXV. 1882.

— — Ueber die Form der Falten des Corpus ciliare bei Säugethieren. Morph. Jahrb. Bd. XI. 1885.

— — Die physikal. Natur des Glaskörpergewebes, die morphol. Natur desselben, die Zonula Zinnii etc. Ber. der ophthalmol. Gesellsch. zu Heidelberg. 1885.

— — Mittheil. zur vergl. Anat. der Wirbelthieraugen. Ber. der Versammlung deutscher Naturforscher und Aerzte in Strassburg. 1885.

— — Ueber die Augen der Selachier und die Verbindung derselben mit den Kopfgefässen. Verhandl. der Physiol. Gesellsch. zu Berlin. Jahrg. 1889/90.

Walzberg, Th., Ueber den Bau der Thränenwege der Haussäugethiere u. des Menschen. Gekrönte Preisschrift. Rostock 1876. (Vergl. über die Thränenwege auch die beim Riechorgan aufgeführten Arbeiten von G. Born.)

Weber, M., Ueber die Nebenorgane des Auges der Reptilien. Arch. f. Naturgeschichte. 43. Jahrg. I. Bd.

Wiedersheim, R., (und Ecker, A.), Die Anatomie des Frosches. Braunschweig 1864 bis 1882. III. Aufl., bearbeitet von E. Gaupp, 1896.

Waldeyer, W., Mikroskop. Anatomie der Cornea, Sclera, Lider und Conjunctiva. In: A. Graefe u. Th. Saemisch, Handbuch der gesammten Augenheilkunde. I. Bd.: Anatomie und Physiologie.

— — Anatomie microscopique (Traité complet d'ophthalmologie par L. de Wecker et E. Landolt). Paris 1883.

Gehörorgan.

Albrecht, P., Sur la valeur morphologique de l'articulation mandibulaire de cartilage de Meckel et des osselets de l'ouïe etc. Bruxelles 1883. 2. Aufl. Hamburg 1886.

Ayers, H., On the Origin of the Internal Ear and the Functions of the Semi-Circular Canals and Cochlea. Lake Laboratory, Milwaukee, Wisc. 1890.

Ayers, H., Vertebrate Cephalogenesis. II. A Contribution to the Morphology of the Vertebrate Ear, with a Reconsideration of its Functions. Journ. of Morphology. Vol. VI. 1892. (Enthält ein auf circa 300 Nummern sich belaufendes Litteraturverzeichnis über das Gehörorgan der Wirbelthiere.)

Baumgarten, Beiträge zur Entwicklungsgeschichte der Gehörknöchelchen. Arch. f. mikr. Anat. Bd. XL.

Beard, J., vergl. die Arbeiten dieses Autors im Litteraturverzeichnis über die Hautsinnesorgane und das Centralnervensystem.

van Beneden, E., Rech. sur l'oreille moyenne des Crocodiliens etc. Arch. d. Biologie. Vol. III. 1882.

Bertelli, D., Anatomia comparata della membrana del Tympano. Ann. delle Univers. Toscane. Parte 2ª, Scienze Cosmologiche, Vol. XIX. Pisa 1893.

Böttcher, A., Die zahlreichen, das Gehörorgan behandelnden Aufsätze dieses Autors finden sich in Virchow's Arch. Bd. XVII u. XIV, im med. Centralblatt vom Jahr 1868 u. 1870, im Archiv für Anatomie u. Physiologie vom Jahr 1869, in den Nova acta d. kais. Leop. Carol. Acad. Vol. XXXV und im Arch. f. Ohrenheilk. Bd. VI. 1871.

Breschet, Recherches anat. et physiol. sur l'organe de l'ouïe de poissons. Paris 1838.

Bridge, T. W., and Haddon, A. C., Contributions to the Anatomy of Fishes. The Air-Bladder and Weberian Ossicles in the Siluroid Fishes. Philos. Transact. of the Royal Society of London. Vol. CLXXXIV (1893).

Broman, J., Die Entwicklungsgeschichte der Gehörknöchelchen beim Menschen. Anat. Hefte. I. Abth. H. 37 (11. Bd. H. 4).

Cisow, A., Ueber das Gehörorgan der Ganoiden. Arch. f. mikr. Anat. Bd. XVIII. 1880.

Coggi, A., Ueber die sog. Kalksäckchen an den Spinalganglien des Frosches und ihre Beziehungen zum Ductus endolympaticus. Auszug im Anat. Anz. V. Jahrg. 1890. Die ausführliche Arbeit findet sich in den Schriften der Reale Accademia dei Lincei. Cl. Sc. fis. ecc. Ser. 4a. Vol. VI. 1889.

Deiters, Untersuchungen über die Lamina spiralis membranacea. Bonn 1860. Vergl. auch dessen andere Aufsätze in Virchow's Arch., Bd. XIX, und Müller's Archiv vom Jahre 1862.

Denker, A., Vergl. anat. Unters. über das Gehörorgan der Säugethiere nach Corrosionspräparaten und Knochenschnitten. Leipzig 1899.

Dreifuss, R., Beiträge zur Entwicklungsgeschichte des Mittelohres und des Trommelfells des Menschen und der Säugethiere. „Morphol. Arbeiten", herausgegeben von G. Schwalbe. II. Bd. 1893.

Eichler, O., Anat. Untersuch. üb. die Wege des Blutstromes im menschl. Ohrlabyrinth. Abhandl. d. math-physik. Classe der Kgl. Sächs. Gesellsch. d. Wissensch. Bd. XVIII. 1892.

Engelmann, Th., Ueber die Function der Otolithen. Zool. Anz. X. Jahrg. 1887.

Eschweiler, R., Zur vergl. Anat. d. Muskeln u. d. Topographie des Mittelohres verschiedener Säugethiere. Arch. f. mikr. Anat. u. Entw.-Gesch. Bd. LIII. 1898.

Fraser, Al., On the development of the ossicula auditus in the higher Mammalia with 5 Plates. Philos. Transact. Royal Soc. London 1882. Vol. 173. p. III.

Gaupp, E., Ontogenese u. Phylogenese des schallleitenden Apparates bei den Wirbelthieren. Ergeb. der Anat. u. Entw.-Gesch. VIII. Bd. 1898.

Hammar, J. A., Studien über die Entwicklung des Vorderdarmes und einiger angrenzenden Organe. I. Abth. Allgem. Morphol. d. Schlundspalten beim Menschen. Entwicklung des Mittelohrraumes und des äusseren Gehörganges. Arch. f. mikr. Anat. u. Entw.-Gesch. LIX. Bd. 1902.

Hasse, C., Die zahlreichen, über sämtl. Hauptgruppen der Wirbelthiere sich erstreckenden Arbeiten dieses Autors finden sich theils in der Zeitschr. f. wissensch. Zoologie (Bd. XVII u. XVIII), theils in den „Anatomischen Studien", Leipzig 1870—73.

Hellmann, Die Entwicklung des Labyrinthes bei Torpedo ocellata. Verhdl. d. Deutsch. Otolog. Gesellsch. auf der VII. Versamml. zu Würzburg 1898.

Helmholtz, H., Die Lehre von den Tonempfindungen. 4. Aufl. Braunschweig 1878.
— — Die Mechanik der Gehörknöchelchen und des Trommelfells. Arch. f. d. ges. Physiol. I. S. 1.

Henke, W., Der Mechanismus der Gehörknöchelchen. Zeitschr. f. rat. Medicin. 1868.

Henle, J., Handbuch der systematischen Anatomie. II. Bd. Eingeweidelehre. 2. Aufl. 1875.

Hensen, V., Zur Morphologie der Schnecke des Menschen und der Säugethiere. Zeitschr. für wiss. Zool. Bd. XIII (vergl. auch Arch. f. Ohrenheilkunde, Bd. VI).
— — Bemerkungen gegen die Cupula terminalis. Archiv für Anat. und Physiol. 1878. (Vergl. auch: Nachtrag dazu. Zeitschr. f. wissensch. Zool. Bd. XIII. 1881.)

Hensen, V., Physiol. des Gehörs. In: Handbuch der Physiol. von L. Hermann. Abtheilung: Sinnesorgane, 2. Leipzig 1880. Vergl. auch andere, z. Th. die Wirbellosen
betreff. Arbeiten dieses Autors (Zeitschr. f. wiss. Zool. Bd. XIII, XVI).

Hoffmann, C. K., Die Beziehung der ersten Kiementasche zu der Anlage der Tuba
Eustachii und des Cavum tympani. Arch. f. mikr. Anatom. Bd. XXIII. 1884.

— — Over de Ontwikkelingsgeschiedenis van het Gehoorgaan en de Morphologische Be-
tukenis van het Gehoorbeentje bij de Reptiliën. Verh. Kon. Akad. DL. LXXVIII.
Amsterdam 1889.

Howes, G. B., The presence of a tympanum in the Genus Raja. Journ. of Anat. u.
Phys. Vol. XVII.

Huxley, J. H., On the Representatives of the Malleus and the Incus of the Mammalia
in the other Vertebrata. Proceed. Zool. Soc. London 1869.

Hyrtl, J., Vergl. anat. Unters. über das innere Gehörorgan. Prag 1845.

Iwanzoff, N, Zur Anat. der Knöchelchen des mittleren Ohres bei Amphib. u. Reptil.
Anatom. Anz. IX. Bd. 1894.

Kastschenko, N.. Das Schicksal d. embryonal. Schlundspalten bei Säugethieren. Arch.
f. mikr. Anat. Bd. XXX. 1887.

Keibel, F., Ueber die Entwicklung des Labyrinth-Anhanges (Recessus labyrinthi oder
Ductus endolymphaticus). Anat. Anz. XVI. Bd. 1899.

Killian, G., Zur vergl. Anat. und Entwicklungsgeschichte der Ohrmuskeln. Anat. Anz.
V. Jahrg. 1890.

— — Die Ohrmuskeln des Krokodiles, nebst vorläufig. Bemerk. über die Homologie des
Musculus stapedius u. des Stapes. Jenaische Zeitschr. f. Naturwissensch. XXIV. Bd.
N. F. XVII.

Kingsley, J. S., and Ruddick, W. H., The ossicula auditus and Mammalian Ancestry.
Americ. Naturalist. Vol. XXXIII. Nr. 387. 1899.

— — The ossicula auditus. Tufts College Studies No. 6. (Scientif. Series). 1900. (Enth.
auch eine grosse Litteratur-Uebersicht).

Krause, G., Die Columella der Vögel, ihr Bau und dessen Einfluss auf die Feinhörigkeit.
Berlin 1901.

Krause, R., Entwicklungsgeschichte der häutigen Bogengänge. Arch. für mikr. Anat.
Bd. XXXV. 1890.

— — Die Endigungsweise des Nerv. acusticus im Gehörorgan. Verhandl. d. anatom. Gesellsch. auf der X. Versamml. in Berlin vom 19.—22. April 1896.

— — Die Entwicklung des Aquaeductus vestibuli s. Ductus endolymphaticus. Anat. Anz.
XIX. Bd. 1901.

Kuhn, Ueber das häutige Labyrinth der Knochenfische. Arch. f. mikr. Anat. Bd. XIV.
1877.

— — Ueber das häutige Labyrinth der Amphibien. Ebendaselbst, Bd. XVII. 1880.

— — Ueber das häutige Labyrinth der Reptilien. Ebendaselbst, Bd. XX. 1882.

Lang, G., Das Gehörorgan der Cyprinoiden mit besonderer Berücksichtigung des Nerven-
Endapparates. Zeitschr. f. wiss. Zool. Bd. XIII, 1863.

Lavdowsky, M., Unters. über den acust. Endapparat der Säugethiere. Arch. f. mikr.
Anat. Bd. XIII. 1877.

von Lenhossék, M., Beitr. zur Histol. d. Nervensystems und der Sinnesorgane. Wiesbaden 1894. (Vergl. auch den Artikel; „Die Nervenendigungen in den Maculae und
Cristae acusticae" in den Anat. Heften v. Merkel und Bonnet. I. Abth. Heft IX.
(3. Bd. Heft 2.)

Merkel, Fr., Handbuch der topogr. Anatomie. Bd. I. 3. Lieferung. Braunschweig 1890.

Meyer, P., Études histologiques sur le Labyrinthe membraneux chez les Reptiles et les
oiseaux. Paris 1876.

Moldenhauer, W., Die Entwickl. des mittl. und äuss. Ohres. Morph. Jahrbuch. Bd. III.
1878.

Nusbaum, J., Ueber das anat. Verhältnis zwischen dem Gehörorgan u. der Schwimmblase bei den Cyrinoiden. Zoolog. Anz. Nr. 95. 1881. (Vergl. auch das Litteraturverzeichnis über die Schwimmblase.) (Vergl. auch Anat. Anz. XVI. Bd. Nr. 9, wo
sich eine Schilderung desselben Verhältnisses bei Cobitis fossilis findet.)

Osawa, G., Vergl. die beim Geruchsorgan aufgeführte Arbeit über Hatteria punctata.

Peter, Die Ohrtrompeten d. Säugethiere u. ihre Anhänge. Arch. f. mikr. Anat. Bd. 43.
1894. (Enthält auch eine Litteraturübersicht.)

Peter, K., Der Schluss des Ohrgrübchens der Eidechse. Arch. f. Ohrenheilkunde. LI. Bd.
1901.

Poli, C., Zur Entwicklung der Gehörblase bei den Wirbelthieren. Arch. f. mikr. Anat.
u. Entwickl. Bd. 48. 1897.

Ranke, J., Das acust. Organ im Ohr der Pterotrachea. Arch. f. mikr. Anat. Bd. XII,
    und in Zeitschr, f. wiss. Zoolog. Bd. XXV. Suppl.-Heft. (Vergl. auch C. Claus. Arch.
    f. mikr. Anat. Bd. XII. 1876.)
Retzius, G., Das Gehörlabyrinth der Knochenfische. Stockholm 1872.
— — Zur Kenntnis von dem membranösen Gehörlabyrinth bei den Knochenfischen. Arch.
    f. Anat. u. Physiol. II. u. III. Heft 1878.
— — Zur Kenntnis des inneren Gehörorgans der Wirbelthiere. Arch. f. Anat. u. Physiol.
    1880.
— — Das Gehörorgan der Wirbelthiere. I. Das Gehörorgan der Fische und Amphibien.
    Stockholm 1881. II. Das Gehörorgan der Reptilien, Vögel und Säugethiere. Stock-
    holm 1884.
— — Ueber die peripherische Endigungsweise der Gehörnerven. Biol. Unters. Stockholm
    1881.
— — Das membranöse Gehörorgan von Polypterus Bichir. Geoffr. und Calamoichthys
    calabricus J. A. Smith. Ebendaselbst pag. 61—66.
Ridewood, N. G., The Air-Bladder and Ear of British Clupeoid Fishes. Journ. of Anat.
    and Physiol. Vol. XXVI.
Röthig, P., und Brugsch, Th., Die Entwicklung des Labyrinthes beim Huhn. Arch.
    f. mikr. Anat. u. Entwicklungsgesch. Bd. LIX. 1901.
Rüdinger, S., Ueber die Abflusskanäle der Endolymphe des inneren Ohres. Sitz.-Ber.
    d. math.-phys. Classe der Kgl. bayer. Akad. d. Wissensch. München 1887.
— — Zur Anat. und Entwicklung des inneren Ohres. Berlin 1888. Verlag der Exped.
    der „Allgem. med. Centralzeitung".
— — Zur Entwicklung der häutigen Bogengänge des inneren Ohres. Sitz.-Ber. d. math.-
    physik. Classe d. Kgl. bayer. Akad. d. Wiss. 1888. Heft 3.
Ruge, G., Das Knorpelskelet des äusseren Ohres der Monotremen — ein Derivat des
    Hyoidbogens. Morphol. Jahrb. XXV. Bd. 1897.
Sagemehl, M., Beiträge zur vergl. Anatomie der Fische. III. Morphol. Jahrb. Bd. X.
    1884.
Salensky, W., Beitr. zur Entwicklungsgeschichte der knorpeligen Gehörknöchelchen bei
    Säugethieren. Morphol. Jahrb. Bd. VI. 1880.
Sarasin, P. und F., Ergebnisse naturw. Forschungen auf Ceylon etc. II. Bd. IV. Heft.
    Zur Entwicklungsgeschichte und Anatomie der ceylonesischen Blindwühle Ichthyophis
    glutinosus. Wiesbaden 1890.
Schaefer, K. L., Function und Functionsentwicklung der Bogengänge. Zeitschrift für
    Psychol. u. Physiol. der Sinnesorgane. Bd. VII. 1894.
Schauinsland, H., Vergl. die bei der Wirbelsäule aufgeführte Arbeit über Hatteria
    (schalleitender Apparat).
Schulze, F. E., Zur Kenntnis der Endigungsweise der Hörnerven bei Fischen und Am-
    phibien. Arch. f. Anat. u. Physiol. 1862.
Schwalbe, G., Lehrb. d. Anat. der Sinnesorgane. Erlangen 1887.
— — Ein Beitrag zur Kenntnis der Circulationsverhältnisse in der Gehörschnecke. Fest-
    schrift zu Carl Ludwig's 70. Geburtstag. Leipzig 1886.
— — Das Darwin'sche Spitzohr beim menschlichen Embryo. Anat. Anz. IV. Jahrg.
    1889.
— — Inwiefern ist die menschl. Ohrmuschel ein rudimentäres Organ? Arch. f. Anat. u.
    Physiol. Jahrg. 1889.
— — Ueber den Gehörgangswulst der Vögel. Arch. f. Anat. u. Physiol. Jahrg. 1890.
— — Beitr. z. Anthropologie des Ohres. „Internationale Beitr. zur wissensch. Medicin".
    Festschrift, Rudolf Virchow gewidmet zur Vollendung seines 70. Lebensjahres.
    Bd. I. 1891.
— — Ueber Auricularhöcker bei Reptilien. Ein Beitrag zur Phylogenese des äusseren
    Ohres. Anat. Anz. VI. Jahrg. Nr. 2. 1891.
— — Das äussere Ohr (Handb. der Anat. des Menschen in acht Bänden, herausgeg. von
    K. v. Bardeleben. V. Bd. 1897).
Sidoriak, Szymon, Ein Beitrag zur Entwicklungsgeschichte des endolymphatischen
    Apparates der Fische. Anat. Anz. Bd. XV. 1898.
Steifensand, Das Gehörorgan der Wirbelthiere. Arch. f. Anat. u. Physiol. 1835.
Stöhr, Ph., Zur Entwicklungsgeschichte d. Urodelenschädels. Würzb. Habil.-Schrift 1879.
    Abgedruckt in der Zeitschr. f. wiss. Zool. Bd. XXXIII.
Tataroff, D., Ueber die Muskeln der Ohrmuschel und einige Besonderheiten des Ohr-
    knorpels. Archiv f. Anat. u. Physiol. 1887. (Vergl. auch die Litteratur über das
    Kopfskelet bezügl. der Visceralbogen, Ossicula auditiva etc.)
Thompson, d'Arcy W., On the auditory labyrinth of Orthagoriscus. Dundee 1889.

von Tröltsch, Die Anatomie des äusseren und mittleren Obres etc. Aus: Lehrbuch d. Ohrenheilkunde. VII. Aufl. Leipzig 1881.

Tuttle, A., The relation of the external Meatus, Tympanum and Eustachian Tube to the first visceral cleft. Proc. of the Americ. Acad. of Arts and Sciences 1883—84.

Urbantschitsch, V., Ueber die erste Anlage des Mittelohres und des Trommelfells. Mitth. a. d. embr. Inst. Wien. Heft 1. 1877.

Versluys, J., Die mittlere und äussere Ohrsphäre der Lacertilia und Rhynchocephalia. Zool. Jahrb. Abth. f. Anat. u. Ontog. Bd. XII. H. 2. 1898.

Willy, F., The Development of the Ear and Accessory Organs in the Common Frog. Quart. Journ. of Micr. Science, 1890, und in Studies from the Biolog. Laborat. of the Owen's College. Vol. II. Manchester 1890.

Weber, E. H., De aure et auditu hominis et animalium. Lipsiae 1820.

Weil, R., Development of the Ossicula auditus in the Opossum. Annals N. Y. Acad. Sci. Vol. XII. No. 5. July 1899.

Wiedersheim, R., Das Kopfskelet der Urodelen. Morph. Jahrb. Bd. III. 1877.

— — Zur Anat. und Physiol. des Phyllodactylus europ., mit besonderer Berücksichtigung des Aquaeductus vestibuli der Ascalaboten im Allgemeinen. Ebendaselbst Bd. I. 1876.

Wright, R., Some preliminary notes on the Anat. of Fishes. Comm. to the Canadian Institute, Toronto 1885.

— — On the Skull and Auditory Organ of the Siluroid Hypophthalmus. Trans. Roy. Soc. Canada, Section IV. 1885.

H. Organe der Ernährung.

Darmcanal und seine Anhangsorgane.

Zähne.

Adloff, P., Zur Entwicklungsgeschichte des Nagethiergebisses. Jen. Zeitschr. f. Naturw. Bd. XXXII. N. F. XXV.

— — Zur Entwicklungsgeschichte des Zahnsystems von Sus scrofa domest. Anat. Anz. XIX. Bd. 1901.

Aeby, Ch., Die Architectur unvollkommen getheilter Zahnwurzeln. Arch. f. mikr. Anat. Bd. XV. 1878.

Ballowitz, E., Das Schmelzorgan der Edentaten, seine Ausbildung im Embryo und die Persistenz seines Keimrandes bei dem erwachs. Thier. Arch. f. mikr. Anat. Bd. XL. 1892.

Beard, J., The Teeth of Myxinoid Fishes. Anat. Anz. III. Jahrg. 1888.

— — The nature of the teeth of the Marsipobranch Fishes. Zool. Jahrb. (Abth. f. Anat. u. Ontog.), Bd. III. 1889.

von Brunn, A., Ueber die Ausdehnung des Schmelzorganes und seine Bedeutung für die Zahnbildung. Arch. f. mikr. Anat. Bd. XXIX. 1887.

Burkhardt, R., Das Gebiss der Sauropsiden. Morph. Arb., herausg. v. G. Schwalbe. V. Bd. 7. H. 1895.

Carlson, A., Ueber die Zahnentwicklung bei einigen Knochenfischen. Zool. Jahrb. VIII. Bd. 1894.

— — Ueber den Zahnersatz bei Agama colonorum. Anat. Anz. XI. Bd. 1896.

— — Ueber die Schmelzleiste bei Sterna hirundo. Anat. Anz. XII. Bd. 1896.

— — Ueber Zahnentwicklung der diprotodonten Beutelthiere. Zool. Jahrb. XII. Bd. 1899.

Chigi, A., Sulla dentatura dell' Hemicentetes semispinosus (Mivart). Monit. Zool.-Ital. Anno VII. Nr. 11. Novbre. 1896.

Cope, E. D., The mechanical Origin of the Sectorial Teeth of the Cornivora. Proc. of the Americ. Assoc. for the Advancement of Science. Vol. XXVI. New York Meeting, August 1887.

— — On the Tritubercular Molar in Human Dentition. Journ. of Morphol. Vol. II. 1888.

Credner, H., Zur Histologie der Faltenzähne paläozoischer Stegocephalen. XX. Bd. d. math.-phys. Cl. d. K. Sächs. Gesellsch. d. Wissensch. 1893.

Cuvier, G., Leçons d'anatomie comparée. Tome III.

— — Recherches sur les ossements fossiles. Tome V. Abth. II.

Dewoletzky, R., Neuere Untersuch. über das Gebiss der Säuger. Jahresber. d. k. k. Staats-Obergymnasium in Czernowitz für das Schuljahr 1894/95.

Dohrn, A., Studien zur Urgeschichte des Wirbelthierkörpers. Mitth. a. d. Zool. Station zu Neapel 1884. III. Bd. Heft II.

von Ebner, V., Histologie der Zähne mit Einschluss der Histogenese. Scheff, Handb. d. Zahnheilkunde. Heft 3—4. Wien 1890.

Fleischmann, A., Die Grundform der Backzähne bei Säugethieren und die Homologie der einzelnen Höcker. Sitz.-Ber. d. K. Preuss. Akad. d. Wissensch. zu Berlin 1891.

Flower, Lectures on Odontology. Brit. Med. Journ. 1871.

Giebel, Odontographie. 1855.

— — Mammalia, Bronn's Classen u. Ordnungen des Thierreiches.

Gysi, A., und Röse, C., Sammlung von Mikrophotographien zur Veranschaulichung der Structur der Zähne des Menschen. Selbstverlag von A. Gysi in Zürich.

Harrison, H. S., The Development and Succession of Teeth in Hatteria punctata. Quart. Journ. Micr. Sc. Vol. 44, N. S. 1901. Vergl. auch Anat. Anz. XX. Bd. 1901.

Heinecke, Unters. über die Zähne niederer Wirbelthiere. Zeitschr. f. wissensch. Zool. Bd. XXIII. 1873.

Hensel, R., Ueber Homologien und Varianten in den Zahnformeln einiger Säugethiere. Morphol. Jahrb. Bd. V. 1879.

Hertwig, O., Ueber das Zahnsystem der Amphibien und seine Bedeutung für d. Genese des Skelets der Mundhöhle. Arch. für mikr. Anat. Bd. XI. 1874. (Vergl. auch das Hautskelet.)

Huxley, T. H., On the cranial and dental characters of the Canidiae. Proceed. Zool. Soc. of London. No. XVI. 1880.

Jacoby, M., Die Hornzähne der Cyclostomen etc. Arch. f. mikr. Anat. Bd. 43. 1894.

Kathariner, L., Die Mechanik des Bisses der solenoglyphen Giftschlangen. Biol. Centralbl. Bd. XX, No. 2. 1900 (vergl. auch die Bemerkungen dazu von O. Thilo: Ergänzungen zu meiner Abhandlung „Sperrvorrichtungen im Thierreiche". Biolog. Centralbl. XX. Bd. 1900.

Kükenthal, W., Einige Bemerkungen über die Säugethierbezahnung. Anat. Anz. VI. Jahrg. 1891. (Vergl. auch dessen grosse Monographie über die Walthiere.)

— — Zur Dentitionenfrage. Anat. Anz. X. u. XI.

— — Zur Entwicklungsgeschichte des Gebisses von Manatus. Anat. Anz. XII. Bd. 1896.

— — Vergl. anat. u. entwicklgesch Untersuchungen an Sirenen In: Zool. Forsch.-Reisen in Australien etc. von R. Semon. IV. Bd. 1. Lief. 1897.

Laaser, P., Die Entw. d. Zahnleiste bei den Selachiern. Anat. Anz. XVII. Bd. 1900.

Leche, Studien über das Milchgebiss und die Zahnhomologie bei den Chiropteren. Arch. f. Naturgesch. Jahrg. 43.

— — Ueber Hornzähne bei einem Säugethiere. Anat. Anz. IV. Jahrg. 1889.

— — Studien über die Entwicklung des Zahnsystems bei den Säugethieren. Morphol. Jahrb. XIX. Bd. 1892. (Vergl. auch den Nachtrag dazu im XX Bd.)

— — Die Entwicklung des Zahnsystems der Säugethiere. Compte rendu des Séances du troisième Congrès internat. de Zoolog. Leyde 16—21 Septbre. 1895.

— — Zur Entwicklungsgeschichte des Zahnsystems der Säugethiere etc. I. Th. Ontogenie. Bibliotheca zoologica. Stuttgart 1895. Vergl. auch die Besprechung dieses Werkes durch G. Ruge im Biol. Centralbl. Bd. XVI. 1896.

Leydig, F., Lehrbuch der Histologie des Menschen u. d. Thiere. Frankfurt 1857.

— — Ueber die Molche der württemberg. Fauna. Archiv für Naturg. Bd. XXXIII. 1877.

— — Die in Deutschland lebenden Arten der Saurier. Tübingen 1872.

Marett Tims, H. W., On the Tooth-genesis on the Canidae. Linn. Soc. Journ. Zoolog. Vol. XXV.

Marsh, O. C., American jurassic Mammals. Americ. Journ. of Science. Vol. XXXIII. 1887.

Meckel, J., System der vergl. Anat. Bd. IV.

de Meuron, P., Sur le développement de l'oesophage. Comptes rendus des séances de l'Académie des Sciences. Paris 1886.

Müller, J., Ueber eine eigenthümliche Bewaffnung d. Zwischenkiefers d. reifen Embryonen der Schlangen u. Eidechsen. Arch. f. Anat. u. Physiol. 1841.

Vergl. das auf sämtliche Wirbelthiere sich erstreckende, bei d. Lehr- u. Handbüchern aufgeführte Lehrbuch der vergl. mikr. Anat. von A. Oppel.

Osborn, H. F., The evolution of mammalian molars to and from the tritubercular type. Americ. Naturalist 1888.

— — Evolution of Mammalian Molars to and from the Tritubercular Type. Americ.

Naturalist. Decbr. 1888. Vergl. auch die Mittheilungen im Americ. Naturalist von 1893.

Osborn, H. F., The history and homologie of the human molar cusps. Anat. Anz. VII. Jahrg. 1892.
— — and Wortman, J. L., Fossil Mammals of the Lower Miocene White River Beds. Collection of 1892. Bull. Americ. Mus. of Nat. History, Vol. VI. 1894.
— — and Earle, Ch., Foss. Mammals of the Puerco Beds. Collection of 1892. Ebendaselbst Vol. VII. 1895.
— — The Rise of the Mammalia in North-America. Stud. from the Biolog. Laboratories of Columbia College. Zoölogy. Vol. I. Nr. 2. (Behandelt im Wesentl. das Säugethiergebiss.)
— — The History of the Cusps of the Human Molar Teeth. Internat. Dental Journal, July 1895.
— — Trituberculy: A Rewiew dedicated to the late Prof. Cope. Americ. Naturalist. Decbr. 1897.

Owen, R., Odontography (mit Atlas). London 1840—45.
— — Anatomy of Vertebrates. London 1866—68.
Peters, W., Ueber die Batrachiergattung Hemiphractus. Monat. Berichte d. K. Preuss. Acad. d. Wissensch. zu Berlin. 1862.
Pouchet, G. et Chabry, L., Contrib. à l'odontologie des Mammifères. Journ. de l'anat. et de la physiol. Tom. XX. 1884.
Poulton, E., True Teeth in the young Ornithorhynchus paradoxus. Royal Soc. London 1888.
— — The True Teeth and the Horny Plates of Ornithorhynchus. Quart. Journ. Microsc. Science. Vol. XXIX. Nr. 5. 1888.
Römer, O., Zahnhistolog. Studie. I. Th. Die Koelliker'schen Zahnbeinröhrchen und Tomes'schen Fasern. II. Th. Nerven im Zahnbein. Strassburg i. E. 1899. (Habilit. Schrift.)
Röse, C., Ueber die Entwicklung der Zähne des Menschen. Archiv. f. mikr. Anatomie. Bd. XXXVIII. 1891.
— — Ueber die Zahnentwicklung der Reptilien. Deutsche Monatsschrift für Zahnheilkunde. 1892. X. Jahrg. 4. Heft.
— — Ueber die Entstehung und Formabänderungen der menschlichen Molaren. Anatom. Anz. VII. Jahrg. 1892. Nr. 13. u. 14.
— — Ueber die schmelzlosen Zahnrudimente d. Menschen. Verhdl. d. deutsch. odontolog. Gesellsch. Bd. IV. Heft 1 u. 2.
— — Zur Zahnentwicklung der Edentaten. Anat. Anz. VII. Jahrg. 1892.
— — Ueber die Zahnentwicklung der Beutelthiere. Ebendaselbst.
— — Ueber die Zahnleiste und die Eischwiele der Sauropsiden. Anat. Anz. VII. Jahrg. 1892.
— — Zur Phylogenese des Säugethiergebisses. Biol. Centralbl. XII. Bd. (vergl. auch das in dieser Abhandl. enthaltene Litteraturverzeichnis).
— — Ueber Zahnbau und Zahnwechsel der Dipnoër. Anat. Anz. VII. Jahrg. 1892.
— — Ueber die Zahnentwicklung von Phascolomys Wombat. Sitz.-Ber. der K. Preuss. Acad. d. Wissensch. z. Berlin. XXXVIII. 1893.
— — Das Zahnsystem der Wirbelthiere. Ergebnisse d. Anat. u. Entwicklungsgeschichte, herausgeg. von Merkel und Bonnet. 1894. (Enthält ein 228 Nummern umfass. Litteraturverzeichnis.
— — Ueberreste einer vorzeitigen prälactealen und einer 4. Zahnreihe beim Menschen. Oesterr. Ungar. Viertelj. Schr. f. Zahnheilkunde. Jahrg. 11. H. 11.
— — Ueber die Zahnentwicklung vom Chamaeleon. Anat. Anz. VIII. Jahrg. 1893.
— — Ueber die Zahnentwicklung der Fische. Ebendaselbst. IX. Bd. 1894. 1. Ueber d. Zahnbau und Zahnwechsel von Elephas indicus. 2. Ueber die Zahnentwicklung der Crocodile. Morph. Arbeiten. Bd. III. H. 2. 1894. 3. Beitr. zur Zahnentwicklung d. Schwanzmolche. Ebendaselbst. Bd. IV. 1895. 4. Ueber die Zahnentwicklung von Chlamydoselachus anguineus Garm. Ebendaselbst.
— — Ueber die verschiedenen Abänderungen der Hartgewebe bei niederen Wirbelthieren. Anat. Anz. XIII. Bd. 1897.

Rosenberg, E., Ueber Umformungen an den Incisivi der zweiten Zahngeneration beim Menschen. Morph. Jahrb. XXII. Bd. 1895.
Ryder, J. A., On the Evolution and Homologies of the Incisors of the horse. Proceed. of the Acad. of nat. science of Philadelphia. 1877.
— — The mechanical Genesis of Tooth-Forms. Proceed. Acad. Philadelphia. p. 45. 1878.

Schauinsland, H., vergl. die bei der Wirbelsäule aufgeführte Arbeit über Hatteria.

Scheidt, P., Morphologie und Ontogenie des Gebisses der Hauskatze. Morphol. Jahrb. XXI. Bd. 1894.

Schlosser, M., Beitr. zur Kenntnis der Stammesgeschichte der Hufthiere und Versuch einer Systematik der Paar- und Unpaarhufer. Morph. Jahrb. Bd. XII. 1886.

— — Ueber die Deutung des Milchgebisses der Säugethiere. Biol. Centralbl. X. Bd.

— — Die Differenzierung des Säugethiergebisses. Biol. Centralbl. X. 1890.

— — Bemerkungen zu Leche's Entwicklungsgeschichte des Zahnsystems der Säugethiere. Anat. Anz. XIII. Bd. 1897.

Schwalbe, G., Ueber Theorien der Dentition. Verhandl. der Anat. Gesellsch. auf der VIII. Vers. in Strassburg vom 13.—16. Mai 1894.

Selenka, E., Die Rassen u. der Zahnwechsel des Orang-Utang. Sitz.-Ber. d. K. Preuss. Acad. d. Wissensch. in Berlin, physik.-math. Cl. XVI. 1896.

Semon, R., Die Zahnentwicklung des Ceratodus Forsteri. Zool. Forschungsreisen in Australien u. d. Malayischen Archipel, Bd. I. (Jenaische Denkschr. IV.) 1899.

Sirena, S., Ueber den Bau und die Entwicklung der Zähne bei den Amphibien und Reptilien. Verhandl. d. phys.-med. Gesellsch. zu Würzburg 1871.

Sluiter, C. Ph., Ueber den Eizahn u. d. Eischwiele einiger Reptilien. Morph. Jahrb. XX. Bd. 1893.

Sternfeld, B., Ueber die Structur des Hechtzahnes, insbesondere die des Vasodentins. Arch. f. mikr. Anat. Bd. XX. 1882.

Studnicka, F. K., Ueber einige Modificationen des Epithelgewebes (Schmelzpulpa der Wirbelthier-Zahnanlage, der Hornzähne der Cyclostomen, die Epidermis von Ophidium barbatum etc.). Sitz.-Ber. d. K. Böhm. Gesellsch. d. Wissensch., math.-naturwiss. Cl. 1899.

Thomas, O., On the Dentition of Ornithorhynchus. Proc. Royal Soc. Vol. 46. 1889.

Tomes, Ch., Die Anat. der Zähne des Menschen und der Wirbelthiere. In's Deutsche übers. von L. Holländer. Berlin 1877.

— — Development of Teeth of Batrachia and Lizards. — Developm. of Teeth of Ophidia. Philos. Transact. 1875.

— — Development of Teeth of Selachii and Teleostei. Philos. Transact. 1876.

Topinard, P., De l'évolution des molaires et prémolaires chez les Primates et en particulier chez l'homme. In „L'anthropologie" T. III. Nr. 6. Paris 1892.

Treuenfels, P., Die Zähne von Myliobatis aquila. Inaug.-Dissert. Basel 1896.

Waldeyer, W., Bau und Entwicklung der Zähne. In: Stricker's Handbuch der Lehre von den Geweben. Leipzig 1871.

Wiedersheim, R., Salamandrina perspicillata. Versuch einer vergl. Anatomie der Salamandrinen. Genua 1875.

Wilson, J. T., and Hill, J. P., Observations upon the Development and Succession of the Teeth in Perameles; together with a Contribution to the Discussion of the Homol. of the Teeth in Marsupial Animals. Quart. Journ. Micr. Sc. Vol. 39. N. S. 1897.

Windle, B. C. A., and Humphreys, J., Man's lost incisors. Journal of Anat. and Philos. Vol. XXI. 1887.

Woodward, M. F., On the Milk-Dentition of Procavia (Hyrax) Capensis and of the Rabbit (Lepus cuniculus) with Remarks on the Relation of the Milk and Permanent Dentitions of the Mammalia. Proceed. Zool. Soc. London, January 5, 1892. (Enthält auch eine Uebersicht über die ältere odontologische Litteratur.)

— — Contrib. to the Study of Mammalian Dentition. Part I. On the Development of the Teeth of the Macropodidae. Proceed. Zool. Soc. London 1893.

— — On the Milk Dentition of the Rodentia with a Description of a vestigial Milk Incisor in the Mouse (Mus musculus). Anat. Anz. IX. Bd. 1894.

— — On the Teeth of the Marsupialia, with especial Reference to the Premilk Dentition. Anat. Anz. XII. 1896.

— — Part II. On the Teeth of certain Insectivora. Proc. Zool. Soc. London 1896.

Zograff, N., Ueber die Zähne der Knorpelganoiden. Biol. Centralbl. VII. Bd. 1887. (Vergl. auch den Nachtrag hierzu ebendaselbst.)

Zuckerkandl, E., Anatomie der Mundhöhle mit besonderer Berücksichtigung d. Zähne. Wien 1891.

Mundhöhlendrüsen.

Bermann, Ueber tubulöse Drüsen in den Speicheldrüsen. Inaug.-Dissertation. Würzburg 1878.

Born, G., Ueber die Nasenhöhlen und den Thränennasengang der Amphibien. Morph. Jahrb. Bd. II. 1876.

Born, G., Die Nasenhöhlen u. der Thränennasengang der amnioten Wirbelthiere. 3 Abhandl. Ebendaselbst. Bd. V u. VIII.

Cloquet, Organisation des voies lacrymales chez les serpents. Mém. du muséum d'hist. nat. 1821.

Dugès, A., Rech. anat. et physiol. sur la déglutition dans les reptiles. Annal. d. scienc. nat. 1827.

Duvernoy, Mém. sur les caractères tirés de l'anatomie pour distinguer les serpents venimeux des serpents non venimeux. Ann. d. scienc. nat. 1832.

von Ebner, V., Die acinösen Drüsen der Zunge etc. Graz 1873.

Favaro, G., Le Pieghe laterali del Solco vestibolare inferiore della bocca nei mammiferi. Atti R. Istit. Veneto di Scienze, Lettere ed Arti. T. LIX. parte II. 1899/1900.

Fischer, J. G., Anat. Notizen über Heloderma horridum Wiegm. Verhandl. d. Vereins f. naturwiss. Unterhaltung zu Hamburg. Bd. V.

Gaupp, E., Anat. Untersuch. über die Nervenversorgung der Mund- und Nasenhöhlendrüsen der Wirbelthiere. Morph. Jahrb. Bd. XIV. 1888.

Giacomini, E., Sulle Glandule Salivari degli Uccelli. Monitore Zool. Ital. Anno I. 1890.

Henle, J., Handb. d. systemat. Anat. Bd. II. Eingeweidelehre. 2. Aufl. 1875.

Holl, M., Ueber das Epithel in der Mundhöhle von Salamandra maculosa. Sitz.-Bericht der Kais. Acad. der Wissenschaften. XCII. Bd. III. Abtheil. Juli-Heft. Jahrg. 1885. Wien.

Holm, J. F., Some Notes on the Histol. of the Poison Glands of Heloderma suspectum. Anat. Anz. XIII. u. XIV. Bd. 1897.

Leydig, F., Anat.-histol. Untersuch. über Fische u. Reptilien. Berlin 1853.

— — Ueber die Kopfdrüsen einheimischer Ophidier. Arch. f. mikr. Anat. Bd. IX. 1873.

Löwenthal, N., Zur Kenntnis der Gl. submaxillaris einiger Säugethiere. Anat. Anz. Bd. IX u. X.

Meckel, J., System der vergl. Anat. Bd. IV.

Meyer, A. B., Ueber den Giftapparat der Schlangen. Monats-Ber. Berl. Acad. 1869.

Müller, J., De glandul. sec. struct. penit. 1830.

Podwisotzky, V., Anat. Unters. über die Zungendrüsen des Menschen und der Säugethiere. Inaug.-Dissert. Dorpat 1878.

Reichel, P., Beitrag zur Morphologie der Mundhöhlendrüsen der Wirbelthiere. Morph. Jahrb. Bd. VII. 1882.

Schlegel, Essai sur la physiognomie des serpens. La Haye 1837.

von Seiller, R., Die Zungendrüsen von Lacerta. Festschrift für Leuckart. Leipzig 1892.

Viallanes, H., Observ. sur les glandes saliv. chez l'Echidné (Echidna hystrix). Annal. d. scienc. natur. Sér. VI. T. VII.

West, G. S., On the buccal Glands and Teeth of certain poissonous Snakes. Proc. Zool. Soc. London 1895.

Wiedersheim, R., Die Kopfdrüsen der geschwänzten Amphibien und die Glandula intermaxillaris der Anuren. Zeitschr. f. wiss. Zool. Bd. XXVII.

— — Das Kopfskelet der Urodelen. Morph. Jahrb. Bd. III. 1877.

Zumstein, J. J., Ueber die Unterkieferdrüsen einiger Säuger. I. Anat. Theil. Habilit.-Schrift. Marburg 1891.

Zunge.

Ludwig Ferdinand, Prinz von Bayern, Zur Anat. der Zunge. Eine vergleichend-anat. Studie. München 1884.

Gaupp, E., Ueber den Muskelmechanismus bei den Bewegungen der Froschzunge. Anat. Anz. XIX. Bd. Nr. 16. 1901.

Gegenbaur, C., Ueber die Unterzunge des Menschen u. der Säugethiere. Morph. Jahrb. Bd. IX. 1884.

— — Beiträge zur Morphol. der Zunge. Ebendaselbst. Bd. XI. 1886.

— — Zur Phylogenese der Zunge. Ebendaselbst. XXI. Bd. 1894.

Hammar, J. A., Notiz über die Entwickelung der Zunge und der Mundspeicheldrüsen beim Menschen. Anat. Anz. XIX. Bd. Nr. 22. 1901.

Kallius E., Beitr. zur Entwickelung der Zunge. I. Theil. Amphibien und Reptilien. Anat. Hefte, herausg. von Merkel u. Bonnet. I. Abth. H. LII—LIII. (XVI. Bd. H. 3—4.)

Kükenthal, W., vergl. dessen Monographie über die Cetaceen. (Enthält u. a. eine genaue Schilderung der Cetaceen-Zunge.)

Minot, Charles Sedgwick, Studies on the tongue. Anniversary memoirs of the Boston Society of natural history. Boston 1880.

Münch, Fr., Die Topographie der Papillen der Zunge des Menschen und der Säugethiere. Morph. Arb. VI. Bd. 3. Heft. 1897.

Nusbaum, J., Structure de la lysse et rudiment de la sous-langue chez les carnivores. Resumé einer in polnischer Sprache geschrieb. grösseren Arbeit. Bullet. de l'Acad. des Sciences de Cracovie. Decembre 1895.

— — und Markowski, Z., Zur vergl. Anat. der Stützorgane in der Zunge der Säugethiere. Anat. Anz. XII. u. XIII. Bd.

— — Vergl.-anatom. Untersuchungen über die Sublingua, Septum linguae und Lyssa der Säugethiere. Anz. d. Acad. d. Wissensch. in Krakau. Decbr. 1898.

Oppel, A., Ueber die Zunge der Monotremen, einiger Marsupialier und von Manis javanica. Aus: Semon, Zoolog. Forschungsreisen in Australien und dem Malayischen Archipel. Bd. IV. Jen. Denkschr. Bd. VII. 1899.

Poulton, E., The tongue of Perameles nasuta with some suggestions as to the origin of Taste Bulbs. Quart. Journ. of microsc. Science, Vol. XXIII. N. F. 1883.

— — On the Tongues of the Marsupialia. Proc. Zool. Soc. of London. 1883.

Vergl. auch die verschiedenen Monographieen, die Handbücher der systematischen Zoologie und vergleichenden Anatomie. Ferner die von C. H. Hoffmann bearbeiteten Amphibien und Reptilien in Bronn's Classen und Orduungen des Thierreiches, sowie die früher schon citierten Arbeiten R. Wiedersheim's über Amphibien und Reptilien, z. B. Salamandrina perspicillata etc.; ferner die Aufsätze Leydig's und die Arbeit H. Gadow's über die vergleich. Anatomie des Verdauungssystemes der Vögel (Jenaische Zeitschrift Bd. XIII. N. F. VI). Ferner M. Holl, Zur Anatomie der Mundhöhle von Rana temp. Sitz.-Ber. der K. Acad. der Wissensch. XCV. Bd. III. Abtheil. Wien 1887.

Vergl. auch Giebel, Die Zunge der Vögel und deren Gerüst. Zeitschr. der ges. Naturw. 1859, Bd. IX, mit vielen Abbild. etc.

Glandula thyreoidea und thymus[1]).

Afanassiew, B., Ueber Bau und Entwicklung der Thymus der Säugethiere. Arch. für mikr. Anat. Bd. XIV. 1877.

Anderson, O. A., Zur Kenntnis der Morphologie der Schilddrüse. Arch. f. Anat. und Physiol. (Anat. Abthl.) 1894. (Enthält eine Litteraturübersicht.)

Antipa, G., Ueber die Beziehungen der Thymus zu den sog. Kiemenspaltenorganen bei Selachiern. Anat. Anz. VII. Jahrg. 1892.

Beard, J., The Development and probable Function of the Thymus. Anat. Anz. IV. Bd. 1894, vergl. auch: The True Function of the Thymus. The Lancet, January 1899.

— — The Source of Leucocytes and the true Function of the Thymus. Anatom. Anz. XVIII. Bd. 1900.

van Bemmelen, J. F., Die Visceraltaschen und Aortenbogen bei Reptilien u. Vögeln. Zool. Anz. IX. Jahrg. 1886. (Vergl. auch das grosse, bei der Gesamtlitteratur der Reptilien aufgeführte Werk desselben Autors.)

— — Ueber die Suprapericardialkörper. Anat. Anz. IV. Jahrg. 1889.

Blum, F., Zur Physiologie der Schilddrüse. Verhandl. des XVII. Congr. für Innere Medicin. 1899.

— — Zur Chemie und Physiologie der Jodsubstanz der Schilddrüse. Arch. f. d. ges. Physiol. Bd. 77. 1899.

Blumenreich, L., und Jakoby, M., Experiment. Untersuch. über die Bedeutung der Schilddrüse und ihrer Nebendrüsen für den Organismus. Berliner klin. Wochenschr. 1896. Nr. 15.

Born, G., Ueber die Derivate der embryonalen Schlundbögen und Schlundspalten bei Säugethieren. Vortrag in der medic. Section der schlesischen Gesellschaft für vaterl. Cultur. 1. Decbr. 1882. Abgedr. in d. Breslauer ärztl. Zeitschr. Nr. 24. 23. Decbr. 1882. (Handelt auch von der Thymus.)

— — Ueber die Derivate der embryonalen Schlundbogen etc. Arch. f. mikr. Anatomie. Bd. XXII, 1883.

Dohrn, A., Studien zur Urgeschichte des Wirbelthierkörpers. Mittheilg. aus der zoolog. Station zu Neapel. Bd. V, VI. u. VII, 1884—87.

Ecker, A, Blutgefässdrüsen. Wagner's Handwörterbuch für Physiologie. IV.

---

[1]) Ueber die „Glandula carotica" vergl. die Litteratur über das periphere Nervensystem.

Fischelis, Phil., Beitrag zur Kenntnis der Glandula thyreoidea und Glandula Thymus. Arch. f. mikr. Anat. Bd. XXV, 1885. (Enthält die gesamte ältere Litteratur.)

Fol, A., Ueber die Schleimdrüsen oder den Endostyl der Tunicaten. Morphol. Jahrb. Bd. I. 1876.

Götte, A., Entwicklungsgeschichte der Unke. Leipzig 1875.

Groschuff, K., Bemerkungen zu den vorläuf. Mitthl. von Jakoby: Ueber die Entwickl. der Nebendrüsen der Schilddrüse und der Carotidendrüse. Anatom. Anz. XII. Bd. 1896.

— — Ueber das Vorkommen eines Thymussegmentes der vierten Kiementasche beim Menschen. Ebendaselbst. XVII. Bd. 1900.

Guiard, J., Étude sur la glande thyroïde dans la série des vertébrés et en particulier chez les sélaciens. Thèse de médecine. Paris 1896.

Herrmann, G., et Verdu, P., Notes sur l'anatomie des corps post-branchiaux Trav. Stat. zool. Wimereux T. VII. 1899.

— — Persistance des corps post-branchiaux chez l'homme. Comptes rendus des séances de la Société de Biologie. Séance du 4 Novbre. 1899.

— — Notes sur les corps post-branchiaux des Caméliens. Comptes rendus. Des séances de la Société de Biologie. (Séance du 10 Novbre. 1900.)

His, W., Anat. menschl. Embryonen. Mit Atlas. Leipzig 1880—85.

Jakoby, M., Ueber die mediane Schilddrüsenanlage bei Säugern (Schwein). Anat. Anz. X. Bd. 1894.

— — Ueber die Entwicklung der Nebendrüsen der Schilddrüse und der Carotidendrüse. Ebendaselbst Bd. XII, 1896.

Johnstone, J., The Thymus in the Marsupials Linnean Soc. Journal-Zoology. Vol. XXVI. 1898.

Julien, Ch., Quelle est la valeur morphologique du corps thyreoïde des Vertébrés? Bull. Acad. Royale de Belgique. Tom. III, 1887.

Kastschenko, N., Das Schicksal d. embryonalen Schlundspalten bei Säugethieren. Arch. f. mikr. Anat. Bd. XXX. 1887.

Koelliker, A., Entwicklungsgeschichte d. Menschen und der höheren Thiere. 2. Aufl. Leipzig 1879.

— — Gewebelehre.

Kohn, A., Studien über die Schilddrüse. Arch. f. mikr. Anat. u. Entw. Bd. 44, 1895.

Langendorff, O., Aeltere und neuere Ansichten über die Schilddrüse. Biol. Centralbl. Bd. IX. 1889.

Livini, F., Organi del sistema timotiroideo nella Salamandrina perspicillata. Arch. ital. di Anat. e di Embr. Vol. I. 1902.

Maurer, F., Schilddrüse und Thymus der Teleostier. Morphol. Jahrb. Bd. XI. 1885.

— — Schilddrüse, Thymus und Kiemenreste der Amphibien. Morphol. Jahrb. Bd. XIII. 1887.

— — Die Derivate der Schlundspalten bei der Eidechse. Verhandl. der Anat. Gesellsch. zu Kiel. 1898.

— — Die Schlundspaltenderivate von Echidna. Verhandl. der Anat. Gesellsch. XIII. Vers. zu Tübingen 1899.

Mayer, S., Zur Lehre von der Schilddrüse und Thymus bei den Amphibien. Anat. Anz. III. Jahrg. 1888.

de Meuron, P., Recherches sur le développement du Thymus et de la glande thyreoïde. Inaug.-Dissert. Genève 1886. (Eine bezüglich der Gruppierung und erschöpfenden Behandlung des Stoffes vortreffliche Arbeit, welche auch ein ausgedehntes Litteraturverzeichnis enthält.)

Müller, W., Ueber die Hypobranchialrinne der Tunicaten und deren Vorhandensein bei Amphioxus und den Cyclostomen. Jenaische Zeitschr. Bd. VII.

— — Ueber die Entwicklung der Schilddrüse. Ebendaselbst Bd. VI.

— — Die Hypobranchialrinne der Tunicaten. Ebendaselbst Bd. VII.

Nusbaum, J., u. Prymak, Th., Die Entwicklungsgeschichte der lymphoiden Elemente der Thymus bei den Knochenfischen. Anat. Anz. XIX. Bd. 1901.

Otto, M., Beitrag z. vergl. Anatomie d. Gl. thyreoidea und thymus der Säugethiere nebst Bemerkungen über die Kehlsäcke von Lemur varius und Troglodytes niger. Inaug.-Diss. Freiburg i/B. 1897.

Peter, K., Mittheilungen zur Entwicklungsgeschichte der Eidechse. II. Die Schlundspalten in ihrer Anlage, Ausbildung und Bedeutung. Arch. f. mikr. Anat. u. Entw.-Gesch. LVII. Bd. 1901.

Platt, J., The development of the Thyroid Gland and of the Suprapericardial Bodies in Necturus. Anat. Anz. XI. Bd. 1896.

Remak, Untersuch. über Entwicklung der Wirbelthiere. Berlin 1855.

Roud, A., Contr. à l'Étude de l'origine et l'Évolution de la Thyréoide et du Thymus chez le campagnol. Bull. Soc. Vaudoise des Scienc. nat. Vol. 36. 1901.

Schneider, A., Beitr. zur vergl. Anatomie und Entwicklungsgeschichte der Wirbelthiere. Berlin 1879. (Gl. thyreoidea von Ammocoetes.)

Schultze, M., Die Entwicklungsgeschichte von Petromyzon Planeri. Natuurkundige Verhandelingen van de Hollandsche Maatschappij der wetenschappen te Haarlem, II. verzameling D. 12. 1856. (Preisschrift.) S. 28.

Seessel, A., Zur Entwicklungsgeschichte des Vorderdarmes. Arch. f. Anat. u. Physiol. 1877.

Simon, J., A physiological essay on the thymus gland. London 1845.

Stannius, H., Handbuch der Zootomie. Berlin 1854.

Stieda, L., Unters. über die Entwicklung der Glandula thymus, thyreoidea und carotica. Leipzig 1881.

Symington, J., Ueber Thyreoidea, Glandulae parathyreoideae und Thymus beim dreizehigen Faulthier (Aï, Bradypus tridactylus). Arch. f. Anat. u. Physiol. Anat. Abth. Suppl.-Bd. 1897.

— — The Thymus Gland in the Marsuplalia. Journ. of Anat. and Physiol. Vol. XXXII. 1898.

Verdun, P., Derivés branchiaux chez les Vertébrés supérieurs. Toulouse 1898. (Enthält u. a. sehr viele Litteraturangaben).

Watney, H., The minute anatomy of the Thymus. Philos. Transact. Royal Soc. p. III. 1882.

Wölfler, A., Ueber die Entwicklung der Schilddrüse. Berlin 1880.

Abgesehen von den grösseren embryologischen und vergl. anatomischen Werken, die ich gleich zu Anfang dieses Litteraturverzeichnisses namhaft gemacht habe, will ich noch einmal an folgende, ebenfalls früher schon citierte Quellen erinnern und weitere hinzufügen:

Darm, Magen, Leber, Pankreas.

Fische und Dipnoër.

Ayers, H., Beitr. z. Anat. u. Phys. der Dipnoër. Jen. Zeitschr. f. Naturw. Bd. XVIII. N. F. XI. Bd. 1885.

Balfour (Elasmobranchier), Balfour und Parker (Lepidosteus), Leydig (Rochen und Haie, Fische und Reptilien), Langerhans (Amphioxus und Petromyzon), J. Müller (Vgl. Anatomie der Myxinoiden, Bau und Grenzen der Ganoiden), Rolph (Amphioxus), Schneider (Amphioxus, Petromyzon).

Blanchard, R., Mittheil. über d. Bau und die Entwicklung der sogen. fingerförm. Drüse bei den Knorpelfischen. Mittheil. a. d. embryol. Institute a. d. Universität Wien, I. p. 1878.

Diesen Quellen füge ich noch bei:

Brachet, A., Rech. sur le Dévelopment du Pankreas et du foie (Sélaciens, Reptiles, Mammifères). Journ. de l'Anat. et de la Physiol. XXXIIe année. 1896. (Vergl. auch Anat. Anz. XIII. Bd. 1897.)

— — Sur le développement du foie et sur le pancréas de l'Ammocoetes. Anatom. Anz. XIII. Bd. 1897.

Braus, H., Untersuch. zur vergl. Histologie der Leber der Wirbelthiere. Aus Semon, Zool. Forschungsreisen in Australien und dem Malayischen Archipel. Bd. II. (Jen. Denkschriften. Bd. V.) 1896.

Cattaneo, G., Struttura e sviluppo dell' intestino dei pesci. Bolletino scientifico. No. 1. Marzo 1886, Pavia.

— — Sulla formazione delle cripte intestinali negli embrioni del Salmo salar. Rend. del R. Istit. Lomb. Serie II, vol. XIX, Fasc. IX. Milano 1886.

— — Istologia e sviluppo del Tubo digerente dei pesci. Milano 1886. (Enthält ein ausführliches Litteratur-Verzeichnis.)

— — Sull esistenza delle glandule gastriche nell' Acipenser sturio e nella Tinca vulgaris. Rend. Istit. Lomb. Vol. XIX. 1886.

— — 1. Ulteriori ricerche sulla struttura delle glandule peptiche dei selaci, ganoidi e teleostei. 2. Sul significato fisiologico delle glandule da me trovate nello stomaco dello Sturione e sul valore morfologico delle loro cellule. Bollet. scientif. No. 3 u. 4. Pavia 1886.

— — Sullo stomaco del Globiocephalus Svineval Flow. e sulla digestione gastrica nei delfinide. Atti Soc. lig. di Sc. Nat. Vol. V, 1894.

Cattaneo, G., Sul tempo e sul modo di formazione delle appendica piloriche nei Salmonidi. Monit. zool. Italiano. Anno XI. (Supplem.) Decembre 1900.

Choronshitzky, B., Die Entstehung der Milz, Leber, Gallenblase, Bauchspeicheldrüse u. d. Pfortadersystems bei den verschied. Abtheilungen der Wirbelthiere. Anatom. Hefte XLII/XLIII. Heft. 13. Bd. H. II·III. 1900.

Edinger, Ueber die Schleimhaut des Fischdarmes etc. Arch. f. mikr. Anat. Bd. XIII. 1877.

Franz, K., Ueber die Entwicklung von Hypochorda und Ligamentum longitudinale ventrale bei Teleostiern. Morph. Jahrb. Bd. XXV. 1897.

Goeppert, E., Die Entwickl. des Pankreas der Teleostier. Morph. Jahrb. XX. Bd. 1893.

Guiland, J. L., The minute Structure of the digestive tract of the Salmon and the changes which occur in it in fresh water. Report of the Fishery Board for Scotland 1898. p. 1—10. Refer. v. H. E. Ziegler im „Zoolog. Centralblatt". V. 1898.

Hammar, J. A., Ueber einige Hauptzüge der ersten embryonalen Leberentwicklung. Anat. Anz. Bd. XIII. 1897.

— — Zur Kenntnis der Leberentwicklung bei Amphioxus. Ebendaselbst. Bd. XIV. 1898.

Helly, K., Der accessorische Ausführungsgang des Pankreas. Centralbl. f. Physiologie vom 4. Febr. 1899. Heft 23. Vergl. Arch. f. mikr. Anat. u. Entw.-Geschichte. Bd. 56. 1900.

Holm, J. F., Ueber den feineren Bau der Leber bei den niederen Wirbelthieren. Zool. Jahrb. Abth. f. Anat. u. Ontog. X. Bd. 1897.

Howes, G. B., On the Intestinal Canal of the Ichthyopsida, with especial reference to its Arterial Supply and the Appendix Digitiformis. Linn. Soc. Journ. Vol. XXIII.

Krukenberg, Versuche zur vergl. Physiologie d. Verdauung etc. Unters. aus d. physiol. Inst. der Univ. Heidelberg, Bd. I.

von Kupffer, C., Ueber die Entwicklung von Milz und Pankreas. München. Medicin. Abhandlg. Arbeiten aus dem anat. Institute. Herausgeg. von C. v. Kupffer und N. Rüdinger. VII. Reihe. 4. Heft. München 1892.

— — Ueber das Pankreas bei Ammocoetes. Sitz.-Ber. d. Gesellsch. f. Morphol. u. Physiol. zu München. Heft II/III. 1893.

Laguesse, E., Développement du pancréas chez les poissous osseux. Comptes rendus hebdomadaires de la Société de Biologie. Jahrg. 1889 und 1890.

— — Structure du pancréas et pancréas intrahépatique chez les poissons. Compt. rendus de l'Académie des sciences. Paris 1891. T. CXII. (Vergl. auch den Aufsatz im Journ. de l'Anatomie e de la Physiol. XXXe Année, 1894.

Legonis, Rech. sur les tubes de Weber et sur le pancréas des poissons osseux. Annal. des sciences nat. Zoologie, T. XVII u. XVIII. 1873.

Legros, R., Développement de la Cavité buccale de l'Amphioxus lanceolatus etc. Arch. d'Anat Micr. No. 4, t. I. 1897 et No. 1, t. II. 1898.

List, J., Untersuch. über d. Cloakenepithel der Plagiostomen. Sitz.-Ber. d. K. Acad. d. Wissensch. zu Wien. XC. XCII. 1884, 1885.

Lorent, H., Ueber den Mitteldarm von Cobitis fossilis Lin. Arch. f. mikr. Anat. Bd. XV. 1878.

Maas, O., Ueber ein Pankreas-ähnl. Organ bei Mxyine. Sitz.-Ber. d. Gesellsch. f. Morph. u. Physiol. in München. 1896.

— — Verlauf u. Schichtenbau des Darmcanals von Myxine glutinosa L. Festschr. zum 70. Geburtstag von Carl v. Kupffer. 1899.

Maurer, F., Blutgefässe im Epithel. Morph. Jahrb. XXV. Bd. 1897.

Mayer, P., Ueber den Spiraldarm der Selachier. Mitth. aus d. Zool. Station zu Neapel. XXII. Bd. 4. Heft 1897.

Mayer, J., Ueber die Entwicklung des Pankreas bei Selachiern. Anat. Hefte. I. Abth. XXIV. Heft (VIII. Bd., Heft I.)

Mazza, F., ed Perugia, A., Sulla glandola digitiforme (Leydig) nella Chimaera.monstrosa Linn. Aus d. Mus. di Zool. e Anat. comp. della Univ. di Genova. Atti Soc. lig. Sc. nat. Vol. V. 1894.

Monti, R., Su la Morfologia comparata dei condotti escretori delle ghiandole gastriche nei vertebrati. Boll. scientif. No. 2 e 3. Anno 1898. (Erstreckt sich über Vertreter aller Wirbelthierklassen.)

Nestler, Beitr. z. Anat. und Entwicklungsgeschichte von Petromyzon Planeri. Berlin, Nicolai 1890. Vergl. auch Arch. f. Naturgesch. 1890.

Oppel, A., Die Magendrüsen der Wirbelthiere. Anat. Anz. XI. Bd. 1896.

— — Verdauungsapparat (Referat). Ergebnisse der Anat. und Entwicklungsgesch. 1896. Anat. Hefte. II. Abth. 1897. VII. Bd.

— — Verdauungsapparat. Ergebn. d. Anat. und Entwicklungsgesch. X. Bd. 1900.

Parker, T. J., On the Intestinal Spiral Valve in the Genus Raja. Transact. Zool. Soc. Vol. XI. London 1880.

Rathke, H., Zur Anatomie der Fische. 1. Ueber den Darmcanal. 2. Ueber die Leber, die Milz u. die Harnwerkzeuge. (Zwei Aufsätze.) Arch. f. Anat. u. Physiol. 1837.

Redeke, H. C., Die sogen. Bursa Entiana der Selachier. Anat. Anz. Bd. XVII Nr. 6 und 7. 1900.

— — Aanteekeningen over den Bouw van het Maag-Darmslijmvliess der Selachiers. Tijdschr. d. Ned. Dierk. Vereen. (2) Dl. VI. Afl. 4. 1900. (Enthält eine Zusammenfassung in deutscher Sprache.)

Rückert, J., Ueber die Entwicklung des Spiraldarmes bei Selachiern. Arch. f. Entw.-Mechanik der Organismen. IV. Bd. 2. Heft. 1896.

Wiedersheim, R., Ueber die mechanische Aufnahme der Nahrungsmittel in der Darmschleimhaut. Freiburger Festschrift zur 59. Versammlung deutscher Naturforscher u. Aerzte 1883.

Yung, E., De la Physiologie comparée de la digestion. Arch. d. Sc. phys. et naturelles. III. période, T. XXXIV. Novbr. 1895.

— — La Digestion des Poissons, Histologie et Physiologie de l'intestin. Arch. de Zool. expérim. et gén. 3. Sér. Vol. VII u. VIII. 1899, 1900.

Eine reiche Fundgrube für den Tractus intestinalis der Fische bildet auch das Handbuch der Zootomie von H. Stannius, sowie das System der vergl. Anatomie von J. Meckel.

Amphibien, Reptilien und Vögel.

van Bemmelen, J. F., Beiträge zur Kenntnis der Halsgegend bei Reptilien. I. Anat. Theil. Amsterdam 1888. (Siehe auch dessen Artikel im Zool. Anzeiger. IX. Jahrg. 1886.)

— — Over den oorsprong van de voorste ledematen en de tongspieren bij Reptilien. K. Akad. van Wetensch. te Amsterdam. Zitting van 30. Juni 1888.

Brachet, A., Vergl. Fische und Dipnoër.

Braus, H., Vergl. Fische und Dipnoër.

Eberth, Untersuch. über die Lehre der Wirbelthiere. Arch. f. mikr. Anat. Bd. III. (Vergl. auch dessen Arbeit in Virchow's Archiv. Bd. 39.)

Göppert, E., Die Entwicklung und das spätere Verhalten des Pankreas bei Amphibien. Morph. Jahrb. Bd. XVII. 1891.

Ebenfalls früher schon aufgeführte Arbeiten von: Götte (Entwicklungsgeschichte der Unke), Hoffmann (Amphibien in Bronn's Classen und Ordnungen des Thierreichs), Ecker und Wiedersheim (Anatomie des Frosches), Wiedersheim (Salamandrina persp., Anatomie der Gymnophionen, Kopfdrüsen der Urodelen und die Glanuula intermaxillaris der Anuren), Stannius (Handbuch der Zootomie).

Héron-Royer et van Bambecke, Ch., La vestibule de la bouche chez les têtards des Batraciens anoures d'Europe etc. Arch. de Biol. T. IX. 1889.

Hoffmann, C. K. (Reptilien; in Bronn's Classen und Ordnungen des Thierreichs), Leydig (Die in Deutschland lebenden Arten der Saurier), Stannius (Handbuch d. Zootomie).

Holl, M., Zur Anatomie der Mundhöhle von Lacerta agilis. Sitz.-Ber. d. Kais. Acad. d. Wissensch. zu Wien. Bd. XCVI. 1887.

Kingsbury, B., F., The Histological Structure of the Enteron of Necturus maculatus. Proc. Americ. Micr. Soc. 1894.

Oppel, A., Beitr. z. Anatomie des Proteus enguineus. Arch. f. mikr. Anat. Bd. XXXIV. 1890.

Osawa, G., Beitr. z. Lehre von den Eingeweiden der Hatteria punctata. Arch. f. mikr. Anat. u. Entwicklungsgesch. Bd. XLIX. 1897.

Reuter, K., Ueber die Rückbildungserscheinungen am Darmcanal der Larve von Alytes obstetricans. I. Th. Aeussere Veränderung der Organe. Anat. Hefte. H. 45. XIV. Bd. H. 2. 1900.

Sacchi, Maria, Contrib. all' Istologia ed Embriologia dell' Apparechio digerente dei Batraci e dei Rettili. Atti della Società Ital. di scienze nat. Vol. XXIX. Milano 1886.

— — Sulla morfologia della Glandula intestinali dei Vertebrati. Bollet. scientif. No. 2. Pavia 1887.

Schulze, F. E., Ueber die inneren Kiemen der Batrachierlarven. I. Mitth. Ueber das Epithel der Lippen, der Mund-, Rachen- und Kiemenhöhle erwachsener Larven von Pelobates fuscus. Abhandl. der K. Preuss. Acad. d. Wissensch. zu Berlin, 1888.

II. Mitth. Skelet, Muskulatur, Blutgefässe, Filterapparat, Respiratorische Anhänge und Athmungsbewegungen erwachsener Larven und Pelobates fuscus. Ebendaselbst 1892.

Stöhr, Ph., Ueber die Entwicklung des Hypochorda und des dorsalen Pankreas bei Rana temporaria. Morph. Jahrb. XXIII. Bd. 1895.

Völker, Beitr. zur Entw. des Pankreas bei den Amnioten. Arch. f. mikr. Anat. und Entwicklungsgesch. Bd. LIX. 1901.

Vögel.

Bauer, M., Beitr. zur Histologie des Muskelmagens der Vögel. Arch. f. mikr. Anat. u. Entwicklungsgesch. LVII. Bd. 1901.

Brouha, M., Sur les premières phases du développement du foie et sur l'évolution des pancréas ventraux, chez les oiseaux. Anat. Anz. XIV. Bd. 1898.

Cazin, M., Recherches sur la structure de l'estomac des oiseaux. Comptes rend. Paris 1886. Vergl. auch Annal. des sciences zoolog. T. IV.

Cattaneo, G., Istologia e sviluppo dell' apparato gastrico degli uccelli. Milano 1884.

Cloetta, M., Beitr. z. mikroskop. Anatomie des Vogeldarmes. Arch. f. mikr. Anatomie. Bd. XLI. 1893.

Forbes, On the Bursa Fabricii in Birds. Proc. Zool. Soc. London 1887.

Gadow, H., Versuch einer vergl. Anatomie des Verdauungssystems der Vögel. Jenaische Zeitschr., Bd. XIII. N. F. VI. (Enthält zahlreiche werthvolle Litteraturangaben.)

Gasser, Die Entstehung der Cloakenöffoung bei Hühnerembryonen. Arch f. Anat. und Physiol. Anat. Abth. 1880.

Huschke, De bursae Fabricii origine. 1838.

Leuckart, Zool. Bruchstücke, II. 1841. Ueber eine zusammenges. Magenbildung bei verschiedenen Vögeln.

Molin, Sugli stomachi degli uccelli. In Denkschr. K. Acad. der Wissensch. III. Bd. 1852.

Postina, G., Bydrage tot de Kennis van den Bouw van het Darmkanal der Vogels. Inaug.-Diss. Leiden 1887.

Selenka und Gadow. (Vögel; Bronn's Classen und Ordnungen des Thierreichs.) Tiedemann (Anatomie u. Naturgeschichte der Vögel) Naumann's Naturgesch. der Vögel Deutschlands.

Stieda, L., Ueber den Bau und die Entwicklung der Bursa Fabricii. Zeitschr. f. wiss. Zool. Bd. XXXIV.

Teichmann, M., Der Kropf der Taube. Arch. f. mikr. Anat. Bd. XXXIV. 1889.

Tiedemann und Gmelin, Die Verdauung. II. Bd. Heidelberg 1826.

Wenckebach, K. F., De Ontwikkeling en de Bouw der Bursa Fabricii. Inaug.-Diss. Utrecht 1888.

Wiedersheim, R., Die feineren Structurverhältnisse der Drüsen im Muskelmagen der Vögel. Inaug.-Diss. Würzburg 1872. In erweiterter Form publ. im Archiv f. mikr. Anat., Bd. VIII. 1872.

Säugethiere.

Gurlt (Haussäugethiere), Frank (Haussäugethiere), Rapp (1. Cetaceen, 2. Edentaten). Vergl. auch die grösseren Werke von Cuvier, Meckel, Koelliker (Histologie), Henle (Systematische Anatomie des Menschen), sowie die in der allgemeinen Litteratur-Uebersicht zu Anfang dieses Verzeichnisses erwähnten Werke.

Sehr wichtig ist der Aufsatz Gegenbaur's, Bemerkungen über den Vorderdarm niederer Wirbelthiere. Morph. Jahrb. Bd. IV. 1878.

Boas, J. E. V., Zur Morphologie des Magens der Cameliden und der Tragulideu etc. Morph. Jahrb. Bd. XVI. 1890.

Bizzozero, G., Ueber die Regeneration der Elemente der schlauchförmigen Drüsen und des Magendarmcanals. Anat. Anz., Jahrg. III. 1888, und Arch. für mikr. Anatomie. Bd. XXIII. 1889.

Brachet, A. (Vergl. dessen Arbeit über die Entwicklung des Diaphragma.)

— — Ueber die Entwicklung des Pankreas und der Leber. (Vergl. Fische u. Dipnoër.)

Cattaneo, G., Sulla digestione gastrica dei delfinidi etc. Atti d. Soc. lig. di scienze nat. e geogr. Vol. V. 1894.

— — Ancora sullo stomaco dei delfini. Atti d. Soc. lig. di sc. nat. e geogr. Vol. IX. 1899.

Edelmann, R., Vergl. anat. u. physiol. Untersuchungen über eine besondere Region der Magenschleimhaut (Cardialdrüsenregion) bei den Säugethieren. Inaug.-Diss. Rostock. 1889.

Edinger, Zur Kenntnis der Drüsenzellen drs Magens, besonders beim Menschen. Arch. f. mikr. Anat. Bd. XVII. 1879.

Eimer, Th., Neue und alte Mittheilungen über Fettresorption im Dünndarm und im Dickdarm. Biol. Centralbl. Bd. IV. Nr. 19. 1884.

Endres, H., Beitr. z. Entwicklungsgeschichte und Anatomie des Darmes, des Darmgekröses und der Bauchspeicheldrüse. Arch. f. mikr. Anat. Bd. XL. 1892.

Eysoldt, W., Ein Beitrag zur Frage der Fettresorption. Inaug.-Diss. Kiel 1885.

Favaro, G., Contributo alle Filogenesi ed ell' Ontogenesi del Vestibolo orale. Ricerche Lab. Anat. Roma e altri Lab. Biolog. Vol. VIII. 1901.

Felix, W., Zur Leber- und Pankreasentwicklung. Arch. f. Anat. und Physiol. Anat. Abth. 1892.

Garel, J., Recherches sur l'Anatomie comparée des glandes de la muqueuse intestinale et gastrique de animaux vertébrés. Lab. d'Anat. gén. de la faculté de médecine de Lyon. Paris 1879.

Gegenbaur, C., Die Gaumenfalten des Menschen. Morph. Jahrb. IV. Bd. 1878.

Hamburger, O., Zur Entwicklung der Bauchspeicheldrüse des Menschen. Anat. Anz. VII. Jahrg. 1892.

Heidenhain, B., Beitr. zur Histologie und zur Physiologie der Dünndarmschleimhaut. Pflüger's Arch. Bd. XLIII. Suppl.-H.

Helly, K., Zur Pankreasentwicklung der Säugethiere. Arch. f. mikr. Anat. und Entwicklungsgesch. LVII. Bd. 1901.

Johnstone, J., On the Gastric glands of the Marsupialia. Linn. Soc. Journ.-Zoology. Vol. XXVII. 1899.

Jungklaus, F., Der Magen der Cetaceen. Jenaische Zeitschr. Bd. XXXII. N. F. XXV. 1898.

Keibel, F., Die Entwicklungsvorgänge am hinteren Ende des Meerschweinchenembryos. Arch. f. Anat. u. Physiol. 1888.

Killian, G., Ueber die Bursa und Tonsilla pharyngea. Morph. Jahrb. Bd. XIV. 1888. (Enthält ein ausführl. Litteratur-Verzeichnis.)

Kohlbrugge, J. H. F., Onderzoekingen en overwegingen betreffende de innervatie van den darm en den anatomischen bouw van den Voordarm 1895.

Kollmann, J., Intracellulare Verdauung in der Keimhaut von Wirbelthieren. Recueil zoologique Suisse. Tom. I. Nr. 2.

von Kostanecki, K., Zur Morphologie der Tubengaumenmuskulatur. Arch. f. Anat. und Physiol. Anat. Abthl. 1891.

Metschnikoff, E., Unters. über die intracellulare Verdauung bei wirbellosen Thieren. Arbeiten des zool. Instituts zu Wien. Tom. V. Heft 2. 1883.

— — Unters. über die mesodermalen Phagocyten einiger Wirbelthiere. Biolog. Centralbl. III. Bd. 1883. Nr. 18.

Nauwerck, C., Ein Nebenpankreas. Patholog.-anat. Mittheil. XIV. In Ziegler, Beitr. z. pathol. Anat. XII. Bd. 1892.

Oppel, A., Ueber Pigmentzellen des Wirbelthierdarmes. Mitthl. d. Gesellch. f. Morph. und Physiol. zu München. Sitzung vom 17. December 1889.

— — Ueber Gitterfasern der menschl. Leber u. Milz. Anat. Anz. VI. Jahrg. 1891.

— — Ueber den Magen der Monotremen, einiger Marsupialier und von Manis javanica, aus Semon, Zoolog. Forsch.-Reisen in Australien und dem malayischen Archipel. Jena 1896.

— — Ueber die Functionen des Magens. Biol. Centralbl. Bd. XVI. Nr. 10. 1896.

— — Verdauungsapparat. (Umfasst: Mundhöhle, Schlund, Magen, Darm, Resorption, Pankreas und Leber der Wirbelthiere). Ergebn. d. Anat. u. Entw.-Gesch. IX. Bd. 1899.

Pischinger, O., Beitr. z. Kenntnis des Pankreas. Inaug. Diss. München, 1895.

Rex, H., Beitr. z. Morphologie der Säugerleber. Morphol. Jahrb. Bd. XIV. 1888.

Rubeli, O., Ueber den Oesophagus des Menschen und verschiedener Hausthiere. Inaug.-Dissert. Bern 1890.

Schaffer, J., Epithel und Drüsen der Speiseröhre. Wiener klin. Wochenschr. Jahrg. 1898. Nr. 22.

Schirmer, A., Beitr. z. Geschichte und Anatomie des Pankreas. Inaug.-Dissert. Basel 1893.

Schulze, W., Die Bedeutung der Langerhans'schen Inseln im Pankreas. Arch. f. mikr. Anat. u. Entw.-Gesch. Bd. LVI. 1900.

Spee, Graf Ferdinand, Beobacht. über den Bewegungsapparat und die Bewegung der Darmzotten, sowie deren Bedeutung für den Chylusstrom. Acad. Habil.-Schrift (Kiel), abgedr. im Arch. f. Anat. und Physiol. 1885. Anat. Abthl.

Stöhr, Ph., Ueber das Epithel des menschl. Magens. Verhandl. d. phys.-med. Gesellsch. zu Würzburg. N. F. XV. Bd. 1880.

— — Ueber die Pylorusschleimhaut. Sitz.-Bericht der Würzburger phys.-med. Gesellsch. 1881.

Stoss, A., Untersuchung über die Entwicklung der Verdauungsorgane (Schafembryonen). Inaug.-Dissert., Thierärztl. Hochschule München, 1892. Siehe auch: Anat. Anz. VI, Jahrg. 1891.)

— — Ueber die Entwicklung des Wiederkäuermagens nebst Demonstration eines Lamamagens. Münchn. Wochenschr. für Thierheilkunde und Viehzucht. Nr. 44. Octobr. 1894.

Tandler, J., Zur Entw.-Geschichte des menschlichen Duodenum in frühen Embryonalstadien. Morph. Jahrb. Bd. XXIX. 1900.

Tornier, O., Ueber Bürstenbesätze an Drüsenepithelien. Arch. f. mikr. Anat. Bd. XXVII. 1886.

Weber, M., Eigenthüml. Lagerung d. Leber und Niere bei Siluroiden. Zool. Ergebnisse einer Reise in Niederl. Ost-Indien. Heft 2. Leiden 1890.

— — Zoolog. Ergebnisse einer Reise in Niederl. Ost-Indien. Bd. II. Beitr. zur Anatom. und Entwicklung des Genus Manis. Leiden 1891.

Wlassow, Die Entwicklung des Pankreas beim Schwein. Morph. Arbeiten, herausgeg. von G. Schwalbe. IV. Bd. 1. H. 1894.

Zawarykin, Th., Ueber die Fettresorption im Dünndarm. Pflüger's Archiv für die gesamte Physiol. Bd. XXXI. 1883.

I. Athmungsorgane (Schwimmblase).

Hiefür gelten die meisten der im Litteraturverzeichnis über den Tractus intestinalis angeführten Arbeiten.

Dazu führe ich noch folgende an:

Fische und Dipnoër.

von Bär, K. E., Untersuch. über die Entwicklungsgeschichte der Fische nebst einem Anhang über die Schwimmblase. Leipzig 1835.

van Bemmelen, J. F., Ueber vermuthliche rudimentäre Kiemenspalten bei Elasmobranchiern. Mitth. der zool. Station zu Neapel. VI. Bd. 2. Heft. 1885. (Vergl. auch die im Litteraturverzeichnis über den Tractus intestinalis angeführten Arbeiten dieses Autors.)

Bjeletzki, Ueber die in der Schwimmblase enthaltenen Gase. Abhandl. der naturf. Gesellsch. zu Charkoff. 1884. Referiert im biol. Centralbl. 1884.

Bridge, Th. W. and Haddon, A. C., Contrib. to the Anat. of Fishes. I. The Air-Bladder and Weberian Ossicles in the Siluridae. Proceed. Royal. Soc. Vol. XLVI. 1899.

— — Contributions to the Anatomy of Fishes. II. The Air-Bladder and Weberian Ossicles in the Siluroid Fishes. Ebendaselbst. Vol. LII. London 1892. Vergl. auch die umfassende Arbeit dieser Autoren in den Philos. Transact. of the Royal Society of London. Vol. 184 (1893).

Dahlgren, U., The Maxillary and Mandibular Breathing Valves of Teleost Fishes. Report fr. Zool. Bullet. Vol. II, 3. Boston 1898.

Dohrn, A., Studien zur Urgeschichte des Wirbelthierkörpers. (Spritzlochkieme der Selachier, Kiemendeckelkieme der Ganoiden, Pseudobranchie der Teleostier.) Mitth. aus d. Zool. Station zu Neapel. VII. Bd. Heft 1. 1886.

Götte, A., Zur Entwicklung der Teleostierkieme. Zool. Anz. I. Jahrg. 1878.

Hasse, C., Beobachtungen über die Schwimmblase der Fische. In „Anat. Studien".

van der Hoeven, 1. Ueber die zellige Schwimmblase des Lepidosteus. 2. Ueber Lungen und Schwimmblasen. 2. Artikel. Arch. f. Anat. u. Physiol. 1841.

Hoffmann, C. K., Zur Ontogenie der Knochenfische. Arch. f. mikr. Anat. Bd. XXIII. 1883.

Hyrtl, J., Ueber die Schwimmblase von Lepidosteus. Sitz.-Ber. Wien. Acad. Bd. VIII. 1852.

Jacquet, M., Rech. sur l'anatomie et l'histologie du Silurus glanis. Arch. d. Sciences médic. T. IV. 1899. (Handelt von der Schwimmblase.)

Julin, Ch., Les deux premières fontes branchiales des Poissons Cyclostomes sont elles homologues respectivement à l'évent à la fente hyobranchiale des Sélaciens? Bull. Acad. Royale de Belgique. Tome XIII. 1887.

Leuckart, F. S., Unters. über die Kiemen der Embryonen von Rochen und Haien etc. Stuttgatt 1836.

Leydig, F., Zur mikrosk. Anatomie und Entwicklungsgeschichte der Rochen und Haie. 1852.

Maurer, F., Ein Beitrag zur Kenntnis der Pseudobranchien der Knochenfische. Morph. Jahrb. Bd. IX. 1883.

Möbius, H., Balistes aculeatus, ein trommelnder Fisch. Sitz.-Ber. d. K. Acad. d. Wissenschaften zu Berlin. XLVI. 1889.

Müller, F. W., Ueber die Entwicklung und morphol. Bedeutung der „Pseudobranchie" und ihrer Umgebung bei Lepidosteus osseus. Arch. f. mikr. Anat. Bd. XLIX. 1897.

Müller, J., Fortgesetzte Untersuchungen über die Pseudobranchien. Arch. f. Anat. und Physiol. 1841.

— — Beobachtungen über die Schwimmblase der Fische mit Bezugnahme auf einige neue Fischgattungen. Ebendaselbst 1842.

 (Vergleiche auch dessen „Anatomie der Myxinoiden" und „Bau und Grenzen der Ganoiden".)

Nusbaum, J., Ueber das anatomische Verhältnis zwischen dem Gehörorgan und der Schwimmblase bei den Cyprinoiden. Zool. Anz. IV. 1881.

Parker, T. J., On the connection of the Airbladder and the Auditory Organ to the Red Cod. Trans. New Zeal. Inst. Vol. XIII. 1880.

Rathke, H., Zur Anatomie der Fische. (Ueber die Schwimmblase und über den Bau des Kiemenapparates des Lepadogaster biciliatus.) Arch. f. Anat. u. Physiol. 1838.

— — Untersuchungen über den Kiemenapparat und das Zungenbein der Wirbelthiere. 1832.

Riess, A., Der Bau der Kiemenblätter bei den Knochenfischen. Troschel's Archiv für Naturgeschichte. 47. Jahrg.

Reissner, Ueber die Schwimmblase und den Gehörapparat einiger Siluroideu. Arch. f. Anat. u. Physiol. 1859.

Sagemehl, M., Beitr. zur vergl. Auatomie der Fische. Morphol. Jahrb. Bd. X. 1885. (Enthält unter Anderem wichtige Notizen zur Anatomie und Physiologie der Schwimmblase.)

— — Die accessorischen Branchialorgane von Citharinus. Morphol. Jahrbuch. Bd. XII. 1887.

Schenk, S. L. L., Die Kiemenfäden der Knorpelfische während der Entwicklung. Sitz.-Ber. Wien. Acad. III. Abthlg. Jahrg. 1875.

Spengel, J. W., Beitr. zur Kenntnis der Kiemen des Amphioxus. Morpholog. Jahrb. IV. Bd.

Swale Vincent, On the Structure of the Red Glands in the Swimm-Bladder of certain Fishes. Journ. of Anat. and Physiol. July 1896. Vol. XXX. N. S. Vol. X.

Soerensen, W., Papers dealing with the Air-bladder and Weberian ossicles in Siluroids etc. Journ. of Anat. and Physiol. 1894/95.

Thilo, O., Die Entstehung der Luftsäcke bei den Kugelfischen. Anat. Anz. XVI. Bd. 1899.

Virchow, H., 1. Ueber die Spritzloch-Kieme von Acipenser etc. 2. Von Selachiern. Verhandl. d. physiol. Gesellsch. zu Berlin. Jahrg. 1889/90.

— — Ueber die Spritzloch-Kieme der Selachier. Sitz.-Ber. d. Gesellsch. naturf. Freunde. Jahrg. 1893. (Handelt auch von den Augengefässen.)

— — Weber, E. H., De aure et auditu hominis et animalium. Lipsiae 1820.

Wiedersheim, R., Zur Biologie von Protopterus (Schwanzathmung während des Erstarrungs-Zustandes). Anat. Anz. 1887.

Zograff, N., Ueber den sog. Labyrinthapparat der Labyrinthfische (Labyrinthici). Biol. Centralbl. V. Bd. 1886.

— — On the Construction and Purpose of the so-called Labyrinthine Apparatus of the Labyrinthic Fishes. Quart. Journ. of micr. Science. Vol. XXVIII. 1889.

Amphibien.

Albrecht, P., Sur la Non-Homologie des Poumons des Vertébrés pulmonés avec la vessie natatoire des Poissons. Paris und Brüssel 1886.

Baglioni, S., Der Athmungsmechanismus des Frosches. Arch. f. Anat. u. Physiologie. Physiol. Abth. Suppl.-Bd. 1900.

Boas, J. E. V., Ueber den Conus arteriosus und die Arterienbogen der Amphibien. Morph. Jahrb. Bd. VII. 1881.

Bruner, H. L., Ein neuer Muskelapparat zum Schliessen und Oeffnen der Nasenlöcher bei den Salamandriden. Arch. f. Anat. u. Physiol. Anat. Abth. 1896.

— — The Smooth Facial Muscles of Anura and Salamandrina, a Contribution to the Anatomy and Physiology of the Respiratory Mechanisme of the Amphibians. Morph. Jahrb. XXIX. Bd. 1901.

Calori, Descriptio anatom. branchiarum maxime internarum gyrini Ranae esculentae etc. in Novi comment. Acad. Scient. Instituti Bononiensis. 5. 1842.

Camerano, L., Ricerche intorno alla vita branchiale degli Anfibi. Mem. dalle Memorie della R. Accad. delle Scienze di Torino. Ser. II. Tom. XXXV. 1883.

— — Ricerche Anatomo-Fisiologiche intorno ai Salamandridi normalmente apneumoni. Atti della R. Accad. delle Scienze di Torino. Vol. XXIX. 1894.

— — Nuove ricerche intorno ai Salamandridi normalmente apneumoni etc. Anat. Anz. XII. Bd. 1896. (Enthält auch die ganze zugehörige Litteratur.)

von Chauvin, M., Ueber das Anpassungsvermögen der Larven von Salamandra atra. Zeitschr. f. wiss. Zool. Bd. XXXVII.

Clemens, P., Die äusseren Kiemen der Wirbelthiere. Anat. Hefte, I. Abth., Heft 14 (V. Bd. H. 1), herausgeg. von Fr. Merkel und R. Bonnet. 1894.

Drüner, L., vergl. die beim Muskelsystem aufgeführte Arbeit.

Fischer, J. G., Anatom. Abhandlungen über die Perennibranchiaten und Derotremen. Hamburg 1864.

Gaupp, E., Zur Lehre von dem Athmungsmechanismus beim Frosch. Arch. f. Anat. u. Physiol. Anat. Abth. 1896.

Göppert, E., Die Kehlkopfmuskulatur der Amphibien. Morphol. Jahrbuch. XXII. Bd. 1894.

— — Der Kehlkopf der Amphibien und Reptilien. Morphol. Jahrb. Bd. XXVI. 1898.

— — Der Kehlkopf der Amphibien und Reptilien. II. Theil. Reptilien. Morph. Jahrb. Bd. XXVIII. 1899.

Lambotte, Observat. anat. et phys. sur les appareiles sanguines et respiratoires des Batraciens anoures; in Memoires couronnées etc. l'Acad. R. de Belgique. Tome XIII.

Märtens, M., Die Entwicklung der Kehlkopfknorpel bei einigen unserer einheimischen anuren Amphibien. Anat. Hefte. I. Abth. Heft XXVIII/XXX. (IX. Bd., H. 1/3.)

Maurer, F., Blutgefässe im Epithel. Morph. Jahrb. XXV. Bd. 1897.

Miller, W. S., The Structure of the Lung. Journ. of Morph. Vol. VIII. 1893.

Naue, Ueber Bau und Entwicklung der Kiemen der Froschlarven; in der Zeitschr. für Naturwissensch. Halle 1890. LXIII. Bd.

Ochsner, H. W., The Lung of the Necturus maculatus. Bull. Univ. Wisconsin. Nr. 33. Science Ser. Vol. 2. Nr. 3. 1900.

Oppel, A., Beitr. z. Anat. von Proteus anguinus. Arch. f. mikr. Anat. Bd. XXXIV.

Rathke, H., Anatom.-philosoph. Untersuchungen über den Kiemenapparat etc. Riga 1832.

Schulze, F. E., Vergl. dessen beim Tractus intestinalis aufgeführte Arbeit über die inneren Kiemen der Batrachierlarven.

Schwalbe, G., Zur Biologie und Entwicklungsgeschichte von Salamandra atra u. maculosa. Zeitschr. f. Biologie. Bd. XXXIV. N. F. XVI. 1897.

Wilder, Harris H., Stadies in the Phylogenesis of the Larynx. Anat. Anz. VII. Jahrg. 1892.

— — The Amphibian larynx. Zool. Jahrb. Abth. f. Anat. u. Entwicklungsgesch. Bd. IX. 1896.

— — Lungless Salamanders. II. paper. Anat. Anz. Bd. XII. 1896.

— — The Pharyngo-Oesophageal Lung of Desmognathus. Americ. Natural. Vol. XXXV. No. 411. 1901.

Whitney, On the changes which accomp. the metamorph. of the tadpole. Quart. Journ. of micr. Science, sc. N. F. Vol. VII. 1867.

Weitere Abhandlungen über die Anatomie und Physiologie der Athmung bei Amphibien haben geliefert: Configliachi e Rusconi, De Proteo anguino, Gibbes (Menobranchus), Boston Journ. of Nat. Hist. VI. pag. 369; Neill (Siren), in Isis 1832,

pag. 698—699; Rusconi, Descr. anat. d. organi d. circolaz. d. larve d. Salamandre acq.,
pag. 29—31; L. Vaillant (Siren), Ann. d. Scienc. nat. Sér. IV, Tom. 19, pag. 340—344.
　　Vergl. auch die Arbeiten von Weismann, Ueber die Umwandlung des mexica-
nischen Axolotl in ein Amblystoma. Zeitschr. f. wiss. Zool. Bd. XXV, und Siebold,
Zusatz zu den Mittheilungen über die Verwandlung des Axolotl in Amblystoma. Ebendaselbst, Bd. XXVII. Ferner: Wiedersheim in Ecker's Anatomie des Frosches.

Reptilien.

　　Abgesehen von den Arbeiten C. K. Hoffmann's (Reptilien in Bronn's Classen
und Ordnungen des Thierreichs) verweise ich noch auf:
Butler, G. W., On the Complete or Partial Suppression of the Right Lung in the Am-
　　phisbaenidae and of the Left Lung in Snakes and Snake-like Lizards and Amphibians.
　　Proc. Zool. Soc. London 1895.
Cope, E. D., On the Lungs of the Ophidia. Proc. Americ. Philos. Soc. Vol. XXXIII.
Henle, J., Vergl. anatomische Beschreibung des Kehlkopfs. Leipzig 1839. (Diese Arbeit
　　erstreckt sich auf sämtliche Hauptgruppen der Vertebraten.)
Kahn, R. H., Zur Lehre von der Athmung der Reptilien. Arch. f. Anat. u. Physiol.,
　　Physiol. Abth. 1902.
Liessner, E., Ein Beitr. z. Kenntnis der Kiemenspalten und ihrer Anlagen bei amnioten
　　Wirbelthieren. Morph. Jahrb. Bd. XIII. 1888. (Umfasst auch die Vögel und Säuge-
　　thiere.)
Milani, A., Beiträge zur Kenntnis der Reptilienlunge. Zool. Jahrb. Abth. f. Anat. u.
　　Ontog. Bd. VII. 1894 u. Bd. X. 1897.
Miller, W. S. (vergl. bei Amphibien).
Mitchell and Morehouse, Researches upon the Anat and Physiol. of Respiration in
　　the Chelonia; in: Smithson. Contributions. Vol. XIII. 1863.
Osawa, G., Beitr. z. Lehre von den Eingeweiden der Hatteria punctata. Arch. f. mikr.
　　Anat. u. Entwicklungsgesch. Bd. IL. 1897.
Rathke, H., Ueber die Luftröhre, die Speiseröhre und den Magen von Sphargis coriacea.
　　Arch. f. Anat. u. Physiol. 1846.
Schulze, F. E., Die Lungen. Stricker's Handbuch der Lehre von den Geweben.
　　Leipzig 1871.
Siebenrock, F., Ueber den Kehlkopf und die Luftröhre der Schildkröten. Sitz.-Ber.
　　K. Akad. d. Wiss. in Wien. Mathem.-naturw. Cl. Bd. CVIII. Abth. I. Juli 1899.
—— Der Zungenbeinapparat und Kehlkopf samt Luftröhre von Testudo calcarata Schneid.
　　Ebendaselbst. Bd. CIX. Abth. I. Mai 1900.
Simon, H., uud Phelps Gage, Susanna, Wasserathmung bei weichschaligen Schild-
　　kröten. Ein Beitrag zur Physiologie der Athmung bei Wirbelthieren. The Americ.
　　Naturalist. Vol. XX, Nr. 3. 1886. Refer. im Biolog. Centralbl. Bd. VI. Nr. 7.
　　1886.
Wiedersheim, R., Zur Anat. und Physiol. des Phyllodactylus europaeus etc. Morph.
　　Jahrb. Bd. I. 1876.
—— Das Respirations-System der Chamaeleoniden. Ber. der naturf. Gesellsch. zu Frei-
　　burg i/B. Bd. I. 1886.

Vögel.

Bär, M., Beitr. z. Kenntnis der Anat. u. Physiol. der Athemwerkzeuge bei den Vögeln.
　　Tübinger Zool. Arbeiten. II. Bd. Nr. 3.
Beddard, F. E., On the structural character and classification of the Cuckoos. Proc.
　　Royal Soc. of London. 1885.
—— Note on the Air-sacs of the Cassowary. Proceed Zoolog. Soc. No. XI. London
　　1886.
—— On the Syrinx and other Points in the Anatomy of the Caprimulgidae. Eben-
　　daselbst.
Bertelli, D., Sviluppo dei Sacchi aeriferi del Pollo. Atti Soc. Tos. Sc. Nat. Vol. XVII.
　　1899.
Campana, Recherches l'Anatomie, de Physiologie et d'Organogénie pour la détermination
　　des Lois de la Genèse et de l'Evolution des Espèces animales. I. Mémoire. Physiol.
　　de la Respiration chez le oiseaux. Anat. de l'appareil pneumatique pulmonaire, de
　　faux diaphragmes, des séreuses et de l'intestin chez le poulet. Paris. Masson. 1875.
Foster und Balfour, Grundzüge der Entwicklungsgeschichte. Deutsche Uebers. von
　　Kleinenberg. Leipzig 1876. 2. Aufl. des engl. Textes 1883.

Guillot, N., Mém. sur l'appareil de la respiration dans les oiseaux. Ann. d. Sc. nat. 3. sér. T. V. 1846.

Häcker, V., Ueber den unteren Kehlkopf der Singvögel. Anat. Anz. XIV. Bd. 1898.

— — Der Gesang der Vögel, seine anatomischen und biologischen Grundlagen. Jena 1900.

Huxley, T. H., On the respiratory organs of Apteryx. Proc. Zool. Soc. 1882.

Jacquemin, II. Mém. sur la pneumaticité du squelette des oiseaux. Nova Acta A. L. C. nat. cur. t. XIX. 1842.

Miller, W. S. (vergl. bei Amphibien).

Owen, R, Anatomy of vertebrates. London 1868.

Pavesi, P., Studi anatomici sopra alcuni uccelli. Annal. del Museo civ. di Stor. nat. di Genova. Vol. IX, 1876—77.

— — Intorno ad una nuova forma di trachea di Manucodia. Ebendaselbst. Vol. VI. 1874.

Prechtl, Unters. über den Flug der Vögel. Wien 1846.

Rathke, H., Ueber die Entwickl. der Athemwerkzeuge bei d. Vögeln und Säugethieren. 1828. Nova acta t. XIV.

Sappey, Rech. sur l'appareil respiratoire des oiseaux. Paris 1847.

Selenka, E., Beitr. zur Entwicklungsgeschichte der Luftsäcke des Huhns. Zeitschr. f. wiss. Zool. Bd. XII. 1866.

Setterwall, C. G., Studier öfver Syrinx hos Polymyoda Passeres. Lund, 1901.

Strasser, H., Die Luftsäcke der Vögel. Morphol. Jahrb. Bd. III. 1877.

— — Ueber den Flug der Vögel. Jena 1885.

Wunderlich, L., Beitr. zur vergl. Anat. und Entwicklungsgeschichte des unteren Kehlkopfes der Vögel. Nova acta Bd. 48 der Kaiserl. Leopold. Carolin. Deutsch. Acad. der Naturforscher. Halle 1886.

Zumstein, Ueber den Bronchialbaum der Sänger uud Vögel. Sitz.-Ber. d. Gesellsch. zur Beförderung der ges. Naturw. z. Marburg. Nr. 4. Mai 1900.

Säugethiere.

Aeby, Ch., Der Bronchialbaum der Säugethiere und des Menschen. Leipzig 1880. (Vergl. auch d. vorläufige Mittheilung: „Die Gestalt des Bronchialbaumes und die Homologie der Lungenlappen beim Menschen." Centralbl. f. d. med. Wissensch. 1878. No. 16.)

— — Der Bronchialbaum des Menschen bei Situs inversus. Arch. f. Anat. und Physiol. 1882. Dasselbe Thema behandeln M. Weber und H. Leboucq. Zool. Anz. 1881. Nr. 76 und 82.

Albrecht, P., Ueber die morphol. Bedeutung der Pharynxdivertikel. Bericht über die Verhandl. des deutschen Chirurgencongress (Centralbl. für Chirurgie 1885, Nr. 24) in Berlin 1885.

Beauregard, H., et Boulart, Recherches sur le larynx et la trachée des Balaenides. Journ. de l'Anatomie et de la Physiologie. T. XVIII.

Cuvier, G., Leçons d'anatomie comparée. Tom. VII. Paris 1840.

Dubois, E., Zur Morphol. des Larynx. Anat. Anz. Jahrg. I. 1886.

Fürbringer, M., Beitr. zur Kenntnis der Kehlkopfmuskulatur. Jena 1875. (Enthält zugleich ein umfassendes Litteraturverzeichnis des Kehlkopfes im Allgemeinen.)

Gegenbaur, C, Die Epiglottis. Vergl. anatom. Studie. Gratul.-Schrift zu Koelliker's 50jähr. Doctor-Jubiläum. Leipzig 1892. (Behandelt den Kehlkopf der Vertebraten im Allgemeinen.)

Giacomini, C., La „Plica semilunare" e la laringe nelle Scimmie antropomorfe. Nota suppl. alla Anatomia del Negro. Torino 1897.

Göppert, E., Ueber d. Herkunft d. Wrisberg'schen Knorpels. Morph. Jahrb. XXI. Bd. 1894.

— — Beitr. z. vergl. Anatomie des Kehlkopfes und seiner Umgebung mit besonderer Berücksichtigung der Monotremen. Aus Semon. Zool. Forsch.-Reisen in Australien etc. Bd. III. 1901.

D'Hardiviller, Homologation des Bronches des Poumons de Lapin. Bibliogr. anat. Nr. 5 (Septbr.-Octobre 1896) und Nr. 1 (Janvier-Février 1897).

— — La Ramification bronchique chez le lapin. (Ebendaselbst.)

— — Les bronches épartérielles chez les Mammifères et specialement chez l'homme. Comptes rendus de l'Acad. Sciences 1897.

— — Développement et Homologation des Bronches principales chez les Mammifères (Lapin). Nancy 1897.

Hasse, C., Ueber den Bau der menschlichen Lungen. Arch. f. Anat. u. Physiol. Anat. Abthl. 1892.
— — Bemerkungen über die Athmung, über den Bau der Lungen und über die Form des Brustkorbes bei dem Menschen und bei den Säugethieren. Arch. f. Anat. und Physiol. (Anat. Abth.) 1893.
His, W., Zur Bildungsgeschichte der Lungen beim menschlichen Embryo. Arch. f. Anat. u. Physiol. Jahrg. 1887.
Howes, G. B., On some points in the anatomy of the Porpoise (Phocaena communis). Journ. of Anat. and Physiol. Vol. XIV.
— — Rabbit with an intra-narial Epiglottis with a suggestion concerning the phylogeny of the mammalian respiratory apparatus. Journ. of Anat. and Physiol. Vol. XXIII.
- — Additional Observ. upon the intra-narial Epiglottis. Ebendaselbst.
Justesen, P. Th., Zur Entwicklung und Verzweigung des Bronchialbaumes der Säugethierlunge. Arch. f. mikr. Anat. u. Entw.-Gesch. Bd. LVI. 1900.
Kallius, E., Beitr. zur Entwicklungsgeschichte des Kehlkopfes. Anat. Hefte. I. Abthl. XXVIII/XXX. Heft. (9. Bd. H. 1/3.)
Kohlbrugge, J. H. F., Der Larynx und die Stimmbildung der Quadrumana. Natuurk. Tijdschr. voor Ned.-Indië. Dl. LV. aft. 2. 1895.
Koelliker, A., Grundriss der Entwicklungsgeschichte des Menschen u. d. höheren Thiere. Leipzig 1880.
— — Zur Kenntnis des Baues der Lungen des Menschen. Verhandl. der med. Gesellsch. zu Würzburg N. F. Bd. XVI.
Küttner, Studien über das Lungenepithel. Virchow's Arch. Bd. 66.
Miller, W. S. (vergl. bei Amphibien).
Narath, A., Vergl. Anat. des Bronchialbaumes. Verhandl. d. Anat. Gesellsch. auf der VI. Versammlung in Wien. 1892.
— — Die Entwicklung der Lunge von Echidna aculeata. (Semon, Forschungsreisen etc. Bd. II. Jen. Denkschriftchr. Bd. V.)
Nicolas, A., Rech. sur le Développm. de puelques Eléments du Larynx humain. Bibliographie anatomique. No. 5. (Sept.—Oct. 1894.)
Nicolas et Dimitrovo, Note sur le développement de l'arbre bronchique chez le mouton. C. R. soc. Biol. 97.
Owen, R., Anatomy of Vertebrates. Vol. III. London 1868.
Rawitz, B., Die Anatomie des Kehlkopfes und der Nase von Phocaena communis Cuv. Internat. Monatsschr. f. Anat. u. Physiol. Bd. XVII. 1900.
Rosa, A. Dalla, Beitr. zur Casuistik und Morphologie der Varietäten des menschlichen Bronchialbaumes. Wien. Klin. Wochenschr. 1889. Nr. 22—24.
Salvi, G., Di alcune anomalie della laringe umana in individui delinquenti. Arch. Psichiat., Science penali ed Antropol. crim. Vol. XXII. Fasc. IV—V. 1901.
Schulze, F. E., Die Lungen. Stricker's Handb. der Lehre von d. Geweben. Leipzig 1871.
Soemmering, S., Lehre von den Eingeweiden und Sinnesorganen des menschl. Körpers. Umgearbeitet und beendet von E. Huschke. Leipzig 1844.
Stieda, L., Einiges über Bau und Entwicklung der Säugethierlung. Zeitschr. für wiss. Zool. Bd. XXX. Suppl.
Symington, J., The Marsupial Larynx. Journ. of Anat. and Physiol. Vol. XXXIII. 1898.
— — The Cartilages of the Monotreme Larynx. Ebendaselbst XXXV. 1899.
Thompson, D'Arcy, On the Cetacean Larynx. Studies from the Museum of Zoology in University College, Dundee. August 1890.
Walker, M., On the larynx and hyoid of Monotremata. Studies from the Museum of Zoology in University College, Dundee, edited by D'Arcy. W. Thompson. Dundee 1889.
Zumstein, J., 1. Ueber den Bronchialbaum des Menschen und einiger Säugethiere. 2. Ueber Corrosionspräparate. Sitz.-Ber. d. Gesellsch. zur Beförderung der gesamten Naturwissensch. zu Marburg. 1889, 1891, 1892.
Vergl. auch die Hand- und Lehrbücher der Anatomie des Menschen von Aeby, Henle, Hyrtl, Krause, Meyer etc.

Coelom, Pori abdominales und Serosa.

Anderson, J., On the Cloacal Bladders and on the Peritoneal Canals in Chelonia. Linn. Soc. Journ. Vol. XII. 1876.
Ayers, H., Unters. über Pori abdominales. Morph. Jahrb. Bd. X. 1885.

Beddard, F. E., Note on the systematic position of Monitor. Anatom. Anz. III. Jahrg. 1888. (Behandelt das Bauchfell.)

Bertelli, D., Sviluppo e conformazione delle Pleure. Monitore zoolog. ital. Anno XII. 1901. (Vergl. auch Verhandl. der Anat. Gesellsch. 14. Versamml. in Pavia, 1900.)

— — Sviluppo e conformazione delle pleure negli uccelli. (Continuazione e fine.) Monit. zool. ital. Anno XII. Nr. 5. 1901.

Bles, E. S., On the Openings in the Wall of the Body Cavity of Vertebrates. Proceed. Royal Soc. Vol. LXII. London 1897.

— — The Correlated Distribution of Abdominal Pores and Nephrostomes in Fishes. Journ. Anat. and Physiol. Vol. XXXII. 1898. (Enthält ein ausführliches Litteraturverzeichnis.)

Brachet, A., Sur le développement de la cavité hépatoentérique chez les Amphibiens. Anat. Anz. XI. Bd. Nr. 21. 1896.

— — Recherches sur l'Évolution de la Portion céphalique des Cavités pleurales et sur le Développement de la Membrane pleuro-péricardique. Journ. de l'Anat. et de Physiol. XXXIIIe Année. 1897. Sept./Oct.

Bridge, Pori abdominales of Vertebrates. Journ. of Anat. and Physiol. Vol. XIV.

Butler, G. W., On the Subdivision of the Body-Cavity in Lizards, Crocodils and Birds. Proceed. Zoolog. Soc. London 1889 and 1892.

Endres, H., Beiträge zur Entwicklungsgeschichte und Anatomie des Darmes, des Darmgekröses und der Bauchspeicheldrüse. Arch. f. mikr. Anat. Bd. XL. 1892.

Gegenbaur, C., Bemerkungen über die Pori abdominales. Morph. Jahrb. Bd. X. 1885.

Klaatsch, H., Zur Morphol. der Mesenterialbildungen am Darmcanal der Wirbelthiere. Morph. Jahrb. Bd. XVIII. 1892. (Enthält zugleich eine Fülle von Material über die Configuration des Tractus intestinalis, der Milz, Leber etc.) (Vergl. Bd. XX.)

Lataste, F., et Blanchard, R., Le péritoine du Python etc. Extr. d. bull. de la Soc. zool. de France pour 1879.

Mathes, P., Zur Morph. d. Mesenterialbildungen bei Amphib. Morph. Jahrb. XXIII. Bd. 1895.

Mall, F. P., Develop. of the human Coelom. Journ. of Morph. Vol. XII. Nr. 2. 1897.

Ruge, G., Der Verkürzungsprocess am Rumpf von Halbaffen. Morph. Jahrb. XVIII. Bd. 1892.

— — Die Grenzlinien der Pleurasäcke und die Lagerung des Herzens bei Primaten, insbesondere bei den Anthropoiden. Morph. Jahrb. Bd. XIX. 1892.

Solger, B., Stud. zur Entwicklungsgeschichte des Coeloms und des Coelomepithels der Amphibien. Morph. Jahrb. Bd. X. 1885.

Swaen, A., Note sur la topographie des Organes abdominaux et sur les dispositions du Pératoine. Bibliogr. anat. fasc. 4. année 1899.

Tanja, T., Ueber die Grenzen der Pleurahöhlen bei den Primaten und einigen anderen Säugethieren. Morph. Jahrb. Bd. XVII. 1891.

Toldt, C., Ueber die massgebenden Gesichtspunkte in der Anatomie des Bauchfelles und der Gekröse. Denkschrift der K. K. Acad. zu Wien., Math.-naturw. Classe, Bd. LX. 1893.

— — Ueber die Geschichte der Mesenterien. Ref. Verhandl. d. Anat. Gesellsch. auf der VII. Versamml. in Göttingen vom 21.—24. Mai 1893.

Turner, On the Pori abdominales in some Sharks. Journ. of Anatomie and Physiologie. Vol. XIV.

Weber, M., Die Abdominalporen d. Salmoniden nebst Bemerkungen über die Geschlechtsorgane der Fische. Morph. Jahrb. Bd. XII. 1887.

K. Circulationsorgane.

Ausser den früher schon namhaft gemachten grösseren Werken, den Monographieen, den Lehr- und Handbüchern der vergl. Anat. und Entwicklungsgeschichte etc. vergleiche man noch:

Ayers, H., The Morphology of the Carotids, based on a study of the Blood-Vessels of Chlamydoselachus anguineus. Bull. Mus. Comp. Zoology Harvard College. Vol. XVII. 1889.

von Bardeleben, K., Ueber Begleitvenen. Deutsche med. Wochenschr. 1894. Nr. 14. (Vergl. auch Sitz.-Ber. der Jenaischen Gesellsch. f. Med. u. Naturwiss. Jen. Zeitschr. 1880. Bd. 14.)

Barkow, H. C. L., Disquis. de arteris-mammalium et avium. Nova acta Acad. Leop. Tom. XX. 1843.

Barkow, H. C. L., Die Blutgefässe, vorzüglich die Schlagadern der Säugethiere in ihren wesentlichsten Verschiedenheiten dargestellt. Breslau 1866.

Beddard, F. E., Note on the presence of an Anteriorabdominal Vein in Echidna. Proc. Zool. Soc. of London. 18. Novbr. 1884 und im Zool. Anz. VII. Nr. 182. 1884.

— — On the heart of Apteryx. Proc. Zool. Soc. of London. Febr. 17. 1885.

van Bemmelen, Die Halsgegend der Reptilien. Zool. Anz. X. Bd. 1887. (Handelt von den Branchialbögen; vergl. auch das grosse, bei der Gesamtlitteratur d. Reptilien angeführte Werk desselben Verfassers.)

Bernays, A. C., Entwicklungsgeschichte der Atrioventricularklappen. Morphol. Jahrb. Bd. II. 1876.

Bethge, E., Das Blutgefässsystem von Salamandra maculata, Triton taeniatus und Spelerpes fuscus, mit Betrachtungen über den Ort der Athmung beim lungenlosen Spelerpes fuscus. Zeitschr. f. wiss. Zool. Bd. LXIII. 1898.

Bischoff, Th., Ueber den Bau des Crocodilherzens etc. Archiv für Anat. und Physiol. 1836.

Bizzozero, G., Neue Untersuchungen über den Bau des Knochenmarkes bei Vögeln. Archiv f. mikr. Anat. Bd. XXXV. 1890. (Enthält zugleich viele Litteraturangaben über die Genese der Blutzellen.)

Boas, E. V., Ueber Herz und Arterienbogen bei Ceratodus und Protopterus. Morphol. Jahrb. Bd. VI. 1880.

— — Ueber d. Conus arteriosus bei Butirinus u. bei anderen Knochenfischen. Ebendas.

— — Ueber den Conus arteriosus und die Arterienbogen der Amphibien. Ebendaselbst. Bd. VII. 1881.

— — Beitr. zur Angiologie der Amphibien. Ebendaselbst. Bd. VIII. 1882.

— — Ueber die Arterienbogen der Wirbelthiere. Morph. Jahrb. Bd. XIII. 1887.

Born, G., Beitr. zur Entwicklungsgeschichte des Säugethierherzens. Archiv für mikrosk. Anat. Bd. XXXIII. 1889.

Brachet, A., Recherches sur le développement du cœur, des premiers vaisseaux et du sang chez les Amphibiens urodèles (Triton alpestris). Arch. d'Anat. Microsc. publ. par Balbiani et Ranvier. T. II. fasc. II. 1898.

Brenner, A., Ueber das Verhältnis des Nerv. laryngeus inferior vagi zu einigen Aortenvarietäten des Menschen und zu dem Aortensystem der durch Lungen athmenden Wirbelthiere überhaupt. Arch. für Anat. u. Physiol. 1883.

Brücke, Beitr. zur vergl. Anatomie und Physiologie des Gefässsystems der Amphibien. Denkschr. d. K. Acad. d. Wissensch. zu Wien. Math.-naturw. Cl. Bd. III. 1852.

Bruner, H. L., On the Heart of Lungless Salamander's. Journ. of Morphol. Vol. XVI. Nr. 2. 1900.

Buller, A. H. R., Abnormal Anterior Abdominal Vein in a Frog. Journ. of Anat. and Physiol. Vol. XXX. 1898.

Cadiat, M., Du développ. de la partie céphalo-thoracique de l'embryon, de la formation du diaphragme, des pleures, du péricarde, du pharynx et de l'œsophage. Journ. de l'anat. et de la physiol. Vol. XIV. 1878.

Calori, L., Anatomie del Axolotl. Memorie della Accad. delle Scienze di Bologna. Tom. III. 1851.

— — Sugli organi della circolazione e della respirazione dei gyrini della Rana esculenta e delle larve della Salamandra cristata. Nuov. Ann. dell. Scienz. nat. di Bologna. Ann. I. 1838.

Claypole, E. J., An Investigation of the Blood of Necturus and Cryptobranchus. Proc. Americ. Microscop. Soc. Vol. XV. 1893.

Dekhuizen, M. C., Ueber das Blut der Amphibien. Verhandl. d. Anat. Gesellsch. auf der VI. Versammlung in Wien. 1892.

Dohrn, A., Studien zur Urgeschichte des Wirbelthierkörpers. XV. Neue Grundlagen zur Beurtheilung der Metamerie des Kopfes. Mitth. Zool. Stat. zu Neapel. IX. Bd. 1890.

Duvernoy, Note sur la structure du cœur des Crocodiliens. Journ. de l'Institut. 1838

Ebner, V. v., Ueber klappenartige Vorrichtungen in den Arterien der Schwellkörper. Verhandl. d. Anat. Gesellsch. Versamml. in Pavia. April 1900.

Ecker, A. und Wiedersheim, R., Die Anat. des Frosches. Braunschweig 1864—82. III. Aufl. neu bearb. von E. Gaupp. (Noch nicht vollendet.)

Edwards, Henri Milne, Leçons sur la physiologie et l'anatomie comparée. T. II. 1858.

Eisler, P., Das Gefäss- und periph. Nervensystem des Gorilla. Halle a/S. 1890.

Felix, W., Beitr. zur Entwicklungsgeschichte der Salmoniden. Anatom. Hefte, I. Abthl. H. 25 (8. Bd. H. 2.) (Enthält u. a. Angaben über die Aorta und Vena cardinalis.)

Ficalbi, E., Su alcuni Vasi songuiferi tegumentali di un anfibio (Hyla viridis) e sui loro rapporti con derma e epidermide „Sperimentale (Archivio di Biologia)“. Anno LIII (1899.) fasc. I. (Enthält u. a. eine ausführliche Litteraturübersicht über die Vascularisition der Amphibienhaut im Allgemeinen.)

Franque, Nonnulla ad Amiam calvam accuratius cognoscendam. Berlin 1847.

Fritsch, G., Zur vergl. Anatomie des Amphibienherzens. Arch. f. Anat. und Physiol. 1869.

Gegenbaur, C., Zur vergl. Anatomie des Herzens. Jenaische Zeitschr. Bd. II. 1866.

Giglio-Tos, E., Sulle Cellule del Sangue della Lampreda. Accad. R. delle Sc. di Torino. Classe di Sc. Fis. Mat. e Nat. Serie 2ª. T. XLVI.

— — La Struttura e l'e voluzione dei Corpuscoli rossi del Sangue nei Vertebrati. Accad. Reale delle Sc. di Torino. Anno Ser. 2ª. T. XLVII. 1896/97. (Enthält zugleich ein grosses Litteraturverzeichnis über die Histologie des Blutes.)

— — J Trombociti degli Ittiopsidi e dei Sauropsidi. Ebendaselbst. Anno 1897/98. Ser. 2ª. T. XLVIII. (Vergl. auch die beiden Aufsätze desselben Autors im Anat. Anz. XV. Bd. 1899.)

Gompertz, C., Ueber Herz und Blutkreislauf bei nackten Amphibien. Arch. f. Anat. und Physiol. (Physiol. Abth.) 1884. (Enthält eine mustergiltige Beschreibung der Anat. u. Physiologie d. Anurenherzens.)

Grosser, O. und Brezina, E., Ueber die Entwicklung der Venen des Kopfes und Halses der Reptilien. Morphol. Jahrb. Bd. XXIII. 1895.

— — Zur Anat. und Entw.-Gesch. des Gefässsystems der Chiropteren. Anat. Hefte. I. Abth. H. LV. (XVII. Bd. H. 2.)

Gurlt, Anatomische Abbildungen der Haussäugethiere.

Hahn, Commentatio de arteriis anatis. Hannover 1830.

Hasse, C., Die Ursachen des rechtzeitigen Eintritts der Geburtsthätigkeit beim Menschen. Zeitschr. f. Geburtshilfe und Gynäkologie. Bd. VI. Heft 1.

His, W., Anatomie menschlicher Embryonen. Leipzig 1880—1885.

Hoche, A., Vergl. Anatomisches über die Blutversorgung der Rückenmarksubstanz. Zeitschr. f. Morphol. u. Anthropologie. Bd. I. 1899.

Hochstetter, F., Ueber den Einfluss der Entwicklung der bleibenden Nieren auf die Lage des Urnierenabschnittes der hinteren Cardinalvenen. Anat. Anz. III. Jahrg. 1888.

— — Ueber das Gekröse der hinteren Hohlvene. Ebendaselbst.

— — Ueber die Bildung der hinteren Hohlvene bei den Säugethieren. Anat. Anz. II. 1887.

— — Beiträge zur vergl. Anatomie und Entwicklungsgeschichte des Venensystems der Amphibien und Fische. Morphol. Jahrb. Bd. XIII. 1888. (Enthält zugleich ein ausführliches Litteraturverzeichnis.) (Ueber die Entwicklung der Abdominalvene bei Salamandra vergl. Bd. XXI. 1893.)

— — Ueber die ursprüngliche Hauptschlagader der hinteren Gliedmasse des Menschen und der Säugethiere nebst Bemerkungen über die Entwicklung der Endäste der Aorta abdominalis. Morphol. Jahrb. Bd. XVI. 1890.

— — Ueber die Entwicklung der Extremitäten-Venen bei den Amnioten. Ebendaselbst. Bd. XVII. 1891.

— — Entwicklungsgeschichte des Gefässsystems (Referat). In: Ergebnisse der Anatomie und Entwicklungsgeschichte, herausgeg. von Fr. Merkel und R. Bonnet.

— — Beitr. z. Entwicklungsgeschichte des Venensystems der Amnioten. II. Reptilien (Lacerta, Tropidonotus). Morphol. Jahrb. XIX. Bd. 1892. III. Säuger. XX. Bd. 1893.

— — Beitr. z. Anat. u. Entwicklungsgeschichte des Blutgefässsystems der Monotremen. Aus Semon, Zoolog. Forschungsreisen in Australien und dem malayischen Archipel. 1896.

— — Ein Beitr. z. vergl. Anat. d. Venensystems d. Edentaten. Morph. Jahrb. Bd. XXV. 1897.

— — Ueber die Arterien des Darmcanals der Saurier. Morpol. Jahrb. Bd. XVI. 1898.

Hoffmann, C. K., Zur Entwicklungsgeschichte des Herzens und der Blutgefässe bei den Selachiern. Morphol. Jahrb. Bd. XIX. 1893.

— — Zur Entwicklungsgeschichte des Venensystems bei den Selachiern. Morph. Jahrb. XX. Bd. 1893.

— — Untersuchungen über den Ursprung des Blutes und der blutbereitenden Organe. Verhandl. d. K. Akad. Wissensch. zu Amsterdam. (II. Sect.). 3. Theil. Nr. 4. 1894.

Hofmann, M., Zur vergl. Anatomie der Gehirn- und Rückenmarksvenen der Vertebraten. Zeitschr. f. Morphol. u. Anthropol. Bd. III. H. 2. 1901.

Holbrook, A. T., The Origin of the Endocardium in Bony Fishes. Bull. Mus. Comp. Zoöl. Harv. Coll. Vol. XXV. Nr. 7. 1894.

Howes, G. B., Note on the Azygos Veins in the Anurous Amphibia. Proc. Zool. Soc. London. 1888.

— — On the intestinal Canal of the Ichthyopsida, with especial reference to its Arterial Supply and the Appendix Digitiformis. Linn. Soc. Journ. Zool. Vol. XXIII. 1890.

Hoyer, H., Zur Morphologie des Fischherzens. Bulletin de l'Académie des Sciences de Cracovie. Juillet. 1900.

Hubrecht, A. A. W., Studies in Mammalian Embryology. I. The Placentation of Erinaceus europaeus with Remarks on the Phylogeny of the Placenta. Quart. Journ. of mikr. Science. Vol. XXX. Nr. 3.

Huschke, Ueber die Carotidendrüse einiger Amphibien. Treviranus' Zeitschr. f. Physiologie. Bd. IV. 1831.

Hyrtl, J., Berichtigungen über den Bau des Gefässsystems von Hypochthon Laurentii. Medicin. Jahrb. d. österr. Staates. Bd. XLVIII. 1844.

— — Cryptobranchus japonicus. Schediasma anatom. Wien 1865.

— — Beobachtungen aus dem Gebiete der vergl. Gefässlehre. Medicin. Jahrb. d. österr. Staates. Bd. XXIV. S. 69; 232; 376.

— — Das arterielle Gefässsystem der Edentaten. Denkschr. d. Acad. zu Wien. Bd. VI. S. 21.

— — Das arterielle Gefässsystem der Monotremen. Ebendaselbst. Bd. V. S. 1.

— — Das arterielle Gefässsystem der Rochen. Denkschr. Akad. Wien. XV. Bd. 1858.

— — Die Kopfarterien der Haifische. Denkschr. Akad. Wien. XXXII. Bd. 1871.

Huxley, On the structure of the Skull and the Heart of Menobranchus lateralis. Proc. of the Zool. Soc. of London. 1874.

Jackson, C. M., An Investigation of the Vascular System of Bdellostoma Dombeyi. Journ. Cinc. Soc. Nat. History. Vol. XX. Nr. 1. Art. 2. 1901.

Jaquart, Mém. sur plusieurs points du système veineux abdominal du Caiman. Ann. des sc. nat. Tom. IV.

— — Mém. sur les organes de la circulation chez le Python. Ebendaselbst.

Julin, Ch., Des origines de l'aorte et des carotides chez les poissons Cyclostomes. Communic. prélim. Anat. Anz. Jahrg. II. 1887.

von Kupffer, C., Ueber die Entwicklung von Milz und Pankreas. Münch. med. Abhandlungen. Arbeiten aus dem anatom. Institute. Herausgeg. von C. v. Kupffer und N. Rüdinger, VII. Reihe. 4. Heft. München 1892.

Langer, A., Ueber die Entwicklungsgeschichte des Bulbus cordis bei Amphibien und Reptilien. Morphol. Jahrh. XXII. Bd. 1894.

Mac Callum, J. B., On the Muscular Architecture and Growth of the Ventricles of the Heart. Vol. IX. John Hopkins Hosp. Reports. 1900.

Mc Clure, C. F. W., On the Frequency of Abnormalities in Connection with the Postcaval Vein and its Tributaries in the Domestic Cat (Felis domestica) Americ. Naturalist. Vol. 34. Nr. 399. 1900.

Mackay, J. Y., The development of the Branchial Arterial Arches in Birds etc. Philos. Transact. Royal Soc. of London. Vol. 179. 1888.

Mall, J. P., Die Blut- und Lymphwege im Dünndarm des Hundes. Abh. d. math.-phys. Classe der K. Sächs. Gesellsch. der Wissensch. Bd. XIV. Nr. III. Leipzig 1887.

Marshall, M., and Bless, E. J., The Development of the Blood Vessels in the Frog. Studies from the Biologic. Laboratories of the Owen's College. Vol. II. Manchester 1890.

Masslow, G., Einige Bemerkungen zur Morphologie und Entwicklung der Blutelemente. Arch. f. mikr. Anat. und Entwicklungsgeschichte. LI. Bd. 1897.

Maurer, F., Die Kiemen und ihre Gefässe bei anuren und urodelen Amphibien etc. Morphol. Jahrb. Bd. XIV.

Mayer, P., Ueber die Entwicklung des Herzens und der grossen Gefässstämme bei den Selachiern. Mittheil. aus der zool. Station zu Neapel. VII. Bd. 1887.

— — Ueber Eigenthümlichkeiten in den Kreislaufsorganen der Selachier. Ebendaselbst. VIII. Bd. 1888.

Mehnert, E., Ueber Ursprung und Entwicklung des Hämovasalgewebes (Gefässhofsichel) bei Emys lutaria und Struthio camelus. Morph. Arbeit., herausgeg. von G. Schwalbe. Bd. VI. Heft 1. 1896.

Minot, Charles Sedgwick, On a hitherto unrecognized Form of Blood Circulation without Capillaries in the organs of Vertebrata. Proc. Boston. Soc. Natural. History. Vol. XXIX. No. 10. 1900.

Müller, J., Ueber das Gefässsystem der Fische. Abhandlungen der Berliner Academie 1839.
— — Ideen zur Vergleichung der Blutgefässstämme d. verschiedenen Classen der Wirbelthiere. Ebendaselbst.
— — Ueber die Wundernetze. Ebendaselbst.
Nicolai, Untersuchungen über den Verlauf und die Vertheilung der Venen bei Vögeln, Amphibien und Fischen, besonders die Venen der Nieren betreffend. In: Isis, 1826.
Nitsch, Observationes de avium art. carotid. comm. Halle 1829.
Oppel, A., Unsere Kenntnis von der Entstehung der rothen und weissen Blutkörperchen. Centralbl. f. allgem. Pathologie und pathol. Anatomie. III. Bd. 1892. (Zusammenfassendes Referat über die Arbeiten von 110 Autoren.)
Owen, R., On the structure of the Heart in the Perennibr. Transact. of the Zool. Soc. of London. 1835.
Panizza, Sulla Struttura del cuore e della circolazione del sangue del Crocodilus lucius. Biblioth. ital. LXX. 87.
Parker, G. H., and Tozier, C. H., The thoracic Derivatives of the Postcardinal Veins in Swine. Bull. of the Museum of Comparat. Zoöl. at Harvard College. Vol. XXXI. No. 6. 1898.
Parker, T. J., On the Blood-vessels of Mustelus antarcticus etc. Philos. Transact. of the Royal Society. Vol. CLXXVII. 1886.
— — On the Venous System of the Skate Trans. New Zeal. Inst. Vol. XIII. 1880.
Parker, W. N., On the occasional Persistence of the Left Posterior Cardinal Vein in the Frog, with Remarks on the Homologies of the Veins in the Dipnoi. Proceed. Zoolog. Soc. of London, 1889.
Parker, G. H., and Davis, Frederica K., The Blood Vessels of the Heart in Carcharias, Raja and Amia. Proc. Bost. Soc. Nat. Hist. Vol. XXIX. No. 8. 1899.
— — Note on the Blood-Vessels of the Heart in the Sunfish (Orthagoricus mola) Linn. Anat. Anz. XVII. Bd. 1900.
Popowsky, J., Phylogenesis des Arteriensystems der unteren Extremitäten bei den Primaten. Anat. Anz. VIII. u. X. Bd. Jahrg. 1893, 1894.
Rabl, C., Ueber die Bildung des Herzens der Amphibien. Morphol. Jahrb. Bd. XII. 1887.
— — Ueber die Entwicklung des Venensystems bei Selachiern. Aus der Festschrift zum 70. Geburtstage R. Leuckart's. Leipzig 1892.
Raffaele, F., Sistema vascolare nei Selacei. Mittheil. d. Zoolog. Station zu Neapel 1892.
Rapp, Ueber die Wundernetze. Meckel's Archiv 1827.
Rathke, H., Ueber die Entwicklung der Arterien, welche bei den Säugethieren von den Bogen der Aorta ausgehen. Arch. f. Anat. u. Physiol. 1843.
— — Untersuchungen über die Aortenwurzeln der Saurier. Denkschrift der Wiener Acad. Vol. XIII. 1857.
— — Untersuchungen über die Arterien der Verdauungswerkzeuge der Saurier. Abhdl. d. Acad. d. Wissensch. München. Math.-phys. Kl. Bd. IX. 1863.
— — Ueber die Bildung der Pfortader und der Lebervenen bei Säugethieren. Meckel's Archiv. 1830.
— — Ueber den Bau und die Entwicklung des Venensystems der Wirbelthiere. Bericht über das naturhist. Seminar der Universität Königsberg. 1838.
— — Entwicklungsgeschichte der Natter. Königsberg 1839.
Rex, H., Beitr. z. Morphologie der Hirnvenen der Elasmobranchier. Morphol. Jahrb. Bd. XVII. 1891.
— — Beitr. z. Morphologie der Hirnvenen der Amphibien. Morphol. Jahrb. Bd. XIX. 1892.
Robin, Ch., Die zahlreichen Arbeiten dieses Autors über das Blut- und Lymphgefäss-System finden sich alle in der Arbeit von F. Hochstetter (Litteraturverzeichnis) aufgeführt.
Röse, C., Zur Entwicklungsgeschichte des Säugethierherzens. Morphol. Jahrb. Bd. XV. 1889.
— — Beitr. zur vergl. Anatomie des Herzens der Wirbelthiere. Ebendaselbst. Bd. XVI. 1890.
Rückert, J., Ueber die Entstehung der endothelialen Anlagen des Herzens und der ersten Gefässstämme bei Selachierembryonen. Biol. Centralbl. Bd. VII. 1888.
Ruge, G., Varietäten im Gebiete der Arteria femoralis des Menschen. — Der Gefässcanal im Adductor magnus. Morph. Jahrb. Bd. XXII. 1894.
Rusconi, Descrizione anatomica degli organi della circolazione delle Larve delle Salamandre acquatiche. 1817.

Rusconi, Développement du Grénouille comm. 1826.

— — Hist. nat., développement et metamorphose de la Salamandre terrestre. 1854.

Sabatier, Observations sur les transformations du système aortique dans la série des Vertébrés. Annal. d. sc. nat. Sér. 5. Tom. XIX.

— — Études sur le coeur dans la série des Vertébrés. Montpellier et Paris 1873.

Salvi, G., Arteria dorsalis pedis. Atti della Soc. Tosc. di Sc. Nat. resid. i. Pisa. Mem., Vol. XVII. 1898.

— — „Arteriae superficiales" e „Arteriae comitantes" della Estremità Inferiore. Monit. Zool. Ital. Anno X. N. 2—3. 1899.

Salzer, H., Ueber die Entwicklung der Kopfvenen des Meerschweinchens. Morph. Jahrb. Bd. XXIII, 1895.

Sarasin, P. und II., Ergebnisse naturwiss. Forschungen auf Ceylon etc. II. Bd. 4. Heft. (Behandelt die Gefässverhältnisse von Epicrium glutinosum.)

Santhoff, A., and van Vorhis, J. H., The Vascular System of Necturus maculatus. Bull. Univ. Wisconsin, No. 33. Science Ser., Vol. II. No. 3. 1900.

Schwalbe, E., Ueber die Varietäten der menschl. Arteria mediana in ihrer atavistischen Bedeutung. Inaug.-Diss. Heidelberg 1895. (Enth. auch die einschl. Litteratur.)

— — Zur vergl. Anatomie der Unterarmarterien, speciell des Arcus volaris sublimis. Morph. Jahrb. XXIII. Bd.

Schweigger-Seidel, Das Herz. Stricker's Handbuch der Lehre von den Geweben. Leipzig 1871.

Spencer, W. B., Contrib. to our Knowledge of Ceratodus. Part. I. The Blood Vessels. Macleay Mem. Vol. 1892.

Spengel, J. W., Beitrag zur Kenntnis der Kiemen des Amphioxus. Zoolog. Jahrb. IV. Bd.

Stöhr, Ph., Conus arteriosus der Selachier und Ganoiden. Morph. Jahrb. Bd. II. 1876.

Strahl, H. und Carius, F., Beitr. zur Entwicklungsgeschichte des Herzens und der Körperhöhlen. Arch. f. Anat. u. Physiol. 1889.

Swaen, A. und Brachet, A. (Vergl. die beiden Monographien etc. auf gef. Arbeit.)

Tandler, J., Zur vergl. Anat. der Kopfarterien bei den Mammalia. Denkschr. der K. Akad. d. Wissensch. zu Wien. Math.-naturw. Cl. LXVII. Bd. 1898.

— — Zur vergl. Anatomie der Kopfarterien bei den Mammalia. Anat. Hefte. I. Abth. LIX (XVIII. Bd. H. 2) 1901.

— — Zur vergl. Anatomie der Kopfarterien bei den Mammalia. Anat. Hefte. I. Abth. LIX. H. (XVIII. Bd. H. 2) 1902.

Thomson, A., Entwicklung des Gefässsystems im Fötus der Wirbelthiere. Edinburgh, New. philos. journ. vol. IX. 1830.

Türstig, J., Mittheil. über die Entwicklung der primitiven Aorten nach Untersuchungen an Hühnerembryonen. Inaug.-Diss. Dorpat 1886.

Weismann, A., Ueber die Muskulatur des Herzens beim Menschen und in der Thierreihe. Arch. f. Anat. u. Physiol. 1861.

Wiedersheim, R., Die Anatomie der Gymnophionen. Jena 1879.

Wenckebach, K., Beitr. zur Entwicklungsgeschichte der Knochenfische. Arch. f. mikr. Anat. Bd. XXVIII. 1886. (Befasst sich u. A. mit der Entwicklung des Herzens u. der Blutgefässe.)

Young, A. H., and Robinson, A., The Development and Morphology of the Vascular System in Mammals. I. The Posterior End of the Aorta and the Iliac Arteries. Proc. Royal. Soc. Vol. LXII. London 1898. (Vergl. auch die Arbeit von Young über dasselbe Thema in Journ. of Morph. and Physiol. Vol. XXXI. 1898.)

Zander, R., und Stieda, H., Persistenz des Urnierentheiles der linken Cardinalvene. Anat. Hefte, herausgeg. von Merkel und Bonnet. I. Abth. Heft 4. 1892.

Ziegler, H. E., Die Entstehung des Blutes bei Knochenfischembryonen. Arch. f. mikr. Anat. Bd. XXX.

— — Die Entstehung des Blutes der Wirbethiere. Ber. der Naturf. Gesellsch. zu Freiburg i. Br. IV. Bd. 1889.

— — Ueber die embryonale Anlage des Blutes bei den Wirbelthieren (Vortrag). Abgedr. in den Verhandl. d. Deutschen Zoolog. Gesellsch. 1892.

Zuckerkandl, E., Zur Anatomie und Entwicklungsgeschichte der Arterien des Vorderarms. Anat. Hefte, I. Abth. (IV. Bd. Heft 1.)

— — Zur Anatomie und Entwicklungsgeschichte des Vorderarmes, des Unterschenkels u. Fusses. Ebendaselbst. V. Bd. Heft 2.

Lymphgefäss-System.

Ayers, H., Beitr. zur Anat. und Phys. der Dipnoër. Jen. Zeitschr. f. Naturwissensch. Bd. XVIII. N. F. XI. Bd. 1885.

Bannwarth, Untersuchungen über die Milz. I. Th. Arch. f. mikr. Anat. Bd. XXXVIII. 1891.

Barkow, Der Winterschlaf. Berlin 1846. Bespricht die sogenannte Winterschlafdrüse verschiedener Thiere.

Bojanus, Anatome testudinis europaeae. Vilnae 1818—21.

Budge, A., Ueber Lymphherzen bei Hühnerembryonen. Archiv für Anat. und Physiol. 1882.

— — Untersuch. über die Entwicklung des Lymphsystems beim Hühnerembryo. Archiv f. Anat. u. Physiol. 1887.

Billroth, Th., Beitr. z. vergl. Histologie der Milz. Virchow's Archiv. Bd. XX u. XXIII. Zeitschr. f. wiss. Zool. Bd. XI.

Choronshitzky, Die Entstehung der Milz, Leber, Gallenblase, Bauchspeicheldrüse und des Pfortadersystems bei den verschied. Abtheilungen der Wirbelthiere. Anat. Hefte. XLII/XLIII. Heft. 13. Bd. H. II/III. 1900.

Czermack, N., Einige Ergebnisse über die Entwicklung, Zusammensetzung und Function der Lymphknötchen der Darmwand. Arch. f. mikr. Anat. Bd. 42. 1893.

Fohmann, Das Saugadersystem der Wirbelthiere. I. Heft. Heidelberg 1827.

— — Ueber die Verbindung der Saugadern mit den Venen.

Frey, Ueber die Lymphdrüsen und Lymphgefässe des Menschen und der Säugethiere. Leipzig 1861.

Hyrtl, Ueber die Kopf- und Caudalsinus der Fische etc. Archiv für Anat. und Physiol. 1843.

— — Ueber die Lymphherzen des Scheltopusik (Pseudopus Pallasii). Denkschr. d. Wien. Acad. Bd. I.

Jakobson, H., Beitr. zur Kenntnis der fötalen Entwicklung der Steissdrüse. Arch. für mikr. Anat. und Entw.-Gesch. LIII. Bd. 1898.

Killian, G., Ueber die Bursa und Tonsilla pharyngea. Morph. Jahrb. Bd. XIV. 1888. (Enthält ein ausführl. Litteraturverzeichnis.)

Kollmann, J., Die Entwicklung der Lymphknötchen in dem Blinddarm und in dem Processus vermiformis. Die Entwicklung der Tonsillen und die Entwicklung der Milz. Arch. f. Anat. u. Physiol. Anat. Abth. 1900.

Laguesse, E., La rate est-elle d'origine entodermique ou mésodermique? Bibliographie anatomique, Janvier-Février 1894. 2 année. No. 1.

Maurer, F., Die erste Anlage der Milz u. das erste Auftreten von lymphatischen Zellen bei Amphibien. Morph. Jahrb. Bd. XVI. 1890.

Meyer, J., Systema amphib. lymphat. disquisitionibus novis examinatum. Berlin 1845.

Mascagni, Prodome d'un ouvrage sur le système des vaisseaux lymphatiques. Sienne 1774.

— — Vasorum lymphaticorum corporis humani historia et iconographia. Senis 1784.

Müller, W., Ueber den feineren Bau der Milz. Leipzig 1865.

Müller, J., Ueber die Lymphherzen der Amphibien. Arch. für Anat. u. Physiol. 1854.

— — Ueber die Lymphherzen der Chelonier. Abhandl. der Berl. Acad. 1839.

— — Ueber die Lymphgefässe der Myxinoiden. Abhandl. der Berl. Acad. 1839.

Panizza, Osservazioni anthropozootomiche fisiologiche. Pavia 1830.

— — Sopra il systema linfatic. dei rettili. Ricerche zootomiche. Pavia 1833.

— — Ueber die Lymphherzen bei den Amphibien. Arch. f. Anat. und Physiol. 1834.

Ranvier, Leçons d'anatomie générale. Paris 1880.

— — Vergl. die zahlreichen Arbeiten dieses Autors in den Comptes rendus de l'académie des sciences, 1892—97.

Rapp, W., Ueber die Tonsillen. Arch. f. Anat. u. Physiol. 1839.

von Recklinghausen, Die Lymphgefässe und ihre Beziehungen zum Bindegewebe. Berlin 1862.

Retzius, G., Biolog. Untersuchungen N. F. I. Nr. 4. Ein sog. Caudalherz bei Myxine glutinosa. Stockholm 1890.

Rusconi, Riflessioni sopra il systema linfat. dei rettili. Pavia 1845.

— — Ueber die Lymphgefässe der Amphibien. Arch. f. Anat. u. Physiol. 1843.

Sala, L., Sullo sviluppo dei cuori linfatici e dei dotti toracici nell' embrione di pollo. Monitore zool. Ital. Anno X, No. 10. 1899. Ausführlicher in: Ricerche Lab. Anat. Roma e altri Lab. Biologici. Vol. VII. 1900.

Sappey, Ph. C., Études sur l'appareille muciparc et sur le système lymphatique des poissons. Paris 1880.
— — Description et iconographie des vaisseaux lymphatiques considérés chez l'homme et les vertèbres. Paris 1886.
Schiff, M., Remarques sur l'innervation des coeurs lymphatiques des Batraciens anoures. Tom. I. 1884 und II. 1885.
Stannius, H., Ueber die Lymphherzen der Vögel. Arch. f. Anat. u. Physiol. 1843.
Stieda, L., Zur Histologie der Milz. Virchow's Arch. Bd. XXIV.
Stöhr, Ph., Zur Physiologie der Tonsillen.
— — Ueber Mandeln und Balgdrüsen. Arch. f. pathol. Anat. Bd. XCVII. Heft 2.
— — Ueber die peripheren Lymphdrüsen. Sitz.-Ber. der physik.-medic. Gesellsch. zu Würzburg 1883.
— — Ueber den Bau der Conjunctiva palpebrarum. Ebendaselbst 1884.
— — Ueber die Lymphknötchen des Darmes. Arch. f. mikr. Anat. Bd. XXXIII. 1889. (Enthält ein ausführliches Litteraturverzeichnis über die Lymphapparate des Darmsystems.)
— — Die Entwicklung des adenoiden Gewebes, der Zungenbälge und der Mandeln des Menschen. Festschr. zur Feier des 50jähr. Doctor-Jubiläums von Nägeli und Koelliker. Zürich 1891.
— — Ueber die Entwicklung der Darmlymphknötchen. Verhandl. der Anat. Gesellsch. a. d. XI. Versamml. in Gent. 1897.
— — Ueber die Entwicklung der Darmlymphknötchen und über die Rückbildung von Darmdrüsen. Arch. f. mikr. Anat. u. Entwicklungsgeschichte. Bd. LI. 1898.
van der Stricht, O., Nature e division mitosique des globules blancs des Mammifères. Verhandl. der Anat. Gesellsch. a. d. VII. Versamml. zu Göttingen. 1893.
Swale Vincent et Harrison, H. Spencer, On the haemolymph glands of some Vertebrates. Journ. Anat. et Physiol. Vol. XXXI.
— — On Haemolymph and Haemol Lymphatic Glands. Proceed. Physiol. Soc. London. Febr. 1898.
Teichmann, Das Saugadersystem vom anat. Standpunkte aus betrachtet.
Tonkoff, W., Zur Entw. der Milz bei Vögeln. Anat. Anz. Bd. XVI. 1899 (vergl. auch dessen Arbeit im Arch. f. mikr. Anat. u. Entw.-Gesch. Bd. LVI. 1900.)
Valentin, Ueber die Structur der Lymphherzen und Lymphgefässe. Arch. f. Anat. u. Physiol. 1839.
Weber, E., Ueber das Lymphherz von Python tigris. Ebendaselbst 1835.
Weidenreich, Fr., Das Gefässsystem der menschl. Milz. Arch. f. mikr. Anat. u. Entw.-Gesch. Bd. LVIII. (vergl. auch den Aufsatz Weidenreich's im XX. Bd. des Anat. Anz. 1901.) 1901.
Weliky, W., Ueber vielzählige Lymphherzen bei Salamandra macul. und Siredon piscif. Zool. Anz. Nr. VII, Nr. 183, 1884.
Wiedersheim, R., Ueber die mechanische Aufnahme der Nahrungsmittel in der Darmschleimhaut. Freiburger Festschrift zur 56. Versamml. deutsch. Naturf. und Aerzte. 1883.
Woit, O., Zur Entw. der Milz. Anat. Hefte 1897.
Zawarykin, Th., Ueber d. Fettresorption im Dünndarm. Pflüger's Arch. f. d. gesamte Physiologie. Bd. XXXI. 1883.
Zawarykin, J., Ueber das Epithel der Tonsillen. Anat. Anz. IV. 1889.
    Vergl. auch noch die Lehrbücher der menschl. Anat., die z. Th. (z. B. Quain-Hoffmann) reiche Litteraturangaben über das Blut- und Lymphgefässsystem enthalten. Ebenso A. Ecker und R. Wiedersheim, Die Anatomie des Frosches. Braunschweig 1864—1882.

L. Urogenitalsystem.

Allgemeines.

Balbiani, H., Leçons sur la génération des Vertébrés. Paris 1879.
Balfour, F. M., On the origin and history of the urogenital organs of Vertebrates. Journ. of Anat. and Physiol. Vol. X. 1876.
— — On the structure and development of the Vertebrate ovary. Quart. Journ. of Micr. Science. Vol. XVIII. 1878.
Ballowitz, E., Zur Lehre von der Structur der Spermatozoën. Anat. Anz. I. Jahrg. 1886.

Ballowitz, E., Untersuchungen über die Structur der Spermatozoën etc. I. Th.: Die Spermatozoën der Vögel. III. Th.: Die Spermatozoën der Fische, Amphibien und Reptilien. Arch. f. mikr. Anat. Bd. XXXII, 1888 resp. Bd. XXXVI, 1890.
— — Fibrilläre Structur und Contractilität. Verhandl. der Anat. Gesellsch. 1889, und Pflüger's Arch. für die gesamte Physiologie. Bd. XLVI. Heft 8/9.
— — Die innere Zusammensetzung des Spermatozoënkopfes der Säugethiere. Centralbl. f. Physiol. 1891. Heft 3.
— — Die Bedeutung der Valentin'schen Querbänder am Spermatozoënkopf der Säugethiere. Arch. f. Anat. u. Physiol. 1891.
— — Weitere Beobacht. über den feineren Bau der Säugethierspermatozoën. Zeitschr. für wissensch. Zool. Bd. LII. 1891.
— — Bemerk. zu der Arbeit von Dr. phil. Karl Ballowitz über die Samenkörper der Arthropoden nebst weiteren spermatolog. Beiträgen, betr. die Tunicaten, Mollusken, Würmer, Echinodermen und Cölenteraten. Ebendaselbst.
Ballowitz, K., Zur Kenntnis der Samenkörper der Arthropoden. Internat. Monatsschr. f. Anat. u. Physiol. Bd. XI. 1894.
von Bardeleben, K., Die Entstehung der Samenkörper. Anat. Anz. XI. Bd. 1896. Vergl. auch den Bericht über die Naturf.-Versammlung, Sept. 1891, sowie denjenigen über die Versammlung der Anat. Gesellsch. in Wien, Juni 1892. Ferner: Anatom. Anzeig. XIII. Bd. (Dimorphismus der männl. Geschlechts-Zellen bei Säugethieren.)
— — Weitere Beiträge zur Spermatogenese beim Menschen (8. Beitrag zur Spermatologie). Jenaische Zeitschr. f. Naturwissensch. XXXI. Bd. N. F. XXIV. 1898.
Beard, J., The Origin of the segmental duct in Elasmobranchs. Anat. Anz. II. Jahrg. 1887.
— — The Span of Gestation and the cause of Birth. Jena 1897.
Benda, C., Untersuch. über den Bau des functionierenden Samencanälchens einiger Säugethiere, und Folgerungen für die Spermatogenese dieser Wirbelthierklasse. Arch. für mikr. Anat. Bd. XXX. 1887.
— — Die neuesten Publicationen auf dem Gebiete der Samenlehre. Kritische Studie. Internat. Eentralbl. f. die Physiol. u. Pathol. der Harn- und Sexual-Organe. Bd. I. Heft 1.
van Beneden, E., De la distinction originelle du testicule et de l'ovaire etc. Bull. Ac. roy. belgique. Vol. XXXVII. 1874.
— — Recherches sur la maturation de l'oeuf, la fécondation et la division cellulaire. Gand. u. Leipzig, 1883.
Biondi, D., Die Entwicklung der Spermatozoiden. Arch. f. mikr. Anat., Bd. XXV. 1885. (Enthält wichtige Litteraturangaben über die Spermatogenese.)
Bonnet, R., Ueber die ektodermale Entstehung des Wolff'schen Ganges bei den Säugethieren. Münch. med. Wochenschr. Nr. 30. Jahrg. 1887.
— — Beitr. z. Embryologie des Hundes. Anat. Hefte. I. Abth. Heft XXVIII—XXX (IX. Bd. Heft 1/3).
— — Ueber Embryotrophe. Deutsche med. Wochenschr. 1899, Nr. 45.
Born, G., Die Entwicklung der Geschlechtsdrüsen. Ergebn. d. Anat. u. Entwicklungsgeschichte, herausgeg. von Merkel und Bonnet, 1895.
Boveri, Th., Ueber die Bildungsstätte der Geschlechtsdrüsen und die Entstehung der Genitalkammern beim Amphioxus. Anat. Anz. VII. Jahrg. 1892.
— — Das Problem der Befruchtung. Jena 1902.
von Brunn, A., Beitr. zur Kenntnis der Samenkörper und ihrer Entwicklung bei Säugethieren und Vögeln. Arch. f. mikr. Anat., Bd. XXIII. 1883.
Burnett, W. J., Researches on the Development and intimate Structure of the Renal Organs of the four Classes of the Vertebrates. American. Journ. of sciences and arts. II. Ser. Vol. XVII.
Disselhorst, R., Der Harnleiter der Wirbelthiere. Anatom. Hefte, herausgeg. von Fr. Merkel und R. Bonnet, I. Abth. (IV. Bd. Heft 1.)
— — Die accessorischen Geschlechtsdrüsen der Wirbelthiere mit besonderer Berücksichtigung des Menschen. Wiesbaden 1897.
von Ebner, V., Unters. über den Bau der Samencanälchen und die Entwicklung der Spermatozoiden bei den Säugethieren und beim Menschen. 1872.
— — Zur Spermatogenese der Säugethiere. Arch. f. mikr. Anat. Bd. XXXI. 1888. (Enthält eine grosse einschlägige Litteratur.)
Eimer, Th., Unters. über den Bau und die Bewegung der Samenfäden. Verhandl. der phys.-med. Gesellsch. in Würzburg. N. F. VI. Bd.
Flemming, W., Die ektoblastische Anlage des Urogenitalsystems beim Kaninchen. Arch. f. Anat. u. Physiol. 1886.

Flemming, W., Weitere Beobachtungen über die Entwicklung der Spermatozoën bei Salamandra macul. Ebendaselbst. Bd. XXXI. 1887.

Fürbringer, M., Zur vergl. Anatomie u. Entwicklungsgeschichte der Excretionsorgane der Vertebraten. Morph. Jahrb., Vol. IV, 1878. (Enthält überdies noch ein ausführl. Litteraturverzeichnis über die Excretionsorgane der Wirbelthiere.)

Haacke, W., Ueber die Entstehung des Säugethiers. Biol. Centralbl. Bd. VIII. 1888.

Haddon, A. C., Suggestion respecting the epiblastic Origin of the Segmental Duct. Sc. Proc. Roy. Dubl. Soc. N. S. Vol. 5. 1887.

Häcker, V., Die Vorstadien der Eireifung. Arch. f. mikr. Anat. Bd. XLV. 1895.

— — Ueber die Selbständigkeit der väterl. und mütterl. Kernbestandtheile während der Embryonalentwicklung von Cyclops. Ebendaselbst. Bd. XLVI. 1896.

— — Die Keimbahn von Cyclops. Neue Beiträge zur Kenntnis der Geschlechtszellensonderung. Ebendaselbst. Bd. XLIX. 1897.

— — Ueber weitere Uebereinstimmungen zwischen den Fortpflanzungsvorgängen der Thiere und Pflanzen. Die Keimmutterzellen. Biolog. Centralbl. Bd. XVII. 1897.

— — Ueber die Anatomie der väterlichen und mütterlichen Kernsubstanz vom Ei bis zu den Fortpflanzungszellen. Anat. Anz. XX. Bd. 1902.

— — Die Reifungserscheinungen. Ergebn. d. Anat. u. Entw. Gesch. VIII. Bd. 1898.

Heidenhain, R., Mikrosk. Beitr. zur Anat. u. Physiol. der Niere. Arch. f. mikr. Anat. Bd. X. 1874.

Hensen, V., Physiologie der Zeugung. Handbuch der Physiologie von L. Hermann. Bd. VI. 2. Th.

Hermann, F., Beitr. zur Histologie des Hodens (behandelt Salamandra u. Maus). Arch. f. mikr. Anat. Bd. XXXIV. 1889.

Hertwig, O., Vergleich von Ei- und Samenbildung bei Nematoden. Eine Grundlage für celluläre Streitfragen. Arch. f. mikr. Anat. Bd. XXXVI. 1890.

Hoffmann, C. K., Zur Entwicklungsgeschichte der Urogenitalorgane bei den Anamnia. Zeitschr. f. wissensch. Zool. Bd. XLIV. 1886.

Holl, M., Ueber die Reifung der Eizelle bei den Säugethieren. Sitz.-Ber. d. K. Akad. d. Wiss. Wien. Math.-naturw. Cl. Bd. CII. Abth. III. Juni 1893.

Janosik, J., Bemerk. über die Entwickl. d. Genitalsystems. K. K. Akad. d. Wissensch. Wien 1890. Bd. XCIX. Abth. III.

Jensen, O., Die Structur der Samenfäden. Bergen 1879.

Julin, Ch., Structure et développement des glandes sexuelles; ovogenèse, spermatogenèse et fécondation chez Styelopsis grossularia. Bull. scient. de la France et de la Belgique. T. XXV. 1893.

Keibel, F., Das Biogenetische Grundgesetz und die Cänogenese. Ergeb. d. Anat. u. Entw.-Gesch. herausgeg. v. Merkel und Bonnet. VII. Bd. 1897.

Kleinenberg, N., Ueber die Entstehung der Eier bei Eudendrium. Zeitschr. f. wissenschaftl. Zool. Bd. XXXV. 1881.

Kohlbrugge, J. H. F., Die Entwicklung des Eies vom Primordialstadium bis zur Befruchtung. Arch. f. mikr. Anat. u. Entw.-Gesch. LVIII. Bd. 1901.

Koelliker, A., Zur Bedeutung der Zellkerne für die Vorgänge der Vererbung. Zeitschr. f. wissensch. Zool. XLII. Bd. 1885.

Kollmann, J., Ueber Verbindungen zwischen Coelom und Nephridium. Festschrift zur Feier des 300jährig. Bestehens der Univ. Würzburg 1882.

La Valette St. George, Der Hoden. Abschnitt in dem Handbuch der Lehre von den Geweben des Menschen und der Thiere. Herausgeg. von S. Stricker, Leipz. 1871. (Vergl. auch zahlreiche übrige Abhandlungen dieses Autors über Spermatogenese im Arch. f. mikr. Anat.)

Sobotta, J., Die Furchung des Wirbelthiereies. Anat. Hefte. II. Abth. Ergebnisse der Anat. u. Entwicklungsgeschichte. Herausgeg. von Fr. Merkel u. R. Bonnet. 1896. (Referat über 173 Arbeiten.)

Solger, B., Beitr. zur Kenntnis der Niere und besonders der Nierenpigmente niederer Wirbelthiere. Abhandl. der naturforsch. Gesellsch. zu Halle. Bd. XV. 1882.

Spee, Graf F., Ueber directe Betheiligung des Ektoderms an der Bildung der Urnierenanlage des Meerschweinchens. Arch. f. Anat. u. Phys. 1884.

— — Ueber weitere Befunde zur Entwicklung der Urniere. Mittheil. d. Vereins Schleswig-Holstein. Aerzte. Heft 11, 2. 1886.

McGregor, J. H., The Spermatogenesis of Amphibiuma. Journ. of Morphol., Suppl. to Vol. XV. 1899.

Meckel, H., Zur Morphologie der Harn- und Geschlechtswerkzeuge der Wirbelthiere etc. Halle 1884.

Meves, F., Ueber Structur und Histogenese der Samenfäden des Meerschweinchens. Arch. f. mikr. Anat. u. Entw.-Gesch. LIV. Bd. 1899.

von Mihalkovics, V., Entw. des Harn- und Geschlechtsapparates der Amnioten. I. Der Excretionsapparat. II. Die Geschlechtsgänge. III. Die Geschlechtsdrüsen. Internat. Monatsschr. f. Anat. u. Hist. Bd. II. 1885.

Minot, Charles Sedgwick, A sketch of comparative Embryology. The History of the Gonoblasts and the theory of sex. Americ. Nasturaliste. February 1880. Einen Auszug davon enth. das Biol. Centralbl. Nr. 12. Bd. II.

Mitsukuri, K., The ectoblastic Origin of the Wolffian Duct. in Chelonia. Zool. Anz. XI. Jahrg. 1888.

Müller, Joh., Bildungsgeschichte der Genitalien etc. Düsseldorf 1830.

Nagel, W., Das menschliche Ei. Arch. f. mikr. Anat. Bd. XXXI. 1888.

Osawa, G., Nachtrag zur Lehre von den Eingeweiden der Hatteria punctata. Die weibl. Geschlechtsorgane. Arch. f. mikr. Anat. u. Entw.-Gesch. Bd. LI. 1898.

von Perény, J., Entwicklung des Amnion, Wolff'schen Ganges und der Allantois bei den Reptilien. Zool. Anz. XI. Jahrg. 1888.

Peter, K., Die Bedeutung der Nährzellen im Hoden. Arch. f. mikr. Anat. u. Entw.-Gesch. Bd. LIII. 1898.

vom Rath, O., Beitr. z. Kenntnis der Spermatogenese von Salamandra maculosa. Zeitschrift f. wissensch. Zool. LVII. Bd. 1893.

Rathke, H., Beobachtungen und Betrachtungen über die Entwicklung der Geschlechtswerkzeuge bei den Wirbelthieren. Neue Schriften d. naturforsch. Gesellsch. in Danzig. Bd. I. 1825.

Retzius, G., Zur Kenntnis der Spermatozoën. Biolog. Untersuchungen. Stockholm 1881.

— — Zur Kenntnis vom Bau des Eierstockeies und des Graaf'schen Follikels. Hygiea. Festband Nr. 2. 1889.

Rückert, J., Entwicklung der Excretionsorgane. In: „Ergebnisse der Anatomie und Entwicklungsgeschichte", herausgeg. von Fr. Merkel und R. Bonnet. Wiesbaden 1892.

Ruge, G., Vorgänge am Eifollikel der Wirbelthiere. Morphol. Jahrb. XV. Bd. 1889. (Enthält auch die Litteratur über die Rückbildungsvorgänge am Ovarial-Ei.)

Schultze, O., Untersuchungen über die Reifung und Befruchtung des Amphibien-Eies. I. Abhandl. Zeitschr. f. wissensch. Zool. Bd. XLV. 1887. (Enthält unter anderem werthvolle Litteraturangaben über die Befruchtung im allgemeinen.)

Sellheim, H., Zur Lehre von den sekundären Geschlechtscharakteren. Beitr. z. Geburtshilfe u. Gynäkologie. Bd. I. H. 2. 1898.

Semon, R., Die indifferente Anlage der Keimdrüsen beim Hühnchen und ihre Differenzierung zum Hoden. Jenaische Zeitschr. f. Naturwissenschaft. XXI. Bd. N. F. XIII. 1887. (Enthält ein ausführl. Referat über die Litteratur der Geschlechtsorgane.)

— — Studien über den Bauplan des Urogenitalsystems der Wirbelthiere. Dargelegt an der Entwicklung dieses Organsystems bei Ichthyophis glutinosus. Jenaische Zeitschr. Bd. 26. 1891.

Semper, C., Das Urogenitalsystem der Plagiostomen und seine Bedeutung für die übrigen Wirbelthiere. Arbeiten aus dem zool.-zootom. Institut zu Würzburg. Bd. II. 1875.

— — Die Stammesverwandschaft der Wirbelthiere und Wirbellosen. Ebendaselbst. Bd. II. (Enthält eine grosse Litteraturübersicht.)

Sobotta, J., Die Befruchtung des Eies von Amphioxus lanceolatus. Anat. Anz. XI. Bd. 1895.

— — Beob. über den Gastrulationsvorgang beim Amphioxus. Verhandl. der physik.-med. Gesellsch. zu Würzburg. N. F. XXXI. Bd. 2. 1897.

— — Die Furchung des Wirbelthiereies. Anat. Hefte. II. Abth. Ergebnisse der Anat. u. Entw.-Gesch. Herausgeg. von Fr. Merkel und R. Bonnet. 1896. (Referat über 173 Arbeiten.)

Solger, B., Beitr. zur Kenntnis der Niere und besonders der Nierenpigmente niederer Wirbelthiere. Abhandl. der naturforsch. Gesellsch. zu Halle. Bd. XV. 1882.

Spee, Graf F., Ueber directe Betheiligung des Ektoderms an der Bildung der Urnierenanlage des Meerschweinchens. Arch. f. Anat. u. Phys. 1884.

— — Ueber weitere Befunde zur Entwicklung der Urniere. Mittheil. des Vereins Schleswig-Holstein. Aerzte. Heft 11, 2. 1886.

Tellyesniczky, K., Bemerkungen zu von Bardeleben's neuer Theorie der Samenfädenentwicklung. Internat. Monatsschr. f. Anat. u. Physiol. Bd. XIV. Heft 2 u. 3. 1897.

Waldeyer, W., Bau und Entwicklung der Samenfäden. (Referat.) Anat. Anz. II. Jahrg. 1887. (Enthält eine erschöpfende Litteraturübersicht über die Spermatogenese.)

— — Ueber Karyokinese und ihre Beziehungen zu den Befruchtungsvorgängen. Arch. f. mikr. Anat. Bd. XXXII. 1888.

— — Eierstock und Ei. Leipzig 1870.

Weismann, A., Die Entstehung der Sexualzellen bei den Hydromedusen. Mit Atlas. Jena 1883.
— — Ueber die Dauer des Lebens. Jena 1882.
— — Ueber die Vererbung. Jena 1883.
— — Ueber Leben und Tod. Jena 1884.
— — Zur Frage nach der Unsterblichkeit der Einzelligen. Biol. Centralbl. Bd. IV. 1885.
— — Die Continuität des Keimplasmas. Jena 1885.
— — Die Bedentung der sexuellen Fortpflanzung. Jena 1886.
— — Amphimixis. Jena 1891.
— — Das Keimplasma, eine Theorie der Vererbung. Jena 1892.
Winkler, H., Ueber die Furchung unbefruchteter Eier unter der Einwirkung von Extractivstoffen aus dem Sperma. Nachr. d. K. Gesellsch. d. Wissensch. zu Göttingen, Mathem.-physikal. Kl. 1900. H. 2.
van Wijhe, J. W., Die Betheiligung des Ektoderms an der Entwicklung des Vornierenganges. Zool. Anz. IX. Jahrg. 1886.
— — Ueber die Mesodermsegmente des Rumpfes und die Entwicklung des Excretionssystemes bei Selachiern. Arch. f. mikrosk. Anat. Bd. XXXIII. 1889.

Fische.

a) Amphioxus, Cyclostomen.

Boveri, Th., Ueber die Niere des Amphioxus. Münchener Medicin. Wochenschrift. 1890. Nr. 26.
— — Ueber die Bildungsstätte der Geschlechtsdrüsen und die Entstehung der Genitalkammern beim Amphioxus. Anat. Anz. VII. Jahrg. 1892.
— — Die Nierencanälchen des Amphioxus. Ein Beitrag zur Phylogenie des Urogenitalsystems der Wirbelthiere. Zool. Jahrb. Abth. f. Anatomie u. Ontogenie der Thiere. V. Bd. 1892.
Calberla, E, Der Befruchtungsvorgang beim Ei von Petromyzon Planeri. Zeitschr. f. wissensch. Zool. Bd. XXX. 1877.
Cunningham, J. T., On the Structure and development of the reproductive Elements in Myxine glutinosa. Quart. Journ. of microscop. Science. Vol. XXVII. New Ser. 1887.
Ewart, J. C., Note on the abdominal pores and urogenital sinus of the Lamprey. Journ. of anat. and physiol. Vol. X. 1876.
Felix, W., Die Price'sche Arbeit „Development of the excretory organs of a Myxinoid (Bdellostoma stouti Lockington) und ihre Bedeutung für die Lehre von der Entwicklung des Harnsystems. Anat. Anz. XIII. Bd. 1897.
Guitel, F., Sur le rein du Lepidogaster Goüanii. Comptes rendus d. scéances de l'académia des sciences, 25 Juin 1900.
— — Sur le rein des Lepadogasters Goüanii. Bull. Soc. scient. et médic. de l'ouest Xme année, 1901. T. X. Nr. 2. 1901.
Hatta, S., Contrib. to the Morphology of Cyclostomata II. On the development of Pronephros and Segmental Duct in Petromyzon. Journ. College of Science. Tokyo. Vol. XIII. 1901.
Huber, O., Die Kopulationsglieder der Selachier (Inaug.-Dissert.). Zeitschr. f. w. Zool. Bd. LXX. 1901.
Legros, R., Sur la Morphologie des glandes sexuelles de l'Amphioxus lanceolatus. Compt. Rend. d. Séances du troisième Congrès internat. de Zoologie. Leyde 16—21 Septbre. 1895.
Maas, O., Ueber Entwicklungsstadien der Vorniere und Urniere bei Myxine. Zool. Jahrb. Abth. f. Anat. u. Ontogenie der Thiere. X. Bd. 1897.
Meyer, Fr., Ueber die Nieren der Flussneunaugen (Petromyzon fluviatilis). Centralbl. f. d. med. Wissensch. 1876. Nr. 2.
Müller, A., Ueber die Befruchtungserscheinungen im Ei der Neunaugen. Verhandl. d. Königsb. physik.-ökonom. Gesellsch. 1864.
Müller, J., Unters. über die Eingeweide der Fische. Abhandl. d. K. Acad. d. Wissensch. Berlin 1845.
Müller, W., Ueber das Urogenitalsystem des Amphioxus und der Cyclostomen. Jenaische Zeitschr. Bd. IX. 1875.
— — Ueber die Persistenz der Urniere bei Myxine glutinosa. Ebendaselbst. Bd. VII. 1873.

Nansen, F., A Protandric Hermaphrodite (Myxina glutinosa, L.) amongst the Vertebrates. Bergens Museums Aarsberetning for 1887. Bergen 1888.
Parker, T. J., Prelim. Note on the Vesiculae seminales and the Spermatophores of Callorhynchus antarcticus. Proc. Austr. Soc. Adv. Sci. vol. IV. 1892.
— — On the Claspers of Callorhynchus Nature. Vol. XXXIV.
— — On the gravid Uterus of Mustelus antarcticus. Trans. New. Zeal. Inst. Vol. XIII. 1880.
Price, Zur Ontogenie eines Myxinoiden (Bdellostoma stouti Lockington). Sitz.-Ber. der math.-physik. Kl. d. bayer. Akad. d. Wissensch. München. 1896. (Vergl. auch die Verhandl. d. Anat. Gesellsch. Berlin, 1896, sowie die Zool. Jahrb. von Spengel, 1897.)
Rückert, J., Ueber die Entstehung der Excretionsorgane bei Selachiern. Arch. f. Anat. u. Physiol. 1888.
— — Die erste Entwicklung des Eies der Elasmobranchier. Festschr. z. 70. Geburtstag von Carl v. Kupffer. Jena 1899.
Schneider, A., Beitr. zur vergl. Anatomie und Entwicklung der Wirbelthiere. Berlin 1889.
Schultze, O., Untersuchungen über die Reifung und Befruchtung des Amphibien-Eies. I. Abhandl. Zeitschr. f. wissensch. Zool. Bd. XLV. 1887. (Enthält unter Anderem werthvolle Litteraturangaben über die Befruchtungslehre im Allgemeinen.)
Semon, R., Die indifferente Anlage der Keimdrüsen beim Hühnchen und ihre Differenzierung zum Hoden. Jenaische Zeitschr. f. Naturwiss. XXI. Bd. N. F. XIII. 1887. (Enthält ein ausführl. Referat über die Litteratur der Geschlechtsorgane.)
— — Das Excretionssystem der Myxinoiden in seiner Bedeutung für die morphol. Auffassung des Urogenitalsystems der Wirbelthiere. Festschr. f. Gegenbaur. Bd. III. Leipzig 1896.
— — Das Excretionssystem der Myxinoiden. Anat. Anz. XIII. Bd. Nr. 4/5. 1897.
Spengel, J. W., Die Excretionsorgane von Myxine. Anat. Anz. XIII. Bd. Nr. 1/2. 1897.
Scott, W. B., Beiträge zur Entwicklung der Petromyzouten. Morph. Jahrbuch. Bd. VII. 1881.
Wiedersheim, R., Cure parentali nei vertebrati inferiors. Riv. di Scienze Biologiche. Vol. I. No. 11—12. 1900.
— — Brutpflege bei niederen Wirbelhieren. Biolog. Centralbl. XX. Bd. No. 9 und 10. 1900.

b) Selachier.

Balfour, F. M., A Monograph on the Development of Elasmobranch Fishes. London 1878.
Bolau, H., Ueber die Paarung und Fortpflanzung der Scylliumarten. Zeitschr. f. wiss. Zool. Bd. XXXV. 1882.
Giacomini, E., Contributo all' istologia del ovario dei Selaci etc. Ricerche Lab. Anat. Roma e altri Lab. Biol. Vol. V. 1897.
Guitel, F., Sur les néphrostomes et les canaux segmentaires de quelques sélaciens (Squatina, Scyllium, Centrina etc.) Arch. de Zool. expérim. et générale. No. 3. 1900.
— — Sur un procédé facilitant la recherche des entonnoirs segmentaires du rein des Sélachiens (Note préliminaire). Arch. de Zool. Exp. et Gén. 3e Série. Vol. V. 1898.
Huber, O., Mittheil. z. Kenntnis der Copulationsglieder bei den Selachiern. Anat. Anz. XIX. Bd. 1901.
Jungersen, H. F. E., Ueber die Bauchflossenanhänge (Copulationsorgane) der Selachiermänuchen. Anat. Anz. XIV. Bd. 1898.
La Valette St. George, Diss. de spermatosomatum evolutione in Plagiostomis. Festschrift. Bonn 1878.
Petri, K., Die Copulationsorgane der Plagiostomen. Zeitschr. f. wiss. Zool. Bd. XXX.
Rabl, C., Ueber die Entwicklung des Urogenitalsystems der Selachier. (II. Fortsetzung der „Theorie des Mesoderms".) Morph. Jahrb. Bd. XXIV.
Redeke, H. C., Onderzoekingen Betreffende Hit Urogenitaalsystem der Selachiers en Holocephalen. Acad. Proefschrift. Amsterdam 1898.
Rückert, Ueber die Entstehung der Excretionsorgane bei Selachiern. Arch. f. Anat. u. Physiol. 1888.
Schulty, A., Zur Entwicklung des Selachiereies. Arch. f. mikr. Anat. Bd. XI. 1875.

Semper, C., Das Urogenitalsystem der Plagiostomen etc. Arb. aus d. zool.-zoot. Instit. d. Univ. Würzburg. Bd. II. 1875.

Swaen, A„ et Brachet, A., Étude sur les premières phases du développement des organes dérivés du mésoblaste chez les poissons Téléostéens. Arch. de Biol. T. XVIII. 1901.

Turner, Addit. Observ. on the Anatomy of the Grunland Shark (Laemargus borealis). Journ. of Anat. and Physiol. Vol. VIII.

van Wijhe, J. W., Ueber die Entwicklung des Excretionssystemes und anderer Organe bei Selachiern. Anat. Anz. II. Jahrg. 1888.

— — Ueber die Mesodermsegmente des Rumpfes und die Entwicklung des Excretionssystems bei Selachiern. Arch. f. mikr. Anat. Bd. XXXIII. 1889.

— — Ueber die Betheiligung des Ektoderms an der Bildung des Vornierenganges bei Selachiern. Verh. der Anat. Gesellsch. zu Kiel 1898.

c) Ganoiden und Teleostier.

Balfour, F. M., On the nature of the organ in adult Teleosteans and Ganoids, which is usually regarded as the Head-Kidney or Pronephros. Quart. Journ. of Micr. Science. July and Januar 1882.

Balfour, F. M., and Parker, W. N., On the Structure and Development of Lepidosteus. Philos. Tranact. of the Royal Society. — Part. II. 1882. (Enth. auf pag. 411 bis 424 eine ausgezeichnete Darstellung des Urogenital-Apparates.)

Beard, J., The Pronephros of Lepidosteus osseus. Anat. Anz. X. Bd. No. 6. 1894.

Brock, J., Beitr. z. Anat. u. Histol. der Geschlechtsorgane der Knochenfische. Morph. Jahrb. Bd. IV. 1878.

— — Ueber Anhangsgebilde des Urogenitelapparates von Knochenfischen. Zeitschr. für wissensch. Zool. Bd. XLV. 1887.

Dufossé, De l'hermaphrodisme chez le Serran. Annal. de sc. nat. IV. Sér. tome V. Paris 1856.

Emery, C., Zur Morphologie der Kopfniere der Teleostier. Biol. Centralbl. Bd. I. 1881 bis 82.

— — Studi intorno allo sviluppo ed alla morfologia del rene dei Teleostei. Mem. Accad. Lincei. Anno 279. Mem. vol. XIII.

Felix, W., Beitr. zur Entwicklungsgeschichte der Salmoniden. Anat. Hefte. I. Abth. Heft 25. (VIII. Bd. II. 2.) (Vergl. auch die Verhandl. der Anat. Gesellsch. auf der IX. Versammlung zu Basel. 1895.)

Fullarton, J. H., On the Development of the Plaice (Pleuronectes platessa). Rep. Fishery Board of Scotland. 1895. (Handelt von der Vorniere, Leber, Herz und Schwimmblase.)

Grosglik, S., Zur Morphologie der Kopfniere der Fische. Zool. Anz. Jahrg. VIII. Nr. 207. 1885.

— — Zur Frage über die Persistenz der Kopfniere der Teleostier. Zool. Anz. Jahrg. IX. 1886.

Guitel, F., Description des Orifices génito-urinaires de quelques Blennius. Arch. de Zool. expérim. et gén. 3. Sér. Vol. I. 1893.

Hermes, O., Ueber reife männl. Geschlechtstheile des Seeals (Conger vulgaris) und einige Notizen über den männlichen Flussaal (Anguilla vulgaris). Zool. Anzeig. Jahrg. IV. 1881.

Howes, G. B., On some Hermaphrodite Genitalia of the Codfish (Gadus moorhua), with Remarks upon the Morphology and Phylogeny of the Vertebrate Reproductive System. Linnean Society's Journ. Zoology. Vol. XXIII. 1891.

— — On the Arrangement of the Living Fishes, as based upon the Study of their Reproductive System. Cardiff Meeting of the British Association. 1891.

Hyrtl, J., Beitr. z. Morphol. der Urogenitalorgane der Fische. Denkschr. d. Wien. Acad. der Wissensch. I, 1850.

— — Ueber den Zusammenhang der Geschlechts- und Harnwerkzeuge bei den Ganoiden. Denkschr. d. Wien. Acad. d. Wiss. VIII. 1854.

von Ihering, H., Zur Kenntnis der Gattung Girardinus. Zeitschr. f. wiss. Zool. Bd. XXXVIII. 1883.

Jungersen, H., Beitr. zur Kenntnis der Entwicklung der Geschlechtsorgane bei den Knochenfischen. Arb. aus d. Zool.-Zootom. Institut zu Würzburg. IX. Bd. 1889.

— — Die Embryonalniere d. Störs (Acipenser sturio). Zool. Anz. No. 435/36. 1893. (Vergl. auch Saertryk af Vidensk. Meddel. fra den naturh. Foren in Kbhn. 1893.)

— — Die Embryonalniere von Amia calva. Zool. Anz. Nr. 451. 1894.

Kupffer, C., Beobachtung über die Entwicklung der Knochenfische. Archiv für mikr. Anat. Bd. IV. 1868.

Mac Leod, J., Rech. sur l'appareil reproducteur des poissons osseux. Bull. Acad. sc. Belgique. 50 Ann., 3. Sér., Tom. 1.

— — Rech. sur la structure et le développement de l'appareil reproducteur femelle des Téléostiens. Arch. de Biolog. II.

Möbius, K., Ueber die Eigenschaften u. den Ursprung d. Schleimfäden des Seestichling-nestes. Arch. f. mikr. Anat. Bd. XXV. 1885.

Oellacher, Beitr. z. Entw. der Knochenfische. Zeitschr. f. wiss. Zool. Bd. XXIII.

Owsiannikow, Ph., Studien über das Ei, hauptsächlich bei den Knochenfischen. Mém. de l'Acad. imp. des sciences de St. Pétersbourg. VII. Série. Tome XXXIII., No. 4. 1885.

Rathke, H., Ueber d. Geschlechtstheile der Fische. Neueste Schrift d. naturf. Gesellsch. z. Danzig. Bd. I. Heft 3. Halle 1824. (Auch separat in: Beiträge zur Geschichte der Thierwelt. II. Halle 1824. p. 117.)

— — Zur Anatomie der Fische. Arch. f. Anat. u. Physiol. 1836.

Redecke, H., C., Kleine Beiträge zur Anatomie der Plagiostomen. Tijdschr. d. Ned. Dierk. Ver. (2). VI. 2. 1899.

Rosenberg, A., Unters. über d. Entwicklung der Teleostiernieren. Dorpat 1867.

Stuhlmann, F., Zur Kenntnis des Ovariums der Aalmutter (Zoarces viviparus Cuv.) „Abhandl. aus dem Gebiete der Naturwissenschaften". Bd. X. Festschrift zur Feier 50jähr. Bestehens des Naturwissensch. Vereins zu Hamburg. Hamburg 1887.

Swaen, A., und Brachet, A. (vergleiche die bei den Monographien etc. aufgehäufte Arbeit).

Syrski, Ueber die Reprod.-Organe des Aals. Sitz.-Ber. der Wiener Acad. der Wissensch. Bd. LXIX. Abthl. 1.

Vogt, C., Embryolgie des Salmones. Neuchâtel 1842.

Vogt et Pappenheim, Rech. sur l'anatomie comparée des organes de la génération chez les animaux vertébrés. Première partie: Des organes de la génération des poissons. Ann. d. sc. nat. IV. Sér. tome 11. 1859.

Weber, M., Ueber Hermaphroditismus bei Fischen. Tijdschr. der Nederlandsche Dier-kundige Vereenigung 1884. 1887.

Dipnoër.

Ayers, H., Beitr. zur Anat. und Physiol. der Dipnoer. Jenaische Zeitscr. f. Naturw. Bd. XVIII. N. F. XI. Bd. 1885.

Beddard, E., The ovarian ovum of Lepidosiren (Proptopterus). Zool. Anz. Jahrg. IX. Nr. 225 u. 226. 1886.

— — Observat. on the Ovarium Ovum of Lepidosiren (Protopterus). Proceed. Zool. Soc. of London 1886.

Ehlers, E. (vergl. die im allgem. Litteratur-Verzeichnis aufgeführte Arbeit über Lepi-dosiren).

Günther, A., Descript. of Ceratodus. Philos. Transact. Vol. 161. London 1872.

Hyrtl, J., Lepidosiren paradoxa. Abhandl. d. Kgl. Böhm. Gesellsch. d. Wiss. V. Folge, 3. Bd., pag. 605 ff.

Semon, R., Die Entwicklung der paarigen Flossen des Ceratodus Forsteri. Zool. Forsch.-Reisen in Australien u. d. Malayischen Archipel 1898. Bd. I. Lief. II.

— — Zur Entwicklung des Urogenitalsystems der Dipnoër. Zool. Anzeig. Bd. XXIV. Nr. 638. 1901.

Amphibien.

Bidder, F. G., Vergl. anat. u. histol. Unters. über die männl. Geschlechts- und Harn-werkzeuge der nackten Amphibien. Dorpat 1846.

Blanchard, R., Sur les glandes cloacales et pelviennes et sur la papille cloacale des Batraciens Urodèles. Zool. Anz. Jahrg. IV. 1883.

Bles, E. J., On the Communication between peritoneal cavity and renal vains through the nephrostomial tubules in the frog. (R. temporara). Proc. Cambridge Philos. Soc. Vol. IX. p. II. 1898.

Brauer, A., Zur Kenntnis der Excretionsorgane der Gymnophionen. Zoolog. Anzeig. Bd. XXIII. 1900.

Bride, Mac, The development of the Oviduct in the Frog. Quart. Journ. of. Micr. Science, Vol. 33. 1892.

Clarke, S. P., The early development of the Wolffian Body in Amblystoma punctatum. Stud. Biol. Laborat. John's Hopk. Univ. Vol. II. No. 1.

Cole, F. J., A case of Hermaphroditism in Rana temporaria. Anat. Anz. XI. Bd. 1895. (Enthält ein Litteratur-Verzeichnis über die einschlägigen Fälle.)

Constantinesco, C. J., Le Cas d'un Triton vulgaris var. taeniatus. Bull. Soc. des Sciences de Bucarest-Roumanie. Anul. VIII. 1899. (Handelt vom Müller'schen Gang, der als Samenleiter fungiert.)

Dauen, J., Ueber eine rudimentäre Drüse beim weiblichen Triton. Morphol. Arbeiten. VII. Bd. 2. H. 1897.

Duvernoy, C. L., Fragments s. les Organes génito-urinaires des Reptiles etc. Mém. Acad Sciences. Paris. Vol. XI. 1851.

Field, H. H., The development of the Pronephros and Segmental Duct in Amphibia. Bull. Mus. Comparat. Zoöl. Harvard College. Vol. XXI. No. 5. 1891. (Enthält ein grosses Litteraturverzeichnis.)

— — Ueber streng metamere Anlage der Niere bei Amphibien (Vortrag). Abgedr. i. d. Verhandl. der Dentsch. Zool. Gesellsch. 1892.

— — Die Vornierenkapsel, ventrale Muskulatur und Extremitätenanlagen bei den Amphib. Anat. Anz. IX. Bd. 1894.

— — Ueber die Morphologie d. Amphibien-Harnblase. Morphol. Arbeiten. Bd. IV. 1894. (Vergl. auch den Nachtrag dazu im Anat. Anz. Bd. IX. 1894.)

Frankel, Die Ausfuhrwege der Harnsamenniere des Frosches. Zeitschr. f. wiss. Zool. Bd. LXIII. 1897.

Friedmann, F., Rudimentäre Eier im Hoden von Rana viridis. Arch. f. mikr. Anat. u. Entw.-Gesch. LII. Bd. 1898. (Enth. eine Litteratur-Uebersicht über die Zwitterbildungen bei Amphibien).

Fürbringer, M., Zur Entwicklung d. Amphibienniere. Heidelberg 1877. Morph. Jahrb. IV. Bd. 1878.

Gemmill, J. F., Ueber die Entstehung des Müller'schen Ganges in Amphibien. Arch. f. Anat. u. Entwicklungsgesch. 1897.

Giglio-Tos, E., Sui Corpi grassi degli Anfihi. Accad. Reale delle Scienze di Torino. Vol. XXX. 1894/95.

— — Sull' Origine dei Corpi grassi negli Anfibi. Ebendaselbst. Vol. XXXI. 1895/96.

Giles, A. E., Development of the Fat-bodies in the Frog: a Contribution to the Hystory of the Pronephros. Quart. Journ. of microscop. Science 1888, und in Studies from the Biological Laboratories of the Owen's College. Vol. II. Manchester 1890.

Götte, A., Entwicklungsgeschichte der Unke. Leipzig 1875.

Heidenhain, M., Beitrag zur Kenntnis d. Topographie und Histologie der Cloake und ihrer drüsigen Adnexe bei den einheimischen Tritonen. Arch. f. mikr. Anat. Bd. XXXV. 1890.

Heidenhain, R., Mikr. Beitr. zur Anat. u. Physiol. der Nieren. Arch. f. mikr. Anat. Bd. X. 1874.

Jungersen, H., Om Udviklingen of den Müllerske Gang (Aeggelederen) hos Padderne. Vidensk. Meddel. fra den naturhist. Forening i. Kjobenhavn 1892.

Kingsbury, B. F., The Spermatheka and Methods of Fertilisation in some Americans Newts and Salamanders. Proceed. Americ. Microsc. Soc. Vol. XVII. 1895.

Knappe, E., Das Bidder'sche Organ, ein Beitrag zur Kenntnis der Anatomie, Histologie und Entwicklungsgeschichte der Geschlechtswerkzeuge einiger Amphibien, besonders d. einheimischen Rufoniden. Morph. Jahrb. Bd. XI. 1886.

Lebrun, H., Recherches sur l'appareil génital femelle de quelques Batraciens indigènes. „La Cellule", t. VII, 2. fascicule 1891.

Leydig, F., Lehrbuch der Histologie etc. Frankfurt 1857.

— — Anat.-histolog. Unters. über Fische u. Reptilien. Berlin 1853.

Marshall, Milnes, On certain abnormal conditions of the reproductive organs in the frog. Journ. of Anat. and Physiol. Bd. XVIII. 1885.

— — and Bles, E. J., The development of the Kidneys and Fat-bodies in the Frog. Studies from the Biolog. Laboratories of the Owens College. Vol. II. Manchester 1890.

Meyer, F., Anat. des Urogenitalsystems der Selachier und Amphibien. Sitzungs-Ber. d. naturf. Gesellsch. zu Leipzig 1875.

Mollier, S., Ueber die Entstehung d. Vornierensystems bei Amphibien. Arch. f. Anat. u. Physiol. Jahrg. 1890.

von zur Mühlen, A., Untersuch. über die Urogenit.-App. d. Urodelen. Inaug.-Dissert. Dorpat (Jurjew) 1894.

Müller, J., Ueber den Wolff. Körper bei d. Embryonen der Frösche u. Kröten. Meckel's Arch. f. Anat. und Physiol. 1829.

Nussbaum, M., Ueber die Endigung der Wimpertrichter in d. Niere der Anuren. Zool. Anz. Bd. III. 1880. vergl. Ebenda 1897.
— — Ueber den Bau und die Thätigkeit der Drüsen. Arch. f. mikr. Anat. Bd. XXVII. 1686. (Euthält auch werthvolle Notizen über das Gefässsystem der Amphibienniere.)
Rathke, H., Bemerk. über mehrere Körpertheile der Coecilia annulata. Arch. f. Anat. u. Physiol. 1853.
Reissner, H., Der Bau der samenableitenden Wege bei Rana fusca und Rana esculenta. Arch. f. mikr. Anat. und Entwicklungsgeschichte. LIII. Bd. 1898. (Enth. auch ein werthvolles Litterat.-Verzeichnis über Nieren- und Samencanäle der Anuren.)
Schneider, A., Ueber die Müll. Gänge der Urodelen und Anuren. Centralbl. f. d. med. Wissensch. 1876.
Schwalbe, G., Zur Biologie u. Entwicklungsgesch. von Salamandra atra und maculosa. Zeitsch. f. Biol. Bd. XXXIV. N. F. XVI. 1897.
Selenka, E., Der embryonale Excretionsapparat des kiemenlosen Hylodes Martinicensis. Sitz.-Ber. d. K. Acad. d. Wissensch. zu Berlin 1882.
Semon, R., Ueber die morphol. Bedeutung der Urniere in ihrem Verhältnisse zur Vorniere und Nebenniere und über ihre Verbindung mit dem Genitalsystem. Anat. Anz. V. Jahrg. 1890. (Behandelt die Verhältnisse bei Gymnophionen.)
— — Studien über den Bauplan des Urogenitalsystems der Wirbelthiere. Dargelegt an der Entwicklung dieses Organsystems bei Ichthyophis glutinosus. Jenaische Zeitschrift. Bd. XXVI. 1891.
Spengel, J. W., Das Urogenitalsystem der Amphibien. Arb. a. d. zool.-zoot. Institut d. Univ. Würzburg. Bd. III. 1876.
von La Valette St. George, Die Spermatogenese bei den Amphibien. Arch. f. mikr. Anat. Bd. XII. 1876.
— — Zwitterbildung beim kleinen Molch (Triton taeniatus). Ebendaselbst Bd. 45. 1895.
Wichmann, Beitr. z. Kenntnis des Baues und der Entwicklung der Nierenorgane der Batrachier. Inaug.-Diss. Bonn 1884.
Wiedersheim, R., Salamandria persp. Genua 1875.
— — Die Anatomie der Gymnophionen. Jena 1879.
— — Beiträge zur Entwicklungsgeschichte von Salamandra atra. Archiv f. mikr. Anat. XXXVI. Bd. 1890.
— — Cure parentali nei Vertebrati inferiori. Rivista di Scienze biologiche. Vol. I. No. 11/12. 1899. Brutpflege bei niederen Wirbelthieren. Biolog. Centralbl. XX. Bd. Nr. 9/10. 1900.
Wilson, G., The Development of the Müllerian Ducts in Axolotl. Anat. Anz. IX. Bd. 1894.
— — The Development of the Müllerian Duct of Amphibians. Trans. R. Soc. Edinb. Vol. XXXVIII.
von Wittich, Harn- und Geschlechtswerkzeuge der Amphibien. Zeitschr f. wiss. Zool. Bd. IV. 1853.
Zeller, E., Ueber die Befruchtung bei Urodelen. Zeitschr. f. wiss. Zool. Bd. XLIX. 1890.

Reptilien.

Bertelli, D., Pieghe dei Reni primitivi nei Rettili. Contrib. allo Sviluppo del Diaframma. Atti [della Società Toscana di Scienze naturali rend. in Pisa. Memorie, Vol. XV. 1897.
— — Pighe dei Reni primitivi. Contributo alla Morfologia e allo Sviluppo del Diaframma. Atti Soc. Tosc. Sc. Nat. Vol. XVI. 1897.
Boas, J. E. V., Zur Morphologie d. Begattungsorgane der amnioten Wirbelthiere. Morph. Jahrb. Bd. XVII. 1891.
Bojanus, Anatome Testudinis Europaea.
Brandes, G., und Schoenichen, W., Die Brutpflege der schwanzlosen Batrachier. Abhandl. d. naturf. Gesellsch. z. Halle. Bd. XXII. 1901.
Braun, M., Das Urogenitalsystem d. einheimischen Reptilien. Arb. a. d. zool.-zoot. Inst. Bd. IV. Würzburg 1877.
— — Entwicklung des Wellenpapageies. Ebendaselbst Bd. V.
Clark, J., Embryology of the Turtle. In: Agassiz' Contrib. to the Nat. Hist. of the United States of North-America. Vol. II. Boston 1857.
Eimer, Th., Unters. über die Eier der Reptilien. I. II. Arch. f. mikr. Anat. Bd. VIII. 1872.
Gadow, Rem. on the Cloaka and the Cop. Orig. of the amniota. Philos. Trans. Vol. 178.

Gregory, E. R., Observ. on the Development of the Excretory System in Turtles. Zool. Jahrb. Abth. f. Anat. u. Ontogenie d. Thiere. XIII. Bd. 4. H. 1900.

Hoffmann, C. K., Zur Entwicklungsgesch. der Urogenitalorgane bei den Reptilien. Z. f. wiss. Zool. XLVIII. Bd. 1889.

Howes, G. B., On the vestigial structures of the reproductive apparatus in the male of the Green Lizard. Journ. of Anat. and Physiol. Vol. XXI. (N. S. Vol. I). 1887.

Lereboullet, Rech. sur le développement du lézard. Annal. d. sc. nat. Zool. Tome XVII.

Leydig, F., Die in Deutschland lebenden Arten der Saurier. Tübingen 1872.

Kupffer, C., und Benecke, Die ersten Entwicklungsvorgänge am Ei der Reptilien. Königsberg 1878.

— — Die Entstehung der Allantois u. die Gastrula der Wirbelthiere. Zool. Anz. Bd. II. 1879.

von Mihalcovics, V., Vergl. die allgem. Uebersicht über das Urogenitalsystem.

Osawa, G., Beitr. zur Lehre von den Eingeweiden der Hatteria punctata. Archiv für mikr. Anat. u. Entwicklungsgesch. Bd. IL. 1897. Vergl. auch Nachtrag Dages in Bd. LI. 1898.

Rathke, H., Entwicklungsgesch. der Natter. Königsberg 1839.

— — Entwicklungsgesch. der Schildkröten. Braunschweig 1848.

— — Untersuch. über die Entwicklung und den Körperbau der Crocodile. Braunschweig 1866.

Sacchi, M., Contribuzione all' Istologia dell' ovidotto dei Sauropsidi. Atti Soc. Ital. di Sc. Nat. Vol. XXX. Milano 1887.

Solger, B., Zur Kenntnis d. Crocodilierniere u. d. Nierenfarbstoffe niederer Wirbelthiere. Zeitschr. f. wiss. Zool. XLI. 1885.

Strahl, H., Ueber die Entwicklung des Canalis myeloentericus und der Allantois der Eidechse. Arch. f. Anat. u. Physiol. 1881.

— — Vergl. dessen vorläufige Mittheilungen über dasselbe Thema in den Sitzungsber. d. Gesellsch. zur Beförderung der gesamten Naturwissenschaften, Marburg, Nov. und Dec. 1880.

— — Ueber Canalis neurentericus u. Allantois. Arch. f. Anat. u. Physiol. 1883.

Tellyesniczky, K., Ueber den Bau des Eidechsenhodens. Mathem. u. naturwiss. Ber. aus Ungarn. Bd. XIII. 1897.

Wiedersheim, R., Zur Anat. und Physiol. des Phyllodactylus europaeus etc. Morphol. Jahrb. Bd. I. 1876.

— — Ueber die Entwicklung des Urogenitalapparates bei Crocodilen und Schildkröten. Arch. f. mikr. Anat. Bd. XXXVI. 1890.

van Wijhe, J. W., l'ydrage to te Kennis van het Uro-genital-System by de Schildpadden. In: Nederl. tydschrift der Dierkundige Vereenigung. Bd. V. 1880.

Vögel.

Balfour, F. M., und Sedgwick, A., On the existence of a head-kidney in the embryo Chick etc. Quart. Journ. of Micr. Science vol. XIX. 1879.

van Beneden, E., Contrib. à la connaissance de l'ovaire des Mammifères. Vol. I. 1880.

Boas, J. E. V., Zur Morphologie der Begattungsorgane d. amnioten Wirbelthiere. Morph. Jahrb. Bd. XVII. 1891.

Bornhaupt, Th., Unters. über die Entwicklung des Urogenitalsystems beim Hühnchen. Inaug.-Diss. Riga 1867.

von Brunn, A., Die Rückbildung nicht ausgestossener Eierstockseier bei den Vögeln. In: Festschr. f. J. Henle. 1882.

Burger, II, De Ontwikkeling van de Müller'sche Gang bij de Eend en de Bergeend. Tijdchr. d. Ned. Dierk. Vereein (2). IV. 3. 1894. (Am Schlusse befindet sich ein Auszug in deutscher Sprache.)

Dansky, J., und Kostenitsch, J., Ueber die Entwicklung der Keimblätter und des Wolff'schen Ganges im Hühnerei. Mém. Acad. Imp. Pétersbourg. VII. Sér. vol. XXVII. 1880.

Felix, W., Die erste Anlage des Excretionssystem des Hühnchens. Festschr. z. 50 jähr. Doctor-Jubiläum von Nägeli und Koelliker. Zürich 1891. (Enthält ein ausführl. Litteraturverzeichnis, sowie eine Zusammenfassung der Resulate früherer Arbeiten in der gesamten Wirbelthierreihe.)

Gasser, E., Beitr. zur Entwicklungsgeschichte der Allantois, der Müller'schen Gänge u. des Afters. Frankfurt 1874.

— — Beobacht. üb. d. Entstehung des Wolff'schen Ganges bei Embryonen von Hühnern und Gänsen. Arch. f. mikr. Anat. Bd. XIV. 1877.

Gasser, L., Beiträge zur Entwicklung des Urogenitalsystems der Hühnerembryonen Sitz.-Ber. d. Gesellsch. zur Beförderung der gesamten Naturwissensch. Marburg 1879.

— — Die Entstehung der Cloakenöffnung bei Hühnerembryonen. Archiv f. Anat. u. Phys. 1880.

— — Das obere Ende des Wolff'schen Ganges. Sitz.-Ber. d. Gesellsch. zur Beförderung der gesamten Naturw. zu Marburg 1878, S. 52. (Sep.-Abdr.)

Hoffmann, C. K., Étude sur le développement de l'appareil uro-génital des oiseaux. Verhandl. der K. Akad. der Wissensch. zu Amsterdam. (2. Sectie, Deel I. Nr. 4. 1892.)

Kowalevski, R, Die Bildung der Urogenitalanlage bei Hühnerembryonen. Warschau 1875.

Kupffer, C., Untersuch. über d. Entwicklung des Harn- und Geschlechtssystems. Arch. f. mikr. Anat. II. 1866.

von Mihalcovics, V., Vergl. die allgem. Uebersicht über das Urogenitalsystem.

Müller, Joh., Erectile männliche Geschlechtsorgane d. straussenartigen Vögel etc. Berlin 1836.

Romiti, W., Die Bildung des Wolff'schen Ganges beim Hühnchen. Centralbl. f. d. med. Wissensch. 1873. Nr. 31.

— — Bau und Entwicklung des Eierstockes und des Wolff'schen Ganges. Arch. f. mikr. Anat. Bd. X. 1873.

Sedgwick, A., Development of the Kidney in its relation to the Wolffian body in the Chick. Quart. Journ. of micr. Science. Vol. XX. 1880.

— — On the development of the structure known as the glomerules of the head-kidney in the Chick. Ebendaselbst Vol. XX. 1880.

— — Early development of the Wolffian duct and anterior Wolffian tubules in the Chick; with some remarks on the vertebrate excretory system. Ebendaselbst. Vol. XXI. 1881.

Semon, R., Die indifferente Anlage der Keimdrüsen beim Hühnchen und ihre Differenzierung zum Hoden. Jenaische Zeitschr. f. Naturwissensch. XXI. Bd. N. F. XIII. 1887. (Enthält ein ausführliches Referat über die Litteratur der Geschlechtsdrüsen der Vertebraten.)

Siemerling, E., Beitr. zur Embryologie der Excretionsorgane des Vogels. Inaug.-Diss. Marburg 1882.

Tichomiroff, A., Androgynie bei den Vögeln. Anat. Anz. III. Jahrg. 1888. (Dasselbe findet sich weiter ausgeführt [Russisch] in den Arbeiten des Laboratoriums d. zoolog. Museums an der Universität Moskau unter dem Titel: „Zur Frage über den Hermaphroditismus bei den Vögeln.")

Vergl. auch die Lehrbücher von His, Foster und Balfour, O. Herwig, Koelliker etc.

Säuger.

Amann jr., J. A., Beitr. zur Morphologie der Müller'schen Gänge u. über accessorische Tubenostien. Arch. f. Gynäkol. Bd. XLII. Heft 1. 1892.

Arndt, R., Beitr. z. Anat. u. Entwicklungsgeschichte des Ruthenknochens. (Inaug.-Diss. Erlangen 1889.)

Beauregard, H., et Boulart, Rech. sur les appareils génito-urinaires des Balaenides. Tome XVIII.

Beddard, F. E, Remarks on the Ovary of Echidna. Proceed. Royal Physical Society, Edingburgh 1885.

van Beneden, E., Recherches sur la maturation de l'oeuf, la fécondation et la division cellulaire. Gand., Leipzig und Paris 1883.

Bischoff, Th., Vergl. anat. Untersuchungen über die äusseren weibl. Geschlechtsorgane des Menschen und der Affen. Abhandl. der K. Bayer. Acad. d. Wissensch. XIII. 2. und 3.

Blanchard, Études sur la stéatopygie et le tablier des femmes Boschimanes. Bull. Soc. Zoolog. de France VIII. p. 1883.

Bonnet, R., Ueber d. ektodermale Entstehung des Wolff'schen Ganges bei den Säugethieren. In Sitz.-Ber. der Gesellsch. f. Morphol. u. Physiol. in München. 3. Jahrg. 1887, Heft 2.

— — Beitr. z. Embryologie des Hundes. Anat. Hefte I. Abth. H. XXVIII/XXX. (9. Bd. H. 1/3).

Brass, A., Beitr. zur Kenntnis des weibl. Urogenitalsystems der Marsupialier. Inaug.-Dissert. Leipzig 1880.

Braus, H., Ueber den feineren Bau der Glandula bulbo-urethralis (Cowper'schen Drüse) des Menschen. Anat. Anz. XVII. Bd. 1900.

Cattaneo, G., Sugli organi riproduttori femminili dell' Halmaturus Benetti Gould. Milano 1882.

— — Sulla condizione dei fondi ciechi vaginali della „Didelphys Azarae" prima e dopo il parto. Boll. d. Mus. di zoolog. e anat. compar. di Genova. Nr. 34. 1895.

Clark, J. G., The Origin, Development and Degeneration of the Blood-Vessels of the Human Ovary. Vol. IX. John Hopkins Hosp. Reports. 1900.

Cole, F. J., On the Structure und Morphol. of the intromittent Sac of the Male Guinea-Pig. Journ. Anat. and Physiol. Vol. XXXII. 1897.

Daudt, W., Beitr. z. Kenntnis des Urogenitalapparates der Cetaceen. Jenaische Zeitschr. Bd. XXXII. N. F. XXV. 1898.

von Ebner, V., Untersuch. über den Bau der Samenkanälchen und die Entwicklung der Spermatozoiden bei Säugethieren u. beim Menschen. Unters. a. d. Institut f. Physiol. u. Histologie in Graz v. A. Rollet. 2. Heft. 1871.

Egli, Th., Beitr. z. Anat. und Entwicklung der Geschlechtsorgane. I. Zur Entwickl. des Urogenitalsystems beim Kaninchen. Inaug.-Diss. Zürich 1876.

van Erp Taalman Kip, M. J., Over de Ontwikkeling van de Müller'sche Gang bij Zoogdieren. Tijdschr. d. Ned. Dierk. Vireen (2). IV. 1. 1893. (Am Schlusse befindet sich ein Auszug in deutscher Sprache.)

Fischer, E, Beiträge zur Anatomie der weiblichen Urogenitalorgane beim Orang-Utan. Morphol. Arbeiten herausgeg. v. G. Schwalbe. Bd. VIII. 1898.

Fletcher, J. J., On the existence after parturation of a direct Communication between the median vaginal cul-de-sac and the urogenital canal, in certain Spec. of Kangaroos. Proc. Linn. Soc. N. S. W. Vol. VI. 1881. p. 796.

— — On some points in the Anatomy of the Urogenital Organs in Females of certain species of Kangaroos Part. I., Proc. Linn. Soc. N. S. W. Vol. VII. 1882. p. 640. part. II. ibid. Vol. 1883. p. 6.

Gerhardt, U, Zur Entw. der bleibenden Niere. Arch. f. mikr. Anat. u. Entw.-Gesch. Bd. LVII. 1901.

Gilbert, Th., Das Os priapi der Säuger. Morph. Jahrb. Bd. VIII. 1892.

Haacke, W., „Meine Entdeckung des Eierlegens der Echidna hystrix." Zoolog. Anzeiger. VII. Jahrg. Nr. 182. 1884.

Hasse, C., Die Wanderung des menschl. Eies. Zeitschr. f. Geburtshilfe u. Gynäkologie. Bd. XXII, Heft 2.

Haycraft, J. B., The Development of the Kidney in the Rabbit. Internat. Monatschr. f. Anat. u. Physiol. 1895. Bd. XII. H. 6.

Hensen, V., Beobacht. über die Befruchtung und Entwicklung des Meerschweinchens u. Kaninchens. Arch. f. Anat. Physiol. 1875.

Hill, J. B., Contrib. to the Morphol. and Developm. of the Female Urogenital Organs in the Marsupialia. I. On the Female Urog. Organs of Perameles, with an Account of the Phenomena of Parturition. Proceed. Linn. Soc. of New South Wales 1899. p. 1.

Hubrecht, A. A. W., Die Keimblase von Tarsius. Festschr. für Carl Gegenbaur. Leipzig 1896.

Jarisch, A., Ueber die Schlagadern des menschlichen Hodens. Ber. d. naturw. Vereins zu Innsbruck. 1889.

Kapff, H., Unters. über das Ovarium und dessen Beziehungen zum Peritoneum. Arch. f. Anat. u. Entwicklungsgeschichte. 1872.

Katz, O., Zur Kenntnis d. Bauchdecke u. der mit ihr verknüpften Organe bei d. Beutelthieren. Zeitschr. f. wissensch. Zool. Bd. 36. 1882.

Keibel, F., Zur Entwicklungsgeschichte der Harnblase. Anat. Anz. VI. Jahrg. 1891. (Vergl. auch den Aufsatz dieses Autors im Arch. f. Anat. und Physiol. Anat. Abthl. 1888; ebenso die Arbeit in den Verhandl. der Anat. Gesellsch. auf der 9. Versamml. in Basel vom 17.—20. April 1895.)

— — Ueber die Harnblase und die Allantois des Meerschweinchens nebst einer Bemerk. über die Entstehung des Nierenganges (Ureters) bei Säugern. Anat. Anz. VIII. Jahrg. 1893.

— — Zur Entwicklungsgeschichte des menschl. Urogenitalapparates. Arch. f. Anat. und Physiol. Anat. Abthl. 1896.

Klaatsch, H., Ueber den Descensus testiculorum. Morph. Jahrb. XVI. Bd. 1890.

Kocks (u. Wasilieff), Ueber die Gartner'schen Canäle beim Weib. Arch. f. Gynäk. 1883.

Kupffer, C., Untersuch. über die Entwicklung des Harn- u. Geschlechtssystems. Arch. f. mikr. Anat. Bd. I. 1865 und Bd. II. 1866.

Koelliker, B., Ueber die Entwicklung d. Graaf'schen Follikel d. Säugethiere. Verhandl. d. phys.-med. Gesellsch. in Würzburg. Bd. VII. 1875.

Landwehr, Hermann's Physiologie (Abschnitt: Die Zeugung. Bearbeitet von Hensen.)

Langhans, P., Ueber die accessorischen Drüsen der Geschlechtsorgane. Virchow's Arch. Bd. LXI.

Lataste, Sur le bouchon vaginal des Rongeurs. Zoolog. Anz. von Carus. Jahrg. VI. 1883. (Vergl. auch die Mittheil. in den „Actes de la Société scientif. du Chili". T. III. 1893.)

Lister, J. J., and Fletcher, J. J., On the Condition of the median Portion of the Vaginal-Apparatus in the Makropodidae. P. Z. S. 1881. p. 976.

Marshall, F. H. A., The copulatory Organ in the Sheep. Anat. Anz. XX. Bd. 1901.

Messing, W., Anat. Untersuch. über den Testikel der Säugethiere. Inaug.-Dissert. Dorpat 1877.

Meyer, H., Die Entwicklung der Urnieren beim Menschen. Arch. f. mikr. Anatomie. Bd. XXXVI. 1890.

von Mihalcovics, V., vergl. die allgem. Uebersicht über das Urogenitalsystem.

Moran, H., Des transformat. épithéliales de la Muqueuse du vagin de quelques Rongeurs. Journ. de l'Anat. et Physiol. Tome XXV.

Müller, P., Das Porenfeld (Area cribrosa) oder Cribrum benedictum aut. der Nieren des Menschen und einiger Haussäugethiere. Arch. f. Anat. u. Physiol. 1883.

Nagel, W., Ueber die Entwicklung des Urogenitalsystems des Menschen. Arch. f. mikr. Anat. Bd. XXXIV. 1889.

— — Ueber die Entwicklung des Uterus und der Vagina beim Menschen. Ebendaselbst. Bd. XXXVII. 1891.

— — Ueber die Entwicklung der Urethra und des Dammes beim Menschen. Arch. für mikr. Anat. Bd. XL. 1892.

Oudemans, J. Th., Die accessor. Geschlechtsdrüsen der Säugethiere. Haarlem 1892.

Paladino, G., Ulteriori ricerche sulla distruzione e rinnovamente continuo del parenchima ovarico nei mammifere etc. (Dal Laboratoria d' Istologia e fisiologia generale dell' Univ. di Napoli.) Napoli 1887. Ein Auszug dieser Arbeit findet sich im Anat. Anz. Jahrgang II. 1887.

— — Per il tipo di struttura dell' ovaja. Rend. della R. Accadem. delle Scienze Fisiche e Matematiche di Napoli. Fasc. 11º — Novembre 1897.

Pflüger, E., Die Eierstöcke der Säugethiere und des Menschen. Leipzig 1863.

Pinner, O., Ueber den Uebertritt des Eies aus dem Ovarium in die Tube beim Säugethiere. Arch. f. Anat. u. Physiol. 1880.

Poulton, E., The structures with the Ovarium Ovum of Marsupialia and Monotremata. Quart. Journ. of Micr. Science, Vol. XXIV. N. S. 1884.

Retterer, M. Ed., Note sur le développement du pénis et du squelette du gland chez certaines rongeurs. Comptes Rendus Hepdomadaires des Séances et Mémoires de la Soc. du Biol. Tome IV. 1887.

Riese, H., Die feinsten Nervenfasern und ihre Endigungen im Ovarium der Säugethiere und des Menschen. Anat. Anz. VI. Jahrg. 1891.

Robinson, A., On the Position and peritoneal Relations of the Mammalian Ovary. Journ. of Anat. u. Physiol. 1887, and Studies from the Biological Laboratories of the Owen's College. Vol. II. Manchester 1890.

Roth, M., Ueber einige Urnierenreste beim Menschen. Festschrift zur Feier des 300jähr. Bestehens der Universität Würzburg. 1882.

Schulin, Zur Morphol. des Ovariums. Arch. f. mikr. Anat. Bd. XIX. 1881.

Selenka, E., Studien über Entwicklungsgeschichte der Thiere. 4. Heft. II. Hälfte: Das Opossum. Wiesbaden 1886.

Sellheim, H., Kastration und Knochenwachsthum. Beitr. z. Geburtshilfe u. Gynäkologie. II. 1899.

Sobotta, J., Ueber die Bildung des Corpus luteum beim Kaninchen etc. Anat. Hefte, herausgeg. von Merkel und Bonnet. Heft XXVI. (8. Bd. Heft 3).

— — Ueber die Entstehung des Corpus luteum der Säugethiere. Ergebnisse der Anat. u. Entw.-Gesch. VIII. Bd. 1898.

Symington, J., On the Viscera of a Femal Chimpanzee. Proceed. Royal Physic. Soc. Edinburgh. Vol. X. 1889—90.

Weber, M., Studien über Säugethiere. II. Th. Jena 1898. (Handelt unter Berücksichtigung der grossen Litteratur hauptsächlich vom Descensus testiculorum.)

Weber, S., Zur Entwicklungsgeschichte des uropoetischen Apparats bei Säugern, mit besonderer Berücksichtigung der Urniere zur Zeit des Auftretens der bleibenden Niere. Morphol. Arbeiten, herausgeg. von G. Schwalbe. VII. Bd. 3. H. 1897.

Vergl. auch die Lehrbücher über menschl. Anat. von Carl Gegenbaur, J. Henle, A. Rauber, W. Krause und Toldt (Gewebelehre), ebenso die verschiedenen Lehrbücher über Anatomie der Haussäugethiere.

Eihäute, Placenta etc.

Bonnet, R., Die Uterinmilch und ihre Bedeutung für die Frucht. Stuttgart 1882.
— — Embryotrophe. Deutsche Med. Wochenschr. Jahrg. 1899. Nr. 5.
Bumm, E., Ueber die Entwicklung des mütterlichen Kreislaufes in der menschl. Placenta.
    Arch. f. Gynäkol. Bd. XLIII. Heft 2. 1892.
— — Ueber die Entwicklung des mütterlichen Blutkreislaufes in der menschl. Placenta.
    Arch. f. Gynäkol. Bd. XLIII. H. 2.
Duval, M., Le Placenta des Rongeurs. Paris 1889—93.
Fleischmann, A., Der einheitliche Plan der Placentarbildung bei Nagethieren. Sitz.-
    Bericht der K. Preuss. Akad. d. W. zu Berlin. XXVI. 1892. Vergl. auch „Embryol.
    Untersuchungen" H. 1—3. Wiesbaden 1889—93.
— — Embryol. Untersuchungen. III. Heft. Die Morphol. der Placenta bei Nagern und
    Raubthieren. Wiesbaden 1893.
Frankl, O., Beitr. zur Lehre vom Descensus testiculorum. Sitz.-Ber. der K. Akad. der
    Wissensch. in Wien. Math.-naturw. Cl. Bd. CIX. Abth. III. April 1900.
Frommel, R., Ueber d. Entwicklung d. Placenta von Myotus murinus.. Wiesbaden 1888.
Giacomini, E., Nuovo contributo alla migliore conoscenza dell' annessi fetali nei Rettili.
    Recezione del Sacco vitellino e dell' allantoide nella cavità abdominale. Monitore
    zool. ital. Firenze. Anno IV, No. 7. 31. Agosto.
Godet, R., Rech. sur la structure intime du Placenta du Lapin. Inaug.-Diss. Bern 1877.
Henricius, G., Ueber die Entwicklung u. Structur der Placenta beim Hunde. Arch. f.
    mikr. Anat. XXXIII. Bd. 1889.
Hill, Jas. P., The Placentation of Perameles. (Contrib. to the Embryology of the Mar-
    supialia I.) Quart. Journ. Microscop. Science, Vol. 40. P. 3. No. 5. 1898.
Hofmeier, M., Beiträge zur Anat. u. Entwicklung der menschl. Placenta. Zeitschr. f.
    Geburtshilfe u. Gynäkol. Bd. XXX. H. 3.
Hubrecht, A. A. W., The Placentation of Erinaceus europacus etc. Quart. Journ. Mic.
    Science. Vol. XXX. 1889.
— — The Placentation of the Shrew (Sorex vulgaris). Ebendaselbst Vol. XXXV. 1893.
— — Spolia Nemoris. (Umfasst Halbaffen und Edentaten.) Ebendaselbst Vol. XXXVI.
    1894.
— — Die Phylogenese des Amnions und die Bedeutung des Trophoblastes. Verhandl.
    der Koninkl. Akad. v. Wetensch. te Amsterdam. II. Sectie. Dl. IV. No. 5. 1895.
— — The Descent of the Primates (vergl. das Litteraturverzeichnis der Monographien etc.
    [Abth. Säugethiere]).
Keibel, Fr., Zur Entwicklungsgeschichte der menschlichen Placenta. Anat. Anz. 1889.
    Nr. 17.
Kollmann, J., Ueber die Entwicklung der Placenta bei den Makaken. Anat. Anz. XVII.
    Bd. 1900.
Kolster, R., Die Embryotrophe placentaler Säuger mit Berücksichtigung der Stute.
    Anat. Hefte. I. Abth. LIX. Heft (18. Bd. H. 2) 1902.
Langhans, Th., Untersuchung über die menschliche Placenta. Arch. f. Anat. u. Phys.
    1887.
Maximow, A., Zur Kenntnis des feineren Baues der Kaninchenplacenta. Archiv für
    mikr. Anat. u. Entwicklungsgeschichte. LI. Bd. 1897.
Miller jr., Gerrit S., On the Introitus vaginae of certain muridae. Proc. Boston Soc.
    Nat. Hist. Vol. XXVI.
Minot, Charles Sedgwick, Uterus und Embryo. I. Rabbit; II. Man. Journ. of
    Morphol. Vol. II. 1889. (Enthält ein umfassendes Litteraturverzeichnis über die Ei-
    häute der Säuger.)
— — Die Placenta des Kaninchens. Biolog. Centralbl. X. Bd. 1890.
— — A theory of the structure of the placenta. Anat. Anz. VI. Jahrg. No. 5. 1891.
— — Uterus and Embryo. Journ. of Morphol. 1889.
Osborn, O., The Foetales Membrancs of the Marsupials. Journ. of Morphol. Vol. I.
    1887.
Popoff, D., Die Dottersack-Gefässe des Huhnes. Wiesbaden 1894.
Robinson, A., The nutritive Importance of the Yolk Sac. Journ. of Anat. and Phys.
    Vol. XXVI. 1892.
— — Observations upon the Development of the Segmentation cavity, the Archenteron,
    the Germinal Layers and the Amnion in Mammals. Quart. Journal Microscop. Sc.
    Vol. XXXIII.
Selenka, E., Zur Entstehung der Placenta des Menschen. Biolog. Centralbl. X. Bd.
    Nr. 24. 1891.

Selenka, E., Atypische Placentation eines altweltlichen Schwanzaffen. Annal. du Jardin Botanique de Buitenzorg Suppl. II. pag. 85—88.

Semon, R., Entstehung und Bedeutung der embryonalen Hüllen und Anhangsorgane der Wirbelthiere. Compte rendu des séances du troisième Congrès international de Zool. Leyde. 16.—21. Septbre. 1895.

Steinach, E., Untersuchung zur vergl. Physiologie der männl. Geschlechtsorgane. Arch. f. die ges. Physiol. Bd. 56. 1894.

Strahl, H., Vergl. dessen zahlreiche Arbeiten über Placenta im Archiv f. Anat. und Physiol., sowie in den Marburger Sitz.-Ber. vom Jahr 1888 an.

— — Der Uterus post partum. I. Anat. Hefte, herausg. von Merkel und Bonnet. I. Abthl. 3. Bd. H. 3. 1894.

— — Der puerperale Uterus der Hündin. Ebendaselbst I. Abthl. 5. Bd. H. 3. 1895.

— — Der Uterus gravidus von Galago agisymbanus. Abhldg. d. Senckenb. Gesellsch. Bd. XXVI. H. 1. 1899. (Voeltzkow, Wissensch. Ergeb. d. Reisen in Madagaskar u. Ostafrika i. d. Jahren 1889—1895, Bd. II.)

Tafani, Sulle condizioni uteroplacentari della vita fetale. Firenze 1886.

Turner, Observations on the structure of the human placenta. Journ. of Anatom. and Physiol. Vol. VII. 1873.

— — Some general observations on the placenta with special reference on the theory of evolution. Ebendaselbst. Vol. XI. 1877.

— — Lectures on the anatomy of the placenta, Edinburgh. 1876. (In diesen Arbeiten Turner's und Tafani's steht die wichtigste ältere Litteratur über die Placenta verzeichnet.)

Waldeyer, W., Bemerkungen über den Bau der Menschen- und Affenplacenta. Arch. f. mikr. Anat. Bd. XXXV. 1890.

— — Ueber den Placentarkreislauf des Menschen. Sitz.-Ber. d. Preuss. Akad. d. Wissenschaften zu Berlin. VI. 1887.

Wiedersheim, R., Beitr. zur Entwicklungsgeschichte von Salamandra atra. Archiv für mikr. Anat. Bd. XXXVI. 1890.

Nebennieren.

Aichel, O., Vergl. Entwickl.-Geschichte und Stammesgeschichte der Nebennieren. Ueber ein neues normales Organ des Menschen u. d. Säugethiere. Arch. f. mikr. Anat. u. Entw.-Gesch. LVI. Bd. 1900.
(Enth. u. a. ein reiches Litteraturverzeichnis.)

Alexander, C., Untersuchung über die Nebenniere und ihre Beziehungen zum Nervensystem. Ziegler's Beitr. d. pathol. Anat. u. allgem. Pathol. Bd. XI. Heft 1. 1891. S. 145—197.

Braun, M., Ueber den Bau u. die Entwicklung der Nebennieren bei Reptilien. Arbeiten d. zool. Instituts zu Würzburg. Bd. V.

von Brunn, A., Ein Beitrag zur Kenntnis des feineren Baues und der Entwicklungsgeschichte der Nebennieren. Arch. f. mikr. Anat. VIII. Bd. 1872.

Collinge, W. E. and Swale Vincent, On the so-called Suprarenal Bodies in Cyclostoma. Anat. Anz. Bd. XII. 1896.

Dostoiewsky, A., Ein Beitrag zur mikr. Anatomie der Nebennieren bei Säugethieren. Arch. f. mikr. Anat. Bd. XXVII. 1886.

Flint, J. M., Reticulum of the Adrenal. Anat. Anz. XVI. Bd. 1899.

— — The Blood-Vessels, Angiogenesis. Organogenesis, Reticulum and Histology of the Adrenal. Vol. IX. John Hopkins Hosp. Reports. 1900.

Gottschau, M., Ueber Nebennieren der Säugethiere, speziell über die des Menschen. Sitz.-Ber. d. Würzb. phys.-med. Gesellsch. 1882.

— — Ueber die Nebennieren der Säugethiere. Biol. Centralbl. III. Bd. 1883. Nr. 18.

— — Structur und embryonale Entwicklung der Nebennieren bei Säugethieren. Archiv f. Anat. u. Physiol. 1883.

Hultgren, E. O., und Anderson, O. A., Studien zur Physiologie und Anatomie der Nebennieren. Von der Schwed. Gesellschaft der Arzte gekrönte Preisschrift. Leipzig 1899.

Janosik, Bemerkungen über die Entwicklung der Nebennieren. Archiv für mikr. Anat. Bd. XXII. 1883.

Inaba, Masamaro, Notes on the Development of the Suprarenal Bodies in the Mouse. Journ. Coll. of Science Imper. Univ. Japan. Vol. IV. 1891.

Kohn, A., Ueber die Nebennieren. Prager medicin. Wochenschr. XXIII. Nr. 17. 1898. (Vergl. auch: Anat. Anz. XV. Bd. Nr. 21. 1899.)

Kohn, A., Die Nebennieren der Selachier nebst Beiträgen zur Kenntnis der Morphologie der Wirbelthiernebenniere im Allgemeinen. Arch. f. mikr. Anat. u. Entw.-Gesch. LIII. Bd. 1898.

Kose, W., Ueber das Vorkommen „chromaffiner Zellen" im Sympathicus des Menschen und der Säugethiere. Sitz.-Ber. d. deutsch. — naturw.-medicin. — Vereines für Böhmen „Lotos" 1898. Nr. 6.

von Mihalcovics, Entwickl. d. Harn- u. Geschlechtsapparates der Amnioten. III. Abtheilung (Die Geschlechtsdrüsen). Internat. Monatsschrift für Anat. und Histologie. Bd. II. 1885.

Mitsukuri, On the Development of the Suprarenal Bodies in Mammalia. Journ. of Microsc. Science London. New Series. 1882.

Moore, B., and Swale Vincent, The Comparative Chemistry of the Suprarenal Capsules. Proc. Royal Soc. London. Vol. 62. Decembre 16. 1897.

— — and — — Further Observations upon the Comparative Chemistry of the Suprarenal Capsules with Remarks upon the Non-Existence of Suprarenal Medulla in Teleostean Fishes. Ebendaselbst. Vol. 62. January 27. 1898.

Parker, T. J., On some Embryos of Callorhynchus antarcticus. Nature. Vol. XXIX. 1883.

— — Note on the Foetal Membranes of Mustelus antarcticus etc. Trans. New Zeal. Inst. Vol. XXII. 1889.

Petit, A., Recherches sur les capsules surrénales. Thèses présentées à la faculté des sciences de Paris etc. Paris 1896. (Enthält ein sehr grosses Litteraturverzeichnis.)

Pfaundler, M., Zur Anatomie der Nebenniere. Sitz.-Ber. K. Akad. d. Wissensch. in Wien. Math.-naturw. Classe. Bd. CI. Abth. III. 1892. (Enthält auch viele Litteraturquellen.)

Räuber, Zur feineren Structur der Nebennieren. Inaug.-Diss. Berlin 1881.

Srdínko, O. V., Bau und Entwicklung der Nebenniere bei Anuren. Anatom. Anzeiger XVIII. Bd. 1900.

Stilling, H., Zur Anatomie der Nebennieren. Virchow's Arch. CIX. 1887. Vergl. auch: Arch. f. mikr. Anat. u. Entw.-Gesch. LII. Bd. 1898.

Vincent, Swale, The Suprarenal Capsules in the Lower Vertebrates. Proc. Birmingh. Nat. History and Philosoph. Society 1896. Vol. X. Part 1. Vergl. auch: Anat. Anz. XIII. Bd. 1897.

— — Contribution to the Comparative Anat. and Histology of the Suprarenal Capsules. The suprarenal Bodies in Fishes and their Relation to the so-called Head-Kidney. Transact. Zool. Soc. London. Vol. XIV. Part III. 1897.

— — The Comparative Anatomy of the Suprarenal Capsules. Proc. Royal Soc. London. Vol. 61. 1897.

— — Some Points in Connection with the Comparative Physiology of the Suprarenal Capsules. Proc. Physiol. Soc. London. 1897.

— — On the Suprarenal Capsules and the Lymphoid Tissue of Teleostean Fishes. Anat. Anz. XIV. Bd. 1897.

— — Further Observations upon the compar. Physiol. of the Suprarenal Capsules. Proc. Royal Soc. London. Vol. 62. 1897.

— — Further Observations upon the general physiol. effects of Extracts of the suprarenal Capsules. Journ. of Physiol. Vol. XXII. 1898.

— — The Carotid Gland of Mammalia and its Relation to the Suprarenal Capsule, with Remarks upon Internal Secretion, and the Phylogeny of the Latter Organ. Anat. Anz. XVIII. Bd. 1900.

Weldou, W., On the Head Kidney of Bdellostoma with a suggestion as to the origin of the Suprarenal Bodies. Stud. from the Morphol. Laboratory in the Univ. of Cambridge. Vol. II. Part I. 1884.

— — On the suprarenal Bodies of Vertebrata. Quart. Journ. of Microsc. Science for January 1885.

Wiesel, J., Ueber Compensations-Hypertrophie der accessorischen Nebennieren bei der Ratte. Centralbl. für Physiol. vom 4. Febr. 1899. Heft 23.

— — Ueber die Entwicklung der Nebenniere des Schweines. Anat. Hefte. I. Abth. H. 50 (XVI. Bd. H. 1).

Zander, R., Ueber functionelle und genetische Beziehungen der Nebennieren zu andern Organen, speciell zum Grosshirn. Beitr. z. pathol. Anatomie und zur allgem. Pathol., herausg. von Prof. E. Ziegler. Bd. VII. 1890. (Enthält ein ausführliches Litteraturverzeichnis über die Nebenniere.)

Sachregister.

Ueber den am Schlusse jedes Kapitels angefügten „Rückblick" vergl. im vorstehenden Verzeichnis bei R.